Karlheinz Langanke

**Kosmische Alchemie der Elemente**

## Weitere Titel aus der Reihe

*Grenzen von Nachhaltigkeit und Ecodesign*
*Läuft uns die Zeit davon?*
Michael Has, 2024
ISBN 978-3-11-144640-0, e-ISBN 978-3-11-144684-4

*Warum ist der Himmel blau?*
Joachim Breckow, 2024
ISBN 978-3-11-145358-3, e-ISBN 978-3-11-145369-9

*Energie – wo kommt sie her*
*Und seit wann sie uns beschäftigt*
Wolfgang Osterhage, 2024
ISBN 978-3-11-115172-4, e-ISBN 978-3-11-115255-4

*Faszination Flug*
*Wirbel, Zirkulation, Auftrieb*
Peter Neumeyer, 2024
ISBN 978-3-11-133600-8, e-ISBN 978-3-11-133628-2

*Sterngucker*
*Wie Galileo Galilei, Johannes Kepler und Simon Marius die Weltbilder veränderten*
Wolfgang Osterhage, 2023
ISBN 978-3-11-076267-9, e-ISBN 978-3-11-076277-8

*Unterwegs im Cyber-Camper*
*Annas Reise in die digitale Welt*
Magdalena Kayser-Meiller, Dieter Meiller, 2023
ISBN 978-3-11-073821-6, e-ISBN 978-3-11-073339-6

DE GRUYTER
OLDENBOURG

**NEUGIER**
**WISSEN**
**WEISHEIT**

Karlheinz Langanke

# Kosmische Alchemie der Elemente

Die ersten 14 Milliarden Jahre

**DE GRUYTER**
OLDENBOURG

**Autor**
Prof. Dr. Karlheinz Langanke
Am Wingert 1
64380 Roßdorf
Deutschland
k.langanke@gsi.de

ISBN 978-3-11-146835-8
e-ISBN (PDF) 978-3-11-146973-7
e-ISBN (EPUB) 978-3-11-147063-4
ISSN 2749-9553

**Library of Congress Control Number: 2024944873**

**Bibliografische Information der Deutschen Nationalbibliothek**
Die Deutsche Nationalbibliothek verzeichnet diese Publikation in der Deutschen Nationalbibliografie;
detaillierte bibliografische Daten sind im Internet über
http://dnb.dnb.de abrufbar.

© 2025 Walter de Gruyter GmbH, Berlin/Boston
Coverabbildung: Stocktrek Images / Stocktrek Images / Getty Images
Satz: VTeX UAB, Lithuania

www.degruyter.com

Für Ann-Kathrin, Alexander, Helga und Siegfried

# Inhalt

# 1 Einleitende Gedanken

## 1.1 Die Frage nach der Schöpfung der Welt

*Am Anfang war das Wort.* So beginnt der Verfasser des Johannesevangeliums seinen Text und schlägt gleichzeitig eine Brücke zu dem wohl berühmtesten Schöpfungsmythos der westlichen jüdisch-christlichen Kultur, wie er zu Anfang des ersten Buches Mose im Alten Testament, der Genesis, aufgeschrieben wurde. Hier wird die Welt als Schöpfung durch einen schon existierenden, ewigen Gott erklärt, der dies in wenigen Tagen vollbrachte (Abbildung 1.1).

**Abb. 1.1:** Am Anfang war das Wort – so beginnt in der Lutherbibel die Schöpfungsgeschichte im Johannesevangelium. Martin Luther, ein Zeitgenosse von Kopernikus, lehnte dessen heliozentrisches Weltbild mit der Begründung ab, dass sich, wie im 10. Kapitel des Buches Josua geschrieben, die Sonne, und nicht die Erde, bewegte. Gestützt auf die gleiche Bibelstelle lehnte noch drei Jahrhunderte später Filippo Anfossi die kopernikanische Weltsicht sowie die Aufhebung der Indizierung von Galilei ab, da sonst die obersten Glaubensbehörden „die Interpretation der Heiligen Schrift nicht mehr vom Heiligen Geist, sondern von Systemen der Philosophen und Astronomen abhängig" mache. Anfossi hatte während dessen Studienzeit in Rom Einfluss auf Giovanni Mastai Ferretti gehabt, der später als Papst Pius IX das Unfehlbarkeitsdogma durchsetzte.

Die Schöpfungsgeschichte der Bibel hat sicherlich ihre Spuren in der westlichen Kultur hinterlassen, sie ist aber keinesfalls singulär, denn auch andere Kulturen haben ihren Genesismythos. Nachdem sie das Prinzip von Ursache-Wirkung in ihrem Alltagserleben erkannt und darüber reflektiert hatten, bestand für die Menschen anscheinend ein Bedürfnis, auch für die Umwelt, in die sie hereingeboren und die sie erfahren konnten, eine Erklärung zu finden. Da die Schöpfung offensichtlich nicht menschlichen Ursprung haben konnte, wurde sie mit der Religion und einem oder mehreren übermenschlichen Wesen verknüpft. Die Existenz dieser Wesen, die die Welt geschaffen haben und sie somit auch beherrschen, hatte den weiteren Vorteil, dass man mit ihnen in Verbindung treten konnte, um sie durch Gebete oder Opfer zu beeinflussen.

Die von den Menschen entwickelten Schöpfungsmythen hängen natürlich von der Umwelt ab, in der sie erschaffen wurden, und von den Kenntnissen, die man über diese hatte. Im Allgemeinen galt es zu erklären, warum es Land und Meer gab und warum

https://doi.org/10.1515/9783111469737-001

diese von Leben in Form von Tieren und Pflanzen bevölkert waren, wobei der Mensch eine herausgehobene Rolle spielt. Dazu kommt noch die Beobachtung des Himmels, der die Erde überspannt. Insbesondere die Bedeutung der Sonne für das Leben muss recht früh erkannt worden sein, einschließlich ihrer zeitlichen Perioden, die der Definition von Jahr und Tag zugrunde liegen.

So bizarr uns heute einige dieser Schöpfungsgeschichten erscheinen mögen (Abbildung 1.2), so müssen sie doch auf die Menschen, für die sie erfunden und denen sie erzählt wurden, plausibel und überzeugend gewirkt haben, denn sonst hätten sie sich nicht durchgesetzt und wären über viele Generationen weitergegeben worden. Oft verwoben sich die Erzählungen der eigentlichen Schöpfung mit Abstraktionen, die sich mit der zeitlichen Entwicklung und der räumlichen Ausdehnung der Welt beschäftigten. In der Bibel erschuf Gott die Welt; diese hat somit einen Anfang und ist einmalig. Dagegen unterliegt die Welt in der hinduistischen Vorstellung wiederkehrenden Zyklen. Die Beobachtung des Sternenhimmels überzeugte die Babylonier, dass die räumliche Ausdehnung der Welt unbegrenzt sei, dagegen kamen die Stoiker zu dem Schluss, dass unsere Welt eine Insel im Kosmos darstellte. All diese Überlegungen sind immer noch modern, jedoch wie wir gleich sehen werden mit dem Unterschied, dass wir heute mit anderen Richtlinien an sie herangehen.

**Abb. 1.2:** In einigen asiatischen Schöpfungsmythen ruht die Welt auf dem Rücken einer riesigen Schildkröte mit dem Namen Kurma. Im Detail wird diese Schöpfungsgeschichte vom Schriftsteller Terry Pratchett in seinem Scheibenwelt-Zyklus weitergesponnen. Auch bei einigen indigenen Stämmen in Amerika spielen Schildkröten eine besondere Rolle in der Schöpfung, da diese zu Beginn die Erde aus einem großen Wasser ziehen. Schließlich hat eine Schildkröte auch im chinesischen Schöpfungsmythos eine zentrale Rolle, da ihr durch eine Göttin die Beine abgeschnitten werden, aus denen dann die vier Himmelsrichtungen entstehen. Der Bayrische Rundfunk bezog sich im Jahr 2000 auf diese Mythen, als er am Welt-Schildkrötentag über die Bedrohtheit der Schildkröten berichtete.

Den Menschen, die die Schöpfungsmythen hervorbrachten, sowie auch denjenigen, für die sie geschaffen wurden, war eine offensichtliche Trennung ihres Erfahrungshorizonts bewusst. Da war zum einen die direkte Umwelt, von der man ein Teil war, in den man eingreifen konnte und von dem man in seiner Existenz abhing. Diese Umwelt war etwas Dynamisches, das sich zeitlich änderte, oft mit wiederkehrenden Perioden. Diese Beobachtung förderte die Entwicklung des Prinzips der Zeit. Der Umwelt stand zum anderen der Himmel entgegen, der alles überspannte, in dessen Sphären man allerdings nicht eingreifen konnte. Die Himmelserfahrung war dominiert von der Sonne, die mit großer Regelmäßigkeit täglich auf- und unterging und die als Quelle des irdischen Lebens identifiziert wurde. Es überrascht nicht, dass der Sonne in den Kulturen oft eine eigene Gottheit zuerkannt wurde, die dann in einer multitheistischen Weltauffassung auch gleichzeitig die oberste Gottheit war. Auch war es offensichtlich, dass die Sonne nicht fix am Himmel steht, sondern sich gegen den Sternenhimmel bewegt, was in den Schöpfungsmythen Niederschlag fand, wo der Sonnengott, wie bei den Ägyptern, in einem von Pferden gezogenen Wagen seine Bahn zog. Dies ist allerdings auch ein klarer Hinweis darauf, dass dieser Teil des Mythos erst entstanden sein konnte, nachdem Pferde domestiziert worden waren und man gelernt hatte, sie vor einen Wagen zu spannen.

Jede Kultur scheint ihren eigenen Schöpfungsmythos zu haben. Dieser hängt mit der Umgebung zusammen, in der er ersonnen wurde. Er ist auch dynamisch, indem neue Erfahrungen in diesen eingebaut oder in Beziehung gesetzt wurden. Unsere Welt erhält so einen „Sinn". Allerdings wird im Allgemeinen nicht versucht, kausale Erklärungen für die Welt und die in ihr ablaufenden Prozesse zu geben. Dieser Aspekt, den man mit dem modernen naturwissenschaftlichen Ansatz versucht, entwickelte sich deutlich später, wobei seine Anfänge im Allgemeinen mit griechischen Denkern verbunden werden. Von besonderer Bedeutung waren hier auch die abstrakten Ansätze, die verschiedenen Bestandteile der Umwelt auf einige wenige Grundelemente zu reduzieren oder die Idee zu entwickeln, dass sich alles auf einen kleinsten Elementarbaustein reduzieren lässt. Diese Vorstellungen, obwohl sie in ihren konkreten Details nicht Bestand hatten, bilden noch heute das abstrakte Grundgerüst des Ansatzes, aus dem sich das moderne Bild des Universums und seiner Bestandteile entwickelt hat. Dieses ist zwar das Leitmotiv dieses Buches, aber bevor wir uns damit beschäftigen können, sollten wir noch einige wichtige historische Meilensteine auf dem Weg zu diesem Bild kurz erwähnen.

## 1.2  Eine naturwissenschaftliche Schöpfungsgeschichte entsteht

Seit fast drei Jahrtausenden existieren die Schöpfungsmythen und die „philosophisch-naturwissenschaftlichen" Ansätze, beginnend mit den griechischen Denkern, parallel zueinander. Es stellte sich als ein offensichtlicher Vorteil heraus, wenn man die Umwelt beobachtete und darüber Informationen sammelte und diese dann auch schriftlich festhielt. Wichtige Informationen bezogen sich zum Beispiel auf den Beginn und das Ende von Regenzeiten, Flussüberschwemmungen, das heißt auf Wetterdaten, die eine Vorausschau auf die Ernte und somit die Lebensbedingungen zuließen. Die Zeit wurde mit der Periode der Sonne in Verbindung gebracht, woraus sich die Erfassung von astronomischen Daten im Allgemeinen ergab, nicht zuletzt da man hier auch eine religiöse Verbindung sah. Es war von großer Bedeutung, auch die Systematik in den astronomischen Daten zu erkennen, um auf klimatische Einflüsse auf Ernten vorbereitet zu sein oder aber um Himmelsphänomene wie Sonnenfinsternisse vorhersagen zu können. Um diese Systematik erfassen zu können, kam der Entwicklung der Mathematik eine fundamentale Rolle zu. In der Mitte des letzten Jahrtausends kam es dann zu einer Revolution im Verständnis des Universums und der Rolle des Menschen. Bis dahin war es allgemein akzeptiert, dass der Mensch nicht nur im Zentrum seiner eigenen Welterfahrung steht, sondern, dass man dieses Prinzip so verallgemeinern darf, dass die Erde als Wohnort der Menschen das Zentrum der Welt bildet. Dieses geozentrische Bild wurde allerdings ziemlich kompliziert, wenn man versuchte, die Bahnen der Sonne und der Planeten zu erfassen. Wie es Kopernikus auffiel, ließen sich die Daten viel leichter erklären und daraus Vorhersagen ableiten, wenn man die Sonne anstelle der Erde ins Zentrum der Bewegungen stellt. Dieses heliozentrische Weltbild erhielt bedeutende Unterstützung durch Galileis Entdeckung der Jupitermonde, mit dem er unwiderruflich zeigen konnte, dass sich nicht alle Himmelskörper um die Erde (oder die Sonne) drehen. Ferner diente diese Entdeckung auch als ein schlagender Beweis dafür, dass experimentelle Beobachtungen zu neuen und verbesserten Erkenntnissen führen und welch bedeutende Rolle neue Technologien damit spielen können.

Der Dreiklang aus technologischen Neuerungen, verbesserten Modellansätzen und weiterentwickelter Mathematik führte zu einem stetigen Anwachsen von Wissen, und er verschob den Wettbewerb zwischen naturwissenschaftlicher Weltsicht gegenüber mythischen Anschauungen immer weiter zugunsten der Ersteren. Drei weitere Entwicklungen sind allerdings ebenfalls sehr wichtig und verdienen, herausgehoben zu werden. Zum einen setzte sich in den (Natur-)Wissenschaften die Maxime durch, dass nur solche Erkenntnisse im Rahmen der Wissenschaft Berücksichtigung finden sollten, die auf experimenteller Beobachtung beruhen. Mehr noch, Experimente müssen reproduzierbar sein und somit unter gleichen Bedingungen zum gleichen Ergebnis führen. Es sei erwähnt, dass astronomische Beobachtungen Experimenten gleichgestellt sind, obwohl man hier meistens keinen Einfluss auf die experimentellen Bedingungen hat. Aufgrund dieser Vorgehensweise und der Forderung nach Allgemeingültigkeit und Reproduzierbarkeit entstand, als zweiten Punkt, die Gemeinschaft der Wissenschaftler, in der es nicht mehr nötig war, alle Erfahrungen und Beobachtungen selbst zu machen. Man konnte sich auf die Entdeckungen und Modelle anderer verlassen. Allerdings nur so lange, bis sie nicht im Widerspruch zu weiteren Erkenntnissen standen. Dann war es notwendig, die Modellvorstellungen zu revidieren und diesen neuen Daten anzupassen. Aus dieser Vorgehensweise hat sich die Maxime der heutigen Wissenschaft herausgebildet: Eine Theorie, mit der man im Allgemeinen in der Physik ein Modell bezeichnet, das die Grundlage eines größeren Teilgebiets darstellt und (bislang) nicht im Widerspruch zu irgendwelchen Beobachtungen oder Experimenten steht, kann nur falsifiziert werden, aber nie als Wahrheit bewiesen werden. Zum Dritten braucht Wissenschaft Ressourcen, wobei hier nicht so sehr der Lebensunterhalt des Wissenschaftlers als mehr die zum Experiment benötigten Geräte zu Buche schlagen. Die Finanzierung beruhte zunächst auf Mäzenatentum, wobei die Unterstützer hauptsächlich nicht durch die wissenschaftlichen Erkenntnisse, sondern durch ökonomische Vorteile (oder durch militärische Anreize) motiviert waren, da die Wissenschaft schon früh als Innovationstreiber erkannt wurde – eine Tendenz, die sich durchaus noch heute in der staatlichen Förderung der Grundlagenforschung niederschlägt.

Die verbesserten Technologien ließen immer tiefere und detailliertere Blicke in den Kosmos zu. Galilei, wieder unter Benutzung des Teleskops, erkannte, dass die Milchstraße aus einzelnen Sternen besteht. Thomas Wright, und darauf aufbauend, Immanuel Kant erkannten die Bandstruktur der Milchstraße als geometrischen Effekt durch die Position des Betrachters und erschlossen die Scheibenstruktur der Galaxie. Fraunhofer untersuchte die Spektrallinien der Sonne und entdeckte dabei ein neues Element, das er in Anlehnung an den griechischen Namen der Sonne Helium nannte. Weitere Elemente wurden entdeckt, allein sieben in der Grube Ytterby auf der Schäreninsel Resarö, von denen vier (die seltenen Erden Yttrium, Ytterbium, Erbium und Terbium) ihre Namen nach der Grube erhielten. Mendeleev gelang es schließlich, ein Ordnungssystem der Elemente zu entwerfen, obwohl es in seiner Originalarbeit noch Lücken gab, da ein paar Elemente noch nicht entdeckt waren. In der modernen Version der Periodentafel der chemischen Elemente (Abbildung 1.3) sind diese Lücken nun aufgefüllt und zusätzliche Elemente mit den Ordnungszahlen 93–118 eingetragen, die in den letzten Jahren künstlich im Labor hergestellt wurden. Um dies zu ermöglichen, war es allerdings notwendig, tiefer in die Mikrowelt einzudringen.

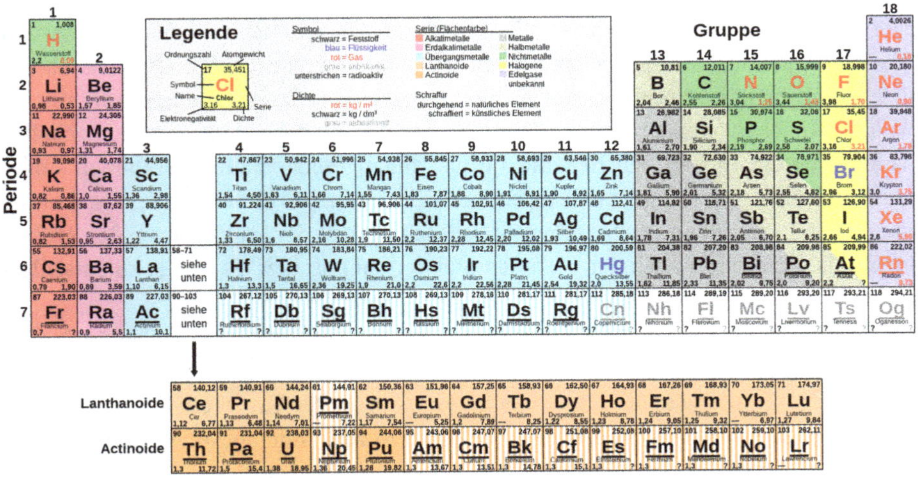

**Abb. 1.3:** Das Periodensystem der chemischen Elemente. Die Ordnungszahl der Elemente entspricht der Anzahl der Protonen im Kern. Die chemischen Eigenschaften erhält das Element durch die Elektronen, die die positive Ladung des Kerns kompensieren.

Die wissenschaftlichen Erkenntnisse nahmen in den letzten hundert Jahren explosionsartig zu. Je weiter man ins Universum blickte, desto mehr erkannte man, dass unsere nähere Umgebung, ein Planetensystem um einen Zentralstern als Teil einer Galaxie von vielen Sternen, nichts Besonderes ist. Viele weitere Galaxien wurden entdeckt, die wiederum in Galaxienhaufen zusammengefasst sind, von denen es auch sehr viele gibt. Durch bessere und weitergreifende kosmische Zollstöcke wurde auch klar, dass das Universum deutlich größer ist, als man zunächst vermutete. Das Bild der unendlichen Weiten des Kosmos war geboren. Man drang aber nicht nur zu neuen Dimensionen im Makrokosmos vor, sondern gleichzeitig verschoben sich auch die Grenzen im Kleinsten. Das Atom hat eine innere Struktur, wobei die positive Ladung und seine Masse im Atomkern zusammengefasst sind, der von negativ geladenen Elektronen umgeben wird, die seine elektrische Ladung neutralisieren. Aber auch der Atomkern hat eine innere Struktur und wird von Protonen und Neutronen gebildet, die beide fast die gleiche Masse haben und jedes etwa 2000-mal schwerer ist als ein Elektron. Ihr wichtigster Unterschied ist, dass Protonen eine positive Ladung haben, während Neutronen elektrisch neutral sind. Aber auch Protonen und Neutronen sind ausgedehnte Gebilde und haben eine innere Struktur: Sie sind jeweils aus Quarks zusammengesetzt. Um die Welt des Mikrokosmos zu beschreiben, mussten komplett neue, jeder Intuition widersprechende Vorstellungen entwickelt werden. In der Quantenmechanik kann ein physikalisches System wie zum Beispiel das Wasserstoffatom oder aber auch der Bleikern nur in bestimmten Energiezuständen gebunden sein; die Welt des Mikrokosmos ist gequantelt. Im Allgemeinen ist der Zustand eines Quantensystems eine Überlagerung von solchen Energiezuständen, gewichtet mit Amplituden, aus denen sich die Wahrscheinlichkeit ergibt, mit der eine Messung das Quantensystem in einem der möglichen Energiezustände vorfindet. Messungen spielen in der Quantenphysik nicht nur bei der Festlegung des Energiezustandes die entscheidende Rolle, sie unterliegen auch der Heisenberg'schen Unschärferelation, die besagt, dass Ort und Geschwindigkeit eines Teilchens nicht beide gleichzeitig exakt bestimmt werden können. Ferner, je genauer man den Aufenthaltsort eines Teilchens kennt, desto unsicherer ist seine Geschwindigkeit, und umgekehrt. Schließlich können zwei Teilchen, die die zusammengesetzte Materie aufbauen – man nennt sie Fermionen –, dabei nicht identische Eigenschaften haben. Dieses sogenannte Pauli-Prinzip, zusammen mit der Energiequantelung, war der Schlüssel, um den Aufbau der Atome, und somit auch der Periodentafel der chemischen Elemente, zu entschlüsseln.

Eine der fundamentalen Erkenntnisse des letzten Jahrhunderts war aber auch, dass man den Makrokosmos nur verstehen kann, wenn man gleichzeitig den Mikrokosmos im Detail kennt und wissenschaftlich erfassen kann. In der Tat ist ein Verständnis der Entwicklung des Universums und der vielen in ihm vorhandenen Objekte ohne Kenntnis der subatomaren Physik nicht möglich. Auch war es spätestens seit Newton klar, dass die Anziehungskraft zwischen Massen auf den großen Skalen des Universums eine dominante Rolle spielt. Hier geschah, parallel zu den bahnbrechenden neuen Entwicklungen in der Welt des Mikrokosmos und unabhängig von diesen, eine geistige Revolution, als Einstein die Gravitation als durch Massen hervorgerufene Krümmung des Raumes verstand und auf dieser Basis seine Allgemeine Relativitätstheorie entwickelte. Der belgische Theologe und Astrophysiker Lemaître zeigte, dass sich aus dieser Theorie auf ein expandierendes Universum schließen lässt, zwei Jahre bevor Edwin Hubble dies durch astronomische Beobachtungen im Jahre 1929 untermauerte. Hieraus entstand die Vorstellung, dass das Universum in seiner frühesten Zeit extrem heiß war und sich seitdem durch fortlaufende Expansion abkühlt. Fred Hoyle, der zeitlebens damit fremdelte, dass sich das Universum dynamisch entwickelte, nannte diesen frühen Zustand, an den er nicht glaubte, in einer BBC-Sendung den „Big Bang". Er ahnte nicht, dass er damit den Namen kreierte, den man in der heutigen Wissenschaft für die Anfangsphase des Universums verwendet. Die entscheidende Bestätigung erhielt das Bild des seit dem Urknall expandierenden Universums durch die Entdeckung des Nachglühens dieser frühen Phase, die das heutige Universum als eine Hintergrundstrahlung, inzwischen auf eine Temperatur von 2,7 Kelvin abgekühlt, durchzieht. Diese kosmische Hintergrundstrahlung zeigt eine bemerkenswerte Homogenität seiner Temperatur, sodass Satellitenmissionen Fluktuationen erst in der Größenordnung 1 zu 100 000 feststellen konnten. Der Nachweis dieser Fluktuationen, die nach dem Boltzmann-Gesetz auch auf Variationen der Dichte rückschließen lassen, war allerdings erhofft worden, denn er war zwingend notwendig, damit sich im Universum Strukturen wie Galaxien und Galaxienhaufen, und schließlich Sterne, bilden konnten.

Wenn sich das Universum, und damit auch alles in ihm, aus einem heißen Anfangszustand entwickelt hat, dann müssen auch die chemischen Elemente irgendwo und irgendwann während dieser Entwicklung im Kosmos entstanden sein. Aber zunächst stellte sich die Frage, wie häufig die verschiedenen Elemente vorkommen und ob es zwischen dieser Häufigkeitsverteilung und der Periodentafel der chemischen Elemente beobachtbare Relationen gibt. Die ersten Versuche hierzu wurden schon vor mehr als hundert Jahren unternommen, wobei sie sich allerdings fast ausschließlich auf die Zusammensetzung der Erdkruste beschränkten. Es stellte sich allerdings schnell heraus, dass die Erde kein guter Repräsentant für die Elementverteilung im Sonnensystem, geschweige im Universum ist und Meteoriten hierfür besser geeignet waren, obwohl es auch hier Herausforderungen gab. Ergänzt wurden die Meteoritendaten von stellaren Beobachtungen, die man an stellaren Atmosphären und in planetarischen Nebeln machte. Dann stellte sich natürlich noch die Frage, wie man die Häufigkeiten definieren sollte, wobei es sich durchsetzte, dies in der Form der Massenanteile zu machen.

Die Abbildung 1.4 zeigt den Kenntnisstand über die Häufigkeitsverteilung um das Jahr 1950, als man begann, sich auch wissenschaftlich mit der Frage zu beschäftigen, wo und wie die Elemente im Universum gemacht werden. Seitdem hat sich die Verteilung in Details verändert, da man eine größere Menge an stellaren Daten erfassen kann, aber auch weil die Studien von Meteoriten mit bedeutend größerer Genauigkeit durchgeführt werden können, allerdings sind die Trends, die man in der Abbildung erkennt, unverändert geblieben. Die relativen Häufigkeiten der Elemente sind drastisch unterschiedlich und variieren über mehr als 10 Größenordnungen. Um dies zu erfas-

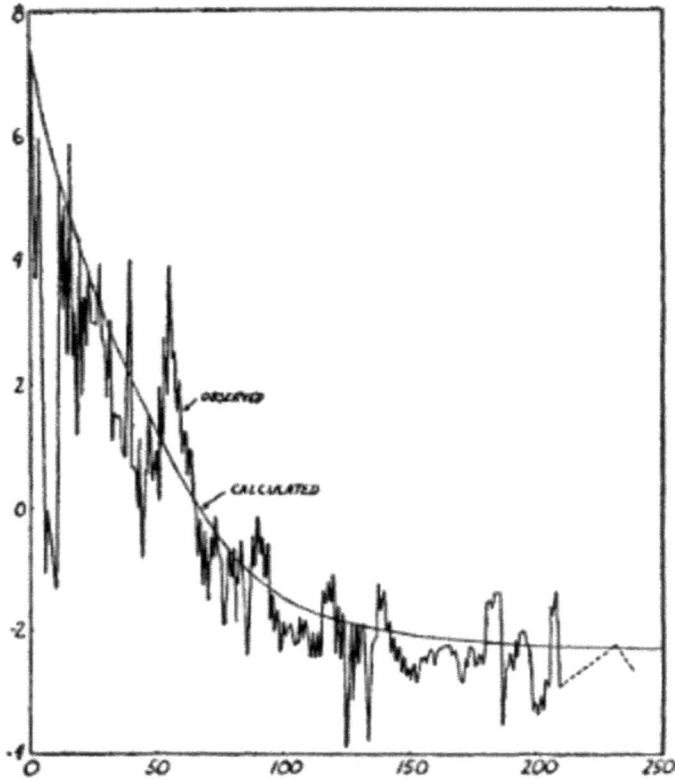

FIG. 1.

Log of relative abundance

Atomic weight

**Abb. 1.4:** Relative Häufigkeiten der chemischen Elemente an der Gesamtmasse als Funktion der Atommasse. Die mit Abstand häufigsten Elemente im Universum sind Wasserstoff (mehr als 70 %) und Helium (ungefähr 25 %). Als allgemeiner Trend lässt sich beobachten, dass die Häufigkeit der Elemente mit ihrer Masse abnimmt. Diesem allgemeinen Verhalten ist eine Feinstruktur überlagert, die zumeist durch kernphysikalische Eigenschaften bestimmt ist und die den Schlüssel zum detaillierten Ursprung der Elemente in der Geschichte unseres Universums beinhaltet. Die Abbildung ist einer berühmten Arbeit aus dem Jahr 1948 entnommen. Wegen der Ähnlichkeit der drei Autorennamen Alpher, Bethe und Gamow mit den Anfangsbuchstaben des griechischen Alphabets ist die Arbeit in Fachkreisen als $\alpha\beta\gamma$-Arbeit bekannt. Zwar haben sich die relativen Häufigkeiten durch neuere Kenntnisse leicht modifiziert, die allgemeine Struktur der Verteilung ist allerdings unverändert geblieben. Die durchgezogene Kurve in der Abbildung (calculated) stellt einen ersten Versuch dar, die Häufigkeiten durch einen sukzessiven Einfang von Neutronen im Urknall zu erklären. Diese Vorstellung hat sich aus verschiedenen Gründen als nicht richtig erwiesen.

sen, hat es sich eingebürgert, ein mittelschweres Element, zum Beispiel Silizium, auf einen bestimmten Wert zu setzen und die anderen Elemente hierzu relativ zu definieren. Heutzutage hat man sich darauf geeinigt, Silizium die Häufigkeit „$10^6$" (eine Million) zuzuweisen. Dadurch verhindert man, dass die seltenen Elemente Häufigkeiten erhalten, die kleiner als „Eins" sind. (In der Abbildung 1.4 war Silizium noch der Wert 10000 zugeordnet.) Was deutlich auffällt ist, dass die Häufigkeiten mit anwachsendem Atomgewicht abklingen. Diese Beobachtung führte, wie wir gleich sehen werden, zu den ersten Vorschlägen zur Synthese der Elemente im Universum. Weitere bedeutende Beobachtungen waren, dass Wasserstoff und Helium, die beiden leichtesten Elemente, mit Abstand die häufigsten sind, und dass es dann zu einem Bruch kommt, da die Häufigkeiten der nächsten drei Elemente – Lithium, Beryllium, Bor – sehr gering sind, aber Kohlenstoff, als nächstschweres Element wieder recht häufig ist. Man stellte auch fest, dass es zu einer regelmäßigen Differenz zwischen den Häufigkeiten von Elementen mit gerader und ungerader Protonzahl kommt, wobei Erstere häufiger vorkommen. Die Verteilung zeigt auch noch prägnante Feinstrukturen, so zum Beispiel ein Häufigkeitsmaximum für Elemente in der Eisen-Nickel-Gegend („Fe-Peak") und relative Maxima für mittelschwere Kerne, die sich als Vielfaches von Alphateilchen ($^4$He-Kern) verstehen lassen (zum Beispiel $^{12}$C, $^{16}$O, $^{20}$Ne, $^{24}$Mg, $^{28}$Si, $^{32}$S und $^{40}$Ca). Wie wir sehen werden, spiegeln diese Feinstrukturen spezielle Kerneigenschaften wider. Kerne und ihre Eigenschaften sind also das Herz zum Verständnis des Ursprungs der Elemente im Universum. Es verbleibt allerdings noch die Frage, wo dies geschah (oder geschieht?). Die Antwort auf diese fundamentale Frage hat eine recht wechselhafte Geschichte.

Schon in den zwanziger Jahren, kurz nachdem Aston die ersten Massen leichter Kerne experimentell bestimmt und so nachgewiesen hatte, dass ein $^4$He-Kern leichter war als vier Protonen, wurde erkannt, dass in der Bindung von Kernen ein enormes Energiepotential steckt. Da es von Rutherford und anderen auch gezeigt worden war, dass sich Kerne durch Beschuss transformieren ließen, war der Vorschlag naheliegend, dass die Kernenergie die Energiequelle sein könnte, die es Sternen erlaubte, über Milliarden Jahre, wie man vom Alter der Sonne erwartete, zu existieren und zu leuchten. Diese Idee wurde zum Ende der dreißiger Jahre dann im Detail ausgearbeitet, und es wurden – hauptsächlich von Bethe und von Weizsäcker – zwei Möglichkeiten entwickelt, wie in einem Stern wie der Sonne vier Protonen zu einem $^4$He-Kern umgewandelt werden können. Wir wissen heute, dass beide Möglichkeiten des Wasserstoffbrennens in Sternen realisiert sind, wobei in der Sonne die sogenannten pp-Ketten dominieren, während in massereicheren Sternen der Bethe-Weizsäcker-Zyklus, in dem die Fusion durch die Anwesenheit von $^{12}$C als Katalysator ermöglicht wird, die Hauptenergiequelle ist.

Obwohl es klar war, dass das Endprodukt des Wasserstoffbrennens ein neu synthesiertes Element – Helium – war, wurden Sterne zunächst nicht als Brutstätte der Elemente angesehen. Diese glaubt man in der Frühphase des Universums, kurz nach dem Urknall, verorten zu können. Motiviert wurde die Idee durch zwei Beobachtungen: In der Frühphase sollte es heiß gewesen sein, sodass Kernreaktionen schnell ablaufen sollten. Ferner zeigt die Häufigkeitsverteilung der Elemente ein Muster, das man so verstehen kann, dass die Elemente durch eine Sequenz von Kernreaktionen entstanden sind, bei denen sukzessive Neutroneneinfänge die Massenzahl erhöhte, und diese Kette immer dann, wenn ein Kern zu neutronenreich geworden ist, sich ein Neutron in ein Proton durch Beta-Zerfall umwandelt, sodass so die Ladungszahl zunahm. Da der Prozess nur über eine endliche Zeit ablief, werden die Elemente um so weniger produziert, je schwerer sie sind. Das Ergebnis einer solchen Reaktionskette ist in der Abbildung 1.4 durch die gepunktete Linie gezeigt, die in der Tat den allgemeinen Trend der Häufigkeitsverteilung wiedergibt. Die Frage, woher das Neutronenreservoir kommt, blieb unbeantwortet. Die Idee, dass alle Elemente schon im Urknall entstanden sind, scheitert an einer Kerneigenschaft: Es gibt keine stabilen Atomkerne mit den Massenzahlen $A = 5$ und 8 (Abbildung 1.5). Diese beiden Massenzahlen stellen somit ein Hindernis dar, dass durch einen sukzessiven Neutroneneinfang unter den Bedingungen des Urknalls nicht überwunden werden konnte.[1]

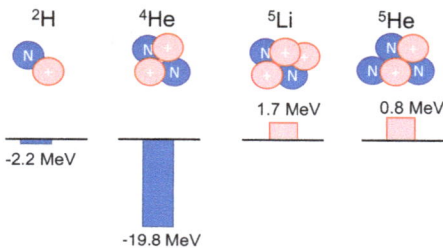

**Abb. 1.5:** Relative Bindungsenergien leichter Kerne, wobei die Zahlen die Energie angeben, die nötig ist, damit der Kern in Fragmente zerlegt werden kann. Das Deuteron ist nur leicht gebunden, während $^4$He sehr stark gebunden ist. Diese Kerne zerfallen im Grundzustand nicht in kleinere Fragmente. Die Kerne mit der Massenzahl $A = 5$ sind alle ungebunden. Ihre Bindungsenergie ist positiv, deshalb zerfallen zum Beispiel $^5$Li und $^5$He nach extrem kurzer Zeit in p + $^4$He bzw. n + $^4$He. Auch alle Kerne der Massenzahl $A = 8$, mit dem wichtigen Beispiel $^8$Be, das bei der Fusion zweier $^4$He-Kerne entsteht, sind ungebunden. Dieses Verhalten der Bindungsenergien dominiert die Elementsynthese während des Urknalls.

Die Massenlücke bei $A = 5$ und 8 ist aber auch ein Hindernis in Sternen, insbesondere wenn man berücksichtigt, dass das stellare Brennmaterial beim Wasserstoffbrennen Protonen ($A = 1$) und Helium ($A = 4$) sind, sodass die Verschmelzung von Protonen mit

---

**1** Schon in einer bedeutenden Arbeit von 1937 versuchte von Weizsäcker, die Entstehung der Elemente mit der Energiequelle von Sternen zu verknüpfen. Hierbei kam er zu dem Schluss, dass die schweren Elemente durch Neutroneneinfang entstehen müssten. Da es ihm allerdings nicht gelang, im Wasserstoffbrennen eine geeignete Neutronenquelle zu identifizieren, gab von Weizsäcker die Idee der stellaren Elementsynthese in einer Arbeit im Jahr 1938 wieder auf. Diese Arbeit ist allerdings auch bedeutend, da er in ihr, unabhängig von Bethe, den CNO-Zyklus (oder Bethe-Weizsäcker-Zyklus) als Energiequelle vorschlug.

$^4$He und die zweier Heliumkerne gerade die Massenlücken $A = 5$ und $A = 8$ treffen. Aber irgendwie und irgendwo müssen die schwereren Elemente entstanden sein. Die Situation änderte sich im Jahre 1952 schlagartig. Merrill konnte in den Atmosphären spezieller Sterne, sogenannter Asymptotischer Riesensterne, Technetium nachweisen. Das Verblüffende ist, dass Technetium instabil ist und das langlebigste Isotop eine Halbwertszeit von ungefähr einer Millionen Jahren besitzt. Die einzige mögliche Erklärung dieser Entdeckung ist, dass Technetium in dem beobachteten Stern entstanden sein muss und durch starke Durchmischung an die Oberfläche gelangte. Sterne sind somit auch Brutstätten von schwereren Elementen! Die zweite fundamentale Überlegung stammte von Edwin Salpeter, einem jungen Mitarbeiter von Hans Bethe, der darauf hinwies, dass unter stellaren Bedingungen die Lebensdauer von $^8$Be von 100 Attosekunden ausreicht, dass sich in einem Gemisch von $^4$He-Kernen immer etwa ein $^8$Be-Kern pro 10 Milliarden $^4$He-Kerne befindet, und dieser $^8$Be-Kern könnte dann während seiner Lebenszeit einen weiteren $^4$He-Kern einfangen und so $^{12}$C bilden und die Massenlücke bei $A = 8$ überbrücken. Eine weitsichtige Idee, die allerdings nicht sofort von Erfolg gekrönt war, da die Fusion von $^8$Be mit einem weiteren Alphateilchen zu langsam verlief, jedenfalls nach den damaligen Kenntnissen. Und dann kam Fred Hoyle. Er wies 1954 darauf hin, dass auch dieses Hindernis aus dem Weg geräumt ist, wenn es im $^{12}$C-Kern bei einer Anregungsenergie von etwa 7 MeV einen Zustand mit dem Gesamtdrehimpuls null gibt, der die Fusionswahrscheinlichkeit von $^8$Be und $^4$He unter stellaren Bedingungen deutlich erhöhen würde. In der Tat fanden Willy Fowler und seine Mitarbeiter diesen Zustand und zeigten, dass er die von Fred Hoyle gewünschten Eigenschaften besaß. Die Brücke von Helium nach Kohlenstoff war überwunden. In Anerkennung seiner einzigartigen Einsicht wird dieser besondere Zustand in $^{12}$C, ohne den es nach heutiger Kenntnis keine schweren Elemente und wohl auch kein Leben gibt, „Hoyle-Zustand" genannt. Die Bedeutung des Zustands kann in zwei Zeilen prägnant zusammengefasst werden:

*The state is quite important they insist, but it would not be missed, if it does not exist.*

Dann ging alles Schlag auf Schlag und 1957 schienen die Puzzleteile zusammenzupassen, als in zwei unabhängigen Arbeiten, von Fowler, Hoyle und dem Ehepaar Burbidge sowie von Alistair Cameron, die allgemeinen Prozesse skizziert wurden, wie in Sternen die verschiedenen Elemente entstehen. Aber dies war vorschnell, als kurze Zeit später 1964 wieder Fred Hoyle eingriff und Sand in das so schöne Gebilde der stellaren Nukleosynthese streute, indem er darauf verwies, dass es unmöglich sei, dass Sterne soviel Helium im Laufe des Universums produziert haben können, dass dessen Massenanteil fast ein Viertel der Gesamtmasse der Elemente ausmacht. Auch dieser Querschläger konnte kurz darauf aus dem Weg geräumt werden, als man sich die Nukleosynthese im Urknall im Detail mit verbesserten Kernreaktionsraten noch einmal anschaute und feststellte, dass die primordiale Nukleosynthese – also die Elementproduktion, die während der ersten Minuten in unserem Universum ablief – fast nur Wasserstoff und Helium, und dies in einem Massenverhältnis von 75 % zu 25 %, hergestellt haben sollte. Auch hier spielten Fowler und Hoyle wieder eine Hauptrolle, zusammen mit ihrem Schüler Robert Wagoner, und unabhängig davon kam eine Princeton-Gruppe zu dem gleichen Ergebnis. Zu dieser Gruppe gehörte James Peebles, der in den folgenden Jahrzehnten noch einige fundamentale Erkenntnisse zur Entwicklung und zur Zusammensetzung unseres Universums beitrug.

Seit mehr als 50 Jahren sind die Grundideen und Prozesse, mit denen die Elemente im Universum entstanden und, bis auf den Wasserstoff, immer noch entstehen, im Prinzip bekannt: Wasserstoff und der größte Teil des Heliums entstand in einer kurzen Frühphase des Universums. Danach diente hauptsächlich der Wasserstoff als Energiequelle, der den Sternen ihr langes Leben sowie ihr Leuchten ermöglicht. Dabei wird der Wasserstoffanteil im Universum langsam in schwerere Elemente verwandelt. Kernprozesse erzeugen dabei nicht nur die in der Periodentafel vorkommenden chemischen Elemente, sondern sie verändern auch die Zusammensetzung der Sterne und werden so zum Treiber der Entwicklung, die ein Stern von seiner Geburt an durchläuft. Auch hier ist es in den letzten Jahrzehnten gelungen, dieses delikate Zusammenspiel von Kernprozessen, Elementerzeugung und stellarer Entwicklung in manchen Details aufzuzeigen. Es wurde klar, dass nicht alle Sterne das gleiche Leben durchlaufen, sondern dass dies eigentlich individuell ist, wobei sich allerdings die Geburtsmasse eines Sterns, aber auch seine chemische Zusammensetzung bei der Geburt als bestimmende Faktoren herauskristallisierten.

Sterne haben eine endliche Geburtsmasse, auch wenn diese für irdische Verhältnisse sehr groß ist. Dies bedeutet aber auch, dass Sterne nur über eine endliche Menge an nuklearem Brennstoff verfügen und somit zwangsläufig eine endliche Lebenszeit haben. Auch das finale Schicksal eines Sterns hängt von seiner Geburtsmasse ab. Massearme Sterne wie unsere Sonne verglühen nach Beendigung des nuklearen Feuers und werden langsam zu einem „toten" Stern, den man als Weißen Zwerg kennt. Massereichere Sterne explodieren an ihrem Ende in einem spektakulären Ereignis, einer Supernova. Eine solche Explosion, die in ihrer kosmischen Nähe ziemlich zerstörend ist, ist allerdings, wie man nun weiß, eine Voraussetzung für das Entstehen von Leben, denn durch die Explosion werden die Elemente, die der Stern in seinem Inneren während seines Lebens erbrütet hat, freigesetzt. Darunter befinden sich auch mit Kohlenstoff und Sauerstoff die beiden Elemente, die die Grundbausteine des Lebens, wie wir es kennen, sind. Vom explodierenden Stern bleibt nur ein Rest, aber der ist eines der extremsten Objekte, die man im Universum beobachten kann: ein Neutronenstern, in dem das Doppelte der Sonnenmasse in einer Kugel von einem Radius von etwas mehr als 10 Kilometer zusammengepresst ist. Aber auch tote Sterne – wie Weiße Zwerge, oder auch Neutronensterne – können, wenn sie sich mit einem geeigneten Partner in einem Doppelsternsystem befinden, wieder zum Leben erweckt werden und in spektakulärer Weise in Form einer thermonuklearen Supernova oder einer Neutronensternverschmelzung zur Erzeugung der Elemente beitragen.

So ist in den letzten Jahrzehnten ein konsistentes Bild der Entwicklung unseres Universums und der vielen Objekte in ihm entstanden. Dieses Modell hat sehr davon profitiert, dass es mit verbesserten Technologien und Teleskopen gelang, immer tiefer ins Universum zu blicken – was wegen der Endlichkeit der Lichtgeschwindigkeit bedeutet, dass man auch immer weiter in der Geschichte zurückblickt – und dieses in größerer Detailschärfe aufzulösen. Hierbei musste ein fundamentales Hindernis überwunden werden. Die Erdatmosphäre kann nur von Strahlung mit bestimmten Wellenlängen im optischen, infraroten oder Radiobereich durchdrungen werden, für hochenergetische Strahlung im Ultraviolett-, Röntgen- und Gammabereich ist sie nicht durchsichtig. Dies bedeutet, dass man das Universum und seine vielen Phänomene nur beschränkt mit irdischen Beobachtungsmitteln wahrnehmen kann. Dies ist so, als könne man nur bestimmte Töne der Tonleiter hören. Man sollte sich das Klangerlebnis einer Beethoven-Symphonie oder von Queens Bohemian Rhapsody unter diesen Bedingungen besser nicht vorstellen. Um also den vollen Klang der universellen Symphonie zu hören, war es notwendig, auch die anderen Frequenzbereiche für Beobachtungen zu eröffnen, was mithilfe von Satelliten nun auch schon seit sechs Jahrzehnten möglich ist. Die Abbildung 1.6 zeigt, wie das gleiche Objekt, hier die Galaxie M101 in etwa 22 Millionen Lichtjahren Entfernung von der Erde, in unterschiedlichen Wellenlängen aussieht. Jede Wellenlänge erzählt eine andere Geschichte des Objekts und zusammen ergibt sich das detaillierte Bild, was man mittlerweile vom Universum gewonnen hat.

**Abb. 1.6:** Die Spiralgalaxie M101, beobachtet mit unterschiedlichen Satellitenmissionen der NASA. Sie liegt etwa 22 Millionen Lichtjahre entfernt und hat eine gewisse Ähnlichkeit mit der Milchstraße, ist aber größer. Das mittlere Bild ist vom Hubble-Weltraumteleskop aufgenommen und zeigt die Galaxie im optischen Bereich, wobei hauptsächlich helle Sterne und heißes Gas sichtbar sind. Die Infrarotkamera des Spitzer-Teleskops (links) zeigt sehr deutlich die Staubstreifen und -wolken in den Spiralarmen, wo neue Sterne entstehen. Das rechte Bild, aufgenommen vom Chandra-Observatorium im Röntgenbereich, illustriert energiereiche Strahlung, wie sie zum Beispiel durch Sternexplosionen entsteht.

Das naturwissenschaftliche Modell der Genesis ist keine abgeschlossene Erzählung. So wie das Universum selbst dynamischen Prozessen unterlag und immer noch unterliegt, entwickelt sich auch unsere Vorstellung davon, angetrieben durch neue astronomische Beobachtungen, verfeinerte astrophysikalische Modelle und durch verbesserte

Daten, die aus unterschiedlichen physikalischen Fachgebieten, aber hauptsächlich aus der Kern-, Teilchen- und Atomphysik stammen. Dieser Dreiklang hat uns, auch in einem dynamischen Prozess von Irrungen und tiefen neuen Erkenntnissen, zu einer Sicht des Universums geführt, das wohl nicht in seinen Details, aber in den Grundzügen ein stimmiges Bild abgibt, welches es rechtfertigt, hier zusammengefasst zu werden. Dies ist die Absicht dieses Buches, obwohl die Erfahrung lehrt, dass das eine oder andere Detail des heutigen Modells die Konfrontation mit zukünftigen Beobachtungen und Daten nicht überstehen wird und eine Modifikation erfahren muss. Aber dies ist der Fortschritt der Naturwissenschaften.

So entstand ein Bild der Geschichte des Universums sowie auch der Objekte, die sich darin befinden. Damit will sich dieses Buch beschäftigen, wobei es versucht, die großartigen Erkenntnisse der letzten Jahrzehnte zusammenzufassen. Es wendet sich dabei nicht an Spezialisten, und es ist auch kein Lehrbuch für Studenten oder Doktoranden. Viel mehr ist es das Ziel, die Begeisterung für die Nukleare Astrophysik und ihre Erkenntnisse über das Universum weiterzugeben. Das Buch verzichtet somit auf rigorose Herleitungen und auch, soweit wie möglich, auf mathematische Formeln. Es erzählt vielmehr, wie sich nach der heutigen naturwissenschaftlichen Sicht das Universum entwickelt hat. Der rote Faden ist hierbei die Entstehung der Elemente im Universum. Diese ist in natürlicher Weise mit dem Urknall sowie unterschiedlichen Sternen in verschiedenen Phasen ihres Lebens und Sterbens verknüpft. Einer historischen Vorgehensweise folgend, beginnt das Buch deshalb mit der frühen Entwicklung des Universums und der Strukturbildung von Galaxien und Sternen aus den Fluktuationen in der primordialen Dichteverteilung. Daran schließt sich eine Diskussion über die verschiedenen Phasen des stellaren Lebens vom Zünden des Wasserstoffbrennens bis zu seinem Ende durch das Verlöschen seines nuklearen Brennmaterials. Ein Fokus dieser Diskussion ist unser Mutterstern, der Sonne, gewidmet. Das finale Schicksal der Sterne hängt stark von der Geburtsmasse der Sterne ab, wobei der Stern als Weißer Zwerg verglühen oder, einer Supernova-Explosion folgend, einen Neutronenstern oder ein Schwarzes Loch als Überbleibsel hinterlassen kann. Aber auch Weiße Zwerge und Neutronensterne können, obwohl sie als separate Objekte über keine Energiequelle verfügen, wieder zum Leben erweckt werden und so noch einmal zur Elementsynthese beitragen, wenn sie sich in einem Doppelsternsystem befinden und in Kontakt mit dem geeigneten Begleitstern kommen. Das Ergebnis sind zwei der spektakulärsten Ereignisse im Universum: thermonukleare Supernovae und Neutronensternverschmelzungen. Beide haben in den letzten Jahren weit über die Elementsynthese hinaus Bedeutung erlangt, da sie zum einen als weitreichendste Zollstöcke im Universum die Basis für die Entdeckung bildeten, dass das heutige Universum entgegen der Erwartung beschleunigt expandiert, und zum anderen die Ära der Multi-Botschafter-Astronomie eingeläutet haben und als ein Ursprungsort der Edelmetalle Gold und Platin und der schwersten Elemente identifiziert wurden. Der Nukleosynthese der schwersten Elemente ist dann ein eigenes Kapitel gewidmet. Schließlich beschäftigen wir uns mit der Frage, welche Beobachtungsdaten man über die zeitliche Entwicklung der Elemente in unserer Galaxie hat und wie diese sich mit den Modellvorstellungen vergleichen. Zum Schluss werfen wir einen Blick in die Zukunft.

Der Vorausschau ist, wie alles, was sich mit Ereignissen befasst, die noch nicht geschehen sind, eine gewisse Unsicherheit inhärent, und muss, wenn sie sich auf die entfernte Zukunft bezieht, als Spekulation angesehen werden. Trotzdem wird sie auf naturwissenschaftlichen Erkenntnissen beruhen, die unserem heutigen Kenntnisstand entsprechen, oder als plausibel angenommen werden dürfen. Wir werden uns dabei bewusst sein, dass naturwissenschaftliche Weltbilder und Theorien dynamisch sind und sich durch neue experimentelle Daten oder Beobachtungen revidieren können. Dies bedeutet aber auch, dass wir mithilfe der Physik und den anderen Naturwissenschaften an prinzipielle Grenzen stoßen. Es gibt Fragen, die sich einer naturwissenschaftlichen Überprüfung entziehen und die deshalb nicht im Rahmen einer wissenschaftlichen Theorie beantwortet werden können. Dies empfinden wir als unbefriedigend, da sich unser Gehirn in einer durch Kausalität dominierten Welt entwickelt hat und die Frage nach dem Warum samt ihrer Beantwortung ein unschätzbarer Vorteil im Überlebenskampf war. Trotzdem müssen wir einsehen, dass die Naturwissenschaften keine Antworten auf grundlegende Fragen wie *Warum gibt es ein Universum? Gibt es noch weitere Universen? Was war vor dem Urknall?* geben kann. Und somit auch dieses Buch nicht.

# 2 Am Anfang war der Wasserstoff

## 2.1 Das Universum dehnt sich aus

Nordöstlich von Pasadena liegt Mount Wilson, eine etwa 1740 m hohe Erhebung in den San Gabriel Bergen im Süden Kaliforniens. Von dort oben hat man einen beeindruckenden Blick auf die große Talsenke, in der Los Angeles liegt, besonders abends, wenn die Millionenstadt illuminiert ist. Mount Wilson ist aber vor allem berühmt für seine Observatorien (Abbildung 2.1). Das 1917 gebaute 2,5-m-Spiegelteleskop war für mehrere Dekaden das größte der Welt und an ihm wurde mehrfach Wissenschaftsgeschichte geschrieben. Vor allem führte Edwin Hubble hier seine bahnbrechenden Beobachtungen durch, die das Verständnis des Universums grundlegend veränderten. Hubbles Arbeit wiederum kombinierte die Ergebnisse zweier anderer wichtiger wissenschaftlicher Entdeckungen, denen wir uns zunächst zuwenden müssen.

Schon in den Jahren 1912–1915 hatte der Astronom Vesto Slipher die ersten Messungen von Radialgeschwindigkeiten von Spiralnebeln durchgeführt, von denen später gezeigt werden konnte, dass es Galaxien außerhalb der Milchstraße waren. Seine Messungen beruhten auf dem Dopplereffekt, der besagt, dass sich die Wellenlänge von elektromagnetischen Signalen, deren Quelle sich vom Beobachter fortbewegt, zu größeren Wellenlängen verschiebt. Bei optischen Spektren ist dies eine Verschiebung zum Roten, sodass der Effekt Rotverschiebung genannt wird. In dem Fall, dass sich die Quelle auf den Beobachter zubewegt, erfolgt die Verschiebung zu kleineren Wellenlängen (Blauverschiebung). Slipher beobachtete nun in den Spektren dieser Spiralnebel einige Linien spezifischer Elemente, deren Werte man im Labor (also in Ruhe) gut kannte, und konnte aus den Abweichungen von den Laborwerten die Geschwindigkeit der astronomischen Quelle bestimmen. Das überraschende Ergebnis war, dass die meisten Spektren rotverschoben waren, die Quelle sich also vom Beobachter wegbewegt. Die Messung der Radialgeschwindigkeit war für Astronomen recht einfach. Das große Problem besteht in der Bestimmung der Distanz zum Objekt. Man kann leider nicht, wie wir es im alltäglichen Leben gewohnt sind, wenn wir den Abstand zwischen Dingen bestimmen wollen, einen Zollstock anlegen. Und Rückschlüsse aus der beobachteten Leuchtstärke auf den Abstand eines Objekts können sehr trügerisch sein, wie man sich leicht vor Augen führt, wenn man eine Kerze in etwa 100 m Abstand mit einem hellen Stern am Nachthimmel vergleicht. Astronomische Abstände müssen also durch indirekte Tricks bestimmt werden. Den für Hubble bedeutsamen Trick hatte Henrietta Leavitt, eine der großen Astronominnen, für die relevanten Abstände zu den Nebeln gefunden. Ihr Zollstock beruht auf der periodischen Variabilität von Cepheid-Sternen. Leavitt fand, dass die Luminosität der Cepheiden mit deren Oszillationsperioden korreliert: je langsamer die Periode, desto größer die intrinsische Leuchtstärke. Wenn man also die Periode der Cepheiden vermaß, konnte man auf deren absolute Leuchtstärke schließen. Verglich man nun diese mit der beobachteten Leuchtstärke, so ließ sich daraus der Abstand zum Stern bestimmen. Natürlich wurde das Verfahren getestet durch Vergleich mit eta-

https://doi.org/10.1515/9783111469737-002

**Abb. 2.1:** Das Observatorium auf dem Mount Wilson im November 1982. Etwas mehr als 50 Jahre vorher hatte Edwin Hubble hier die Beobachtungen durchgeführt, die zeigten, dass sich unser Universum ausdehnt.

blierten Abstandsmessungen in dem Bereich, in dem diese anwendbar waren. Mit der Annahme, dass die von Leavitt gefundene Beziehung universell für Cepheiden gilt, hatte Hubble nun seinen Zollstock gefunden.

Im Jahr 1929 präsentierte Hubble ein kurzes, nicht ganz sechs Seiten langes Papier, in dem er für 24 „nahe" Galaxien deren Abstände und Radialgeschwindigkeiten in Beziehung setzte. Die meisten der Geschwindigkeiten beruhten auf den Messungen von Vesto Slipher, Hubble bestimmte die Distanzen der entsprechenden Galaxien, indem er mithilfe des 2,5-m-Spiegelteleskops auf dem Mount Wilson einzelne Cepheiden-Sterne in diesen Galaxien identifizierte und diese als „Standardkerzen" benutzte. Die Abstände zu den vier entferntesten Galaxien, die im Virgo-Cluster lagen, deduzierte er aus der galaktischen Leuchtstärke. Sein Resultat ist in der Abbildung 2.2 gezeigt. Um die Streuung in den Daten zu minimieren, fasste Hubble die Resultate nach Abstand und Richtung der Galaxien in neun Gruppen zusammen; dies sind die offenen Kreise in der Abbildung. Zusätzlich benutzte Hubble noch 22 Galaxien, für die Slipher schon die Rotverschiebungen gemessen hatte. Hieraus bestimmte Hubble einen Mittelwert für die Geschwindigkeit und setzte diese in Beziehung zum Mittelwert der Distanzen, die er aus den beobachteten Leuchtstärken der Galaxien abschätzte; dieser Mittelwert wird durch das Kreuz in der Abbildung repräsentiert.

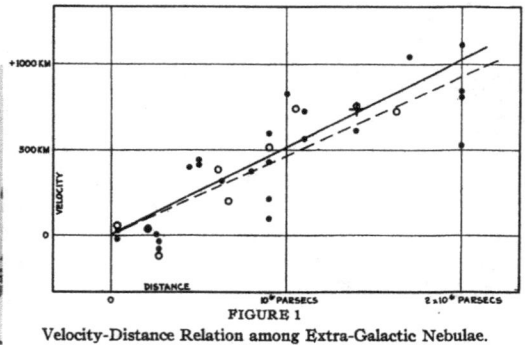

FIGURE 1

Velocity-Distance Relation among Extra-Galactic Nebulae.

**Abb. 2.2:** (links) Edwin Hubble, der durch seine Beobachtungen zeigte, dass das Universum expandiert; (rechts) die Daten, aus denen Hubble dies folgerte. Die Einheiten der Geschwindigkeiten sollten in Kilometer pro Sekunde angegeben sein.

Hubble schloss aus den Daten eine lineare Proportionalität zwischen der Geschwindigkeit $v$, mit denen sich Galaxien vom Beobachter entfernen, und ihrem Abstand vom Beobachter $R$:

$$v = HR. \tag{2.1}$$

Der Proportionalitätsfaktor wird zu Ehren seines Entdeckers Hubble-Konstante $H$ genannt. $H$ definiert zu jedem festen Zeitpunkt die Beziehung zwischen dem Abstand und der relativen Geschwindigkeit zwischen entfernten Galaxien. Der Wert von $H$ ändert sich allerdings mit der Zeit.

Es ist bemerkenswert, dass der belgische Priester und Astronom Georges Lemaître die Beziehung (2.1) schon zwei Jahre vor Hubble diskutiert hat und in Verbindung mit einer dynamischen Lösung der Relativitätstheorie auf ein expandierendes Universum geschlossen hat. Diese Verbindung mit Einsteins Allgemeiner Relativitätstheorie ist ein entscheidender Gedanke: Die beobachtete Expansion entspricht nicht einer Bewegung in einem fixen Raum, sondern wird hervorgerufen durch die Expansion des

Raumes selbst. In anderen Worten, der innere Zollstock des Universums wächst mit der Zeit.

Schon Hubble war bewusst, dass seine Beziehung nur auf genügend großen Abstandsskalen gilt. Wie die Abbildung 2.2 zeigt, bewegen sich einige Galaxien in unserer Nachbarschaft auf uns zu. Dies gilt zum Beispiel für den Andromeda-Nebel (genannt M31 nach seiner Registrierung im Messier-Katalog), der sich auf die Erde zubewegt. Dies können wir durch Anwendung des Lemaître-Gedankens verstehen. Während der Raum gemäß des Hubble-Lemaître-Gesetzes expandiert, gelten innerhalb des Universums die Naturgesetze. Insbesondere ziehen sich Galaxien aufgrund des Gravitationsgesetzes gegenseitig an, wobei die Anziehung allerdings mit dem Abstand abnimmt. Bei großen Distanzen ist diese Anziehung klein und kann gegenüber der Expansion vernachlässigt werden. Man beobachtet deshalb das lineare Expansionsgesetz. Bei kleinen Abständen ist die Gravitation nicht zu vernachlässigen und kann deshalb dazu führen, dass zwei benachbarte Galaxien wie die Milchstraße und der Andromeda-Nebel sich aufeinander zubewegen. Im Extremfall unserer alltäglichen Erfahrung hat die Expansion des Universums keinen Einfluss.

Hubble selbst hat, oft in Zusammenarbeit mit seinem Kollegen Humason, seine Daten zu größeren Distanzen erweitert und dabei die Beziehung (2.1) bestätigt. In den fast hundert Jahren nach der bahnbrechenden Erkenntnis haben die Astronomen neue Standardkerzen entwickelt, die es erlauben, zu weit größeren Distanzen zu blicken. Der längste uns hierbei zur Verfügung stehende Zollstock basiert auf einer Relation zwischen der maximalen Leuchtstärke und der Abklingbreite der Lichtkurve bestimmter thermonuklearer Supernovae, die es erlaubt, aus der beobachteten maximalen Leuchtstärke auf die Distanz zu dieser Supernova zu schließen.[1] Die Daten, die zwei große Kollaborationen aus der Beobachtung mehrerer Hundert Supernovae erschlossen, sind in Abbildung 2.3 zusammengefasst. Sie bestätigen das Hubble-Lemaitre-Gesetz. Allerdings gaben sie auch ein unerwartetes Ergebnis: Die Expansion des heutigen Universums wird beschleunigt. Man hatte den gegenteiligen Effekt erwartet, da die im Universum befindliche Materie mit ihrer Anziehung zu einem Abbremseffekt der Expansion führen sollte. Die Expansion sollte sich verlangsamen, was nach diesen neuen Erkenntnissen nur für die ersten Milliarden Jahre galt. Danach beschleunigt sich die Expansion. Als Ursache wird eine bislang unbekannte „Dunkle Energie" im Universum postuliert, deren Eigenschaften experimentell ziemlich unerforscht sind. Man hofft, der Dunklen Energie durch großskalige Untersuchungen der Strukturen des Universums auf die Spur zu kommen. Wir kommen später in diesem Kapitel darauf zurück.

Das Gesetz (2.1) besagt auch, dass eine Galaxie sich umso schneller entfernt, desto weiter sie ist. Dies erwartet man auch auf der Basis des Kosmologischen Prinzips, das, auf Kopernikus zurückgehend, besagt, dass alle Beobachtungsorte im Universum gleich-

---

1 Thermonukleare Supernovae, auch Typ-Ia-Supernovae genannt, und ihre Rolle als Standardkerzen für große Distanzen werden im Kapitel 6 besprochen.

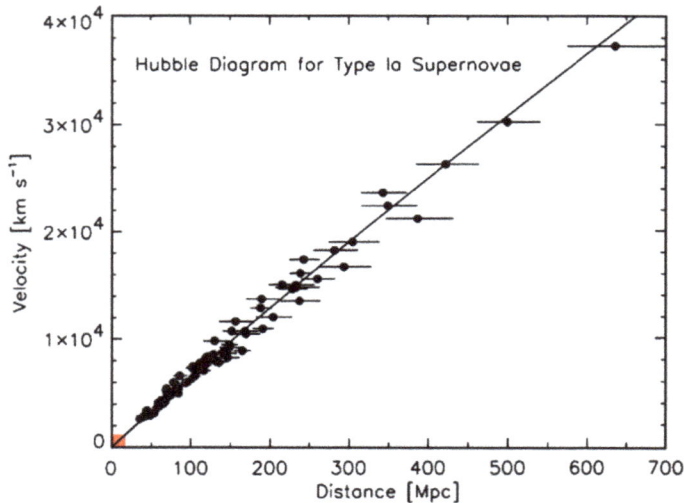

**Abb. 2.3:** Moderne Version des Hubble-Diagramms, nun basierend auf den Daten von Typ-Ia-Supernovae, die einen viel tieferen Blick in das Universum erlauben. Das kleine rote Viereck zeigt den Bereich der Hubble-Messungen von 1929 an.

berechtigt sind, d. h., dass ein Beobachter auf einer beliebigen Galaxie zu dem gleichen Ergebnis wie Edwin Hubble kommen wird. Nach dem Kosmologischen Prinzip ist die Materie im Universum – auf genügend großen Skalen – gleichverteilt. Nehmen wir also der Einfachheit halber an, dass die Galaxien im Universum immer den gleichen Abstand haben, wie Perlen auf einer Schnur. Betrachten wir die Galaxie B, von der links und rechts im jeweils gleichen Abstand die Galaxien A und C liegen. Ein Beobachter, der sich in der Galaxie B befindet, misst die relativen Geschwindigkeiten zu den Nachbargalaxien A und C und findet, da beide den gleichen Abstand haben, jeweils den Wert $v$. Betrachten wir nun einen Beobachter in der Galaxie A. Er misst gegenüber der Galaxie B auch die Geschwindigkeit $v$. Im Vergleich zur Galaxie C misst er allerdings die doppelte Geschwindigkeit $2v$, da sich B von A, aber auch C von B jeweils mit der Geschwindigkeit $v$ wegbewegen, sodass wir diese beiden Geschwindigkeiten addieren können, um die relative Geschwindigkeit zwischen A und C zu bestimmen. Wir sehen also, dass die lineare Zunahme der relativen Geschwindigkeiten mit der Distanz aus der Annahme des Kosmologischen Prinzips folgt.

Die eigentlich bahnbrechende Erkenntnis der Hubble-Lemaître-Beziehung ist die Tatsache, dass sich Galaxien voneinander entfernen, d. h., dass das Universum expandiert. Nun kann man diese Beobachtung auch herumdrehen.

Wenn das Universum heute expandiert, dann sollte es in früheren Zeiten kleiner gewesen sein. Hieraus entsteht die Idee des Urknalls, einer dichten und heißen Phase in der Frühzeit unseres Universums. Diese Idee wurde schon in den vierziger Jahren, vor allem von Gamow und seinen Mitarbeitern, entwickelt und als möglicher Ursprung der

Elementsynthese im Universum vorgeschlagen. Wir kommen darauf später in diesem Kapitel zurück und werden auch erfahren, warum diese Idee auf Probleme stieß. Aber vorher widmen wir uns der Frage, wie es sich beweisen lässt, dass es im frühen Universum tatsächlich eine solche heiße Phase gegeben hat, die Idee des Urknalls also mehr als ein interessantes Gedankenspiel ist.

## 2.2 Die kosmische Hintergrundstrahlung

Die Radioantenne auf dem Crawford Hill bei Holmdel im US-Bundesstaat New Jersey hatte seine ursprüngliche Aufgabe erledigt. Sie war vom Forschungslabor der Bell-Telefongesellschaft gebaut worden, um mit dem Echo-Satelliten zu kommunizieren. In einer, wie sich herausstellen sollte, sehr weisen Entscheidung, sollte es ab 1964 zur radioastronomischen Forschung verwendet werden. Hierzu wurden zwei junge Radio-astronomen – Arno Penzias und Robert Wilson – angeheuert. Ihr erstes Ziel war es, Radiosignale aus dem Halo unserer Milchstraße zu messen.

Es gab 1964 schon größere Radioteleskope, aber die Anlage in Holmdel (siehe Abbildung 2.4) hatte entscheidende Vorteile: Sie war extrem rauscharm, ihre Sensitivität ließ sich akkurat berechnen und sie konnte mithilfe eines Senders in etwa 1 km Abstand vermessen und geeicht werden. Erreicht wurden diese Vorteile durch das gewählte De-

**Abb. 2.4:** Arno Penzias (hinten) und Robert Wilson vor der Hornreflektor-Antenne des Radioteleskops in Holmdel, New Jersey. Mit dieser Antenne entdeckten sie 1964 die kosmische Hintergrundstrahlung.

sign, ein 20 Fuß langes Horn, mit einem Radiometer im Scheitelpunkt, in dem die Signale fokussiert und aufgefangen wurden. Verglichen mit einer Antenne, die in alle Richtungen gleich empfindlich, also isotrop, ist, hat die Hornreflektor-Antenne eine um einen Faktor 1/3000 reduzierte Empfindlichkeit gegenüber Störgeräuschen, die aus der Bodenrichtung kommen. Um es in den Worten von Robert Wilson auszudrücken: „Eine isotrope verlustfreie Antenne, die in einem freien Feld steht, würde jeweils zur Hälfte Signale vom Himmel und der Erde empfangen. Setzt man die Himmeltemperatur mit 0 K und die der Erde mit 300 K an, so wären dies 150 K. Im Gegensatz empfängt die zum Himmel gerichtete Hornreflektor-Antenne nur 0,05 K störendes Rauschen von der Erde." Diese außergewöhnliche Empfindlichkeit sollte ausgenutzt werden, um die 21-cm-Radiosignale zunächst aus der Milchstraße und danach aus anderen Galaxien zu messen. Das 21-cm-Signal entsteht durch einen Hyperfeinstruktur-Übergang im neutralen Wasserstoffatom durch Flip des Elektronenspins und kann benutzt werden, um die Dichteverteilung, Geschwindigkeit und Temperatur von Wasserstoffatomen im Universum zu untersuchen. Aber bevor diese Messungen angegangen werden sollten, wollte man Studien mit Radiowellen von 7,35 cm durchführen. Bei diesen Wellenlängen, so zeigten existierende Messungen an, sollte es zu keinem signifikanten Signal kommen. Die Messungen waren also ideal geeignet, um die Eigenschaften der Antenne im Detail zu verstehen und zu vermessen, bevor man dann die wissenschaftlich wichtigen Messungen der Wasserstofflinie anging. Es kam jedoch anders.

Die Messungen ergaben ein unerwartetes Störrauschen, das unverständlicherweise unabhängig von der Richtung war. Man hatte bei der gewählten Wellenlänge kein Signal vom Himmel erwartet, sodass das aufgefangene Rauschen hauptsächlich von der Erdatmosphäre kommen sollte. Es sollte somit abhängig von der Richtung sein, in die man das Horn ausrichtete: in Richtung Horizont größer als zum Zenit. Es war aber unabhängig von der Richtung, ebenso von der Tages- und Jahreszeit. Die Antenne wurde durch einen Vergleich mit einer kalibrierten Quelle von gekühltem Helium von 4,2 K geeicht. Weitere technische Verbesserungen wurden vorgenommen. Da das Reflektorhorn als Ruheplatz eines Taubenpaars erkoren worden war, wurde das Horn von dem „weissen Material, das Stadtbummler gut kennen" gereinigt, wie Robert Wilson es in seinem Nobelvortrag ausdrückte. Das Ergebnis war vernachlässigbar. Man beobachtete ein Störrauschen von etwa 3,5 K (mit einer Unsicherheit von 1 K).

Der Lösung des mysteriösen Störrauschens kam man auf die Spur, als Arno Penzias eines Tages mit Bernard Burge vom MIT sprach, der ihn auf die Arbeiten von Jim Peebles in der Forschungsgruppe von Robert Dicke in Princeton aufmerksam machte. Peebles hatte sich überlegt, dass das frühe Universum im thermischen Gleichgewicht mit sehr heißer Strahlung ausgefüllt sein musste. Sonst wäre der dann existierende Wasserstoff durch schnell ablaufende Kernreaktionen zu schwereren Elementen „verbacken" worden, was zu einem Widerspruch zu der Beobachtung führt, dass Wasserstoff etwa 75 % der im Universum beobachteten Elemente ausmacht. Wir kommen darauf weiter unten im Detail zurück. Für die Beobachtungen von Penzias und Wilson war es aber essentiell, dass die von Peebles diskutierte Strahlung sich zwar mit der Expansion des Universums abgekühlt hat, aber das heutige Universum noch mit einer kosmischen Hintergrundstrahlung ausfüllen sollte. Die Temperatur dieser Hintergrundstrahlung schätzte Peebles mit etwa 5 K ab.

Peebles' Annahme, das Universum habe sich im thermischen Gleichgewicht befunden, bedeutet, dass die kosmische Hintergrundstrahlung einer Schwarzkörper- oder Hohlraumstrahlung entspricht, d. h., sie entspricht einer idealisierten thermischen Strahlungsquelle mit total absorbierenden Wänden, für die die Intensität und Spektralverteilung unabhängig von der Beschaffenheit des Körpers und seiner Oberflächen nur von der (konstanten) Temperatur der Wände abhängt. Für diese Schwarzkörperstrahlung hatte Planck unter der Annahme der Energiequantelung sein berühmtes Gesetz entwickelt. Für unsere Diskussion ist wichtig, dass die kosmische Hintergrundstrahlung somit für alle Wellenlängen, und nicht nur für die von Penzias und Wilson untersuchten Radiowellen mit 7,35 cm Wellenlänge, existieren muss und die Beobachtungen bei unterschiedlichen Wellenlängen über das Planck'sche Gesetz mit konstanter Temperatur verknüpft sein müssen. Nachdem Penzias und Wilson die Tür aufgestoßen hatten, wurde dieser Beweis bei anderen Wellenlängen sehr schnell geführt. Wie wir weiter unten sehen werden, weisen die modernen Messungen die Hintergrundstrahlung als das beste bekannte Beispiel von Schwarzkörperstrahlung nach. Der erste Hinweis kam auch von Beobachtungen, die über 20 Jahre vor den Messungen von Penzias und Wilson durchgeführt wurden, als man im Spektrum des Sterns $\zeta$ Oph drei Absorptionslinien im Angstrom-Bereich nachwies, die von Cyan-Molekülen (CN-Molekülen) stammen, welche sich im interstellaren Raum in der Sichtlinie zwischen dem Stern und der Erde befinden. Das besondere an der Beobachtung war, dass ein Übergang aus dem Grundzustand und zwei Linien zu Übergängen aus dem ersten angeregten Rotationszustand gehören. Damit dies möglich ist, müssen sich der angeregte Zustand und der Grundzustand im thermischen Gleichgewicht befinden, wobei sich aus den Intensitäten die Besetzungen der Zustände rückschließen ließen, welche schon von McKellar im Jahr 1941 durch Kontakt mit einem Wärmebad von 2,3 K erklärt wurden. Genauere Analysen aus dem Jahr 1966 ergaben dann ein Wert von 3,22 ± 0,15 K. Die kosmische Hintergrundstrahlung war somit auch in einem total anderen Wellenbereich von 0,26 cm und 0,13 cm durch die beiden Cyan-Absorptionslinien bestätigt.

Der endgültige Beweis, dass die kosmische Hintergrundstrahlung in der Tat einer Schwarzkörperstrahlung entspricht, kam Anfang der 90er Jahre von der amerikanischen COBE-Mission. Der COBE-Satellit hatte ein Spektrometer an Bord, mit dem es gelang, das Frequenzspektrum der Hintergrundstrahlung mit großer Genauigkeit und über ein breites Frequenzspektrum zu messen. Das Ergebnis (Abbildung 2.5) ist beeindruckend: Die kosmische Hintergrundstrahlung folgt exakt dem Planck'schen Strahlungsgesetz, mit einer Temperatur von 2,725 K. Es ist das bislang beste je gemessene Beispiel eines Wärmestrahlungsspektrums. COBE hatte endgültig bewiesen, dass sich unser Universum in einer früheren Phase in einem thermischen Gleichgewicht befunden hat.

Cosmic microwave background spectrum (from COBE)

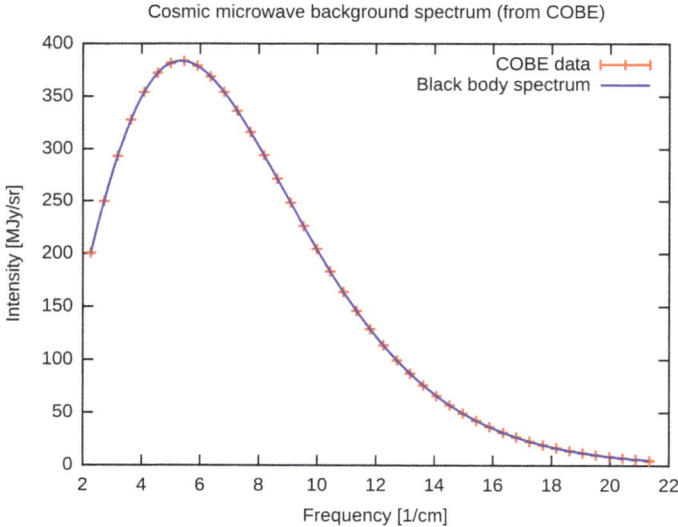

**Abb. 2.5:** Die vom COBE-Satelliten bei verschiedenen Frequenzen gemessenen Intensitäten (rote Punkte) der kosmischen Hintergrundstrahlung. Die blaue Kurve zeigt die Parametrisierung der Daten durch einen Schwarzen Körper mit der Temperatur $T = 2{,}725$ K.

Aber COBE machte noch eine zweite aufregende Entdeckung. Wir haben oben festgestellt, dass die Messungen der Hintergrundstrahlung von Penzias und Wilson von der Richtung unabhängig sind, also auf eine Isotropie der Strahlung hinweisen. Diese darf aber nicht perfekt sein, sonst wäre es nicht zur Bildung von Materieansammlungen wie Galaxienhaufen, Galaxien oder Sternen gekommen. Man geht allgemein davon aus, dass diese aus kleinen Fluktuationen der Materiedichte entstanden sind, d. h., Gebiete mit Dichtewerten größer als dem Mittelwert ziehen über die verstärkte Gravitation weitere Materie aus der Umgebung an. Passiert dies „konkurrenzlos", so wäre es ein selbstverstärkender Prozess, der exponentiell und damit recht schnell ablief. In dem Fall, der uns hier interessiert, läuft der Prozess allerdings in einem expandierenden Universum ab, in dem sich die Materie durch die stetige Expansion verdünnt. Der selbstverstärkende gravitative Verdichtungsprozess wird also durch die Ausdehnung behindert und man findet, dass unter diesen Bedingungen die Materiedichte im Inneren der im Universum enthaltenen Strukturen etwa wie die Expansionsrate anwächst. Fluktuationen in der Massendichte sollten sich in Temperaturschwankungen widerspiegeln, wobei man hierbei davon ausgeht, dass die Schwankungen in der Massen- und Energiedichte im Universum in etwa gleich sind, während die Schwankungen in der Temperatur bei Anwendung des Stefan-Boltzmann-Gesetzes, das Energiedichte und Temperatur verbindet, ungefähr ein Viertel der Schwankungen in der Massendichte betragen sollten. Unter diesen Annahmen erwartet man in der kosmischen Hintergrundstrahlung, die wie wir im nächsten Unterkapitel sehen werden, einen Schnappschuss des Universums darstellt, als es etwa 3000 K heiß war, Temperaturschwankungen im Millikelvin-Bereich zu beobachten. Die von COBE beobachtete Temperaturkarte ist in der Abbildung 2.6 dargestellt. COBE bestätigt die kleinen Abweichungen von der Isotropie, aus denen sich die Strukturen unseres Universums entwickeln haben müssen. Aber die beobachteten Temperaturschwankungen sind nur von der Größenordnung $10^{-5}$, also im 10-Mikrokelvin-Bereich, und somit deutlich kleiner als aufgrund der heutigen beobachteten Strukturen erwartet.

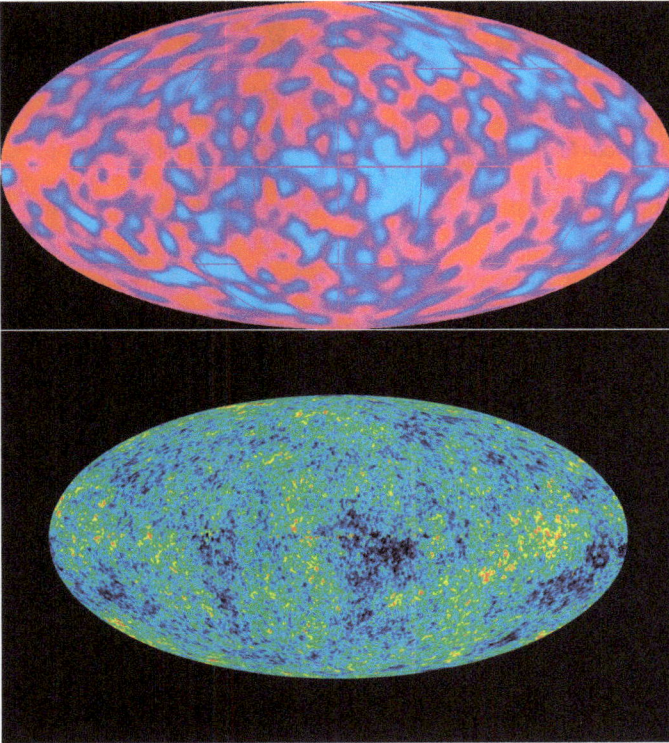

**Abb. 2.6:** Fluktuationen in der Temperaturverteilung der kosmischen Hintergrundstrahlung. Die Schwankungen sind im Mikrokelvin-Bereich um die mittlere Temperatur von 2,72 K. Die obere Abbildung stammt vom COBE-Satelliten, der die Fluktuationen erstmals nachwies. Die untere Abbildung zeigt die Daten des amerikanischen WMAP-Satelliten. Der Fortschritt über nur zwei Jahrzehnte ist bemerkenswert.

Ein solches Szenario hatte Jim Peebles (Abbildung 2.7) 1982 – also fast ein Jahrzehnt vor der Bestätigung durch den COBE-Satelliten – vorhergesagt. Jim Peebles war somit ein zweites Mal seiner Zeit voraus; wir werden ihm noch ein drittes Mal begegnen. Peebles argumentierte, dass es im Universum einen bedeutenden Anteil von Materie geben könnte, die sich zwar durch gravitative Effekte bemerkbar macht, die aber nicht an die Photonen koppelt und somit unsichtbar wäre. Man nennt sie deshalb „Dunkle Materie". Als Konsequenz, so folgerte Peebles, sollte das Universum größere Schwankungen

**Abb. 2.7:** (links) Fritz Zwicky sagte schon 1933 die Existenz von Dunkler Materie voraus, um das Rotationsverhalten im Coma-Galaxienhaufen zu erklären. Er erfand auch den Namen „Dunkle Materie" (auf Deutsch). Zusammen mit Walter Baade führte er Supernova-Explosionen auf einen gravitativen Kollaps eines Sterns zurück, bei dem schließlich ein Neutronenstern entsteht. (rechts) James (Jim) Peebles trug entscheidend zum Verständnis des heutigen Standardmodells der Kosmologie bei. Er wurde dafür 2019 mit dem Nobelpreis für Physik ausgezeichnet.

in der Materiedichte aufweisen als in der Temperatur der Hintergrundstrahlung, die im 10-Mikrokelvin-Bereich liegen sollen. Genau dies wurde von COBE bestätigt. Jim Peebles wurde für seine mehrfache Voraussicht 2019 mit dem Nobelpreis für Physik ausgezeichnet.

Die Existenz von Dunkler Materie hatten die Astronomen Fritz Zwicky (Abbildung 2.7) und Jan Oort unabhängig voneinander aufgrund von Beobachtungen im Coma-Galaxienhaufen bzw. in der Scheibe unserer Milchstraße vorgeschlagen. Zu dem gleichen Schluss kam dann Vera Rubin einige Jahre später, als sie die Umlaufgeschwindigkeiten von Sternen in Spiralgalaxien vermaß. Die Identität der Dunklen Materie ist noch offen und zurzeit ein sehr aktives Forschungsgebiet. Dunkle Materie wird oft mit bislang unbekannten Elementarteilchen identifiziert. Mögliche Kandidaten sind Weakly Interacting Massive Particles, oder kurz WIMPs. Diese Teilchen müssen elektromagnetisch neutral sein, damit sie nicht mit Photonen wechselwirken. Ferner sollten sie recht schwer, und somit langsam sein, damit sie sich mit den anderen massiven Teilchen bei der Strukturbildung im Universum zusammenklumpen konnten. Schließlich können es keine Baryonen, d. h. Elementarteilchen, die wie Protonen und Neutronen aus drei Quarks gebildet sind, sein, denn deren Bestandteil im Universum wurde aus den Präzisionsmessungen der kosmischen Hintergrundstrahlung durch zwei jüngste Satellitenmissionen, WMAP und Planck, bestimmt und ist deutlich kleiner als der der Dunklen Materie.

Der amerikanische Satellit WMAP (Wilkinson Microwave Anisotropy Probe) und das europäische Weltraumteleskop Planck haben Himmelskarten der kosmischen Hintergrundstrahlung erstellt. Hierbei musterten sie den Himmel bei verschiedenen Wellenlängen (WMAP bei 4, Planck sogar bei 9 Frequenzen) durch. Dies erlaubte ihnen, die Hintergrundstrahlung von vordergründigen Quellen wie der Milchstraße oder ferneren

Galaxien zu trennen. Wie auch schon beim COBE-Satelliten mussten die Spektren auch von dem Dipolmuster, das die Eigenbewegung der Erde relativ zur Hintergrundstrahlung erzeugt, gereinigt werden. Das Planck-Weltraumteleskop kartierte den Himmel mit etwa 50 Millionen Segmenten von wenigen Bogenminuten Kantenlängenauflösung, wobei es gelang, in jedem Segment individuell die Temperaturschwankung der Hintergrundstrahlung im Mikrokelvin-Bereich zu bestimmen! Theoretische Modelle sagen, dass Planck die ultimative Auflösung zur Messung der Hintergrundstrahlung erreicht hat, da kleinere Skalen weggedämpft worden sein sollen.

Abbildung 2.8 zeigt die vom Planck-Weltraumteleskop erstellte detaillierte Himmelskarte der Temperaturschwankungen in der kosmischen Hintergrundstrahlung, und zeigt sogleich den beeindruckenden Fortschritt, der innerhalb eines Vierteljahrhunderts seit der COBE-Mission mit dem Zwischenschritt von WMAP und der ultimativen Messung der Hintergrundstrahlung durch den Planck-Satelliten erreicht wurde. Auch WMAP, und dann Planck zeigen, dass die Temperaturschwankungen im 10-Mikrokelvin-Bereich liegen, was die schon aus den COBE-Daten erschlossene Existenz der Dunklen Materie bestätigt.

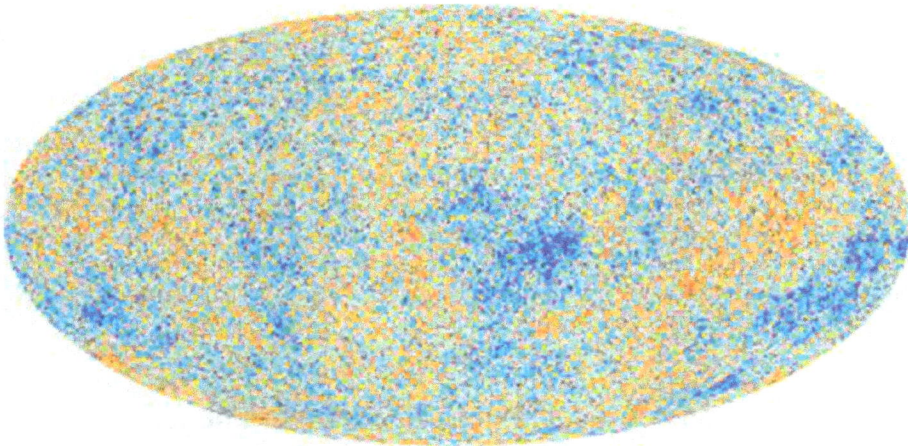

**Abb. 2.8:** Fluktuationen in der Temperaturverteilung der kosmischen Hintergrundstrahlung, wie in Abbildung 2.6, hier allerdings mit der überlegenen experimentellen Auflösung der Planck-Mission bestimmt.

Die Temperaturschwankungen in der Hintergrundstrahlung entsprechen statistischen Fluktuationen. Eine mögliche Analyse der statistischen Daten entwickelt diese (zum Beispiel in Form der Standardabweichungen vom Mittelwert) nach sogenannten Eigenmoden. Da die Himmelskarten nur von Winkeln abhängen, somit einem Bild auf einer Kugeloberfläche entsprechen, sind dies die sogenannten Kugelflächenfunktionen. Man erhält so das Leistungsspektrum der Daten, das anzeigt, mit welcher Amplitude die einzelnen Moden (nummeriert durch die Drehimpulszahl $l$) in den Daten vorkommen. Dies lässt sich wiederum benutzen, um betonte Strukturskalen in den Daten zu identifizieren. Das vom Planck-Satelliten gemessene Leistungsspektrum der kosmischen Hintergrundstrahlung ist in der Abbildung 2.9 gezeigt. Es ist ein Triumph menschlicher Experimentier- und Ingenieurkunst. Die Resultate sind in einem eindrucksvollen Einklang mit den theoretischen Vorstellungen über unser Universum, wie es im sogenannten Standardmodell (oder $\Lambda$CDM-Modell), das wir im nächsten Unterkapitel kurz kennenlernen, zusammengefasst ist. Insbesondere zeigt die statistische Verteilung der Fluktuationen keine Abhängigkeit von der Beobachtungsrichtung und bestätigt somit die Isotropie des Universums.

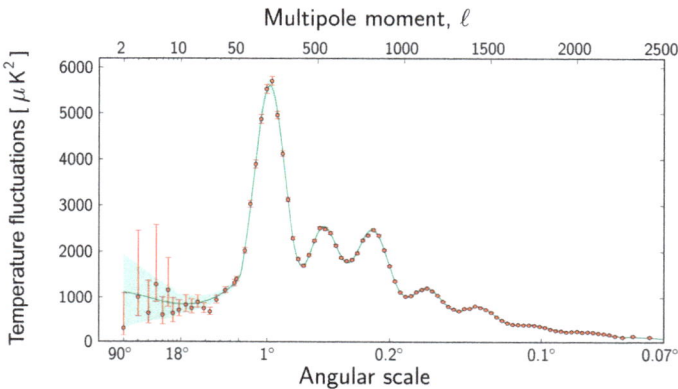

**Abb. 2.9:** Das aus den Daten der Planck-Mission extrahierte Leistungsspektrum der kosmischen Hintergrundstrahlung. Man gewinnt dies durch Entwicklung der Daten nach sogenannten Eigenmoden, die jeweils einem bestimmten Muster, hier gekennzeichnet durch eine Winkelskala und nach dem Index *l* klassifiziert, entsprechen. Die „Leistung" zeigt an, wie stark das Muster der Eigenmode in den Fluktuationen vorkommt. Das Maximum tritt bei einer Winkelskala von etwa einem Grad auf und entspricht der Skala der baryonischen akustischen Oszillationen.

## 2.3 Die Evolution des Universums – das Standardmodell

Grundannahmen des Standardmodells der Kosmologie sind die Isotropie und Homogenität des Universums. Ferner wird vorausgesetzt, dass die Allgemeine Relativitätstheorie die richtige Beschreibung der Gravitation ist. Die Massendichte des Universums[2] setzt sich aus Beiträgen der Kalten Dunklen Materie, Dunklen Energie und der baryonischen Materie zusammen, wobei man die Dunkle Materie noch durch die Eigenschaft „kalt" näher spezifiziert, um zu verdeutlichen, dass es sich hierbei um schwere Teilchen handelt, die sich bei der späteren Strukturbildung im Universum mit Geschwindigkei-

---

2 Nach der berühmten Erkenntnis von Einstein sind Masse und Energie äquivalent, sodass man auch von der Energiedichte sprechen kann.

ten, die deutlich kleiner als die Lichtgeschwindigkeit sind, bewegten. Der Ursprung der beiden ersten Beiträge ist noch unbekannt. Die Dunkle Energie wird zur Beschreibung der beschleunigten Ausdehnung des Universums eingeführt und durch eine kosmologische Konstante $\Lambda$ dargestellt.[3] Aus den kleinen Fluktuationen, die der kosmischen Hintergrundstrahlung aufgeprägt sind, entwickeln sich die Strukturen im Universum. Die bekannten Elementarteilchen werden in dem baryonischen Term sublimiert. Ferner wird angenommen, dass die bekannten Naturgesetze und Naturkonstanten immer galten (und gelten werden).

Das Standardmodell wird auch nach seinen beiden Hauptbestandteilen $\Lambda$CDM-Modell genannt, wobei das $\Lambda$ die Dunkle Energie (oder äquivalent die kosmologische Konstante) benennt und CDM für Cold Dark Matter (Kalte Dunkle Materie) steht. Das $\Lambda$CDM-Modell hat nur wenige freie Parameter, die an die Daten der kosmischen Hintergrundstrahlung und an andere Beobachtungen angepasst werden (siehe Abbildung 2.10). Kombiniert man die Ergebnisse der Planck-Mission mit den anderen Beobachtungen, so findet man, dass die Summe der Energiedichten von Dunkler Energie, Kalter Dunkler Materie und baryonischer Materie mit einer Unsicherheit der

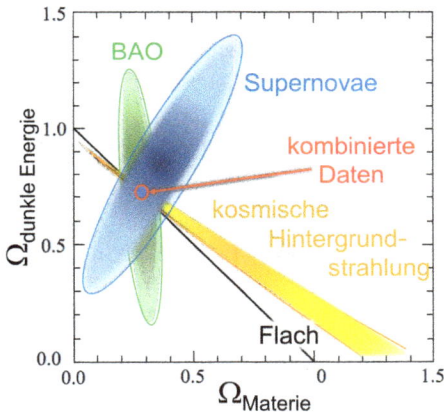

**Abb. 2.10:** Empirische Beschränkungen der Beiträge der Dunklen Energie und (Dunklen und baryonischen) Materie im Standardmodell der Kosmologie. Die Beobachtungsdaten, die aus der kosmischen Hintergrundstrahlung, dem Hubble-Diagramm von Typ Ia Supernovae (auch thermonukleare Supernovae genannt) und den Baryonischen Akustischen Oszillationen (BAO) in der Struktur des Universums gewonnen werden, schränken die Werte der Energiedichten von Dunkler Energie $\Omega_{\text{dunkle Energie}}$ (oder $\Omega_\Lambda$) und Materie $\Omega_M$ individuell auf unterschiedliche Bereiche ein, wobei die Dichten in der Abbildung in Einheiten des Wertes der kritischen Dichte $\rho_{\text{krit}}$ angegeben sind. Nimmt man diese Schranken zusammen, so ist nur ein kleiner Bereich erlaubt, in dem alle drei unabhängigen Beobachtungen übereinstimmen. Diese Werte von $\Omega_\Lambda$ und $\Omega_M$ werden heute im Standardmodell der Kosmologie akzeptiert. Die schwarze Linie kennzeichnet ein „flaches Universum", in dem sich die Beiträge von $\Omega_{\text{dunkle Energie}}$ und $\Omega_M$ zu Eins addieren.

---

3 Einstein hatte diese Konstante zunächst auf null gesetzt und diesen Schritt später als „die grösste Eselei meines Lebens" bezeichnet.

Größenordnung Promille der kritischen Dichte entspricht, die für ein flaches Universum benötigt wird (siehe nächstes Unterkapitel). Dabei beträgt der Anteil der Dunklen Energie 69,0 %, der der Kalten Dunklen Materie 26,1 % und schließlich der der sichtbaren baryonischen Materie 4,9 %. Es wird hier schon betont, dass dies der Zusammensetzung des heutigen Universums entspricht, da man sie aus den Daten der jetzigen kosmischen Hintergrundstrahlung bestimmt hat. Die relative Gewichtung der Komponenten verändert sich mit dem Alter des Universums. Es war in der frühen Phase radikal anders, was wir im nächsten Unterkapitel ausnutzen werden, um die Entwicklung des Universums in seiner Frühphase nachzuvollziehen. Das Alter des Universums wird zu 13,79 Milliarden Jahren bestimmt. Schließlich ergibt sich ein heutiger Wert für den Hubble-Parameter von $H_0 = 67,7 \, \text{km s}^{-1} \, \text{Mpc}^{-1}$.[4] Das bemerkenswerteste Resultat ist, dass die Unsicherheiten in all diesen Größen in der Größenordnung von 1 % liegt! Welch ein Weg von Hubbles ersten Beobachtungsdaten bis heute!

Das Bemerkenswerteste der drei Komponenten des Universums (Dunkle Energie, Kalte Dunkle Materie und baryonische Materie) ist, dass sich ihre Beiträge zu einem Wert für die Energiedichte aufaddieren, der eine ganz besonders ausgezeichnete Rolle spielt. Man nennt diesen Wert die kritische Dichte $\rho_{\text{krit}}$. Sie ist durch den Hubble-Parameter $H$ und die Gravitationskonstante $G$ als $\rho_{\text{krit}} = \frac{3H^2(t)}{8\pi G}$ definiert. Ihr heutiger Wert ist etwa $8,5 \cdot 10^{-30} \, \text{g/cm}^3$. Die Bedeutung der kritischen Dichte liegt darin, dass man mit ihrer Hilfe etwas über die Krümmung des Skalenparameters und somit über die geometrische Struktur des beobachtbaren Universums aussagen kann. Das Universum darf als isotrop angesehen werden, allerdings ist dies noch bei unterschiedlichen Geometrien realisierbar, wie man es sich in der Abbildung 2.11, allerdings reduziert auf zwei räumliche Dimensionen, veranschaulichen kann. Die Ausdehnung kann in einer Ebene geschehen, oder auf einer Kugeloberfläche mit einer Krümmung nach innen und schließlich wie auf einem Sattel mit einer Krümmung nach außen. Welcher Geometrie das Universum folgt, verrät der Vergleich der Energiedichte mit der kritischen Dichte. Letztere definiert nämlich exakt den Ausnahmefall eines ebenen oder „flachen" Universums. Ist die Dichte des Universums größer als der kritische Wert, so ist die Krümmung nach innen gebogen und entspricht der Oberfläche einer Kugel. In diesem Fall wäre die Ausdehnung des Universums endlich und es zöge sich irgendwann wieder zusammen. Ist die Dichte aber kleiner als $\rho_{\text{krit}}$, so ähnelt sie einem Sattel (siehe Abbildung 2.11). In diesem Fall wäre die Ausdehnung des Universums unendlich. Nur wenn die Dichte des Universums genau den kritischen Wert besitzt, ist das Universum „flach". Die Struktur entspricht dann der Euklid'schen Geometrie, in der zum Beispiel die Summe der Winkel in einem Dreieck 180 Grad beträgt. Gerade dieser Fall scheint nach den heutigen Beobachtungen realisiert zu sein und entspräche wohl einem unglaublichen Zufall, falls es dafür keine Begründung gäbe. Wir kommen auf dieses „Flachheits-Problem"

---

**4** Die Längeneinheit Parsec (pc) entspricht etwa 3,26 Lichtjahren oder 30,9 Billionen Kilometer. Ein Megaparsec (Mpc) sind eine Million Parsec.

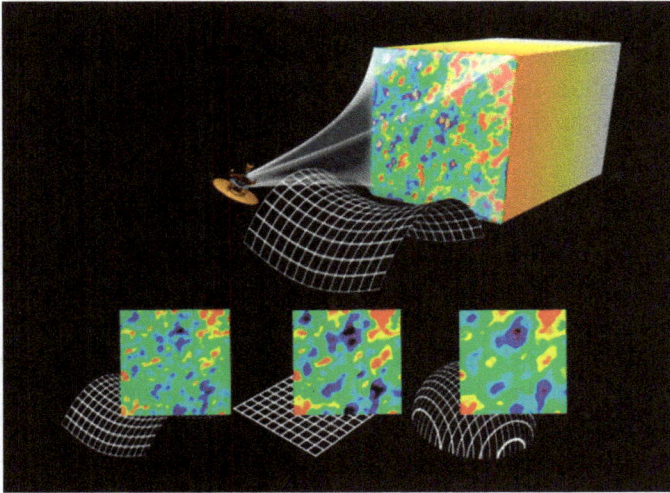

**Abb. 2.11:** Die Krümmung (geometrische Struktur) des Universums kann aus der Verteilung und Größe der Fluktuationen der kosmischen Hintergrundstrahlung erschlossen werden. Die Daten der Satellitenmissionen WMAP und Planck ergeben mit eindrucksvoller Präzision ein Universum, dessen Energiedichte gerade dem kritischen Wert $\rho_{krit}$ entspricht. Ein solches Universum ist flach, wie in der Mitte der unteren Zeile dargestellt. Wäre die Energiedichte größer als der kritische Wert, so hätte das Universum die geometrische Struktur eines Sattels (linkes Bild unten) und die beobachteten Dimensionen wären aufgrund der Lichtablenkung durch das gekrümmte Universum kleiner als die wahren Werte, wäre sie kleiner als der kritische Wert, so würden Strukturen uns als Beobachter vergrößert erscheinen (rechtes Bild unten). Das Universum hätte in diesem Fall eine Geometrie ähnlich der Oberfläche einer Kugel.

am Ende des Kapitels zurück. Es sei aber darauf hingewiesen, dass der Wert der kritischen Dichte mit dem Alter des Universums nicht immer gleich war. Er verändert sich mit dem Quadrat des Hubble-Parameters. Wie die Abbildung 2.11 schematisch andeutet, kann die Krümmung des Universums aus der Verteilung der Fluktuationen der kosmischen Hintergrundstrahlung erschlossen werden. Ein Argument, das man hierbei anwenden kann, beruht auf der Dimension der größten Fluktuationen in der Hintergrundstrahlung. Die Hintergrundstrahlung entstand, als das Universum ein bestimmtes Alter hatte; wir werden im nächsten Unterkapitel begründen, dass dies geschah, als das Universum ungefähr 380000 Jahre alt war. Die größten Fluktuationen konnten sich also über diese Zeit entwickeln, wobei dies maximal mit Lichtgeschwindigkeit geschehen konnte, womit sich eine obere Schranke für die Größe der Fluktuationen ergibt. Ist die Geometrie des Universums gekrümmt, wird das Licht auf seinem Weg vom Anfang der Hintergrundstrahlung bis heute abgelenkt. Die beobachtete Größe von Strukturen, zum Beispiel die einander gegenüberliegenden Ränder eines heißen Flecks in der Hintergrundstrahlung, erscheinen größer als die wahre Dimension, wenn die Krümmung des Universums nach innen gerichtet ist, da dann Lichtstrahlen auf ihrem Weg zueinander gebogen würden. Dieser Fall ist rechts unten in der Abbildung 2.11 realisiert. Im gegenteiligen Fall, wenn die Krümmung das Licht auseinanderbiegen würde, ist die beobachtete Dimension kleiner als die wahre (unteres Bild links). Die Daten der WMAP- und Planck-Missionen sind beide in sehr guter Übereinstimmung mit einem flachen Universum, in dem das Licht nicht durch die Geometrie des Universums gekrümmt worden ist.

Wie die Abbildung 2.9 zeigt, wird das Leistungsspektrum der kosmischen Hintergrundstrahlung im Rahmen des Standardmodells sehr gut beschrieben. Die Resultate sind auch konsistent mit denen, die man aus anderen unabhängigen Beobachtungen des Kosmos gewinnt, zum Beispiel dem Supernova-Hubble-Diagramm (Abbildung 2.3) oder den typischen Abständen zwischen Galaxien (Abbildung 2.10). Diese Daten stammen mehr aus unserer „lokalen Umgebung“, jedenfalls wenn man sie mit kosmischen Skalen vergleicht, und suggerieren, dass das ΛCDM-Modell die Entwicklung des Universums von den Ursprüngen bis heute gut beschreibt.

Das Leistungsspektrum verrät aber noch mehr über das Universum, wieder im Einklang mit anderen Beobachtungen. Dazu müssen wir kurz einen neuen Gedanken einführen. Allgemein geht man davon aus, dass die auch in der vom Planck-Satelliten vermessenen Himmelkarte nachgewiesenen Schwankungen auf Quantenfluktuationen im ganz frühen Universum zurückgehen. Solche Schwankungen sollten auch in der Masseverteilung der sichtbaren baryonischen Materie auftreten, aus der sich letztendlich die Strukturen der Galaxienhaufen und Galaxien entwickelten (siehe nächstes Kapitel). Hierbei hat sich das Dreiecksverhältnis zwischen den Hauptkomponenten des frühen Universums in besonderer Form verewigt. Diese Ménage-à-trois aus Strahlung sowie aus Dunkler und gewöhnlicher Materie zusammen mit ihrer gegenseitigen Wechselwirkung resultiert in einer überprüfbaren Vorhersage, die die Tests in der kosmischen Hintergrundstrahlung und auch in den Strukturen der Galaxien mit fliegenden Fahnen besteht. Dazu müssen wir berücksichtigen, dass die Strahlung und die gewöhnliche Materie im frühen Universum, wie besprochen, bis zur Abkopplung der Hintergrundstrahlung nach 380000 Jahren durch eine starke Interaktion zwischen den Komponenten im Gleichgewicht waren. Die gewöhnliche Materie war zusätzlich mit der Dunklen Materie in gravitativem Kontakt. Dagegen wechselwirken Strahlung und Dunkle Materie nicht direkt miteinander. Betrachten wir dieses dreiseitige Wechselspiel, so versucht die Strahlung die gewöhnliche Materie durch Stöße auseinanderzutreiben. Dies gelingt auch, allerdings muss der Strahlungsdruck gegen die gravitative Anziehung der Dunklen Materie ankämpfen, die von der Strahlung unbeeinflusst ist. Dies kann man sich wie eine Feder vorstellen: Die Strahlung treibt die gewöhnliche Materie auseinander, gegen den Widerstand der Gravitationskraft, die von der Dunklen Materie ausgeübt wird. Dabei kann die „Feder“ etwas überspannt werden, das heißt, die gewöhnliche Materie wird etwas weiter auseinandergetrieben, als es einem Gleichgewicht mit der Dunklen Materie entspricht. Dann allerdings dominiert die gravitative Anziehungskraft und zieht die gewöhnliche Materie wieder zusammen, auch nun etwas mehr als es dem Gleichgewicht entsprechen würde. Es kommt also zu einer Oszillationsbewegung, die man Baryonische Akustische Oszillationen (BAO) nennt. Was bewirken diese Oszillationen? Sie besagen, dass sich von einem Massenpunkt aus betrachtet gerade besonders viel Masse bei einem bestimmten Abstand aufhäufen sollte. Die Oszillationen führen also zu einer statistischen Aussage, da sich die Aussage nicht auf einen bestimmten Massenpunkt beziehen darf, sondern auf alle Massenpunkte, die ja gleichberechtigt sind. Man muss also die Wahrscheinlichkeit bestimmen, dass Massenpunkte mit einem bestimmten Abstand auftreten; man nennt dies eine Korrelation. Es ist wichtig, dass diese Korrelationen auch in der Strahlung auftreten, solange diese mit der gewöhnlichen Materie noch durch Stöße im Gleichgewicht ist. Durch die Oszillationen bildet sich ein Strukturmuster in der kosmischen Hintergrundstrahlung, das von der Menge der drei Komponenten abhängt und zusammen mit der Expansion des Universums anwächst. Dieses Dreiecksverhältnis hält so lange an, wie die Strahlung mit der gewöhnlichen Materie genügend schnell interagiert, was bis zur Abkopplung um die Zeit 380000 Jahre nach dem Urknall der Fall ist. Das dann vorherrschende Strukturmuster wurde in der kosmischen Hintergrundstrahlung verewigt. Wenn man die Baryonischen Akustischen Oszillationen mit den Anteilen von Dunkler und gewöhnlicher Materie sowie Strahlung im $\Lambda$CDM-Modell simuliert, so wird ein Maximum im Leistungsspektrum bei etwa 1 Grad vorhergesagt, was genau dem Bereich entspricht, den die akustischen Oszillationen in der Zeit vom frühen Universum bis zur Bildung der Hintergrundstrahlung als Korrelation erzeugt haben.

Die Abkopplung von Strahlung und Materie war dann ein entscheidender Einschnitt in der Geschichte des Universums. Die Materie konnte sich schneller abkühlen und es wurde möglich, dass sich Materiestrukturen wie Galaxienhaufen und Galaxien bildeten. Die Massekorrelationen, wie sie sich im Leistungsspektrum der kosmischen Hintergrundstrahlung zeigen, sollten sich auch in der beobachtbaren Materieverteilung im Universum widerspiegeln, natürlich weiter gewachsen mit der fortlaufenden Expansion. Nun wurden diese großräumigen Strukturen im Universum durch zwei unabhängige Himmelskartierungen (Sloan Digital Sky Survey mit Beteiligung von mehreren Max-Planck-Instituten) und 2dF Galaxy Redshift Survey untersucht und Evidenz für die BAO gefunden. Die Oszillationen haben also einen konsistenten Eindruck in der kosmischen Hintergrundstrahlung und in der großräumigen Struktur unseres Universums hinterlassen. Wir werden im nächsten Kapitel auf die Himmelskartierungen und die Strukturbildung zurückkommen.

## 2.4 Kurze thermische Geschichte des Universums

In den letzten beiden Unterkapiteln haben wir die zwei Beobachtungen kennengelernt, die unser heutiges Weltbild entscheidend geformt haben. Zum einen wissen wir, dass sich das Universum ausdehnt. Zum anderen ist aus einer früheren Phase des Universums eine Hintergrundstrahlung übrig geblieben, die exakt dem Planck'schen Gesetz eines Schwarzkörpers mit einer heutigen Temperatur von etwa 2,7 K genügt. Ferner sind der Zollstockparameter der Expansion $R$ und die Temperatur $T$ der Hintergrundstrahlung zueinander invers proportional, $R \sim T^{-1}$. Wie wir sehen werden, liegt dies daran, dass die Expansion adiabatisch verläuft. Als eine Konsequenz dieser Beobachtungen folgt, dass das Universum zu früheren Zeiten dichter und heißer war. Wird der Skalenparameter sehr klein, so steigt die Temperatur sehr stark. Dieses Verhalten ist unbegrenzt, je kleiner $R$ wird bis die Skala bei $R = 0$ zu einer Singularität wird. Dieses außergewöhnliche Verhalten wird der „Urknall" genannt, von dem aus sich das Universum bis zum heutigen Zustand entwickelt hat. Je näher man dieser Singularität kommt, desto spekulativer wird unsere Vermutung über den Zustand des Universums. Wir werden darauf noch einmal kurz am Ende dieses Kapitels zurückkommen. Vorher wollen wir uns damit beschäftigen, wie in der Frühzeit des Universums die ersten Kerne, die etwas später zusammen mit Elektronen zur Basis der leichtesten Elemente werden sollten, entstanden sind. Dafür müssen wir nicht bis in die früheste Zeit zurückgehen. Es reicht, mit der Diskussion zu starten, als die Temperatur im Universum etwa eine Billion Kelvin betrug. Obwohl auch dies für unsere alltägliche Erfahrung ziemlich heiß ist, kann man die Geschichte des Universums zu dieser Frühzeit auf der Basis der heutigen Kenntnis der physikalischen Gesetze gut reproduzieren und so Aussagen treffen, die in der Tat gegenüber heutigen Beobachtungen Bestand haben. Es ist bemerkenswert, dass dabei alle vier in der Natur vorkommenden Wechselwirkungen eine wichtige Rolle spielen. Darüberhinaus müssen wir uns noch Gedanken machen, welche Elementarteilchen in dieser frühen Phase des Universums existiert und dessen Energiedichte bestimmt haben.

Beginnen wir allerdings mit den Eigenschaften des heutigen Universums, also mehr als 13,7 Milliarden Jahre nach dem Urknall. Die mittlere Massendichte des beobachtbaren Universums hat heute etwa einen Wert von $4{,}7 \cdot 10^{-30}$ g/cm$^3$. Nimmt man an, dass diese durch die Nukleonen gegeben wird (ein Proton wiegt $1{,}67 \cdot 10^{-24}$ g), so findet man im Mittel etwa 2,5 Nukleonen pro Kubikmeter im heutigen Universum. Das Universum ist also ziemlich leer. Aus dem Planck'schen Gesetz für Schwarzkörperstrahlung lässt sich die Gesamtzahl der Photonen $N$ pro Volumen berechnen, $N = 20{,}28 \cdot T^3$ Photonen/cm$^3$, wobei die Temperatur $T$ hier in der Einheit Kelvin eingesetzt werden muss. Daraus ergibt sich, dass sich in der heutigen Hintergrundstrahlung etwa 404 Photonen pro Kubikzentimeter befinden. Im Mittel beträgt die Energie dieser Photonen $6{,}3 \cdot 10^{-4}$ eV. Multiplizieren wir die mittlere Photonenenergie mit der Photonendichte, so finden wir die Energiedichte der heutigen Hintergrundstrahlung als 0,255 eV/cm$^3$, oder $2{,}55 \cdot 10^5$ eV pro Kubikmeter. Dieser Wert ist deutlich kleiner als die Energiedichte der Baryonen, wo wir mithilfe der Masse eines Nukleons von etwa 940 MeV, den Wert 2350 MeV pro Kubikmeter oder $2{,}35 \cdot 10^9$ eV pro Kubikmeter finden. Das heutige Universum ist also nicht nur ziemlich leer, es ist auch von der Materie dominiert.

Dies war allerdings nicht immer so. Um das zu verdeutlichen, entwickeln wir die Energiedichte der baryonischen Materie und der Strahlung zu früheren Zeiten hin, wobei wir die getrennte Erhaltung beider Energien berücksichtigen, also annehmen, dass es zu keiner Umwandlung zwischen diesen Energieformen gekommen ist. Das dies berechtigte Annahmen sind, werden wir gleich sehen. Zunächst stellen wir fest, dass sich die Energiedichte der Baryonen wie die Massendichte (Masse pro Volumen) proportional zu

$R^{-3}$ verhält, also mit $T^3$ zu früheren Zeiten anwächst. Dagegen ist die Energiedichte der Photonen nach dem Planck'schen Strahlungsgesetz proportional zu $R^{-4}$, wobei hier berücksichtigt werden muss, dass neben der Änderung des Volumens (wie $R^{-3}$) auch die Wellenlängen der Photonen mit $R$ gestreckt werden; die mittlere Photonenenergie ist also im Laufe der Zeit proportional zu $R^{-1}$ kleiner geworden. Die Energiedichte der Photonen wächst also mit $T^4$ zu früheren Zeiten, somit um eine Größenordnung schneller als die Energiedichte der Baryonen. Starten wir von den heutigen Werten, so waren die Energiedichten von Strahlung und Baryonen etwa gleich, als das Universum 10000-mal heißer war. Abbildung 2.12 zeigt als Beispiel die Zusammensetzung des Universums, als dieses etwa 380000 Jahre alt war. Dies ist, wie wir gleich sehen werden, der frühstmögliche Zeitpunkt, zu dem man mit der kosmischen Hintergrundstrahlung in der Geschichte

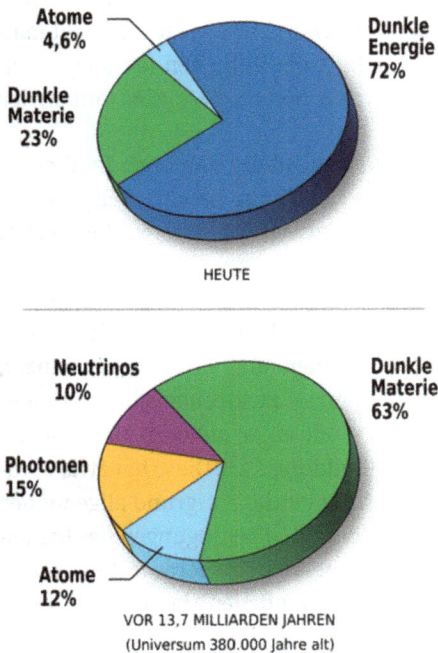

**Abb. 2.12:** Dominante Komponenten des heutigen Universums (oberes Bild) und zu einer viel früheren Zeit, als das Universum etwa 380000 Jahre alt war (unteres Bild). Zu diesem Zeitpunkt entkoppelten sich die Materie und die Strahlung im Universum und das Universum wurde transparent für Strahlung. Dies ist der früheste Zeitpunkt in der Geschichte des Universums, der durch die kosmische Hintergrundstrahlung untersucht werden kann. Vergleicht man die Komponentenanteile des Universums zu den beiden unterschiedlichen Zeiten, so fällt auf, dass die Dunkle Energie im frühen Universum keine Rolle spielte. Auch das Verhältnis zwischen Strahlung und baryonischer Materie (hier als Atome bezeichnet) hat sich drastisch verändert. Als das Universum 380000 Jahre alt war, betrug der Anteil an Strahlung (Photonen und Neutrinos) schon 25 % und war größer als der Anteil der baryonischen Materie (12 %). Im ganz frühen Universum, als in den ersten Minuten die primordiale Nukleosynthese geschah, war die Energiedichte des Universums allein von der Strahlung (Photonen und relativistische Teilchen) dominiert.

des Universums zurückgehen kann. Zu diesem Zeitpunkt war die Energiedichte der Strahlung (Photonen und Neutrinos) schon leicht größer als die der baryonischen Materie. Zu noch früheren Zeiten, und höheren Temperaturen, wurde die Energiedichte des Universums allein durch die Strahlung dominiert. Es befand sich auch im thermischen Gleichgewicht zwischen Materie und Strahlung.

Thermisches Gleichgewicht basiert auf einer statistischen Beschreibung der Komponenten im Universum, wobei eine statistische Behandlung voraussetzt, dass die Komponenten aus sehr vielen Teilchen bestehen. Diese haben durchaus unterschiedliche Energien und bewegen sich dementsprechend verschieden: manche langsam und manche schnell. Die unterschiedlichen Energien lassen sich nun in einer „Verteilung" klassifizieren, die angibt, welcher Bruchteil der Teilchen eine bestimmte Energie hat. Ein Beispiel einer solchen Klassifizierung ist die Planck'sche Schwarzkörper-Verteilung für Photonen (siehe Abbildung 2.5 mit dem wohl berühmtesten Beispiel). Sie hat eine bestimmte analytische Form, die durch einen Parameter, die Temperatur, festgelegt ist. Kennt man diesen Parameter, so ist nicht nur die Energieverteilung der Photonen festgelegt, sondern auch ihre mittlere Energie, die mit der Temperatur mittels einer Konstanten, der Boltzmann Konstanten $k$, verbunden ist.

Befinden sich Materiekomponenten mit dem Wärmebad der Photonen im thermischen Gleichgewicht, so können auch sie durch eine Verteilung beschrieben werden, die durch den gleichen Temperaturparameter $T$ charakterisiert ist. Diese Verteilung hat allerdings eine andere Form als für Photonen. Materieteilchen sind Fermionen und unterliegen somit – im Gegensatz zu Photonen und den anderen Teilchen (Gluonen, W- und Z-Bosonen, Gravitonen), die durch Austausch zwischen Materieteilchen die unterschiedlichen Wechselwirkungen hervorrufen und Bosonen sind – dem Pauli-Prinzip, das es verbietet, dass zwei Fermionen vom gleichen Typ (z. B. Elektronen oder Protonen) den gleichen Quantenzustand besetzen. Sie folgen somit einer anderen statistischen Verteilung, die man Fermi-Dirac-Verteilung nennt (Abbildung 2.13). Diese hat zwei Parameter, die Temperatur und das sogenannte chemische Potential. Aufgrund allgemeiner Überlegungen kann man die chemischen Potentiale unter den Bedingungen des frühen Universums auf null setzen, sodass als einziger Parameter die Temperatur der Materie bleibt. Diese ist im thermischen Gleichgewicht für alle vorhandenen Materiekomponenten identisch und gleich der Temperatur der Photonen.

Um ein thermisches Gleichgewicht aufrechtzuerhalten, müssen die Materieteilchen untereinander und mit dem Photonen-Wärmebad in Kontakt stehen, um dieses durch Wechselwirkungsreaktionen zu gewährleisten. Ändern sich die Bedingungen, unter denen sich das Gleichgewicht eingestellt hat, so werden die Verteilungen der Materieteilchen und Photonen darauf reagieren; es bildet sich ein neuer Gleichgewichtszustand, der in einem thermischen Gleichgewicht durch einen neuen Wert der Temperatur charakterisiert ist. Wird das System von Materie und Photonen von außen beeinflusst („gestört"), so gelingt das Einstellen des neuen Gleichgewichts nur, wenn die Wechselwirkungsprozesse schnell genug ablaufen im Vergleich zur äußeren Störung. Dieser Wettbewerb lief auch im frühen Universum ab, verursacht durch die Expansion des Uni-

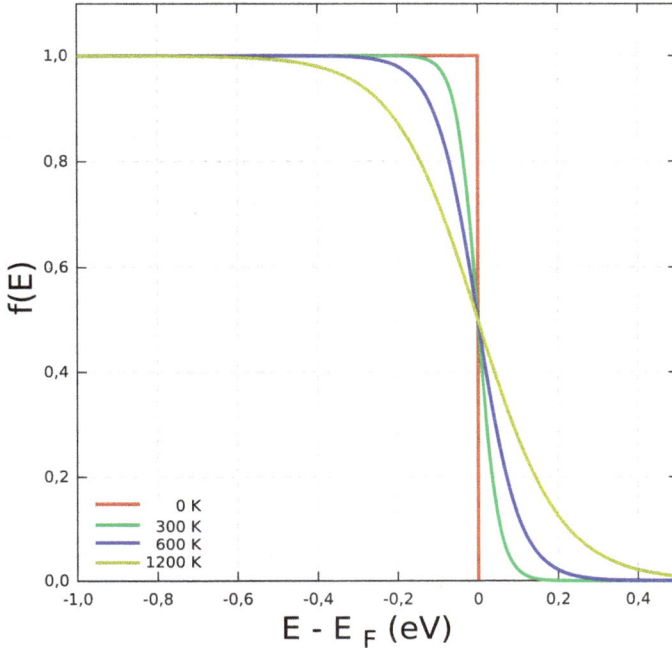

**Abb. 2.13:** Fermi-Dirac-Verteilung für eine bestimmte Menge an Materieteilchen. Bei der Temperatur $T = 0$ füllen die Teilchen die Energieniveaus bis zu einer Grenzenergie, der Fermi-Energie $E_F$, vollständig auf. Alle Niveaus oberhalb der Fermi-Energie sind unbesetzt. Bei endlicher Temperatur $T > 0$, wird es möglich, auch Energiezustände oberhalb der Fermi-Energie zu besetzen. Es kommt zu einer „Verschmierung" der Kante in der Verteilung um die Fermi-Energie. Dieser Effekt wächst mit der Temperatur, da mit wachsender thermischer Energie mehr Teilchen Niveaus oberhalb der Fermi-Energie erreichen können. In allen Verteilungen ist die gleiche Anzahl an Teilchen angenommen.

versums, die nicht nur die Temperatur stetig verringerte, sondern auch einen entscheidenden Einfluss auf die Reaktionsprozesse hatte, die das thermische Gleichgewicht zwischen Photonen und Materie gewährleisteten.

Wir halten fest, dass das thermische Gleichgewicht im frühen Universum immer nur eine Momentaufnahme war. Mit der Expansion änderte sich die Temperatur und dies verlangte auch eine Änderung in den Verteilungen. Um das Gleichgewicht zu gewährleisten, mussten die Wechselwirkungsprozesse schnell im Vergleich zur Expansion sein. Diese Prozesse hängen aber von einer reaktionsspezifischen Wahrscheinlichkeit ab, nehmen aber im Allgemeinen mit der Expansion ab. Dies liegt zum einen daran, dass die mittleren Abstände zwischen den Reaktionspartnern proportional zu $R$ anwachsen, was eine Reaktion erschwert. Zum anderen wächst gewöhnlich die Reaktionswahrscheinlichkeit mit der mittleren Energie zwischen den Partnern. Diese nimmt aber mit der Expansion, analog zur Temperatur, ab, sodass auch hierdurch die Reaktionswahrscheinlichkeit kleiner wird. Es wird also mit fortschreitender Expansion des

Universums immer schwerer, Materie und Strahlung (Photonen) im Gleichgewicht zu halten. Die Abkopplung geschieht, wie wir sehen werden, zufällig wenn das Universum mit wachsender Expansion von Strahlungsdominanz zu Materiedominanz übergeht. Es ist hauptsächlich die elektromagnetische Wechselwirkung, die Materie und Strahlung für eine lange Periode im thermischen Gleichgewicht hielt. Die schwache Wechselwirkung kann, mit interessanten Konsequenzen, die wir gleich aufzeigen, schon im sehr frühen Universum mit der Expansion nicht mehr Schritt halten. Die starke Wechselwirkung spielt eine tragende Rolle während der primordialen Nukleosynthese, die wir im nächsten Unterkapitel besprechen werden. Gravitation war ein treibender Spieler während der gesamten Entwicklung des Universums.

Einer der Prozesse im frühsten Universum, der das thermische Gleichgewicht zwischen Strahlung und Materie aufrechterhält, ist die Kollision zweier Photonen. Aufgrund von Einsteins Energie-Masse-Äquivalenz kann sich in diesem Prozess die Energie der Photonen in Masse, genauer gesagt in ein Paar aus Teilchen und Antiteilchen, umwandeln:

$$\text{Photon} + \text{Photon} \leftrightarrow \text{Teilchen} + \text{Antiteilchen.} \tag{2.2}$$

Man nennt diesen Prozess „Paarbildung" oder „Paarerzeugung". Wie der Pfeil in der Gl. (2.2) andeutet, kann der Prozess auch in die umgekehrte Richtung ablaufen: Ein Paar aus Teilchen und Antiteilchen vernichten sich in Photonenenergie; dies nennt man Paarvernichtung. Die Existenz von Antimaterie war eine erstaunliche Eingebung des britischen Physikers Paul Dirac. Danach gibt es für jedes Teilchen der Materie (Elektronen, Protonen, Neutronen, ...) ein Antiteilchen. Teilchen und Antiteilchen haben exakt die gleiche Masse, aber entgegengesetzte Ladungen und Spin (eine intrinsische Eigenschaft von Teilchen, die sich wie ein halbzahliger Drehimpuls verhält). Eine Welt aus Antimaterie – analog unserer bekannten Welt aus Materie – ist denkbar. Sie müsste allerdings gut von der Materiewelt getrennt sein, weil sich sonst beide durch Paarvernichtung auslöschen würden (Gl. (2.2) nach links laufend). Die Existenz von Antimaterie wurde zunächst in der Höhenstrahlung (Positron, das Antiteilchen des Elektrons) und später in Beschleunigerexperimenten (zuerst das Antiproton) nachgewiesen. Mit modernen Hochenergiebeschleunigern wie dem Large Hadron Collider am CERN wurden inzwischen auch Antihelium-4, das Anti-Alphateilchen, erzeugt. Ebenso konnte mithilfe modernster Teilchenfallen Antiwasserstoff hergestellt und vermessen werden. Antiwasserstoff ist ein Atom, das aus einem negativ geladenen Antiproton und einem positiv geladenen Positron besteht. Es sei noch angemerkt, dass Antimaterie (Positronen) sehr erfolgreich in der Medizintechnik im Rahmen der Positronen-Emissions-Tomographie als Diagnoseverfahren (PET-Verfahren) eingesetzt wird.

Um den Paarbildungsprozess zu ermöglichen, brauchen die Photonen eine Mindestenergie, um die Masse der beide Paarteilchen zu erzeugen. Ist die Energie der Photonen deutlich größer als diese notwendige Schwellenenergie, so balancieren sich Paarerzeugung und Paarvernichtung aus, sodass ein Gleichgewicht von gleich vielen Photonen und Teilchen-Antiteilchen entsteht. Die Photonen im Universum folgen einer Planck-Verteilung, die sich über das ganze Energiespektrum erstreckt. Es gibt also immer Photonen, die unterhalb dieser Schwellenenergie liegen, und Photonen mit Energien oberhalb der Schwellenenergie. Das Gewicht zwischen diesen Photonen verschiebt sich durch den Temperaturparameter. Je größer $T$ ist, desto mehr Photonen liegen oberhalb der Schwellenenergie. Nun zeigt sich, dass sich die Balance zwischen Paarvernichtung und Paarerzeugung ungefähr dann einstellt, wenn die thermische Energie $kT$ der Ruhemasse der Teilchen entspricht. Hierbei werden Massen gemäß der Einstein'schen Formel durch eine Energie angegeben ($m = E/c^2$). Die beiden Skalen lassen sich leicht ineinander umrechnen, wenn man berücksichtigt, dass einer Temperatur von $10^{10}$ K in der anderen Skala eine Energie von 860 keV entspricht. Dies ist mehr als die Masse von Elektron und Positron (511 keV), aber deutlich kleiner als die Masse der Nukleonen (939 MeV). Wir weisen darauf hin, dass durch das Gleichgewicht von Paarbildung und Paarvernichtung auch instabile Teilchen im frühen Universum anwesend waren, die unter Laborbedingungen zerfallen. Ein Beispiel ist das Myon, ein Lepton mit einer Masse von 105,658 MeV. Seine mittlere Lebensdauer ist $2,2 \cdot 10^{-6}$ s. Auch ein Myon im frühen Universum zerfiel mit dieser mittleren Lebensdauer. Allerdings liefen Paarerzeugung und Paarvernichtung viel schneller als die Zerfallszeit ab, sodass im Universum mit Temperaturen $T > 105$ MeV (äquivalent $0,91 \cdot 10^{12}$ K) Myonen im thermischen Gleichgewicht vorhanden waren.

Das expandierende Universum kühlt sich sukzessive ab. Dies heißt, dass seine Temperatur nach und nach die Schwellenenergien von Teilchen unterschreitet. Für diese Teilchen gewinnt die Teilchenvernichtung über die Teilchenerzeugung und diese Teilchen verschwinden. Die Energien, die ihren Ruhemassen entsprechen, gehen allerdings nicht verloren, sondern werden gemäß der Energieerhaltung freigesetzt und heizen das Photonenbad und alle Teilchen, die damit noch im thermischen Gleichgewicht sind, auf. Als das Universum etwa 12,2 Billionen Kelvin heiß war, sollten sich die Protonen und Neutronen mit ihren Antiteilchen, Antiprotonen und Antineutronen, vernichtet haben (wir kommen darauf zurück). Nun ist diese Vernichtung allerdings nicht vollständig passiert, da wir in der baryonischen Materie des heutigen Universums noch Protonen und Neutronen vorfinden, während es keinen Hinweis auf entsprechende Antinukleonen gibt. Bei der Vernichtung der Nukleonen wurde anscheinend die gesamte Antimaterie vernichtet, aber etwas Materie hat überlebt. Es muss also im sehr frühen Universum, vor der Vernichtung der Nukleonen und ihrer Antiteilchen, einen Überschuss von Materie über Antimaterie gegeben haben. Warum es zu der Materie-Antimaterie-Asymmetrie gekommen ist, ist noch eine offene Frage. Es werden Szenarien diskutiert, die die notwendige Symmetrieverletzung im Bereich der Baryonen (Baryongenese) oder der Leptonen (Leptogenese) vermuten.

Der Überschuss an Materie über Antimaterie spiegelt sich nicht nur bei den Nukleonen wider, sondern auch bei den anderen Materieteilchen. Zum Beispiel muss es auch einen Überschuss an Elektronen über Positronen gegeben haben, der demjenigen zwischen Protonen und Antiprotonen entsprach, sodass im heutigen Universum die positiven Ladungen der Protonen durch die negativen der Elektronen ausbalanziert sind. Ladungsneutralität scheint ein grundlegendes Prinzip im Universum zu sein, die auch den unbekannten Prozess, der hinter der Materie-Antimaterie-Asymmetrie steht, überlebt hat. Die Ungewissheit, wie es zu dem Überschuss an Materie kam und wie groß der relative Anteil an Materie war, der der Vernichtung entging, übersetzt sich allerdings auch in eine Unbestimmtheit, wie viele Photonen es im Vergleich zu Nukleonen gibt. Bevor es zu dem Symmetriebruch zwischen Materie und Antimaterie kam, war auch die Anzahl von Photonen und Materieteilchen balanziert. Dies ist nicht mehr der Fall nach der noch unbekannten Symmetrieverletzung, sodass das Verhältnis von Baryonen (Proton und Neutron) zu Photonen ein unbestimmter Parameter ist, den man also nicht aus der Theorie ableiten kann, sondern durch Beobachtungen bestimmen muss und kann.

### Die Friedmann-Gleichung

Die thermische Geschichte des Universums lässt sich nun beschreiben. Aus der Allgemeinen Relativitätstheorie erhalten wir mit der Friedmann-Gleichung die fundamentale Beziehung, die die Änderung des Expansions- oder Skalenparameters mit der Energiedichte des Universums in Beziehung setzt:

$$H^2(t) = \left( \frac{\dot{R}(t)}{R(t)} \right)^2 = \frac{8\pi G}{3}\rho(t) - \frac{kc^2}{R^2} + \frac{\Lambda c^2}{3}. \tag{2.3}$$

In der Gleichung (2.3) haben wir angenommen, dass das Universum homogen und isotrop ist, wie es von der Messung der kosmischen Hintergrundstrahlung bestätigt wird. In Gl. (2.3) ist $G$ die Gravitationskonstante und $\dot{R}(t)$ ist die zeitliche Änderung des Expansionsparameters $R$ zur Zeit $t$, entsprechend einer Geschwindigkeit. $\Lambda$ hängt nicht von der Zeit ab und wird als kosmologische Konstante bezeichnet. Der Parameter $k$, der in der Gleichung explizit mit aufgeführt wurde, beschreibt die Krümmung im Universum. Ein flaches Universum enthält keine Krümmung und entspricht somit dem Parameter $k = 0$. Für eine kugelförmige Krümmung (siehe Abbildung 2.11) gilt $k = +1$, für die sattelförmige $k = -1$. Die Energiedichte $\rho$ umfasst sowohl einen Strahlungs- als auch einen Materieanteil.

Die zeitliche Änderung des Skalenparameters entspricht einer Geschwindigkeit, sodass wir in den beiden linken Termen (das Quadrat) des Hubble-Gesetzes (2.1) wiederentdecken. Dies erlaubt uns einen neuen Blick auf Hubbles Entdeckung. Die Friedmann-Gleichung erklärt das durch das Hubble'sche Gesetz beschriebene Verhalten nicht mit der Bewegung von Objekten im Universum, sondern dadurch, dass sich der Zollstock (Skalenparameter $R$), mit dem alle Abstände im Universum gemessen werden, ausdehnt. Wir betonen, dass diese Ausdehnung nur die räumlichen Koordinaten und nicht die Zeit betrifft. Dieser Punkt wird zum Schluss dieses Kapitels noch einmal wichtig.

Die Friedmann-Gleichung (2.3) erlaubt aber auch, die zeitliche Änderung des Skalenparameters bei Kenntnis der Energiedichte $\rho(t)$ zu bestimmen. Die Expansion kann mit einer kinetischen Energie verknüpft werden, die bei Energieerhaltung nach der

Friedmann-Gleichung aus der gravitativen Anziehung der Materie genommen wird, wobei man Strahlung nach der Masse-Energie-Äquivalenz ebenfalls einen gravitativen Effekt zuordnen muss. Die Energiedichte ist eine Funktion der Zeit und somit auch der Hubble-Parameter. H ist deshalb keine Konstante, sondern ein Parameter. Man kann durch Messungen seinen heutigen Wert bestimmen. Die Werte zu anderen Zeiten ergeben sich dann aus der Gleichung (2.3), wenn man die zeitliche Variation der Energiedichte $\rho(t)$ kennt. Zu diesem Punkt kommen wir noch mehrfach zurück.

Für spätere Überlegungen ist es vorteilhaft, die Friedmann-Gleichung leicht umzuformen und in eine kompaktere Form zu bringen. Hierzu definiert man $\Omega_{MS} = \frac{8\pi G}{3H^2}\rho$ und $\Omega_\Lambda = \frac{\Lambda c^2}{3H^2}$, sodass nach ein paar mathematischen Manipulationen die Friedmann-Gleichung die Form

$$H^2(t)(1 - \Omega) = -\frac{kc^2}{R^2} \tag{2.4}$$

erhält, wobei wir noch die Abkürzung $\Omega = \Omega_{MS}+\Omega_\Lambda$ benutzt haben. Die Bedeutung dieser Umformungen liegt darin, dass wir die Energiedichte, bestehend aus den Beiträgen der Strahlung und Materie $\Omega_{MS}$ sowie der Dunklen Energie $\Omega_\Lambda$, in Einheiten der kritischen Dichte geschrieben haben. Dies sehen wir auch daran, dass aus der Gleichung (2.4) folgt, dass ein flaches Universum, entsprechend $k = 0$, genau dann vorliegt, wenn $\Omega = 1$ ist, also sich die verschiedenen Beiträge zur Energiedichte genau zur kritischen Dichte aufaddieren. Die Daten der Planck-Mission ergeben, dass diese Bedingung mit großer Präzision erfüllt ist: $\Omega = \Omega_{MS} + \Omega_\Lambda = 1{,}0005 \pm 0{,}0065$.

### Das frühe Universum

Wie wir oben diskutiert haben, war das Universum in seiner frühen Phase „strahlungsdominiert". Dies bedeutet, dass die Beiträge der Dunklen Energie sowie der Kalten Dunklen Materie zur Energiedichte vernachlässigt werden können. Dies hat zur Konsequenz, dass wir in der Friedmann-Gleichung in dieser Phase des Universums den konstanten Term $\frac{\Lambda c^2}{3}$ in der Gleichung (2.3) weglassen können. Besondere Beachtung verlangen allerdings Teilchen (und Antiteilchen) mit einer Ruhemasse, die kleiner als die jeweilige Temperatur des Universums war. Zum einen wird die in ihnen als Masse gespeicherte Energie bei der Paarvernichtung dem Photonenbad noch als Energie zugeführt, zum anderen können Teilchen, deren mittlere Energie, gegeben durch die thermische Energie $E = kT$, genügend größer als ihre Ruhemasse ist, als relativistisch angesehen werden, sodass man ihre Ruhemasse vernachlässigen kann. Die Energiedichte der relativistischen Materieteilchen ist ebenfalls proportional zu $T^4$ wie die der Photonen allerdings mit einem anderen Vorfaktor, der daher rührt, dass die Teilchen, im Gegensatz zu den Photonen, Fermionen sind. Die im Photonenbad gespeicherte Energiedichte ist durch die Planck-Formel gegeben: $\rho = aT^4$ mit der Strahlungskonstanten $a = 7{,}5651 \cdot 10^{-16}\,\mathrm{J\,m^{-3}\,K^{-4}}$, wobei die Energiedichte für die Materieteilchen durch einen auf die Fermi-Dirac-Statistik zurückgehenden Vorfaktor zu $\rho = g_s aT^4$ modifiziert werden muss.

Für Nukleonen, Elektronen und Myonen findet man $g_s = \frac{7}{8}$ und für Neutrinos $g_s = \frac{7}{16}$. Der Unterschied von Nukleonen, Elektronen und Myonen gegenüber Neutrinos kommt daher, dass Letztere nur jeweils eine Spinkomponente besitzen, während die anderen Teilchen zwei vorweisen. Für Photonen gilt $g_s = 1$. Teilchen und Antiteilchen haben den gleichen statistischen Faktor. Wir können nun die Energiedichte des Universums für jede Temperatur durch Aufsummieren der Einzelbeiträge der Photonen und der bei der Temperatur noch nicht vernichteten Teilchen bestimmen.[5] Da die Energiedichte aller Komponenten proportional zu $T^4$ ist, gilt dies auch für die Gesamtenergiedichte, die in der Friedmann-Gleichung auftritt. Da die Expansion des Universums adiabatisch verläuft, wie man im thermischen Gleichgewicht aus dem Zweiten Hauptsatz der Thermodynamik und der Energieerhaltung herleiten kann, gilt, dass Expansionsparameter und Temperatur zueinander invers proportional sind $T \sim 1/R$. Daraus folgt, dass $\rho \sim R^{-4}$ und die Friedmann-Gleichung wird zu einer Beziehung, die es erlaubt, die Entwicklung des Expansionsparameters $R(t)$ mit der Zeit zu bestimmen. Man findet für ein „strahlungsdominiertes Universum" $R(t) \sim \sqrt{t}$. Der Proportionalitätsfaktor hängt davon ab, welche Teilchen noch im Universum vorhanden waren.

Der Begriff „strahlungsdominiert" ist für das sehr frühe Universum nicht ganz korrekt, da die entsprechende Energiedichte im größeren Teil von Teilchen und Antiteilchen gegeben war. Falls diese als relativistische Teilchen behandelt werden dürfen, ergibt sich für sie die gleiche Temperaturabhängigkeit wie für Photonen; sie verhalten sich also auch wie Strahlung. Falls die Temperatur des Universums etwa der Masse eines Teilchens entspricht, kann dieses nicht in relativistischer Approximation behandelt werden. Dies macht eine numerische Lösung der Friedmann-Gleichung notwendig.

Im nächsten Unterkapitel werden wir die Nukleosynthese während des Urknalls, genannt primordiale Nukleosynthese, besprechen. Hierzu müssen wir zu Temperaturen von der Größenordnung von $T = 10^{12}$ K zurückgehen und der Entwicklung des Universums folgen, bis es sich auf etwa $T = 10^8$ K abgekühlt hat. In dieser Periode kam es zu zwei interessanten Entwicklungen, die auf die Nukleosynthese Einfluss haben, die aber von allgemeiner Bedeutung sind, sodass wir sie schon hier ansprechen wollen.

Bei einer Temperatur von $T = 10^{12}$ K (entsprechend 86 MeV) hatten sich im Universum nur Elektronen (mit einer Masse von 0,511 MeV) sowie die drei Neutrinogenerationen $\nu$ noch nicht mit ihren Antiteilchen annihiliert. Insbesondere haben sich bei etwas höheren Temperaturen Myonen (Masse 105 MeV) und Pionen (140 MeV) vernichtet und das Photonenbad erhitzt. Das Universum bestand zu diesem Zeitpunkt aus Photonen, Elektronen und Positronen, Neutrinos und Antineutrinos sowie einer Anzahl von Nukleonen, die die Vernichtung wegen der Materie-Antimaterie-Asymmetrie überlebt hatten und für einen kleinen Anteil von baryonischer Materie im Universum sorgte. Die baryonische Antimaterie war im Universum verschwunden. Durch schnelle Stöße

---

5 Der Beitrag zur Energiedichte von Teilchen, deren Masse größer als die Temperatur ist, kann vernachlässigt werden, da deren Anzahl nach der Paarvernichtung sehr klein ist.

(Wechselwirkungen) wird ein thermisches Gleichgewicht zwischen Photonen und den anwesenden Materieteilchen bei gleicher Temperatur hergestellt.

Wenn man weiß, welche Teilchen im thermischen Gleichgewicht im Universum vorhanden sind, kann man die Gesamtenergiedichte und schließlich mithilfe der Friedmann-Gleichung auch die Konstante in der Zeit-Radius- oder Zeit-Temperatur-Abhängigkeit bestimmen. Für Temperaturen unterhalb von etwa $T = 10^{12}$ K findet man $t = 1{,}09\left(\frac{10^{10}K}{T}\right)^2$, wobei durch Wahl der Konstanten die Temperatur in Kelvin angegeben werden muss, wodurch sich die Zeiten in Sekunden ergeben.[6] Die Entwicklung des frühen Universums verlief somit sehr schnell. Demnach dauerte es etwas mehr als eine Sekunde, bis sich das Universum von $10^{12}$ K auf $10^{10}$ K abkühlte. Die Verdopplung des Expansionsparameters bei $T = 10^{12}$ K dauerte weniger als eine Millisekunde, bei $T = 10^{10}$ K allerdings schon drei Sekunden.

Neben Photonen, Elektronen, Positronen und Neutrinos existierten dazu auch Protonen und Neutronen, die wegen der Asymmetrie von Materie und Antimaterie bei der Paarvernichtung der Nukleonen übrig geblieben sind. Neutronen sind um etwa $\Delta mc^2 = 1{,}29$ MeV schwerer als Protonen, was noch wichtig wird. Bei einer Temperatur von $T = 10^{12}$ K ist dieser kleine Unterschied, der nur etwa 1,4 Promille der Massen ausmacht, allerdings vernachlässigbar. Protonen und Neutronen sind zu diesem Zeitpunkt fast gleich häufig im Universum. Für jedes Proton gibt es ein zusätzliches Elektron, sodass es auch einen kleinen Überschuss an Elektronen über Positronen gibt.

Protonen und Neutronen können ineinander umgewandelt werden. Dies geschieht durch die folgenden Reaktionen

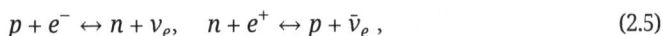

$$p + e^- \leftrightarrow n + \nu_e, \quad n + e^+ \leftrightarrow p + \bar{\nu}_e, \tag{2.5}$$

in denen sich Protonen und Neutronen durch Einfang von Elektronen beziehungsweise Positronen ineinander umwandeln, wobei zur Erhaltung der Leptonenzahl auch Elektron-Neutrinos $\nu_e$ und Elektron-Antineutrinos $\bar{\nu}_e$ gebildet werden. Dazu kommt noch der Beta-Zerfall des Neutrons mit einer Lebensdauer von fast 15 Minuten ($887{,}7 \pm 2{,}3$ s), was ungefähr einer Halbwertszeit von 610 Sekunden entspricht. Vermittler dieser Reaktionen ist die schwache Wechselwirkung. Sie ist auch die einzige der fundamentalen Wechselwirkungen, die eine Umwandlung von Protonen in Neutronen (oder umgekehrt) ermöglicht, da die anderen Wechselwirkungen sowohl die Anzahl der Protonen als auch der Neutronen bei einer Reaktion erhalten. Laufen die Reaktionen schnell genug ab, so stellt sich ein durch die Temperatur des Universums vorgegebenes Verhältnis von Neutronen zu Protonen ein. Da die Neutronen etwas schwerer sind, ist es auch etwas schwieriger, Neutronen in den Reaktionen (Gl. (2.5)) zu produzieren als Protonen. Mit sinkender Temperatur verschiebt sich das Verhältnis zugunsten der Protonen gemäß

---

**6** Dieser Zusammenhang gilt etwa bis das Universum auf $T = 5 \cdot 10^9$ K abgekühlt war.

$$\frac{\text{Anzahl der Neutronen}}{\text{Anzahl der Protonen}} = e^{\left(-\frac{\Delta mc^2}{kT}\right)}. \tag{2.6}$$

Nun haben wir oben diskutiert, dass Gleichgewichte sich nur einstellen, wenn die Reaktionen schnell genug sind im Wettbewerb mit der Expansion des Universums. Dies trifft zuerst in der Geschichte des Universums die Reaktionen der schwachen Wechselwirkung, da deren intrinsische Kopplungsstärke um viele Größenordnungen kleiner ist als die der elektromagnetischen und starken Wechselwirkungen. In der Tat fallen die Raten für die Reaktionen (2.5) hinter die Expansionsrate zurück, wenn das Universum auf Temperaturen unterhalb von etwa 10 Milliarden Kelvin abgekühlt ist. Dies hat zwei Konsequenzen. Als Erstes passt sich das Proton-zu-Neutron-Verhältnis nicht mehr mit abnehmender Temperatur an, sondern wird schließlich auf einen Wert festgefroren (siehe Abbildung 2.14). Dieser Wert ist ungefähr 0,16 und wird durch den Beta-Zerfall des Neutrons bis und während der primordialen Nukleosynthese noch etwas weiter zugunsten der Protonen verschoben. Abbildung 2.14 zeigt das Neutron-zu-Proton-Verhältnis zur Zeit der Abkopplung der Neutrinos und der primordialen Nukleosynthese. Neben der Gleichung (2.6) ist noch zu bedenken, dass freie Neutronen mit einer Halbwertszeit von 610 Sekunden zerfallen, was für die Abkopplung recht unwichtig ist, da diese schnell

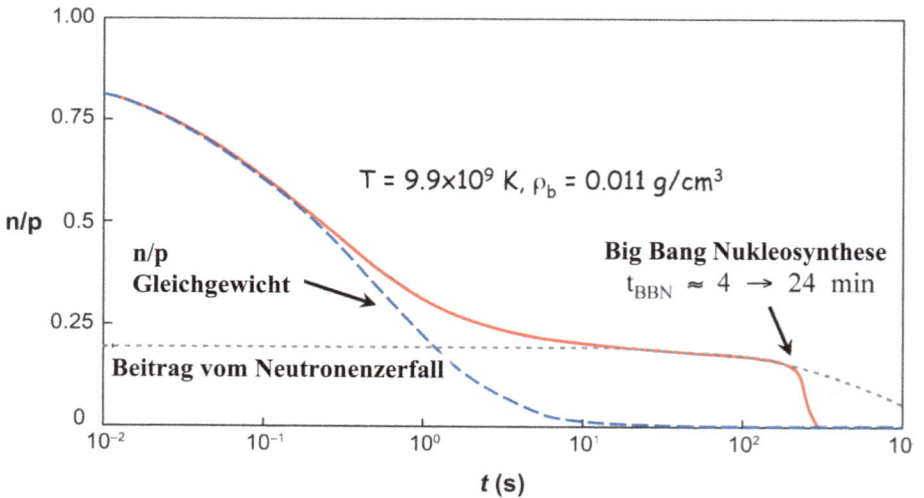

**Abb. 2.14:** Verhältnis von freien Neutronen zu Protonen im frühen Universum zur Zeit der primordialen Nukleosynthese. Da Neutronen etwas schwerer sind als Protonen, verschiebt sich das Verhältnis im thermischen Gleichgewicht mit abnehmender Temperatur zugunsten der Protonen. Ab der Temperatur von etwa 9,9 Milliarden Kelvin können die Neutrino-Reaktionen nicht mehr mit der Expansion des Universums mithalten. Dadurch fällt das Neutron-zu-Proton-Verhältnis aus dem Gleichgewicht. Bei späteren Zeiten wird das Verhältnis noch durch den Beta-Zerfall der freien Neutronen reduziert. Etwa vier Minuten nach dem Urknall werden die freien Neutronen bei der primordialen Nukleosynthese in den Kern $^4$He eingebaut. Dadurch werden sie vor dem Zerfall geschützt und überleben.

gegenüber der Halbwertszeit geschieht, aber bei der primordialen Nukleosynthese zu berücksichtigen ist.

Die zweite Konsequenz betrifft die Neutrinos, die nun durch keine Reaktionen mit den anderen Komponenten des Universums schnell genug kommunizierten und dadurch den Kontakt zum Rest des Universums verloren. Man nennt dies Neutrino-Abkopplung. Dies bedeutet, dass sich die Neutrinos, die im Universum vorhanden waren als dieses ungefähr $9 \cdot 10^9$ K heiß war, seitdem ungehindert im Universum ausgebreitet haben. Zunächst geschah dies allerdings im Gleichschritt mit den Komponenten, mit denen die Neutrinos bis zu dieser Temperatur im thermischen Gleichgewicht waren. Dies liegt einfach daran, dass sich die Temperaturen der Neutrinos und der anderen Teilchen beide unabhängig voneinander invers mit dem Expansionsparameter entwickeln und somit zunächst gleich blieben. Diese Periode dauerte allerdings nur etwa zwei Sekunden, denn als sich das Universum auf Temperaturen etwas unterhalb von $T = 5 \cdot 10^9$ abgekühlt hatte, wird es zunehmend schwerer, Paarvernichtung und Paarerzeugung für Elektronen und Positronen mit ihren Massen von $mc^2 = 511$ keV im Gleichgewicht zu halten. Mit weiterhin fallenden Temperaturen dominiert die Vernichtung und bei schließlich Temperaturen um $T = 10^9$ K sind alle Positronen durch Annihilation mit Elektronen vernichtet. Auch die überwältigende Zahl der Elektronen wurde dabei vernichtet. Es bleiben dank der Asymmetrie von Materie und Antimaterie gerade soviele Elektronen übrig, um die positiven elektrischen Ladungen der Protonen zu neutralisieren. Die Elektron-Positron-Vernichtung wandelt Materie in Energie um und heizt so das Photonenbad im Universum. Der wichtige Punkt ist, dass dieses Aufheizen des Photonenbads geschieht, nachdem sich die Neutrinos von den anderen Komponenten im Universum entkoppelt haben. Die Neutrinos durchströmten schon ungestört das Universum und merkten vom Aufheizen des Photonenbads nichts. Als Konsequenz der Elektron-Positron-Vernichtung haben danach die thermischen Verteilungen von Photonen und Neutrinos verschiedene Temperaturen. Unter Ausnutzung der Entropieerhaltung kann man die beiden Temperaturen verknüpfen und findet, dass, nachdem das Universum unter $T = 10^9$ K abgekühlt war, die Temperatur der Neutrinos $T_\nu$ um einen Faktor $(\frac{4}{11})^{1/3}$ kleiner ist als die der Photonen. Analog der kosmischen Hintergrundstrahlung sollte auch ein Bad von kosmischen Neutrinos das Universum erfüllen. Wie die Photonen haben sich auch die Neutrinos mit der fortgesetzten Expansion des Universums weiter abgekühlt. Nimmt man Neutrinos als masselos an, würde noch heute der gleiche Faktor $(\frac{4}{11})^{1/3}$ das Verhältnis der Temperaturen des kosmischen Neutrino- und Strahlungshintergrunds bestimmen. Neutrinos haben allerdings eine winzige Masse, wobei die verschiedenen Neutrinofamilien unterschiedliche Massen haben. Diese Massen sind experimentell noch nicht bekannt, was zu Ungewissheiten führt, wenn man die genauen Eigenschaften des heutigen kosmischen Neutrinohintergrunds bestimmen will. Ein experimenteller Nachweis des kosmischen Neutrinohintergrunds würde das Standardmodell der Kosmologie zu einem Zeitpunkt testen, als das Universum weniger als eine Sekunde alt war. Ein solcher Nachweis ist aber aufgrund der extrem geringen Wirkungsquerschnitte für Reaktionen mit Neutrinos und der kleinen

Dichte und niedrigen Energien der kosmischen Neutrinos ungemein schwer und bislang nicht gelungen.

Bis das Universum von $T = 10^{12}$ K auf $10^9$ K abkühlte, sind etwa drei Minuten vergangen. Seit diesem Zeitpunkt besteht das Universum aus Photonen und einer weit kleineren Zahl von Elektronen und Nukleonen. Die Elektronen sind noch ungebunden und bewegen sich als freie Teilchen. Dazu gibt es noch einen Fluss von Neutrinos und Antineutrinos aller drei Familien. Neutrinos und Photonen zusammen bestimmen die Energiedichte, wobei der Beitrag der Neutrinos etwa 67 % des Photonenbeitrags ausmacht. Wären Neutrinos masselos, änderte sich dieser Beitrag bis heute und in die Zukunft nicht. In der primordialen Nukleosynthese werden die Nukleonen teilweise rearrangiert. Dies hat aber keinen Einfluss auf die Entwicklung des Universums.

**Rekombination und Hintergrundstrahlung**

Bei $T = 10^9$ K (äquivalent zu 86 keV) sind Elektronen und Nukleonen noch im thermischen Gleichgewicht mit den Photonen; Materie und Photonen haben eine gemeinsame Temperatur. Dies wird durch Stöße zwischen den verschiedenen Partnern sichergestellt, bei denen Energie ausgetauscht wird, und die genügend häufig passieren. Ein wichtiger Prozess ist hierbei die Streuung von Photonen an Elektronen (genannt Compton-Streuung). Für freie Elektronen hat die Compton-Streuung einen hohen Wirkungsquerschnitt und ist ein sehr effizienter Energieaustauschprozess.

Auch in einem $10^9$ K heißen Universum versuchen Elektronen, sich mit den Protonen zu einem Wasserstoffatom zu verbinden. Dieser Versuch scheitert aber, da das Universum zu viele Photonen mit Energien größer als der Bindungsenergie des Wasserstoffatoms von 13,6 eV hat. Diese hochenergetischen Photonen kicken das Elektron sofort wieder aus dem Atomverband. Damit also Atome überleben konnten, musste sich das Universum auf Temperaturen unterhalb der Bindungsenergie des Wasserstoffatoms abkühlen. Der eigentliche Übergang zu Atomen geschah aber erst etwas später bei Temperaturen von $T \approx 0{,}3$ eV, da es, wie wir im nächsten Unterkapitel sehen werden, viel mehr Photonen als Elektronen im Universum gibt, die den Zusammenschluss von Elektronen und Protonen zu Wasserstoffatomen zu niedrigeren Temperaturen verschoben. Die entsprechende Temperatur wurde nach etwa 380000 Jahren erreicht. Wir merken an, dass Elektronen in Atomen mit mehr als einem Proton, wie sie in der primordialen Nukleosynthese entstanden, stärker gebunden sind, sodass einige Elektronen schon etwas eher gebunden wurden. Wasserstoff ist allerdings der Hauptbestandteil des sichtbaren Universums, sodass der größte Teil der Elektronen erst dann ihre „Freiheit" aufgaben und in Atomen gebunden wurden, als dies für Wasserstoff möglich wurde. Diese „Rekombination" von Elektronen und Kernen zu Atomen hatte eine fundamentale Konsequenz für die weitere Entwicklung des Universums. Die Streuung zwischen Photonen und Elektronen war nur noch möglich für Photonen, die genügend Energie besaßen, um die Elektronen aus dem Atomverband zu entreißen oder sie innerhalb des Atoms anzuregen. Dies führte zu einer drastischen Reduzierung des Wirkungsquerschnitts und schließlich fielen Materie (Atome) und Photonen aus dem thermischen Gleichgewicht. Die drastische Reduzierung des Wirkungsquerschnitts bedeutete für die Photonen eine deutlich größere freie Strecke zwischen Stoßereignissen. Nach vollständiger Beendigung der Ära der Rekombination bewegten sich die Photonen ungestört durch das Universum. Das Universum wird „transparent", während es zu früheren Phasen durch die häufige Streuung von Photonen an Elektronen opak war. Es ist also mithilfe von Photonen nicht möglich, in diesen „Nebel" des frühen Universums zu blicken. Die sogenannte „Oberfläche der letzten Streuung" bildet den Ursprung der kosmischen Hintergrundstrahlung. Leichte Materiedichtevariationen, die zu dem Zeitpunkt der letzten Streuung bestanden, haben sich der Hintergrundstrahlung als Temperaturfluktuationen aufgeprägt. Seit der „letzten Streuung" füllt die kosmische Hintergrundstrahlung das Universum, hat sich mit dessen Expansion abgekühlt, und wurde 1964 dann mit einer Antenne in Holmdel in New Jersey nachgewiesen.

**Das Universum expandiert beschleunigt**

Die Materie konnte sich nach der Entkopplung vom Photonenbad, als es mit diesem nicht mehr im Energieaustausch stand, schneller abkühlen, als dies im thermischen Gleichgewicht möglich war. Da die Materiedichte sich mit der Expansion des Universums weniger schnell verdünnte (wie $1/R^3$) als die Energiedichte der Photonen (wie $1/R^4$), wurde diese größer als Letztere, als das Universum etwa 700000 Jahre alt war. Das Universum wurde „materiedominiert". Ein materiedominiertes Universum hat eine andere Zeit-Expansions-Beziehung als ein strahlungsdominiertes Universum. Nachdem die Materie die Energiedichte des Universums dominierte, galt $R(t) \sim t^{2/3}$. Aber auch die Materiedichte wird durch die Expansion immer kleiner und schließlich sinkt ihr Wert unter den Beitrag der Dunklen Energie, der konstant ist und sich durch die Expansion nicht ändert. Dieser Wechsel geschah zu einem Zeitpunkt, als das Universum etwa 6 Milliarden Jahre alt war. Seitdem sorgt die Dunkle Energie durch eine außergewöhnliche Eigenschaft dafür, dass sich die Expansion des Universums beschleunigt.

Da man die heutigen Werte der drei Beiträge zur Energiedichte (Dunkle Energie, Dunkle Materie und gewöhnliche Materie) aus der Hintergrundstrahlung und aus anderen Daten bestimmt hat, kann man mithilfe der Friedmann-Gleichung (2.3) die zeitliche Entwicklung des Skalenparameters angeben. Die Abbildung 2.15 vergleicht dieses Verhalten mit verschiedenen anderen Kombinationen, in denen der Beitrag der Dunklen Energie ignoriert wird (diese Modelle entsprachen den Vorstellungen bis etwa zur Jahrhundertwende) und die Energiedichte allein durch gravitativ wirkende Dunkle und gewöhnliche Materie gegeben ist. Besteht das Universum nur aus Materie und besitzt die kritische Energiedichte, so wird die Expansion nach unendlich langer Zeit gestoppt. Ist die Dichte größer als der kritische Wert, so endet die Expansion nach endlicher Zeit und das Universum zieht sich wieder zusammen; man nennt dies den Big Crunch. Ist die Energiedichte der Materie größer als der kritische Wert, so expandiert das Universum für immer. Nun besitzt das Universum einen Beitrag an Dunkler Energie. Dieser sorgt

# EXPANSION OF THE UNIVERSE

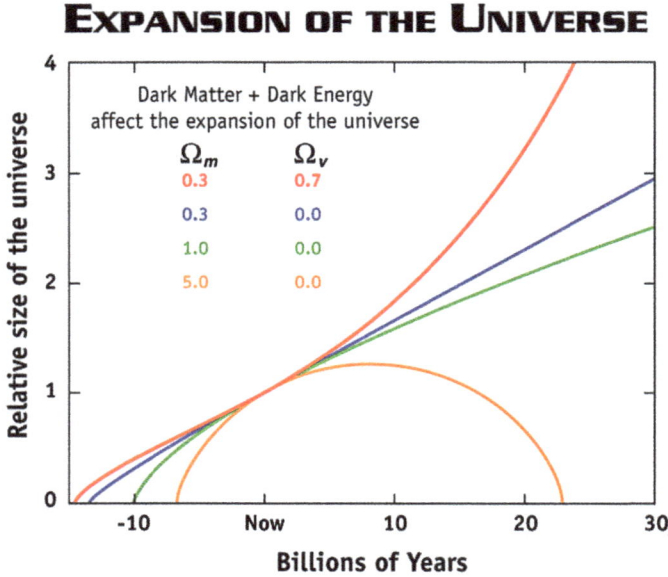

**Abb. 2.15:** Relative Ausdehnung des Universums (Skalenparameter $R(t)$) als Funktion der Zeit, berechnet nach der Friedmann-Gleichung (2.3). Die Rechnungen wurden für unterschiedliche Annahmen der Zusammensetzung der Energiedichte mit den Komponenten Dunkle Energie ($\Omega_V$) und Dunkle und gewöhnliche Materie ($\Omega_M$) durchgeführt, wobei die Energiedichten in Einheiten der kritischen Dichte angegeben werden. Alle Rechnungen erfüllen den heutigen Wert der Hubble-Konstanten; deshalb stimmen sie am Zeitpunkt „Now" überein. In drei Rechnungen wurde keine Existenz von Dunkler Energie angenommen. Diese Rechnungen entsprachen den Erwartungen vor der Entdeckung, dass die Ausdehnung des Universums sich heute beschleunigt. Die Rechnung mit den Parametern ($\Omega_V = 0, \Omega = 1$) entspricht einem Universum, das in der an der Gravitation teilnehmenden Energiedichte den kritischen Wert hat. Dieses Universum wird nach einer unendlich langen Zeit wieder zusammengeschrumpft sein. Ist ohne Beitrag an Dunkler Energie die Energiedichte der Materie größer als der kritische Wert, wird das Universum nach endlicher Zeit wieder kollabieren (Big Crunch); ist die Energiedichte kleiner als der kritische Wert, so expandiert das Universum für alle Zeiten. Die Universen mit größerer (kleinerer) Energiedichte als der kritische Wert, sind jünger (älter) als das Universum mit dem kritischen Wert. Die Energiedichte ($\Omega_V = 0,7, \Omega_M = 0,3$) entspricht den Werten des heutigen Standardmodells für das Universum. Dieses Universum ist flach, dehnt sich aber beschleunigt aus. Das Universum ist 13,7 Milliarden Jahre alt.

dafür, dass das Universum auch in der Zukunft beschleunigt expandieren wird. Dieses Verhalten ist kontraintuitiv und verlangt eine genauere Betrachtung.

Versteht man die Friedmann-Gleichung (2.3) als die Beschreibung des Wechselspiels von kinetischer Energie, assoziiert mit der zeitlichen Änderung des Skalenparameters, und der gravitativen Anziehung durch die Energiedichten von Strahlung und Materie, so sollte die Expansion gebremst verlaufen. Dies wird gemäß der Abbildung 2.15 auch für unser Universum beobachtet, allerdings nur für die ersten 6 Milliarden Jahre. Es ist offensichtlich, dass sich die Dunkle Energie anders auf die Entwicklung auswirkt als die Strahlung und Materie. Der Grund wird mithilfe einer zweiten Friedmann'schen

Gleichung ersichtlich, die es erlaubt, die Beschleunigung des Universums zu berechnen. Unter Beschleunigung versteht man die Änderung der Geschwindigkeit mit der Zeit. Wir wollen sie mit einem Doppelstrichsymbol abkürzen, sodass $R''$ die Beschleunigung des Skalenparameters angibt. Für die Anteile der Strahlung und Materie sollte er negativ sein, damit die Expansionsgeschwindigkeit gebremst wird.

Die Zweite Friedmann-Gleichung lautet

$$\frac{R''(t)}{R(t)} = -\frac{4\pi G}{3c^2}(\rho + 3p), \tag{2.7}$$

wobei $p$ den Druck bezeichnet. Dieser ist durch den Zweiten Hauptsatz der Thermodynamik definiert und lässt sich für ein geschlossenes adiabatisches System wie das Universum, von dem wir annehmen, dass es nicht mit etwas außerhalb des Universums in Austausch steht, als $dE = -pdV$ anschreiben, wobei $dE$ und $dV$ sehr kleine (infinitesimale) Änderungen der Energie und des Volumens des Systems beschreiben. Betrachten wir das heutige Universum, so ist sein Strahlungsanteil (Photonen und relativistische Teilchen) vernachlässigbar. Der Materieanteil wird durch nicht-relativistische Teilchen gegeben, für die der Druck klein gegenüber der Ruhemasse ist. Mit diesen erlaubten Näherungen ist der Strahlungs- und Materieanteil in der Klammer auf der rechten Seite allein durch die Energiedichte der Materie $\rho_M$ gegeben und diese ist positiv. Gäbe es keinen Beitrag der Dunklen Energie, so wäre die rechte Seite negativ wegen des Vorzeichens vor der Klammer, sodass auch $R''$ negativ wäre, da der Skalenparameter notwendigerweise positiv sein muss. Dies ist das erwartete Bild: Strahlung und Materie bremsen die Expansion des Universums. Wenden wir uns der Dunklen Energie zu, für die man auch eine Energiedichte $\rho_\Lambda$ definieren kann, $\rho_\Lambda = \frac{E_\Lambda}{V} = \frac{\Lambda}{8\pi G}$. Diese ist nur durch Konstanten gegeben und somit selbst eine Konstante. Das heißt, sie ändert sich nicht mit der zeitlichen Entwicklung des Universums. Dies steht in einem scharfen Gegensatz zu den Anteilen der Strahlung und Materie zur Gesamtenergiedichte des Universums, die mit wachsendem $R$ kleiner werden. Die Tatsache, dass der Zusammenhang zwischen Energie und Volumen konstant ist, bedeutet, dass er auch für infinitesimale Größen der Energie und des Volumens gilt: $dE = \frac{\Lambda}{8\pi G}dV$. Vergleichen wir nun diese Beziehung mit der Definition des Drucks, so finden wir $p = -\frac{\Lambda}{8\pi G} = -\rho_\Lambda$. Benutzen wir dies in der Zweiten Friedmann-Gleichung, so lässt sich, mit den gleichen für das heutige Universum berechtigten Approximationen, die Gesamtenergiedichte als $\rho = \rho_M + \rho_\Lambda$ und der Druck allein durch den Beitrag der Dunklen Energie als $p = -\rho_\Lambda$ schreiben. Man erhält so

$$\frac{R''(t)}{R(t)} = -\frac{4\pi G}{3c^2}(\rho_M + \rho_\Lambda - 3 \cdot \rho_\Lambda) = -\frac{4\pi G}{3c^2}(\rho_M - 2 \cdot \rho_\Lambda). \tag{2.8}$$

Ein besonders interessanter Fall liegt dann vor, wenn $\rho_M = 2 \cdot \rho_\Lambda$ wird. Dann ist die Beschleunigung des Universums null. Vorher galt $\rho_M > 2 \cdot \rho_\Lambda$ und die Expansion des Universums war gebremst, danach begann die beschleunigte Expansion, da $\rho_M < 2 \cdot \rho_\Lambda$.

Der Zeitpunkt, an dem das Universum von gebremster auf beschleunigte Expansion um-
schaltete, wurde etwa 6,1 Milliarden Jahre nach dem Urknall erreicht und fällt, wegen
des Faktors 2 vor $\rho_\Lambda$, nicht mit dem Zeitpunkt zusammen, an dem die Energiedichte der
Materie mit der konstanten Energiedichte der Dunklen Energie gleich war. Der Faktor
verschiebt den Zeitpunkt auf eine etwas frühere Zeit. In der fernen Zukunft wird auch
der Beitrag der Materie zur Gesamtenergiedichte des Universums gegenüber dem der
Dunklen Energie vernachlässigbar. Von dann an wird der Skalenfaktor $R$ exponentiell
anwachsen.

Wie oben erwähnt, sind sowohl die Fluktuationen in der kosmischen Hintergrundstrahlung als auch die Baryonischen Akustischen Oszillationen in den Strukturen des
frühen Universums im Einklang mit der Annahme eines heute beschleunigten Universums verursacht durch den Beitrag der Dunklen Energie zur Energiedichte. Der erste Hinweis, dass sich das Universum, entgegen allen Erwartungen, jetzt beschleunigt
ausdehnt, kam von der Messung der Leuchtstärke-Rotverschiebung-Relation weit ent-
fernter Objekte, wobei die absolute Leuchtstärke eines Objekts auf die Distanz schließen lässt, in der die Strahlung abgesandt wurde. Aus unserem täglichen Leben wissen
wir, dass ein Autoscheinwerfer oder eine Kerze für einen Beobachter um so schwächer leuchtet, je weiter sie entfernt ist. Für entfernte astronomische Objekte muss man
natürlich berücksichtigen, dass sich das Universum in der Zeit, in der Licht von dem entfernten Objekt zum Beobachter unterwegs war, ausgedehnt hat. Und diese Ausdehnung,
so erwartete man, sollte sich verlangsamen: Die zeitliche Änderung des Skalenfaktors,
$\dot{R}(t)$ (eine Geschwindigkeit) sollte nicht konstant sein, sondern mit der Zeit kleiner werden. Nehmen wir an, man könnte von einem astrophysikalischen Objekt sowohl die
Rotverschiebung als auch den Abstand messen. Die Rotverschiebung $z$ legt dann den
Wert des Skalenparameters fest, an dem das Ereignis passierte und sein Licht zu uns
aussandte ($R(t) = \frac{1}{1+z}$). Wenn $\dot{R}(t)$ konstant wäre, könnte man die Zeit bestimmen, die
das Universum brauchte, um die heutige Ausdehnung zu erreichen. Falls die Expansion des Universums gebremst würde, wäre der Wert von $\dot{R}$ in der Vergangenheit größer
gewesen, sodass das Universum eine geringere Zeit gebraucht hätte, um den heutigen
Wert zu erreichen, natürlich unter der Voraussetzung des gleichen heutigen Werts für
die Hubble-Konstante. Das Licht, das das entfernte Objekt entsandt hatte, hatte weniger
Zeit, um zu uns zu kommen; das Objekt in einem Universum mit gebremster Expansion liegt näher als in einem Universum mit konstanter Expansionsgeschwindigkeit.
Für den Fall, dass das Universum sich beschleunigt ausdehnt, liegen die Objekte weiter weg.

In unserer astronomischen Umgebung gilt allerdings das Hubble-Gesetz und dies
impliziert, dass die Distanz-Rotverschiebung-Relation linear ist. Somit muss man zu sehr
entfernten Objekten gehen, um die Chance zu haben, eine beschleunigte oder gebrems-
te Expansion nachweisen zu können. Dies brachte das Problem mit sich, dass man auf
den hierfür notwendigen Abständen keinen geeichten Zollstock besaß. Die Fragestellung lässt sich, wie oben angedeutet, auf zwei verschiedene Weisen lösen: Entweder
misst man den Abstand des Objekts, das die Strahlung aussendet, und kann dann seine

absolute Leuchtstärke berechnen, wobei man ausnutzt, dass sich die Leuchtstärke mit dem Quadrat des Abstands für einen Beobachter abschwächt. Oder es geht auch anders herum: Kennt man aufgrund der Beobachtung die absolute Leuchtstärke des Objekts, so lässt sich aus der beobachteten Leuchtstärke der Abstand berechnen. Wenn ein astronomisches Objekt es durch andere Eigenschaften erlaubt, seine absolute Leuchtstärke zu bestimmen, so dient es als „Standardkerze". Veränderliche Cepheiden sind seit Langem als solche Kerzen bekannt, allerdings bei kleineren Abständen, als sie für die Vermessung der beschleunigten Expansion des Universums benötigt werden. Hier braucht man noch leuchtstärkere Objekte und fand sie in thermonuklearen oder Typ-Ia-Supernovae. Wir werden in einem späteren Kapitel auf diesen Supernova-Typ eingehen und auch zeigen, wie er als Standardkerze funktioniert. Hier fassen wir nur in der Abbildung 2.16 das Ergebnis zusammen, das zwei unabhängige Kollaborationen 1998 veröffentlichten und somit erstmals nachwiesen, dass sich das Universum beschleunigt ausdehnt. Die Leiter der Kollaborationen, Saul Perlmutter, Adam Riess und Brian Schmidt, wurden für diese epochale Entdeckung 2011 mit dem Nobelpreis ausgezeichnet.

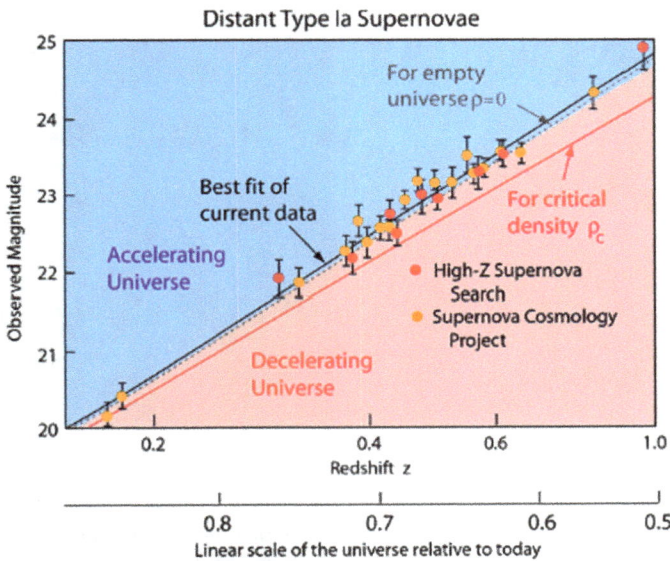

**Abb. 2.16:** Die Distanz-Rotverschiebung-Relation bei großen Abständen im Universum. Bei einer Rotverschiebung von $z = 0{,}1$ betrug der Skalenparameter des Universum 1/11-tel des heutigen Werts. Ermöglicht wurden die Abstandsmessungen durch die Verwendung von Typ-Ia-Supernovae als Standardkerzen, aus deren Lichtkurve sich mithilfe der Phillips-Beziehung die absolute Leuchtstärke der Supernova bestimmen lässt. Mithilfe dieser Korrektur ist die beobachtete Leuchtstärke also ein Maß für den Abstand des Objekts. In der Abbildung ist die Distanz durch die beobachtete (mithilfe der Phillips-Beziehung korrigierte) Leuchtstärke aufgetragen. Die Distanz-Rotverschiebung-Relation zeigt bei großen Abständen eine Abweichung von Modellen, in denen die Energiedichte des Universums nur durch Dunkle und gewöhnliche Materie beschrieben wird, und lässt sich am besten durch ein Universum beschreiben, in dem heute die Dunkle Energie dominiert und zu einer beschleunigten Expansion des Universums führt.

## 2.5 Primordiale Nukleosynthese

Die Erklärung des Ursprungs der Elemente und ihrer relativen Häufigkeiten wurde schnell mit einer frühen heißen Phase des Universums in Verbindung gebracht. George Gamow (Abbildung 2.17) war überzeugt, dass die Häufigkeitsverteilung der Elemente „das älteste archäologische Dokument im Bezug auf die Geschichte des Universums" sei und nur in seiner frühen Phase entstanden sein kann. Motiviert durch die sukzessive Abnahme der Häufigkeiten mit der Massenzahl der Elemente, stellte er 1948 ein Modell auf, in dem er die Elementenbildung dynamisch durch eine Folge von Neutroneneinfängen (und Beta-Zerfällen) erklärte. Er ging dabei davon aus, dass „Ylem"[7] ein dichtes, heißes Neutronengas war. Dieses Neutronengas war, wenn man „seine Imagination jenseits aller Grenzen fliegt lässt", wie Gamow in seinem Originalartikel schreibt, „das Resultat nach einem hypothetischen Kollaps vor der jetzigen Expan-

**Abb. 2.17:** George Gamow schlug 1948 vor, dass alle chemischen Elemente schon im frühesten Universum entstanden sind. Er ist somit der Begründer der primordialen Nukleosynthese, obwohl sich seine Hypothese als nicht richtig herausstellte. Gamow hat auch andere wichtige Beiträge zur Kern- und Astrophysik geleistet. Er verfügte auch über einen besonderen Humor, was sich zum Beispiel in der Benennung eines wichtigen Energieverlustprozesses in Sternen nach einem Kasino in Rio (URCA-Prozess) ausdrückte. Er arbeitete nach seiner Flucht aus der Sowjetunion erfolgreich mit Ralph Alpher zusammen, was ihn dazu brachte, Hans Bethe als Co-Autor einer berühmten Veröffentlichung zu gewinnen, sodass dieses $\alpha\beta\gamma$-Papier nach den Namen der drei Autoren genannt werden konnte.

---

7 Laut dem Webster Dictionary ist Ylem der ursprüngliche Stoff, aus dem sich die Elemente nach dem Urknall gebildet haben.

sion" des Universums. Protonen entstehen dann durch Beta-Zerfall der Neutronen. Und die Nukleosynthese vollzieht sich in Gamows Modell als sukzessive Neutroneneinfänge vom Kern mit der Massenzahl $A$ zum Kern mit Massenzahl $A + 1$, beginnend mit der Formation von Deuteronen durch Neutroneinfang am Proton. Das prognostizierte Ergebnis über die Häufigkeitsverteilung der Elemente ist uns schon in der Abbildung 1.4 begegnet. Gamows Idee ähnelte dem Ansatz, den von Weizsäcker schon mehr als 10 Jahre früher zur Erklärung der Elementsynthese im Universum vorgeschlagen hatte, allerdings hatte von Weizsäcker das Innere von Sternen als Brutplatz im Sinn.

Obwohl Gamows Modell die ersten Vorhersagen einer kosmischen Hintergrundstrahlung initiierten, stellte es sich als inkorrekt heraus. Zum einen beginnt das Universum nicht mit einem dichten, heißen Neutronengas als Ursprungsstoff, sondern die primordiale Nukleosynthese startete mit einem deutlichen Übergewicht an Protonen im ursprünglichen Nukleonengemisch, verursacht durch die Wechselwirkung mit Neutrinos, worauf schon kurz nach Gamows Arbeit von Hayashi hingewiesen wurde. Der von Gamow imaginierte sukzessive Fluss von Nukleonen bis zu den schwersten Elementen scheitert aber hauptsächlich daran, dass es keine stabilen Kerne mit den Massenzahlen $A = 5$ und 8 gibt. Diese Massenlücken sind auch in modernen Modellen der primordialen Nukleosynthese noch die Show-Stopper, wie wir gleich sehen werden. Wir werden aber dem von Gamow skizzierten Prozess von Neutroneneinfängen und Beta-Zerfällen zur Produktion schwerer Elemente an anderer Stelle wieder begegnen.

Nach 1950 war der Glaube, dass alle Elemente schon im frühen Universum entstanden sind, aufgegeben. Dies verstärkte sich, als man in stellaren Atmosphären das Element Technetium nachwies; Technetium besitzt keine stabilen Isotope und musste also vor nicht allzu langer Zeit produziert worden sein. Dies konnte nur in Sternen passiert sein. Also schlug das Pendel um und die Synthese der Elemente wurde mit den Sternen identifiziert und zu einem seit Milliarden Jahren andauernden Prozess. Dann kam das Jahr 1964 und in wenigen Monaten, getrieben durch unabhängige Erkenntnisse, entstand das Grundverständnis der primordialen Nukleosynthese wie es, bis auf Details, noch heute gültig ist. Dieses Phänomen der unabhängigen Erkenntnis, von dem berühmten Soziologen Robert Merton „multiples in scientific discovery" genannt, basierte auf vier entscheidenden Einsichten: Die britischen Astrophysiker Hoyle und Tayler kamen zu der Überzeugung, dass der überall im Universum beobachtete große Anteil an Helium nicht in Sternen produziert worden sein konnte. Amerikanische Forscher um Dicke wollten die vorhergesagte kosmische Hintergrundstrahlung nachweisen. Penzias und Wilson fanden mit ihrer Antenne ein unerwartetes richtungsunabhängiges Signal im 3-K-Bereich. Jim Peebles zeigte, dass die beobachtete Häufigkeit von Helium durch die Nukleosynthese im frühen Universum erzeugt worden sein kann. Nachdem die Ideen dieser Forscher zusammengebracht wurden, kristallisierte sich das noch heute gültige Bild der primordialen Nukleosynthese heraus. Wagoner, Fowler und Hoyle führten dann 1967 die erste detaillierte Berechnung der primordialen Nukleosynthese durch, indem sie alle Reaktionen zwischen leichten Kernen in einer numerischen Simulation des expandierenden Universums, wie im vorigen Unterkapitel beschrieben, berücksichtigen.[8] Als wichtiges Ergebnis fanden sie, dass, wegen der Lücken bei den Massenzahlen $A = 5$ und 8, nur leichte Elemente in der primordialen Nukleosynthese hergestellt wurden. Die Studie zeigt auch, dass die primordiale Nukleosynthese bei einem extremen Nukleon-zu-Photon-Verhältnis von etwa einem Nukleon auf eine Milliarde Photonen ablief. Damit legten sie auch fest, welchen kleinen Überschuss an Materie über Antimaterie es im frühen Universum gegeben hat. Das von Wagoner und seinen Mitarbeitern berücksichtigte Netz an Kernreaktionen zwischen den leichten Kernen ist in der Abbildung 2.18 gezeigt. Abbildung 2.19 zeigt die Autoren.

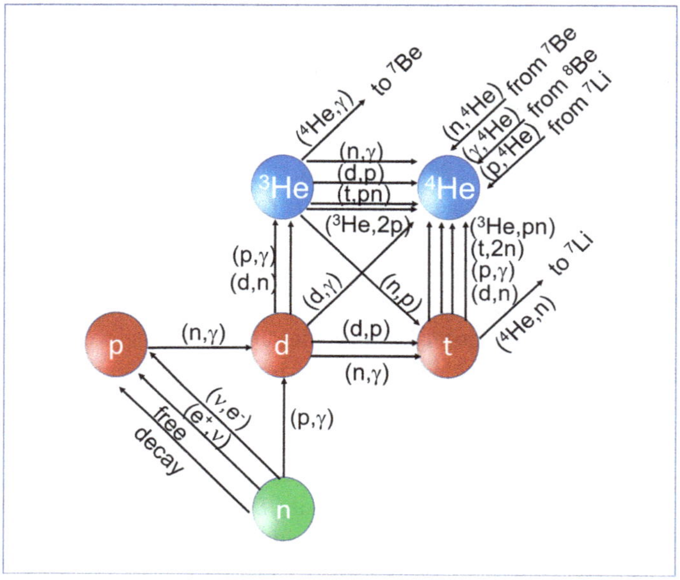

**Abb. 2.18:** Die unterschiedlichen Reaktionen zwischen leichten Kernen, die in der ersten Simulation der primordialen Nukleosynthese von Wagoner, Fowler und Hoyle berücksichtigt wurden.

Als sich die Neutrinos bei ungefähr $T = 10^{10}$ K abkoppelten, kam im Universum etwa ein Neutron auf 6 Protonen. Danach wandelte der Beta-Zerfall weitere Neutronen in Protonen um, mit einer Halbwertszeit von etwa 610 Sekunden, was einer mittleren Lebensdauer von ungefähr 15 Minuten ($T_{1/2} = 887$ s) entspricht. Protonen und Neutronen stoßen laufend aufeinander und bilden dabei auch Deuteronen. Das Deuteron ist der einzige gebundene Zustand zwischen zwei Nukleonen, insbesondere gibt es keinen gebundenen Zustand von zwei Protonen oder zwei Neutronen, sodass die Nukleo-

---

[8] Die $\tau$-Leptonenfamilie war 1967 noch unbekannt, sodass nur zwei Neutrinofamilien in der Energiedichte in der Friedmann-Gleichung berücksichtigt wurden.

**Abb. 2.19:** Die drei Autoren der ersten Studie der primordialen Nukleosynthese: (von links) Robert Wagoner, William Fowler und Fred Hoyle. Rechts sitzt Donald Clayton, der eine wichtige Rolle zum Verständnis
des astrophysikalischen S-Prozesses spielte. Etwa zeitgleich mit der Arbeit von Wagoner, Fowler und Hoyle
führte auch James (Jim) Peebles ähnliche Rechnungen, allerdings mit einem Netzwerk, das nur Kerne mit
Massen bis zum $^4$He enthielt, durch. Die Arbeiten erklärten den Massenanteil von Helium im Universum
und brachten somit weitere Evidenz für das Modell eines heißen Urknalls.

synthese notgedrungen über die Bildung von Deuteronen laufen musste.[9] Das Deuteron hat nur eine recht kleine Bindungsenergie von $B = 2{,}225$ MeV, sodass Deuteronen
zwar in Proton-Neutron-Stößen gebildet werden, aber sofort wieder durch Photonen,
die auch so extrem häufiger sind als Nukleonen, in freie Protonen und Neutronen des-
integriert wurden. Die Bildung von Deuteronen war der Flaschenhals der primordialen
Nukleosynthese. Wegen der extremen Häufigkeiten der Photonen, wurde er – wie Abbildung 2.20 zeigt – erst überwunden, als sich das Photonengas auf etwa $T = 10^9$ K
abgekühlt hat, also deutlich unter die Bindungsenergie von Deuteronen. Danach ging
alles sehr schnell. Durch Einfang von Protonen und Neutronen wandeln sich die Deuteronen in $^3$He bzw. $^3$H um, deren Schwellen gegen Desintegration von Nukleonen bei
etwa 5 MeV, also deutlich höher als beim Deuteron, liegen. Diese Reaktionsprodukte fan-
gen schließlich wieder ein Neutron bzw. ein Proton ein und wandeln sich in $^4$He um; $^4$He
ist der einzige gebundene Zustand von 4 Nukleonen. Dieser Kern ist im Vergleich zu allen anderen leichten Kernen extrem stabil. Man benötigt Photonen mit Energien größer
als etwa 20 MeV, um aus $^4$He ein Nukleon herauszutrennen.

---

9 Drei- oder gar Vierkörperstöße waren extrem unwahrscheinlich und können gegenüber den Zweikör-
perstößen vernachlässigt werden.

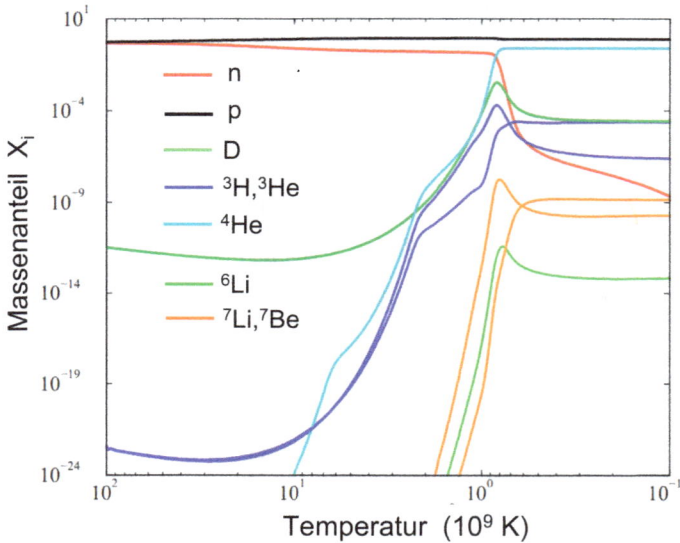

**Abb. 2.20:** Entwicklung der Häufigkeiten in der primordialen Nukleosynthese als Funktion der Zeit, charakterisiert durch die Temperatur. In den ersten 200 Sekunden konnten die freien Protonen und Neutronen noch keine Kerne schaffen, da das Universum zu heiß war für das Überleben von Deuteronen. Dies änderte sich bei einer Temperatur von etwa einer Milliarde Kelvin. Nach Überwinden des Deuteron-Flaschenhalses verlief die primordiale Nukleosynthese sehr schnell, bis alle Neutronen schließlich in den $^4$He-Kern eingebaut und so vor Zerfall geschützt waren. Schwerere Kerne entstanden wegen des Fehlens von stabilen Kernen mit der Masse $A = 5$ und 8 nicht.

Kurz nachdem Deuteronen das Photonenbad überleben konnten, hat sich die nukleonische Zusammensetzung des Universums drastisch geändert. Sie besteht nun fast nur noch aus Protonen und $^4$He, wobei die vorher freien Neutronen in den stabilen Kern $^4$He eingebaut wurden und so gegen weiteren Zerfall geschützt werden. Das Massenverhältnis zwischen den beiden Komponenten lässt sich leicht abschätzen. Durch Beta-Zerfall der Neutronen hat sich das Neutron-zu-Proton-Verhältnis zwischen Abkoppeln der Neutrinos bei $T = 10^{10}$ K und Überwinden des Deuteron-Flaschenhalses bei $T = 10^9$ K von 1/6 auf 1/7 geändert. Berücksichtigt man, dass sich jeweils 2 Neutronen mit 2 Protonen zu $^4$He verbinden, so beträgt, wie die Abbildung 2.21 zeigt, der Massenanteil von $^4$He 25 %, während der Protonenanteil mit 75 % dominiert. Dieser Massenanteil entsprach demjenigen, den Hoyle und Tayler üeberall im Universum sahen, aber nicht durch Prozesse in Sternen erklären konnten. Peebles sowie Wagoner und Mitarbeiter hatten dann gezeigt, dass eine primordiale Nukleosynthese genau diesen Massenanteil ergeben würde.

Wie schon betont, gibt es keinen stabilen Zwei-Protonen-Zustand. Die Massenlücken bei $A = 5$ und $A = 8$ verhindern, dass sich schwerere Kerne durch Stöße von Protonen mit $^4$He bzw. zwischen zwei $^4$He-Kernen bilden können. Schwerere Kerne können nur dadurch erzeugt werden, dass noch eine geringe Häufigkeit an Deuteronen, Tri-

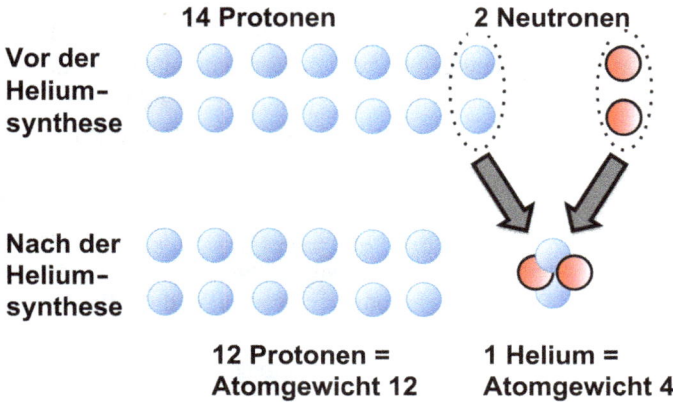

**Abb. 2.21:** Zur Zeit der primordialen Nukleosynthese betrug das Proton-zu-Neutron-Verhältnis 7:1. Nimmt man also zwei freie Neutronen, so standen denen 14 Protonen gegenüber. Durch die primordiale Nukleosynthese wurden die beiden Neutronen mit zwei Protonen zum Heliumisotop $^4$He verschmolzen, während 12 freie Protonen überblieben. Berücksichtigt man, dass $^4$He etwa viermal so schwer ist wie ein Proton, so betrug der Massenanteil an $^4$He nach der primordialen Nukleosynthese etwa 25 %, der von Protonen (später Wasserstoff) dagegen 75 %. Durch das Verbrennen von Wasserstoff in Sternen, wie unserer Sonne, sind ein paar Prozent des Wasserstoffs im Laufe der Geschichte des Universums verbrannt worden, wodurch der Anteil an $^4$He auch geringfügig gestiegen ist.

tium ($^3$H) und $^3$He-Kernen existiert, wenn schon eine ausreichende Häufigkeit an $^4$He produziert worden ist. Dies führt durch Fusionsreaktionen wie D + $^4$He zur Synthese von $^6$Li und durch $^3$H + $^4$He- bzw. $^3$He + $^4$He-Reaktionen zur Bildung von $^7$Li und $^7$Be. All diese Kerne haben eine größere Anzahl von Protonen und damit eine erhöhte Coulomb-Abstoßung; ferner gibt es keine freien Neutronen mehr. Da durch die Expansion des Universums die Materie sich abkühlt und verdünnt, wird die Reaktionswahrscheinlichkeit zwischen geladenen Kernen reduziert und die wachsende Coulomb-Abstoßung zwischen den möglichen Reaktionspartnern verhindert, dass sich weitere schwerere Kerne im frühen Universum bilden. Die primordiale Nukleosynthese ist vorbei, als das Universum nach ungefähr 20 Minuten auf eine Temperatur von $T = 3 \cdot 10^8$ K abgekühlt ist. Es sei betont, dass $^3$H ($t_{1/2}$ = 12,3 Jahre) und $^7$Be ($t_{1/2}$ = 53,22 Tage) instabile Kerne sind. Ihre Halbwertszeiten sind aber lang im Vergleich zu der Periode der primordialen Nukleosynthese. Sie zerfallen schließlich und müssen zur primordialen Häufigkeit von $^3$He bzw. $^7$Li hinzugezählt werden.

Studien der primordialen Nukleosynthese basieren auf Computercodes, in denen die Zeitabhängigkeit der Temperatur von Materie und Photonen aus der Friedmann-Gleichung gewonnen wird. Es sei darauf hingewiesen, dass man hierbei sowohl der Abkopplung der Neutrinos als auch der Elektron-Positron-Vernichtung im Detail folgt. Ferner sind die Wirkungsquerschnitte der Kernreaktionen zwischen den beteiligten leichten Elementen experimentell bekannt. Was nicht aus den kosmologischen Modellen hergeleitet werden kann und deshalb in den Rechnungen als Parameter angesetzt werden muss, ist das Nukleon-zu-Photon-Verhältnis, genannt $\eta$, das durch Anpassung an Beobachtungen festgelegt wird. Aus dem im heutigen Universum bestimmten Wert kann man ableiten, dass $\eta$ in der Größenordnung einiger $10^{-10}$ liegt (ein Nukleon auf ein paar Milliarden Photonen). Durch die Analyse der kosmischen Hintergrundstrahlung ist $\eta$ als $6{,}1 \cdot 10^{-10}$ bestimmt worden. Die primordiale Nukleosynthese kann somit als ein unabhängiger Test für dieses Ergebnis benutzt werden. Die Strategie hierzu ist wie folgt: Man berechnet die Häufigkeiten der leichten Elemente in Abhängigkeit von $\eta$ aus, vergleicht dann mit den aus Beobachtungen deduzierten primordialen Häufigkeiten, um zu sehen, ob diese konsistent bei gleichem Wert von $\eta$ reproduziert werden und ob dieser Wert mit dem aus der Planck-Mission gewonnenen übereinstimmt.

Abbildung 2.22 zeigt die berechneten primordialen Häufigkeiten der leichten Elemente ($^4$He, D, $^3$He, $^7$Li) als Funktion des Nukleon-zu-Photon-Verhältnisses $\eta$. Der $^4$He-Massenanteil nimmt mit wachsendem $\eta$-Wert (wachsender Nukleonendichte) zu. Dies liegt daran, dass mit wachsendem $\eta$ der Deuteron-Flaschenhals leichter, d. h. bei höherer Temperatur, überwunden werden kann, weil weniger zerstörerische Photonen pro Deuteron zur Verfügung stehen. Zu früheren Zeiten sind weniger Neutronen zerfallen. Da fast alle Neutronen letztendlich in $^4$He enden, wächst somit der $^4$He-Massenanteil. Deuteronen und $^3$He werden während der primordialen Nukleosynthese fast vollständig zu $^4$He verbrannt. Dies geschieht umso schneller, je größer die Nukleonendichte ist. Deshalb nehmen die relativen Häufigkeiten von D und $^3$He mit wachsendem $\eta$-Wert ab. Die $^7$Li-Häufigkeit zeigt ein Minimum bei etwa $\eta = 2{,}5 \cdot 10^{-10}$. Dies hat einen interessanten Grund und liegt daran, dass primordiales $^7$Li sowohl direkt als $^7$Li, aber auch als $^7$Be, das dann später nach $^7$Li zerfällt, produziert werden kann. Bei kleinen $\eta$-Werten dominiert die Synthese von $^7$Li durch die $^3$H + $^4$He-Reaktion, wobei das produzierte $^7$Li danach aber durch Reaktionen mit Protonen via p + $^7$Li → 2 $^4$He zerstört werden kann. Als Resultat nimmt die $^7$Li-Häufigkeit mit wachsendem $\eta$ bei kleinen Werten von $\eta$ ab. Für größere Werte ($\eta > 3 \cdot 10^{-10}$) wird $^7$Li über den $^7$Be-Umweg gemacht, wobei $^7$Be viel weniger durch Protonen, oder andere Reaktionen, zerstört wird. Deshalb nimmt die $^7$Be-Häufigkeit mit $\eta$ zu und zerfällt später zu $^7$Li.

Es ist interessant, zu bemerken, dass die Häufigkeiten der leichten Elemente in der primordialen Nukleosynthese auch benutzt werden können, um die Anzahl der Familien leichter Neutrinos zu bestimmen. Dies liegt daran, dass jede Neutrinofamilie einen Beitrag zur Energiedichte im frühen Universum leistet. Je größer die Zahl der Neutrinofamilien, desto schneller expandiert das Universum und die schwache Wechselwirkung koppelt bei leicht höheren Temperaturen ab. Diese höhere Temperatur übersetzt sich in ein leicht höheres Neutron-zu-Proton-Verhältnis bei der Neutrino-Abkopplung und resultiert schließlich in einem höheren $^4$He-Massenanteil. Vor ein paar Jahrzehnten lieferte die primordiale Nukleosynthese die beste Einschränkung der Zahl der Neutrinofamilien. Nun ist die Anzahl der Neutrinofamilien durch detaillierte Studien des Zerfalls des $Z$-Bosons am CERN mit großer Genauigkeit als 3 bestimmt.

Kerne sind der Brennstoff von Sternen und können in deren Inneren in den vielen Sterngenerationen seit dem Urknall erzeugt, aber auch vernichtet worden sein. Dies

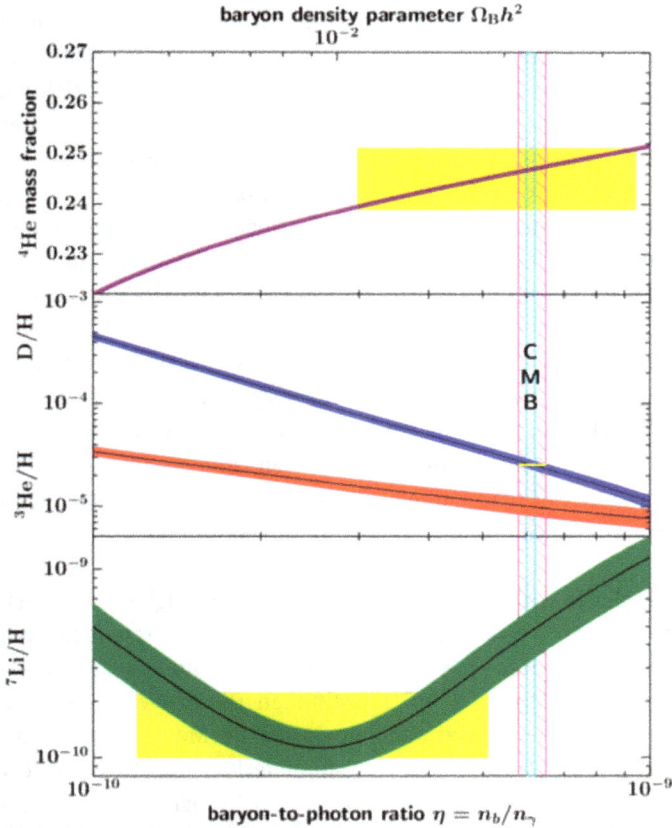

**Abb. 2.22:** Die in der primordialen Nukleosynthese berechneten Häufigkeiten der leichten Kerne als Funktion des Nukleon-zu-Photon-Verhältnisses $\eta$. Die gelben waagerechten Balken zeigen die aus astronomischen Beobachtungen gewonnenen Häufigkeiten für $^4$He, d, $^3$He und $^7$Li. Der schmale senkrechte Balken zeigt den durch die Beobachtung der kosmischen Hintergrundstrahlung (CMB) gefundenen Wert. Bis auf die $^7$Li-Häufigkeit stimmen die mit diesem Wert berechneten Häufigkeiten der leichten Kerne sehr gut mit denjenigen der primordialen Nukleosynthese überein.

macht es schwierig, die primordialen Häufigkeiten der leichten Elemente zu bestimmen. Da im Urknall keine schwereren Elemente, wie z. B. Sauerstoff oder Eisen, synthesiert wurden, müssen diese notwendigerweise in Sternen erbrütet worden sein. Dabei sollte die Häufigkeit dieser Elemente ansteigen, je mehr Generationen an Sternen hieran beteiligt waren. Dies macht die Häufigkeit schwerer Elemente zu einem Indikator des Alters. Man bestimmt also die Häufigkeiten der leichten Elemente in astrophysikalischen Objekten zusammen mit denen ausgesuchter schwerer Elemente und weiß über die letzten, wie weit man im Alter des Universums zurückblickt.

Das Deuteron wird in Sternen nur zerstört. Seine primordiale Häufigkeit wird aus kosmologischen Wolken mit sehr hoher Rotverschiebung relativ zu Wasserstoff als

$D/H = (2{,}53 \pm 0{,}04) \cdot 10^{-5}$ mit beeindruckender Genauigkeit bestimmt. $^4$He wird in Sternen in der ersten Brennphase (Wasserstoffbrennen) erzeugt; seine Häufigkeit steigt also mit dem Alter des Universums an. In der Tat zeigt sich eine lineare Beziehung zwischen der Häufigkeit von Sauerstoff, als Altersindikator, und $^4$He, aus der sich der primordiale $^4$He-Massenanteil zu $Y = 0{,}2449 \pm 0{,}004$ bestimmen lässt, wiederum eine beeindruckende Genauigkeit. Das Isotop $^3$He wird in Sternen produziert und zerstört und seine Entwicklung mit dem Alter des Universums ist noch nicht sehr genau bekannt. Aus Beobachtungen in unserer Milchstraße schätzt man die relative Häufigkeit von $^3$He zu Wasserstoff als $^3$He/H $= (1{,}1 \pm 0{,}2) \cdot 10^{-5}$ ab. Auch $^7$Li kann in Sternen synthesiert und zerstört werden. Nun weiß man, dass Sterne mit einer Masse kleiner als die unserer Sonne eine Lebensdauer haben, die länger ist als das Alter des Universums. Es ist möglich, solch alte Sterne noch am Rand unserer Milchstraße zu beobachten, und man fand, dass die $^7$Li-Häufigkeit in den Atmosphären dieser Sterne fast unabhängig von der Häufigkeit der schweren Elemente in diesen Sternen ist. Man nennt dies das Spite-Plateau, nach seinen Entdeckern Monique und François Spite. Interpretiert man dieses Plateau nun so, dass es die primordiale $^7$Li-Häufigkeit repräsentiert, erhält man Li/H $= (1{,}58 \pm 0{,}3) \cdot 10^{-10}$.

Die Abbildung 2.22 vergleicht die berechneten primordialen Häufigkeiten mit den aus Beobachtungen erschlossenen Werten. Durch Vergleich des $^4$He-Massenanteils und der Häufigkeiten an Deuteron und $^3$He lässt sich ein Nukleon-zu-Photon-Verhältnis aus der primordialen Nukleosynthese von $\eta \approx 6 \cdot 10^{-10}$ bestimmen. Dieser Wert stimmt beeindruckend gut mit demjenigen überein, der unabhängig aus den Messungen der kosmischen Hintergrundstrahlung durch das Planck-Weltraumteleskop hergeleitet worden ist. Es gibt allerdings ein „$^7$Li-Problem". Rechnungen und Beobachtungen zeigen extrem kleine $^7$Li-Häufigkeiten an, aber der berechnete Wert ist im Vergleich zu dem aus dem Spite-Plateau deduzierten Wert um einen Faktor 2 größer. Die Lösung des $^7$Li-Problems erfährt zurzeit einige Aufmerksamkeit mit sehr unterschiedlichen Lösungsansätzen, ist aber noch offen.

Das Universum brauchte also 20 Minuten, um Nukleonen zu erschaffen und diese dann teilweise in leichte Elemente, vor allem in $^4$He-Kerne, zu verschmelzen. Im Standardmodell der Kosmologie, dem $\Lambda$CDM-Modell, entstehen Nukleonen bei noch höheren Temperaturen als denjenigen, die wir hier berücksichtigt haben, dadurch, dass sich jeweils drei Quarks, die Elementarteilchen des Modells der starken Wechselwirkung, jeweils zu Protonen oder Neutronen zusammenfinden. Diese sogenannte Hadronisierung (bei der zunächst auch andere kurzlebige Hadronen entstehen) passierte, als das Universum heißer als $T = 10^{13}$ K war. Es ist ein aufregender Gedanke, dass seitdem im Universum keine Nukleonen mehr produziert worden sind.[10] Die gesamte beobachtba-

---

10 Nukleonen können heutzutage an Hochenergiebeschleunigern im Paar mit Antinukleonen erzeugt werden. Erstmals gelang die Produktion von Antiprotonen 1955 am Bevatron in Berkeley. An der Facility for Antiproton and Ion Research, die sich zurzeit in Darmstadt im Bau befindet, wird es nach Fertigstel-

re baryonische Materie im Universum, sei es eine ferne Galaxie oder der Stuhl, auf dem wir vielleicht gerade sitzen, besteht aus Nukleonen, die in den ersten Sekundenbruchteilen des Universums entstanden sind! Nach der Abkopplung der Neutrinos tickte für Neutronen die innere Uhr des Beta-Zerfalls. Einige von ihnen konnten überleben, weil sie durch Einbinden in den $^4$He-Kern vor dem Schicksal des Zerfalls beschützt wurden. Neutronen und Protonen können sich in der stellaren Umgebung (und auch in Laborexperimenten), initiiert durch die schwache Wechselwirkung, ineinander umwandeln. Dies wird für die Entstehung der schweren Elemente noch sehr wichtig werden.

Ein Mensch besteht zum größten Teil aus Wasser $H_2O$. Die beiden Protonen des Wasserstoffs stammen dabei mit größter Wahrscheinlichkeit unverändert aus der frühsten Phase unseres Universums. Der Sauerstoffkern musste aber in Generationen von Sternen aus der „Asche" der primordialen Nukleosynthese zusammengebaut werden. Wie dies geschieht, diskutieren wir im übernächsten Kapitel. Vorher müssen wir uns allerdings noch im nächsten Kapitel damit beschäftigen, wie sich aus dem Materie-Strahlungsgemisch des frühen Universums Galaxien und Sterne gebildet haben. Vorher wollen wir allerdings noch einen Blick auf die sehr frühe Phase des Universums vor der primordialen Nukleosynthese werfen.

## 2.6  Das ganz frühe Universum – Spekulationen und Fakten

Auch im frühen Universum, vor der Nukleosynthese, erlaubt die Friedmann-Gleichung (2.3) die zeitliche Entwicklung des Skalenparameters, und somit auch der Temperatur, zu bestimmen. Voraussetzung dafür ist, dass das Universum als homogen und isotrop angesehen werden darf und die Allgemeine Relativitätstheorie die korrekte Beschreibung der Gravitation ist. Man geht davon aus, dass man bei sehr hohen Energie- oder Temperaturskalen auch eine Quantentheorie der Gravitation einführen muss – die man bislang nicht kennt –, aber dass dies nur die extrem frühen Zeiten betrifft. Um die Friedmann-Gleichung anzuwenden, braucht man allerdings die Kenntnis der Energiedichte. Hier kommt die Teilchenphysik ins Spiel, da man wissen muss, welche Teilchen bei welcher Temperatur sich noch nicht mit ihren Antiteilchen vernichtet haben und somit zur Energiedichte beitragen. Die Anzahl der Teilchen, die zur Energiedichte beitragen, wächst somit, je größer die Temperatur wird oder je weiter man in das frühe Universum vordringt. Hier macht die Teilchenphysik, wenigstens über einen großen Energiebereich, verlässliche Vorhersagen, sodass man die Temperatur-Zeit-Relation des Universums bis zu recht frühen Zeiten, deutlich vor der primordialen Nukleosynthese, zurückverfolgen kann. Allerdings kam es in der Phase kurz vor dem Zeitpunkt, an dem wir die Diskussion der primordialen Nukleosynthese begonnen haben, zu einer

---

lung möglich sein, Millionen von Antiprotonen zu erzeugen und für Experimente in einem Speicherring zu sammeln. Letztendlich treffen die im Labor erzeugten Antinukleonen auf ihre Nukleonenpartner und vernichten sich, sodass sich die Zahl der Nukleonen im Universum nicht ändert.

interessanten Entwicklung, die aus unserer Argumentation folgt, dass Teilchen und Antiteilchen so lange im Universum vorkommen, bis die thermische Energie ihre Masse unterschreitet. Diese interessante Entwicklung liegt daran, dass Nukleonen, von uns bislang als robuste Teilchen behandelt, in Wirklichkeit eine innere Struktur haben, die zu einem Prozess im frühen Universum führt, den man Hadronisierung nennt. Dies wollen wir zunächst in diesem Kapitel kurz ansprechen.

Der zweite Punkt, den wir kurz erwähnen wollen, hat mit zwei Eigenschaften des Universums zu tun, die die Wissenschaftler seit Langem umtreiben. Warum entspricht die Dichte des Universums anscheinend genau der kritischen Dichte, was dem Universum eine „flache Struktur" gibt? Warum ist das Universum homogen, wo die meisten Orte im Universum nie miteinander in Kontakt gestanden haben? Beide Probleme werden gelöst, wenn man annimmt, dass das ganz frühe Universum durch eine Phase von inflationärem Verhalten gegangen ist, in der ein Energie-Boost zu einem exponentiellen Wachstum des Skalenparameters geführt hat.

### 2.6.1 Hadronisierung – Quarks verschwinden für immer in Nukleonen

Als wir die primordiale Nukleosynthese diskutierten, folgten wir dem expandierenden und sich kühlenden Universum, beginnend bei einer Temperatur von einer Billion Kelvin. Nun drehen wir die Zeitrichtung um und betrachten ein immer heißeres Universum. Unserer Argumentation folgend, waren in diesen frühen Phasen weitere Teilchen mit ihren Antiteilchen im Universum vorhanden, falls deren Ruhemasse unterhalb der vorherrschenden Temperatur lag. Rufen wir uns ins Gedächtnis, dass eine Temperatur von einer Billion Kelvin einer Masse von 86 MeV entspricht, so sollte das Universum zuerst, bei Temperaturen zwischen ein und zwei Billionen Kelvin, auch mit Myonen und Pionen, sowie deren Antiteilchen, gefüllt sein, da die Masse dieser Teilchen 105 MeV beziehungsweise 139 MeV beträgt. Um Protonen und Neutronen, mit Massen von etwa 940 MeV, zusammen mit ihren Antiteilchen zu produzieren, muss die Temperatur deutlich mehr als 10 Billionen Kelvin betragen. Allerdings ist es bei diesen hohen Temperaturen gar nicht dazu gekommen. Der Grund liegt daran, dass die beiden Kernbausteine, Proton und Neutron, keine Elementarteilchen sind und eine innere Struktur besitzen.

Die ersten Hinweise auf diese innere Struktur ergaben sich, als Murray Gell-Mann die Systematik der vielen bekannten Teilchen, die der starken Wechselwirkung unterliegen, mithilfe von mathematischen Symmetrien erklären konnte. Die Elementarbausteine seines Modells allerdings sind Teilchen mit drittelzahligem Wert der Elementarladung. Gell-Mann nannte seine hypothetischen Grundbausteine „Quarks", entnommen dem Buch *Finnegan's Wake* von James Joyce. Auf dem gleichen Flur im Lauritsen Laboratory am California Institute of Technology hatte ein junger Physiker, George Zweig, ähnliche Ideen. Er nannte seine kleinsten Bausteine „Aces", was sich allerdings in der Physik gegenüber Gell-Manns Namensgebung nicht durchsetzte. Zweig fuhr in späteren Jahren ein Auto mit dem Nummernschild „QUARK2". Nach dem ursprünglichen Modell gab es drei unterschiedliche Quarks, die man up (u), down (d) und strange (s) Quarks nannte. In der Zwischenzeit sind drei weitere Quarksorten entdeckt worden, die man phantasievoll „charm" (c), „bottom" (b) und „top" (t) Quarks getauft hat. Diese Quarks können sich in einem Dreierverband zusammenfügen oder als Quark-Antiquark-Paar. Letzteres tritt bei den Mesonen auf, deren leichteste Realisierung die Pionen sind. Die Drei-Quark-Verbünde nennt man Baryonen. Hierzu zählen Protonen und Neutronen, die durch die uud- und udd-Quarkstrukturen beschrieben werden. Diese einfache Welt der Baryonen und Mesonen musste in den letzten Jahren erweitert werden, nachdem auch Tetraquark-Strukturen (also Teilchen, die aus fünf Quarks bestehen, von denen eines ein Antiquark ist) gefunden wurden. Auch wird erwartet, dass es Teilchen gibt, die aus zwei Quark-Antiquark-Paaren bestehen und einem Molekül ähnlich wären. In der Spektroskopie der Hadronen, wie man die Teilchen, die der starken Wechselwirkung unterliegen, zusammenfasst, gibt es noch viel zu erforschen. Allerdings sind Quarks als Elementarbausteine in der Wissenschaft vollständig akzeptiert. Dabei hat noch nie jemand ein freies Quark gesehen oder nachweisen können.

Experimentelle Hinweise auf die Existenz der inneren Struktur des Protons gibt es seit mehr als 50 Jahren, wobei hochenergetische Elektronen als Mikroskop benutzt wurden. Elektronen benutzt man deshalb, weil sie über die gut bekannte elektromagnetische Wechselwirkung mit dem Target, zum Beispiel dem Proton, interagieren, sodass sich die Ladungsverteilung der Probe gut aus gemessenen Wirkungsquerschnitten extrahieren lässt. Die Auflösung, die dabei erzielt werden kann, nimmt mit der Energie der Elektronen linear zu, wobei eine Elektronenenergie von etwa 200 MeV für eine Auflösung von 1 Femtometer ausreicht. Heute stehen Elektronenbeschleuniger zur Verfügung, die Elektronen auf mehr als die 50-fache Energie bringen können, sodass sich das Innere des Protons mit großem Detail bestimmen lässt. Die Experimente zeigen, dass das Proton eine innere Struktur mit drei Ladungszentren aufweist, die als Quarks identifiziert werden können und heute als Valenzquarks bezeichnet werden. Auch das Neutron besitzt eine innere Ladungsverteilung mit drei Zentren, wobei sich die Ladungen der drei Zentren zu null addieren, sodass das Neutron von außen als elektrisch neutral wirkt.

Quarks sind die Elementarbausteine in der Standardtheorie der starken Wechselwirkung, wobei ihnen eine weitere Eigenschaft, die man „Farbe" oder „Farbladung" nennt, zugeordnet wird, die aber nichts mit dem Begriff zu tun hat, den man aus dem alltäglichen Leben kennt. Diese Eigenschaft entspricht einer Quantenzahl und da Quarks Fermionen sind, muss die „Farbe" bei der Anwendung des Pauli-Prinzips berücksichtigt werden.[11] Die Wechselwirkung in der Theorie wird durch Gluonen übertragen, analog zu den Photonen in der Theorie der elektromagnetischen Wechselwirkung, allerdings mit einem bedeutenden Unterschied: Gluonen tragen selbst eine Farbladung im Gegen-

---

[11] Die vermeintliche Verletzung des Pauli-Prinzips in bestimmten Teilchen wie dem $\Delta^{++}$ führte zur Einführung der Farbe als neuer Quantenzahl.

satz zu Photonen, die keine elektrische Ladung tragen. Dies macht die Quantenchromodynamik (QCD), wie man die Standardtheorie der starken Wechselwirkung basierend
auf dem griechischen Wort für Farbe auch nennt, so viel komplizierter zu lösen als
die Theorie der elektromagnetischen Wechselwirkung, genannt Quantenelektrodynamik (QED). Drei Besonderheiten der QCD müssen hervorgehoben werden. Zum Ersten
nimmt die Stärke der Wechselwirkung mit dem Abstand zu, was nach unserer Alltagser-
fahrung kontraintuitiv ist, da dort Wechselwirkungen mit wachsendem Abstand abnehmen. Zum Zweiten bevorzugen Quarks es bei den Energien, die uns zugänglich sind, sich
zu farbneutralen Objekten zusammenzufügen. Dies ist in Verbünden von drei Quarks
oder in Quark-Antiquark-Paaren realisiert. Dies steht im Einklang zu der Beobachtung,
dass man nur Baryonen (drei Quarks) oder Mesonen (Quark-Antiquark) in Experimenten findet, aber keine freien Quarks, die nicht farbneutral sind. Die dritte Besonderheit
ist auch völlig kontraintuitiv. Bislang kannte man nur zusammengesetzte gebundene
Systeme in der Natur, in denen der Verbund leichter ist als die Summe der Komponenten. Der Energiegewinn durch den Verbund, die sogenannte Bindungsenergie, macht
das System stabil gegenüber dem Zerfall in die Komponenten. In der primordialen Nukleosynthese wurde dies ausgenutzt, um Neutronen so in $^4$He zu binden und überleben
zu lassen. In einem Proton wiegen die drei Valenzquarks zusammen nur etwa 10 MeV,
also gerade einmal etwas mehr als 1 % der Protonenmasse, wobei das u-Quark mit ungefähr 2,2 MeV das leichteste Quark ist, und das d-Quark etwa das Doppelte (4,7 MeV) wiegt.
Der Hauptanteil der Protonenmasse stammt aus der Bewegungsenergie der Quarks und
Gluonen, die durch „Farbaustausch" die Wechselwirkung zwischen den Quarks vermitteln. Dazu kommen Beiträge von Quark-Antiquark-Paaren (sogenannte Seequarks),
die aufgrund der Unschärferelation als Fluktuationen statistisch entstehen. Der Raum
zwischen den Valenzquarks ist somit alles andere als ein Vakuum, sondern ein hoch-
kompliziertes Feld. Ähnliches findet man für die anderen Teilchen, die von der starken
Wechselwirkung zusammengehalten werden, wie zum Beispiel das Neutron. Eine schematische Darstellung der inneren Struktur eines Protons ist in der Abbildung 2.23 gezeigt.

Für die Diskussion des frühen Universums ist es aber nun entscheidend, was passiert, wenn man ein dynamisches Gebilde wie das Proton erhitzt, wobei man sich von
dem Konzept der Bindungsenergie trennen muss. Diese Frage ist sowohl experimentell
wie auch theoretisch untersucht worden. In den theoretischen Arbeiten musste man allerdings einen neuen Weg gehen, da eine Lösung der komplizierten QCD-Gleichungen
mit Papier und Bleistift nicht möglich ist. Deshalb hat man die Gleichung „auf ein Gitter"übersetzt, was eine numerische Lösung auf Supercomputern ermöglicht. Ein Meilenstein dieser Gitter-QCD-Rechnungen war die sehr genaue Reproduktion der Massen
der leichten Baryonen und Mesonen, einschließlich des Protons und Neutrons. Diese
Rechnungen bestätigten in überzeugender Weise das Bild von der inneren Struktur des
Protons, wie wir es oben kurz angerissen haben. Gitter-QCD-Rechnungen erlauben es
auch, die Abhängigkeit von QCD-Materie von der Temperatur zu studieren. Dabei zeigt
sich, wenn die Temperatur einen kritischen Wert von ungefähr 160 MeV überschreitet,

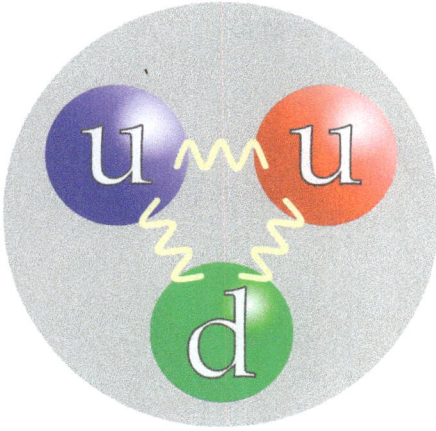

**Abb. 2.23:** Die Quantenchromodynamik beschreibt das Proton durch drei Valenzquarks (u- und d-Quarks), die allerdings nur einen Bruchteil der Protonenmasse ergeben. Die Quarks wechselwirken durch Gluonen (gekräuselte Linien). Der dominante Anteil der Protonenmasse stammt aus der Energie des Quantenfeldes zwischen den Quarks, in dem auch Quark-Antiquark-Paare mit gewisser Wahrscheinlichkeit vorkommen.

ein neuer Materiezustand, das sogenannte Quark-Gluon-Plasma. Während bei Temperaturen unterhalb dieses Wertes die Quarks in Baryonen als Drei-Quark-Verbund und in Mesonen als Quark-Antiquark-Paar gefangen sind, lösen sich diese zusammengesetzten Gebilde bei Temperaturen jenseits des kritischen Wertes auf. Der Materiezustand ähnelt dem bekannten elektromagnetischen Plasma, einem Gemisch von Ladungen bestehend zumeist aus Kernen und Elektronen wie es uns im Sterninneren begegnen wird. Hier setzt es sich allerdings aus Quarks und Gluonen zusammen. Diese bewegen sich in dem Quark-Gluon-Plasma keineswegs als freie Teilchen, sondern sind durch Gluonenaustausch, verursacht durch die starke Wechselwirkung, noch stark korreliert. Experimentell hat man diesen neuen Materiezustand mithilfe von ultrarelativistischen Schwerionenstößen, das heißt bei Energien, die um ein Vielfaches höher sind als die Nukleonenmassen, untersucht. Solche Experimente wurden sowohl am Relativistic Heavy Ion Collider (RHIC) in Brookhaven und dann durch die ALICE-Kollaboration bei den bislang höchsten im Labor erreichbaren Energien am Large Hadron Collider (LHC) am CERN durchgeführt. Dabei konnte nachgewiesen werden, dass sich das Quark-Gluon-Plasma wie eine ideale Flüssigkeit verhält.

Die Abbildung 2.24 zeigt das Phasendiagramm von QCD-Materie, wie man es nach dem heutigen Verständnis der QCD erwartet. In diesem Diagramm entspricht der Pfad, den das Universum in seiner frühesten Phase nach etwa einer hunderttausendstel Sekunde genommen hat, einem Weg entlang der Temperaturachse bei fast verschwindenden Dichten. Nimmt die Dichte zu, so erwartet man, dass der Übergang von der hadronischen Welt, in der Quarks in Baryonen und Mesonen gebunden sind, zum Quark-Gluon-Plasma bei stetig abnehmenden Temperaturen passieren sollte. Bei sehr hohen Dichten, wie sie möglicherweise im Inneren von Neutronensternen realisiert sind, kann das

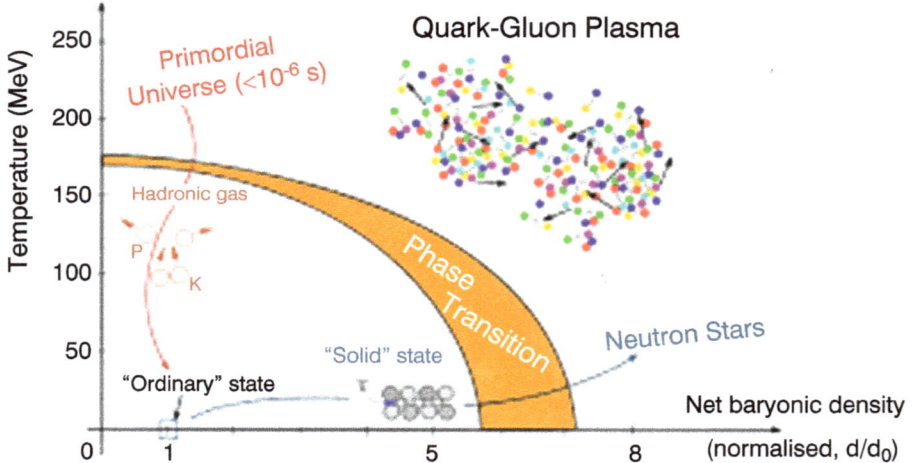

**Abb. 2.24:** Das Phasendiagramm der starken Wechselwirkung sagt für hohe Temperaturen und/oder hohe Dichten einen neuen Zustand der Materie voraus: das Quark-Gluon-Plasma. Das Diagramm zeigt die unterschiedlichen Phasen von Materie unter der Wirkung der starken Wechselwirkung als Funktion der Temperatur und Dichte, wobei die Dichte als die Differenz der Dichten von Materie und Antimaterie definiert ist (sogenannte Netto-Baryonische-Dichte). In der uns umgebenen Welt sind Quarks in Hadronen gefangen (confinement). Im frühsten Universum, als die Temperaturen höher als 1,8 Billionen Kelvin waren, war die Bindung von Quarks in Hadronen allerdings nicht stark genug und die Materie existierte als ein Gemisch von Quarks und Gluonen. Wie ultrarelativistische Schwerionenstreuexperimente der ALICE-Kollaboration am CERN zeigen, verhalten sich die Quarks selbst bei den höchsten experimentell erreichbaren Energien in diesem Gemisch nicht wie freie Teilchen, sondern wechselwirken noch stark miteinander. Im frühen Universum fand der Übergang vom Quark-Gluon-Plasma in die hadronische Phase bei fast gleich viel Materie und Antimaterie, und somit kleiner Netto-Dichte, statt. Dies entspricht einem Pfad sehr nah an der Temperaturachse. In Neutronensternen mag das Quark-Gluon-Plasma auch realisiert sein, dann aber bei sehr niedrigen Temperaturen und Dichten, die deutlich größer sind als in schweren Kernen, und ohne Anwesenheit von Antimaterie.

Quark-Gluon-Plasma schon den Grundzustand der Materie bei der Temperatur $T = 0$ bilden.

In seiner frühen Phase durchlief das Universum den Übergang vom Quark-Gluon-Plasma in die Welt der Hadronen bei einer Temperatur von fast 2 Billionen Kelvin, entsprechend einer Energie von circa 160 MeV. Da von allen Hadronen nur die Ruhemasse der Pionen leichter als dieser Wert ist, sind Pionen die einzigen Hadronen, die sich mit ihren Antiteilchen vernichteten, nachdem das Universum in seine hadronische Phase übergegangen ist. Insbesondere fand diese Vernichtung nie für Nukleonen statt, da ein solcher Prozess bei Temperaturen hätte stattfinden müssen, bei denen das Universum noch mit dem Quark-Gluon-Plasma gefüllt war. Somit haben auch nie Antinukleonen in unserem Universum existiert. Auch die Brechung der Materie-Antimaterie-Asymmetrie geschah bei Temperaturen oberhalb des kritischen Wertes und somit auf der Ebene der Quarks und nicht der Hadronen. Natürlich beeinflusste dieser Symmetriebruch in gleicher Form die Leptonen, sodass die elektrische Neutralität gewahrt blieb.

Nach unserem heutigen Verständnis baut sich die Welt aus drei Familien oder Generationen von Quarks und Leptonen auf, dazu kommen noch die Austauschteilchen der starken Wechselwirkung (Gluonen), der elektromagnetischen Wechselwirkung (Photonen) und der schwachen Wechselwirkung (W- und Z-Bosonen). Die Abbildung 2.25 fasst die Elementarteilchen zusammen, die die Grundbausteine unserer physikalischen Welt sind und die Wechselwirkung zwischen diesen Bausteinen vermitteln. Daneben tritt natürlich noch die Gravitation, die durch die Allgemeine Relativitätstheorie beschrieben wird und für die es noch keine akzeptierte Quantentheorie gibt. Von all diesen Teilchen wird angenommen, dass sie keine innere Struktur besitzen und somit auch nicht in kleinere Einheiten zerlegt werden können. Damit ist zu erwarten, dass das

# Standardmodell der Elementarteilchen

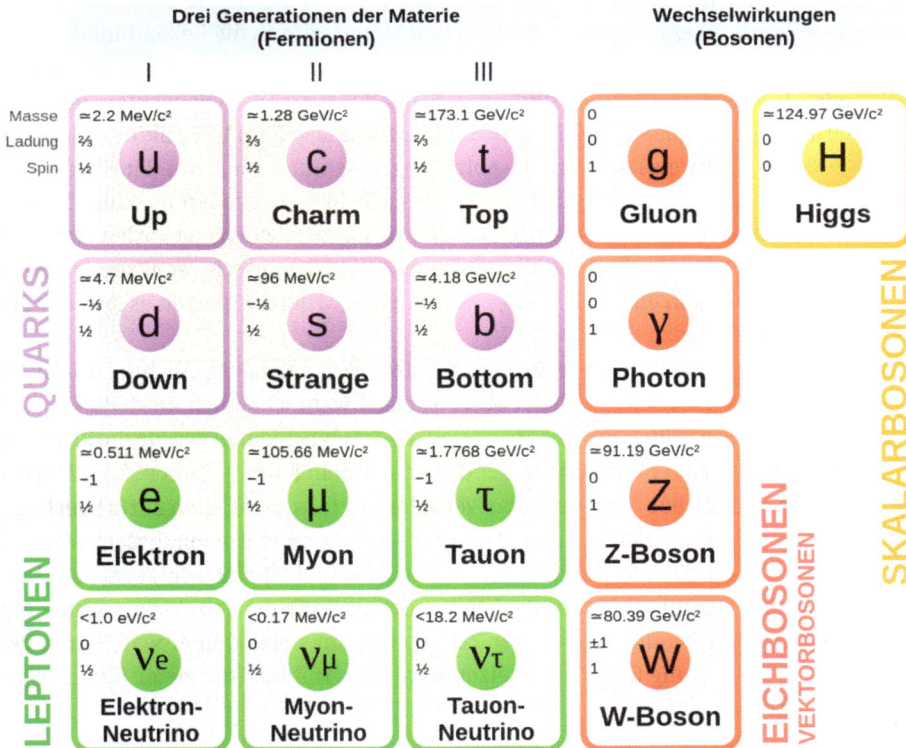

**Abb. 2.25:** Die Bausteine des Standardmodells der Teilchenphysik. Es gibt drei Familien von Quarks und Leptonen, dazu noch die Austauschbosonen der verschiedenen Wechselwirkungen sowie das Higgs-Teilchen. Die Gravitation wird im Standardmodell nicht erfasst. Hier wird die Allgemeine Relativitätstheorie als Standardmodell angesehen.

Universum vor dem Übergang in die Welt der Hadronen durch das Quark-Gluon-Plasma ausgefüllt war, ergänzt durch die Leptonen. Da Gluonen und Photonen masselos sind, existieren sie auch in dieser „Ursuppe", wie das Gemisch aus Quark-Gluon-Plasma, Leptonen und Wechselwirkungsteilchen manchmal plakativ genannt wird. Da einige der Elementarteilchen Massen besitzen, die die kritische Temperatur deutlich übersteigen, fand deren Vernichtung mit den entsprechenden Antiteilchen in einer frühen Phase des durch die Ursuppe gefüllten Universums statt. Beispiele sind das Tau-Teilchen als Lepton der dritten Generation, das Charme-Quark und die beiden Quarks der dritten Familie sowie die Austauschbosonen der schwachen Wechselwirkung.

## 2.6.2 Inflation im Universum

Die Abbildung 2.26 fasst die Geschichte des Universums in einigen bedeutenden Meilensteinen zusammen, ausgehend von der „Ursuppe" über die Bildung von Nukleonen und Hadronen nach dem Übergang in die hadronische Welt, die primordiale Nukleosynthese sowie die Trennung von Strahlung und Materie durch die Rekombination von Elektronen und Kernen zu Atomen, verbunden mit der Entstehung der kosmischen Hintergrundstrahlung. Auf dem Weg zum Universum, das wir heute beobachten, mussten sich allerdings noch Galaxien und Sterne bilden. Diese sogenannte Strukturbildung ist das Thema des nächsten Kapitels. Die Abbildung zeigt aber noch eine Phase, die das Universum zu einem extrem frühen Zeitpunkt nach $10^{-36}$ Sekunden durchlaufen haben mag. Diese Phase nennt man „Inflation" und sie ist vorgeschlagen worden, um zwei Eigenschaften des Universums zu erklären, die als Zufälligkeiten schwer akzeptiert wurden und für die deshalb eine Erklärung gesucht wurde. Hierbei handelt es sich um die „Flachheits-" und „Horizont-Probleme".

Apriori gibt es keine Einschränkungen für den Wert der Energiedichte im Universum. Jeder Wert ist möglich, und jeder Wert ist gleichwahrscheinlich. Deshalb ist es so „unglaublich", dass das heutige Universum von allen Möglichkeiten gerade die kritische Dichte realisiert hat; oder einen Wert, der dieser sehr nah kommt. Dieser „Zufall" wird noch unwahrscheinlicher, wenn man das Verhalten zu früheren Zeiten zurückverfolgt. Nimmt man an, dass das Universum nicht exakt flach ist, sondern von diesem Wert im Rahmen der von der Planck-Mission bestimmten Genauigkeit abweicht, also zum Beispiel $\Omega_M + \Omega_\Lambda = 1{,}0001$ ist. Dann lässt sich nämlich mithilfe der Friedmann-Gleichung zeigen, dass die Abweichung zu früheren Zeiten noch um vieles kleiner war. Hierzu benutzen wir die Gleichung (2.4) und ersetzen darin den Hubble-Parameter durch seine Definition, $H(t) = \frac{\dot{R}}{R}$:

$$(1 - \Omega(t)) = \frac{\text{Konst}}{\dot{R}(t)}. \tag{2.9}$$

In der durch die Dunkle Energie dominierten letzten Phase des Universums nahm die Expansion, und damit $\dot{R}$, beschleunigt zu. Davor allerdings wurde das Universum durch

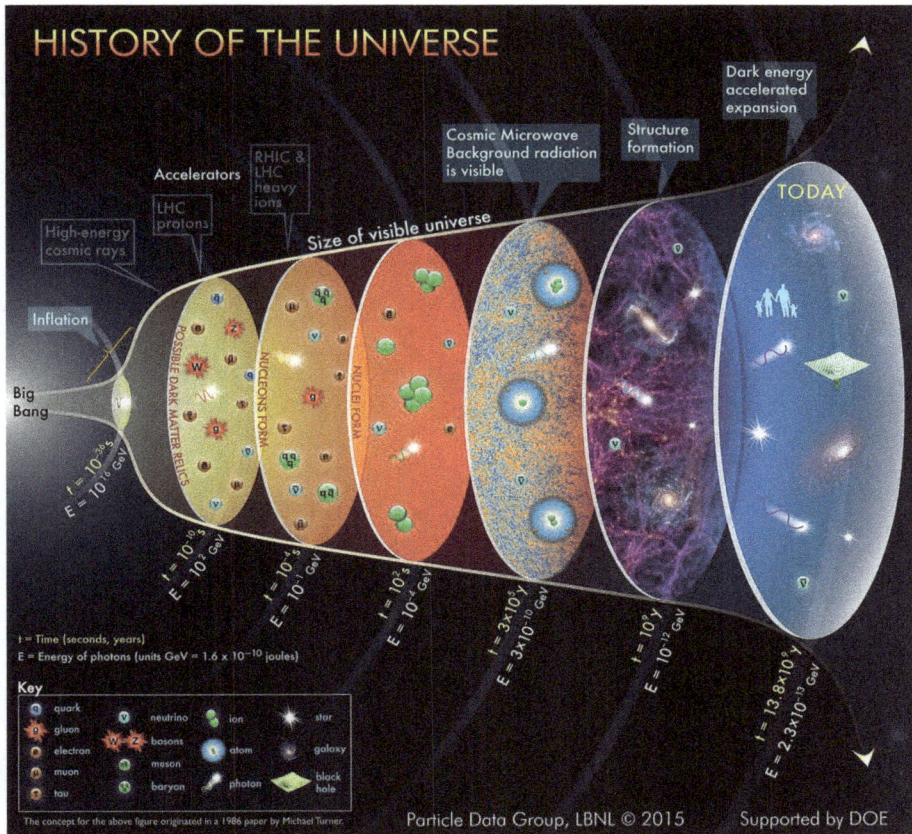

**Abb. 2.26:** Die Geschichte unseres Universums in sechs Schnappschüssen. Nach $10^{-16}$ Sekunden bestand das Universum aus einem Plasma angefüllt mit Elementarteilchen (Quarks, Leptonen) und den Austauschbosonen der Wechselwirkungen sowie deren Antiteilchen. Als sich das Universum nach etwa $10^{-5}$ Sekunden genügend abgekühlt hatte, verbanden sich Quarks zu Hadronen (Protonen, Neutronen, Mesonen). Protonen und Neutronen bildeten nach ungefähr drei Minuten die ersten Kerne (hauptsächlich Helium, neben freien Protonen). Kurz vorher haben sich die Neutrinos von der anderen Materie abgekoppelt und durch die Vernichtung von Elektronen und Positronen heizte sich das Photonenbad gegenüber den Neutrinos auf. Die Photonen blieben mit den Kernen und Elektronen in einem thermischen Gleichgewicht, bis sich nach 380000 Jahren Atome bildeten. Dies führte zur Abkopplung von Photonen und Materie (Atomen), verbunden mit dem Entstehen der kosmischen Hintergrundstrahlung. Vor der Abkopplung von Materie und Photonen ging das Universum von einer Strahlungsdominanz zu einer Materiedominanz über. Aus den Dichtefluktuationen in der kosmischen Hintergrundstrahlung entstehen die Strukturen des heutigen Universums, wobei die Dunkle Materie eine bedeutende Rolle spielte. Seit etwas mehr als 7 Milliarden Jahren wird die Expansion des Universums beschleunigt, verursacht durch die Anwesenheit der Dunklen Energie (kosmologische Konstante). In einer sehr frühen Zeit soll das Universum durch eine Phase exponentieller Expansion gegangen sein (inflationäre Phase).

die Energiedichte der Strahlung und Materie gebremst und dieser Bremseffekt war also umso größer, je weiter man in der Geschichte des Universums zurückgeht. Dies bedeutet aber auch, dass die Expansionsgeschwindigkeit, repräsentiert durch $\dot{R}$ umso größer war, je jünger das Universum war. Da $\dot{R}$ auf der rechten Seite der Gleichung (2.9) im Nenner erscheint, wird diese Seite zu kleineren Zeiten hin immer kleiner. Dies bedeutet für die linke Seite der Gleichung, dass $\Omega$ immer näher an die Eins heranrücken muss. Das Universum musste also in seiner Frühphase eine Dichte besessen haben, die extrem nah am kritischen Wert lag. Dies erscheint als äußerst unwahrscheinlich. Deshalb war das Universum entweder schon zu Beginn flach oder es gab einen Mechanismus, der das Universum in diesen Zustand überführt hat.

Dass die Energiedichte heute in der Nähe des kritischen Wertes liegt, weiß man schon seit mehreren Jahrzehnten. Man kann nämlich den Wert der kritischen Dichte in andere Einheiten umformulieren:

$$\rho_{\text{krit}} = 8{,}5 \cdot 10^{-30} \text{ g/cm}^3 = 1{,}25 \cdot \frac{10^{11} M_\odot}{(\text{Mpc})^3}. \tag{2.10}$$

Aus den Massen von Galaxien, die typischerweise $10^{11}$–$10^{12} M_\odot$ betragen,[12] und dem intergalaktischen Abstand von der Größenordnung Megaparsec findet man eine Dichte des Universums, die in der Nähe des kritischen Wertes liegt. Dies deckte sich mit den Ergebnissen, die man aus der primordialen Nukleosynthese erzielte, wenn man aus dem Vergleich der berechneten und der beobachteten Häufigkeiten der leichten Elemente das Nukleon-zu-Photon-Verhältnis $\eta$ bestimmte. Auch die baryonische Dichte des Universums lag in der Nähe des kritischen Wertes. Allerdings zeigte sich mit verbesserten Messergebnissen für die Kernreaktionen, dass die baryonische Dichte etwas kleiner als die kritische Dichte ist. Motiviert von der Nähe am kritischen Wert wurden Studien der primordialen Nukleosynthese oft unter der Annahme gemacht, dass die Energiedichte des Universums den kritischen Wert besitzt, bevor dann von Jim Peebles und anderen das ΛCDM-Modell entwickelt wurde und die Analysen der Hintergrundstrahlung in der Tat ergaben, dass das heutige Universum mit der Annahme, die kritische Energiedichte zu besitzen und somit „flach" zu sein, verträglich ist. Dies kann man somit als beobachtetes Faktum ansehen. Allerdings wird durch diese Analyse keine Begründung gegeben, warum das Universum gerade diesen ausgezeichneten Wert besitzt.

Das zweite Problem ist auch schon einige Jahrzehnte alt. Zwei der Grundannahmen der Kosmologie sind, dass das Universum auf großen Skalen isotrop und homogen ist. Aber wie kann das sein, wenn es Punkte im Universum gibt, die niemals kausal miteinander verbunden waren, die also so weit voneinander entfernt sind, dass Licht es während des endlichen Alters des Universums nicht von einem zum anderen Punkt geschafft hat? Versuchen wir es uns klarzumachen, dass es solche Punkte im heutigen

---

12 Hier haben wir für die Masse der Sonne das übliche Symbol $M_\odot$ benutzt.

Universum gibt. Wenn man nach Westen blickt, kann man Galaxien entdecken, die 10 Milliarden Lichtjahre entfernt sind. Wiederholt man dies nach Osten, so findet man ebenfalls Galaxien mit einem Abstand von 10 Milliarden Lichtjahren. Die räumliche Distanz zwischen diesen beiden entfernten Galaxien ist somit größer als das Alter des Universums. Da die Lichtgeschwindigkeit die größte Geschwindigkeit ist, mit der Informationen ausgetauscht werden können, scheint dies zwischen diesen beiden Galaxien nicht möglich gewesen zu sein. Dies ist allerdings ein Trugschluss, denn während das Licht für mehrere Milliarden Jahre unterwegs war, hat sich auch der Skalenparameter des Universums geändert. Das Licht konnte also größere Distanzen verbinden, als man sie naiv vom Produkt des Universumalters mit der Lichtgeschwindigkeit erwartet. Um dies zu berücksichtigen, führt man eine Größe $d_H$ ein, die man Horizont nennt, und die definiert, wie weit sich Licht im expandierenden Universum seit dem Urknall fortbewegt hat. Das Ergebnis hängt von der zeitlichen Entwicklung des Skalenparameters $R(t)$ ab. Für die beiden Sonderfälle des strahlungsdominierten und materiedominierten Universums findet man $d_H = 2 \cdot t$ bzw. $d_H = 3 \cdot t$, wobei $t$ die Zeit ist, die das Licht für seinen Weg zur Verfügung hatte. Im materiedominierten Universum konnte das Licht also effektiv die dreifache Distanz zurücklegen im Vergleich zu einem statischen Universum ohne Expansion. Nehmen wir kurz einmal an, dass das Universum seit der Abkopplung der kosmischen Hintergrundstrahlung materiedominiert war, so beträgt die maximale Distanz, die Licht seitdem zurücklegen konnte, etwa 41,5 Milliarden Lichtjahre, etwa das Dreifache des Alters des Universums, wobei die 380000 Jahre, die bis zur Abkopplung vergingen, nicht ins Gewicht fallen. Nun wissen wir, dass das Universum in den letzten 7,7 Milliarden Jahren, getrieben durch die Dunkle Energie, beschleunigt expandierte. Dies vergrößert den Horizont noch etwas, sodass man einen Wert von etwa 46,5 Milliarden Lichtjahre findet, wenn man die Entwicklung des Skalenparameters aus der Friedmann-Gleichung mit der Zusammensetzung des heutigen Universums bestimmt. Deshalb wird häufig ein Durchmesser für das heutige Universum angegeben, der sich als das Doppelte des Horizonts ergibt, also etwa 93 Milliarden Lichtjahre. Hier muss man betonen, dass sich dies auf das beobachtbare Universum bezieht. Was jenseits des beobachtbaren Universums geschieht, können wir prinzipiell nicht wissen, da von dem Teil des Universums, wenn es ihn gibt, noch keine Information zu uns gelangt sein kann. Ferner ist es wichtig, dass man, wegen der Annahme eines homogenen Universums, ein beobachtbares Universum für jeden anderen Punkt bilden kann. Wenn die Punkte nicht zusammenfallen, sind die beobachtbaren Universen verschieden, was aber nur auf großen Skalen und nicht auf der Erde von Relevanz ist. Natürlich hängt das beobachtbare Universum auch von der Zeit ab, die seit dem Urknall vergangen ist.

Auch in unserem heutigen beobachtbaren Universum gibt es Punkte, die weiter voneinander entfernt sind als der Horizont. Um uns dies klarzumachen, betrachten wir die Abbildung 2.27, in der die Erde als Ausgangspunkt genommen wird; es könnte aber auch jeder andere Punkt im Universum sein. Für diesen Ausgangspunkt kann man nun das beobachtbare Universum definieren, das durch eine Kugel mit dem Radius des Horizonts gegeben wird. In der zweidimensionalen Version der Abbildung ist dies ein

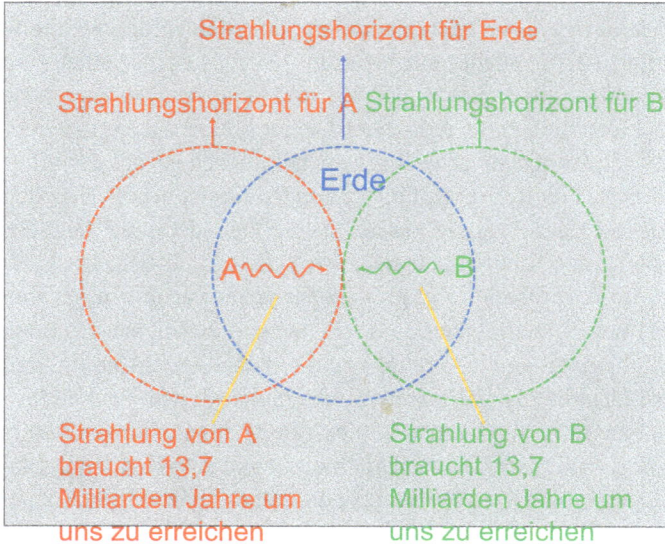

**Abb. 2.27:** Die Abbildung beschreibt in schematischer Weise das Horizontproblem. Dies bezieht sich darauf, dass das heutige Universum mit großer Genauigkeit auf großen Skalen homogen ist, obwohl es Orte gibt, die anscheinend niemals miteinander in Informationsaustausch standen. Betrachten wir zum Beispiel das beobachtbare Universum von der Erde aus. Uns können Signale aus einer Distanz erreichen, die das Licht während des Alters des Universums durchqueren konnte, wobei die zurückgelegte Distanz, wegen der Expansion des Universums, deutlich größer ist als 13,7 Lichtjahre. Die entferntesten Punkte, von denen uns Licht erreichen kann, definieren den Horizont, der in der zweidimensionalen Darstellung durch einen Kreis gegeben ist. Die beiden Punkte „A" und „B" liegen auf diesem Kreis auf verschiedenen Seiten. Wegen der Homogenität des Universums sind die beiden Punkte gleichberechtigt mit dem Beobachtungspunkt „Erde". Auch um „A" und „B" gibt es Horizonte, die durch Kreise mit dem gleichen Radius wie der des Horizonts der Erde gegeben sind. Ein Informationsaustausch zwischen „A" und „B" ist nur möglich für Punkte die in beiden Horizontkreisen gleichzeitig liegen. Dies gilt allerdings per Konstruktion des Beispiels nur für den einen Punkt, die Erde. Alle anderen Punkte, die mit „A" korrespondieren konnten, hatten keinen Austausch mit „B", und umgekehrt. Trotzdem ist die Temperatur der kosmischen Hintergrundstrahlung an den Punkten „A" und „B" mit hoher Genauigkeit identisch.

Kreis. Alle Punkte auf dem Kreis sind die entferntesten, mit denen man während der Lebensdauer des Universums in kausalen Kontakt gewesen sein konnte, weil das Licht es gerade von diesen Punkten zur Erde in 13,7 Milliarden Jahren geschafft hat. Greifen wir zwei der Punkte auf diesem vom Horizont aufgespannten Kreis heraus und nennen sie „A" und „B". So konnte während des Alters des Universums, Licht von der Erde nach A und nach B gelangen, aber auch Licht von dort zur Erde. Wegen der Annahme der Homogenität sind aber beide Punkte auch Ausgang für ein beobachtbares Universum, das den gleichen Horizont hat, da das Alter des Universums dort dasselbe wie auf der Erde und überall sonst ist. Die Horizonte um A und B lassen sich ebenfalls durch Kreise darstellen. Die Kreise um A und um die Erde schneiden sich, was die wichtige Konsequenz hat, dass alle Punkte, die in diesem überlappenden Gebiet liegen, sowohl mit der Erde als auch mit Punkt A während der Lebensdauer des Universums in Kontakt treten konnten. Analog gibt es eine solche Schnittmenge auch für den Punkt B. Allerdings ist in dem Beispiel der Abbildung 2.27 die Erde der einzige gemeinsame Punkt aus den beobachtbaren Universen von A und B. Alle anderen Punkte konnten niemals miteinander korrespondieren. Dies gilt insbesondere für die beiden Schnittmengen von A mit der Erde und von B mit der Erde, aus denen man die kosmische Hintergrundstrahlung beobachten kann. Und obwohl die Punkte nicht miteinander in Kontakt waren, hat die Hintergrundstrahlung den gleichen Wert. Dies nennt man das Horizontproblem. Es basiert auf zwei fundamentalen Annahmen: Das Universum ist homogen, und die Lichtgeschwindigkeit ist endlich und die größte Geschwindigkeit, mit der Information ausgetauscht werden kann. Es gibt aber noch eine dritte Annahme: Der Skalenparameter wächst friedlich wie im strahlungs- oder materiedominierten Universum. Die Tatsache, dass das Universum seit mehr als 7 Milliarden Jahren nun von der Dunklen Energie dominiert wird, ändert nichts an unserer Argumentation, da man nur die Tatsache braucht, dass der Horizont einen endlichen Radius hat und nicht den genauen Wert des Radius.

Es gibt also im heutigen Universum Punkte, die so weit voneinander entfernt sind, dass sie nicht miteinander kausal verknüpft sind. Aber vielleicht war das nicht immer so im Laufe des Universums, und die Punkte standen früher miteinander in Kontakt, denn die Punkte A und B lagen zu früheren Zeiten näher beieinander. Betrachten wir die Situation der Abbildung 2.27 zur Zeit der Abkopplung von Materie und Photonen. Dies geschah etwa 380000 Jahre nach dem Urknall und entspricht nach der Lösung der Friedmann-Gleichung für die heutige Zusammensetzung des Universums einer Rotverschiebung von $z \approx 1070$. Aus der Verknüpfung des Skalenparameters mit der Rotverschiebung, $R = \frac{1}{1+z}$, können wir schließen, dass der Skalenparameter etwa um einen Faktor 1000 kleiner war und die Punkte A und B um den gleichen Faktor näher zusammenlagen. Dies ist aber erst die halbe Antwort, da sich auch der Horizont mit der Zeit verkleinerte. Dies geschieht allerdings linear, sodass die Verkleinerung des Horizonts sich durch das Verhältnis des Alters des Universums durch den Zeitpunkt der Abkopplung ergibt. Dies ergibt einen Faktor von etwa 40000, der also deutlich größer ist als die Reduktion des Abstands der Punkte A und B. Bei dieser Abschätzung haben wir angenommen, dass der Linearitätsfaktor in der Horizont-Zeit-Beziehung konstant bleibt, was berechtigt wäre, wenn das Universum in der ganzen Zeit materiedominiert war. Dies ist nicht der Fall, da es in den letzten 7,7 Milliarden Jahren durch die Dunkle Energie beschleunigt expandiert, sodass die Reduktion des Horizonts noch etwas größer ist. Die Abbildung 2.28 verdeutlicht das Resultat. Zwei Punkte, A und B, deren Horizonte sich im heutigen Universum gerade berühren, waren zur Zeit der Entstehung der kosmischen Hintergrundstrahlung deutlich voneinander getrennt. Der Grund liegt darin, dass der Horizont sich linear mit der Zeit vergrößert, während der Abstand, gemäß dem Skalenparameter, mit dem Faktor $t^{2/3}$ in der materiedominierten Phase langsamer anwuchs, was noch nicht von der beschleunigten Expansion kompensiert ist. Die gleiche Überlegung gilt für das strahlungsdominierte Universum, also vor der Abkopplung, da damals der Skalenfaktor wie $t^{1/2}$ anwuchs, also auch langsamer als ein lineares Verhal-

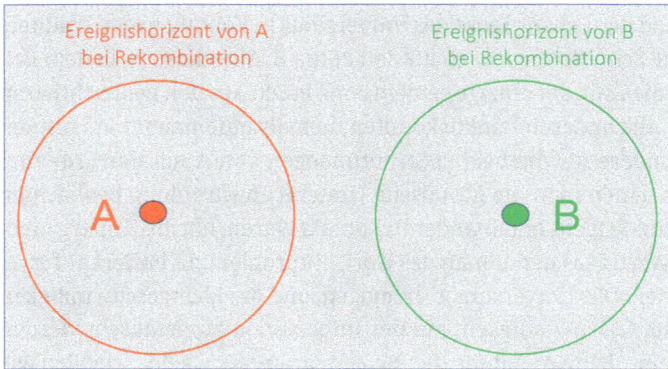

**Abb. 2.28:** Horizonte und Abstände der beiden Punkte „A" und „B" aus der Abbildung 2.27 zur Zeit der Entstehung der Hintergrundstrahlung, etwa 380000 Jahre nach dem Urknall. Sowohl die Horizonte als auch die Abstände verändern sich mit der Zeit, aber mit unterschiedlicher Abhängigkeit. Hierbei spielt die Expansion des Skalenparameters eine entscheidende Rolle. Nun haben die Entwicklung des Skalenparameters $R$ und des Horizonts unterschiedliche Zeitabhängigkeiten. Letzterer hängt linear von der Zeit ab, während $R$ im materiedominierten Universum sich wie $t^{2/3}$ verändert. Gehen wir somit in der Zeit zurück, so schrumpft der Horizont um die Punkte „A" und „B" schneller als der Abstand zwischen den Punkten abnimmt. Dies gilt auch noch, wenn man berücksichtigt, dass das Universum nun beschleunigt zunimmt. Die Konsequenz ist, dass zur Zeit der Entstehung der kosmischen Hintergrundstrahlung Punkte, die heute zu unserem beobachtbaren Universum gehören, dies damals noch nicht waren. Das Horizontproblem verschlimmert sich, wenn man in der Zeit zurückgeht.

ten. Die Konsequenz ist, dass Punkte, die im heutigen Universum nicht in Kontakt sind, es auch nicht zu früheren Zeiten waren, als das Universum durch seine strahlungs- und materiedominierten Perioden ging. Im Umkehrschluss bedeutet es aber auch, dass in der Zukunft Punkte im Universum in Kontakt kommen, die es bislang nicht waren.

Um diese Probleme zu erklären, wird vorgeschlagen, dass das Universum in seiner wirklichen Frühphase durch eine kurze Periode explosionsartiger Expansion gegangen ist, die man als inflationäre Phase bezeichnet. Die Idee hängt damit zusammen, dass man in der Theorie der Elementarteilchen davon ausgeht, dass sich bei sehr hohen Energien die drei bekannten Wechselwirkungen (starke, elektromagnetische und schwache Wechselwirkung) zu einer Theorie vereinheitlichen. Man nennt dies die Grand Unified Theory (GUT). Experimentelle Hinweise deuten daraufhin, dass dies bei Energien von etwa $10^{16}$ GeV (10 Billiarden GeV) der Fall sein sollte. Dies ist natürlich eine Energieskala, die alles bisher im Labor Erreichte um viele Größenordnungen übersteigt. Als Vergleich sei erwähnt, dass der Large Hadron Collider am CERN gerade ausreichte, um das Higgs-Boson mit einer Masse von 125 GeV herzustellen und nachzuweisen. Bei Energien oberhalb der GUT-Skala gibt es nur eine Wechselwirkung, die manchmal die X-Kraft genannt wird, und alle Teilchen, ob Quarks oder Leptonen, haben die gleiche Masse. Als das Universum abkühlte, kam es dann zu einem Übergang von einem Zustand größerer Symmetrie, in der die Wechselwirkungen identisch waren, in einen Zustand, in dem diese vereinheitlichte Symmetrie gebrochen ist und sich die drei Wechselwirkungen unterscheiden. Bei diesem Übergang erhielten die Quarks und Leptonen auch ihre unterschiedlichen Massen.

Der Übergang aus der vereinheitlichten Wechselwirkungswelt, bestimmt durch die X-Kraft, zu der unsrigen Welt, aufgebaut aus Quarks und Leptonen, geschah durch einen sogenannten spontanen Symmetriebruch. Dabei ist der durch höhere Symmetrie ausgezeichnete Zustand der energetisch ungünstigere, sodass ein System durch die spontane Symmetriebrechung in einen energetisch günstigeren Zustand, allerdings mit geringerer Symmetrie übergeht. Für den Endzustand gibt es mehrere energetisch gleichberechtigte Realisierungen, von denen das System nach dem Phasenübergang eine „spontan" auswählt. Diese Situation ist vergleichbar mit einer auf der Tischplatte auf dem Kopf stehenden Nadel. Dieser Zustand ist äußerst instabil (man nennt dies einen „metastabilen" Zustand), denn durch die kleinste Störung fällt die Nadel um und liegt danach auf der Tischplatte in einer nicht vorhersagbaren Richtung. Im metastabilen Zustand waren alle Raumrichtungen noch gleichberechtigt; dies ist nicht mehr der Fall, nachdem die Nadel durch Umfallen spontan, das heißt nicht vorhersagbar, eine Richtung ausgezeichnet hat und somit die Rotationssymmetrie in der Ebene gebrochen hat. Durch das Umfallen hat die Nadel auch weitere gravitative Energie gewonnen und befindet sich auf der Tischplatte in einem stabilen Zustand. Das gleiche Prinzip der spontanen Symmetriebrechung kennt man auch von der spontanen Magnetisierung, wenn ein Metall unterhalb der sogenannten Curie-Temperatur seine Spins (Magneten) in eine Richtung, die vorher nicht vorhersagbar war, ausrichtet und so in einen energetisch günstigeren Zustand übergeht. Es wurde nun von den Pionieren des „inflationären" Universums wie Alan Guth und Andrei Linde (Abbildung 2.29) vorgeschlagen, dass das Universum in seiner frühesten Phase, etwa $10^{-35}$ Sekunden nach dem Urknall entsprechend einer Temperatur $10^{16}$ GeV auch durch eine Phase der spontanen Symmetriebrechung ging, wo es von dem metastabilen Zustand der GUT-Phase in den energetisch günstigeren Zustand der Welt überging, in der sich die starke, elektromagnetische und schwache Wechselwirkung unterscheiden und Leptonen und Quarks ihre uns bekannten Massen erhielten. Durch die spontane Symmetriebrechung wurde während des Übergangs Energie freigesetzt, die zum einen in die Massen der Elementarteilchen gesteckt und zum anderen zur Expansion des Universums verwandt wurde. Entscheidend ist es, dass der Übergang so beschrieben werden kann, dass er einer Energiedichte mit negativem Druck entspricht. Die Expansionsphase ist somit der Situation ähnlich, die man vom Universum kennt, wenn seine Energiedichte nur noch durch die kosmologische Konstante gegeben ist. Ein solches Universum wächst exponentiell an: $R(t) = R_0 \exp\left(\frac{t}{t_{\text{inf}}}\right)$. Modelle schätzen die Konstante als $t_{\text{inf}} \approx 10^{-35}$ Sekunden ab. Die mit der GUT-Symmetriebrechung verknüpfte Expansion war nur sehr kurz und soll in der Zeit zwischen $10^{-35}$ s und $10^{-33}$ s abgelaufen sein. In dieser zugegebenermaßen kurzen Zeit hat sich der Skalenparameter des Universums explosiv um einiges vergrößert. Der Faktor, mit dem der Skalenparameter anwuchs, lässt sich als $\exp\left((10^{-33} - 10^{-35})/10^{-35}\right) \approx \exp 100 \approx 10^{43}$ abschätzen.

**Abb. 2.29:** Die Idee des inflationären Universums wurde entscheidend von Alan Guth (links) und Andrei Linde (rechts) entwickelt. Beide wurden dafür mit sehr renommierten Preisen ausgezeichnet, darunter der Kavli-Preis und der Breakthrough Prize.

Nach dieser explosiven Expansion entwickelte sich das Universum so wie wir es vorher besprochen haben. Abbildung 2.30 zeigt die Entwicklung des Universums durch die inflationäre Phase.

Die Annahme einer – wenn auch äußerst kurzen – inflationären Periode im sehr frühen Universum liefert eine plausible Erklärung für die Flachheits- und Horizontprobleme. Man kann sich den Trick der Inflation dabei folgendermaßen bildlich vorstellen. Wenn man auf der Kugeloberfläche der Erde steht, kann man die Krümmung dadurch erschließen, dass zum Beispiel der Schornstein der Schiffe zuerst am Horizont sichtbar wird. Bläst man die Erde allerdings auf, so wird die lokale Krümmung immer kleiner und schwerer zu detektieren. Wenn man die Erde um so viele Größenordnungen aufbläht, wie dies in der inflationären Phase mit dem Skalenparameter passierte, so ist die Krümmung für einen menschlichen Beobachter nicht mehr festzustellen. Die Erde erscheint lokal als flach. Man kann sich die Lösung des Flachheitsproblems auch aus der Gleichung (2.9) erschließen. Während der inflationären Phase wächst der Skalenparameter exponentiell an. Es ist die besondere Eigenschaft einer Exponentialfunktion, dass die Ableitung in jedem Punkt wiederum die Exponentialfunktion ist. Daraus können wir schließen, dass sich die Geschwindigkeit $\dot{R}$, mit der sich der Skalenparameter während der inflationären Periode ändert, um den gleichen Faktor vergrößert wie der Skalenparameter. Da $\dot{R}$ in der Gleichung (2.9) im Nenner erscheint, verringert sich die linke Seite nach unserer Abschätzung um den Faktor $10^{43}$ während der Inflation. Damit wird aber

**Radius (meters)**

Inflation era =
$10^{-35}$ to $10^{-33}$ sec.

$10^{40}$

$10^{30}$

$10^{20}$        **STANDARD MODEL**

$10^{10}$

$10^{-10}$

$10^{-30}$

$10^{-40}$    **INFLATIONARY MODEL**

$10^{-50}$                    *NOW*

$10^{-60}$             **Time (seconds)**

$10^{-45}$   $10^{-35}$   $10^{-25}$   $10^{-15}$   $10^{-5}$   $10^{5}$   $10^{15}$

**EXPANSION OF THE OBSERVABLE UNIVERSE**

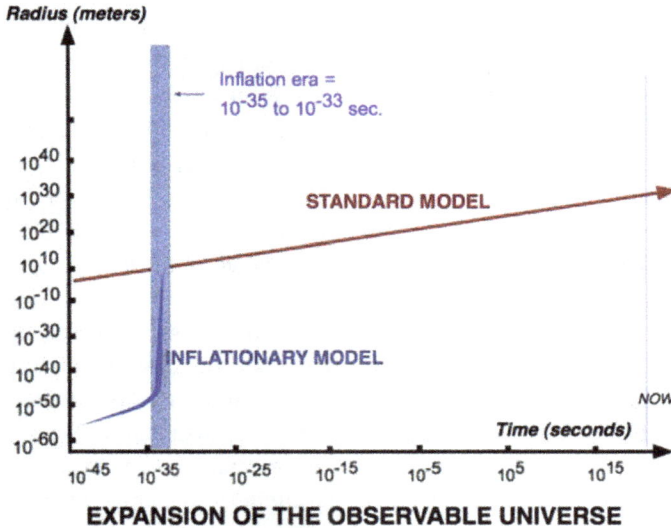

**Abb. 2.30:** Das inflationäre Modell des Universums besagt, dass es in einer sehr frühen Phase des Universums zu einer exponentiellen Expansion gekommen ist, verbunden mit der spontanen Symmetriebrechung der Großen Vereinheitlichten Theorie der Kräfte (Grand Unified Theory), die zu der Existenz der starken, elektromagnetischen und schwachen Wechselwirkung, wie wir sie heute kennen, geführt hat. Nach der Phase exponentiellen Wachstums ging das Universum in dasjenige über, das durch das heutige Standardmodell der Kosmologie beschrieben wird. Über die Dauer der inflationären Phase und die damit verbundene Ausdehnung des Universums gibt es unterschiedliche Abschätzungen. Es gibt auch unterschiedliche Modelle, wie der Phasenübergang verlaufen sein könnte. Die exponentielle Expansion des frühen Universums gibt eine plausible Erklärung, warum das heute beobachtbare Universum homogen und flach ist.

auch der Wert von $1 - \Omega(t)$ um diesen gleichen riesigen Faktor verringert. Man sieht also, dass $\Omega$ nach der Inflation sehr nah an den Wert 1 (die kritische Dichte) herangerückt ist, egal wie der Wert von $\Omega$ vor dem exponentiellen Aufblähen des Universums war, vorausgesetzt $\Omega$ wich nicht exorbitant vor der Inflation von der kritischen Dichte ab, was extrem unwahrscheinlich ist. Die inflationäre Phase liefert also eine elegante Erklärung, warum unser Universum heute als flach erscheint, da die exponentielle Expansion während der Inflation jedwede vorher existierende Krümmung „weggeblasen" hat.

Die inflationäre Periode hat das Universum, so schätzt Alan Guth, von einer infinitesimal kleinen Skala in eine Welt von Zentimeter-Dimension katapultiert. Dabei wurden auch alle Abstände zwischen Punkten um den exponentiellen Faktor gedehnt. Punkte, die vor der Inflation in kausalem Kontakt gewesen waren, lagen nun weit außerhalb ihres Horizonts. Das Entscheidende aber ist, dass sie einmal in Kontakt waren, sodass sie Eigenschaften, koordiniert durch ihren frühen Informationsaustausch, in der weiteren Entwicklung behalten konnten. Nach der inflationären Phase entwickelte sich das Universum wie von uns für das $\Lambda$CDM-Modell beschrieben. Der Skalenparameter wächst somit nach Beendigung der Inflation langsamer als die Horizonte. Als Konsequenz treten einige Punkte, die durch die Inflation außer Kontakt gerissen wurden, mit der Zeit wieder in Kontakt. Salopp ausgedrückt: Punkte verabschieden sich durch die Inflation voneinander, um später in der Geschichte des Universums wieder miteinander in Kontakt zu treten. Unterlegen wir die Diskussion mit Abschätzungen: Zu Beginn der Inflation, bei $t = 10^{-35}$ Sekunden, hatte der Horizont einen Radius $R = c \cdot t \approx 10^{-27}$ Meter, sodass ein Volumen, das vor Beginn der Inflation kausal verbunden war, maximal diesen Radius hat. Durch die Inflation wurde dieses Gebiet um den Faktor $10^{43}$ auf $10^{16}$ Meter aufgeblasen. Nach der Inflation ist das Universum strahlungsdominiert (mit $R \sim t^{1/2}$) und der Skalenparameter expandiert bis zur Abkopplung der kosmischen Hintergrundstrahlung noch einmal um etwa einen Faktor $10^{22}$, wodurch sich das Volumen, das vor dem Beginn der Inflation, kausal in Verbindung stand, auf einen Radius von $10^{38}$ Meter vergrößert hat. Die kosmische Hintergrundstrahlung entstand bei einer Rotverschiebung von $z = 1089$, sodass das anfänglich kausal verbundene Gebiet heute einen Radius von $10^{41}$ Meter hat. Dies ist um viele Ordnungen größer als der Radius des heute beobachtbaren Universums, der mit etwa $10^{26}$ Meter abgeschätzt wird. Also selbst wenn unsere Abschätzungen um Einiges danebenliegen, da zum Beispiel die Dauer der Inflation nicht besonders gut bekannt ist, sagt das Modell des inflationären Universums, dass das heute beobachtbare Universum aus einem ursprünglich kausal verbundenen Fleck Universum entstanden ist. Damals waren somit alle Punkte im heutigen beobachtbaren Universum quasi Nachbarn, die miteinander Informationen austauschen konnten.

Neben dem Flachheits-Problem und dem Horizont-Problem gibt die Annahme einer inflationären Expansion verbunden mit dem GUT-Phasenübergang auch noch plausible Erklärungen für weitere offene Fragen der Kosmologie. Zum einen wird durch die enorme Vergrößerung des Skalenvolumens verständlich, warum im heutigen Universum noch keine magnetischen Monopole gefunden wurden: mit der Ausnahme einer möglichen Entdeckung eines solchen Ereignisses 1982 in Stanford, das aber weder bestätigt noch widerlegt werden konnte. Magnetische Monopole sind uns aus dem Alltagsleben fremd, da Magnete immer mit vereinten Nord- und Südpolen vorliegen. In der Welt der höchsten Energien, wie sie vor der Inflationsphase vorherrschte, konnten nach theoretischen Vorhersagen allerdings magnetische Monopole entstehen, die bis zu unserer Zeit überlebt hätten. Magnetischen Monopolen werden große Massen zugeordnet, sodass man ihre Existenz im heutigen Universum eigentlich schon nachgewiesen haben müsste – was man aber noch nicht hat. Die mit der Inflation im frühen Universum einhergehende Vergrößerung des Volumens hätte die Dichte der möglichen magnetischen Monopole extrem verdünnt, sodass ihre heutige Beobachtung, falls sie existieren, äußerst unwahrscheinlich ist.

Ein weiterer Aspekt des inflationären Universums ist für die nachfolgende Geschichte sehr wichtig. Der mit der Inflation verbundene Phasenübergang lief auf so kleinen Skalen ab, dass Quanteneffekte, verursacht durch die Unschärferelation, eine wichtige Rolle spielten. Diese führten zu Fluktuationen, die sich aufgrund ihrer statistischen Natur durch Verteilungen beschreiben lassen. Diese kleinen, der Dichte des Universums nach der Inflationsphase aufgeprägten Fluktuationen wachsen mit dem Skalenparameter mit und realisieren sich schon auf größeren Skalen als Temperatur- und Dichteschwankungen in der kosmischen Hintergrundstrahlung und werden schließlich die Saat für die Bildung großer Strukturen wie Galaxienhaufen im Universum.

Bislang ist die Idee eines inflationären Universums noch nicht durch Beobachtung direkt bewiesen. Ein solcher Nachweis könnte über Polarisationsmuster in der kosmischen Hintergrundstrahlung gelingen, die als „Echo" von Gravitationswellen aus der Inflationsphase entstanden sein sollten. Dies schien kurzzeitig durch das BICEP-Experiment (Background Imaging of Cosmic Extragalactic Polarization Experiment) gelungen zu sein. Die beobachteten Signale wurden dann allerdings durch die Planck-Kollaboration auf andere Ursachen zurückgeführt.

Obwohl es bislang keine direkten Beweise für die Inflation gibt, beruht die Idee, die hinter der Theorie steckt, nicht auf willkürlichen Annahmen. Es ist experimentell nachgewiesen, dass sich die schwache und die elektromagnetische Wechselwirkung bei hohen Energien zu einer Kraft vereinheitlichen lassen; man nennt dies das Modell der elektroschwachen Wechselwirkung. Bei einer Energie von ungefähr 100 GeV wird die elektroschwache Kraft durch einen spontanen Symmetriebruch in die beiden unterschiedlichen Wechselwirkungen überführt. Deshalb ist es nicht unplausibel, dass bei noch höheren Energien auch die Starke Wechselwirkung diesem Bund beitritt, es somit zur Großen Vereinheitlichen Theorie kommt. Abschätzungen sagen, dass dies allerdings bei exorbitant hohen Energien ($10^{16}$ GeV) geschehen soll, die man auf Erden auch nicht nur annähernd erreichen kann und die im Universum wahrscheinlich nur in der sehr frühen Phase des Universums existiert haben. Ihre Überzeugungskraft gewinnt die Inflation daher, dass ihre Idee nicht rein willkürlich postuliert wurde und weil sie die störenden Schwächen im Modell unseres Universums auf plausible und elegante Art und Weise beseitigt. Natürlich wird man weiter daran arbeiten, direkte Beweise für eine Inflationsphase des Universums zu finden, oder diese zu widerlegen. Bis solche Beweise gefunden sind, kann man dem kanadischen Kosmologen Douglas Scott folgen, der die heutige Situation diplomatisch und prägnant zusammengefasst hat: „Somethink like inflation is something like proven."

# 3 Galaxien und Sterne – Strukturen im Universum

„Zwei Dinge erfüllen das Gemüt mit immer neuer und zunehmender Bewunderung und Ehrfurcht, je öfter und anhaltender sich das Nachdenken damit beschäftigt: der gestirnte Himmel über mir und das moralische Gesetz in mir." Es muss ein überwältigender Anblick gewesen sein, als Immanuel Kant nachts unsere Galaxie, die Milchstraße, von Königsberg aus sah (Abbildung 3.1).[1] Kant erkannte als einer der Ersten, dass die Sterne der Milchstraße eine ausgedehnte, flache Scheibe bilden, sodass man sehr viele Sterne sieht, wenn man in Richtung der Scheibenebene blickt, und deutlich weniger, wenn man von der Scheibenebene wegblickt. Kant spricht zwar in seiner *Kritik der Reinen*

**Abb. 3.1:** Spektakulärer Blick auf die Milchstraße aus der Atacamawüste in Chile. Kant sah sie aus Königsberg von der nördlichen Halbkugel.

---

1 Ich selbst sah sie zum ersten Mal von Mikolajki in Masuren, weniger als 150 km von Kaliningrad entfernt, mehr als 200 Jahre später und habe diesen Anblick nie vergessen, obwohl Kant bei geringerer Luftverschmutzung sicherlich den eindrucksvolleren Eindruck hatte.

https://doi.org/10.1515/9783111469737-003

*Vernunft*, aus der wir oben zitiert haben, vom „unabsehlichen Großen mit Welten über Welten", aber auch er würde aus dem Staunen nicht herauskommen, wenn er von den Weiten und Strukturen hörte, die die Astronomie in den letzten Jahren erschlossen hat.

Es begann wieder mit Edwin Hubble. Mithilfe von Cepheiden-Sternen gelang es ihm, die Distanz zum Andromeda-Nebel mit fast einer Millionen Lichtjahren zu bestimmen und somit zu zeigen, dass es sich hierbei nicht um eine Gaswolke in unserer Milchstraße handelt, sondern um eine eigenständige Galaxie in sehr großem Abstand von uns. Die Durchmessung des Universums wuchs seitdem im rasanten Tempo; immer größere, immer entferntere Strukturen wurden entdeckt. Die Spiegel der Teleskope wurden größer, die Entwicklung von *Aktiver Optik* erlaubte es, die Verformung der Spiegel durch die eigene Schwerkraft zu kompensieren, und schließlich wurden mehrere Teleskope durch Ausnutzung der Interferometrie zusammengekoppelt, um Spiegel von der Größe des Abstands der Teleskope effektiv zu erreichen. Bei der Interferometrie wird das gleiche Objekt gleichzeitig mit allen Spiegeln beobachtet und dann zu einem gemeinsamen Bild zusammengeführt, wobei kleinste Längenunterschiede der Strahlenwege, die das Licht zu den verschiedenen Spiegeln zurückgelegt hat, korrigiert werden müssen. Das Very Large Teleskope Interferometer (VLTI), das die Europäische Südsternwarte (ESO) in der Atacamawüste in Chile betreibt, beruht auf dem Interferenzprinzip. Das Universum strahlt nicht nur im optischen Bereich. Es wird heute in fast allen Wellenlängen untersucht (Abbildung 3.2), wobei auch wieder das Interferometrieprinzip ausgenutzt wird, wie zum Beispiel beim ALMA-Radioteleskop, das mit 66 Antennenschüsseln das Universum im Radiowellenbereich „abhört". ALMA steht ebenfalls in der Atacamawüste. Eine Untersuchung des Universums im Bereich von Röntgenwellen durch Beobachtungen von der Erdoberfläche ist nicht möglich, da Röntgenstrahlen von der Erdatmosphäre absorbiert werden. Hierzu muss man mithilfe von Satelliten in den Weltraum ausweichen. Die erste Durchmusterung des Himmels im Röntgenbereich gelang durch den Uhuru-Satelliten.[2] Will man noch energetischere Strahlung, wie sie etwa bei Kernprozessen entsteht, beobachten (sogenannte Gammaastronomie), muss man ebenfalls auf Satelliten zurückgreifen. Schließlich machte das Hubble Space Telescope, nachdem seine anfängliche „Blindheit" durch einen spektakulären Reparatureinsatz der Space Shuttle Crew ausgebügelt worden war, unglaubliche Bilder von vielen Objekten und Strukturen im Universum. Zusammengefasst darf festgestellt werden, dass die Astronomie, von der Erde und vom Weltall aus, Fortschritte erzielt hat, die Edwin Hubble sich wohl nicht vorstellen konnte. Dabei war die Astronomie, wie auch andere Sparten der Grundlagenforschung, ein enormer Treiber von Technologie und Informationstechnik. Um die wissenschaftlichen Durchbrüche zu erreichen, war Digitalisierung schon eine Notwendigkeit, bevor das Wort die breite gesellschaftliche Öffentlichkeit erreichte.

---

2 Uhuru heißt Freiheit auf Swahili; der Satellit wurde von Kenia aus als NASA-Mission gestartet. Eine wissenschaftlich sehr erfolgreiche Mission gelang durch den Röntgensatelliten ROSAT, der federführend vom Max-Planck-Institut für extraterrestrische Physik geleitet wurde.

**Abb. 3.2:** Ansicht des zentralen Bereichs der Milchstraße in verschiedenen Wellenlängen. Der obere Teil zeigt die Milchstraße im Submillimeter-Bereich, aufgenommen durch die APEX-Mission. Man sieht so hauptsächlich kompakte Quellen. Das zweite Bild von oben stammt vom Spitzer-Weltraumteleskop der NASA und zeigt den gleichen Bereich bei kürzeren, infraroten, Wellenlängen. Das dritte Bild ist bei noch kürzeren Wellenlängen (im Nahinfraroten) durch das VISTA-Infrarot-Durchmusterungsteleskop der ESO am Paranal-Observatorium in Chile aufgenommen. Das untere Bild zeigt schließlich die Milchstraße im sichtbaren Licht, bei der die meisten der weiter entfernten Strukturen nicht sichtbar sind. Die Bedeutung der Farben unterscheidet sich von Bild zu Bild, daher können diese nicht direkt verglichen werden.

Zwei große Durchmusterungen des Himmels haben in den letzten beiden Dekaden zum Verständnis der Strukturen im Universum beigetragen. Dies war der Sloan Digital Sky Survey (SDSS) und der Two-Degree-Field Galaxy Redshift Survey (2dFGRS).

Der Sloan Digital Sky Survey wurde mit einem 2,5-m-Teleskop, das mit einem Spektrometer und einer hochauflösenden CCD-Kamera ausgestattet worden war, durchgeführt. Die CCDs waren durch unterschiedliche Filter auf die Beobachtung an fünf dedizierten Wellenlängen zwischen 355 und 893 Nanometern ($10^{-9}$ m) ausgerichtet. Von bestimmten Objekten am Himmel wurden auch spektrographische Beobachtungen durchgeführt, wobei diese Objekte durch eine Maske in der Brennebene des Teleskops identifiziert wurden und das beobachtete Licht durch Glasfaser zu einem Spektrometer geleitet wurden. Die Durchmusterung bezog sich hauptsächlich auf den Nordhimmel und deckte etwa 8000 Quadratgrad ab (Abbildung 3.3). In seiner dritten Phase, genannt Baryon Oscillation Spectroscopic Survey (BOSS), wurden etwa 1,5 Millionen massive Galaxien bis zu einem Abstand von 6 Milliarden Lichtjahren vermessen. Es ist geplant, aus diesen Daten eine vollständige Himmelskarte zu erstellen.

Der Name 2dFGRS bezieht sich darauf, dass sich mit dem 2dF-Instrument ein Himmelsfeld mit einem Diameter von 2 Grad gleichzeitig beobachten ließ. Insgesamt wurde

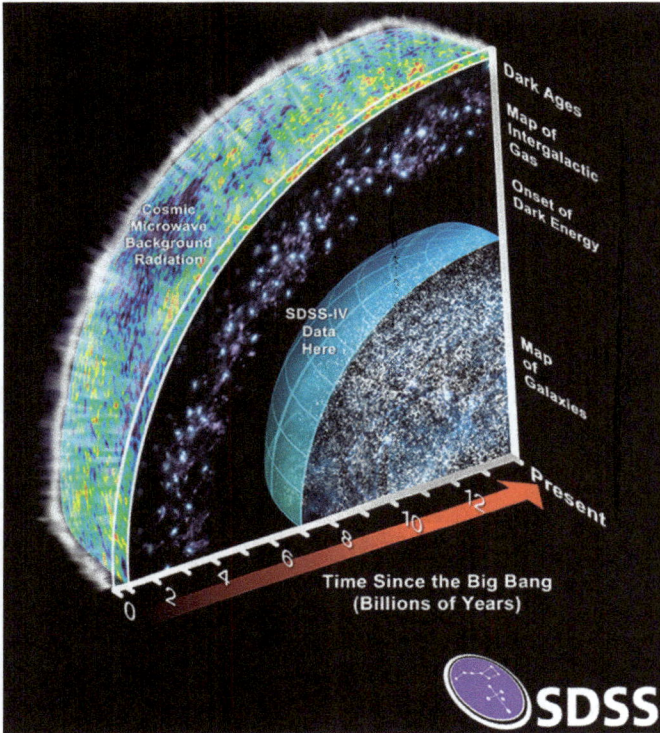

**Abb. 3.3:** Himmelskarte von Galaxien und Quasaren aus einer Zeit, als das Universum zwischen 3 und 8 Milliarden Jahre alt war, erstellt von der eBOSS-Kollaboration. Dieser Zeitraum war ein besonders kritischer für die Geschichte des Universums, da während dieser Periode die Dunkle Energie begann, die Expansion des Skalenparameters zu beeinflussen. Die Strukturen aus der Zeit, als das Universum materiedominiert war, wurde von der eBOSS-Kollaboration durch den Lyman-$\alpha$-Wald bestimmt.

ein Feld von ungefähr 1500 Quadratgrad im Bereich des galaktischen Nord- bzw. Südpols erfasst. Die Beobachtungen wurden am 3,9-m-Teleskop am Australischen Astronomischen Observatorium in Siding Spring durchgeführt. Das 2dF-Instrument ist ein automatisch gesteuertes und mit optischen Fasern zur präzisen Positionierung ausgestattetes Spektrometer, mit dem bis zu 400 Objekte im 2-Grad-Feld gleichzeitig vermessen werden konnten. Insgesamt wurden die Spektra von fast einer Viertelmillion Galaxien vermessen, wobei – wie der Name der Kampagne bereits sagt – die Bestimmung der Rotverschiebungen das vorderste Ziel war. Dies gelang bis zu einer Rotverschiebung von etwa $z = 0{,}3$. Das beobachtete Volumen entspricht einem Volumen von mehr als $10^8$ Mpc$^3$. Abbildung 3.4 zeigt eine Übersicht der beobachteten Galaxien.

Die BOSS-Phase der SDSS-Himmelsdurchmusterung erfasste auch etwa 160000 Quasare (Abbildung 3.3). Diese Beobachtungen blicken fast 12 Milliarden Jahre zurück, als das Universum noch in seinen Kinderschuhen steckte. Quasare wurden zunächst durch optische Beobachtung als „sternenförmige Objekte" verstanden. Deshalb war der As-

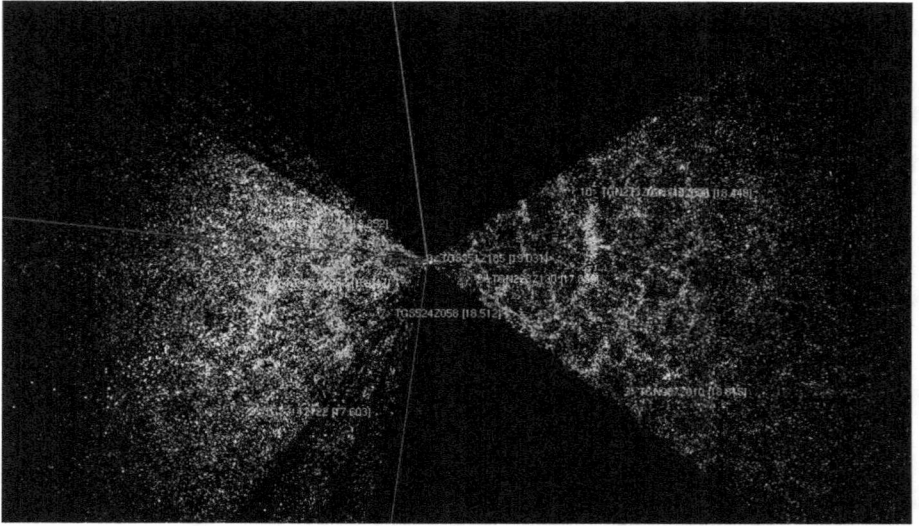

**Abb. 3.4:** Zusammenfassung der Daten aus der Himmelsmusterung des 2dF Galactical Redshift Survey. Galaxien wurden für beide Himmelshemisphären bis zu einer Rotverschiebung von $z = 0,3$ erfasst.

tronom Maarten Schmidt im Jahr 1963 auch sehr überrascht, als er eine Spektralanalyse eines solchen Objekts durchführte und eine extreme Rotverschiebung entdeckte. Das Objekt war also soweit entfernt, dass es kein Stern sein konnte, da dessen Leuchten über diese Distanzen nicht detektierbar wäre. Man taufte diese Objekte deshalb quasi-stellare Radioquelle, oder kurz Quasare. Sie strahlen ihre Hauptenergie nicht im optischen, sondern in anderen Wellenlängenbereichen aus. Quasare werden heute mit aktiven Galaxien identifiziert, in deren Zentrum sich ein sehr massereiches Schwarzes Loch befindet. Dieses ist noch aktiv und zieht aus seiner Umgebung Materie an, die sich in einer Akkretionsscheibe anlagert und eine Drehbewegung um das Schwarze Loch ausführt. Dabei heizt sich die Materie auf und strahlt Energie ab. Diese Energie kann auch zur Ionisierung von Gaswolken in der Umgebung führen, die dann Photonen bestimmter Spektralübergänge abstrahlen kann. Durch die Bewegung der Gaswolken im Gravitationsfeld des Schwarzen Lochs kommt es zu einer Verbreiterung der Emissionslinien; diese Verbreiterung ist ein Charakteristikum von Quasaren.

Eine der von Quasaren emittierten Linien ist die Lyman-$\alpha$-Linie, die durch einen Übergang des Wasserstoffatoms entsteht.[3] Die von Quasaren beobachtete Linie ist extrem stark rotverschoben, abhängig vom Abstand des Quasars. Auf dem Weg zur Erde

---

3 Der Übergang wird nach dem amerikanischen Atomspektroskopen Lyman benannt, der die Übergänge in den Grundzustand des Wasserstoffatoms untersuchte. Der Übergang vom ersten angeregten Energiezustand entspricht der $\alpha$-Linie. Durch Feinstruktureffekte sind die Übergänge energetisch aufgespalten.

durchqueren die aus der Akkretionsscheibe des fernen Quasars emittierten Photonen im interstellaren Raum große Gaswolken, die hauptsächlich aus Wasserstoff bestehen. Hier können die Photonen von Wasserstoffatomen absorbiert und wieder emittiert werden. Diese Emission geschieht aber mit geringerer Rotverschiebung als vom Quasar, da die Gaswolken näher an uns liegen. Je nach der Menge und Struktur der Gaswolken, die auf dem Weg des Photons vom Quasar zu uns liegen, kann sich dieser Prozess der Absorption und Emission mehrfach wiederholen, allerdings mit jeweils anderer Rotverschiebung. Als Resultat zeigt die Lyman-$\alpha$-Linie viele Nebenlinien bei geringerer Rotverschiebung; diese Nebenlinien werden als Lyman-$\alpha$-Wald bezeichnet (Abbildung 3.5). Der Lyman-$\alpha$-Wald enthält sehr wertvolle Informationen über die Verteilung der interstellaren Gaswolken im Universum.

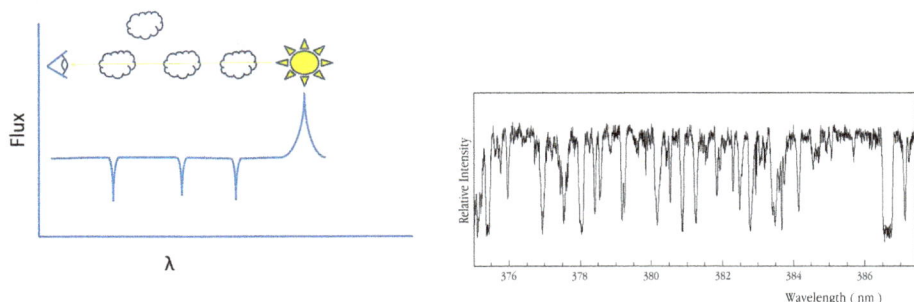

**Abb. 3.5:** (links) Schematische Darstellung der Entstehung des Lyman-$\alpha$-Waldes durch Absorption und Reemission in den Gaswolken zwischen emittierendem Quasar und Beobachter; (rechts) Teil des Lyman-$\alpha$-Waldes des Quasars HE2217-2818, beobachtet im ultravioletten Spektrum.

Ein Ergebnis der Allgemeinen Relativitätstheorie ist, dass Licht durch massereiche Objekte abgelenkt wird. Dieser Effekt wurde von Eddington durch Beobachtung der Positionsveränderung von Sternen, die sich während der Sonnenfinsternis des Jahres 1919 im Blickfeld nah der Sonne befanden, nachgewiesen. Da hierbei die Gravitation ähnlich wie Linsen in der Optik wirkt, nennt man die Ablenkung von Licht in der Astronomie Gravitationslinseneffekt. Licht, ausgesandt von einem fernen Objekt, wird durch die Schwerkraft eines massereichen Objekts, das auf dem Lichtweg als Gravitationslinse wirkt, abgelenkt, sodass der entfernte Sender mehrfach gesehen werden kann.

Quasare sind sehr massereiche Objekte, die auch als Gravitationslinsen wirken können. Im Jahr 2010 gelang es tatsächlich, einen durch die SDSS-Musterung entdeckten Quasar, der sich im Abstand von etwa 1,6 Milliarden Lichtjahren befindet, als Gravitationslinse für eine noch weiter entferntere Galaxie zu benutzen. Die Stärke des Gravitationslinseneffekts hängt von der Masse des ablenkenden Objekts ab, wobei hier nicht nur die sichtbare, sondern auch die Dunkle Materie beiträgt. Als Gravitationslinsen werden häufig Galaxien benutzt, sodass aus der Messung des Effekts die totale gravitative Masse der Galaxie bestimmt werden kann, zusätzlich zu der baryonischen Masse, die mit der Leuchtkraft der Galaxie korreliert.

Aus den verschiedenen Himmelsdurchmusterungen zeigt sich das Universum wie ein „kosmisches Spinnennetz" (cosmic web) mit großen weitgehend leeren Blasen (voids), die mit Filamenten von Materie verbunden sind, auf denen sich die Materie verteilt. Die Strukturen lassen sich in eine hierarchische Unterteilung gliedern, die in der Tabelle 3.1 zusammengefasst ist.

**Tab. 3.1:** Größenordnungen im Universum.

| Struktur | Beispiel | Durchmesser |
|---|---|---|
| Filamente und Blasen | Große Mauer | $\approx 10^9$ Lichtjahre |
| Superhaufen | Virgo-Superhaufen | $\approx 2 \cdot 10^8$ Lichtjahre |
| Galaxienhaufen | Lokale Gruppe | $\approx 10^7$ Lichtjahre |
| Galaxie | Milchstraße | $\approx 10^5$ Lichtjahre |
| Sternhaufen[4] | Kugelsternhaufen Omega Centauri | $\approx 150$ Lichtjahre |
| Planetensysteme | Sonnensystem | 41 Lichtstunden |
| Sterne | Sonne | $1,393 \cdot 10^6$ km |

Die Himmelsdurchmusterungen sowie andere Beobachtungen haben eine große Menge an wertvollen Daten über die Strukturen im Universum erbracht. Abbildung 3.6 zeigt, dass die unterschiedlichen Beobachtungen die volle Spanne an Skalen abdeckt und zu welchen Distanzen die einzelnen Methoden optimal beitragen. Um die optimalen Informationen aus diesen Daten zu gewinnen, werden sie mit adäquaten statistischen Methoden ausgewertet. Diese statistischen Resultate finden konsistente Massenanteile an Dunkler und baryonischer Materie im Universum, wie sie auch aus der kosmischen Hintergrundstrahlung erschlossen werden. In der kosmischen Hintergrundstrahlung hatte man prominente Strukturen gefunden, die als akustische Schallwellen (BAO) sich im Plasma des frühen Universums vom Urknall her ausgebreitet hatten und dann bei der „letzten Streuung" in der Hintergrundstrahlung festgefroren wurden. Diese Strukturen – nun wegen der weiteren Expansion des Universums bei größeren Skalen als in der Hintergrundstrahlung – findet man auch in der Verteilung der Galaxien, die einen kleinen, aber bestimmten Überschuss an Galaxien zeigen, die etwa 500 Millionen Lichtjahre (der Distanz, auf die die BAOs bis heute angewachsen sein sollten) getrennt sind.

In den letzten Jahren sind zwei Weltraummissionen der ESA gestartet worden, die Himmelsdurchmusterungen im Universum mit noch größerer Auflösung erlauben. Dies

---

4 Sternhaufen sind ein Gebiet erhöhter Sterndichte innerhalb von Galaxien. Man unterscheidet zwischen Kugelsternhaufen, die zumeist in den Halos der Galaxien liegen, und offenen Sternhaufen, die man in den Spiralarmen findet. Offene Sternhaufen sind oft Geburtsplätze neuer Sterne. Die Plejaden sind ein offener Sternhaufen.

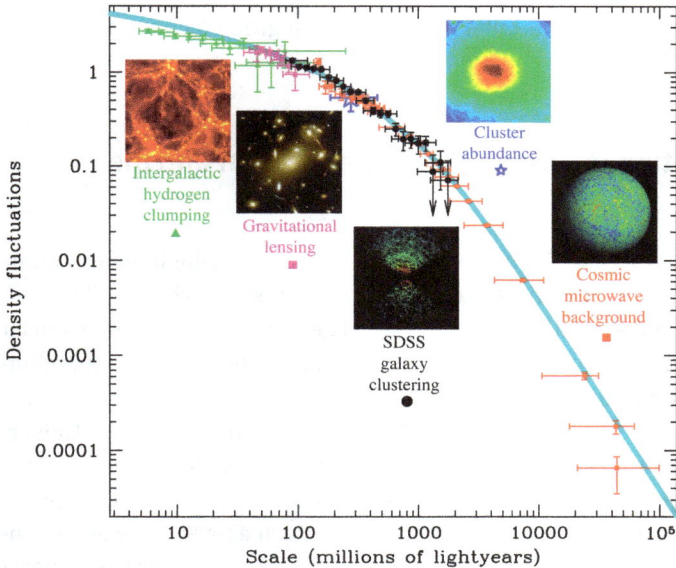

**Abb. 3.6:** Dichtefluktuationen und ihre Skalen im heutigen Universum. Die schwarzen Punkte geben die Resultate der SDSS-Kollaboration an und sind die bislang präzisesten Daten, die angeben, wie die Dichte im Universum auf Skalen von vielen Millionen Lichtjahren fluktuiert. Die eingeschobenen Bilder und ihre Farben zeigen, wie die verschiedenen Bestimmungen durchgeführt wurden. Die durchgezogene blaue Kurve gibt die Erwartung aufgrund des kosmologischen Standardmodells wieder, wobei die Zusammensetzung des Universums durch 70 % Dunkle Energie, 25 % Kalte Dunkle Materie und 5 % baryonische Materie (Atome) angenommen wurde. Die Messungen zeigen in beeindruckender Weise, dass das Universum mit wachsenden Skalen immer homogener wird, wie dies eine Annahme im kosmologischen Standardmodell ist.

ist die GAIA-Mission, die 2013 gestartet wurde und die während ihrer Beobachtungsdauer die Bewegung, Leuchtstärke, Temperatur und Zusammensetzung von mehr als einer Billionen Sternen in unserer Milchstraße und darüber hinaus erfassen wird. Die Aufgabe des Weltraumteleskops Euclid, das im Sommer 2023 zu seinem Beobachtungspunkt im Weltraum gebracht wurde, ist noch herausfordernder. Ziel der Euclid-Mission ist es, 1,5 Milliarden Galaxien bis hin zu einem Abstand von 10 Milliarden Lichtjahren zu beobachten. Von diesen Daten wird erwartet, dass sie weitere Details über die großen Strukturen im Universum aufzeigen und vor allem erhellen, welche Rolle die Dunkle Materie (und Energie) bei der Bildung der Strukturen im frühen Universum gespielt haben.

Nun weiß man viele Details über die Strukturen im Universum. Aber wie haben sich diese Strukturen entwickelt, nachdem sich Materie und Photonenstrahlung getrennt haben? Auch hierzu wurden in den letzten Jahren enorme Fortschritte erzielt, wobei die Richtigkeit (Qualität) der theoretischen Modelle gegen die aus den Beobachtungen gewonnenen detaillierten statistischen Informationen getestet werden kann. Damit beschäftigt sich das übernächste Unterkapitel. Vorher wollen wir ein paar grundlegende

Überlegungen anstellen, warum und unter welchen Skalen große Mengen an Materie kollabieren.

## 3.1 Dichtefluktuationen, gravitative Instabilitäten und die Jeans-Masse

Das heutige Universum zeigt eine Dichteverteilung der Baryonen, die in einer hierarchischen Struktur ausgebildet ist. Diese Strukturen konnten sich nicht ausbilden, solange die baryonische Materie im thermischen Gleichgewicht mit dem Photonenbad des Universums stand, da der Strahlungsdruck der Photonen überdichte Ansammlungen von Materie wieder auseinandergetrieben hat. Die Materiestrukturen wären auch nicht entwickelt worden, wenn die baryonische Materie komplett homogen im Universum verteilt gewesen wäre. Eine der wichtigen Resultate in den genauen Vermessungen der kosmischen Hintergrundstrahlung war, dass diese Temperaturschwankungen in der Größenordnung $10^{-5}$ um den Mittelwert von 2,72 K zeigt. Nach dem Stefan-Boltzmann-Gesetz erwartet man, dass es auch in der Dichteverteilung der baryonischen Materie zum Zeitpunkt der Entkopplung Fluktuationen der gleichen Größenordnung gegeben hat. Diese können als Saat für die danach entstehenden Strukturen gedient haben. Dies ist das Thema dieses Unterkapitels. Allerdings werden wir feststellen, dass die Fluktuationen in der baryonischen Dichteverteilung nicht ausgereicht haben, um die schon sehr früh im Universum beobachteten Strukturen zu erklären. Hierzu müssen wir die Dunkle Materie zu Hilfe nehmen.

Eine Dichtefluktuation $\delta\rho$ ist die Abweichung der Dichte in einer bestimmten Region vom Mittelwert der Dichte $\rho_0$, dividiert durch den Mittelwert. Die Summe aller Fluktuationen addiert sich zu null. Es gibt also positive und negative Fluktuationen. Ist die Dichtefluktuation in einer Region positiv, so spricht man von einem überdichten Gebiet. Diese überdichten Gebiete ziehen weitere Materie aus der Umgebung an, sodass Gebieten mit einer unterdurchschnittlichen Dichte weitere Materie entzogen wird. Dieser Prozess erhöht den „Dichtekontrast" d. h. die Größe der Fluktuationen, und kann schließlich zu einer gravitativen Instabilität führen. Damit sich dieses Gebiet allerdings zu einer Struktur entwickeln kann, d. h. vom Rest des Materieflusses separieren kann, muss es den Wettbewerb gegen die Druckwellen in der Materie, die versuchen die Fluktuation auszugleichen, „gewinnen".[5] Man kann vereinfacht sagen, dass eine Materiekugel unter ihrer eigenen Anziehungskraft kollabiert, wenn dies schneller abläuft, als die Druckwelle braucht, um die Kugel zu durchlaufen. Der gravitative Kollaps wird dabei von der dynamischen Zeitskala des „freien Falls" bestimmt, $\tau_{grav} \approx (4\pi G\rho_0)^{1/2}$ mit der

---

5 Druckwellen sind Dichtewellen in einem Medium; das vielleicht bekannteste Beispiel sind Schallwellen. Die Geschwindigkeit der Druckwelle hängt stark von den Eigenschaften des Mediums wie seiner Temperatur, Dichte und Zusammensetzung ab.

Gravitationskonstanten $G$. Die Geschwindigkeit der Welle im Medium ist $v_s$. Damit die Druckwelle eine Strecke $\lambda$ zurücklegen kann, braucht sie die Zeit $\tau_{\text{Druck}} \approx \lambda/v_s$. Setzt man $\tau_{\text{dyn}}$ und $\tau_{\text{Druck}}$ gleich, erhält man den maximalen Durchmesser $\lambda_J$, bei dem die Druckwelle den Kollaps noch verhindern kann $\lambda_J = \frac{\pi v_s}{\sqrt{4\pi G \rho_0}}$ [6] Die in der Massenkugel mit Radius $\lambda_J/2$ eingeschlossene Masse $M_J$ ergibt sich zu

$$M_J = \text{const} \cdot \frac{v_s^3}{G^{3/2}\rho_0^{1/2}}. \tag{3.1}$$

Die Jeans-Masse $M_J$ definiert den Scheidepunkt, ob eine Masse gegen Dichtefluktuation stabil ist oder nicht. Betrifft eine Fluktuation eine Masse kleiner als $M_J$, dann ist diese stabil gegenüber der Störung und wird durch Druckwellen (Schallwellen im Medium) wieder ausgeglichen. Ist die Masse größer als $M_J$, dann führt die Störung zum Anwachsen der Dichte und zum Kollaps der Masseregion. Die Jeans-Masse ist proportional zu $\rho_0^{-1/2}$; sie nimmt also ab, wenn die Dichte größer wird. Sie nimmt allerdings stark mit der Schallgeschwindigkeit im Medium zu ($\sim v_s^3$) und hängt somit von den Eigenschaften (Zusammensetzung) des Mediums ab. In einem Photonengas ist die Schallgeschwindigkeit mehr als die Hälfte der Lichtgeschwindigkeit ($v_s = c/\sqrt{3}$), wobei sie in Luft nur etwa 340 m pro Sekunde ist.

Fluktuationen, die nicht von den Druckwellen ausgeglichen werden können, wachsen unter der sich selbstverstärkenden Gravitation exponentiell mit der Zeit an. Hier muss betont werden, dass die bisherige Diskussion angenommen hat, dass sich die Materie in „Ruhe" befunden hat. Eine solche Situation gilt genähert im Inneren von Galaxien, allerdings ist sie nicht berechtigt im frühen Universum, in dem sich der Raum mit der Skala $R(t)$ ausdehnte. Dies bedeutet vor allem, dass sich Dichten (der Mittelwert sowie die kleine Störung) proportional zu $(\frac{R_0}{R(t)})^3$ verdünnen, wobei der Skalenfaktor $R_0$ das Universum zu einer bestimmten Zeit $t_0$ mit dem Dichtemittelwert $\rho_0$ beschreibt. Eine ähnliche Analyse wie oben ergibt, dass es wieder eine kritische Wellenlänge für Druckwellen gibt, die anzeigen, ob ein Massenbereich gegenüber einer Dichteschwankung stabil ist oder nicht. Diese Jeans-Wellenlänge ergibt sich als

$$\lambda_J \cdot R(t) = \frac{\pi v_s}{\sqrt{4\pi G \rho_0}}. \tag{3.2}$$

Dies ist, bis auf den Faktor $R$ das gleiche Ergebnis wie für den „ruhenden" Fall. Der Faktor $R$ stammt daher, dass auch Wellenlängen durch die Expansion gestreckt werden. Es ergibt sich somit die gleiche Jeans-Masse wie im ruhenden Fall (3.1). Allerdings wachsen Fluktuationen mit $\lambda > \lambda_J$ nun nicht mehr exponentiell mit der Zeit an, sondern folgen in einem materiedominierten Universum einem Potenzgesetz, $\delta\rho \sim t^{2/3}$. In einem materie-

---

6 Der Vorfaktor hängt leicht davon ab, wie die Jeans-Masse hergeleitet wird. In diesem Fall basiert die Herleitung auf einer linearen Störungstheorie der Euler-Gleichungen.

dominierten Universum ist dies die gleiche Zeitabhängigkeit wie die des Skalenfaktors $R(t)$, sodass nach der Rekombination Dichtefluktuationen und Skalenfaktor im Einklang wachsen. Dies gilt solange die Dichtefluktuationen klein sind, also etwa $\delta\rho < \rho$.

Bis zur Rekombination von Elektronen und Kernen zu Atomen verhindert das Photonengas, dass sich Fluktuationen in der baryonischen Masseverteilung verstärken können. Nach der Entkopplung von Materie und Photonen fällt das Photonengas als schneller Informationsüberträger für die baryonische Materie aus. Diese besteht hauptsächlich aus Wasserstoffatomen, deren Bewegungsenergie durch thermische Schwingungen gegen wird ($v_s \sim T_B$, wobei der Index ‚B' daraufhinweist, dass nach der Entkopplung Materie und Photonengas unterschiedliche Temperaturen haben).[7] Über die Periode der Entkopplung fällt die Jeans-Masse von einem Wert der Größenordnung $10^{15}\,M_\odot$ auf $10^6\,M_\odot$ ab, hauptsächlich verursacht durch die Änderung der Geschwindigkeit der Druckwellen vor und nach der Abkopplung.

Quasare und Galaxien werden schon bei einer Rotverschiebung von $z > 1$ beobachtet. Da die Rekombination bei $z \approx 1100$ passierte, hat sich der Skalenfaktor von der Rekombination bis zur Ausbildung dieser alten Objekte um etwa einen Faktor 1000 vergrößert ($R \sim (1+z)^{-1}$). Dementsprechend sollten auch die Dichtefluktuationen in der baryonischen Materie um den Faktor 1000 angewachsen sein, von etwa $10^{-5}$ bei Rekombination auf $10^{-2}$. Dies wäre zu klein, um Strukturbildung von Galaxien zu erklären. Es muss also im Universum einen anderen Agenten geben, der das Anwachsen von Dichtefluktuationen in der baryonischen Materie beschleunigt hat. Dies ist die Dunkle Materie, wie – wieder – Jim Peebles vorausgedacht hat, als er sich dieses Problems der Strukturbildung im frühen Universum bewusst wurde.

Dunkle Materie wechselwirkt mit „unserer Welt" nur durch die Gravitation (oder, wie bei WIMPs, auch durch die schwache Wechselwirkung auf sehr langen Zeitskalen). Dies bedeutet insbesondere, dass sie nicht dem Strahlungsdruck des Photonengases unterliegt, dass vor der Rekombination ein Anwachsen von Dichtefluktuationen verhindert. Das heißt, dass Dichtefluktuationen in der Dunklen Materie schon vor der Rekombinationsepoche anwachsen konnten. Während der strahlungsdominierten Epoche war allerdings die Jeans-Wellenlänge größer als der Ereignishorizont, d. h. der Bereich des Universums, mit dem man in Kontakt treten kann. Dies änderte sich bei einer Rotverschiebung von einigen $10^4$ (Skalenfaktor $R$ von einigen $10^{-5}$), als das Universum materiedominiert (durch die Dunkle Materie) wird und $\lambda_J$ kleiner als der Ereignishorizont wird. Nun gibt es Dichtefluktuationen in der Dunklen Materie, die unter ihrer eigenen Anziehungskraft anwachsen. Als sich Elektronen und Kerne zu Atomen rekombinierten (bei $z = 1100$), hatten sich die Fluktuationen in der Dunklen Materie um einen

---

7 Die Temperaturen der baryonischen Materie $T_B$ und des Photonengases $T_\gamma$ sind nach der Entkopplung über $T_B = (R_{\mathrm{Ent}}/R)T_\gamma$ verknüpft, wobei $R_{\mathrm{Ent}}$ den Skalenfaktor bei der Entkopplung angibt. Der Unterschied in den Temperaturen ergibt sich aus den verschiedenen Abhängigkeiten der Energiedichten für Photonen ($\sim T^4$) und Materie ($\sim T^3$).

Faktor ~ 50 verstärkt. Nach der Rekombination konnten auch Dichtefluktuationen in der baryonischen Materie anwachsen, allerdings vor dem Hintergrund von schon existierenden größeren Fluktuationen in der Dunklen Materie. Da Dunkle und baryonische Materie gravitativ miteinander wechselwirken, wird die baryonische Materie von der Dunklen Materie in die Bereiche „nachgezogen", wo diese „Überdichte" erreicht hat. Die baryonische Materie übernimmt also recht schnell die vorhandenen Fluktuationen in der Dunklen Materie. Abbildung 3.7 zeigt die Entwicklungen der Dichtefluktuationen in der Dunklen Materie und der baryonischen Materie. Die Übergänge von Strahlungs- zu Materiedominanz sowie die Rekombinationsepoche waren keine scharfen Zensuren, sondern erstreckten sich über gewisse Zeitperioden.

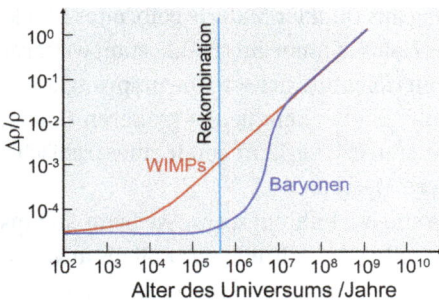

**Abb. 3.7:** Dichtefluktuationen in der baryonischen Materie im frühen Universum konnten erst nach der Entkopplung von Strahlung und Materie anwachsen. Da Dunkle Materie mit Strahlung und baryonischer Materie nur gravitativ wechselwirkt, konnten Dichtefluktuationen in der Dunklen Materie schon ab einem früheren Zeitpunkt (etwa ab der Zeit, als das Universum materiedominiert wurde) anwachsen. Nachdem sich die Dichteschwankungen in der baryonischen Materie verstärken konnten, haben sie sich schnell den größeren Fluktuationen in der Dunklen Materie angeglichen.

Wie verläuft ein gravitativer Kollaps im expandierenden Universum? Zu Beginn handelt es sich eigentlich um eine Verdünnung, da die Expansionsrate des Universums schneller ist; der „überdichte" Bereich verdünnt sich nur langsamer als der Materiehintergrund, definiert durch den Mittelwert. Diese Ausdehnung erfolgt, bis die zum Kollaps verurteilte Materiekugel einen Umkehrradius $R_{Um}$ erreicht hat. Danach zieht sie sich zusammen. Dieser Kollaps kommt allerdings zu einem Halt durch einen Prozess, den man „Virialisierung" nennt. Betrachtet man ein Stück Materie, das durch Selbstanziehung stabilisiert wird, so findet man, dass die mittlere kinetische ($E_{kin}$) und potentielle ($E_{pot}$) Energie der Materie der Gesetzmäßigkeit $E_{pot} = -2 \cdot E_{kin}$ genügt. Dies nennt man das Virialtheorem (für ein $1/r$ Potential). Dies ist der Endzustand,[8] den das kollabierende System anstrebt, wobei während des Kollaps gravitative Bindungsenergie freigesetzt wird. Die-

---

8 Die mittlere Dichte in der selbstbindenden Struktur hat sich gegenüber der Hintergrunddichte des Universums auf etwa das 180-fache erhöht.

se kann in kinetische Energie der Materieteilchen umgesetzt werden, was somit zu einer höheren Beweglichkeit entsprechend einer höheren Temperatur führt; deshalb ist ein Kollaps zu größeren Dichten im Allgemeinen mit einer Erhöhung der Materietemperatur verbunden. Die beim Kollaps freigesetzte Energie kann auch durch unterschiedliche Prozesse aus dem System abgeführt werden. Hier unterscheiden sich der Kollaps von Dunkler und baryonischer Materie fundamental.

Da Dunkle Materie nur gravitativ wechselwirkt, verläuft der Kollaps ungebremst; man spricht von einer „heftigen Relaxation". Materieklumpen, die größer als die Jeans-Masse sind, kollabieren, wobei die Zeit für den Kollaps von der Masse der kollabierenden Region abhängt: Je kleiner die Masse, desto schneller geht der Kollaps. Die zuerst im frühen Universum kollabierenden Regionen hatten Massen der Größenordnung $10^6$–$10^8\,M_\odot$. Ein durch gravitative Selbstbindung aus Dunkler Materie geformtes Objekt nennt man einen „Dunkle-Materie-Halo". Diese Halos können durch Akkretion weiterer Materie oder durch Verschmelzung mit anderen Halos anwachsen. Die ursprünglichen Halos werden in dieser Verschmelzung zu „Subhalos" in dem neuen größeren Objekt. Die Strukturbildung, dominiert durch Dunkle Materie, verläuft somit „hierarchisch", von unten nach oben, von kleineren zu größeren Massen.

Im Gegensatz zur Kalten Dunklen Materie spielen Kühlungsprozesse beim Kollaps von baryonischer Materie eine entscheidende Rolle. Die während des Kollaps anwachsende Bewegungsenergie wird durch diese Prozesse in thermische Energie (erhöhte Temperatur) umgewandelt werden. Dies erhöht zum einen den Strahlungsdruck, den das Photonengas gegen den Kollaps aufbringen kann. Zum anderen kann thermische Energie auch aus der kollabierenden Region abgeführt werden, was zu einer Kühlung und Absenkung des Strahlungsdrucks führt. Die wichtigsten Kühlungsprozesse sind atomare und molekulare Abregungen durch Photonenemission, zum Beispiel von Vibrations- und Rotationsanregungen des Wasserstoffmoleküls $H_2$. Eine wichtige Rolle spielen auch Staubteilchen, die hochenergetische Photonen absorbieren, aber niederenergetische Photonen emittieren, wobei die Energiedifferenz den Staub erwärmt, der ein effizienter Energiespeicher ist. Das Schicksal hängt nun davon ab, ob der Kühlungsprozess schneller ist als der gravitative Kollaps. Kann die thermische Energie schnell genug wegtransportiert werden, kollabiert die Region im „freien Fall" (bestimmt durch $\tau_{dyn} \sim \sqrt{G\rho}^{-1/2}$), fragmentiert und bildet Sterne (siehe nächstes Unterkapitel). Ist der Kühlungsprozess zu langsam, heizt sich das kollabierende Gas auf und kann durch den Strahlungsdruck stabilisiert werden. Man findet, dass Gaswolken von Wasserstoffatomen mit typischen Temperaturen und Dichten (etwa $10^6$ K und 50000 Atome pro Kubikmeter) bis zu einer Masse von etwa $10^{12}\,M_\odot$ effizient gekühlt werden können; dies entspricht den typischen Werten von Galaxien im Universum.

Der Kollaps der baryonischen Materie findet in Anwesenheit der Kalten Dunklen Materie statt. Da Letztere dominiert, wird die baryonische Materie in die Gebiete gezogen, wo die Dunkle Materie durch eine besonders hohe Dichte eine große Anziehungskraft besitzt. Dies sind die Zentren der Halos. Als Nettoeffekt der Kühlung trennen sich

baryonische und Dunkle Materie; Erstere konzentriert sich als „kühles" Gas im Halozentrum, umgeben vom Dunklen-Materie-Halo. Typischerweise findet dieser Prozess
unter einer Rotationsbewegung statt, sodass sich dabei durch Erhaltung des Drehim-
pulses eine Materiescheibe, senkrecht zur Rotationsachse, formt. Eine Scheibengalaxie
ist geboren.

Fusionen von Halos und Galaxien sind die Basis zur Entstehung größerer Strukturen, bildlich dargestellt durch einen inversen Verzweigungsbaum (Abbildung 3.8). Solche Fusionen sind natürlich, wegen der immensen Dimensionen, sehr energiereiche
und gewaltige Ereignisse. Allerdings ist es bei der Fusion extrem selten, dass Objekte
wie Sterne zusammenstoßen. Die Wechselwirkung geschieht durch Fernwirkung der
Gravitation. Betrachtet man zum Beispiel die Fusion zweier Halos, inklusive der Galaxien in ihren Zentren, so führt sie letztendlich zu einem vereinten Halo mit einer
nun größeren Galaxie im Zentrum. Die Dunkle Materie erreicht dies Ziel wieder durch
heftige Relaxation. Bei der baryonischen Materie kann es wieder, wie oben angedeutet, zu Wechselwirkung mit dem Photonengas kommen. Kollidieren zum Beispiel zwei
(oder mehrere) große molekulare Gaswolken, so können diese kondensieren und zu
einer Keimzelle für neue Sterne werden. Das fusionierte Objekt im Halozentrum ist eine elliptische Galaxie. Da in den kollidierenden Gaswolken während der Fusion viele
neue Sterne entstanden, enthält die letztendlich entstandene elliptische Galaxie wenig
Gaswolken und hat somit eine recht geringe Geburtsrate für Sterne. Es sei schließlich
erwähnt, dass die heftige Relaxation zu einer Umordnung der internen Struktur geführt
hat. Sterne mögen zum Beispiel die Fusion überleben, ihre Umlaufbahnen tun dies allerdings nicht. Die Sterne bewegen sich nach der Fusion in einem Netzwerk an Bahnen,

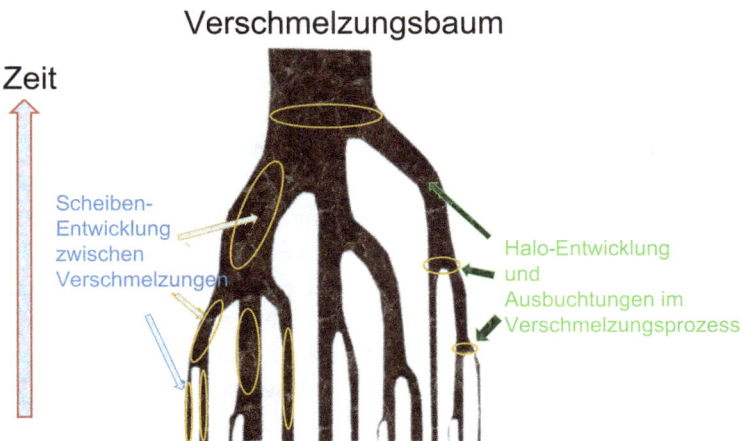

**Abb. 3.8:** Schematische Darstellung der Verschmelzung von Halos und Subhalos der Dunklen Materie
durch einen „Verschmelzungsbaum". Die Zeit verläuft in der Darstellung von unten nach oben. Die Breite
der Äste repräsentieren die Massen der fusionierenden Halos.

ohne Gedächtnis an die Strukturen, die in den Galaxien vor der Fusion vorlagen. Die Fusion erhöht die Entropie, d. h. die Unordnung im Universum.

Die hierarchische Strukturbildung ist eine Kernaussage des Standardmodells der Kosmologie, dem $\Lambda$CDM-Modell. Es deckt sich auch mit den Beobachtungen. Detaillierte Simulationen des Modells lassen sich auch auf Computern durchführen. Hierzu wird das zu studierende Objekt durch viele Teilchen auf einem räumlichen Gitter dargestellt und die Zeitentwicklung der Teilchen unter Berücksichtigung ihrer Wechselwirkungen von einer dem Problem angepassten Anfangsverteilung der Teilchen verfolgt. Natürlich kann hierbei nicht das Universum mit kleinteiliger Auflösung dargestellt werden. Zunächst wählt man die Länge des kubischen Kastens so, dass die größten Strukturen aufgelöst werden können. Eine typische Längenskala sind einige Hundert Mpc. Auf noch größeren Skalen wird das Universum als homogen angesehen. Dies kann in den Simulationen dadurch ausgenutzt werden, dass man den Kubus periodisch nach allen Seiten fortsetzt. Hiermit wird auch vermieden, dass künstlich Wechselwirkungen am Rand weggeschnitten werden. Ein Teilchen, dass durch die Wechselwirkung durch den linken Rand bewegt wird, erscheint als neues Teilchen durch den rechten Rand. Die Anzahl der Gitterpunkte in jeder Richtung definiert die Auflösungsskala (bis zu einigen kpc). Die Gitterkoordinaten strecken sich während der Rechnung analog der Zeitabhängigkeit des Skalenparameters $R(t)$. Die Teilchen, deren Zeitentwicklung gefolgt wird und aus deren Verhalten man die Strukturbildung erschließt, repräsentieren keine Elementarteilchen, sondern große Ansammlungen von Materie in der Größenordnung von etwa $10^8$ Sonnenmassen. Damit ist klar, dass man keine Geburt eines Sterns auflösen kann. Die Granulierung ist aber gut genug, um Strukturen wie Halos und Subhalos und deren Verschmelzungen folgen zu können. Die räumliche Ausdehnung des Gitters sowie die Anzahl der berücksichtigten Teilchen hängt natürlich von den zur Verfügung stehenden Computerressourcen ab. Die in den Rechnungen erzielte Genauigkeit, Aussagekraft und Detailvorhersage wird besser mit der Grösse des Gitters und der Anzahl der Teilchen. Die Berücksichtigung und Entfernung von Effekten, die durch die endlichen Dimensionen hervorgerufen werden, verlangen eine besondere Aufmerksamkeit. Die Simulationen haben enorm von der Entwicklung von Supercomputern profitiert, sie verlangen aber auch hoch spezialisierte und effiziente numerische Verfahren, einschließlich Methoden, die aus der errechneten Verteilung von Milliarden von Punkten physikalische Resultate herausfiltern können. Wie schon im letzten Kapitel mit Bezug auf technologische Entwicklungen betont, ist auch hier die Grundlagenforschung oft der Fortschrittstreiber „Nummer 1". Und schließlich sollte betont werden, dass die Durchführung und Interpretation der Simulationen tiefe physikalische Intuition voraussetzt; die Computerresultate sind nicht besser als die Wissenschaftler, die sie erzielen!

Als ein wichtiges Ergebnis konnten die Simulationen zeigen, dass Rechnungen, ausgeführt mit der Zusammensetzung des Universums wie im $\Lambda$CDM-Modell angenommen (etwa 70 % Dunkle Energie und 30 % Kalte Dunkle Materie), in der Tat die beobachteten Strukturen des Universums wiedergeben. Man konnte ferner nachweisen, dass andere

Mischungen von Dunkler Energie und Dunkler Materie zu deutlich anderen Strukturbildungen im frühen Universum führen, die nicht mit der Beobachtung übereinstimmen. Ersetzt man die Kalte Dunkle Materie durch Heiße Dunkle Materie (leichte Teilchen, die sich im frühen Universum schnell bewegen), so setzt die Strukturbildung von Galaxien auch im Vergleich zur Beobachtung zu spät ein. Schnelle leichte Teilchen (wie zum Beispiel Neutrinos) waren durchaus als mögliche Kandidaten für die Dunkle Materie diskutiert worden. Strukturbildung macht ein Universum mit Heißer Dunkler Materie somit unwahrscheinlich.

Ein Meilenstein in den Simulationen der Universumsentwicklung war die „Millenium-Simulation", ein Projekt einer internationalen Kollaboration unter Leitung des Max-Planck-Instituts für Astrophysik in Garching. Die Simulation berücksichtigte einen Würfel mit einer Kantenlänge von $2 \cdot 10^9$ Lichtjahren (650 Mpc) und 2160 Gitterpunkten in jeder Dimension. Darin wurden fast 10 Milliarden Teilchen verteilt, die jedes etwa $10^9$ Sonnenmasse Dunkle Materie repräsentierte. Die Simulation folgte der Entwicklung des Universums seit der Entkopplung von Materie und Photonengas bei einer Rotverschiebung von ungefähr $z = 1100$ bis heute ($z = 0$). Als Startbedingungen wurden die zur Zeit der Simulation vorliegenden Ergebnisse der WMAP-Analyse der Hintergrundstrahlung benutzt. Die Simulation zeigte in beeindruckender Weise, wie sich aus diesen ursprünglichen Dichtefluktuationen mit der Zeit eine Struktur des Universums herausbildet, die der beobachteten sehr ähnelt. Natürlich kann die Simulation kein Eins-zu-eins-Abbild des Universums liefern, allerdings ergeben die statistischen Analysen der simulierten Teilchenverteilungen eine sehr gute Übereinstimmung mit den Beobachtungen. Weitere $N$-Körper-Simulationen wurden sowohl von der Millenium-Kollaboration als auch von einer amerikanischen Forschergruppe (Bolshoi-Simulation) durchgeführt, die teilweise auf größere Gittern mit feinerer Auflösung aber auch auf verbesserte Daten über die Strukturen der kosmischen Hintergrundstrahlung, wie sie von späteren Analysen der WMAP-Mission und vor allem vom Planck-Weltraumteleskop erzielt wurden, zurückgreifen. Die Simulationen zeigen, dass sich in der Tat im Rahmen des $\Lambda$CDM-Modells aus den in der kosmischen Hintergrundstrahlung beobachteten Fluktuationen ein Universum entwickelt, das dem Spinnennetz entspricht, wie es in den Himmelsdurchmusterungen gefunden wurde, mit 100-Millionen-Lichtjahren langen Filamenten, die große Leerräume umspannen, und auf denen sich Galaxien und Galaxienhaufen aufspannen. Die Abbildungen 3.9 zeigen Schnappschüsse der Entwicklung des Universums, wie sie die Millenium-Simulation berechnet hat.

Die Millenium- und Bolshoi-Simulationen haben die gravitative Materie vollständig durch Kalte Dunkle Materie beschrieben und somit die mit dem baryonischen Anteil verbundenen Energieaustauschprozesse nicht berücksichtigen müssen. Da Dunkle Materie ungefähr 85 % der Gesamtmaterie ausmacht, ist dies keine große Einschränkung bei Untersuchungen der Bildung großer Strukturen im Universum. Allerdings konnten diese Simulationen nicht den Fragen nachgehen, wie zum Beispiel baryonische Materie sich im Zentrum von Halos ansammelt, und natürlich nicht, wie Sterne entstehen. Diese Einschränkungen wurden im Illustris-Projekt, einer internationalen Zusammen-

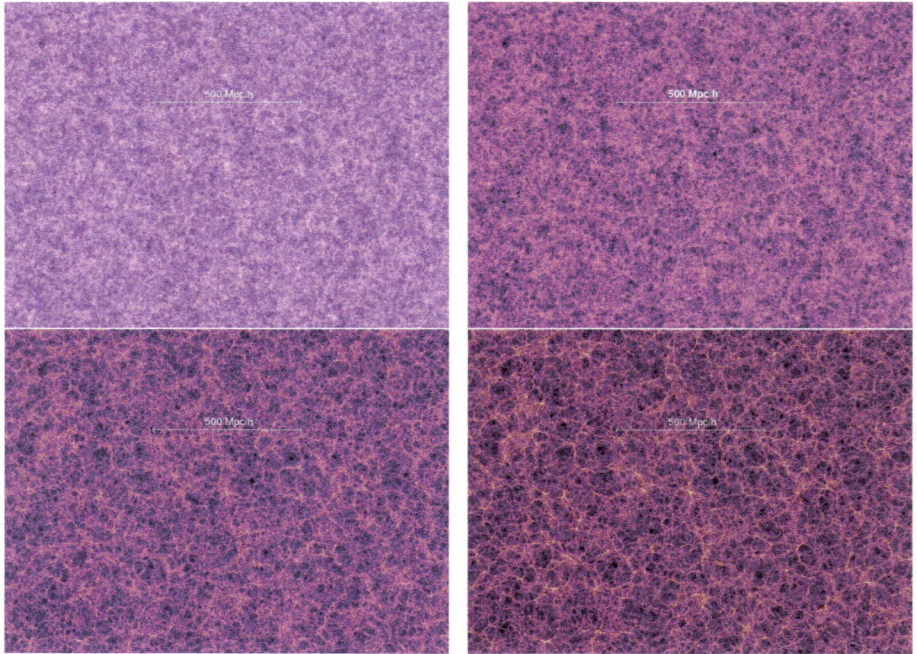

**Abb. 3.9:** Entwicklung des Universums nach der Millenium-Simulation. Die Abbildung zeigt das simulierte Universum zu verschiedenen Phasen, definiert durch die jeweilige Rotverschiebung $z$ ($z$ = 18 (oben links), 5.7 (oben rechts), 1.8 (unten links), 0 (heute, unten rechts)).

arbeit unter der Leitung des Max-Planck-Instituts für Astrophysik in Garching und des MIT in Cambridge/USA, überwunden. Den Forschern gelang es, die Strukturentwicklung des Universums von der Zeit kurz nach der Entkopplung von Strahlung und Materie (mit den modernsten Ergebnissen zur kosmischen Hintergrundstrahlung als Anfangsbedingungen) bis heute zu verfolgen. Dabei berücksichtigten sie nicht nur die gravitative Wechselwirkung der Materie, sondern benutzen hydrodynamische Modelle, um die Temperatur, Dichte und Geschwindigkeitsentwicklung von großen Gaswolken in die Simulation einzupflegen. Das Ergebnis ist beeindruckend und zeigt ein (berechnetes) Universum, das kaum von den Bildern des Hubble-Weltraumteleskops zu unterscheiden ist. Eine besondere Anerkennung erhielt die Illustris-Kollaboration, als die Deutsche Post ihre Ergebnisse auf einer Sonderbriefmarke darstellte (Abbildung 3.10).

Es gibt somit viel Evidenz für die Existenz von Dunkler Materie. Allerdings weiß man noch nicht, was sich dahinter versteckt. Frühe Favoriten wie Neutrinos oder kalte, und deshalb nicht sichtbare Himmelskörper wie Braune Zwerge konnten die aus den Beobachtungen und Simulationen gewonnenen Einsichten nicht erfüllen. Deshalb wird die Dunkle Materie im Allgemeinen mit einem noch nicht nachgewiesenen Elementarteilchen identifiziert. Vorgeschlagene Kandidaten gibt es genug. Dazu gehören vor allem die WIMPs (Weakly Interacting Massive Particles), die man als Geschwister der Neutri-

**Abb. 3.10:** Briefmarke der Deutschen Post, die einen Teil des von der Illustris-Kollaboration simulierten Universums bei Berücksichtigung von Kalter Dunkler Materie und baryonischer Materie zeigt.

nos mit ähnlichen Eigenschaften, aber viel größeren Massen ansehen kann. Aber auch AXIONS, hypothetische Teilchen, die postuliert wurden, um zu erklären, warum die Verletzung der CP-Symmetrie[9] in der starken Wechselwirkung zwar erwartet wird, aber bislang noch nicht beobachtet wurde, gelten als Dunkle-Materie-Kandidaten. Schließlich gehören hierzu auch neue Elementarteilchen, die in Modellen existieren, die die Welt der Baryonen und Leptonen vereinheitlicht (Supersymmetrische Modelle). Es gibt weltweit viele Experimente, die versuchen, die Kandidaten der Dunklen Materie aufzuspüren, bislang allerdings vergeblich.

## 3.2 A star is born

Der Raum zwischen den Sternen einer Galaxie ist im Vergleich zu unserer Umgebung recht dünn besiedelt, aber er ist nicht leer, sondern mit Gas und Staub gefüllt. Das Gas ist hauptsächlich Wasserstoff und kann als neutrales Atom (HI), molekularer Wasserstoff ($H_2$) aber auch in ionisierter Form (HII) vorkommen. Dazu enthält die Materie Heliumatome, die wie der Wasserstoff ein Überbleibsel des Urknalls sind. Im Laufe des Alters einer Galaxie können hierzu noch die Brutergebnisse von früheren Sterngenerationen kommen, die während des stellaren Lebens oder an seinem Ende durch eine Supernova-Explosion dieser „Interstellaren Materie" zugemischt wurden (wie es das Thema der nächsten Kapitel ist). Zusätzlich kann diese Interstellare Materie noch „Staub"-Teilchen enthalten, zum Beispiel Graphit oder Silikate. (Diese Staubteilchen haben Mikrometergröße und bilden sich wahrscheinlich im interstellaren Medium durch Anlagerungen. Nachgewiesen sind sie durch Absorptionslinien.) Diese Materie ist durchzogen von galaktischen Magnetfeldern sowie von elektromagnetischer und kosmischer Strahlung, Letztere ausgestoßen in hochenergetischen galaktischen Ereignissen, zum Beispiel Supernovae. Die Magnetfelder und Strahlung können mit der Interstellaren Materie wechselwirken; zusammen nennt man dies das Interstellare Medium (ISM).

---

9 Symmetrie unter der gleichzeitigen Spiegelung von Ladung C und Parität P.

Die Tatsache, dass Wasserstoff in unterschiedlichen Formen im interstellaren Medium vorkommen kann, verrät schon, dass die Materie verschiedene Temperaturen haben muss: ionisiertes HII-Gas verlangt deutlich höhere Temperaturen, um den Kern und das Elektron des Wasserstoffatoms wieder zu trennen (wie im Zustand vor der Rekombination), als ein Gas aus Wasserstoffmolekülen, wo das Photonengas nicht genug Energie haben darf, um die Bindung des $H_2$-Moleküls von etwa 4,5 eV aufzubrechen. Tabelle 3.2 fasst die Temperaturen und Dichten von wichtigen im ISM auftretenden Gaswolken zusammen.

**Tab. 3.2:** Typen und Eigenschaften von interstellaren Gaswolken.

| Typ | Temperatur [K] | Teilchendichte pro cm$^3$ | Zusammensetzung |
|---|---|---|---|
| Molekülwolke | 20–50 | $10^3$–$10^5$ | neutrale $H_2$-Moleküle |
| HI-Wolken | 50–100 | 1–$10^3$ | neutrale $H$-Atome |
| HII-Wolken | $10^4$ | $10^2$–$10^4$ | zumeist ionisiertes $H$-Plasma |
| koronales Gas | $10^5$–$10^6$ | $10^{-4}$–$10^{-3}$ | vollständig ionisiertes Plasma |

Auch innerhalb der Gaswolken gibt es Dichtefluktuationen, die zu einem Kollaps führen können, wenn die gravitative Selbstanziehung eines Materieklumpens nicht durch Schallwellen in dem Medium ausgeglichen wird. Die entsprechende Jeans-Masse, die die maximale Masse definiert, in der die Fluktuationen noch ausgeglichen werden können, für ein Wasserstoffgas ergibt sich als

$$M_J \approx \left( \frac{5kT}{G\mu m_H} \right)^{3/2} \left( \frac{3}{4\pi\rho_0} \right)^{1/2}. \tag{3.3}$$

Für eine HI-Wolke mit $T = 50\,\mathrm{K}$ und Teilchendichte $N = 500$ pro cm$^3$ ergibt sich eine Jeans-Masse von ungefähr $1500\,M_\odot$, was oft größer als die Masse der Wolke ist; sie ist dann stabil gegen gravitativen Kollaps. In molekularen Wolken ist die Teilchenzahldichte deutlich höher und die Temperatur nur geringfügig höher. Dies reduziert die Jeans-Masse, die für molekulare Wolken im Bereich einiger 10 Solarmassen liegt und damit kleiner ist als die Wolkenmasse. In solchen molekularen Wolken können Teilgebiete kollabieren und zu Geburtsorten von Sternen werden. Wie dies geschieht, hängt aber wieder davon ab, wie schnell die beim Kollaps erzeugte Energie aus der kollabierenden Region transportiert wird. Man kann sich zwei Extremsituationen vorstellen: Im einen Fall ist der Energietransport sehr effizient. Dann trägt die freigesetzte Gravitationsenergie nicht zur Erwärmung der Materie bei und es bildet sich kein nennenswerter Strahlungsdruck, der dem Kollaps entgegenarbeitet. Dies ist ein „isothermischer" Kollaps (gleiche Temperatur) und verläuft wie ein freier Fall. Im anderen Extrem wird keine Energie aus der kollabierenden Region herausgetragen. Die freigesetzte Energie wird in Erhöhung der Temperatur umgesetzt, die für atomaren Wasserstoff wie $\rho^{2/3}$ anwächst.

Setzt man dies in die Jeans-Masse (Gl. (3.3)) ein, so sieht man, dass diese nun mit der Dichte wie $\rho_0^{1/2}$ zunimmt.

Was passiert nun in den Gaswolken? Der Kollaps beginnt bei recht kleinen Dichten, sodass ein Energietransport zum Beispiel durch Photonen ungehindert passieren kann. Der Kollaps startet also isothermisch, im „freien Fall", mit zunehmender Dichte. Wie man Gl. (3.3) entnehmen kann, nimmt die Jeans-Masse ab (da die Dichte zunimmt und die Temperatur ziemlich konstant bleibt). Nun gibt es natürlich innerhalb der kollabierenden Masse noch weitere, detailliertere Dichtefluktuationen, die kleinere Massenregionen umfassen. Diese können nun, wegen der reduzierten Jeans-Masse, individuell kollabieren. Es kommt zu einer Fragmentierung während des Kollaps. Diese Fragmentierung kann natürlich nicht ungestoppt weitergehen, weil sonst die kollabierende Masse in immer kleinere Teile zerbröseln würde und sich keine Sterne bildeten. Der Schlüssel liegt hier darin, dass die Annahme eines isothermischen Kollaps nicht mehr gültig ist, wenn die Dichte im Inneren Werte von etwa $10^{-13}$ g/cm$^3$ erreicht. Dann wird die Materie für die Photonen undurchlässig (opak), was hauptsächlich durch Absorption an den Staubteilchen hervorgerufen wird. Der Kollaps verläuft nun mehr adiabatisch. Die freigesetzte Gravitationsenergie wird in Wärme umgesetzt, was, da die Photonen nicht mehr effizient abtransportiert werden können, den Strahlungsdruck erhöht. Dieser bremst den Kollaps und überführt den inneren Teil der kollabierenden Region in ein hydrostatisches Gleichgewicht. Das entstehende Objekt wird „Protostern" genannt. Die Abbildung 3.11 zeigt zwei Beispiele sternbildender Gaswolken in der Milchstrasse.

**Abb. 3.11:** Das Bild, aufgenommen vom 2,2-m-Teleskop des La-Silla-Observatoriums in Chile, zeigt zwei verschiedene sternbildende Regionen in der südlichen Milchstraße. Auf der linken Seite sieht man den Sternhaufen NGC 3603, der sich im Carina-Sagittarius-Spiralarm der Milchstraße in einem Abstand von 20000 Lichtjahren von der Erde befindet. Die Strukturen auf der rechten Seite sind leuchtende Gaswolken, die den Namen NGC 3576 tragen. Ihr Abstand zur Erde beträgt etwa 10000 Lichtjahre.

Der Kollaps ist zumeist mit einer Rotationsbewegung verbunden. Diese und auch magnetische Felder haben Einfluss auf die Kollapsdynamik und werden in detaillierten numerischen Simulationen berücksichtigt. Die Rotationsbewegung führt dazu, dass sich eine Materiescheibe senkrecht zur Rotationsachse bildet, da der Kollaps entlang der Rotationsachse schneller verläuft. Aus der Massenscheibe können sich Planeten entwickeln. Numerische Simulationen zeigen, dass der Kollaps tatsächlich mit Fragmenten endet, deren Massen von der Größenordung der Sonnenmasse sind. Abbildung 3.12 zeigt die Geburt eines Sterns durch den Kollaps innerhalb einer Gaswolke in einer schematischen Darstellung.

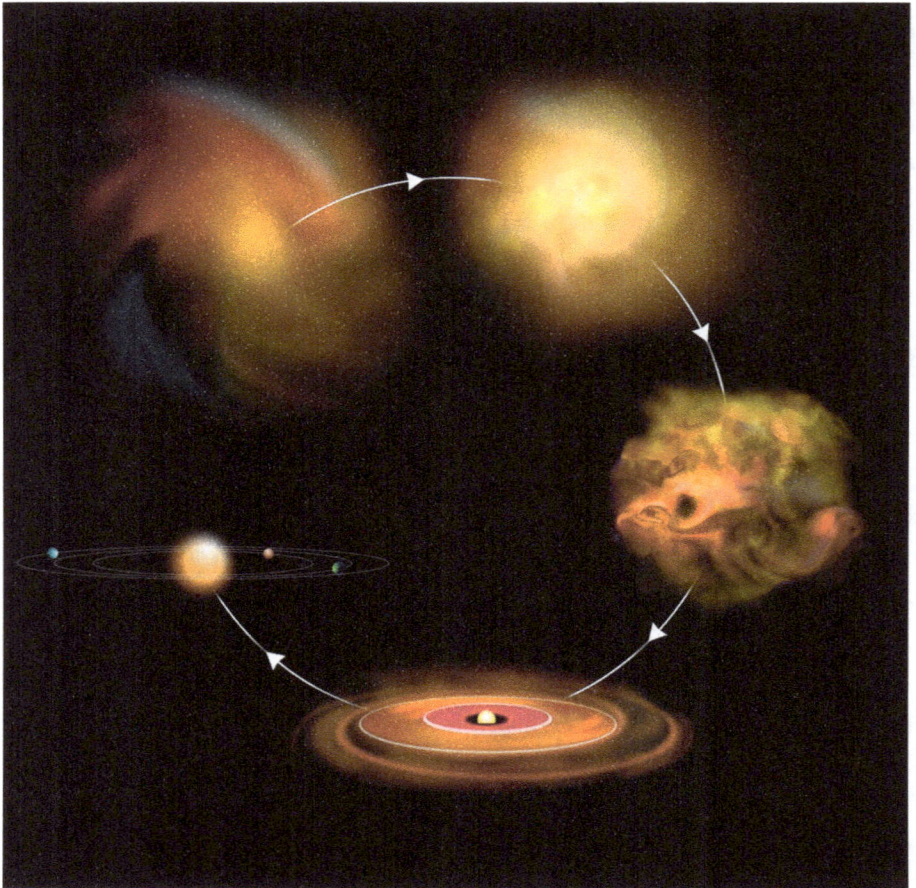

**Abb. 3.12:** Schematische Darstellung der Entstehung eines Sterns. Zu Beginn kontrahieren interstellare Wolken, die aus Gas und Staub bestehen. Bei diesem Prozess rotieren die Wolken mit wachsender Frequenz, sodass es schließlich zu einem Abflachen der Gaswolke zu einer Scheibe kommt. Im Zentrum wird ein Stern geboren, wobei es in der äußeren Scheibe zur Bildung von Planeten kommen kann.

Mit fortschreitendem Kollaps erhöht sich im Inneren der kollabierenden Gaswolke nicht nur die Dichte, sondern auch die Temperatur und zum ersten Mal wird es möglich, durch Kernreaktionen eine neue und letztendlich ergiebige Energiequelle zu erschließen. Hierbei handelt es sich um Protoneneinfänge an Deuteronen, die im Urknall im Massenverhältnis $10^{-5}$ zu Protonen erzeugt wurden, oder an $^{12}$C (das durch frühere Sternengenerationen produziert und der Gaswolke beigemischt wurde). Als Hauptresultat wird der gesamte Deuteronenanteil der Gaswolke in $^3$He umgewandelt. Allerdings ist die Energieproduktion in dieser Phase noch nicht ausreichend, um die kollabierende Gaswolke aufzuhalten und einen Gleichgewichtszustand herzustellen. Es muss betont werden, dass die Fusion von Protonen mit Deuteronen eher einsetzt als die Fusion zweiter Protonen, obwohl Protonen um fünf Größenordnungen häufiger sind. Dies liegt daran, dass – wie im nächsten Kapitel diskutiert wird – die Fusion von Protonen durch die schwache Wechselwirkung vermittelt wird, während die d + p-Fusion ein elektromagnetischer Prozess ist und somit um viele viele Größenordnungen schneller abläuft (der Faktor hängt stark von der Temperatur ab). Die Temperatur im Inneren der kollabierenden Gaswolke erhöht sich weiter, bis schließlich das Wasserstoffbrennen gezündet werden kann. Die Gaswolke hat nun eine Energiequelle, die ihr ein langes Leben als Stern im hydrostatischen Gleichgewicht erlaubt. Der Stern ist geboren.

Simulationen zeigen, dass die Entwicklungsphasen vom Protostern zum neugeborenen Stern stark vom Energietransport innerhalb der Gaswolke abhängt, aber vor allem von der Masse der kollabierenden Wolke. In der Tat spielt die Masse auch eine wesentliche Rolle im Leben eines Sterns. Dies ist offensichtlich, wenn man berücksichtigt, dass sie zum einen das zur Verfügung stehende Energiereservoir bestimmt (die Zusammensetzung entspricht im Wesentlichen den Wasserstoff- und Heliumanteilen der primordialen Nukleosynthese), aber zum anderen aber auch festlegt, wie effizient das Material verbrannt werden muss, damit die Selbstanziehung der Materie stabilisiert werden kann.

Die Sternengeburt durch Kollaps eines Gaswolkenfragments geschieht in der Umgebung der ursprünglichen Wolke aus neutralem Wasserstoff (HI-Region). Hat der neugeborene Stern eine Masse von einigen Sonnenmassen, so kann er beim Erreichen des hydrostatischen Gleichgewichts Strahlung mit recht hoher Energie im ultravioletten Bereich des Spektrums aussenden. Die Strahlung kann aber, wenn sie energiereicher als 13,6 eV ist, neutrale Wasserstoffatome im umgebenden Interstellaren Medium ionisieren. Es entsteht also ein HII-Gebiet von ionisiertem Wasserstoff, in dem sich Elektronen und Protonen wieder zu Wasserstoffatomen rekombinieren wollen, wobei sich ein Gleichgewicht zwischen Rekombination und Ionisation ausbildet. Die Rekombination verläuft dabei in der Regel in der Form einer Kaskade, sodass das Elektron zunächst in einem angeregten Zustand eingefangen wird und dann durch weitere Übergänge schließlich den Grundzustand erreicht. Die bei den Übergängen ausgestrahlten Photonen sind niederenergetisch und liegen im sichtbaren Spektrum, wobei der dominante Übergang aus der roten Linie der Balmer-Serie des Wasserstoffs stammt. Entsprechend leuchten die HII-Regionen in der Umgebung von Gebieten mit hoher

**Abb. 3.13:** Der Orion-Nebel ist ein Gebiet mit hoher Sterngeburtsrate. Strahlung, die beim Erreichen des hydrostatischen Gleichgewichts ausgesandt wird, ionisiert die Wasserstoffatome in der Umgebung, die bei der Rekombination rötlich leuchten.

Sterngeburtsrate rötlich. Ein bekanntes Beispiel ist der in Abbildung 3.13 gezeigte Orion-Nebel.

Sterne haben bei ihrer Geburt verschiedene Massen. Wie wir oben diskutiert haben, werden bei der Fragmentierung der kollabierenden Gaswolke Materieklumpen von der Größenordnung der Sonnenmasse erzeugt. In der Tat zeigt die Massenverteilung der Sterne bei ihrer Geburt ein Maximum in diesem Massenbereich. Abbildung 3.14 zeigt die „anfängliche Massenverteilung" von Sternen (initial mass function). Die Häufigkeit, dass ein Stern mit einer größeren Masse geboren wird, nimmt analog einem Potenzgesetz mit ungefähr $M^{-2,35}$ ab. Sie wird oft zu Ehren ihres Entdeckers die „Salpeter-Massenverteilung" genannt. Diese Potenzabhängigkeit zwischen Geburtsgewicht und Häufigkeit erscheint eine universelle Regel für Sterne größer als etwa $0,5\,M_\odot$ zu sein. Für leichtere Sterne scheint die Beziehung zwischen Anfangsmasse und Häufigkeit nicht universell zu sein, da man in verschiedenen Gebieten mit hoher Sterngeburtsrate unterschiedliche Abhängigkeiten gefunden hat. Das universelle Potenzgesetz für Sterne mit Massen $M > M_\odot$ wird nicht nur durch Beobachtungen bestätigt, sondern wird auch in statistischen Analysen und hydrodynamischen Simulationen von kollabierenden Gaswolken gefunden.

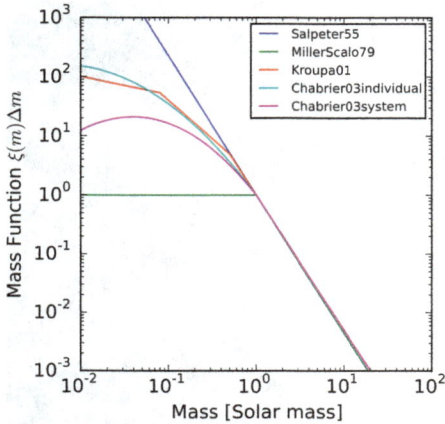

**Abb. 3.14:** Massenverteilung von Sternen bei ihrer Geburt. Die Massenverteilung folgt einem Potenzgesetz für Sterne, die schwerer als ungefähr 0,5 $M_\odot$ sind. Dieses Verhalten erscheint universell. Für leichtere Sterne ist die Massenverteilung nicht universell.

Es gibt eine Minimummasse für Sterne. Materieklumpen mit weniger als etwa 0,08 $M_\odot$ erreichen beim Kollaps nie im Inneren die notwendigen Temperaturen, um Kernreaktionen effizient als Energiequelle anzapfen zu können. Von allen Planeten im Sonnensystem hat der Jupiter, mit etwa einem Tausendstel der Sonnenmasse, diese Minimalmasse am knappsten verpasst. So ist uns das spektakuläre Schauspiel des Untergangs von zwei „Sonnen" wie sie Luke Skywalker auf dem Wüstenplaneten Tatooine erlebt, leider nicht vergönnt. In der Realität haben Astronomen der NASA mit dem Weltraumteleskop TESS einen Planeten mit dem wenig romantischen Namen TOI1338b im Abstand von 1300 Lichtjahren entdeckt, der gleichzeitig zwei „Sonnen" umkreist; einer der Sterne ist etwas schwerer als die Sonne, der andere hat ungefähr ein Drittel der Sonnenmasse (siehe Abbildung 3.15).

Die Geburt von Sternen ist ein andauernder Prozess seit der Formation von Galaxien im Universum – auch noch heute. Wie häufig werden Sterne geboren? Was man recht gut weiß ist, dass etwa drei Sonnenmassen von Materie pro Jahr in der Milchstraße in „Sternenmasse" umgewandelt werden. Dies verrät noch nicht die Anzahl neugeborener Sterne. Aber wenn man annimmt, dass ein typischer Stern die Masse der Sonne hat, so kann man abschätzen, dass etwa drei neue Sterne pro Jahr im Mittel in der Milchstraße geboren werden. Es gibt etwa 50 Milliarden Galaxien im beobachtbaren Universum. Nimmt man an, dass die Milchstraße eine „typische" Galaxie ist, so werden jährlich im Universum 150 Milliarden neue Sterne geboren. Dies sind fast 5000 Sterngeburten in der Sekunde! Dies ist deutlich mehr, als Stars in Hollywood geboren werden, wenn man dies durch die unterschiedlichen Verfilmungen des Klassikers „A Star is born" abschätzt, wobei man zwischen 1937 und 2018 nur auf vier kommt. Allerdings sind die weiblichen Hauptdarsteller dieser Filme wie Lady Gaga, Barbra Streisand, Judy Garland und Janet

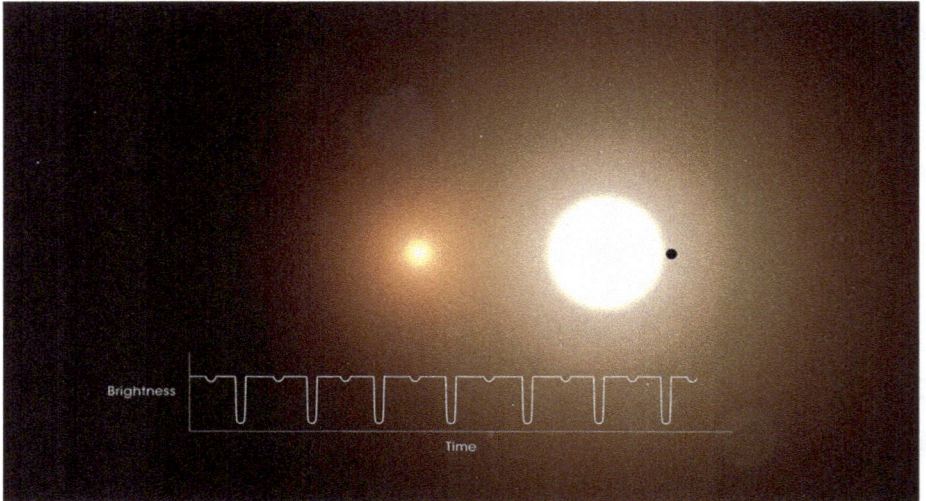

**Abb. 3.15:** Etwa 1300 Lichtjahre entfernt wurde mit dem TESS-Teleskop ein Planet entdeckt, der um zwei Sterne kreist. Das eingezeichnete Signal stellt den Durchgang des Planeten dar.

Gaynor den meisten Menschen bekannter als Antares, Sirius oder Beteigeuze als Hauptdarsteller am Sternenhimmel.

Es sei schon hier betont, dass die Lebensdauer von Sternen auch sehr stark von ihrem Geburtsgewicht abhängt. Je höher die Masse, umso schneller muss der nukleare Energievorrat verbraucht werden, um den Gleichgewichtszustand zu halten; mehr hierzu im nächsten Kapitel. Dies bedeutet, dass der Lebenszyklus eines Sterns mit, sagen wir, 20 $M_\odot$ sehr viel kürzer (ungefähr 10 Millionen Jahre) als das Alter des Universums ist. Von diesen massiven Sternen können schon mehrere Generationen existiert haben und die Asche ihrer Kernbrennprozesse (dies sind schwerere Kerne als Wasserstoff und Helium) in das Interstellare Medium gemischt haben. In der Tat waren (und sind) „massive" Sterne die wichtigsten Brutstätten schwerer Elemente. Hingegen haben Sterne mit Geburtsgewicht von einer halben Sonnenmasse oder weniger eine Lebenserwartung, die länger als das Alter des Universums ist. Diese Sterne haben somit überhaupt noch nicht zur Elemententstehung im Universum beigetragen.

Sterne werden geboren und sterben. Dazwischen verbringen sie ein langes Leben. Und dies passiert fortlaufend seit der Formation von Galaxien. Wenn man den Sternenhimmel beobachtet, sieht man nicht Sterne in der gleichen Periode ihrer Entwicklung, sondern man sieht gleichzeitig Sterne in unterschiedlichen Phasen ihres Lebens. Der Sternenhimmel offenbart uns somit einen simultanen Schnappschuss zu den einzelnen Entwicklungsstufen stellaren Lebens. Man muss nur noch wissen, wie man den Stern der Entwicklungsphase zuordnen kann. Einen sehr hilfreichen Zugang hierzu liefert das Hertzsprung-Russell-Diagramm (HR-Diagramm), in dem Astronomen seit mehr als hundert Jahren, Ejnar Hertzsprung und Henry Russell folgend, Sterne mithilfe zwei-

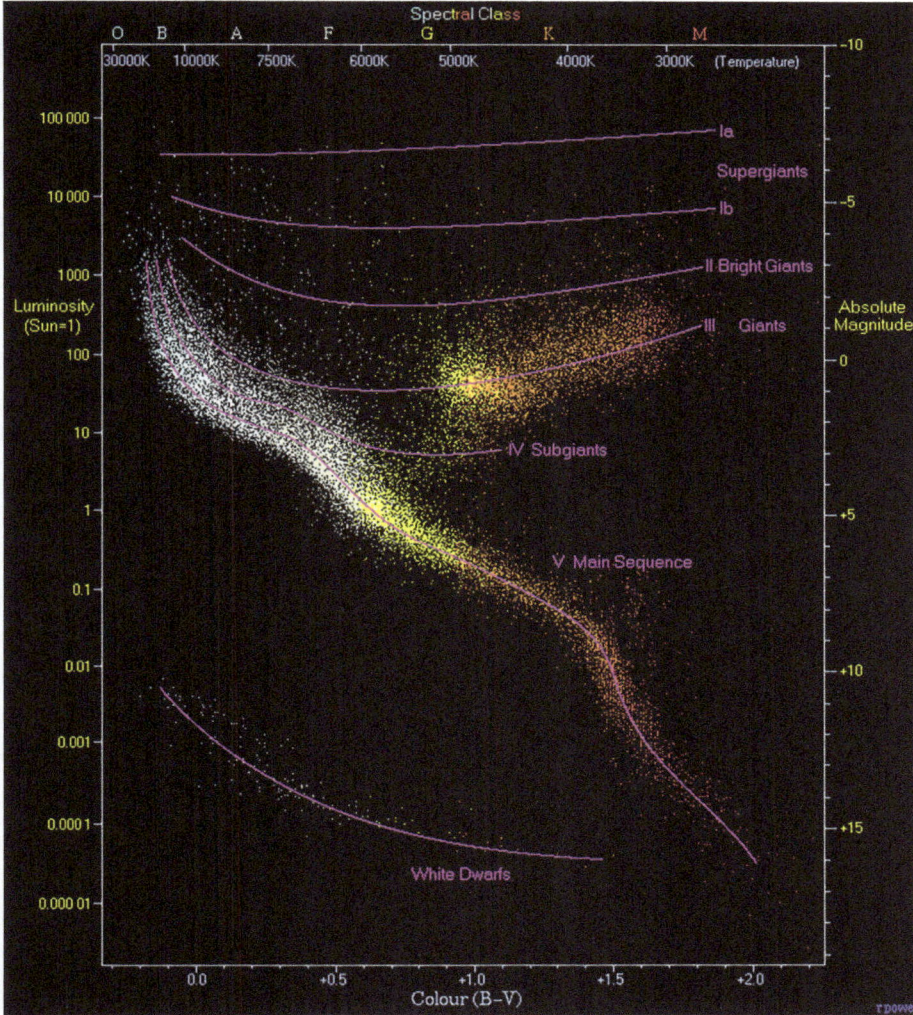

**Abb. 3.16:** Das Hertzsprung-Russell-Diagramm zeigt die Verteilung der Sterne als Funktion ihrer Oberflächentemperatur und ihrer Luminosität. Von links nach rechts nimmt die Oberflächentemperatur ab. Von unten nach oben wächst der Radius der Sterne. Sterne, die sich in der rechten oberen Ecke befinden, haben extreme Radien und ihre Oberflächenfarbe erscheint im „Rötlichen". Diese Sterne sind Rote Riesen oder Überriesen. Die Sterne auf der Diagonalen befinden sich im Wasserstoffbrennen. Man nennt dies die Hauptreihe. Die Sterne in der unteren linken Ecke haben recht hohe Oberflächentemperaturen und kleine Radien. Dies sind Weiße Zwerge. Die besondere Bedeutung des Hertzsprung-Russell-Diagramms liegt darin, dass es die Sterne zu verschiedenen Phasen ihres Lebens zeigt.

er recht leicht beobachtbarer Eigenschaften – absolute Helligkeit und Farbe als Maß der Oberflächentemperatur – klassifizieren. Es fällt vor allem auf, dass nicht das ganze HR-Diagramm mit Sternen ausgefüllt ist (siehe Abb. 3.16). Die meisten Sterne liegen auf einem Band, das sich diagonal durch das Diagramm zieht (sogenannte Hauptreihe). Dann gibt es noch Sterne mit hoher Helligkeit und einer recht niedrigen Oberflächentemperatur, sodass das Licht dieser Sterne rötlich erscheint. Diese Sterne nennt man Rote Riesen, aus Gründen, die im nächsten Kapitel ersichtlich werden. Schließlich gibt es noch einige Sterne mit kleiner Helligkeit, aber recht hoher Oberflächentemperatur. Diese Sterne werden wir als Weiße Zwerge kennenlernen. In der Tat wird es im nächsten Kapitel deutlich, warum sich Sterne in diesen Bereichen des HR-Diagramms häufen, während keine Sterne in anderen Regionen beobachtet werden. Wir sehen mit dem HR-Diagramm nämlich die Sternentwicklung „in action".

# 4 Das lange Leben der Sterne

Shakespeare hatte es schon gewusst, als er seinen Hamlet ausrufen ließ:
> Doubt thou the stars are fire;
> Doubt that the sun doth move;
> Doubt truth to be a liar;
> But never doubt I love.

Leider geht die astronomische Weitsicht in der deutschen Übersetzung von August Wilhelm Schlegel verloren („Zweifle an der Sonne Klarheit, Zweifle an der Sterne Licht...“), Hamlets Liebe zu Ophelia nicht („nur an meiner Liebe nicht“.) Shakespeare spielt nicht nur, knappe fünf Jahrzehnte nach der Kopernikanischen Wende, auf die Frage an, ob sich die Sonne bewegt, sondern sieht auch in den Sternen ein Feuer als Ursache für ihr beständiges Leuchten. Etwas mehr als drei Jahrhunderte später, im Jahre 1920, identifiziert Arthur Eddington in einer Rede über „The Internal Constitution of the Stars“ vor der Royal Society, deren Präsident in der Sektion der Mathematischen und Physikalischen Wissenschaften er war, dieses Feuer mit der Energiequelle durch Kernreaktionen, zusammengefasst in dem Satz: „...what is possible in the Cavendish Laboratory may not be too difficult in the sun.“ Hierbei nimmt Eddington Bezug auf Experimente, die Ernest Rutherford kurz vorher im Cavendish Laboratory in Cambridge durchgeführt hatte und in denen es ihm gelang, einen $^4$He-Kern aus Stickstoff- und Sauerstoffkernen zu lösen. Ferner hatte Aston, auch im Cavendish Laboratory, 1919 gezeigt, dass die Summe der Massen von 4 Wasserstoffatomen größer ist als die Masse eines $^4$He-Atoms. Bei ihrer Verschmelzung würde also Energie freigesetzt.[1] Der Text von Eddington ist auch aus anderen Gründen sehr lesenswert. Zum einen diskutiert er den Unterschied zwischen „Spekulation“ und „Hypothese“, zum anderen äußert er sich darüber, was es für die Menschheit bedeuten könnte, wenn es gelänge, das Reservoir der Kernenergie, an dessen Existenz er nach den Experimenten von Aston und Rutherford keine Zweifel mehr hatte, anzuzapfen. Er sagt weise und vorausschauend: „If, indeed, the sub-atomic energy in the stars is being freely used to maintain their great furnaces, it seems to bring a little nearer to fulfillment our dream of controlling this latent power for the well-being of the human race – or for its suicide.“

In den 100 Jahren seit Eddingtons Rede wurden bemerkenswerte Fortschritte erzielt. Die Kernreaktionen, die in Sternen ablaufen, konnten identifiziert und experimentell untersucht werden, leider nicht immer an den Energien, an denen sie in Sternen ablaufen. Stellare Modelle wurden entwickelt, die mit fortschreitenden wissenschaftlichen Erkenntnissen immer weiter verfeinert werden konnten. Nicht zuletzt profitieren die Modelle von Sternen von den enormen Fortschritten, die in den letzten Jahren in der

---

[1] Die Vorstellung war, dass der Helium-Kern aus 4 Wasserstoffatomen, gebunden durch 2 Elektronen, besteht. Das Neutron wurde erst 12 Jahre später entdeckt.

https://doi.org/10.1515/9783111469737-004

Computerhardware und -software erreicht wurden. Leider kann man das Sterninnere, mit ganz wenigen Ausnahmen, nicht direkt erkunden. Dies geht allerdings indirekt, indem man zum Beispiel das Ergebnis der Kernreaktionen betrachtet. Diese dienen nicht nur als Energiequelle während des Lebens eines Sterns. Da die Energie dadurch erzeugt wird, dass sich Kerne durch Fusion in andere, schwerere umwandeln, tragen die Kernreaktionen gleichzeitig zur Synthese neuer Elemente bei. Deren Häufigkeiten, global, aber manchmal auch für einzelne Objekte, kann beobachtet werden und stellt sehr stringente Tests an die Vorhersagen von stellaren Modellen. In diesem Kapitel wollen wir uns mit den unterschiedlichen Brennphasen eines Sterns beschäftigen. Aber zunächst müssen wir ein paar Grundgedanken zu den Sternmodellen und zu den Fusionsreaktionen in Sternen behandeln.

## 4.1 Ein Stern wird modelliert

Ein Stern erscheint verglichen zu einer menschlichen Beobachtungszeit als etwas Unveränderliches. Dies leitet in die Irre; es bedeutet nur, dass sich Sterne auf einer menschlichen Zeitskala langsam verändern. Sie entwickeln sich aber, was allein aus der Tatsache klar wird, dass sie ihre Energie aus ihrem Kernbrennvorrat beziehen. Dieser ist groß, aber endlich. Irgendwann wird er zur Neige gehen und der Stern stirbt. Durch das Verbrennen des Kernbrennstoffs ändert der Stern seine Materialzusammensetzung. Darauf wird er reagieren, durch Änderung von Temperatur und Dichte, aber auch durch Kontraktion und Expansion. Dies versucht man, in Sternmodellen möglichst adäquat zu beschreiben, basierend auf den für die jeweilige Situation am besten geeigneten physikalischen Gesetzen und Modellen. Das zu lösende Problem wird entscheidend dadurch vereinfacht, dass Sterne in guter Näherung als kugelsymmetrisch angesehen werden dürfen. Man kann also annehmen, dass die unterschiedlichen Eigenschaften wie Dichte, Temperatur oder chemische Zusammensetzung nur eine Funktion des Abstands vom Zentrum sind (gemessen durch den Radius $r$), sich aber auf der Kugelschale mit konstantem Radius nicht ändern. Dies ist natürlich nicht exakt richtig, sollte aber im Mittel erfüllt sein.

Ein Stern ist eine Gaskugel, die durch ihre eigene gravitative Anziehung zusammengehalten wird. Dazu verfügt ein Stern über eine enorme Leuchtstärke, indem er einen großen Photonenfluss abstrahlt. Ein Stern ist somit kein geschlossenes System, sondern hat durch die Strahlung einen kontinuierlichen Energieverlust, der ausgeglichen werden muss. Macht man einen Schnitt durch einen Stern, so verschwindet die Dichte am Rand des Sterns (der Stern muss ja an der Oberfläche aufhören). Der Rand definiert den Radius des Sterns. In Richtung des Sternzentrums ($r = 0$) nimmt die Dichte im Allgemeinen zu. Der Temperaturverlauf zeigt ein ähnliches Profil. Auch die Temperatur nimmt von der Oberfläche zum Zentrum hin zu, wobei an der Oberfläche Temperaturen von einigen 1000 Grad Kelvin typisch sind, während das Sternzentrum deutlich heißer ist.

Integriert man das Dichteprofil über das Kugelvolumen, erhält man die Gesamtmasse des Sterns.

Damit der Stern lange leben kann, muss die gravitative Selbstanziehung seiner Masse kompensiert werden. Betrachten wir, wie in Abbildung 4.1 skizziert, eine Massenschale am Radius $r$, so versucht die Materie, im Inneren der Schale die Teilchen in der Massenschale durch ihre Anziehungskraft in Richtung des stellaren Zentrums zu ziehen. Die Temperatur ist meistens ausreichend hoch, dass Atome ionisiert werden, sodass die Materie aus Atomkernen, Elektronen und Photonen besteht (man nennt dies ein Plasma). Die Komposition der Atomkerne entspricht bei der Geburt des Sterns hauptsächlich einem Gemisch von Protonen und ${}^4$He-Kernen, dazu einigen schwereren Kernen, die schon von früheren Sterngenerationen produziert worden sind. Im Laufe des Lebens ändert sich die Zusammensetzung, weil Atomkerne verbrannt und durch die schwereren Produkte der Fusionsreaktionen ersetzt werden. Dies geschieht im Inneren des Sterns. Die Materie im Inneren der Massenschale von Abbildung 4.1 existiert aber immer bei einer endlichen Temperatur. Dies heißt, die Teilchen bewegen sich; je höher die Temperatur, desto schneller. Diese Bewegung der Teilchen würde keine Richtung bevorzugen, wenn der Stern überall die gleiche Temperatur hätte. Der Stern hat aber ein Temperaturprofil, sodass Temperaturen vom Zentrum her nach außen abnehmen. Die Teilchenbewegung möchte diese Temperaturunterschiede ausgleichen. Dadurch entsteht eine bevorzugte Richtung, die nach außen orientiert ist, und somit der Gravitationsrichtung entgegengesetzt ist. Die Teilchen, einschließlich der Photonen, stoßen miteinander. Dies bedeutet, dass die Teilchen mit ihrer bevorzugten Bewegung nach außen, einen Druck auf die Massenschale ausüben. Der Druck hängt von der Temperatur, Dichte und Zusammensetzung des Materials ab und ergibt sich aus dessen Zustandsgleichung. Es ist oft keine leichte Aufgabe, diese Zustandsgleichung zu bestimmen. Im Allgemeinen nimmt aber der Druck von Materialen mit der Temperatur $T$ zu. Bei zwei wichtigen stellaren Materialien kennt man diese Abhängigkeit sehr genau. Bei einem idealen Gas ist der Druck proportional zu $T$, bei einem Photonengas sogar zu $T^4$. Dies heißt, um eine größere gravitative Anziehungskraft zu kompensieren, wie sie zum Beispiel durch ein Anwachsen der Masse im Inneren der Massenschale entsteht, muss die Temperatur erhöht werden, um den notwendigen Gegendruck zu erzeugen.

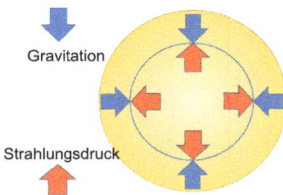

**Abb. 4.1:** Während der hydrostatischen Brennphasen balanziert der Strahlungsdruck die gravitative Selbstanziehung eines Sterns. Der Strahlungsdruck wird durch Kernreaktionen im Inneren des Sterns erzeugt. Der Kreis symbolisiert eine Massenschale bei einem Radius $r$.

Um den für das Gleichgewicht notwendigen Druck aufrechterhalten zu können bei gleichzeitigem Energieverlust durch die emittierte Strahlung mit enormer Leuchtstärke, braucht der Stern eine Energiequelle. Wie von Eddington vermutet, sind dies Kernreaktionen, die im Inneren der Sterne ablaufen. Die Grundidee hier ist, wie von Aston aufgezeigt, dass durch Fusion von Kernen neue, schwerere Kerne entstehen, deren Masse geringer ist als die Summe der Massen der Fragmente, aus denen sie entstanden sind. Dies reflektiert sich in der Bindungsenergie der Kerne (Abbildung 4.2), die als Funktion der Massenzahl bis in die Eisen-Nickel-Gegend ansteigt, dort ein Maximum erreicht, um danach zu den schwersten Kernen wieder leicht abzufallen. Die in dieser Abbildung dargestellte Eigenschaft von Kernen ist die Grundlage, die es Sternen, in unterschiedlichen Brennphasen, ermöglicht, durch Fusion Energie freizusetzen. Nach der berühmten Einstein'schen Formel, $E = mc^2$, bedeutet dies, dass bei einer Fusionsreaktion Energie freigesetzt wird, damit die Gesamtenergie bei der Reaktion erhalten bleibt. Diese Energie wird zumeist in Form von Strahlung (Photonen) freigesetzt. Diese Photonen heizen durch elektromagnetische Wechselwirkung die Umgebung auf und sorgen dafür, dass sie die notwendige Temperatur hält. Die Menge an Energie, die durch Kernreaktionen erzeugt wird, hängt von der Zusammensetzung der Materie ab – die sich durch die Reaktionen gleichzeitig ändert. Die gewonnene Energie hängt aber vor allem, wie im nächsten Unterkapitel besprochen wird, extrem stark von der Temperatur ab, sodass

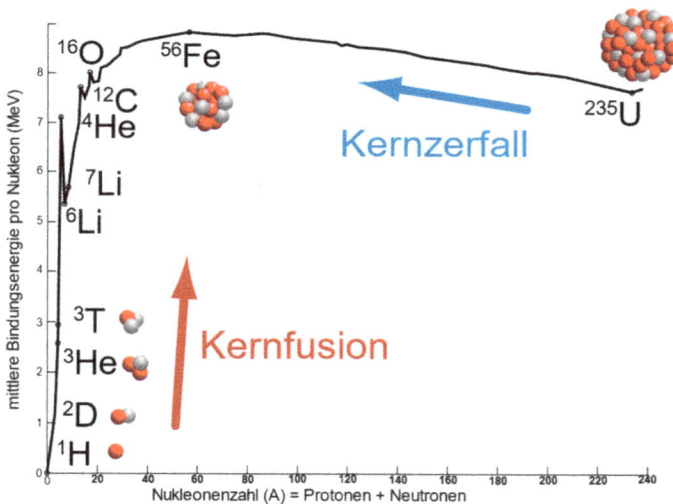

**Abb. 4.2:** Bindungsenergie von Kernen pro Nukleon als Funktion der Massenzahl. Die Bindungsenergie wächst vom Wasserstoff bis zur Eisen-Nickel-Gegend an. Dies ermöglicht es, durch Fusion von leichteren Kernen zu einem schwereren Kern Energie freizusetzen. Dies wird in Sternen ausgenutzt, sodass Fusionsreaktionen die stellaren Energiequellen sind. Bei sehr schweren Kernen ergibt sich, dass diese weniger stark gebunden sein können als zwei mittelschwere Fragmente, in die sie sich umwandeln können. Dies ist die Grundlage der Kernspaltung.

Kernreaktionen bevorzugt weit im Inneren eines Sterns, vor allem im Zentrum, ablaufen. Die entscheidende Größe für die Energiefreisetzung durch eine Kernreaktion ist die Rate, die angibt, wie schnell die Reaktion abläuft. Wenn man sich den Prozess so vorstellt, dass ein Fluss von Teilchen mit einer Geschwindigkeit $v$ und Teilchenzahldichte $N_1$ auf ein Target mit der Teilchenzahldichte $N_2$ trifft, so ist die Rate $r$ gegeben durch

$$r = N_1 N_2 v \sigma, \qquad (4.1)$$

wobei $v$ die Relativgeschwindigkeit zwischen den reagierenden Teilchen ist. Die wichtige, für eine Reaktion spezifische Größe ist der sogenannte Wirkungsquerschnitt $\sigma$, der ein Maß für die Stärke der Reaktion ist und auch von der Relativgeschwindigkeit der beiden Reaktanten abhängt. Die Bestimmung der relevanten Wirkungsquerschnitte muss – mit einer bedeutenden Ausnahme, wie wir sehen werden – experimentell geschehen und stellt meistens eine formidable Aufgabe dar. Dass die Rate mit den Teilchendichten und der Geschwindigkeit anwächst, liegt daran, dass sich die Reaktionspartner bei erhöhten Teilchendichten häufiger treffen können und es somit leichter zu Reaktionen kommt. Dies ist auch der Fall bei Anwachsen der Geschwindigkeit, weil dann, in gleicher Zeiteinheit, ein größerer Fluss von Teilchen am Target vorbeiströmt.

Raten und Ratengleichungen spielen in den stellaren Modellen eine entscheidende Rolle. Sie geben an, wie schnell sich Prozesse unter gegebenen Bedingungen ändern. Dabei treten verschiedene Prozesse häufig in einen Wettbewerb. Zum Beispiel ist es für einen Kern im stellaren Medium meistens möglich, verschiedene Reaktionen mit anderen Kernen durchzuführen. Hier entscheiden die Raten für die unterschiedlichen Prozesse, was der Kern am wahrscheinlichsten macht. Je größer die Rate, desto wahrscheinlicher ist es, dass dieser Prozess ablaufen wird. Im Prinzip treten im Fall mehrerer Möglichkeiten immer Verzweigungen auf, da alle Prozesse, gewichtet mit ihren jeweiligen Wahrscheinlichkeiten, realisiert werden können. Meistens dominiert aber ein Prozess, sodass die anderen vernachlässigt werden können. Treten bei Verzweigungen zwei oder mehrere Möglichkeiten mit etwa gleicher Wahrscheinlichkeit auf, so lassen sich diese Verzweigungen manchmal ausnutzen, um etwas über die stellaren Bedingungen im Inneren eines Sterns zu lernen. Dies ist besonders interessant in der S-Prozess-Nukleosynthese. Natürlich stehen die Raten für die unterschiedlichen Kernprozesse auch im Wettbewerb mit den Änderungen der stellaren Bedingungen.

Die bei einer Kernreaktion freigesetzte Energie ergibt sich aus der Massendifferenz der Reaktionspartner vor und nach der Reaktion. Wird die Reaktion durch die starke oder elektromagnetische Wechselwirkung vermittelt, kann die gesamte gewonnene Energiemenge in der Energiebilanz „vor Ort" berücksichtigt werden. Wird die Reaktion durch die schwache Wechselwirkung vermittelt, wird auch ein Neutrino (oder Antineutrino) produziert. Deren Interaktion mit Materie ist so klein bei den Dichten, die beim hydrostatischen Brennen in Sternen erreicht werden, dass sie den Stern unbeschadet verlassen und damit einen Teil der Energie, die bei der Reaktion freigesetzt wurde, wegtragen. Diese Energie steht dem Stern nicht zur Verfügung und muss in der Energiebilanz berücksichtigt werden. Wir greifen schon etwas voraus und merken an, dass diese geringe Wechselwirkung von Neutrinos mit Materie in terrestrischen Detektoren es uns ermöglicht hat, ins Zentrum der Sonne zu blicken.

Die Energieumwandlung durch Kernreaktionen erfolgt im Sterninneren, bevorzugt im Zentrum, weil dort die Temperaturen hoch genug sind. In vielen Teilen des Sterns ist kein Energiegewinn durch Kernfusion möglich. Ferner strahlt der Stern Unmengen an Energie durch Strahlung ununterbrochen ins Weltall. Um dies zu ermöglichen, braucht es einen Transportmechanismus, der die im Inneren freigesetzte Energie durch den Stern bis hin zu seiner Oberfläche transportiert.

Allgemein kann die in einer Massenschale durch Kernfusion freigesetzte Energie „vor Ort" verbraucht oder wegtransportiert werden. Wird sie lokal verbraucht, kann dies durch Erhöhung der Temperatur in der Massenschale geschehen, aber auch dadurch, dass die Schale expandiert. Beides ändert die Gleichgewichtsbedingungen in der Schale und man nennt es eine „nicht-stationäre" Lösung. Es gibt in der Tat Situationen, in denen der Stern diese Wege geht. Der Stern kann aber auch die Energie, die in der Schale produziert wird, komplett abführen, was einer unveränderten („stationären") Gleichgewichtslösung entspricht. Als Transportmechanismus stehen ihm hauptsächlich zwei Möglichkeiten zur Verfügung: Strahlungstransport und Konvektion. Dazu gibt es im Allgemeinen noch eine dritte Möglichkeit, die Konduktion, bei der die Energie durch die Bewegung von Elektronen wegtransportiert wird. Konduktion spielt in den hydrostatischen Brennphasen der Sternentwicklung keine Rolle, wird aber unter den besonderen Bedingungen von Weißen Zwergen wichtig. Weiße Zwerge werden in einem späteren Kapitel diskutiert.

Beim Strahlungstransport sind die Photonen die Energieträger. Sie haben, wie schon diskutiert, wegen des Temperaturgradienten eine bevorzugte Bewegungsrichtung nach außen. Allerdings ist das stellare Plasma alles andere als durchsichtig für Photonen. Sie wechselwirken zumeist mit den Elektronen. Dies kann mit ungebundenen Elektronen passieren, an denen sie, analog der Situation im frühen Universum, streuen und dabei Energie austauschen. Dies kann aber auch mit gebundenen Elektronen geschehen, wobei diese in andere Zustände des Ions oder Atoms angeregt oder gar aus dem Atomverband gelöst werden können. Diese Prozesse hängen vom Ionisationsgrad des Atoms ab, der sich mit der Temperatur ändert. Es sei angemerkt, dass sich die Eigenschaften von Ionen und Atomen in einem Plasma durch die Anwesenheit anderer Ladungen gegenüber den Laborwerten ändern können. Die Opazität, die ein Maß für die Transparenz der stellaren Materie für Photonen ist, ist eine wichtige Größe für den Energietransport; ihre Bestimmung ist allerdings eine komplizierte Herausforderung. Man findet, dass Sternmaterie sehr undurchsichtig ist. Der Energietransport durch Photonen kann als ein statistischer Prozess gesehen werden, wobei im Sterninneren Photonen im Mittel nur wenige Zentimeter fliegen, bevor sie wieder eine Wechselwirkung erfahren. Der Prozess ist dementsprechend auch ziemlich langsam, man schätzt eine Transportzeit von Millionen Jahren vom Zentrum der Sonne bis zu ihrer Oberfläche.

Der Ionisierungsgrad der Atome wird kleiner mit abnehmender Temperatur. Es gibt somit in den äußeren Bereichen des Sterns weniger ungebundene Elektronen, was die Opazität verringert. Dem steht aber manchmal ein anderer Effekt entgegen. Wasserstoff kann ein negativ geladenes Ion bilden, genannt $H^-$, in dem das Proton gleichzeitig zwei Elektronen bindet. Die Bindungsenergie des $H^-$-Ions ist sehr klein (0,75 eV) im Vergleich zu 13,59 eV des normalen Wasserstoffatoms. Damit das $H^-$ in einer stellaren Umgebung existieren kann, muss die Temperatur entsprechend klein sein. Die Energie von 0,75 eV entspricht einer Temperatur von etwa 9000 K, also etwas mehr als der Oberflächentemperatur der Sonne. Das zweite zur Bildung von $H^-$ notwendige Elektron stammt von schweren Elementen, die noch in leicht ionisierter Form vorliegen. Das Auftreten von $H^-$ erlaubt es nun, dass Photonen mit Energien größer als die Ionisationsenergie von dem $H^-$-Ion absorbiert werden und dabei das zweite Elektron freisetzen. Dieser Prozess trägt zur Opazität von Photonen im infraroten Bereich bei, während das neutrale Wasserstoffatom für diese Photonen transparent ist.

Eine notwendige Voraussetzung für den Energietransport durch Strahlung ist es, dass der Stern über einen negativen Temperaturgradienten verfügt, d. h., dass die Temperatur zu größeren Radien abnimmt. Um die ganze in der Massenschale von Abbildung 4.1 durch Kernreaktionen produzierte Leuchtstärke – das ist die Energie pro Zeit – abzuführen, muss der Temperaturgradient steiler (negativer) werden, wenn sich in der Schale die Dichte oder die Opazität erhöht oder die Temperatur verringert. Dichte und Temperaturänderungen haben natürlich auch eine Rückkopplung auf die durch Kernreaktionen freigesetzte Energie, die mit Anwachsen beider Größen wächst.

Eine alternative Form des Energietransports ist die Konvektion. Hierbei können makroskopische Klumpen Materie mit einer niedrigeren Dichte als die der Umgebung nach oben steigen, während Klumpen, die heißer und dichter als ihre Umgebung sind, nach unten sinken. Das Phänomen der Konvektion kennt man vom Wasserkochen in einem Topf, wenn die zugefügte Wärme das Wasser am Topfboden erhitzt und sich dadurch Bläschen dünnerer Dichte bilden und diese aufsteigen (Abbildung 4.3).

Konvektion ist offensichtlich ein multidimensionales Phänomen, denn die heraufsteigenden und sinkenden Blasen werden unterschiedliche Wege nehmen, wie man das kalte und warme Wasser in einem Haus auch nicht durch ein Rohr laufen lässt. In einem auf Kugelsymmetrie aufbauenden eindimensionalen Modell des Sterns kann Konvektion nur approximativ beschrieben werden. Es ist hierzu ein Mischwegemodell (Mixing Length Theory) entwickelt worden, in der die wichtigsten Effekte der Konvektion durch Einführung von freien, d. h. nicht herleitbaren Parametern erfasst und beschrieben werden.

Für einen wichtigen Fall kennt man allerdings das Kriterium, ab wann Konvektion für den Wärmetransport verantwortlich sein wird. Dies gilt, wenn die stellare Materie sich durch ein ideales Gas beschreiben lässt; eine Situation, die für die weitaus längsten Phasen des Lebens eines Sterns eine erlaubte Näherung ist. Nimmt man an, dass sich ein Gasklumpen gebildet hat, dessen Dichte kleiner ist als die der Umgebung, so erfährt dieser nach dem archimedischen Prinzip einen Auftrieb. Nimmt man ferner

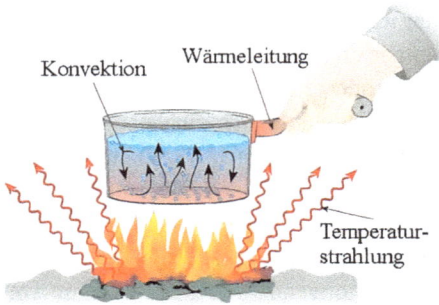

**Abb. 4.3:** Schematische Darstellung der unterschiedlichen Energietransportmechanismen, die ein Stern benutzt. Beim Strahlungstransport wird die Energie durch Photonen entlang des Temperaturgradienten nach außen transportiert. Der Stern ist gegenüber Photonen im Allgemeinen opak, sodass der Transport einem statistischen Prozess entspricht. Bei der Konvektion werden weniger dichte, heiße Materieklumpen durch den Auftrieb nach oben bewegt, während Klumpen, die dichter und kühler als ihre Umgebung sind, nach unten sinken. Bei der Konduktion wird Energie auch entlang eines Temperaturgradienten durch die Bewegung von Elektronen übertragen. Dieser Mechanismus spielt im hydrostatischen stellaren Brennen keine Rolle, wird aber in Weißen Zwergen wichtig.

an, dass das Aufsteigen des Klumpens adiabatisch verläuft, sodass sich der Klumpen zwar ausdehnt, aber keine Energie mit der Umgebung austauscht, so kann man aus dem Gasgesetz einen Wert für den Temperaturgradienten bestimmen. Diesen adiabatischen Temperaturgradienten vergleicht man mit dem im Modell errechneten „aktuellen" Temperaturgradienten am gleichen Ort. Ist der aktuelle Wert größer, so kann die Energie durch Strahlungstransport nicht weggetragen werden; dies geschieht dann durch Konvektion. Der Klumpen steigt dann aufwärts für eine Strecke, bis er sich in einer neuen Umgebung einfindet und sich dort durch Austausch der Energie an die Umgebung anpasst. Es sei betont, dass Konvektion über große Distanzen im Stern ablaufen kann und dabei auch Material (Kerne) aus dem Inneren in äußere Bereiche des Sterns transportiert. Dies kann wichtige Konsequenzen für die Entstehung der Elemente haben.

Konvektion wird wichtiger als Strahlungstransport, wenn der Temperaturgradient außergewöhnlich steil ist (es sei noch einmal darauf hingewiesen, dass er negativ ist). Dies ist zum Beispiel der Fall, wenn die Opazität sehr groß ist. Eine solche Situation kann durch die Anwesenheit des $H^-$-Ions in der äußeren Hülle des Sterns passieren. Wie wir im nächsten Unterkapitel sehen werden, können auch die Raten von Kernreaktionen eine extreme Abhängigkeit von der Temperatur haben und der Anlass sein, dass Energie durch Konvektion, dann aber im Sternzentrum, transportiert werden muss. Abbildung 4.4 skizziert, wo in Sternen unterschiedlicher Masse Strahlung oder Konvektion der dominante Mechanismus des Wärmetransports ist.

In einem Sternenmodell werden die physikalischen Vorstellungen in mathematische Gleichungen zur Bestimmung der Masse, Leuchtstärke, Dichte, Temperatur und chemischen Zusammensetzung als Funktion des Abstandparameters $r$ formuliert. Dies ergibt einen „Satz gekoppelter Differentialgleichungen", die numerisch gelöst werden.

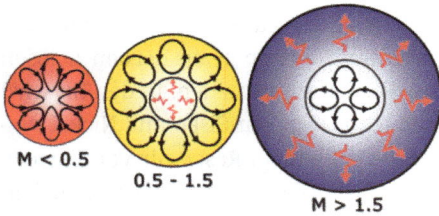

**Abb. 4.4:** Energietransport durch Strahlung (gewellte Pfeile) und Konvektion (geschlossene Schleifen) in Sternen verschiedener Masse. In der Sonne (Mitte) erfolgt der Energietransport im Zentrum durch Strahlung und in den äußeren Zonen durch Konvektion, verursacht durch die durch Bildung von $H^-$-Ionen erhöhte Opazität. In massereicheren Sternen (rechts) ist es umgekehrt: Konvektion dominiert im Zentrum wegen der hohen Temperaturabhängigkeit des CNO-Zyklus, während in den äußeren Zonen die Energie durch Strahlung transportiert wird. In Sternen mit Massen kleiner als 0,5 Solarmassen (links) bildet sich keine Region aus, in der Energie durch Strahlung transportiert wird. Die Massen sind in Einheiten der Solarmasse angegeben. Die massearmen Sterne spielen eine entscheidende Rolle in der Zukunft des Universums (Kapitel 9).

Dies ist eine in der Physik häufig auftretende Problemstellung. Sie liegt zum Beispiel auch den Modellen zur Verbreitung von Viren zugrunde, von denen man zuletzt sehr viel gehört hat. Es ist im Allgemeinen nicht die numerische Lösung, die zu Unsicherheiten führt, sondern die physikalischen Detailannahmen, die in das Modell fließen. Wie angedeutet wurde, ist die Beschreibung von Konvektion eine besondere Herausforderung. Da dies in kugelsymmetrischen, eindimensionalen Modellen nur genähert geht, hat man für spezielle Situationen der Sternentwicklung, in denen Konvektion besonders wichtig ist, nun auch schon mehrdimensionale numerische Modelle entwickelt. Dies wird uns in späteren Unterkapiteln begegnen.

## 4.2 Gamows Idee

Freie Neutronen existieren nicht sehr lange, nach jeweils etwa 10 Minuten halbiert sich ihre Menge, sodass nach 100 Minuten nur noch ungefähr ein Promille der ursprünglichen Neutronen vorhanden ist, die anderen haben sich in Protonen (sowie Elektronen und Neutrinos) umgewandelt. Als sich also mehrere Hundert Millionen Jahre nach dem Urknall die ersten Sterne bildeten, gab es keine freien Neutronen mehr. Alle vorhandenen Kerne, hauptsächlich Protonen und $^4$He, sind positiv geladen, und stoßen sich somit elektrisch ab. Dies wird zum Haupthindernis, bevor ein Stern das große Energiereservoir der Kernenergie anzapfen kann.

Natürlich haben einige Neutronen bis zur Sternentstehung überlebt; ein Achtel der Nukleonen im Universum sind Neutronen. Aber diese sind (fast) alle im $^4$He-Kern gebunden, wo sie die Energieerhaltung gegen einen Zerfall schützt, denn es gibt keine energetisch günstigere Kombination von vier Nukleonen als das Alphateilchen. Es kostet sehr viel Energie (etwa 20 MeV), um Neutronen aus dem $^4$He-Verbund zu befreien. Diese

Energie hat der neugeborene Stern nicht zur Verfügung. In späteren Entwicklungsphasen, und für schwerere Kerne, wird es möglich werden, Neutronen aus Kernen zu lösen und als freie Neutronen für Kernreaktionen zur Verfügung zu stellen. In der Tat wird dies essentiell, wenn man die schwersten Elemente jenseits von Eisen und Nickel synthesieren will. Aber ein neugeborener Stern startet mit einem Reservoir von Kernen, die alle positiv geladen sind. Wenn es ein Stern späterer Generation ist, können neben den Protonen und $^4$He noch andere, von früheren Sternen produzierte schwerere Kerne (mit noch größerer Ladungszahl) hinzukommen.

Um die Rate für eine Fusionsreaktion herzuleiten, geht man davon aus, dass sich zwei Reaktionspartner mit einer Bewegungsenergie $E_{kin}$ aufeinander zubewegen, wobei diese Energie einer Relativgeschwindigkeit $v$ zwischen den Partnern gemäß $E_{kin} = \frac{\mu}{2} v^2$ entspricht.[2] Die Wechselwirkung zwischen den Partnern wird durch die potentielle Energie (auch Potential genannt) zwischen ihnen bestimmt. Das Potential hängt vom Abstand $r$ der Partner ab und ist in der Abbildung 4.5 schematisch skizziert. Asymptotisch, bei sehr großen Abständen, verschwindet es, sodass die asymptotische Bewegungsenergie auch die Gesamtenergie des Systems ist. Für Abstände größer als die Reichweite der starken Wechselwirkung dominiert die Coulomb-Abstoßung zwischen den beiden Kernen. Sie nimmt mit wachsendem Abstand wie $1/r$ ab und ist zusätzlich proportional zum Produkt der Ladungen der beiden Kerne $Z_1 Z_2$. Für kleine Abstände wird das Potential zwischen den beiden Kernen negativ, verursacht durch die attraktive (anziehende) Kernkraft (Starke Wechselwirkung). Das attraktive Potential bei kleinen Abständen ermöglicht es, dass es Konfigurationen der kombinierten Partner bei negativer Energie gibt, in die sie fusionieren können. Wenn diese bei negativer Energie liegen, können sie nicht mehr zerfallen. Wegen der Energieerhaltung kann das fusionierende System solche „gebundenen Zustände" nur durch Aussendung eines Photons, welches die Energiedifferenz wegträgt, erreichen. Gibt es mehrere gebundene Zustände, so wird sich der fusionierte Kern, möglicherweise nach Emission einer Kaskade von Photonen, im energetisch niedrigsten Zustand („Grundzustand") einfinden.[3]

Das Hindernis für Fusionsreaktionen in Sternen ist der Coulomb-Wall. Seine maximale Energie ist viel höher als die Relativenergie der beiden Fusionspartner. In der klassischen Physik wäre somit eine Fusion unmöglich, weil die Bewegung der beiden Partner am äußeren Rand des Coulomb-Walls reflektiert wird. Ein Eindringen in die Barriere ist nicht erlaubt, weil dies zu negativen Werten der kinetischen Energie führen würde, was in der klassischen Mechanik nicht sein kann, da weder die Masse noch $v^2$ negativ werden können. In der quantenmechanischen Betrachtungs-

---

2 $\mu$ ist die sogenannte reduzierte Masse, die sich aus den Massen $m_1, m_2$ der beiden Partner als $\mu = \frac{m_1 m_2}{m_1 + m_2}$ ergibt.

3 Falls die Fusion in einer stellaren Umgebung mit hohen Temperaturen verläuft, kann die Fusion auch in einem angeregten Zustand enden, der sich im thermischen Gleichgewicht mit dem Grundzustand befindet. Diese Situationen sind allerdings für die Diskussion des hydrostatischen stellaren Brennens vernachlässigbar.

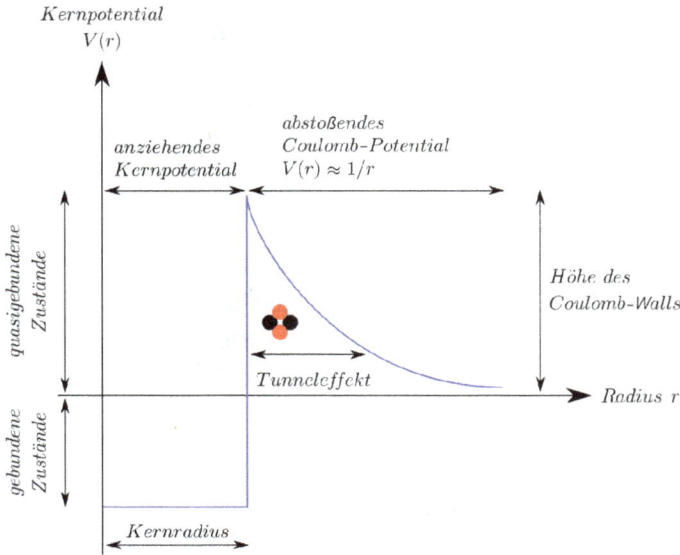

**Abb. 4.5:** Schematische Darstellung des Potentials für Fusionsreaktionen bei stellaren Energien als Funktion des Abstands *r* zwischen den Reaktionspartnern. Das attraktive Kernpotential erstreckt sich über typische Kernausdehnungen von einigen Femtometern. Für größere Abstände dominiert das abstoßende Coulomb-Potential zwischen den positiv geladenen Kernen. Dieses Potential nimmt wie $1/r$ mit dem Abstand ab. In Sternen haben die fusionierenden Kerne eine Energie *E*, die deutlich kleiner ist als die Höhe des Coulomb-Walls. Um zu fusionieren, müssen die Kerne durch den Coulomb-Wall „tunneln" (angedeutet durch den Pfeil, wobei die Höhe des Pfeils der Energie *E* entspricht), was in der Quantenmechanik möglich ist. Der Übergang in den gebundenen Grundzustand geschieht dann durch Aussenden von Photonen.

weise ist eine Barriere endlicher Höhe allerdings kein unüberwindbares Hindernis. Sie geht davon aus, dass ein physikalisches System von einer „Wellenfunktion" beschrieben wird, die als Wahrscheinlichkeitsamplitude angibt, welche Möglichkeiten das System annehmen kann. Aus dem (Betrags-)Quadrat der Wellenfunktion ergibt sich die Wahrscheinlichkeit, dass das System einen bestimmten Zustand realisiert. Betrachtet man das Beispiel der Fusion, beschrieben durch das Potential der Abbildung 4.5, so kann die Wellenfunktion auch nicht-verschwindende Werte bei kleinen Kernabständen im Inneren des Potentials und sogar im klassisch-verbotenen Bereich unterhalb der Coulomb-Barriere (dies ist der Bereich, in dem das Coulomb-Potential größer als die asymptotische Streuenergie *E* ist) haben. Das Durchtunneln der Barriere verbindet die klassisch-erlaubten Bereiche, führt aber zu einer exponentiell gedämpften Wahrscheinlichkeit, den Innenbereich zu erreichen. Diese Reduktion wird durch einen Transmissionskoeffizienten *T* beschrieben. Für das Durchtunneln der Coulomb-Barriere findet man eine Transmissionswahrscheinlichkeit T mit einer extremen Energieabhängigkeit, $T = \exp(-\frac{2\pi Z_1 Z_2 e^2}{\hbar} \sqrt{\frac{\mu}{E}})$, wobei *e* und $\hbar = h/2\pi$ zwei fundamentale Größen, die Elementarladung und das Planck'sche Wirkungsquantum, sind.

Die Transmissionswahrscheinlichkeit durch die Coulomb-Barriere zeigt zwei Abhängigkeiten, die die folgende Diskussion von stellaren Kernreaktionen bestimmen: Sie wird umso kleiner, je geringer die Energie und je größer das Produkt der Ladungen der Partner ist. Der quantenmechanische Effekt des Durchtunnelns einer Barriere wurde zuerst von George Gamow beschrieben, der uns schon im Zusammenhang mit seinen Ideen zur Nukleosynthese während des Urknalls begegnet ist (siehe Abbildung 2.17).

Die für das Modellieren eines Sterns notwendige Größe ist die Rate, mit der Kernreaktionen bei stellaren Energien ablaufen; diese enthält das Produkt von Relativgeschwindigkeit und Wirkungsquerschnitt. Nun hat die Materie im Inneren des Sterns aber eine endliche Temperatur. Dies bedeutet, dass sich die Materieteilchen nicht im Ruhezustand befinden, sondern sich bewegen, wobei ihre Geschwindigkeiten einer statistischen Verteilung genügen. Die entsprechende Verteilung ist die Maxwell-Boltzmann-Verteilung, die allein durch den Wert der Temperatur festgelegt wird (siehe Diskussion im Kapitel 2): je höher die Temperatur, desto schneller die Teilchen. Die Geschwindigkeiten beider Reaktionspartner genügen unabhängig voneinander einer Maxwell-Boltzmann-Verteilung mit der gleichen Temperatur. Daraus kann man die Verteilung der Relativgeschwindigkeit zwischen den Partnern ermitteln, die wieder die Form einer Maxwell-Boltzmann-Verteilung hat. Dies heißt, in der Rate tauchen im Prinzip alle Relativgeschwindigkeiten auf, gewichtet mit einer Maxwell-Boltzmann-Verteilung. Um die Rate zu erhalten, muss man also das Produkt $v\sigma(v)$ über alle Geschwindigkeiten summieren (da der Summationsindex $v$ kontinuierlich ist, spricht man nicht von summieren, sondern von integrieren), mit der Gewichtung durch die Maxwell-Boltzmann-Verteilung. Nutzt man den Zusammenhang zwischen Geschwindigkeit und Energie ($E = \frac{1}{2}\mu v^2$) aus, so kann man das Integral auch über die Energie anstatt der Geschwindigkeit definieren. Man muss somit, um die stellare Rate einer Kernreaktion bei einer bestimmten Temperatur zu bestimmen, im Wesentlichen über ein Produkt von zwei Größen mit drastisch unterschiedlichen Energieabhängigkeiten integrieren.[4] Beide Energieabhängigkeiten sind in der Abbildung 4.6 dargestellt. Die herausfordernde Situation ist, dass die thermische Energie der Materie um Größenordnungen kleiner ist als die Höhe der Coulomb-Barriere. Als Beispiel dient die Sonne, deren Temperatur im Zentrum etwa 15 Millionen Grad beträgt, was einer Energie von 1,3 keV entspricht. Die kleinste Coulomb-Barriere – die für zwei fusionierende Protonen – hat dagegen eine Höhe von ungefähr 550 keV. Dies heißt, dass man wegen des exponentiellen Abfalls der Maxwell-Boltzmann-Verteilung mit der Energie kaum Teilchen findet, die genügend Energie haben, um die Coulomb-Barriere zu durchtunneln, wenn man berücksichtigt, dass die Tunnelwahrscheinlichkeit mit der Energie drastisch kleiner wird (proportional zu exp $-1/\sqrt{E}$). Um das Problem zu veranschaulichen, zeigt die Abbildung 4.6 auch die Energieabhängigkeit des relevanten Produkts von Maxwell-Boltzmann-Verteilung und Wirkungsquerschnitt. Dies zeigt, dass die Reakti-

---

**4** Dazu enthält der Integrand noch den Faktor $E$.

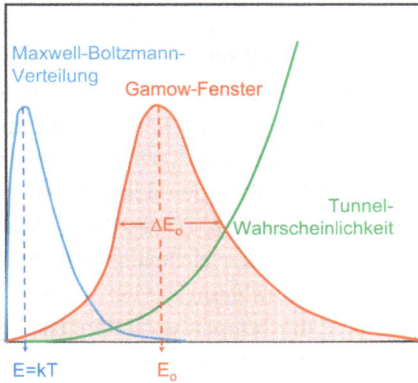

**Abb. 4.6:** In Sternen verlaufen die Kernreaktionen bei endlicher Temperatur $T$. Die Geschwindigkeiten und Relativenergien der Reaktionspartner unterliegen somit einer Maxwell-Boltzmann-Verteilung (linke Kurve). Die Reaktionswahrscheinlichkeit hingegen nimmt wegen des „Tunnelns" durch den Coulomb-Wall exponentiell mit der Energie ab (rechte Kurve). Die Reaktionsrate für die stellare Fusion hängt vom Produkt der Maxwell-Boltzmann-Verteilung und der Tunnelwahrscheinlichkeit ab (mittlere Kurve). Der Energiebereich, in dem die Reaktion in Sternen abläuft, ist schraffiert dargestellt und heißt „Gamow-Fenster". Die Energie, an dem das Produkt sein Maximum erreicht, ist die für die Reaktion im Stern effektivste Energie. Sie hängt stark von der Temperatur und den Ladungen der Reaktionspartner ab.

on in Sternen nur in einem recht kleinen Energiefenster erfolgt. Das Maximum des Produkts (schraffiertes Areal in Abbildung 4.6) definiert die Energie, an der eine Kernreaktion im Stern am effektivsten abläuft. Der durch Schraffierung gekennzeichnete Energiebereich wird im Allgemeinen als Gamow-Fenster bezeichnet. Die effektivste Energie liegt etwas höher als die thermische Energie, die in der astrophysikalischen Umgebung vorliegt. Sie hängt stark vom Produkt der Ladungen der beiden Reaktanten ab, die ja die Dicke der Coulomb-Barriere definieren.

Das Produkt der Energieabhängigkeiten der Maxwell-Boltzmann-Verteilung und der Tunnelwahrscheinlichkeit durch die Coulomb-Barriere hat genähert die Form einer Gauss'schen Normalverteilung, zentriert um die effektivste Energie.[5] Diese Näherung erlaubt es, das Integral über das schraffierte Areal analytisch auszuführen. Es ist ein relatives Maß für die Rate unterschiedlicher Reaktionen. Es hängt im Wesentlichen von der Temperatur (die die Maxwell-Boltzmann-Verteilung bestimmt) und den Ladungszahlen der Reaktionspartner ab (dazu gibt es eine gewisse Abhängigkeit von der Masse der Reaktionspartner, sodass Isotopen kein identisches Produkt haben). Tabelle 4.1 vergleicht dieses relative Maß (genannt $I_{rel}$) für ein paar Kernreaktionen, berechnet für die Temperatur der Sonne. Die ausgewählten Reaktionen sind die p + p- and p + $^{14}$N-Fusionsreaktionen, die, wie wir sehen werden, die beiden unterschiedlichen Zyklen des Wasserstoffbrennens dominieren. Die $^4$He + $^{12}$C-Reaktion ist von fundamentaler

---

**5** Die Gauss-Verteilung war auf den letzten 10-Mark-Scheinen dargestellt.

Bedeutung für das Heliumbrennen, während die Fusion zweier $^{16}$O-Kerne in fortgeschrittenen Brennphasen von Sternen wichtig ist. Daneben listet die Tabelle auch die effektivste Energie für diese Reaktionen, wieder für die Bedingungen im Zentrum der Sonne. Die effektivste Energie wächst mit dem Ladungsprodukt der Reaktionspartner, liegt aber immer weit unter der Coulomb-Barriere. Die Rate von Kernreaktionen ist im Allgemeinen extrem von der Temperatur abhängig. Die Variation der Rate mit der Temperatur lässt sich dabei durch ein Potenzgesetz ausdrücken. Dieses Potenzgesetz ändert sich allerdings mit der Temperatur, hängt also davon ab, welche Region im Stern man betrachtet. Tabelle 4.1 listet ebenfalls die Temperaturabhängigkeiten unter den Bedingungen im Zentrum der Sonne. Man findet, dass die Temperaturabhängigkeiten um so steiler werden, je größer das Produkt der Ladungen der Reaktionspartner ist. Dies spiegelt einfach die Steilheit des Coulomb-Potentials wider, die proportional zu $Z_1 Z_2$ ist.

**Tab. 4.1:** Für vier astrophysikalisch wichtige Kernreaktionen in unterschiedlichen Brennphasen von Sternen werden die effektivste Energie $E_0$, das Integral $I_{rel}$ über das Produkt von Maxwell-Boltzmann-Verteilung und Tunnelwahrscheinlichkeit durch die Coulomb-Barriere sowie die Temperaturabhängigkeit des Integrals gegenüber Temperaturvariationen angegeben. Alle Größen wurden für die Temperatur im Sonneninneren berechnet; sie beträgt 15,7 Millionen Grad Kelvin, was einer thermischen Energie von 1,3 keV entspricht.

| Reaktion | $E_0$ [keV] | $I_{rel}$ | T-Abhängigkeit |
|---|---|---|---|
| p + p | 5,9 | $1,1 \cdot 10^{-6}$ | $T^{3.9}$ |
| p + $^{14}$N | 26,5 | $1,8 \cdot 10^{-27}$ | $T^{20}$ |
| $\alpha$ + $^{12}$C | 56,0 | $3,0 \cdot 10^{-57}$ | $T^{42}$ |
| $^{16}$O + $^{16}$O | 237,0 | $6,2 \cdot 10^{-239}$ | $T^{182}$ |

Nimmt man $I_{rel}$ als relatives Maß für die Rate einer Reaktion, so sehen wir, dass die Tunnelwahrscheinlichkeit durch die Coulomb-Barriere zu gewaltigen Unterschieden führt. Die Tunnelwahrscheinlichkeit für einen $^4$He- und einen $^{12}$C-Kern, die beide im Zentrum der Sonne vorkommen, ist dort aber um 50 Größenordnungen kleiner als für zwei Protonen. Die Fusion zweier $^{16}$O-Kerne, die ebenfalls zum Gasgemisch im Sonnenzentrum gehören, ist so verschwindend klein, dass eine solche Fusion wohl noch nie im Sonneninneren passiert ist. Es sei daraufhingewiesen, dass $I_{rel}$ nicht berücksichtigt, durch welche Wechselwirkung die Reaktionen vermittelt werden. Tut man dies, so wird die Differenz zwischen der p + $^{14}$N-Reaktion, die über die elektromagnetische Wechselwirkung abläuft, und der p + p-Reaktion, deren Vermittler die schwache Wechselwirkung ist, um den größten Teil, aber nicht vollständig geschlossen. Schaut man auf die Temperaturabhängigkeiten der beiden Reaktionen, so kann man erahnen, dass dies nicht gelten mag, wenn die effektive Energie etwas größer wäre. Wie wir im nächsten Unterkapitel sehen werden, hat dies in Sternen mit etwas größerer Masse als die der Sonne bedeutende Konsequenzen.

Um die Raten astrophysikalisch wichtiger Reaktionen zu bestimmen, ist es notwendig, deren Wirkungsquerschnitt im Bereich des Gamow-Fensters zu kennen, was im Prinzip durch Experimente an Beschleunigeranlagen geschieht, indem man, der Reaktion entsprechend, ausgewählte Projektile auf Targets schießt und die entsprechenden Reaktionsprodukte in geeigneten Detektoren nachweist. Dies ist allerdings im vorliegenden Fall ein formidables experimentelles Problem, was natürlich daran liegt, dass die Wirkungsquerschnitte bei den stellaren Energien wegen der Tunnelwahrscheinlichkeiten winzig klein sind. Erschwerend kommt hinzu, dass wegen der starken Variation des Wirkungsquerschnitts mit der Energie diese Energie an den Beschleunigeranlagen sehr exakt eingestellt werden muss (etwa mit einer Genauigkeit von 1 zu $10^5$). Dazu sollten die Anlagen noch sehr hohe Teilchenströme liefern, um die Zahl der beobachteten Ereignisse zu erhöhen. Niederenergetische Beschleuniger, die diesen Anforderungen genügen, existieren. Aber selbst an diesen speziellen Beschleunigern ist die Ereignisrate für Messungen im Gamow-Fenster so klein, dass von der kosmischen Strahlung erzeugte Signale die gewünschten Ereignisse im Detektor dominieren, also echte durch die Reaktion hervorgerufene Signale untergehen in der Menge ungewünschter und unkontrollierbarer Hintergrundereignisse. Um dieses Problem zu lösen, zieht man mit dem Beschleuniger in den Untergrund, d. h., man baut die Experimentieranlage an einem Ort auf, wo ein großes Felsmassiv die kosmische Strahlung abfängt und so den störenden Hintergrund um mehrere Größenordnungen reduziert. Hier ist es natürlich ein unbezahlbarer Vorteil, dass niederenergetische Beschleuniger recht kompakte Anlagen von wenigen Metern Länge sind und damit nicht die Dimensionen des Large Hadron Colliders haben. Das erste Untergrundlabor für astrophysikalische Messungen LUNA (Laboratory Underground for Nuclear Astrophysics) (Abbildung 4.7) entstand in der Mitte der 1990er Jahre in einem kleinen Seitengang des Autobahntunnels von Teramo nach L'Aquila durch das Gran-Sasso-Massiv in Italien.[6] Mit LUNA gelang es erstmals, Wirkungsquerschnitte für astrophysikalische Reaktionen, hauptsächlich für Kernfusionen in der Sonne, an den Energien im Gamow-Fenster zu messen. Ein weiteres Untergrundlabor zur Messung astrophysikalischer Reaktionen existiert nun in South Dakota am Ort der alten Homestake-Goldmine, in der erstmals Signale direkt aus dem Zentrum der Sonne nachgewiesen wurden; dieser Nachweis der solaren Neutrinos und ihre Bedeutung wird in einem späteren Unterkapitel angesprochen. Auch bei Dresden in einem alten Bierkeller (Felsenkeller) steht ein Beschleuniger, mit dem spezielle astrophysikalische Reaktionen geschützt durch etwa 100 m Fels untersucht werden.

Für die meisten Reaktionen ist es allerdings noch nicht gelungen, die Wirkungsquerschnitte an den astrophysikalisch effektivsten Energien zu messen. Hier greift man zu ihrer Bestimmung auf folgende Strategie zurück: Man misst den Wirkungsquerschnitt im Labor bis zu den niedrigsten Energien, an denen dies noch möglich ist.

---

6 Die Motivation, im Autobahntunnel ein Untergrundlabor einzurichten, war allerdings durch fundamentale Fragen der Teilchenphysik gegeben. LUNA ist ein kleines, aber sehr erfolgreiches Nebenprodukt.

**Abb. 4.7:** (oben) Das Gran-Sasso-Massiv östlich von Rom, durch das der Teramo-L'Aquila-Autotunnel führt. Die Labore für unterschiedliche Präzisionsexperimente, darunter das Laboratory Underground for Nuclear Astrophysics LUNA liegen in Seitengängen des Autotunnels. Traurige weltweite Berühmtheit erlangte L'Aquila durch ein starkes Erdbeben am 6. April 2009. (unten) Der LUNA-Beschleuniger, mit dem einige bahnbrechende Messungen astrophysikalisch wichtiger Kernreaktionen durchgeführt wurden. Es war auch eine logistische Meisterleistung, den Beschleuniger in den kleinen Laborraum zu plazieren.

Dann wird der gemessene Wirkungsquerschnitt zu den Energien im Gamow-Fenster extrapoliert, wobei die bekannte und dominante Energieabhängigkeit der Tunnelwahrscheinlichkeit explizit berücksichtigt wird. Obwohl man die Extrapolation auf der Basis möglichst adäquater Modelle durchführt, ist sie immer mit einer schlecht abzuschätzenden Unsicherheit verbunden. Besonders schwierig wird es, wenn bei den Energien, über die man extrapolieren muss, physikalische Zustände des Kernsystems liegen, die den Wirkungsquerschnitt „resonant" beeinflussen können. In einem solchen Fall ist es das Ziel, die Eigenschaften der Resonanz indirekt durch andere leichter zugänglichere Reaktionen zu bestimmen und dann, basierend auf diesen Eigenschaften, den Einfluss der Resonanzen zu berücksichtigen. Solche resonanten Beiträge treten häufiger bei Reaktionen schwererer Kerne auf. Schließlich sei bemerkt, dass Beschleunigerexperimente nicht mit „nackten" Kernen durchgeführt werden. Die Targets sind meistens Atome, Moleküle oder Festkörperfolien, enthalten also neben dem Kern auch Elektronen. Das Projektil muss, damit es beschleunigt werden kann, elektrisch geladen sein. Allerdings kann es auch ein Ion sein, das noch Elektronen enthält, und nicht ein nackter Kern ohne Elektronen. In jedem Fall finden die Kernreaktionen an Beschleunigeranlagen in der Anwesenheit von Elektronen statt, die mit ihrer negativen Ladung das abstoßende Coulomb-Potential zwischen den Kernen reduzieren. Die Korrekturen entsprechen atomphysikalischen Energien und sind somit sehr klein gegenüber typischen kernphysikalischen Größenordnungen von MeV-Energien. Man kann in solchen Experimenten den Effekt der Elektronen ignorieren. Dies ist allerdings nicht mehr richtig für Kernreaktionen an den astrophysikalisch wichtigen Energien, besonders bei Reaktionen mit kleinem Ladungszahlprodukt. In einem solchen Fall muss man die Daten um die Effekte der durch die Elektronen hervorgerufenen Abschirmung der Coulomb-Barriere herausrechnen. Im stellaren Plasma muss man dann die Abschirmungseffekte der Elektronen wieder in die Wirkungsquerschnitte einrechnen, allerdings sind die Einflüsse im Plasma anders als im Labor, da dort die Elektronen zumeist sich ungebunden als freie Teilchen in der Nähe der Kerne aufhalten.

Die Bestimmung der Raten für die kernphysikalischen Reaktionen in Sternen erscheint somit kompliziert – was sie auch ist. Trotzdem hat es in den letzten Jahrzehnten enorme Fortschritte gegeben und die Raten sind meistens nun mit einer Genauigkeit bekannt, die die realistische Beschreibung der Entwicklung von Sternen erlaubt. Dies ist allerdings nicht immer der Fall, wenn man die Häufigkeit der Elemente, wie sie in Sternen produziert wird, im Detail reproduzieren will. Abschließend sei bemerkt, dass die primordiale Nukleosynthese, im Vergleich zum stellaren Brennen, bei recht „hohen" Energien stattfand, sodass man die entsprechenden Wirkungsquerschnitte im Labor direkt untersuchen kann.

## 4.3 Am Anfang brennt der Wasserstoff

In seinem Vortrag vor der Royal Society hatte Eddington den richtigen Weg gewiesen, als er behauptete, dass Sterne möglicherweise Kernreaktionen als ihre Energiequelle benutzen. Dies war, wie Eddington selbst betont, allerdings Spekulation, solange es nicht feststand, durch welche Reaktionen dies geschieht und ob diese Vorstellung mit den Beobachtungen im Einklang war. Es dauerte noch fast zwei Jahrzehnte, bis der erste große Schritt getan und die Reaktionen des Wasserstoffbrennens als Hauptenergiequelle von Sternen identifiziert waren. Der direkte experimentelle Nachweis, dass ein Stern – nämlich unsere Sonne – in der Tat im Inneren Wasserstoff zu Helium verbrennt, gelang dann erst noch weitere Jahrzehnte später.

Die Idee, dass die Verschmelzung von vier Protonen zu $^4$He eine stellare Energiequelle sei, ließ sich deshalb zu Anfang schwer realisieren, weil die entscheidenden Grundlagen noch nicht entwickelt waren. Hierzu zählte nicht zuletzt die Quantenmechanik, auf deren Basis George Gamow 1928 zeigte, dass geladene Teilchen auch bei Energien unterhalb ihrer Coulomb-Barriere durch den Tunneleffekt fusionieren können. Ein weiteres fundamentales Hindernis war die Tatsache, dass ein $^4$He-Kern zwar fast die vierfache Masse eines Protons hat, aber nur die doppelte Ladung. Dieses Hindernis konnte überwunden werden, als Chadwick 1932 das Neutron als elektrisch neutrales

Kernteilchen entdeckte. Der $^4$He-Kern besteht also aus je zwei Protonen und Neutronen. Nun musste aber auch verstanden werden, wie sich Protonen in Neutronen umwandeln können. Dies gelang Enrico Fermi 1934 mit seiner Theorie des Beta-Zerfalls, der Geburtsstunde der schwachen Wechselwirkung. Allerdings fehlte Fermi in seinem genialen Ansatz ein Aspekt, der zur Lösung des stellaren Energieproblems entscheidend ist.

Das Wasserstoffbrennen, beginnend mit der Fusion von zwei Protonen, war in den Modellen anscheinend nicht effizient genug, und man suchte nach Alternativen. Carl Friedrich von Weizsäcker brachte hier eine entscheidende neue Idee ins Spiel: Schwere Kerne, die mit gewisser Häufigkeit im Sterninneren existieren, können als Katalysator für die Fusion von Protonen zu Helium dienen. Er dachte hier zunächst an den recht häufigen $^4$He-Kern, von dem ausgehend eine Reihe von Protoneneinfangreaktionen und Beta-Zerfällen den Trick tun würden, und als Clou den ursprünglichen $^4$He-Kern wieder unbeschadet zurückgeben würden. So charmant die Idee ist, es wurde recht schnell klar, dass sie daran scheitert, dass der im ersten Schritt produzierte Kern $^5$Li nicht stabil ist. Aber die Idee des Wasserstoffbrennens mithilfe eines Katalysators war geboren und würde in kurzer Zeit fruchtbar werden, genauso wie das Wasserstoffbrennen initiiert durch die p + p-Fusion. George Gamow und Edward Teller wiesen in einer gemeinsamen Arbeit von 1937 darauf hin, dass es in Fermis Beta-Zerfall-Modell noch eine zweite, von Fermi nicht berücksichtigte Möglichkeit geben konnte, bei der die beim Zerfall produzierten Elektronen und Neutrinos ihre beiden Eigendrehimpulse (Spins) parallel ausrichten. Diese Möglichkeit, zu Ehren der Entdecker Gamow-Teller-Übergang genannt, ist exakt der Weg, auf dem zwei Protonen in Sternen fusionieren. Der erste Doktorand von Teller, Charles Critchfield, hatte die Aufgabe in seiner Thesis, die entsprechende Fusionsrate für die Sterne, vor allem die Sonne, auszurechnen. Zusammen mit Hans Bethe, der unabhängig das gleiche Ziel verfolgte, konnte Critchfield die p + p-Rate berechnen und die Tür stand auf, die Energiequelle der Sonne zu entschlüsseln, denn Bethe hatte weitere Reaktionen bis zur Bildung von $^4$He identifiziert und abgeschätzt.[7] Von Weizsäcker blieb aber nicht untätig. Nachdem seine Originalidee mit $^4$He als Katalysator an den Eigenschaften von $^5$Li gescheitert war, dachte er an mögliche andere Katalysatoren und identifizierte schließlich hierfür $^{12}$C. Auch Hans Bethe, motiviert durch von Weizsäckers ursprüngliche Arbeit, kam unabhängig zu dem gleichen Ergebnis (Abbildung 4.8). Es ist interessant, anzumerken, dass George Gamow bei der Entdeckung der beiden möglichen Zyklen des Wasserstoffbrennens eine wichtige Rolle gespielt hat. In einem Fall durch die Erweiterung von Fermis Modell des Beta-Zerfalls, im anderen, weil er durch Gespräche mit von Weizsäcker in Berlin und mit Bethe auf einer Konferenz in Washington beide über die Fortschritte des jeweils anderen informierte.[8] Der zweite Zyklus des

---

7 Bethe beendete allerdings die pp-Kette durch die $^3$He + $^4$He-Reaktion, und nicht durch die Fusion zweier $^3$He-Kerne.

8 Michael Wiescher nennt George Gamow in einem äußerst lesenswerten Artikel über die Geschichte des Bethe-Weizsäcker-Zyklus den „Katalysator" zur Entdeckung des Zyklus. (In Physics in Perspective, 20 (2018) 124).

**Abb. 4.8:** (links) Hans Bethe war maßgeblich an der Entwicklung beider Zyklen zum stellaren Wasserstoffbrennen beteiligt. Seine hierbei gewonnene Expertise brachte er dann als Leiter der Theorieabteilung ins Manhattan-Projekt ein. Seine wissenschaftlich produktive Karriere spannte mehr als sieben Jahrzehnte. Zu Ehren seiner Beiträge zum Verständnis von Kollaps-Supernovae wird die hierfür typische Energieskala „Bethe" genannt. (rechts) Carl-Friedrich von Weizsäcker versuchte als einer der Ersten, Kernreaktionen als Energiequelle von Sternen mit der Entstehung der Elemente im Universum zu verknüpfen. Seine Idee der globalen Massenformel basierend auf dem Tröpfchenmodell wird noch heute, allerdings in erweiterter Form, verwendet. Nach dem Krieg wechselte von Weizsäcker zur Philosophie und Friedensforschung. Ab 1970 war er Direktor des Max-Planck-Instituts zur Erforschung der Lebensbedingungen der wissenschaftlich-technischen Welt.

Wasserstoffbrennens mit $^{12}$C als Katalysator wird zu Ehren seiner beiden unabhängigen Entdecker oft Bethe-Weizsäcker-Zyklus genannt, obwohl er im englischsprachigen Raum mehr als CNO-Zyklus bekannt ist. Wir werden nun kurz diskutieren, wie die beiden Zyklen des stellaren Wasserstoffbrennens funktionieren und welcher Zyklus unter welchen Bedingungen gewinnt.

Das Wasserstoffbrennen der pp-Kette beginnt mit der Fusion zweier Protonen, da dies die Reaktionspartner mit der niedrigsten Coulomb-Barriere und Protonen dank der primordialen Nukleosynthese die häufigsten Kerne sind. Wir erinnern noch einmal daran, dass es zu Beginn des hydrostatischen Brennens in Sternen keine freien Neutronen mehr gibt und dass die vom Urknall stammenden Deuteronen wegen ihrer kleinen Bindungsenergie in der Proto-Sternphase verbrannt wurden. Die Herausforderung für die p + p-Fusion ist, dass es keinen gebundenen Zustand des Zwei-Protonen-Systems gibt und der einzige gebundene Zwei-Nukleonen-Zustand das Deuteron ist. Um ein Deuteron als Endzustand in der p + p-Fusion zu erzeugen, muss ein Proton bei dem Prozess in ein Neutron umgewandelt werden. Dies geht von allen vier in der Natur vorkommenden fundamentalen Wechselwirkungen nur über die schwache Wechselwirkung. In dem heute akzeptierten Modell der schwachen Wechselwirkung erfolgt die Ladungsumwandlung auf der Ebene der Quarks,[9] durch den Austausch eines sogenann-

---

9 Protonen und Neutronen sind aus jeweils 3 Quarks aufgebaut.

ten $W$-Bosons. Dieses Teilchen, wie am CERN nachgewiesen, ist fast 100-mal schwerer als Protonen und Neutronen. Die Reichweite des $W$-Bosons beim Austausch zwischen Quarks ist somit viel kleiner als die Dimensionen von Kernen und Nukleonen. Fermi hatte deshalb in seinem Modell 1934 intuitiv richtig geraten, als er die schwache Wechselwirkung als „punktförmig" in seiner Reichweite ansah: Ein Proton wird am gleichen Ort durch ein Neutron ersetzt und dazu noch ein Positron und ein Neutrino erzeugt. Man macht also keinen gravierenden Fehler, wenn man die p + p-Fusion in ein Deuteron (symbolisiert durch p(p, $e^+v$)d) mithilfe des von Fermi entwickelten Modells berechnet. Allerdings muss man die von Gamow und Teller erweiterte Variante benutzen. Dies liegt daran, dass das Pauli-Prinzip verlangt, dass die beiden fusionierenden Protonen entgegengesetzt gerichtete Spins haben, sodass der Gesamtdrehimpuls des p + p-Systems durch die Quantenzahl $J = 0$ gegeben ist.[10] Die Eigenschaften des Deuterons sind gut bekannt. Insbesondere besitzt es die Quantenzahl $J = 1$ für den Gesamtdrehimpuls. Der Gesamtdrehimpuls aller Reaktionspartner vor und nach der Reaktion ist der Gleiche, dies fordert die Drehimpulserhaltung, die daraus erfolgt, dass die Reaktion nicht von der Richtung des Raums abhängen darf. Nun unterscheidet sich der Gesamtdrehimpuls des p + p-Systems von dem des Deuterons um eine Einheit. Dies muss somit durch den Gesamtdrehimpuls der beiden anderen Teilchen nach der Reaktion ausgeglichen werden: Das Positron und das Neutrino müssen somit einen Gesamtdrehimpuls mit der Quantenzahl 1 haben, um den zusammen mit dem Deuterondrehimpuls den vom p + p-System vorgegebenen Gesamtdrehimpuls $J = 0$ zu erreichen. Dies geht nur, wenn die Spins des Positrons und des Neutrinos parallel zueinander ausgerichtet sind. Somit wird die stellare p + p-Fusion durch den Gamow-Teller-Anteil der schwachen Wechselwirkung ermöglicht. Dies lässt sich recht einfach und, was besonders wichtig ist, ziemlich genau berechnen. Man geht heute davon aus, dass die p + p-Fusionsrate bei solaren Bedingungen mit einer Unsicherheit von etwa 1 % bekannt ist. Es ist auch absolut notwendig, dass man diese Rate gut berechnen kann, da eine Messung, auch nur in der Nähe der stellar wichtigen Energien, wegen des extrem kleinen Wirkungsquerschnitts bislang unerreichbar ist. Das Positron und das Neutrino garantieren nicht nur die Drehimpulsbalance bei der Reaktion, sie übernehmen auch die bei der Fusion freigesetzte Energie als Bewegungsenergie. Während das Positron sich in seiner Umgebung mit einem der vielen Elektronen vernichtet und dabei Strahlung erzeugt, verlässt das Neutrino den Stern fast ungehindert. Die vom Neutrino mitgeführte Energie geht dem Stern verloren und muss in der Energiebilanz abgezogen werden.

Im nächsten Schritt reagiert das bei der Fusion erzeugte Deuteron mit einem Proton und fusioniert zu $^3$He. Diese Reaktion wird durch die elektromagnetische Wechselwirkung vermittelt; ein Photon übernimmt die freigesetzte Energie und heizt den Stern

---

10 Die fusionierenden Protonen haben den Bahndrehimpuls $L = 0$, weil sonst zu der Coulomb-Barriere noch eine Zentrifugalbarriere addiert werden müsste, die die Tunnelwahrscheinlichkeit noch zusätzlich deutlich reduzieren würde,.

lokal auf. Es ist interessant, die Zeitskalen zu vergleichen, unter denen die beiden ersten Reaktionen der pp-Kette ablaufen. Da die p + p-Fusion über die schwache Wechselwirkung abläuft, ist die Fusionsrate sehr langsam. In der Tat dauert es im Mittel mehr als eine Milliarde Jahre, bis ein bestimmtes Proton mit einem anderen Proton unter Bedingungen im Zentrum der Sonne fusioniert. Ein Deuteron dagegen wird im Mittel in weniger als zwei Sekunden durch Fusion mit einem Proton in einen $^3$He-Kern umgewandelt. Der Unterschied in den Zeitskalen liegt in den so immens unterschiedlichen Stärken von elektromagnetischer und schwacher Wechselwirkung. Eine weitere Konsequenz der Zeitskalen ist, dass so gut wie keine Deuteronen im hydrostatischen Gleichgewicht der Sonne existieren: Hergestellt durch p + p-Fusion werden sie sofort in $^3$He transformiert. Die relative Häufigkeit von Deuteronen zu Protonen in der Region des solaren Wasserstoffbrennens ist ungefähr $1 : 10^{18}$, d. h., ein Deuteron kommt auf eine Milliarde Milliarde Protonen. Dies hat eine wichtige Konsequenz für den nächsten Schritt des pp-Brennens. Die naheliegendsten Schritte zur Vollendung der Fusion von 4 Protonen zum Endprodukt $^4$He wären die Fusion von zwei Deuteronen oder die Fusion von Deuteronen mit einem $^3$He-Kern. Die letzte Möglichkeit würde sogar über die starke Wechselwirkung ablaufen als d($^3$He, p)$^4$He-Reaktion, scheitert aber genauso wie die d + d-Fusion daran, dass es in der Sonne im Gleichgewicht keine (kaum) Deuteronen gibt![11]

Um die pp-Kette abzuschließen, reagieren zwei $^3$He-Kerne miteinander und produzieren, vermittelt über die starke Wechselwirkung, einen $^4$He-Kern und zwei wieder an den Wasserstoffvorrat des Sterns zurückgegebene Protonen. Damit ist die pp-Kette geschlossen. Abbildung 4.9 fasst die drei Stufen zusammen.

Der $^3$He-Kern kann alternativ allerdings auch mit einem $^4$He-Kern reagieren, der entweder von der primordialen Nukleosynthese stammt oder im Wasserstoffbrennen schon produziert worden ist (Abbildung 4.10). Die Fusion von $^3$He mit $^4$He läuft über die elektromagnetische Wechselwirkung ab und ist somit um etwa vier Größenordnungen gegenüber einer Reaktion vermittelt durch die starke Wechselwirkung unterdrückt (Abbildung 4.11). Auf der anderen Seite existiert $^3$He im Gleichgewicht deutlich weniger im Stern als $^4$He, was die Differenz in den Wirkungsquerschnitten fast wieder wettmacht. Es erfolgt also bei $^3$He eine Verzweigung der Fusionskette: Der dominante Teil (man nennt dies die ppI-Kette) fusioniert wie oben besprochen zu $^4$He, ein aber nicht zu vernachlässigender Teil fusioniert via $^3$He + $^4$He zum Kern $^7$Be, der wiederum ein Verzweigungspunkt ist. Mit großer Wahrscheinlichkeit fängt $^7$Be ein Elektron aus dem stellaren Plasma ein, wird so bei Aussendung eines Neutrinos zu $^7$Li. Dieser Kern hat einen hohen Wirkungsquerschnitt, durch Protoneneinfang in zwei $^4$He-Kerne zu zerfallen und so die ppII-Kette zu schließen. (Es sei daran erinnert, dass der Summenkern von $^7$Li + p $^8$Be ist, welcher nicht stabil ist und sofort in zwei $^4$He-Kerne zerfällt.) Auch

---

**11** Die d($^3$He, p)$^4$He-Reaktion wird wie die verwandte Reaktion d($^3$H, n)$^4$He als möglicher Brennstoff von Fusionsreaktoren benutzt, wobei in terrestrischen Anlagen die Deuteronen nicht durch die p + p-Fusion zunächst hergestellt werden, sondern dem Reaktorplasma schon beigegeben werden.

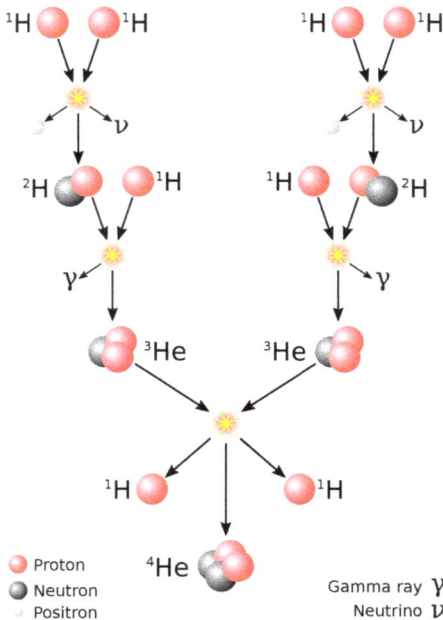

**Abb. 4.9:** In der ppI-Kette des Wasserstoffbrennens werden vier Protonen zu einem $^4$He-Kern verschmolzen. Im ersten Schritt der Kette fusionieren zwei Protonen zu einem Deuteron, vermittelt durch die schwache Wechselwirkung. Hierbei wird eines der Protonen in ein Neutron verwandelt und zur Balance von Ladung und Leptonenzahl ein Positron und ein Neutrino erzeugt.

im Labor zerfällt $^7$Be durch Elektroneneinfang, allerdings kann es hier gebundene Elektronen aus den atomaren Schalen einfangen. Dies ist wahrscheinlicher als im stellaren Plasma, wo die Elektronen ungebunden sind und im Mittel weiter vom Kern entfernt sind als im Atom. Deshalb verlängert sich die $^7$Be-Lebensdauer auf 118 Tage in der Sonne, im Vergleich zu 77 Tagen im Labor.

Mit sehr geringer Wahrscheinlichkeit, verursacht durch die Coulomb-Barriere, kann der $^7$Be-Kern auch ein Proton einfangen und sich zu $^8$B umwandeln, was sich mit einer Lebensdauer von etwas mehr als einer Sekunde durch Beta-Zerfall in zwei $^4$He-Kerne, ein Positron und ein Neutrino umwandelt und so die pp-III-Kette schließt. Abbildung 4.10 fasst die drei Zweige des stellaren Wasserstoffbrennens durch die pp-Ketten zusammen. Als Beispiele für die Fortschritte, die in Untergrundlaboren wie LUNA erzielt wurden, zeigt die Abbildung 4.11 die Wirkungsquerschnitte (als astrophysikalische S-Faktoren) der beiden $^3$He-Reaktionen, durch die die solaren pp-Ketten verzweigen.

Offensichtlich müssen bei der Fusion von vier Protonen zu einem $^4$He-Kern zwei Protonen durch Reaktionen, vermittelt über die schwache Wechselwirkung, in Neutronen umgewandelt werden. In jeder der drei pp-Ketten tritt zu Beginn eine p + p-Fusionsreaktion auf, die zweite Reaktion ist in den unterschiedlichen Ketten verschieden. In der ppI-Kette ist dies eine weitere p + p-Fusion, in der ppII-Kette der Elektroneneinfang am

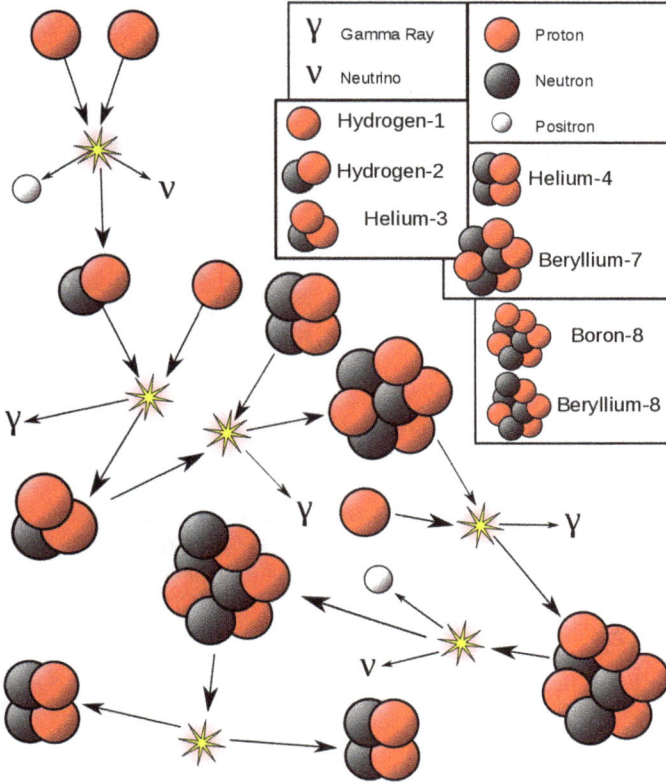

**Abb. 4.10:** Falls genügend $^3$He und $^4$He produziert sind, können die beiden Kerne miteinander fusionieren. Dies führt zu einer Verzweigung der Ketten bei $^3$He und dann noch einmal bei $^7$Be und definiert die ppII- und ppIII-Ketten, in denen auch als Gesamtbilanz vier Protonen zu einem $^4$He-Kern verschmelzen.

$^7$Be-Kern und schließlich in der ppIII-Kette der Beta-Zerfall von $^8$B. In diesen drei Reaktionen ist die Energie, die die Neutrinos dem Stern entführen, unterschiedlich, sodass auch die Gesamtenergieausbeute in den drei Ketten verschieden ist. Ohne den Verlust durch Neutrinos werden bei jeder Umwandlung der Protonen in $^4$He aus dem Massenunterschied eine Energie von 26,7 MeV freigesetzt. Der Neutrinoverlust in den ppI- und ppII-Ketten (0,52 MeV bzw. 1,06 MeV) ist recht klein, beim Beta-Zerfall von $^8$B können allerdings Neutrinos bis zu einer Energie von 14 MeV auftreten; im Mittel ist der Verlust 7,2 MeV. Da die ppIII-Kette so selten auftritt, hat dies keine Konsequenzen für die Energiebilanz der Sonne. Da hochenergetische Neutrinos leichter zu beobachten sind als die niederenergetischen, spielen die $^8$B-Neutrinos allerdings eine wichtige Rolle bei dem Nachweis der solaren Neutrinos. Hierauf kommen wir im nächsten Unterkapitel zurück.

Falls der Stern von früheren Sterngenerationen eine ausreichende Menge des Kohlenstoffisotops $^{12}$C geerbt hat, so kann dieser Kern als Katalysator für die Fusion von Wasserstoff in Helium durch den Bethe-Weizsäcker-Zyklus dienen. Dieser Zyklus ist eine

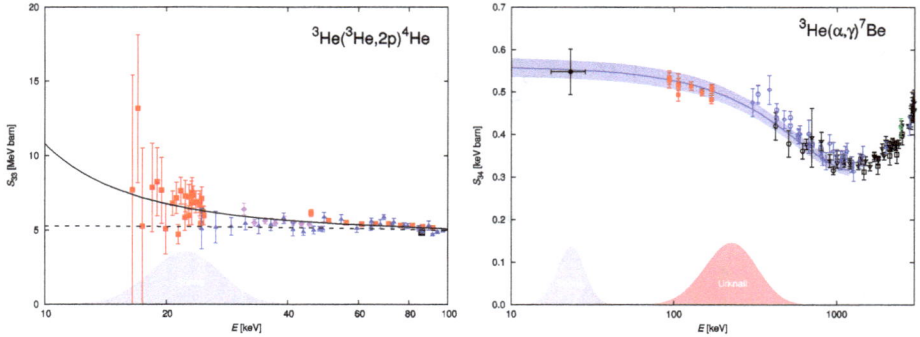

**Abb. 4.11:** Der $^3$He-Kern kann in der Sonne sowohl mit einem anderen $^3$He- wie auch mit einem $^4$He-Kern verschmelzen. Das Verzweigungsverhältnis hängt von der relativen Grösse der Wirkungsquerschnitte zwischen den $^3$He($^3$He, 2p)$^4$He- (links) und $^3$He($^4$He, $\gamma$)$^7$Be-Reaktionen (rechts) bei solaren Energien ab. Der Energiebereich des Gamow-Fensters, in dem die beiden Reaktionen in der Sonne am effektivsten brennen, ist blaufarbig angedeutet. Zum Vergleich gibt der rosafarbige Bereich die Energien an, an denen die $^3$He + $^4$He-Fusion im Urknall ablief. Der Wirkungsquerschnitt ist durch den sogenannten astrophysikalischen S-Faktor dargestellt, in dem die bekannten Energieabhängigkeiten des Wirkungsquerschnitts, vor allem die Tunnelwahrscheinlichkeit durch die Coulomb-Barriere, herausgerechnet wurden. Der S-Faktor ist deshalb eine Größe, die nur leicht mit der Energie variiert und deshalb akkurater zu niedrigen Energien extrapoliert werden kann. Unterschiedliche experimentelle Daten sind mit verschiedenen Symbolen gekennzeichnet. Die roten Punkten entsprechen Daten, die von der LUNA-Kollaboration im Gran-Sasso-Tunnel gemessen wurden. Für die $^3$He($^3$He, 2p)$^4$He-Reaktion konnten die Wirkungsquerschnitte bei den Energien des Gamow-Fensters im Experiment gemessen werden. Dies ist für die $^3$He($^4$He, $\gamma$)$^7$Be-Reaktion noch nicht ganz erreicht. Die LUNA-Daten sind aber schon nahe an das Gamow-Fenster herangekommen, was die Genauigkeit der notwendigen Extrapolation deutlich verbessert hat. Bei der $^3$He + $^3$He-Reaktion gibt die durchgezogene Kurve den Verlauf der im LUNA-Experiment gemessenen Daten an. Diese enthalten Abschirmungseffekte durch die Elektronen im Target und Projektil. Um den Wirkungsquerschnitt für solare Modelle zur Verfügung zu stellen, müssen diese Effekte herausgerechnet werden. Dies führt zu der gestrichelten Kurve.

Sequenz von Protoneneinfangreaktionen, in denen ein Kern seine Ladungs- und Massenzahl um jeweils eine Einheit erhöht, und von Beta-Zerfällen, in denen ein Proton in ein Neutron umgewandelt wird (siehe Abbildung 4.12). Ausgehend von $^{12}$C, wird im ersten Schritt des Zyklus ein Proton aus dem Wasserstoffvorrat des Sterns eingefangen und der Kern wandelt sich in $^{13}$N um. Das Stickstoffisotop $^{13}$N ist ein nicht-stabiler Kern, der mit einer Lebensdauer von etwas mehr als 14 Minuten unter Aussendung eines Positrons und Neutrinos in $^{13}$C zerfällt.[12] Die nächsten beiden Schritte des Zyklus sind wieder Protoneneinfänge, wobei zunächst durch $^{13}$C + p-Fusion $^{14}$N gebildet wird, und danach durch $^{14}$N + p das instabile Sauerstoffisotop $^{15}$O. Dieses zerfällt mit

---

12 Lebensdauer und Halbwertszeit sind äquivalente Wege, einen Zerfall zu charakterisieren. Halbwertszeit $t_{1/2}$ definiert die Zeit, nachdem nur noch die Hälfte des radioaktiven Materials vorhanden ist; Lebensdauer $\tau$ entspricht der Zeit, nach der noch der 1/e-te Teil des Materials vorhanden ist. Es besteht somit der Zusammenhang $t_{1/2} = \ln 2 \ \tau \approx 0{,}693\tau$.

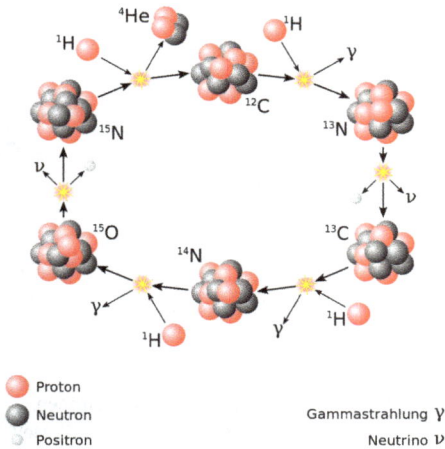

○ Proton
● Neutron　　　　Gammastrahlung $\gamma$
○ Positron　　　　　　Neutrino $\nu$

**Abb. 4.12:** Falls genügend $^{12}$C in einem Stern vorhanden ist, kann dieser Kern als Katalysator für die Fusion von vier Protonen zu einem $^4$He-Kern dienen. Man nennt dies den Bethe-Weizsäcker-Zyklus oder, nach den beteiligten Elementen, den CNO-Zyklus. Durch die beiden Beta-Zerfälle von $^{13}$N und $^{15}$O werden Protonen in Neutronen umgewandelt und dabei Neutrinos gebildet.

einer Lebensdauer von fast drei Minuten in $^{15}$N, wobei wieder ein Positron und ein Neutrino erzeugt werden. Im letzten Schritt fusioniert das Stickstoffisotop $^{15}$N mit einem Proton und wandelt sich dabei, vermittelt durch die starke Wechselwirkung, in zwei andere Kerne, $^4$He und $^{12}$C, um (siehe Abbildung 4.13). Die Energie, die bei den Proton-Fusionsreaktionen gewonnen wird, wird entweder durch Photonen freigesetzt oder im letzten Schritt in kinetische Energie der $^4$He- und $^{12}$C-Fragmente umgewandelt. In Summe werden im Bethe-Weizsäcker-Zyklus – nach den beteiligten Elementen oft auch CNO-Zyklus genannt – wieder vier Protonen zu $^4$He verschmolzen, wobei wie in den pp-Ketten aus der Massendifferenz pro Zyklus eine Energie von $Q = 26{,}7$ MeV gewonnen wird. Der Verlust durch die beiden in den involvierten Beta-Zerfällen produzierten Neutrinos beträgt 1,67 MeV. Damit ist die Gesamtenergiebilanz etwas schlechter als in den ppI- und ppII-Ketten, aber besser als in der ppIII-Kette.

Vergleicht man den CNO-Zyklus mit den pp-Ketten, so ist dieser in seiner Reaktionsrate nicht über die schwache Wechselwirkung limitiert, sondern über die Höhe der Coulomb-Barrieren der Fusionsreaktionen. In der Tat laufen die beiden Beta-Zerfälle sehr schnell ab. Um die langsamste Reaktion des CNO-Zyklus zu bestimmen, muss man zunächst berücksichtigen, dass Kohlenstoff mit der Ladungszahl $Z = 6$ gegenüber Stickstoff mit $Z = 7$ die kleinere Coulomb-Barriere für die Fusion mit Protonen hat. Die Protoneneinfänge an $^{12}$C und $^{13}$C sind unter gleichen stellaren Bedingungen schneller als die an Stickstoff. Nun muss man ferner in Betracht ziehen, dass die p + $^{14}$N-Fusion über die elektromagnetische Wechselwirkung verläuft, während die p + $^{15}$N-Fusion von der starken Wechselwirkung vermittelt wird, die im Allgemeinen eine etwa drei Größenordnungen höhere Reaktionswahrscheinlichkeit hat, sodass man zu dem Schluss

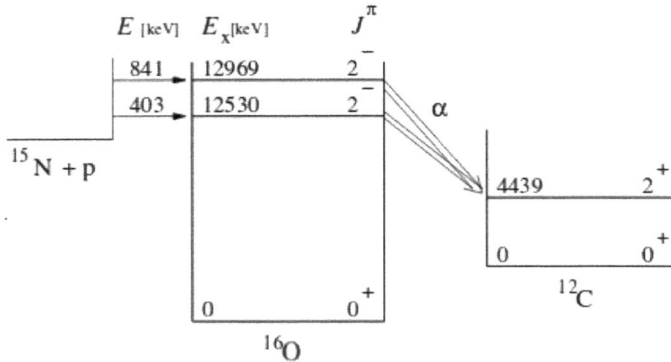

**Abb. 4.13:** Relatives Energieschema für unterschiedliche Kombination von 8 Protonen und 8 Neutronen. Die größte Bindung wird im Grundzustand von $^{16}$O erreicht. Bei einer Anregungsenergie von $E = 7{,}16$ MeV öffnet sich der $^4$He + $^{12}$C-Kanal, d. h. für höhere Energien ist ein Zerfall in diese Fragmentierung möglich. Bei noch höheren Energien mit einer Schwelle bei $E > 12{,}1$ MeV wird auch ein Zerfall in die Fragmente p + $^{15}$N möglich. Fusioniert ein $^{15}$N-Kern mit einem Proton, so hat das Gesamtsystem mindestens diese Schwellenenergie; dazu kommt noch die Relativenergie der beiden Fusionspartner, die in Sternen einige 10 keV beträgt. Die Gesamtenergie ist größer als die Schwellenenergie des $^4$He + $^{12}$C-Systems, aber auch deutlich höher als die Grundzustandsenergie von $^{16}$O. Damit ist bei der p + $^{15}$N-Fusion sowohl ein Übergang in die $^4$He + $^{12}$C-Fragmentierung über die starke Wechselwirkung als auch über die elektromagnetische Wechselwirkung in den $^{16}$O-Grundzustand möglich. Der elektromagnetische Übergang kann auch durch eine Kaskade von Photonen erfolgen, die über angeregte Zustände im $^{16}$O-Kern (nicht eingezeichnet) führen. Wegen der größeren Kopplungsstärke der starken im Vergleich zur elektromagnetischen Wechselwirkung ist der Wirkungsquerschnitt für die $^{15}$N(p, $\alpha$)$^{12}$C-Reaktion deutlich größer als für die $^{15}$N(p, $\gamma$)$^{16}$O-Konkurrenzreaktion.

kommt, dass die p + $^{14}$N-Reaktion der Flaschenhals, d. h. die langsamste Reaktion, des CNO-Zyklus ist. Die Lebensdauer eines $^{14}$N-Kerns gegenüber Umwandlung durch Fusion mit einem Proton in der Sonne ist etwa 300 Millionen Jahre, also kürzer als die eines Protons gegenüber Fusion mit einem anderen Proton.

Der Clou des Bethe-Weizsäcker-Zyklus ist, dass der $^{12}$C-Kern am Ende des Zyklus durch die (p, $\alpha$)-Reaktion an $^{15}$N wieder hergestellt wird. Dieser Kern wird durch den Zyklus nicht verbraucht, was nicht ganz stimmt, denn dadurch dass die p + $^{14}$N-Reaktion die deutlich langsamste Reaktion ist, kommt der Materiefluss im CNO-Zyklus bei dieser Reaktion zu einem temporären Halt. Es wird also durch die Operation des CNO-Zyklus Material von $^{12}$C zu $^{14}$N verschoben, was dort darauf wartet, den Flaschenhals der p + $^{14}$N-Reaktion zu überwinden. Eine solche Verschiebung von Material durch die Arbeit des CNO-Zyklus muss in Sternenmodellen berücksichtigt werden. Auch die Sonne hat nun weniger $^{12}$C, aber mehr $^{14}$N als bei ihrer Geburt. Ein weiterer interessanter Punkt ist, dass die Abschlussreaktion des CNO-Zyklus im Wettbewerb mit der elektromagnetischen $^{15}$N(p, $\gamma$)$^{16}$O-Reaktion steht. Dies ist immer der Fall, wenn die starke Wechselwirkung einen Transfer von Nukleonen zwischen zwei Fragmenten ermöglicht und der Grundzustand des kombinierten Kerns energetisch günstiger ist (siehe Abbildung 4.13).

Die elektromagnetische Wechselwirkung hat zwar eine deutlich kleinere Kopplungs-stärke als die starke Wechselwirkung, was dazu führt, dass der Wirkungsquerschnitt für die (p, $\alpha$)-Reaktion bei stellaren Energien etwa um drei Größenordnungen größer ist als für die (p, $\gamma$)-Konkurrenz, aber in etwa jedem Tausendsten Zyklus wird die CNO-Kette durch die Bildung des Sauerstoffisotops $^{16}$O abgeschlossen. Dieser Verlust schwächt die Effizienz des CNO-Zyklus. Zwar kann auch $^{16}$O als Katalysator für die Wasserstofffusion zu Helium agieren, allerdings sind die in einem solchen Zyklus auftretenden Coulomb-Barrieren größer als für den CNO-Zyklus, sodass $^{16}$O als Katalysator gegenüber $^{12}$C bei stellaren Energien weniger nützlich ist. Dies gilt in noch stärkerem Masse für die Kerne $^{20}$Ne oder $^{24}$Mg, die ebenfalls die Rolle des Katalysators übernehmen können. Solche „hö-heren" Wasserstoffbrennzyklen an schwereren Kernen treten in astrophysikalischen Szenarien mit deutlich höheren Temperaturen auf, wie wir im späteren Kapitel 6 sehen werden. Alle Katalysatoren haben die Eigenschaft gemeinsam, dass sie eine gerade und identische Zahl von Protonen und Neutronen haben, sie also als ein Vielfaches von Al-phateilchen verstanden werden können. Hier zeigt sich wieder die besondere Rolle, die der $^4$He-Kern durch seine besondere Bindungsenergie unter den leichten Kernen spielt.

Welche der beiden Möglichkeiten, Wasserstoff in Sternen zu Helium zu verbrennen, ist dann die Wichtigere? Das salomonische Urteil heißt: Beide, allerdings unter unter-schiedlichen Bedingungen. Hierzu betrachte man Sterne unterschiedlicher Masse, die ihre Stabilität durch das Wasserstoffbrennen im Inneren erreichen. Offensichtlich ver-langt eine größere Masse, dass mehr Gegendruck gebraucht wird, um die gestiegene gravitative Selbstanziehung zu kompensieren. Um dies zu erreichen, muss der Stern die Energieausbeute durch das Wasserstoffbrennen steigern. Dies wird dadurch erreicht, dass sich das Gleichgewicht bei einer etwas erhöhten Dichte und Temperatur einstellt. Mit dem Anstieg der Dichte ist auch eine Erhöhung der Teilchenzahldichten der beiden Partner in den Fusionsreaktionen und damit ein Anstieg der Fusionsrate und Ener-gieausbeute verbunden. Der Trick liegt aber im Anwachsen der Temperatur! Wie in der Tabelle 4.1 exemplarisch gezeigt, ist die Energieausbeute von Fusionsreaktionen bei stellaren Energien, verursacht durch die exponentielle Abhängigkeit der Tunnel-wahrscheinlichkeit von der Energie der Reaktionspartner, extrem temperaturabhängig. Insbesondere wird diese Abhängigkeit umso größer, je größer das Produkt der Ladungs-zahlen der Reaktionspartner ist: Die Energieausbeute der p + $^{14}$N-Reaktion, die als lang-samste Reaktion die Energiebilanz des CNO-Zyklus bestimmt, ist deutlich steiler als für die p + p-Fusionsreaktion, der langsamsten Reaktion der pp-Ketten. Dies sieht man deut-lich in Abbildung 4.14, die die Energieausbeute der pp-Ketten und des CNO-Zyklus als Funktion der stellaren Temperatur zeigt. Bei solaren Bedingungen (Temperatur $T = 15,7$ Millionen Kelvin) dominieren die pp-Ketten, ebenso bei allen Sternen mit geringerer Masse als die der Sonne. Bei einer etwas höheren Temperatur von $T = 20$ Millionen Kel-vin werden die Energieausbeuten der beiden Zyklen gleich. Diese Temperatur wird im hydrostatischen Gleichgewicht bei Sternen mit etwa dem 1,5-fachen der Sonnenmasse erreicht. Bei noch massereicheren Sternen dominiert der CNO-Zyklus die Energieaus-beute. Natürlich setzt der CNO-Zyklus voraus, dass ein genügender Vorrat an $^{12}$C-Kernen

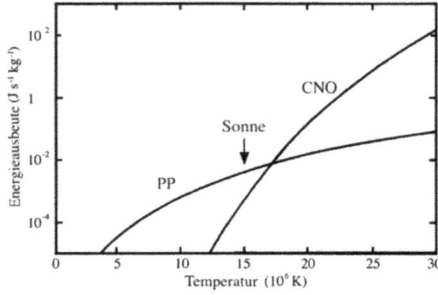

**Abb. 4.14:** Energieausbeute durch die beiden stellaren Wasserstoffbrennzyklen. Bei niedrigen Temperaturen dominieren die pp-Ketten, während bei höheren Temperaturen der CNO-Zyklus eine grössere Energieausbeute bringt. Die Sonne hat im Inneren eine Temperatur von 15,7 Millionen Kelvin, bei der noch die pp-Ketten die dominanten Energiequellen sind. Der Übergang zum CNO-Zyklus erfolgt bei Sternen mit Massen größer als etwa 1,5 Solarmassen.

vorhanden ist. Wie wir gleich sehen werden, war dies in den ersten Sternen, die sich aus dem Gemisch der primordialen Nukleosynthese bildeten, ein Problem.

Die Notwendigkeit, Wasserstoff im Gleichgewicht schneller zu verbrennen, schlägt sich auch in der Zeitdauer nieder, für die ein Stern einen genügenden Wasserstoffvorrat hat, um das Gleichgewicht durch Wasserstoffbrennen zu gewährleisten. Die Faustregel ist, je massereicher ein Stern, desto höher ist die Temperatur, bei der er Wasserstoff verbrennt, und desto schneller verbraucht er diesen aber auch – obwohl er dank der größeren Masse mehr davon hat. Die Tabelle 4.2 gibt Abschätzungen für die Dauer des Wasserstoffbrennens als Funktion der Geburtsmasse des Sterns. Man findet die schon

**Tab. 4.2:** Die Lebensdauer für das stellare Wasserstoffbrennen hängt sehr stark von der Masse eines Sterns ab. Für Sterne mit Massen kleiner als 0,5 $M_\odot$ dauert das Wasserstoffbrennen im Schnitt länger als das Alter des Universums. In Sternen mit Massen $M < 1,5\,M_\odot$ dominieren die pp-Ketten das Wasserstoffbrennen, für massereichere Sterne der CNO-Zyklus. Alle Sterne verbringen den größten Teil ihres Lebens im hydrostatischen Gleichgewicht stabilisiert durch Wasserstoffbrennen in ihrem Inneren.

| Sternmasse [$M_\odot$] | Zeitskala [y] |
|---|---|
| 0,4 | $2 \times 10^{11}$ |
| 0,8 | $1,4 \times 10^{10}$ |
| 1,0 | $1 \times 10^{10}$ |
| 1,1 | $9 \times 10^{9}$ |
| 1,7 | $2,7 \times 10^{9}$ |
| 3,0 | $2,2 \times 10^{8}$ |
| 5,0 | $6 \times 10^{7}$ |
| 9,0 | $2 \times 10^{7}$ |
| 16,0 | $1 \times 10^{7}$ |
| 25,0 | $7 \times 10^{6}$ |
| 40,0 | $1 \times 10^{6}$ |

angedeutete starke Abhängigkeit zwischen Lebensdauer und Masse eines Sterns, wobei schon vorweggenommen wird, dass Wasserstoffbrennen die mit Abstand längste Phase des stellaren Lebens ist. Die Sonne hat etwa die Hälfte der Zeit erreicht, die ihr für das Wasserstoffbrennen zur Verfügung steht. Ein Stern, der die 25-fache Masse der Sonne hat, lebt deutlich kürzer. Sein Wasserstoffvorrat reicht nur für weniger als 10 Millionen Jahre. Dies ist kurz im Vergleich zum Alter des Universums. Sterne dieser Masse können also schon mehrere Lebenszyklen in unserem Universum durchgemacht haben. Massereiche Sterne sind deshalb die Hauptproduzenten der schweren Elemente im Universum, aber dazu mehr später.

Letztendlich gehen auch masseärmere Sterne, die über ihre lange Lebensdauer ihren Energieverbrauch durch Wasserstoffbrennen mithilfe der pp-Ketten decken, zum CNO-Zyklus über. Dies liegt daran, dass sich durch den steten Verbrauch der Wasserstoffanteil in der inneren Brennzone verringert, während sich der Anteil von $^4$He als Asche des Brennens erhöht. Die Verringerung der Wasserstoffteilchenzahldichte wird durch Erhöhung der Temperatur kompensiert, was aber auch, wie aus Abbildung 4.14 klar wird, den relativen Anteil des CNO-Zyklus an der Energieausbeute steigert. Dies ist ein gradueller Prozess, der schließlich dazu führt, dass der CNO-Zyklus das Wasserstoffbrennen dominiert.

## 4.4 ...und immer wieder geht die Sonne auf

Unsere Existenz verdanken wir der Sonne, die gerade die für das Leben notwendigen Bedingungen auf einem ihrer Planeten, der Erde, schafft. Die Sonne hat uns geformt, wir haben uns ihr angepasst. Es ist kein Zufall, dass unsere Augen gerade für die Lichtfrequenzen optimiert sind, die die Sonne ausstrahlt, obwohl dies in unserer Entwicklungsgeschichte durch viele zufällige Mutationen realisiert worden ist. Die Sonne bestimmt unseren Tages- und Jahresrhythmus (Abbildung 4.15). Dies erkannten die Menschen schon in frühen Kulturen, und da sie dieses mystische immer wiederkehrende Ereignis am Himmel weder in seiner Ursache verstanden, noch beeinflussen konnten, haben sie es in ihren Kulten erhöht, um es durch Verehrung gütig stimmen und eben so doch beeinflussen zu können. So hatten die Hochkulturen ihre eigenen Sonnengottheiten: zum Beispiel Ra bei den Ägyptern, Inti in der Inka-Kultur, Mithras bei den Persern oder Arinna bei den Hethitern. Oft wurde die tägliche Bahn der Sonne entlang des Himmels mit Gefährten der Gottheiten verbunden und dadurch erklärt, dass sie sich mit Pferdewagen oder Barken bewegen. Auch auf der Sonnenscheibe von Nebra wird ein Symbol mit einer solchen Sonnenbarke identifiziert. Natürlich hat die Sonne auch die Künste wie kaum ein zweites Thema – von der Liebe wohl abgesehen – befruchtet und zu unsterblichen Meisterwerken geführt, sei es das von van Gogh eingefangene warme Sonnenlicht in vielen seiner Bilder aus Südfrankreich oder wie Mozart die Strahlen der Sonne die Nacht in der Zauberflöte vertreiben lässt. Und es ist wohl unbestreitbar, dass es romantischer klingt, wenn Goethe die Sonne in alter Weise in Brudersphären Wett-

**Abb. 4.15:** Der Sonnenrhythmus beeinflusst unser tägliches Leben. Trotzdem üben Sonnenauf- und -untergänge eine große Faszination aus. (links) Sonnenaufgang über den Wolken von Niedersachsen auf einem Dezemberflug nach Hamburg. (rechts) Sonnenuntergang an einem Februartag über der namibischen Wüste.

gesang klingen lässt, als wenn man sie – wissenschaftlich korrekt und nüchtern – als eine gigantische Kugel aus Gas bezeichnet, wie dies in einem Internet-Steckbrief der Sonne geschieht. Allerdings haben die wissenschaftliche Durchdringung des Mysteriums „Sonne" unzweifelhaft auch ihre positiven Seiten für uns, da es mit immer tieferem Verständnis der von der Sonne beeinflussten Phänomene gelingt, unsere Existenz optimal an die lebensspendende Quelle anzupassen, sei dies in der Energiegewinnung, der Erzeugung von Lebensmitteln oder unserer Gesundheit.

Die Sonne mag ein Durchschnittsstern sein, einer von 100 Milliarden in einer von 100 Milliarden Galaxien. Trotzdem ist es „unser Stern", von dem wir viel mehr wissen als von allen anderen Sternen des Universums und bei dem es gelungen ist, mit kunstvollen Methoden das Sterninnere experimentell zu untersuchen. Dies wollen wir im Folgenden etwas beleuchten. Aber vorher stellen wir noch einen kurzen Steckbrief unseres Sterns zusammen.

Die Sonne ist 4,57 Milliarden Jahre alt und entstand als gemeinsames System zusammen mit ihren Planeten, deren Zahl sich allerdings nach willkürlichen Definitionen von wissenschaftlichen Fachorganisationen manchmal ändert. Ihr mittlerer Abstand zu unserem Planeten, der Erde, ist 149,6 Millionen Kilometer, definiert als eine astronomische Einheit (abgekürzt A. U.). Das Licht braucht für diese Strecke fast 8 Minuten und 20 Sekunden. Auf ihrer Ellipsenbahn um die Sonne kommt die Erde der Sonne im Perihel um den 3. Januar etwa 2,5 Millionen Kilometer näher; ein halbes Jahr später im Aphel ist der Abstand 2,5 Millionen Kilometer größer als der mittlere Abstand. Der Radius der Sonne beträgt ungefähr $R_\odot = 696\,342$ km, also etwas mehr als das Hundertfache des Erdradius. Die Masse der Sonne ist fast $M_\odot = 1,99 \cdot 10^{30}$ kg. Nimmt man an, dass diese von Protonen (mit einer Masse von $1,67 \cdot 10^{-27}$ kg) gebildet wird, so befinden sich etwas mehr als $10^{57}$

Protonen in der Sonne; bezogen auf das Weltall ist die Anzahl der Protonen dann um den Faktor $10^{22}$ größer.

Die Sonne hat eine Leuchtstärke von $3,83 \cdot 10^{33}$ erg/s oder $3,83 \cdot 10^{26}$ W. Sie erzeugt die hierzu notwendige Energie durch Kernfusion im Zentrum, wobei dies zu mehr als 99 % durch die pp-Ketten geschieht. Der Anteil des CNO-Zyklus wurde kürzlich durch eine verbesserte Messung des Wirkungsquerschnitts der entscheidenden $p + {}^{14}N$-Reaktion, ausgeführt im Gran-Sasso-Undergrundlabor LUNA, nach unten korrigiert. Allerdings ist die Aussage, wie viel Energie über welche Wasserstoffbrennkette erzeugt wird, keine fundamentale, sondern eine modellabhängige Aussage, getätigt auf der Basis von sogenannten Sonnenmodellen. Bei einem solchen Modell handelt es sich um eine Lösung der grundlegenden Gleichungen des stellaren hydrostatischen Gleichgewichts, sodass sich nach einer Entwicklung über 4,57 Milliarden Jahren ein Stern von einer Solarmasse mit einem Radius von ungefähr 696 000 km und einer Leuchtstärke von etwa $L_\odot = 3,83 \cdot 10^{33}$ erg/s ergibt. Sonnenmodelle sind nicht eindeutig, weil sie Annahmen über bestimmte physikalische Größen wie die Wirkungsquerschnitte der Kernreaktionen, die Opazitäten für den Strahlungstransport, die Konvektion oder die Zustandsgleichung machen müssen. Unsere Kenntnisse über diese Größen wurden mit der Zeit verbessert, sodass sich die Sonnenmodelle auch weiterentwickelt haben. Dabei haben die Sonnenmodelle eine gewisse Reife erreicht und variieren nur recht geringfügig bei Änderungen der physikalischen Eingabeannahmen, sodass man ihre Aussagen im Detail studieren kann. Sie sind in den letzten Jahren auch durch unabhängige Messungen, die sensitiv zu Vorgängen im Sonneninneren sind, getestet worden, und sie haben diese Tests gut bestanden. Bevor wir auf diese Tests eingehen, wollen wir kurz noch einige Vorhersagen der Modelle vorstellen.

Abbildung 4.16 zeigt die Temperatur- und Dichteprofile, wie sie in den Sonnenmodellen vorhergesagt werden. Beide Größen nehmen von der Oberfläche zum Sonnenzentrum kontinuierlich zu. Beide Größen zeigen eine auffällige Änderung, die bei einem Radius von etwa 30 % des Sonnenradius auftritt. Die Temperatur zeigt einen deutlich

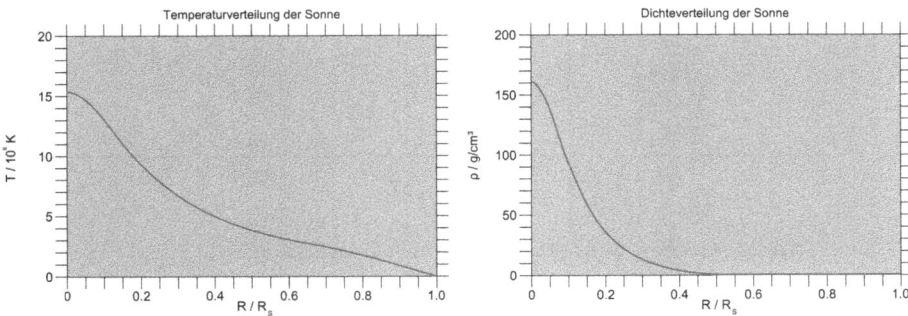

**Abb. 4.16:** (links) Temperatur- und (rechts) Dichtequerschnitt durch die Sonne, wie vom Sonnenmodell vorhergesagt. Bis zum Radius 0,3 $R_\odot$ reicht das Gebiet, in dem die Sonne Wasserstoff zu Helium verbrennt. In diesem Bereich steigen die Temperatur und die Dichte stark an.

größeren Anstiegsgradienten bei kleineren Radien; noch deutlicher ist der Unterschied im Dichteprofil zu beobachten. Die Ursache für die Knicke, die man in den Profilen bei diesem Radius von ungefähr 30 % $R_\odot$ sieht, liegt daran, dass in dem Bereich bis zu diesem Radius das Wasserstoffbrennen in der Sonne stattfindet. Der äußere Bereich ist für Kernreaktionen zu kühl.

Die Sonnenmodelle entwickeln den Stern vom Beginn des hydrostatischen Gleichgewichts, ermöglicht durch das Zünden des nuklearen Wasserstoffbrennens, bis zur heutigen Sonne. Dabei haben sich die Eigenschaften des Sterns verändert, wie die Tabelle 4.3 durch Schnappschüsse von ausgewählten Eigenschaften zu bestimmten Zeiten zeigt. Die Änderungen sind hauptsächlich durch die Zeitabhängigkeit der Raten der nuklearen Brennreaktionen verursacht. Um die ppII- und ppIII-Ketten in Schwung zu bekommen, musste erst genügend $^3$He durch die ppI-Kette produziert werden. Man sieht dies in dem drastischen Anstieg des $^8$B-Neutrinoflusses, der zum einen durch stärkere Verzweigung in die ppIII-Kette hervorgerufen wurde, aber zum bedeutenderen Teil eine Konsequenz der Erhöhung der Temperatur im Sonnenzentrum ist. Die Erhöhung der Temperatur im Zentrum führte auch zu einer gesteigerten Leuchtkraft, was zu einer Erhöhung der Oberflächentemperatur und einem Anwachsen des Sterns führte. Dabei spielte auch das Anwachsen der Opazitäten, hervorgerufen durch eine Verschiebung der Elementenhäufigkeiten von $^{12}$C zu $^{14}$N durch Operation des CNO-Zyklus, eine Rolle.

**Tab. 4.3:** Entwicklung einiger Eigenschaften der Sonne seit ihrer Geburt, nach Aussagen der Sonnenmodelle. Der Fluss an $^8$B-Neutrinos vergrößerte sich stark mit dem Alter der Sonne, weil zunächst $^3$He und dann $^7$Be in genügender Menge produziert werden musste.

| Alter | Leuchtstärke | Temperatur auf der Oberfläche | Radius | Temperatur im Zentrum | Fluss von $^8$B-Neutrinos |
|---:|---:|---:|---:|---:|---:|
| [$10^9$ Jahre] | [$L_\odot$] | [K] | [$R_\odot$] | [$10^7$ K] | [$10^6$ cm$^{-2}$ s$^{-1}$] |
| 0,00 | 0,7095 | 5625 | 0,89 | 1,34 | 0,14 |
| 0,06 | 0,7198 | 5642 | 0,89 | 1,34 | 0,14 |
| 0,28 | 0,7339 | 5655 | 0,89 | 1,35 | 0,17 |
| 0,50 | 0,7457 | 5660 | 0,90 | 1,36 | 0,21 |
| 1,50 | 0,7955 | 5688 | 0,92 | 1,40 | 0,45 |
| 2,50 | 0,8517 | 5718 | 0,94 | 1,44 | 0,98 |
| 3,50 | 0,9163 | 5745 | 0,97 | 1,49 | 2,24 |
| 4,56 | 1,0000 | 5772 | 1,00 | 1,56 | 5,75 |

### 4.4.1 Botschafter aus dem Sonneninneren – solare Neutrinos

Am 11. August 1967 schrieb Raymond Davis Jr., Mitarbeiter am Brookhaven National Laboratory, einen Brief an Willy Fowler, den Vater oder Großvater von Generationen von nuklearen Astrophysikern. In diesem Brief berichtete Ray Davis, dass er zwar in seinem großen Untergrundtank Neutrinos beobachtet habe, die Beobachtungsrate allerdings mit Hintergrundereignissen übereinstimmt und bislang keinen Schluss auf den Nachweis von Neutrinos aus dem Zentrum der Sonne zuließen. Zum Schluss bittet Davis Fowler, für die Fortsetzung des Experiments, die Sonne anzuschalten („turn on the Sun"). Dies muss Fowler wohl angespornt haben, denn in den folgenden 30 Jahren konnte Davis mit seinen Kollegen in seinem Tank Neutrinos von der Sonne nachweisen, allerdings etwa nur ein Drittel von der erwarteten Menge. Diese Diskrepanz zwischen Beobachtung und Erwartung wurde als das „solare Neutrinoproblem" berühmt und wurde erst zu Beginn des neuen Jahrtausends auf spektakuläre Weise gelöst. Ray Davis wurde für seine bahnbrechende experimentelle Leistung 2002 mit dem Nobelpreis belohnt; Willy Fowler für sein beeindruckendes Lebenswerk 1983 und Art McDonald, der das solare Neutrinoproblem mit seinem Team löste, schließlich 2015.

Die Geschichte der solaren Neutrinos beginnt einige Zeit bevor Ray Davis seinen Brief an Willy Fowler schrieb, und an zwei unterschiedlichen Enden. Davis hatte sich zum Ziel gesetzt, diese mystischen Teilchen, die Wolfgang Pauli 1930 erfunden hatte, um die Energie-, Impuls- und Drehimpulserhaltung beim Beta-Zerfall zu retten, und die Enrico Fermi in seiner Muttersprache „die kleinen Neutralen" genannt hatte, nachzuweisen und zu entschlüsseln. Nachgewiesen wurden sie schließlich von Fred Reines und Clyde Cowan, aber zur Entschlüsselung ihrer Eigenschaften hat Ray Davis entscheidend beigetragen. Die Herausforderung mit Neutrinos ist, dass sie so gut wie nicht mit Materie in Wechselwirkung treten, man also für ihren Nachweis sehr große Detektoren braucht. Der Nachweis sollte über den „inversen Beta-Zerfall" erfolgen: Ein Neutrino trifft einen Kern und wandelt in diesem ein Neutron in ein Proton bei gleichzeitiger Erzeugung eines Elektrons um, $(Z, A) + \nu \rightarrow (Z+1, A) + e^-$ und der Tochterkern $(Z+1, A)$ wird nachgewiesen. Der Detektor muss nicht nur groß sein, sondern er sollte auch lange leben, d. h., er muss aus Kernen bestehen, die gegen Zerfall stabil sind (oder sehr lange leben). Dies bedeutet aber, dass der Tochterkern weniger stark gebunden ist als die Mutter. Als Konsequenz können Neutrinos, deren Energie kleiner als die Massendifferenz zwischen Mutter und Tochter ist, die Reaktion nicht auslösen. Der Detektor hat eine Nachweisenergieschwelle und gegen Neutrinos mit kleinerer Energie als diese Schwelle ist er blind. Also braucht man Detektoren aus Material, bei denen diese Schwelle sehr niedrig ist. Erschwerend kommt noch hinzu, dass der Wirkungsquerschnitt für den Nachweis von Neutrinos mit deren Energie anwächst. Davis hatte ein geeignetes Material gefunden: Kohlenstofftetrachlorid mit der Neutrinonachweisreaktion $^{37}Cl + \nu \rightarrow {}^{37}Ar + e^-$, wobei er die erzeugten Argon-Atome in seinem Gastank einzeln zählen würde. Die Schwellenenergie des Detektors ist allerdings 814 keV, zu hoch für die Neutrinos, die in der solaren ppI-Kette erzeugt werden (maximale Energie 420 keV). Deshalb hatte Davis ursprünglich auch nicht den Nachweis von solaren Neutrinos auf der Agenda, sondern benutzte Reaktoren als Neutrinoquelle. Die stellten ihn aber vor ein anderes Problem: Sie erzeugen hauptsächlich Antineutrinos durch die Umwandlung von Neutronen in Protonen, umgekehrt zu den Wasserstoffbrennreaktionen in der Sonne. Der Davis-Detektor ist blind gegenüber Antineutrinos, was in den 1950er Jahren noch nicht bekannt war. Es war ja zunächst nicht einmal bekannt, als Ray Davis mit seinen Experimenten startete, ob Neutrinos reale Teilchen sind, oder ob sie nur eine „Arbeitshypothese" sind, wie sie Carl Friedrich von Weizsäcker in seinem Kernphysiklehrbuch von 1936 beschrieb.

Die Geschichte der solaren Neutrinos erfuhr um 1960 eine große Wende. In zwei Experimenten wurden erstmals die solaren Fusionsraten für die Reaktionen $^3$He + $^4$He und p + $^7$Be gemessen und so gezeigt, dass das Wasserstoffbrennen in der Sonne mit einer Wahrscheinlichkeit von 15 % über die ppII- und ppIII-Ketten zum Abschluss kommt. Für Ray Davis bedeutete dies, dass die Sonne auch Neutrinos mit Energien produziert, die er in seinem Tank nachweisen konnte. Dies ist in der Abbildung 4.17 verdeutlicht, die den vom Sonnenmodell vorhergesagten Fluss an Neutrinos auf der Erdoberfläche

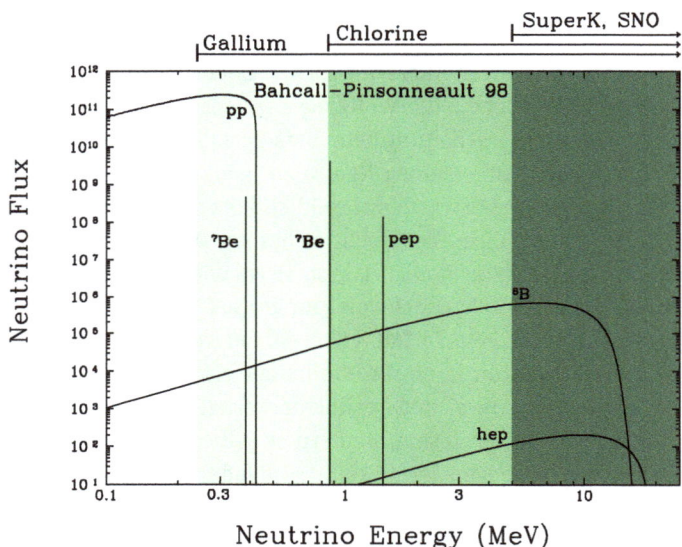

**Abb. 4.17:** Vorhersage des Flusses an solaren Neutrinos, die pro Sekunde und pro Quadratzentimeter auf der Erdoberfläche eintreffen, und unterschieden nach den Kernreaktionen der schwachen Wechselwirkung, die sie in der Sonne erzeugen. Bei den meisten Reaktionen entstehen drei Teilchen, neben dem Tochterkern noch ein Positron und ein Neutrino. Die letzten beiden teilen sich die aufgrund der Massendifferenz von Mutter- und Tochterkern freigesetzte Energie. Deshalb haben Neutrinos in Reaktionen mit drei Endteilchen ein kontinuierliches Energiespektrum; die maximale Energie wird von der Kernmassendifferenz bestimmt. Beim Elektroneneinfang an $^7$Be gibt es nur zwei Teilchen nach der Reaktion, den Tochterkern $^7$Li und das Neutrino. Das Elektron im Eingangskanal hat eine kleine, recht gut bestimmte Energie, sodass das Neutrino im Ausgangskanal eine wohldefinierte Energie hat. Der Einfang kann zu zwei Zuständen im $^7$Li-Kern führen, mit 90 % zum Grundzustand und mit 10 % zu einem Zustand mit einer Anregungsenergie von 478 keV, sodass Neutrinos mit zwei Energien von 861 keV und 383 keV entstehen können. Die Pfeile oberhalb des Bildes zeigen, welcher Energiebereich der solaren Neutrinos von dem jeweiligen Detektor beobachtet werden kann. In der Sonne werden nur (Elektron-)Neutrinos produziert, da es sich stets um Umwandlungen von Protonen in Neutronen im Wasserstoffbrennen handelt. Die in der Sonne bei den Kernreaktionen zur Verfügung stehenden Energien reichen nicht aus, um Myonen oder Tau-Leptonen zu erzeugen. Es werden somit auch keine $\mu$- oder $\tau$-Neutrinos produziert. Dies ist wichtig für den Nachweis von Neutrino-Oszillationen.

aus den unterschiedlichen Reaktionen der schwachen Wechselwirkung anzeigt. Dieser Fluss ist gewaltig! Von den $1{,}8 \cdot 10^{39}$ Neutrinos, die die Sonne pro Sekunde produziert, treffen noch 100 Milliarden auf jeden Quadratzentimeter Erdoberfläche, entsprechend etwa einem Fingernagel, in jeder Sekunde. Trotzdem fliegen die Neutrinos durch uns, oder die Erde, als gäbe es uns nicht. Ungefähr alle 70 Jahre, also etwa einmal im Leben, fängt eines der Atome in unserem Körper ein Neutrino ein.[13] Von den solaren Neutrinos konnte Ray Davis mit Chlor als Detektormaterial Neutrinos aus dem Elektroneneinfang an $^7$Be (nur den Übergang zum Grundzustand) und die hochenergetischen Neutrinos aus dem Zerfall von $^8$B sehen. Letztere waren selten, aber auch interessant, da ihre Anzahl durch die in der ppIII-Kette vorgeschaltete $p + {}^7$Be-Reaktion sehr stark von der Temperatur abhängt. Es war ursprünglich genau dieses Ziel, mithilfe der Neutrinos ein Thermometer für das Sonneninnere zu haben.

Ray Davis ging an die Arbeit, baute einen 100000-Gallonen-Tank gefüllt mit Tetrachlorethen (oder Perchlorethylen $C_2Cl_4$), versteckt in einer alten Goldmine in South Dakota fast 1500 Meter unter der Erde (Homestake Gold Mine, Abbildung 4.18), um ungewollte Ereignisse zu minimieren, und wartete auf die etwa 4–10 Ereignisse pro Tag, die durch solare Neutrinos in dem Tank ausgelöst werden sollten. Davis konnte diese Ereignisse nicht „on-line" beobachten, sondern immer erst nach einer gewissen Beobachtungsdauer von Monaten summarisch auswerten. Wie erwähnt, beobachtete er ein Drittel der Neutrinos, die vorhergesagt waren.

Theoretische Physiker sind erfindungsreiche Menschen. Man fand zwar nichts, was an den diversen Kernreaktionen des Wasserstoffbrennens ungewöhnlich sein konnte, sodass sie als Quellen des Neutrino-Defizits unwahrscheinlich wurden. Aber es wurde diskutiert, ob der Kernreaktor im Zentrum der Sonne vielleicht gedrosselt sei oder gar abgeschaltet; am Leuchten der Sonne würde man dies ja erst mit Millionen Jahren Verzug sehen, während die solaren Neutrinos, die wir auf der Erde beobachten, erst vor etwas mehr als 8 Minuten im Sonneninneren produziert wurden. Oder vielleicht gibt es im Sonneninneren ein Schwarzes Loch, das den Kernreaktor als Energiequelle abgelöst hat. Die meisten Theoretiker allerdings glaubten, dass sich Ray Davis bei seinem schwierigen Experiment einfach verzählt hatte. Dies musste überprüft werden, was Davis mit seinem Experiment ausführlich tat, aber auch unabhängige Experimente, die andere Nachweisreaktionen benutzten, verfolgten.

Zwei der neuen Experimente, die zur Überprüfung des solaren Neutrinoproblems durchgeführt wurden, benutzen die Reaktion $^{71}$Ga$ + \nu \rightarrow {}^{71}$Ge$ + e^-$ zum Nachweis der solaren Neutrinos. Das Soviet-American Gallium-Experiment SAGE war mitten in der kühlsten Phase des Kalten Kriegs eine Sowjetisch-Amerikanische Zusammenarbeit und

---

13 Die ungeheuer große Zahl an Neutrinos, die die Erde treffen, hat auch Leute dazu angeregt, den solaren Neutrinofluss als Möglichkeit zu propagieren, daraus Energie zu gewinnen und somit ein irdisches Problem zu lösen. Wegen der ungemein kleinen Neutrino-Wirkungsquerschnitte ist dies natürlich Unsinn, auch wenn diese Idee von einem ehemaligen Bundesminister mit akademischen Titeln besonders gern in Talkrunden unwidersprochen vertreten wird.

**Abb. 4.18:** Detektoren, die zur Beobachtung von solaren Neutrinos entscheidende Beiträge geleistet haben. (oben links) das Davis-Experiment in der Homestake Mine, wo erstmals solare Neutrinos beobachtet wurden; (oben rechts) der Wassertank und einige der Photonenverstärker des Super-Kamiokande-Experiments, an dem nachgewiesen wurde, dass die Neutrinos von der Sonne stammen; (unten) das Gallium-Germanium-Experiment GALLEX im Gran-Sasso-Tunnel, das zusammen mit der SAGE-Kollaboration erstmals Neutrinos von der solaren p + p-Reaktion nachwies.

fand im Baksan-Neutrino-Observatorium im Kaukasus statt. Passend zu dem Namen der beteiligten Kerne, hatte das GALLEX-Experiment eine starke deutsch-französische Beteiligung mit Leitung durch das Max-Planck-Institut für Kernphysik in Heidelberg. Im besten europäischen Geist fand es im Gran-Sasso-Tunnel in Italien statt, in der Nachbarschaft der LUNA-Experimente – aber gut abgeschirmt davon. Der bemerkenswerte Vorteil von GALLEX und SAGE war, dass die Beobachtungsschwelle so niedrig war, dass auch solare Neutrinos von der p + p-Fusion nachgewiesen werden konnten. Auch diese Experimente sammelten Neutrinos über bestimmte Zeitperioden und konnten keine Einzelnachweise führen. Anders war dies bei dem Kamiokande-Experiment (später Super-Kamiokande nach einer bedeutenden Vergrößerung, siehe Abbildung 4.18). Bei (Super-)Kamiokande ist das Detektormaterial reines Wasser. Neutrinos können mit den Elektronen im Wassermolekül kollidieren, wobei sich diese nach dem Stoß mit einer Geschwindigkeit bewegen, die größer als die Lichtgeschwindigkeit im Wasser ist, und dabei charakteristisches Cherenkov-Licht ausstrahlen, das durch mehrere Tausend Photoelektronenvervielfacher beobachtet wird. Dies gelingt aber nur für hochenergetische Neutrinos, die im Zerfall von $^8$B produziert werden. Da die Elektronen sich durch den Stoß bevorzugt nach vorne bewegen und Kamiokande die Richtung detektieren kann, gelang erstmals der Nachweis, dass die beobachteten Neutrinos in der Tat von der Sonne kommen (Abbildung 4.19).

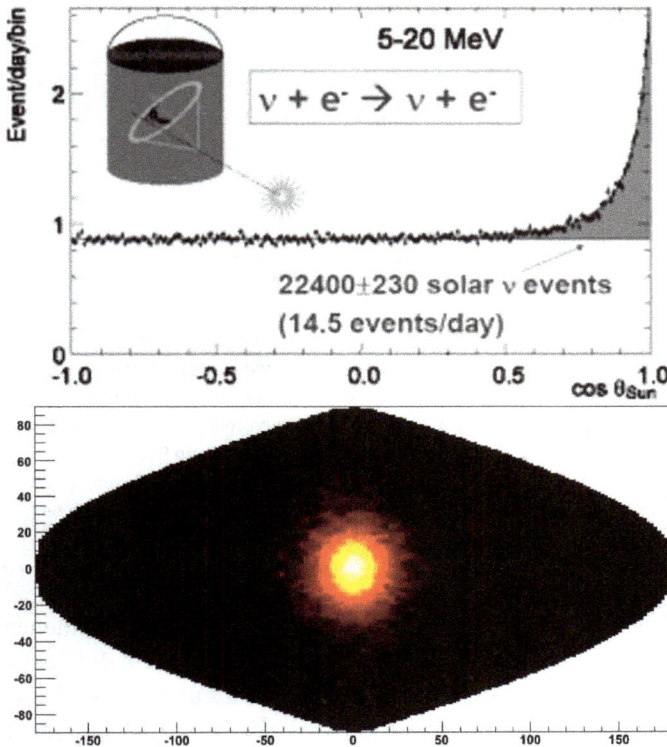

**Abb. 4.19:** Mit dem (Super-)Kamiokande-Experiment gelang der Nachweis, dass die beobachteten Neutrinos von der Sonne stammen, da der Detektor durch die Beobachtung von Cherenkov-Licht über eine Richtungssensitivität für die Neutrino-induzierten Ereignisse verfügt. (oben) Die (Super-)Kamiokande-Neutrinoereignisse als Funktion des Beobachtungswinkels, wobei die Sonnenrichtung bei 180 Grad liegt. (unten) Aus den Neutrinoereignissen konnte ein Bild der Sonne durch Neutrino-Leuchtkraft erstellt werden.

Aber alle Detektoren beobachteten weniger Neutrinos, als vom Sonnenmodell vorhergesagt, wobei das Defizit vom Detektormaterial abhängig war (Abbildung 4.20). Die Resultate der SAGE- und GALLEX-Experimente waren miteinander im Einklang. Die Vorhersagen des Sonnenmodells blieben auch stabil, trotz vieler Detailverbesserungen. Die Theoretiker hatten aber auch einen anderen Ansatz zur Lösung des Problems gefunden: Wäre es möglich, dass Neutrinos wie Dr. Jekyll und Mr. Hyde ihre Identität

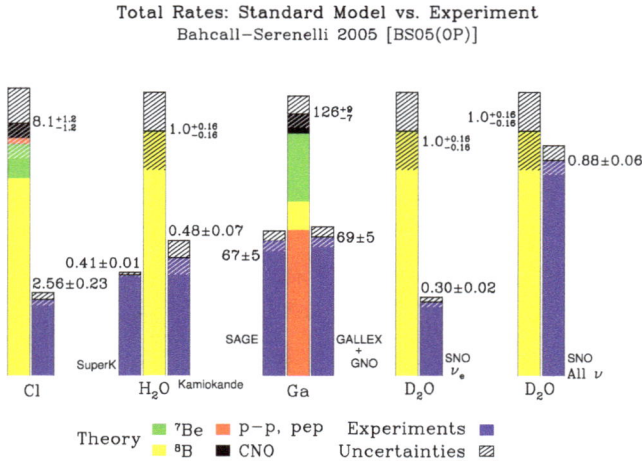

**Abb. 4.20:** Alle Detektoren beobachten ein Defizit an Ereignissen, die durch (Elektron-)Neutrinos hervorgerufen werden im Vergleich zu den Vorhersagen des Sonnenmodells. Die Ergebnisse beziehen sich von links nach rechts auf das Davis-Experiment (Detektormaterial $^{37}$Cl), (Super-)Kamiokande (Wasser), SAGE und GALLEX ($^{71}$Ga), SNO (Schweres Wasser). Für jedes Experiment zeigt der linke Balken die Vorhersagen des Sonnenmodells, heruntergebrochen auf die einzelnen Kernreaktionen, und die blauen Balken die beobachteten Ereignisse (Fehlermargen schraffiert). Das rechte Histogramm vergleicht die Vorhersagen für den SNO-Detektor mit den Ereignissen, die durch alle Neutrino-Typen hervorgerufen werden. Die Daten für das Davis-Experiment und die beiden Gallium-Experimente sind in sogenannten Solar Neutrino Units angegeben; eine Einheit entspricht $10^{-36}$ Neutrinoeinfänge pro Targetatom und pro Sekunde. Für die (Super-)Kamiokande- und SNO-Detektoren werden die Ergebnisse relativ zur Vorhersage angegeben, wobei Letztere beliebig auf eins normiert ist.

ändern können? Sie würden zwar als Elektron-Neutrinos durch die Kernreaktionen in der Sonne geboren, könnten sich aber auf dem Weg durch die Materie der Sonne und dann zu den irdischen Detektoren in $\mu$- und/oder $\tau$-Neutrinos umwandeln. Dann könnten die umgewandelten Neutrinos in keinem der Detektoren (Homestake, SAGE, GALLEX) nachgewiesen werden, die wegen der gewählten Nachweisreaktion allein auf Elektron-Neutrinos sensitiv sind. Ein Nachweis durch den Kamiokande-Detektor wäre dann zwar im Prinzip möglich, da auch $\mu$- und $\tau$-Neutrinos mit Elektronen stoßen können, jedoch sagt die Theorie der schwachen Wechselwirkung voraus, dass Elektron-Neutrinos dies mit siebenfach größerem Wirkungsquerschnitt machen als die anderen Neutrino-Typen. Kamiokande fehlte nun aber die Genauigkeit, um die Ereignisse der unterschiedlichen Neutrinosorten zu trennen. Dazu musste ein dedizierter Detektor gebaut werden.

Das Experiment, das als „rauchender Colt" das solare Neutrinoproblem löste, entstand in Kanada in einer Mine in Sudbury (Sudbury Neutrino Observatory SNO, Abbildung 4.21). Das Detektormaterial waren 1000 Tonnen Schweres Wasser ($D_2O$). Das Deuteron, das im Schweren Wasser das Proton ersetzt, kann mit Neutrinos auf unterschiedliche Weise reagieren. Durch die Wechselwirkung mit einem (Elektron-)Neutrino,

**Abb. 4.21:** Der Acrylbehälter des Sudbury Neutrino Observatory (SNO), der die 1000 Tonnen Schweren Wassers zum Nachweis der Oszillationen der solaren Neutrinos umgab, und ein Satz der Photonenverstärker zur Beobachtung von Cherenkov-Licht.

kann sich das Neutron im Deuteron in ein Proton umwandeln ($\nu + d \rightarrow p + p + e^-$) und lässt sich zum Beispiel durch die Cherenkov-Strahlung des Elektrons nachweisen. Neutrinos können aber auch nach dem Standardmodell der schwachen Wechselwirkung mit Kernen (oder Leptonen) wechselwirken, ohne deren Ladung zu ändern. Dies nennt man eine „Neutrale-Strom-Reaktion". Stößt also ein Neutrino mit einem Deuteron zusammen, so kann es mittels einer solchen „Neutralen-Strom-Reaktion" das Deuteron in seine Bestandteile zerlegen, $\nu + d \rightarrow n + p + \nu$, analog zu einem Photon in der Photo-dissoziation, die im Urknall zum Flaschenhals der Deuteron-Produktion geführt hatte. Diese Reaktion ist mit allen drei Neutrinotypen möglich und gleich wahrscheinlich. Das Problem bestand nun darin, das Neutron nachzuweisen, was auch über zwei unterschiedliche Wege gelang.

Das Ergebnis des SNO-Experiments war spektakulär. Zunächst zeigte sich bei den Elektron-Neutrinos, beobachtet durch den exklusiven Zwei-Proton-Endzustand, das jetzt schon erwartete Defizit an solaren Neutrinos. Die Deuteron-Dissoziation durch Neutrinos zeigte aber deutlich mehr Ereignisse, als durch den vom Detektor gemessenen Fluss an Elektron-Neutrinos möglich war (siehe Abbildung 4.22). Dieser Überschuss musste durch $\mu$- und $\tau$-Neutrinos hervorgerufen worden sein. In der Tat entsprach der Gesamtfluss an Neutrinos, den der SNO-Detektor über die Neutrale-Strom-Reaktion bestimmt hat, mit den Vorhersagen des Sonnenmodells über den Fluss an solaren Neutrinos überein (Abbildung 4.22). Das Sonnenmodell war bestätigt: Die Sonne verbrennt in ihrem Inneren Protonen zu Helium und sie macht dies bei einer Temperatur von etwa 15,7 Millionen Kelvin. Die dabei entstehenden Neutrinos – alles ursprünglich Elektron-Neutrinos – können sich auf ihrem Weg aus der Sonne durch Wechselwirkung mit Elektronen hauptsächlich in $\mu$-Neutrinos umwandeln. Dies hängt

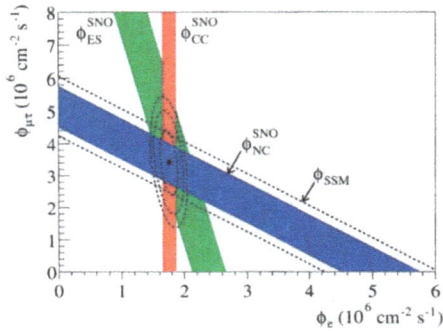

**Abb. 4.22:** Das „Rauchende Colt"-Resultat des SNO-Detektors, der damit das solare Neutrinoproblem löste. Der SNO-Detektor kann über unterschiedliche Reaktionen am Deuteron im Schweren Wasser sowohl exklusive Ereignisse von Elektron-Neutrinos, als auch die Summe aller von Neutrinos induzierten Ereignisse, unabhängig vom Neutrino-Typ nachweisen. Die Abbildung trägt die von SNO beobachteten Flüsse von Elektron-Neutrinos (x-Achse) und Myon- und $\tau$-Neutrinos (y-Achse) auf. Mithilfe der $v_e + d \rightarrow p + p + e^-$-Reaktion wird nur der Fluss an Elektron-Neutrinos bestimmt, der der beiden anderen Neutrinotypen bleibt unbekannt. Dies ergibt einen vertikalen Balken in der Abbildung (rot). Mit der $v_{e,\mu,\tau} + d \rightarrow p + n + v_{e,\mu,\tau}$-Reaktion, deren Wirkungsquerschnitt für alle Neutrino-Typen gleich ist, wird der Gesamtfluss an Neutrinos bestimmt, aber nicht seine Einzelkomponenten. Für einen bestimmten $v_e$-Fluss ergibt die Differenz zum Gesamtfluss die Summe der Flüsse an $\mu$- und $\tau$-Neutrinos. Diese Darstellung ergibt den geneigten blauen Balken in der Abbildung, der den Balken des unabhängig bestimmten $v_e$-Flusses schneidet. Dieser Schnittpunkt zeigt eindeutig, dass ein nicht-verschwindender Fluss an $\mu$- und $\tau$-Neutrinos von SNO nachgewiesen wurde. Auch das Super-Kamiokande-Experiment ist mit der $v + e^- \rightarrow v + e^-$-Reaktion auf alle drei Neutrinotypen sensitiv, allerdings sind Ereignisse, die von Elektron-Neutrinos hervorgerufen werden, sieben Mal wahrscheinlicher. Stellt man den im Super-Kamiokande-Experiment gemessenen Gesamtfluss an Neutrinos dar, so ergibt sich der leicht geneigte grüne Balken. Er schneidet die beiden SNO-Balken an der gleichen Stelle. Die unabhängigen Messungen führen somit zum gleichen Ergebnis. Schließlich ist mit dem gestrichelten Balken noch der vom Sonnenmodell vorhergesagte Neutrinofluss eingezeichnet. Er stimmt mit dem von SNO gemessenen Gesamtfluss an Neutrinos überein.

von der Neutrinoenergie ab, weshalb es zu unterschiedlichen Defiziten bei den verschiedenen Detektoren gekommen ist. Auch die Neutrinos, die in der Sonne durch den kleinen Zweig des CNO-Zyklus erzeugt werden, sind inzwischen durch das BOREXINO-Experiment, wiederum im Gran-Sasso-Tunnel, nachgewiesen, im Einklang mit dem durch die Neutrino-Oszillationen hervorgerufenen Defizit.

Oszillationen werden auch bei sogenannten atmosphärischen Neutrinos sowie bei Neutrinos, die im Labor durch Beschleuniger erzeugt werden, beobachtet. Der (Super-)Kamiokande-Detektor spielte auch bei dem Nachweis von Oszillationen für atmosphärische Neutrinos eine entscheidende Rolle. Ausgangspunkt hier ist die Erzeugung von Pionen – den leichtesten Quark-Antiquark-Paaren in der Natur – durch die Kollision von kosmischer Strahlung in der äußeren Erdatmosphäre. Die Pionen zerfallen auf ihrem Weg zur Erdoberfläche in Myonen und einem passenden $\mu$-Neutrino; das Myon zerfällt in seine leichtere Leptonenschwester (Elektron oder Positron je nach Ladung des Myons) und in je ein $\mu$ und ein Elektron-Neutrino. Das Verhältnis von $\mu$

und Elektron-Neutrinos in der Pionen-Zerfallskette sollte also 2:1 sein.[14] Das beobachtete Verhältnis hängt davon ab, ob die Zerfallskaskade direkt oberhalb des Detektors passiert oder ob er von der anderen Seite der Erde stammt und die Neutrinos durch die Erde zum Detektor geflogen sind. Die Unterschiede lassen sich wieder durch Neutrino-Oszillationen erklären.

Neutrinos können nur dann oszillieren, d. h. sich von einem Typ in einen anderen umwandeln, wenn sie unterschiedliche Masse haben. Eine solche Transformation ist nicht möglich, wenn sie, wie lange angenommen, masselos sind und sich mit Lichtgeschwindigkeit bewegen. Oszillationen lassen allerdings nur die Bestimmung der Differenz der Quadrate der Neutrinomassen zu, nicht die Bestimmung der Masse selbst. So sind die individuellen Neutrinomassen bislang unbekannt, selbst die Reihenfolge der Massen ist nicht bestimmt, d. h., ob sie der gleichen Massenhierarchie folgen wie die leptonischen Partner (Elektron, Myon, Tau-Lepton) oder ob die Reihenfolge teilweise invertiert ist. Dies versucht man zurzeit in ausgeklügelten Experimenten herauszufinden. Das empfindlichste Experiment zur Messung der Neutrinomasse (KATRIN) läuft zurzeit im früheren Forschungszentrum Karlsruhe, dem jetzigen Karlsruhe Institute of Technology (KIT). Im KATRIN-Experiment kann eine Neutrinomasse bis zu einer Grenze von etwa 0,1 eV nachgewiesen werden, das ist eine um das 5-Millionen-fach kleinere Masse als die des Elektrons.

## 4.4.2 Der Klang der Sonne – Helioseismologie

In seinem Buch über die *Interne Struktur der Sterne* gab sich Arthur Eddington sehr pessimistisch und erklärte, dass das tiefe Innere der Sonne oder anderer Sterne für Beobachtungen weniger zugänglich sei als die Tiefe des Universums, da es keine Möglichkeiten gäbe, durch die äußeren Schichten zu „bohren", um die inneren Strukturen zu untersuchen. Er irrte sich, wie man heute weiß und wie wir in diesem Unterkapitel kurz darstellen werden.

Die Sonne ist ein oszillierender Stern. Diese Schwingungen sind mit dem nackten Auge nicht erkennbar, wurden aber durch Dopplerverschiebungen in den Spektrallinien nachgewiesen, verursacht dadurch, dass sich die Schwingungen auf den Beobachter entweder zu- oder wegbewegen. Die Oszillationen konnten als stehende Wellen identifiziert werden, die durch die Interferenz von mehr als 10 Millionen Schwingungsresonanzen verursacht werden, wobei sich viele dieser Interferenzen über die ganze Sonnenoberfläche erstrecken. Die Schwingungen haben Wellenlängen, die oft größer als einige 1000 km sind, und Perioden von ein paar Minuten: Die Schwingungen sind deshalb als die 5-Minuten-Oszillation bekannt. Angetrieben werden die Schwingungen

---

14 Es gibt Korrekturen, da nicht alle Myonen vor Erreichen der Erdoberfläche zerfallen sind, wobei man bei der Halbwertszeit auch berücksichtigen muss, dass sich die Myonen relativistisch bewegen.

von den kräftigen konvektiven Turbulenzen in der Nähe der Sonnenoberfläche. Diese sind zufällig verteilt und jede Schwingungsmode fühlt den kombinierten Effekt einer sehr große Anzahl solcher Turbulenzen, ist also stochastisch erzwungen.

Das Bild der 5-Minuten-Oszillationen ähnelt somit den stehenden akustischen Wellen, wie man sie zum Beispiel von Orgelpfeifen kennt. Hier weiß man, dass die stehenden Wellen nur für bestimmte Frequenzen auftreten (sogenannte Eigenfrequenzen), die von der Form des Hohlkörpers, in dem die Schwingungen ablaufen, sowie von dem Medium im Hohlkörper abhängen. Die Sonne ist allerdings etwas komplizierter als die Orgelpfeifen, in denen die Schwingungen sich nur in einer Richtung ausbreiten, während die Sonne in allen drei Raumrichtungen schwingt. Auch die Form des solaren Hohlkörpers sowie das schwingende Medium ist nicht direkten Beobachtungen zugänglich. Der wissenschaftliche Wert der 5-Minuten-Oszillation und ihrer Identifikation als stehende Wellen liegt darin, dass sie erlauben, das Problem umzudrehen, analog zu seismologischen Untersuchungen der Erdbeschaffenheit durch künstliche Detonationen. Die Ähnlichkeit zur Seismologie war auch Patin für den Namen, den die Wissenschaften zur Erforschung der Sonneneigenschaften durch Studium der Oberflächenschwingungen erhielt: Helioseismologie. In der Zwischenzeit wird diese Technik auch bei anderen Sternen eingesetzt und man spricht dann von Asteroseismologie.

Um mit der Helioseismologie das Innere der Sonne zu erkunden, mussten zunächst einige Voraussetzungen erfüllt sein. Es musste ausgeschlossen werden, dass es sich bei den Oszillationen um lokale Effekte handelt. Dies verlangt, dass möglichst die ganze Sonnenscheibe beobachtet wird. Ferner ist es notwendig, die Beobachtungen mit hoher Präzision für deutlich längere Zeiten als die Periode der Schwingungen, durchzuführen, die, wie man heute weiß, zwischen drei Minuten und etwa einer Stunde variieren. Diese Anforderungen wurden durch verbesserte Instrumentierung und dadurch überwunden, dass man sich zu globalen Beobachtungsnetzwerken zusammenschloss (Birmingham Solar Oscillation Network (BiSON) und Global Oscillation Network Group (GONG)). Mit diesen Netzwerken war es auch möglich, die durch die Nacht an lokalen Orten unvermeidlichen Beobachtungslücken zu umgehen. Die Beobachtungseinschränkungen, die durch die Erdatmosphäre verursacht sind, wurden schließlich eliminiert, in dem man dedizierte Raummissionen zur Sonnenbeobachtung startete, zunächst den SOHO-Satelliten und dann den Helioseismic und Magnetic Imager HMI an Bord des Solar Dynamic Observatories (siehe Abbildung 4.23).

Aus den beobachteten solaren Oszillationen, vor allem durch den SOHO-Satelliten, konnte das Eigenfrequenzspektrum der Sonne gewonnen werden (siehe Abbildung 4.24). Das Spektrum lässt sich, motiviert durch die (fast) sphärische Symmetrie der Sonne, durch drei Indizes kennzeichnen. Zwei von diesen (gewöhnlich $l$ und $m$ genannt) beschreiben den Winkelanteil, $n$ unterscheidet radiale Anregungen. Bei exakter sphärischer Symmetrie ist das Spektrum vom Index $m$ unabhängig; dies ist für das beobachtete Spektrum sehr gut erfüllt. In der Tat reihen sich die Eigenfrequenzen wie bei Perlenschnüren auf, wobei für jeden Wert von $l$ der Index zu höheren Frequenzen hin zunimmt. Für jeden Wert von $l$ entspricht die Frequenz mit $n = 1$ dem Grundton, die

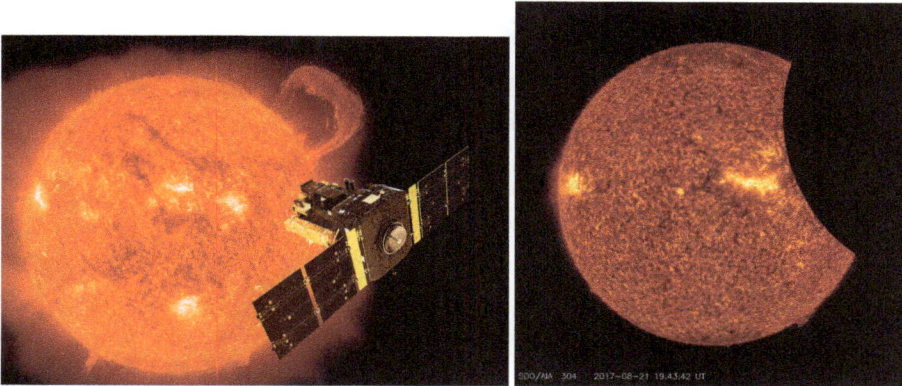

**Abb. 4.23:** (links) Künstlerische Darstellung des SOHO-Satelitten mit einer Aufnahme der Sonnenschwingungen. (rechts) Solare Oszillationen mit partieller Sonnenfinsternis, aufgenommen vom Solar Dynamic Observatory.

höheren Werte von $n$ sind Oberschwingungen. Der Index $l$ hat eine recht anschauliche Bedeutung: Er entspricht der Anzahl der Wellenlängen entlang dem Sonnenrand. Jede Frequenz mit dem Wert $l$ spaltet noch in $(2l+1)$ Frequenzen mit dem Index $m$ auf. Diese Aufspaltung ist sehr klein und bedarf einigen Aufwandes, um aus den Daten gewonnen zu werden. Häufig fasst man, wie in Abbildung 4.24, die verschiedenen $m$-Daten zusammen, sodass die angegebene Frequenz zum Index $l$ dem Mittelwert über die $(2l+1)$ Frequenzen mit den zugehörigen $m$-Indizes entspricht. Als Konsequenz ergibt sich ein sphärisch symmetrisches Bild der Sonne. Wir werden weiter unten sehen, was man aus den Helioseismologiedaten über die Abweichung von dieser Symmetrie lernt.

Die Rückstellkräfte für die durch die Sonne laufenden Schwingungen sind zum einen der Druck, zum anderen der Auftrieb, also die beiden Größen, die auch den Energietransport besorgen. Sie sorgen dafür, dass die Wellen reflektiert werden und so zu Eigenschwingungen werden können. Je nachdem welche von den beiden Größen dominiert, werden die Eigenschwingungen als p-Moden (nach „pressure", dem englischen Wort für Druck) oder g-Moden (in Anlehnung an Gravitation) bezeichnet. G-Moden treten nur bei sehr langwelligen Frequenzen, die kleiner als 0,5 mHz sind, auf. Wie das in Abbildung 4.24 gezeigte Spektrum zeigt, sind sie bisher nicht nachgewiesen. Solche Moden entstehen im Kern der Sonne und werden am unteren Rand der konvektiven Zone der Sonne reflektiert (siehe rechten Teil der Abbildung 4.24). Da sie beim Eindringen in die Konvektionszone stark gedämpft werden, ist ihre Beobachtung an der Oberfläche äußerst schwer und bislang nicht erfolgreich. Die beobachteten Frequenzen sind alle sogenannte p-Moden, akustische Druck- oder Schallschwingungen, die das Medium in Ausbreitungsrichtung zum Schwingen bringen. Das wichtigste Merkmal der p-Moden ist, dass sie, abhängig von ihrer Eigenfrequenz und dem Index $l$, unterschiedliche Eindringtiefen in das Sonneninnere haben, d. h. der Radius, an dem die p-Mode reflektiert wird, liegt umso weiter unter der Sonnenoberfläche, je größer die Frequenz

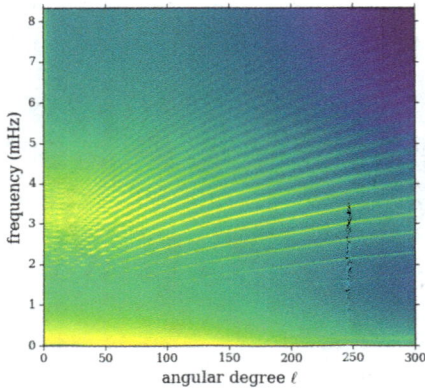

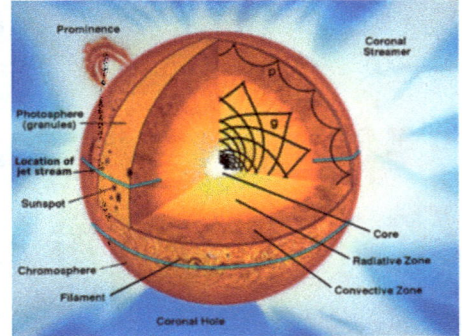

**Abb. 4.24:** (links) Solares Frequenzspektrum, wie es aus den Messdaten, die der SOHO-Satellit von den 5-Minuten-Oszillationen gemacht hat, deduziert wurde. Die Frequenzen sind gegenüber dem Index $l$ aufgetragen, der ungefähr definiert, wie viele Wellenlängen in einen Sonnenumfang $2\pi R_\odot$ passen. Schwingungen zu gleichem $l$ unterscheiden sich durch den Index $n$, wobei die Frequenz der Schwingung mit $n$ zunimmt. (rechts) Der Schnitt durch die Sonne zeigt, dass sogenannte g-Moden in dem Bereich unterhalb der Basis des Konvektionscores mit dem Radius $R = 0,71 R_\odot$ begrenzt sind. Diese haben kleine Frequenzen und sind wahrscheinlich noch nicht beobachtet. Die Beobachtungsdaten entsprechen Druckwellen (p-Moden), die sich hauptsächlich in der Konvektionszone ausbreiten. Bei kleineren $l$-Werten sowie höheren Frequenzen dringen sie auch tiefer in die Sonne ein.

und je kleiner der Index $l$ ist. Moden mit $l = 0$ durchdringen sogar das Zentrum der Sonne; solche Eigenschwingungen kann man sich als „Atmungsmoden" vorstellen. Alle anderen Moden werden bei einem bestimmten Radius im Inneren reflektiert. Globale Schwingungen an der Oberfläche entstehen durch Interferenz von Wellen, die am gleichen Radius reflektiert werden. Die rechte Seite der Abbildung 4.25 zeigt einige der Muster, die von den Eigenschwingungen mit unterschiedlichen Indizes auf der Oberfläche erzeugt werden. Durch die bemerkenswerte Abhängigkeit der Eigenwellen von der Eindringtiefe werden sie zu einem leistungsstarken Analysewerkzeug für das Sonneninnere. Die Sensitivität ist etwas reduziert im innersten Kern der Sonne (hier wäre die Beobachtung der g-Moden sehr wünschenswert) und in der äußeren Photosphäre.

Was lernt man aus den Daten der Helioseismologie und wie vergleichen sich diese Daten mit den Sonnenmodellen? Die direkte Gegenüberstellung würde darin bestehen, auch in den Sonnenmodellen die Eigenfrequenzen auszurechnen und diese mit den Daten aus der Helioseismologie zu vergleichen. Dies ist in der Tat auch zu anfangs gemacht worden. Der Vergleich zeigte ähnliche Spektren, aber es erwies sich als schwierig, aus den Differenzen in den Frequenzen auf mögliche Schwachpunkte der Modelle zu schließen. Die große Nützlichkeit der Helioseismologiedaten erwies sich, als es gelang, aus diesen Daten durch Inversion physikalische Eigenschaften der Sonne wie die Schallgeschwindigkeit oder die Dichte, beides als Funktion des Radius, zu bestimmen, ohne sich auf ein Sonnenmodell zu berufen. Dies setzt natürlich einen großen Satz von

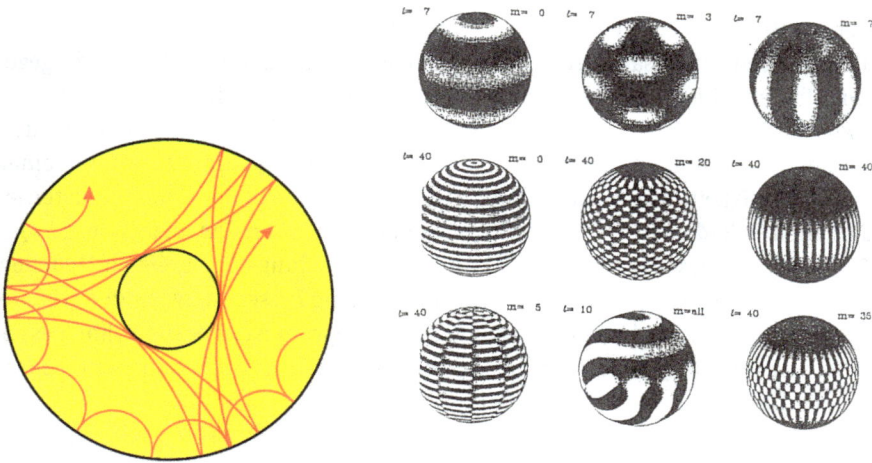

**Abb. 4.25:** (links) Schematische Darstellung der Bewegung von Schallwellen im solaren Medium. Der *l*-Index entspricht etwa dem Vielfachen, mit dem die Wellenlänge der Schwingung in den solaren Umfang $2\pi R_\odot$ passt. Schwingungen mit kleinerem *l*-Index haben eine größere Eindringtiefe und proben somit mehr vom Sonneninneren. Die Schwingungen werden bei einer bestimmten Eindringtiefe reflektiert. Schwingungen mit gleicher Eindringtiefe können interferieren, sodass stehende Wellen entstehen. (rechts) Oberflächenmuster von Schwingungen mit ausgewählten Werten der Indizes *n*, *l* und *m*. Die beobachteten Schwingungen werden nach diesen Mustern entwickelt, wodurch die Stärke jeder Mode in den solaren Oszillationen bestimmt wird. Wegen der nahezu sphärischen Symmetrie der Sonne ist das aus den Daten bestimmte Frequenzspektrum vom Index *m* unabhängig.

präzisen Daten voraus, der aber zum Beispiel durch die SOHO-Mission erreicht wurde.

Bevor wir Sonnenmodelle mit den Daten der Helioseismologie konfrontieren, müssen wir berichten, dass sich in den letzten Jahren eine Diskussion über den Anteil von schweren Elementen im Gasgemisch der Sonne ergeben hat. Dieser Anteil, angegeben als Summe der Massenanteile aller Elemente schwerer als Helium, wird gekennzeichnet durch den Index $Z$. Die restlichen Massenanteile sind die von Wasserstoff (gekennzeichnet durch $X$) und Helium ($Y$), mit der Bedingung $X + Y + Z = 1$. Der Wert von $Z$ wird aus Beobachtungen der Photosphäre bestimmt, wobei berücksichtigt werden muss, dass der heutige Wert von $Z$ kleiner ist als der der frischgeborenen Sonne, da die schweren Elemente durch Diffusion tiefer in die Sonne eindringen. Lange Zeit wurde ein Wert von $Z = 0{,}017$ akzeptiert, bis dieser Wert, ausgelöst durch anspruchsvollere Simulationen der Photosphäre, nach unten auf $Z = 0{,}013$ korrigiert wurde. Die Bedeutung des relativ kleinen Massenanteils schwerer Elemente liegt darin, dass er die Opazitäten und somit den Energietransport wesentlich beeinflusst. Letztendlich führte der neue Wert des Metallanteils zu Spannungen zwischen den Sonnenmodellen und den Ergebnissen, die aus der Helioseismologie gewonnen wurden. Es hat in den letzten Jahren viele Aktivitäten gegeben, um diese Diskrepanz aufzulösen, aber bislang vergeblich.

Der Vergleich des Schallgeschwindigkeitsprofils, bestimmt aus den Helioseismologiedaten und den Vorhersagen von Sonnenmodellen, ist in Abbildung 4.26 wiedergegeben. Die Übereinstimmung ist bemerkenswert, für das Modell mit dem hohen $Z$-Wert ist sie absolut beeindruckend. Für die Modelle wird die Schallgeschwindigkeit über den ganzen Bereich, in dem sie durch die Helioseismologiedaten bestimmt wird, mit einer relativen Genauigkeit von wenigen Promille reproduziert. Die Helioseismologiedaten legen den unteren Radius der Konvektionszone mit einer großen Genauigkeit fest: $R_{Kz} = (0{,}713 \pm 0{,}001) R_{\odot}$. Dieser Wert wird von den in der Abbildung 4.26 gezeigten Modellen gut reproduziert, wobei allerdings die Übereinstimmung besser ist, wenn der größere $Z$-Wert benutzt wird. Die Übereinstimmung im Dichteprofil ist über die Sonne besser als 2 % in den Modellen, wobei man mit dem größeren $Z$-Wert wieder die beste Reproduktion der Daten erzielt.

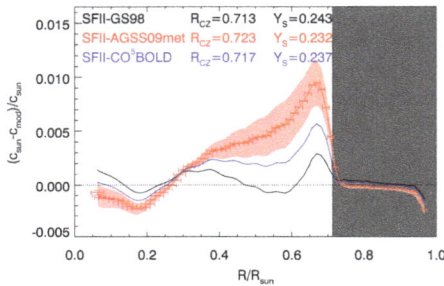

**Abb. 4.26:** Relative Differenz der Schallgeschwindigkeit ($\delta c/c = (c_{sun} - c_{mod})/c_{sun}$) im Vergleich der durch Helioseismologiemessungen durch den SOHO-Satelliten gewonnenen Daten ($c_{sun}$) mit den Vorhersagen von drei Sonnenmodellen ($c_{mod}$). Die Sonnenmodelle unterscheiden sich durch unterschiedliche Annahmen zu den Elementhäufigkeiten der schweren Elemente. Die schwarze Kurve entspricht einem Modell mit „hoher" Metallizität, die roten und blauen Kurven zeigen die Resultate von Modellen, die die kleineren Häufigkeiten benutzen, wie sie durch dreidimensionale Simulationen der solaren Photosphäre angegeben werden. Diese Häufigkeiten führen zu schlechterer Übereinstimmung der Sonnenmodelle mit den Helioseismologiedaten. Die Diskrepanz ist noch nicht gelöst. $R_{cz}$ definiert den Radius der Konvektionszone im jeweiligen Modell.

Bislang ist in der Diskussion angenommen worden, dass die Sonne kugelsymmetrisch sei. Sie hat zwar in extrem guter Näherung die Form einer Kugel, mit einer Differenz des Radius am Sonnenäquator und -pol von etwa 6 km. Sie ist aber nicht kugelsymmetrisch, sonst gäbe es kein lokalisiertes Auftreten von Sonnenflecken auf der Oberfläche. Die Sonne rotiert auch, was die sphärische Symmetrie nicht brechen würde, wenn sie dies überall mit der gleichen Rotationsgeschwindigkeit machte. Sie vollführt allerdings eine differentielle Rotation; d. h., sie rotiert mit unterschiedlichen Geschwindigkeiten: Am Äquator braucht ein Umlauf etwa 25 Tage, in Richtung Pol nimmt die Umlaufzeit zu. Dies hat einige Konsequenzen für die Helioseismologie. Zum einen müssen die Beobachtungen von der Rotation der Oberfläche bereinigt werden. Zum anderen bricht die differentielle Rotation die Kugelsymmetrie. Wie die Analysen gezeigt haben, hat dies wenig Konsequenzen für Größen wie die Schallgeschwindigkeit und die Dichte. Es stellt sich aber die interessante Frage, ob sich die differentielle Rotation durch die gesamte Sonne fortsetzt. Hierzu haben die helioseismologischen Daten, nun explizit den Index $m$ berücksichtigend, etwas zu sagen. Ja, die differentielle Rotation setzt sich fast unverändert durch die Konvektionszone fort. Aber in einem etwa 20000 km breiten Bereich um den Boden der Konvektionszone herum verschwinden die Unterschiede in der Rotation: Die solare Kugelschale zwischen den Radien $(0,5–0,7)\,R_\odot$ rotiert als Einheit. Man nimmt an, dass dies für den gesamten inneren Kern der Sonne gilt. Die Helioseismologiedaten sind aber noch nicht präzise genug, um einen eindeutigen Schluss daraus zuzulassen.

Die Daten erlauben auch noch nicht, detaillierte Aussagen zu magnetischen Feldern zu treffen. Allerdings konnte keine Evidenz für ein starkes Magnetfeld im Inneren der Sonne gefunden werden. Ein solares Magnetfeld ist allerdings verantwortlich für die bekannten Sonnenflecken. Es ist auf den Oberflächenbereich beschränkt und hat die Form eines Dipols, der in einem Zyklus von 11 Jahren den Nord- und Südpol wechselt. Die Sonnenaktivitäten sind an diesen Zyklus gekoppelt. Man konnte allerdings nachweisen, dass die solare Neutrinointensität davon unabhängig ist. Dies bedeutet aber, dass die Sonne ein dynamisches Gebilde ist, dessen Eigenschaften sich mit der Zeit ändern. Helioseismologiedaten sind nun auch über mehrere Sonnenzyklen gemessen worden. In der Tat kann man eine leichte Variation der Eigenfrequenzen während des Zyklus feststellen. Eine Analyse ergab, dass die Quelle der Variation in der Nähe der Sonnenoberfläche lokalisiert ist; dort also, wo die Daten auch die größten Ungenauigkeiten haben und deshalb ein detaillierter Vergleich mit den Sonnenmodellen nicht gezogen wird.

Da die Sonnenmodelle mit den kleineren Werten für den Massenanteil schwerer Elemente nicht die Präzision erreichen, die man von den Modellen mit dem älteren $Z$-Wert gewöhnt war, sind unterschiedliche Versuche unternommen worden, die Gründe zu identifizieren, warum etwas von der beeindruckenden Übereinstimmung eingebüßt wurde. Bislang waren diese Versuche jedoch noch nicht erfolgreich. Trotzdem muss festgestellt werden, dass die beiden unabhängigen Beobachtungen – solare Neutrinos und Helioseismologie – die allgemeinen Vorstellungen, die zur Beschreibung der Struktur von Sternen entwickelt worden sind, in äußerst eindrucksvoller Weise bestätigt haben. Die Sternmodellbilder sind also auf der richtigen Spur und wir können uns der Frage zuwenden, was mit Sternen nach dem Wasserstoffbrennen im Zentrum geschieht.

## 4.5 Heliumbrennen – Zukunft der Sonne als Roter Riese

Die Sonne hat nun als Quelle ihres Lebens seit mehr als 4,5 Milliarden Jahren in ihrem Inneren Wasserstoff zu Helium verbrannt. Wie in Abbildung 4.27 gezeigt, hat dies dazu geführt, dass die Sonne im Zentrum heute über einen größeren Massenanteil an

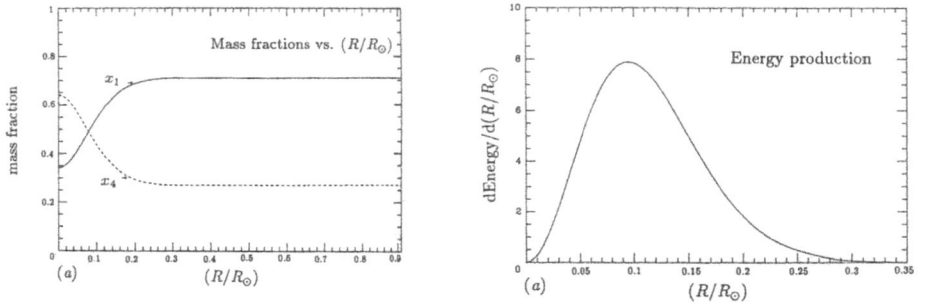

**Abb. 4.27:** (links) Massenanteile von Wasserstoff ($X_1$) und Helium ($x_4$) als Funktion des Sonnenradius. Im Sonneninneren bis zu etwa einem Fünftel des Sonnenradius ist der Wasserstoffanteil durch nukleares Brennen in Helium umgewandelt worden. Hierdurch ist der Anteil an Helium dementsprechend gestiegen. In den äußeren vier Fünfteln ist es nicht heiß genug, um Wasserstoff zu verbrennen. Hier liegt noch die ursprüngliche Komposition der Sonne vor. (rechts) Energieproduktion in der heutigen Sonne. Am effizientesten wird Wasserstoff etwa bei einem Radius von 0,1 $R_\odot$ in Helium verwandelt und so Energie freigesetzt. Weiter zum Zentrum hin nimmt der Heliumanteil zu und somit das Wasserstoffbrennen ab. Zu größeren Radien nimmt die Temperatur ab und drosselt so das Wasserstoffbrennen.

Helium als an Wasserstoff verfügt. Eine Konsequenz hiervon ist, dass das solare Wasserstoffbrennen nun leicht außerhalb des Zentrums am effektivsten abläuft (siehe rechte Abbildung 4.27). Was passiert mit dem Helium, das man üblicherweise als die „Asche" des Wasserstoffbrennens bezeichnet? Diese Geschichte wird der Hauptpunkt dieses Unterkapitels sein. Wir werden dabei sowohl einen Blick auf die Zukunft der Sonne werfen, als auch feststellen, dass die Art und Weise, wie das Brennen gezündet wird, von der Masse des Sterns abhängt. Unabhängig vom Zündmechanismus wird der Stern sich gewaltig in dieser Brennphase verändern. Zunächst wollen wir aber die beiden Kernreaktionen kennenlernen, die das Heliumbrennen bestimmen. Nur zwei Reaktionen; dies klingt nach einer einfachen Aufgabe, aber beide Reaktionen haben es „in sich" und stellen große Anforderungen an die Experimentierkunst, um die relevanten Reaktionsraten zu bestimmen.

Die Heliumasche sammelt sich im Zentrum eines Sterns während des Wasserstoffbrennens. Wie wir in der Diskussion zum Brennen der pp-Ketten gesehen haben, sind Reaktionen von $^4$He mit den anderen Kernen, die im Zentrum vorhanden sind, entweder unproduktiv (mit Protonen endet man mit dem unstabilen $^5$Li, Deuteronen sind nur in geringen Spuren vorhanden) oder bleiben im Kreislauf der Kette ($^3$He). Schwerere Kerne, die von früheren Sterngenerationen beigemischt worden sind, haben zusammen mit $^4$He ein zu großes Ladungsprodukt $Z_1 Z_2$ und damit eine zu große Coulomb-Barriere, um bei den Temperaturen, die während des Wasserstoffbrennens im Stern herrschen, eine ansprechende Fusionswahrscheinlichkeit zu erlauben. Damit hilft auch der Trick, wie im CNO-Zyklus einen anderen Kern als Katalysator für das Heliumbrennen zu benutzen, nicht weiter. Es verbleibt also nur die Reaktion von $^4$He mit $^4$He, was allerdings daran scheitert, dass der Fusionskern $^8$Be instabil ist und nach ungefähr $10^{-16}$ Sekunden wieder zerfällt. Für die Nukleosynthese im Urknall war dies der Showstopper. Allerdings wies Edwin Salpeter 1952 darauf hin, dass in Sternen die $^8$Be-Kerne natürlich auch schnell zerfallen würden, allerdings würden auch immer wieder neue kurzlebige $^8$Be-Kerne durch Stöße von zwei $^4$He-Kernen gebildet, sodass im Mittel immer einige wenige $^8$Be-Kerne im stellaren Gleichgewicht existierten. Diese hätten dann die Chance, in ihrer kurzen Lebensdauer mit einem weiteren $^4$He-Kern zu fusionieren und so den stabilen Kern $^{12}$C zu bilden. Eine weitere weitreichende Einsicht von Ed Salpeter (neben der Formel für die Massenverteilung von Sternen und anderen wichtigen Beiträgen), die den Ausweg aufzeigt, wie Sterne noch andere Brennphasen erreichen können und so schwerere Elemente erbrüten können. Leider erwies sich die Abschätzung für die Fusionsrate von 3 Alphateilchen zu $^{12}$C als zu klein. Also, so folgerte Fred Hoyle, muss die Idee nicht falsch sein, es fehlte nur noch der entscheidende Gedanke. Fred Hoyle war so davon überzeugt, dass $^{12}$C in Sternen und durch die Fusion dreier $^4$He-Kerne entsteht, dass er postulierte, dass dieser Prozess resonant verstärkt werden müsste, durch einen bis dahin nicht bekannten angeregten Zustand im $^{12}$C-Kern, dessen Anregungsenergie und Drehimpuls Hoyle so voraussagte, dass die stellare Fusionsrate zur Produktion von $^{12}$C ausreichte. Hoyle stellte sein Postulat Kollegen vom California Institute of Technology vor, die genug motiviert waren, nach diesem Zustand zu suchen und – in der Tat – die gewünschte Resonanz mit den von Fred Hoyle geforderten Eigenschaften experimentell zu bestätigen. Diese Resonanz ist heute in aller Welt als „Hoyle-Zustand" bekannt. Die Bedeutung dieses Zustands fasste der Physik-Nobelpreisträger Ben Mottelson einmal auf einer Konferenz wie folgt zusammen: „The state is very important, they insist. But it would not be missed, if it doesn't exist." Wie wahr, ohne diesen Zustand gäbe es weder Kohlenstoff noch Sauerstoff (wie wir gleich sehen), und somit auch kein Leben, wie wir es kennen. Es lebte wohl niemand, der sich über den Hoyle-Zustand Gedanken machen könnte, wenn dieser Zustand nicht existierte.

Im zweiten Schritt des stellaren Heliumbrennens verbindet sich der durch die Fusion von drei $^4$He-Kernen (genannt Triple-Alpha-Reaktion) gebildete $^{12}$C-Kern mit einem weiteren Alphateilchen zum Kern $^{16}$O. Diese $^4$He + $^{12}$C-Fusionsreaktion wurde von William A. Fowler in seinem Nobelvortrag 1983 als von „herausragender Bedeutung" bezeichnet. Damit bezog sich Willy Fowler zum einen auf die Rolle, die diese Reaktion für die Nukleosynthese noch schwererer Elemente sowie auf die nachfolgende Entwicklung von Sternen spielt, zum anderen aber auch auf die ungewöhnliche Herausforderung, die die Bestimmung der entsprechenden Fusionsrate an den relevanten Energien in Sternen stellt. Normalerweise werden elektromagnetische Fusionsreaktionen von zwei Hierarchien bestimmt. Zum einen sollte das Zentrifugalpotential, das sich im Eingangskanal zur Coulomb-Barriere addiert, möglichst klein sein. Zum anderen sollte die durch das elektromagnetische Feld vermittelte Übergangsstärke zwischen dem fusionierenden System im Eingangskanal und dem fusionierten Kern im Endzustand möglichst groß sein. Dies favorisiert sogenannte elektrische Dipolübergänge gegenüber elektrischen Quadrupolübergängen, normalerweise um mehrere Größenordnungen. Angewandt auf die $^4$He + $^{12}$C Fusion sprechen beide Punkte für die Fusion durch einen elektrischen

Dipolübergang (in diesem Fall ist das Zentrifugalpotential um einen Faktor 3 weniger abstoßend als für den konkurrierenden Quadrupolübergang). Allerdings ist der Dipol-übergang für diese spezielle Reaktion stark unterdrückt, da der Massen- und Ladungs-schwerpunkt fast identisch sind. Als Resultat sind der Dipol- und Quadrupolübergang fast gleich stark. Erschwerend kommt hinzu, dass die Reaktion im Heliumbrennen bei Energien am effektivsten abläuft (etwa bei 300 keV), an denen die Tunnelwahrschein-lichkeit so extrem klein ist, dass eine direkte Messung, auch in Untergrundlaboren, un-möglich ist. Die stellaren Fusionsraten müssen also durch Extrapolation von experimen-tellen Daten, die bei höheren Energien gewonnen wurden (man erreicht etwa 1000 keV) und dann zu den relevanten Energien extrapoliert werden müssen, bestimmt werden. Um auch diese Situation so kompliziert wie möglich zu machen, tragen sowohl für den Dipolanteil als auch für den Quadrupolanteil zur stellaren Fusionsrate zwei Resonan-zen bei, die jeweils unterhalb der $^4$He + $^{12}$C-Energieschwelle liegen und deren Beitrag in den experimentell zugänglichen Fusionsdaten deutlich kleiner ist als bei stellaren Energien. Die stellare Fusionsrate glaubt man, nach fast einem halben Jahrhundert in-tensiver experimenteller Bemühung, nun mit einer Genauigkeit von 10–20 % bestimmt zu haben, wobei auch brilliante indirekte Methoden zur Bestimmung der Rate entwi-ckelt wurden. So stellte man den instabilen Kern $^{16}$N künstlich und in großer Menge her und verfolgte seinen Beta-Zerfall, in Umgehung der Coulomb-Barriere, in niederenerge-tische $^4$He + $^{12}$C Konfigurationen, die dann per Dipolübergang in den $^{16}$O-Grundzustand fusionierten. An der Beschleunigeranlage der GSI in Darmstadt ist es möglich, die Re-aktion rückwärts laufen zu lassen, indem man den $^{16}$O-Kern durch Photonen in die $^4$He + $^{12}$C-Bestandteile aufspaltet. Auch die Eigenschaften der beiden wichtigen Reso-nanzen wurden experimentell bestimmt.

Eigentlich ist noch eine dritte Reaktion für das Heliumbrennen von großer Bedeu-tung, die Fusion von einem $^4$He-Kern mit einem $^{16}$O-Kern. Es konnte aber experimentell gezeigt werden, dass die entsprechende Fusionsrate sehr klein ist und es somit zu keiner Nukleosynthese von Kernen schwerer als Sauerstoff im Heliumbrennen kommt.

Das Heliumbrennen besteht somit aus zwei Reaktionen: der anfänglichen Triple-Alpha-Reaktion, mit der die Massenlücke bei $A = 8$ überwunden wird, und der fol-genden $^4$He + $^{12}$C-Fusionsreaktion (siehe Abbildung 4.28). Da das Brennen keinen Ma-teriefluss über $^{16}$O hinaus wegen der sehr kleinen $^4$He + $^{16}$O-Fusionsrate zulässt, sind die beiden Hauptprodukte des Heliumbrennens Kohlenstoff ($^{12}$C) und Sauerstoff ($^{16}$O). Dies sind die beiden Hauptbausteine des Lebens, wie wir es kennen! Es ist bemerkens-wert, dass die Raten der beiden Reaktionen im Heliumbrennen gerade so sind, dass beide Bausteine etwa gleich häufig produziert werden. Wäre die Rate der Triple-Alpha-Reaktion deutlich größer, würde sich dieses Gleichgewicht deutlich zum Kohlenstoff hin verschieben; wäre die $^4$He + $^{12}$C-Fusionsrate größer, gäbe es deutlich mehr Sauerstoff als Kohlenstoff. Und gut, dass die $^4$He + $^{16}$O-Rate so klein ist, sonst produzierte das Helium-brennen Neon oder Magnesium ... auf Kosten von Kohlenstoff und Sauerstoff.

Die Tatsache, dass der Hoyle-Zustand gerade bei der speziellen Energie im $^{12}$C-Kern vorkommt, um die Umwandlung von Helium in Kohlenstoff möglich zu machen, wird

## Heliumbrennen

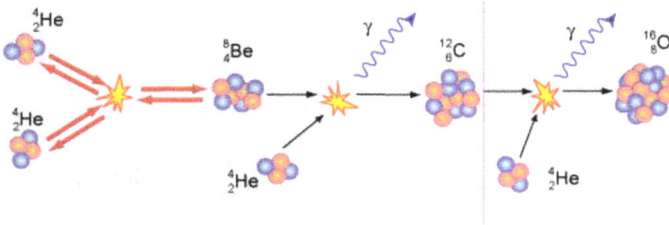

**Abb. 4.28:** Reaktionen des Heliumbrennens. Das Heliumbrennen beginnt mit der Fusion von drei Alphateilchen zu $^{12}$C, wobei die Reaktionswahrscheinlichkeit durch den Hoyle-Zustand entscheidend vergrößert wird. Die Reaktion benötigt als Zwischenschritt auch die Bildung von kurzlebigem $^8$Be, das sich in Sternen im Gleichgewicht einstellt. Im zweiten Schritt fusioniert ein $^{12}$C-Kern mit einem Alphateilchen und bildet $^{16}$O.

manchmal als Beispiel des „anthropischen Prinzips" bezeichnet, wobei gemeint ist, dass die Naturkonstanten, die letztendlich auch die Energie des Hoyle-Zustands festlegen, bei der Entstehung des Universums so gewählt worden sind, damit wir – die Menschheit – entstehen konnten, um das Universum zu beobachten. Diesem Bild liegt also die Annahme des „fein abgestimmten Designs" zugrunde, eine Frage, die mehr die Philosophie als die Naturwissenschaften berührt und die an einen Gewinner des Hauptpreises im Lotto erinnert, der sich, nachdem er 6 Richtige mit Zusatzzahl getippt hat, fragt, ob dies nicht vorherbestimmt war, da es doch so ungemein unwahrscheinlich war. Die vielen Millionen Lottospieler, die nicht richtig getippt haben, fragen sich dies nicht. Erich Kästner fasste es im Nachwort zu seinem Fabian treffend zusammen: „Weil es viele Möglichkeiten gibt, und nur eine davon kann Tatsache werden, verwirklicht sich das Unwahrscheinliche."

Um die Triple-Alpha-Reaktion als ersten Schritt des Heliumbrennens zu ermöglichen, ist allerdings eine Temperatur von etwa 100 Millionen Kelvin nötig, also etwa das Siebenfache der Temperatur, die zurzeit im Inneren der Sonne vorliegt. Deshalb sammelt sich im Sonnenzentrum die Heliumasche an, ohne allerdings als neue Energiequelle gezündet werden zu können. Es ist zu kalt. Wie ein Stern die notwendige Temperatur erreicht und wie das Zünden des Heliumbrennens vonstattengeht, hängt, wie wir im Folgenden diskutieren wollen, von der Masse des Sterns ab. Zunächst verfolgen wir die Sonne in ihre Zukunft, als Beispiel von Sternen mit normaler Masse. Danach wenden wir uns den massereicheren Sternen zu.

Seitdem das Wasserstoffbrennen in der Sonne vor mehr als 4,5 Milliarden Jahren begonnen hat, wird Wasserstoff im Inneren zu Helium verbrannt. Dadurch nimmt der Wasserstoffanteil dort ab. Dies würde auch die Brennrate drosseln, was allerdings dadurch kompensiert wird, dass die Temperatur im Zentrum graduell zugenommen hat, sodass das hydrostatische Gleichgewicht weiterhin gewährleistet werden kann. Allerdings ändert sich das Gleichgewicht, da die Erhöhung der Temperatur im Inneren dazu führt, dass der Stern sich ausdehnt, um den Temperaturgradienten möglichst gering zu halten. Diese Tendenzen werden sich auch zunächst in der Sonne fortsetzen: Die Temperatur im Inneren und der Radius steigen moderat an. Der Anstieg der Temperatur verschiebt auch das relative Gewicht zwischen den beiden möglichen Wasserstoffbrennzyklen, da der CNO-Zyklus eine viel größere Temperaturabhängigkeit hat als die pp-Ketten. Tabelle 4.4 zeigt einen Blick auf die Zukunft der Sonne anhand einiger Kenngrößen. Das „ruhige" Leben der Sonne, ermöglicht durch Wasserstoffbrennen im Inneren, wird sich noch mehr als 6 Milliarden Jahre fortsetzen. Aber irgendwann in der Zukunft wird der Wasserstoffvorrat im Zentrum aufgebraucht sein, und der innerste Bereich aus Heliumasche bestehen. In der Umgebung dieses Heliumcores gibt es allerdings noch Wasserstoff, den der Stern anzapfen kann, um hier in einer „Schale" um die innere Heliumkugel weiterhin Wasserstoff zu verbrennen. Man nennt dies das

**Tab. 4.4:** Modellvoraussagen über die zukünftige Entwicklung unserer Sonne. Die Masse, die Leuchtstärke und der Radius sind relativ zu den heutigen Werten angegeben. An Punkt A verlässt die Sonne die Hauptreihe. Die Sonne erreicht den Rote-Riesen-Ast bei Punkt B. Bei Punkt C wird das Heliumbrennen im Zentrum durch den „Heliumblitz" gezündet. Die Sonne nimmt dann ein neues Gleichgewicht an, das durch Heliumbrennen im Core und Schalenbrennen von Wasserstoff unterstützt wird (Punkt D). Bei Punkt E ist der Heliumvorrat im Core aufgebraucht und das Heliumbrennen wird in einer Schale fortgesetzt. Am Ende kommt es zu den „Heliumpulsen" d. h. blitzhaftes Heliumschalenbrennen (Punkt F). Die Sonne hat nicht genug Masse, um weitere Brennphasen im Zentrum zu zünden. Sie wird schließlich zu einem Weißen Zwerg. Die Daten folgen einer Rechnung von Juliana Sackmann und Mitarbeitern.

| Alter | Masse | Leuchtstärke | Temperatur auf der Oberfläche | Radius |
|---|---|---|---|---|
| [$10^9$ Jahre] | $M_\odot$ | [$L_\odot$] | [K] | [$R_\odot$] |
| 4,56 | 1 | 1 | 5772 | 1 |
| 7,56 | 1 | 1,33 | 5843 | 1,13 |
| 9,37 | 1 | 1,67 | 5819 | 1,28 |
| 10,91 (Punkt A) | 1 | 2,21 | 6517 | 1,58 |
| 11,64 (Punkt B) | 0,9998 | 2,73 | 4902 | 2,30 |
| 12,15 | 0,994 | 34 | 4540 | 9,5 |
| 12,233 (Punkt C) | 0,725 | 2349 | 3107 | 166 |
| 12,234 (Punkt D) | 0,725 | 41 | 4724 | 9,5 |
| 12,239 | 0,724 | 46 | 4688 | 10,3 |
| 12,316 | 0,713 | 42,4 | 4819 | 9,4 |
| 12,344 (Punkt E) | 0,709 | 110 | 4453 | 17,6 |
| 12,345 | 0,708 | 130 | 4375 | 20 |
| 12,3654 (Punkt F) | 0,54 | 5190 | 3660 | 177 |

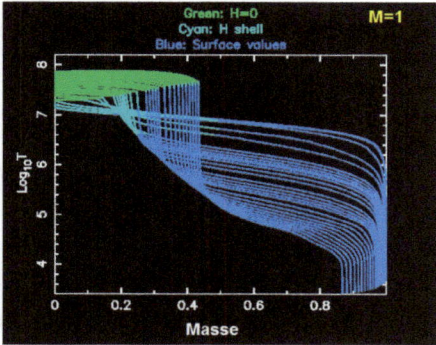

**Abb. 4.29:** Zeitentwicklung der Temperatur-Massenprofile eines Sterns von einer Sonnenmasse während des Wasserstoffcore- und Schalenbrennens. Das unverbrannte Helium (grün) sammelt sich im Zentrum und wird graduell durch Kontraktion des Cores erhitzt. Das Schalenbrennen (cyan) findet zunächst in einem ausgeprägten Bereich mit flachem Temperaturgradienten statt. Die Schale wird mit der Zeit dünner, die Brenntemperatur steigt. Ein starker Temperaturgradient entwickelt sich zur äußeren Hülle (blau), die abkühlt. Es kommt zum Anstieg der Opazität in der Hülle, die bis auf den äußersten Rand konvektiv wird.

Wasserstoffschalenbrennen (Abbildung 4.29). Diese Phase beginnt etwa bei Punkt A in der Tabelle 4.4. Der Heliumcore wird allerdings noch nicht von einer Energiequelle unterstützt und zieht sich deshalb langsam unter seiner eigenen Anziehung zusammen. Dies erhöht die Dichte im Core, aber auch die Temperatur. Die erhöhte Hitze im Core strahlt auch in die Wasserstoffbrennschale, wo durch eine leichte Anhebung der Temperatur der Wasserstoff schneller verbrannt wird. Diese Steigerung der Luminosität wiederum erhitzt die äußere Hülle (in der kein Brennen stattfindet). Wie man dies von einem erhitzten Gas kennt, dehnt es sich aus, hier natürlich gegen den Widerstand der gravitativen Anziehung, sodass das Gas nicht entweicht, aber zu neuen Gleichgewichtszuständen des Sterns mit erhöhtem Radius führt. Die Sonne wird zu einem Riesenstern, was sie etwa bei Punkt B in der Tabelle erreicht hat. Während der Entwicklung von der Hauptreihe (Punkt A) zum Riesen (Punkt B) expandiert der Stern, gleichzeitig sinkt die Oberflächentemperatur; die Farbe der Sonne verschiebt sich von Gelb-orange zu Rot. Die Sonne ist an Punkt B zu einem Roten Riesen geworden. Die Abkühlung der äusseren Hülle hat drastische Konsequenzen für den Energietransport. Die Bildung des Wasserstoffion $H^-$, das unter den kühleren Bedingungen existieren kann, erhöht die Opazität und reduziert den Energietransport durch Strahlung drastisch. Der Energietransport wird nun in der äußeren Hülle durch Konvektion übernommen. Dies erhöht die Strahlungsleistung drastisch. Nach dem Stefan-Boltzmann-Gesetz ist die Strahlungsleistung $L$ proportional zur vierten Potenz der Temperatur und zum Quadrat des Radius ($L \sim T^4 R^2$). Da die Luminosität zwischen den Punkten B und C, in ungefähr 60 Millionen Jahren, um fast das Tausendfache ansteigt, wird dies hauptsächlich durch Anwachsen des Radius kompensiert, während die Oberflächentemperatur sogar weiter sinkt. Im Hertzsprung-Russell-Diagramm wandert der Stern, bei nur geringfügig abnehmender

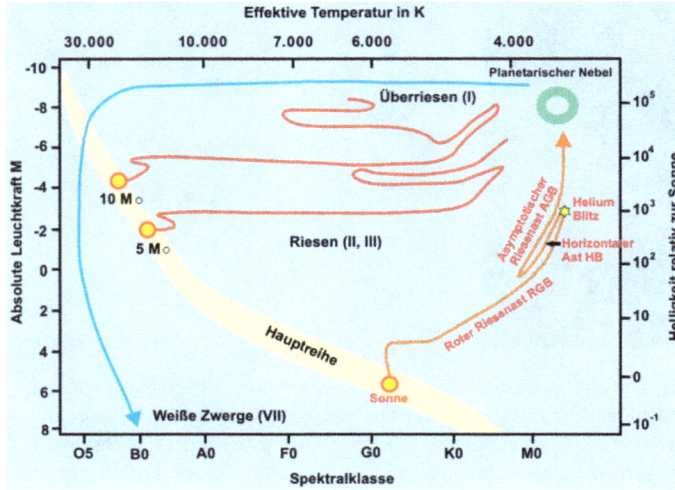

**Abb. 4.30:** Weg von Sternen unterschiedlicher Masse im Hertzsprung-Russell-Diagramm. Unsere Sonne verlässt die Hauptreihe mit anwachsender Luminosität, bevor sie sich über den Roten-Riesen-Ast zu dem Punkt des „Heliumblitzes" entwickelt. Danach folgt die Periode auf dem asymptotischen Riesenast, bevor sie zu einem planetarischen Nebel wird und sich schließlich zu einem Weißen Zwerg entwickelt. Sterne mit höherem Geburtsgewicht starten bei höherer Leuchtkraft auf der Hauptreihe und erreichen ihre Riesenphase auf einem Pfad, auf dem sich die Luminosität nur gering ändert. Auch bei ihnen kommt es im Wettstreit von Wasserstoff- und Heliumschalenbrennen zu schleifenartigen Wegen im Diagramm. Ein Stern mit 5 Solarmassen Geburtsgewicht verliert hierbei genügend Masse, um als Weißer Zwerg zu enden. Bei einem 10-Solarmassen-Stern ist das Endstadium noch etwas unklar, wie im nächsten Kapitel diskutiert wird.

Temperatur, fast senkrecht nach oben. Man nennt diesen Bereich des Diagramms den Roten-Riesen-Ast (Abbildung 4.30).

Bei Punkt C hat die Sonne ihre größte Ausdehnung erreicht, ihr Radius hat sich mehr als verhundertfacht. Während der ganzen Entwicklung entlang des Roten-Riesen-Asts hat sich die Kontraktion des Heliumcores fortgesetzt; er hat sich weiter komprimiert und ist heißer geworden. Schließlich ist die Temperatur im Inneren auf den Wert von 100 Millionen Grad angewachsen (bei Punkt C) und es wird möglich, die Triple-Alpha-Reaktion als Beginn des Heliumbrennens zu zünden. Allerdings ist auch die Dichte im Core, wenn die Zündtemperatur des Heliumbrennens erreicht ist, deutlich angestiegen, auf etwa $10^6$ g/cm$^3$, was den jetzigen Wert im Sonneninneren ungefähr um das 10000-fache übertrifft. Bei solchen Dichten verhalten sich Elektronen anders, als wir es in der normalen Umwelt gewöhnt sind. Elektronen sind Fermionen und sie unterliegen dem Pauli-Prinzip, das besagt, dass keine zwei Fermionen den identischen Satz von Quantenzahlen besetzen können. Das Pauli-Prinzip manifestiert sich zum Beispiel in der Struktur der Atomhüllen der Elemente und ist notwendig, um die Systematik der chemischen Periodentafel zu verstehen. In den Sternen können wir die Elektronen durch ihren (dreidimensionalen) Impuls charakterisieren, wobei wegen des Spins der Elektronen jeder Impulszustand zweimal besetzt werden kann; aber eben nicht häufiger. Vernachlässigt man zunächst die Temperatur, so werden die Elektronen die niedrigsten Zustände besetzen. Der Impuls, mit dem Betrag $p$, definiert auch die kinetische Energie der Teilchen ($E = p^2/(2m)$ im klassischen Fall, $E = cp$ im relativistischen Fall), sodass man auch sagen kann, dass die Elektronen alle möglichen Zustände besetzen werden bis zu einer bestimmten Energie; diese Energie nennt man Fermi-Energie $\epsilon_F$ und man spricht von einem „entarteten" Elektronengas. Die Fermi-Energie wächst mit der Dichte $\rho$; im nicht-relativistischen Fall wie $\rho^{2/3}$, im relativistischen Fall wie $\rho^{1/3}$. Der Übergang zum relativistischen Fall geschieht etwa bei Dichten von $10^6$ g/cm$^3$, wobei der Übergang sich sanft von einem zum anderen Fall entwickelt. Wegen dieser Abhängigkeit von der Dichte, kann ein entartetes Elektronengas einen Widerstand gegen eine weitere Kompression ausüben. Man nennt dies den Entartungsdruck. Er ermöglicht es, dass der entartete Core gegen den Gravitationsdruck stabil ist. Dies ist allerdings nur bis zu einer maximalen Masse des Cores möglich, der sogenannten Chandrasekhar-Masse $M_{\mathrm{Ch}}$, die etwa $M_{\mathrm{Ch}} = 1{,}4\,M_\odot$ beträgt, und eine extrem wichtige Rolle in den Endstadien von Sternen spielt (siehe Kapitel 5).

Die Fermi-Energie bei $\rho = 10^6$ g/cm$^3$ ist ungefähr 500 keV, was etwa der Ruhemasse des Elektrons entspricht. Diese Energie ist sehr viel größer als die thermische Energie bei Temperaturen von $10^8$ K, die 8,6 keV ist, und auch der mittleren Coulomb-Energien zwischen den Teilchen, sodass wir diese vernachlässigen dürfen. Die endliche Temperatur hat aber zur Folge, dass die Fermi-Energie keiner scharfen Kante entspricht, sondern in der Größenordnung der thermischen Energie aufgeweicht wird (siehe Abbildung 2.13). Die Tatsache, dass die thermische Energie so viel kleiner ist als die Fermi-Energie, bedeutet aber, dass die Energieübertragung von den Photonen auf die Elektronen nicht funktioniert, da ein Elektron mit der resultierenden Endenergie zumeist schon existiert und ein weiteres nach dem Pauli-Prinzip nicht erlaubt ist. Dies bedeutet letztendlich, dass freigesetzte Energie, zum Beispiel durch die Triple-Alpha-Reaktion, nicht zu einer Expansion des Cores führt, sondern nur zu einer Erhöhung der Temperatur. Eine Expansion, wie es die Antwort eines normalen Gases bei Temperaturerhöhung ist, wird erst möglich, wenn die Temperatur des entarteten Elektronengases etwa so groß ist wie die Fermi-Energie, sodass die meisten Elektronen in Reaktionen mit den Photonen in Energiezustände angehoben werden können, die unbesetzt sind. Der Rote Riese erreicht diese Überwindung der Entartung auf eine spektakuläre Art und Weise. Wir bemerken noch, dass ein entartetes Elektronengas Energie effizient durch Konduktivität transportieren kann.

Wird einem nicht-entarteten Gas Energie zugefügt, expandiert und kühlt es. Dies ist für ein entartetes Gas anders: Das Gas expandiert nicht, da man an die Elektronen keinen Impuls übertragen kann. Als Konsequenz resultiert die zugefügte Wärme in einer Temperaturerhöhung. Dies passiert beim Zünden der Triple-Alpha-Reaktion im entarteten Heliumcore unserer zukünftigen Sonne. In Sternen und bei Energien viel kleiner als den jeweiligen Coulomb-Barrieren laufen Kernreaktionen aber schneller ab, wenn man die Temperatur erhöht. Bei der Triple-Alpha-Reaktion ist dies besonders dramatisch: Die Energieausbeute durch die Triple-Alpha-Reaktion steigt um die 41te Potenz der Temperatur ($T^{41}$) bei 100 Millionen Grad. Die Kernreaktion produziert Energie, die die Temperatur erhöht, was dann die Reaktion schneller laufen lässt und deutlich mehr Energie produziert, die die Temperatur erhöht. Die Zündung des nuklearen Brennens im entarteten Heliumcore startet somit einen Prozess, der sich explosionsartig selbst verstärkt, bis schließlich genügend Energie produziert worden ist, um die Entartung aufzuheben und den Core zu expandieren. Durch die Expansion kühlt dann der Core und kann schließlich in ein „ruhiges" Heliumbrennen des Cores übergehen. Die explosionsartige Zündung des Heliumbrennens, um die Entartung des Heliumcores zu überwinden, nennt man einen „Heliumblitz" (helium flash). Der Blitz dauert nur ein paar Minuten. In der Zeit werden aber ungefähr 6 % des Heliumvorrats (etwa 0,025 $M_\odot$) verbrannt, was der Luminosität der heutigen Sonne über eine Periode von ungefähr 200 Millionen Jahren entspricht. Die Energie wird fast ausschließlich dazu benutzt, den inneren Core aus seinem entarteten Zustand mit einer Dichte von $10^6$ g/cm$^3$ in ein normales Gas mit einer Dichte von $10^4$ g/cm$^3$ zu verwandeln. Hätte man die Chance, den Blitz von außen zu beobachten, würde man wahrscheinlich der Sonne gar nichts von dem spektakulären Ereignis in ihrem Inneren anmerken.

Die Sonne hat einen neuen Gleichgewichtszustand (Punkt D) erreicht und erzeugt nukleare Energie in zwei dedizierten Brennbereichen: Im Core wird Helium, in einer Schale Wasserstoff verbrannt. Da die Energieausbeute des Heliumbrennens pro Nukleon, diktiert durch die Bindungsenergien der Kerne vor ($^4$He) und nach der Fusion ($^{12}$C, oder $^{16}$O), deutlich kleiner ist als die des Wasserstoffbrennens – weniger als 10 % –, ist das Wasserstoffbrennen, nun in der Schale, weiterhin die Hauptenergiequelle des Sterns. Da der Schale durch das Heliumbrennen Energie zugeführt wird, verläuft das Wasserstoffbrennen in der Schale bei höheren Temperaturen, und somit auch schneller ab, als während der Hauptreihenphase im Core.

Der Zustand, der sich nach dem Heliumblitz einstellt, hat eine deutlich kleinere Luminosität, als sie vor dem Zünden des Heliumbrennens vorlag (Punkt C). Dies liegt daran, dass die Expansion des Heliumcores zu einer Abkühlung der Schale, in der Wasserstoff verbrannt wird, führt. Danach verbringt die Sonne etwa 100 Millionen Jahre in der Periode des Heliumcorebrennens, wobei sukzessive Helium zunächst in $^{12}$C umgewandelt wird. Es bildet sich ein Core, der aus Kohlenstoff besteht, und der Heliumvorrat, der zur Verfügung steht, wird kleiner. Dies drosselt die Energieproduktion durch Heliumbrennen und wird dadurch kompensiert, dass die Temperatur durch Kontraktion erhöht wird. Wenn diese 200 Millionen K erreicht, kann auch der zweite Schritt des Heliumbrennens, die $^4$He + $^{12}$C-Fusion, starten. Aber die größere Konsequenz hat der Anstieg der Temperatur auf die Wasserstoffbrennschale, in der auch die Temperatur steigt (bei gleichzeitiger Verengung der Schale), und somit durch verstärktes Wasserstoffbrennen die Luminosität drastisch steigt. Dies führt wiederum zu einer starken Expansion, und einer leichten Verringerung der Oberflächentemperatur. In der Tabelle 4.4 beschreibt der Punkt E die Eigenschaften der Sonne zu dem Zeitpunkt, an dem der Heliumvorrat im Inneren aufgebraucht ist und das Heliumcorebrennen stoppt.

Wenn das Heliumbrennen im Inneren aufgehört hat, setzt es sich in einer Schale um den aus $^{12}$C und $^{16}$O bestehenden Core (C-O-Core) fort; die Sonne bezieht ihre Energie nun aus den Kernfusionen in zwei unterschiedlichen Schalen. Abbildung 4.31 illustriert dieses Zwei-Zonen-Brennen.

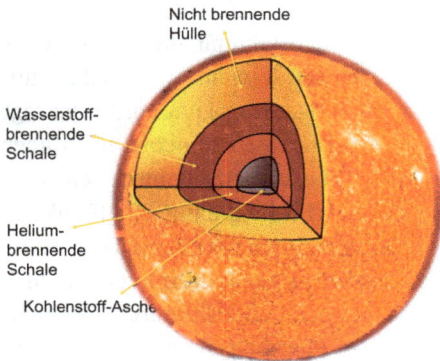

**Abb. 4.31:** Schnitt durch einen Stern nach Beendigung des Heliumcorebrennens. Im Core befindet sich die Asche des Heliumbrennens ($^{12}$C, $^{16}$O). Darüber schließen sich zwei Schalen an, in denen Helium bzw. Wasserstoff verbrannt werden. Außen befindet sich die Hülle. Diese ist für nukleares Brennen zu kalt.

Der Wettstreit dieser beiden Schalen bestimmt nun das Leben der Sonne. Der C-O-Core, analog dem Heliumcore bei Start des Wasserstoffschalenbrennens, zieht sich zusammen und erhöht neben der Dichte auch die Temperatur. Und auch der C-O-Core wird entartet. Allerdings wird in der Sonne der Core nie die hohen Temperaturen erreichen, die notwendig sind, um die nächste Brennstufe – Kohlenstoffbrennen – zu zünden. Die Sonne ist nicht massereich genug. Der Temperaturanstieg im Core beschleunigt das nukleare Brennen in der Schale um den Core, wo nun beide Schritte des Heliumbrennens ablaufen. Dank der extremen Temperaturabhängigkeit der Energieausbeute durch die Triple-Alpha-Reaktion genügt eine recht moderate Temperaturerhöhung, um die Energieausbeute drastisch zu vergrößern. Als Antwort expandiert die äußere Hülle, aber vor allem steigt die Luminosität an. Der Stern bewegt sich auf dem sogenannten asymptotischen Riesenast (Asymptotic Giant Branch, Abbildung 4.30). Simulationen zeigen, dass die Wasserstoffbrennschale bei der Expansion soweit nach außen verschoben werden kann, dass das Brennen kurzzeitig erlischt, weil es zu „kalt" geworden ist. Es wird dann aber wieder entfacht, weil das Heliumschalenbrennen sich durch den Heliumvorrat zwischen den beiden Schalen frisst und der Wasserstoffschale näherkommt und diese wieder soweit erwärmt, dass das Brennen erneut startet. Möglich wird dieses „Einholen" dadurch, dass die Triple-Alpha-Reaktion, wegen der drastisch höheren Temperaturabhängigkeit, viel schneller brennt als das Wasserstoffbrennen, das unter diesen Bedingungen durch den CNO-Zyklus bestimmt wird. Das extrem schnelle Heliumbrennen bedeutet aber auch, dass der Heliumvorrat aufgebraucht wird (und der C-O-Core wächst); das Heliumbrennen versiegt. Die Energiequelle ist nun Wasserstoffbrennen in einer Schale um den C-O-Core. Dieses produziert neues Helium, das sich in einer dünnen Schale um den C-O-Core sammelt und schließlich wieder gezündet werden kann. Wegen der hohen Temperaturabhängigkeit erzeugt das Heliumbrennen eine hohe Energiemenge, die nicht so schnell aus der Schale heraustransportiert werden kann. Ein Teil der Energie geht in die Expansion der Schale, ein anderer Teil erhöht die Temperatur und somit die Energieerzeugung. Dies führt zu einer Instabilität, die „thermischer Puls" genannt wird. Der thermische Puls beendet sich selbst, wenn die Schale genügend expandiert ist. Die bei einem thermischen Puls freigesetzte Luminosität beträgt etwa $10^6\,L_\odot$, ist also um einen Faktor 10000 kleiner als beim Heliumblitz, führt aber trotzdem, mit kleiner Zeitverzögerung von etwa 400 Jahren, verursacht durch den Energietransport zur Oberfläche, zu einer Erhöhung der Oberflächenluminosität (Punkt F). Vorher allerdings kommt es zu einem Abfall der Oberflächenluminosität, da das Wasserstoffschalenbrennen durch die starke Expansion des Sterns wieder abgeschaltet wird. Mit dem Verbrauch des Heliumvorrats und dem Absterben des Heliumbrennens zieht sich der Stern wieder zusammen; die Luminosität sinkt. Allerdings wird durch die Kontraktion das Wasserstoffschalenbrennen wieder gezündet, Helium produziert und der thermische Puls wiederholt sich. Simulationen zeigen, dass dies vier bis fünf Mal in der Spätphase der Sonne passieren kann. Danach begibt sich die Sonne auf ihren letzten Lebensabschnitt und wird ein Weißer Zwerg. Abbildung 4.30 zeigt den Weg, den die Sonne während ihres zukünftigen Lebens im Hertzsprung-Russell-Diagramm nehmen wird.

Wie die Tabelle 4.4 zeigt, verliert die Sonne in ihren beiden Perioden, in denen sie sich zu einem Roten Riesenstern entwickelt, sehr viel Masse. Dies ist damit verbunden, dass der größte Teil der äußeren Hülle zu einer konvektiven Zone wird, in der Energie durch Konvektion transportiert wird und in der es zu Turbulenzen kommt. Durch die Konvektion kommt es auch zu einer Durchmischung der Elementenkomposition, sodass Elemente wie $^{12}$C und $^{16}$O, die durch Heliumbrennen produziert wurden, oder $^{14}$N, das Hauptprodukt des CNO-Zyklus im Wasserstoffschalenbrennen, nach oben bis an die Oberfläche transportiert werden, aber auch Protonen und $^4$He-Kerne in die heißeren unteren Schichten gebracht werden, wo sie leicht mit den dort vorhandenen Kernen reagieren können.

Welche Auswirkungen hat die zukünftige Entwicklung auf das Leben auf der Erde? Wegen des Massenverlusts wird sich, nach den Kepler-Gesetzen, der Orbit der Erde um die Sonne ändern. Die Erde rutscht weiter weg von der Sonne. Ob dies in einer stabilen Konfiguration geschehen wird, muss sich zeigen. Da die Sonne sich als Roter Riese gewaltig aufblähen wird, werden die beiden innersten Planeten des Sonnensystems (Merkur und Venus) wohl von der Sonne geschluckt werden. Ob dieses Schicksal auch der Erde blüht, hängt vom Massenverlust und anderen Details der Sonnenentwicklung ab. Schließlich wird die anwachsende Luminosität die Bedingungen für Leben auf der Erde verschlechtern. Es wird erwartet, dass die Ozeane verdampft sind, wenn sich die Luminosität der Sonne verdoppelt hat. Bis dahin vergehen aber noch ein paar Milliarden Jahre, in denen wir auf unserem Planeten gut aufpassen sollten.

## 4.6 Heliumbrennen in massereichen Sternen – Rote Riesen als Quelle des Lebens

Für Sterne, die etwas massereicher als die Sonne sind ($M > 2{,}25\,M_\odot$), verläuft das Heliumbrennen weniger spektakulär, wenigstens für den größten Teil. Diese Sterne verbrennen zunächst Wasserstoff im Zentrum über den CNO-Zyklus, und es bildet sich im Inneren eine konvektive Zone aus. Dies bedeutet, dass der Wasserstoffvorrat im Zentrum anders konsumiert wird als in der Sonne. Der linke Teil von Abbildung 4.32 illustriert noch einmal, wie dies in der Sonne vonstattengeht. Zuerst wird Wasserstoff im Zentrum verbrannt. Wird der Vorrat dort geringer, zieht das Brennen sukzessive Wasserstoff aus einem größeren Abstand vom Sonnenzentrum mit ein. Der innerste Bereich beginnt, sich in einen Heliumcore umzuwandeln, kontrahiert, bis schließlich ein entarteter Core entsteht, der durch den Heliumblitz überwunden wird, nachdem sich vorher eine wasserstoffbrennende Schale gebildet hat. In massereichen Sternen (rechte Seite der Abbildung 4.32) ist die Durchmischung durch Konvektion schneller als die nukleare Umwandlung von Wasserstoff in Helium. Der gesamte innere Core bleibt somit homogen gemischt, wobei natürlich der relative Anteil von Helium zu Wasserstoff ansteigt. Die Konvektion hat noch den zusätzlichen Effekt, dass sie frischen, unverbrannten Wasserstoff zu den Regionen mit hoher Temperatur, wo er verbrannt werden kann, transportiert. Als wichtige Konsequenz wird der Heliumcore in den massereicheren Sternen nicht entartet.

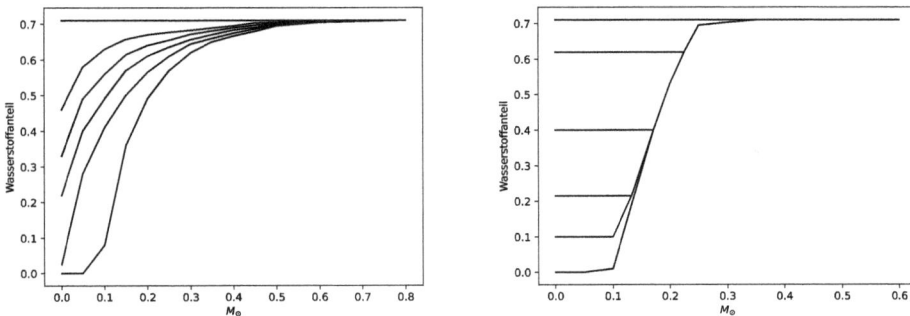

**Abb. 4.32:** Änderung der Komposition im Inneren von Sternen durch fortlaufendes Wasserstoffbrennen (von oben nach unten). (Links) In Sternen wie die Sonne ($M < M_\odot$) wird der Wasserstoff zunächst im Zentrum verbrannt und danach frisst sich das Brennen nach draußen. Deshalb wird zunächst das Innerste von Wasserstoff zu Helium umgewandelt. Danach arbeitet sich die Transformation nach außen. Die Zonen, die dominant schon in Helium umgewandelt sind, kontrahieren und erreichen Dichten, bei denen der Heliumcore entartet ist. Die Entartung wird durch den Heliumblitz überwunden. (Rechts) In massereicheren Sternen ($M > 2{,}25\,M_\odot$) ist der innerste Bereich während des Wasserstoffbrennens konvektiv. Als Konsequenz findet während des Wasserstoffcorebrennens eine Durchmischung statt, die die Komposition der Konvektionszone homogen macht. Wasserstoffschalen- sowie danach Heliumcorebrennen werden „ruhig" gezündet.

Als ein typisches Beispiel wollen wir das Heliumbrennen in einem Stern von 5 Solarmassen betrachten. Die Entwicklung ähnelt oft derjenigen der Sonne, es gibt aber Unterschiede, die wir betonen wollen. Im Vergleich zur Sonne beginnt der Stern auf der Hauptreihe beim Wasserstoffbrennen mit einer um etwa 1000-fach höheren Oberflächenluminosität, eine Konsequenz des schnelleren Wasserstoffbrennens, durch den CNO-Zyklus, das notwendig ist, um die größere Masse im hydrostatischen Gleichgewicht zu halten. Wenn der Wasserstoffvorrat im Zentrum verbraucht ist, kontrahiert sich der Heliumcore im Zentrum. Wasserstoffbrennen wird dabei in einer recht ausgedehnten Schale, die bei einem 5 $M_\odot$-Stern fast eine Solarmasse umfasst, fortgesetzt; dies geschieht bei etwas höheren Temperaturen als beim Corebrennen. Der Heliumcore kontrahiert, seine Temperatur steigt (siehe Abbildung 4.33). Dies erhöht auch die Temperatur im inneren Teil der Wasserstoffbrennschale, wo das Brennen beschleunigt wird, und weiteres Helium produziert wird, sodass der Core anwächst. Dies lässt wiederum die Temperatur des Wasserstoffschalenbrennens anwachsen. Die Brennschale wird kontinuierlich dünner und ein starker Temperaturgradient bildet sich aus. Wie bei der Sonne, führt auch hier die beschleunigte Energieproduktion zu einer Expansion des Sterns, einer Senkung der Oberflächentemperatur und zur Ausbildung einer ausgedehnten Konvektionszone. Der Stern wird zu einem Riesenstern. Die Konvektionszone erlaubt einen effizienteren Transport von Energie zur Oberfläche. Die Oberflächenluminosität steigt; der Stern beginnt seinen Weg zum Roten Riesen (Abbildung 4.30). Der relative Anstieg auf dem Roten-Riesen-Ast ist allerdings geringer als bei der Sonne, denn der Stern startet mit einer höheren Luminosität und erreicht im Maximum etwa die gleichen Werte wie die Sonne vor dem Heliumblitz. Schließlich ist die Temperatur im Inneren hoch genug,

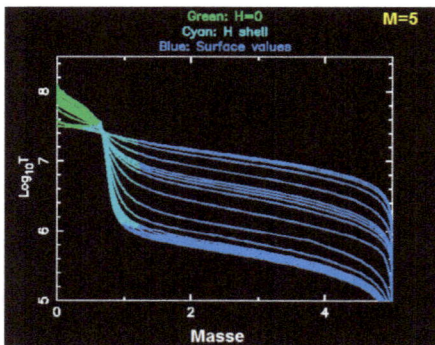

**Abb. 4.33:** Zeitentwicklung der Temperatur-Massenprofile eines 5-Solarmassen-Sterns während des Wasserstoffcore- und Schalenbrennen. Das unverbrannte Helium (grün) sammelt sich im Zentrum und wird graduell durch Kontraktion des Cores erhitzt. Das Schalenbrennen (cyan) findet zunächst in einem ausgeprägten Bereich mit recht flachem Temperaturgradienten statt. Die Schale wird mit der Zeit dünner, die Brenntemperatur steigt. Ein starker Temperaturgradient entwickelt sich zur äußeren Hülle (blau), die abkühlt. Es kommt zum Anstieg der Opazität in der Hülle, die bis auf den äußersten Rand konvektiv wird.

um bei etwa 100 Millionen Kelvin Heliumbrennen zu zünden. Dies ist bei massereicheren Sternen ein gradueller Übergang, ohne Blitze.

Während der Phase, in der der Stern sowohl im Core Helium als auch in einer Schale Wasserstoff verbrennt, kommt es zu einem erhöhten Energietransport zur Oberfläche (die Hülle ist weiterhin zum größten Teil konvektiv); die Oberflächentemperatur und die Luminosität steigen. Dies setzt sich fort, bis das Helium im Inneren zu Kohlenstoff und Sauerstoff verbrannt ist; beide Kerne brauchen deutlich höhere Temperaturen, um verbrannt zu werden. Der Core verbleibt (zunächst) ohne Energiequelle. Heliumbrennen wird in einer Schale um den C-O-Core fortgesetzt. Der Stern expandiert und erreicht schließlich den asymptotischen Riesenast (siehe Abbildung 4.30). Das Zweischalenbrennen verläuft recht analog zu dem ausführlich geschilderten Brennen in der Sonne. Die Oberflächenluminosität wächst wieder deutlich an, der Stern wird zum zweiten Mal zum Roten Riesen.

In der Spätphase des Anstiegs auf dem asymptotischen Riesenast kommt es wieder zu den thermischen Pulsen, ausgelöst durch das Wechselspiel zwischen der Helium- und der Wasserstoffbrennschale (Abbildung 4.30). Diese Pulse können sich in massereicheren Sternen deutlich häufiger wiederholen als in der Sonne, mit leicht zunehmender Periodenzeit von der Größenordnung einiger Tausend Jahre. Zwischen den beiden Brennschalen bildet sich eine konvektive Zone aus, in der es zu einer Durchmischung der Materiekompositionen kommt, die für die Nukleosynthese schwerer Elemente bedeutend ist (Kapitel 7). Hierfür ist es wichtig, dass aber auch leichte Elemente, vor allem Wasserstoff (Protonen) aber auch Helium, nach unten in heißere Zonen gebracht werden können, wo sie mit $^{12}$C, $^{14}$N oder $^{16}$O reagieren. Dies kann durch bestimmte Reaktionssequenzen zur Produktion von freien Neutronen führen, die dann im S-Prozess verwandt werden, um die Hälfte der schweren Elemente jenseits von Eisen zu generieren. Wir kommen hierauf zurück, wenn wir die Entstehung der schweren Elemente im Kapitel 7 diskutieren. Man nennt die durch tiefe Durchmischung zwischen den beiden Brennschalen charakterisierten Perioden zwischen den Pulsen „third Dredge-up". Es gibt somit viele „dritte Ausbaggerungen" und die Bezeichnung „dritte" bezieht sich darauf, dass es schon Dredge-up-Phasen beim Übergang vom Wasserstoffcore- zum Schalenbrennen (first Dredge-up) und möglicherweise nach Beendigung des Heliumcorebrennens (second Dredge-up) gegeben hat; auch in diesen Perioden haben sich starke Konvektionszonen herausgebildet. Auch der 5-Solarmassen-Stern verliert während der Aufstiege auf dem Roten-Riesen-Ast und dem asymptotischen Riesenast den größten Teil seiner Masse und wird schließlich zu einem Weißen Zwerg.

Dieses Schicksal, letztendlich zu einem Weißen Zwerg zu werden, ereilt die Sterne mit Massen kleiner als etwa 7–8 Solarmassen. Dies bedeutet aber auch, dass die Hauptprodukte des Heliumbrennens $^{12}$C und $^{16}$O in diesen toten Sternen begraben werden und nicht zum Leben auf der Erde beitragen. (Weiter unten diskutieren wir Wege, wie Weiße Zwerge wiederbelebt werden können, und besprechen in dem Zusammenhang die Struktur dieser Sterne.) Die Bausteine des Lebens werden in noch massereicheren Sternen produziert und von denen, nach ihrer Explosion, ins Interstellare Medium abgegeben. Ein Stern von 25 Solarmassen wird seit Langem als typischer Stern für die Nukleosynthese angesehen. Ein solcher Stern hat ein recht „langweiliges" Leben. Er beginnt schon auf der Hauptreihe mit einer hohen Luminosität, etwa 100000-mal größer als die der Sonne. Diese ändert sich auch kaum, wenn er seine verschiedenen Lebensphasen – im Vergleich zur Sonne äußerst rasch – durchläuft und nacheinander unterschiedliches Brennen im Zentrum zündet. Nach dem Wasserstoffbrennen findet im Core zunächst das Heliumbrennen statt, dann werden in fortlaufender Sequenz Kohlenstoff, Neon, Sauerstoff und Silizium im Zentrum gezündet; auf diese Perioden werden wir im nächsten Unterkapitel eingehen. Die vorhergegangenen Corebrennphasen werden jeweils in unterschiedlichen Schalen weitergeführt. Zum Ende bildet sich im Inneren ein Core aus Kernen der Eisen-Nickel-Massengegend heraus, der nicht mehr durch Kernreaktionen stabilisiert werden kann und unter seiner eigenen Anziehungskraft kollabiert und danach als Supernova explodiert und die vorher während des „kurzen" stellaren Lebens von 10 Millionen Jahren produzierten Elemente in das Interstellare Medium schleudert. Der Stern expandiert nach Beginn des Wasserstoffschalenbrennens und setzt dies während seines Lebens fort. Die Oberflächentemperatur sinkt dabei. Im Hertzsprung-Russell-Diagramm verläuft die Trajektorie eines 25-Solarmassen-Sterns bei fast konstanter Luminosität von heißen Oberflächentemperaturen von etwa 30000 K zu Temperaturen im roten Bereich (2500 K), ähnlich dem Verlauf, der in der Abbildung 4.30 für einen Stern mit 10 Solarmassen Geburtsgewicht gezeigt ist.

Wie anfangs betont, spielt das Heliumbrennen eine bedeutende Rolle in der Nukleosynthese der Elemente. Seine beiden wesentlichen Reaktionen – die Triple-Alpha-Reaktion und die $^4$He + $^{12}$C-Fusion – produzieren mit den Kernen $^{12}$C und $^{16}$O die wichtigsten Bausteine des Lebens, wie wir es kennen. Die Raten beider Reaktionen sind für astrophysikalischen Standard nach jahrzehntelangen Bemühungen recht gut bekannt, aber wohl immer noch nicht mit der wünschenswerten Genauigkeit. Dies liegt daran, dass die Reaktionen nicht nur die Elementhäufigkeiten von $^{12}$C und $^{16}$O bestimmen, sondern viel weiterreichenden Einfluss auf die Sternentwicklung massereicher Sterne haben. Um die Bedeutung der beiden Raten zu verdeutlichen: Eine Variation der Triple-Alpha-Reaktionsrate um 20 % nach unten oder oben in einem 20-Solarmassen-Stern, verkleinert bzw. vergrößert den sich bildenden Kohlenstoffcore um fast 25 %. Diese Änderung kann durch eine Variation der $^4$He + $^{12}$C-Rate kompensiert werden, wobei bei einer langsameren Rate größere Kohlenstoffcores überleben. Aber eine Veränderung dieser Fusionsrate ändert dann die relativen Häufigkeiten zwischen $^{12}$C und $^{16}$O. Dies hat wiederum starke Konsequenzen für die nach dem Heliumbrennen folgende Nukleosynthese in massiven Sternen, denn in denen gibt es sowohl eine dedizierte Kohlenstoff- als auch eine dedizierte Sauerstoffbrennphase. Deshalb wird das relative Verhältnis der Elemente $^{12}$C und $^{16}$O an einige schwerere Elemente weitergegeben. Wir werden diese Brennphasen und die entsprechenden Nukleosyntheseprozesse im nächsten Unterkapitel kennenlernen. Untersuchungen zeigen, dass selbst die Masse des Eisencores, der schließlich durch seinen gravitativen Kollaps die Explosion des Sterns als Supernova auslöst, von der $^4$He + $^{12}$C-Fusionsrate abhängt.

Obwohl die Häufigkeiten von $^{12}$C und $^{16}$O am Ende des Heliumbrennens deutlich dominieren, kommt es zu weiteren interessanten Nukleosyntheseprozessen. Wie wir schon betont haben, wird im Wasserstoffbrennen durch den CNO-Zyklus hauptsächlich der Anteil von $^{14}$N erhöht, da die zerstörende Reaktion p + $^{14}$N die langsamste Reaktion des Zyklus ist. Mit steigender Temperatur (bei etwa 125–150 Millionen Kelvin) kann nun $^{14}$N mit $^{4}$He fusionieren und wird so zu $^{18}$O umgewandelt. Dies geschieht in einem Zwei-Stufen-Prozess; zunächst wird durch $^{4}$He + $^{14}$N-Fusion $^{18}$F gebildet, das dann durch Beta-Zerfall zu $^{18}$O wird. Es entsteht somit ein Kern mit Neutronenüberschuss (8 Protonen und 10 Neutronen). Deshalb sollte an dieser Stelle noch einmal daran erinnert werden, dass die primordiale Nukleosynthese einen großen Überschuss an Protonen geliefert hat. Durch Wasserstoffbrennen in Sternen wird daraus $^{4}$He, ein Kern mit gleicher Anzahl von Protonen und Neutronen. Kerne mit gleicher Protonen- und Neutronenzahl dominieren das Heliumbrennen und, wie wir noch sehen werden, die nächsten Brennphasen. Aber die Nukleosynthese in Sternen findet nun Wege, auch Kerne mit Neutronenüberschuss zu erzeugen. Dies ist natürlich notwendig, da die schwereren Elemente alle aus Kernen mit Neutronenüberschuss bestehen. Es tritt im Heliumbrennen noch ein weiteres Novum auf: Steigt die Temperatur noch etwas weiter, fusioniert auch $^{18}$O mit einem Alphateilchen, es bildet sich $^{22}$Ne. Dessen Schicksal wird nun durch den Wettstreit zweier Reaktionen bestimmt: Die Fusion mit einem weiteren $^{4}$He-Kern, bei wieder etwas höherer Temperatur, da die Ladungszahl des schweren Kerns weiter angewachsen ist, kann sowohl zur Bildung von $^{26}$Mg führen oder bei gleichzeitiger Freisetzung eines Neutrons zu $^{25}$Mg. Wir treffen hier auf eine Reaktion, durch die im Stern freie Neutronen produziert werden, erstmals seit dem Urknall. Es gibt noch eine zweite Reaktionskette – zunächst Bildung von $^{13}$C durch Fusion von $^{12}$C mit einem Proton und anschließendem Beta-Zerfall, gefolgt von der Fusion von $^{4}$He mit $^{13}$C, das die beiden Kerne in $^{16}$O und ein freies Neutron umwandelt. Diese beiden Reaktionen, die freie Neutronen produzieren, sind essentiell für die Entstehung der Hälfte der schweren Elemente durch den langsamen S-Prozess, den wir später behandeln. Dann sehen wir auch, wie wichtig die konvektive Durchmischung ist, damit $^{12}$C in Riesensternen mit dem Wasserstoff in Berührung kommen kann.

## 4.7 Fortgeschrittene Brennphasen – nun geht alles ganz schnell

Die Geschichte wiederholt sich: Die Asche des vorherigen Corebrennens sammelt sich im Sternzentrum an; ihre Komposition hat eine zu starke Coulomb-Abstoßung, sodass die Asche anfangs noch nicht nuklear verbrannt werden kann. Das Brennen, das den Stern vor dem Kollaps bewahrt, wird in eine Schale um den Core herum verschoben, wo es bei leicht erhöhter Temperatur gegenüber dem verloschenen Corebrennen Energie freisetzt. Der Core kontrahiert unter seiner eigenen Anziehung, dabei steigt die Temperatur, sodass schießlich die nächste Brennphase im Zentrum gezündet werden kann. Dies geschah, wie wir oben besprochen haben, so beim Übergang vom Wasserstoff- zum

Heliumbrennen, und es ist, in kurzen Worten, auch die Beschreibung, wie der Stern die nächsten Brennphasen startet und durchläuft. Es gibt allerdings bedeutende Unterschiede zum Wasserstoff- und Heliumbrennen. Auf die wollen wir in der folgenden Diskussion hinweisen. Auch kann diese Schleife von Brennphasen natürlich nicht ad infinitum laufen; dies ist auch gut so, denn letztendlich nützt es unserer Entwicklung als Menschen nichts, wenn die Natur einen cleveren Weg gefunden hätte, Sauerstoff und Kohlenstoff als Bausteine des Lebens, aber auch Magnesium, Silizium, Kalium und viele andere Elemente zu erzeugen – oder kann man erfinden sagen? –, wenn diese für alle Zeiten im Inneren eines Sterns versteckt blieben. Es ist also das Ziel dieses Unterkapitels, die letzten Brennphasen von Sternen zu identifizieren und deren Charakteristika aufzuzeigen. Dabei werden wir ein Hauptaugenmerk auf die jeweilige Nukleosynthese legen.

Zunächst müssen wir der Tatsache ins Auge sehen, dass nicht alle Sterne diese finalen Brennphasen erreichen. Woran liegt dies? Da die Quelle, die das lange hydrostatische Leben erlaubt, nukleare Fusionsreaktionen geladener Kerne sind, bei denen schwerere Kerne durch den Zusammenschluss von leichteren entstehen, ist die Ladungszahl der nuklearen Asche größer als die der fusionierenden Fragmente. Damit ist auch die Coulomb-Abstoßung zwischen Kernen der Asche größer als für den vorhergehenden Brennstoff, mit der Konsequenz, dass die Tunnelwahrscheinlichkeit bei den Temperaturen des vorhergehenden Brennens zu niedrig ist, um die Asche mit einer ausreichenden Rate zu fusionieren. Die Temperatur muss ansteigen, was sie durch Kontraktion des Cores macht. Die entscheidende Frage ist nun: Wird die Temperatur bei der Kontraktion groß genug, um das Brennen zu zünden? Dies hängt von der Masse des Cores ab, der sich zusammenzieht, und somit Dichte und Temperatur erhöht. Je größer die Masse des Cores, desto höhere Temperaturen kann er erreichen. Es gibt also eine Mindestmasse, die der Core haben muss, um eine bestimmte Brennstufe zu zünden. Tabelle 4.5 stellt die benötigten Temperaturen, um ein Brennen zu zünden, sowie die ungefähre Masse, die der Core benötigt, um diese Zündungstemperatur zu erreichen, zusammen. Um das Heliumbrennen zu starten, muss der Heliumcore mindestens etwa ein Viertel der Sonnenmasse erreichen. Dies wird die Sonne schaffen; und auch Sterne, die massereicher als die Sonne sind. Allerdings erfordert das Zünden des Kohlenstoffbrennens bei einer Temperatur von etwa 700 Millionen Kelvin eine Masse, die geringfügig eine Son-

**Tab. 4.5:** Approximative Temperaturen, an denen die Hauptreaktionen in den unterschiedlichen stellaren Brennphasen gezündet werden (Zündungstemperatur $T_Z$). Um diese Zündungstemperaturen im Inneren zu erreichen, muss ein Core eine Mindestmasse (Zündungsmasse) besitzen.

| Brennphase | Zündungstemperatur $T_Z$ [$10^9$ K] | Zündungsmasse [$M_\odot$] |
|---|---|---|
| Heliumbrennen | 0,1 | ≈ 0,26 |
| Kohlenstoffbrennen | 0,7 | ≈ 1,00 |
| Neonbrennen | 1,5 | ≈ 1,34 |
| Sauerstoffbrennen | 1,8 | ≈ 1,36 |
| Siliziumbrennen | 3,0 | ≈ 1,33 |

nenmasse übersteigt. Offensichtlich kann die Sonne diese Brennphase nie zünden; diese Aussage kann man tätigen, unabhängig von der Unsicherheit des Massenverlusts, den die Sonne bei ihrem Aufstieg auf den Riesenästen im Hertzsprung-Russell-Diagramm erleidet. Wir können somit auch ausschließen, dass die Sonne jemals ihr Leben durch eine Supernova-Explosion beenden wird, womit uns der Hollywood-Film *Supernova – Wenn die Sonne explodiert* in regelmäßigen Abständen auf einem Privatsender Angst einflößen will.

Es braucht eine recht große Anfangsmasse (ungefähr 13 Solarmassen), damit ein Stern alle finalen Brennphasen durchläuft. Diese Sterne haben wir in der anschließenden Diskussion im Hinterkopf.

Der Transport von Energie ist ein entscheidender Punkt im Leben der Sterne. Wir haben in unserer bisherigen Diskussion zwei Mechanismen kennengelernt: Strahlungstransport entlang eines Temperaturgradienten und Konvektion, bei der warme Massenblasen aus den inneren Sternenbereichen nach außen transportiert werden, oder umgekehrt, kalte Materie ins Innere sinkt. Konvektion übernimmt, wenn Strahlungstransport nicht ausreicht, um die produzierte Energie wegzutransportieren, und führt zu einer Durchmischung der Materie mit interessanten Konsequenzen für die Nukleosyntheseprozesse. Für entartete Materie, wie wir sie im Heliumcore von nicht zu massereichen Sternen vor dem Zünden des Blitzes angetroffen haben, ist auch Konduktivität von Bedeutung. Während der letzten Entwicklungsphasen von Sternen kommt ein neuer Mechanismus dazu.

Bei der Diskussion des Urknalls hatten wir betont, dass Paarbildung, insbesondere die Bildung von Elektron-Positron-Paaren, ein wichtiger Prozess ist. Dieser verlangt eine Mindestenergie von 1,022 MeV, um die beiden Massen zu erzeugen. Da Impuls- und Energieerhaltungssatz erfüllt sein müssen, ist die Erzeugung für ein einzelnes Photon nicht möglich, sondern verlangt die Beteiligung von mindestens einem weiteren Teilchen: Dies kann ein Elektron, Nukleon oder ein Kern sein. Der Prozess der Elektron-Positron-Paarerzeugung ist allerdings kein effizienter Transportmechanismus, da sowohl das erzeugte Elektron wie auch das Positron in seiner Nachbarschaft ein anderes Elektron findet, an dem es streut bzw. vernichtet wird. In der elektromagnetischen Welt kämen wir also nicht weiter. Allerdings haben Salam und Weinberg gezeigt, dass der Elektromagnetismus ein Teil einer vereinten Theorie mit der schwachen Wechselwirkung ist, genannt Theorie der elektroschwachen Wechselwirkung. Eine bahnbrechende Aussage dieser vereinten Theorie ist es, dass Neutrinos auch über ein ungeladenes Austauschboson, das $Z$-Boson, wechselwirken können. Dieses Boson wurde 1983 am CERN tatsächlich nachgewiesen und ist mit einer Masse von 91,2 GeV das bislang schwerste bekannte Wechselwirkungsteilchen (die beiden geladenen Partnerbosonen $W_+$ und $W_-$ sind geringfügig leichter). Aber auch das Elektron-Positron-Paar kann mit dem $Z$-Boson wechselwirken und sich so in ein Neutrino-Antineutrino-Paar umwandeln: $e^- + e^+ \leftrightarrow \nu + \bar{\nu}$. Wir haben an dem Neutrino keinen Index angebracht, weil der Prozess für alle drei Neutrino-Familien möglich ist. Die Bedeutung des Prozesses liegt darin, dass die beiden Neutrinos den Stern bei den Dichten, die während des hydrostatischen Brennens vorliegen, praktisch ohne Störung verlassen und somit die Energie in die Weite des Universums wegtragen. In der Tat können Neutrino-Antineutrino-Paare die Rolle von Photonen in elektromagnetischen Prozessen übernehmen. Deshalb gibt es noch andere Möglichkeiten, wie in der stellaren Umgebung Energie in Neutrino-Antineutrino-Paare umgewandelt werden kann: bei der Streuung zwischen zwei Kernen durch Neutrino-Kern-Bremsstrahlung $N + N \rightarrow N + N + (\nu\bar{\nu})$ oder bei der Streuung eines Photons an einem Elektron (analog der Compton-Streuung als Photon-Neutrino-Prozess) $\gamma + e^- \rightarrow e^- + (\nu\bar{\nu})$. Schließlich ist es auch möglich, dass das stellare Plasma Schwingungen ausführt, in denen die Elektronen gegen die positiv geladenen Ionen schwingen; auch diese Schwingungen können Energie verlieren, indem sie $(\nu\bar{\nu})$-Paare produzieren.

Da diese Prozesse von der schwachen Wechselwirkung (Austausch eines $Z$-Bosons) vermittelt werden, ist die Reaktionswahrscheinlichkeit sehr gering. Deshalb haben wir sie bislang auch ignoriert. Allerdings haben die Prozesse eine extreme Temperaturabhängigkeit ($\sim T^8$) für den Photon-Neutrino-Prozess bei Temperaturen während des Kohlenstoffbrennens. Und in der Tat zeigt sich, dass für Temperaturen, die größer als ungefähr 500 Millionen Kelvin sind, Neutrino-Antineutrino-Paarbildung der dominante Weg wird, Energie wegzutransportieren. Diese Temperaturen sind im Kohlenstoffbrennen und in allen folgenden Brennphasen erreicht!

Kühlung durch Neutrino-Paarbildung unterscheidet sich formal von den anderen Energietransportmechanismen. Strahlungstransport, Konvektion und Konduktion transportieren Energie zwischen zwei Punkten im Stern und hängen somit von den Eigenschaften an diesen Punkten ab. Dies ist bei der Kühlung durch Neutrino-Paarbildung anders: Sie ist ein lokaler Effekt, der nur von den Eigenschaften des Ortes, an dem das Paar gebildet wird, abhängt. Welche Eigenschaften der Stern woanders hat, spielt keine Rolle (solange die Neutrinos den Stern ungehindert verlassen können). Wir werden im Folgenden sehen, dass es noch andere Kühlungsmechanismen durch Neutrinos, und somit vermittelt durch die schwache Wechselwirkung, gibt; diese benötigen allerdings höhere Dichten, um effizient zu sein.

Die Produktionsraten für die Neutrino-Paarbildung sind stark temperaturabhängig, aber die Energieerzeugung durch die Fusion von zwei $^{12}$C-Kernen ist es noch viel mehr! Sie ist proportional zu $T^{32}$ bei der Temperatur von 700 Millionen Kelvin, an der Kohlenstoffbrennen startet. Eine ähnlich hohe Temperaturabhängigkeit gilt auch für die Brennphasen, die ein massiver Stern nach dem Kohlenstoffbrennen durchläuft. Dies bedeutet, dass solange nukleares Brennmaterial vorhanden ist, die Energieerzeugung durch nukleares Brennen die Kühlung durch Neutrino-Emission mehr als kompensieren kann. Dies gilt allerdings nur als Nettoeffekt, und nicht lokal an allen Orten im Sterncore. Dieser hat nämlich ein Temperaturprofil mit höheren Temperaturen im Zentrum und (relativ) kleineren im äußeren Mantel des Cores. Wegen dieses Temperaturgradienten und der unterschiedlichen Temperaturabhängigkeit von Heizen durch nukleares Brennen und Kühlen durch Neutrinos ergibt sich, dass das Kernbrennen im Zentrum dominiert, während die Neutrino-Kühlung im äußeren Mantel vorherrscht. Das Kernbrennen ist auch extrem schnell, sodass der Energietransport innerhalb des Cores durch

Konvektion verläuft, die also die durch Kernbrennen erzeugte Wärme vom Zentrum in die äußeren Corebereiche transportiert, von wo sie durch Neutrino-Emission weggestrahlt wird.

Das nukleare Brennen in den fortgeschrittenen Phasen ist charakterisiert durch hohe Temperaturen, die Beteiligung von vielen Kernen, die aus vorherigen Brennphasen oder als Ergebnis der Nukleosynthese früherer Sterne schon der Geburtskomposition beigemischt waren, und die Freisetzung von leichten Fragmenten (Protonen, Alphateilchen, oder auch Neutronen) in der initialen Fusionsreaktion. Dies bedeutet aber, dass die Nukleosynthese nicht wenigen wohldefinierten Kernreaktionen folgt, sondern nun viele miteinander verwobene Reaktionen berücksichtigen muss; man nennt dies ein „Netzwerk" von Kernreaktionen. Die explizite Verfolgung der Reaktionen im Netzwerk, die unter sehr unterschiedlichen Temperaturabhängigkeiten ablaufen können, und deren Influenz auf die Änderung der Komposition sowie den stellaren Energiehaushalt sind eine formidable Anforderung an Computersimulationen.

Die fortgeschrittenen Brennphasen laufen extrem schnell ab, im Vergleich zu anderen stellaren Zeitskalen. Als Konsequenz hat der Stern nicht genügend Zeit, in seiner äußeren Hülle auf die Änderungen in seinem Zentrum zu reagieren. Die Oberflächenluminosität oder -temperatur ändert sich ab dem Kohlenstoffbrennen nicht mehr.

Nach dem Heliumbrennen sammelt sich im Zentrum des Sterns dessen Asche, hauptsächlich $^{12}$C und $^{16}$O, und mit deutlich geringerer Häufigkeit auch Kerne mit Neutronenüberschuss wie $^{22}$Ne, in das das dominante Isotop des CNO-Zyklus, $^{14}$N, umgewandelt wurde. Dank der kleineren Coulomb-Barriere, kann ein massiver Stern zunächst den Kohlenstoffvorrat als Brennmaterial nutzen. Dies gelingt, wenn die Temperatur 700 Millionen Kelvin überschreitet. Die Ursprungsreaktion ist die Fusion zweier $^{12}$C-Kerne, deren Coulomb-Barriere die Reaktionswahrscheinlichkeiten bestimmen. Die $^{12}$C + $^{12}$C-Fragmentierung ist keine energetisch „attraktive" Kombination im Summenkern $^{24}$Mg. Der niedrigste Zustand dieses Kerns ist energetisch um 13,93 MeV günstiger als die Summe der beiden $^{12}$C Fragmente; zu dieser Energie muss man noch die kinetische Energie der fusionierenden Kerne rechnen (2–3 MeV), die notwendig sind, um die Coulomb-Barriere effizient zu durchtunneln. Es gibt aber Fragmentierungen, in denen 12 Protonen und 12 Neutronen aufgespalten werden können, die gegenüber dem $^{12}$C + $^{12}$C-System energetisch bevorzugt sind; diese sind in der Tabelle 4.6 zusammengefasst:

**Tab. 4.6:** Dominante Reaktionen im Kohlenstoffbrennen massereicher Sterne. Die Umwandlung in die $^{23}$Mg + n-Fragmentierung ist energetisch möglich, wenn die beiden $^{12}$C-Kerne eine Bewegungsenergie von mindestens 2,62 MeV haben. Mit wachsender Temperatur im Stern wird dies wahrscheinlicher, sodass auch der Wirkungsquerschnitt für einen Übergang in diese Fragmentierung wächst. Er bleibt allerdings gegenüber dem der beiden anderen Reaktionen klein.

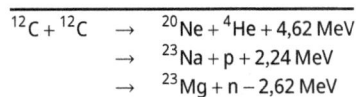

| | | |
|---|---|---|
| $^{12}$C + $^{12}$C | $\rightarrow$ | $^{20}$Ne + $^4$He + 4,62 MeV |
| | $\rightarrow$ | $^{23}$Na + p + 2,24 MeV |
| | $\rightarrow$ | $^{23}$Mg + n − 2,62 MeV |

Kohlenstoffbrennen, initiiert durch die Fusion von zwei $^{12}$C-Kernen, resultiert hauptsächlich in einer Umordnung der Nukleonen in einen schwereren Kern ($^{20}$Ne oder $^{23}$Na) und in ein leichtes Fragment (Alphateilchen oder Proton). Die dritte Fragmentierung ($^{23}$Mg + n) ist energetisch nur möglich, wenn die Relativenergie der beiden $^{12}$C-Kerne größer als 2,62 MeV ist. Diese Bedingung wird um so häufiger erfüllt, je höher die stellare Temperatur ist. Bei einer Temperatur von einer Milliarde Kelvin beträgt die Verzweigung in die $^{23}$Mg + n-Fragmentierung etwa 0,1 Prozent. Alle drei Reaktionen werden durch die starke Wechselwirkung vermittelt; deshalb sind die Wirkungsquerschnitte auch deutlich größer als für einen elektromagnetischen Übergang in den $^{24}$Mg-Grundzustand. Die bei den Reaktionen gewonnene Energie wird als Bewegungsenergie an die Fragmente übertragen und dann durch Stöße mit anderen Teilchen in der stellaren Materiemischung verteilt. Bei Temperaturen, bei denen Kerne die Coulomb-Barriere zwischen zwei Kohlenstoffkernen überwinden können ($Z_1 Z_2 = 36$), ist es für die leichten Fragmente (Proton, Alphateilchen oder Neutron) „einfach", mit den vorhandenen Kernen zu reagieren, da die dabei auftretenden Coulomb-Barrieren kleiner sind. Wichtige Reaktionen sind zum Beispiel $^{20}$Ne + $^4$He ($Z_1 Z_2 = 20$) oder $^{20}$Ne + p ($Z_1 Z_2 = 10$), wodurch $^{24}$Mg beziehungsweise $^{21}$Na produziert wird. Der $^{21}$Na-Kern ist instabil und führt einen Beta-Zerfall nach $^{21}$Ne aus: Dieser Kern kann wiederum mit einem Proton fusionieren zu $^{22}$Na, was durch Beta-Zerfall in $^{22}$Ne übergeht. Dies sind Beispiele, die anzeigen, dass die Anwesenheit von leichten Fragmenten, erzeugt durch die initiierende Fusionsreaktion (siehe Tabelle 4.6) eine bedeutende Anzahl von Reaktionen an den Primärprodukten der Fusion oder an sekundär produzierten Kernen ausführen kann. Die Hauptprodukte des Kohlenstoffbrennens sind Neon (die Isotope $^{20,21,22}$Ne), Natrium ($^{23}$Na), Magnesium ($^{24,25,26}$Mg) und Aluminium ($^{26,27}$Al). Dazu kommt noch $^{16}$O, was aus dem Heliumbrennen stammt und das das Kohlenstoffbrennen zum guten Teil überlebt.

Die Asche des Kohlenstoffbrennens hinterlässt einen Core aus hauptsächlich $^{16}$O und $^{20}$Ne. Um den Core herum kann sich das Kohlenstoffbrennen, bei leicht erhöhter Temperatur im Vergleich zum Corebrennen, in einer Schale fortsetzen, wie wir es von den früheren Brennphasen kennen. Auch der Core, in Wiederholung der Prozedur, kontrahiert, erhöht die Temperatur im Zentrum und kann die nächste Brennstufe zünden. Dies sollte wegen der kleineren Coulomb-Barriere die Fusion von Sauerstoffkernen sein. Dies passiert allerdings nicht als Nächstes. Wir haben in unserer Diskussion bislang vollständig ignoriert, dass Kernreaktionen auch in die umgekehrte Richtung laufen können. Dies war in der Nukleosynthese im Urknall wichtig und führte zum Deuteron-Flaschenhals, konnte aber in den bisherigen hydrostatischen Brennphasen vernachlässigt werden, weil es in den Sternen im Vergleich zu den Bindungsenergien der Kerne zu kalt war. Dies ändert sich nun, da wir im Kohlenstoffbrennen Temperaturen von 1 Milliarde Kelvin (entsprechend 86 keV) erreichen und bei den weiteren Phasen noch höhere Temperaturen. Deshalb ist es interessant, zu untersuchen, wie viel Energie nötig ist, um die Kerne, die wir nun hauptsächlich antreffen, zu zerstören. Diese Kerne sind $^{12}$C, $^{16}$O, $^{20}$Ne und – im Vorgriff auf das Folgende –, auch $^{28}$Si. Diese Kerne können alle als ein Vielfaches von Alphateilchen angesehen werden (und verdeutlichen erneut, welche überragende Rolle der $^4$He-Kern aufgrund seiner starken Bindung für das stellare Brennen und die damit verbundene Nukleosynthese spielt). In der Tat ist die Freisetzung eines Alphateilchens die energetisch erste Reaktion, durch die diese Kerne zerstört werden können. Dazu braucht man für $^{12}$C Photonen mit einer Energie von mindestens 7,36 MeV, für $^{16}$O von 7,16 MeV, bei $^{20}$Ne von 4,73 MeV und schließlich für $^{28}$Si von 6,77 MeV. Es ist die Vulnerabilität von $^{20}$Ne gegenüber der Photodissoziation von Alphateilchen durch die hochenergetischen Photonen aus der stellaren Planck-Verteilung, die die nächste Brennphase zündet. Als Daumenregel kann man anwenden, dass die Photodissoziation wichtig wird, wenn die stellare Temperatur mehr als ein Dreißigstel der Energie beträgt, die für die Freisetzung nötig ist. Dies wird somit bei Temperaturen von ungefähr 1,5 Milliarden Kelvin erreicht.

Das kernphysikalische Netzwerk des Neonbrennens ist überschaubar. Die durch Photodissoziation freigesetzten Alphateilchen reagieren dominant mit anderen $^{16}$O-Kernen. Es ergibt sich also ein Kreislauf, bis sich ein Gleichgewicht zwischen diesen beiden Reaktionen einstellt: $^{20}$Ne $+ \gamma \leftrightarrow {}^{16}$O $+ {}^4$He. Ist dieses Gleichgewicht etabliert, reagieren die $^4$He-Kerne vorwiegend mit anderen $^{20}$Ne-Kernen, dem zu Beginn zweithäufigsten Kern. Als Nettoeffekt kann man diesen Teil des Neonbrennens so verstehen, dass einem $^{20}$Ne-Kern ein Alphateilchen herausgeschlagen wird, das dann mit einem anderen $^{20}$Ne-Kern fusioniert; oder in Kurzform: 2 $^{20}$Ne $\rightarrow {}^{16}$O $+ {}^{24}$Mg, wobei den beiden produzierten Kernen zusammen 4,59 MeV an Bewegungsenergie mitgegeben wird. Der Magnesium-Kern kann mit einem weiteren Alphateilchen zu $^{28}$Si fusionieren. Wenn der Neon-Vorrat aufgebraucht ist, besteht die Asche hauptsächlich aus Sauerstoff, $^{16}$O, dazu bedeutende Anteile von $^{24}$Mg und $^{28}$Si.

Von der Asche des Neonbrennens wird als nächste Brennstufe der Sauerstoff gezündet. Dies geschieht bei Temperaturen um 2 Milliarden Kelvin. Da $^{16}$O besonders stabil gegenüber Photodissoziation ist, wird das Brennen durch die Fusion von zwei Sauerstoffkernen gestartet. Das Brennen ähnelt dem Kohlenstoffbrennen: Durch die Fusionsreaktion, vermittelt durch die starke Wechselwirkung, werden jeweils ein Paar von schweren und leichten Fragmenten erzeugt (siehe Tabelle 4.7). Die leichten Fragmente kombinieren sehr schnell mit den schweren Fragmenten und mit den in der Folge hergestellten sekundären Produkten. Es entsteht ein recht ausgedehntes Netzwerk von Kernreaktionen, zu denen auch Photodissoziationsreaktionen, die auch Protonen und Neutronen befreien, gehören. Zum Ende des Sauerstoffbrennens bei Temperaturen etwas höher als 2 Milliarden Kelvin laufen viele der Kernreaktionen und ihre inversen Reaktionen so schnell ab, dass sich zwei Blöcke von Kernen ausbilden, in denen die Kerne sich jeweils

**Tab. 4.7:** Dominante Reaktionen des Sauerstoffbrennens in massereichen Sternen.

| $^{16}$O $+ {}^{16}$O | $\rightarrow$ | $^{28}$Si $+ {}^4$He $+ 9{,}59$ MeV |
|---|---|---|
| | $\rightarrow$ | $^{31}$P $+ $ p $+ 7{,}68$ MeV |
| | $\rightarrow$ | $^{31}$S $+ $ n $- 1{,}45$ MeV |

im Gleichgewicht befinden. Der eine Block umfasst die Kerne mit den Massenzahlen von $A$ = 24 bis 46 (Magnesium bis Titan), der andere die Massengegend um Eisen und Nickel. Die häufigsten Kerne als Produkt des Sauerstoffbrennens sind $^{28}$Si und $^{32}$S, die zusammen etwa 90 % der Masse ausmachen; dazu gibt es als sekundäre Produkte viele Isotope der Elemente von Chlor bis Kalzium und Titan.

Während des Sauerstoffbrennens kommt es auch zu einigen Reaktionen der schwachen Wechselwirkung, in denen Protonen in Neutronen umgewandelt werden. Dies sind Beta-Zerfälle, aber nun auch in wachsendem Maße Elektroneneinfangreaktionen. In einer solchen Elektroneneinfangreaktion wird ein Elektron aus dem stellaren Plasma von einem Kern eingefangen, der dann eines seiner Protonen in ein Neutron umwandelt (so wird die elektrische Ladung erhalten) und ein (Elektron-)Neutrino $\nu_e$ aussendet. Das Neutrino verlässt den Stern und trägt seine Bewegungsenergie mit fort ins Interstellare Medium. Elektroneneinfang ist somit auch ein Kühlungsmechanismus. Er reduziert allerdings auch die Anzahl der Elektronen, die mit ihrer Bewegungsenergie zum Druck beitragen. Die Wahrscheinlichkeit, dass ein Elektroneneinfang passiert, setzt zunächst voraus, dass die Elektronen genügend Energie besitzen, um die Massendifferenz zwischen Mutterkern (der Kern, der einfängt) und Tochterkern (der Kern, der gebildet wird) zu überwinden. Ein Elektroneneinfang im stellaren Plasma ist somit auch für Kerne möglich, die unter Laborbedingungen stabil sind, vorausgesetzt die Elektronen haben genügend Energie. Die Energie der Elektronen steigt mit wachsender Temperatur; unter entarteten Bedingungen steigt sie aber vor allem mit der Dichte, wie wir im Zusammenhang mit dem Heliumblitz schon betont haben. Dies gewinnt bei der Diskussion vom Kollaps der massiven Sterne besonders an Bedeutung. Die Dichte spielt noch eine weitere wichtige Rolle beim Elektroneneinfang, denn dieser hängt davon ab, wie häufig Elektronen dem Kern sehr nahe kommen. Diese Wahrscheinlichkeit steigt vor allem mit der Dichte. Die Dichte im Sauerstoffbrennen ist von der Größenordnung $10^6$ g/cm$^3$, sodass die Elektronen im Mittel Bewegungsenergien weniger als 1 MeV haben. Deshalb kommt es nur zum Elektroneneinfang an Kernen, die nur geringfügig mehr gebunden sind als ihre Töchterkerne, zum Beispiel $^{30}$P, $^{35}$Cl und $^{37}$Ar (der Kern ist uns schon beim Davis-Experiment zu den solaren Neutrinos begegnet). Die Konsequenz des Elektroneneinfangs, und der möglichen Beta-Zerfälle, ist es, dass die Kerne im Mittel neutronenreicher werden. Detaillierte Netzwerkrechnungen des Sauerstoffbrennens zeigen an, dass aber einige der Kerne mit Neutronenüberschuss in Verhältnissen erzeugt werden, die in deutlichem Kontrast zu den beobachteten solaren Häufigkeiten stehen. Dies ist kein Problem, da, wie wir sehen werden, die im Core-Sauerstoffbrennen produzierten Kerne bei der abschließenden Supernova-Explosion zum guten Teil im Neutronenstern verschwinden und nicht ins interstellare Medium geschleudert werden. Während der Explosion kommt es noch einmal zu einem Sauerstoffbrennen, dann aber auf kurzen explosiven Zeitskalen. Auch Sauerstoffbrennen kann nach Verklingen im Zentrum, wie die anderen Brennphasen, in einer Schale stattfinden, dann bei erhöhten Temperaturen und niedrigeren Dichten. Hierbei kommt es nicht zu der starken Umwandlung von Protonen zu Neutronen durch Reaktionen der schwachen Wechselwirkung.

In der nächsten Brennphase ist $^{28}$Si, die Asche des Sauerstoffbrennens, das nukleare Brennmaterial. Diese Periode heißt „Siliziumbrennen", was eigentlich irreführend ist, da sie nicht mit der Fusionsreaktion zweier Siliziumkerne beginnt, sondern mit der Photodissoziation des $^{28}$Si. In diesem Punkt ist dies analog zum Neonbrennen, aber bei den nun herrschenden Temperaturen von etwa 3,5 Milliarden Kelvin stoppt die Photodissoziation nicht nach einem Schritt, sondern zerlegt einen Anteil der vorhandenen $^{28}$Si-Kerne in seine $^{4}$He-Bestandteile durch eine Kette von photoinduzierten Alphaaufbrüchen: $^{28}$Si $\rightarrow$ $^{24}$Mg $\rightarrow$ $^{20}$Ne $\rightarrow$ $^{16}$O $\rightarrow$ $^{12}$C $\rightarrow$ 2 $^{4}$He, wobei jeder Pfeil in der Sequenz für die Photodissoziation eines Alphateilchens aus dem Kern steht; als Summeneffekt wird ein $^{28}$Si-Kern in sieben Alphateilchen zerlegt. Da dies eher an ein Zerschmelzen des Kerns erinnert, spricht man oft auch vom Siliziumschmelzen anstelle des Siliziumbrennens. Die freigesetzten Alphateilchen können nun mit den noch vorhandenen $^{28}$Si-Kernen und danach mit den entstandenen neuen Produktkernen fusionieren. Dies kann man sich als eine Alpha-Fusionskette vorstellen, an deren Ende $^{56}$Ni steht. Der gleiche Kern wäre auch durch die $^{28}$Si + $^{28}$Si Fusion entstanden; durch das Schmelzen geht es aber viel effizienter. Die Schmelzidee fängt das Hauptergebnis des Siliziumbrennens ein, der detaillierte Ablauf ist allerdings viel komplizierter. Die Temperaturen sind hoch genug, um nicht nur Alphateilchen aus den Kernen freizusetzen, sondern auch andere leichte Kerne, die ebenfalls mit schwereren Fragmenten fusionieren. Dieses ausgiebige Netzwerk bringt nun auch die beiden Gleichgewichtsblöcke, die nebeneinander am Ende des Sauerstoffbrennens existierten, zu einem großen Block zusammen. Für die Kerne in diesem Gesamtblock sind alle Reaktionen, die über die starke und die elektromagnetische Wechselwirkung vermittelt werden, mit ihren inversen Reaktionen im Gleichgewicht; es stellt sich ein großflächiges nukleares Gleichgewicht ein. Dieses bevorzugt unter den Bedingungen, die im Siliziumbrennen herrschen, die Kerne mit der höchsten Bindungsenergie pro Nukleon. Diese Kerne liegen im Massenbereich der Eisen-Nickel-Gegend, wohin sich somit durch das fortgesetzte Siliziumbrennen die nukleare Häufigkeitsverteilung verschiebt. Man nennt den entstandenen Core der Asche des Siliziumbrennens deshalb den Eisencore. Seine genaue Zusammensetzung wird von zwei äußeren Parametern der stellaren Umgebung, Temperatur und Dichte, bestimmt. Dazu gesellt sich noch ein dritter Parameter: Reaktionen, die über die schwache Wechselwirkung vermittelt werden, sind zu langsam, deshalb stellt sich für diese Reaktionen kein Gleichgewicht ein. Dies heißt, dass man das Proton-zu-Neutron-Verhältnis der vorhandenen Materie durch detailliertes Verfolgen der Reaktionen der schwachen Wechselwirkung bestimmen muss. Oder anders ausgedrückt, kennt man dieses Verhältnis (es wird oft durch das Verhältnis von Protonen zu allen Nukleonen ausgedrückt und mit $Y_e$ bezeichnet, da es wegen der Erhaltung der elektrischen Ladung auch das Verhältnis von Elektronen pro Nukleonen ist), so kann man die Häufigkeiten *aller* Kerne durch die Häufigkeiten der Protonen und Neutronen bei bekannter Temperatur und Druck angeben. Bei gleicher Anzahl von Protonen und Neutronen ($Y_e$ = 0,5) ist der häufigste Kern im nuklearen Gleichgewicht $^{56}$Ni, das unter allen Kernen mit $N = Z$ die größte Bindungsenergie pro Nukleon hat. Allerdings wird durch die Reaktionen der schwachen Wechselwirkung in der Materie ein leichter Neutronenüberschuss erzeugt; $Y_e$ wird somit etwas kleiner als 0,5. Als Konsequenz werden Kerne wie $^{54}$Fe oder $^{56}$Fe am häufigsten produziert, beide mit kleinem Neutronenüberschuss.

Wenn die Temperatur hoch genug ist, dass sich über die starke und elektromagnetische Wechselwirkung ein Gleichgewicht unter den Kernen einstellt, hat dies fundamentale Konsequenzen für den Stern: Er kann über Fusionsreaktionen (oder andere Reaktionen der starken und elektromagnetischen Wechselwirkung) keine Energie mehr erzeugen! Die nukleare Energiequelle, die einem massereichen Stern ein Leben von vielen Millionen Jahren ermöglicht hat, ist für den inneren Bereich des Sterns versiegt. Reaktionen der schwachen Wechselwirkung sind zu langsam. Der Stern kann sich nun im Eisencore nicht mehr erfolgreich gegen die gravitative Anziehung seiner Masse wehren. Dies hat fatale Folgen für den ganzen Stern, wie wir im nächsten Kapitel diskutieren werden.

## 4.8 Kurzer Lebenslauf eines Sterns

Sterne verdanken ihr langes Leben der Kernenergie. Die durch Fusion von leichteren zu schwereren, stärker gebundenen Kernen gewonnene Energie benutzt ein Stern, um die gravitative Anziehungskraft seiner großen Masse zu stabilisieren und einen Teil davon noch in den Weltraum abzustrahlen. Wird der Stern von Planeten umgeben und befindet sich einer davon im „richtigen Abstand", so kann die abgestrahlte Energie auf ihm Leben erzeugen. Das Brennmaterial der Sterne besteht hauptsächlich aus Wasserstoff und Helium, als Überbleibsel des Urknalls, und in weit geringerer Häufigkeit aus schwereren Kernen, die in vorhergegangenen Sterngenerationen erzeugt wurden. Alle nuklearen Bestandteile sind elektrisch geladen, sodass die abstoßende Coulomb-Barriere zwischen den Kernen überwunden werden muss, um zwei Fragmentkerne zu fusionieren. Dies geschieht in Sternen bei Energien, die deutlich kleiner sind als die Höhe der Coulomb-Barriere, und wird durch einen quantenmechanischen Effekt möglich, der es erlaubt, eine Barriere zu durchtunneln (Tunneleffekt). Die Wahrscheinlichkeit, die Coulomb-Barriere zu durchtunneln, hängt extrem sensitiv von der Energie ab, die den Fragmenten zur Verfügung steht, und nimmt drastisch ab mit dem Produkt der Ladungen der beiden fusionierenden Kerne. Diese Abhängigkeit stimuliert eine Hierarchie in der Reihenfolge der Fusionsreaktionen, die ein Stern durchlaufen kann. Es beginnt mit dem Wasserstoffbrennen im Core des Sterns, das aus vier Protonen einen Heliumkern $^4$He erzeugt. Im nächsten Brennschritt wird immer im Zentrum die Asche des vorherigen Brennens gezündet; das vorherige Corebrennen wird nun in einer Schale um den Aschencore fortgesetzt. Das Schalenbrennen verläuft bei leicht höheren Temperaturen, als das gleiche Brennmaterial im Zentrum verbrannt wurde. Die Asche, bestehend aus Kernen mit höherer Ladungszahl als die Kerne im vorherigen Brennen und deshalb mit einer größeren Coulomb-Abstoßung, kann unter den Bedingungen des vorherigen Brennens nicht gezündet werden; es ist zu kalt. Die Asche ist zunächst ohne Energiequelle, mit der sie sich gegen die gravitative Anziehung stabilisieren könnte. Der Aschecore kontrahiert, erhöht seine Dichte und Temperatur, bis es warm genug geworden ist, Kernreaktionen aus dem Material der Asche zu zünden. Nach dem Wasserstoffbrennen folgt das Heliumbrennen, und nach der gleichen Prozedur mit Kontraktion der Asche bis genügend hohe Temperaturen erreicht sind, das Kohlenstoffbrennen, gefolgt von Neonbrennen und Sauerstoffbrennen und schließlich dem Siliziumbrennen. Um diese letzte Brennstufe zu zünden, werden Temperaturen von ungefähr 3,5 Milliarden Kelvin benötigt. Unter solchen Bedingungen laufen Kernreaktionen, die durch die starke und elektromagnetische Wechselwirkung vermittelt werden, im Gleichgewicht mit ihren inversen Reaktionen ab. Als Konsequenz kann der Stern durch Fusionsreaktionen keine Energie mehr aus der Asche des Siliziumbrennens gewinnen. Es sammelt sich im Zentrum ein Core aus Kernen hauptsächlich aus der Eisen-Nickel-Massengegend an (Eisencore), der nun seiner gravitativen Anziehung ohne nukleare Energiequelle überlassen ist, und schließlich durch gravitativen Kollaps eine Supernova-Explosion auslösen wird (nächstes Kapitel).

Nicht jeder Stern durchläuft alle Brennphasen, dies hängt davon ab, mit welcher Geburtsmasse der Stern das Wasserstoffbrennen startet. Das Zünden der verschiedenen Brennstufen verlangt eine Mindestmasse (Zündungsmasse), die der Aschecore besitzen muss. Um Kohlenstoffbrennen zu starten, muss der Core etwas schwerer als eine Solarmasse sein; unsere Sonne wird also Kohlenstoff nie brennen können und ihr hydrostatisches Brennen nach dem Heliumbrennen in etwa 7 Milliarden Jahre beenden. Welche Geburtsmasse zum Zünden des Kohlenstoffbrennens korrespondiert, hängt stark von dem Massenverlust ab, den ein Stern während der Phase des Heliumbrennens erfährt und durch den er den größten Teil seiner Masse verlieren kann. Man nimmt an, dass Sterne mit Massen größer als etwa 13 Solarmassen den gesamten Brennzyklus durchlaufen und zum Schluss durch gravitativen Kollaps eine Supernova-Explosion auslösen. Sterne mit Geburtsmassen zwischen ungefähr 7 und 13 Solarmassen durchlaufen nicht alle Brennstufen und enden mit einem Core, der aus mittelschweren Kernen gebildet wird (Sauerstoff, Neon, Magnesium), aber auch gravitativ instabil ist und zu einer Explosion führt. Auch hiermit beschäftigen wir uns im nächsten Kapitel.

Eine sehr informationsreiche Art, das Leben eines Sterns in vielen Details und Facetten darzustellen, gelingt in der Form des Kippenhahn-Diagramms. Dieses Diagramm setzt sich durch Schnitte durch den Stern zu den verschiedenen Lebenszeiten, beginnend vom Zünden des Wasserstoffbrennens, zusammen. Seine Abszisse ist die Zeit. Da die subsequenten Lebensphasen immer kürzer werden, wird die Zeit zum einen logarithmisch und zum anderen „rückwärts" aufgetragen; die Zeit misst also die Dauer, die noch bis zum Ende des Sterns vergehen wird. Dieses Ende ist, wie im Beispiel der Abbildung 4.34, für einen massereichen Stern der Kollaps des Eisencores. Die Ordinate zeigt die verschiedenen Bereiche des Sterns, definiert durch die jeweils eingeschlossene Masse; dies ist in der Astrophysik eine beliebte Alternativdarstellung des Radius, die den Vorteil hat, nicht die Proportionen zu verlieren, wenn der Stern sich zum Roten Riesen aufbläht. Durch den Farbcode wird angezeigt, ob in einem bestimmten Bereich Energie durch nukleares Brennen erzeugt wird (diverse Blautöne) oder durch Neutri-

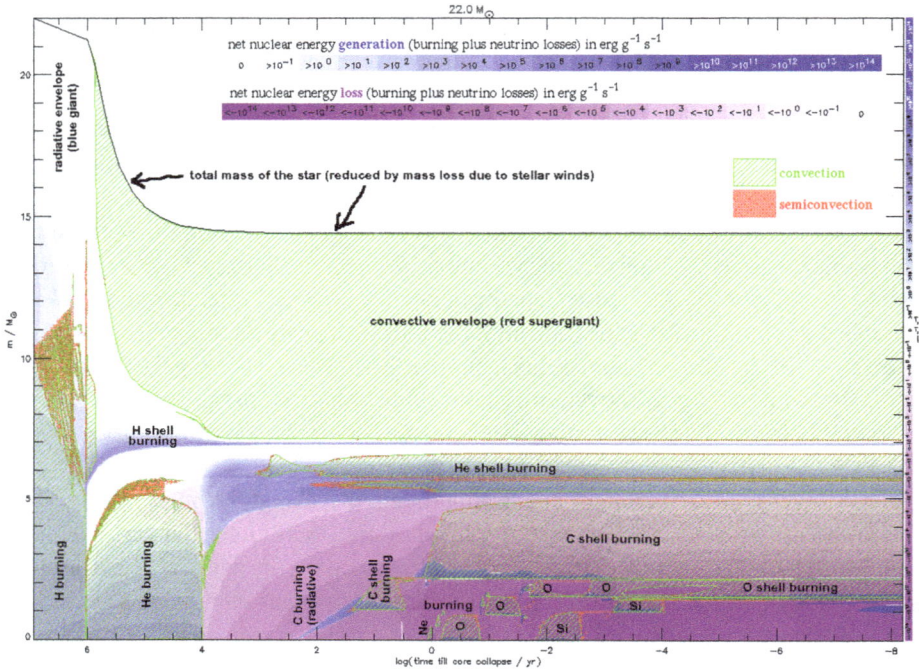

**Abb. 4.34:** Die Entwicklungsstufen eines Sterns von 22 Solarmassen, dargestellt in einem Kippenhahn-Diagramm. Auf der x-Achse läuft die Zeit in einer logarithmischen Skala rückwärts vom Start des Wasserstoffbrennens bis zum Beginn des fatalen Kollaps des inneren Cores, der schließlich zu einer Supernova-Explosion führt. Die y-Achse gibt die Massenkoordinate an. Sie definiert somit die Massenschale, die die entsprechende Masse einschließt. Das Diagramm gibt nun zu jedem Zeitpunkt der stellaren Entwicklung einen Querschnitt durch den Stern. Die verschiedenen Core- und Schalenbrennphasen sind markiert. Der Farbcode zeigt an, ob an einem Sternort Energie durch Kernfusion gewonnen (Blautöne) oder Energie, hauptsächlich durch Neutrinos, verloren wird (Lilatöne). Die Gesamtmasse des Sterns nimmt durch Massenverluste ab, verursacht durch Sternwinde während des Heliumbrennens. Sternbereiche, in denen der Energietransport durch Konvektion geschieht, sind schraffiert gekennzeichnet.

nokühlung verloren geht (diverse Lilatöne). Je dunkler die Färbung, je stärker der Energiegewinn oder -verlust. In Gebieten, die gestrichelt gekennzeichnet sind, geschieht der Energietransport durch Konvektion. Hauptsächlich während des Heliumbrennens kann es zu Massenverlust kommen. Die Sternmasse nimmt entsprechend ab. Schließlich sind die diversen Core- und Schalenbrennstufen eingezeichnet. Abbildung 4.34 zeigt das Kippenhahn-Diagramm eines Sterns mit der Geburtsmasse von 22 Solarmassen. Zur Ergänzung sind in der Tabelle 4.8 die Hauptkernreaktionen und die primären und sekundären Produkte sowie Temperatur und Dauer der verschiedenen Brennphasen zusammengefasst.

Die Abbildung lässt die verschiedenen Brennstufen sowie die Übergänge zwischen Core- und Schalenbrennen eindrucksvoll verfolgen. Man sieht auch, dass die unter-

**Tab. 4.8:** Brennphasen eines Sterns von 20 Solarmassen.

| Brennstoff | Hauptprodukt | sekundäre Produkte | Temperatur $[10^9\,\mathrm{K}]$ | Brenndauer (Jahre) | Hauptreaktionen |
|---|---|---|---|---|---|
| Wasserstoff | $^4$He | $^{14}$N | 0,02 | $10^7$ | $4p \to\,^4$He (CNO) |
| Helium | $^{16}$O, $^{12}$C | $^{18}$O, $^{22}$Ne (S-Prozess) | 0,2 | $10^6$ | $3\,^4$He $\to\,^{12}$C $^{12}$C $+\,^4$He $\to\,^{16}$O |
| Kohlenstoff | $^{20}$Ne, $^{24}$Mg | $^{23}$Na | 0,8 | $10^3$ | $^{12}$C $+\,^{12}$C |
| Neon | $^{16}$O, $^{24}$Mg | $^{26,27}$Al, P | 1,5 | 3 | $2\,^{20}$Ne $\to\,^{16}$O $+\,^{24}$Mg |
| Sauerstoff | $^{28}$Si, $^{32}$S | Cl, Ar, K, Ca | 2,0 | 0,8 | $^{16}$O $+\,^{16}$O |
| Silizium | $^{54}$Fe | Ti, V, Cr, Mn, Ni | 3,5 | 0,02 | $^{28}$Si $+\,\gamma \to\,^4$He... |

schiedlichen Schalenbrennen jeweils mehr Energie freisetzen als das Corebrennen des gleichen Materials, was an der höheren Temperatur liegt. Die Schalen verengen sich mit fortlaufendem Brennen. Die von den verschiedenen Schalenbrennen eingeschlossene Masse bleibt fast konstant bis zum Kollaps (der Radius nicht, wie wir diskutiert haben). Im Heliumbrennen verliert der Stern etwa ein Drittel seiner Masse und erreicht den Kollaps mit etwas mehr als 14 Solarmassen. Ab dem Heliumbrennen wird die äußere Hülle des Sterns konvektiv. Nach dem Heliumbrennen werden so hohe Temperaturen erreicht, dass Neutrinokühlung ein entscheidender Faktor wird. In der Tat umfasst die Kühlung den größten Teil der inneren 5 Solarmassen nach dem Heliumbrennen, unterbrochen allerdings von kleineren Gebieten, in denen Kernenergie durch die fortgeschrittenen Brennstufen (Kohlenstoff, Neon, Sauerstoff, Silizium) erzeugt wird. Wegen der extremen Temperaturabhängigkeit der entsprechenden Reaktionen sind diese Bereiche, vor allem im Zentrum, ziemlich eng. Das nukleare Material wird sehr schnell verbrannt. Der Energietransport zwischen den unterschiedlichen Schalen geschieht durch Konvektion.

Die Struktur eines massereichen Sterns kurz vor dem Kollaps wird oftmals mit einem Zwiebelmuster verglichen, mit einem Eisencore im Zentrum und den unterschiedlichen Schalen als verschiedene Zwiebelhäute; in den Schalen läuft das nukleare Brennen fort, von innen nach außen in der umgekehrten Reihenfolge der Brennstationen des Sterns. Das Siliziumbrennen setzt sich um den Eisencore fort und lässt dessen Masse anwachsen, bis es, wie wir im nächsten Kapitel sehen, keinen Halt mehr gibt.

Aus der Tabelle 4.8 kann man noch einmal die Zeitdauern der verschiedenen Brennphasen entnehmen. Die Brenndauer wird immer kürzer; Sauerstoffbrennen dauert weniger als ein Jahr, Siliziumbrennen ein paar Tage. Die unterschiedlichen Dauern rühren daher, dass, wegen der wachsenden Coulomb-Barrieren, das Brennen bei stetig zunehmenden Temperaturen, und somit immer schneller, stattfindet. In den letzten vier Brennphasen verbringt ein Stern nur 0,01 % seiner Lebenszeit, weniger als 1000 Jahre. Es ist somit sehr unwahrscheinlich, einen Stern in diesen kurzen und seltenen letzten Brennphasen zu beobachten. Deshalb häufen sich die beobachteten Sterne im

Hertzsprung-Russell-Diagramm in den Bereichen, die man dem Wasserstoff- und Heliumbrennen zuordnen kann (Hauptreihe, Wege zum und auf den Riesenästen).

## 4.9 Erstes Licht

*Es werde Licht, und es wurde Licht.* So knapp berichtet das Buch Genesis über die Entstehung der ersten Sterne; das Werk eines Tages. Nach der Schöpfungsgeschichte der Kosmologen hat es etwas länger gedauert. Danach herrschte etwa 400 000 Jahre nach dem Urknall eine große Homogenität im Universum, wie man aus der kosmischen Hintergrundstrahlung noch heute ersehen kann. Aus den geringfügigen Dichtefluktuationen, unterstützt von der Dunklen Materie, haben sich dann hierarchisch die Strukturen gebildet, die wir jetzt im Universum beobachten. An den Knoten der Filamente der Netzwerkstruktur, die das Universum durchzieht und das so auch vom Standardmodell der Kosmologie, dem $\Lambda$CDM-Modell, beschrieben wird, entstanden die ersten kleinen Galaxien (Proto-Galaxien), aus denen sich dann nach und nach größere Strukturen entwickelten: Galaxien, dann Galaxienhaufen. Die Proto-Galaxien gelten als die Geburtsorte der ersten Sterne. Man schätzt, dass die Geburt der ersten Sterne etwa 100–250 Millionen Jahre nach dem Urknall geschah. Bis dahin gab es kein sichtbares Licht im Universum; man nennt diese Zeit die dunkle Ära.

Leider gibt es noch keine Beweise für das vermutete Geburtsszenario der Sterne. Die ältesten Objekte im Universum, die bislang beobachtet wurden, sind einige sehr stark leuchtende Galaxien und Quasare, deren Alter aus den entsprechenden Rotverschiebungen auf etwa 1 Milliarde Jahre nach dem Urknall geschätzt wird. Alle Versuche, Exemplare der ersten Sterngeneration aufzuspüren, waren bislang vergeblich. Dies kann unterschiedliche Gründe haben: Der einfachste wäre, dass unsere Teleskope bislang nicht ausreichen, um so weit in der Zeit zurückzusehen. Eine anderer, vielleicht spannenderer Grund wäre, dass es keine Sterne aus dieser Epoche mehr gibt, weil ihre Lebensdauer zu kurz war. Dies wäre der Fall, wenn sie deutlich massereicher gewesen sind als unsere Sonne.

Das Interesse an der ersten Sternengeneration ist nicht nur reine wissenschaftliche Neugier. Ihre Komposition bei der Geburt kann nur das Material der primordialen Nukleosynthese gewesen sein: Wasserstoff und Helium, und keine Beimischung von Metallen, wie man in der Astronomie alle Elemente schwerer als Helium nennt. Die ersten Sterne waren also „metallfrei". Man nennt sie deshalb auch Sterne der dritten Population, wobei Sterne mit Metallhäufigkeiten wie die der Sonne „erste Population" heißen, und metallarme Sterne der zweiten Population zugezählt werden. Die metallfreien Sterne müssen also die Brutplätze der ersten Metalle im Universum gewesen sein. Da sie keinen Metallanteil hatten, lief ihre Entwicklung anders als die der Sterne erster Population ab, wie wir sie in diesem Kapitel bislang diskutiert haben. Zum Beispiel fehlt der Kohlenstoff, um Wasserstoffbrennen mithilfe des CNO-Zyklus zu zünden, wie wir es in normalen (Population I) Sternen mit Massen größer als die der Sonne erwarten.

Die Simulationen geben den Proto-Galaxien ähnliche Dimension, wie sie die molekularen Gaswolken, in den heute noch in der Milchstraße Sterne entstehen, haben: Massen bis zu etwa einer Millionen Sonnenmassen und Durchmesser von 30–100 Lichtjahren. Im Unterschied zu den heutigen Gaswolken bestanden sie aber hauptsächlich aus Dunkler Materie, gemischt mit einem geringeren Anteil ordinärer Materie. Infolge von Dichtefluktuationen können sich Teile dieses Gemischs komprimieren, wobei die Temperatur auf ungefähr 1000 Kelvin ansteigt, und sich Wasserstoffmoleküle bilden können. Wie in heutigen Gaswolken sind die $H_2$-Moleküle ein effizienter Kühlungsmechanismus. Dieser greift allerdings nur für die ordinäre Materie, da die Dunkle Materie nicht über die elektromagnetische Wechselwirkung interagiert. Dieser Unterschied im Kühlungsverhalten sorgt dafür, dass ordinäre Materie zu größeren Dichten kollabieren kann und sich schließlich, getrennt von der Dunklen Materie, im Zentrum sammelt. Falls die Materie dabei rotiert, könnte die entstehende Struktur derjenigen uns bekannter Galaxien ähneln: eine Scheibe ordinärer Materie umgeben von einem Halo von Dunkler Materie. Aber es gibt einen bedeutenden Unterschied: Da die normale Materie nur aus Helium und Wasserstoff besteht, entfällt die Kühlung der kollabierenden Gaswolke durch Staubteilchen, die zu einem guten Anteil aus schweren Elementen bestehen. Diese Staubteilchen haben niederenergetischere Anregungen als das $H_2$-Molekül und können somit die Gaswolke zu deutlich niedrigeren Energien kühlen, als das Wasserstoffmolekül dies kann. Dies bedeutet, dass die Temperatur in der Gaswolke, die nur aus den Produkten der primordialen Nukleosynthese besteht, nur bis zu ungefähr 200 Kelvin heruntergekühlt werden konnte, während heutige molekulare Gaswolken deutlich niedrigere Temperaturen aufweisen (10–20 Kelvin), verursacht durch niederenergetische Emissionen durch Staubteilchen und große Moleküle. Die unterschiedlichen Temperaturen haben Konsequenzen für die minimale Masse, bei der die Fragmentierung der Gaswolke stoppt, denn die Jeans-Masse ist proportional zur Temperatur mit $\sim T^{3/2}$. (Hier haben wir Gleichung (3.1) und die Beziehung $E \sim v^2 \sim kT$ benutzt.) Nimmt man an, dass die Dichten etwa gleich sind, bedeutet dies, dass die Fragmentierung der ordinären Materie in der Protogalaxie bei deutlich größeren Massen als in heutigen sternbildenden Wolken aufgehört hat. Während die heutigen Gaswolken Sterne mit Massen bilden, die vergleichbar derjenigen der Sonne sind, hatten die ersten Sterne deutlich größere Massen. Typische Massen lagen wohl im Bereich von 20–150 Solarmassen. Die Salpeter-Verteilung der Geburtsmassen von Sternen galt für die ersten Sterne nicht!

Dies stellt ein Problem dar, denn so massereiche Sterne, wie sie die Population-III-Sterne waren, zünden Wasserstoff als erste nukleare Brennstufe im CNO-Zyklus. Aber diese Sterne besitzen keine Elemente schwerer als Helium und können den CNO-Zyklus aus ihrer Geburtskomposition nicht starten. Was sie verbrennen können, ist Wasserstoff in der pp-Kette; aber dies ist viel zu langsam und ineffizient, um den Stern in ein hydrostatisches Gleichgewicht zu bringen. In der Tat besagen Simulationen von Population-III-Sternen, dass die pp-Ketten nie eine bedeutende Rolle in diesen Sternen spielten. Da Wasserstoffbrennen den Kollaps zunächst nicht aufhalten kann, setzt sich dieser fort, bis im Zentrum Temperaturen um 100 Millionen Kelvin erreicht werden, und das Helium via der Triple-Alpha-Reaktion gezündet wird. Population-III-Sterne produzieren somit den notwendigen $^{12}$C zum Start des CNO-Zyklus selber. Da die Temperaturen deutlich höher sind als beim CNO-Brennen in normalen Sternen, reichen kleine Mengen von $^{12}$C aus (relative Häufigkeiten der Größenordnung $10^{-8}$–$10^{-10}$), um das Wasserstoffbrennen zu zünden. Es ist auch bemerkenswert, dass bei den hohen Temperaturen von etwa 100 Millionen Kelvin im CNO-Zyklus nicht mehr die Coulomb-Barriere – vor allem der p + $^{14}$N-Fusionsreaktion – das Hindernis darstellt, sondern die beiden Beta-Zerfälle von $^{13}$N mit einer Halbwertszeit von fast 10 Minuten und $^{15}$O mit einer Halbwertszeit von etwas mehr als 2 Minuten. Zum Beispiel wird bei Temperaturen von 110 Millionen Kelvin die Protonfusionsreaktion an $^{13}$N schneller als der konkurrierende Beta-Zerfall; der CNO-Zyklus durchläuft dann eine andere Reaktionsreihenfolge. Nach Beendigung des Wasserstoffbrennens durchläuft auch der metallfreie Population-III-Stern die gleichen Brennphasen wie ein Stern mit solarer Komposition. Nach Beendigung des Heliumbrennens setzt Neutrino-Emission als bedeutender Kühlungsmechanismus ein. Abbildung 4.35 zeigt das Kippenhahn-Diagramm einer Simulation eines Population-III-Sterns von 25 Solarmassen.

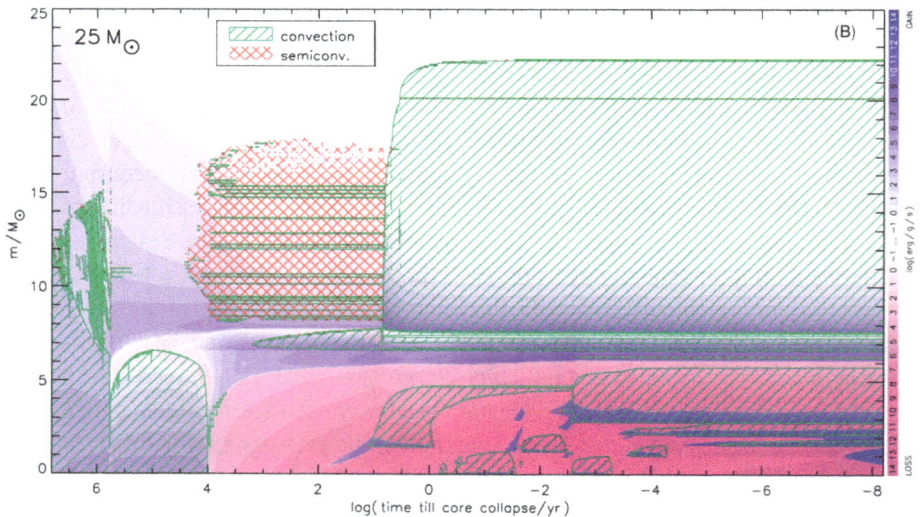

**Abb. 4.35:** Kippenhahn-Diagramm eines 25-Solarmassen-Sterns der Population III. Der Stern bestand bei seiner Geburt nur aus den Produkten der primordialen Nukleosynthese, Wasserstoff und Helium, und besaß keine schwereren Elemente. Wasserstoffbrennen via CNO-Zyklus war erst möglich, nachdem der Stern so stark kollabiert war, dass er Heliumbrennen starten und via Triple-Alpha-Reaktion eine geringe Menge an $^{12}$C produzieren konnte, um den CNO-Zyklus zu ermöglichen. Nach dem Wasserstoffbrennen durchläuft der Stern die gleichen Phasen an Core- und Schalenbrennen wie ein „normaler" Stern. In den unterschiedlichen Regionen, in den Brennen stattfindet, ist der Stern konvektiv. Nach dem Heliumbrennen kühlt der Stern in seinem inneren Bereich durch Neutrinoemission. Es wird angenommen, dass Population-III-Sterne keinen (oder nur geringen) Massenverlust erleiden, im Unterschied zu normalen Sternen. In dieser Simulation wurde kein Massenverlust berücksichtigt.

Die Abwesenheit von schweren Elementen führt auch noch zu anderen Differenzen, wenn man die Entwicklung eines metallfreien Sterns mit der eines Sterns mit solarer Häufigkeitsverteilung vergleicht. Da Staubteilchen und schwere Elemente als Katalysatoren für die stellaren Winde, die vor allem während des Heliumbrennens zu starken Massenverlusten eines Sterns führen, in Population-III-Sternen fehlen, sollte es auch nicht zu ausgiebigen Massenverlusten kommen. In vielen Simulationen wird deshalb vorausgesetzt, dass der Stern während seines gesamten Lebens die Geburtsmasse beibehält, so zum Beispiel in der Rechnung, auf der das Kippenhahn-Diagramm 4.35 beruht. Ob dies strikt der Fall ist, ist zurzeit Inhalt von intensiver Forschung. Es ist denkbar, dass frischproduzierte Elemente, zum Beispiel durch den CNO-Zyklus, durch Rotation und Konvektion in die äußeren Sternhüllen gelangen können, um dort geringen Massenverlust zu unterstützen. Auf alle Fälle darf man annehmen, dass der Massenverlust bei der ersten Sterngeneration deutlich geringer war als bei heutigen Sternen.

Schwere Elemente dominieren auch die Opazitäten. Ihr Fehlen sollte zu erleichtertem Strahlungstransport führen. Allerdings ist die Energieerzeugung durch den CNO-Zyklus bei den deutlich höheren Temperaturen so viel größer als bei normalen Sternen, dass die Energie nur durch Konvektion wegtransportiert werden kann. Simulationen zeigen, dass die Population-III-Sterne in allen Brennregionen während ihres Lebens konvektiv sind. In den äußeren Hüllen dominiert Photonenstreuung an Elektronen die Opazität.

Die ersten Sterne waren auch ziemlich kompakt. Dies begann mit der Notwendigkeit, so stark kollabieren zu müssen, um im Zentrum die Triple-Alpha-Reaktion zu zünden. Die verringerten Opazitäten sorgen dafür, dass sich der Stern in der Roten-Riesen-Phase auch nicht so enorm ausdehnen muss; sein Radius wird auf das etwa Zehnfache erweitert. Schließlich sorgt das schnelle Brennen durch den CNO-Zyklus zur Produktion einer sehr hohen Luminosität; man schätzt von etwa einer Millionen Sonnenluminositäten. Diese enorme Menge wurde recht effizient zur Oberfläche transportiert und abgestrahlt, wobei die Oberflächentemperatur deutlich höher war als bei vergleichbaren Sternen mit solarer Massenverteilung. Man schätzt, dass die Temperatur um die 100000 Kelvin betrug; das Licht also hauptsächlich im ultravioletten Bereich abgestrahlt wurde. Wenn diese energiereichen Photonen auf die Heliumatome und Wasserstoffatome und -moleküle in der den Stern umgebenen Gaswolke trafen, so wurden diese ionisiert. Das Gas begann zu leuchten. Prosaisch kann man sagen, dass das Licht im Universum eingeschaltet wurde. Dies hat ein Künstler in der Abbildung 4.36 versucht einzufangen.

Während der unterschiedlichen Brennphasen produzieren die ersten Sterne schwere Elemente, die dann durch Explosion des Sterns ins Interstellare Medium ejiziert werden und den nächsten Sterngenerationen zur Verfügung stehen. Insbesondere während des Heliumbrennens im Zentrum werden die Kerne $^{12}$C, $^{16}$O, $^{20}$Ne und $^{24}$Mg in bedeutenden Mengen produziert; zum Beispiel zeigen Simulationen, dass ein 25-Solarmassen-Stern der ersten Generation etwa ein Viertel einer Solarmasse an Kohlenstoff $^{12}$C synthetisiert. In den späteren Brennphasen werden, wie in normalen Sternen, so hohe Tem-

**Abb. 4.36:** Vorstellung eines Künstlers, wie die ersten metallfreien Sterne (Population-III-Sterne) durch Supernova-Explosionen das Universum mit den ersten, durch Sterne erbrüteten Elementen schwerer als Helium durchmischten.

peraturen erreicht, dass hauptsächlich Kerne bis zum Eisen-Nickel-Massenbereich hergestellt werden. Schwerere Elemente als etwa Zink ($Z = 30$) werden von den ersten Sternen nicht mit einer nennenswerten Häufigkeit produziert. Dies geschieht in astrophysikalischen Objekten, die entweder schon schwerere Kerne als Saat von früheren Sterngenerationen geerbt haben oder über extreme Neutronenhäufigkeiten verfügen. Wir kommen hierauf später zurück.

# 5 Das Sterben von Sternen

*„Über uns glänzt Stern bei Sterne, um uns braust die Ewigkeit"*, schreibt Friedrich Nietzsche 1882 in einem Brief an Lou von Salomé. Sterne galten von alters her als Symbole von Ewigkeit und Unveränderlichkeit. Dies ist eigentlich keine Überraschung, berücksichtigt man, dass sie sich über die Lebensperiode eines Menschen so gut wie nicht verändern, und dass etwaige Veränderungen bei den immensen Abständen nicht mit dem bloßen Auge erfasst werden können. Wie im vorigen Kapitel dargelegt wurde, sind Sterne allerdings keine statischen, sondern dynamische Objekte. Sie werden aufgrund von Dichtefluktuationen in einer Gaswolke geboren und führen ihr langes Leben dadurch, dass sie in ihrem Inneren Kernenergie durch Fusionsreaktionen freisetzen, um damit die gravitative Anziehungskraft ihrer Masse zu balancieren. Der Kernenergievorrat ist allerdings endlich und geht irgendwann zur Neige, wobei ein Stern nur einen Bruchteil des Brennmaterials nutzt, während der größte Teil der Hülle nie auf die Temperaturen erhitzt werden kann, die zum Zünden des Wasserstoffbrennens notwendig sind. Die Sonne wird nur etwa 10 % ihres Wasserstoffvorrats verbrennen.

Wenn die innere Energiequelle versiegt, bricht der Mechanismus weg, der das hydrostatische Gleichgewicht garantiert hat. Ohne Gegendruck, der durch die Kernreaktionen aufrechterhalten wurde, ist der innere Core des Sterns instabil und bricht unter seiner eigenen gravitativen Anziehung zusammen. Oder gibt es noch eine weitere Druckquelle, die der Gravitation entgegenarbeiten kann? Eine solche Quelle existiert und basiert auf quantenmechanischen Effekten. Sie ist uns schon beim Zünden des Heliumbrennens in Sternen mit recht geringer Masse begegnet. Der quantenmechanische Effekt ist das nach Wolfgang Pauli benannte Ausschließungsprinzip (besser bekannt als Pauli-Prinzip). In der Quantenmechanik wird ein Teilchen durch einen vollständigen Satz von Quantenzahlen beschrieben, wobei das Pauli-Prinzip besagt, dass in einem statistischen Ensemble keine zwei Teilchen den gleichen Satz von Quantenzahlen haben können.[1] Eine Konsequenz des Pauli-Prinzips ist es, dass ein Vielteilchensystem identischer Fermionen einen Widerstand gegen eine Kompression ausübt. Man nennt dies den „Entartungsdruck", der bei hohen Dichten von Bedeutung wird. In der Tat steigt der Entartungsdruck mit der Dichte. Die Proportionalität hängt davon ab, ob die Fermionen noch nicht-relativistisch beschrieben werden dürfen (dann steigt der Entartungsdruck $P$ mit der Dichte wie $\rho^{5/3}$), oder ob sie relativistisch sind (dann ist der Entartungsdruck proportional zu $\rho^{4/3}$). Der Übergang vom nicht-relativistischen zum

---

[1] Die unter Berücksichtigung des Pauli-Prinzips entstehende Quantenstatistik für Fermionen nennt man Fermi-Dirac-Statistik. Sie spielt in vielen Bereichen der Physik eine entscheidende Rolle (siehe Kapitel 2). Wechselwirkungsteilchen (Photonen, W- und Z-Bosonen, Gluonen, Gravitonen) sind Bosonen und unterliegen nicht dem Pauli-Prinzip. Für sie gilt die Bose-Einstein-Statistik, in der es möglich ist, dass alle Teilchen in einem Ensemble gleichzeitig den energetisch niedrigsten Quantenzustand besetzen und das sogenannte Bose-Einstein-Kondensat bilden.

https://doi.org/10.1515/9783111469737-005

relativistischen Regime hängt von der Masse der Fermionen ab. Bei Elektronen liegt der Übergang etwa bei Dichten von $10^6$ g/cm$^3$.

Betrachten wir den inneren Core eines Sterns, in dem das nukleare Feuer erloschen ist. Der Core besteht aus Elektronen und Kernen (Protonen und Neutronen); dies sind alles Fermionen, die dem Pauli-Prinzip unterliegen und somit einen wachsenden Entartungsdruck bei steigender Dichte aufbauen. Dieser Entartungsdruck arbeitet der gravitativen Anziehung des Cores entgegen. Er kann den Core sogar stabilisieren. Allerdings gelingt dies nur bis zu einer maximalen Masse, wie zwei der einflussreichsten Physiker des letzten Jahrhunderts unabhängig voneinander gezeigt haben: Subrahmanyan Chandrasekhar und Lew Landau. Für beide war diese Leistung eine „Jugendsünde" (Abbildung 5.1). Chandrasekhar hatte sein Studium in Indien mit überragendem Erfolg abgeschlossen und war mit einem Stipendium ausgezeichnet worden, das ihm erlaubte, seine Forschungsarbeiten in Cambridge bei Ralph H. Fowler fortzusetzen. Auf der Überfahrt von Bombay nach England schrieb Chadrasekhar seine erste wissenschaftliche Abhandlung *The Maximum Mass of Ideal White Dwarfs*. Er war 19 Jahre alt. Für die Erkenntnisse dieser Arbeit und seine vielen weiteren fundamentalen Beiträge zur Astrophysik erhielt Chandrasekhar 1983 den Nobelpreis für Physik, zusammen mit Willy Fowler (nicht verwandt mit Ralph Fowler), dem Vater der „nuklearen Astrophysik".[2] Auch Lew Landau hatte seine Studien mit herausragendem Erfolg in Sankt Petersburg (damals Leningrad) abgeschlossen und hatte, ebenfalls neunzehnjährig, als Auszeichnung

**Abb. 5.1:** Kurz nach ihren jeweiligen Universitätsabschlüssen haben Subrahmanyan Chandrasekhar (links) und Lew Landau (rechts) die Grenzmasse kompakter Sterne bestimmt. Beide gehören zu den großen Wissenschaftlern des letzten Jahrhunderts und sind beide mit dem Nobelpreis für Physik ausgezeichnet worden.

---

2 Willy Fowler erzählte mir einmal, dass es für ihn eine besondere Ehre war, den Preis zusammen mit Chandrasekhar zu erhalten, der für ihn zeitlebens ein Vorbild war („one of the heroes of my life").

eines von zwei Stipendien des sowjetischen Ministeriums für Bildung (Volkskommissa-
riat für Aufklärung) erhalten, das es ihm ermöglichte, eine 18-monatige Forschungsreise
zu den wissenschaftlichen Zentren in Europa zu unternehmen. Er begann seine Rund-
reise im Oktober 1929 und besuchte nacheinander das Who's who der damaligen Physik
in Berlin, Göttingen, Leipzig, Zürich (zweimal), Kopenhagen (dreimal) und Cambridge.
Im Februar 1931 schrieb Landau, damals 23 Jahre alt, seine vorausschauende Arbeit, in
der er die Idee vorstellte, dass Sterne mit enormer Dichte, die an gigantische Atomkerne erinnern, existieren könnten. Man kann sagen, dass Landau hier die Grundlagen von
Neutronensternen legte, ein Jahr, bevor das Neutron durch Chadwick entdeckt wurde!
Die Arbeit von Landau wurde im Februar 1932 veröffentlicht, fast gleichzeitig, aber unabhängig von der Bekanntgabe der Entdeckung des Neutrons. Landau wurde 1962 mit
dem Nobelpreis für Physik für seine Theorie des flüssigen Heliums ausgezeichnet; das
Komitee hätte, ähnlich wie bei Einstein oder Feynman, auch andere seiner Arbeiten mit
dem Preis würdigen können.

Landau hat in seiner Arbeit ein einfaches Argument dafür angegeben, dass es eine
Grenzmasse gibt, bis zu der der Entartungsdruck die gravitative Anziehung stabilisieren
kann. Grundlage von Landaus Argumentation war die Verbindung des Gravitationsgesetzes mit zwei quantenmechanischen Effekten, dem Pauli-Prinzip und der Heisen-
berg'schen Unschärferelation. Letztere besagt, dass sich der Ort und der Impuls eines
Teilchens nicht gleichzeitig exakt bestimmen lassen, sondern dass die Genauigkeiten
(„Unschärfe") in der Bestimmung des Ortes (genannt $\Delta x$) und des Impulses ($\Delta p$) der
Ungleichung $\Delta x \cdot \Delta p \geq \hbar/2$ unterliegt, wobei $\hbar = h/(2\pi)$ mit dem Planck'schen Wirkungsquantum verknüpft ist. Landau nahm an, dass ein Stern mit dem Radius $R$ aus $N$
Fermionen (Elektronen oder Neutronen) besteht. Dann ist die Teilchenzahldichte $n$ pro-
portional zu $N/R^3$. Das Volumen für ein einzelnes Fermion kann man als $1/n$ ansetzen;
hier wird also das Pauli-Prinzip benutzt, dass besagt, dass keine zwei Fermionen im gleichen Volumen sind. Setzt man den Radius dieser Ein-Fermion-Kugel als Unschärfe des
Ortes an, so folgt aus der Heisenberg'schen Unschärferelation in der approximativen
Form $\Delta x \cdot \Delta p = \hbar$, dass der Impuls des Fermions ungefähr $\hbar n^{1/3}$ ist. Daraus ergibt sich
die kinetische Energie des Teilchens, wenn man annimmt, dass es sich relativistisch ver-
hält, als $E_{kin} = cp \approx \hbar n^{1/3} c \approx \frac{\hbar c N^{1/3}}{R}$. Dem steht die Gravitationsenergie der Massenkugel
gegenüber, $E_G \approx -\frac{GMm}{R}$, wobei $m$ die Masse des Fermions ist und $M$ die Gesamtmasse;
$M = Nm$. Ein Gleichgewichtszustand ist erreicht, wenn die Gesamtenergie

$$E \sim \frac{\hbar c N^{1/3}}{R} - \frac{GNm^2}{R} = \frac{1}{R}\left(\hbar c N^{1/3} - GNm^2\right) \tag{5.1}$$

ein Minimum hat. Ist die Energie im Minimum negativ, so ist der Zustand des Sterns stabil. Die zwei variablen Größen in der Gleichung (5.1) sind die Gesamtzahl der Teilchen
$N$ und der Radius des Sterns $R$. Nutzen wir dies aus in der Betrachtung und nehmen
zuerst an, dass die Klammer in der Gleichung positiv ist. Dann ist auch die Gesamtenergie $E$ positiv. Erreichen kann man dies, wenn $N$ genügend klein ist. Halten wir
nun $N$ konstant und betrachten, was passiert, wenn man den Radius $R$ verändert. Da-

mit die Gleichung (5.1) gültig ist, haben wir den Radius zunächst so gewählt, dass er klein genug ist, damit die entsprechende Dichte eine relativistische Behandlung rechtfertigt. Da die Gesamtenergie proportional zu $1/R$ ist, verringert sie sich kontinuierlich, wenn der Radius stetig vergrößert wird. Dabei verringert sich allerdings auch die Dichte und das System wird irgendwann mit abnehmender Dichte vom relativistischen in das nicht-relativistische Regime übergehen. Für nicht-relativistische Teilchen skaliert die kinetische Energie mit dem Quadrat des Impulses, und ist nicht, wie bei relativistischen Teilchen, linear vom Impuls abhängig (was wir oben angenommen haben). Es gilt für nicht-relativistische Teilchen $E_{kin} \sim p^2 \sim 1/R^2$, wobei wir im letzten Schritt wieder die Abschätzung aus der Unschärferelation benutzt haben. Die Konsequenz dieses Übergangs ist, dass die kinetische Energie für große Abstände deutlich schneller abfällt (wie $1/R^2$) als die gravitative Energie; ab einem bestimmten Radius wird $E_G$ vom Betrag her größer sein als $E_{kin}$ und die Gesamtenergie wird negativ. Im Grenzwert sehr großer Radien gehen beide Energieanteile gegen null und somit auch die Gesamtenergie. Diese hat somit bei einem endlichen Radius ein Minimum mit einem negativen Wert, was einem stabilen Zustand bei dem entsprechenden endlichen Radius entspricht. Betrachten wir nun den zweiten Fall und nehmen an, dass die Gesamtenergie negativ ist. Dies erreicht man, wenn $N$ genügend groß gewählt wird. In diesem Fall lässt sich durch Verkleinerung des Radius (Vergrößerung der Dichte) die Gesamtenergie immer weiter absenken. Da die Dichte erhöht wird, bleibt man bei dieser Überlegung auch stets im relativistischen Regime. Es existiert kein Minimum und somit auch kein stabiler Zustand für den Stern. Der Übergang von einem System mit stabilem Zustand zu einem ohne geschieht in unserer Überlegung durch Kreuzung der $E = 0$-Linie. Aus diesem Kreuzungspunkt lässt sich die Maximalmasse $M_{max}$ eines Sterns, der durch den Entartungsdruck stabilisiert wird, bestimmen. Es ergibt sich, wenn man die unterschiedlichen Faktoren, wie zum Beispiel die Vorfaktoren des Kugelvolumens, berücksichtigt, die in der obigen Diskussion nicht explizit geschrieben wurden:

$$M_{max} = \frac{3{,}1}{m^2}\left(\frac{\hbar c}{G}\right)^{3/2}. \tag{5.2}$$

Die Formel ist bemerkenswert, denn sie führt die Maximalmasse eines Sterns, der durch Entartungsdruck stabilisiert wird, auf vier fundamentale physikalische Größen zurück: die Planck'sche Konstante $\hbar$, die Lichtgeschwindigkeit $c$, die Gravitationskonstante $G$ und die Masse des Nukleons. Bei Weißen Zwergen wird der Entartungsdruck durch die Elektronen erzeugt, die Masse des Sterns allerdings durch die Nukleonen. Hieraus ergibt sich eine Abhängigkeit von der kernphysikalischen Zusammensetzung des Weißen Zwerges; dass heißt, wie viele Nukleonen sind Neutronen und wie viele Protonen, da die Letzteren die Anzahl der Elektronen und somit den Entartungsdruck definieren. In der Vor-Kernphysik-Ära, in der Chandrasekhar und Landau ihre Arbeiten schrieben, musste man diesen Zusammenhang raten: Landau nahm an, dass die Anzahl der Protonen und Neutronen gleich ist, was mit unserem heutigen Verständnis von der Komposition von

Weißen Zwergen gut übereinstimmt. Für Landau galt also $m = 2m_p$, wobei $m_p$ die Protonenmasse ist; er erhielt somit als Grenzmasse $M_{max} \approx 1.5\,M_\odot$. (Chandrasekhar nahm in seiner ersten Arbeit $m = 2{,}5m_p$ an). Landaus Wert liegt sehr nah an dem heutigen Wert der Chandrasekhar-Masse, $M_{Ch} = 1{,}44(2Y_e)^2\,M_\odot$, wobei $Y_e$ das Verhältnis der Elektronen (Protonen) zu Nukleonen angibt. Der Wert der Chandrasekhar-Masse hängt geringfügig von der Temperatur ab.

Die nach Chandrasekhar benannte Grenzmasse hat zwei fundamentale Bedeutungen: Zum einen zeigt sie an, bis zu welcher Masse Sterne durch den quantenmechanischen Effekt des Entartungsdrucks, verursacht durch das Pauli-Prinzip, stabil sein können. Zum anderen besagt sie, dass für Massen, die diesen Grenzwert überschreiten, die gravitative Anziehung dominiert und diese Massen kollabieren. Allerdings kann dieser Kollaps gestoppt werden, wenn es in der stellaren Komposition mehrere fermionische Komponenten gibt, deren Entartungsdruck bei unterschiedlichen Dichten wirkt. Dies ist im Allgemeinen der Fall, denn der Entartungsdruck von Elektronen macht sich schon bei deutlich geringeren Dichten bemerkbar als der der Nukleonen. Diese Dichteabhängigkeit spielt eine entscheidende Rolle, wenn man sich das finale Schicksal von Sternen anschaut. Es ist nicht überraschend, dass hier wiederum die Geburtsmasse eines Sterns die entscheidende Größe ist.

Die Abbildung 5.2 fasst das Schicksal von Sternen nach Auslaufen des nuklearen Brennens in ihrem Zentrum zusammen. Massearme Sterne mit weniger als etwa $7\,M_\odot$

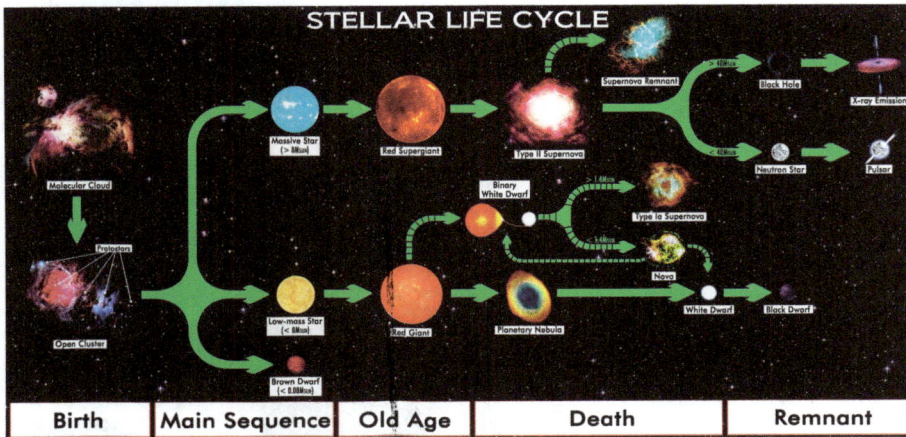

**Abb. 5.2:** Wie ein Stern seine unterschiedlichen Lebensphasen durchläuft, hängt vor allem von seiner Geburtsmasse ab. Nach der Geburt aus einer Gaswolke kann der Stern im Inneren Kernreaktionen als Energiequelle zünden, falls er die hierzu benötigte Minimalmasse besitzt; sonst endet er als Brauner Zwerg. Sterne mit geringer Masse durchlaufen die ersten hydrostatischen Brennphasen und erleiden während des Heliumbrennens als Rote Riesen starke Massenverluste. Diese Sterne enden nach einer Periode als planetarischer Nebel als Weißer Zwerg. In Doppelsternsystemen können Weiße Zwerge als Typ-Ia-Supernova zerstört werden. Massereiche Sterne durchlaufen alle Stufen des hydrostatischen Brennens und enden als Supernova, die einen Neutronenstern oder ein Schwarzes Loch hinterlassen kann.

enden ihr Leben als Weiße Zwerge. Sterne mit intermediären Massen ($\approx$ 7–13 $M_\odot$) durchlaufen nur einen Teil der fortgeschrittenen Brennphasen und enden ihr Leben mit einer Explosion, bei der meist ein Neutronenstern übrig bleibt; man nennt diesen Explosionstyp häufig Elektroneneinfang-Supernova. Massereiche Sterne mit Massen größer als ungefähr 13 $M_\odot$ gehen durch den vollen Brennzyklus, sodass sich am Ende ein Eisencore im Zentrum des Sterns bildet. Dieser kollabiert unter seiner eigenen Anziehungskraft und explodiert schließlich als Supernova (Typ-II- oder Core-Collapse-Supernova). Der Stern hinterlässt einen Neutronenstern, wenn seine Geburtsmasse leichter als ungefähr 25 $M_\odot$ war. Bei noch größeren Massen kollabiert der Core entweder direkt zu einem Schwarzen Loch oder geht durch späte Massenakkretion von einem anfänglich gebildeten Neutronenstern zu einem Schwarzen Loch über. Die Massenbereiche, in denen die unterschiedlichen Schicksale von massereichen Sternen erwartet werden, sind in der Abbildung 5.3 skizziert. Eine Besonderheit bilden metallarme Sterne aus der Frühzeit des Universums, die im Massenbereich zwischen etwa 140 und 200 Solarmassen durch Umwandlung von Photonen in Elektron-Positron-Paare Strahlungsdruck verlieren, was zum Kollaps des Cores, explosives nukleares Brennen und schließlich zur Explosion führt. Man nennt dies Paar-Instabilitäts-Supernova (pair-instability superno-

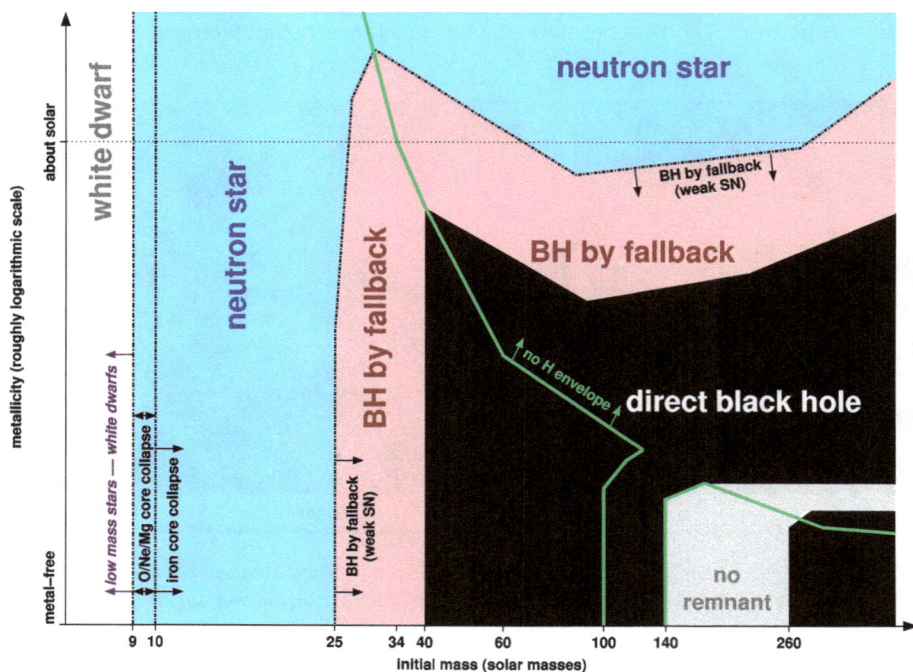

**Abb. 5.3:** Die Endprodukte der stellaren Entwicklung hängen von der Geburtsmasse und der Metallizität der ursprünglichen Materiekomposition ab. Das Diagramm zeigt an, was moderne Simulationen als Endprodukte erwarten lassen.

vae). Die unterschiedlichen finalen Schicksale der Sterne sind der Inhalt dieses Kapitels.

## 5.1 Massearme Sterne: Planetarische Nebel und Weiße Zwerge

Die Masse unserer Sonne ist kleiner als die Chandrasekhar-Grenzmasse für Weiße Zwerge. Wie im letzten Kapitel besprochen, besitzt die Sonne eine zu geringe Masse, um Kohlenstoffbrennen zu entzünden. Sie stirbt also mit einem Core, der aus der Asche des Heliumbrennens besteht: Kohlenstoff und Sauerstoff. In der Tat wird dieser Core zu einem Weißen Zwerg werden. Die Zusammenfassung der Sternenschicksale in Abbildung 5.2 gibt aber an, dass Sterne mit Geburtsmassen bis zu 7–8 Solarmassen zu Weißen Zwergen werden. Wie ist dies möglich, da diese Massen die Chandrasekhar-Masse deutlich überschreiten? Ermöglicht wird dies durch den starken Massenverlust, den Sterne in ihren Riesenphasen erfahren. Wie im vorherigen Kapitel dargelegt, unterliegen die beiden Kernreaktionen des Heliumbrennens einer sehr starken Temperaturabhängigkeit, vor allem die Triple-Alpha-Reaktion. Als Konsequenz des starken Strahlungsdrucks, den die Reaktionen erzeugen, dehnt sich der Stern enorm aus und wird zum Roten Riesen. Der größte Teil der ausgedehnten äußeren Hülle wird konvektiv. Er ist aber auch wegen der großen Ausdehnung ziemlich schwach gravitativ gebunden und kann – verursacht durch den Strahlungsdruck – abgestoßen werden. Dieser Effekt wird noch verstärkt durch die Pulse, die während des Heliumbrennens auftreten, wobei sich der Stern mehrmals ausdehnt und wieder zusammenzieht. Der Massenverlust während der Roten-Riesen-Phase kann sehr effizient sein, sodass auch Sterne mit 7–8 Solarmassen Geburtsgewicht nur den Core als kompaktes Objekt mit einer Masse kleiner als der Chandrasekhar-Masse übrig lassen und den überwiegenden Teil der Hülle in die Umgebung abstoßen. Mit diesem Materiefluss kommen auch Elemente, die der Stern während seines hydrostatischen Lebens erbrütet hat, in das Interstellare Medium. Darunter sind sogar ein Teil der schwersten Elemente, die durch den S-Prozess erzeugt werden. Wir kommen hierauf im Kapitel 7 zurück.

Irgendwann verlischt das Kernfeuer im Inneren des übrig bleibenden Cores. Dies kann nach dem Heliumbrennen, aber auch nach dem Kohlenstoffbrennen geschehen, je nach der Masse des Sterns. Der resultierende Weiße Zwerg hat dann eine andere Zusammensetzung. Wird der Weiße Zwerg nach dem Heliumbrennen gebildet, besteht er hauptsächlich aus Kohlenstoff (im Englischen abgekürzt als C für carbon) und Sauerstoff (O für oxygen), man nennt dies einen CO-Weißen Zwerg. Endet das nukleare Feuer mit dem Kohlenstoffbrennen, so setzt sich der Weiße Zwerg hauptsächlich aus Sauerstoff, Neon und Magnesium zusammen; man spricht von einem ONeMg-Weißen Zwerg. Alle beteiligten Kerne haben gleich viele Neutronen und Protonen, also $Y_e = 0,5$, sodass die Chandrasekhar-Grenzmasse $1,44\, M_\odot$ beträgt. Der frisch geborene Weiße Zwerg ist beim Verlöschen des Kernbrennens sehr heiß, mit Oberflächentemperaturen bis zu 50000 K. Deshalb strahlt er weißes Licht ab, was als Ursprung des Namens „Weißer Zwerg" dient.

Obwohl ein Weißer Zwerg über keine nuklearen Energiequellen mehr verfügt, hat er nach dem Erlöschen des Brennens noch eine große Menge an Energie in seinem Inneren gespeichert. Diese strahlt er ab, was allerdings, wie wir gleich sehen werden, ein sehr langsamer Prozess ist. Die abgestrahlte Energie ionisiert die abgestoßene Materie, die sich in der Umgebung des Zwergsterns befindet, und bringt diese zum Leuchten und macht sie so sichtbar. Man nennt dieses Phänomen einen „planetarischen Nebel". Zwei schöne Beispiele sind in der Abbildung 5.4 gezeigt.

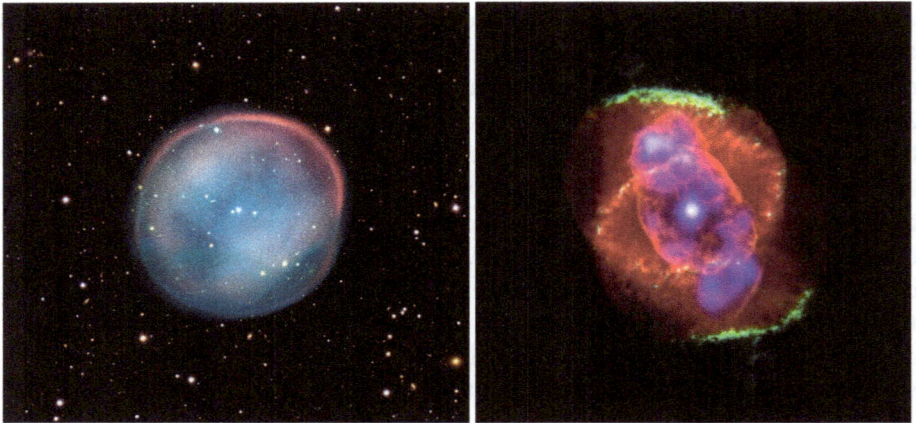

**Abb. 5.4:** Aufnahmen von planetarischen Nebeln ESO1532a (links) und Katzenaugennebel NGC6543 (rechts). Planetarische Nebel entstehen durch Materie, die von nicht zu massereichen Sternen während ihrer Roten-Riesen-Phase abgestoßen wurde und dann durch Ionisierung, ausgelöst durch die Photonen, die vom Reststern – dem zukünftigen Weißen Zwerg – ausgesandt werden, zum Leuchten angeregt werden.

Der erdnächste Weiße Zwerg ist Sirius B, mit einem Abstand von etwa 8,6 Lichtjahren. Er ist der kleine Begleitstern von Sirius, dem hellsten Stern am Nachthimmel (also exklusiv der Sonne). Die Tatsache, dass Sirius B Teil eines Doppelsternsystems ist (Abbildung 5.5), hat zu seiner Entdeckung geführt und war der Schlüssel zur Erkenntnis, dass Sirius B etwas Besonderes ist. Friedrich Bessel hat durch detaillierte Beobachtungen der Bewegung des Hauptsterns 1844 die ersten Vermutungen ausgesprochen, dass Sirius einen Begleiter habe. Dieser Begleiter wurde 1862 zum ersten Mal optisch verifiziert. Aus den Kepler'schen Formeln ließ sich die Masse von Sirius B bestimmen, da der Abstand des Hauptsterns bekannt war. Die Masse wurde als fast gleich groß zu der der Sonne und etwa der Hälfte von Sirius erkannt. Bei gleicher Struktur wie der Hauptstern hätte Sirius B, wie der Astronom Otto von Struve 1866 schloss, nur eine wenig geringere Leuchtkraft und einen leicht kleineren Radius als der Hauptstern haben müssen. Die Leuchtkraft ist aber 10000-mal kleiner als von Sirius. Spektralanalysen von der Oberfläche, die zu Beginn des 20. Jahrhunderts durchgeführt wurden, ergaben eine deutlich

**Abb. 5.5:** (links) Der Weiße Zwerg Sirius B ist Teil eines Doppelsternsystems mit dem leuchtstarken Stern Sirius (oder Sirius A), etwa 8,6 Lichtjahre von der Erde entfernt. (rechts) Sirius B hat eine Masse, die etwa der der Sonne entspricht, aber einen Radius, der demjenigen der Erde nahekommt, wie die Abbildung andeutet.

höhere Oberflächentemperatur, sodass sich bei bekannter Masse und Leuchtstärke aus dem Boltzmann'schen Gesetz der Radius von Sirius B erschließen ließ: Sirius B hat bei einer Masse, die derjenigen der Sonne entspricht, einen Radius, der in etwa demjenigen der Erde nahekommt (Abbildung 5.5). Sirius B war somit ein außergewöhnlicher Stern, der nicht in die üblichen Klassifizierungen passte. Ähnlich außergewöhnliche Eigenschaften kannte man schon seit 1910 für einen anderen Stern, 40 Eri B (oder 40 Eridan B), Begleitstern von 40 Eridan, und ungefähr 17 Lichtjahre von der Erde entfernt. 40 Eri B gilt als Entdeckungsstern der Weißen Zwerge. Mittlerweile sind viele Weiße Zwerge entdeckt worden und die Sternenklasse hat ihren festen Platz in der Lebensgeschichte von Sternen gefunden. Die Tabelle 5.1 fasst die Eigenschaften ausgewählter Weißer Zwerge zusammen.

**Tab. 5.1:** Radius, Masse und Oberflächentemperatur einiger bekannter Weißer Zwerge. Masse und Radius sind im Vergleich zu den jeweiligen solaren Größen angegeben. Weiße Zwerge haben somit Massen ähnlich der Sonne, während ihr Radius mehr dem der Erde entspricht. Die Oberflächentemperaturen dieser Weißen Zwerge sind deutlich höher als die der Sonne (etwa 5700 K). Die Weißen Zwerge kühlen sich weiter ab. Dies ist allerdings ein äußerst langsamer Prozess, der sich über Milliarden Jahre erstreckt.

| Weißer Zwerg | Radius $[R_\odot]$ | Masse $[M_\odot]$ | Oberflächentemperatur [K] |
|---|---|---|---|
| Sirius B | $0,0074 \pm 0,0007$ | $1,03 \pm 0,015$ | $24700 \pm 300$ |
| Stein 2051B | $0,0111 \pm 0,0015$ | $0,48 \pm 0,045$ | |
| 40 Eri B | $0,0124 \pm 0,0005$ | $0,43 \pm 0,02$ | $16700 \pm 300$ |
| Procyon B | $0,0096 \pm 0,0005$ | $0,594 \pm 0,012$ | $8690 \pm 200$ |

Die Masse-Radius-Kombination zeigte, dass diese neue Sternenklasse sehr hohe Dichten hat und somit, wie Eddington in seinem Buchklassiker *The Internal Constitution of the Stars* feststellte, wohl nicht aus Gaswolken besteht, die dem „Perfekten-Gas-Gesetz" genügen. Das Jahr 1926 brachte Licht in das Dunkel der Natur von Weißen Zwergen, durch drei kurz hintereinander erfolgte bahnbrechende Einsichten. Enrico Fermi legte das Fundament der Quantenstatistik für Teilchen, die dem Pauli-Prinzip unterworfen sind, im August formulierte Paul Dirac die Statistik, die unter dem Namen Fermi-Dirac-Statistik noch heute eine tragende Säule in vielen Anwendungen der Quantenphysik ist, und schließlich identifizierte Ralph Fowler, aufbauend auf den Einsichten von Fermi und Dirac, im Dezember den Entartungsdruck als den physikalischen Mechanismus, der Weiße Zwerge vor einem gravitativen Kollaps bewahrt. Wie schon oben erwähnt, zeigten Chandrasekhar und unabhängig, aber geringfügig später, Landau, dass Weiße Zwerge eine Maximalmasse haben. Fermi war 24, Dirac 23, als sie ihre Arbeiten schrieben.

Wie „normale" Sterne haben auch Weiße Zwerge ein Dichteprofil, das vom Rand zum Zentrum hin kontinuierlich zunimmt. Am Rand muss die Dichte natürlich verschwinden ($\rho = 0$ am Radius des Sterns $r = R$). Nach innen nimmt die Dichte rasant zu und kann im Zentrum Werte von $10^9$ g/cm$^3$ überschreiten. Dies bedeutet, dass wir den Stern grob in drei Bereiche aufteilen können. In einer äußeren Hülle ist die Dichte so gering, dass die Elektronen noch nicht entartet sind und sich die Materie fast wie ein perfektes Gas verhält. Entartung der Elektronen tritt etwa dann auf, wenn die Dichte Werte von $10^3$ g/cm$^3$ überschreitet. Zunächst ist die Dichte noch klein genug, dass die Elektronen als nicht-relativistische Teilchen behandelt werden können mit der Impuls-Geschwindigkeits-Beziehung $p \sim v^2$, aus der die Druckabhängigkeit $P \sim \rho^{5/3}$ folgt. Bei Dichten, die $10^6$ g/cm$^3$ deutlich überschreiten, müssen Elektronen relativistisch beschrieben werden ($P \sim \rho^{4/3}$). Das Verhalten der Elektronen an den verschiedenen Übergängen ist sanft und verlangt eine besondere Behandlung. Abbildung 5.6 zeigt einen Dichteschnitt durch einen Weißen Zwerg, wobei man in sehr guter Näherung eine Kugelsymmetrie für den Stern annehmen kann. Die äußere Hülle ist recht dünn und erstreckt sich nur über etwa ein Prozent des Weißen Zwergs. Deshalb kann man ihn mit gutem Recht als ein kompaktes Objekt, stabilisiert durch den Entartungsdruck ansehen. Wie schon erwähnt, hängt die Materiezusammensetzung von der Vorgeschich-

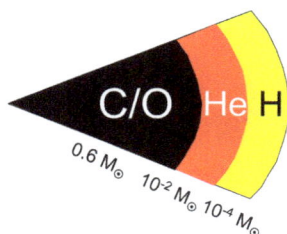

**Abb. 5.6:** Struktur eines CO-Weißen Zwergs von etwa 0,6 $M_\odot$. Das Innere, das fast 99 % der Gesamtmasse umfasst, besteht aus Kohlenstoff und Sauerstoff mit den Isotopen $^{12}$C und $^{16}$O. Darüber liegt eine dünne Schicht, die aus $^4$He besteht, abgeschlossen durch eine Wasserstoffhülle.

te des Weißen Zwergs ab; am häufigsten kommen CO- und ONeMg-Weiße Zwerge vor. Allerdings gibt es noch einen interessanten Gesichtspunkt, der die Komposition der Materie bei hohen Dichten beeinflusst. Die Fermi-Energie der Elektronen wächst, wie im letzten Kapitel bereits erwähnt, mit der Dichte. Dies wird besonders wichtig, wenn wir die Dynamik von zusammenbrechenden Cores in einer Supernova besprechen. Es hat aber auch schon Konsequenzen für die Materiezusammensetzung von Weißen Zwergen im Inneren bei hohen Dichten. Wird die Fermi-Energie der Elektronen größer als die Massendifferenz zwischen zwei benachbarten Kernen mit Protonen- und Neutronenzahlen ($Z$, $N$, Mutterkern) bzw. ($Z - 1$, $N + 1$, Tochterkern), dann ist es energetisch vorteilhaft, wenn der Mutterkern ein Elektron einfängt und dabei ein Proton in ein Neutron umwandelt. Bestimmt durch die Massendifferenz der Kerne, gibt es für solche Elektroneneinfangreaktionen somit eine Mindestdichte, die erreicht sein muss, damit der Prozess ablaufen kann. Da Kerne mit geraden Protonen- und Neutronenzahlen durch die „Paarungsenergie" einen Extrabeitrag zur Bindungsenergie erhalten, ist die Mindestdichte für einen Übergang von einem Kern mit gerader Protonen- und Neutronenzahl zu seinem Tochterkern, in dem beide Zahlen ungerade sind, immer kleiner, als von dem Tochterkern zum Enkelkern mit $Z - 2$, $N + 2$, in dem Protonen und Neutronen wieder jeweils gepaart sind. Dichte-induzierte Elektroneneinfänge in Weißen Zwergen passieren somit immer in Doppelschritten. Bei einer Dichte von $\rho = 1{,}47 \cdot 10^8$ g/cm$^3$ wandelt sich $^{32}$S ($Z = 16$) durch zweifachen Elektroneneinfang in $^{32}$Si ($Z = 14$) um. Bei Dichten im Bereich von einigen $10^9$ g/cm$^3$ geschieht dies dann auch mit wachsender Dichte für $^{56}$Fe, $^{28}$Si, $^{24}$Mg und schließlich bei $\rho = 6{,}21 \cdot 10^9$ g/cm$^3$ für $^{20}$Ne, wobei wir die wichtigsten Kerne angegeben haben. Kohlenstoff und Sauerstoff sind besonders fest gebunden, sodass sich $^{12}$C und $^{16}$O erst bei Dichten $3{,}9 \cdot 10^{10}$ g/cm$^3$ bzw. $1{,}9 \cdot 10^{10}$ g/cm$^3$ in $^{12}$Be oder $^{16}$C umwandeln. Diese Werte sind allerdings so hoch, dass sie in Weißen Zwergen meistens nicht erreicht werden. Elektroneneinfänge reduzieren die Anzahl der Elektronen, sodass auch der Entartungsdruck kleiner wird. Dies wird wiederum beim Core-Kollaps massiver Sterne wichtig werden (siehe später in diesem Kapitel).

Der Weiße Zwerg wird als Core eines Sterns nach Beendigung des Heliumbrennens oder einer höheren Brennphase geboren, wenn das nukleare Feuer in ihm erloschen ist, weil seine Masse nicht ausreicht, um die nächste Brennstufe zu zünden. Der Core befindet sich bei seiner Geburt in einem sehr heißen Zustand, Reminiszenz an das erloschene Kernbrennen, und versucht seine Energie abzugeben. Am Anfang geschieht dies durch Neutrino-Emission. Dieser Mechanismus verlangt, um effizient zu sein, allerdings Temperaturen, die $10^8$ K übersteigen. Ist der Weiße Zwerg auf diese Temperatur abgekühlt, muss ein anderer Energieverlustprozess übernehmen. Strahlungstransport ist in der äußeren Hülle, in der Materie sich wie ein perfektes Gas verhält, möglich, aber nicht im Inneren des Weißen Zwerges, in dem die Elektronen entartet sind und somit zu Energietransfer mit Photonen ausfallen, da die Elektronen die niedrigsten Energiezustände besetzen. Zum Vergleich, bei einer Dichte von $10^6$ g/cm$^3$, beträgt die Fermi-Energie der Elektronen etwa 0,5 MeV, während eine Temperatur von $T = 10^8$ K einer thermischen Energie von ungefähr 10 keV entspricht. Somit können nur die wenigen Elektronen mit

Energien in der Nähe der Fermi-Energie durch Photonen in unbesetzte Zustände gestoßen werden und somit zum Energietransfer beitragen. Zum anderen bedeutet die Entartung der Elektronen aber auch, dass sie selbst sich recht frei bewegen können; man sagt, sie haben eine lange freie Weglänge, über die sie sich ungestört durch das entartete Innere des Weißen Zwerges bewegen können. Dieser verfügt also über eine hohe Wärmeleitfähigkeit, was dazuführt, dass im Inneren des Weißen Zwerges eine konstante Temperatur herrscht. Diese lässt sich aus der beobachteten Leuchtstärke von Weißen Zwergen bestimmen. Hierzu definiert man den Radius, an dem die nicht-entartete Hülle in das entartete Innere übergeht, und setzt den Druck in beiden Bereichen (außen Strahlungsdruck der Gashülle, innen Entartungsdruck der Elektronen) gleich. Ferner nimmt man an, dass die Masse der Hülle im Vergleich zur Gesamtmasse des Sterns sehr klein ist. Es ergibt sich dann, dass Weiße Zwerge mit einer typischen Leuchtstärke von $(10^{-2}-10^{-5}) L_\odot$ im entarteten Inneren eine Temperatur von $10^6-10^7$ K haben. Dies entspricht thermischen Energien von 1–10 keV, also Werten viel kleiner als die entsprechenden Fermi-Energien.

Das Abkühlen eines Weißen Zwerges ist ein sehr langsamer Prozess. Dies liegt daran, dass, wegen der Entartung im Inneren, keine bedeutenden Mengen an gravitativer Energie durch eine weitere Kontraktion freigesetzt werden können. Wegen ihrer Entartung können die Elektronen ihre thermische Energie nicht abgeben. Bleiben also nur die Ionen, über die der Stern thermische Energie abgeben kann. Wie effizient diese den Stern abkühlen, hängt von der Temperatur ab. Ist die Temperatur genügend hoch, können die Ionen als perfektes Gas approximiert werden. Bei sinkender Temperatur passiert allerdings etwas, das wir zum Beispiel von Wasser kennen: Es ändert seinen Aggregatzustand und geht zunächst vom Gas in eine Flüssigkeit und, bei noch niedrigeren Temperaturen, in eine feste Form (Eis) über. Etwas Ähnliches passiert auch im Inneren des Weißen Zwerges, bei dem die Ionen auch durch unterschiedliche Aggregatzustände gehen und schließlich bei Temperaturen unterhalb der Schmelztemperatur (einige $10^6$ K für Kohlenstoff bei Dichten von $10^6$ g/cm$^3$) ein Coulomb-Gitter bilden. Besteht der Weiße Zwerg hauptsächlich aus Kohlenstoff, so kristallisiert sich sein Inneres zu etwas, was einem riesigen Diamanten entspricht; ein reizvoller Gedanke: Weiße Zwerge als „diamonds in the sky"! In den verschiedenen Aggregatzuständen haben die Ionen leicht unterschiedliche Abkühlungseffizienzen. Jedoch muss man berücksichtigen, dass bei dem Übergang in die kristalline Phase sogenannte latente Wärme freigesetzt wird, die den Stern aufheizt und somit auch die Abkühlungszeit verlängert. Um die verbleibende Energie eines Weißen Zwerges mit einer Leuchtstärke von $10^{-3} L_\odot$ abzustrahlen, werden etwa eine Milliarde Jahre benötigt. Diese lange Zeit ermöglicht es, dass Weiße Zwerge lange beobachtet werden können. Die Energiemenge, die ein Weißer Zwerg nach dem Erlöschen des nuklearen Feuers abstrahlt, ist gewaltig und entspricht in etwa der Energiemenge, die eine Supernova als sichtbares Licht ausstrahlt und mit der sie, für eine kurze Zeit, eine ganze Galaxie überstrahlen kann.

## 5.2 Sterne im intermediären Massenbereich: Elektroneneinfang-Supernova

„Intermediär" klingt irgendwie vage, da er keine genaue Beschreibung liefert. Auf der einen Seite stehen Sterne, die nicht massereich genug sind, um Kohlenstoff zu zünden und somit planetarische Nebel erzeugen und deren innerer Core zu einem Weißen Zwerg wird. Auf der anderen Seite stehen Sterne, die genügend Masse haben, um alle verschiedenen hydrostatischen Brennphasen zu durchlaufen und deren Schicksal in einer Supernova endet und die einen Neutronenstern hinterlassen. In der Tat ist der Massenbereich zwischen diesen beiden Möglichkeiten nur recht vage definiert, was daran liegt, dass man keine Beweise aus Beobachtungen hat und Simulationen, wie wir sehen werden, kompliziert und daher noch recht unsicher sind, um die Grenzen zwischen den Bereichen festzulegen. Man geht davon aus, dass der intermediäre Massenbereich für Sterne mit solarem Anteil von Metallen (Elementen, die nicht Wasserstoff und Helium sind) vielleicht etwa 2 Solarmassen beträgt. Allerdings sind weder die untere noch die obere Grenze genau bestimmt, sodass man erwartet, dass der „intermediäre Massenbereich" von Sternen in etwa zwischen 7 und 12 Solarmassen liegt. Neben den Besonderheiten der Entwicklung, die wir gleich kennenlernen werden, ist dieser Bereich auch deshalb interessant, weil in ihm, wenn wir die obigen Grenzen annehmen, nach der Salpeter-Massenformel genauso viele Sterne liegen wie in dem Bereich der massereichen Sterne. Die intermediären Sterne tragen somit bedeutend zur Nukleosynthese bei. Ferner will man die Grenzen dieses Massenbereichs auch deshalb genauer kennen, weil sie Einfluss auf die Anzahl der Neutronensterne im Universum haben.

Wie von der Massenhierarchie zu erwarten, liegen die Trajektorien von Sternen mit intermediären Massen im Hertzsprung-Russell-Diagramm zwischen denen massearmer Sterne, die den asymptotischen Riesenast bilden, und denen massereicher Sterne, die auf dem Roten-Riesen-Ast liegen. Wegen dieses Zwischenverhaltens spricht man auch bei den Sternen mit intermediären Massen von Sternen auf dem super-asymptotischen Riesenast (Super-AGB Sterne, wobei AGB für Asymptotic Giant Branch steht).

Es gibt drei stellare Geburtsmassen, die die Abläufe im intermediären Massenbereich und sein Schicksal bestimmen. Dies ist zum Ersten die Grenzmasse, die entscheidet, ob der Core im Inneren groß genug wird, um Kohlenstoffbrennen zu zünden. Hierzu muss die Coremasse den Wert von $1{,}06\,M_\odot$ überschreiten. Die stellare Geburtsmasse, ab der der CO-Core im Inneren diesen Grenzwert überschreitet, nennen wir $M_C$. Da es während des Heliumbrennens zu starken Massenverlusten kommt, ist es nicht so eindeutig, diese Geburtsmasse $M_C$ mit der Grenzmasse zum Zünden von Kohlenstoff zu korrelieren. Die nächste Stufe nach dem Kohlenstoffbrennen ist das Neonbrennen, das eine Zündungsmasse von $1{,}37\,M_\odot$ benötigt. Dieser Wert liegt sehr nah an der Chandrasekhar-Grenzmasse. Diese hängt von der im Stern vorliegenden Komposition an Kernen ab, die durch diverse Prozesse vermittelt über die schwache Wechselwirkung nun einen leichten Überschuss an Neutronen über Protonen aufweist, sodass das Proton-zu-Nukleon-Verhältnis (oder äquivalent das Elektron-zu-Nukleon-

Verhältnis) $Y_e$ gering unter den Wert von 0,5 gesunken ist, was auch eine Verringerung der effektiven Chandrasekhar-Masse impliziert. Simulationen zeigen nun, dass auch die anderen hydrostatischen Brennphasen (Sauerstoff- und Siliziumbrennen) gezündet werden können, falls die Coremasse ausreicht, um Neonbrennen zu starten. Also kann man annehmen, dass ein Stern, dessen Core am Ende des Kohlenstoffbrennens eine Masse von 1,37 $M_\odot$ überschreitet, alle Brennphasen durchläuft und sich am Ende des Siliziumbrennens ein Eisencore bildet, der unter seiner eigenen Anziehung kollabiert und eine Supernova auslöst. Allerdings lässt sich auch die erforderliche Coremasse von 1,37 $M_\odot$ nicht leicht mit einer Geburtsmasse korrelieren. Wir nennen diese (relativ unsichere) Geburtsmasse $M_{SN}$, ab der wir eine Core-Kollaps-Supernova als Ende des hydrostatischen Lebens eines Sterns erwarten. Die dritte interessante Geburtsmasse wird $M_N$ genannt. Sie liegt zwischen $M_C$ und $M_{SN}$ und wird eingeführt, weil nicht alle Sterne mit Geburtsmassen zwischen $M_C$ und $M_{SN}$ das gleiche Ergebnis produzieren. Liegt die Masse zwischen $M_C$ und $M_N$, so ist das Überbleibsel ein Weißer Zwerg, während Sterne mit Massen zwischen $M_N$ und $M_{SN}$ kollabieren und einen Neutronenstern produzieren. Hierbei handelt es sich um eine eigene Klasse von Supernovae, sogenannte Elektroneneinfang-Supernovae (EC-Supernovae nach „electron capture" dem englischen Begriff für Elektroneneinfang). Man geht davon aus, dass EC-Supernovae die leichten Neutronensterne im Universum verursachen. Der berühmte Krebsnebel im Sternbild Stier (Abbildung 5.7), dessen Supernova-Explosion im Jahr 1054 durch chinesische Astronomen beobachtet und berichtet wurde, könnte durch eine EC-Supernova entstanden sein.

Wenn die Sterne im intermediären Massenbereich das Kohlenstoffbrennen beginnen, haben sie schon die beiden ersten Stufen ihres hydrostatischen Lebens (Wasserstoff- und Heliumbrennen im Zentrum) hinter sich gebracht, einschließlich der enormen Expansion des Sterns auf dem Riesenast, wie im vorigen Kapitel besprochen. Wasserstoff und Helium werden nun in Schalen verbrannt. Der innere Core besteht hauptsächlich aus den Produkten des vorherigen Heliumbrennens im Core: Kohlenstoff und Sauerstoff. Wegen der kleineren Ladungszahl und der damit verbundenen geringeren Abstoßung kann im nächsten Schritt Kohlenstoff gezündet werden. Dies geschieht allerdings nicht im Zentrum, sondern etwas außerhalb (genannt off-center ignition, siehe Abbildung 5.8). Der Grund liegt daran, dass die Dichte, wie erwartet, mit abnehmendem Radius zum Zentrum hin ansteigt, die Temperatur allerdings nicht. Sie erreicht ihr Maximum etwas außerhalb des Zentrums, da das Zentrum durch Neutrino-Paarbildung und -emission effizient gekühlt wird.

Das Kohlenstoffbrennen startet unter entarteten Bedingungen bei Dichten von ungefähr $10^6$ g/cm$^3$ und Temperaturen von etwa 600 Millionen Kelvin. Analog dem Zünden des Heliumbrennens in leichteren Sternen geschieht dies mit einem Ausbruch (Blitz), durch den die Entartung überwunden wird. Wiederum analog zum Heliumblitz führt die plötzliche Aufhebung der Entartung zu einer Expansion der Umgebung, einschließlich der Heliumbrennschale, die als Konsequenz vorübergehend weniger Leuchtstärke produziert. Simulationen sagen, dass der Kohlenstoffblitz etwa 500 Jahre dauert. Da-

**Abb. 5.7:** Der Krebsnebel ist wohl der berühmteste Supernova-Rest. Die Supernova wurde von chinesischen Astronomen im Jahr 1054 beobachtet. In seinem Inneren befindet sich ein rotierender Neutronenstern (Pulsar). Man geht davon aus, dass der Vorgängerstern im intermediären Massenbereich lag und als Elektroneneinfang-Supernova explodierte.

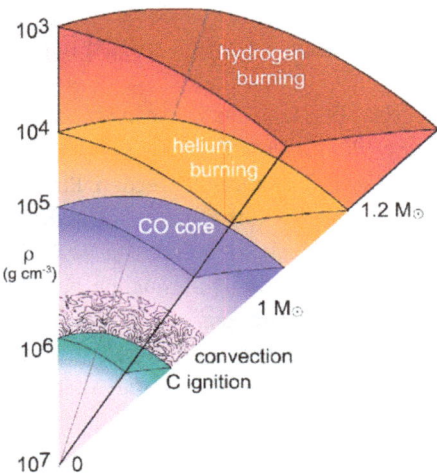

**Abb. 5.8:** Schnitt durch das Innere eines Sterns mittlerer Masse zum Zeitpunkt des Zündens des Kohlenstoffbrennens. Dies geschieht etwas außerhalb des Zentrums, da im Zentrum durch effiziente Neutrinokühlung nicht das Maximum der Temperatur vorliegt.

nach setzt sich das Kohlenstoffbrennen innerhalb des Sterns fort, nach innen und nach außen. Nach innen brennt sich eine Flamme durch den Core, d. h., Kohlenstoff wird immer nur in einem kleinen Bereich verbrannt, der allerdings wegen der enormen freigesetzten Energiemengen stark konvektiv ist. Nach etwa 15000 Jahren hat die Flamme das Zentrum erreicht und dabei fast den gesamten Kohlenstoff verbrannt. Auch nach außen setzt sich das Kohlenstoffbrennen fort. Die hierbei produzierte Energie kann durch Strahlungstransport weggeschafft werden.

Super-AGB Sterne sind sehr leuchtstarke Objekte. Im Vergleich zur Sonne ist ihre Oberflächentemperatur „kühl" (zwischen 2500 und 4000 K) und ihre Ausdehnung immens, ihr Radius kann bis zum Tausendfachen des Sonnenradius betragen. In ihrem hydrostatischen Brennen kommt es zu mehreren unruhigen, durch konvektives Verhalten charakterisierten Perioden, während der der Stern bis zu 90 % seiner Geburtsmasse verlieren kann. Diese Phasen und die hohen und unsicheren Anforderungen daran, sie zu simulieren, sind der Grund, warum der Massenbereich intermediärer Sterne zwischen den Grenzmassen $M_C$ und $M_{SN}$ noch so ungenau bestimmt werden kann.

Simulationen zeigen, dass sich nach Beendigung des Heliumbrennens im Zentrum ein innerer Kern mit einer Masse zwischen ungefähr 1,6–2,6 Solarmassen bildet. Dieser Wert liegt deutlich über der Chandrasekhar-Grenzmasse und würde implizieren, dass die Evolution des Kerns nicht als Weißer Zwerg endet, sondern dass der Stern subsequent wie bei massereichen Sternen alle hydrostatischen Brennphasen durchlaufen wird und als Supernova endet. Dies setzt voraus, dass der innere Kern nicht während des Kohlenstoffbrennens und danach den größten Teil seiner Masse verliert und unter die Chandrasekhar-Grenzmasse rutscht. Aber genau dies passiert, verursacht durch mehrere Prozesse, die wir schon von den Asymptotischen-Riesenast-Sternen kennen und die wir hier kurz noch einmal ansprechen.

Während des Kohlenstoffbrennens werden große Bereiche des äußeren Sterns konvektiv, wobei Material durchmischt wird und vor allem leichte Kerne in die heißeren Regionen im Inneren transportiert werden, wo sie schnell verbrannt werden. Eine besonders interessante Epoche sagen Simulationen zum Ende des Kohlenstoffbrennens vorher. In dieser Phase umgibt eine konvektive Heliumschale den äußeren Rand des inneren Cores (bestehend aus $^{12}$C und $^{16}$O). Die Heliumschale ist anfänglich von der konvektiven Hülle, hauptsächlich aus Wasserstoff, durch eine Region von etwa einer Solarmasse getrennt, in der Energie durch Strahlungstransport nach außen geschafft wird. Die Heliumschale wird durch die Reaktionen des Heliumbrennens, aber auch „von unten" durch Kohlenstoffbrennen mit Energie versorgt. Durch die anwachsende Energiezufuhr durch das Kohlenstoffbrennen, das dem Rand des CO-Cores und damit der Heliumbrennschale näherkommt, wird das Heliumbrennen mit seiner enormen Temperaturabhängigkeit angefacht. Die konvektive Heliumschale schließt schließlich zu dem konvektiven Bereich der äußeren Hülle auf, was zu einer großen Durchmischung führt, in der auch Wasserstoff (Protonen) in die heißen Kohlenstoffbrennzonen transportiert wird. Diese Protonen reagieren äußerst schnell mit den vorhandenen $^{12}$C-Kernen, was zu einem starken Energieausbruch (Wasserstoffblitz) mit einer Leuchtstärke von etwa einer Milliarde Sonnenleuchtstärken führt. Der Stern verliert hierbei etwa 10 % seiner internen Energie. Im Zusammenhang mit dem Wasserstoffblitz wird erwartet, dass der Stern einen merklichen Massenverlust erfährt.

Nach Beendigung des Kohlenstoffbrennens im Zentrum kommt es auch bei Super-AGB-Sternen zu dem wechselseitigen Ein- und Ausschalten des Helium- und Wasserstoffschalenbrennens, das uns schon bei den masseärmeren AGB-Sternen begegnet ist. Zunächst ist die Heliumschale erloschen, nukleares Brennen setzt sich in der Wasserstoffschale fort. Durch Kontraktion der Heliumschale erreicht diese Temperaturen, in denen Helium gezündet wird, was zu einer deutlichen Erhöhung der Energieproduktion führt. Die Sternhülle dehnt sich aus, wobei die Wasserstoffbrennschale so weit nach außen und damit zu kühleren Temperaturen gedrängt wird, dass sie erlischt. Nach Verbrauch des Heliums versiegt diese Energiequelle und der Stern zieht sich wieder in seine ursprüngliche Konfiguration zurück. Wasserstoffbrennen startet erneut, produziert neuen Vorrat an Helium, der als Puls gezündet wird, und der gesamte Vorgang wiederholt sich. Man spricht von der thermischen Pulsperiode der Super-AGB-Sterne, die, laut Simulationen, über mehrere Tausend Wiederholungen gehen kann, wobei die Perioden zwischen den Pulsen von 30 bis 1000 Jahre abgeschätzt werden und ein einzelner thermischer Heliumbrennpuls in der Größenordnung zwischen einem halben und 5 Jahren dauert. Leider sind dies theoretische Vorhersagen, da ein Super-AGB-Stern noch nicht eindeutig identifiziert worden ist. Die Modelle sagen voraus, dass die thermische Pulsperiode mit starken Massenverlusten verbunden ist, die mit $10^{-4}$ Sonnenmassen pro Jahr abgeschätzt werden.

Bei den Simulationen von Sternen im intermediären Massenbereich ist die Herausforderung die Beschreibung der unterschiedlichen stark konvektiven Bereiche, die in unterschiedlichen Phasen auftreten, und den damit verbundenen Massenverlusten. Hier erzielen Autoren in ihren unterschiedlichen Rechnungen recht abweichende Resultate für den totalen Massenverlust, wodurch die untere ($M_C$) sowie die obere Massengrenze ($M_{SN}$) dieses Bereichs mit einer Unsicherheit von etwa 2 Solarmassen verknüpft werden muss. An Verbesserungen wird verstärkt gearbeitet. Diese beinhalten zum einen Simulationen in drei räumlichen Dimensionen, zum anderen aber verbesserte Ansätze für einige wichtige physikalische Größen, wie zum Beispiel die noch recht unsicher bekannte Fusionsrate von $^{12}$C-Kernen an den relevanten niedrigen Energien, die in irdischen Beschleunigeranlagen wegen der starken Coulomb-Abstoßung nicht leicht zu messen ist. Da die Unsicherheiten in den unteren und oberen Grenzen ähnliche Gründe haben, sollten sie sich in beiden Grenzmassen auch nicht zu sehr unterscheiden, sodass die Massendifferenz, also die Ausdehnung des Massenbereichs intermediärer Sterne, besser bekannt sein dürfte. Diese Ausdehnung schätzen Simulationen mit etwa zwei Solarmassen ab.

Es sei noch erwähnt, dass die Grenzmassen $M_C$ und $M_{SN}$ vom Metallgehalt $Z$ (alle Elemente außer Wasserstoff und Helium) abhängt. Ist $Z$ kleiner, enthält der Stern also in seiner Geburtskomposition einen kleineren Anteil an CNO-Saatkernen, so findet das Wasserstoffbrennen, wie im Unterkapitel über erste Sterne dargelegt, bei höheren

Temperaturen und Leuchtstärken statt. Die Konsequenz ist, dass der Stern am Ende des Wasserstoffbrennens, bei gleicher Geburtsmasse, einen massereicheren Heliumkern im Zentrum besitzt, je kleiner der Metallgehalt ist. Dies setzt sich in den folgenden Brennphasen fort, die auch größere Brennaschecores haben, falls $Z$ abnimmt. Wegen dieses Effekts braucht man kleinere Geburtsmassen, um das Kohlenstoffbrennen bzw. alle Brennphasen zu zünden. Dies bedeutet, dass sowohl $M_C$ als auch $M_{SN}$ abnehmen, falls der Metallgehalt kleiner wird. Abbildung 5.9 zeigt die beiden unterschiedlichen Grenzmassen in Abhängigkeit vom Metallgehalt, wie sie in einer modernen Simulation gefunden werden.

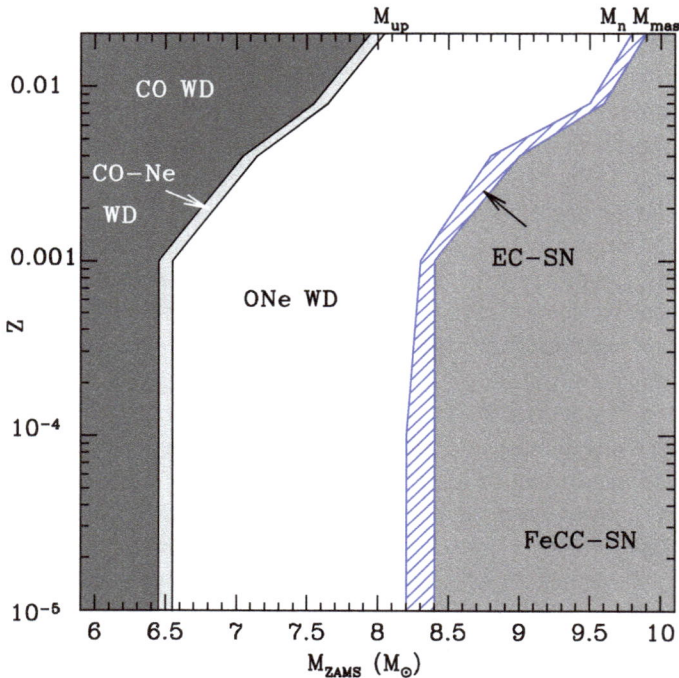

**Abb. 5.9:** Finales Schicksal von Sternen mittlerer Masse als Funktion ihrer Geburtsmasse und der Metallizität in der anfänglichen Komposition. Die unteren und oberen Grenzen sind jeweils noch recht ungenau bestimmt. Dies liegt daran, dass die Sterne durch bedeutende Entwicklungsphasen mit Massenverlust gehen, der sich numerisch nur schwer vorhersagen lässt. Man glaubt, die Breite des Massenbereichs mit etwa 2 Solarmassen genauer zu kennen. Die unteren und oberen Grenzen verschieben sich zu kleineren Werten mit abnehmender Metallizität.

Das finale Schicksal der Sterne im intermediären Massenbereich wird durch die Masse des Cores entschieden, die sich am Ende des Kohlenstoffbrennens gebildet hat. Überschreitet diese den Wert von etwa $1{,}37\,M_\odot$, so können das Neonbrennen und die darauffolgenden Brennphasen im Inneren gezündet werden und der Stern erleidet schließlich einen Kollaps seines inneren Cores und endet als Elektroneneinfang-Supernova. Wir kommen hierauf gleich zurück. Verliert der Stern so viel Masse, dass sein Core unterhalb der Zündungsmasse von Neon bleibt, so endet er als Weißer Zwerg, dessen Komposition zumeist aus Sauerstoff und Neon besteht (ONe-Weißer Zwerg).

Welches Schicksal der Stern erfährt, entscheidet sich während der thermischen Pulsperiode der Super-AGB-Sterne in einem Wettstreit zwischen Anwachsen der Core-masse durch fortgesetztes nukleares Brennen und Abstreifen der äußeren Hülle durch Sternwinde. Verliert der Stern seine Hülle schneller, als sein Core die Masse von $1,37\,M_\odot$ erreicht, so wird er zum ONe-Weißen Zwerg, im anderen Fall zur Elektroneneinfang-Supernova. Das Anwachsen der Masse geschieht als Asche des Heliumschalenbrennens, das wiederum in einem Wechselspiel mit dem Wasserstoffschalenbrennen steht. Die Rate, mit der der Core anwächst, nimmt typischerweise mit der (Geburts-)Masse so-wie dem Metallgehalt zu. Man erwartet, dass der Core mit einer Rate von etwa einem Millionstel Solarmasse pro Jahr zunimmt. Der gegenläufige Massenverlust wird haupt-sächlich durch stellare Winde verursacht, wobei die Effizienz durch die Bildung von Staubteilchen verstärkt wird. Modelle entwerfen das Bild, dass bei starken Pulsen Mate-rial zu sehr großen Radien und genügend hohen Dichten transportiert wird, sodass sich Staubkörnchen bilden können. Der vom Stern ausgehende Strahlungsdruck kann diese Körnchen beschleunigen, die ihrerseits Gasteilchen mitreißen und somit zu einem effizi-enten Massenverlust führen. In einem solchen Bild können Super-AGB-Sterne zwischen $10^{-4}$–$10^{-5}\,M_\odot$ pro Jahr verlieren. Das Modellieren des Massenverlusts gilt als besonders schwierig und ist daher ziemlich unsicher. Dies überträgt sich auf die Bestimmung der Grenzmasse $M_N$, die wir als Scheide zwischen Weißem Zwerg und Elektroneneinfang-Supernova für die Geburtsmasse der Sterne im intermediären Massenbereich definiert haben. Simulationen sagen, dass nur ein kleiner Bereich mit einer Ausdehnung von 0,15–0,3 Solarmassen am oberen Ende des intermediären Massenbereichs für Sterne mit solarer Komposition zu Elektroneneinfang-Supernovae werden (Abbildung 5.9) Dieser Bereich wächst mit abnehmender Metallizität (kleinerem Wert für $Z$). Manche Simula-tionen sagen sogar voraus, dass alle ersten Sterne im intermediären Massenbereich als Supernova endeten.

Überschreitet die Masse des Cores des Super-AGB-Sterns den Wert von $1,37\,M_\odot$, so kann dort das Neonbrennen gezündet werden, gefolgt von den beiden anderen Brenn-stufen (Sauerstoff- und Siliziumbrennen). Wie im vorigen Kapitel beschrieben, besteht das Neonbrennen im Wesentlichen aus der Abspaltung eines $^4$He-Kerns aus dem $^{20}$Ne-Kern und der subsequenten Fusion dieses $^4$He-Fragments mit einem anderen Ne-Kern, sodass die Komposition des Cores nach dem Neonbrennen hauptsächlich aus den Ker-nen $^{16}$O, $^{20}$Ne und $^{24}$Mg besteht (kurz als ONeMg-Core bezeichnet), dazu noch eine ge-ringe Beimischung von anderen Kernen wie $^{23}$Na und $^{25}$Mg. Während der Kontraktions-phase des Cores und bevor die Dichten und Temperaturen erreicht sind, bei denen das Sauerstoffbrennen beginnen kann, passiert allerdings mit der Komposition etwas Ent-scheidendes, was auch der subsequenten Supernova ihren Namen gibt: In der dichten und entarteten stellaren Umgebung wird die Fermi-Energie der Elektronen so groß, dass die Elektronen von Protonen in den Kernen eingefangen werden können, wobei sich das entsprechende Proton zu einem Neutron umwandelt und ein Neutrino produziert wird, das den Stern verlässt.

Damit der Elektroneneinfang an den dominanten Kernen im ONeMg-Core möglich wird, muss das Elektron eine Mindestenergie besitzen, um die Schwelle (den $Q$-Wert) zwischen Mutter- und Tochterkern zu überkommen, die für die relevanten Kerne einige MeV beträgt. Die Energie der Elektronen stammt im Wesentlichen aus der Entartung des relativistischen Elektronengases, zu der allerdings wegen der endlichen Temperatur $T$ der Umgebung eine thermische Korrektur beiträgt. Diese thermische Korrektur ist von der Größenordnung $kT$ und bei den vorherrschenden Dichten und Temperaturen im Core ein kleiner Beitrag. Typische Temperaturen und Dichten während der Evolution des ONeMg-Cores sind einige 100 Millionen Kelvin sowie einige Milliarden g/cm$^3$. Unter diesen Bedingungen entsprechen die thermischen Energien einigen 10 keV, während die aus der Entartung resultierenden Fermi-Energien einige MeV betragen und somit viel größer sind. Die thermischen Energien reichen also bei Weitem nicht aus, um Elektroneneinfänge zu ermöglichen, diese werden durch die beträchtlichen Fermi-Energien bei den relevanten Dichten induziert. Diese Überlegung aber impliziert auch eine zeitliche Abfolge der Elektroneneinfänge, die aus der Größe des $Q$-Wertes der dominanten Kerne in der Komposition folgt. Da die Dichte bei der Kontraktion stetig zunimmt – und somit auch die Fermi-Energie der Elektronen –, werden Elektronen zunächst vom $^{24}$Mg-Kern eingefangen ($Q$ = 6,026 MeV) und dann von $^{20}$Ne ($Q$ = 7,535 MeV), während der $Q$-Wert von $^{16}$O wegen der besonders starken Bindung des Kerns, bei denen sowohl die Protonen als auch die Neutronen eine Schale abschließen (ein doppelter Edelkern, wenn man die atomare Sprache von Edelgasen auf die Kerne übertragen möchte), so groß ist ($Q$ = 10,93 MeV), dass der Elektroneneinfang an diesem Kern während des Kollaps nie erreicht wird.

Neben dem Elektroneneinfang kann es im Core auch zu weiteren nuklearen Brennphasen kommen. Als nächster Brennvorrat dient der Sauerstoff im Core. Aber bevor das Zentrum durch weitere Kontraktion die Temperaturen und Dichten erreicht hat, an denen Sauerstoffbrennen starten kann, erreicht die Dichte Werte, an denen die resultierenden Fermi-Energien der Elektronen groß genug sind, um Elektroneneinfänge an Kernen zu ermöglichen. Diese Kerne sind $^{24}$Mg, aber auch $^{25}$Mg und $^{23}$Na, wobei die beiden letzteren Kerne in einer interessanten Weise zur Kühlung des Cores beitragen, ohne seine Zusammensetzung zu ändern. Wie im vorigen Kapitel besprochen, ist es für bestimmte Kerne mit ungerader Nukleonenzahl möglich, dass der Elektroneneinfang am Mutterkern (hier $^{25}$Mg und $^{23}$Na) zu einem instabilen Tochterkern (in diesem Fall $^{25}$Na und $^{23}$Ne) führt, der anschließend wieder durch einen Beta-Zerfall in den Mutterkern zurückzerfällt. Am Ende dieser zwei Schritte hat man den ursprünglichen Kern wieder zurückerhalten, allerdings wird bei beiden Schritten jeweils ein Neutrino gebildet, das den Core und Stern ungehindert verlassen kann und Energie fortträgt. Der URCA-Prozess, wie dieser subsequente Elektroneneinfang und Beta-Zerfall innerhalb eines Kernpaares genannt wird, ist ein effizienter Kühlungsmechanismus, wie George Gamow als Erster feststellte. Die drei Kerne ($^{24}$Mg, $^{23}$Na, $^{25}$Mg) kommen nur in kleinen Mengen in der Zusammensetzung im Core vor; trotzdem spielen sie für seine dynamische Entwicklung eine wichtige Rolle. Es ist dann leicht zu verstehen, dass der Elektroneneinfang am $^{20}$Ne, das viel häufiger ist, eine entscheidende Bedeutung hat. Wie für $^{24}$Mg, tritt auch der Elektroneneinfang an $^{20}$Ne unter den Bedingungen im ONeMg-Core (hohe Dichten, „niedrige" Temperaturen) als zwei Einfänge hintereinander auf. Dies liegt daran, dass Kerne mit gerader Anzahl von Protonen und Neutronen durch Paarbildung der Neutronen und Protonen jeweils untereinander einen Extrabeitrag an Bindungsenergie erhalten. Man nennt dies Paarungsenergie; sie beträgt grob für einen Kern mit der Nukleonenzahl $A$ in etwa $24/\sqrt{A}$ MeV für einen Kern mit jeweils gerader Protonen- und Neutronenzahl (wie $^{20}$Ne und $^{24}$Mg) im Vergleich zu dem benachbarten Kern mit gleicher Nukleonenzahl, in dem ein Proton in ein Neutron verwandelt ist und in dem jeweils ein ungepaartes Proton und Neutron vorkommt, sodass die Protonen- und Neutronenzahl ungerade ist. Ein solcher Wechsel geschieht gerade beim Elektroneneinfang an einem Kern, sodass ein Mutterkern mit gerader Protonen- und Neutronenzahl in einen Tochterkern mit ungerader Anzahl von Protonen und Neutronen verwandelt wird; der $Q$-Wert $Q_1$ für eine solche Transformation enthält also die zusätzliche Barriere der Paarungsenergie. Für den Elektroneneinfang an einem Kern mit ungeraden Protonen- und Neutronenzahlen ist es gerade umgekehrt. Hier enthält der Tochterkern, der wieder eine gerade Zahl von Protonen und Neutronen besitzt, den zusätzlichen Beitrag durch Paarung zur Bindungsenergie. Der entsprechende $Q$-Wert $Q_2$ wird also verkleinert und es gilt $Q_1 > Q_2$. Dies heißt, wenn die Kontraktion des Cores Dichten erreicht hat, bei denen die Fermi-Energie der Elektronen ausreicht, um den Elektroneneinfang an $^{20}$Ne (oder auch $^{24}$Mg) zu ermöglichen, die Energien mehr als ausreichend sind, um einen Einfang am Tochterkern $^{20}$F (oder $^{24}$Na) zu bewirken. Im zweiten Schritt, der zu den Kernen $^{20}$O beziehungsweise $^{24}$Ne führt, besteht sogar genügend Energie der Elektronen zur Verfügung, um nach dem Elektroneneinfang durch Photonen mehr lokale thermische Energie zu erzeugen, als durch Neutrinos weggeführt wird. Der doppelte Elektroneneinfang an $^{20}$Ne und $^{24}$Mg heizt somit den Core auf. Zusätzlich reduziert er aber auch die Anzahl der Elektronen und somit den Entartungsdruck, der sich der Kontraktion entgegenstellt.

Der Wettbewerb zwischen Zünden des nuklearen Brennens und Elektroneneinfang entscheidet nun das Schicksal des Sterns! Da beide unterschiedlich von der Dichte abhängen, kann man einen kritischen Wert für die Dichte $\rho_{\mathrm{krit}}$ (der etwa $10^{10}$ g/cm$^3$ beträgt) definieren, der unterscheidet, welche der beiden Möglichkeiten der Stern realisiert. Geschieht die Zündung des Sauerstoffbrennens, bevor die kritische Dichte im Core erreicht ist, so kann das Sauerstoffbrennen genügend Energie erzeugen, um die Kontraktion aufzuhalten und sogar umzudrehen, sodass der Stern in einer thermonuklearen Explosion, getriggert durch den selbstverstärkenden Effekt der Kernreaktion in der entarteten Umgebung (analog dem Heliumblitz zu Beginn des Heliumbrennens aber auch zu einer Supernova vom Typ Ia, wie wir sie im nächsten Kapitel kennenlernen werden), auseinandergerissen wird. Wird das Sauerstoffbrennen erst bei höheren

Dichten gestartet, so ist der Druckverlust durch Reduzierung der Elektronenanzahl so stark, dass dieser durch das Brennen nicht mehr revidiert werden kann und der Core weiter zusammenstürzt bis im Innersten Dichten erreicht werden wie sie in schweren Kernen wie Blei vorliegen. Das Zentrum verhält sich dann wie ein riesiger Kern, an dessen Rand weiter einfallende Materie reflektiert wird, was zu einer Explosion und dem Abstoßen der äußeren Sternhülle führt. Das Zentrum, das die Dichte von Kernmaterie erreicht hat, überlebt als Neutronenstern. Kontraktion und Explosion verlaufen ähnlich wie bei massereicheren Sternen, deren Supernova-Explosionen wir im nächsten Unterkapitel beschreiben. Da bei den ONeMg-Cores die zur Explosion führende Instabilität durch den Elektroneneinfang, hauptsächlich an $^{20}$Ne, verursacht wird, spricht man von einer Elektroneneinfang-Supernova. Es wird vermutet, dass der berühmte Krebsnebel und der darin vorhandene Neutronenstern durch eine Elektroneneinfang-Supernova entstanden ist. Die im Jahre 2018 entdeckte Supernova mit dem Namen 2018zd, die sich in einer 31 Millionen Lichtjahre entfernten Galaxie NGC2146 befindet, gilt als erste Elektroneneinfang-Supernova, deren Verlauf von Astronomen im Detail beobachtet werden konnte und die somit die Existenz dieser Klasse von Supernovae bestätigt.

Simulationen zeigen, dass das Schicksal der intermediären Sterne zwischen diesen beiden spektakulären Möglichkeiten einem Ritt auf der Rasierklinge entspricht, und dass beide möglichen Endstadien in den Rechnungen angetroffen werden. Leider werden die Ergebnisse der Simulationen auch von einigen Unsicherheiten in der Modellierung beeinflusst. Hierzu zählt wieder die numerische Beschreibung der Konvektion, die wichtig ist, um die beim Elektroneneinfang am $^{20}$Ne gewonnene Energie im Zentrum zu verteilen. Von der kernphysikalischen Seite sind hierbei die Reaktionsraten der Sauerstofffusionsreaktionen noch recht ungenau bekannt. Der bedeutendste kernphysikalische Unsicherheitsfaktor konnte allerdings in den vergangenen Jahren überwunden werden: Die Einfangsrate von Elektronen an $^{20}$Ne ist nun unter den Temperatur- und Dichtebedingungen, wie sie im ONeMg-Core herrschen, durch experimentelle Daten bestimmt (Abbildung 5.10).

Im Stern geschieht der Elektroneneinfang bei endlicher Temperatur; für $^{20}$Ne in einem kontrahierenden ONeMg-Core sind die relevanten Temperaturen einige 100 Millionen K. Dies ist für irdische Bedingungen gewaltig heiß und wird auch nur schwerlich in Fusionsreaktoren oder in der amerikanischen National Ignition Facilty erreicht, die konzipiert wurden, um Kernfusionen wie in der Sonne zu ermöglichen. Aber die im ONeMg-Core vorherrschenden Temperaturen entsprechen thermischen Energien von einigen 10 keV, die im Vergleich zu nuklearen Skalen der Größenordnung MeV klein sind. Als Konsequenz der niedrigen Temperatur kann der Elektroneneinfang auch von angeregten Zuständen im Mutterkern geschehen, die im thermischen Gleichgewicht in der stellaren Umgebung populiert sind. Allerdings ist die Wahrscheinlichkeit, einen angeregten Zustand des Mutterkerns mit der Anregungsenergie $E_x$ im thermischen Gleichgewicht vorzufinden, durch einen Faktor $\exp(-E_x/kT)$ (genannt Boltzmann-Faktor) gegenüber dem Grundzustand unterdrückt. Für den Elektroneneinfang an $^{20}$Ne im ONeMg-Core hat nur der erste angeregte Zustand bei $E_x = 1,63$ MeV im thermischen Gleichgewicht genü-

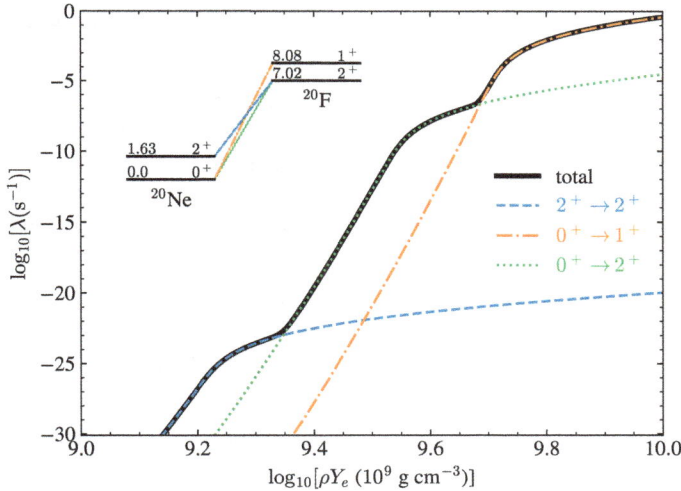

**Abb. 5.10:** Logarithmische Darstellung der Elektroneneinfangrate an $^{20}$Ne als Funktion der Dichte für die typischen Werte, die in einem ONeMg-Core erreicht werden. Als Temperatur wurden 400 Millionen Kelvin angenommen, was wiederum ein typischer Wert für den Core ist. Die Rate setzt sich unter diesen Bedingungen aus drei Übergängen zwischen Zuständen im $^{20}$Ne-Mutterkern und $^{20}$F-Tochterkern zusammen. Da die Energien und Stärken der Übergänge experimentell bestimmt sind, ist diese Rate unter den extremen stellaren Bedingungen durch Experimente festgelegt. Im entscheidenden Dichtefenster für die Entwicklung des Cores wird die Rate durch den $^{20}$Ne-$^{20}$F-Grundzustandsübergang dominiert. Dies ist bemerkenswert, da dieser Übergang durch quantenmechanische Auswahlregeln sehr stark unterdrückt ist, was seine experimentelle Bestimmung zu einer Herausforderung machte.

gend Gewicht, um zur Einfangrate beizutragen; höher angeregte Zustände, von denen es noch sehr viele gibt, liegen bei Energien, für die der Boltzmann-Faktor so klein ist, dass diese Zustände nicht zur Rate beitragen. Um die Rate bei den stellaren Bedingungen zu bestimmen, muss man noch zwei weitere Größen kennen: die Energien der Elektronen, die von der Dichte und Temperatur der stellaren Umgebung abhängen, und die durch die Theorie des relativistischen Elektronengases hinreichend genau bestimmt werden können, und die Übergangsstärken, mit denen die schwache Wechselwirkung im Elektroneneinfang den Anfangszustand im Mutterkern mit den möglichen Endzuständen im Tochterkern verbindet. Die Energien der beteiligten Zustände im Mutterkern $^{20}$Ne und im Tochterkern $^{20}$F sind experimentell sehr genau bekannt, wodurch auch die Energiedifferenzen, die bei den Übergängen durch die Elektronen überwunden werden müssen, genau bekannt sind. Dies ist wichtig, denn die Einfangsraten hängen von einer hohen, aber bekannten Potenz von dieser Energiedifferenz ab. Leider kann man die Übergangsstärken nicht direkt messen, da im Labor kein Elektronengas mit diesen gewaltigen Dichten hergestellt werden kann. Allerdings ist es möglich, die Übergangsstärken an modernen kernphysikalischen Forschungsanlagen indirekt durch gezielte Experimente zu bestimmen. Eine besondere Leistung war die Messung des Übergangs zwischen dem $^{20}$Ne- und $^{20}$F-Grundzustand. Dieser Übergang wird durch den Boltzmann-Faktor und die geringe Energiedifferenz (die entsprechend schon durch Elektronen bei niedrigen Dichten überwunden werden kann) bevorzugt, allerdings ist die Übergangsstärke durch quantenmechanische Auswahlregeln um mehr als das Millionenfache gegenüber den anderen Übergängen unterdrückt und somit extrem klein. Es gelang nun, in einem speziell für diese eine Messung entworfenen Experimentieraufbau die Stärke zu messen: Sie ist sehr klein, aber trotzdem dominiert der Übergang zwischen den beiden Grundzuständen die Elektroneneinfangrate an $^{20}$Ne gerade bei den Dichten und Temperaturen, die im ONeMg-Core vorherrschen (siehe Abbildung 5.10). Es sei betont, dass die experimentelle Bestimmung einer Einfangrate unter den Bedingungen, wie sie in einem kollabierenden Core eines Sterns vorliegen, bis vor Kurzem unmöglich war und zeigt, welche gewaltigen Fortschritte in kernphysikalischen Forschungsstätten erreicht wurden. Die neue Rate hat Konsequenzen für die Entwicklung des ONeMg-Cores und verschiebt das Zünden des Sauerstoffbrennens zu etwas kleineren Dichten und macht so eine thermonukleare Explosion etwas wahrscheinlicher. Definitive Aussagen über das Schicksal der Sterne im intermediären Massenbereich verlangen allerdings auch die Reduzierungen der anderen Unsicherheiten, wobei eine zuverlässige Beschreibung der Konvektion wohl vorrangig ist.

Schließlich sei auch betont, dass die theoretische Beschreibung von Elektroneneinfangraten unter stellaren Bedingungen große Fortschritte gemacht hat und am Beispiel von $^{20}$Ne eine gute Übereinstimmung mit der aus experimentellen Daten gewonnenen Rate zeigt. Dieser Fortschritt ist auch nötig, denn eine experimentelle Bestimmung der Einfangraten unter den Bedingungen, die während eines Kollaps des Cores massereicher Sterne vorliegen, ist noch nicht möglich und man muss auf Modellierungen zugreifen. Dies ist ein wichtiger Punkt im nächsten Unterkapitel, in dem wir den Kollaps des Eisencores massereicher Sterne und die subsequente Explosion als Supernova beschreiben.

## 5.3 Massereiche Sterne: Supernovae und Neutronensterne

Supernovae gehören zu den faszinierendsten, aber auch zu den energetischsten Ereignissen im Universum. Sie sind aber auch essentiell für den Ursprung der Elemente im Universum, da durch ihre Explosion der Schatz an neuen Elementen, die während des hydrostatischen Brennens hergestellt worden sind, aus dem Sterninneren befreit wird und ins Interstellare Medium geschleudert wird. Dort stehen die Elemente dann auch für die nächste Generation von Sternen zur Verfügung, deren Geburtskomposition sie beigemischt werden. Dieses Unterkapitel diskutiert die Dynamik, die einer Supernova zugrunde liegt, sowie die Änderungen, die durch die Explosion noch an der Zusammensetzung der Elemente vorgenommen wird, wenn diese durch eine kurze Phase explosionsartiger Nukleosynthese geht. Das Verständnis der Explosion massereicher Sterne hat in den letzten Jahren sehr stark von Verbesserungen in den Computersimulationen, aber auch von neuen kernphysikalischen Daten profitiert. Nicht überschätzt werden kann der Wert der Erkenntnisse, die durch die Beobachtung der Supernova 1987 in der Großen Magellan'schen Wolke gewonnen wurden. Sie haben die Grundzüge der Supernova-Modelle in beeindruckender Weise bestätigt.

Supernovae werden im Allgemeinen mit dem Schicksal massereicher Sterne verknüpft, so wie wir es hier getan haben. Es gibt allerdings noch einen zweiten, vollständig anderen Supernova-Typ. Diese sogenannten Typ-Ia- oder thermonuklearen Supernovae lernen wir im nächsten Kapitel näher kennen. Wieso man überhaupt auf die Idee kam, dass es unterschiedliche Supernova-Typen gibt, besprechen wir allerdings schon hier in dem Unterkapitel 5.3.8. Es ist allerdings nicht sehr überraschend, dass diese Klassifizierung ihren Ursprung in den Supernova-Lichtkurven hat, da diese optischen Beobachtungen die ersten Informationen waren, die Astronomen über das Phänomen „Supernova" hatten.

### 5.3.1 Ein wissenschaftlicher Glücksfall: SN1987a

Wissen Sie noch, was Sie in der Nacht vom 23. auf den 24. Februar 1987 gemacht haben? Ian Shelton weiß dies genau, und wird es wohl nie vergessen. Ian Shelton hatte Nachtdienst am Las-Campanas-Observatorium im Süden der Atacama-Wüste in Chile in fast 2400 m Höhe über dem Meeresspiegel. Es war eine wolkenfreie Nacht, wie fast immer in Las Campanas, und als er kurz nach Mitternacht nach draußen trat und zum südlichen Nachthimmel hochblickte, sah er einen Stern in der Großen Magellan'schen Wolke, von dem er sicher war, dass er vorher noch nicht zu sehen war (Abbildung 5.11). Zur Sicherheit konsultierte er den Astronomen Oscar Duhalde, der den Fund von Ian Shelton bestätigte: Shelton hatte in der Großen Magellan'schen Wolke eine Supernova entdeckt, die erste Supernova nach fast 400 Jahren, die mit bloßem Auge gesehen werden konnte. Zuletzt war dies 1604 und davor 1572 geschehen: Supernovae, die von zwei der größten Astronomen der Geschichte, Johannes Kepler und Tycho Brahe, gesehen wurden und oft nach diesen benannt werden. Die Entdeckung von Ian Shelton erhielt den technischen Namen SN1987a, und unter den Astronomen und Astrophysiker machte die halb-ernste Diskussion die Runde, wer wohl der Berühmte sei, nach dem spätere Wissenschaftlergenerationen SN1987a benennen würden.

SN1987a wurde zum Rosetta-Stein der Supernova-Forschung. Wissenschaftler hatten zwar Modelle entworfen, wie der Kollaps eines massereichen Sterns ablaufen könnte, aber der detaillierte Test dieser Modelle scheiterte bis dahin einfach daran, dass es keine detaillierten Beobachtungen gab. Zwar entdecken die Astronomen regelmäßig Supernovae, aber diese ereignen sich in Galaxien, die so weit entfernt sind, dass eine genaue Beobachtung des Ereignisses mit den vorhandenen Teleskopen und Detektoren nicht möglich ist. Dies änderte SN1987a schlagartig, denn der Abstand zur Großen Magellan'schen Wolke beträgt nur etwa 160000 Lichtjahre, was in astronomischen Maßstäben „just around the corner" ist. Dies wussten Ian Shelton und Oscar Duhalde, und

**Abb. 5.11:** Die Supernova SN1987a in der Großen Magellan'schen Wolke. Die rechte Aufnahme der Magellan'schen Wolke stammt aus der Zeit vor dem 23. Februar 1987 und zeigt den Vorgängerstern Sanduleak −69 202. Die linke Aufnahme ist am Tag des Ausbruchs der Supernova SN1987a gemacht worden.

sie alarmierten die Kollegen weltweit, damit diese ihre Geräte auf den lichthellen neuen Stern ausrichten konnten. Es gelang, den explodierten Vorgängerstern als den Stern Sanduleak −69°202a zu identifizieren. Teleskope verfolgten die Helligkeit der Supernova, und man sah, wie diese zuerst zunahm, bis SN1987a so hell war wie die ganze Magellan'sche Wolke (siehe Abbildung 5.11) und dann langsam abnahm. Die Lichtkurve, wie man die Leuchtstärke der Supernova als Funktion der Zeit nennt, folgte in der Tat dem Zerfall bestimmter Kerne, was bewies, dass die enorme Helligkeit, die Supernovae ausstrahlen, durch den radioaktiven Zerfall von Kernen erzeugt wird, die während der Explosion entstanden sind. Da man die Halbwertszeiten dieser Kerne kennt, gelang es, nicht nur die Kerne zu bestimmen, sondern auch die Mengen, die von ihnen in der Explosion entstanden (Abbildung 5.12).

Die wissenschaftlich wohl bedeutendste Beobachtung wurde ein paar Tage, nachdem Ian Shelton die Supernova erstmals gesehen hatte, gemacht. Nach den Modellen sollte eine Supernova, wenn sie durch den Kollaps eines massereichen Sterns entsteht, den größten Teil der Energie nicht optisch, sondern durch Neutrinos abstrahlen. Und es gab Detektoren in Europa (LSD-Detektor unter dem Mont-Blanc-Massiv), den USA (Irvine-Michigan-Brookhaven-Detektor am Ufer des Eriesees) und in Japan (Kamioka), die diese nachweisen konnten.[3] Kurz nach der Entdeckung von SN1987a kontaktierten

---

[3] Die Kamioka- und IMB-Detektoren waren gebaut worden, um ein anderes spektakuläres Ereignis zu beobachten: den Zerfall eines Protons, wie er in Theorien vorhergesagt wird, die die Hadronen und Lep-

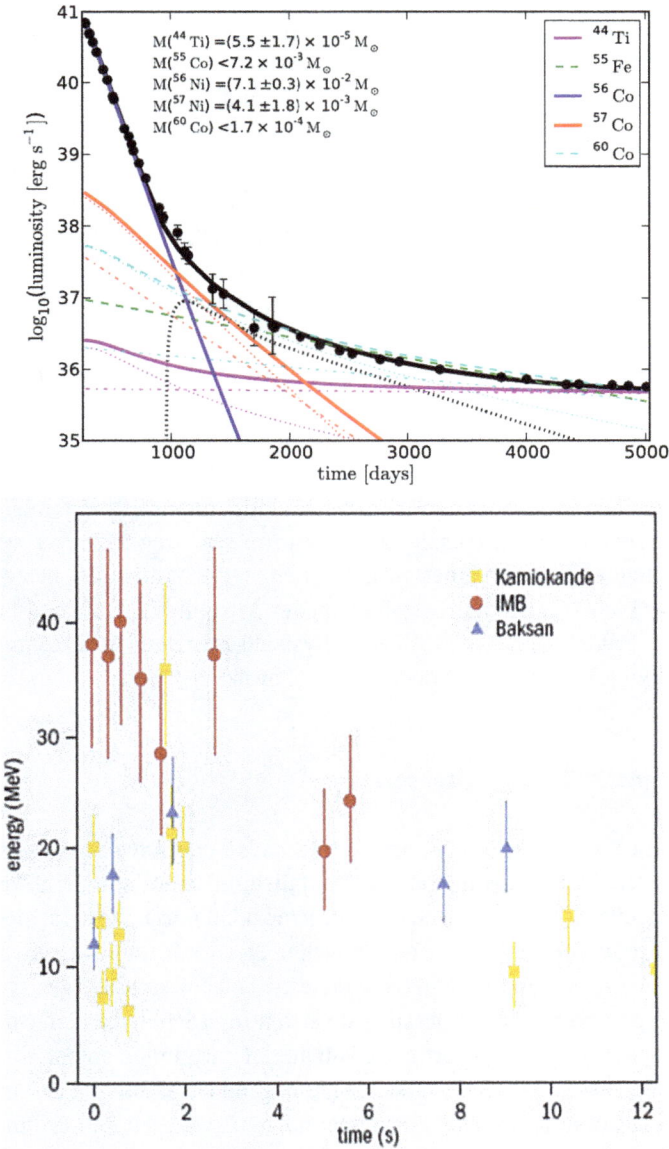

**Abb. 5.12:** Beobachtungsdaten von SN1987a. Das obere Bild zeigt die Lichtkurve der Supernova, verfolgt über fast 15 Jahre. Die Lichtkurve wird vom radioaktiven Zerfall individueller Kerne gepowert, wobei ihre zeitliche Entwicklung den entsprechenden Halbwertszeiten folgt. Aus der Lichtkurve lässt sich die Masse der zerfallenden Kerne bestimmen (Einschub im Bild). Die untere Abbildung zeigt die Neutrinoereignisse, die durch die unterschiedlichen Detektoren beobachtet wurden. Die Neutrinoereignisse sind durch die Neutrinoenergie und die Eintreffzeit charakterisiert, wobei eine unverstandene Zeitverschiebung der Ereignisse des Baksan-Detektors korrigiert wurde.

deshalb Astrophysiker ihre Kollegen und regten an, in den Detektordaten nach Neutrinosignalen, die von SN1987a stammen könnten, zu schauen. Am 3. März 1987 machten drei Kollegen aus Princeton konkrete Aussagen: Die LSD- und IMB-Detektoren sollten jeweils drei Ereignisse registriert haben, Kamioka dagegen fast 50, und alle Signale sollten innerhalb weniger Sekunden registriert sein. Ferner sagten die Princeton-Wissenschaftler, dass der Detektor in der Homestake Mine (mit dem Raymond Davis die solaren Neutrinos erstmals nachgewiesen hatte) nicht empfindlich genug war, um ein Ereignis von SN1987a zu sehen. Am 6. März gab die LSD-Kollaboration bekannt, dass sie 5 Signale innerhalb weniger Sekunden registriert hätten. Masatoshi Koshiba gab am 10. März für die Kamioka-Kollaboration bekannt, 11 Signale innerhalb von 13 Sekunden gefunden zu haben. Schließlich meldet auch der IMB-Detektor 8 Ereignisse innerhalb von 6 Sekunden. Alle Detektorkollaborationen gaben universelle Zeiten an, an denen sie die Beobachtungen gemacht hatten. Hierbei stimmen die Nachweise von Kamioka und durch den IMB-Detektor exakt überein, die Beobachtung im Mont-Blanc-Tunnel weicht allerdings um vier Stunden von den beiden anderen ab, was bis heute nicht verstanden ist. Der Nachweis der Neutrinos bewies (zusammengefasst in Abbildung 5.12), dass es sich bei der Supernova um die Explosion eines massereichen Sterns handelt. Sie belegte auch in überzeugender Weise die Modellvorstellungen der Astrophysiker. Masatoshi Koshiba erhielt für seine Arbeiten zum Nachweis astrophysikalischer Neutrinos zusammen mit Raymond Davis im Jahre 2002 den Nobelpreis für Physik.

### 5.3.2 Der Anfang vom Ende: Kollaps des Eisencores

Wenden wir uns nun dem Ende eines massereichen Sterns als Supernova zu, wie es in seinen Grundzügen durch die Beobachtungen an dem Jahrhundertereignis SN1987a bestätigt wurde. Nach Beendigung seines langen Lebens, ermöglicht durch die verschiedenen hydrostatischen Brennphasen, hat ein massereicher Stern mit mehr als etwa $10–11\,M_\odot$ Geburtsmasse eine schematische Struktur, wie sie in der Abbildung 5.13 gezeigt ist. Die ehemaligen Brennphasen des Zentrums spiegeln sich nun in Schalen wider, wobei die zeitliche Sequenz einer räumlichen Ordnung von außen nach innen entspricht. Wie angesprochen, müssen nicht alle Schalen gleichzeitig brennen und Energie erzeugen, sondern es kann zu recht komplizierten Zusammenhängen zwischen den Brennschalen kommen. Im Zentrum bildet sich ein „Eisenkern". In diesem Core sind die Temperaturen so hoch (2 Milliarden Kelvin und höher), dass alle Kernreaktionen, die von der starken und elektromagnetischen Wechselwirkung vermittelt werden, im Gleichgewicht mit ihren Umkehrreaktionen sind. Man nennt dies ein chemisches Gleichge-

---

tonen vereinheitlichen. Der Zerfall eines Protons ist bis heute noch nicht beobachtet. Die Lebensdauer eines freien Protons ist experimentell als länger als $10^{34}$ Jahre bestimmt; das Alter des Universums ist dagegen ein Wimpernschlag mit seinen etwas mehr als $10^{10}$ Jahren.

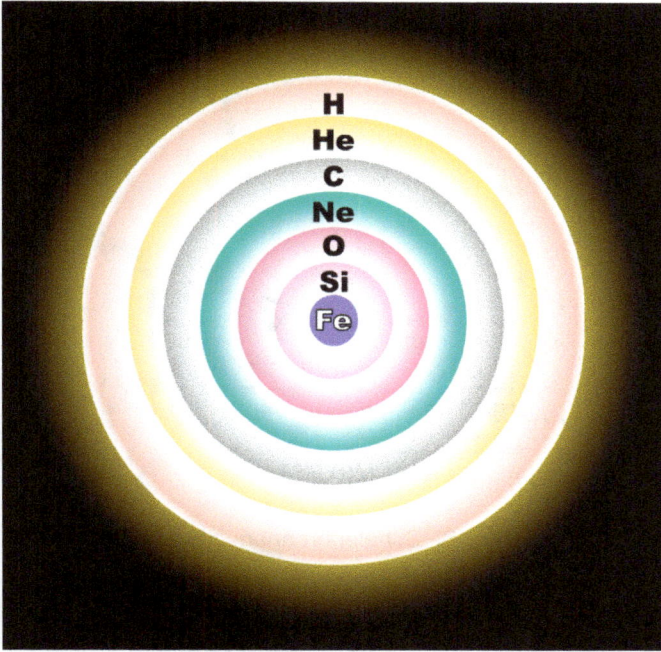

**Abb. 5.13:** Die Struktur eines massereichen Sterns am Ende des hydrostatischen Brennens. Sie erinnert an eine Zwiebel, wobei die einzelnen „Häute" Erinnerungen an die sukzessiven Brennphasen im Core sind, die im Laufe der Zeit nach außen gewandert sind und dort noch durch Schalenbrennen zur Energiefreisetzung beitragen. Die Darstellung ist nicht maßstabgetreu.

wicht. Dies bedeutet aber, dass der Stern, nicht wie in den vorherigen hydrostatischen Brennphasen, durch Fusionsreaktionen Energie gewinnen kann. Er hat somit die Energiequelle verloren, mit der er im bisherigen Leben die gravitative Anziehung seiner eigenen Masse stabilisieren konnte.

Wir werden nun dem Kollaps und der folgenden Explosion folgen und diese durch einige charakteristische Schnappschüsse darstellen. Abbildung 5.14 zeigt die Situation zu Beginn des Kollaps im Eisencore an, der zu diesem Zeitpunkt einen Radius von ungefähr 3000 km hat, also etwa der Hälfte des Erdradius. Wir lassen nun auch eine Uhr mitlaufen und setzen die Zeit zu Beginn des Kollaps willkürlich auf $t = 0$. Zu Beginn des Kollaps gelingt die Balance der Gravitation zunächst noch durch die Elektronen. Die Dichte im Eisencore, anfangs typischerweise $10^9$ g/cm$^3$, ist hoch genug, dass die Elektronen ein relativistisches Gas bilden und vollständig entartet sind. Somit kann der Entartungsdruck der Elektronen den Eisencore so lange stabilisieren, wie dessen Masse kleiner als der Chandrasekhar-Grenzwert ist. Wir erinnern daran, dass die Chandrasekhar-Masse quadratisch vom Verhältnis der Elektronen zu den Nukleonen $Y_e$ abhängt. Sie ist also im Eisenkern, der hauptsächlich aus Kernen wie $^{56}$Fe und $^{62}$Ni mit leichtem Neutronenüberschuss besteht, etwas kleiner als $1{,}44\,M_\odot$.

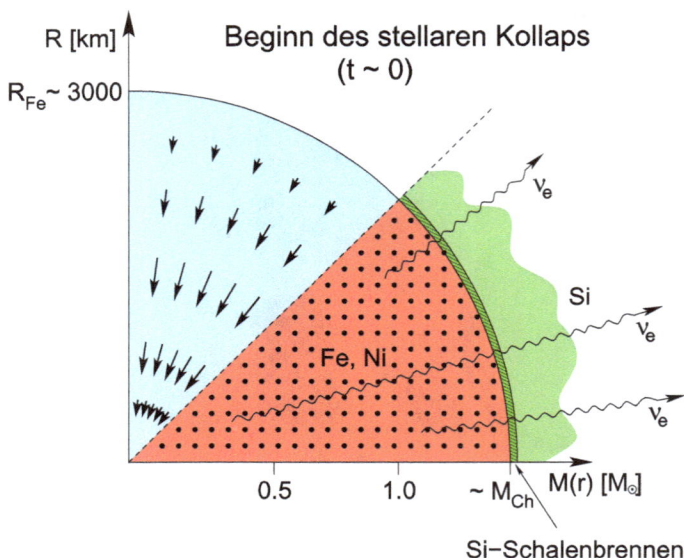

**Abb. 5.14:** Schnitt durch den „Eisencore" zu Beginn des Kollaps. Der Core besteht hauptsächlich aus mittelschweren Kernen (Eisen-Nickel-Gegend der Nuklidkarte). Um den Core mit einer Masse von etwa 1,4 $M_\odot$ (der Chandrasekhar-Masse für die Core-Komposition) läuft das Siliziumbrennen (grün) weiter und addiert Masse zum Core. Im Inneren Core setzt Elektroneneinfang ein, der die Anzahl der Elektronen reduziert und die Kerne neutronenreicher macht. Neutrinos verlassen den Core und entführen Energie. Die Pfeile auf der linken blau gefärbten Seite charakterisieren die Geschwindigkeit der Materie. Da der Core kollabiert, zeigen die Pfeile in die Richtung des Zentrums. Die Länge der Pfeile ist ein relatives Maß der Geschwindigkeit.

Einen Vorteil hat das chemische Gleichgewicht, jedenfalls für die Simulationen: Die Zusammensetzung der Materie ist durch das Nukleare Statistische Gleichgewicht (allgemein NSE für Nuclear Statistical Equilibrium abgekürzt) gegeben und muss nicht durch komplizierte Ketten von Kernreaktionen berechnet werden. Um die NSE-Verteilung festzulegen, muss man nur die Temperatur und die Dichte der Umgebung sowie das Verhältnis von Protonen zu Nukleonen (da die Anzahl der Protonen die der Elektronen entspricht, ist dies identisch zu $Y_e$) sowie die Massen der Kerne kennen. Die NSE-Verteilung hängt deshalb von $Y_e$ ab, weil die Reaktionen, die über die schwache Wechselwirkung vermittelt werden, nicht mit ihren Umkehrreaktinen im Gleichgewicht sind. Insbesondere gibt es kein Reservoir an Neutrinos im Eisencore, der die inversen Reaktionen des Beta-Zerfalls oder des Elektroneneinfangs möglich machen würde. Bei Dichten von der Größenordnung $10^9$ g/cm$^3$ verlassen Neutrinos die Sternumgebung ungehindert. Dies wird gleich eine Rolle spielen. Obwohl man gern vom „Eisencore" spricht, besteht dieser nicht nur aus Eisen, sondern, wie Abbildung 5.15 zeigt, aus einer Vielzahl von Kernen hauptsächlich aus der Massengegend zwischen $A = 45$–$65$.

Außerhalb des Eisencores geht das Siliziumbrennen weiter und produziert mehr nukleare Asche, die sich am Eisencore anlagert und diesen wachsen lässt (Abbil-

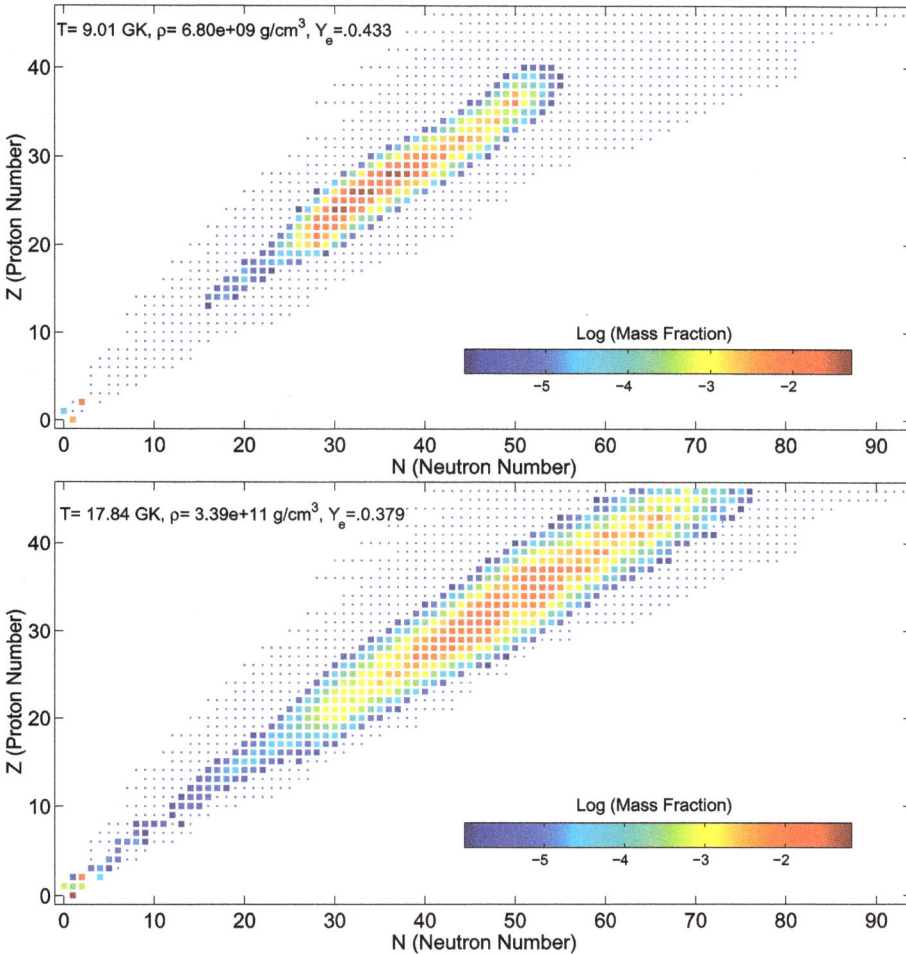

**Abb. 5.15:** Während des Kollaps wird die Zusammensetzung der Materie durch das Nukleare Statistische Gleichgewicht gegeben. Die Abbildung zeigt die Zusammensetzung zu Beginn des Kollaps (oben) und des Neutrino-Trappings (unten). Zwischen den beiden Zeiten haben sich durch den Kollaps die Dichte und die Temperatur erhöht, während der fortlaufende Elektroneneinfang den Wert von $Y_e$ verkleinert hat. Die Häufigkeit einzelner Kerne ist durch die logarithmische Farbskala gekennzeichnet. Das Maximum der Häufigkeit verschiebt sich aus der Eisen-Nickel-Gegend (oben) zu neutronenreichen Kernen zwischen Zink ($Z = 30$) und Zirkonium ($Z = 40$). Durch die erhöhte Temperatur verbreitert sich auch die Verteilung der Kerne.

dung 5.14). Eventuell überschreitet die Masse des Cores das Chandrasekhar-Limit und der Eisencore kann auch nicht mehr vom Entartungsdruck der Elektronen stabilisiert werden. Der Kollaps beginnt. Er wird beschleunigt durch einen anderen Prozess, der parallel zum Siliziumbrennen im Core selbst abläuft: Elektroneneinfang an Kernen. Um dies zu erläutern, betrachten wir zunächst $^{56}$Fe, den am stärksten gebundenen

Kern unter Laborbedingungen, wie auf der linken Seite der Abbildung 5.16 gezeigt. Im Vergleich zu seinen Nachbarkernen $^{56}$Co und $^{56}$Mn ist er um 4,055 MeV bzw. 4,207 MeV mehr gebunden, was einen Beta-Zerfall zum Kobald oder einen Zerfall des Eisenatoms durch Elektroneneinfang zu Mangan unmöglich macht, da die gebundenen Elektronen nur etwa 10 keV an atomarer Bindungsenergie zur Verfügung stellen können, viel zu wenig, um den $Q$-Wert von 4,2 MeV zu überwinden. In dem Eisencore mit einer Dichte von einigen $10^9$ g/cm$^3$ ist dies anders. Hier sind die Elektronen nicht in einem Atom mit dem $^{56}$Fe-Kern verbunden, sondern bilden ein relativistisches entartetes Gas, das die Kerne umgibt, und haben, wegen der Entartung, eine Fermi-Energie von einigen MeV. Die Elektronen bilden also eine Verteilung, die alle Zustände bis zur Fermi-Energie besetzen (wegen der endlichen Temperatur sind die Zustände knapp unterhalb der Fermi-Energie nicht vollständig besetzt, dafür gibt es einen „Schwanz" von Elektronen mit Energien, die größer als die Fermi-Energie sind, siehe Abbildung 5.16). Es wird somit unter den Bedingungen im Eisencore möglich, und energetisch günstiger, für den $^{56}$Fe-Kern, eines der Elektronen mit einer Energie größer als dem $Q$-Wert einzufangen, ein Proton in ein Neutron zu verwandeln und somit zu $^{56}$Mn zu werden, und zusätzlich ein Neutrino auszusenden, das die Energiedifferenz zwischen der Summe von Elektron plus $^{56}$Fe-Kern und dem finalen $^{56}$Mn wegträgt. Unter Laborbedingungen würde sich der Mangankern sofort wieder durch Beta-Zerfall in $^{56}$Fe zurückverwandeln. Dies geht aber bei diesen hohen Dichten nicht, weil ein Beta-Zerfall ein Elektron erzeugt, dessen

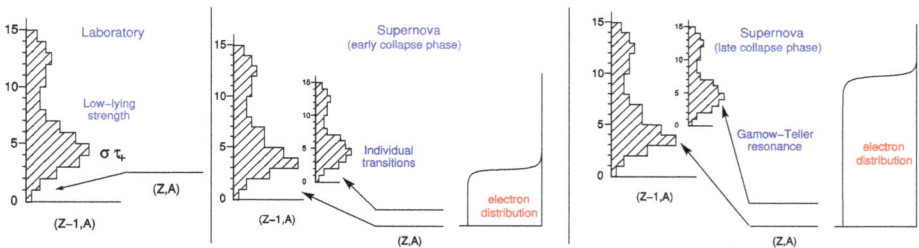

**Abb. 5.16:** Schematische Darstellung des Elektroneneinfangs unter Laborbedingungen (links) und in einer Supernova in einer frühen (Mitte) und späten (rechts) Phase des Kollaps. Die horizontalen Striche symbolisieren Energiezustände. Im Labor besitzen die Elektronen durch atomare Bindung sehr wenig Energie. Der Prozess läuft somit dann ab, wenn der Tochterkern stärker gebunden ist als der einfangende Mutterkern. Der Einfang wird (zumeist) durch Gamow-Teller-Übergänge ($\sigma\tau_+$) vermittelt, die zu vielen Endzuständen im Tochterkern mit unterschiedlicher Stärke führen können (schraffiert angedeutet). Unter Laborbedingungen sind nur wenige Zustände, üblicherweise mit kleinen Übergangsstärken, energetisch erreichbar. Dies ist unter Supernovabedingungen anders, da das relativistische Elektronengas Fermi-Energien besitzt, die größer als die $Q$-Werte zwischen Mutter- und Tochterkern sind. Deshalb können unter stellaren Bedingungen auch Kerne, die im Labor stabil sind, Elektronen einfangen. Wegen der endlichen stellaren Temperatur sind im Mutterkern auch angeregte Zustände populiert. Auch diese können Elektronen einfangen. Jeder Zustand hat seine eigene individuelle Gamow-Teller-Stärkeverteilung. Die Verteilung der Elektronenenergien ist an der rechten Seite der Abbildungen angedeutet. Die Fermi-Energie wächst stark mit der Dichte. Dies beschleunigt den Elektroneneinfang.

Energie nicht größer als der $Q$-Wert sein kann (in den meisten Zerfällen übernimmt das ebenfalls entstehende Neutrino einen beträchtlichen Teil der Zerfallsenergie, sodass die Energie des Elektrons deutlich kleiner als der $Q$-Wert ist). Bei den Dichten von einigen $10^9$ g/cm$^3$, wie sie im Eisencore vorliegen, gibt es wegen der Entartung allerdings schon Elektronen, die diese Energiezustände bis zum $Q$-Wert besetzen und da wegen des Pauli-Prinzips eine Doppelbesetzung nicht erlaubt ist, ist ein Beta-Zerfall des $^{56}$Mn-Kerns in dem sehr dichten Medium nicht möglich.

Unter den Temperatur- und vor allem Dichtebedingungen des Eisencores ist nicht nur der $^{56}$Fe-Kern instabil, sondern auch die vielen anderen Kerne, die in der Core-Zusammensetzung vorkommen, können Elektronen einfangen; sind aber gegen Beta-Zerfälle durch das Pauli-Prinzip der Elektronen geschützt. Elektroneneinfänge haben drei fundamentale Effekte auf den Kollaps. Zum Ersten reduzieren sie die Anzahl der Elektronen und damit den Entartungsdruck, den die Elektronen gegen den gravitativen Kollaps stemmen können. Der Kollaps wird beschleunigt, die Dichte des Cores wächst, was wiederum den Elektroneneinfang verstärkt, weil die Energien der Elektronen wachsen. Zum Zweiten verlassen die Neutrinos, die beim Einfang produziert werden, den Stern noch ungehindert. Ihre Energie wird dem Energiereservoir des Cores entzogen. Der Core wird gekühlt. Die Temperatur im Core wächst nur langsam an. Sie reicht während des Kollaps nicht aus, um die Bindung der Nukleonen zu Kernen zu überwinden. Kerne überleben im Kollaps. Die Kerne dienen auch als äußerst effiziente Energiespeicher, da sie eine große Menge an Energie durch Population angeregter Zustände speichern. Zum Dritten ändert sich schließlich das Verhältnis der Protonen (Elektronen) zu dem der Nukleonen. Die Kerne werden neutronenreicher. Die nukleare Zusammensetzung des Cores verschiebt sich zu schwereren Kernen mit größerem Neutronenüberschuss (siehe unteren Teil der Abbildung 5.15). Fast alle diese Kerne sind unter Laborbedingungen instabil und existieren nur unter den stellaren Bedingungen, da ihr Beta-Zerfall nicht möglich ist.

Leider ist es nicht möglich, die Elektroneneinfangprozesse unter den Bedingungen, wie sie im kollabierenden Core eines massereichen Sterns herrschen, im Labor zu untersuchen. Hauptsächlich liegt dies daran, dass bei den Temperaturen im Stern viele angeregte Zustände der Kerne thermisch populiert sind. Dies lässt sich im Labor über genügend lange Zeiten, um Messungen für Prozesse der schwachen Wechselwirkung auszuführen, nicht nachstellen. Allerdings ist es Experimentatoren gelungen, die für den Elektroneneinfang an Kernen in der Eisen-Nickel-Gegend notwendigen Informationen auf indirektem Weg durch Beschuss mit leichten Kernen an modernen Beschleunigeranlagen zu bestimmen, da in sogenannten Ladungsaustauschreaktionen, in denen dem Kern ein Neutron hinzugefügt und gleichzeitig ein Proton entfernt wird, die gleichen Übergangsstärken wie beim Elektroneneinfang gemessen werden können. Dies gelingt aber nur für stabile oder sehr langlebige Kerne, weil sich dann Targets mit genügend langer Lebensdauer für den Beschuss mit den leichten Kernen herstellen lassen. Somit ist dies nicht für die thermisch angeregten Zustände, aber auch für die meisten der neutronenreichen instabilen Kerne, wie sie in späteren Phasen des Kollaps auftreten, möglich. Dennoch sind die Messungen an den stabilen Kernen in der Eisen-Nickel-Gegend äußerst wertvoll, da sie zeigen, dass die modernen Methoden, die zur Beschreibung von Kerneigenschaften entwickelt worden sind, auch diese Daten gut reproduzieren, und man somit davon ausgehen darf, dass sie auch für die Beiträge der angeregten Zustände zu den Elektroneneinfangreaktionen zuverlässig sind. Es sei betont, dass diese Kernmodelle sehr komplizierte Rechnungen sind, die über eine Milliarde Anordnungen der Protonen und Neutronen und ihre Wechselwirkung untereinander berücksichtigen, und erst durch die Revolution an Computertechnologie der letzten Jahrzehnte möglich geworden sind. Moderne Supernova-Simulationen zeigen, dass der Einfang von Elektronen an Kernen, und nicht wie man lange glaubte, an freien Protonen, die durch Photodissoziation von Kernen entstehen, geschieht. Dies hat ziemlich einschneidende Konsequenzen für den Kollaps und seine Eigenschaften. Dies wird beispielhaft in der Abbildung 5.17 für die zeitliche Entwicklung einiger Eigenschaften gezeigt, wobei anstelle der Zeit die Dichte im Zentrum des Cores als Parameter benutzt wird; diese wächst während des Kollaps kontinuierlich, bis schließlich Dichten von mehr als $10^{14}$ g/cm$^3$ erreicht werden, die in der Größenordnung derjenigen im Inneren großer Kerne wie $^{208}$Pb liegen.

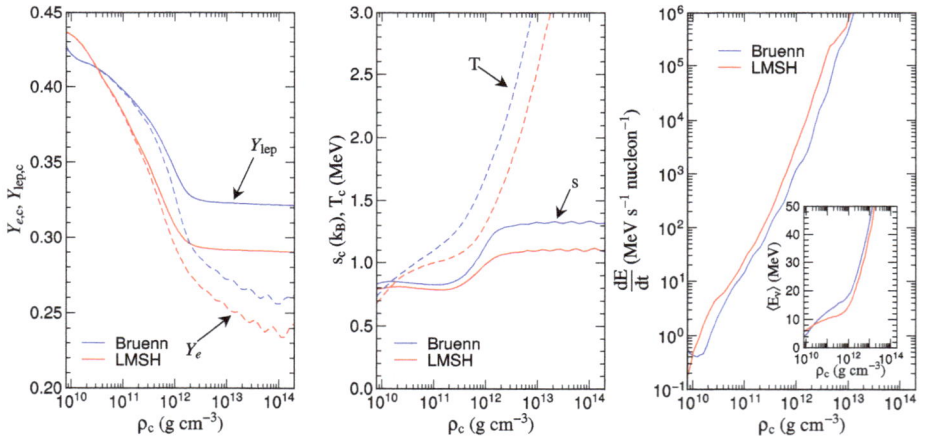

**Abb. 5.17:** Die Entwicklung einiger Eigenschaften des Cores während des Kollaps, dargestellt als Funktion der Dichte im Zentrum vom Beginn des Kollaps bis zum „Bounce", der die Explosion initiiert. Die roten Kurven enthalten die modernen Elektroneneinfangraten. In den blauen Kurven wurde der Einfang an schweren Kernen vernachlässigt. Das linke Bild zeigt das Elektron-zu-Nukleon- ($Y_e$) und das Lepton-zu-Nukleon- Verhältnis ($Y_{lep}$). Da Neutrinos ab einer Dichte von etwa $10^{12}$ g/cm$^3$ im Core eingeschlossen sind (trapping), ist $Y_{lep}$ im finalen Kollaps konstant. Die mittlere Abbildung zeigt die Temperatur- und Entropieprofile. Die Entropie ist recht klein, sodass schwere Kerne den Kollaps überleben können. Das rechte Bild zeigt die Energierate, die von Neutrinos aus dem Core transportiert wird; das Inset gibt die mittlere Neutrinoenergie an. Elektroneneinfang an schweren Kernen reduziert die Temperatur, Entropie und $Y_e$, $Y_{lep}$ und erhöht die Energierate der Neutrinoverluste.

Die Hypothese, dass der Elektroneneinfang hauptsächlich an freien Protonen und nicht an Kernen geschieht, beruhte auf der Vorhersage eines ziemlich simplen Kernmodells, dass eine Umwandlung von Protonen in Neutronen durch den Einfang von Elektronen für Kerne mit Neutronenüberschuss und mehr als 40 Neutronen aufgrund des Pauli-Prinzips unmöglich würde, da alle möglichen Endzustände für die Umwandlung des Protons schon durch andere Neutronen besetzt seien. Aufgrund dieser Überlegung wurde der Elektroneneinfang an schweren Kernen in Supernova-Simulationen abgeschaltet. Sowohl durch experimentelle wie auch durch die modernen theoretischen Arbeiten konnten die Annahmen des simplen Modells überzeugend widerlegt werden. Der Einfang an Kernen, auch an schweren, ist während des gesamten Kollaps möglich und dominiert über den an freien Protonen. Der Grund hierfür liegt nicht an den Einfangraten der individuellen Kerne; im Gegenteil, dank des kleineren $Q$-Wertes von 1,29 MeV ist die Rate am Proton meistens größer als die an den individuellen Kernen, bei denen das Elektron einen größeren $Q$-Wert überwinden muss. Die Dominanz rührt daher, dass Kerne in der nuklearen Zusammensetzung viel, viel häufiger vorkommen als Protonen, und dies wiederum ist eine Konsequenz der recht niedrigen Temperatur, oder besser, der sehr niedrigen Entropie. Entropie kann als Ordnungsparameter angesehen werden; je kleiner ihr Wert, desto größer die Ordnung: Nukleonen im Verbund eines Kerns stellen eine deutlich erhöhte Ordnung gegenüber einem Ensemble frei beweglicher Nukleonen dar. Und es ist in der Tat der Elektroneneinfang, der den Core effizient kühlt und die Entropie niedrig hält. Dies zeigt sich deutlich, wenn man die Ergebnisse von Kollaps-Simulationen mit modernen Einfangraten mit den früheren vergleicht, die den Einfang an schweren Kernen abgeschaltet hatten (Abbildung 5.17). Durch den Einfang an schweren Kernen wird die Anzahl der Elektronen zusätzlich verringert, was zu kleineren $Y_e$ führt und den Entartungsdruck gegen den Kollaps reduziert. Ferner werden sowohl Temperatur als auch Entropie kleiner. Dies reduziert auch die Anzahl freier Protonen und unterstützt die Dominanz des Einfangs an Kernen.

Abbildung 5.18 zeigt den kollabierenden Eisencore etwa eine Zehntelsekunde nach unserem Anfangsbild. Die Dichte im Inneren ist drastisch gewachsen. Fortgesetzter Elektroneneinfang hat die Anzahl der Elektronen stark reduziert, und somit ist auch die Chandrasekhar-Masse kleiner geworden, die nun vielleicht nur noch 0,8 $M_\odot$ beträgt. Betrachten wir noch einmal Abbildung 5.17, so fällt ein deutlicher Sprung in der Entropie bei Dichten um $10^{12}$ g/cm$^3$ auf. Einen Clou über den Ursprung dieses Sprungs gibt die Abbildung auch, wenn man sich das Verhalten von $Y_{\text{lep}}$ anschaut, das das Verhältnis von Leptonen (Elektronen und Neutrinos) zu Nukleonen definiert. $Y_{\text{lep}}$ nimmt bis zu dieser Dichte ab, da es durch die Anzahl an Elektronen gegeben ist, weil Neutrinos den Core verlassen, sich also kein Reservoir an Neutrinos im Core aufbaut. Dies ändert sich bei Dichten um $10^{12}$ g/cm$^3$. Wie wir gleich darlegen, werden Neutrinos bei den höchsten Dichten im Core „eingesperrt", sodass $Y_{\text{lep}}$ größer als $Y_e$ wird, was durch fortgesetzten Elektroneneinfang weiter reduziert wird. Die Anwesenheit der Neutrinos erhöht auch die Entropie. Die Kerne werden allerdings noch nicht in Nukleonen dissoziiert.

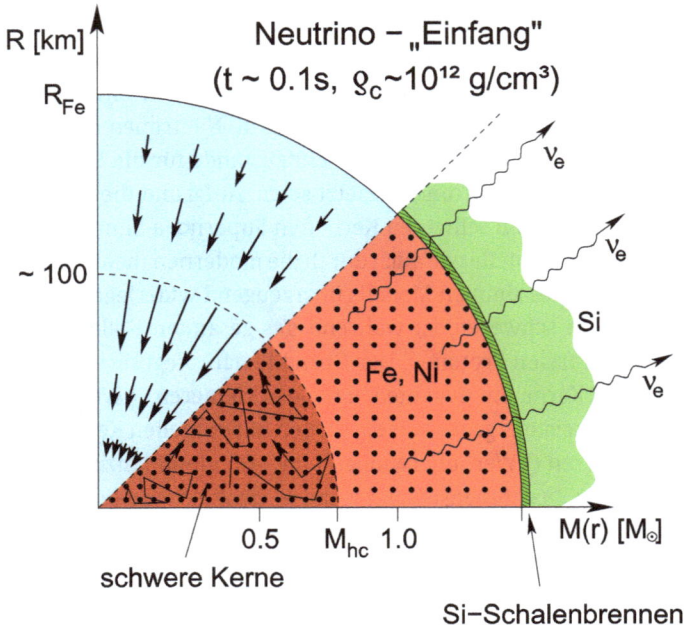

**Abb. 5.18:** Analoges Bild zu 5.14, aber 100 Millisekunden später. Es hat sich im Inneren ein homologer Core ausgebildet, in dem die Neutrinos durch Streuung an Kernen eingefangen sind. Seine Masse entspricht dem Chandrasekhar-Grenzwert, der allerdings nur noch 0,8 $M_\odot$ beträgt, da sich $Y_e$ durch Elektronenein-fang verkleinert hat. Die Materie im homologen Core besteht aus neutronenreichen schweren Kernen. Der äußere Bereich besteht noch aus dem Eisen-Nickel-Core, in dem sich Elektroneneinfang mit Neutrinover-lusten fortsetzt. Auch das Siliziumschalenbrennen läuft weiter. Der gesamte Core kollabiert, nun allerdings mit erhöhter Geschwindigkeit.

Der Wirkungsquerschnitt von Neutrinos mit Materie ist extrem klein; man brauchte riesige Detektoren, um die Neutrinos der Supernova SN1987a nachzuweisen. Allerdings wächst die Ereignisrate, wenn man Neutrinos mehr Materie in „den Weg stellt". Genau dies passiert, wenn die Dichte im kollabierenden Core anwächst.

Der bedeutsamste Prozess, mit dem die Neutrinos in Wechselwirkung mit der Mate-rie des Cores treten, ist die elastische Streuung mit den Kernen. Dieser Prozess findet ko-härent mit allen Nukleonen des Kerns statt und hat somit einen recht großen Wirkungs-querschnitt, der mit dem Quadrat der Nukleonenzahl anwächst.[4] In der elastischen Streuung wird keine Energie, aber Impuls zwischen den Stoßpartnern ausgetauscht. Dies führt dazu, dass das Neutrino nach der Wechselwirkung unter einem Winkel ge-

---

[4] Genau genommen findet die Streuung hauptsächlich an den Neutronen statt, da durch den Wert einer der fundamentalen Größen des Standardmodells der Teilchenphysik, dem sogenannten Weinberg-Winkel, der die Mischung von elektromagnetischer und schwacher Wechselwirkung festlegt, die Streu-ung an den Protonen deutlich unterdrückt ist.

streut wird und somit seine Richtung ändert. Bei wachsender Dichte und damit erhöhter Anzahl von elastischen Streuprozessen beginnen die Neutrinos, zwischen den Kernen hin- und hergestoßen zu werden. Ihre Bewegungsrichtung ist nicht mehr nach außen gerichtet, sondern ihre Bewegung folgt einem Zufallsmuster (im Englischen „drunken sailor's walk" genannt), die als ein Diffusionsprozess beschrieben werden kann. Berechnet man die Diffusionszeit, die Neutrinos brauchen, um eine Strecke der Größenordnung des Core-Radius zurückzulegen, so wird diese für Dichten größer als $10^{12}$ g/cm$^3$ länger als die Kollapszeit des Cores. Dies bedeutet, dass die Neutrinos für die restliche Phase des Kollaps im Core effektiv gefangen sind. Man spricht bei diesem Phänomen von „neutrino trapping". Durch Streuung von Neutrinos mit Elektronen, und in schwächerem Ausmaße auch mit Kernen, kann Energie zwischen den Partnern ausgetauscht werden, das heißt, die Neutrinos, die im Mittel eine höhere Energie besitzen, als es der thermischen Energie der Umgebung entspricht, übertragen Energie an die Elektronen, die sich nach dem Stoß etwas schneller bewegen, oder an die Kerne, die in angeregte Zustände übergehen. Durch diese inelastischen Prozesse werden die gefangenen Neutrinos schnell mit dem Rest der Core-Materie thermalisiert. Es baut sich somit im Core ein Reservoir von Neutrinos auf, sodass $Y_{\text{lep}}$ größer als $Y_e$ wird. Die Anwesenheit des Neutrino-Reservoirs reduziert auch den Elektroneneinfang an Kernen, da Einfänge, die Neutrinos produzieren, deren Zustand im Reservoir schon besetzt ist, verboten sind. Die wichtige Konsequenz ist, dass die Materie während des Kollaps noch nicht so neutronenreich wird wie in einem Neutronenstern, der am Ende des Kollaps geboren wird. Nach dem Neutrino-Einschluss kollabiert dieser innerste Teil des Cores als eine Einheit, genannt homologer Core. Die lokale Schallgeschwindigkeit ist groß genug, um Fluktuationen im Core auszugleichen.

Die Anwesenheit von Neutrinos, und die wichtige Rolle, die sie während des Kollaps und bei der Explosion spielen, erlaubt es nicht, sie, wie während der hydrostatischen Brennphasen, allein als Verlustterm im Energiehaushalt des Sterns zu berücksichtigen. Supernova-Simulationen müssen Neutrinos und ihre dynamische Entwicklung sowie ihre Wechselwirkung mit den anderen Materiekomponenten explizit verfolgen. Dies gilt nicht nur für Elektron-Neutrinos, die im Elektroneneinfang produziert werden und die während der Kollapsphase der dominante Neutrinotyp sind, sondern auch für die beiden anderen Neutrino-Familien (Myon- und Tau-Neutrinos) und die drei Antineutrinotypen. Die explizite Berücksichtigung der 6 Neutrinosorten macht Supernova-Simulationen extrem kompliziert und numerisch sehr aufwendig.

In unserer bisherigen Diskussion sind wir davon ausgegangen, dass Kerne als individuelle Komponenten in der Sternmaterie auftreten. Dies ist auch bei den „niedrigen" Dichten, die wir bislang betrachtet haben, gerechtfertigt, entsprechen $10^{12}$ g/cm$^3$ nicht einmal einem Hundertstel der Dichte, die im Inneren schwerer Kerne vorliegt und im Allgemeinen als Kernmaterie bezeichnet wird.

Allerdings muss man Effekte von anderen geladenen Komponenten in der Core-Materie (Elektronen, andere Kerne, freie Protonen) als Korrekturen berücksichtigen, da die Reichweite der Coulomb-Wechselwirkung länger als der mittlere Abstand der Kerne ist. Das Bild getrennter Kerne ist nicht mehr anwendbar, wenn die Dichten weiter wachsen und die Kerne näher zusammenrücken. Hier kommt es zu einem Wettstreit zweier Beiträge zur Energie der Kerne: Nukleonen an der Oberfläche haben nur Wechselwirkungspartner nach innen, aber nicht nach außen. Dies fasst man, seit von Weizsäcker die Energie von Kernen in Anlehnung an einen Flüssigkeitstropfen verblüffend gut reproduzieren konnte, in einem Oberflächenenergieterm zusammen. Dieser möchte die Kernoberfläche möglichst klein halten, was bei einer fast kugelsymmetrischen Struktur der Kerne erreicht wird. Dem entgegen wirkt die Coulomb-Repulsion der Protonen, die energetisch eine Deformation bevorzugt. Mit wachsender Dichte führt die Konkurrenz dieser beiden Tendenzen dazu, dass Kerne ihren individuellen Charakter aufgeben und sich in makroskopischen Strukturen anordnen, die man in Erinnerung an verschiedene Formen des italienischen Nationalgerichts „nukleare Pasta" nennt. Die Sequenz von „Pasta"-Anordnungen, die dabei mit wachsender Dichte durchlaufen wird, ist in der Abbildung 5.19 dargestellt.

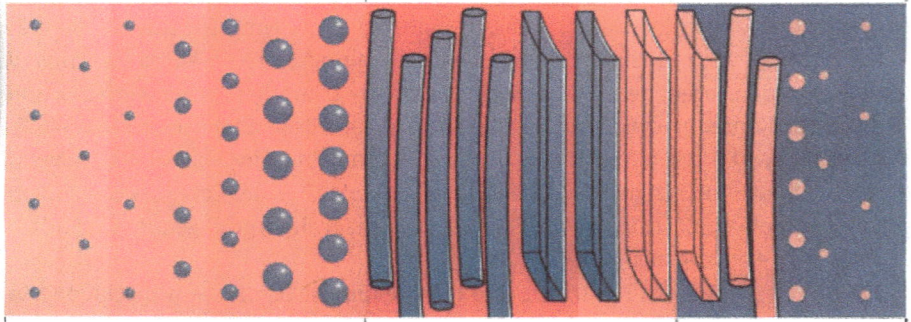

**Abb. 5.19:** Struktur von Kernmaterie etwas unterhalb seiner Sättigungsdichte. Hier kommt es zu einem Wettbewerb zwischen der Starken Kraft, die die Oberfläche klein halten möchte und Kugelsymmetrie bevorzugt, und der Coulomb-Abstoßung, die Deformation favorisiert. Als Konsequenz durchläuft die Kernmaterie von links nach rechts mit zunehmender Dichte eine Sequenz von Strukturen, die an verschiedene Pasta-Sorten erinnert. Aus individuellen Kernen werden größere Kernmateriekugeln, dann röhrenförmige Gebilde, danach Platten und schließlich ein riesiger Atomkern aus homogener Kernmaterie.

Bis zu den Dichten von etwas mehr als $10^{13}\,\mathrm{g/cm^3}$, also etwa einem Zehntel des Gleichgewichtswerts von Kernmaterie ($\rho_0 \approx 2 \times 10^{14}\,\mathrm{g/cm^3}$), sind die Nukleonen in individuellen Kernen gebunden (manchmal „Gnocchi-Phase" genannt). Bei etwas höheren Dichten ist es energetisch günstiger, wenn Kerne sich zunächst in der Struktur von Stäben („Spaghetti-Phase") und danach von Schichten („Lasagne-Phase") zusammenschließen. Bei noch höheren Dichten füllt die Kernmaterie den größten Teil des Raumes aus, mit scheibenförmigen und danach stabförmigen Lücken („Anti-Lasagne" bzw. „Anti-Spaghetti-Phasen"). Schließlich bleiben noch unausgefüllte Löcher in der Kernmaterie über, die an Schweizer Käse erinnern, bevor schließlich, wenn die Dichte den Gleichgewichtswert $\rho_0$ erreicht hat, die Kernmaterie den ganzen Raum erfüllt. Das Innere des kollabierenden Cores ist dann zu einem „riesigen Kern" geworden.

### 5.3.3 Die Macht der Neutrinos: Der Stern explodiert

Unser dritter Schnappschuss (Abbildung 5.20) zeigt den Eisencore an dem Moment, als sein Innerstes in Kernmaterie verwandelt worden ist. Es sind nun seit dem Einfang der Neutrinos 10 ms vergangen, 110 ms seit unserem Anfangsbild. Der Radius des homologen Cores hat sich auf 10 km verringert, seine Masse durch fortgesetzten Elektroneneinfang auf etwa 0,6 $M_\odot$. Außerhalb des homologen Cores erstreckt sich eine Hülle mit Kernen aus dem Eisen-Nickel-Massenbereich. Dieser Bereich kollabiert, wie im Anfangsbild, bei fortgesetztem Elektroneneinfang.

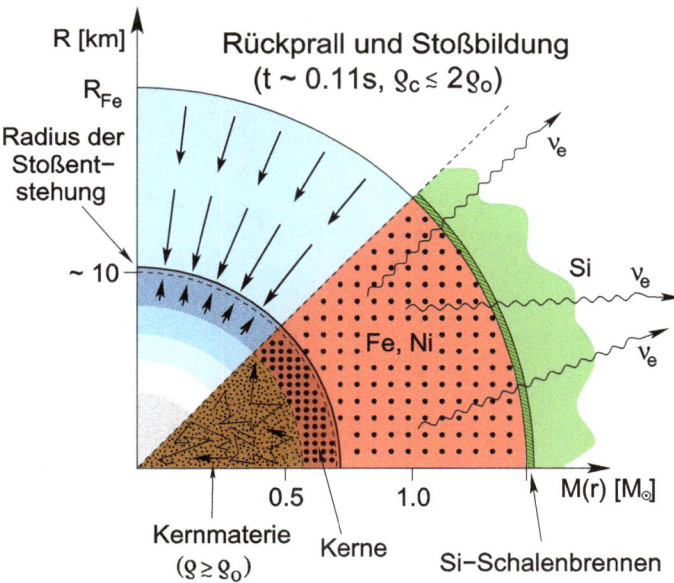

**Abb. 5.20:** Der kollabierende Core etwa 10 Millisekunden nach dem Schnappschuss von Abbildung 5.18. Im Inneren ist die Dichte auf Werte etwas größer als dem Sättigungswert von Kernmaterie $\rho_0$ angewachsen. Der homologe Core hat nun einen Radius von ungefähr 10 km. An der steifen Kernmaterie prallt die weiterhin von außen kollabierende Materie zurück und es bildet sich eine Stoßwelle. Wie an den nach außen gerichteten Geschwindigkeitspfeilen ersichtlich, versucht die Stoßwelle, gegen die hereinstürzende Materie (Geschwindigkeitspfeile nach innen) anzulaufen.

Natürlich besteht Kernmaterie, die sich im Innersten bildet, weiterhin aus Nukleonen, und diese sind Fermionen, die dem Pauli-Prinzip genügen. Dies bedeutet, dass man gleichartige Nukleonen (Protonen oder Neutronen mit dem gleichen Spin) nicht beliebig nah zusammendrücken kann; ihre Wechselwirkung bei kleinen Abständen ist stark repulsiv. Durch diese Verhärtung wird der Kollaps im Zentrum aufgehalten. Durch Experimente, in denen man schwere Kerne bei hoher Energie aufeinander schießt, um so die Kerne kurzzeitig zu komprimieren, hat man bestimmt, wie stark sich Kernmaterie über den Gleichgewichtswert zusammendrücken lässt. Angeleitet von diesen Resultaten geht man davon aus, dass der innere Core bis zu etwa dem Doppelten des Gleichgewichtswertes am Ende des Kollaps komprimiert wird. Dann reagiert Kernmaterie ähnlich einer überspannten Feder und schnellt zurück (Rückprall oder „bounce"). Das Zurückschnellen erzeugt am Rand des homologen Cores eine Stoßwelle, die sich nach außen bewegt, was durch die nach außen gerichteten Geschwindigkeitspfeile in der Abbildung 5.20 am Rande des innersten Bereichs, der aus Kernmaterie besteht und gestoppt ist, angedeutet ist. Die Hülle des Eisencores stürzt allerdings unvermindert zusammen. Will die Stoßwelle den Stern zu einer Explosion bringen, um mit der Beobachtung in Einklang zu sein, so muss sie diese Hülle durchlaufen und als rettendes Ufer den Bereich des Siliziumbrennens erreichen, um dieses weiter anzufachen und neue Energie freizusetzen. Um dies zu schaffen, muss die Stoßwelle genügend Energie besitzen, um das kollabierende Material zu stoppen. Dies reicht allerdings nicht, wie wir nun anhand der Abbildungen 5.21 und 5.22 diskutieren, die das Schicksal der Stoßwelle in einer eindimensionalen

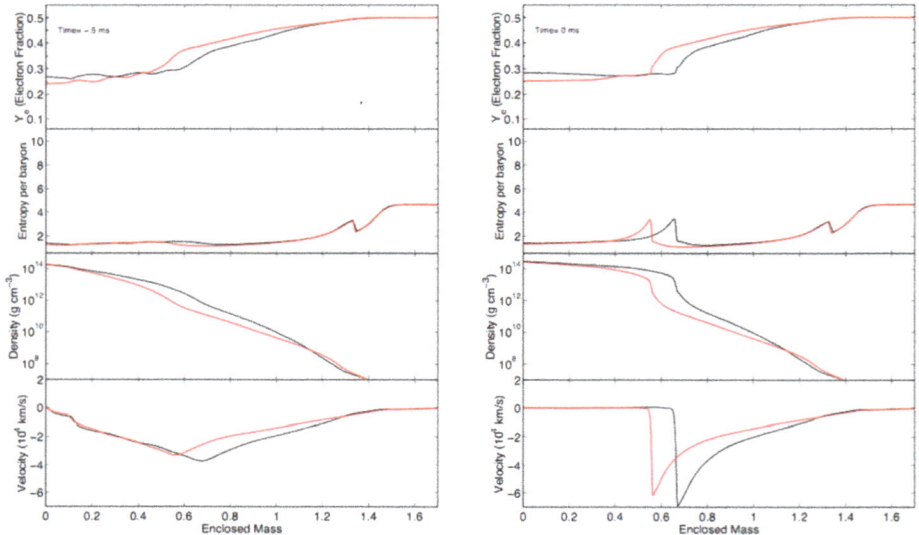

**Abb. 5.21:** Ergebnisse einer eindimensionalen Supernova-Simulation mit den modernen Elektroneneinfangraten an Kernen (rot) und ohne Berücksichtigung des Einfangs an schweren Kernen (schwarz). Das linke Bild beschreibt die Situation 5 Millisekunden vor dem Rückprall, das rechte zur Zeit des Rückpralls ($t = 0$). Die Abbildungen zeigen jeweils von oben nach unten die Profile des Elektron-zu-Nukleon-Verhältnisses, der Entropie, der Dichte und der Geschwindigkeit als Funktion der eingeschlossenen Masse. Die Siliziumbrennschale liegt etwa bei der Masse 1,3 $M_\odot$. Die Berücksichtigung des Elektroneneinfangs an schweren Kernen verschiebt den Rand des homologen Cores zu kleineren Massen.

Supernova-Simulation, d. h. unter der vereinfachten Annahme von Kugelsymmetrie, im Detail zeigt. Die Abbildung 5.21 zeigt Schnitte des Elektron-zu-Nukleon-Verhältnisses, der Entropie, der Dichte und der Geschwindigkeit der Materie durch den Eisencore kurz vor (links) und am Moment des Rückpralls (rechts), die Abbildung 5.22 zeigt die gleichen Größen zu zwei Zeitpunkten kurz danach. Vor dem Rückprall finden wir das erwartete Bild: Der $Y_e$-Wert nimmt kontinuierlich zum Zentrum hin ab, die Dichte nimmt zu. Der gesamte Eisencore kollabiert, dementsprechend ist die Geschwindigkeit überall negativ, d. h. nach innen gerichtet. Die Entropie ist niedrig, und fast konstant. Am Rand des Eisencores bei etwa $1,3\,M_\odot$ liegt die Siliziumbrennschale, deshalb steigt die Entropie in diesem Bereich an. Dort verschwindet auch die Geschwindigkeit, weil das Siliziumbrennen die Schale im hydrostatischen Gleichgewicht hält. Man sieht hier schön, dass der Bereich des Sterns außerhalb des Eisencores von dem spektakulären Schicksal des Inneren bislang nichts mitbekommt. Der Moment des Rückpralls, den wir in diesen Abbildungen als Zeit $t = 0$ definiert haben, ist daran zu erkennen, dass die Materie im inneren homologen Core gestoppt ist, ihre Geschwindigkeit ist zu null geworden. Außerhalb des homologen Cores kollabiert die Hülle, deren Geschwindigkeit weiterhin negativ ist. Am Rand des gestoppten Cores bildet sich ein markanter Dichtegradient und die Entropie wächst an, was daran liegt, dass die Temperatur in diesem Bereich steigt, mit entscheidenden Konsequenzen. Die beobachteten Tendenzen verstärken sich eine

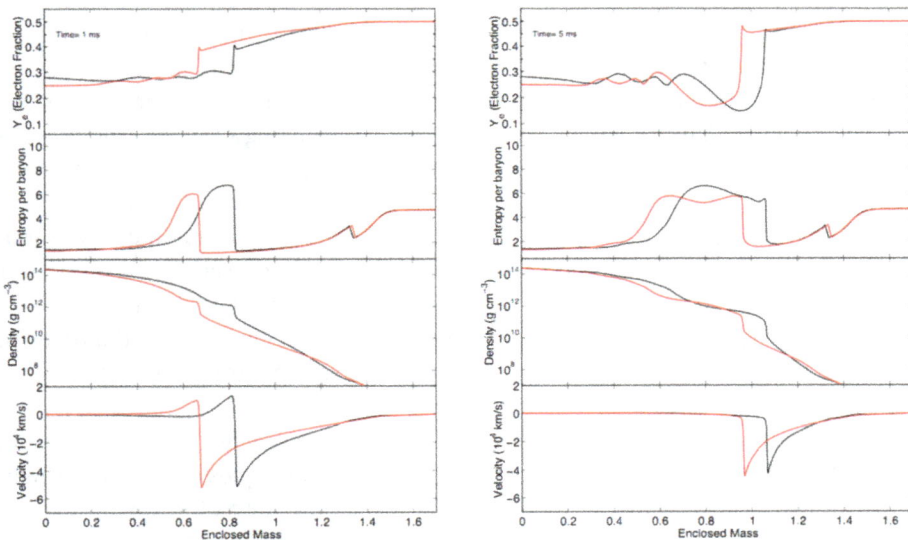

**Abb. 5.22:** Analoge Darstellung zur Abbildung 5.21, aber zu zwei späteren Zeitpunkten. Nach einer Millisekunde (links) versucht die Stoßwelle den äußeren Core zu durchlaufen. Allerdings reicht die Energie der Welle nicht aus, da sie durch Dissoziation der Materie in freie Protonen und Neutronen und durch den Neutrinoburst Energie verliert. Nach 5 Millisekunden stagniert die Stoßwelle im Core ungefähr bei einem Radius von 180 km.

Millisekunde später (linker Teil der Abbildung 5.22). Die Geschwindigkeit oberhalb des Randes wird positiv, die Materie dort ist nicht nur gestoppt, sie bewegt sich nach außen: Die Stoßwelle versucht, den Eisencore zu durchlaufen. Die Entropie wächst drastisch. In der Tat wird die Materie, die von der Stoßwelle durchdrungen wird, extrem heiß, etwa $10^{11}$ K. Die thermische Energie erreicht also Werte von ungefähr 10 MeV. Dies ist mehr als die Bindungsenergie von Nukleonen in Kernen. Als Konsequenz werden die Kerne in ihre nuklearen Bestandteile, freie Protonen und Neutronen, zerlegt. Dies kostet der Stoßwelle sehr viel Energie, die sie eigentlich bräuchte, um die kollabierende Hülle des Eisencores zu durchlaufen. In der Tat, die Stoßwelle besitzt am Start etwa genug Energie, um eine halbe Sonnenmasse von Kernen zu dissoziieren. Sie müsste allerdings mehr als $0,8\,M_\odot$ Materie dissoziieren, um bis zum rettenden Bereich des Siliziumbrennens zu kommen. Zu allem Unglück kommt noch ein weiterer Prozess hinzu, der der Stoßwelle Energie entzieht. Bevor die Stoßwelle die Materie in freie Nukleonen zerlegte, hatten schwere Kerne den Kollaps überlebt, dazu für jedes Proton in den Kernen ein Elektron. Elektroneneinfang an Kernen reduzierte die Anzahl der Elektronen, die von Protonen in den Kernen eingefangen wurden. Hierzu mussten die Elektronen den $Q$-Wert zwischen Mutter- und Tochterkern überwinden. Dieser beträgt 4,2 MeV für $^{56}$Fe, für die neutronenreichen Kerne, die aufgrund des kontinuierlichen Einfangs die Komposition im kollabierenden Core dominieren, ist der $Q$-Wert noch höher, 10 MeV und größer. Nun aber plötzlich besteht die dissoziierte Materie aus freien Protonen und Neutronen. Der $Q$-Wert für Elektroneneinfang an freien Protonen ist nur 1,29 MeV, also viel kleiner als für die vorher existierenden Kerne. Diesen kleineren $Q$-Wert können die Elektronen viel leichter überkommen; die Elektroneneinfangrate, die von einer hohen Potenz von $Q$ abhängt, explodiert förmlich. Es kommt zu einem Ausbruch an Neutrinos, produziert innerhalb weniger Millisekunden, durch den Elektroneneinfang an freien Protonen. Die Materie wird extrem neutronenreich, wie man an der Reduktion des $Y_e$-Wertes sieht. Die Neutrinos tragen aber sehr viel Energie aus dem Core fort, was der Stoßwelle weiteren dringend benötigten „Schwung" nimmt. Sie schafft es nicht durch den äusseren Eisencore und wird bei einem Radius von etwa 100 km gestoppt. Nach Innen hinterlässt sie einen extrem heißen Bereich, der hauptsächlich durch Neutrinos kühlt. Die Situation, nachdem die Stoßwelle ihre Energie durch Dissoziation der Kerne und durch den Neutrinoblitz verloren hat, ist in unserem vierten Schnappschuss (Abbildung 5.23) festgehalten.

Lange Zeit hatte man geglaubt, dass die Stoßwelle ausreichend Energie besäße, um den Rest des Eisencores zu durchlaufen und so den Stern zur Explosion zu bringen. Man nennt diesen Supernova-Mechanismus „prompte Explosion". Heute weiß man aufgrund verbesserter Simulationen und nuklearer Daten, dass die Explosion nicht so funktioniert. Die Stoßwelle stagniert im äußeren Bereich des Eisencores, dessen Rand weiterhin kollabiert, sodass Material auf den Bereich, in dem die Stoßwelle ausgelaufen ist, weiterhin einfällt. Die Stoßwelle hat allerdings die Region, die sie durchquert hat, sehr stark aufgeheizt. Auch die Materie in dem innersten Bereich, an deren Rand die Stoßwelle gestartet ist, hat enorme Temperaturen, erzeugt durch die gewaltige gravitative Kontrak-

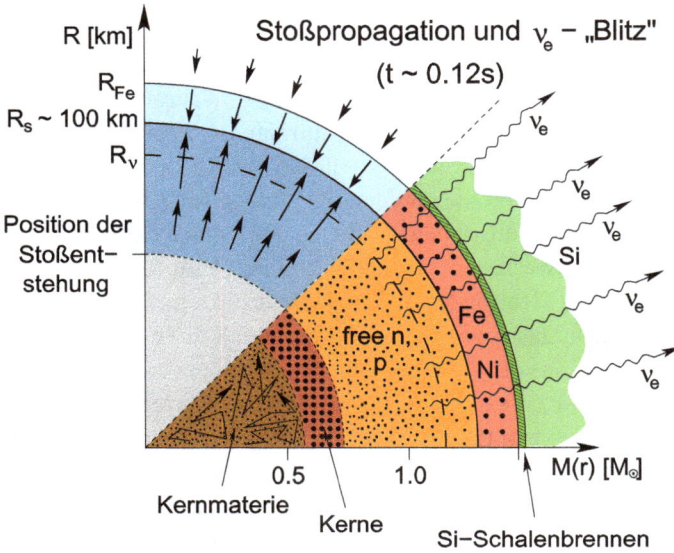

**Abb. 5.23:** Ein paar Millisekunden nach Bildung der Stoßwelle (Abbildung 5.20) hat diese etwa die Hälfte der durchlaufenen Materie in freie Protonen und Neutronen zerlegt. Es kommt zu einem schnellen Elektroneneinfang an den freien Protonen, der sich durch einen Blitz an Elektron-Neutrinos bemerkbar macht. Zwischen der Position der Stoßwelle und der Siliziumbrennschale befinden sich noch Teile des ursprünglichen Eisencores. Der innerste Bereich besteht aus heißer Kernmaterie, in der die Neutrinos noch gefangen sind.

tion, bei der eine riesige Menge an gravitativer Energie freigesetzt wurde. Man schätzt, dass die Temperaturen im Zentrum bis zu 200 MeV ansteigen können; dies sind ähnliche Temperaturen, wie sie in der Frühphase des Urknalls bevor Beginn der primordialen Nukleosynthese vorgeherrscht haben. Die heißen Regionen möchten ihre Energie möglichst schnell loswerden. Am besten gelingt dies wieder durch Neutrino-Emission, wobei in unterschiedlichen Prozessen Neutrinopaare aller Familien erzeugt werden. Den inneren Bereichen mit sehr hoher Dichte können die Neutrinos nicht ungehindert verlassen. Hier vollführen sie einen Prozess, der dem Strahlungstransport in Sternen ähnelt: Neutrinos werden erzeugt, legen eine bestimmte Wegstrecke, die von der Dichte abhängt, zurück und werden von der Materie absorbiert. Dieser Prozess wiederholt sich mehrere Male, bis die Neutrinos Regionen von Dichten der Größenordnung einiger $10^{11}$ g/cm$^3$ erreichen, von wo sie den Stern ziemlich ungehindert verlassen können und diesem ihre Energie entziehen. Die Dichten, an denen dies geschieht, sind die Gleichen, an denen während des Kollaps der Neutrino-Einfang einsetzte. Im Durchschnitt schätzt man, dass sich das Wechselspiel Erzeugung-Absorption der Neutrinos etwa zehnmal wiederholt, bevor sie diese „niedrigen Dichten" erreichen, um dem Stern zu entkommen. Im Mittel ist die Neutrinobewegung nach außen, entlang des Temperaturgradienten, gerichtet, sodass die Neutrinos sukzessive, entsprechend der Umgebungstemperatur, mit geringeren Energien erzeugt werden. So haben Neutrinos, die im Zentrum erzeugt wurden, Energie von bis zu 200 MeV, während die mittlere Energie der Neutrinos, die den Stern verlassen können, von der Größenordnung 10–15 MeV ist. Während Myon- und Tau-Neutrinos mit der Materie im Core nur durch den „neutralen Strom" wechselwirken können, weil ihre Energie von der Größenordnung 10–15 MeV nicht ausreicht, um Myonen mit einer Masse von 105 MeV oder Tau-Leptonen mit Massen von 3 GeV zu erzeugen, können Elektron-Neutrinos auch durch den geladenen Stromanteil der schwachen Wechselwirkung mit der Materie wechselwirken. Dies geschieht hauptsächlich durch die Absorptionsprozesse, bei dem Elektron-Neutrinos an Neutronen und die Elektron-Antineutrinos an Protonen eingefangen werden, im Wettstreit mit ihren inversen Prozessen.[5] Da die Materie im Core, aus dem sich die Neutrinos entkoppeln wollen, mehr Neutronen als Protonen enthält, fällt die Entkopplung den Elektron-Neutrinos schwerer als ihren Antiteilchen. Sie können im Mittel erst bei einer kleineren Dichte, d. h. größerem Radius, den Stern verlassen. Da die Temperatur mit dem Radius abnimmt, haben die emittierten Elektron-Neutrinos im Mittel leicht kleinere Energien als ihre Antiteilchen; Myon- und Tau-Neutrinos haben noch etwas höhere Energien. In modernen Supernova-Simulationen sind diese Unterschiede allerdings deutlich kleiner geworden, als man vor Jahren annahm.

Der Neutrino-Transport durch sukzessive Erzeugung/Absorption führt dann zu einer lokalen Abkühlung, wenn die Rate in dieser Region für die Erzeugung größer ist als die Konkurrenz durch Neutrino-Absorption. Beide Prozesse hängen von hohen, aber unterschiedlichen Potenzen der Temperatur ab. Als Resultat ergibt sich, dass der innere Bereich Energie verliert, also gekühlt wird. Ab einer bestimmten Temperatur dreht sich allerdings die Gewichtung der beiden Prozessraten und es kommt zu einem Heizen durch Neutrinos. Dieser Bereich liegt außerhalb des Gebiets, das durch die Prozesse gekühlt wird. Übersetzt man diesen Übergang in einen Radius, so stellt man fest, dass dieser kleiner ist als der Radius, an dem die stagnierte Stoßwelle auslief. Aus offensichtlichen Gründen nennt man den Radius den „Gewinn-Radius" (gain radius). Er unterteilt die Regionen, in denen der Wettstreit von Neutrinoerzeugung und -absorption kühlt bzw. heizt. Diese Situation ist im Schnappschuss der Abbildung 5.24 festgehalten. Man stellt also fest, dass im Rücken der festgelaufenen Stoßwelle mit etwas Verzögerung Energie durch Neutrinos zugeführt wird. Dieser Energiegewinn kann die Stoßwelle wiederbeleben und im sogenannten „verzögerten Mechanismus" den Stern zur Explosion bringen. Es sei betont, dass die Neutrino-Wirkungsquerschnitte natürlich sehr klein sind, und so die Effizienz der Energiezufuhr nur durch die unglaublich große Zahl von Neutrinos, die bei einer Supernova erzeugt werden, ermöglicht wird.

Allerdings reicht die Energie nicht, die durch Neutrinos aus heißeren Bereichen hinter die Stoßwelle gebracht wird, um dieser in modernen Simulationen unter der verein-

---

5 Durch die Paritätsbrechung in der schwachen Wechselwirkung können Neutronen nur Elektron-Neutrinos, aber nicht deren Antiteilchen absorbieren. Für Protonen ist es umgekehrt.

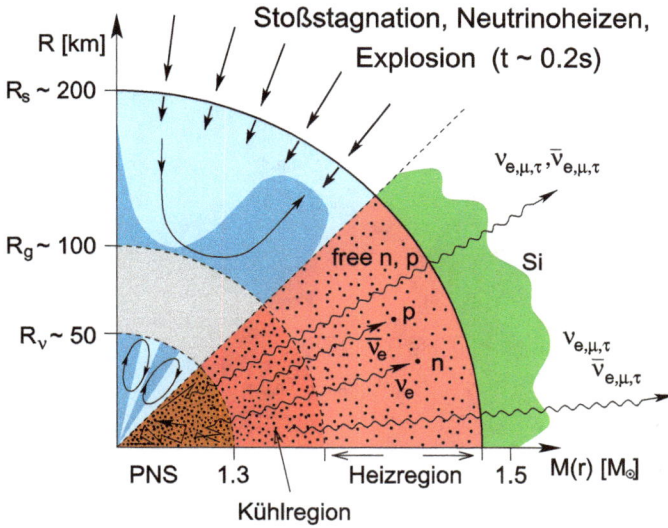

**Abb. 5.24:** Etwa 100 Millisekunden nach dem Rückprall stagniert die Stoßwelle bei einem Radius von etwa 200 km. Die Materie hinter der Stoßwelle ist sehr heiß und versucht, durch Neutrino-Paarbildung zu kühlen. Die $\nu_e$ und $\bar{\nu}_e$ Neutrinos können allerdings auch von den freien Nukleonen absorbiert werden. Wegen der unterschiedlichen Temperaturabhängigkeiten der Prozesse entsteht eine Region innen, in der die Materie durch Neutrinoverluste gekühlt wird, während die Neutrinos eine äußere Region heizen. Die Bereiche sind durch den „gain radius" getrennt, der etwa bei 100 km liegt. Es kommt somit effektiv zu einem Energietransport hinter die Stoßwelle, der diese „wiederbelebt". Verstärkt wird der Energietransport noch durch starke konvektive Strömungen in der Heizregion. Auch das Zentrum ist stark konvektiv. Hier bildet sich der künftige Neutronenstern heraus (Proto-Neutronenstern PNS).

fachten Annahme von Kugelsymmetrie genügend Energie zu verleihen, um den Stern zur Explosion zu bringen. Dies sieht man auch in der Abbildung 5.22, wo in der zugrunde liegenden Rechnung dieser Effekt des Energietransports durch Neutrinos berücksichtigt worden ist. Die Abbildung 5.24 deutet die Lösung des Problems an. Der Energietransport in einigen Regionen führt zu stark konvektivem Verhalten. Dies betrifft vor allem den innersten Bereich, aus dem der Neutronenstern hervorgehen wird, und die Region hinter der Stoßwelle, die durch die Neutrinos geheizt wird. Hier bringt Konvektion „kalte" Materie aus dem Bereich der stagnierenden Stoßwelle in Bereiche mit deutlich höherer Temperatur, wo die Materie aufgeheizt wird, und „heiße" Materie in den Bereich der Stoßwelle, sodass Konvektion die Wiederbelebung der Stoßwelle stark unterstützt. Dieser Mechanismus wird auch in zwei- und dreidimensionalen Supernova-Simulationen bestätigt. Diese Simulationen ergeben auch erfolgreiche Explosionen, wobei Plasmainstabilitäten die Explosion zusätzlich unterstützen. Solche multidimensionalen Simulationen sind erst in den letzten Jahren möglich geworden und verlangen ausgiebige Rechenzeiten auf modernen Supercomputern.

Abbildung 5.25 zeigt eine schematische Darstellung einer Explosion, etwa 10 Sekunden nach dem Beginn des Kollaps. Im Innersten bildet sich als Überbleibsel der

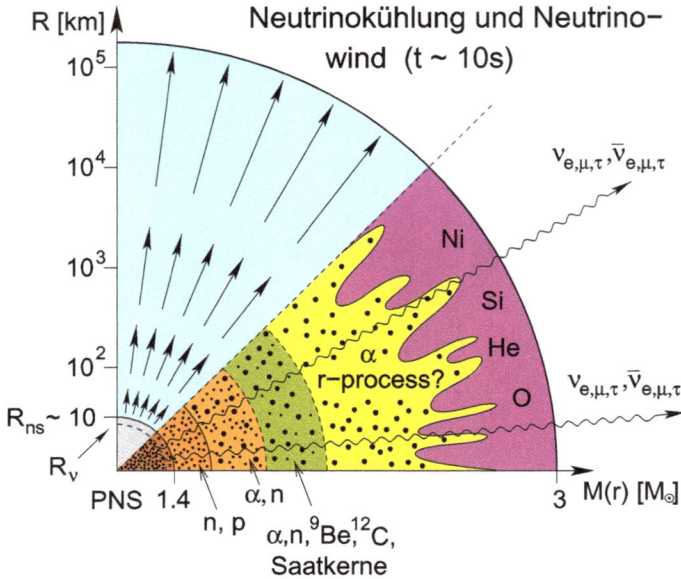

**Abb. 5.25:** Erfolgreiche Explosion, dargestellt auf einer größeren Skala, die auch die Siliziumschicht umfasst. Im Inneren befindet sich der Proto-Neutronenstern, der durch Neutrino-Paarbildung abkühlt. Von der Oberfläche wird dabei Material abgelöst, das sich mit hoher Geschwindigkeit nach außen bewegt und dabei in kühlere Regionen kommt (Neutrino-getriebener Wind). In der Nähe der Neutronenstern-Oberfläche ist es extrem heiß, sodass dort nur freie Protonen und Neutronen existieren. Wenn diese in kühlere Regionen kommen, können sie sich zu Kernen zusammenfügen. Das Ergebnis dieser Nukleosynthese hängt hauptsächlich vom Proton-zu-Nukleon-Verhältnis ab, das durch Neutrino-Prozesse an den freien Nukleonen in der Nähe der Neutronenstern-Oberfläche bestimmt wird. Lange glaubte man, dass so die schweren Elemente durch den R-Prozess entstehen. Durch moderne mehrdimensionale Simulationen erscheint dies sehr zweifelhaft.

Explosion der zukünftige Neutronenstern. Dieser Bereich ist noch extrem heiß und versucht, seine Energie durch Neutrino-Emission abzugeben. Der Radius der Neutrinokugel, von wo aus Neutrinos den Stern ungestört verlassen können, liegt nun innerhalb des Proto-Neutronensterns, wie der heiße zukünftige Neutronenstern allgemein in dieser Frühphase genannt wird. Der Hauptmechanismus der Neutrino-Produktion ist Paarerzeugung. Dies ist für alle Neutrino-Familien möglich und gleich wahrscheinlich. Durch Wechselwirkung der Neutrinos mit der Umgebung, wie oben beschrieben, kommt es allerdings zu der leichten Hierarchie in den mittleren Neutrino-Energien, wobei die Elektron-Neutrinos die geringsten Durchschnittsenergien haben. Der Radius des Proto-Neutronensterns liegt bei etwa 10 km, seine Masse bei ungefähr $1{,}4\,M_\odot$ und ist etwas größer, als die Masse ein paar Sekunden vorher war (Abbildung 5.24). Dies liegt daran, dass nicht alle Masse des Eisencores der enormen gravitativen Anziehung des Sterns entgehen kann; ein Teil fällt nach dem Rückprall auf den Proto-Neutronenstern zurück, sodass dessen Masse während der Explosion wächst. Die Materie oberhalb des Randes

des Proto-Neutronensterns ist von der Stoßwelle in freie Nukleonen dissoziiert worden. Diese werden bei der Explosion nach außen geschleudert, wobei sie in kältere Bereiche kommen, in denen sie sich wieder zu Kernen zusammensetzen. Welche Kerne entstehen, hängt sehr stark von dem Verhältnis von Protonen zu Nukleonen ab, das wiederum, wie wir noch sehen werden, von den Luminositäten und Energien der Elektron-Neutrinos und -Antineutrinos bestimmt wird. Bei der Explosion werden auch Teile der äußeren Hülle des Sterns (Bereiche des Silizium-, Sauerstoff-, bis hin zum Kohlenstoffschalenbrennen) kurzfristig durch die Stoßwelle während der Explosion aufgeheizt. Die Erhöhung der Temperatur beschleunigt die Kernreaktionen, die in diesen Bereichen ablaufen. Man nennt dies „explosive Nukleosynthese", die durchaus die während des hydrostatischen Brennens produzierten Häufigkeiten verändern kann.

### 5.3.4 Heller als Milliarden Sonnen: die Supernova-Lichtkurve

Viele dieser hier kurz angerissenen Punkte verdienen es, etwas mehr im Detail betrachtet zu werden. Beginnen wir mit der Beobachtung, dass der Proto-Neutronenstern anscheinend massereicher ist als der ursprüngliche nach dem Siliziumbrennen entstandene Eisencore, wie man durch einen Vergleich der Abbildungen 5.14 mit 5.25 sieht. Dies bedeutet, dass sich jetzt Materie aus der ursprünglichen Siliziumschale, vielleicht auch aus der Sauerstoffschale, zum zukünftigen Neutronenstern hinzugefügt hat, was im Umkehrschluss bedeutet, dass die Materie, die bei der Explosion hinausgeschleudert wird, nur einen Teil dieser Schalen enthält. Man hat dies durch Einführung eines Masse-Radius charakterisiert, genannt „Massenschnitt" (mass cut), der bei Rechnungen mit angenommener Kugelsymmetrie zwischen den Bereichen unterscheidet, die zum Neutronenstern werden, und denen, die ejektiert werden. Der Massenschnitt wurde also irgendwo im Bereich der Silizium- und Sauerstoffschalen in der Sternenhülle verortet. Ein guter Teil der Materie jenseits des Massenschnitts wird noch von der Stoßwelle soweit aufgeheizt, dass chemisches Gleichgewicht erreicht und die Materie in ein Nukleares Statistisches Gleichgewicht gebracht wird. Da die Materie in der Silizium- und Sauerstoffschale hauptsächlich aus Kernen besteht, die eine gleiche Anzahl an Protonen und Neutronen besitzen ($Y_e = 0{,}5$), werden diese Kerne als Konsequenz des Heizens durch die Stoßwelle in $^{56}Ni$ verwandelt, dem am stärksten gebundenen Kern mit gleicher Protonen- und Neutronenzahl. So entsteht eine bedeutende Menge an $^{56}Ni$, etwa $0{,}1\,M_\odot$, die bei der Explosion in den Weltraum geschleudert wird. $^{56}Ni$ ist ein instabiler Kern, der in atomarer Form durch Einfang eines Elektrons zumeist aus seiner K-Schale mit einer Halbwertszeit von 6,8 Tagen in $^{56}Mn$ zerfällt. Auch $^{56}Mn$ ist instabil und wandelt sich, wieder durch Elektroneneinfang, mit einer Halbwertszeit von 56 Tagen in das stabile $^{56}Fe$ um. Diese Zerfallskette speist in den ersten Hunderten von Tagen die Lichtkurve, d. h. die optische Leuchtkraft, einer Supernova. In der Tat ist das mit diesen Halbwertszeiten korrelierte exponentielle Abklingen der Leuchtkurve von der Supernova SN1987a bestätigt worden (siehe Abbildung 5.12). In den ersten Tagen nach der Explosion ist die direkte Umgebung der Supernova noch stark von Staubteilchen umgeben, die ein Durchdringen der Photonen verhindern. Die Supernova muss sich also durch Expansion erst genug verdünnt haben, um die Photonen aus dem $^{56}$Ni-Zerfall sichtbar werden zu lassen. Deshalb wächst die Lichtkurve in den ersten Tagen an, und nimmt dann exponentiell ab, wobei die Abklingzeit durch die Halbwertzeit des dominanten Zerfalls bestimmt ist. Nachdem die beiden Zerfälle von $^{56}$Ni nach $^{56}$Fe abgeklungen sind (nach 10 Halbwertszeiten, also etwa 560 Tagen, sind 99,9 % des ursprünglichen $^{56}$Ni-Vorrats in $^{56}$Fe zerfallen), sodass nun instabile Kerne, die in weitaus geringerer Menge produziert worden sind, die aber deutlich längere Halbwertszeiten haben, die Lichtkurve dominieren. Dies ist zunächst $^{57}$Co, gefolgt von $^{44}$Ti, das eine Halbwertszeit von ungefähr 60 Jahren hat. Es sei betont, dass das Nickel, das die Lichtkurve durch seinen zweistufigen Prozess antreibt, nicht identisch ist mit dem Nickel, das sich im Eisencore nach dem Siliziumbrennen ansammelt, sondern erst während der Explosion synthesiert wird. Natürlich ist das skizzierte Bild etwas komplizierter in multidimensionalen Simulationen. Hier gibt es keinen wohldefinierten Massenschnitt, sondern Konvektion mischt die Materie über den imaginären Massenschnitt. Der Ursprung der Lichtkurve bleibt durch diese verbesserten Rechnungen unverändert, wobei die Konvektion allerdings für die Menge an $^{56}$Ni und der anderen instabilen Kerne wichtig ist.

Dank seiner relativ langen Halbwertszeit von etwa 60 Jahren ist es möglich, den Zerfall von $^{44}$Ti noch in Supernovae nachzuweisen, die vor wenigen Jahrhunderten explodiert sind. Dies gelingt durch Beobachtung eines bestimmten Energieübergangs in $^{44}$Ca, dem Endprodukt des Zerfalls von $^{44}$Ti, bei dem ein Photon mit einer wohldefinierten Energie von 1,15 MeV ausgesandt wird, das wiederum von Satelliten mit Gammadetektoren an Bord wie Integral der ESA nachgewiesen werden kann. Zum ersten Mal gelang dies 1994 mit dem COMPTEL-Instrument an Bord des Compton Gamma-Ray Observatory, das die Gammalinie des $^{44}$Ti-Zerfalls im Supernova-Rest von Cassiopeia A detektierte. Der optische Ausbruch der Cassiopeia-Supernova war anscheinend nicht von Zeitgenossen beobachtet worden, da er durch eine Staubwolke verdeckt wurde, er kann aber heute auf etwa das Jahr 1670 datiert werden. Häufig wird spekuliert, dass der von Flamsteed 1680 katalogisierte neue Stern in dem Sternbild diese Supernova gewesen sein könnte; womit die Verbindung von beobachtbaren Supernovae mit berühmten Astronomen wieder hergestellt worden wäre. Aus der Bestimmung der Intensität der beobachteten Gammalinie sowie der bekannten Halbwertszeit kann rückgeschlossen werden, dass etwas mehr als $10^{-4}$ Sonnenmassen an $^{44}$Ti in der Explosion produziert wurden. Wie schon in der Diskussion der molekularen Wolken im letzten Kapitel angesprochen, strahlen heiße Gase Photonen im Röntgenenergiebereich aus, die bei Elementen durch Übergänge in der Elektronenhülle erzeugt werden. Die dabei entstehende Röntgenstrahlung ist für die unterschiedlichen Elemente verschieden. Das Chandra-Röntgenobservatorium der NASA kann diese elementspezifischen Fingerabdrücke eindeutig identifizieren und somit auch Informationen zur Produktion und der Verteilung von Elementen in Supernova-Überresten wie Cassiopeia liefern (siehe Abbildung 5.26).

**Abb. 5.26:** (links) Chandra-Röntgenteleskop der NASA; (rechts) räumliche Verteilung der in der Cassio-peia-Supernova produzierten Elemente, identifiziert durch ihre charakteristischen Röntgenlinien: Eisen (orange), Sauerstoff (purpur), Silizium (grün) und Titan (hellblau); ein Teil des Titans liegt in Form des instabilen Isotops $^{44}$Ti vor, dessen Zerfall vom Compton Gamma-Ray Observatory nachgewiesen wurde. Die Beobachtungen wurden hauptsächlich durch das Chandra-Röntgenobservatorium der NASA gemacht.

## 5.3.5 Supernovae strahlen in Neutrinos

Bei einer Supernova-Explosion werden in der Größenordnung $10^{53}$ erg oder fast $10^{59}$ MeV an gravitativer Bindungsenergie freigesetzt, gewonnen dadurch, dass sich etwa 1,5 Solarmassen an Materie von einer Kugel mit ungefähr dem Erdradius auf ein kompaktes Objekt mit einem Radius von 10 km verdichten. Aber nur ungefähr ein Prozent der freigesetzten Energie wird durch die kinetische Energie der herausgeschleuderten Materie fortgetragen, die bei der Explosion mit Geschwindigkeiten der Größenordnung von 10000 km/s in das Weltall geschleudert wird, wie man aus der Doppler-Verschiebung von beobachteten Spektrallinien weiß. Die optische Energie, die in der Lichtkurve steckt, und die für einige Wochen eine ganze Galaxie überstrahlen kann, entspricht nur einem Promille der freigesetzten Energie; sie beträgt allerdings den größten Teil der in Form von Photonen emittierten Energie (Strahlungsenergie). Strahlungsenergie und kinetische Energie summieren sich zur Explosionsenergie der Supernova, die von der Größenordnung $10^{51}$ erg ist und für die nun eine eigene Einheit, 1 Bethe (abgekürzt 1 B) zu Ehren von Hans Bethe für seine vielen Beiträge zum Verständnis von Supernovae eingeführt wurde. Die Hauptmenge (99 %) der Energie wird in einer Supernova-Explosion in der Form von Neutrinos abgestrahlt. Dies geschieht zum einen durch den Elektron-Neutrino-Blitz (neutrino burst), der zwar nur wenige Millisekunden dauert, aber in seiner Spitze eine Leuchtkraft von einigen $10^{53}$ erg/s erreicht. Der größte Teil der Energie wird zum anderen in fast gleichen Portionen durch die 6 Neutrinotypen in den ersten Sekunden nach der Explosion fortgetragen. Diese Neutrinos werden durch verschiedene Prozesse jeweils als Neutrino-Antineutrino-Paare im heißen Proto-Neutronenstern produziert. Ihre Luminosität nimmt exponentiell mit der Zeit ab, sodass der Großteil der Energie in den ersten 10 Sekunden nach dem Start der Explosion abgestrahlt wird. In den ersten 5 Sekunden haben Elektron-Neutrinos eine mittlere Energie von etwa 11 MeV, die Energien, der anderen Neutrinotypen ist wegen der geringeren Opazität der umgebenden Materie für diese Neutrinoarten wenige MeV größer.

Nimmt man vereinfachend an, dass die Supernova-Neutrinos eine Energie von 10 MeV besitzen, so werden bei einer Supernova-Explosion in der Größenordnung $10^{58}$ Neutrinos produziert. Dies ist eine riesige Zahl. Nur aufgrund dieser ungeheuren Menge ist es bei den sehr kleinen Wirkungsquerschnitten, die Neutrinos mit Materie haben, möglich, diese nachzuweisen. Genau dies geschah im Februar 1987, als Neutrinos, die 160000 Jahre vorher bei einer Supernova-Explosion in der Großen Magellan'schen Wolke emittiert wurden und sich von dort auf ihren Weg zur Erde machten, in den Kamiokande- und IMB-Detektoren registriert wurden (siehe Abbildung 5.12). Dies sind große Wassertanks, die Neutrinos durch den Nachweis von Cherenkov-Strahlung anzeigen. Cherenkov-Strahlung entsteht, wenn sich ein relativistisches Teilchen schneller bewegt als die Lichtgeschwindigkeit im Medium (Abbildung 5.27); diese beträgt im Wasser ungefähr 225000 km/s, ist also etwa um 25 % geringer als im Vakuum. Der Hauptprozess, mit dem Neutrinos mit Energien der Größenordnung von 10 MeV im Wasser Teilchen erzeugen können, die sich dann dort mit relativistischen Geschwindigkeiten schneller als Licht bewegen, ist die Absorption von Elektron-Antineutrinos an den Protonen im Wassermolekül. Hierbei entsteht ein Positron, das sich dann schnell genug bewegt, um Cherenkov-Strahlung zu erzeugen, die durch Photonenverstärker am Detektorrand nachgewiesen wird. Die Sensitivität der Detektoren reichte allerdings nur aus, um (Anti-)Neutrinos mit einer minimalen Energie von etwa 5 MeV nachzuweisen. Die anderen Neutrinoarten können im Prinzip durch ihre Wechselwirkung mit den Elektronen im Wassermolekül nachgewiesen werden (wobei Elektron-Neutrinos einen deutlich

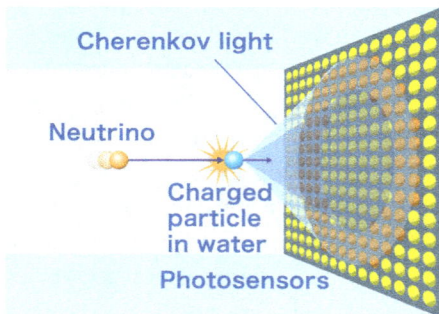

**Abb. 5.27:** Bewegt sich ein relativistisches Teilchen in einem Medium schneller als die Lichtgeschwindigkeit in diesem Medium, so kommt es zur Abstrahlung von charakteristischem Licht, der sogenannten Cherenkov-Strahlung. Dieser Effekt wird zum Nachweis von Neutrinos benutzt, wobei das Medium ultrareines Wasser ist. Das Licht wird von vielen Tausend Photosensoren aufgefangen und verstärkt. Die Beobachtung der Neutrinos von der Supernova SN1987a basierte wahrscheinlich auf der Absorption von Elektron-Antineutrinos durch Protonen im Wassermolekül, wobei relativistische Positronen entstehen, die das Cherenkov-Licht erzeugen. Aus der Bewegungsrichtung der Positronen kann man auf die ursprüngliche Richtung der Neutrinos schließen. Die Detektoren sind also richtungssensitiv, was zum Nachweis der solaren Neutrinos durch den Kamiokande-Detektor ausgenutzt wurde (siehe Kapitel 4).

höheren Wirkungsquerschnitt haben als die vier Myon- und Tau-Neutrinoarten). Der Wirkungsquerschnitt ist allerdings kleiner als der für die Absorption an Protonen, sodass man im Allgemeinen davon ausgeht, dass nur Elektron-Antineutrinos von der Supernova 1987a beobachtet wurden.

Der IMB-Detektor ist inzwischen abgeschaltet. Der Kamiokande-Detektor hatte das gegenteilige Schicksal. Nach einer deutlichen Vergrößerung und mehrfach verbesserter Technologie ist er bereit, Neutrinosignale einer zukünftiger Supernova zu registrieren, nun allerdings mit deutlich erhöhten Ereignisraten. SN1987a hätte in dem jetzigen Detektor zu mehreren Hundert Ereignissen geführt; eine Supernova im Zentrum der Milchstraße sogar zu mehreren Tausend. Die modernen Neutrino-Detektoren, wie Super-Kamiokande oder seine geplante noch größere Version Hyper-Kamiokande (Abbildung 5.28) mit einer Milliarde Liter reinstem Wasser haben noch andere wissenschaftliche Ziele als die Beobachtung von Supernova-Neutrinos. Zum Beispiel wird man mit Hyper-Kamiokande versuchen, den Grenzwert für die Lebensdauer des Protons weiter zu verschieben, oder wenn möglich, den Zerfall eines Protons nachzuweisen, um Türen zu Neuland in der Theorie der Elementarteilchen aufzustoßen. Super-Kamiokande hat schon eine breite Ernte wissenschaftlicher Erfolge eingefahren, darunter den ersten definitiven Beweis von Neutrino-Oszillationen (siehe Diskussion des solaren Neutrino-Puzzles), beobachtet an den sogenannten atmosphärischen Neutrinos, die initiiert durch Stöße von energetischen kosmischen Teilchen in unserer Atmosphäre gebildet

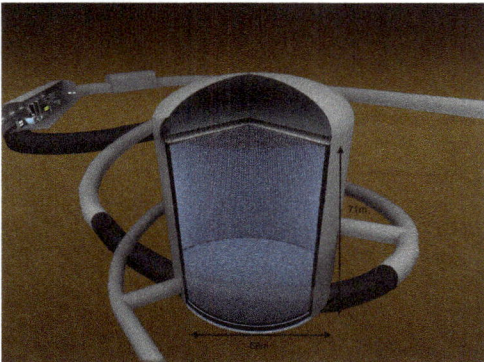

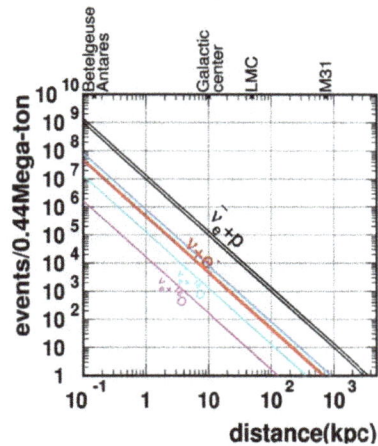

**Abb. 5.28:** (links) Zeichnung des zukünftigen Hyper-Kamiokande-Detektors, der sich derzeit in Japan im Bau befindet. (rechts) erwartete Ereignisraten für unterschiedliche Neutrinonachweisreaktionen im Hyper-Kamiokande-Detektor als Funktion des Abstands des astrophysikalischen Ereignisses (in Einheiten von Kiloparsec, wobei 1 Kiloparsec 3262 Lichtjahre entspricht). Am oberen Rand sind einige mögliche Supernova-Ereignisse eingezeichnet: die Explosion der bekannten Roten-Riesen-Sterne Beteigeuze und Antares und Explosionen im Zentrum der Milchstraße, in der Großen Magellan'schen Wolke oder in der Nachbargalaxie M31.

werden. Für diese Beobachtungen wurden die Arbeiten am Kamiokande-Detektor mit einem zweiten Nobelpreis ausgezeichnet. Neben Super-Kamiokande (und demnächst Hyper-Kamiokande) sind auch andere Detektoren bereit, Neutrinos von einer zukünftigen Explosion nachzuweisen. Darunter befinden sich Detektoren, die das Wasser im Mittelmeer (KM3NET) oder im Baikalsee (Baikal), oder das Eis des Südpols (ICE-CUBE) zum Nachweis von durch Neutrinos erzeugter Cherenkov-Strahlung benutzen. Weitere Detektoren basieren auf anderen Technologien und benutzten zum Beispiel flüssiges Argon (DUNE), flüssige Edelgase (Xenon, ArDM) oder Szintillationsmaterial (z. B. BOREXINO, KamLAND, JUNO, SNO+) als Nachweismaterial für Neutrinos. Die Motivation dieser Experimente liegt zumeist in der Erforschung anderer fundamentaler wissenschaftlicher Fragestellungen, wie der Suche nach Dunkler Materie, der Beobachtung des neutrinolosen doppelten Beta-Zerfalls oder der Vermessung von Neutrino-Eigenschaften, aber sie können eben auch Supernova-Neutrinos registrieren. Wenn also in hoffentlich nicht allzu langer Zukunft eine Supernova in unserer Milchstraße explodiert (leider passiert dies ja nur ein- bis zweimal im Jahrhundert), dann werden weltweit viele Detektoren bereit sein, die Neutrinos, die von diesem Ereignis erzeugt werden, im Detail zu vermessen. Man ist zuversichtlich, so eine erste Lichtkurve von Supernova-Neutrinos aufzuzeichnen, d. h. die zeitliche Emission von Neutrinos durch die Supernova zu verfolgen, beginnend mit den Elektron-Neutrinos aus dem Kollaps und dem Neutrino-Blitz bis zu den Neutrinos aller Neutrinoarten mit ihrem charakteristischen exponentiellen Zeitabfall in der Leuchtstärke, erzeugt durch das Kühlen des Proto-Neutronensterns. Dies sind aufregende Möglichkeiten. Nun muss nur noch ein Stern in unserer Nähe explodieren.

Mögliche Kandidaten für die nächste Supernova in unserer galaktischen Nachbarschaft sind in der Tabelle 5.2 zusammengestellt, wobei die Nachbarschaft nicht gerade

**Tab. 5.2:** Supernova-Kandidaten in unserer galaktischen Nachbarschaft. Hierbei handelt es sich um Rote Überriesen, was sich an ihren Radien $R$ leicht ersehen lässt, wenn man sie mit dem der Sonne (etwa $7 \cdot 10^8$ m) vergleicht. Der Abstand der Sterne ist in kpc (entsprechend 3262 Lichtjahre) angegeben. Das Zentrum der Milchstraße ist etwa 10 kpc von uns entfernt.

| Stern | Abstand (in kpc) | Radius (in $10^{11}$ m) |
|---|---|---|
| λ Velorum | 0,167 | 1,46 |
| Antares | 0,169 | 4,73 |
| ε Pegasi | 0,211 | 1,47 |
| Beteigeuze | 0,222 | 5,32 |
| Rigel | 0,264 | 0,494 |
| CE Tauri | 0,326 | 4,10 |
| Canis Major | 0,394 | 1,47 |
| VV Cephei | 0,599 | 5,42 |
| V809 Cassiopeia | 0,730 | 2,85 |
| Deneb | 0,802 | 1,41 |

um die nächste Ecke ist, sondern mit einem Abstand zwischen 500 und 2500 Lichtjahren etwas großzügiger gefasst ist. Die aufgeführten Sterne befinden sich alle im fortgeschrittenen Heliumbrennen und sind somit Rote Überriesen, was sich auch dadurch zeigt, dass ihre Radien mehrere Hundert Mal größer sind als der der Sonne. Leider lässt sich nicht vorhersagen, welcher dieser Sterne zur nächsten Supernova wird, und leider auch nicht, wann dies geschieht. Berücksichtigt man die Distanz zu diesen Sternen, so ist es durchaus denkbar, dass schon einer von ihnen explodiert ist, aber das Licht es noch nicht bis zu uns geschafft hat, um uns von diesem spektakulären Ereignis zu berichten.

### 5.3.6 Nuklide produziert durch Neutrinos

Die Stoßwelle braucht etwa eine Stunde, um die Oberfläche des Sterns zu erreichen, die Neutrinos nur eine Minute. Neutrinos durchqueren also einen Teil der äußeren Hülle, bevor die Stoßwelle diesen Bereich erreicht, und diese Neutrinos tragen so zu der Nukleosynthese einiger Isotopen bei. Dies geschieht dadurch, dass die Neutrinos genügend Energie besitzen, um Kerne zu dissoziieren, analog der Photodissoziation von $^{20}$Ne als Startreaktion des Neonbrennens. Von Bedeutung ist eine solche neutrinoinduzierte Spallation für die Nukleosynthese nur dann, wenn der Kern, aus dem Teilchen herausgeschlagen werden, eine große Häufigkeit in der äußeren Sternhülle hat, und das Isotop, das erzeugt werden soll, in der universellen Häufigkeitsverteilung der Kerne als Ergebnis der Historie der Nukleosynthese in der Geschichte der Galaxie eine deutlich geringere Häufigkeit hat als der Mutterkern; als Daumenregel schätzt man, dass die Tochter etwa tausendmal weniger häufig als die Mutter sein sollte. Das markanteste Beispiel für einen Kern, der durch diesen Prozess der Neutrino-Nukleosynthese gemacht wird, ist das Bor-Isotop $^{11}$B. Der Produktionsmechanismus ist die inelastische Streuung von Neutrinos an $^{12}$C, das bei diesem Prozess so hoch angeregt werden kann, dass ein Proton oder ein Neutron herausgeschlagen werden, sodass sich $^{12}$C in $^{11}$B oder $^{11}$C verwandelt (Abbildung 5.29), was anschließend durch Beta-Zerfall auch in $^{11}$B übergeht. Alle Neutrinoarten können inelastisch an Kernen streuen, aber der Wirkungsquerschnitt des Prozesses hängt von der Neutrinoenergie ab, sodass Myon- und Tau-Neutrinos und Antineutrinos in einer Supernova mit ihren etwas höheren mittleren Energien mehr zur Streuung beitragen. Ein weiteres Isotop, das durch Neutrino-Nukleosynthese erzeugt werden kann, ist $^{19}$F, in diesem Fall initiiert durch inelastische Streuung von Neutrinos an $^{20}$Ne. Zwei weitere recht seltene Isotope, $^{138}$La und $^{180}$Ta, sind auch Ergebnisse der Neutrino-Nukleosynthese, ihr Produktionsmechanismus ist allerdings anders als für $^{11}$B und $^{19}$F. Hier werden die Isotope durch Reaktionen mit Elektron-Neutrinos verursacht, die an den Kernen $^{138}$Ba und $^{180}$Hf einen „inversen Beta-Zerfall" (z. B. $^{180}$Hf $+ \nu_e \rightarrow {}^{180}$Ta $+ e^-$) hervorrufen. In geringerem Maße werden $^{138}$La und $^{180}$Ta auch durch inelastische Streuung an den Kernen $^{139}$La und $^{181}$Ta erzeugt, wobei das Neutrino aus dem Mutterkern ein Neutron herauslöst. Diese Reaktionen setzen eine vorhandene Häufigkeit an Mutterkernen voraus, die in frühe-

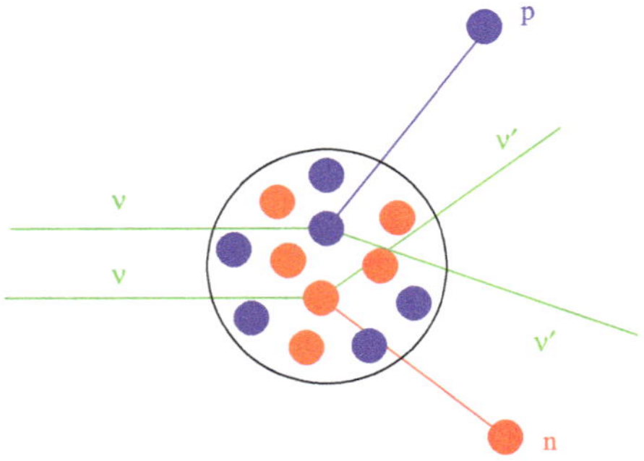

**Abb. 5.29:** Streut ein Supernova-Neutrino mit einem $^{12}$C-Kern, so kann es aus diesem ein Proton (blau) oder ein Neutron (rot) herausschlagen, wodurch sich der Kern entweder in $^{11}$B oder in $^{11}$C umwandelt. $^{11}$C ist ein instabiler Kern, der durch Beta-Zerfall zu $^{11}$B wird. Bei der Reaktion verlieren die Neutrinos Energie, was durch den Strich an den herauslaufenden Neutrinos angedeutet ist. Diese Neutrinoreaktionen mit $^{12}$C sind der Hauptmechanismus zur Produktion des Isotops $^{11}$B.

ren Sterngenerationen durch S-Prozess-Nukleosynthese gemacht worden sind. Auch das Isotop $^7$Li kann durch eine von Neutrinos initiierte Sequenz in einer Supernova hergestellt werden, wobei zunächst durch inelastische Neutrinostreuung ein Nukleon aus einem $^4$He-Kern in der Heliumbrennschale herausgeschlagen wird und der Restkern ($^3$H oder $^3$He) dann ein Alphateilchen einfängt. Die dabei entstehenden $^7$Be-Kerne zerfallen durch Elektroneneinfang in $^7$Li. Neutrino-Nukleosynthese kann auch zu der Häufigkeit des Kerns $^{26}$Al beitragen, der in der Radioastronomie eine bedeutende Rolle spielt. Die Tabelle 5.3 fasst die durch Neutrinonukleosynthese produzierten Isotopen und die verantwortlichen Neutrinoreaktionen zusammen.

Studien der Nukleosynthese verlangen nicht nur die Kenntnisse der diversen Neutrino-Kern-Wirkungsquerschnitte, sondern auch detaillierte Simulationen der stellaren Nukleosynthese mit Berücksichtigung der Effekte, die die Stoßwelle bei ihrer Passage durch die Gebiete, in den vorher die Neutrino-Nukleosynthese stattgefunden hat, anrichtet. Die Bedeutung der Neutrino-Nukleosynthese liegt auch darin, dass sie ziemlich sensitiv von der Luminosität und von den Energiespektren der unterschiedlichen Neutrinoarten abhängt, insbesondere von denen der 5 Neutrinoarten, die wahrscheinlich von der Supernova SN1987a nicht beobachtet worden sind. Simulationen mit modernen Supernova-Neutrinospektren erklären einen guten Teil der beobachteten Häufigkeiten der Isotope $^{11}$B, $^{19}$F, $^{138}$La und $^{180}$Ta als durch die Neutrino-Nukleosynthese erzeugt (Tabelle 5.3).

Ein Meilenstein für das Verständnis des Supernovamechanismus war es, als man realisierte, dass schwere Kerne während des Kollaps überleben und sogar als effizienter Energiespeicher fungieren. Es ist faszinierend, dass diese Kerne dann, als Folge des Erhitzens durch die Stoßwelle, im Eisencore in Nukleonen zerlegt werden, und sich dann während der Explosion, wenn sie kältere Regionen erreichen, wieder zusammensetzen. Die dabei entstehende Verteilung der Kerne ist allerdings nicht die gleiche als während

**Tab. 5.3:** Isotopen, die durch die Neutrino-Nukleosynthese hergestellt werden, sowie deren Mutterkerne und die dominanten Neutrino-induzierten Produktionsreaktionen. Die beiden rechten Spalten geben die Häufigkeiten der Isotope an, relativ zu ihrem solaren Wert, und normiert zu $^{16}$O; $^{16}$O ist ein Kern, der fast ausschließlich in Supernovae produziert wird. Die Häufigkeiten in der vorletzten Spalte sind unter Einschluss von Neutrino-Kern-Reaktionen berechnet worden, zum Vergleich zeigt die letzte Spalte die Ergebnisse von Rechnungen, die ohne Neutrino-Kern-Reaktionen durchgeführt wurden. Die Ergebnisse stellen das Mittel über Sterne aus dem Massenbereich $13-40\,M_\odot$ dar, gewichtet mit einer Salpeter-Massenformel für das stellare Geburtsgewicht.

| Produkt | Mutterkern | Neutrino-Reaktion | Häufigkeit mit Neutrino-Reaktionen | Häufigkeit ohne Neutrino-Reaktionen |
|---|---|---|---|---|
| $^{7}$Li | $^{4}$He | $^{4}$He$(\nu, p)^3$H$(\alpha, \gamma)$ $^{4}$He$(\nu, n)^3$He$(\alpha, \gamma)$ | 0,04 | 0,001 |
| $^{11}$B | $^{12}$C | $(\nu, \nu'n)$, $(\nu, \nu'p)$ | 0,31 | 0,01 |
| $^{19}$F | $^{20}$Ne | $(\nu, \nu'n)$, $(\nu, \nu'p)$ | 0,18 | 0,13 |
| $^{138}$La | $^{138}$Ba $^{139}$La | $(\nu_e, e^-)$ $(\nu, \nu'n)$ | 0,46 | 0,16 |
| $^{180}$Ta | $^{180}$Hf $^{181}$Ta | $(\nu_e, e^-)$ $(\nu, \nu'n)$ | 0,49 | 0,20 |

des Kollaps. Ein entscheidender Parameter für das Ergebnis des Nukleosyntheseprozesses ist das Verhältnis von Protonen zu Neutronen, das für die Bildung der Kerne zur Verfügung steht. Dieses Verhältnis ist nicht mehr durch den starken Neutronenüberschuss, wie er am Ende des Kollaps oder auf der Oberfläche des Proto-Neutronensterns vorherrscht, gegeben, sondern es wird neu gemischt durch die Wechselwirkung von Neutrinos mit den Nukleonen. Dies liegt daran, dass das nukleare Material in der Nähe der Proto-Neutronenstern-Oberfläche von einer riesigen Menge an Neutrinos umgeben ist, die aus dem zukünftigen Neutronenstern strömen und den Ausfluss von Materie durch die Energiedeposition erst ermöglichen. Man nennt deshalb diesen Fluss an Materie, weg vom Neutronenstern, einen Neutrino-angetriebenen Wind (neutrinodriven wind). Die wichtigsten Wechselwirkungen von Neutrinos mit der Materie ist die Absorption, wobei Elektron-Neutrinos an Neutronen eingefangen werden und so Protonen und Elektronen erzeugen, während Elektron-Antineutrinos an Protonen eingefangen werden und Neutronen und Positronen erzeugen. Die analogen Reaktionen für Myon- und Tau-Neutrinos sind nicht möglich, da die Energien der Neutrinos nicht ausreichen, um die Massen der Leptonen (Myonen oder Taus) im Endzustand zu erzeugen. Der Wettstreit zwischen den beiden Absorptionsprozessen (und ihren inversen Reaktionen), und somit das Proton-zu-Neutron-Verhältnis für die folgende Nukleosynthese im Neutrino-getriebenen Wind, hängt von der Luminosität und den (mittleren) Energien von Elektron-Neutrinos und -Antineutrinos ab. Die durch Kühlung des Proto-Neutronensterns erzeugten Luminositäten der beiden Neutrinoarten sind etwa gleich (und nehmen mit der Zeit ab); ihre Energien sind es aber nicht: Die Antineutrinos haben leicht höhere mittlere Energien als die Neutrinos. Allerdings sind Neutronen auch etwas schwerer als Protonen, sodass Antineutrinos den Q-Wert von 1,29 MeV zusätzlich aufbringen müssen, während er bei der Absorption von Neutrinos an Protonen gewonnen wird. Wie oben diskutiert, ändern sich die mittleren Energien der emittierten Neutrinos und Antineutrinos mit der Zeit, und es stellt sich heraus, dass die leicht höhere Energie der Antineutrinos nicht ausreicht, um den Nachteil durch den Q-Wert wettzumachen. Das Resultat erscheint ziemlich überraschend: Die Materie, die im Neutrino-getriebenen Wind aus der Umgebung des zukünftigen Neutronensterns herausgeschleudert wird, enthält leicht mehr Protonen als Neutronen. Simulationen zeigen, dass es vielleicht auch Zeitfenster geben kann, in denen die Materie einen leichten Neutronenüberschuss hat.

Die Nukleonen werden im Neutrino-angetriebenen Wind mit Geschwindigkeiten von mehr als Tausend Kilometer pro Sekunde nach außen geschleudert; sie kommen somit rasch in kältere Regionen, wo sie sich wieder zu Kernen zusammenfügen können. Hat die ejektierte Materie einen leichten Überschuss an Protonen, so bilden sich hauptsächlich $^4$He-Kerne oder Kerne, die dem Vielfachen von Alphateilchen entsprechen, in den die Neutronen gebunden werden und vor dem Zerfall geschützt sind. Das Szenario ähnelt der primordialen Nukleosynthese (allerdings ohne den starken Protonenüberschuss), obwohl nun die Temperatur- und Dichtebedingungen auch die Bildung schwererer Alphakerne wie $^{56}$Ni oder $^{64}$Ge ermöglicht. Der Überschuss an Protonen bleibt als freie Protonen zunächst ungenutzt. Wir werden mit dem explosiven Wasserstoffbrennen in sogenannten Röntgenausbrüchen denselben Nukleosyntheseprozess erneut antreffen, allerdings mit einem kleinen, aber entscheidenden Unterschied. Im Neutrino-angetriebenen Wind einer Supernova geschieht der Nukleosyntheseprozess in Anwesenheit vieler Neutrinos. Diese können kontinuierlich während des Prozesses freie Protonen durch Absorption von Elektron-Antineutrinos in Neutronen umwandeln, sodass ein kleines Reservoir von frisch synthetisierten Neutronen bereitsteht. Diese können mit anderen Protonen zu Alphateilchen oder schwereren Kerne mit vielfacher Alphastruktur, wie eben $^{56}$Ni, gebunden werden, sie können aber auch mithilfe von sogenannten (n, p)-Reaktionen, in denen ein Kern ein Neutron aufnimmt und dafür ein Proton abgibt, Beta-Zerfälle simulieren, denn das nukleare Nettoresultat der (n, p)-Reaktion entspricht der Bilanz eines Beta-Zerfalls, bei dem sich auch ein Proton in ein Neutron umwandelt. Im Unterschied zum Beta-Zerfall geschieht dies in der (n, p)-Reaktion durch die starke Wechselwirkung und ist somit gewöhnlich um Einiges schneller als der durch die schwache Wechselwirkung hervorgerufene Beta-Zerfall (und produziert kein Elektron und Neutrino). Natürlich hängt die Rate, mit der eine (n, p)-Reaktion wirkt, von der Menge an Neutronen ab, die vorrätig ist, und die wiederum hängt vom Antineutrinofluss und somit vom Abstand von der Neutronenstern-Oberfläche ab. Es sei erwähnt, dass Elektron-Neutrinos keinen ähnlichen Effekt ausüben, da sie nur an Neutronen absorbiert werden, die jedoch alle in Kernen festgebunden sind. Die Bedeutung des Reservoirs an Neutronen wird deutlich, wenn man sich das Schicksal von Kernen wie $^{56}$Ni oder $^{64}$Ge anschaut. Hier würde die Nukleosynthese stoppen, da die Halbwertszeiten der Kerne (6 Tage für $^{56}$Ni oder 64 Sekunden für $^{64}$Ge) viel zu lang ist. Nach diesen Zeiten wäre die expandierende Materie schon so verdünnt, dass keine Kernreaktionen mehr stattfinden können. Eine Alternative wäre, wenn die Kerne mit Protonen fusionieren würden. Aber hier ist die Bindungsenergie der entstehenden Kerne ($^{57}$Cu oder $^{65}$As) zu klein, um im heißen Photonenbad zu überleben. Die durch die Antineutrinoabsorption an den Protonen frisch produzierten Neutronen schaffen Abhilfe, da die (n, p)-Reaktion die langsamen Beta-Zerfälle ersetzt, und es so gelingt die Flaschenhälse bei $^{56}$Ni oder $^{64}$Ge zu überwinden und noch schwerere Kerne zu synthetisieren. Abbildung 5.30 vergleicht das Ergebnis der Nukleosynthese mit und ohne Berücksichtigung des durch Antineutrinoabsorption kontinuierlich geschaffenen Vorrats an freien Neutronen. Den beschriebenen Nukleosyntheseprozess nennt man $\nu$p-Prozess, was auf die Bedeutung von Neutrinos und Protonen in diesem Szenario hinweist. Der Prozess wurde erst Anfang der 2000er Jahre entdeckt und war der erste neuartige astrophysikalische Nukleosyntheseprozess nach der Jahrhundertarbeit von Fowler, Hoyle und dem Ehepaar Burbidge.

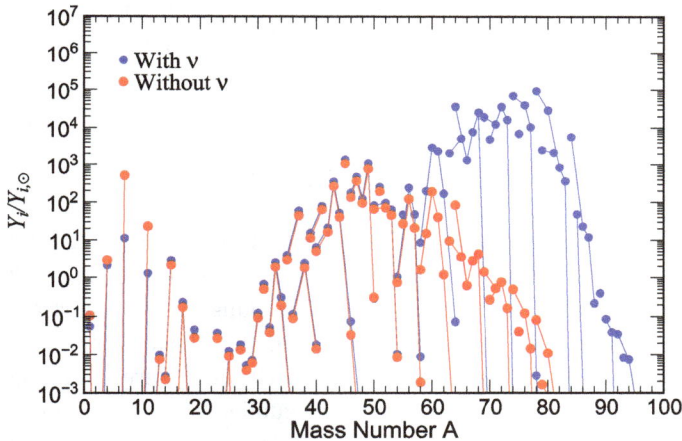

**Abb. 5.30:** Nukleosynthese durch den $\nu$p-Prozess während einer Supernova-Explosion. Die blauen Punkte zeigen die von dem Prozess produzierten Häufigkeiten, relativ zu den solaren Werten. Im Vergleich hierzu zeigen die roten Punkte die Häufigkeiten in einer Rechnung, in der die Neutrino-Reaktionen nicht berücksichtigt wurden. Der $\nu$p-Prozess synthetisiert somit hauptsächlich Kerne im Massenbereich $A \sim 60$–$90$. Entscheidend für den $\nu$p-Prozess ist, dass durch Absorption von Elektron-Antineutrinos an freien Protonen während des Prozesses kontinuierlich ein Reservoir an freien Neutronen produziert wird, die es erlauben, durch (n, p)-Reaktionen die langen Wartezeiten an Kernen wie $^{56}$Ni oder $^{64}$Ge mit langen Beta-Zerfalls-Zeiten zu überbrücken.

Lange Zeit galt der Neutrino-angetriebene Wind in einer Supernova auch als die Geburtsstätte der schwersten Elemente im Universum. Diese werden im sogenannten R-Prozess erzeugt (siehe detaillierte Diskussion im Kapitel 7) und verlangen eine astrophysikalische Umgebung mit einer enorm hohen Neutronendichte. Die Frage, wo eine solche Umgebung im Universum existiert, war lange ungelöst. In den 1990er Jahren erschienen Supernova-Simulationen sehr vielversprechend für die Lösung dieser Frage. Leider zeigten dann Simulationen mit verbesserten Modellen und unter Einschluss neuer kernphysikalischer Daten, dass die im Neutrino-angetriebenen Wind erreichten Neutronendichten nicht ausreichen, um die schwersten Elemente zu produzieren. Die Frage blieb ungelöst und wurde im Jahr 2003 zu einer der größten offenen Probleme der Physik erklärt. Einen gewaltigen Fortschritt zur Klärung dieses Geheimnisses brachte dann die „Jahrhundert-Beobachtung" sich verschmelzender Neutronensterne im Jahr 2017, die wir auch im Kapitel 7 besprechen werden.

In modernen Supernova-Simulationen variiert das Proton-zu-Nukleon-Verhältnis der ejektierten Materie zwischen $Y_e = 0{,}47$ (leichter Neutronenüberschuss) und 0,55 (Protonenüberschuss). Somit unterstützen diese Modelle die Existenz eines $\nu p$-Prozesses. Die Tatsache, dass es während des Ausbruchs auch zu einer Periode kommen kann, in der die ejektierte Materie einen leichten Neutronenüberschuss hat, wird manchmal dahin gehend interpretiert, dass es im Neutrino-getriebenen Wind auch zu der Produktion von Kernen im Massenbereich $A \sim 90\text{–}120$ mit einer Häufigkeitsverteilung kommen kann, die in etwa der Massenverteilung des R-Prozesses entspricht. Die schweren R-Prozess-Kerne werden unter diesen Bedingungen nicht synthetisiert. Man nennt diesen Prozess manchmal einen „schwachen R-Prozess".

### 5.3.7 Angeheizt durch die Stoßwelle: explosive Nukleosynthese

Massereiche Sterne sind die Hauptproduzenten der Elemente schwerer als Helium, und Supernovae sorgen dafür, dass sie aus dem Sterninneren befreit werden. Die Grundlagen der Produktion geschehen schon während der langen hydrostatischen Brennperioden, allerdings werden die relativen Häufigkeiten der Elemente noch einmal gut durcheinandergeschüttelt, wenn die Stoßwelle durch die äußere Sternhülle dringt und dort ein kurzes, aber heißes nukleares Brennen zündet. Das Ergebnis dieses explosiven Brennens, wie es genannt wird, muss berücksichtigt werden, wenn man die Elementenausbeute von Supernova-Ausbrüchen verstehen will. Die Tabelle 5.4 fasst einige Parameter des explosiven, durch die Stoßwelle verursachten Brennens in den unterschiedlichen Schalen des Sterns zusammen. Das Brennen verläuft sehr schnell, in wenigen Sekunden, heizt aber die Materie zu Temperaturen von einigen Milliarden Kelvin auf. In der innersten Zone, dem Ort der Nukleosynthese durch den Neutrino-angetriebenen Wind, sowie in der Siliziumschale werden Temperaturen erreicht, die ausreichen, die Materie in das Nukleare Statistische Gleichgewicht (NSE) zu treiben. In der Siliziumbrennschale findet die Stoßwelle Materie vor, die hauptsächlich aus Kernen mit gleicher Protonen- und Neutronenzahl besteht. Diese wird im NSE zu einem großen Teil in $^{56}$Ni, den am stärksten gebundenen Kern mit $N = Z$, verwandelt. Ein weiterer Anteil von $^{56}$Ni wird durch den Neutrino-angetriebenen Wind und auch bis hin in die $^{16}$O Schale synthetisiert. Der Kern zerfällt in zwei Schritten über den Zwischenkern $^{56}$Co zu $^{56}$Fe und liefert durch diese Zerfälle die Energie, die in den ersten Wochen die Lichtkurve der Supernova mit Energie versorgt.

**Tab. 5.4:** Durch die Stoßwelle verursachtes explosives Brennen in den einzelnen Brennschalen und die so erzeugten Haupt- und Sekundärprodukte. Die beiden letzten Spalten geben die Temperatur und die Dauer des explosiven Brennens an.

| Brennschale | Hauptprodukt | sekundäre Elemente | Temperatur [$10^9$ K] | Dauer [s] |
|---|---|---|---|---|
| Neutrino-Wind | $\nu$p-Prozess Schwacher R-Prozess | | $\geq 10$ | 1 |
| Silizium | $^{56}$Ni | „Eisen-Gruppe" | $\geq 4$ | 0,1 |
| Sauerstoff | Si, S | Cl, Ar, K, Ca | 3–4 | 1 |
| Neon | O, Ne, Mg | Na, Al, P | 2–3 | 5 |
| O, Ne | p-Prozess | | 2–3 | 5 |
| O, Ne, C | Neutrino-Nukleosynthese | $^{138}$La, $^{180}$Ta, $^{19}$F, $^{11}$B | 2–3 | 5 |

Die Abbildungen 5.31 und 5.32 zeigen die durch Sterne mit 15 und 25 Solarmassen produzierten Häufigkeiten von Kernen. Die Rechnungen sind unter der Annahme von sphärischer Symmetrie (eindimensional) durchgeführt worden, wobei die stellare Entwicklung durch die verschiedenen Brennphasen verfolgt wurde, einschließlich eines großen Netzwerks von Kernreaktionen, das zum einen die Energiequelle des Sterns ist und zum anderen die Änderung seiner Materiezusammensetzung bestimmt. Da eindimensionale Kernmodelle nicht zu erfolgreichen Supernovaexplosionen führen, musste hier per Hand nachgeholfen worden. Dies geschah durch künstlichen „Einbau" eines Kolbenmechanismus in das Innere des Sterns, der am Ende des Kollaps so getuned war, eine Explosion mit einer den Beobachtungen entsprechen Explosionsenergie (etwa 1 Bethe) zu erzeugen. Das Ziel ist es, so den Effekt, den die Stoßwelle durch das explosive Brennen auf die Häufigkeitsverteilung hat, zu simulieren.

Die Simulationen müssen eine Annahme über die Komposition der Materie machen, die der Stern bei seiner Geburt hatte. Sehr häufig, und auch in den Modellen, die den Abbildungen 5.31 und 5.32 zugrunde liegen, wird eine solare Häufigkeitsverteilung angenommen. Die Ergebnisse der stellaren Nukleosynthese, wie in den beiden Abbildungen, wird durch den sogenannten „Überproduktionsfaktor" angegeben, der durch das Verhältnis der berechneten Endhäufigkeit eines Kerns zu seiner Starthäufigkeit definiert ist. Ist der Überproduktionsfaktor größer als 1, so ist der Stern ein Nettoproduzent dieses Kerns, ist er gleich 1, so bleibt die Häufigkeit während des Lebens und Sterbens des Sterns unverändert. Da wir davon ausgehen, dass Sterne die Hauptbrutstätten der Kerne schwerer als Helium sind (Wasserstoff und Helium wurden im Urknall erzeugt), so sollten die Überproduktionsfaktoren zumeist größer als 1 sein. Natürlich geht die Synthese der schweren Elemente ab Kohlenstoff auf Kosten der Häufigkeiten von Wasserstoff und Helium, die durch das stellare Brennen in diese Elemente umgewandelt werden. Folgerichtig sind die Überproduktionsfaktoren von Wasserstoff und Helium kleiner als 1; ihre Häufigkeiten werden reduziert.

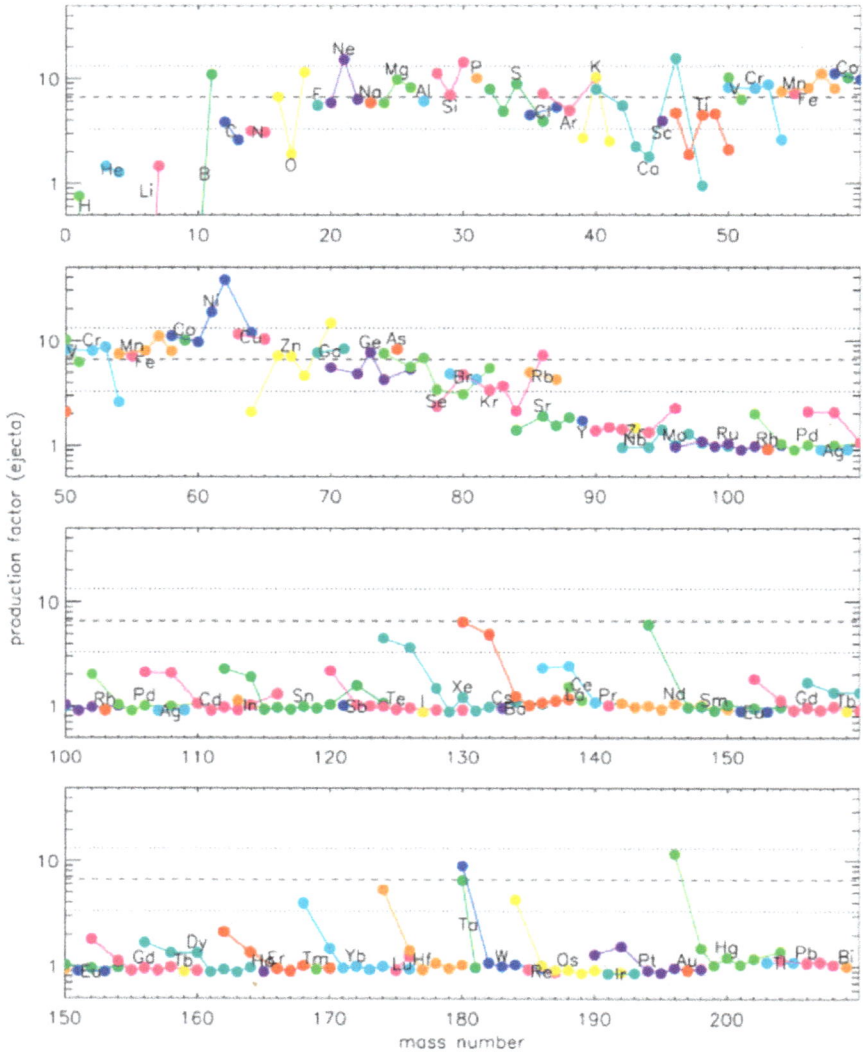

**Abb. 5.31:** Die Ergebnisse der Nukleosynthese eines Sterns mit 15 Solarmassen und mit solarer Komposition bei seiner Geburt. Die Resultate werden durch den Überproduktionsfaktor angegeben, der das Verhältnis der Häufigkeit eines Isotops am Ende des stellaren Lebens zu dem bei seiner Geburt angibt. Ist dieser Faktor größer als 1, so ist der Stern ein Nettoproduzent des Isotops. Sterne mit 15 Solarmassen produzieren somit hauptsächlich Isotope im Massenbereich $A \approx 12-90$. $^{16}$O ist ein Kern, der fast ausschließlich in massereichen Sternen synthetisiert wird; in diesem Fall mit einem Überproduktionsfaktor 7. Dieser Faktor ist als gestrichelte Linie eingezeichnet; die gepunkteten Linien kennzeichnen Überproduktionsfaktoren, die das Doppelte bzw. die Hälfte dieses Wertes von $^{16}$O angeben. Isotopen, die mit Überproduktionsfaktoren in diesem Bereich hergestellt werden, werden mit „$^{16}$O koproduziert". Die Produktion dieser Isotope geht auf Kosten der Häufigkeiten von Wasserstoff und Helium, deren Überproduktionsfaktor kleiner als 1 ist; die Häufigkeiten dieser Kerne werden also durch die Fusionsreaktionen reduziert. Die Isotope mit Massen $A > 100$ werden, mit wenigen Ausnahmen, nicht in diesem Stern produziert.

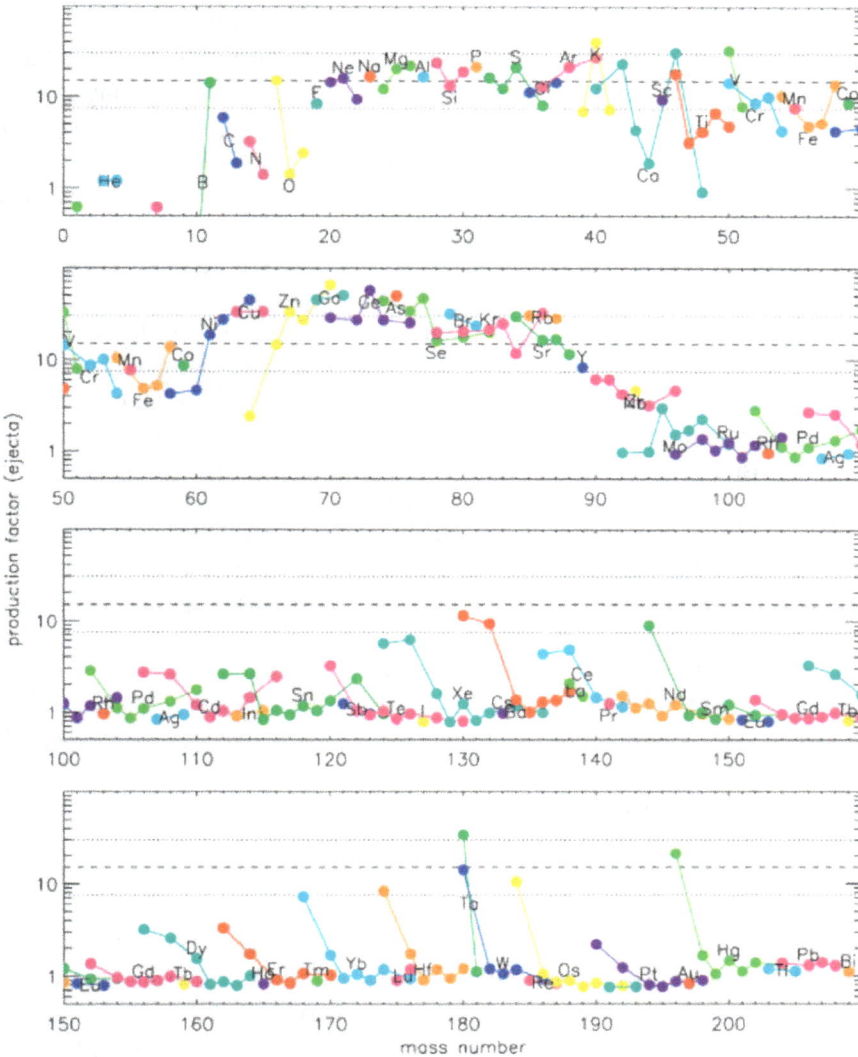

**Abb. 5.32:** Analog zur Abbildung 5.31, aber für die Nukleosynthese in einem Stern mit 25 Solarmassen und solarer Zusammensetzung bei der Geburt. Der Stern ist ein sehr effektiver Produzent mittelschwerer Elemente, was man auch an dem Überproduktionsfaktor von $^{16}$O von etwa 15 sieht. Sterne mit 25 Solarmassen sind allerdings seltener als Sterne mit 15 Solarmassen, was dies wieder ausgleicht.

Die Überproduktionsfaktoren hängen von der Masse des Sterns ab, was die Tatsache reflektiert, dass in massereicheren Sternen einfach mehr Materie für die Erschaffung neuer Kerne zur Verfügung steht. Auf der anderen Seite findet man nur eine geringe Variation der relativen Häufigkeiten der Kerne, die in Sternen unterschiedlicher Masse synthetisiert werden. Es ist üblich und sinnvoll, die Häufigkeiten der Kerne relativ zu der des Sauerstoffisotops $^{16}O$ zu betrachten, da dieser Kern fast ausschließlich in massereichen Kernen gemacht wird. Für den Stern mit 15 Solarmassen hat der Überproduktionsfaktor etwa den Wert 7, für einen 25-Solarmassen-Stern ist er ungefähr 15. In den Abbildungen werden diese Werte durch die gestrichelten Linien hervorgehoben. Für den Beitrag zur chemischen Zusammensetzung unserer Galaxie muss man aber berücksichtigen, dass Sterne mit 15 Solarmassen häufiger vorkommen als die schwereren Sterne, was die höhere Effizienz wieder ausgleicht.

Die Einführung des Überproduktionsfaktors hat mehrere Vorteile. Er zeigt zunächst, welche Kerne simultan mit $^{16}O$ in diesem Stern synthesiert werden; deren Faktor sollte in etwa demjenigen von $^{16}O$ entsprechen. Ist der Überprduktionsfaktor für bestimmte Kerne deutlich kleiner als für $^{16}O$, so deutet dies dagegen darauf hin, dass dieser Kern wahrscheinlich eine andere astrophysikalische Quelle als massereiche Sterne hat. Wird ein Kern mit einem deutlich größeren Überproduktionsfaktor als $^{16}O$ produziert, so ist dies hingegen ein Zeichen für ein Problem, denn dann müsste seine Häufigkeit eigentlich größer als die solare Häufigkeit sein. Natürlich sind die Modelle nicht perfekt, sodass man auch keine exakte Reproduktion der solaren Häufigkeiten erwarten darf. Um diese Unsicherheit aufzugreifen, sind in den Abbildungen Bänder eingezeichnet, die eine Abweichung des Überproduktionsfaktors um einen Faktor 2 nach oben und unten definieren.[6]

Ein Vergleich der Abbildungen 5.31 und 5.32 zeigt, dass die relativen Produktionsfaktoren der Kerne ziemlich ähnlich sind. Dies gilt auch für die anderen Sterne im Massenbereich 13–25 $M_\odot$. Diese Sterne produzieren hauptsächlich Kerne im Massenbereich zwischen Kohlenstoff ($A = 12$) und Selen, Krypton ($A \sim 70$). Dies sind die Massenbereiche, die während des hydrostatischen Brennens dominierten, und die „Eisen-Gruppe", wobei man darunter großzügig den Bereich von Kalzium, Titan bis Selen, Krypton zusammenfasst. Die Kerne der Eisen-Gruppe entstehen aus Material der ursprünglichen Siliziumbrennschale durch das von der Stoßwelle induzierte explosive Brennen, aber auch durch die Nukleosynthese im Neutrino-angetriebenen Wind. Es ist bemerkenswert, dass die Simulationen die beobachteten Häufigkeiten der Kerne in diesem Massenbereich ziemlich gut wiedergeben. Es gibt nur wenige Kerne, wie zum Beispiel $^{62}Ni$, die deutlich überproduziert werden und somit auf ein Problem der Modelle hinweisen. Der zweite Punkt, der in den Abbildungen auffällt, ist, dass fast alle Kerne mit Massen $A \geq 80$ von massereichen Sternen nicht produziert werden. Dies weist darauf hin, dass hier ein anderer Prozess am Werk sein muss; wir werden darauf zurückkommen. Allerdings gilt diese Unterproduktion nicht für alle schwere Kerne. Zum einen erkennt man die Ergebnisse des Neutrino-Prozesses, der $^{138}La$ und $^{180}Ta$ produziert. Um die Konsequenzen des Neutrino-Prozesses erfassen zu können, ist in diese Sternmodelle eine künstliche

---

6 Eine detaillierte Reproduktion der Häufigkeiten der Elemente verlangt eine Nachverfolgung der chemischen Geschichte der Milchstraße über viele Generationen von Sternen mit langsam anwachsender Metallizität. Solche Studien diskutieren wir im Kapitel 8.

Neutrino-Quelle eingebaut worden, die die Kühlung des Proto-Neutronensterns simulieren soll. Moderne Supernova-Simulationen zeigen, dass die Neutrino-Energien, die in den Rechnungen, die zu den Abbildungen 5.31 und 5.32 führten, angenommen wurden, etwas zu hoch waren. Deshalb sind die Produktionsfaktoren der beiden Kerne $^{138}$La und $^{180}$Ta wahrscheinlich etwas zu hoch (siehe Tabelle 5.3). An der Tatsache, dass der Neutrino-Prozess diese beiden Isotope herstellt, ändert dies nichts.

Neben $^{138}$La und $^{180}$Ta werden aber noch vereinzelte andere schwere Kerne produziert. Diese fallen auch in der Abbildung 5.33 auf. Diese Abbildung macht den Beitrag des explosiven Brennens deutlich, indem es das Verhältnis der Häufigkeiten des 25-Solarmassen-Sterns nach und vor dem Auftreten der Stoßwelle zeigt. Zunächst kann man die durch den Neutrino-Prozess hergestellten Kerne identifizieren, nun auch die leichten Kerne $^{7}$Li, $^{11}$B und $^{19}$F. (Mit den größeren Neutrino-Energien wurde auch $^{15}$N durch Neutrino-induzierte Reaktionen aus $^{16}$O produziert.) Die beiden Isotope $^{138}$La und $^{180}$Ta werden durch den Neutrino-Prozess synthesiert. Bei den anderen durch das explosive Brennen hergestellten schweren Kerne fällt auf, dass es sich hierbei jeweils um die neutronenärmsten Isotope von Elementen handelt. Beide Eigenschaften (explosives Brennen als Ursprung und niedrige Neutronenzahl) sind zwei wichtige Indizien, um den verantwortlichen Nukleosyntheseprozess zu identifizieren. Er wird im Allgemeinen als P-Prozess, manchmal auch als $\gamma$-Prozess bezeichnet und war schon in der Bibel zum Ursprung der Elemente im Universum (Burbidge, Burbidge, Fowler und Hoyle) angesprochen worden. Der Prozess verlangt eine heiße Umgebung, sowie eine in früheren Sterngenerationen erzeugte Saat an schweren Kernen. Durch das heiße Photonenbad werden aus den Saatkernen Nukleonen und Alphateilchen herausgeschlagen, die dann mit anderen der vorhandenen Kerne verschmelzen können. Da es energetisch einfacher ist, Neutronen aus den schweren Kernen zu lösen als Protonen und Alphateilchen, da diese noch die Coulomb-Barriere überwinden müssen, werden die Saatkerne durch die Wechselwirkung mit dem Photonenbad im Mittel in neutronenarme, meist instabile Kerne verwandelt. Diese Eigenschaft bleibt während der vielen Kernreaktionen, die im P-Prozess ablaufen, erhalten, sodass die am Ende produzierten stabilen Kerne die neutronenärmsten Kerne der schweren Isotopenketten sind.

Auch die Kerne der „Eisen-Gruppe" werden während des explosiven Brennens produziert, wie Abbildung 5.33 bestätigt. Dies geschieht in den innersten Bereichen, in denen so heiße Temperaturen erreicht werden, dass die Materie ins Nukleare Statistische Gleichgewicht gebracht wird. Neben der Siliziumbrennschale schließt dies auch den Neutrino-angetriebenen Wind ein. Hier kommt es aber in den eindimensionalen Modellierungen, auf denen die Ergebnisse der Abbildungen 5.31–5.33 beruhen, zu Inkonsistenzen, die in jüngeren Arbeiten untersucht und korrigiert wurden. Wie wir oben diskutiert haben, verläuft die Nukleosynthese im Neutrino-angetriebenen Wind so, dass die Materie in der heißen Umgebung des Proto-Neutronensterns aus freien Nukleonen besteht, die sich dann zu schwereren Kernen zusammenfinden, wenn sie durch den Wind in kühlere Regionen, das heißt, weiter weg von der Oberfläche des Neutronensterns, getrieben werden. Essentiell für die Nukleosynthese im Wind ist die Tatsache, dass das

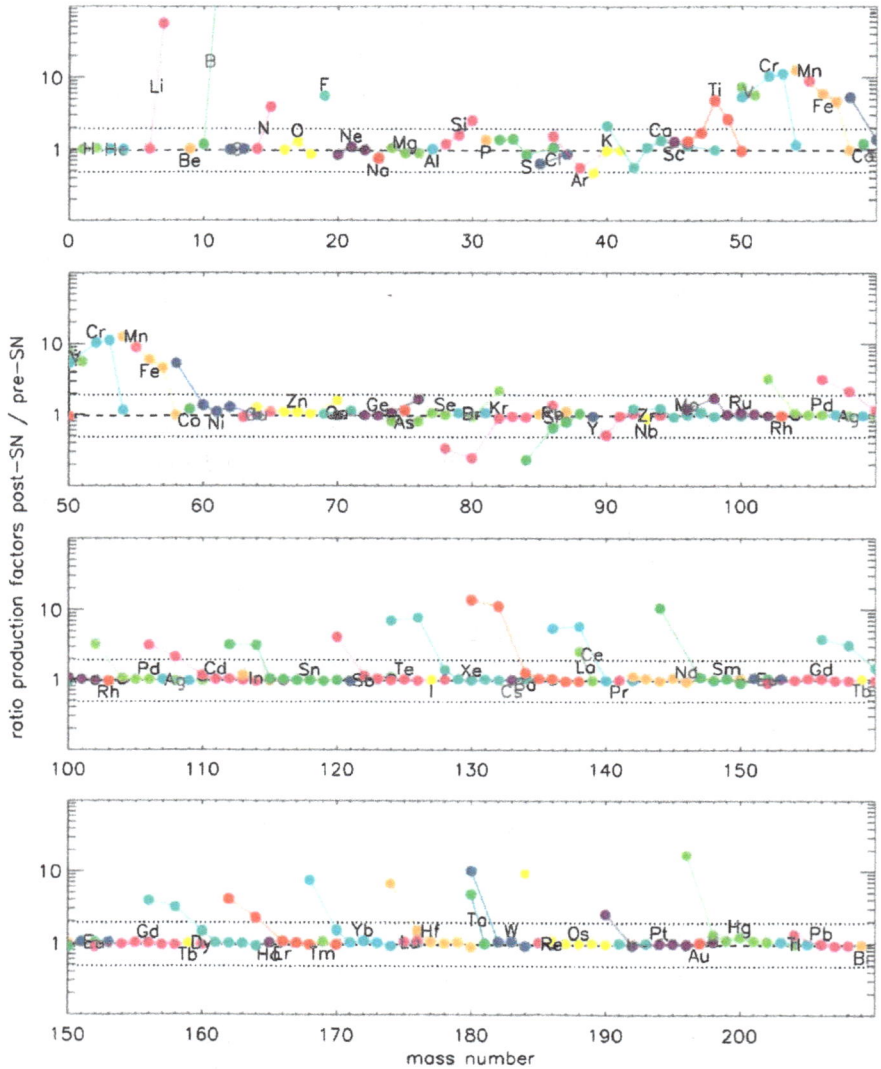

**Abb. 5.33:** Das Verhältnis der Überproduktionsfaktoren nach und vor dem durch die Stoßwelle verursachten explosiven Brennen. Man sieht deutlich, dass das explosive Brennen vor allem Isotope im mittelschweren Massenbereich zusätzlich produziert. Dazu kommen noch die Isotope mit Massen $A > 90$, die durch den P-Prozess gemacht werden und die wenigen Isotope, die durch die Neutrino-Nukleosynthese hergestellt werden.

Verhältnis von Protonen zu Neutronen durch die Wechselwirkung der Nukleonen mit den aus dem Neutronenstern herausströmenden Neutrinos gesetzt wird. Durch diese Wechselwirkung verliert die Materie ihr Gedächtnis an den früheren Zustand. Dieser Punkt ist in den Rechnungen, auf denen die Abbildungen beruhen, nicht korrekt erfasst, weil hier die explosive Nukleosynthese so simuliert wird, dass die Stoßwelle auf das ursprüngliche Material trifft, und somit der entscheidende Einfluss der Neutrinos nicht erfasst wird. Dieser Mangel betrifft hauptsächlich die Nukleosynthese des Neutrino-angetriebenen Windes. Ferner haben wir oben betont, dass Konvektion eine entscheidende Rolle für die Wiederbelebung der Stoßwelle und die Explosion spielt. Auch dieser Aspekt beeinflusst die Nukleosynthese, sowohl im Windbereich als auch noch in der Siliziumbrennschale, was die Annahme eines Massenschnittradius fragwürdig macht. In den letzten Jahren sind diese Fragen im Rahmen von multidimensionalen Supernova-Simulationen mit expliziter Berücksichtigung der Effekte von Neutrinos adressiert worden. Leider sind diese Simulationen so rechenintensiv, dass sie selbst auf modernen Supercomputern die explosive Nukleosynthese noch nicht vollständig verfolgen konnte. Bislang bestätigen die Ergebnisse aber, dass die Nukleosynthese hauptsächlich Kerne der Eisen-Gruppe produziert. Auch die produzierte Menge unterscheidet sich nicht sehr von den in den Abbildungen gezeigten Ergebnissen, da diese dominant von der Explosionsenergie bestimmt wird. Allerdings erwartet man eine geänderte Zusammensetzung der ejektierten Materie, da die Wechselwirkung mit den herausströmenden Neutrinos dafür sorgt, dass die herausgeschleuderte Materie im Neutrino-angetriebenen Wind insgesamt mehr Protonen als Neutronen aufweist. Dies lässt vermuten, was auch von ersten Ergebnissen konfirmiert wird, dass neutronenreiche Kerne, wie zum Beispiel $^{62}$Ni, weniger häufig gemacht werden als in den Rechnungen, deren Ergebnisse in den Abbildungen 5.31 und 5.32 gezeigt sind. Es besteht also die Erwartung, dass die problematische Überproduktion von neutronenreichen Kernen in der Eisen-Gruppe in den Simulationen, die die Wechselwirkung mit den Neutrinos berücksichtigen, nicht auftreten wird.

### 5.3.8 Historische Beobachtungen und Klassifikation

In den Schriften der „Späteren Han" wird für das zweite Regierungsjahr des Kaisers Han Lingdi über das Auftauchen eines neuen Sterns nahe der Sternbilder Alpha und Beta Centauri berichtet. Dieser Stern leuchtete über mehrere Monate und begann dann langsam zu verbleichen. Die chinesischen Astronomen, die das Erscheinen und Verglühen des Sterns beobachteten, nannten das Phänomen treffenderweise einen „Gaststern". Heute wissen wir, dass es sich dabei um eine Supernova handelte, was in beeindruckender Weise durch jüngste Beobachtungen mithilfe der Röntgenteleskope XMM-Newton und Chandra sowie der Infrarotobservatorien Spitzer und WISE bestätigt worden ist (siehe Abbildung 5.34). Die chinesischen Aufzeichnungen sind so detailliert, dass sie eine Datierung der Supernova auf den 7. Dezember 185 erlauben. Die Supernova SN 185[7]

---

7 Supernovae werden durch das Erscheinungsjahr klassifiziert. Gibt es mehrere Beobachtungen im gleichen Jahr, so werden diese durch die Buchstaben des Alphabets unterschieden. Heutzutage muss man sogar schon zu Doppelbuchstaben als Kennung greifen.

**Abb. 5.34:** Im Jahr 185 beobachteten chinesische Astronomen die Erscheinung eines Sterns in der Nähe von Alpha und Beta Centauri. Dieser neue Stern war monatelang sichtbar und wurde von ihnen als „Gaststern" bezeichnet. Heute wissen wir, dass es sich bei dem beobachteten Phänomen um die erste schriftlich festgehaltene Supernova handelt. Der endgültige Beweis kam von Messungen durch die Röntgenteleskope XMM-Newton und Chandra sowie die Infrarotobservatorien Spitzer und WISE, die den aus der Supernova entstandenen Überrest, klassifiziert als RCW 86, in unterschiedlichen Wellenlängen vermessen haben. Die Abbildung zeigt eine Überlagerung der Messdaten in Falschfarben vom interstellaren Gas, das von der Stoßfront der sich ausdehnenden Supernova in Röntgenenergien (blau und grün) aufgeheizt wird, sowie vom interstellaren Staub, der bei kühleren Temperaturen in infrarotem Licht strahlt (gelb und rot). Aus den Messungen konnte das Alter des Überrests mit ungefähr 1800 Jahren bestimmt werden, was gut mit dem Explosionsdatum von SN 185 übereinstimmt. Im Überrest wurde kein Neutronenstern oder Pulsar gefunden, was darauf hindeutet, dass es sich bei SN 185 um eine Supernova der Klasse SNIa handelt, die im Kapitel 6 besprochen wird.

ist die älteste, von der es schriftliche Aufzeichnungen gibt. Auch die nächsten vier Aufzeichnungen von Supernovae stammen von chinesischen Astronomen, darunter die Supernova SN 1054, deren Überrest als Krebsnebel berühmt ist, und die auch in arabischen Quellen belegt ist. Die nächsten beiden Supernova-Sichtungen, SN 1572 und SN 1604, werden im Allgemeinen mit ihren beiden Entdeckern identifiziert, Tycho Brahe und Johannes Kepler. Die nächste bekannte Supernova ist Cassiopeia A. Der Ausbruch wurde zunächst nicht beobachtet, weil die Supernova von einer Menge Staub umgeben war, die das Licht absorbierte. Erst ein paar Jahre später, 1680, ist sie vielleicht als verblassender Stern von John Flamsteed katalogisiert worden, obwohl diese Zuordnung nicht bewiesen ist. Moderne Untersuchungen des Cassiopeia-Überrests legen den eigentlichen Ausbruch etwa auf das Jahr 1670.

Alle diese Entdeckungen wurden mit dem nackten Auge gemacht und beweisen eindrücklich, wie hell Supernovae im optischen Bereich strahlen. Als Kehrseite der Medaille besitzt das menschliche Auge nur eine Lichtempfindlichkeit, um Supernovae in unserer „Nähe" zu entdecken. In der Tat liegen die ersten sieben historisch bekannten Supernovae alle in unserer Galaxie, der Milchstraße. Nach der Entwicklung des Teleskops und seiner stetigen Verbesserungen wurde es möglich, tiefer ins Universum zu blicken und auch Supernovae außerhalb der Milchstraße zu entdecken. Im Jahr 1885 gelang dies erstmals mit einer Supernova, SN 1885a, im Andromeda-Nebel, mit einer Entfernung von ungefähr 2,5 Millionen Lichtjahren. Mit modernen Teleskopen gelingt es nun, mehrere Hundert Supernovae pro Jahr, zumeist in sehr entfernten Galaxien, zu entdecken. Im Jahr 2005 wurde eine Supernova in der Entfernung von 4,8 Milliarden Lichtjahren beobachtet (SN 2005ap). Hierbei handelt es sich um die bislang leucht-stärkste entdeckte Supernova. Die Supernova-Suche läuft heute häufig automatisiert ab, wobei die Teleskope dabei die gleichen Himmelsausschnitte in kurzen Zeitintervallen von Tagen absuchen und so durch Vergleich das Auftreten neuer Lichtquellen identi-fizieren können. Das Ziel ist bei diesen automatisierten Suchen, die Supernova schon zu entdecken, bevor ihre Lichtkurve das Maximum erreicht, um somit der Lichtkurve über die Phasen des Maximums und des Abfalls folgen zu können. Für eine bestimmte Supernova-Klasse (Typ Ia) lässt sich so der Abstand zum Objekt bestimmen. Sie sind der längste bekannte Zollstock des Universums. Wie dies funktioniert, wird im nächsten Kapitel vorgestellt. Supernovae sind allerdings recht rare Ereignisse. Die Anzahl von Ereignissen in unserer Milchstraße ist immer noch recht unsicher und wird auf etwa zwei pro Jahrhundert geschätzt. Man kann dies zum Beispiel aus der Beobachtung von radioaktivem $^{26}$Al bestimmen, das sich anhand der Photonen, die durch einen charakte-ristischen Kernübergang entstehen, identifizieren lässt. Man findet, dass sich ungefähr 2,8 Sonnenmassen $^{26}$Al in der Scheibe in der Nähe des Milchstraßenzentrums angesam-melt hat. Dies ist auch der Bereich, in dem es viele massereiche Sterne gibt, was im Einklang damit steht, dass $^{26}$Al zum größten Teil durch die Supernova-Explosion mas-sereicher Sterne produziert wird. Berücksichtigt man die Halbwertszeit von $^{26}$Al von 717000 Jahren und dass jede Explosion im Mittel etwa 1/10000 Sonnenmassen an $^{26}$Al synthesiert, so benötigt man im Mittel eine Supernova pro 50 Jahre, um die beobachtete Menge an $^{26}$Al zu erklären. Die Rate sollte sich etwas erhöhen, da es, wie wir gleich se-hen werden, noch andere Supernova-Typen gibt, die nicht durch den Kollaps des Cores eines massereichen Sterns verursacht werden. Da die letzte Supernova, die man aus der Milchstraße kennt, gegen 1670 explodierte, ist die nächste schon lange überfällig!

Die Tabelle 5.5 stellt einige der beobachteten Supernovae zusammen.

Mit verbesserten Beobachtungsmöglichkeiten wurde es möglich, nicht nur Super-nova-Lichtkurven in immer größeren Entfernungen zu beobachten, sondern auch ihre Zeitabläufe zu verfolgen und vor allem Spektralanalysen des ausgestrahlten Lichts in unterschiedlichen Wellenlängen durchzuführen. Natürlich war erwartet worden, dass die Lichtkurven nicht identisch sind, da sie von vielen individuellen Faktoren wie der Sternenmasse, der Komposition des Sterns, aber auch seiner Umgebung abhängen. Man stellte aber fest, dass die Lichtkurven über charakteristische Unterschiede verfügen, die auf fundamental verschiedene Eigenschaften des explodierenden Objekts schließen

**Tab. 5.5:** Liste von historischen Supernovae. Die Supernova-Klasse kann durch die Beobachtung der Zeit-entwicklung der Lichtkurven sowie aus spezifischen Spektrallinien bestimmt werden. Bei historischen Supernovae gelingt dies durch Bestimmung von relativen Häufigkeiten der produzierten Elemente. Ein weiteres Merkmal ist es, ob der Supernova-Überrest einen Neutronenstern oder Pulsar aufweist oder nicht. Die Entfernungen sind in Lichtjahren angegeben.

| Name | Typ | Galaxie | Entfernung | Bemerkung |
|------|-----|---------|-----------|-----------|
| SN 185 | Ia | Milchstraße | 8100 | älteste dokumentierte SN |
| SN 393 | II | Milchstraße | 34000 | |
| SN 1006 | | Milchstraße | 7000 | |
| SN 1054 | II | Milchstraße | 6500 | Überrest ist der Krebsnebel |
| SN 1181 | II | Milchstraße | 8500 | |
| SN 1570 | Ia | Milchstraße | 8000 | entdeckt von Tycho Brahe |
| SN 1604 | Ia | Milchstraße | 14000 | entdeckt von Johannes Kepler |
| SN 1680 | IIb | Milchstraße | 11000 | Cassiopeia A |
| SN 1885A | Ia | Andromeda | 2,5 Millionen | erste außerhalb der Milchstraße |
| SN 1987A | IIP | GMW | 160000 | Vorgängerstern bekannt |
| SN 2005ap | II | SDSS Katalog | 4,7 Milliarden | bislang entfernteste SN |
| SN 2007bi | Ic | | 1,7 Milliarden | erste Paar-Instabilitäts-SN |
| SN 2015L | I | | 3,8 Milliarden | bislang leuchtstärkste SN |
| SN 2018zd | II | NGC 2146 | 31,3 Millionen | erste Elektroneneinfang-SN |

lassen. Dies führte dazu, Supernovae nach einigen grundsätzlichen Charakteristika der Lichtkurven zu klassifizieren. Abbildung 5.35 fasst die Haupttypen von Supernovae zusammen.

Der markanteste Unterschied in den Spektren ist, ob diese Absorptionslinien enthalten, die auf die Anwesenheit von Wasserstoff im explodierenden Objekt schließen lassen. Gibt es keine Wasserstofflinien im Spektrum, so spricht man von Supernovae des Typs I; liegen dominante Wasserstofflinien vor, so werden die Supernovae als vom Typ II bezeichnet. Supernovae, die, wie wir sie oben beschrieben haben, auf dem Kol-

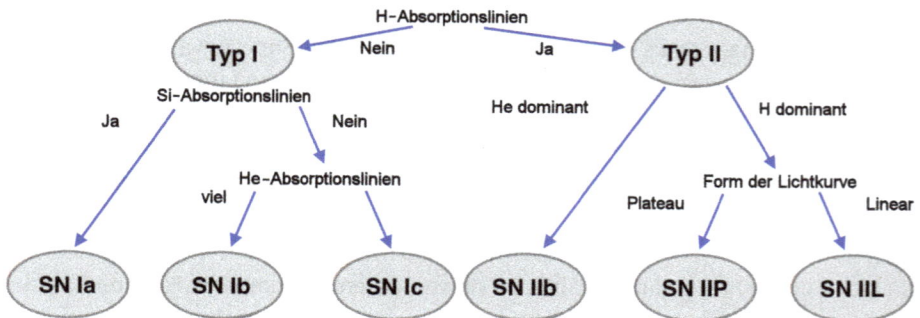

**Abb. 5.35:** Supernovae werden nach dem Auftreten bestimmter Spektrallinien in ihren Lichtkurven sowie nach deren zeitlichem Verlauf klassifiziert.

laps des Eisencores am Ende des hydrostatischen Lebens eines massereichen Sterns beruhen und die bei der Explosion noch eine ausgeprägte Wasserstoffhülle besitzen, sind also Typ-II-Supernovae. Supernovae vom Typ I müssen also auf Explosionen von Objekten beruhen, die die Wasserstoffhülle, falls vorhanden, schon vor der Explosion, zum Beispiel durch stellare Winde, verloren haben, oder keine besessen haben. Die letzteren Objekte werden uns im nächsten Kapitel mit einem vollständig andersartigen Explosionsmechanismus als dem gravitativen Kollaps eines inneren Zentrums eines Sterns begegnen, nämlich der thermonuklearen Explosion eines Weißen Zwerges in einem Doppelsternsystem. Wie oben diskutiert, sind Weiße Zwerge das Endprodukt von Sternen mit Geburtsmassen bis zu etwa 8 Solarmassen, die während ihrer Riesenphase durch Winde ihre äußere Hülle, insbesondere den Wasserstoff, verloren haben und so unter die Chandrasekhar-Grenzmasse gesunken sind. Betrachtet man die Spektren von Typ-I-Supernovae im Detail, so findet man, dass einige Supernovae markante Siliziumabsorptionslinien aufweisen und andere nicht. Die Supernovae mit Lichtkurven ohne Wasserstoff-, aber mit Siliziumabsorptionslinien werden als Typ Ia bezeichnet. Diese Klasse wird, wie wir sehen werden, durch die thermonukleare Explosion von Weißen Zwergen erzeugt. Wie die Tabelle 5.5 zeigt, war die erste dokumentierte Supernova SN 185 vom Typ Ia, sowie auch die beiden von Tycho Brahe und Johannes Kepler entdeckten Supernovae; sie kommen also recht häufig vor. Typ-Ia-Supernovae haben in den letzten Jahren eine fundamentale Rolle bei der Erkundung des Universums gespielt, wie wir im Kapitel zur Kosmologie und dem Urknall (siehe Kapitel 2) dargestellt haben. Die Typ-I-Supernovae, deren Lichtkurven keine Siliziumabsorptionslinien aufweisen, werden noch einmal danach unterschieden, ob sie markante (Typ Ib) oder nur schwache (Typ Ic) Heliumlinien aufweisen. Die Abbildung 5.36 zeigt typische Spektren der drei Unterarten von Typ-I-Supernovae zusammen mit einem Typ-II-Spektrum zu drei unterschiedlichen Zeitpunkten, am Maximum der Lichtkurve, nach etwa drei Wochen und einem Jahr nach dem Ausbruch.

Auch die Typ-II-Supernovae werden oft in Unterklassen unterschieden, wobei es ein Kriterium ist, ob Wasserstoff oder Helium die dominanten Spektrallinien zeigt; im letzten Fall spricht man von Supernovae des Typs IIb. Die Supernova SN 1993J ist ein Beispiel einer Typ-IIb-Supernova. Sie zeigte bei Ausbruch noch eine schwache Wasserstofflinie, die dann mit der Zeit in der Lichtkurve nicht mehr nachweisbar war. Man geht davon aus, dass der Vorläuferstern einer Typ-IIb-Supernova den größten Teil seiner Wasserstoffhülle während des hydrostatischen Brennens verloren hat, sodass der verbliebene Rest bei Ausbruch noch zu einer sichtbaren Absorption führt. Mit der Expansion der Supernova wird der Rest der Wasserstoffhülle schnell verdünnt, sodass er für Photonen transparent wird, sodass in der späteren Phase keine Wasserstofflinien mehr in der Lichtkurve nachweisbar sind.

Eine andere Unterscheidung von Typ-II-Supernovae bezieht sich auf die zeitliche Entwicklung der Lichtkurve für den Fall, dass die Supernova eine dominante Wasserstofflinie aufweist. Wie oben dargestellt, ist die Energiequelle der Lichtkurve der radioaktive Zerfall von bestimmten Kernen, wobei zu Anfang der zweistufige Zerfall von

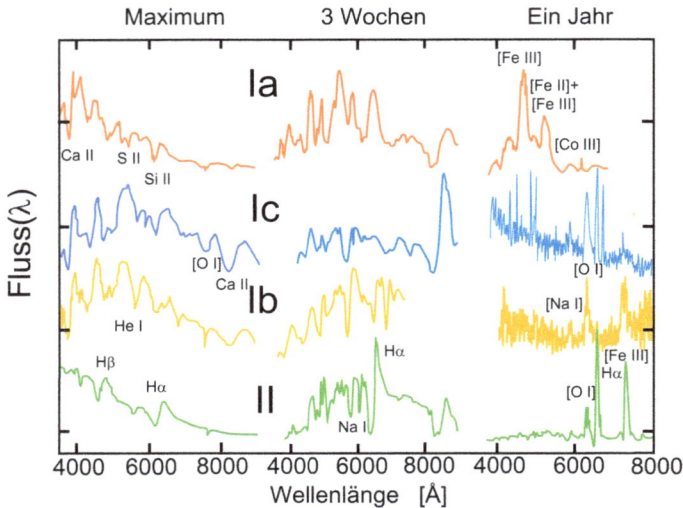

**Abb. 5.36:** Spektrallinienunterschiede in den Lichtkurven verschiedener Supernova-Klassen, beobachtet zu verschiedenen Zeiten nach dem Ausbruch.

$^{56}$Ni über $^{56}$Co nach $^{56}$Fe dominiert. Der zeitliche Verlauf der Lichtkurve folgt den Halbwertszeiten von $^{56}$Ni und $^{56}$Co und zeigt somit einen exponentiellen Verlauf mit den charakteristischen Zeitkonstanten der beiden Zerfälle. Trägt man, wie üblich, die Stärke der Lichtkurve auf einer logarithmischen Skala auf, so ergibt dies eine lineare Abnahme mit der Zeit, wobei die Neigung der Kurve von der Halbwertszeit bestimmt wird. Wird ein solches Verhalten für eine Typ-II-Supernova mit dominanten Wasserstofflinien beobachtet, spricht man vom Typ-II-L, wobei das „L" für linear steht und sich auf die zeitliche Abnahme bezieht. Dem gegenüber werden auch Supernovae mit dominanten Wasserstofflinien beobachtet, bei denen die Lichtkurve kurz nach dem Maximum für eine gewisse Zeit nicht abnimmt, sondern ein Plateau ausbildet. Dieser Typ wird mit Typ-II-P bezeichnet, wobei das „P" sich auf das Plateau bezieht. Bei einer Typ-II-P-Supernova geht man davon aus, dass die Stoßwelle bei der Explosion die äußere Wasserstoffhülle ionisiert, womit die Opazität deutlich erhöht und für Photonen intransparent wird. Die Photonen können erst entweichen, wenn sich die Wasserstoffhülle durch Expansion abgekühlt hat, sodass sich Protonen und Elektronen wieder zu Wasserstoffatomen rekombinieren können. Die mit Zeitverzögerung herausströmenden Photonen ergeben eine zusätzliche Energiequelle für die Lichtkurve und führen zu der beobachteten Plateaubildung. Der Unterschied in den Lichtkurven von Supernovae der Typen II-L und II-P ist in der Abbildung 5.37 dargestellt.

Wasserstoffabsorptionslinien in den Spektren der Lichtkurven sind also die Charakteristika von Typ-II-Supernovae. Diese Linien entsprechen Übergängen zwischen den verschiedenen Energiezuständen, die das Elektron im Wasserstoffatom annehmen kann, und sind im Labor, das heißt für einen ruhenden Beobachter, präzise vermes-

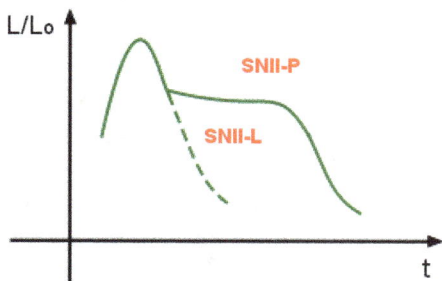

**Abb. 5.37:** Unterschiedliche Zeitentwicklung der Lichtkurven von Supernovae der Typen SNII-L und SNII-P, die beide durch den Kollaps eines massereichen Sterns entstehen. Sie werden durch radioaktiven Zerfall, hauptsächlich von $^{56}$Ni erzeugt. Dies ergibt einen exponentiellen Zerfall, dem auf einer logarithmischen Skala eine lineare Abnahme der Leuchtstärke mit der Zeit entspricht. Diese Abnahme sieht man im Typ SNII-L. Bei Supernovae der Klasse II-P wird die ausgeprägte Wasserstoffhülle von der Stoßwelle ionisiert, wodurch das Medium für Photonen durch die erhöhte Opazität undurchlässig wird. Diese Photonen können entweichen, nachdem sich die Wasserstoffhülle durch Expansion abgekühlt hat und Elektronen und Protonen zu Wasserstoffatomen rekombiniert sind. Die zusätzliche Energie der herausströmenden Photonen führt zur Plateaubildung in der Lichtkurve.

sen. Die vermessenen Linien haben dabei eine endliche Energiebreite, die auf dem quantenmechanischen Effekt der Unschärfe beruht. Jeder Übergang hat dabei eine intrinsische Stärke, d. h. Wahrscheinlichkeit, mit der er passiert, und es gilt, je größer die Übergangsstärke, so kürzer die mittlere Zeit, bis der Übergang geschieht, und je größer die Energiebreite. Man nennt diese Energiebreite die natürliche Linienbreite. Im Umkehrschluss kann man aus der Messung der Linienbreite die Übergangsstärke bestimmen. Falls sich das absorbierende Atom aber relativ zum Beobachter bewegt, kommt es zum Effekt der Doppler-Verschiebung, hin zu größeren Wellenlängen, wenn sich das Objekt wegbewegt (Rotverschiebung), oder zu kürzeren Wellenlängen, wenn sich das Objekt auf den Beobachter zubewegt. Auf kosmischen Distanzen tritt eine Rotverschiebung durch die Expansion des Universums auf und erlaubt Rückschlüsse darauf, zu welchem Zeitpunkt in der Geschichte des Universums die Absorption geschah. Im Allgemeinen erlaubt die Doppler-Verschiebung die Bestimmung der Geschwindigkeit, mit der sich ein Objekt relativ zum Beobachter bewegt. Dieser Effekt wird auch bei Supernova-Lichtkurven benutzt, um die Geschwindigkeiten der emittierten Ejekta zu bestimmen. Nun bewegen sich die Wasserstoffatome in Supernova-Ejekta (oder auch in stellaren Atmosphären und in interstellaren Wolken) nicht alle mit der gleichen Geschwindigkeit bezogen auf den Beobachter. Dies kann daran liegen, dass sie sich in unterschiedliche Richtungen bewegen, aber auch daran, dass die Wasserstoffatome eine endliche Temperatur haben, sodass die Geschwindigkeiten der Atome gemäß einer Maxwell-Boltzmann-Distribution verteilt sind. Es gibt also schnellere, aber auch langsamere Atome, die zu einer größere, bzw. kleineren Doppler-Verschiebung führen. Die natürliche Linienbreite wird durch diesen Effekt geweitet; man nennt dies die Doppler-Verbreiterung der Linie.

Supernova-Spektren zeigen eine deutliche Verbreiterung der Wasserstofflinien (siehe Abbildung 5.36), was auf sehr hohe Geschwindigkeiten der Ejekta von der Größenordnung von einigen Hundert bis Tausend km/s schließen lässt. In den letzten Jahrzehnten hat man auch Lichtkurven von Supernovae beobachtet, in denen eine engere Linie durch die breite H-$\alpha$-Linie überlagert wird. Man führte hierfür eine neue Supernova-Klasse mit der Bezeichnung SN IIn („n" für narrow). Der Ursprung der engen Linie kommt allerdings nicht von der Explosion direkt, sondern durch die Wechselwirkung mit dichter Gasmaterie, die die Supernova umgibt. Dieses Gas wird durch Licht im ultravioletten Bereich angeregt, das ausgesandt wird, wenn die Stoßwelle aus dem Stern herausbricht. Die Doppler-Verbreiterung ist deutlich kleiner, da das Gas der Umgebung nicht die hohen Geschwindigkeiten der Ejekta besitzt.

### 5.3.9 Heller als Millionen Supernovae: Gammablitze und Hypernovae

Am 19. März 2008 beobachtete der NASA-Satellit SWIFT einen Energieausbruch im Sternbild Bärenhüter, gekennzeichnet durch Strahlung im Energiebereich von keV bis MeV. Strahlung mit dieser Energie wird üblicherweise als Gammastrahlung bezeichnet, deshalb wurde der Energieausbruch als Gammablitz (im Englischen Gamma-Ray Burst, GRB) identifiziert und als GRB 080319B katalogisiert. Gammablitze sind eigentlich nichts Besonderes, an dem Tag im März 2008 wurden vier Blitze beobachtet. Allerdings war das Licht von GRB 080319B 7,5 Milliarden Lichtjahre unterwegs, bis es von SWIFT detektiert wurde. Aber was das eigentlich Verblüffende an dem Gammablitz war: Man konnte sein Nachglühen mit bloßem Auge beobachten! In den ersten 30 Sekunden war das Nachglühen mehr als eine Million Mal heller als die hellsten Supernovae. Die Abbildung 5.38 zeigt den Gammablitz GRB 030329 zu zwei unterschiedlichen Zeiten.

Gammablitze wurden, ähnlich den Pulsaren, vom US-Militär in den Sechzigerjahren erstmals beobachtet, als man nach Signalen für verbotene Atomwaffentests suchte. In den folgenden Jahrzehnten fanden Astronomen viele solcher Gammablitze. Ihr Interesse an den Blitzen blieb aber recht begrenzt, da man sie für eine Erscheinung innerhalb der Milchstraße hielt und sie somit dann nur von moderater Energie wären. Ein damals diskutiertes Modell erklärte sie durch alte, und somit kalte Neutronensterne, die interstellare Materie, vor allem Wasserstoff, auf der Oberfläche ansammelten. Ermöglicht durch die hohen Dichten, sollten dann Kernfusionsreaktionen und Elektroneneinfänge ablaufen, die schließlich ein Sternbeben in der Oberflächenschicht auslösen sollte. Diese Modelle wurden Makulatur, als es 1997 mit dem Satelliten BeppoSAX gelang, das optische Spektrum des Gammablitzes GRB 970508 aufzuzeichnen und darin das Absorptionsspektrum einer Galaxie, die sich zwischen Satellit und Gammablitz befand, nachzuweisen. Gammablitze sind somit extragalaktische Ereignisse und damit viel energiereicher, als man vermutet hatte.

Die direkte Beobachtung von Gammablitzen von der Erde aus ist nicht möglich, da die Erdatmosphäre für Photonen mit den bei einem Gammablitz ausgesandten Energien

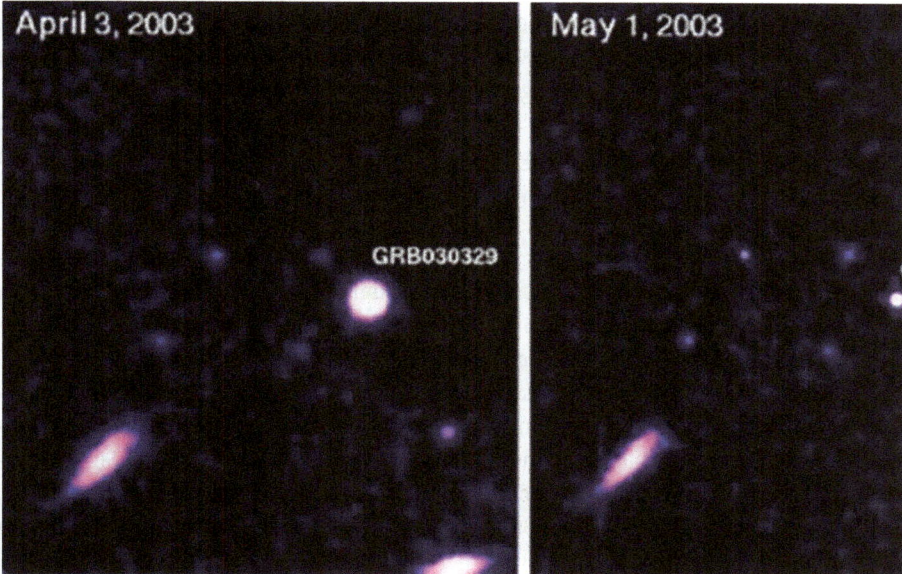

**Abb. 5.38:** Der Rosetta-Stein der Gammablitz-Beobachtung. Am 29. März 2003 wurde im Sternbild Löwe der Gammablitz GRB 030329 beobachtet; kurz darauf konnte im Spektrum seines Nachglühens eine Supernova vom Typ Ic nachgewiesen werden. Diese Beobachtungen bestätigten, dass Gammablitze mit Supernovae verbunden sind, und waren ein starkes Indiz für die Erklärung von Gammablitzen durch das Kollapsar-Modell. Die Abbildung zeigt das Nachglühen des Gammablitzes ein paar Tage (links) und ein paar Wochen (rechts) nach dem Ereignis.

nicht durchlässig ist. Deshalb war es ein Durchbruch in der Erforschung von Gammablitzen, als dies in den Neunzigerjahren durch Satelliten möglich wurde. Seitdem hat man Tausende von Gammablitzen verteilt über den ganzen Himmel beobachtet, mit der Häufigkeit von einem oder mehreren Blitzen pro Tag. Gammablitze sind nun also ein alltägliches Ereignis. Es ist nun auch möglich, das Spektrum der Blitze zu detektieren. Dabei zeigte es sich, dass Gammablitze sich nach ihrer Dauer in lange und kurze Blitze unterscheiden, wobei die kurzen nur ein paar Sekunden dauern, während die langen im Durchschnitt zwischen 10 und 100 Sekunden andauern. Gleichzeitig hat man festgestellt, dass die kurzen Blitze Strahlung mit etwas höherer Energie aussenden als die langen. Bei Letzteren zeigt sich ein Maximum im Leistungsspektrum der Strahlung bei einigen 100 keV, wobei die Leistung definiert wird als das Quadrat der Photonenenergie multipliziert mit der Häufigkeit, in der diese Photonenenergie auftritt: Im Spektrum wird sie gegen die Energie aufgetragen. Die Leuchtleistung von Gammablitzen ist beeindruckend, was eine starke Untertreibung ist. Sie entspricht etwa $10^{52}$ erg/s. Dies ist mehr als das Trillionenfache der Leistung der Sonne, oder anders formuliert, ein Gammablitz strahlt in einer Sekunde mehr Leistung aus als die Sonne während ihres ganzen Lebens. Die Beobachtungen haben auch gezeigt, dass auf den Blitz ein „Nachglühen" sowohl im optischen als auch im Röntgenbereich folgt. Das Nachglühen kann bei den langen Blitzen zwischen Tagen und Wochen dauern, während es bei den kurzen in den Bereich von Minuten fällt. Hier zeigt sich auch eine große Herausforderung für die Astronomen. Bei den langen Blitzen bleibt genügend Zeit, um andere Messgeräte auf Satelliten nach Entdeckung des Ereignisses auf dieses auszurichten, während dies bei kurzen Blitzen schwierig ist. Deshalb ist das Nachglühen der langen Blitze besser untersucht.

Es ist allgemein akzeptiert, dass die beiden Kategorien von Gammablitzen unterschiedliche Ursachen haben. Für das Verständnis der langen Gammablitze erwies sich ein am 29. März 2003 beobachteter Blitz im Sternbild Löwe in etwa 2 Milliarden Lichtjahren Entfernung als der lang gesuchte Rosetta-Stein (Abbildung 5.38). Der Blitz GRB 030329 dauerte etwas mehr als 30 Sekunden. Das Besondere und Bedeutende des Ereignisses aber war, dass ein Astronomenteam am Very Large Telescope in Chile das Nachglühen dieses Blitzes beobachtete und dabei eine sich rasch ausdehnende Supernova-Schale entdeckte. Dies war das gesuchte Indiz, veranschaulicht in der Abbildung 5.39, dass Gammablitze und Corekollaps-Supernovae verbunden sind! Vermutet wurde dies schon vorher, da man Eisen in den Spektren des Nachglühens gefunden hatte und Eisen, wie wir oben gesehen haben, in großen Mengen in einer Supernova-Explosion produziert wird. Aber GRB 030329 lieferte nun das ersehnte direkte Indiz.

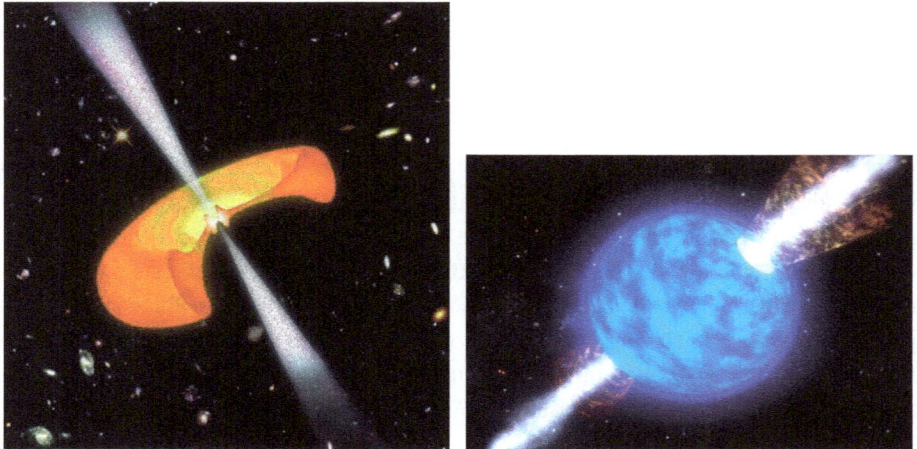

**Abb. 5.39:** Lange Gammablitze sind mit dem Auftreten einer Supernova gekoppelt. Der Motor beider Ereignisse ist ein rotierendes Schwarzes Loch, das sich nach dem Kollaps eines massereichen Sterns bildet. Um das Schwarze Loch bildet sich eine Akkretionsscheibe, aus der zunächst Energie in Form eines Jets entlang der Rotationsachse entweicht. Das linke Bild stellt die Akkretionsscheibe und den entweichenden Jet dar. Durch Kühlen der Akkretionsscheibe wird dann auch noch genügend Energie freigesetzt, um die äußere Hülle des Sterns als Supernova abzusprengen. Die rechte Abbildung ist eine künstlerische Darstellung der Supernova-Explosion.

Das Ereignis, das zum Gammablitz führt, wird also durch den gravitativen Kollaps im Zentrum eines massereichen Sterns getriggert, nachdem dieser dort seine nukleare Energiequelle verloren hat. Es besteht auch allgemeine Übereinstimmung darin, dass sich bei der Supernova nicht ein Neutronenstern als Überbleibsel bildet, sondern ein Schwarzes Loch, sodass der kollabierende Stern eine Geburtsmasse von mehr als 30 Solarmassen hatte. Ein weiteres Indiz fand man in den Untersuchungen von GBR 030329 und späteren Blitzen: Die entstehende Supernova ist vom Typ Ic, entspricht also einem Stern, der schon während seines hydrostatischen Lebens seine äußere Wasserstoffhülle verloren hat. All diese Indizien passen gut mit einem Modell überein, dass Stan Woosley schon 10 Jahre vor dem Rosetta-Stein-Ereignis vorgeschlagen hat: das Kollapsar-Modell.

Abbildung 5.40 skizziert die Entstehungsgeschichte eines Gammablitzes im Rahmen des Kollapsar-Modells. Das Modell geht davon aus, dass der Stern hauptsächlich aus Helium, Kohlenstoff, Sauerstoff und schwereren Elementen besteht, wenn sein inne-

**Abb. 5.40:** Schematische Darstellung eines Gammablitzes nach dem Kollapsar-Modell. Nach der Entwicklung und dem Kollaps eines massereichen Sterns (obere Reihe), der vorher seine Wasserstoffhülle verloren hat, bildet sich im Zentrum ein schnell rotierendes Schwarzes Loch. Um das Schwarze Loch entsteht eine Akkretionsscheibe, bei der sich nach wenigen Sekunden genügend Energie an den Polen sammelt, um einen relativistischen Jet an Strahlung und Materie zu triggern. Dieser bahnt sich seinen Weg entlang der Rotationsachse und erreicht nach etwas mehr als zwei Stunden die Oberfläche des Sterns, wo er als extrem starker Gammablitz in entgegengesetzten Richtungen auftritt. Zeigt eine der beiden Richtungen zur Erde, so kann der Gammablitz beobachtet werden. Gammablitze sind ein häufiges Ereignis im Universum. Mit Satelliten werden im Schnitt mehr als einer pro Tag irgendwo im Universum beobachtet.

rer Eisencore im Zentrum unter seiner eigenen gravitativen Anziehungskraft kollabiert. Dieser Kollaps geschieht anfangs – wie in einer typischen Supernova –, ohne dass die äußeren Schalen davon etwas spüren. Die kollabierende Masse ist so groß, dass sie die Grenzmasse für Neutronensterne überschreitet. Es bildet sich ein Schwarzes Loch. Dies kann direkt geschehen oder durch den Zwischenschritt einer fehlgeschlagenen Supernova. Bei dieser läuft alles zunächst wie bei einer erfolgreichen Supernova ab: Das innere Zentrum wird auf Kernmateriedichte und etwas höher komprimiert und eine Stoßwelle bildet sich, die versucht, den Stern zur Explosion zu bringen. Allerdings sammelt der frisch geborene Neutronenstern so viel Materie in kurzer Zeit an, dass er die Grenzmasse überschreitet und sich mit Verzögerung ein Schwarzes Loch bildet. Dies stoppt auch den starken Neutrinofluss, mit dem der Neutronenstern kühlt und der zur Unterstützung der Stoßwelle gebraucht wird. Das Kollapsar-Modell braucht allerdings noch ein weiteres wichtiges Ingrediens: Das Schwarze Loch muss rotieren.

Ein rotierendes Schwarzes Loch ist nicht kugelförmig, sondern an den Polen abgeflacht und am Äquator aufgebauscht (Abbildung 5.41). Diese Deformation ist um so größer, je schneller das Loch rotiert. In einem Kollapsar rotiert das Schwarze Loch nicht im Vakuum, sondern im Zentrum eines massereichen Sterns, umgeben von der Siliziumschale. Dank der ungeheuren gravitativen Anziehungskraft wird auch die Umgebung des Schwarzen Lochs mit in die Rotationsbewegung eingeschlossen. Es bildet sich eine Akkretionsscheibe, die an den Polen das Schwarze Loch berührt und am Äquator aufgedunsen ist. Es bildet sich also ein trichterförmiger Bereich relativ niedriger Dichte

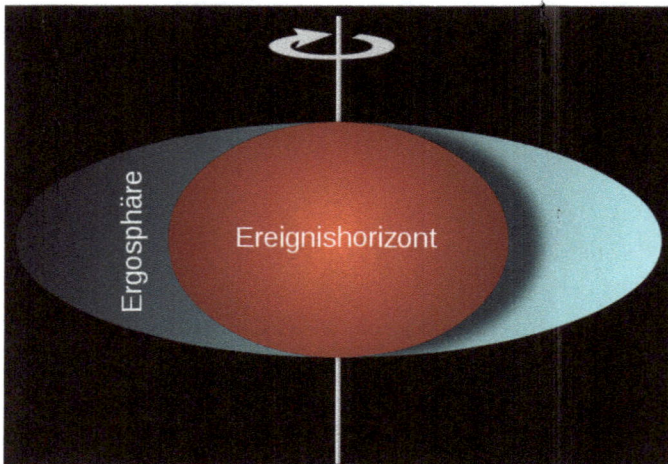

**Abb. 5.41:** Ein rotierendes Schwarzes Loch (rot) ist an den Polen abgeflacht und am Äquator aufgebauscht. Durch seine starke gravitative Anziehungskraft wird Materie, die sich in seiner Umgebung befindet, ebenfalls eine Rotationsbewegung aufgezwungen. Die Ergosphäre (grünlich) definiert den Bereich, der in der Umgebung zur Rotation gezwungen wird. Auch dieser Bereich ist deformiert. In der Nähe der Pole ist er deutlich dünner als am Äquator.

in der Nähe der beiden Pole. Wenn das Schwarze Loch, wie im Kollapsar-Modell angenommen, sich sehr schnell dreht, wird die umgebene Materie nicht nur mitgerissen, sondern es gibt einen Radius außerhalb des Lochs, wo die Zentrifugalkraft die Rotation der Materie stabilisiert, wenigstens für eine gewisse Zeit. Denn die Akkretionsscheibe hat eine stark differenzielle Struktur. Dies betrifft zum einen den Drehimpuls, der von innen nach außen abnimmt. Durch Stöße zwischen den Materieteilchen wird aber Drehimpuls transferiert, ebenfalls von innen nach außen, sodass sich das innere Material nach einer gewissen Zeit zu langsam dreht und in das Schwarze Loch stürzt. Es wird angenommen, dass das Schwarze Loch so ungefähr ein Zehntel Sonnenmasse pro Sekunde schluckt. Aber auch die Dichte und die Temperatur nehmen innerhalb der Akkretionsscheibe von innen nach außen ab. Dies wird für das Schicksal des Sterns sehr wichtig, denn die Prozesse, mit denen Energie transportiert werden kann, hängen von einer hohen Potenz der Temperatur ab, die im Inneren der Scheibe 10 Milliarden Kelvin erreichen kann. Neutrinos, die als Energietransportvehikel wieder gefragt sind und sehr häufig wegen der hohen Temperatur als Paare in der Nähe der Oberfläche des Schwarzen Lochs gebildet werden, können der Akkretionsscheibe am leichtesten in der Nähe der Pole entkommen, sodass sich dort recht schnell sehr viel Energie ansammelt. Es gibt noch weitere Prozesse, die dorthin Energie schaufeln und die vor allem effektiv werden, wenn die Akkretionsscheibe von starken Magnetfeldern durchlaufen ist. Man schätzt, dass sich innerhalb weniger Sekunden eine Energiemenge der Größenordnung $10^{51}$ erg ansammelt. Dies ist so viel, wie der Stoßwelle in einer normalen Supernova anfangs zur Verfügung steht. Allerdings ist diese Energie nicht wie bei der Stoßwelle über eine ganze Kugeloberfläche verteilt, sondern in den Trichtern an den beiden Polen konzentriert. Die Energie reicht aus, um sich ihren Weg aus dem Stern durch die äußeren Hüllen zu bahnen, wobei sie dem Dichte- und Temperaturgradienten entlang der Rotationsachse folgt. Dieser Energiefluss frisst somit einen Trichter durch die äußeren Hüllen des Sterns. Dabei bewegt sich der Strom recht schnell, geschätzt mit etwa einem Drittel der Lichtgeschwindigkeit. Der Energiestrom ist somit relativistisch. Man nennt einen solchen Materie- und Strahlungsstrom einen Jet (siehe Abbildung 5.42). Die nach außen dringende Materie und Strahlung wechselwirkt mit der Materie, die sie durchdringt. Dabei kommt es zu vielen Kollisionen, die je nach der Energie der beteiligten Partner Strahlung unterschiedlicher Energie erzeugt, hauptsächlich im Gamma-, aber auch im Röntgenbereich. Diese Strahlung sowie auch angestoßene Teilchen werden vom Jet mitgerissen. Natürlich kann es auch zu einem seitwärtigen Energietransfer kommen (bildlich auf der Kugeloberfläche, auf der die Wechselwirkung stattfindet). Dies hängt stark von der Viskosität der Materie ab. Simulationen, wie die in der Abbildung 5.42, zeigen, dass dieser Seitwärtstransfer gering ist und der Jet fokussiert bleibt. Nimmt man an, dass der Jet sich mit konstanter Geschwindigkeit (Drittel Lichtgeschwindigkeit) bewegt, dann hat er nach etwa 2,5 Stunden die Oberfläche des Sterns (mit dem Radius eines Überriesen von etwas weniger als einer Milliarde Kilometer) erreicht. Die ausgestoßene Strahlung wird zum Gammablitz, der durch die Rotationsachse vorgegeben, an zwei entgegengesetzten Richtungen in den interstellaren Raum geschleudert

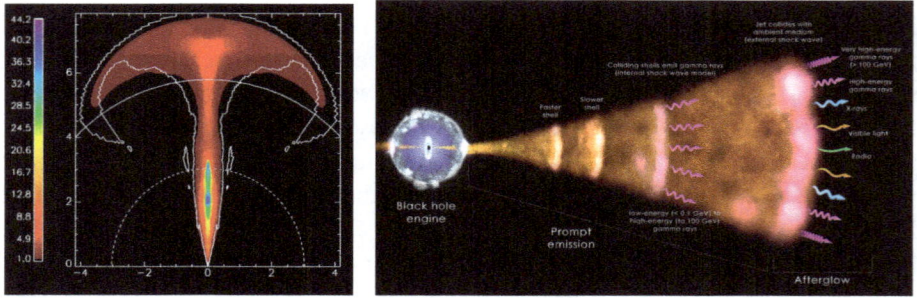

**Abb. 5.42:** (links) Numerische Simulation eines Jets, wie er bei einem Gammablitz auftritt. Der Teilchenstrom bahnt sich mit relativistischen Geschwindigkeiten seinen Weg durch den Stern entlang der Rotationsachse. Dabei bleibt der Jet stark fokussiert. Erst nach Durchdringung des Sterns kommt es auch zu merklichem seitwärts gerichteten Teilchenfluss. Die durchgezogenen und gestrichelten Bögen geben den Radius des Sterns und seiner Atmosphäre an. (rechts) Im Jet bewegen sich die Teilchen mit unterschiedlichen Geschwindigkeiten. Dadurch kommt es zu Stößen, bei denen Strahlung erzeugt wird. Schließlich stößt der Jet auf die stellare Umgebung von Staub, wodurch Strahlung unterschiedlicher Wellenlängen entsteht.

wird (siehe Abbildung 5.42). Dies geschieht in einem Kegel mit einem Öffnungswinkel von etwa 10 Grad. Zeigt dieser Winkel in Richtung der Erde, so kann man den Gammablitz beobachten. Dies erklärt auch, warum nicht alle Supernovae vom Typ Ic für den Beobachter von einem Gammablitz begleitet sind; meistens zeigt dieser in die falsche Richtung.

Wie von GRB 030329 gezeigt, sind Gammablitz und Supernova zwei Phänomene des gleichen astrophysikalischen Ereignisses. Sie gehen als Energiequelle beide auf das rotierende Schwarze Loch im Zentrum zurück, entziehen die Energie aber auf unterschiedlichen Wegen. Während der Gammablitz von der Energie, die sich schnell an den Polkappen sammelt, getriggert wird, wird die Supernova aus der Energie gespeist, die aus dem Rest der Akkretionsscheibe freigesetzt wird. Dies geschieht mit geringerer Rate, summiert sich aber laut Simulationen auf eine Energiemenge, die $10^{52}$ erg erreichen kann, das Zehnfache der Energie einer typischen Stoßwelle. Diese freigesetzte Energie treibt einen „Wind" von Strahlung und relativistischen Teilchen an (Neutrinos, Elektronen, aber auch Positronen, bis diese durch Annihilation vernichtet werden), der sich mit ungefähr einem Zehntel der Lichtgeschwindigkeit radial von der Scheibe nach außen bewegt. Diese Energiemenge reicht aus, um die äußeren Hüllen des Sterns abzustoßen. Da diese Ereignisse einen gegenüber typischen Supernovae deutlich erhöhten Energieausstoß haben, nennt man sie Hypernovae.

Der Wind setzt auch Kerne an der Oberfläche der Akkretionsscheibe frei. Hier handelt es sich zunächst allerdings um Neutronen und Protonen, da die Temperatur in der Scheibe so hoch ist, dass die Bindung von Kernen nicht überleben kann und diese vollständig dissoziiert sind. Die Situation erinnert stark an den Neutrino-getriebenen Wind einer typischen Supernova: Wenn die Nukleonen mit dem Wind in kühlere Regionen kommen, können sie sich zu Kernen wieder zusammensetzen, wobei die Häufigkeitsverteilung der Kerne wegen der ausreichend hohen Temperaturen zunächst dem Nuklearen Statistischen Gleichgewicht folgt. Da die Anzahl von Protonen und Neutronen im Wind annähernd gleich ist, da sie aus dem Material des Siliziumbrennens stammen, entsteht eine große Menge an $^{56}$Ni, dem am stärksten gebundenen Kern mit gleicher Anzahl von Protonen und Neutronen. Man schätzt, dass so etwa bis zu einer Solarmasse an $^{56}$Ni produziert wird, also deutlich mehr als in einer typischen Supernova. Das $^{56}$Ni wandelt sich dann stufenweise erst in $^{56}$Co und schließlich in $^{56}$Fe um. Die Vorhersagen, dass ziemlich viel Eisen in der mit Gammablitzen assoziierten Supernova produziert wird, deckt sich mit den spektralen Beobachtungen des Nachglühens der Blitze.

### 5.3.10 Untergang nach der Paarung: Paar-Instabilitäts-Supernova

Im vorherigen Kapitel haben wir diskutiert, dass in Sternen mit Massen ähnlich der Sonne das Heliumbrennen mit einem explosionsartigen Blitz beginnt, durch den die Entartung des Heliumcores überwunden werden kann. Mit wachsender Masse des Cores wird das Heliumbrennen sanfter gestartet, da sich kein entarteter Heliumcore ausbildet. Eine größere Masse des Heliumcores bedeutet im Allgemeinen auch eine größere Geburtsmasse des Sterns. Um diese gegen die gravitative Selbstanziehung zu stabilisieren, wird ein größerer Strahlungsdruck benötigt, der dadurch erreicht wird, dass Helium bei höherer Temperatur schneller verbrannt wird. Diese Tendenz führt allerdings zu einer anderen spektakulären Erscheinung, die in sehr massereichen Sternen mit Geburtsmassen etwa zwischen 70 und 280 Solarmassen beobachtet wird. Sterne mit solch enorm großen Geburtsmassen erzeugen auch am Ende des Wasserstoffbrennens Heliumcores mit außergewöhnlicher Masse, die in Simulationen im Bereich zwischen 30 und 130 Solarmassen abgeschätzt werden. Um Sterne dieser Masse zu stabilisieren, muss Helium viel schneller verbrannt werden als in der Sonne, um den notwendigen Strahlungsdruck zu gewährleisten. Es herrschen somit deutlich höhere Temperaturen im Heliumcore als dies in „leichten" Sternen der Fall ist, wo Helium bei Temperaturen von ungefähr 100–200 Millionen Kelvin verbrannt wird.

Für den Stern, so zeigen die Simulationen, ist das Gleichgewicht vergleichbar mit dem Ritt auf einer Rasierklinge, denn das nukleare Brennen erzeugt gerade genug Druck, um dem gravitativen Kollaps Stand zu halten. Eine kleine Störung kann den Stern zum Absturz bringen. Und diese Störung ergibt sich durch einen neuartigen Effekt, der schon in den Sechzigerjahren von Willy Fowler und Fred Hoyle erkannt wurde. Wenn die Temperaturen in einer astrophysikalischen Umgebung mit Strahlungsdominanz (hoher Entropie oder Unordnung) einen Wert von etwa 700 Millionen Kelvin überschreiten, gibt es genügend hochenergetische Photonen in der Planck-Verteilung, die das Photonengas beschreibt, um durch die Wechselwirkung von zwei Photonen ein Elektron-Positron-Paar zu erzeugen (Abbildung 5.43). Obwohl die mittlere thermische Energie des Photonengases (60 keV) deutlich kleiner ist als die Restmasse von Elektron oder Positron (entsprechend einer Energie von 511 keV), ist die Paarbildung möglich,

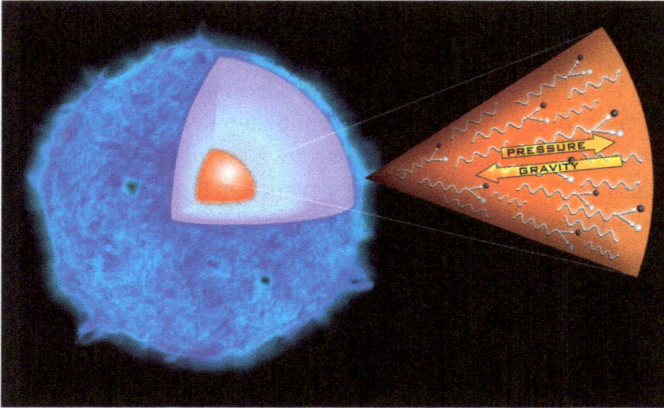

**Abb. 5.43:** In sehr massereichen Sternen mit Geburtsmassen zwischen 70 und 260 Solarmassen werden während des Heliumbrennens in den entsprechenden Heliumcores mit Massen von 30–120 Solarmassen Temperaturen von 700 Millionen Kelvin und höher erreicht. Unter diesen Bedingungen können zwei Photonen sich in ein Elektron-Positron-Paar umwandeln. Die für die Erzeugung der Restmassen der Teilchen benötigte Energie reduziert den Strahlungsdruck, der nicht mehr ausreicht, um das Gleichgewicht mit der gravitativen Anziehung zu gewährleisten. Der Heliumcore kollabiert. Ist die Masse nicht zu hoch, kann der Kollaps durch verstärktes nukleares Brennen aufgefangen werden, sodass der Stern in ein neues Gleichgewicht übergeht, wo sich die Instabilität wiederholt, bevor der Stern nach einigen Instabilitätsperioden schließlich durch Kollaps des im Zentrum entstandenen Eisencores endgültig kollabiert. Als Rest bleibt ein Schwarzes Loch übrig. Man nennt die Phänomene, bei denen der Stern in mehreren Pulsperioden kollabiert, eine pulsierende Paar-Instabilitäts-Supernova. Ist die Masse beim ersten Kollaps des Heliumcores zu groß, so kann der Kollaps nicht mehr gestoppt werden. Der Stern explodiert als Paar-Instabilitäts-Supernova.

weil es viel mehr Photonen als Elektronen/Positronen gibt und einige davon Energien größer als die Restmasse der Teilchen haben. Mit wachsender Temperatur verstärkt sich die Umwandlung in Paare beachtlich. Setzt dieser Prozess ein, so wird den Photonen Energie entzogen, die benötigt wird, um die Restmassen von Positron und Elektron zu produzieren. Diese Energie fehlt dem Strahlungsdruck, mit der fatalen Konsequenz, dass dieser das Gleichgewicht nicht mehr aufrechterhalten kann. Der Heliumcore kollabiert.

Der Kollaps erinnert an den des Eisencores in einer Typ-II-Supernova, allerdings mit einem bedeutenden Unterschied. Der kollabierende Heliumcore hat nicht seine nukleare Energiequelle verloren. Das Heliumbrennen wird fortgesetzt, sogar verstärkt wegen der wachsenden Temperaturen: Ferner stehen auch noch die Asche des Heliumbrennens als weiteres Brennmaterial zur Verfügung. In der Tat ähnelt die Situation mehr dem fortgeschrittenen Brennen in massereichen Sternen: Nukleares Brennen erzeugt Energie, die den Strahlungsdruck aufbaut, und die Produktion von Neutrinopaaren kühlt den Core. Der Unterschied zum hydrostatischen Brennen ist natürlich, dass dies nicht im Gleichgewicht passiert, sondern der Heliumcore sich unter seiner eigenen Gravitation zusammenzieht, wobei die Dichte und die Temperatur im Zentrum erhöht werden. Kann der Kollaps gestoppt werden, das heißt, können die möglichen nuklearen Energiequellen so stark angezapft werden, dass der Stern ein neues Gleichgewicht erreicht? Die Antwort hängt stark von einigen stellaren Eigenschaften ab. Die wichtigsten sind die Masse des Heliumcores und der Wasserstoffhülle, die wiederum von der Geburtsmasse beeinflusst werden. Je größer diese ist, desto massereicher ist der Heliumcore. Die Masse der Wasserstoffhülle hängt aber auch vom Massenverlust ab, den der Stern erfährt, bevor die Paar-Instabilität einsetzt. Die Abschätzung oder Simulation des Massenverlusts ist die unsicherste Eigenschaft, die über das Schicksal der Sterne im Massenbereich von 70 bis 280 Solarmassen entscheidet. Da schwerere Kerne entscheidend die Opazitäten und die Effizienz von stellaren Winden beeinflussen, ist die Metallizität der stellaren Komposition ein ganz wichtiger Faktor, um den Massenverlust zu beschreiben. Es gilt, wie wir diskutiert haben, je größer die Metallizität, um so stärker der Massenverlust in der äußeren Hülle. Man kann davon ausgehen, dass Sterne in diesem Geburtsmassenbereich einen großen oder sogar den größten Teil der Wasserstoffhülle abgestoßen haben, wenn es zur Paar-Instabilität im Heliumcore kommt. Für die ältesten Sterne mit Metallizität $Z = 0$ nimmt man an, dass sie gar keinen Massenverlust erleiden. Hier besitzt der Stern noch seine vollständige Wasserstoffhülle, wenn es zur Instabilität kommt. Es sei erwähnt, dass der Massenverlust auch durch die Rotation von Sternen beeinflusst wird.

Der Kollaps wird initiiert, wenn Elektron-Positron-Paarbildungen ab Temperaturen um 700 Millionen K den Strahlungsdruck verringern. Im kollabierenden Core erhöht sich die Dichte, aber auch die Temperatur. Der Anstieg der Temperatur beschleunigt die Paarbildung. Aber die Energieproduktion durch Kernreaktionen, die mit einer sehr hohen Potenz der Temperatur ansteigt (siehe Kapitel 4), wächst noch viel schneller. Diese nukleare Energieproduktion erhöht den Strahlungsdruck, der schließlich den Kollaps stoppen kann. Dies geschieht, wenn Temperaturen von wenigen Milliarden Kelvin erreicht sind. Das nukleare Brennen hat dann mit Kohlenstoff und Sauerstoff die Asche des Heliumbrennens erfasst. Die letzte Phase, bevor der Kollaps gestoppt wird, verläuft explosionsartig, sodass durch einen rapiden Anstieg der Temperatur auf einer Zeitskala von weniger als einer Minute viel Energie erzeugt wird. Diese kurze Phase ist die eigentliche Instabilität. Die hierbei erzeugte Energie wird durch einen „Blitz" freigesetzt, wobei ein Teil in Expansion umgesetzt und ein anderer Teil aber auch abgestrahlt wird. Hierbei kann es auch zu beträchtlichen Massenverlusten in der äußeren Wasserstoffhülle kommen, die bei den Dimensionen von Roten-Riesen-Sternen nur relativ schwach gebunden ist. Die Expansion, die auch den Core des Sterns einbezieht, kühlt den Heliumcore deutlich ab, sodass sich für eine gewisse Periode vorübergehend ein neues Gleichgewicht einstellen kann. Dann wiederholt sich das Geschehen: Paarbildung reduziert den Strahlungsdruck, Kollaps setzt ein, nukleares Brennen wird beschleunigt, bis sich nach einer weiteren Instabilität die angesammelte Energie in einem erneuten Blitz entlädt und ein neuer Zyklus kann beginnen. Die Energieblitze werden aber zunehmend leistungsschwächer, weil der Stern in den vorhergehenden Blitzen schon Energie verloren hat und weil ein steigender Anteil von nuklearem Brennmaterial verbraucht ist. Der erste Blitz ist also der stärkste. Mit jedem Zyklus wird aber auch die Dominanz der Strahlung abgebaut, die stellare Umgebung reduziert ihre Entropie. Auch dies verringert die Rate der Paarbildung, sodass nach einigen Zyklen der Stern im Zentrum sich wie im hydrostatischen Brennen verhält. Er befindet sich dann schon zumeist im Siliziumbrennen, das zur Bildung eines Eisencores führt, der schließlich unter seiner eigenen Gravitation kollabiert, da er ohne nukleare Energiequelle ist. Die entstehenden Eisencores in den extrem massereichen Sternen, die pulsierende Paar-Instabilitäten ausbilden, sind aber auch größer (> 2 Solarmassen) als bei einer normalen Typ-II-Supernova, und überschreiten somit wahrscheinlich die Maximalmasse für Neutronensterne, sodass sich am Ende ein Schwarzes Loch und kein Neutronenstern ausbildet.

Der erste Energieblitz ist der stärkste. Er nimmt auch zu, je größer die Masse des Sterns und des Heliumcores ist. Mit wachsender Masse nimmt auch die Zeit zwischen den Pulsen (Energieblitzen) zu, und ihre Anzahl ab. Die durch den Kollaps freigesetzte Energie wird in immer weniger Pulsen abgestrahlt, je größer die Masse. In der Tat gibt es eine Grenzmasse, die bei einer Geburtsmasse des Sterns von etwa 140 Solarmassen liegt, wo der von der Paarbildung eingeleitete Kollaps nur zu einer einzigen Instabilität führt, die den Stern komplett auseinanderreißt. Wird also diese Grenzmasse überschritten, reicht die durch den Kollaps und das beschleunigte nukleare Brennen erzeugte Energie aus, um den Stern zu explodieren. Dies geschieht, bevor der Stern einen Silizium- oder gar Eisencore ausgebildet hat. Man nennt das Phänomen, bei dem der Stern zerrissen wird und kein Rest übrig beibt, eine Paar-Instabilitäts-Supernova. Es ist also der Grenz- und Extremfall der pulsierenden Paar-Instabilitäts-Supernovae.

Es wird im Allgemeinen angenommen, dass die im Inneren der pulsierenden Paar-Instabilitäts-Supernovae durch Kohlenstoff- bis Siliziumbrennen produzierten Elemente im Schwarzen Loch enden, sodass die Nukleosynthese im Wesentlichen auf leichte Kerne wie Helium, Kohlenstoff, Sauerstoff und Stickstoff begrenzt ist, die während der verschiedenen Pulse ejektiert werden. Dies ist anders bei einer Paar-Instabilitäts-Supernova, die ja den Stern zerreißt und keinen Rest übrig lässt. Simulationen zeigen, dass dieser Supernova-Typ eine gewaltige Menge an mittelschweren Kernen herstellt. Nimmt man einen Stern als Beispiel, der bei der Explosion noch eine Masse von 100 $M_\odot$ aufweist, und somit bei Berücksichtigung des Massenverlusts in der Wasserstoffhülle eine Geburtsmasse von ungefähr 200 Solarmassen hatte, so sagen die Rechnungen, dass dieser Stern mehr als 20 Solarmassen an Silizium, etwa 10–15 Solarmassen Schwefel, ungefähr 1–2 Solarmassen jeweils an Argon und Kalzium, und schließlich 5–8 Solarmassen $^{56}$Ni produziert. Da der radioaktive Zerfall von $^{56}$Ni die Lichtkurve dominiert, sollten Paar-Instabilitäts-Supernovae sehr leuchtstarke Ereignisse sein, da ihnen in etwa das 50-Fache einer regulären Typ-II-Supernova an $^{56}$Ni zur Verfügung steht. In der Tat war diese extreme Leuchtstärke eines der Charakteristika, anhand derer die Supernova SN 2007bi (Abbildung 5.44) als Paar-Instabilitäts-Supernova identifiziert worden ist. Auch die beobachtete zeitliche Entwicklung der Lichtkurve sowie die im Spektrum identifizierten Mengen an den produzierten mittelschweren Elementen stimmen gut

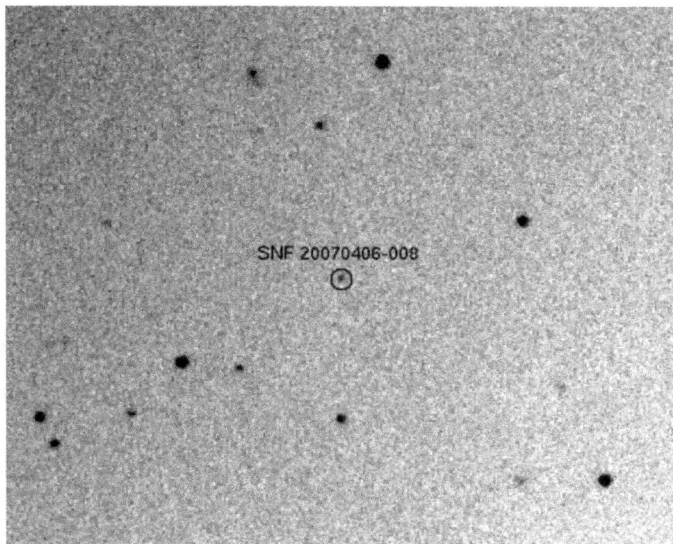

**Abb. 5.44:** Die Supernova SN 2007bi gilt als erste beobachtete Paar-Instabilitäts-Supernova. Bis zu dieser Beobachtung war die durch Elektron-Positron-Paarbildung im Heliumcore hervorgerufene Supernova-Klasse eine theoretisch interessante Möglichkeit.

mit den Voraussagen einer solchen Supernova überein, wenn sie durch die Explosion eines Sterns mit einer Masse von etwa 100 Solarmassen zur Zeit der Explosion entstanden ist, der seine Wasserstoffhülle vollständig verloren hatte. Die Ejekta werden auch mit außergewöhnlichen Geschwindigkeiten von etwa 12000 km pro Sekunde in den interstellaren Raum geschleudert. Daraus lässt sich die kinetische Energie der Supernova mit etwa 100 Bethe abschätzen, viel mehr als bei einer regulären Typ-II-Supernova. Da sich kein Neutronenstern als Überbleibsel bildet, wird nicht, wie bei einer normalen Supernova, der dominante Teil der Energie durch Neutrinos abgestrahlt, die ja durch Kühlung des Proto-Neutronensterns entstehen.

Die Supernova SN 2007bi wurde in einer Zwerggalaxie mit deutlich geringer Metallizität als dem solaren Wert beobachtet. Dies steht im Einklang mit der Erwartung, dass extrem massereiche Sterne hauptsächlich mit geringer Metallizität entstehen. Solche Sterne sollten deshalb unter den ersten Sternen im Universum vertreten gewesen sein. Die Entdeckung von SN2007bi lässt hoffen, dass man die Eigenschaften solch früher massereicher Sterne, die ja sehr kurze Lebenszeiten haben und schon vor langer Zeit explodiert sind, vielleicht auch noch im jetzigen Universum studieren kann.

In der Abbildung 5.45 ist das Schicksal der Sterne als Funktion ihrer Geburtsmasse und ihrer Metallizität zusammengefasst.

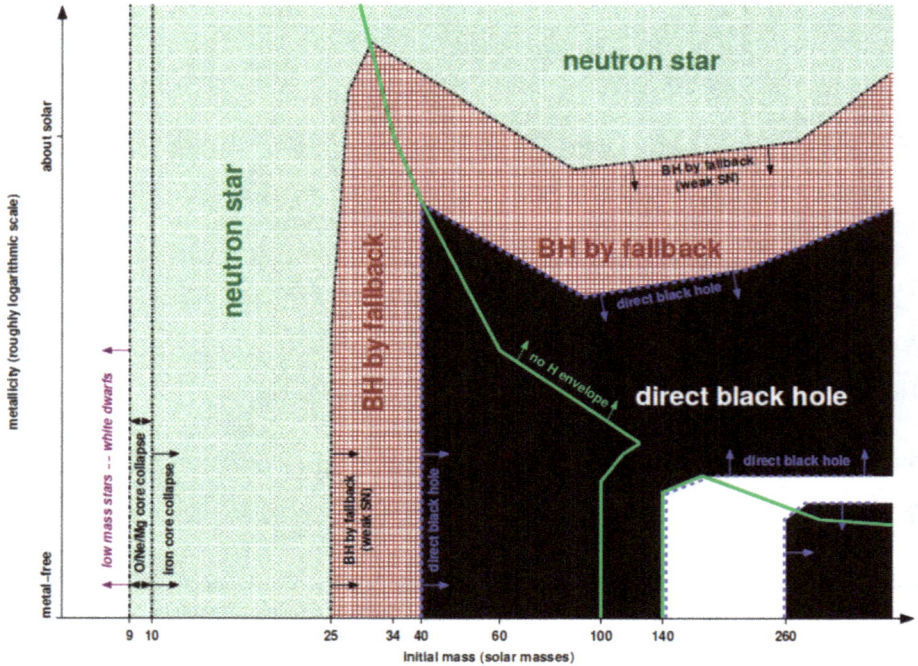

**Abb. 5.45:** Die Überbleibsel massiver Sterne als Funktion ihres Anteils von Elementen schwerer als Helium (sogenannte Metallizität in schematischer Darstellung, Ordinate) und ihrer Geburtsmasse (Abszisse). Der Bereich, in dem die Supernova einen Neutronenstern produziert, ist grün gepunktet, der rot-karierte Bereich zeigt, wo am Ende durch Massenakkretion der anfängliche Neutronenstern über sein Massenlimit anwächst und zu einem Schwarzen Loch wird. Der Bereich, in dem der Kollaps direkt zu einem Schwarzen Loch führt, ist schwarz eingefärbt. Das weiße Band zeigt den Bereich an, in dem der Kollaps zu einer Paar-Instabilitäts-Supernova führt. Im Massenbereich zwischen 9 und 10 Solarmassen endet das Schicksal des Sterns mit dem Kollaps eines Cores, der aus Sauerstoff, Neon und Magnesium besteht. Die grüne Linie trennt die Bereiche, in denen der Stern die Wasserstoffhülle vor dem Kollaps abstößt oder nicht.

## 5.4 Unvorstellbar kompakt: Neutronensterne und Schwarze Löcher

Das Universum ist voller extremer Orte. Die heißesten Temperaturen gab es wohl zu Beginn des Universums kurz nach dem Urknall. Die Materiedichte war damals allerdings nicht sehr hoch; sie ist es auch nicht in normalen Sternen wie zum Beispiel in unserer Sonne. Hier hat die Dichte einen Wert, der etwa eine Trillion Mal kleiner ist als im Zentrum eines schweren Atomkerns wie Blei oder Uran. Diese haben natürlich nur minimale Ausdehnungen. Im Universum kommen allerdings auch Objekte vor, in denen diese Dichten auf makroskopischen Skalen erreicht werden. Diese werden kompakte Objekte genannt, wobei dies bezogen auf unser alltägliches Leben eine Untertreibung ist, da in ihnen eine Sonnenmasse an Materie in eine Kugel der Größenordnung unserer Erde oder, im Extremfall, von etwas mehr als 10 km gepresst wird. Der erste Fall entspricht Weißen Zwergen, der zweite Neutronensternen. Beide Objekte sind stabil, ermöglicht durch den quantenmechanischen Effekt der Entartung. Weiße Zwerge sind uns schon in diesem Kapitel begegnet; Neutronensterne sind der Fokus dieses Unterkapitels. Schließlich beschäftigen wir uns noch mit den vermutlich außergewöhnlichsten Objekten im Universum: den Schwarzen Löchern. Zunächst als unerwartete Eigenschaft der mathematischen Lösungen der Allgemeinen Relativitätstheorie gefunden, hat sich in den letzten Jahren immer mehr Evidenz angehäuft, dass auch diese eigenartigen Vorhersagen einer Theorie im Universum realisiert sind.

### 5.4.1 Labore der Starken Wechselwirkung: Neutronensterne

In seiner Februarausgabe des Jahres 2006 blickte die American Physical Society News in der Rubrik „This Month in Science History" zurück in den Februar 1968, in dem Jocelyn Bell, zusammen mit ihrem Doktorvater Antony Hewish, die Entdeckungen der Forschungsarbeiten publizierten, für die Jocelyn Bell ihren Doktorgrad an der Universität Cambridge bekam, und Tony Hewish im Jahr 1974 den Nobelpreis für Physik (Abbildung 5.46). Während ihrer Promotionszeit hatte Jocelyn Bell, zusammen mit anderen

**Abb. 5.46:** Die Entdeckung von Pulsaren war ein Meilenstein in der Astrophysik, bestätigte sie auch die Existenz von Neutronensternen. Die Entdeckung gelang Jocelyn Bell-Burnell (links) als Teil ihrer Doktorarbeit in Cambridge, wobei sie ein neuartiges System von Dipolantennen zur Aufnahme des Radiosignals der Pulsare benutzte, das ihr Doktorvater Antony Hewish (rechts) erdacht und entwickelt hatte. Hewish erhielt für die Entdeckung den Physik-Nobelpreis. In der Fachwelt wurde oft die Meinung vertreten, dass der Preis auch an Jocelyn Bell hätte vergeben werden sollen. Jocelyn Bell hat, neben dem Doktortitel, viele andere angesehene Preise für ihren Anteil an der Entdeckung der Pulsare erhalten. Das in der Nähe von Cambridge errichtete Feld von 2000 Dipolantennen sieht man im Hintergrund des Bildes von Antony Hewish.

Studenten ein neuartiges Radioteleskop nach den Ideen und Entwürfen von Hewish aufgebaut; es bedeckte etwa eine Fläche von 0,02 Quadratkilometern und bestand aus ungefähr 2000 Dipolantennen. Das wissenschaftliche Ziel war, Quasistellare Objekte (Quasare) zu beobachten, die seit ihrer Entdeckung im Jahr 1963 durch Maarten Schmidt als Zeugen des sehr frühen Universums ein brandaktuelles Thema waren (und noch sind).[8] Ab dem Sommer 1967 lieferte das neue Radioteleskop Daten und schon bald entdeckte Bell in den Daten, aufgezeichnet auf Unmengen Papier, ein merkwürdiges Signal, das sie zunächst für Schrott („scruff") hielt. Aber dieses Schrottsignal war extrem regelmäßig, mit einer Periode von 1,3 Sekunden, und kam immer aus der gleichen Position am Himmel. Alle denkbaren Quellen konnten als Ursache ausgeschlossen werden. Nahmen Außerirdische Kontakt mit uns auf? Diese Idee wurde von ihr und Hewish kurzzeitig verfolgt; die neuartige Quelle wurde von Bell und Hewish spaßeshalber LGM-1 genannt; LGM stand für Little Green Man. Auch diese Idee der Quelle wurde kurz darauf verworfen, als ein zweites reguläres Signal, diesmal mit einer Periode von 1,2 Sekunden, aus einer anderen Position des Himmels detektiert wurde. Es war doch zu unwahrscheinlich, dass außerirdische Zivilisationen gleichzeitig aus zwei unterschiedlichen Gegenden unseren Kontakt suchten. Bis Weihnachten 1967 hatte Bell zwei weitere Signale entdeckt. Im Februar 1968 veröffentlichten Bell und Hewish ihre Entdeckung. Das Interesse der Wissenschaft war geweckt und bis zum Ende des Jahres waren schon Dutzende dieser merkwürdigen Radioquellen gefunden. Am Ende des gleichen Jahres erklärte Thomas Gold die Quellen als rotierende Neutronensterne und sagte voraus, dass die Periode durch Verlust an Rotationsenergie langsam anwächst, was kurz nach der Vorhersage für den Krebsnebel nachgewiesen wurde. Damit war die Existenz von Neutronensternen 36 Jahre nach den Ideen von Landau und Chandrasekhar, und kurz darauf Baade und Zwicky, bewiesen. Und gleichzeitig zeigte die Entdeckung von Hewish und Bell, dass diese unvorstellbar kompakten Objekte sich auch noch einmal in der Sekunde um ihre Achse drehen können. Heute wissen wir, dass sie es fast noch tausend Mal schneller können. Neutronensterne sind in den letzten 50 Jahren zu einem faszinierenden Forschungsgebiet in der beobachtenden und theoretischen Astrophysik geworden (Abbildung 5.47).

Eine faszinierende neue Fußnote zur Entdeckung der Pulsare wurde im Jahr 2007 von Charles Schisler aufgedeckt. Er arbeitete 1967 als Mitglied der US Air Force in Alaska und seine Aufgabe war es, mögliche feindliche Interkontinentalraketen durch Radar früh zu erkennen. Manchmal entdeckte er auf seinem Bildschirm (nicht wie bei Jocelyn Bell in dicken Papierstapeln) merkwürdige wiederkehrende Signale. Eines Tages bemerkte er, dass eines dieser Signale gegenüber dem Vortag um vier Minuten eher erschien. Und diese Verschiebung wiederholte sich an den kommenden Tagen. Charles Schisler wusste aus seiner früheren militärischen Tätigkeit als Flugzeugnavigator, dass Sterne von Tag zu Tag um vier Minuten früher erscheinen, verursacht durch die Bewe-

---

8 Quasare sind keineswegs Sterne, sondern supermassive Schwarze Löcher, um die sich eine rotierende Akkretionsscheibe gebildet hat, deren Strahlung beobachtet wird.

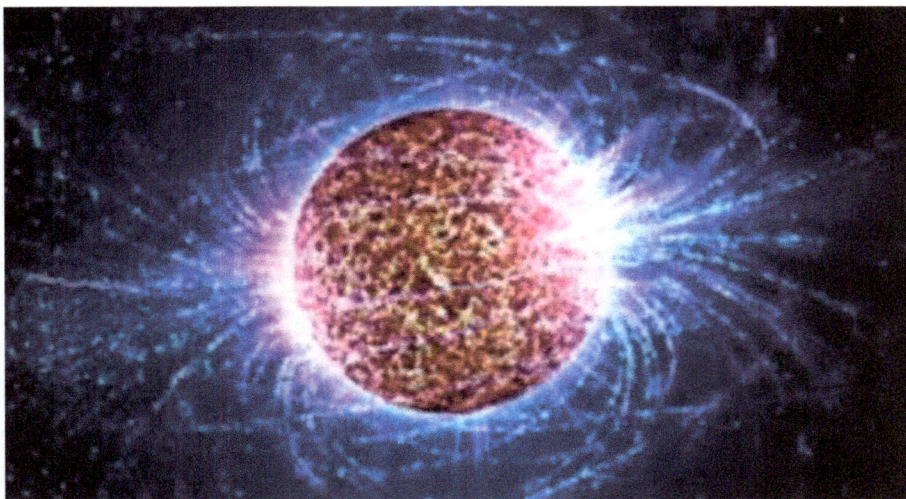

**Abb. 5.47:** Künstlerische Darstellung eines Neutronensterns. Ein Neutronenstern hat eine Masse, die mit der der Sonne vergleichbar und in der Regel sogar etwas größer als diese ist. Sein Radius ist allerdings viel, viel kleiner, nämlich nur von der Größenordnung von 10 Kilometer. Als Vergleich bedeutet dies, dass man die Masse eines Sterns mit etwas mehr Masse als der Sonne auf eine Kugel zusammenpresst, deren Querschnitt der Fläche von Hamburg entspricht. Neutronensterne besitzen oft extrem starke Magnetfelder, die auch die Atmosphäre des Sterns dominieren. Die typische Magnetfeldstärke ist eine Milliarde Mal größer als die an der Sonnenoberfläche.

gung der Erde um die Sonne. Somit war das beobachtete Signal kosmischen Ursprungs. Schisler bestimmte grob den Ursprungsort des Signals, fuhr nach Fairbanks zur Universität, wo ihm ein Astronom den Ursprungsort am Himmel zeigte: der Krebsnebel. Schisler entdeckte etwa ein Dutzend solcher Radiosignale, ohne zu ahnen, welche Entdeckung er damit hätte anstoßen können. Er hat natürlich frühzeitig seinen Vorgesetzten informiert, der die Beobachtung für unwichtig hielt, wahrscheinlich weil sie nicht irdischen Ursprungs war.

Neutronensternen werden in Typ-II-Supernovae als Überbleibsel des inneren Zentrums in einem sehr heißen Zustand geboren und versuchen danach, möglichst schnell und effizient zu kühlen. Die unterschiedlichen Prozesse, die dazu beitragen, sind in der Abbildung 5.48 zusammengefasst. Der ursprüngliche Proto-Neutronenstern hat einen Radius von etwa 20 km, eine hohe Temperatur von mehr als 200 Milliarden Kelvin (entsprechend einer thermischen Energie von etwa 20 MeV) und ist voller Elektronen, Positronen und Neutrinos – man nennt dies leptonenreich (Phase 1 in der Abbildung 5.48). Der Proto-Stern versucht, seine Energie so schnell wie möglich zu verlieren, und dies geht nur durch Neutrinos, die die geringste Wechselwirkung in dieser dichten Umgebung haben. Allerdings ist die Wechselwirkung nicht so klein, dass Neutrinos frei strömend den Stern verlassen können. Dies liegt zum einen an der Dichte der Umgebung, zum anderen aber auch an den Energien der Neutrinos, bestimmt durch die Tempe-

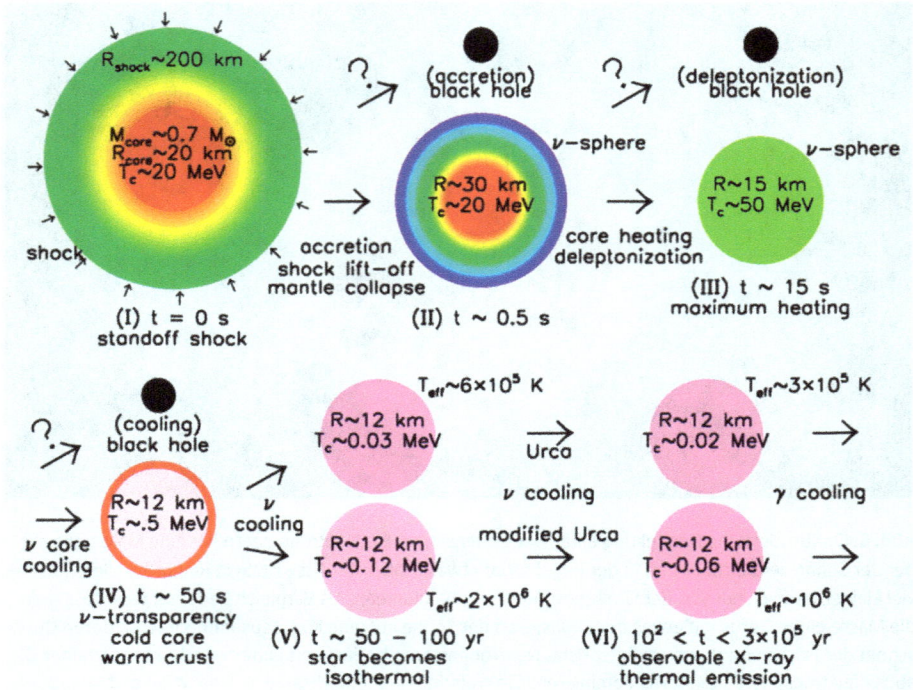

**Abb. 5.48:** Kühlphasen eines Neutronensterns, dargestellt in sechs Schnappschüssen der Zeitsequenz. Neutrinos sind dabei der Hauptkühlungsmechanismus, wobei unterschiedliche Prozesse im Laufe der Zeit dominieren (siehe Text). Nach etwa 100 Jahren wird ein Neutronenstern isotherm; er hat somit überall die gleiche Temperatur in seinem Inneren. Nach etwa hundert Jahren strahlt der Neutronenstern Röntgenstrahlung von seiner Oberfläche ab, die beobachtet werden kann.

ratur der Umgebung, da die Neutrino-Materie-Wechselwirkung proportional zum Quadrat der Neutrinoenergie ist. Im frisch geborenen Proto-Neutronenstern haben Neutrinos eine freie Weglänge von wenigen Zentimetern, bis sie mit der Materie wechselwirken. Die freie Weglänge ist viel kleiner als der Sternradius, sodass, wie schon während der Kollapsphase, der Energieverlust durch Neutrinos zu einem Diffusionsprozess wird; Neutrinos benötigen etwa 10 Sekunden, um dem Sterninneren zu entweichen. Solange (Elektron-)Neutrinos im Inneren präsent waren, wurde der Elektroneneinfang an Protonen unterdrückt, analog zur Neutrino-Trapping-Phase des Kollaps. Sind die Neutrinos nicht mehr vorhanden, kann der Elektroneneinfang einsetzen: Die Protonen wandeln sich in Neutronen um (einen Prozess, den man Neutronisierung nennt) und die Zahl der Elektronen wird deutlich reduziert, was den Druck vermindert, sodass der Proto-Stern sich zusammenzieht. Wichtig ist auch, dass der Elektroneneinfang im Netto Energie erzeugt, sodass sich das Innere, trotz des Verlusts an Neutrinos, aufheizt; man schätzt, dass die Temperatur auf ungefähr 500 Milliarden Kelvin steigt. Der Core verliert also in der Frühphase der ersten etwa 10 Sekunden sowohl Neutrinos als auch Elektronen; man nennt dies Deleptonisierung. Der Energieverlust durch Neutrinos ist allerdings ein kontinuierlicher Prozess, der auch nach Beendigung des Elektroneneinfangs den Stern effizient kühlt. Nach etwa 50 Sekunden ist der Core genügend gekühlt, die Neutrino-energie gesunken und ein großer Teil des Stern wird transparent für Neutrinos. Dies beschleunigt die Kühlung.

Wie in Weißen Zwergen ist auch in der kompakten entarteten Materie eines Neu-tronensterns der Wärmetransport durch Elektronen sehr effizient. Dieser fließt auch ins Innere und sorgt für einen Temperaturausgleich innerhalb des Neutronensterns. Dieser ist also isotherm, das heißt, man kann in seinem Inneren überall die gleiche Temperatur annehmen. Diese Temperatur sinkt kontinuierlich durch Energieverluste durch Neutri-noemission. Als Hauptmechanismus kommt hierbei die sukzessive Sequenz von einem Beta-Zerfall und einem inversen Beta-Zerfall der Nukleonen in Frage:

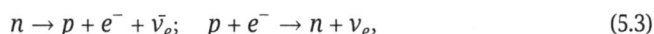

$$n \to p + e^- + \bar{\nu}_e; \quad p + e^- \to n + \nu_e, \tag{5.3}$$

wobei die erzeugten Neutrinos aus dem Stern entweichen und Energie forttragen. We-gen der Entartung der Elektronen, aber auch der Protonen und Neutronen können nur Teilchen an diesem sogenannten direkten URCA-Prozess teilnehmen, deren Energien in einem kleinen Bereich (der Grössenordnung $kT$) der jeweiligen Fermi-Energien liegen; sonst ist der Prozess durch das Pauli-Prinzip verboten. Um unter dieser Bedingung den Impulssatz zu erfüllen, muss der Anteil der Protonen an den Nukleonen mindestens ungefähr 11 % betragen. Sonst ist der direkte URCA-Prozess nicht möglich, und die Küh-lung muss durch den modifizierten URCA-Prozess (die Reaktionen (5.3) unter Beteiligung eines Nukleons zur Erfüllung des Impulssatzes) oder durch Nukleon-Nukleon Brems-strahlung, bei der zwei Nukleonen miteinaner streuen und dabei ein Neutrino-Paar erzeugen ($N + N \to N + N + (\nu\bar{\nu})$), stattfinden. Wichtig ist, dass die Bremsstrahlung und der modifizierte URCA-Prozess eine deutlich geringere Temperaturabhängigkeit ($\sim T^6$) haben als der direkte URCA-Prozess ($\sim T^8$). Man kann deshalb aus der Beobachtung des Kühlprozesses von Neutronensternen Hinweise auf seine Zusammensetzung (Protonen-anteil) erhalten. Zurzeit ist die Standardannahme, dass der direkte URCA-Prozess nicht passieren kann; der Protonenanteil liegt somit unter 11 %.

Der Stern emittiert auch Photonen von seiner Oberfläche. In den ersten 300000 Jah-ren wird der Energieverlust aber durch die Emission von Neutrinos dominiert. Da die Neutrinoemissionsraten aber schneller mit sinkender Temperatur kleiner werden als die Photonenraten, wechselt die Bedeutung der beiden Prozesse mit der Zeit. Alte Neu-tronensterne kühlen deshalb dominant durch Photonenemission. Wenn der Wechsel der beiden Kühlungsmechanismen passiert, ist die Oberflächentemperatur auf etwa ei-ne Million K gesunken (siehe Abbildung 5.48). Sie ist also etwa 200-mal größer als auf der Sonne, die allerdings einen Radius besitzt, der 50000-mal grösser ist. Nach dem Stefan-Boltzmann-Gesetz hat der Neutronenstern dann eine vergleichbare Leuchtstärke mit der heutigen Sonne. Berücksichtigt man, dass die Oberflächentemperatur hundert Jahre nach der Geburt etwa doppelt so groß war, so zeigt dies, dass die Kühlung ein sehr langsamer Prozess ist.

Eine Temperatur von einer Million Kelvin ist für irdische Bedingungen eine enorm hohe Temperatur. Vergleicht man aber die entsprechende thermische Energie von 86 eV mit den typischen kernphysikalischen Energieskalen, die 10000-mal größer sind, so ist sie klein. Dies gilt auch für die Temperaturen im Inneren des Neutronensterns. Man kann also die Temperatur approximativ vernachlässigen, wenn man ein Modell eines Neutronensterns entwerfen will. Hierzu geht man davon aus, dass auch Neutronensterne sich in einem hydrostatischen Gleichgewicht befinden, das sich durch einen inneren Druck gegen die gravitative Anziehung einstellt, wobei die Gravitation durch die Allgemeine Relativitätstheorie beschrieben werden muss. Zum Unterschied von Sternen während ihrer langen hydrostatischen Brennphasen laufen in Neutronensternen keine Kernfusionsreaktionen ab, da es hierfür zu kalt ist; der Druck wird durch die entarteten Teilchen erzeugt. Hierbei spielen sowohl Elektronen als auch bei höheren Dichten die Nukleonen die entscheidende Rolle. Die Abhängigkeit des Drucks von der Dichte wird durch die sogenannte Zustandsgleichung beschrieben. Ist diese definiert, so ergibt sich aus den Gleichungen des hydrostatischen Gleichgewichts bei Vorgabe der Dichte im Zentrum ein eindeutiges Modell des Neutronensterns, inklusive seiner Masse und seines Radius. Diese beiden Größen sind von besonderem Interesse, weil man sie durch Beobachtung bestimmen kann und so das Modell des Neutronensterns überprüfen kann.

Analog zur Chandrasekhar-Masse haben auch Neutronensterne eine maximale Masse. Allerdings hängt diese von der Zustandsgleichung ab, sodass jede Zustandsgleichung ihre eigene maximale Neutronensternmasse vorhersagt. Dies erlaubt es, die Gültigkeit von Zustandsgleichungen zu testen, denn wird ein Neutronenstern mit einer Masse, die größer ist als die Maximalmasse, die eine Zustandsgleichung erlaubt, beobachtet, ist diese Zustandsgleichung ausgeschlossen. Dieses Schicksal haben schon viele Zustandsgleichungen erfahren, vor allem, als jüngst ein Neutronenstern mit einer Masse von mehr als zwei Solarmassen gefunden wurde (siehe Tabelle 5.6). Neutronensterne haben auch eine minimale Masse, die sie brauchen, um stabil zu sein. Diese beträgt etwa 0,1 Solarmassen. Allerdings geht man davon aus, dass diese Abschätzung zu klein ist. Akzeptiert man, dass Neutronensterne in Supernovae geboren werden und dort einen heißen leptonenreichen Proto-Neutronenstern erzeugen, so muss dieser etwa eine Solarmasse schwer sein, um stabil zu bleiben.

Die Zustandsgleichung ist nicht besonders gut bekannt. Sie hängt von der Zusammensetzung der Materie und deren Eigenschaften bei den unterschiedlichen Dichten ab. Eine besondere Bedeutung hat dabei das innere Zentrum, in dem Dichten, die wahrscheinlich 3- bis 5-mal so groß wie die Sättigungsdichte von Kernmaterie sind, erreicht werden. Dieses Zentrum des Sterns trägt, wegen der enorm hohen Dichte, den Löwenanteil zur Masse der Neutronensterne bei. Eine direkte experimentelle Bestimmung der Zustandsgleichung ist im Labor nicht möglich. Allerdings kann man in Experimenten, in denen man schwere Kerne bei sehr hohen Energien an modernen Beschleunigeranlagen aufeinander schießt, Kernmaterie zu Dichten jenseits der Sättigung komprimieren. Dieser extreme Zustand wird zwar nur für äußerst kurze Zeiten erreicht; diese reichen aber aus, um mit modernster Detektor- und Computertechnologie analysiert zu werden. An der zukünftigen Großforschungsanlage FAIR (Facility for Antiproton and Ion Research) in Darmstadt wird es möglich sein, die Kernmaterie auf die Dichten, wie sie im Inneren von Neutronensternen herrschen, zusammenzupressen. Leider gelingt dies nur unter Benutzung von stabilen Kernen. Diese haben, wie etwa das schwere Uran-Isotop $^{238}$U einen Protonenanteil von ungefähr 40 %, also weit entfernt von der Proton-Neutron-Asymmetrie, die man in Neutronensternen erwartet, wo der Protonenanteil im Inneren wohl unter 11 % liegt. Man ist also gezwungen, die Labordaten zu Kernen mit extremen Neutronenüberschüssen zu extrapolieren, um Aussagen über Neutronensternmaterie zu erhalten. Diese Extrapolation wird von der sogenannten Symmetrieenergie dominiert. Die Symmetrieenergie trägt der Tatsache Rechnung, dass Kerne mit gleicher Anzahl von Protonen und Neutronen energetisch bevorzugt sind. Die Symmetrieenergie ist für diesen Fall maximal; sie verringert sich mit wachsender Abweichung von dem symmetrischen „$N = Z$"-Fall. Diese Abweichung ist quadratisch in der Differenz zwischen Protonen- und Neutronenzahl, da beide Nukleonensorten in der starken Wechselwirkung gleichberechtigt sind. Man erkennt das Problem: Eine Unsicherheit in der Kenntnis der Symmetrieenergie wird um mehr als das Zehnfache verstärkt, wenn man von der Kernmaterie, die im Labor hergestellt werden kann, auf diejenige in Neutronensterne extrapolieren will. Zurzeit ist die Symmetrieenergie noch nicht genau genug bekannt, um so die innere Struktur von Neutronensternen festzulegen.

Auch die Modellierung der Zustandsgleichung, und somit der Struktur eines Neutronensterns, leidet unter der Unsicherheit der Komposition und der Eigenschaften der Materie im dichten Inneren des Sterns. Allerdings lassen sich anhand der Dichte verschiedene Gebiete im Stern aufgrund ihrer allgemeinen Struktur unterscheiden, wobei die Dichte, wie bei normalen Sternen, von der Oberfläche, wo sie verschwindet, zum Zentrum hin kontinuierlich zunimmt. Der Stern befindet sich im Gleichgewicht. Mit wachsender Dichte spielen die Elektroneneinfangreaktionen an Protonen (innerhalb von Kernen) eine besondere Rolle:

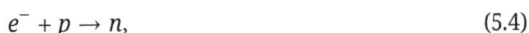

$$e^- + p \rightarrow n, \tag{5.4}$$

wobei angenommen werden darf, dass die Neutrinos aus dem Stern schnell herausdiffundieren. Deshalb haben wir sie in der Reaktion nicht aufgeschrieben und sie können in der Strukturdiskussion vernachlässigt werden. Insbesondere bildet sich im Neutronenstern kein See von Neutrinos aus, der den Elektroneneinfang wie in der Schlussphase des kollabierenden Cores massiver Sterne stoppen kann. Die Reaktion (5.4) bestimmt über weite Bereiche die Struktur des Neutronensterns; man nennt dies ein Beta-Gleichgewicht, in Anspielung an die Ähnlichkeit mit dem nuklearen Beta-Zerfall. Allgemein darf man erwarten, dass mit wachsender Dichte die Elektronen ein Gas bilden, das zunehmend entartet ist und dessen Fermi-Energie anwächst (proportional zur dritten Wurzel aus der Dichte). Die unterschiedlichen Dichteregionen sind in der Abbildung 5.49 skizziert.

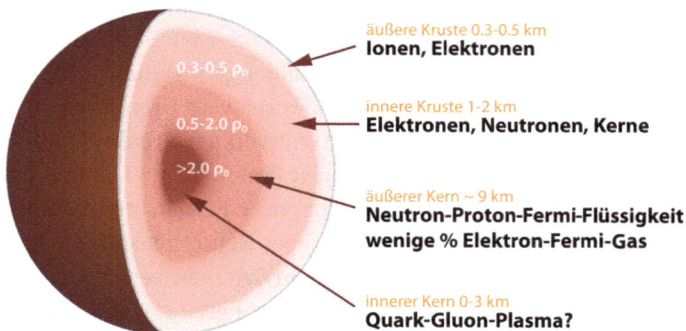

**Abb. 5.49:** Die Struktur eines Neutronensterns lässt sich in verschiedene Bereiche unterteilen. Er ist umgeben von der Atmosphäre, die aus einem Plasma leichter Elemente besteht. In der Hülle ist die Dichte kleiner als $10^6$ g/cm$^3$, sie besteht hauptsächlich aus Kernen, deren Neutronenüberschuss mit wachsender Dichte zunimmt. Die äußere Kruste ersteckt sich über den Dichtebereich von $10^6$ g/cm$^3$ bis zu $4{,}3 \cdot 10^{11}$ g/cm$^3$. Hier wird die Struktur durch ein Coulomb-Gitter schwerer Kerne gegeben, die mit einem relativistischen entarteten Elektronengas koexistieren. In der inneren Kruste, für Dichten von $4{,}3 \cdot 10^{11}$ g/cm$^3$ bis etwa der Hälfte der Sättigungsdichte von Kernmaterie (etwa $2 \cdot 10^{14}$ g/cm$^3$), ist das Coulomb-Gitter von einem Elektronengas und einem Neutronengas (freie Neutronen) umgeben. Im äußeren Kern bei noch höheren Dichten, bis zu etwa dem Doppelten der Sättigungsdichte, bilden die Neutronen eine Supraflüssigkeit, gemischt mit einem Elektronengas, das die positiven Ladungen der noch vorhandenen Protonen neutralisiert. Bei den höchsten Dichten, im inneren Kern, wird die Struktur unsicherer. Es wird vermutet, dass Neutronensterne im Zentrum Dichten erreichen können, die das 3- bis 5-Fache der nuklearen Sättigungsdichte sind. Hier sollten neben den Nukleonen auch noch andere stark-wechselwirkende Teilchen auftreten. Ab einer Dichte etwas unterhalb der Sättigungsdichte ist die Fermi-Energie des entarteten Elektronengases so groß geworden, dass sie die Masse von Myonen überschreitet. Es ist dann energetisch günstiger, die negativen elektrischen Ladungen im Gleichgewicht durch Myonen als durch Elektronen zu erzeugen. Die Längenangaben definieren die Dicken der einzelnen Bereiche.

Der Neutronenstern ist von einem heißen Plasma umgeben, das man Atmosphäre nennt. Wegen der enormen gravitativen Kräfte ist diese Schicht nur etwa 1 cm dick. Temperaturen können 100000 Kelvin überschreiten, deshalb sind die Atome in der Atmosphäre auch größtenteils ionisiert. Das Plasma besteht vermutlich aus leichten Elementen, die möglicherweise aus dem Interstellaren Medium eingefangen wurden. Eine Beimischung von schwereren Elementen wie Eisen ist auch möglich. Etwaige Photonen, die man von einem Neutronenstern beobachtet, stammen aus der Atmosphäre. Unterhalb der Atmosphäre befindet sich die „Hülle" des Neutronensterns. Hiermit bezeichnet man den Bereich, der sich von der Oberfläche bis zu einer Dichte von etwa $10^6$ g/cm$^3$ erstreckt. Die Hülle ist ungefähr 30 m dick. Sie besteht aus Elektronen und Kernen. An der Oberfläche wird die nukleare Komposition von den Kernen mit höchster Bindungsenergie bestimmt, also hauptsächlich $^{56}$Fe. Die Elektronen in der Hülle sind noch nicht vollständig entartet, was einen starken Einfluss auf den Energietransport hat. Die Hülle hat nicht wie der Rest des Neutronensterns eine einheitliche Temperatur, sondern in ihr ändert sich die Temperatur, sodass die Oberfläche etwa um einen Faktor 100 kühler ist als der isotherme Innenbereich. Atmosphäre und Hülle sind also dünn und haben geringe Dichten. Sie tragen somit nicht zur Masse des Neutronensterns bei.

Den Bereich unterhalb der Hülle nennt man die „Kruste". Sie erstreckt sich über die Dichten von $10^6$ g/cm$^3$ bis zu einigen $10^{13}$ g/cm$^3$ und hat eine Ausdehnung von etwa einem Kilometer. Die untere Dichte entspricht dem Übergang des Elektronengases aus dem nicht-relativistischen in das relativistische Regime, wie in der Diskussion der Weißen Zwerge erwähnt. Bei dem oberen Wert beginnen sich die Kerne in homogene Strukturen anzuordnen; es beginnt das Gebiet der nuklearen Pasta. Welche Kerne dominieren die Komposition in der Kruste? Dies entscheidet das Beta-Gleichgewicht (5.4). Die Abbildung 5.50 zeigt an, welche Kerne gemäß dem Beta-Gleichgewicht bei welcher Dichte in der äußeren Kruste dominieren.

Allgemein gilt, dass Elektroneneinfang das Verhältnis der Protonen zu Neutronen in der Materie zugunsten der Neutronen ändert. Dies reduziert die Coulomb-Abstoßung zwischen den Nukleonen, da weniger Protonen vorhanden sind, und erlaubt die Bildung schwererer Kerne. Allerdings kann ein Kern mit einer bestimmten Anzahl von Protonen nicht beliebig viele Neutronen binden. Addiert man bei einem Kern mit Protonenzahl $Z$ sukzessive Neutronen, so wird die Bindung des addierten Neutrons immer kleiner (dies kann durch Paarungseffekte leicht überdeckt werden), bis man zu einem Isotop kommt, das die maximale Anzahl von gebundenen Neutronen enthält. Versucht man, ein weiteres Neutron zu addieren, kann dies vom Kernverband nicht festgehalten werden. Man nennt die Kerne, an denen für Neutronen der Übergang von gebunden zu ungebunden passiert, die Neutronen-Abbruchkante (Dripline). Sie ist nur für die leichten Kerne bis hin zum Fluor experimentell bekannt, wo $^{31}$F mit 22 Neutronen bei 9 Protonen noch gebunden ist, aber $^{32}$F nicht mehr. Für die schwereren Kerne muss die Dripline modelliert werden, wobei es noch moderate Ungewissheiten gibt, vor allem bei schweren Kernen. Bevor wir auf die Bedeutung der Neutronen-Abbruchkante für die Struktur von Neutronensternen bei höheren Dichten zu sprechen kommen, wollen wir eine allgemeine Überlegung einschieben.

Beta-Gleichgewicht besagt, dass sich zwischen Protonen, Neutronen und Elektronen ein Zustand einstellt, der die Gesamtenergie minimiert, wobei die Wechselwirkung zwischen diesen Komponenten berücksichtigt werden muss. Die Energie der Elektronen wird durch die Fermi-Energie eines relativistischen entarteten Elektronengases gegeben. Die Energie der nuklearen Anteile hängt stark von der Dichte ab sowie vom Verhältnis von Protonen und Neutronen, wie dies in der Abbildung 5.51 dargestellt ist, wobei angenommen ist, dass sich die Materie bei der Temperatur $T = 0$ befindet, was für Neutronensterne, bis auf die sehr frühe Geburtsphase, berechtigt ist. Die Abhängigkeit von der Dichte wird dadurch hervorgerufen, dass die nukleare Wechselwirkung für größere Abstände der beiden wechselwirkenden Kernteilchen attraktiv ist, während sie bei kleinen Abständen repulsiv wird (siehe Abbildung 5.52). Dies bedeutet, dass bei

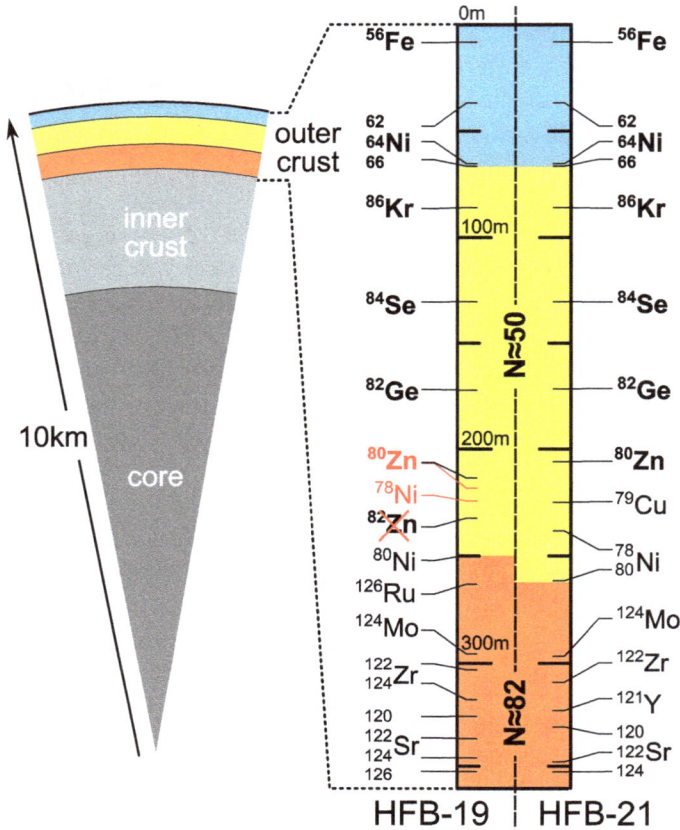

**Abb. 5.50:** Die nukleare Zusammensetzung der äußeren Kruste ergibt sich aus dem Beta-Gleichgewicht und den Kernmassen. Die beiden Skalen an den Seiten zeigen den bei bestimmten Dichten dominanten Kern, wie er sich aufgrund der Vorhersagen zweier theoretischer Modelle (HFB-19 und HFB-21) ergibt. Die Struktur musste korrigiert werden, nachdem erstmals Kernmassen im Bereich von $^{80}$Zn präzise gemessen wurden. Man beachte, dass Kerne mit magischen Neutronenzahlen ($N$ = 50, gelb und $N$ = 82, braun) wegen ihrer erhöhten Bindungsenergie die Struktur der Kruste dominieren.

kleinen Dichten, d. h. großen Abständen der Nukleonen, die Attraktivität gewinnt, während bei hohen Dichten, d. h. kleinen Abständen, dagegen die Repulsivität dominiert. Dies hat zur Konsequenz, dass die nukleare Energie bei kleinen Dichten negativ ist und bei großen positiv; bei verschwindender Dichte, wenn die wechselwirkenden Teilchen sehr weit auseinander sind, geht die nukleare Energie zu null. Aus diesem Verhalten der Energie folgt, dass es ein Minimum der Energie geben muss, das negativ ist. Dies ist für symmetrische Kernmaterie mit gleich vielen Neutronen und Protonen bei der Sättigungsdichte $\approx 2 \cdot 10^{14}$ g/cm$^3$ erreicht; die Bindungsenergie dieser symmetrischen Materie beträgt etwa 16 MeV pro Nukleon. Mit wachsendem Neutronenüberschuss verschiebt sich das Minimum zu etwas kleineren Dichten und kleineren Bindungsenergien,

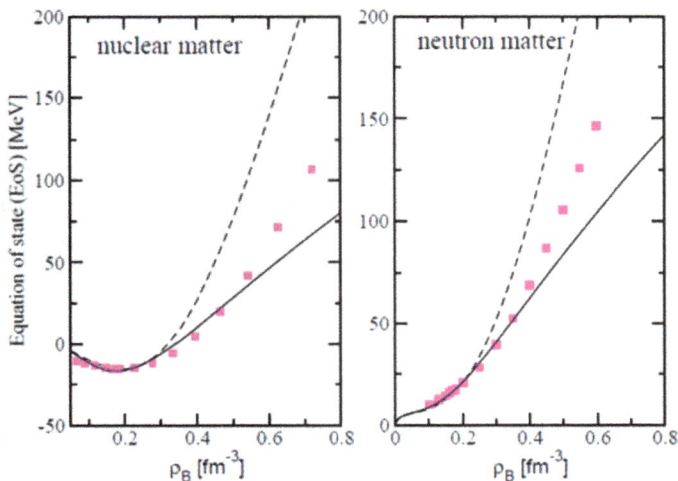

**Abb. 5.51:** Nukleare Zustandsgleichung für symmetrische Kernmaterie mit identischer Anzahl von Protonen und Neutronen (links) und reiner Neutronenmaterie (rechts) berechnet in drei unterschiedlichen theoretischen Modellen. Die nukleare Materie in einem Neutronenstern ist sehr neutronenreich, liegt also zwischen den beiden dargestellten Fällen, aber näher an der reinen Neutronenmaterie. Symmetrische Kernmaterie ist energetisch bevorzugt. Die Energiedifferenz von Kernmaterie mit Neutronenüberschuss gegenüber symmetrischer Materie wird durch die Symmetrieenergie bestimmt, die quadratisch von der Differenz der Anzahl von Protonen und Neutronen abhängt. Je steiler die Zustandsgleichung bei hohen Dichten ist, umso „steifer" ist sie. Die maximale Neutronensternmasse, die eine nukleare Zustandsgleichung erlaubt, hängt von der Steifigkeit ab; sie ist um so größer, je steifer die Zustandsgleichung ist. Die Zustandsgleichung für symmetrische Kernmaterie besitzt ein Minimum; diejenige für reine Neutronenmaterie dagegen nicht.

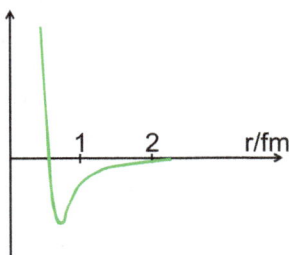

**Abb. 5.52:** Schematische Darstellung der Wechselwirkung zwischen zwei Nukleonen. Das Potential setzt sich aus einem repulsiven Anteil, der bei kleinen Abständen dominiert, und einem attraktiven Anteil zusammen. Bei einem Abstand von etwa einem Femtometer hat das Potential ein attraktives Minimum. Da Nukleonen farbneutrale QCD-Gebilde sind, verschwindet ihre Wechselwirkung bei großen Abständen. Dies ist im krassen Gegensatz zu Quarks, die in der QCD Farbladung tragen, und deren Wechselwirkung mit dem Abstand größer wird.

Letzteres eine Konsequenz der Symmetrieenergie, die Materie mit gleich vielen Protonen und Neutronen bevorzugt. Ab einem Protonenanteil von etwa 3 % oder weniger ist die Energie von Kernmaterie für alle Dichten positiv, es gibt kein Energieminimum. Bei der Sättigungsdichte ist der Druck, den Kernmaterie ausübt, null, entsprechend der Definition des Sättigungszustands. Dies gilt auch für den Sättigungszustand von Kernmaterie mit einem Neutronenüberschuss, bei der das Energieminimum allerdings bei kleineren Dichten erreicht wird. Für niedrigere Dichten als die der jeweiligen Energieminima ist der Druck negativ. Für höhere Dichten als die beim Energieminimum ist der Druck immer positiv und wächst mit steigender Dichte beschleunigt an. Hieraus folgt, dass Kernmaterie bei hohen Dichten entscheidend zum Druck gegen die gravitative Anziehung beiträgt.

Kehren wir nun zu unserer Diskussion der Struktur eines Neutronensterns zurück. Bis zu einer Dichte von ungefähr $4 \cdot 10^{11}$ g/cm$^3$ befinden sich die Neutronen vollständig in Kernen, sodass die Komposition des Neutronensterns durch individuelle Kerne gegeben wird, wobei die Kerne mit wachsender Dichte schwerer und neutronenreicher werden. Bei noch höheren Dichten und wachsenden Fermi-Energien der Elektronen wird das Beta-Gleichgewicht aber zu so stark neutronenreichen Kernen jenseits der Neutronen-Abbruchkante verschoben, dass nicht mehr alle Neutronen in Kernen gebunden werden können. Es stellt sich ein Gleichgewicht ein, in dem die Protonen in Kernen mit einem Teil der Neutronen gebunden sind, während der andere Teil ein Neutronengas bildet, das die Kerne, zusammen mit den verbleibenden Elektronen, umschliesst. Das Volumen, das das Neutronengas einnimmt, wächst mit der Dichte. Die Dichte, an der das Neutronengas erstmals auftritt, wird oft auch dazu benutzt, um die Kruste in eine äußere und innere Kruste zu trennen. Abbildung 5.50 zeigt, welche Kerne nach heutigen Vorstellungen die Komposition der äußeren Kruste dominieren, wobei für viele der auftretenden Kerne die Masse an modernen Forschungsanlagen, die die Produktion und das Experimentieren kurzlebiger neutronenreicher Kerne ermöglichen, bestimmt wurden.

Bei der Beschreibung der inneren Kruste, in der Kerne von einem Neutronengas umgeben sind, ist es wichtig, die Wechselwirkung zwischen den Nukleonen und deren Coulomb-Wechselwirkung mit den Elektronen zu berücksichtigen. Ähnlich wie bei Kernen, kommt es dabei auch im Neutronengas zu Paarbildung, wobei die gepaarten Neutronen sich wie Bosonen verhalten. Dies führt zu einem Phänomen, das man Suprafflüssigkeit nennt: Das Neutronengas verhält sich wie eine reibungsfreie Flüssigkeit. Dieses außergewöhnliche Verhalten wurde experimentell für eine $^4$He-Flüssigkeit entdeckt, die unterhalb einer kritischen Temperatur reibungsfrei fließt und eine fast ideale Wärmeleitfähigkeit besitzt. Der Übergang von einer normalen zu einer suprafflüssigen Flüssigkeit wird mit einem Phasenübergang verbunden. Bei einem solchen Übergang wird Energie gewonnen und freigesetzt, die man latente Wärme nennt. Die Flüssigkeit kann sich in der suprafflüssigen Phase befinden, wenn die thermische Energie kleiner als die latente Wärme ist. Letztere definiert somit auch die Temperatur, an der der Übergang von der einen in die andere Phase geschieht. Man nennt dies die kritische Temperatur. Für $^4$He liegt sie bei 2,17 K. Bei Neutronen in Kernen liegt der Energiegewinn durch Paarung bei 1–2 MeV. Man erwartet, dass er für das Neutronengas in einem Neutronenstern ähnlich groß ist. Dann ist diese Energie deutlich größer als die typischen thermischen Energien, die man in einem Neutronenstern erwartet, wenn man von der kurzen Phase nach seiner Geburt absieht. Deshalb geht man davon aus, dass sich die Wärmeleitfähigkeit des Neutronengases in der Kruste wie die einer Supraflüssigkeit verhält.

Den größten Teil des Neutronensterns bildet der „Core", der sich über mehr als 10 Kilometer erstreckt. Er umfasst auch fast die gesamte Masse des Sterns ($\approx$ 99 %). Der Core wird in einen äußeren und einen inneren Bereich unterschieden, wobei die Definitionslinie bei der nuklearen Sättigungsdichte ($\approx 2 \cdot 10^{14}$ g/cm$^3$) gezogen wird. Der Core ist der Bereich, in dem die Komposition, und damit die Zustandsgleichung, am unsichersten ist. Im äußeren Core geht man davon aus, dass die Struktur ähnliche Phasen von nuklearer Pasta durchläuft, die uns schon beim Kollaps des Cores massiver Sterne begegnet ist. Der innere Core besteht hauptsächlich aus einer reibungsfreien Neutronen-Supraflüssigkeit. Auch die anwesenden Protonen sind gepaart (wie in Kernen). Allerdings besitzen die bosonischen Protonenpaare eine elektrische Ladung, was zu einem der Supraleitung in Metallen ähnlichem Phänomen führt, sodass Protonen elektrische Ströme widerstandsfrei transportieren. Dies gilt allerdings nicht für die Elektronen im Core, sodass der Nettoeffekt der Supraleitungsfähigkeit der Protonen die Eigenschaften im Core nicht entscheidend verändert.

Es tritt allerdings im Core ein weiterer Effekt auf, der auf die Zustandsgleichung Einfluss nimmt. Da reine Neutronenmaterie energetisch deutlich ungünstiger ist als ein Gemisch von Neutronen mit einigen Protonen, besteht die nukleare Materie im Neutronenstern aus beiden Nukleonen, trotz der energetischen Strafe, die durch die Fermi-Energie für Elektronen bezahlt werden muss. Die Anwesenheit von Elektronen ist notwendig, um die positive elektrische Ladung der Protonen zu kompensieren. Elektronen sind die leichtesten Elementarteilchen mit negativer Ladung, die diese Aufgabe erfüllen können. Allerdings wird die energetische Strafe der Anwesenheit von Elektronen mit wachsender Dichte immer größer, da die Fermi-Energie der Elektronen stark steigt. Bei Dichten von einigen $10^{13}$ g/cm$^3$ erreicht sie Werte von 105 MeV und mehr. Myonen, die nächstschwereren Elementarteilchen mit negativer Ladung, haben eine Ruhemasse von 105,658 MeV. Myonen haben in unserer Diskussion der Zusammensetzung von Neutronensternmaterie bislang keine Rolle gespielt. Das ändert sich bei Dichten, bei denen die Fermi-Energie der Elektronen größer wird als die Ruhemasse der Myonen. Nun kann die Notwendigkeit, die positive Ladung der Protonen ausgleichen zu müssen, auf zwei Schultern verlagert werden: Elektronen und Myonen. Es baut sich also neben dem Elektronengas nun zusätzlich noch ein Myonengas auf. Diese zusätzliche Möglichkeit („Freiheitsgrad") hat die Konsequenz, dass Energie und Druck geringer mit wachsender Dichte ansteigen als für den Fall, dass nur ein Elektronengas in der Materie vorliegt. Man sagt, dass die Zustandsgleichung „weicher" wird. Dies ist eine generelle Tendenz: Das Auftreten neuer Teilchen in der Zusammensetzung der Materie sorgt für ein Weicherwerden der Zustandsgleichung. Solche Effekte können bei Dichten, die im inneren Core erreicht werden, auftreten. Bei den neuen Teilchen handelt es sich dann aber um Teilchen, die – im Gegensatz zu Elektronen und Myonen – an der starken Wechselwirkung teilnehmen. Man geht vor allem davon aus, dass das $\Lambda$-Baryon, ein neutrales Elementarteilchen mit einer Masse, die um etwa 176 MeV schwerer ist als das Neutron, bei höheren Dichten im inneren Core existieren wird. Dies ist auch möglich für die sogenannten $\Sigma$-Baryonen, die etwa 250 MeV schwerer sind als das Neutron. Sowohl $\Lambda$- als auch $\Sigma$-Baryonen besitzen in ihrer internen Struktur ein s-Quark, das in der Valenzquarkstruktur von Protonen oder Neutronen nicht vorkommt. Es wird auch spekuliert, ob das innerste Zentrum von Neutronensternen von bosonischen Mesonen (Pionen oder Kaonen) dominiert wird, die dort ein Bose-Kondensat bilden. Dass man die innerste Struktur von Neutronensternen so unbefriedigend kennt, liegt daran, dass nicht ausreichend bekannt ist, wie die Elementarteilchen bei geringen Abständen und in Anwesenheit anderer Teilchen, die ebenfalls über die starke Wechselwirkung interagieren, miteinander wechselwirken. Dies führt zu einer gewissen Unsicherheit in der Zustandsgleichung bei den höchsten Dichten, die man im Neutronenstern erwartet.

Es gibt recht viele Zustandsgleichungen, die im Rahmen unterschiedlicher nuklearer Modelle und Annahmen entwickelt wurden. Diese Gleichungen beschreiben das experimentell bekannte Verhalten bis zu Dichten, die etwas größer als die Sättigungsdichte sind, und für Protonen-zu-Nukleonenanteilen bis zu etwa 0,36, wie sie in schweren stabilen Kernen erreicht werden. Die Extrapolation zu den viel kleineren Protonenanteilen, wie sie in Neutronensternmaterie vorherrschen, ist ein großer Unsicherheitsfaktor, verursacht durch die ungenaue Kenntnis der Symmetrieenergie und vor allem ihrer Dichteabhängigkeit. Dazu gesellen sich noch Unsicherheiten, welche exotischen Teilchen bei den hohen Dichten im Innersten des Sterns auftreten können und wie diese mit den anderen Komponenten unter solch extremen Bedingungen wechselwirken. Selbst die Wechselwirkung von Nukleonen ist bei diesen Dichten noch recht ungenau bekannt, wobei man davon ausgeht, dass Nukleonen, wie auch die anderen Teilchen, nicht nur paarweise, sondern auch als Triple durch Dreikörperkräfte wechselwirken. Schließlich ist die Lösung des Vielteilchenproblems alles andere als trivial.

Es ist wichtig, dass eine intime Beziehung zwischen der Steifigkeit der Zustandsgleichung und der Maximalmasse von Neutronensternen, einer der fundamentalsten, aber noch zu ungenau bekannten Eigenschaft von Neutronensternen, besteht. Man ist nicht zuletzt daran interessiert, diese präzise zu kennen, da sie die Trennlinie im finalen Schicksal von massiven Sternen zwischen Schwarzem Loch und Neutronenstern entscheidet. Je steifer die Zustandsgleichung ist, desto mehr Druck kann die Materie im Inneren des Sterns gegen die gravitative Anziehung ausüben und je mehr Masse kann sie stabilisieren. Im Umkehrschluss gilt, je weicher die Zustandsgleichung ist, desto geringer ist die Maximalmasse. Deshalb ist es wissenschaftlich so aufregend, wenn neue Rekordmassen von Neutronensternen nachgewiesen werden können. Denn diese Beobachtungen sind meistens mit einigen Zustandsgleichungen nicht verträglich, da diese kleinere Grenzmassen vorhersagen; diese Zustandsgleichungen sind somit als nicht korrekt nachgewiesen. In den letzten Jahren ist die Neutronensterngrenzmasse, dank verbesserter Techniken, kontinuierlich gestiegen. Der momentane Rekordhalter ist der Neutronenstern J0740+6620, der 2019 in der Milchstraße entdeckt worden ist. Seine Masse ist fast genau das Doppelte der Sonnenmasse: $(2{,}08 \pm 0{,}07)\,M_\odot$. Die Entdeckung hat viele Zustandsgleichungen als zu weich identifiziert und eliminiert. Für lange Zeit waren so schwere Neutronensterne von den Modellen ausgeschlossen worden. Heute existieren Zustandsgleichungen, die Grenzmassen bis zu $2{,}5\,M_\odot$ erlauben.

Die Masse ist also eine fundamentale und aussagekräftige Eigenschaft von Neutronensternen. Ihre Bestimmung ist alles andere als ein einfaches Unterfangen. Sie gelingt allerdings, wenn sich der Neutronenstern in einem Doppelsternsystem befindet. Dieses System hat normalerweise einen Drehimpuls, sodass die beiden Sterne umeinander rotieren. Dann kann das Dritte Kepler'sche Gesetz ausgenutzt werden, das die Rotationsperiode mit den Massen der Partner und deren Abstand vom gemeinsamen Massenschwerpunkt verbindet. Die Bestimmung wird dadurch erschwert, dass die Ebene, in der die Partner rotieren, eine Neigung (Inklination) gegenüber der Richtung aufweist, aus der das Doppelsternsystem beobachtet wird. Eine Massenbestimmung ist möglich, wenn Strahlung beider Partner detektiert werden kann und aus deren Dopplerverschiebung die Geschwindigkeiten extrahiert werden können. Es gelingt auch, wenn der Neutronenstern als Pulsar Radiosignale aussendet und diese mit hoher Genauigkeit vermessen werden, sodass man die notwendigen Informationen zur Anwendung des Kepler'schen Gesetzes aus relativistischen Effekten oder kleineren Korrekturen des Doppler-Effekt bestimmen kann.

Ein System, für das man Strahlung von beiden Partnern beobachten kann, ist ein Röntgen-Doppelstern. Hierbei umkreisen sich ein massereicher Stern in seiner Riesenphase und ein Neutronenstern. (Das kompakte Objekt kann auch ein Schwarzes Loch oder ein Weißer Zwerg sein.) Masse wird hierbei von zwei Gravitationszentren angezogen; meistens gewinnt eines der beiden. Es gibt aber eine Grenzlinie, auf der die Anziehung der beiden Partner gleich groß ist. Man nennt diese Linie Roche-Schleife (Roche lobe). Überschreitet Materie, die zunächst von einem Partner dominant angezogen wurde, die Roche-Schleife, wird sie dann dominant vom anderen angezogen. Dies kann zum Beispiel dann passieren, wenn der massereiche Stern in seiner Entwicklung starke Winde entwickelt. Es passiert aber auch, wenn der Stern sich zu einem Riesenstern entwickelt und sich dabei extrem, über die Roche-Schleife, aufbläht. Dann kommt es zu einem stetigen Massenfluss zur Oberfläche des Neutronensterns. Die Rotation des Systems zwingt den Fluss in eine Ebene senkrecht zur Rotationsachse. Es bildet sich eine Akkretionsscheibe um den Neutronenstern, die sich aufheizt und im Röntgenbereich strahlt. Diese Strahlung sowie die Strahlung des Riesensterns kann detektiert werden und erlaubt die Bestimmung der Masse des Neutronensterns und des Partners. Einige Beispiele von Neutronensternmassen, die so bestimmt wurden, sind in der Tabelle 5.6 aufgelistet. Im nächsten Kapitel werden wir zur Roche-Schleife und dem Massefluss zwischen Partner zurückkehren.

Der Riesenstern entwickelt sich weiter und kollabiert schließlich und wird nach einer Supernova-Explosion auch zu einem Neutronenstern. Dies hängt natürlich von

**Tab. 5.6:** Massen von ausgewählten Neutronensternen, angegeben in Einheiten der Sonnenmasse. Cyg X-2, Vela und Cen X-3 sind Röntgen-Doppelsterne bestehend aus einem Neutronenstern und einem Riesenstern. B1913+16, B1534+12, B2127+11C und J0737-3039 sind Doppelsternsysteme, die aus zwei Neutronensternen bestehen, und deren Massen aus der Beobachtung der Pulssequenzen und unter Ausnutzung der Kepler-Gesetze sehr genau bestimmt werden können. B1913+16 (oder PSR 1913+16) ist das berühmte Hulse-Taylor-Doppelsternsystem, aus dessen Veränderung der Abstrahlung indirekt die Existenz von Gravitationswellen bewiesen wurde. J0737-3039 ist das einzige bekannte Doppel-Pulsar-System. Die beiden Pulsare umkreisen sich mit einer Geschwindigkeit von etwa 300 km/s und einer Periode von 2,45 Stunden. B2303+46, B1802-07 und J0621+1002 sind Doppelsterne, die aus einem Neutronenstern und einem Weißen Zwerg bestehen. J040+6620 ist der Neutronenstern mit der größten bekannten Masse. GW170817 ist das Doppelsternsystem von verschmelzenden Neutronensternen, deren Gravitationswellen im August 2017 beobachtet wurden. Die Massen sind in Solarmassen angegeben.

| Objekt | Masse | Begleitermasse |
|---|---|---|
| Cyg X-2 | $1{,}71^{+0{,}21}_{-0{,}21}$ | |
| Vela X-1 | $1{,}9^{+0{,}7}_{-0{,}5}$ | $21{,}5^{+4}_{-4}$ |
| Cen X-3 | $1{,}34^{+0{,}16}_{-0{,}14}$ | 20 |
| B1913+16 | $1{,}4398^{+0{,}0002}_{-0{,}0002}$ | $1{,}3886^{+0{,}0002}_{-0{,}0002}$ |
| B1534+12 | $1{,}3332^{+0{,}001}_{-0{,}001}$ | $1{,}3452^{+0{,}001}_{-0{,}001}$ |
| B2127+11C | $1{,}349^{+0{,}004}_{-0{,}004}$ | $1{,}363^{+0{,}004}_{-0{,}04}$ |
| J0737-3039 | $1{,}337^{+0{,}005}_{-0{,}005}$ | $1{,}250^{+0{,}005}_{-0{,}005}$ |
| B2303+46 | $1{,}38^{+0{,}06}_{-0{,}10}$ | |
| B1802-07 | $1{,}26^{+0{,}08}_{-0{,}17}$ | |
| J0621+1002 | $1{,}70^{+0{,}32}_{-0{,}29}$ | |
| J0740+6620 | $2{,}08^{+0{,}07}_{-0{,}07}$ | $0{,}253^{+0{,}006}_{-0{,}005}$ |
| GW170817 | $1{,}48^{+0{,}12}_{-0{,}12}$ | $1{,}27^{+0{,}09}_{-0{,}10}$ |

der Masse des Sterns ab, dessen Endschicksal auch ein Weißer Zwerg oder ein Schwarzes Loch sein kann. Besonders geeignet für die Massenbestimmung sind Doppelsterne aus zwei Neutronensternen, von denen einer ein Pulsar ist, der aus seiner Atmosphäre stark im Röntgenbereich strahlt. Die Entdeckung eines solchen Systems im Jahre 1974 im Sternbild Adler durch Russell Hulse und Joseph Taylor war ein Meilenstein der Astronomie. Die beiden Neutronensterne umkreisen sich mit einer Periode von 465 Minuten auf einer elliptischen Bahn mit Abständen, die zwischen 1,1 und 4,8 Sonnenradien (700000 km) variieren. Die Massen der beiden Sterne sind fast identisch (1,41 Solarmassen). Die große wissenschaftliche Bedeutung des Hulse-Taylor-Doppelsterns (genannt PSR 1913+16) liegt darin, dass seine Periode extrem genau vermessen werden kann und eine Abnahme von etwa 76,5 Mikrosekunden pro Jahr zeigt. Dies ist exakt der Wert, den man erwartet, da das System nach der Allgemeinen Relativitätstheorie Gravitationswellen abstrahlt und somit Energie verliert, was zu einer Verlangsamung des Umlaufs führt. Dies war der erste – indirekte – Nachweis von Gravitationswellen und wurde 1993 mit dem Nobelpreis an Hulse und Taylor belohnt. Eine neue Stufe an Präzision wurde durch die fast 20-jährige Beobachtung des Doppel-Pulsar-Systems J0737-3039A/B, ausgeführt von sechs erdumspannenden und exakt synchronisierten Radioteleskopen, erreicht, die die Änderungen der Umlaufbahn der beiden Pulsare mit hoher Genauigkeit verfolgten. Die Änderungen sind exakt das, was man aufgrund der Vorhersagen der Allgemeinen Relativitätstheorie erwartet.

Die Massen der Hulse-Taylor-Doppelsterne, sowie anderer später entdeckter Systeme bestehend aus einem Pulsar und einem weiteren Neutronenstern sind auch in der Tabelle 5.6 aufgeführt. Diese Massen fallen durch ihre Genauigkeiten auf, aber auch durch die Tatsache, dass sie alle im Bereich von etwa 1,4 Solarmassen liegen. Massen von Neutronensternen lassen sich auch bestimmen, wenn der Stern sich in einem Doppelsternsystem mit einem Weißen Zwerg befindet. Einige Beispiele sind auch in der Tabelle 5.6 gelistet. Die Tabelle enthält schließlich noch die Massen von zwei Neutronensternen, deren Verschmelzung im August 2017 durch Gravitationswellen beobachtet wurde. Dieses System wurde allerdings auch deshalb in der breiten Öffentlichkeit bekannt, weil man aus einer begleitenden optischen Beobachtung des Ereignisses zum ersten Mal Evidenz gefunden hatte, wie die Natur Gold produziert. Wir kommen hierauf im Kapitel 7 zurück.

Eine neue Präzisionsära für das Studium von Neutronensternen hat 2019 durch die Installation des Neutron Star Interior Composition ExploreR (NICER) an Bord der Internationalen Weltraumstation ISS begonnen. NICER kann die von Neutronensternen emittierte Strahlung im Bereich „weicher" Röntgenstrahlung mit Energien zwischen 0,2 und 12 keV mit bislang unerreichter Genauigkeit detektieren. Mithilfe von NICER will man auch Radien von Neutronensternen bestimmen. Bislang muss man hier auf theoretische Vorhersagen zurückgreifen, die je nach Zustandsgleichung und Masse des Neutronensterns, Radien zwischen 8 und 15 km angeben.

Nach der Periodizität von Pulsaren kann man die Uhr stellen, allerdings für den Preis, dass die Uhren mit der Zeit systematisch langsamer laufen. Von den heute etwa 2000 bekannten Pulsaren liegt die Pulsperiode der meisten im Bereich von 0,25–2 Sekunden. Der Pulsar mit der längsten bekannten Periode ist J0250+5854 mit 23,5 Sekunden. Es wurde sehr schnell klar, dass stellare Objekte, die sich so schnell drehen, sehr kompakt sein müssen, um nicht zerrissen zu werden. Hier liegt der gleiche physikalische Mechanismus zugrunde wie bei Eiskunstläuferinnen, die die Geschwindigkeit ihrer Pirouetten beschleunigen oder verlangsamen, in dem sie ihre Arme an den Körper ziehen oder wegstrecken, das heißt ihre Kompaktheit erhöhen oder verkleinern. Auch Neutronensterne haben eine maximale Rotationsfrequenz, bevor es sie auseinanderreißt. Sie liegt bei etwa 76000 Umdrehungen pro Minute, also 50-mal höher als die von Automotoren im Normalbetrieb. Dies entspricht einer Umlaufperiode von weniger als 0,8 Millisekunden. Der schnellste beobachtete Pulsar J1748-2446ad kommt mit 1,396 Millisekunden diesem Limit schon recht nahe.

In dem einfachsten Pulsarmodell wird angenommen, dass ein Pulsar ein Neutronenstern mit einem starken Dipol-Magnetfeld ist. „Stark" ist dabei etwas untertrieben, da die magnetische Feldstärke $10^{12-13}$ Gauss beträgt, also etwa eine Milliarde Mal stärker als das Magnetfeld der Sonne (4000 Gauss) oder eine Trillion Mal stärker als das der Erde. Das Magnetfeld hat einen charakteristischen Verlauf der Feldlinien, wie in der Abbildung 5.53 gezeigt: Feldlinien dringen an einem Magnetfeldpol heraus und in den anderen herein. Die beiden Pole liegen entlang der Achse des magnetischen Feldes. Da der Pulsar rotiert, ändert sich das Magnetfeld an jedem Raumpunkt sehr schnell. Dies erzeugt nach den Grundgleichungen der Elektrodynamik ein elektrisches Feld an diesem Raumpunkt. An den Magnetpolen ist dieses induzierte elektrische Feld so stark (mehrere $10^{10}$ V/m), dass es Elektronen aus der Oberfläche herausreißen kann. Diese Elektronen werden durch das elektrische Feld sehr schnell von der Oberfläche weg auf relativistische Energien beschleunigt und strahlen dabei in einem Strahlungskegel um die Magnetfeldachse Energie ab. Fällt die Magnetfeldachse nicht mit der Rotationsachse zusammen, so rotieren die Magnetachse und auch der Strahlungskegel mit der gleichen Frequenz wie der Pulsar um die Rotationsachse (5.53). Streicht der Strahlungskegel über ein Objekt in weitem Abstand, zum Beispiel ein Radioteleskop auf der Erde, so kann er beobachtet werden. Dies geschieht einmal pro Umdrehung. Obwohl die Strahlung kontinuierlich emittiert wird, sieht der Beobachter sie in gepulster Form. Dies gleicht dem rotierenden Lichtsignal eines Leuchtturms.

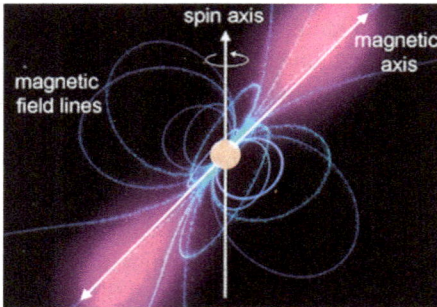

**Abb. 5.53:** Ein Pulsar ist ein rotierender Neutronenstern mit einem extremen Magnetfeld an der Oberfläche. Strahlung wird an den magnetischen Polen emittiert. Fallen magnetische Achse und Rotationsachse nicht zusammen, so rotieren die magnetischen Pole um die Rotationsachse des Neutronensterns und somit auch die emittierte Strahlung, die in einem rotierenden Kegel abgestrahlt wird, ähnlich dem Licht eines Leuchtturms. Wenn der Strahlungskegel bei seiner Rotation über einen Beobachter streicht, kann die Strahlung detektiert werden. Dies geschieht pro Rotation einmal und führt zu der gepulsten Beobachtung der Strahlung, obwohl diese kontinuierlich emittiert wird, meistens in eine Richtung, die dem Beobachter nicht zugänglich ist.

Die von den starken elektrischen Feldern aus der Oberfläche herausgerissenen und beschleunigten Elektronen bewegen sich in Spiralbahnen um die Magnetfeldlinien.

Hierbei werden sie in ihrer Zirkularbewegung um die Feldlinien weiter beschleunigt und strahlen Energie ab; man nennt dies Synchrotonstrahlung. Diese Strahlungsenergie kann an die Materie, die den Pulsar von der ursprünglichen Supernova herrührend umgibt, abgeben werden und zu deren Expansion und Leuchten führen. Die Energie, die so abgeben wird, ist um vieles größer als die Energie des Radiopulses; für den Krebspulsar liegt der Unterschied bei einem Faktor 200 Millionen. Die Energiequelle ist die Rotationsenergie des Neutronensterns. Da der Pulsar Energie verliert, muss die Rotationsenergie langsam abnehmen. Die Konsequenz ist, dass die Umlaufzeit des Pulsars mit der Zeit zunimmt. Dies ist ein langsamer Prozess. Die Periode des Krebspulsars ist zurzeit 33,3 Millisekunden; sie wächst um 38 Nanosekunden pro Tag. Aus diesen Daten kann man den Energieverlust des Krebspulsars abschätzen ($5 \times 10^{38}$ erg/s). Dies ist in der Tat die Energie, die gebraucht wird, um die Expansion und das Leuchten des Nebels zu erklären. Diese Beobachtung war ein starkes Argument, um das von Jocelyn Bell und Antony Hewish beobachtete Radiosignal mit einem rotierenden Neutronenstern zu identifizieren.

Hat ein Neutronenstern ein extrem starkes Magnetfeld von der Größenordnung $10^{12-13}$ Gauss, so hat dieses auch Konsequenzen für die Struktur des Neutronensterns. Dies gilt insbesondere für die Kruste. Das Magnetfeld zwingt hier alle Spins der Elektronen, sich nach den Magnetfeldlinien auszurichten. Dies ändert die atomare Struktur drastisch. Zum Beispiel kann ein Heliumatom nicht seine besonders stabile Struktur als Edelgas annehmen, indem es seine beiden Elektronen in das energetisch niedrigste Orbital bringt, was zur Erfüllung des Pauli-Prinzips dadurch möglich ist, weil Elektronen zwei Spinausrichtungen besitzen. Dem Pauli-Prinzip wird also dadurch genüge getan, dass die beiden Elektronen, die das gleiche Atomorbital besetzen, sich durch ihre Spins unterscheiden. Dies geht nicht mehr, wenn das Atom sich in dem starken Magnetfeld eines Neutronensterns befindet. Hier haben alle Spins die gleiche Ausrichtung und das Pauli-Prinzip muss dadurch erfüllt werden, dass eines der Elektronen in das nächsthöhere Energieniveau angehoben wird. Auch die Struktur dieser Energiezustände ist anders als in einem „normalen" Atom, in dem die Coulomb-Wechselwirkung dominiert.

### 5.4.2 Materie in ihrem ultimativen Extrem: Schwarze Löcher

Unter dem Titel „Dem lieben Gott wieder Allmacht gegeben" berichtete am 28. November 2010 die Frankfurter Allgemeine Zeitung über einen Vortrag, den ein bekannter deutscher Physiker gehalten hatte und in dem er die Existenz Schwarzer Löcher anzweifelte. Um dies zu erreichen, argumentierte er, dass die Allgemeine Relativitätstheorie, Einsteins berühmte Theorie der Gravitation, modifiziert werden sollte. Da es bislang keine experimentellen Hinweise gibt, dass die Theorie nicht mit der Beobachtung übereinstimmt, sollte die Modifizierung nur bei äußerst kleinen Abständen von Massen auftreten, bei denen die Theorie noch nicht experimentell überprüft werden konnte. Die vorgeschlagene Veränderung besteht darin, dass für diese kleinen Abstände die gravitative Anziehung – wie bei Einstein, aber auch bei Newton – nicht mit kleiner werdendem Abstand anwächst, sondern durch einen abstoßenden Beitrag dominiert wird. Zweifel an der Allgemeinen Relativitätstheorie werden immer wieder geäußert und jeder deutsche Physikprofessor hat wahrscheinlich schon Abhandlungen von wissenschaftlichen Amateuren (aus dem ursprünglichen Wortlaut als Liebhaber zu verstehen) erhalten, in denen diese Theorie widerlegt wird. Wie gesagt, experimentell – und das ist, was in den Naturwissenschaften zählt – ist dies noch nicht gelungen. Warum die Allgemeine Relativitätstheorie eine solche Faszination erzeugt, ist leicht zu verstehen, denn sie stellt ohne Zweifel eine der größten Errungenschaften menschlicher Abstraktion dar. Und ohne Zweifel ist sie auch die größte individuelle Leistung eines Wissenschaftlers.

Die physikalischen Gesetze sollten nicht davon abhängen, wo sie gemessen werden. Man sagt, sie sollten in jedem Inertialsystem gleich sein, wobei man unter einem Inertialsystem ein Bezugssystem versteht, in dem ein kräftefreier Körper in Ruhe ist oder sich geradlinig gleichförmig bewegt. Dies heißt, dass die Gleichungen der Mechanik, aber auch die Maxwell'schen Gleichungen als Grundlage aller physikalischen Phänomene der Elektrodynamik, sowohl im ruhenden Labor eines beliebigen Physikers irgendwo auf der Erde oder sonst wo im Universum gelten, aber auch in einem Labor, das sich in einem Schnellzug oder einer Rakete befindet, die sich mit hoher konstanter Geschwindigkeit bewegen. Die Herausforderung, die Einstein in der Speziellen Relativitätstheorie löste, war, zu zeigen, was ein Experimentator messen würde, der das Experiment in dem mit konstanter Geschwindigkeit an ihm vorbeifahrenden Zug oder der vorbeifliegenden Rakete von außen beobachtet. Der Knackpunkt ist, dass die Lichtgeschwindigkeit im Vakuum die höchstmögliche Geschwindigkeit ist, die, wie im Michelson-Morley-Versuch (und in vielen Experimenten danach) gezeigt worden war, in allen Inertialsystemen gleich ist. Dies führte Einstein zu der fundamentalen Erkenntnis, dass es weder einen absoluten Raum noch eine absolute Zeit gibt. Damit wurde auch das Prinzip der Gleichzeitigkeit aufgegeben, da eine Information von einem Ort zum Beobachter durch ein Lichtsignal immer ein endliches Zeitintervall braucht. Wir sehen also immer Ereignisse, die am Ereignisort schon in der Vergangenheit liegen. Zwei wichtige Konsequenzen der Speziellen Relativitätstheorie sind, dass sich Zeit- und Raumintervalle für einen ruhenden und einen sich dazu mit konstanter Geschwindigkeit bewegenden Beobachter anders verhalten. Für den sich bewegenden Beobachter tickt eine Uhr langsamer als für denjenigen, für den sich die Uhr in Ruhe befindet; man nennt dies Zeitdilatation. Andererseits erscheint eine räumliche Strecke dem sich bewegenden Beobachter verkürzt; dies ist die „Skalenkontraktion". In beiden Fällen ist der Skalierungsfaktor $\gamma = \sqrt{1 - (v/c)^2}^{-1/2}$, wobei $v$ die Geschwindigkeit des sich bewegenden Beobachters ist. Die Effekte sind verschwindend klein, wenn die Relativgeschwindigkeit der beiden Inertialsysteme sehr viel kleiner als die Lichtgeschwindigkeit ist, wie in unserem Alltagsleben. Die berühmteste Erkenntnis, die Einstein im Rahmen der Speziellen Relativitätstheorie entwickelte, ist die Äquivalenz von Masse und (Ruhe-)Energie für jedes physikalische System oder Teilchen, $E = mc^2$.

Im Jahr 1907 hatte Einstein „den glücklichsten Gedanken seines Lebens". Er realisierte während seiner Arbeit im Berner Patentamt, dass eine Person, die sich im freien Fall befindet, ihr eigenes Gewicht nicht spürt. Dieser Gedanke konfrontierte Einstein allerdings mit einem Problem. Seit vielen Jahren war bekannt, dass unter dem Einfluss der Gravitation alle massiven Objekte mit der gleichen Beschleunigung fallen. Dies bedeutet aber, dass es in einem frei fallenden Labor, in dem alle Objekte gleich fallen, unmöglich ist, die Beschleunigung zu messen. Man kann also nicht feststellen, ob sich das Labor im gravitationsfreien Raum, weit weg von anziehenden Massen, oder im freien Fall in einem Gravitationsfeld, zum Beispiel der Erde, befindet, wo es eine beschleunigte Bewegung ausführt. Diese Situation ist somit anders als bei den Annahmen der Speziellen Relativitätstheorie, wo physikalische Gesetze sich nicht in Inertialsystemen ändern, die sich mit konstanter Geschwindigkeit zueinander bewegen, also nicht gegeneinander beschleunigt werden. Die Crux lag also an der Gravitation, die Einstein ausschalten konnte, wenn sich seine Inertialsysteme im freien Fall befinden. Allerdings zeigt die Erfahrung, dass sich die Richtung und Stärke der Anziehung mit dem Ort, an dem man sich befindet, ändert. Einstein musste also für jeden Ort ein eigenes („lokales") Inertialsystem einführen, was ihn zu der Postulierung des „Äquivalenzprinzips" führte, das besagt, dass in allen lokalen, nicht-rotierenden Laboren, die sich im freien Fall befinden, die physikalischen Gesetzmäßigkeiten gleich sind.

Auf der Grundlage dieser Überlegungen schuf Einstein die Allgemeine Relativitätstheorie, in der die Gravitation nicht mehr als Kraft zwischen Körpern verstanden wird, sondern in der Massen die Geometrie der Raum-Zeit verändern. Die Theorie besagt, wie Massen die Raum-Zeit krümmen und wie sich andere Massen in dieser gekrümmten Raum-Zeit bewegen, wobei alle frei fallenden Teilchen sich auf einer sogenannten geodätischen Linie, das heißt der kürzesten Verbindung in der Raum-Zeit, bewegen. Dies gilt auch für Licht und führt zu dem Effekt, dass Licht von Massen abgelenkt wird. Zusammengefasst wird die Wirkungsweise der Allgemeinen Relativitätstheorie in den Einstein'schen Feldgleichungen. Diese sind mathematisch sehr anspruchsvoll und müssen meistens mithilfe von Computern numerisch gelöst werden. Eine analytische Lösung gelang allerdings schon kurz nach der Veröffentlichung der Theorie für den Fall einer kugelsymmetrischen, ladungsfreien, nicht rotierenden Masse.

Am 22. Dezember 1915, nur kurze Zeit nachdem er seine Theorie der Allgemeinen Relativitätstheorie veröffentlicht hatte, erhielt Einstein einen Brief von der russischen Ostfront. In diesem Brief teilte Karl Schwarzschild (Abbildung 5.54), der an der Ostfront auf ein Exemplar von Einsteins Veröffentlichung gestoßen war, Einstein die erste exakte Lösung der Einstein'schen Feldgleichungen mit. Er hatte die Verkrümmung der Raum-Zeit durch einen nicht-rotierenden, kugelsymmetrischen Körper gefunden. Im Brief schrieb Schwarzschild: „Wie Sie sehen, ist der Krieg mir gegenüber freundlich gesinnt und erlaubt mir, trotz heftiger Schüsse aus einer entschieden irdischen Entfernung, diesen Spaziergang in Ihr Land der Ideen zu unternehmen." Einstein war überrascht, dass eine Lösung seiner mathematisch extrem anspruchsvollen Gleichungen so schnell gefunden wurde, und stellte sie einem Fachpublikum der Preußischen Akademie kurz darauf vor.

**Abb. 5.54:** (links) Albert Einstein, der Vater der Allgemeinen Relativitätstheorie; (rechts) Karl Schwarzschild fand die Lösung der Einstein-Gleichungen der Allgemeinen Relativitätstheorie für kugelsymmetrische, nicht-geladene massive Körper. Der Radius des Ereignishorizonts wird ihm zu Ehren Schwarzschild-Radius genannt.

An Schwarzschild antwortete er: „Ich habe Ihre Zeitung mit größtem Interesse gelesen. Ich hatte nicht erwartet, dass man die genaue Lösung des Problems so einfach formulieren kann. Ihre mathematische Behandlung des Themas hat mir sehr gut gefallen."

Die Abbildung 5.55 zeigt die von einer Masse nach der Schwarzschild'schen Lösung hervorgerufene Verkrümmung des Raumes. Es sei betont, dass die Schwarzschild-Lösung nur für den massefreien Raum („Vakuum") gilt, also keine Aussagen über das Verhalten der Raum-Zeit innerhalb einer ausgedehnten Masse macht. Man entnimmt der Darstellung, dass der Raum nicht nur gekrümmt ist, sondern auch gestreckt wird. Die Geometrie der Einstein'schen Allgemeinen Relativitätstheorie entspricht also nicht der „flachen" Geometrie, wie sie auf Euklid zurückgeht, in der Parallelen sich nie kreuzen und in der die Winkelsumme im Dreieck 180 Grad beträgt, sondern sie basiert auf der maßgeblich von Riemann entwickelten verallgemeinerten Geometrie, wie sie zum Beispiel auch auf Kugeloberflächen verwandt werden muss. Ein fundamentales Ergebnis der gekrümmten Geometrie ist es, dass die kürzeste Verbindung zwischen zwei Punkten nicht notwendig eine Gerade ist. Diese Erkenntnis nutzen Piloten auf ihren Flügen aus, wenn sie zum Beispiel auf einem Flug von Frankfurt nach Vancouver, die beide etwa auf dem 50. Breitengrad liegen, nicht die Route entlang dieses Breitengrads fliegen, sondern deutlich weiter nördlich den Atlantik überqueren. Dies erlaubt nicht nur manchmal spektakuläre Blicke auf Eisberge vor Grönland, sondern ist auch deutlich kürzer und spart somit Zeit und Kerosin. Auch Licht wählt sich in dem von einer Masse gekrümmten Raum den kürzesten Weg. Wie Einstein zeigen konnte, wird Licht von großen Massen abgelenkt. Der Effekt ist umso größer, je größer die ablenkende Masse ist und je näher das Licht an dieser Masse vorbeiläuft. Die Masse wirkt also wie eine optische Linse; man spricht von einer Gravitationslinse. Durch den Gravitations-

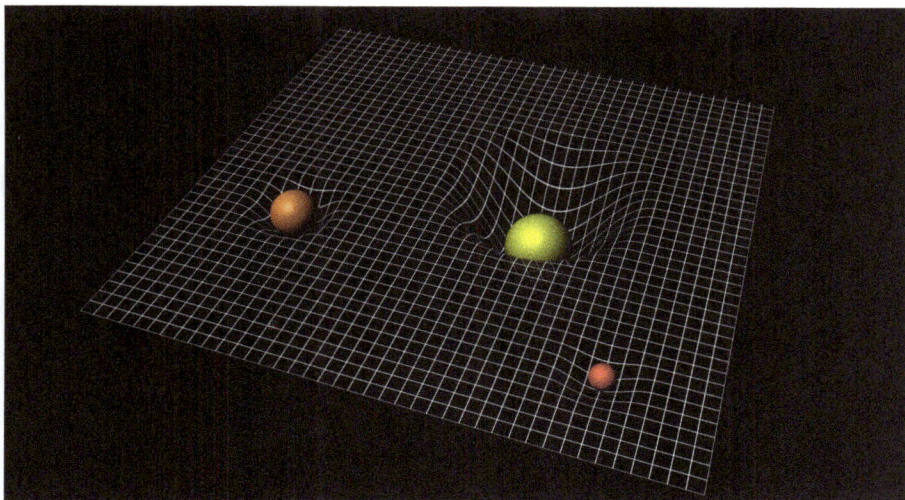

**Abb. 5.55:** In der Allgemeinen Relativitätstheorie wird die Gravitation nicht als Kraft zwischen massiven Körpern gesehen, sondern sie manifestiert sich durch die Verformung („Krümmung") des Raum-Zeit-Kontinuums. Die Krümmung ist um so stärker, je massiver der Körper ist. Wenn sich massive Körper durch das Raum-Zeit-Kontinuum bewegen, ändert sich dessen Krümmung und Geometrie. Nach Einstein liefert Gravitation die Beschreibung der dynamischen Wechselwirkung zwischen Materie und Raum-Zeit.

linseneffekt erscheinen leuchtende Objekte, deren Licht auf seinem Weg zum irdischen Beobachter eine sehr große Masse passieren muss, sogar mehrfach oder im Idealfall kreisförmig (Abbildung 5.56). Diesen Effekt kann man somit benutzen, um unsichtbare extrem große Massen aufzuspüren.

Die räumliche Krümmung, wie aus Abbildung 5.55 ersichtlich, betrifft in dem von Schwarzschild betrachteten Fall einer Masse von der Form einer Kugel nur die radiale Richtung; die beiden Winkelkomponenten, die das Verhalten auf Kugeloberflächen beschreiben, bleiben unter dem Einfluss der Masse unverändert. Zwei weitere Konsequenzen der Lösung betreffen die Messung von Frequenzen und Zeitintervallen durch Beobachter in weiter Entfernung. Zum einen kommt es hier zur sogenannten gravitativen Rotverschiebung, die besagt, dass Lichtfrequenzen, die an einem Ort mit Abstand $r$ vom Zentrum emittiert werden, den (unendlich) entfernten Beobachter rotverschoben und mit geschwächter Intensität erreichen. Zum anderen tritt, wie schon in der Speziellen Relativitätstheorie, eine Dilation der Zeit auf, dies heißt, Zeitintervalle, wie sie bei $r$ entstehen, werden von dem entfernten Beobachter als länger beobachtet. Für den Beobachter eines Ereignisses, das sich näher an der die Raum-Zeit krümmenden Masse befindet, verläuft dies langsamer als vor Ort. Schwarzschild fand den entscheidenden Faktor, der die Messung an einem Ort $r$ mit der weit entfernten verbindet: Die gravitative Rotverschiebung vergrößert die Frequenz um $\sqrt{1 - \frac{2GM}{rc^2}}$, die Zeitintervalle verlangsamen sich um den inversen Faktor $1/\sqrt{1 - \frac{2GM}{rc^2}}$. Das Besondere an diesem Fak-

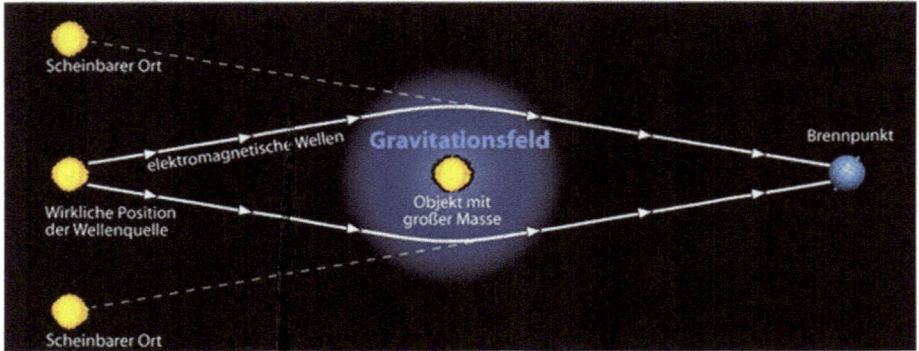

**Abb. 5.56:** Licht wird nach der Allgemeinen Relativitätstheorie von Massen abgelenkt, wobei der Effekt umso stärker ist, je größer die Masse ist. Der Ort von astrophysikalischen Objekten, die sich hinter einer großen Masse befinden, liegt in Wirklichkeit woanders, als es ein Beobachter vermutet, der einen geraden Verlauf des Lichtes annimmt. Es ist möglich, dass diese Objekte dem Beobachter mehrfach erscheinen. Die Verschiebungen oder Mehrfachbilder lassen Rückschlüsse auf die zwischen Objekt und Beobachter liegende Masse zu, selbst wenn diese nicht leuchtet.

tor ist, das es einen Radius gibt, an dem der Ausdruck unter der Wurzel zu null werden kann. Dies geschieht bei dem speziellen Wert des Radius von $r_S = \frac{2GM}{c^2}$; man nennt dies den Schwarzschild-Radius. Seine Bedeutung wird gleich klar. Zunächst stellen wir fest, dass er, neben den beiden Naturkonstanten, Lichtgeschwindigkeit und der Gravitationskonstante, nur von der Masse abhängt. Nimmt man als Beispiel unsere Sonne, so ergibt sich ein Schwarzschild-Radius von fast 3 km (genauer 2,952 km). Dies bedeutet aber, dass der Schwarzschild-Radius innerhalb der Ausdehnung der Sonne liegt, wo, wie betont worden ist, die Schwarzschild'sche Lösung nicht gilt, da sie ja nur für den massefreien Raum hergeleitet wurde. Ähnliches gilt für die Erde; hier beträgt der Schwarzschild-Radius nicht ganz einen Zentimeter (9 mm) und ist somit um Einiges kleiner als der Erdradius von 6370 km. Geht man allerdings zu kompakteren Objekten, so findet man, dass der Radius des Objekts und der Wert des Schwarzschild-Radius sich annähern. Die Chandrasekhar-Massengrenze von Weißen Zwergen entspricht einem Schwarzschild-Radius von etwa 4,44 km, immer noch kleiner als der Radius des Sterns, der von der Größenordnung der Erde ist. Bei Neutronensternen wird es enger. Die Masse eines Neutronensterns kann etwas mehr als das Zweifache der Sonnenmasse betragen, somit wird der Schwarzschild-Radius geringfügig größer als 6 km, was nicht mehr so viel weniger ist als der Radius des Sterns, der irgendwo zwischen 10 und 15 km liegt. Also auch für Neutronensterne liegt der Schwarzschild-Radius innerhalb der Ausdehnung des Sterns, wo die Schwarzschild-Lösung nicht zutrifft.

Um zu diskutieren, welche besondere Bewandtnis es mit dem Schwarzschild-Radius hat, betrachten wir ein Gedankenexperiment. Wir nehmen an, eine Massenkugel ist so stark komprimiert – noch mehr als bei einem Neutronenstern –, dass ihr Radius kleiner ist als der Schwarzschild-Radius. Dieser befindet sich somit außerhalb der Kugel und ist somit Teil des Bereichs, in dem die Schwarzschild'sche Lösung gilt. Das Gedankenexperiment besteht nun darin, dass wir uns eine mutige Astronautin vorstellen, die sich aus großer Entfernung in Richtung dieser Masse schießen lässt. Damit Beobachter in großer Entfernung die Ereignisse des Fluges verfolgen können, hat die Astronautin einen Sender dabei, mit dem sie in Zeitabständen von jeweils einer Sekunde ein Signal einer bestimmten konstanten Frequenz abschickt. Vor dem Abflug synchronisieren die Astronautin und die Beobachter ihre Uhren sowie die Frequenzen von Sender und Empfänger. Nach dem Start bewegt sich die Astronautin in einer beschleunigten Bewegung auf die Massenkugel zu. Dank der wachsenden Entfernung treffen die Frequenzsignale beim Beobachter mit Zeitverzögerung ein, was zum einen an der gravitativen Zeitdilatation liegt, die vom Ort abhängt, an dem das Signal abgeschickt wurde, und zum anderen an der Zeitdilatation der Speziellen Relativitätstheorie, die von der Geschwindigkeit der Astronautin abhängt, die immer größer wird, je näher sie der Massenkugel kommt. Die Signale werden auch rotverschoben, was sowohl an der gravitativen Rotverschiebung als auch an der von uns wegführenden beschleunigten Bewegung liegt. Schließlich nimmt die Intensität, mit der der Beobachter die Signale misst, ab, da von seinem Beobachtungspunkt sowohl die Energie des Lichts durch die Rotverschiebung als auch die Rate, mit der es abgesandt wird, durch die Zeitstreckung kleiner werden. Diese Effekte sind allerdings zunächst ziemlich klein, werden aber dramatisch, wenn die Astronautin in die Nähe des Schwarzschild-Radius kommt. Hier wird die Zeit immer mehr gestreckt, bis sie am Schwarzschild-Radius „einfriert". Für den Beobachter werden Ereignisse am Schwarzschild-Radius um den Faktor „unendlich" gestreckt, können von ihm also nicht mehr wahrgenommen werden. Die Kommunikation mit der Astronautin ist nicht mehr möglich, da kein Lichtsignal vom Schwarzschild-Radius jemals den Beobachter erreichen kann.

Wie läuft aber die Folge der Ereignisse für die Astronautin ab; dies heißt, in ihrem Bezugssystem? Sie befindet sich in dem Gedankenexperiment im freien Fall in Richtung der Massenkugel. Nach den obigen Überlegungen ist somit für ihr lokales Bezugssystem die Gravitation aufgehoben. Die physikalischen Gesetze sind also für sie die Gleichen wie für den zurückgebliebenen Beobachter, der ja – weil unendlich weit weg von der Massenkugel – keine Anziehung spürt. Die Astronautin sendet, wie vereinbart, jede Sekunde ein Signal. Wenn sie dem Schwarzschild-Radius näher kommt, gilt das Bild, dass ihr ganzer Körper ein lokales Inertialsystem ist, nicht mehr. Nehmen wir an, sie fliegt mit dem Kopf voraus. Dann erfährt der Kopf eine größere Anziehung durch die Gravitation als die Beine. Die Astronautin wird gestreckt. Gleichzeitig wird sie seitwärts komprimiert, da die Richtung der Anziehung auf das Zentrum fokussiert ist. Das lokale Inertialsystem ist dann kleiner als der Körper, an den nun Kräfte angreifen, die den Gezeitenkräften entsprechen, die für Ebbe und Flut verantwortlich sind. Diese Gezeitenkräfte werden immer größer und würden die Astronautin zerreißen, bevor sie den Schwarzschild-Radius erreicht. Man muss also annehmen, dass sie für das Gedankenexperiment „unzerstörbar" ist. Sie fliegt somit weiter, schickt ihre Lichtsignale, und durchfliegt den Schwarzschild-Radius. Für sie stellt dies keine Barriere dar, sondern der

Schwarzschild-Radius verhält sich ähnlich dem Äquator, den man überquert, ohne es zu merken; es sei denn, man ist auf einem Touristenschiff oder in einem Touristenflieger und man wird mit einer Äquatortaufe darauf aufmerksam gemacht. Für die Astronautin setzt sich der Flug fort und sie schickt auch noch weiterhin die verabredeten Signale. Das Problem ist, dass diese den entfernten Beobachter nie erreichen können, nachdem die Astronautin den Schwarzschild-Radius erreicht hat.

Unsere Analogie von oben hinkt etwas. Der Äquator ist eine rein fiktive Grenze, die per Absprache die nördliche und südliche Hemisphäre trennt. Der Schwarzschild-Radius ist auch eine Grenze, die die Astronautin beim Übertreten nicht bemerkt. Sie hat aber eine profunde Bedeutung in der Kommunikation mit einem weit entfernten Beobachter: Aus dem Bereich außerhalb des Schwarzschild-Radius ist es möglich, diesem Signale oder Informationen zukommen zu lassen. Am Schwarzschild-Radius und von innerhalb ist dies prinzipiell nicht möglich. Der Beobachter kann von Ereignissen, die sich bei diesem Radius oder innerhalb befinden, nie etwas erfahren. Deshalb definiert der Schwarzschild-Radius für den entfernten Beobachter einen Ereignishorizont (siehe Abbildung 5.57), da er von den Ereignissen innerhalb des Radius prinzipiell nichts erfahren kann. Aus diesem Bereich kann auch kein Lichtstrahl entweichen, denn er würde am Schwarzschild-Radius so stark gekrümmt, dass er nicht entweichen kann. Deshalb bleibt der Bereich innerhalb des Ereignishorizonts für den Beobachter immer dunkel, was John Wheeler dazu verleitete, den Bereich innerhalb des Ereignishorizonts ein „Schwarzes Loch" zu nennen. Der Name hat sich durchgesetzt, obwohl er kein Loch nach unserem täglichen Sprachgebrauch beschreibt.

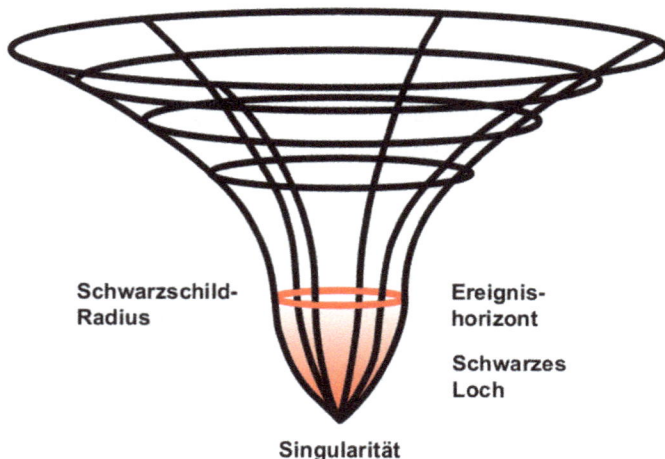

**Abb. 5.57:** Krümmung des Raum-Zeit-Kontinuums durch ein Schwarzes Loch. Der Ereignishorizont ist durch den Schwarzschild-Radius definiert. Am Ereignishorizont „friert" für einen (unendlich) fernen Beobachter die Zeit ein. Ereignisse innerhalb des Ereignishorizonts bleiben dem Beobachter verborgen.

Schwarze Löcher sollten gar nicht so selten sein. Man erwartet, dass die meisten Sterne mit Massen von mehr als 30 Solarmassen am Ende ihres hydrostatischen Lebens ein Schwarzes Loch als Rest hinterlassen. Die Masse dieser Schwarzen Löcher ist recht moderat, da sie nur einen Bruchteil der ursprünglichen Geburtsmasse des Sterns betragen können. Erheblich schwerere Schwarze Löcher erwartet man in den Zentren von Galaxien. Nach den heute akzeptierten Vorstellungen befindet sich im Inneren von Galaxien ein aktiver Galaxienkern mit einem supermassiven Schwarzen Loch im Zentrum. Man schätzt, dass dieses eine Masse von 100 Millionen Sonnenmassen oder mehr hat, sodass das Adjektiv „supermassiv" berechtigt ist. Sein Schwarzschild-Radius, skaliert von der Skala von Neutronensternen von einer Solarmasse, beträgt dann das Doppelte des Abstands Erde-Sonne. Das Schwarze Loch ist ein Attraktor für Masse in seiner „Umgebung", sodass sich eine Akkretionsscheibe um das Schwarze Loch bildet, indem Teilchen in Richtung des Schwarzschild-Radius beschleunigt werden. Dabei emittieren die beschleunigten Teilchen Strahlung im Radiobereich. In der Tat gehören die Galaxiekerne zu den leuchtkräftigsten Objekten im Universum. Quasare sind solch leuchtstarke Objekte, die die ganze umgebende Galaxie überstrahlen, sodass sie wie sternähnliche punktförmige Radioquellen erscheinen, daher der Name Quasistellare Radioquellen. Es war astronomisch eine Sensation, als Maarten Schmidt für den Quasar 3C 273 erkannte, dass dessen Spektrallinien nicht etwas Neues darstellten, sondern von bekannten Elementen herrührten, nur extrem rotverschoben. Er konnte somit nachweisen, dass Quasare extragalaktischen Ursprungs sind. Das Licht von 3C 273 brauchte demnach mehr als 2 Milliarden Jahre, um uns zu erreichen. Durch Schmidts Entdeckung wurde klar, welch eine enorme Strahlungsquelle Quasare sind. Als dritte Quelle von Schwarzen Löchern werden Dichtefluktuationen im sehr frühen Universum hypothetisiert. Es wird angenommen, dass solche „primordialen Schwarzen Löcher" eine geringere Masse haben als diejenigen, die durch Sternenkollaps entstehen. Ihre Massen korrelieren mit der Zeit ihrer Erschaffung im Urknall. Als eine typische Masse gelten eine Billion Kilogramm, also deutlich weniger als die Masse des Mount Everest, die mit 460 Billionen Kilogramm abgeschätzt wird. Der Schwarzschild-Radius des kanonischen primordialen Schwarzen Lochs ist kleiner als ein Hundertstel Nanometer. Bislang ist keine Evidenz für die Existenz primordialer Schwarzer Löcher gefunden worden.

Alle Schwarzen Löcher, die nicht rotieren, sind exakte Kugeln! Dies liegt nicht daran, dass das Objekt, das zum Schwarzen Loch kollabierte, schon rund war, sondern alle „Ecken und Kanten" des kollabierenden Objekts werden durch die Emission von Gravitationswellen abgeschliffen, sodass ein perfekt rundes Schwarzes Loch übrig bleibt. Diese revolutionäre Erkenntnis bedeutet, dass jedes nicht-rotierende Schwarze Loch nur von einem einzigen Parameter abhängt, seiner Masse. Es bedeutet aber auch, dass die Schwarzschild-Lösung im masselosen Bereich (Vakuum) gilt. Nun ist es aber nicht auszuschließen, vielleicht sogar wahrscheinlich, dass ein Schwarzes Loch rotiert und somit einen Drehimpuls besitzt. Dieser kann daher rühren, dass das kollabierende Objekt schon rotierte, aber auch von der Akkretionsscheibe, die sich um ein Schwarzes Loch bildet, falls es nicht isoliert ist. Für einen solchen Fall hat man gezeigt, dass das Schwarze

Loch ähnlich einem Flüssigkeitstropfen deformiert ist, sodass es an den Polen, wo die Rotationsachse aus dem Körper tritt, abgeflacht und am Äquator etwas aufgebauscht ist (siehe Abbildung 5.41). Ein rotierendes Schwarzes Loch hängt von zwei Parametern ab, seiner Masse und seinem Drehimpuls. Auch in diesem Fall gibt es eine analytische Vakuum-Lösung, benannt nach ihrem Entdecker, Kerr-Lösung. Auch für die Kerr-Lösung gibt es einen Ereignishorizont, der nun von der Masse und dem Drehimpuls des Schwarzen Lochs abhängt.

Die analytischen Schwarzschild- und Kerr-Lösungen haben sehr zum Verständnis von Schwarzen Löchern beigetragen. Sie sind allerdings nur im massefreien Raum gültig. Will man zum Beispiel allgemeine gravitative Probleme, wie zum Beispiel die Verschmelzung von zwei Neutronensternen, im Rahmen der Allgemeinen Relativitätstheorie beschreiben, so muss man die Einstein-Gleichungen, die der Theorie zugrunde liegen, numerisch lösen. Hierzu existieren dedizierte und äußerst leistungsstarke Computerprogramme. Wenn man daran interessiert ist, kann man im Rahmen dieser Programme auch die dynamische Entwicklung des Ereignishorizonts verfolgen und studieren, wie immer mehr Masse durch den Horizont fällt und das Schwarze Loch wächst. Dies ist zum Beispiel für die Verschmelzung zweier Neutronensterne von Interesse, bei der sich im Zentrum ein Schwarzes Loch bildet.

Für einige Zeit bereitete die folgende Überlegung den Wissenschaftlern Kopfschmerzen: Wenn man etwas in das Schwarze Loch wirft, erhöht es dessen Masse, aber es verschwindet auch aus unserem Teil des beobachtbaren Universums und nimmt somit Information wie seine Zusammensetzung oder andere Eigenschaften mit sich. Dies heißt, dass man so den Informationsgehalt, oder wie man in der Physik sagt, die Entropie reduziert. Die Entropie ist ein Maß der Ordnung eines Systems; sie ist um so größer, je ungeordneter ein System ist. Für ein abgeschlossenes System – also eines, das man gegen die Außenwelt abschottet und sich selbst überlässt – gilt, dass die Entropie mit der Zeit zunimmt. Ferner gilt, wenn man zwei abgeschlossene Systeme zu einem zusammenfasst, so ist die Entropie im zusammengefassten System größer als die Summe der beiden Entropien in den Einzelsystemen. Dieses Gesetz ist bekannt als Zweites Gesetz der Thermodynamik. Es ist auch das Gesetz, das das berühmte Perpetuum mobile unmöglich macht oder besagt, dass Wärme nicht freiwillig von einem kälteren zu einem heißeren Körper fließt. Damit das Gesetz auch für das Schwarze Loch gilt, in das man Sachen hineinwirft und somit die Entropie außerhalb des Schwarzen Lochs reduziert, muss sich die Entropie im Schwarzen Loch erhöhen. Aber darüber kann man grundsätzlich nichts erfahren, da man keine Kenntnis über das Innere erlangen kann. Die Lösung des Dilemmas ergab sich, als man die Entropie eines Schwarzen Lochs mit der Oberfläche am Ereignishorizont identifizierte. Man kann sich leicht klarmachen, dass mit dieser Definition zum Beispiel die Summenregel erfüllt ist. Bringt man zwei Schwarze Löcher mit den Massen $M_1$ und $M_2$ zusammen, so entsteht ein Schwarzes Loch mit der Masse $M_1 + M_2$. Nehmen wir der Einfachheit halber an, die Schwarzen Löcher würden nicht rotieren. Dann ist die Oberfläche eines Schwarzen Lochs gegeben als $A = 4\pi r_s^2$. Da der Schwarzschild-Radius proportional zur Masse des

Schwarzen Lochs ist, folgt für die Oberfläche des zusammengefassten Schwarzen Lochs $A = 4\pi(\frac{2G}{c^2})^2(M_1 + M_2)^2 = 4\pi(\frac{2G}{c^2})^2(M_1^2 + 2M_1M_2 + M_2^2)$, was größer ist als die Summe der Oberflächen der beiden getrennten Schwarzen Löcher $4\pi(\frac{2G}{c^2})^2(M_1^2 + M_2^2)$.

Akzeptiert man die Oberfläche als Maß der Entropie, so hat ein Schwarzes Loch am Ereignishorizont auch eine Temperatur, so argumentierte Stephen Hawking auf der Basis der engen Verknüpfung zwischen Entropie und Temperatur. Und ein Körper, der Temperatur hat, strahlt auch, so seine nächste Schlussfolgerung. Wie Hawking in seinen Cambridge Lectures schreibt, ist diese Erkenntnis das „erste Beispiel einer Vorhersage, die von beiden der großen Theorien des Jahrhunderts abhängt: der Allgemeinen Relativitätstheorie und der Quantentheorie." Die Grundlage bildet die Erkenntnis, dass ein elektrisches Feld selbst im Vakuum nicht überall den Wert null haben kann, weil man sonst seinen Wert und die Rate seiner räumlichen Änderung exakt kennen würde. Dies steht im Widerspruch zu Heisenbergs Unschärferelation, die sich in der kanonischen Formulierung auf Ort und Impuls, der räumlichen Änderung des Ortes, bezieht. Man erwartet deshalb, dass in einem elektrischen Feld spontan Teilchen-Antiteilchen-Paare als „Quantenfluktuationen" entstehen. Die Teilchen selbst sind „virtuell", werden also nicht beobachtet. Solche Quantenfluktuationen treten in allen elektrischen Feldern auf und, obwohl sie nicht direkt nachweisbar sind, haben sie kleine, aber messbare Effekte, zum Beispiel auf die Bindungsenergie des Elektrons im Wasserstoffatom, wo sie auch mit großer Genauigkeit nachgewiesen wurden. Man nennt diesen Effekt die Lamb-Verschiebung nach dem Experimentator, der sie zuerst gemessen hat. Nun kann es zu einem spektakulären Effekt kommen, wenn das elektrische Feld, in dem die spontane Paarbildung passiert, groß genug ist, denn dann können die „virtuellen" Teilchen zu realen Teilchen werden, da das elektrische Feld stark genug ist, die Teilchen, die ja entgegengesetzte Ladungen besitzen müssen, auseinanderzutreiben. Bislang ist dieses Ziel experimentell noch nicht erreicht worden. Hawking hat den für das elektrische Feld bekannten Effekt der Paarbildung auf das Gravitationsfeld übertragen und gleichzeitig darauf hingewiesen, dass die gravitativen Gezeitenkräfte am Ereignishorizont groß genug sind, die beiden Teilchen zu trennen. Nach seiner Vorhersage stürzt ein Teilchen in das Schwarze Loch, das andere kann aber entkommen. Dem Schwarzen Loch wird somit durch diese „Hawking-Strahlung" Energie entzogen! Wir kommen auf das Phänomen der „Hawking-Strahlung" im Kapitel 9 zurück, wenn wir über die Langzeitzukunft des Universums spekulieren.

Die Temperatur eines Schwarzen Lochs ist aber verschwindend klein; sie wird für ein Schwarzes Loch mit der Masse der Sonne mit $10^{-7}$ K abgeschätzt, also sehr nah am absoluten Nullpunkt, aber immer noch einen Faktor 200 über der kältesten jemals im Labor erreichten Temperatur. Ferner nimmt die Temperatur des Schwarzen Lochs proportional zu seiner Masse ab. Dies heißt, dass die supermassereichen Schwarzen Löcher in den Zentren von Galaxien den Labor-Weltrekord noch locker unterbieten. Die niedrige Temperatur der Schwarzen Löcher hat zwei wichtige Konsequenzen. Zum einen sind sie viel zu niedrig, um massive Teilchen-Antiteilchen-Paare, zum Beispiel Elektron und

Positron, zu erzeugen. Die Hawking-Strahlung besteht somit aus masselosen Teilchen wie Photonen und Gravitonen. Zum anderen ist die Rate, mit der Schwarze Löcher Energie abstrahlen, extrem klein. Somit ist die Lebensdauer von Schwarzen Löcher auch extrem lang. Die Lebensdauer eines primordialen Schwarzen Lochs mit einer Masse von $10^{15}$ g ist ungefähr $10^{10}$ Jahre und entspricht etwa dem Alter unseres Universums. Die Lebensdauer eines Schwarzen Lochs von einer Solarmasse wird auf etwa $10^{64}$ Jahre geschätzt – eine unvorstellbar lange Zeit.

Wenn wir auf die Bemerkung zu Beginn dieses Unterkapitels zurückkommen, so war es die Befürchtung des bekannten Physikers, dass Gott sich aus Teilen des Universums selbst ausschalten würde, falls es Schwarze Löcher gäbe. Deshalb hatte er, wie schon einige andere vorher, die anspruchsvolle Mathematik, die zur Vorhersage von Schwarzen Löchern führt, wohl akzeptiert und vielleicht auch bewundert, aber die Existenz von Schwarzen Löchern doch letztendlich bezweifelt, was ihn zu der erwähnten Modifizierung der Gravitation bei kleinsten Abständen anregte. Natürlich setzt diese Befürchtung auch voraus, dass die physikalischen Gesetze, wie wir sie kennen, auch für Gott gelten. Aber dies bringt uns zu der Frage: Wie kann man die Existenz von Schwarzen Löchern nachweisen? Eine Beobachtung der Hawking-Strahlung ist wegen ihrer fast verschwindenden Intensität äußerst unwahrscheinlich, und aus dem Inneren des Schwarzen Lochs dringt auch keine Information zum weit entfernten Beobachter. Deshalb ist ein direkter Nachweis unmöglich. Der Beweis der Existenz von Schwarzen Löchern muss also durch einen Indizienprozess geschehen. Und dieser ist in den letzten Jahren in der Tat überzeugend geführt worden.

Als historisch erstes nachgewiesenes Schwarzes Loch gilt Cygnus X1, die erste beobachtete Röntgenquelle (abgekürzt X1) im Sternbild Schwan (cygnus), eine sehr starke Quelle ungefähr 7200 Lichtjahre von der Erde entfernt. Solche Röntgenquellen treten, wie wir oben gesehen haben, in einem Doppelsternsystem auf, wenn Materie von einem Riesenstern auf einen kompakten Begleiter strömt und um diesen eine Akkretionsscheibe bildet. Dieser kompakte Begleiter kann auch ein Schwarzes Loch sein. Dies wurde schon lange vermutet, aber der wissenschaftliche Beweis war langwierig und schwierig. Er gelang überzeugend durch die Weltraumteleskope Chandra und Hubble im Jahre 2001, die den Materiefluss auf das kompakte Objekt beobachteten. Man stellte fest, dass die Materie plötzlich verschwand, im Einklang mit der Erwartung, dass sie durch den Ereignishorizont eines Schwarzen Lochs stürzt. Dieses Verhalten unterscheidet sich deutlich von dem Verhalten, das man erwartet, wenn der Begleitstern ein Neutronenstern wäre, denn dort hätte der Materieaufschlag auf die Sternoberfläche zu einem starken Aufleuchten geführt. Die vorherige Vermutung, dass Cygnus X1 ein Schwarzes Loch ist, beruhte auf Massenbestimmungen mithilfe des Zweiten Kepler'schen Gesetzes. Neueste Messungen schätzen die Masse des Schwarzen Lochs auf etwa 21 Solarmassen, ungefähr 20 % schwerer als bislang vermutet. Dies zeigt auch, wie schwierig es ist, solche Radioquellen genau zu vermessen. In der Zwischenzeit sind einige weitere Radioquellen gefunden worden, in denen das kompakte Objekt wohl ein Schwarzes Loch ist, darunter auch Objekte außerhalb der Milchstraße.

Die lange Zeit unsichere Frage, ob Cygnus X1 ein Schwarzes Loch verbirgt, war auch der Inhalt einer Wette zwischen zwei der bedeutendsten Forscher zu Fragen der Allgemeinen Relativitätstheorie: Stephen Hawking und Kip Thorne (Abbildung 5.58), der nicht nur bei der Entdeckung der Gravitationswellen eine herausragende Rolle spielte und dafür den Nobelpreis erhielt. In seinen Cambridge Lectures fasst Hawking den Sachverhalt so zusammen: „Ich habe eine Wette gegen Kip Thorne vom California Institute of Technology, dass Cygnus X1 kein Schwarzes Loch enthält. Dies ist für mich eine Art Versicherungspolice. Ich habe eine Menge an Arbeit auf Schwarze Löcher verwandt, und all dies wäre verschwendet, falls sich herausstellt, dass Schwarze Löcher nicht existieren. Aber in einem solchen Fall hätte ich den Trost, meine Wette zu gewinnen, die mir ein vierjähriges Abonnement des Magazins Private Eye einbringt. Falls Schwarze Löcher existieren, wird Kip nur für ein Jahr ein Penthouse-Abo bekommen, da wir, als wir die Wette 1975 machten, zu 80 % sicher waren, dass Cygnus X1 ein Schwarzes Loch ist." Stephen Hawking hat die Wette gegen Kip Thorne eingelöst.

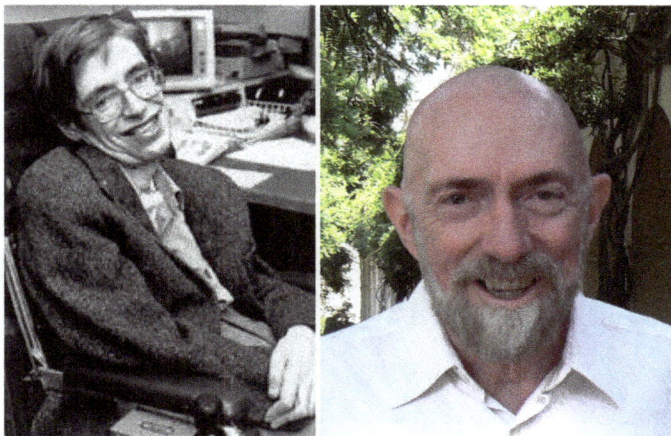

**Abb. 5.58:** (links) Stephen Hawking zeigte, dass Schwarze Löcher Energie abstrahlen können (Hawking-Strahlung); (rechts) Kip Thorne, der wichtige Beiträge zur Allgemeinen Relativitätstheorie verfasste und für seine theoretischen Arbeiten über Gravitationswellen 2017 den Nobelpreis für Physik erhielt.

Die Schwarzen Löcher, die in Doppelsternsystemen entdeckt worden sind, haben Massen von der Größenordnung $10\,M_\odot$. Sie sind stellaren Ursprungs, entstanden beim Kollaps eines massereichen Sterns. Es wird aber vermutet, dass sich im Zentrum von Galaxien Schwarze Löcher von ganz anderen Dimensionen befinden. Das im Zentrum der Milchstraße befindliche Schwarze Loch wird auf 4 Millionen Sonnenmassen geschätzt und liegt 26000 Lichtjahre von uns entfernt im Sternbild Schütze (Sagittarius). Da es sich hierbei nicht um den Teil eines Doppelsystems handelt, kann der Kepler-Trick nicht benutzt werden. Der Nachweis gelang unter Ausnutzung eines Effekts der Allgemeinen Relativitätstheorie: der gravitativen Rotverschiebung. Mit modernen Teleskopen wie dem VLT der ESO in der Atacama-Wüste in Chile oder dem Keck-Observatorium auf Hawaii ist es möglich, einzelne Sterne in der Nähe des Schwarzen Lochs nicht nur aufzulösen, sondern auch ihrem Weg um das Schwarze Loch zu folgen. Diese Dauerbeobachtung wurde für einen Stern mit dem Namen S2 gemacht, der das Schwarze Loch mit einer Umlaufzeit von 16 Jahren auf einer elliptischen Bahn umkreist. Dabei verändert der Stern seinen Abstand zum Schwarzen Loch, mit der Konsequenz, dass sich die gravitative Rotverschiebung auch ändert; sie ist um so größer, je näher der Stern dem Schwarzen Loch kommt, da dort die Raum-Zeit stärker gekrümmt ist (siehe Abbildung 5.59). Diese Variation der Rotverschiebung, und auch die genaue Bahn des Sterns, gelang es während des gesamten Umlaufs zu bestimmen und sie stimmt mit der Vorhersage der Allgemeinen Relativitätstheorie für die Anwesenheit eines Schwarzen Lochs im Zentrum der Milchstraße exakt überein. Reinhard Genzel und Andrea Ghez, die Leiter der Teams in Chile und in Hawaii, erhielten für den Nachweis eines Schwarzen Lochs im Zentrum der Milchstraße 2020 den Nobelpreis für Physik.

**Abb. 5.59:** Im Zentrum unserer Milchstraße, 26000 Lichtjahre von uns entfernt, befindet sich ein Schwarzes Loch. Dieses Schwarze Loch wurde nachgewiesen, indem man den Umlauf eines Sterns um das Schwarze Loch verfolgte und dabei die gravitative Rotverschiebung des Lichtes des Sterns mit dem Namen S2 detektierte. Die gravitative Rotverschiebung ist eine Vorhersage der Allgemeinen Relativitätstheorie und hängt vom Abstand vom Schwarzen Loch ab. Die beobachtete Rotverschiebung folgt den Vorhersagen der Theorie für ein Schwarzes Loch mit 4 Millionen Sonnenmassen. Die Abbildung zeigt eine künstlerische Darstellung.

Am 10. April 2019 macht ein Bild weltweit Furore. Es zeigt einen schwarzen Schatten vor einem gleißenden rötlich hellen Hintergrund. Abbildung 5.60 ist das erste Bild eines Schwarzen Lochs. Aufgenommen wurde es von dem supermassiven Schwarzen Loch im Zentrum der elliptischen Riesengalaxie M87 im Sternbild Jungfrau, ungefähr 55 Millionen Lichtjahre von der Erde entfernt. Um dieses Bild entstehen zu lassen, haben sich acht Radioteleskope weltumspannend zum „Event Horizon Telescope" virtuell zu-

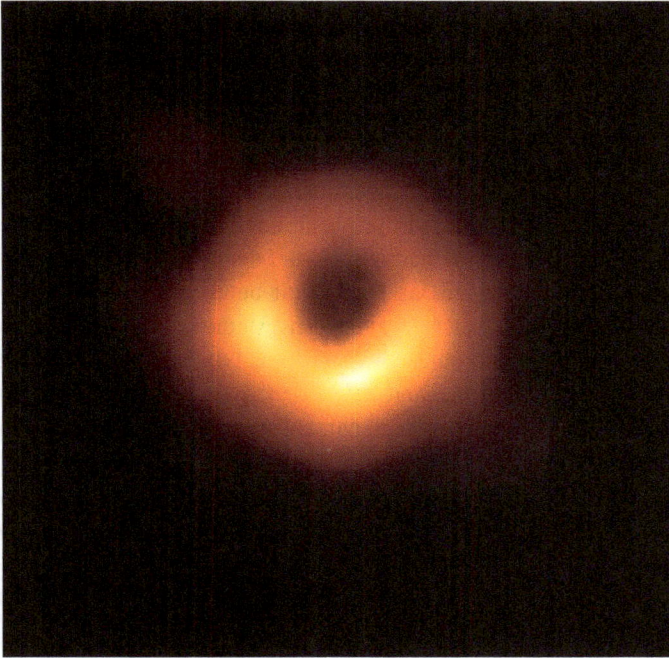

**Abb. 5.60:** Falschfarbenbild des supermassiven Schwarzen Lochs in der Galaxie Messier 87 (M87). Das Bild wurde im Radiowellenbereich aufgenommen und war nur dadurch möglich, dass sich 8 Radioteleskope zu einem erdumspannenden Verbund (genannt Event Horizon Telescope) zusammenschlossen. Die Masse des Schwarzen Lochs wird mit 7 Milliarden Sonnenmassen abgeschätzt. Man sieht die Strahlung der Materie um den Ereignishorizont herum. Das eigentliche Schwarze Loch im Zentrum ist unsichtbar.

sammengetan und haben M87 aufeinander abgestimmt beobachtet. Das Bild ist somit keine Aufnahme im optischen Licht, sondern ist aus Strahlung entstanden, die im Röntgenbereich abgestrahlt wurde. Entstanden ist sie in der heißen rotierenden Akkretionsscheibe, die sich um das Schwarze Loch gebildet hat und deren Materie in den Ereignishorizont stürzt. Das Innere des Ereignishorizonts, das Schwarze Loch, kann man natürlich nicht sehen, es erscheint als Schatten vor der heißen Akkretionsscheibe. Die große Herausforderung bestand darin, die Aufnahmen der verschiedenen Radioteleskope zusammenzufügen, was dadurch gelang, dass jede Aufnahme mit einer Uhr von der Genauigkeit von wenigen Nanosekunden registriert wurde.

# 6 Die Wiedergeburt

„Das M-344/G-System liegt abseits und wird normalerweise auf den Verkehrswegen ge-mieden wegen seiner ‚merkwürdigen‘ und ‚komplexen Himmelsdynamik‘, die es sehr schwierig macht, es zu durchqueren. Aus nicht-bekannten Gründen hat der Jäger Gratz-ner einen Hintereingang in das Tangiers-System genommen, der es ihm erlaubte, durch das M-344/G-System zu gelangen." M-344/G ist ein Triplesternsystem mit drei Planeten. Der zweite, mit dem Namen M6-117, ist ein Wüstenplanet, auf dem der Film *Pitch Black* des Comichelden Richard B. Riddick spielt. Das obige Zitat bewirbt den Hollywood-Streifen, M-344/G ist eine Fiktion. Aber solche Triplesternsysteme existieren auch in der Realität. Abbildung 6.1 ist eine Infrarotaufnahme des Algol-Triplesternsystems. Die Aufnahme wurde mit dem CHARA-Interferometer (Center for High Angular Resolu-tion Astronomy) der Georgia State University gemacht. Dieses Zentrum befindet sich auf Mount Wilson bei Pasadena, wo schon Edward Hubble seine bahnbrechenden Be-obachtungen machte. Ein anderes bemerkenswertes Triplesternsystem ist HD 181068 (Abbildung 6.2), da es aus drei leuchtenden Sternen besteht. Man kennt mehr als 500 Triplesternsysteme. Wahrscheinlich gibt es deutlich mehr, aber es ist recht schwer, sol-che Systeme aufzulösen und ihre Himmelsmechanik ist in der Tat recht fragil, wie dies für Dreikörpersysteme im Allgemeinen gilt.

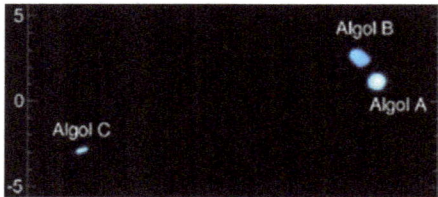

**Abb. 6.1:** Infrarotaufnahme des Algol-Triplesternsystems, aufgenommen mit dem CHARA-Interferometer. Die Form des Sterns Algol C unterliegt Verzerrungen und ist ein Artefakt.

Multiple-Stern-Systeme sind Zusammenschlüsse von Sternen, zusammengehalten von deren wechselseitiger gravitativer Anziehung, die auch die komplizierten Bewe-gungen der Partner in diesem Verband bestimmt. Der Wert solcher Verbünde liegt auch darin, dass man aus dem Tanz der Partner am Himmel – deren Orbits und Umlauf-zeiten – auf die Masse der beteiligten Sterne zurückschließen kann, da die gravitative Anziehung eines Körpers mit seiner Masse proportional ist.[1] So hat man zum Beispiel die Massen der drei Sterne im System HD181068 genau bestimmt: Ein Stern ist ein Roter

---

[1] Die Tatsache, dass man das System als isoliertes Triplesternsystem betrachten kann, liegt daran, dass eine Galaxie sehr dünn mit Sternen besiedelt ist. Als Konsequenz ist die Summe der gravitativen Effekte der vielen anderen Sterne auf das System vernachlässigbar. Wir diskutieren dies im Kapitel 9.

https://doi.org/10.1515/9783111469737-006

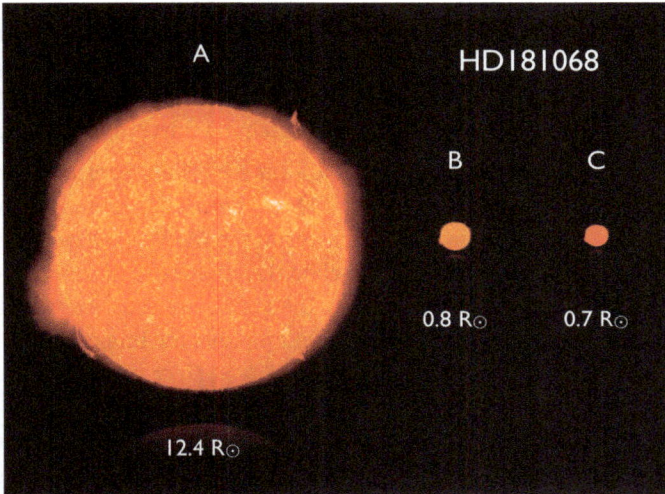

**Abb. 6.2:** Das Triplesternsystem HD181068, dessen Massen mithilfe der Kepler'schen Gesetze recht genau aus den Sternenbahnen bestimmt werden konnten.

Riese mit $3 \pm 0,1$ Solarmassen (der Hauptstern HD 181068 A), die beiden anderen sind etwas leichter als die Sonne; $0,915 \pm 0,034 \, M_\odot$ (HD 181068 Ba), $0,870 \pm 0,043 \, M_\odot$ (HD 181068 Bb). Der Hauptstern durchläuft seinen Orbit in 45 Tagen, während die beiden kleineren ihre Umläufe in weniger als einem Tag durchführen. Die bislang nach der Anzahl der Partner größten Multiple-Stern-Systeme enthalten sieben Sterne. Man hat davon zwei entdeckt: Nu Scorpii im Sternbild Skorpion ungefähr 470 Lichtjahre von uns entfernt und AR Cassiopeia im Sternbild der Cassiopeia. Natürlich sind auch Galaxien Sternverbünde. Allerdings sind hier zu viele Sterne (etwa 100 Milliarden) beteiligt, sodass nicht alle aufgelöst und individuell betrachtet werden können. Wie im Kapitel zur Strukturbildung diskutiert, verkompliziert sich die Situation noch zusätzlich durch die Rolle, die die Dunkle Materie für die Formation und Struktur von Galaxien spielt.

Die häufigsten Wenig-Sterne-Systeme sind allerdings binäre Systeme oder Doppelsterne. Man geht davon aus, dass sich etwa die Hälfte der Sterne in einem binären System befindet. Die Bedeutung von Doppelsternen für die Massenbestimmung haben wir schon im Kapitel über Neutronensterne kennengelernt.

In einem Doppelsternsystem führen zwei Sterne eine Rotationsbewegung mit konstantem Drehimpuls um ihren gemeinsamen Massenschwerpunkt aus. Beide Sterne bewegen sich jeweils auf Kreisbahnen um dieses Zentrum, wobei der schwerere Stern näher am Zentrum liegt als der leichtere, sodass der Radius seiner Bahn auch kleiner ist. Die Bewegung der beiden Sterne wird dadurch stabilisiert, dass die gravitative Anziehung zwischen den Sternen gerade durch die nach außen wirkende Zentrifugalkraft aufgehoben wird. Für die Diskussion in diesem Kapitel ist es wichtig, zu betrachten, wie sich Materie (ein Teilchen mit kleiner Masse $m$) im gemeinsamen Gravitationsfeld der beiden Sterne verhält. Das Teilchen wird auch eine Rotationsbewegung ausführen, allerdings muss seine Bahn nicht kreisförmig sein. Entscheidend für seine Bewegung ist das Potential $U$, das sich aus drei Komponenten zusammensetzt: der gravitativen Anziehung durch den ersten Stern ($U_1 = -G\frac{mM_1}{s_1}$), der gravitativen Anziehung durch den zweiten Stern ($U_2 = -G\frac{mM_2}{s_2}$) und dem Zentrifugalpotential $U_Z = -\frac{1}{2}m\omega^2 r^2$. Hier bezeichnen $s_1$ den Abstand des Teilchens vom ersten Stern mit Masse $M_1$ ($s_2$ analog für den zweiten Stern) und $r$ den Abstand des Teilchens vom Massenschwerpunkt. Die Winkelfrequenz $\omega$ der Umlaufbahn lässt sich nach dem Dritten Kepler'schen Gesetz aus der Gesamtmasse und dem Abstand zwischen den Sternen ausdrücken. Die Masse des Teilchens spielt für die folgende Diskussion keine Rolle, da sie in allen drei Komponenten linear auftritt. Es ist deshalb vorteilhaft, das *effektive Gravitationspotential* $\Phi = U/m$ zu definieren. Dieses hat ein charakteristisches Aussehen, wenn man es entlang der Verbindungsachse zwischen den Sternen betrachtet (Abbildung 6.3); es besitzt drei Maxima, von denen eines zwischen den beiden Sternen liegt und zwei außerhalb des Doppelsternsystems an gegenüberliegenden Seiten. Diese drei Punkte haben eine ausgezeichnete Eigenschaft: An ihnen wirkt keine Kraft auf das Teilchen, weil dort die mutuelle gravitative Anziehung durch beide Sterne gerade von der Zentrifugalkraft aufgehoben wird.[2] Man nennt die Maxima die Lagrange-Punkte. Ihre Positionen hängen von dem Massenverhältnis der beiden Sterne sowie von deren Abstand ab.

Der Lagrange-Punkt $L_2$, das heißt der Punkt auf der abgewandten Seite der leichteren Masse, hat es in den letzten Monaten sogar in die Nachrichten geschafft. Für das Sonne-Erde-System (die zweite Masse muss kein Stern sein) liegt $L_2$ etwa 1,5 Millionen Kilometer von der Erde entfernt und ist als stationärer Punkt für das neue James-Webb-Weltraumteleskop (Abbildungen 6.3 und 6.4) ausgewählt worden, von wo das Teleskop im Infrarotbereich atemberaubende Aufnahme des Universums macht. Der Frequenzbereich der infraroten Wärmestrahlung ist bewusst ausgesucht worden, weil sie interstellare Gaswolken besser durchdringen kann als sichtbares Licht, aber auch weil das Teleskop so auch extrem rotverschobene elektromagnetische Signale aus der Frühzeit des Universums detektieren kann.

Die Punkte, auf denen das effektive Gravitationspotential im Raum den gleichen Wert hat, nennt man eine Äquipotentialfläche. Die Abbildung 6.5 zeigt den Verlauf einiger solcher Äquipotentialflächen in der Rotationsebene, die senkrecht zu der Rotationsachse des Doppelsternsystems steht. Die drei Lagrange-Punkte entlang der Verbindungslinie der beiden Sterne sind auch eingezeichnet. Es gibt noch zwei weitere nicht-aufgetragene Lagrange-Punkte (genannt $L_4$ und $L_5$), die nicht auf dieser Verbindungslinie liegen. Man sieht, dass die Äquipotentiallinien nah an den beiden Sternen kreisförmig sind; die entsprechenden Äquipotentialflächen sind kugelförmig. Dies liegt daran, dass Materie in der Nähe eines Massezentrums nur von diesem angezogen wird,

---

2 Die Kraft ist durch die erste Ableitung des Potentials gegeben und die erste Ableitung einer Funktion verschwindet an einem Extrempunkt wie einem Maximum.

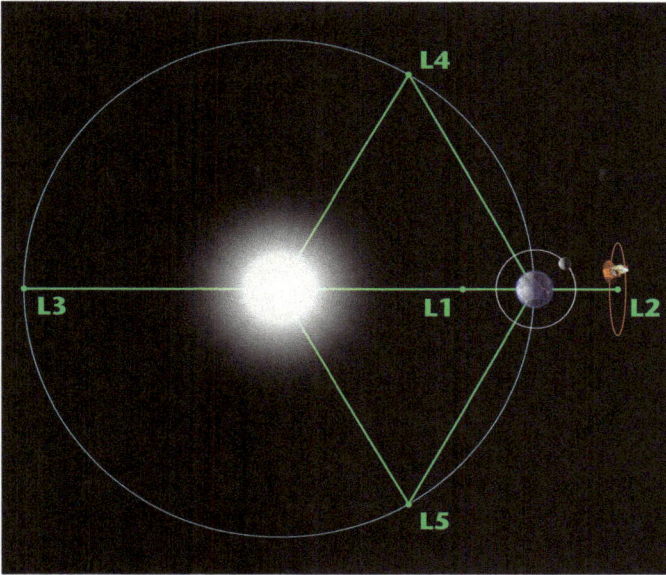

**Abb. 6.3:** Lagrange-Punkte beschreiben Orte im Raum, an denen sich die gravitativen Kräfte in einem Zweikörpersystem aufheben. Für die Raumfahrt haben diese Punkte eine besondere Bedeutung, da dort Raumschiffe lange Zeit mit reduziertem Treibstoffverbrauch verweilen können. Dies wird zum Beispiel für das James-Webb-Teleskop ausgenutzt, das am Lagrange-Punkt $L_2$ des Sonne-Erde-Systems platziert ist.

**Abb. 6.4:** James-Webb-Teleskop, aufgebaut im Labor. Mittlerweile hat es seine Arbeit am Lagrange-Punkt L2 des Sonne-Erde-Systems aufgenommen.

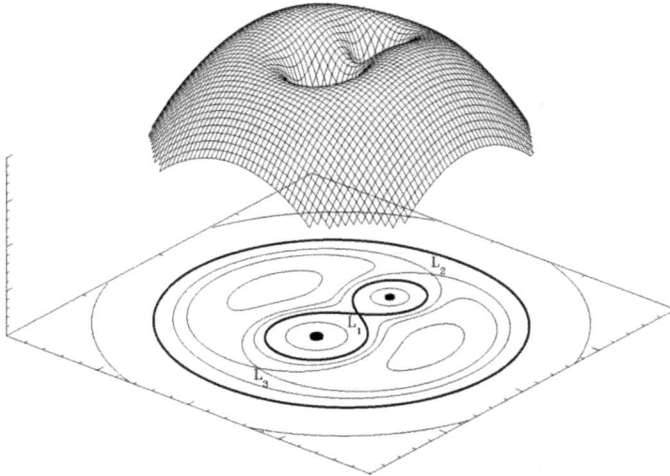

**Abb. 6.5:** (Oben) Eine dreidimensionale Darstellung des effektiven Gravitationspotentials für ein Doppelsternsystem, in dem der linke Stern doppelt so schwer ist wie der rechte.(Unten) Die Ebene zeigt die Äquipotentialflächen des Potentials, d. h. Linien, auf denen der Wert des Potentials konstant ist. An den drei Lagrange-Punkten $L_1$, $L_2$, $L_3$ heben sich die gravitativen Kräfte im rotierenden System auf. Die dickgezeichnete achtartige Kurve definiert die Roche-Schleife. Materie, die sich innerhalb der Schleife befindet, wird von einem gravitativen Zentrum dominiert. Wird die Roche-Schleife von der Materie ausgefüllt, so kommt es durch den Lagrange-Punkt $L_1$ zu Massenfluss zum Begleitstern.

während der gravitative Effekt des anderen vernachlässigbar klein ist. Auch bei großen Abständen sind die Äquipotentiallinien kreisförmig. Hier spielt der Abstand zwischen den beiden Sternen keine Rolle mehr und Materie wird so angezogen, als ob sich die Summe der beiden Massen im Massenschwerpunkt befände. Zwischen diesen beiden Extrema sind die Äquipotentiallinien nicht kreisförmig (und dementsprechend die Flächen nicht kugelsymmetrisch), sondern deformiert, da sie nun von beiden Massenpunkten beeinflusst sind.

Die Bedeutung der Äquipotentialflächen liegt darin, dass sie die möglichen Oberflächen der Sterne in einem Doppelsternsystem definieren. Um dies zu sehen, stellen wir fest, dass eine mögliche Gravitationskraft immer eine Richtung senkrecht zu der Äquipotentialfläche hat. Entlang der Oberfläche, auf der das Gravitationspotential konstant ist, wirkt keine gravitative Anziehung. Befindet sich ein Stern im hydrostatischen Gleichgewicht, so wird die nach innen gerichtete Gravitation durch den Druck kompensiert. Damit der Stern sich im Gleichgewicht befindet, muss aber auch der Druck dann auf der Äquipotentialfläche konstant sein. Auf dieser Fläche ist schließlich noch die Dichte konstant. Wäre sie es nicht, so würden Bereiche höherer Dichte zu einer stärkeren Anziehung führen, sodass die Gravitation auch eine Komponente entlang der Oberfläche hätte. Eine besondere Fläche, auf denen diese Bedingungen erfüllt sind, ist die Oberfläche des Sterns. Wir übernehmen von der obigen Diskussion, dass die Sterne in einem

Doppelsystem noch fast kugelförmig sind, wenn ihr Radius klein ist gegenüber dem Abstand zwischen den Massenzentren. Dies ist meistens erfüllt, wenn sich beide Sterne im Wasserstoffbrennen befinden.

Eine besondere und wichtige Äquipotentialfläche ist die Roche-Schleife, benannt nach dem französischen Astronomen Édouard Roche. Sie ist in der Abbildung 6.5 durch die deformierte „Acht" dargestellt, die durch den Lagrange-Punkt $L_1$ verläuft. Die Roche-Schleife stellt eine Trennlinie dar, einer Wasserscheide ähnlich. Materie, die sich innerhalb der Roche-Schleife befindet, wird durch das innerhalb der Schleife liegende Massenzentrum dominant angezogen. Überschreitet Materie allerdings die Roche-Schleife, so wechselt sie den gravitativen Attraktor, wird also von der anderen Masse dominant angezogen. Ist dabei die Roche-Schleife dieser Masse noch nicht aufgefüllt, so kommt es zum Massenfluss zu diesem neuen Zentrum, wobei der Massenfluss wie durch einen Trichter durch den Lagrange-Punkt $L_1$ geführt wird und schließlich auf der Oberfläche des anderen Sterns angelagert wird. Da die beiden Sterne ja zusammen eine Rotationsbewegung ausführen, verläuft der Massenfluss spiralenförmig, bis er die Oberfläche erreicht. Die Rotation sorgt dafür, dass sich der Fluss in der Ebene senkrecht zu der Rotationsachse bewegt. Es entsteht eine Akkretionsscheibe, wie sie uns schon zum Beispiel im Kollapsar-Modell begegnet ist.

Die Bedeutung der Roche-Schleife wird klar, wenn wir dem hydrostatischen Leben der beiden Sterne in einem binären System folgen. Zunächst befinden sich beide Sterne im Wasserstoffbrennen; ihre Form ist annähernd kugelförmig. Wie wir gesehen haben, entwickelt sich der massereichere Stern schneller. Er wird also seinen Wasserstoffvorrat im Zentrum eher aufgebraucht haben als sein Partner. Im nächsten Schritt setzt sich das Wasserstoffbrennen in einer Schale fort und im Zentrum wird schließlich das Heliumbrennen gezündet. Der Stern wird zum Roten Riesen und wächst. Hierbei kann er sich soweit ausdehnen, dass seine äußere Wasserstoffhülle teilweise über die Roche-Schleife tritt. Es kommt zum Massentransfer, wobei ein Teil der Hülle des ersten Sterns zum zweiten fließt. Der massereichere Stern durchläuft schließlich die restlichen Perioden seines hydrostatischen Brennens und endet letztendlich, abhängig von seiner Geburtsmasse, als Weißer Zwerg oder als Neutronenstern. Wenn das Doppelsternsystem diese virulente Endphase überlebt, besteht das Paar danach aus einem Stern im hydrostatischen Brennen und einem kompakten Objekt. Da die Endphase eines Sternlebens viel schneller verläuft als das Wasserstoffbrennen, befindet sich der masseärmere Stern wahrscheinlich noch immer in der Phase, in der er Wasserstoff verbrennt, während sein massereicherer Partner schon alle Phasen durchlaufen hat und seine finale Form als Weißer Zwerg oder Neutronenstern erreicht hat. Zu diesem Zeitpunkt sind beide Sterne innerhalb der Roche-Schleife gefangen. Es gibt keinen Massentransfer zwischen den Partnern. Schließlich endet aber auch der Wasserstoffvorrat im Zentrum des zweiten Sterns, und auch dieser tritt die nächsten Stufen seines hydrostatischen Lebens an und wird dann irgendwann zum Roten Riesen. Nun übertritt der zweite, masseärmere Stern die Roche-Schleife und es gibt Massentransfer von seiner Wasserstoffhülle auf die Oberfläche seines Partnersterns. Dieser Transfer kann eine Kette von Reaktionen auslösen, die den kompakten Stern teilweise wiederbelebt und im spektakulärsten Fall komplett zerstört. Was passiert und wie es abläuft, hängt von der Art des kompakten Objekts ab, aber auch davon, wie schnell der Massenfluss auf dessen Oberfläche ist. Dies werden wir im Rest dieses Kapitels diskutieren.

## 6.1 Vampire am Himmel: Nova-Explosionen

Nova-Explosionen sind keine alltäglichen Erscheinungen in unserer Galaxie, aber immerhin allwöchentlich. Man schätzt, dass sich Novae etwa 50-mal im Jahr in der Milchstraße ereignen, von denen 5–10 beobachtet werden. Sie sind damit die zweithäufigsten explosiven Ereignisse in der Milchstraße, die Häufigsten – Röntgenausbrüche – werden wir gleich kennenlernen. Abbildung 6.6 zeigt eine typische Nova. Ihre Strahlung wird in unterschiedlichen Wellenbereichen beobachtet.

**Abb. 6.6:** Überlagerung von Aufnahmen der Nova GK Persei im Röntgenbereich (blau), im optischen Bereich (gelb) und im Radiowellen-Bereich (rosa); erstellt aus Aufnahmen des Chandra-Weltraumteleskops, des Hubble-Weltraumteleskops und der Very Large Array Radio Telescopes.

Wegen ihrer „Allwöchentlichkeit" weiß man recht viel über Novae. Auch sie sind charakterisiert durch ein plötzliches Ansteigen ihrer Leuchtstärke und können die regulären Sterne in ihrer Umgebung während des Ausbruchs deutlich überstrahlen. Frühe Astronomen sahen in diesen Ausbrüchen das Auftreten eines neuen Sterns, daher der Name „Nova". Die Energieproduktion einer Nova kann etwa das Zehntausendfache der Sonnenleuchtkraft erreichen. Trotz der lokalen Dominanz am Himmel ist die freigesetzte Energiemenge sehr klein gegenüber den Vergleichswerten einer Supernova. Auch eine Nova schleudert Materie in den Interstellaren Raum, wobei Geschwindigkeiten von 100–1000 km/s erreicht werden; auch diese Werte sind kleiner als bei einer Supernova. Aus diesen empirischen Daten kann man schon schließen, dass Novae zwar auch gewaltigen Eruptionen entsprechen, dass sie wohl aber nicht die Zerstörung eines ganzen Sterns betreffen.

Die Lichtkurve, mit der eine Nova ihre Umgebung überstrahlt, zeigt eine charakteristische, aber von Nova zu Nova in Details variierende Form. Abbildung 6.7 zeigt als Beispiel die Lichtkurve einer Nova, die am 29. August 1975 im Sternbild Schwan beobachtet wurde und als Nova Cygni 1975 bezeichnet wird. Die Lichtkurve steigt anfangs im Laufe von einigen Stunden oder wenigen Tagen um Größenordnungen an und kann im Maximum das Vieltausendfache der Sonnenleuchtstärke erreichen. Nach dem Maximum fällt die Kurve recht steil ab und glüht nach Wochen oder Monaten aus, indem sie auf den Wert vor dem Ausbruch sinkt. Im Allgemeinen zeigt die Lichtkurve nach einer gewissen Zeit einen Knick, nachdem der Prozess etwas langsamer verläuft als vorher. Diese Veränderung wird darauf zurückgeführt, dass die abgeschleuderte Materie für Photonen durchlässig wird. Erst wenn die abgeschleuderte Materie optisch dünn geworden ist, wird auch der Weiße Zwerg im Inneren direkt sichtbar. Die Abnahme nach dem Maximum kann auch verschieden steil verlaufen. Zur Charakterisierung benutzt man einen Zeitparameter $t_2$, der durch die Abnahme der Magnitude der Lichtkurve um zwei Größenordnungen, also auf ein Hundertstel des Maximalwerts, definiert ist. So unterscheidet man schnelle und langsame Novae. Der Wert von $t_2$ liegt bei etwa 20–30 Tagen. Es gibt auch noch detailliertere Klassifizierungen der Novae, die zum Beispiel erfassen, ob die Kurve ein Plateau oder Oszillationen aufweist. In der abgeschleuderten Materie können sich auch kleine Staubteilchen bilden, die Photonen im optischen Bereich absorbieren. Dies kann passieren, wenn die Materie noch recht dicht ist, also während des steilen Abfalls, und kann zu einem deutlichen Minimum in der Lichtkurve führen. Das absorbierte Licht heizt die Staubteilchen auf und wird von diesen bei größeren Wellenlängen emittiert, sodass die Lichtkurve im Infraroten ein Spiegelbild der optischen

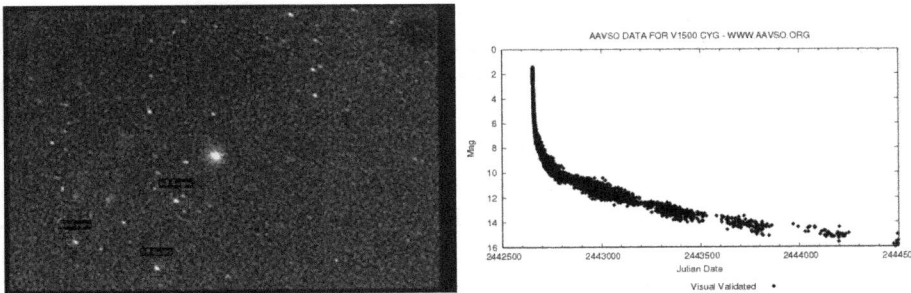

**Abb. 6.7:** (links) Das Zentrum des Bildes zeigt die Nova Cygni 1975 im Sternbild Schwan (Cygni) auf einem kurz nach der Entdeckung aufgenommenen Foto vom 30. August 1975. Die Kreise markieren weitere prominente Sterne des Schwans: 59 Cygni, 60 Cygni und 63 Cygni. (rechts) Die Lichtkurve der Nova Cygni 1975.

Kurve mit einem Maximum bildet. Falls die Materie genügend expandiert ist, spielen die Staubteilchen keine große Rolle mehr und die Lichtkurve kehrt zu ihrem regulären Abfall zurück.

Der Abfall der Nova-Lichtkurven lässt sich nicht mit den radioaktiven Halbwertszeiten von Kernen in Verbindung bringen. Damit unterscheiden sie sich fundamental von den Lichtkurven von Supernovae, deren Verlauf in den ersten Wochen mit der Zerfallskette von $^{56}$Ni und später mit anderen radioaktiven Nukliden korreliert werden kann.

Insgesamt sind inzwischen etwa 500 Novae in der Milchstraße bekannt, dazu kommen Beobachtungen zum Beispiel in der Großen Magellan'schen Wolke oder auch in anderen Galaxien. In wenigen Fällen, wie den Novae V3890 Sgr oder RS Oph, hat man eine Wiederholung des Ausbruchs beobachtet. Eine Nova-Eruption von V3890 Sgr ist inzwischen dreimal beobachtet worden, nach Ausbrüchen in den Jahren 1962 und 1990 zuletzt am 27. August 2019. Der letzte Ausbruch von RS Ophiuchi geschah im August 2021 und war mit bloßem Auge zu sehen. Es war der erste Ausbruch der Nova nach 15 Jahren Ruhephase. Man nennt die Novae, von denen mehrere Ausbrüche beobachtet wurden, „wiederkehrende Novae" (recurrent novae) und unterscheidet sie von der Mehrzahl der Novae, von denen nur eine Eruption detektiert ist; Letztere werden als „klassische Novae" bezeichnet. Der Begriff „wiederkehrend" ist allerdings missverständlich, da nach der Ansicht der Nova-Experten auch klassische Novae mehrere Ausbrüche zeigen, wobei allerdings die Zeit zwischen den Perioden Hunderte oder Tausende von Jahren betragen kann, sodass noch kein zweiter Ausbruch beobachtet werden konnte.

An den Explosionsorten von klassischen Novae bestehen keine Zweifel: Es handelt sich hierbei um Weiße Zwerge, die sich mit einem Begleitstern in einem Doppelsternsystem befinden, in dem sich beide in recht geringem Abstand von der Größenordnung des Sonnenradius und mit kurzen Umlaufperioden von meistens zwischen 1,5 und 15 Stunden umkreisen. Der Begleitstern ist zumeist ein Stern recht geringer Masse; seine Masse muss ja kleiner sein als die des primären Sterns, der schon zum Weißen Zwerg geworden ist. Der Begleitstern überfüllt seine Roche-Schleife und es kommt zum Materietransfer auf den Weißen Zwerg, auf dessen Oberfläche hierdurch eine Explosion ausgelöst wird. Das Szenario ist durch Beobachtungen gut bestätigt. Mithilfe des Röntgensatelliten ROSAT gelang schon in den 1990er Jahren der Nachweis, dass ein Weißer Zwerg die Grundlage von Nova-Ausbrüchen ist (Abbildung 6.8). Im Jahr 2018 ist es österreichischen Astronomen gelungen, die Lichtkurve des Nova-Ausbruchs V906 im Sternbild Carina in einer Entfernung von 13000 Lichtjahren von der Erde über mehrere Monate kontinuierlich zu beobachten. Die Lichtkurve von Nova V908 ist in der Abbildung 6.9 gezeigt. Vor der Explosion kann die Kurve auf den Begleitstern, in diesem Fall ein Roter Riese, zurückgeführt werden. Innerhalb weniger Tage steigt die Lichtkurve zum Maximum an, wonach sie wieder abklingt. Die Lichtkurve zeigt einige starke Oszillationen, die mit Stoßwellen während des Ausbruchs erklärt werden (Abbildung 6.9).

Novae sind nach dem allgemein akzeptierten Verständnis „kleine Vampire am Himmel". Sie saugen etwa $10^{-8}$–$10^{-10}$ $M_\odot$ pro Jahr von ihrem Begleitstern ab. Diese Materie

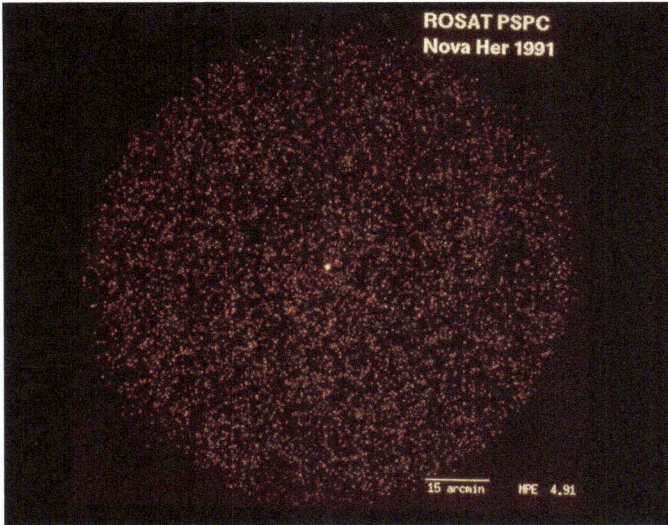

**Abb. 6.8:** Die Nova Herculis 1991, aufgenommen vom Röntgensatelliten ROSAT etwa 5 Tage nach ihrer Entdeckung durch Amateurastronomen in Japan und Großbritannien. Die Nova konnte als Weißer Zwerg in einem Doppelsternsystem identifiziert werden.

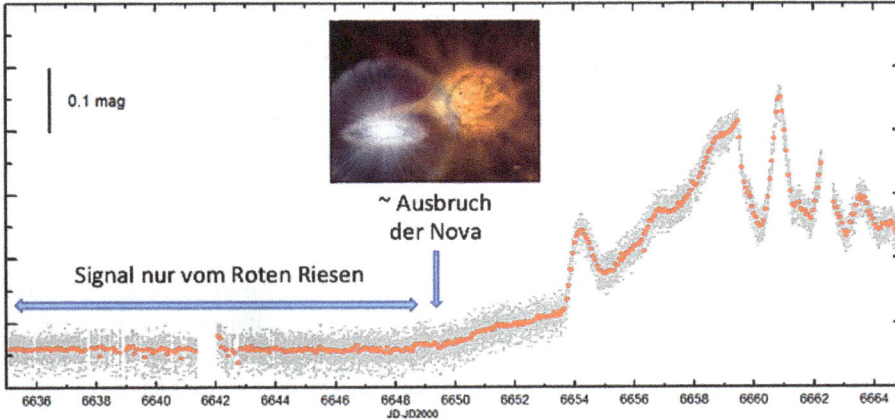

**Abb. 6.9:** Lichtkurve der Nova V906 im Sternbild Carina. Das Ereignis konnte mithilfe von Satelliten im Rahmen der BRITE-Kollaboration zwischen Institutionen in Österreich, Kanada und Polen aufgenommen werden. Die Lichtkurve zeigt die Summe des elektromagnetischen Signals vom Nova-Ausbruch und dem Begleitstern. Vor dem Ausbruch dominiert der Begleitstern, ein Roter Riese, die Lichtkurve.

fließt durch den Lagrange-Punkt $L_1$ vom Dominanzbereich des Begleitsterns in das gravitative Hoheitsgebiet des Weißen Zwerges. Die Materie fällt nicht direkt auf den Weißen Zwerg, sondern kreist zunächst in einer Akkretionsscheibe um den Stern. Ein Teil des akkretierten Materials driftet letztendlich auf die Oberfläche des Weißen Zwergs, wo es durch die dort herrschenden Bedingungen komprimiert wird und dem Weißen Zwerg angelagert wird. Zwei Dinge sind für die folgenden Abläufe wichtig. Die angelagerte Materie wird durch die Kompression erhitzt und kann schließlich zur Zündung von Kernreaktionen führen. Hierbei handelt es sich um Wasserstoffbrennen, da die akkretierte Materie aus der Hülle des Begleitsterns hauptsächlich aus Wasserstoff besteht. Die für die Zündung des Brennens notwendigen Temperaturen werden an der Basis des frisch angelagerten Materials erreicht. Dort herrschen allerdings so hohe Dichten vor, dass die Materie entartet ist. Das nukleare Brennen verläuft, wie schon an anderer Stelle erklärt, selbstverstärkend ab, weil in einer entarteten Umgebung die erzeugte Energie nicht in Expansion, sondern nur in Wärme übertragen werden kann. Die Selbstverstärkung verläuft am Ende wegen der hohen Sensitivität der Kernreaktionen auf die Temperatur (die Rate des vorherrschenden Wasserstoffbrennens durch den CNO-Zyklus wächst mit $T^{18}$) explosionsartig ab. Ab Temperaturen von etwa 30 Millionen Grad wird die Entartung aufgehoben und die akkretierte Hülle kann expandieren. Die Zeitskala für die Expansion ist allerdings deutlich länger als die des nuklearen Brennens. Als Konsequenz steigt die Temperatur noch während des Ausbruchs an und kann Werte bis zu 400 Millionen Kelvin erreichen. Die Expansion ist letztendlich so stark, dass die akkretierte Materie die gravitative Anziehungskraft des Weißen Zwerges überwinden kann und abgestoßen wird. Dabei erreicht die ejektierte Materie Geschwindigkeiten von einigen Hunderten bis einigen Tausenden Kilometer pro Sekunde. Die abgestoßene Menge beträgt typischerweise $10^{-4}$–$10^{-6}$ Sonnenmassen. Nach einem Ausbruch kann neue Materie vom Begleitstern angelagert werden, sodass sich der Prozess, der zur Nova führte, wiederholt. Vergleicht man die Menge, die abgestoßen wird, mit derjenigen, die akkretiert wird, so kann man die Periodenzeiten auf Hunderte bis Tausende von Jahren abschätzen. Dies erklärt, warum die Wiederholungen von klassischen Novae noch nicht beobachtet wurden.

Das Wasserstoffbrennen verläuft hauptsächlich durch den CNO-Zyklus, wobei der Katalysator $^{12}$C sich schon in der akkretierten Materie befindet, aber auch von der Oberfläche des Weißen Zwerges beigemischt werden kann. Wir erinnern uns daran, dass die Protonfusionsreaktionen im Rahmen des Zyklus wegen der entsprechenden Coulomb-Barriere im Wasserstoffbrennen von massereichen Sternen die langsamsten Reaktionen waren. Dies gilt auch zunächst für das Brennen auf der Oberfläche des Weißen Zwerges, es ändert sich aber, wenn die Temperaturen anwachsen, da die Protonenreaktionen, wiederum wegen der Coulomb-Barriere, eine sehr starke Temperaturabhängigkeit haben und mit steigender Temperatur immer rascher ablaufen. Demgegenüber sind die drei im CNO-Zyklus auftretenden Beta-Zerfälle temperaturunabhängig. Das unterschiedliche Verhalten mit wachsender Temperatur hat interessante Konsequenzen. Unter anderem beschleunigt sich der Übergang von $^{13}$N zu $^{14}$N (siehe Abbildung 6.10): Während im „normalen" CNO-Zyklus zunächst $^{13}$N einen Beta-Zerfall zu $^{13}$C durchläuft, das danach ein Proton einfängt, ändert sich die Reihenfolge der Reaktionen, $^{13}$N fusioniert mit einem Proton zu $^{14}$O, das anschließend einen Beta-Zerfall zu $^{14}$N erfährt. Den

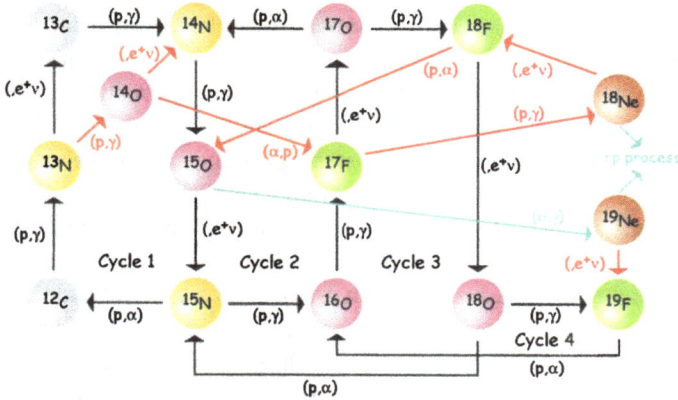

**Abb. 6.10:** Ablauf der Reaktionen im CNO-Zyklus bei unterschiedlichen Temperaturen. Unterhalb von 200 Millionen Kelvin ist die Beta-Zerfallsrate von $^{13}$N grösser als die Protoneneinfangrate an diesem Kern. Der CNO-Zyklus verläuft nach der ursprünglich von Bethe und Weizsäcker angegebenen Sequenz. Bei höheren Temperaturen kann der Beta-Zerfall von $^{13}$N durch Protoneneinfang von $^{13}$N zu $^{14}$O umgangen werden. Der Zyklus wird zum „heißen" CNO-Zyklus, wie er in Novae realisiert ist. Bei noch höheren Temperaturen gelingt via der $\alpha$-Fusion am $^{15}$O zu $^{19}$Ne der Ausbruch aus dem CNO-Zyklus. Diese Situation tritt beim rp-Prozess während sogenannter Röntgenausbrüche auf, wie wir sie später in diesem Kapitel besprechen.

modifizierten Zyklus nennt man „heißen CNO-Zyklus", da er Temperaturen von mehr als 200 Millionen Kelvin benötigt. Im heißen CNO-Zyklus sind im Gegensatz zum Bethe-Weizsäcker-Zyklus die Beta-Zerfälle die langsamsten Reaktionen, $^{14}$O und $^{15}$O haben Halbwertszeiten von 70 bzw. 122 Sekunden.

Nova-Modelle sagen, dass die Temperaturen in der Spitze bei einem Ausbruch bis zu 400 Millionen Kelvin ansteigen können. Hierbei kann es, neben der angesprochenen $^{13}$N-$^{14}$N-Abkürzung, zu einer anderen wichtigen Konsequenz kommen, da bei diesen Temperaturen auch Fusionsreaktionen mit Alphateilchen deutlich beschleunigt ablaufen. Dies betrifft vor allem den Kern $^{14}$O. Seine Halbwertszeit ist lang genug, dass die Fusion mit einem $^4$He-Kern bei den hohen Temperaturen eine Alternative wird. Dies liegt daran, dass die Fusion eine von der starken Wechselwirkung vermittelte Transferreaktion ermöglicht, bei der sich die Fusionspartner $^4$He + $^{14}$O in die Reaktionsprodukte p + $^{17}$F umwandeln. Wie die Abbildung 6.10 zeigt, erlaubt diese Reaktion, aus dem heißen CNO-Zyklus auszubrechen, und über die Nuklide $^{17}$F, $^{18}$Ne, $^{18}$F einen alternativen Weg zu $^{15}$O zu finden, der den Kern $^{14}$N umgeht. Dies hat interessante Konsequenzen für die Nukleosynthese eines Nova-Ausbruchs. Zum einen werden weitere Kerne ins Brennen eingeschlossen, zum anderen kann der Kern $^{14}$N, bei dem sich im Bethe-Weizsäcker-Zyklus der Materiefluss staute, umgangen werden.

Schließlich sei noch auf einen weiteren Punkt hingewiesen: Die Tunnelwahrscheinlichkeit von Alphateilchen für die Sauerstoffisotope $^{14}$O und $^{15}$O ist (bis auf den kleinen

Unterschied durch die reduzierte Masse) gleich, sodass es auch zu $^4$He-Fusionen am Isotop $^{15}$O kommen sollte, die ebenfalls einen Ausbruch, nun zu einem sogar größeren Kreis von Nukliden, ermöglichen sollte. Bei den Temperaturen eines Nova-Ausbruchs passiert dies allerdings nicht. Dies liegt daran, dass die $^4$He-Fusion an $^{15}$O aus energetischen Gründen nicht über die starke Kraft zu $^{18}$F möglich ist, sondern nur über die elektromagnetische Wechselwirkung mit deutlich geringerer Wahrscheinlichkeit zu $^{19}$Ne. Bei den höheren Temperaturen, wie sie in Röntgenausbrüchen erreicht werden, führt diese $^4$He-Fusion zum Ausbruch aus dem CNO-Zyklus.

Welche Nuklide werden bei einem Nova-Ausbruch produziert und wie tragen diese zur Häufigkeitsverteilung in unserer Galaxie bei? Um die Frage zu beantworten, stellen wir zunächst fest, dass, wenn die Temperatur im Ausbruch 100 Millionen Grad übersteigt, die Energieproduktion so groß ist, dass der ganze Bereich vom Boden der nuklearen Brennzone bis zur Oberfläche konvektiv wird. Hierbei wird zum einen frisches Material in die nukleare Brennzone nachgeliefert, zum anderen gelangt radioaktives Material in kühlere Bereiche, wo es nicht mehr verbrannt wird, sondern radioaktiv zerfällt: $^{13}$N zu $^{13}$C, $^{14,15}$O zu $^{14,15}$N und $^{17}$F zu $^{17}$O. Da diese Kerne mit ihren Beta-Zerfällen die Nadelöhre des Materieflusses waren, sammelt sich dort auch Material an. Dadurch unterscheidet sich das Isotopenverhältnis, das im Bethe-Weizsäcker-Zyklus entsteht, von dem, das die Nova durch den heißen CNO-Zyklus produziert. Dies kann benutzt werden, um Materie, zum Beispiel in Meteoritengestein, als durch Nova produziert zu identifizieren. Zusammenfassend geht man davon aus, dass Nova-Ausbrüche wichtige Produzenten der ungeraden Isotope der CNO-Elemente sind ($^{13}$C, $^{15}$N, $^{17}$O); $^{14}$N wird im Bethe-Weizsäcker-Zyklus dominant synthetisiert.

Bislang haben wir die Zusammensetzung des Weißen Zwerges nicht berücksichtigt. Wie im letzten Kapitel angesprochen, enden Sterne mit einer Geburtsmasse von weniger als ungefähr 7–8 Solarmassen nach dem Heliumbrennen als Weiße Zwerge, die hauptsächlich aus Kohlenstoff und Sauerstoff bestehen (CO-Weiße Zwerge). Können die Sterne auch noch Kohlenstoffbrennen durchlaufen, bevor sie zum Weißen Zwerg werden, sind sie dominant aus Sauerstoff und Neon zusammengesetzt (ONe-Weiße Zwerge). Wegen der unterschiedlichen Entwicklungsgeschichte sind ONe-Weiße Zwerge etwas massereicher als die CO-Variante; die Trennlinie wird mit etwa 1,1 Solarmassen abgeschätzt. Die unterschiedliche Masse und nukleare Komposition hat einen interessanten Einfluss auf die Nukleosynthese. Zum einen erreichen Nova-Ausbrüche in ONe-Weißen Zwergen leicht höhere Temperaturen (400 gegenüber 250–300 Millionen Kelvin), zum anderen wird durch Konvektion während des Nova-Ausbruchs etwas Neon in den nuklearen Brennbereich gemischt, sodass dieses nicht nur durch Ausbruch aus dem CNO-Zyklus entsteht. Die Existenz von $^{20}$Ne und die höheren Temperaturen erlauben nun auch Protoneneinfänge an schwereren Nukliden, sodass auch gewisse Mengen an weiteren Isotopen bis hin zum Kalzium erzeugt werden, darunter auch die beiden langlebigen radioaktiven Nuklide $^{22}$Na und $^{26}$Al.

Die von den Modellen vorhergesagte Nukleosynthese kann mit verschiedenen Beobachtungen verglichen werden. Bevor wir dies diskutieren, wollen wir kurz abschätzen, wie viel Material im Laufe des Lebens unserer Galaxie durch Novae produziert worden ist. Nimmt man für das Alter der Milchstraße 10 Milliarden Jahre an und schätzt die jährliche Nova-Rate in unserer Galaxie mit 50 ab, wobei jeweils $2 \cdot 10^{-5}$ Sonnenmassen ejektiert werden, so findet man, dass Nova-Ausbrüche 10 Millionen Sonnenmassen an Materie produziert haben.

Ein Nova-Ausbruch produziert mehrere radioaktive Nuklide, die im Prinzip durch charakteristische $\gamma$-Linien nachgewiesen werden können. Zum einen sind dies die Isotope $^{13}$N und insbesondere $^{14,15}$O, die im heißen CNO-Zyklus entstehen. Die Halbwertszeit dieser Kerne beträgt aber nur Minuten, sodass sie zerfallen sind, bevor man einen Nova-Ausbruch spektroskopisch untersuchen kann. Dies ist anders für die langlebigen Kerne $^{22}$Na und $^{26}$Al. Der $^{22}$Na-Kern zerfällt mit einer Halbwertszeit von 2,6 Jahren zu $^{22}$Ne, wobei eine $\gamma$-Linie mit einer Energie von 1,275 MeV ausgestrahlt wird; $^{26}$Al hat eine recht lange Halbwertszeit (770000 Jahre) und produziert bei seinem Zerfall zu $^{26}$Mg eine charakteristische Linie bei 1,809 MeV. Leider durchdringen die $\gamma$-Linien die Erdatmosphäre nicht, sodass die Beobachtung nur durch Gammaspektrometer an Bord eines Satelliten möglich ist. Ein solcher Gamma-Satellit ist INTEGRAL, ein Weltraumteleskop der ESA, das einige wichtige Beobachtungen machte (unter anderem die $^{44}$Ti-Linie von der Supernova Cassiopeia A). INTEGRAL hat nach den $^{22}$Na- und $^{26}$Al-Linien gesucht, leider mit unterschiedlichem Erfolg. Für $^{26}$Al konnte eine Durchmusterung des Himmels durchgeführt werden. Wegen der langen Halbwertszeit ist es aber nicht möglich, eine beobachtete $^{26}$Al-Linie einem bestimmten Ereignis zuzuordnen. Dies wird leicht klar, wenn man die Halbwertszeit (770000 Jahre) mit der Zeit vergleicht, die ein Photon braucht, um die Milchstraße zu durchqueren (10 Millionen Jahre). Man geht davon aus, dass die meisten beobachteten $^{26}$Al-Zerfälle auf Typ-II-Supernovae zurückgehen, während Novae ungefähr 15 % beitragen. Die Halbwertszeit von $^{22}$Na ist ideal, um eine Beobachtung mit dem astrophysikalischen Ereignis zu korrelieren. Leider ist eine solche Beobachtung bislang nicht gelungen.

Spektroskopische Untersuchungen der Nova-Ejekta identifizieren die Elemente, die nach den Modellrechnungen in einer Nova produziert werden. Der Nachweis erfolgt aufgrund von charakteristischen atomaren Emissions- oder Absorptionslinien der Elemente. Es zeigt sich hierbei, dass die Linien durch Elektronenübergänge in ionisierten Zuständen der Elemente erzeugt werden. Der Grad der Ionisierung lässt Rückschlüsse auf die Temperatur der Ejekta zu. Neben den Elementen, die durch die Nukleosynthese im Nova-Ausbruch produziert werden, findet man auch schwerere Elemente wie Eisen, das wohl aus der akkretierten Materie stammt und vermuten lässt, dass nicht nur die Hülle des Weißen Zwerges, sondern auch die Materie der Akkretionsscheibe bei dem Ausbruch ejektiert wird. Die beobachteten Linien zeigen eine deutliche Doppler-Verbreiterung, woraus die Geschwindigkeit, mit der die Materie abgestoßen wird, erschlossen werden kann. Hier haben jüngste Beobachtungen eine interessante Vermutung bestätigt: Die abgestoßene Materie besteht aus zwei unterschiedlichen Komponenten, die zu verschiedenen Zeiten vom Weißen Zwerg ejektiert werden und sich mit unterschiedlichen Geschwindigkeiten ausbreiten. Die frühe Komponente ist langsamer, mit Geschwindigkeiten von einigen 100 km/s, während die spätere Komponente Geschwindigkeiten über 1000 km/s erreichen kann.

Die Energiequelle beider Komponenten ist das nukleare Brennen. Die sich selbst verstärkenden und außer Kontrolle geratenen Kernreaktionen, die schließlich die Entartung der Materie überwinden, sind der Auslöser des Nova-Ausbruchs. Mit der Expansion sinkt allerdings die Temperatur im Bereich des nuklearen Brennens, sodass dieses sich quasi selbst abschaltet, wobei die Reduktion über einige Wochen verlaufen kann. Über diese Zeit liefert nukleares Brennen weiterhin Energie. Die ursprünglich expandierende Materie ist optisch nicht durchlässig, sie strahlt somit praktisch von der Oberfläche. Diese wächst mit der Zeit, bei etwa gleichbleibender Temperatur. Die vergrößerte Fläche erhöht die Leuchtkraft; die optische Lichtkurve steigt an. Mit der Zeit und wachsender Expansion verdünnt sich die ejektierte Materie, sie wird durchlässig für Photonen und die Lichtkurve wird von der gesamten ejektierten Materie sowie dem auf der Oberfläche des Weißen Zwerges noch köchelnden Brennen gespeist. Dies verlischt mit der Zeit, und somit auch die Lichtkurve. Die bei der Aufhebung der Entartung abgestoßene Materie bildet die erste Komponente, die bald so weit expandiert ist, dass sie die Materie in der Akkretionsscheibe mit umfasst und auch diese mit abstößt. Die expandierende Materie ummantelt beide Objekte im Doppelsternsystem. Durch das fortgesetzte Brennen wird ein Wind aus Strahlung und Materie erzeugt. Dieser kann mit höherer Geschwindigkeit abgestoßen werden, da die erste Komponente den Raum um den Weißen Zwerg gesäubert hat. Man geht davon aus, dass die zweite schnellere Komponente mit maximaler Stärke etwa 10–14 Tage nach dem Beginn des Ausbruchs hauptsächlich in polarer Richtung, das heißt senkrecht zu der Rotationsebene der Doppelsterne und der ursprünglichen Akkretionsscheibe ausgestoßen wird. Da sie sich aber deutlich schneller bewegt, holt sie die Front der langsameren Komponente ein und es kann zur Ausbildung von Stoßwellen kommen, die sich in der Struktur der Lichtkurve widerspiegeln. Ferner kann es auch Energietransfer von der schnelleren auf die langsamere Komponente geben, sodass sich so eine dritte Komponente mit mittlerer Geschwindigkeit bilden kann. Auch hierfür gibt es Hinweise aus den Beobachtungen. Obwohl das allgemeine Bild der Materieejektion so verlaufen könnte, sind die Modellrechnungen noch nicht fortgeschritten genug, um es als bewiesen anzusehen. Es scheint aber ziemlich klar zu sein, dass es keine „typische Nova-Lichtkurve" gibt, sondern dass die Lichtkurven jeder Nova individuelle Eigenschaften wiedergeben.

Die Spektroskopie der Ejekta zeigt, dass Elemente wie Kohlenstoff, Stickstoff oder Silizium in Nova-Ausbrüchen produziert werden oder vielleicht schon in der akkretierten Materie vorlagen (wie Wasserstoff, Eisen). Ein echter Test für die Nova-Modelle wäre es, wenn die außergewöhnlichen Isotopenverhältnisse, die die Nova-Simulationen vorhersagen, bestätigt würden. Dies ist spektroskopisch schwer, da die atomaren Spektren von der Ladungszahl (deshalb elementspezifisch) und dem Ionisierungsgrad abhängen, aber zwischen Isotopen sich so gut wie nicht unterscheiden. Man erwartet, dass wegen der schnell ablaufenden Protonenfusionen in der von einer Nova prozessierten Materie die Häufigkeiten von $^{12}$C und $^{14}$N etwas abgebaut, dafür die von $^{13}$C und $^{15}$N aufgebaut werden. Als Konsequenz sollten sich das Verhältnis der $^{12}$C/$^{13}$C- und $^{14}$N/$^{15}$N-Isotopenhäufigkeiten gegenüber den Werten des akkretierten Materials zu deutlich kleineren Werten verändern. Eine Verkleinerung erwartet man auch für die $^{20}$Ne/$^{22}$Ne-Häufigkeit, wobei $^{22}$Ne durch den Zerfall von $^{22}$Na entsteht, und die $^{28}$Si/$^{29,30}$Si-Häufigkeitsverhältnisse. Indizien für Materie, die Nova-Isotopenverhältnisse aufweist, findet man in Gesteinsbrocken aus dem All – Meteoriten.

Ein solcher Gesteinsbrocken ist der Murchison-Meteorit (Abbildung 6.11), dessen Aufprall im September 1969 in der Nähe von Murchison im australischen Bundesstaat Victoria gesehen und auch gehört wurde. Durch die Augenzeugen alarmiert, konnten etwa 100 Kilogramm des Meteoriten, verteilt über eine Fläche von ungefähr 200 Quadratkilometern, schnell aufgesammelt werden. So konnte vermieden werden, dass die Zusammensetzung und Eigenschaften des Meteoriten durch irdische Einflüsse verändert wurden. Und dies erwies sich als ein Glücksfall, denn das Alter des Meteoriten konnte mit 4,6 Milliarden Jahren bestimmt werden. Er ist also ein Zeitzeuge für die Phase, als sich das Sonnensystem bildete, und somit ein wunderbares Geschenk an die Wissenschaft. Mit den heutzutage zur Verfügung stehenden Präzisionsmethoden ist es möglich, kleinste Spuren von chemischen Verbindungen nachzuweisen. Dies ist mittlerweile für mehr als 14000 verschiedene chemische Moleküle gelungen, wobei man annimmt, dass die größte Zahl noch nicht entdeckt wurde. Ein besonders spektakulärer Nachweis ist der von Aminosäuren, wodurch gezeigt wurde, dass diese schon vor Entstehung der Erde im Weltraum existierten.

**Abb. 6.11:** Der Murchison-Meteorit, der im August 1969 im Nordwesten von Australien einschlug.

Für unsere Diskussion ist es interessant, dass auch viele kleine Körnchen an Siliziumkarbid im Murchison-Meteoriten gefunden wurden, denn dieses Molekül konnte auch in den Ejekta von Nova-Ausbrüchen spektroskopisch nachgewiesen werden; dort kann es geformt werden, wenn die Temperatur der herausgeschleuderten, expandierenden Materie auf unter 1700 Kelvin gesunken ist. Das Siliziumkarbid-Molekül dient als Kondensationskeim, an dem sich auch andere Isotope anlagern können und das so schließlich zu einem Staubkorn von Mikrometergröße anwachsen kann. Dies kann natürlich auch in den Ejekta von Supernovae oder in den Winden von Roten-Riesen-Sternen geschehen, sodass Siliziumkarbid-Körner nicht notwendigerweise mit Novae in Verbindung gebracht werden können. Wenn das Körnchen durch den interstellaren Raum fliegt, wird es stetig mit schnellen Teilchen bombardiert. Diese können durch Protonenbeschuss von $^{20}$Ne das Isotop $^{21}$Ne erzeugen, das eigentlich nicht in dem Körnchen vorkommen sollte. Je länger das Siliziumkarbid-Körnchen dem Bombardement ausgesetzt ist, je mehr $^{21}$Ne wird erzeugt; aus der Häufigkeit von $^{21}$Ne lässt sich also auf das Alter des Körnchens schließen, bevor es in den Meteoriten gelangte und so vor dem Beschuss geschützt wurde. Es zeigt sich, dass die meisten Siliziumkarbid-Einschlüsse in den 300 Millionen Jahren vor der Entstehung des Sonnensystems entstanden sind; ein Einschluss hat allerdings schon ein Alter von 7 Milliarden Jahren und ist somit das älteste Objekt, das je auf der Erde gefunden wurde.

Mithilfe von Ionen-Massenspektrometrie ist es möglich, das relative Verhältnis von Isotopenhäufigkeiten in kleinsten Materiemengen wie den mikrometergroßen Meteoriteneinschlüssen zu bestimmen. Dies ist für die Siliziumkarbid-Körner des Murchison-Meteoriten (und anderer Meteoriten) durchgeführt worden. Das Ergebnis für die $^{12}$C/$^{13}$C- und $^{14}$N/$^{15}$N-Isotopenhäufigkeiten ist in der Abbildung 6.12 zusammengefasst. Vier dieser Einschlüsse entsprechen den Werten, die man von Nova-Ausbrüchen erwartet; ebenfalls lassen sich die Häufigkeitsverhältnisse der Siliziumisotope durch Nukleosyntheserechnungen für klassische Novae erklären, wenn konvektive Mischung von Materie des Weißen Zwerges mit der akkretierten Materie berücksichtigt wird. Die meisten Siliziumkarbid-Einschlüsse stammen allerdings nicht aus Nova-Ausbrüchen. Die sogenannte Hauptpopulation wird wohl in den Winden von asymptotischen Riesensternen mit solarer Häufigkeitsverteilung produziert, während diese Riesensterne als die Ursprünge der Y- und Z-Komponenten in den Einschlüssen gelten, wenn sie eine geringere Metallizität besitzen. Die X-Komponente stammt wahrscheinlich aus Typ-II-Supernova-Explosionen.

## 6.2 Große Vampire am Himmel: Thermonukleare Supernovae

In den 1990er Jahren des letzten Jahrhunderts studierten Astronomen die Lichtkurven von Supernovae des Typs Ia, die man, wie in der Abbildung 5.35 aufgezeigt, an charakteristischen Eigenschaften der Spektren identifizieren kann. Hierbei fiel auf, dass die Lichtkurven ähnlich verliefen (siehe oberer Teil der Abbildung 6.13). Allerdings gab es

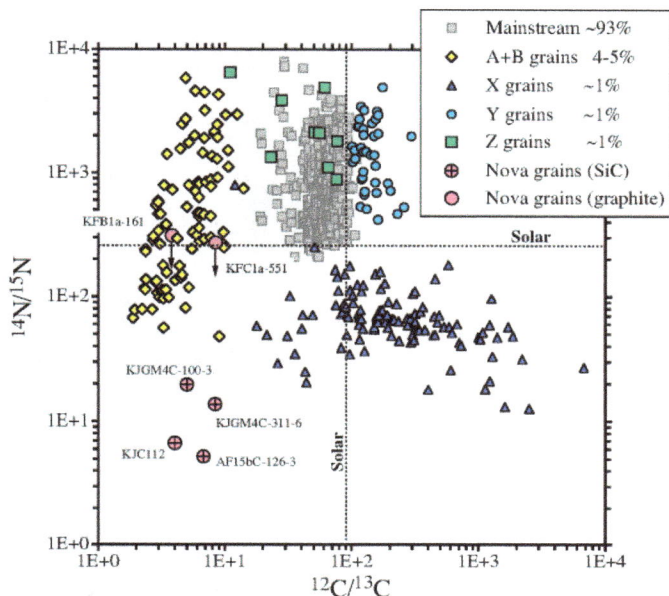

**Abb. 6.12:** Im Murchison-Meteoriten gefundene Isotopenverhältnissse von $^{12}C$ zu $^{13}C$ und $^{14}N$ zu $^{15}N$ in Siliziumkarbid. Einige der kleinen im Meteoriten gefundenen Körnchen weisen auf ihren Ursprung in Nova-Ausbrüchen hin, da sie deutlich zu den ungeraden Isotopen verschobene Verhältnisse aufweisen.

auch einen kleinen Unterschied: Fiel die Lichtkurve etwas langsamer nach dem Maximum ab, so hatte sie auch eine leicht höhere Leuchtstärke im Maximum. In der Tat gelang es, einen einfachen empirischen Zusammenhang aus den Daten herzuleiten, der den Abfall der Lichtkurve nach dem Maximum, gemessen an der Differenz der Leuchtstärke am Maximum und 15 Tage nach dem Maximum, mit der absoluten Helligkeit der Supernova in Beziehung setzte; diese Relation wird nach ihrem Entdecker die Phillips-Beziehung genannt. Der untere Teil der Abbildung 6.13 zeigt, dass nach Anwendung der Phillips-Beziehung die Lichtkurven der Supernovae aufeinanderfallen. Die Phillips-Beziehung ist nun für den größten Teil der Typ-Ia-Supernovae akzeptiert, allerdings gibt es kleinere Unterklassen, deren Lichtkurven nicht der Phillips-Beziehung folgen.

Die Bedeutung der Phillips-Beziehung war sofort offensichtlich. Da sie auf indirektem Weg, durch Beobachtung des zeitlichen Abfalls der Lichtkurve, ermöglicht, die absolute Leuchtstärke eines Objekts zu bestimmen, lässt sich durch Vergleich dieser absoluten Helligkeit mit der beobachteten Leuchtstärke der Abstand des Objekts messen. Mithilfe der Phillips-Beziehung werden Typ-Ia-Supernovae zu Standardkerzen oder Zollstöcken im Universum. Der neuartige kosmische Zollstock wurde dann verifiziert und geeicht, indem man ihn auf Supernovae anwandte, deren Abstand mithilfe der Cepheiden gemessen werden konnte, und er bestand den Test. Da Supernovae eine viel größere Helligkeit als veränderliche Sterne haben, kann man sie auch noch in Entfer-

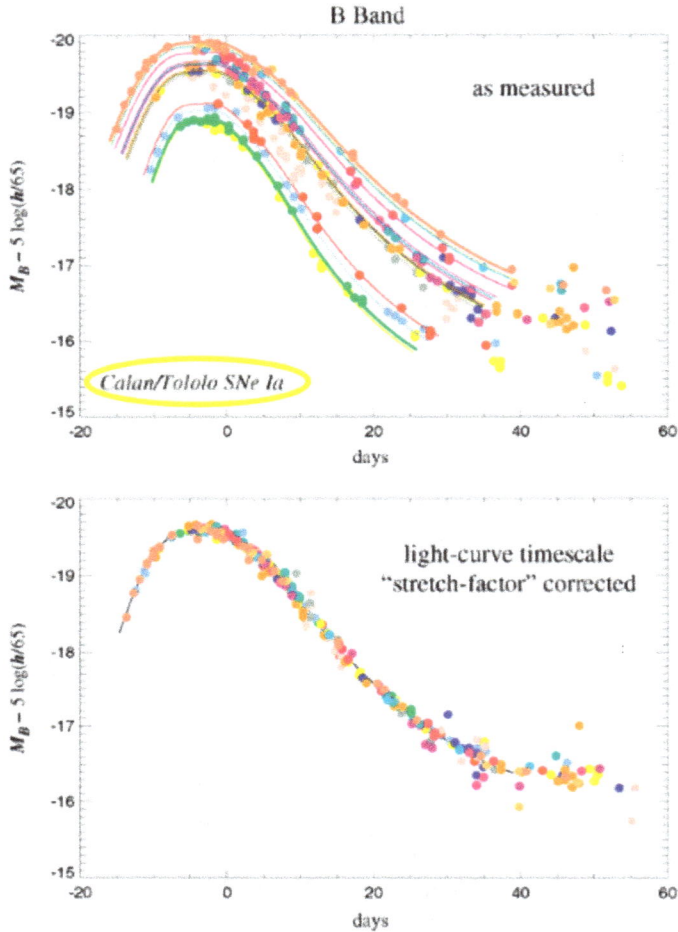

**Abb. 6.13:** (oben) Lichtkurven von Typ-Ia-Supernovae: (unten) nach einer einfachen, von einem Parameter abhängigen Transformation der Abhängigkeit zwischen ihrer Leuchtstärke und dem Abfall der Lichtkurve (Phillips-Beziehung) fallen alle Lichtkurven übereinander. Aus dem Vergleich der so erhaltenen absoluten Leuchtstärke der Supernovae und der beobachteten Leuchtstärke lässt sich die Distanz der Objekte bestimmen. Die so bestimmten Distanzen stimmen gut mit den Werten überein, die man mithilfe von veränderlichen Sternen (Cepheiden) erhält. Die Lichtkurven von Typ-Ia-Supernovae können nach Anwendung der Phillips-Beziehung als Standardkerzen benutzt werden. Man geht davon aus, dass dieses Verfahren auch für Distanzen anwendbar ist, für die man keine andere Möglichkeit der Abstandsbestimmung kennt. Unter dieser Voraussetzung wurde die in der Abbildung 2.16 gezeigte Distanz-Rotverschiebung-Relation hergeleitet.

nungen beobachten, wo dies mit Cepheiden nicht mehr gelingt. Man hatte mithilfe der Phillips-Beziehung einen Zollstock gefunden, der es erlaubt, das Universum viel weiter zu vermessen, als dies vorher möglich war, bis zu Objekten mit einer Rotverschiebung von $z = 0{,}1$. Es wurde nun möglich, die Veränderung der Expansionsgeschwindigkeit zu vermessen! Diese Größe nannte man die „Entschleunigung", mit der sich das Universum ausdehnt (deceleration parameter), denn es bestand kein Zweifel daran, dass die Ausdehnung abgebremst wird. Dahinter stand die Überlegung, dass die Energiedichte im Universum – damaligen Erwartungen zufolge – durch Materie, die sich gravitativ anzieht, wie eine Bremse funktionieren muss, gegen die die Expansion anläuft (siehe Kapitel zum Urknall). Und da seit dem Urknall keine neue Energie hinzugekommen ist, muss der Bremseffekt stetig zunehmen, das Universum also in seiner Expansion abgebremst werden.

Mithilfe des neuen und längsten Zollstocks konnte der Entschleunigungsparameter gemessen werden. Man musste also „nur" die Lichtkurve von weit entfernten Supernovae vermessen. Dabei musste sichergestellt werden, dass es sich um die Hauptklasse von Typ-Ia-Supernovae handelt, denn nur für diese gilt die Phillips-Beziehung. Ferner war es notwendig, die Supernovae schnell nach dem Ausbruch zu entdecken, sodass man die Lichtkurve schon vor dem Maximum verfolgen konnte, um den Zeitpunkt des Maximums festlegen zu können. Danach musste man dem Abfall der Lichtkurve folgen, bis deutlich hinter dem 15. Tag. Ein solches Unterfangen ist nicht möglich, wenn man sich dabei auf eine zufällige Entdeckung verlässt; das Suchverfahren musste automatisiert werden. Zwei internationale Kollaborationen (das Supernova Cosmology Project und der High-z Supernova Search) verfolgten unabhängig voneinander die gleiche Strategie. Das Supernova Cosmology Project beobachtete am Cerro-Tololo-Observatorium in Chile nach jedem Neumond für zwei Tage 50–100 galaktische Felder, die jeweils fast 1000 Galaxien bei großer Rotverschiebung enthielten. Nach drei Wochen wurden die gleichen galaktischen Felder noch einmal beobachtet und dann die Aufnahmen der Zehntausenden von Galaxien miteinander per Computer verglichen. Da die Zeitdifferenz von drei Wochen kleiner als die Anstiegszeit der Lichtkurve ist, gelang es, etwa 24 Typ-Ia-Supernovae aufzuspüren, bevor sie das Maximum erreichten. Nachdem die Supernovae entdeckt waren, wechselte man die Beobachtungsorte. Mit dem Keck-Teleskop auf Hawaii wurde die Spektroskopie der Lichtkurve bei maximaler Helligkeit durchgeführt. Danach wurde die Lichtkurve mit anderen Teleskopen (WIYN in Arizona, in Cerro Tololo und am Isaac-Newton-Teleskop auf La Palma) für zwei Monate weiterverfolgt. Für die entferntesten Supernovae wurde diese Messung mit dem Hubble Space Telescope durchgeführt. Das High-z Supernova Search Team verfolgte eine ähnliche Strategie und benutzte mit dem Cerro-Tololo- und Keck-Teleskop sowie dem European Southern Observatory in der chilenischen Atacama-Wüste auch fast die gleichen Observatorien, um die Supernovae zu entdecken und ihre Lichtkurven zu spektroskopieren und zu verfolgen.

Das von den beiden Kollaborationen gefundene Ergebnis (Abbildung 2.3) war, gelinde gesagt, unerwartet und revolutionierte die Vorstellungen vom Universum: Das heutige Universum wird in seiner Expansion nicht abgebremst, sondern die Ausdehnung wird beschleunigt. Diese Erkenntnis ist eines der Fundamente des heutigen Standardmodells der Kosmologie und wird im ΛCDM-Modell durch eine kosmologische Konstante (genannt Dunkle Energie) in der Friedmann-Gleichung beschrieben. Diese wirkt wie ein positiver Druck, der das Universum auseinandertreibt und der gravitativen Anziehung der Dunklen und gewöhnlichen Materie entgegenwirkt. Im frühen Universum dominierte der Materiebeitrag zur Energiedichte; erst etwa 6 Milliarden Jahre nach dem Urknall wurde die Dunkle Energie der bestimmende Anteil und die Ausdehnung des Universums wurde beschleunigt (Abbildung 2.16). Die Teams des High-z Supernova Search und Supernova Cosmology Project wurden für ihre bahnbrechende Entdeckung mit vielen wichtigen Preisen ausgezeichnet, darunter der Breakthrough Prize in Fundamental Physics und der Nobelpreis für Physik für die Leiter der Teams: Saul Perlmutter, Adam Riess und Brian Schmidt.

Wir haben gesehen, dass Supernovae schon lange die Aufmerksamkeit der Astronomen erlangt haben und es seit fast 2000 Jahren schriftliche Aufzeichnungen hierzu gibt. Die wissenschaftliche Unterscheidung zwischen Novae und Supernovae ist allerdings viel jünger. Vor etwas mehr als 100 Jahren war klar, dass ein 1885 von Ernst Hartwig am Teleskop der Sternwarte Dorpat im Andromeda-Nebel (heute als Galaxie im Messier-Katalog mit der Nummerierung M31 klassifiziert) entdeckter Ausbruch etwa 1000-mal leuchtstärker als eine klassische Nova war, nachdem der Abstand zur Galaxie M31 bestimmt wurde. Durch spektroskopische Untersuchungen in den 1940er Jahren wurde es dann evident, dass es zwei große Klassen von Supernovae gibt, die sich dadurch unterscheiden, dass ihre Spektren am Maximum der Lichtkurve entweder ausgeprägte Linien von Wasserstoff zeigen oder nicht. Im Gegensatz zu Typ-II-Supernovae zeigen Supernovae vom Typ Ia keine Wasserstofflinien und unterscheiden sich von den anderen Vertretern dieser Klasse (Typen Ib und Ic) dadurch, dass sie starke Linien des Elements Silizium aufweisen, wenn ihre Lichtkurve die maximale Stärke erreicht. Auch einige der historischen Supernovae waren vom Typ Ia (siehe Tabelle 5.5). Abbildung 6.14 zeigt ein berühmtes Beispiel, die Kepler-Supernova von 1604.

Wegen ihrer enormen Bedeutung als Standardkerzen (besser eigentlich, als mithilfe der Phillips-Beziehung standardisierbare Kerzen) hat die Erforschung von Typ-Ia-Supernovae in den letzten Jahrzehnten sehr große Aufmerksamkeit erfahren. Dies hat eine große Menge an Beobachtungsdaten zur Verfügung gestellt, aber auch gezeigt, dass nicht alle Typ-Ia-Supernovae der Phillips-Beziehung genügen. Man geht davon aus, dass etwa 70–85 % aller Typ-Ia-Supernovae diese Beziehung erfüllen. Da dies die Mehrzahl ist, spricht man oft von „normalen" Typ-Ia-Supernovae, wenn diese die Phillips-Beziehung erfüllen. Selbstverständlich wird nur diese Hauptklasse der Supernovae als Standardkerzen verwandt.

Die Lichtkurven der normalen Typ-Ia-Supernovae erreichen ihr Maximum nach etwa 20 Tagen. Danach fallen sie recht schnell um drei Magnituden innerhalb eines Monats ab; dies entspricht etwas mehr als einer Größenordnung in der Leuchtstärke, da eine Verringerung der Magnitude um 5 Einheiten einer Verringerung der Leuchtstärke um einen Faktor 100 entspricht. Dieser Abfall verlangsamt sich dann, sodass die Lichtkurve um etwa eine Magnitude pro Monat weiter abfällt. Zu Beginn eines Ausbruchs erreichen die herausgeschleuderten Ejekta Geschwindigkeiten von bis zu 25000 km/s, also fast einem Zehntel der Lichtgeschwindigkeit. Durch Spektroskopie konnten im Maximum ne-

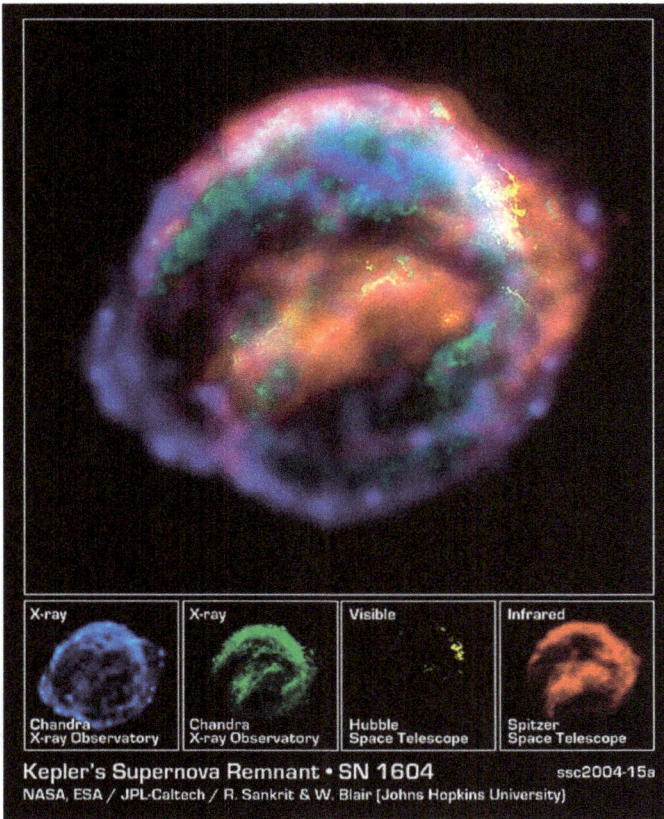

**Abb. 6.14:** Keplers Supernova von 1604 war eine Supernova vom Typ Ia. Die Abbildung zeigt das Überbleibsel der Supernova in verschiedenen Wellenlängen, aufgenommen mit unterschiedlichen Teleskopen.

ben Silizium noch andere Elemente mittlerer Masse (Kalzium, Magnesium, Schwefel, Sauerstoff) nachgewiesen werden. In der späteren Phase, beginnend etwa 2 Wochen nach dem Maximum, beginnen Spektrallinien von Eisen die Lichtkurve zu dominieren. Das Anwachsen der Eisen-Linien ist korreliert mit der Abnahme der Kobalt-Linien im Spektrum, sodass man annehmen kann, dass deren gemeinsame Quelle der Zerfall von $^{56}$Ni ist. Dies suggeriert, dass auch in einer Typ-Ia-Supernova nukleares Brennmaterial zu so hohen Temperaturen aufgeheizt wird, dass sich ein Nukleares Statistisches Gleichgewicht einstellt. Die Beobachtung der Elemente mittlerer Masse zeigt aber, dass nicht das ganze für den Ausbruch zur Verfügung stehende Brennmaterial diesen Zustand erreicht; dies ist eine wichtige Beobachtung, wenn man die Quelle und den Ausbruchmechanismus der Typ-Ia-Supernovae verstehen will. Die Doppler-Verschiebung der Spektrallinien deutet darauf hin, dass die Elemente, die im Nuklearen Statistischen Gleichgewicht entstehen (Eisen-Nickel-Massengegend), geringere Ejektionsgeschwindigkeiten haben als die mittleren Elemente (Silizium, Kalzium etc.) und von diesen getrennt in einer späteren „Schicht" abgestoßen werden. Ferner hat man bei einer Typ-Ia-Supernova kein Überbleibsel wie Neutronensterne oder Pulsare gefunden. Dies deutet darauf hin, dass das astrophysikalische Objekt, das die ungeheure Explosionsenergie zur Verfügung stellt, bei der Explosion vollständig zerstört wird.

Das wichtigste Ergebnis der Typ-Ia-Beobachtungen ist allerdings, dass die Klasse der normalen Typ-Ia-Supernovae sehr homogen ist und darüber hinaus deren Eigenschaften stark miteinander korrelieren. Die bedeutendste Korrelation ist natürlich die Phillips-Beziehung. Allgemein kann man sagen, dass man die normalen Typ-Ia-Supernovae mithilfe eines einzigen Parameters klassifizieren kann, wozu man am besten die Stärke der Explosion nimmt. Dann gilt, dass mit abnehmender Explosionsstärke die Leuchtstärke der Supernova kleiner wird, die Lichtkurve schneller abfällt und die Ejekta geringere Geschwindigkeiten haben. Wir werden sehen, dass die Explosionsstärke mit der Menge von $^{56}$Ni zusammenhängt, die bei dem Ausbruch produziert wird. Diese Menge variiert etwa zwischen $(0{,}3{-}0{,}9)\,M_\odot$, was deutlich mehr ist als in einer Typ-II-Supernova ($\approx 0{,}15\,M_\odot$). Typ-Ia-Supernovae sind somit wahrscheinlich der Hauptproduzent der im Universum beobachteten hohe Eisenhäufigkeit.

Die Ähnlichkeiten der Ausbrüche lassen vermuten, dass normale Typ-Ia-Supernovae alle einen fast identischen Ursprung haben. Es gibt heutzutage unter den Experten keinen Zweifel daran, dass die Typ-Ia-Klasse durch die Zerstörung eines Weißen Zwerges hervorgerufen wird. Hierbei handelt es sich wahrscheinlich um einen Stern, der hauptsächlich aus Kohlenstoff und Sauerstoff besteht, also einen CO-Weißen Zwerg. Dies kann allerdings kein isolierter Weißer Zwerg sein, denn der würde, wie wir im letzten Kapitel diskutiert haben, nur langsam vor sich hin strahlend seine Energie verlieren, aber nicht instabil werden. Diese Instabilität muss dem Weißen Zwerg von außen zugefügt werden. Deshalb geht man davon aus, dass eine Supernova vom Typ Ia auf die Explosion eines Weißen Zwerges in einem Doppelsternsystem zurückgeht. Leider besteht aber über die Identität des Begleitsterns keine Eindeutigkeit. Dies kann entweder ein Riesenstern oder aber auch ein anderer Weißer Zwerg sein. Die Lösung dieser Frage gehört zu den bedeutendsten offenen Problemen der Astrophysik. Leider hat man bislang auch noch keine Typ-Ia-Supernova beobachtet, von der das Vorgängersystem, aus dem sich die Supernova entwickelt hat, bekannt war. So muss man versuchen, das Vorgängersystem sowie den Ablauf der Explosion durch Indizien zu erschließen, indem man Simulationen der unterschiedlichen möglichen Szenarien durchführt und deren Ergebnisse mit den Beobachtungsdaten vergleicht. Ein anderer Indizienbeweis wird dadurch möglich, dass man die Häufigkeiten und Evolutionsgeschichte der Szenarien abschätzt und mit Daten vergleicht.

Es haben sich zwei unterschiedliche Szenarien für Typ-Ia-Supernovae herausgebildet, je nachdem ob der Begleiter ein Riesenstern oder ein anderer Weisser Zwerg ist. Je nach der Anzahl der „entarteten" Objekte im Doppelsternsystem spricht man im ersten Fall vom einfach-entarteten (single-degenerate) und im zweiten vom doppelt-entarteten (double-degenerate) Szenario. Ihnen ist gleich, dass ein Weißer Zwerg durch

Massenzufluss instabil wird und letztendlich in seinem Inneren nukleares Brennen, wegen der geringeren Ladungszahl ist dies der Kohlenstoff, zündet. Da dies im Inneren des Weißen Zwerges geschieht, ist die Umgebung entartet und das Brennen führt zum Aufheizen und damit zur Selbstverstärkung der Kernreaktionen. Hierdurch bildet sich schließlich eine Brennfront, die man Flamme nennt. Wegen der enormen Temperaturabhängigkeit der Kernreaktionen ist diese Flamme sehr dünn. Man schätzt ihre radiale Ausdehnung auf die Größenordnung von Zentimetern, also extrem klein gegenüber der Dimension des Weißen Zwerges, der von der Größe der Erde ist. Hinter der Flamme bildet das verbrannte Material die nukleare Asche. Das Brennen erreicht dabei Temperaturen von Milliarden Kelvin und bringt das Brennmaterial unter diesen Bedingungen in ein Nukleares Statistisches Gleichgewicht. Da das Brennmaterial aus Kernen mit gleicher Zahl an Neutronen und Protonen besteht ($^{12}$C, $^{16}$O), wird es dominant in $^{56}$Ni verwandelt. Da $^{56}$Ni um etwa 1 MeV pro Nukleon stärker gebunden ist als $^{12}$C und $^{16}$O, wird dabei eine ungeheure Menge an Energie freigesetzt. Werden eine Solarmasse von Kohlenstoff und Sauerstoff in Nickel verwandt, entstehen dabei $10^{51}$ erg (oder ein Bethe); dies ist genug, um die gravitative Anziehung des Weißen Zwergs zu überwinden. Hinter der Brennflamme befindet sich die Asche noch bei hohen Dichten und Temperaturen (typischerweise bis zu einige $10^9$ g/cm$^3$ und $10^9$ K, allerdings Werten, die moderat sind im Vergleich zu den Dichten und Temperaturen, die beim Kollaps des Cores eines massereichen Sterns entstehen). Unter diesen Bedingungen können die Kerne der nuklearen Asche (hauptsächlich $^{56}$Ni, aber auch mit geringerer Häufigkeit andere Kerne der Nickel-Eisen-Gegend) Elektronen einfangen und sich, bei Umwandlung von Protonen in Neutronen, in neutronenreichere Isotope umwandeln. Dieser Prozess ist um so effizienter, je höher die Dichte im Inneren ist, aber auch je mehr Zeit ihm bis zur Explosion gelassen wird; er hängt somit von der Geschwindigkeit ab, mit der sich die Flamme nach außen bewegt und schließlich zum Zerreißen des Weißen Zwergs führt.

Beide Szenarien, die zur Erklärung von Typ-Ia-Supernovae diskutiert werden, beginnen damit, dass sich zwei Sterne mittlerer Masse in einem Doppelsternsystem zusammenfinden. Die Massen beider Sterne müssen unterhalb des Grenzwertes liegen, für den sich am Ende des hydrostatischen Brennens ein Weißer Zwerg bestehend aus Kohlenstoff und Sauerstoff bildet. Die Sterne sollten bei der Geburt somit nicht schwerer als etwa 7 Solarmassen sein. Sie werden auch beide wahrscheinlich schwerer als die Sonne sein, damit die Entwicklung bis zur Supernova im heutigen Alter des Universums möglich ist. Abbildung 6.15 zeigt in neun Schnappschüssen schematisch die verschiedenen Entwicklungsstufen, wie sie sich im einfach-entarteten Szenario abspielen; bis auf die letzten Schritte sind dies dieselben wie im doppelt-entarteten Fall. Folgen wir dem Leben der beiden Sterne, so werden sie beide mit dem Wasserstoffbrennen beginnen. Da die Dauer der Brennphasen von der Masse der Sterne abhängt, wird der schwerere Stern (der Primärstern) sich schneller nach Beenden des Wasserstoffbrennens im Zentrum und des Zündens des Heliumbrennens zu einem Roten Riesen entwickeln (zweiter Schnappschuss). Expandiert der Primärstern über die gemeinsame Roche-Schleife, so kommt es zum Transfer von Materie auf den Sekundärstern, der noch nicht die Rie-

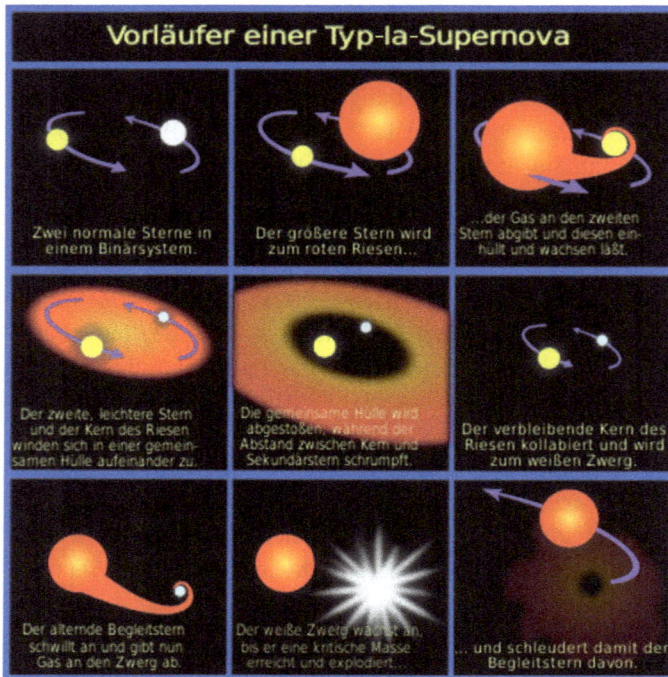

**Abb. 6.15:** Entwicklung eines Doppelsternsystems in neun Schnappschüssen bis zu einer Typ-Ia-Supernova im einfach-entarteten („single-degenerate") Szenario. Die ersten sechs Schnappschüsse treffen auch auf das doppelt-entartete Szenario zu.

senphase erreicht hat. Dessen Masse wächst dadurch an (Schnappschuss 3). Es bildet sich eine Akkretionsscheibe, die beide Sterne umhüllt (Schnappschuss 4) und schließlich durch die Gezeitenkräfte abgestoßen wird (Schnappschuss 5). Während der Phase der gemeinsamen Akkretionsscheibe und vor allem durch deren Abstoßen werden die beiden Sterne wegen der Drehimpulserhaltung näher zueinander gedrückt. Durch das Abstoßen der Hülle verbleibt vom Primärstern nur der Rumpf, der sich schließlich zu einem Weißen Zwerg entwickelt (Schnappschuss 6). Die Entwicklung der beiden Szenarien ist unterschiedlich, je nachdem ob der Sekundärstern mit seiner Hülle die Roche-Schleife überschreitet oder nicht, wenn er im Heliumbrennen zum Riesenstern wird. Tut er es nicht, setzt der Sekundärstern sein Heliumbrennen fort und wird an dessen Ende auch zu einem Weißen Zwerg, sodass ein Doppelsternsystem bestehend aus zwei Weißen Zwergen wahrscheinlich leicht unterschiedlicher Masse entsteht. Dies ist die Grundlage des doppelt-entarteten Szenarios, das wir weiter unten wieder aufgreifen. Überschreitet die Hülle des Sekundärsterns die Roche-Schleife, wenn dieser zum Riesen wird, so kommt es zum Materiefluss auf den Weißen Zwerg (Schnappschuss 7 des einfach-entarteten Szenarios), wie bei einer Nova. Damit es nicht „nur" zu einem Nova-Ausbruch kommt, muss der Materiestrom deutlich größer sein als bei einer Nova (etwa $10^{-6}\,M_\odot$ pro Jahr). Durch das Anwachsen der Masse des Weißen Zwerges überschreitet dieser die Grenzmasse zum Zünden von Kohlenstoff im Inneren, was sich zu einem selbstverstärkenden Brennen in entarteter Umgebung in der Nähe des Zentrums des Weißen Zwergs entwickelt und schließlich die Explosion initiiert (Schnappschuss 8), durch die der Weiße Zwerg vollständig zerstört wird, wobei auch der Sekundärstern weggeschleudert wird (Schnappschuss 9).

Das einfach-entartete Szenario, wie in der Abbildung 6.15 skizziert, galt für viele Jahre als das wahrscheinlichste Modell für Typ-Ia-Supernovae. Durch die Beobachtungen von Typ-Ia-Supernovae in den jüngsten Jahren ist es klar geworden, dass es eine Vielfalt auch in dieser Supernova-Klasse gibt, die sich wahrscheinlich nicht durch ein einziges Modell erklären lässt. Deshalb hat sich neben dem einfach-entarteten Modell auch das doppelt-entartete Szenario etabliert, in dem die Explosion schließlich durch die Verschmelzung zweier Weißer Zwerge hervorgerufen wird. Wir wenden uns nun den beiden Hauptmodellen etwas mehr im Detail zu.

In dem einfach-entarteten Szenario kommt es zum Materiefluss von der Hülle des Riesensterns auf die Oberfläche des Weißen Zwergs, wo das akkretierte Material (meistens Wasserstoff, oder auch Helium) angelagert wird (skizziert in der Abbildung 6.16). Wenn der Materiefluss größer als ein bestimmter, nicht genau bekannter Wert ist (etwa größer als $10^{-8}\,M_\odot$ pro Jahr), kommt es nicht zu einem Nova-Ausbruch, sondern der akkumulierte Wasserstoff wird „ruhig" verbrannt, wobei sich die Masse des Weißen Zwerges erhöht und somit auch die Dichte in seinem Zentrum. Erreicht er schließlich eine Masse von der Größenordnung der Chandrasekhar-Masse, so kann im Inneren das Kohlenstoffbrennen gezündet werden. Dies führt anfänglich zu einer Art Schwelbrand,

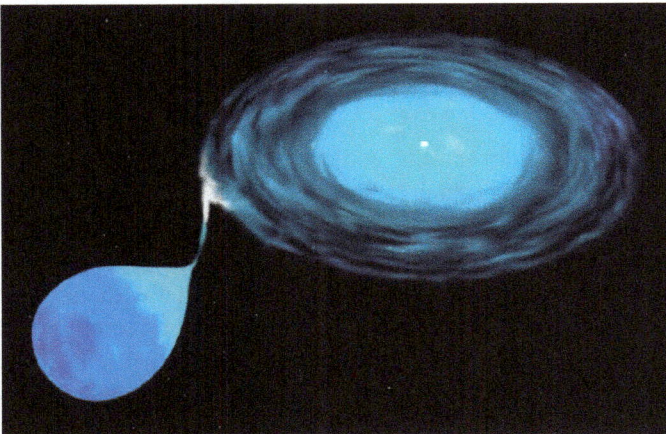

**Abb. 6.16:** Künstlerische Sicht auf das einfach-entartete Typ-Ia-Supernova-Szenario: Ein Weißer Zwerg (rechts) akkretiert Masse von einem Begleitstern, der sich zu einem Riesenstern entwickelt hat, sodass seine äußere Hülle die Roche-Schleife überschreitet. Der Massefluss läuft durch den inneren Lagrange-Punkt und führt zur Ausbildung einer Akkretionsscheibe, die sich um den Weißen Zwerg bildet.

wahrscheinlich an mehreren Stellen gleichzeitig. Da sich diese Brandherde in einer entarteten Umgebung befinden, kann das System nicht durch Expansion reagieren. Die freiwerdende Energie führt zur Erhöhung der Umgebungstemperatur, was wiederum das lokale nukleare Brennen beschleunigt, bis schließlich die Entartung überwunden werden kann. Bis es hierzu kommt, können nach Simulationen bis zu 1000 Jahre in der Form der Schwelbrände vergangen sein.

Wenn die Entartung überwunden werden kann, ist es im Inneren heiß geworden, bis zu 10 Milliarden Kelvin. Bei den Bedingungen zeigt das nukleare Kohlenstoffbrennen eine extreme Sensitivität auf die Temperatur, die Energieausbeute ist proportional zu $T^{12}$. Das Brennen verläuft viel schneller, als das Material darauf reagieren kann. Deshalb bildet sich nur eine sehr dünne Brennfront von einer Dicke von Zentimetern, die unverbranntes frisches Brennmaterial von der bereits verbrannten Asche trennt. Diese Brennfront kann nun mittels einem von zwei fundamental unterschiedlichen Mechanismen in das unverbrauchte Brennmaterial vordringen. Falls der Überdruck, der durch das nukleare Brennen erzeugt wird, groß genug ist, bildet sich eine hydrodynamische Stoßwelle, die das frische Material durch Kompression entzündet. Dieser Mechanismus ist selbsterhaltend und frisst sich durch das unverbrauchte Brennmaterial weiter und führt schließlich zur Explosion des Sterns. Man nennt diesen Mechanismus „Detonation". Die Detonationsfront verläuft mit Überschallgeschwindigkeit; dies heißt, die Geschwindigkeit, mit der das Medium Information austauscht, ist langsamer als die Detonation, sodass das unverbrauchte Material nicht genügend Zeit hat, um zu expandieren, bevor es von der Brennfront erreicht wird. Der alternative Mechanismus ist die „Deflagration". Dieser Fall tritt ein, wenn der Überdruck nicht groß genug ist, sodass sich die Temperatur am Übergang von Asche zu Brennmaterial so einstellt, dass es zu einem Gleichgewicht zwischen Energieerzeugung durch nukleares Brennen und Wärmetransport mittels Stößen von Elektronen und Kernen kommt. Die Brennfront, meistens „Flamme" genannt, frisst sich bei Deflagration mit Unterschallgeschwindigkeit durch das unverbrauchte Material, das somit auch durch Expansion auf das nukleare Brennen reagieren kann.

Welcher Mechanismus dominiert, wenn das Kohlenstoffbrennen im Inneren des Weißen Zwergs die Entartung überwinden kann? Nimmt man an, die Brennfront breitet sich mit Überschallgeschwindigkeit als Detonation aus, dann kann man offensichtlich erklären, dass der ganze Stern auseinandergerissen wird. Allerdings zeigen die Simulationen, dass der Weiße Zwerg während der Detonation so stark erhitzt wird, dass der größte Teil der Materie in ein Nukleares Statistisches Gleichgewicht und somit in $^{56}$Ni oder andere Kerne in der Eisen-Nickel-Massengegend verwandelt wird, aber nur sehr wenige Kerne aus dem intermediären Massenbereich (wie Magnesium, Silizium) produziert werden. Dies ist im Widerspruch zur Beobachtung, die eine klare Schichtung der ejektierten Materie mit einer Schicht von intermediären Kernen außerhalb einer von Nickel-Eisen dominierten zeigt. Nimmt man alternativ an, dass die Brennfront mit Unterschallgeschwindigkeit als Deflagration durch den Stern läuft, dann hat die Materie genügend Zeit, ein Gleichgewicht zu finden, während das nukleare Brennen nach außen läuft. Der Weiße Zwerg explodiert nicht, was natürlich auch der Beobachtung widerspricht.

Um einen Ausweg aus diesem Dilemma zu finden, muss man allerdings berücksichtigen, dass im Falle der Deflagration die Materie auf die Flamme reagieren kann, da diese sich mit Geschwindigkeiten bewegt, die kleiner sind als die, mit der sich Informationen im Medium ausbreiten. Neben der möglichen Prä-Expansion des unverbrauchten Brennmaterials kann es deshalb auch zu Verwirbelungen und Turbulenzen kommen, die die Oberfläche der Flamme und somit auch ihre Effizienz erhöhen. Solche Effekte werden in mehrdimensionalen Computersimulationen gefunden, mit denen man versucht, die komplizierte Physik des Flammenfortschreitens zu beschreiben. Diese Rechnungen zeigen auch das Auftreten von Instabilitäten, verursacht durch den Auftrieb von heißem verbranntem Material in den dichten, noch unverbrauchten Brennstoff. Diese sogenannten Rayleigh-Taylor-Instabilitäten spiegeln sich in pilzartigen Strukturen wider, wie sie in der Abbildung 6.17 gezeigt sind. Die Instabilitäten sowie die durch die Faltung der Flamme erhöhte Energieproduktion sorgen dafür, dass die Brennfront sich mit wachsender Geschwindigkeit nach außen bewegt und es zu einem Übergang von Deflagration zu Detonation kommen kann. Solche spontanen Übergänge hat man auch in Verbrennungsexperimenten im Labor beobachtet. Aufgrund von Ab-

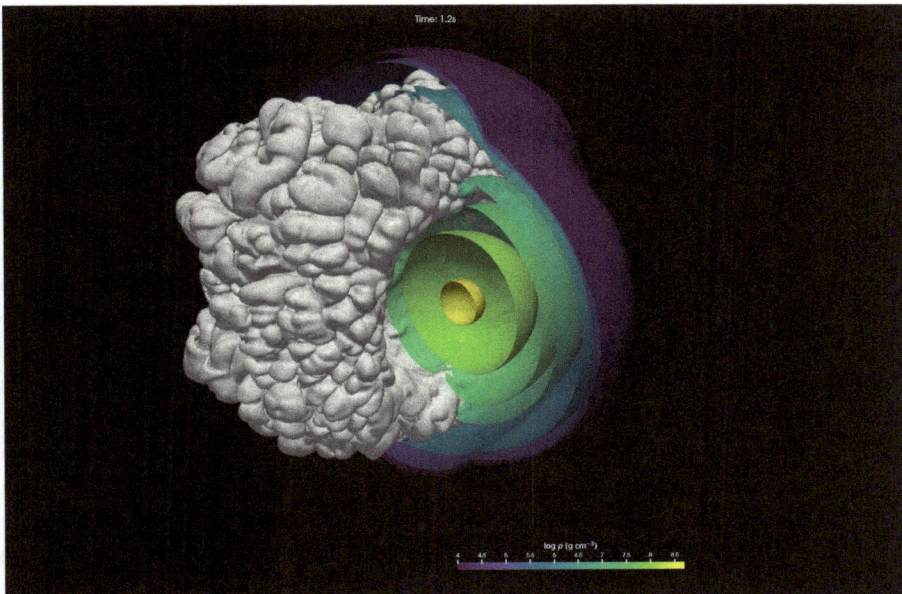

**Abb. 6.17:** Die Abbildung zeigt einen Schnappschuss einer dreidimensionalen Simulation einer Typ-Ia-Supernova. Man sieht deutlich die pilzartigen Verwölbungen, die entstehen, und die durch Vergrößerung der Flammenoberfläche zu verstärktem nuklearen Brennen und so zur Explosion beitragen. Der innere Bereich ist aus Übersichtlichkeit im Bild nicht aufgelöst.

schätzungen und Simulationen erwartet man, dass dieser Übergang in einer Supernova etwa dann passiert, wenn die Brennfront den Bereich im Weißen Zwerg erreicht, wo die Dichte ungefähr $10^7$ g/cm$^3$ beträgt, also mehr als um einen Faktor 100 kleiner ist als im Zentrum des CO-Weißen Zwerges. Die Konsequenz dieses Deflagration-Detonation-Modells (oder der verzögerten Detonation) ist, dass es bei der Passage der Flamme zu schnellen (explosiven) Kernreaktionen kommt, die sich aber je nach der Dichte, die in dem Bereich herrscht, unterscheiden. Im Inneren, bei Dichten jenseits von $10^7$ g/cm$^3$, dominiert der Deflagrationsmechanismus. Hier wird die Materie sehr heiß und kommt ins Nukleare Statistische Gleichgewicht, wobei sich dominant $^{56}$Ni und Kerne aus dem Eisen-Nickel-Bereich bilden. Bei kleineren Dichten ist die Energieproduktion durch Kernreaktionen nicht mehr ausreichend, um die Materie in Nukleares Statistisches Gleichgewicht zu transformieren. Es werden hauptsächlich Kerne intermediärer Masse produziert: Silizium und Schwefel im Dichtebereich $(4$–$10) \cdot 10^6$ g/cm$^3$ und Neon, Magnesium bei Dichten zwischen $(1$–$4) \cdot 10^6$ g/cm$^3$. Bei noch kleineren Dichten kann das ursprüngliche Material des Weißen Zwerges (Kohlenstoff und Sauerstoff) überleben.

Das Deflagration-Detonation-Modell erklärt somit sowohl die Bandbreite der Kerne, die bei einer Typ-Ia-Supernova produziert werden als auch die Schichtung, mit der sie in den Ejekta beobachtet werden: Elemente der Eisen-Nickel-Gruppe im Inneren der Ejekta, intermediäre Elemente im äußeren Teil und etwas Kohlenstoff und Sauerstoff mit höchster Geschwindigkeit. Das Modell kann auch die beobachtete Breite an produziertem $^{56}$Ni, oder äquivalent an totaler Leuchtstärke der Lichtkurve, erklären, denn die Menge an produziertem Nickel hängt davon ab, wie effizient die Deflagrationsphase war. War die Deflagration sehr kraftvoll und führte zu einer starken Expansion des unverbrauchten Brennmaterials, so entsteht relativ wenig $^{56}$Ni; Simulationen schätzen zwischen $(0{,}3$–$0{,}4) \, M_\odot$, gerade genug um leuchtschwache Supernovae zu erklären. Am anderen Ende können Simulationen, in denen die Deflagrationsphase asymmetrisch und schwach verläuft, bis zu einer Solarmasse $^{56}$Ni produzieren.

Während die Flamme sich ihren Weg durch den Weißen Zwerg frisst und diesen schließlich zur Explosion bringt, verbleibt die Asche des nuklearen Brennens für eine gewisse Zeit noch unter den Bedingungen sehr hoher Dichten und Temperaturen. Die hohen Dichten geben den in der Asche anwesenden Elektronen Fermi-Energien bis zu einigen MeV, sodass es zu Elektroneneinfängen an den Kernen in der Asche kommt. Da Elektroneneinfänge Protonen in den Kernen in Neutronen umwandeln, entstehen hierdurch zum Beispiel neutronenreichere Nickel- oder Eisenisotope. Wie viele davon entstehen und wie neutronenreich die Materie wird, hängt davon ab, wie viel Zeit die Asche für Elektroneneinfänge hat, also von der Geschwindigkeit, mit der die Flamme durch den Weißen Zwerg läuft. Der jüngste Fortschritt in der experimentellen und theoretischen Beschreibung der Elektroneneinfänge unter den Bedingungen, die in einer Typ-Ia-Supernova herrschen, erlaubt den Vergleich zwischen berechneten und beobachteten Häufigkeiten von neutronenreichen Kernen als einen indirekten Test der Flammengeschwindigkeit.

Leider muss man sich aber auch klarmachen, dass eine multidimensionale Simulation einer Typ-Ia-Supernova unter Auflösung der relevanten physikalischen Details auch auf den größten Supercomputern unmöglich ist. Dies liegt daran, dass die Beschreibung der Details zum Beispiel der Flamme, die sich bei Dichten um $10^9$ g/cm$^3$ mit einem Durchmesser von vielleicht 0,1 mm mit einer Geschwindigkeit von $10^5$ m/s bewegt, Zeit- und Längenskalen verlangt, die gegenüber der Gesamtzeit des Prozesses, der beschrieben werden muss (das Innere befindet sich allein 1000 Jahre in der Schwelbrandphase), sowie der Dimension des Weißen Zwerges von mehreren 1000 km Radius, verschwindend klein sind. Es ist also notwendig, dass man die Mikrophysik so gut wie möglich versteht und erfasst, um sie dann mithilfe von Empirie und Intuition auf größere Dimensionen, die noch auf dem Computer verarbeitet werden können, hochzuskalieren.

Das alternative Bild, das heute häufig als mögliches Szenario einer Typ-Ia-Supernova diskutiert wird, ist die Verschmelzung zweier Weißen Zwerge, wie es in der Abbildung 6.18 skizziert ist. Dieses Modell setzt eine Entwicklung in einem Doppelsternsystem voraus, das ursprünglich aus zwei Sternen mittlerer Masse bestand, analog dem Szenario, das in der Abbildung 6.15 gezeigt ist. In der Tat treffen die ersten sechs Schnappschüsse dieser Abbildung auch auf diejenigen des doppelt-entarteten Systems zu. Dann kommt es allerdings zum entscheidenden Unterschied: Der Sekundärstern überschreitet in seiner Riesensternphase nicht die Roche-Schleife des Doppelsternsystems, sodass es nun zu keinem Materiefluss auf den Weißen Zwerg kommt. Der Sekundärstern vollführt „ungestört" seine hydrostatische Entwicklung und wird schließlich auch zu einem Weißen Zwerg. Wie in der Abbildung 6.18 umkreisen sich schließlich zwei Weiße Zwerge, deren Umlaufbahn durch fortgesetzte Abstrahlung von Gravitationswellen mit der Zeit enger wird und die Umlaufperiode schneller. Dies führt schlussendlich zu einer Verschmelzung, wobei Temperaturen erreicht werden können, die Kohlenstoffbrennen zünden, womit eine Detonation gestartet wird.

Dieses hier grob skizzierte Bild wurde schon vor einigen Jahrzehnten vorgeschlagen, wurde aber für lange Zeit als nicht zutreffend angesehen, weil Rechnungen ein anderes Schicksal für die verschmelzenden Weißen Zwerge vorhersagten. Man erwartete, dass der Materiefluss zwischen den beiden Sternen bei der Verschmelzung zwar zur Zündung des nuklearen Brennens im schwereren der beiden Weißen Zwerge führen würde, dass die Brennflamme aber nicht zu einer Detonation, sondern zu einem nicht-explosiven Kohlenstoffbrennen führen würde. In diesem Bild verwandelt der ursprüngliche Weiße Zwerg seine Komposition von Kohlenstoff und Sauerstoff zu Sauerstoff, Neon und Magnesium, gefolgt von einem Kollaps zu einem Neutronenstern. Das Ergebnis würde sich also von dem einer Typ-Ia-Supernova unterscheiden, bei der kein Reststern übrig bleibt. Weitere Studien zeigten, dass das Schicksal eines Doppelsternsystems stark vom Massenfluss während der Verschmelzung und auch von den Massen der Weißen Zwerge abhängt.

Auch moderne multidimensionale Simulationen zeigen, dass die Verschmelzung von zwei Weißen Zwergen in einem Doppelsternsystem häufig nicht zu einer Typ-Ia-Supernova führt. Wenn die Massen der Weißen Zwerge nicht zu groß sind (kleiner als

**Abb. 6.18:** Künstlerische Darstellung des doppelt-entarteten Typ-Ia-Supernova-Szenarios in einem Doppelsternsystem bestehend aus zwei Weißen Zwergen. Durch die kontinuierliche Abstrahlung von Gravitationswellen kommen sich die beiden Sterne auf ihrem Umlauf immer näher, bis sie schließlich verschmelzen und es zu einer Detonation kommt. Vom ursprünglichen Doppelsternsystem bleibt kein Reststern übrig.

etwa 0,8 Solarmassen), bildet sich am Ende der Verschmelzung eine Kombination aus einem Nebel und einem heißen, leuchtstarken Stern heraus. Eine charakteristische Eigenschaft des Nebels ist, dass er keine Wasserstoff- und Heliumanteile besitzt. Die Rechnungen sagen voraus, dass der Stern eine Oberflächentemperatur von etwa 200 000 Kelvin besitzt (zum Vergleich sind dies bei der Sonne 5700 Kelvin) und eine Leuchtstärke, die die der Sonne um das ungefähr 50000-Fache übertrifft. Zusätzlich mag der Stern schnell rotieren und ein starkes Magnetfeld besitzen. Aufgrund der Temperatur und der Rotation kann der Stern mit seiner Masse auch den Chandrasekhar-Grenzwert übertreffen. Seine Masse reicht aus, um im Inneren Kohlenstoff zu zünden, worauf dann die anderen hydrostatischen Brennphasen folgen und schließlich der Kollaps zu einem Neutronenstern. Im Grunde lässt sich das verbleibende Leben des Sterns nach der Verschmelzung damit beschreiben, dass er dort fortfährt, wo er nach dem Heliumbrennen als Weißer Zwerg aufgehört hat. Die restliche Lebensdauer des Sterns nach der Verschmelzung dürfte etwa in der Größenordnung von 10.000 Jahren liegen.

Im Mai 2019 ist erstmals ein System von einem heißen Stern und einem wasserstoff- und heliumfreien Nebel im Sternbild Cassiopeia entdeckt worden. Die Beobachtungen des Sterns, der den Namen J005311 erhielt, sowie des Nebels stimmen sehr gut mit den Vorhersagen der Simulationen über das Schicksal zweier Weißer Zwerge nach der Verschmelzung überein. Insbesondere weist die Oberflächenkomposition mit circa 80 % Sauerstoff und 20 % Kohlenstoff auf die Herkunft von einem CO-Weißen Zwerg hin. Vieles deutet darauf hin, dass sich der Stern J005311 am Ende seines Lebens befindet, sodass man die aufregende Perspektive hat, dass der Stern „bald" einen Neutronenstern durch einen Supernova-Kollaps produzieren könnte. Der Stern steht sicherlich unter enger Beobachtung.

Die Simulationen zeigen aber auch, dass das Doppelsternsystem zweier Weißer Zwerge sich auch zu einer Typ-Ia-Supernova entwickeln kann. Hierzu müssen allerdings die Massen der beiden Sterne bestimmte Bedingungen erfüllen: Beide müssen recht groß sein, wahrscheinlich 0,8 Solarmassen überschreiten. Sie dürfen auch nicht zu nah an die Chandrasekhar-Masse heranreichen, weil dann ihre Komposition nicht aus Kohlenstoff und Sauerstoff, sondern aus Sauerstoff, Neon und Magnesium bestehen wird. Diese verlangt wegen der größeren Ladungen der Kerne Temperaturen zum Zünden des nuklearen Brennens, die nicht bei der Verschmelzung erreicht werden. Ferner zeigen die Simulationen, dass die Massen der beiden Sterne recht ähnlich sein sollten.

Die Abbildung 6.19 zeigt in neun Schnappschüssen, wie eine Typ-Ia-Supernova in einem doppelt-entarteten Szenario durch die Verschmelzung zweier Weißer Zwerge mit 1,1 Solarmassen (Primärstern) und 0,9 Solarmassen (Sekundärstern) in einer Simulation abläuft. Dargestellt sind Dichteprofile des Systems, gemäß der Farbskala am oberen Rand der Abbildung. Die Zeit, an dem der Schnappschuss gemacht wurde, ist im jeweiligen Bild angegeben. Im Startbild ($t = 0$) befindet sich der massereiche Weiße Zwerg auf der linken Seite; bei ihm ist die Dichte im Zentrum deutlich größer als bei seinem Begleiter. Schon im Startbild sieht man die gravitative Anziehung, die auf den Sekundärstern wirkt. Diese nimmt mit der Zeit zu, wobei die Gezeitenkräfte, die zwischen den

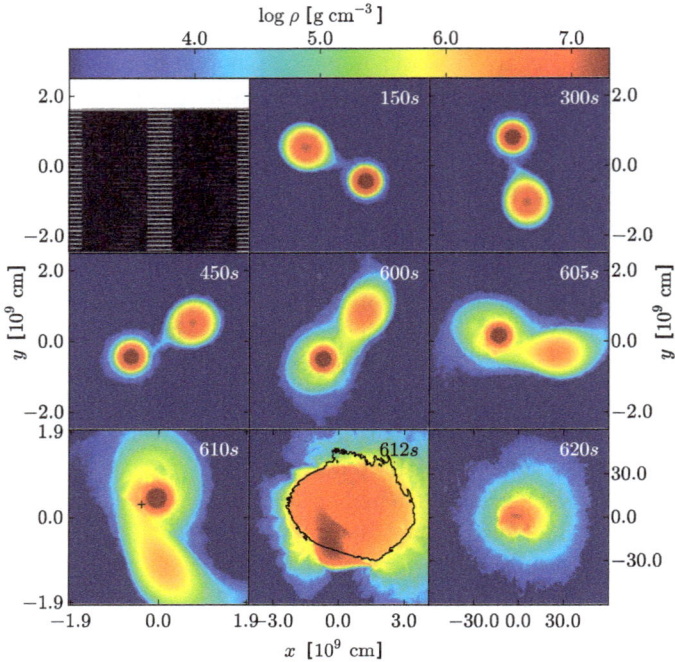

**Abb. 6.19:** Computersimulation der Verschmelzung zweier Weißer Zwerge bestehend aus Kohlenstoff und Sauerstoff und mit den Massen von 0,9 und 1,1 $M_\odot$. Gezeigt ist die Dichte des Systems, charakterisiert nach der oben angegebenen Farbskala. Die beiden Sterne entsprechen den Endprodukten von Sternen mit wenigen $M_\odot$ als Geburtsmassen nach Beendigung ihres hydrostatischen Brennens, wobei der schwerere Weiße Zwerg zu Beginn auch die etwas höhere Masse hat und sich schneller entwickelt. Zu Beginn der Simulation (Zeit $t$ = 0) umkreisen sich die beiden Sterne mit einer Periode von ungefähr 35 Sekunden. Nach einigen wenigen Perioden wird der kleinere Weiße Zwerg durch die Gezeitenkräfte, die auf ihn wirken, zerrissen und er kollidiert auf den schwereren Partner (Primärstern) ($t$ = 610 s). Dabei werden ausreichend hohe Temperaturen erreicht, um eine Detonation des Primärsterns zu initiieren. Dies läuft extrem schnell ab, denn schon nach $t$ = 612 Sekunden hat die Brennfront den kompletten Primärstern erfasst. Die Brennfront ist durch die schwarze Linie im unteren mittleren Bild angedeutet. Der Stern explodiert, wie man dem unteren rechten Bild entnehmen kann, in dem die Achsen gegenüber den anderen Bildern gestreckt sind. In den beiden letzten Bildern ist die Farbskala verschoben worden. Die Maximaldichte in dem Schnappschuss bei 612 Sekunden reicht nur noch bis zu $10^6$ g/cm³, im letzten Bild ($t$ = 620 s) nur noch bis zu $10^4$ g/cm³. Dies spiegelt die Expansion des Systems wider.

Sternen wirken, auch zu einer Deformation des Begleiters führen. Das System führt während der Simulation, die letztendlich nur wenige Hundert Sekunden beschreibt, noch etwa ein Dutzend gemeinsame Umläufe aus. (Es sei angemerkt, dass die Rechnungen selbst auf modernen Supercomputern deutlich länger dauern.) Nach 300–400 Sekunden hat sich ein Materiefluss vom Begleitstern auf den Primärstern eingestellt, der sich schnell zu einer gemeinsamen Akkretionsscheibe entwickelt. Diese Scheibe dehnt sich durch die fortgesetzte Rotation aus, die Materie hinter dem Begleitstern hängt der Rotationsbewegung hinterher. Das System der verschmelzenden Sterne nimmt die Form einer Erdnuss an. Der Schnappschuss nach 610 Sekunden (unten links in der Abbildung) stellt einen entscheidenden Augenblick der Entwicklung dar: Der Begleitstern verliert seine Identität, seine Materie trifft mit Wucht auf den Primärstern und erzeugt dort einen „Hotspot". Dieser ist in dem Schnappschuss durch das Kreuz angedeutet. Wegen der Rotationsbewegung erzeugt der Materieeinschlag den Hotspot nicht zentral auf dem Primärstern, sondern etwas nach außen versetzt. Ein weiteres Merkmal der Simulation ist bemerkenswert und scheint charakteristisch für die Verschmelzungen zu sein: Während der Sekundarstern aufgelöst wird, bleibt der Primärstern ziemlich unversehrt erhalten. Dies gilt allerdings nur bis zur Bildung des Hotspots. Dieser trägt seinen Namen zu Recht, denn die Materie an diesem Ort wird so heiß, dass dort nukleares Brennen gezündet werden kann. Die Brennflamme frisst sich dann als Detonationsfront durch den Primärstern und zerstört ihn schließlich vollständig. Wie die Simulation zeigt, passiert dies extrem schnell. Im Schnappschuss nach 612 Sekunden, also nur 2 Sekunden nach Ausbildung des Hotspots, hat die Detonation schon den ganzen Stern zerrissen, was man an der im Schnappschuss eingezeichneten Detonationsfront (schwarze Linie) sieht. Bei diesem Bild ist auch schon der räumliche Maßstab gedehnt worden, sodass man die Ausdehnung des Systems erfassen kann. Der Maßstab ist noch einmal um eine Größenordnung gestreckt worden, um die Explosion 10 Sekunden nach der Zündung darzustellen. Die Explosion umfasst nun die Materie beider Weißer Zwerge. Man sieht auch deutlich, dass die Materie nach Dichte gestaffelt ejiziert wird. Schließlich stellt man fest, dass kein Reststern nach der Verschmelzung übrig geblieben ist.

In der Tat reproduziert die Computersimulation die allgemeinen charakteristischen Merkmale einer Typ-Ia-Supernova. Die Detonation mit ihrem Startpunkt am Hotspot beginnt in einem Bereich mittlerer Dichte, was eine ausreichende Produktion von intermediären Elementen garantiert. Der Primärstern besitzt ausreichend Material bei hoher Dichte, was bei der Detonation in $^{56}$Ni verwandelt wird. Die in der Abbildung gezeigte Simulation produziert etwas mehr als 0,6 Solarmassen $^{56}$Ni, was ein typischer Wert für eine Typ-Ia-Lichtkurve ist.

Mit den einfach- und doppelt-entarteten Szenarien liegen nun zwei Modelle vor, die in Computersimulationen die grundsätzlichen Charakteristika von Typ-Ia-Supernovae reproduzieren. Man geht wegen der in jüngster Zeit durch Beobachtungen festgestellten Detailvielfalt dieser Supernova-Klasse heute meistens davon aus, dass beide Szenarien zu der Vielfalt beitragen. Welches Modell das dominante ist – wenn es denn eines gibt –, ist noch eine offene Frage. Ebenso ob noch weitere Szenarien zu der Vielfalt beitragen. Vorschläge hierzu gibt es. Die Computersimulationen der beiden favorisierten Szenarien sind sicherlich extrem herausfordernd und in den letzten Jahren ziemlich weit vorangebracht worden. Allerdings sind natürlich noch viele Detailfragen offen, was bei der notwendigen und enormen Spannbreite an räumlichen und zeitlichen Skalen, die die Modelle beschreiben müssen, sowie an mikrophysikalischen Effekten, die wichtige Rollen spielen, keine Überraschung sein sollte. Allerdings besteht die Hoffnung, dass die beeindruckenden Errungenschaften der letzten 25 Jahre sich fortsetzen werden, und in den nächsten Jahren weitere bedeutende Fortschritte hin zum detaillierten Verständnis von thermonuklearen Supernovae erzielt werden.

Trotz der Ungewissheit, welches Szenario nun eine Typ-Ia-Supernova auslöst, gibt es wohl keinen Zweifel daran, dass die eigentliche Explosion auf die Zerstörung eines Weißen Zwerges zurückgeht und dass dies in einem Doppelsternsystem geschieht. Wenn dies so ist, kann man vielleicht indirekte Hinweise finden, die helfen, das Doppelsternsystem zu identifizieren. Zunächst muss man feststellen, dass trotz intensiver Bemühungen noch kein Vorgängerpaar gefunden werden konnte, aus dem eine Typ-Ia-Supernova hervorgegangen ist – im Gegensatz zu der Typ-II-Klasse, für die man nun neben der berühmten SN1987a auch noch andere Vorgängersterne einer Explosion identifizieren konnte. Für das einfach-entartete Szenario wäre der „Rauchende-Colt"-Beweis geliefert, wenn es gelänge, den Begleitstern, der ja die Explosion überleben soll, nachzuweisen. Da der Stern durch die Explosion einen erheblichen Rückstoß erhalten sollte, wird er von seiner ursprünglichen Position weggeschleudert und sollte gegenüber anderen Sternen in der Umgebung durch eine ungewöhnliche Geschwindigkeit auffallen. Die Suche nach möglichen Begleitsternen mit ungewöhnlicher Geschwindigkeit ist durchgeführt worden, intensiv in der Nähe des Rests der Tycho-Supernova von 1572, aber bislang ohne eindeutigen Erfolg. Auch bei einigen Supernovae der jüngsten Vergangenheit, deren Explosion sehr früh in ihrer Entwicklung entdeckt wurden, konnte kein Begleitstern nachgewiesen werden. Im Alternativszenario, der Verschmelzung zweier Weißer Zwerge, sollte aufgrund der Natur des Prozesses kein Stern übrig bleiben. Dieses Modell könnte also nicht durch die Suche nach einem Reststern bewiesen, sondern nur widerlegt werden, wenn man einen fände.

Wenn eine Typ-Ia-Supernova tatsächlich auf die Zerstörung eines Weißen Zwerges in einem Doppelsternsystem zurückgeht, gibt es eine Testmöglichkeit dieser Annahme und möglicherweise einen weiteren indirekten Zugang, um zwischen den beiden Hauptmodellen zu unterscheiden. Beide Modelle brauchen eine Vorlaufzeit, da sich ja erst einer oder sogar zwei Weiße Zwerge am Ende der Entwicklung eines Sterns bilden müssen. Da es sich hierbei um Weiße Zwerge mit Massen handeln sollte, die größer als 0,8 Sonnenmassen sind, aber nicht zu schwer, damit sie noch aus Kohlenstoff und Sauerstoff bestehen, sollte ihre Geburtsmasse zwischen 3 und etwa 7 Sonnenmassen liegen. Diese Sterne entwickeln sich deutlich schneller als unsere Sonne. Benutzen wir die Abschätzung aus dem Kapitel zur Sternentwicklung (Kapitel 4), wonach die Lebensdauer eines Sterns mit dem Faktor $M^{-2,5}$ von seiner Masse abhängt, so sollten Sterne mit 3–7 Solarmassen ein um Faktoren 15–130 kürzeres Leben haben als die Sonne, also rund 100–1000 Millionen Jahre brauchen, bis sie zu einem Weißen Zwerg werden. Kann man also ein Gebiet identifizieren, in dem es in einem engen Zeitraum zur Geburt von Sternen kam, so sollten in diesem Gebiet mindestens etwa 100 Millionen Jahre vergehen, bevor es zu Typ-Ia-Supernovae kommen konnte. Die Verzögerungszeit ist wahrscheinlich noch größer, da man die Zeit, die der Weiße Zwerg in dem Doppelsternsystem verbracht hat, bevor er durch den Begleitstern zur Explosion gebracht wurde, hinzuzählen muss. Betrachtet man die Anzahl der Supernovae, die zu einer bestimmten Zeit nach der Geburt der Sterne explodieren, so sagen die beiden Modelle eine unterschiedliche Abhängigkeit voraus. Hier ist es natürlich wichtig, nicht Äpfel mit Birnen zu vergleichen, sondern die Anzahl auf ein gemeinsames Maß zu beziehen. Hierfür wählt man zum Beispiel die Menge an Materie, die für die Sternbildung zur Verfügung steht. Solche astronomischen Untersuchungen sind in den letzten Jahren gemacht worden. Sie zeigen eine leichte Tendenz, das doppelt-entartete Szenario zu bevorzugen.

Die Zeitverzögerung, die Typ-Ia-Supernovae erleiden, weil sich ja zunächst ein Weißer Zwerg bilden muss, der dann nach einer gewissen Zeit von einem Begleiter zur Explosion gebracht wird, kann auch auf der ganz großen Zeitskala angewandt werden. Man kann also erwarten, dass Typ-Ia-Supernovae erst mit einer Zeitverzögerung zur Elementsynthese des Universums beitragen. Eine solche Wartezeit gab es dagegen für die Typ-II-Supernovae nicht. Dies bedeutet, dass die Synthese von Elementen schwerer als Wasserstoff und Helium, den Ergebnissen der primordialen Nukleosynthese in den ersten Minuten des Universums, zunächst von massereichen Sternen, die als Typ-II-Supernovae explodierten, dominiert wurde, während die Beiträge der Typ-Ia-Supernovae sich mit einer Zeitverzögerung dazu addierten. Wie kann man diese Voraussage testen? Zunächst braucht man etwas wie stellare Baumringe, anhand derer man das Alter der Sterne abschätzen kann. Man braucht also eine Art universaler Sanduhr, die sich kontinuierlich seit dem Urknall füllte und an deren Stand man das Alter bestimmen kann. Dies gelingt, wenn man die relative Häufigkeit von Eisen zu Wasserstoff (abgekürzt Fe/H) in einem Stern festlegen kann, denn Eisen muss kontinuierlich durch Sterne produziert werden, während die Häufigkeit des Wasserstoffs sich seit dem Urknall fast nicht verändert hat. Ferner hat Eisen den Vorteil, dass Supernovae es ausreichend produzieren und die atomaren Eisenlinien in stellaren Spektren gut nachweisbar sind. Der Nachteil ist, dass beide Supernovae eine große Menge Eisen herstellen, immerhin beruht ja die Lichtkurve beider auf dem zweistufigen Zerfall von $^{56}$Ni zu $^{56}$Fe. Man braucht also noch einen zweiten Indikator, der zwischen den Supernova-Typen unterscheiden kann. Hierzu nimmt man gewöhnlich Sauerstoff. Das dominante Isotop $^{16}$O kann zwar in beiden Typen hergestellt werden, aber das Häufigkeitsverhältnis zu Eisen ist sehr unterschiedlich. In einer Typ-II-Supernova wird eine ganze vormalige Brennschale an Sauerstoff ejektiert und relativ wenig Eisen, sodass letztendlich mehr als eine Größenordnung mehr $^{16}$O als $^{56}$Fe in den interstellaren Raum geschleudert wird. Bei einer Typ-Ia-Supernova wird hingegen mehr Eisen als Sauerstoff synthesiert.

Blickt man also in die Geschichte einer Galaxie zurück, so sollte sich das Verhältnis der Eisen-zu-Wasserstoff-Häufigkeit in den stellaren Atmosphären kontinuierlich verkleinern, je weiter man zurückgeht. Dies liegt daran, dass immer weniger Supernovae schon explodiert waren, je älter ein Stern ist, sodass die schweren Elemente in reduzierter Anzahl in der Geburtsmaterie des Sterns vorhanden waren. Das Verhältnis der Häufigkeiten von Sauerstoff zu Eisen, bestimmt für die gleichen Sterne und somit auch für das gleiche Alter, sollte uns dann etwas über die relativen Beiträge von Typ-Ia- und Typ-II-Supernovae verraten. Kommt es in der Tat zu der Verzögerung, bevor Typ-Ia-Ereignisse zur Nukleosynthese in der Geschichte einer Galaxie beitragen, so erwartet man, dass zu früheren Zeiten das O/Fe-Verhältnis größer als heute war, verursacht durch die Dominanz der Typ-II-Supernova-Beiträge, um dann aufgrund von Typ-Ia-Supernovae-Nukleosynthese auf den heutigen Wert abzusinken. Genau diese Tendenz wird auch beobachtet, wie die Abbildung 6.20 für die Milchstraße beweist; ähnliche Ergebnisse findet man auch für andere Galaxien. Die Abbildung zeigt die Fe/H- und O/Fe-Verhältnisse relativ zu den solaren Werten auf einer logarithmischen Skala. Für sehr kleine Werte von Fe/H ([Fe/H] = −2 bedeutet, dass in dem Stern das Eisen-zu-Wasserstoff-Verhältnis nur ein Hundertstel des solaren Wertes ist), ist das O/Fe-Verhältnis deutlich größer als der solare Wert; im Schnitt etwas mehr als das Dreifache. Allerdings sieht man auch eine starke Streuung, da die relativen Häufigkeiten von Sauerstoff und Eisen, die eine Typ-II-Supernova produziert, stark von der Geburtsmasse des Sterns abhängen, also individuelle Eigenschaften sind. Kurz bevor [Fe/H] den Wert −1 erreicht, sieht man in den Daten einen Knick; das O/Fe-Verhältnis wird kleiner und sinkt kontinuierlich zum heutigen Wert ab. Der Knick wird mit dem verzögerten Auftreten von Typ-

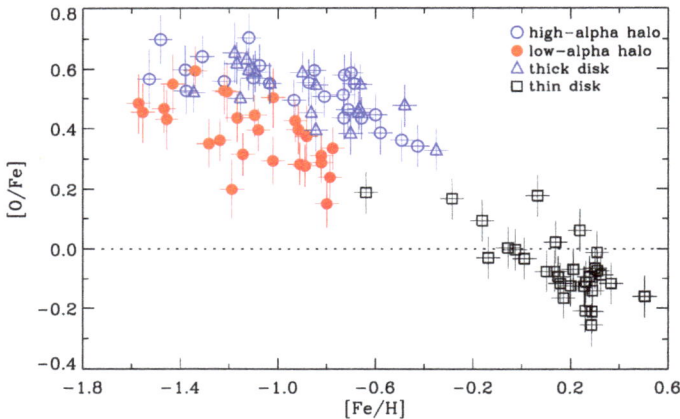

**Abb. 6.20:** Verhältnis von Sauerstoff zu Eisen als Funktion des Verhältnisses von Eisen zu Wasserstoff in den Atmosphären von unterschiedlichen Sternen in der Milchstraße. Das Symbol [..] bedeutet, dass die Verhältnisse als Zehnerlogarithmus relativ zu den solaren Werten aufgetragen sind. Der solare Wert beider Verhältnisse entspricht somit [Fe/H] = [O/Fe] = 0 (entsprechend $(Fe/H)/(Fe_\odot/H_\odot) = (O/Fe)/(O_\odot/Fe_\odot) = 1$). Dies heißt, dass ein Stern mit [Fe/H] = −1 oder [Fe/H] = −2 nur ein Zehntel bzw. ein Hundertstel des solaren Verhältnisses von Eisen zu Wasserstoff aufweist. Nimmt man genähert an, dass Eisen kontinuierlich mit konstanter Rate produziert wird und der Wasserstoffanteil konstant geblieben ist, so sind Sterne, die ein Verhältnis von [Fe/H] = −1 aufweisen, geboren worden, als die Galaxie ein Zehntel ihres heutigen Alters hatte. In alten Sternen war das Sauerstoff-zu-Eisen-Verhältnis größer, als es in jüngeren beobachtet wird. Bei einem Wert von [Fe/H] etwas kleiner als −1 fällt ein Knick in der Verteilung auf. Zu diesem Zeitpunkt trägt die Eisenproduktion durch Supernovae vom Typ Ia verstärkt bei. Da diese pro Ereignis eine deutlich kleinere Häufigkeit von Sauerstoff zu Eisen synthetisieren, sinkt das O/Fe-Verhältnis danach ab, bis es den heutigen Wert erreicht. Der Farbcode identifiziert Sterne in unterschiedlichen Bereichen der Milchstraße. Darauf kommen wir im Kapitel 8 zurück.

Ia-Supernovae erklärt, die pro Ereignis eine geringere Sauerstoff-zu-Eisen-Häufigkeit produzieren. Nimmt man approximativ an, dass die Produktion von Eisen durch beide Supernovae-Typen kontinuierlich mit konstanter Rate geschah, und dass beide Typen genähert eine ähnlich Rate haben, so bedeutet dies, dass das Fe/H-Verhältnis bis zum Einsetzen der Typ-Ia-Supernovae halb so schnell gewachsen ist wie danach. Dies ist natürlich nur eine grobe Näherung, da hierhin die Geburtsraten der Sterne bzw. Doppelsternsysteme ignoriert wird, sie erlaubt uns aber, abzuschätzen, dass die Verzögerung der Typ-Ia-Supernovae wahrscheinlich kleiner als eine Milliarde Jahre war. Die so erhaltene Verzögerungszeit stimmt gut mit dem überein, was man aus dem Doppelstern-Szenario von Typ-Ia-Supernovae erwarten würde.

## 6.3 Alltägliche Routine: Röntgenausbrüche

Am 12. Dezember 1970 erreichte die „Freiheit" bis dahin unerreichbare Regionen. An diesem Tag brachte eine Trägerrakete der NASA den Röntgensatelliten Uhuru (das Wort für Freiheit in Swahili) von einer Plattform vor Kenia in eine Umlaufbahn in etwa 550 km Höhe. Uhuru (Abbildung 6.21) öffnete den Weltraum für die Erforschung im Röntgenwellenbereich, d. h. für Strahlung im Energiebereich zwischen ungefähr 100 eV und 100 keV, wo sie kontinuierlich in die noch energiereichere Gammastrahlung übergeht. Röntgenstrahlung entsteht hauptsächlich, wenn schnelle Elektronen plötzlich abgebremst werden und durch Stöße ihre Richtung ändern. Da die Erdatmosphäre Röntgenstrahlung absorbiert, war Röntgenstrahlung als Beobachtung des Weltraums lange fast ausgeschlos-

**Abb. 6.21:** Nachbau des Uhuru-Satelliten, der am 12. Dezember 1970 von einer Plattform vor der Küste Kenias gestartet wurde. Uhuru musterte den Röntgenhimmel mit zwei Röntgenteleskopen, die in entgegengesetzten Richtungen zeigten.

sen, sodass sich durch den Uhuru-Satelliten in der Tat ein neues Fenster ins All auftat, das sich als äußerst fruchtbar erwies. Uhuru lieferte in den weniger als drei Jahren seiner aktiven Zeit die erste Himmelsdurchmusterung im Röntgenbereich und entdeckte die Existenz von Doppelsternröntgenquellen, in denen, wie wir in vorherigen Kapiteln gesehen haben, ein Partnerstern ein kompaktes Objekt ist, das von seinem Begleitstern Masse absaugt, wobei die akkretierte Materie im Röntgenbereich strahlt. Unter den Entdeckungen befindet sich auch Herkules X-1, der bekannteste Radiopulsar. Für seine Pionierarbeiten zur Röntgenastronomie wurde der geistige Vater des Uhuru-Satelliten Riccardo Giacconi 2002 mit dem Nobelpreis für Physik ausgezeichnet. Nach der Uhuru-Pioniermission haben weitere Satelliten mit stets verbesserter Technologie die Röntgenastronomie in ein etabliertes Feld verwandelt, das viel zum heutigen Verständnis des Universums beigetragen hat. Einige dieser Satelliten wie Chandra, ROSAT, BEPPO-Sax oder XMM-Newton sind uns schon mit ihren Entdeckungen begegnet.

Eines der Phänomene, die man mithilfe der Röntgensatelliten aufspürte, sind die sogenannten Röntgenausbrüche (x-ray burster). Der mit Abstand häufigste Typ wird mit einem Doppelsternsystem identifiziert, in dem Materie von einem Begleitstern, der die Roche-Schleife überschritten hat, auf einen Neutronenstern fällt. Das astrophysikalische System hat somit viel Ähnlichkeit mit einer Nova. Die Tatsache aber, dass der Weiße Stern als das kompakte Objekt in einem Röntgenausbruch durch einen Neutronenstern ersetzt wird, führt allerdings auch zu markanten Unterschieden. Wie bei einer Nova bildet sich durch die Akkretion der Materie vom Begleitstern eine Akkretionsscheibe, von der letztendlich Materie spiralenförmig auf die Oberfläche des Neutronensterns stürzt (siehe Abbildung 6.22). Dieses Material sammelt sich auf dem Neutronenstern und startet schließlich nukleare Reaktionen, die zu einer selbstverstärkenden explosiven Zündung führen und schließlich in den Ausbruch mündet, der die Oberflächenschicht des Neutronensterns erfasst. Dieser Grundmechanismus entspricht dem einer Nova. Allerdings sind, wie wir sehen werden, die astrophysikalischen Bedingungen, bei denen der Röntgenausbruch abläuft, extremer als bei einer Nova, verursacht durch die größere Kompaktheit des Neutronensterns im Vergleich zum Weißen Zwerg. Eine entscheidende Differenz zwischen Nova und Röntgenausbruch liegt aber darin, dass das nukleare Material, das bei dem Röntgenausbruch synthesiert wird, nicht genügend Energie besitzt, um die gravitative Anziehung des Neutronensterns überwinden zu können. Es fällt wieder auf die Oberfläche zurück und wird dort unter frisch akkretierter Materie vom Begleitstern begraben. Röntgenausbrüche tragen somit wohl nicht zum Ursprung der Elemente im Universum bei.

Am 11. September 1985 beobachtete das Röntgenobservatorium EXOSAT der ESA die bekannte Röntgenquelle 4U1705-44 für 24 Stunden und konnte in dieser Zeit 17 markante Ausbrüche im Energiebereich von 1–20 keV nachweisen. Abbildung 6.23 zeigt das damals aufgenommene Spektrum, mit dem 4U1705-44 eindeutig als Röntgenausbruch etabliert wurde. Das Spektrum sitzt auf einem Hintergrund von etwa 40 Ereignissen (counts) pro Sekunde, die nichts mit dem beobachteten Phänomen zu tun haben und abgezogen werden sollten. Man sieht, dass es auch zwischen den Ausbrüchen zu ei-

**Abb. 6.22:** Künstlerische Abbildung des Modells für einen Röntgenausbruch. In einem Doppelsternsystem überschreitet die Materie des Begleitsterns die Roche-Schleife und wird von einem Neutronenstern angezogen. Es bildet sich eine Akkretionsscheibe, in der es zu kontinuierlicher Röntgenemission kommt. Letztendlich fällt Materie auf die Oberfläche des Neutronensterns, startet dort nukleares Brennen, was schließlich in der extrem entarteten Umgebung in einer selbstverstärkenden explosiven Zündung mündet. Diese heizt die Materie der Akkretionsscheibe auf und führt zu dem Strahlungsausbruch im Röntgenbereich. Das frisch synthesierte nukleare Material fällt auf die Neutronensternoberfläche zurück und wird dort unter frisch akkretiertem Material begraben. Dieses frisch akkretierte Material durchläuft den gleichen Zyklus, sodass sich die Ausbrüche oft wiederholen.

ner kontinuierlichen Röntgenaktivität kommt, die aus der heißen Akkretionsscheibe abgestrahlt werden und deren Energiequelle der Gewinn an gravitativer Energie ist, die Materie erfährt, wenn sie in Richtung des Neutronensterns beschleunigt wird. Die Ausbrüche selbst werden durch kernphysikalische Prozesse auf der Oberfläche des Neutronensterns verursacht, wie wir gleich diskutieren werden. Sie wiederholen sich bei 4U1705-44 ungefähr alle zwei Stunden. Die Ausbrüche verlaufen dagegen auf Zeitskalen von Sekunden: Der Anstieg dauert 3–4 Sekunden, gefolgt von der Phase maximaler Intensität, die 4–6 Sekunden lang ist. Danach klingt der Ausbruch ab, was ungefähr 100 Sekunden dauern kann. Es sind diese unterschiedlichen Zeitskalen, die die Röntgenausbrüche überhaupt sichtbar machen, denn der Energiegewinn, den ein Nukleon im gravitativen Potential des Neutronensterns erfährt, ist etwa das Vierzigfache der Energie, die es durch die nuklearen Fusionsprozesse gewinnt. Würde das akkretierte Material mit der gleichen Rate durch nukleare Reaktionen verbrannt, wie es akkretiert wird, würde das Brennen unbeachtet verlaufen und die kontinuierliche Intensität nur um ein paar Prozent erhöhen. Um Röntgenausbrüche zu beobachten, ist es also essentiell, dass die nukleare Energie explosiv in Zeitperioden von Sekunden freigesetzt wird.

Die Leuchtstärke, die ein Röntgenausbruch abstrahlt, ist beachtlich. Für 4U1750-44 ist diese mit ungefähr $10^{37}$ erg/s gemessen worden und kann als ein typischer Wert angesehen werden. Dies ist mehr als das Tausendfache der solaren Leuchtstärke

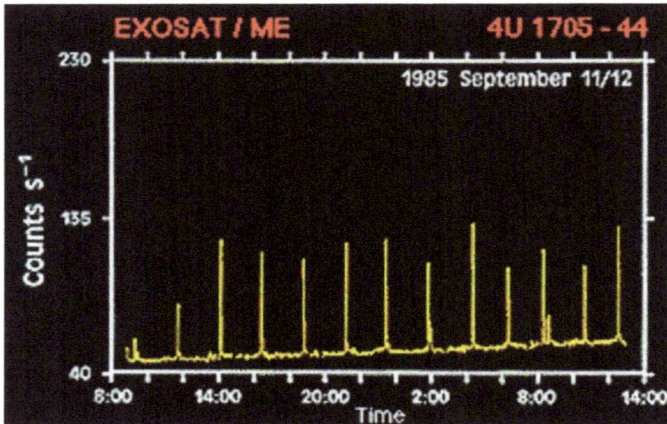

**Abb. 6.23:** Spektrum von 4U1705-44, einem der bestuntersuchten Röntgenausbrüche. Die Beobachtung erfolgte im September 1985 mithilfe des Satelliten European X-Ray Observatory (EXOSAT), dem ersten Röntgenobservatorium der ESA. 4U1705-44 ist ein Röntgen-Doppelsternsystem, von der Erde aus gesehen in Richtung des Zentrums der Milchstraße. 4U1705-44 war als Röntgenquelle schon bekannt, bevor es mithilfe von EXOSAT gelang, die Quelle als Röntgenausbruch zu identifizieren. Das Spektrum zeigt markante kurzzeitige Ausbrüche, die sich etwa alle zwei Stunden wiederholen. Die Maxima der Ausbrüche dauern nur wenige Sekunden und erreichen jeweils ähnliche Intensitäten. Zwischen den Ausbrüchen sinkt die Intensität drastisch, verschwindet aber nicht. Die Beobachtung erfolgte im Energiebereich zwischen 1 und 20 keV. Das Spektrum liegt auf einem konstanten Hintergrund von etwa 40 Ereignissen pro Sekunde, der in der Abbildung nicht abgezogen worden ist.

($3{,}8 \cdot 10^{33}$ erg/s). Allerdings strahlt die Sonne diesen Wert kontinuierlich ab, während Röntgenausbrüche dies nur alle paar Stunden für einige Sekunden machen.

In dem etablierten und allgemein akzeptierten Modell von Röntgenausbrüchen saugt ein Neutronenstern Materie von einem Begleitstern (Abbildung 6.22). Die Menge an Materie, die auf die Neutronensternoberfläche fällt, ist dabei von entscheidender Bedeutung. Sie muss groß genug sein, um Wasserstoffbrennen zu starten, darf aber nicht dazu führen, dass das akkumulierte Material stetig mit der gleichen Rate verbrannt wird, mit der neues Material herangeschafft wird. Modelle zeigen, dass dies erreicht wird, wenn $10^{-8}$–$10^{-10}$ Sonnenmassen pro Jahr angezogen werden. Dies klingt nach wenig, sind aber immerhin noch von der Größenordnung Kilogramm pro Sekunde, die auf jeden Quadratzentimeter des Neutronensterns prasseln. Das Material sammelt sich, wie bei 4U1750-44, für zwei Stunden – dies sind dann ungefähr 3600 bis 3600000 kg nukleares Brennmaterial, je nach Akkretionsrate – und wird dann in wenigen Sekunden explosiv verbrannt. Vergleicht man diese Menge mit dem durch den Begleitstern zum Transfer zur Verfügung stehenden Material (wohl mehr als eine Sonnenmasse), so kann sich dieser Prozess sehr häufig wiederholen. Dass sie eine Quelle explosiven Brennens sind, deren Periodizität und mögliche Abweichungen sich aufgrund kurzer Beobachtungsdauer oft studieren lassen, macht Röntgenausbrüche für die Wissenschaft besonders interessant. Im Vergleich dazu sei daran erinnert, dass auch Nova-Ausbrüche sich periodisch wiederholen sollten; die erwartete Frequenz von der Größenordnung 1000 Jahre hat es bislang aber nicht erlaubt, dies zu beobachten. Durch die kontinuierliche Akkretion von Material wächst auch die Masse des Neutronensterns. Die Röntgenausbrüche ändern daran nichts, da das herausgeschleuderte Material die gravitative Anziehung des Neutronensterns nicht überwinden kann. Die Sequenz von Röntgenausbrüchen wird auch dann beendet, wenn der Neutronenstern die limitierende Maximalmasse erreicht und zu einem Schwarzen Loch wird. Nimmt man an, dass ein Neutronenstern von der Größenordnung einer Sonnenmasse an Material vom Begleitstern ansaugen muss, um dieses Limit zu erreichen, so ergibt sich eine Lebensdauer für Röntgenausbrüche von 100 Millionen Jahren oder länger.

Eine andere wichtige Größe in der akkumulierten Materie ist der Anteil an Wasserstoff, da die Fusion von Wasserstoff zu Helium die mit Abstand ergiebigste nukleare Energiequelle ist. Man kann davon ausgehen, dass die akkretierte Materie ungefähr der solaren Häufigkeit entspricht, also aus Wasserstoff und Helium und geringen Mengen schwerer Elemente besteht. Dann lassen sich 5,7 MeV pro Nukleon durch Fusion gewinnen, wenn das gesamte akkumulierte Material in der Explosion verbrannt wird. Die auf die Neutronensternoberfläche gefallene Materie wird durch die dort herrschenden gravitativen Kräfte stark komprimiert und aufgeheizt, sodass schließlich das nukleare Wasserstoffbrennen gezündet wird. Abbildung 6.24 zeigt, wie sich der Ablauf des Zündens eines Röntgenausbruchs danach entwickelt und welche Reaktionen dazu beitragen. Das Wasserstoffbrennen geschieht im CNO-Zyklus. Durch fortgesetztes Brennen und Komprimierung der Materie steigt die Temperatur des Wasserstoffbrennens, sodass der CNO-Zyklus in seiner „heißen" Version abläuft, in der der langsame Beta-Zerfall von $^{13}$N umgangen wird (siehe auch Abbildung 6.10). Die akkumulierte Materie hat je nach der Rate des Materietransfers eine Dicke von 4 cm bis zu 4 m und zeigt mit zunehmender Tiefe eine starke Zunahme der Dichte und der Temperatur. Dies bedeutet, dass das nukleare Brennen in einer dünnen Schicht am Boden des angesammelten Materials beginnt, weil dort die Temperatur am höchsten ist und, wegen der hohen Dichte, das meiste Brennmaterial vorliegt. Übersteigt die Temperatur den Wert von 200 Millionen Kelvin, so kann das in der akkretierten Materie vorhandene oder durch den CNO-Zyklus frisch produzierte Helium durch die Triple-Alpha-Reaktion zu Kohlenstoff fusionieren. Dies ist die eigentliche Ursache der selbstverstärkenden Reaktionen, die schließlich zum explosiven Röntgenausbruch führt. Das Phänomen entspricht den Instabilitäten, die uns schon bei den Heliumblitzen in dünnen Brennschalen begegnet sind, und liegt an der hohen Temperatursensitivität der Triple-Alpha-Rate, die deutlich größer ist als die der Rate, mit der Wärme aus der Schale wegtransportiert werden kann. In dünnen Schalen kann die Energie auch nicht durch Expansion fortgetragen werden. Damit heizt die Triple-Alpha-Reaktion die Materie auf, was somit zu einer fortlaufenden Verstärkung der Reaktion und schließlich zur Explosion führt. Mit steigender Temperatur wächst auch die Rate anderer Kernreaktionen, da mehr Energie zwischen den geladenen Kernen zur Verfügung steht, um die Coulomb-Barriere zu überwinden. Dies führt zu Aus-

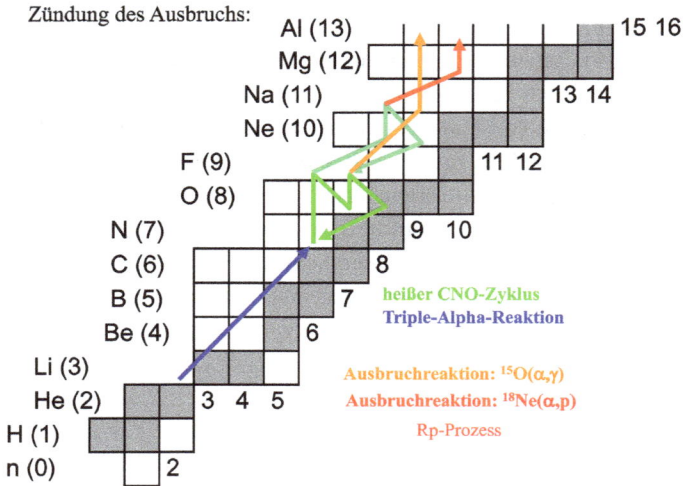

**Abb. 6.24:** Nukleare Zündungsreaktionen eines Röntgenausbruchs. Bei Temperaturen unterhalb von 200 Millionen Kelvin beschränken sich die Kernreaktionen auf das Wasserstoffbrennen im heißen CNO-Zyklus (hellgrün). Erreicht die Temperatur den Wert von 200 Millionen Kelvin, kann die Triple-Alpha-Reaktion gezündet werden (blau). Sie produziert frisches $^{12}$C-Material, das dem CNO-Zyklus zur Verfügung steht. Durch die $^{14}$O$(\alpha,p)^{17}$F-Reaktion gelingt auch der Ausbruch in den Sauerstoff-Fluor-Neon-Zyklus. Der Energiegewinn durch die Kernreaktionen heizt die Materie auf, sodass weitere Ausbrüche zu schwereren Kernen möglich werden. Wichtig sind die $^{15}$O$(\alpha,\gamma)^{19}$Ne-Reaktion (orange, gezündet bei ungefähr 680 Millionen Kelvin) und die $^{18}$Ne$(\alpha,p)^{21}$Na-Reaktion (rot, gezündet bei 770 Millionen Kelvin), die einen Massenfluss zu schwereren Kernen erlauben.

brüchen aus dem CNO-Zyklus und der Synthese schwererer Kerne und zur Erschließung weiterer Energiequellen durch Fusion. Der erste Schritt geschieht etwa bei der gleichen Temperatur wie die Zündung der Triple-Alpha-Reaktion durch die $^{14}$O$(\alpha,p)^{17}$F Reaktion, die einen Kreislauf zwischen Isotopen der Elemente Sauerstoff, Fluor und Neon erschließt. Dieser Zyklus involviert das Neon-Isotop $^{18}$Ne, das unter diesen Bedingungen keine Fusionsreaktionen zu schwereren Kernen durchlaufen kann, da diese zu langsam sind, und durch Beta-Zerfall in $^{18}$F und danach durch eine $(p,\alpha)$-Reaktion in $^{15}$O übergeht. Das Nettoresultat dieses sogenannten „heißen" CNO-Zyklus II besteht darin, dass so effektiv $^{14}$O in $^{15}$O umgewandelt wird, bei Umgehung des Beta-Zerfalls von $^{14}$O. Die eigentliche Schlüsselreaktion ist die Fusion von Alphateilchen an $^{15}$O, die zu $^{19}$Ne führt, die bei Temperaturen von 700 Millionen Kelvin und mehr schnell genug abläuft, um Materie aus dem CNO-Zyklus zu schwereren Kernen zu schaffen, verbunden mit weiterem Energiegewinn. Unterstützt wird diese Reaktion bei etwas höheren Temperaturen durch einen alternativen Ausbruchkanal realisiert durch die $(\alpha,p)$-Reaktion am $^{18}$Ne. Bei den hohen Temperaturen von 800 Millionen Kelvin, die bei dem Ausbruch aus dem CNO-Zyklus erreicht werden, schließen sich zwei typische Sequenzen von abwechselnden Reaktionen an. Als Erstes operiert der sogenannte $\alpha$p-Prozess, in dem ein Kern (zum Beispiel $^{18}$Ne) effektiv mit einem Alphateilchen fusioniert (und im Beispiel zu $^{22}$Mg wird). Allerdings läuft dies nicht direkt über eine $(\alpha, \gamma)$-Reaktion ab, sondern in einem Zweistufenprozess mithilfe von abwechselnden $(\alpha, p)$- und $(p, \gamma)$-Reaktionen, wobei diese Sequenz deutlich schneller ist. Dies liegt daran, dass Protoneneinfangreaktionen fast instantan bei den Temperaturen ablaufen, die die Fusion mit Alphateilchen erlauben (für unser Beispiel ist $Z_1 \cdot Z_2 = 11$ für den Protoneneinfang an $^{21}$Na, aber 20 für die $\alpha$-Fusion an $^{18}$Ne), und zum anderen die $(\alpha, p)$-Reaktion über die starke Wechselwirkung, während die $(\alpha, \gamma)$-Reaktion über die elektromagnetische, und somit deutlich schwächere Wechselwirkung vermittelt wird. Abbildung 6.25 zeigt, dass der $\alpha$p-Prozess für die Elemente zwischen Sauerstoff und Kalzium verläuft. Danach wird die Coulomb-Barriere bei den erreichten Temperaturen zu groß, um Fusionen mit $\alpha$-Teilchen zu realisieren. Dort kommt der Materiefluss zu schwereren Elementen allerdings nicht zu seinem Ende, denn Protoneneinfangreaktionen sind – bevorteilt durch die deutlich kleineren Coulomb-Barrieren – weiterhin möglich, und laufen auch sehr schnell ab. Man nennt diese Reaktionssequenz den „rapiden" Protoneneinfangprozess, oder kurz Rp-Prozess. Protoneneinfänge erhöhen die Anzahl der Ladungen um eine Einheit, aber nicht die Anzahl der Neutronen. Bei den neu produzierten Kernen wird also das Gleichgewicht von Protonen und Neutronen zugunsten der Protonen verschoben. Dies ist aber nicht beliebig möglich, da für eine vorgegebene Protonenzahl Kerne nur im Allgemeinen für eine kleine Menge von Neutronenzahlen stabil sind und für eine etwas größere Menge an Neutronenzahlen zwar existieren, aber instabil gegenüber Beta-Zerfall sind. Die Halbwertszeit dieser instabilen Kerne hängt von der Balance zwischen Protonen und Neutronen ab und nimmt im Allgemeinen ab, je mehr man in einer Isotopenkette zu neutronenreichen oder neutronenarmen Kernen geht, wobei Paarungseffekte dafür sorgen, dass diese Abhängigkeit nicht ganz glatt verläuft. Der Rp-Prozess kann als explosives Wasserstoffbrennen verstanden werden. Deshalb ist es nicht überraschend, dass er durch „neutronenarme" Isotope verläuft, d. h. auf einem Pfad in der Nuklidkarte, der auf der Protonenseite des Tals der Stabilität verläuft, wie man in der Abbildung 6.25 sehen kann. Erhöht man also sukzessive die Protonenzahl bei konstanter Neutronenzahl, stößt man irgendwann auf einen Kern, dessen Halbwertszeit kürzer ist als die mittlere Zeit für den Protoneneinfang an diesem Kern. Dieser Kern wird also einen Beta-Zerfall begehen und dabei ein Proton in ein Neutron umwandeln. Betrachten wir als Beispiel das Isotop $^{41}$Sc (mit 21 Protonen und 20 Neutronen), so kann dieser Kern Startpunkt für drei sukzessive Protoneneinfänge sein, die mit $^{42}$Ti und $^{43}$V als Zwischenstufen schließlich zu $^{44}$Cr führen. Dieser Kern mit 20 Neutronen aber nun 24 Protonen hat eine kurze Halbwertszeit von 42,8 Millisekunden. Dies ist zu kurz, um einen weiteren Protoneneinfang zu ermöglichen, weshalb $^{44}$Cr auf dem Reaktionspfad des Rp-Prozesses zu $^{44}$V zerfällt. In der Simulation, die der Abbildung 6.25 zugrunde liegt, lebt $^{44}$V mit einer Halbwertszeit von 111 Millisekunden lange genug, um ein weiteres Proton einzufangen. Der Rp-Prozess kann somit als eine Sequenz von Protoneneinfangreaktionen, unterbrochen durch Beta-Zerfälle, verstanden werden. Der Pfad hängt in Details von den astrophysikalischen Bedingungen ab, da die Rate der Protoneneinfänge sowohl stark von der Temperatur als auch von der Menge des vorhandenen Wasserstoffs abhängt.

## Reaktionsfluss im Rp-Prozess

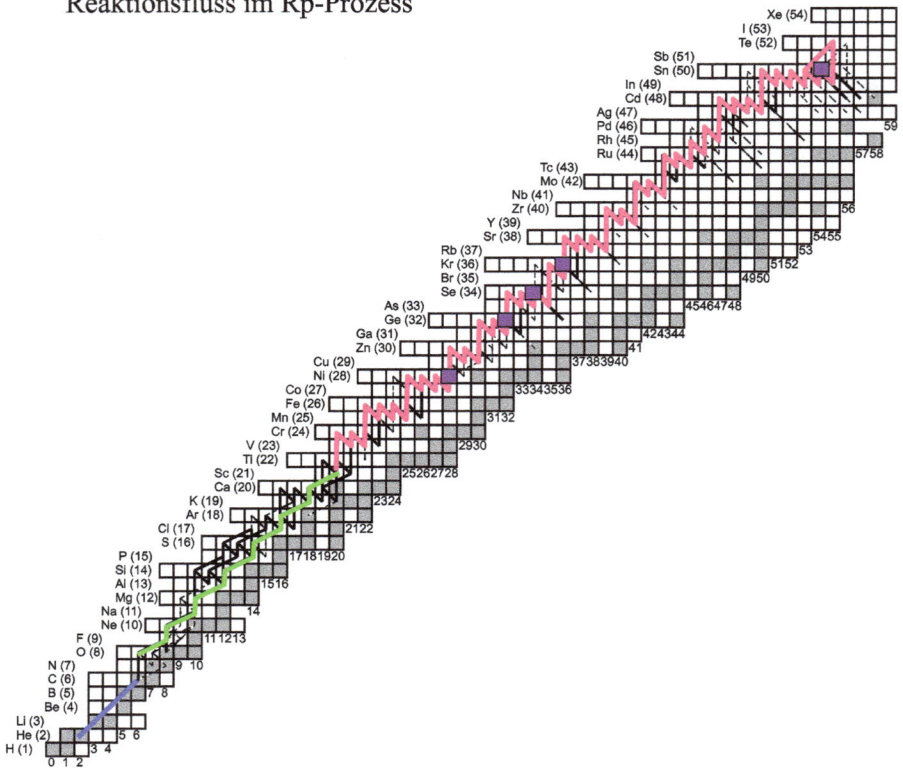

**Abb. 6.25:** Reaktionsfluss eines Röntgenausbruchs auf der Nuklidkarte. Die vertikale Achse gibt die Protonenzahl an und ist durch die Elementbezeichnung kenntlich gemacht. Die horizontale Achse definiert die Anzahl der Neutronen. Die Isotopenketten sind zu hohen Neutronenzahlen hin unterdrückt. Die hier nicht abgebildeten neutronenreichen Kerne spielen im nächsten Kapitel für den R-Prozess die entscheidende Rolle. Die grau dargestellten Isotope sind stabil. Der Ausbruch wird durch die Triple-Alpha-Reaktion gestartet (blau). Daran schließen sich bei genügend hoher Temperatur zunächst der $\alpha p$-Prozess (grün) und dann der Rp-Prozess (rot) an. Der $\alpha p$-Prozess wandelt durch eine zweistufige Kette von $(\alpha, p)$- und $(p, \gamma)$-Reaktionen Materie aus dem Sauerstoff-, Fluor- und Neon-Massenbereich in mittelschwere Elemente bis zum Kalzium um. Der Rp-Prozess schließlich ist eine Folge von Protoneneinfangreaktionen, unterbrochen von Beta-Zerfällen. Er endet wahrscheinlich in einer Reaktionsschleife im Zinn-, Antimon- und Tellur-Massenbereich.

Das Ende des Rp-Prozesses wird in der Massengegend um $A = 100$ vermutet, wo der Prozess in eine Schleife von Isotopen der Elemente Zinn, Antimon und Tellur mündet (siehe Abbildung 6.25). Um dorthin zu gelangen, muss der Materiefluss allerdings noch ein paar Hindernisse überwinden. Um diese zu identifizieren, stellen wir zunächst fest, dass die nukleare Energie, die durch die Kernreaktionen freigesetzt wird, die Materie sehr stark aufheizt, sodass Temperaturen zwischen einer und drei Milliarden Kelvin erreicht werden. Als Konsequenz laufen die Protoneneinfangreaktionen auch an Kernen mit größeren Ladungen, zum Beispiel Nickel, sehr schnell ab. Allerdings nehmen auch die Raten der Photodissoziationen mit der Temperatur des Photonengases stark zu. Natürlich spielt auch die Bindungsenergie des eingefangenen Protons eine entscheidende Rolle. Ist dieses im Endkern relativ stark gebunden, so überlebt der fusionierte Kern in einem Hitzebad bis zu einer höheren Temperatur, als wenn das Proton nur schwach gebunden ist. Der letzte Fall tritt systematisch bei dem Einfang an Kernen wie $^{56}$Ni, $^{60}$Zn und $^{64}$Ge auf, die man als Vielfache von Alphateilchen auffassen kann und die eine im Vergleich zu den anderen Kernen in ihrer Umgebung starke Bindung besitzen. Zum anderen sorgt die recht kleine Bindungsenergie eines eingefangenen Protons dafür, dass bei Temperaturen höher als etwa 1,8 Milliarden Kelvin die Photodissoziation gewinnt. Der Materiefluss kommt zu einem Halt, deshalb nennt man Kerne wie $^{56}$Ni, $^{60}$Zn, $^{64}$Ge Wartepunkte. Im Prinzip könnte der Fluss mit einem Zerfall dieser Kerne durch die schwache Wechselwirkung fortgesetzt werden. Aber sie haben, wegen ihrer besonders starken Bindung, auch recht lange Halbwertszeiten. Für $^{56}$Ni, $^{60}$Zn und $^{64}$Ge betragen sie zum Beispiel 6,07 Tage, 2,38 Minuten und 64 Sekunden, und sind somit länger als die Dauer des Röntgenausbruchs. Die Fortsetzung des Materieflusses über die Wartepunkte hinaus ist somit nur während eines kleinen Temperaturfensters zwischen ungefähr 1 und 1,8 Milliarden Kelvin möglich, das während des Prozesses zwei Mal durchlaufen wird: einmal in der sehr schnellen Ausbruchsphase, und dann noch einmal in der Ausklingphase, wenn die Temperatur durch Ausdehnung des Materials auch absinkt. Diese Phase dauert bis zu 100 Sekunden.

Das Problem der Alpha-Vielfachen wie $^{56}$Ni, $^{60}$Zn, $^{64}$Ge (genannt „Alpha-Kerne") als Wartepunkte war uns schon im $\nu$p-Prozess begegnet, der während einer Supernova-Explosion (Kapitel 5) abläuft. In der Tat haben Rp-Prozess und $\nu$p-Prozess sehr viele Ähnlichkeiten, aber auch einen entscheidenden Unterschied. Der $\nu$p-Prozess läuft in einer Umgebung mit einem extremen Fluss an Neutrinos ab, und diese sorgen dafür, dass via der $\bar{\nu}$-Absorption an Protonen eine ausreichende Menge an freien Neutronen vorhanden ist, wenn der Prozess auf die Wartepunktkerne $^{56}$Ni, $^{60}$Zn, $^{64}$Ge trifft, sodass diese durch die (n, p)-Reaktion, die wie ein Beta-Zerfall ein Proton in ein Neutron umwandelt, überwunden werden kann. Da die Reaktion durch die starke Wechselwirkung vermittelt wird, ist sie um vieles schneller als ein Beta-Zerfall, wenn ein ausreichender Vorrat an Neutronen vorhanden ist.

Schnappschüsse einer Simulation eines Röntgenausbruchs sind in der Abbildung 6.26 gezeigt. Der Ausbruch wird ausgelöst durch die Triple-Alpha-Reaktion an einem Punkt am Boden der akkretierten Materie, etwa 4 Meter unter der Oberfläche. Durch die enorme gravitative Anziehung hat die Materie in dieser Tiefe schon eine Dichte von $10^6$ g/cm$^3$ erreicht, das Zehntausendfache des Wertes im Zentrum der Sonne. Die Triple-Alpha-Reaktion startet ein explosives Brennen des Wasserstoff- und Heliumvorrats, das von den $\alpha$p- und Rp-Prozessen fortgesetzt wird, und bei dem die erzeugte Energie, und damit auch die Leuchtstärke, über wenige Sekunden drastisch ansteigt. Dabei erhöht sich auch die Temperatur, die bis zu Werten von 3 Milliarden Kelvin ansteigen kann. Die Konsequenz dieser Temperaturerhöhung ist eine starke Zunahme der Dissoziati-

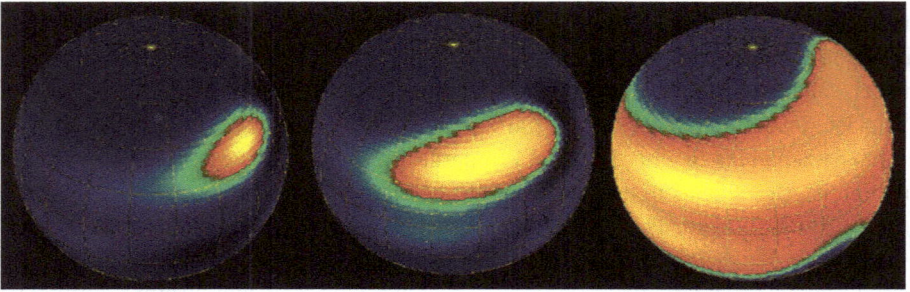

**Abb. 6.26:** Simulation der dynamischen Entwicklung eines Röntgenausbruchs. Der Ausbruch beginnt etwa 4 m unter der Oberfläche am Boden der frisch akkumulierten Materie. In den Modellrechnungen geschieht die Zündung an einem Punkt, von dem sich die explosiven Kernreaktionen durch das Material zur Oberfläche und auch um den gesamten Stern fressen können und schließlich die gesamte vom Begleitstern akkretierte Materie erfassen. Diese fällt anschließend auf die Neutronensternoberfläche zurück und wird dort von neu akkretierter Materie bedeckt, wobei die Asche des Brennens zu höheren Dichten komprimiert wird. Die Abbildung zeigt anhand der Temperatur, wie sich ein heißer Fleck, der durch thermonukleares Brennen erzeugt wird, schließlich über die ganze Oberfläche des Neutronensterns verbreitet.

onsrate für Protonen, die nun über den Protoneneinfang dominiert. Dies stoppt den Materiefluss. Der erste Wartepunkt, auf den der Rp-Prozess stößt, ist $^{56}$Ni. Um diesen zu überwinden, muss die Temperatur und damit die Dissoziationsrate sinken, was durch Expansion der Materie erreicht wird. Überlebt der nach Protoneneinfang an $^{56}$Ni gebildete Kern $^{57}$Cu im Photonenhitzebad, so kann er schnell wieder ein Proton einfangen und sich in $^{58}$Zn umwandeln, wobei das Proton in diesem zweiten Schritt aus Kernstrukturgründen stärker gebunden ist und kein Problem hat, der Dissoziation standzuhalten. Nun folgen im Wechsel zwei Beta-Zerfälle und zwei Protoneneinfänge, bis der nächste Wartepunkt, $^{60}$Zn, erreicht ist, an dem sich dann die gleiche Sequenz an Reaktionen (zwei Protoneneinfänge, danach Wechselspiel von zwei Beta-Zerfällen und zwei Protoneneinfängen) wiederholt. Diese Kette läuft so entlang der „Alpha-Kerne" von $^{56}$Ni bis vermutlich zum $^{100}$Sn, welches der schwerste von Kernkräften zusammengehaltene Kern mit gleicher Proton- und Neutronzahl ist (ein sogenannter „N = Z"-Kern). Danach mündet der Rp-Prozess in eine Schleife von Zinn-Antimon-Tellur-Kernen, aus denen er (wegen der Bindungsenergien der beteiligten Kerne) nicht mehr ausbrechen kann. Diese Kette von Reaktionssequenzen von $^{56}$Ni bis $^{100}$Sn liefert die Energie während des Abklingens des Röntgenausbruchs, wobei der Rp-Prozess in dem Temperaturfenster zwischen einer und zwei Milliarden Kelvin verläuft; bei niedrigeren Temperaturen ist der Protoneneinfang zu langsam, wobei hier zusätzlich das Anwachsen der Coulomb-Barriere mit steigender Ladung der Kerne hinderlich wird; bei höheren Temperaturen ist die Dissoziationsrate für das vom „Alpha-Kern" eingefangene Proton zu stark. Hier sei noch darauf hingewiesen, dass die Bindungsenergie des eingefangenen Protons immer kleiner wird. Bei den schwersten Kernen ist dieses Proton nicht einmal gebunden, sodass der fusionierte Kern als Resonanz für sehr kurze Zeit existiert. Der Zwei-Proton-Einfang an diesen schweren „Alpha-Kernen" hat somit große Ähnlichkeit mit der Triple-Alpha-Reaktion, bei der der Zwischenzustand $^8$Be ja auch nur kurzzeitig existiert.

Ein Röntgenausbruch verbrennt den in der Kruste vorhandenen Wasserstoff vollständig. Im Gegensatz dazu bleibt bei einem Nova-Ausbruch unverbrauchter Wasserstoff zurück, weil die Expansion der Sternenhülle schnell verläuft und durch die Abnahme von Temperatur und Dichte das nukleare Brennen stilllegt. Bei einem Röntgenausbruch ist die Materie am Boden der Kruste zunächst entartet, was aber nach Starten des nuklearen Brennens überwunden wird. Trotzdem verläuft die dann mögliche Expansion recht langsam ab. Dies liegt daran, dass es für die Materie extrem schwer ist, gegen das enorme gravitative Potential des Neutronensterns anzukommen. Das unterschiedliche Verhalten innerhalb eines Röntgenausbruchs im Vergleich zur Nova lässt sich gut durch den Vergleich der Fluchtgeschwindigkeiten illustrieren: Im Potential des Neutronensterns beträgt diese 190000 km/s, also fast zwei Drittel der Lichtgeschwindigkeit, während sie sich in einer Nova „nur" auf 7000 km/s beläuft. Als Konsequenz der extremen gravitativen Anziehung des Neutronensterns hat ein Röntgenausbruch nicht nur genügend Zeit, den gesamten angesammelten Wasserstoff zu verbrennen, sondern es wird auch fast keine Materie durch den Ausbruch in den interstellaren Raum ejektiert. Man schätzt, dass ein Röntgenausbruch etwa den 100 Billionsten Teil einer Sonnenmasse herauswerfen kann; dies entspricht etwa der Masse des Marsmondes Phoebus. Dies heißt, dass ein einzelner Röntgenausbruch im Laufe von einer Milliarde Jahre bei einer Ausbruchperiode von wenigen Stunden etwa eine Sonnenmasse zum Inventar der Elemente beiträgt. Röntgenausbrüche sind somit für die Produktion der Elemente im Universum ziemlich unbedeutend.

Die durch das explosive Wasserstoffbrennen erzeugten neuen Elemente besitzen somit nicht ausreichend kinetische Energie, um die starke gravitative Anziehung des Neutronensterns zu überwinden; sie fallen wieder auf die Neutronensternoberfläche zurück und werden dort von frisch akkretierter Materie, deren Strom vom Begleitstern nicht durch den Röntgenausbruch unterbrochen wird, begraben. Die neu synthesierte Materie sinkt dabei zu immer höheren Dichten. Dieses Material besteht hauptsächlich aus den Elementen, die durch den Rp-Prozess entstanden sind, sowie einem etwa 5-prozentigen Anteil von $^{12}$C, das durch die Triple-Alpha-Reaktion hergestellt, aber danach nicht vollständig verbrannt wurde. Erreicht dieser angesammelte Kohlenstoff eine bestimmte Menge und ist zu einer Dichte von etwa $10^9$ g/cm$^3$ komprimiert, kann die Fusion von $^{12}$C-Kernen einen besonders starken Ausbruch in dem akkumulierten Material auslösen. Man spricht dabei von einem „Superburst". Diese Superbursts treten bei einigen, nicht allen Röntgenquellen auf und unterbrechen die Sequenz von normalen Röntgenausbrüchen. Dauer und Gesamtenergieproduktion eines Superbursts sind etwa 1000-mal größer als bei einem regulären Ausbruch. Auch Superbursts wiederholen sich, allerdings mit einer Frequenz von ungefähr einem Jahr. Simulationen zeigen, dass das Brennen in einem Superburst noch deutlich explosiver ist als in einem regulären Ausbruch. Dies liegt hauptsächlich an der enormen Temperaturabhängigkeit der Kohlenstofffusionsrate unter den entarteten Bedingungen. Während bei einem regulären Ausbruch Konvektion Energie aus der nuklearen Brennzone wegschafft und so die Steigerung des Brennens behindert, ist selbst Konvektion unter den stark entarteten Bedingungen des Superburst deutlich zu langsam, um das nukleare Kohlenstoffbrennen zu behindern. Man vermutet, dass auch Energie aus dem Inneren des Neutronensterns zum Auslösen des Kohlenstoffbrennens beitragen kann.

# 7 Die Faszination des Goldes

Am 16. Oktober 2017 fand eine wissenschaftliche Entdeckung Erwähnung in den Hauptnachrichten der Tagesschau, neben den Konsequenzen von Wahlergebnissen in Österreich und Niedersachsen vom Vortag (Abbildung 7.1). Die wissenschaftliche Entdeckung, die Susanne Daubner verkündete, war die erste Beobachtung der Verschmelzung von zwei Neutronensternen. Aufregend daran war auch, dass dies sowohl mithilfe von Gravitationswellen als auch durch ein elektromagnetisches Signal gelang. Wie der kurze Einspieler in der Tagesschau feststellte, hatte man also die Verschmelzung somit sowohl gesehen (durch das elektromagnetische Signal) als auch gehört (durch die Gravitationswellen, die mit Schallwellen verglichen werden). Diese duale Detektion ist in der Tat der Schlüssel, warum diese Beobachtung eine so große Bedeutung erfuhr. Man spricht auch oft davon, dass das Ereignis, das in der Wissenschaftswelt unter dem Namen GW170817[1]

**Abb. 7.1:** Am 16. Oktober 2017 berichtete die Tagesschau in ihrer Hauptsendung über die erstmalige Beobachtung der Verschmelzung von zwei Neutronensternen. Dies gelang durch den Nachweis der Gravitationswellen, die dieses Ereignis abstrahlte. Von dem gleichen Ereignis gelang es auch, das nach der Verschmelzung abgestrahlte elektromagnetische Signal (genannt Kilonova), zum Beispiel durch den Integral-Satelliten der ESA, zu detektieren. Dieses Signal ist ein Indiz dafür, dass durch die Verschmelzung der Neutronensterne Elemente schwerer als Eisen durch den sogenannten astrophysikalischen R-Prozess synthetisiert wurden. Dieser Prozess ist verantwortlich für die Produktion der Edelmetalle Gold und Platin im Universum. Es war lange ein ungelöstes Rätsel, wo im Universum der R-Prozess operieren könnte. Die Beobachtung, über die die Tagesschau berichtete, fand schon am 17. August 2017 statt und ist unter der Abkürzung GW170817 berühmt geworden. Die an der Beobachtung beteiligten Wissenschaftler haben in der Zeit bis zur öffentlichen Bekanntmachung am 16. Oktober 2017 viele Tests gemacht, um die Aussagen der Detektion zu festigen.

---

1 Gravitationswellen mit der amerikanischen Angabe des Datums Jahr/Monat/Tag.

https://doi.org/10.1515/9783111469737-007

bekannt ist, die Geburtsstunde der „multi-messenger astronomy" sei, da das gleiche Ereignis durch zwei Informationsträger beobachtet wurde, aber diese Zuschreibung ist im strengen Sinne falsch, da schon die Supernova 1987a durch zwei Boten (Licht und Neutrinos) detektiert wurde (siehe Kapitel 5).

Die Faszination dieser Entdeckung in der Öffentlichkeit rührte nicht daher, dass (wieder) Gravitationswellen entdeckt wurden, denn wie die Tagesschau betonte, hatte es dafür gerade den Physik-Nobelpreis gegeben. Vielmehr lag die Begeisterung darin, dass das elektromagnetische Signal als Indiz für die Produktion der Edelmetalle Gold und Platin durch Neutronensternverschmelzungen vorhergesagt worden war. Die Theoretiker um Brian Metzger von der Columbia University und Gabriel Martinez-Pinedo und Almudena Arcones vom GSI Helmholtzzentrum und der Technischen Universität in Darmstadt hatten im Jahr 2010 die Verschmelzung von Neutronensternen untersucht und dabei, wie andere Wissenschaftler vor ihnen, herausgefunden, dass bei einem solchen Ereignis der astrophysikalische R-Prozess operieren würde. Dieser war schon mehr als 50 Jahre vorher zur Produktion der schweren Elemente postuliert worden, nur war es bisher eine der großen offenen Fragen der Physik, wo dieser Prozess im Universum stattfinden würde. In der Tat hatte der National Research Council der USA im Jahre 2003 dieses Problem auf Platz 3 der großen offenen Fragen der Physik für dieses Jahrhundert gelistet. Das Besondere an der Arbeit von Metzger, Martinez-Pinedo, Arcones und Mitarbeitern war, dass sie einen Fingerabdruck des Prozesses vorhersagten: Der R-Prozess in einer Neutronensternverschmelzung erzeugt ein charakteristisches elektromagnetisches Signal, das man über viele Tage beobachten kann. Dieses Signal sollte etwa tausendmal stärker als die Lichtkurve einer Nova sein, sodass die Autoren der Vorhersage hierfür den Namen „Kilonova" erfanden. Und genau dieses Kilonova-Signal wurde für GW170817 gefunden! Bei der Entdeckung spielten die Wissenschaftler in einem großen Team: Zuerst wurden die Gravitationswellen im LIGO-Detektor entdeckt und als Kandidaten für die Verschmelzung von Neutronensternen identifiziert. Diese Nachricht ging dann schnell an die Kollegen weltweit, die mit unterschiedlichen Geräten nach dem elektromagnetischen und weiteren Signalen Ausschau hielten und die Kilonova in der Tat fanden. Mehr noch, das Signal sah so aus, wie von den Theoretikern vorhergesagt. Man hatte somit den – oder besser einen – astrophysikalischen Ort gefunden, in dem die Natur die schweren Elemente erzeugt.

Eines der schweren Elemente, das der R-Prozess herstellt, ist Gold. Und Gold ist von alters her das Symbol für Schönheit, Reichtum und Macht. Die Bibel berichtet vom Tanz um das Goldene Kalb, die griechischen Heldensagen von Iasons Suche nach dem Goldenen Vlies. Fasziniert von der griechischen Antike war Heinrich Schliemann sicher, bei seinen Ausgrabungen in Mykene die Goldmaske des Atridenkönigs Agamemnon gefunden zu haben (siehe Abbildung 7.2). Leider haben Wissenschaftler mit modernen Methoden diese verlockende Zuordnung als falsch nachgewiesen, denn die Maske stammt aus einer deutlich früheren Zeit, als man den mythischen Kampf um Troja veranschlagen würde. Sagenhaft umwoben ist auch das Gold der Inka. Leider haben Francisco Pizzaro und seine Conquistadores in ihrer Gier nach dem Edelmetall den wohl noch bedeuten-

**Abb. 7.2:** Die Goldmaske, die ihr Entdecker Heinrich Schliemann dem Atridenkönig Agamemnon zuschrieb. Diese Zuordnung ist durch jüngere Forschung als falsch nachgewiesen worden.

deren kulturellen Wert dieses Schatzes verkannt und nicht nur den letzten Inkakönig Atahualpa erdrosselt, sondern den eroberten goldenen Schmuck auch zumeist eingeschmolzen. Aus jüngerer Zeit erinnert man sich vielleicht auch an Johann August Sutter, auf dessen Sägewerkgelände in der Nähe von Sacramento im Januar 1848 Gold gefunden wurde. Dieses Ereignis löste einen wahren Rausch aus, durch den in unkontrollierter Weise Siedler in die Gegend strömten, was schließlich dazu führte, dass der „Golden State" als Bundesstaat Kalifornien 1850 Teil der Vereinigten Staaten wurde. Heute erinnern in San Francisco noch eine Straße an Johann Sutter und ein berühmtes Footballteam, die 49ers, an den Goldrausch.

Die Bedeutung des Goldes liegt zum einen daran, dass es ein ziemlich seltenes Element ist. In der Erdkruste kommen im Schnitt 4 Gramm Gold auf 1000 Tonnen Gestein; in Goldminen ist der Anteil etwa tausendmal höher. Man schätzt, dass bislang etwas mehr als 150000 Tonnen Gold aus der Erde geschürft worden sind. Das muss fast immer in Bergwerken geschehen, da das Gold, wegen seiner recht hohen Dichte, in der jungen flüssigen Erde von der Oberfläche nach unten gesunken ist. In den für lange Zeit ergiebigsten Goldminen der Welt, in Witwatersrand bei Johannesburg, wird das Gold in 4000 Meter Tiefe geborgen, mit dem Plan, noch tiefer zu gehen. Die Faszination von Gold liegt sicherlich zum andern auch an seinen chemischen Eigenschaften. Es glänzt in einem satten Gelbton. Dieser basiert auf einem relativistischen Effekt, durch den bei

Gold mit seiner recht großen Kernladung ($Z = 79$) die Energiedifferenz zwischen Valenz-
und Leitungsbandelektronen des Metalls etwas zusammengeschoben wird, sodass beim
Gold Elektronen vom Valenz- ins Leitungsband durch Licht im blauen Wellenbereich angehoben werden. Deshalb absorbiert Gold blaues Licht und erscheint uns daher in der
Komplementärfarbe Gelb. Gold verliert seinen Glanz aber auch nicht, wenn es für lange
Zeit unter der Erde lag, da es gegen Umwelteinflüsse sehr robust ist. Seine Bedeutung
als Schmuck gewinnt es auch daher, dass es sich gut in dünnste Schichten oder Fäden
verarbeiten lässt.

Nur ein einziges Goldisotop mit 197 Nukleonen ist stabil. Die Isotopen mit den benachbarten Massenzahlen 195, 196 und 198, 199 haben Halbwertszeiten von einigen Tagen, bevor sie durch die schwache Wechselwirkung zerfallen. Der alte Alchemisten-
traum, Gold im Labor herzustellen, ist heute Wirklichkeit geworden, denn man kann
an Beschleunigeranlagen Gold, wie auch die anderen Elemente, durch Kernreaktionen
künstlich herstellen. Allerdings ist dies finanziell kein einträgliches Geschäft, weil die
produzierten Mengen sehr klein sind und der Wert durch die Stromrechnung um ein
Vielfaches übertroffen wird.

## 7.1 Das Dilemma der Goldproduktion

Wie im Kapitel 4 im Detail dargelegt, setzen Sterne während ihres langen Lebens die dazu nötige Energie frei, indem sie leichtere Kerne zu schwereren fusionieren, wobei sie so
zur Brutstätte vieler Elemente im Universum werden. Nun wächst mit der Kernladung
auch die Coulomb-Barriere, die bei der Fusion überwunden werden muss. Der Stern
löst dieses Problem dadurch, dass er durch Kontraktion im Inneren höhere Temperaturen erzeugt. So werden im Sterninnersten während des Sauerstoff- und Siliziumbrennens Temperaturen von mehr als einer Milliarde Kelvin erreicht, die dann genügen, das
jeweilige Brennen zu zünden und aufrechtzuerhalten. Man könnte nun diesen Gedan-
kengang fortsetzen und annehmen, dass sich diese Sequenz fortsetzen lässt. Man muss
nur durch Kontraktion ausreichende Temperaturen erzeugen, um auch die schweren
Elemente durch Kernfusion geladener Kerne zu synthesieren. Wie wir gesehen haben,
werden während des Kollaps des stellaren Cores in der Tat extrem hohe Temperaturen
erreicht. Das Problem liegt darin, dass mit steigender Temperatur die inversen Reaktionen, in denen hochenergetische Photonen die Kerne aufbrechen, bedeutend werden.
Ihre Rate steigt stark mit der Temperatur und sorgt dafür, dass bei Temperaturen von
über 3 Milliarden Kelvin alle Kernreaktionen, die durch die Starke und elektromagnetische Wechselwirkung hervorgerufen werden, im Gleichgewicht ablaufen. Somit stellt
sich auch eine Gleichgewichtsverteilung der Häufigkeiten der Kerne ein, die wir als
Nukleares Statistisches Gleichgewicht kennengelernt haben. Und dieses Gleichgewicht
bevorzugt unter den Bedingungen am Ende des Siliziumbrennens die am stärksten gebundenen Kerne im Bereich von Eisen und Nickel. In diesem Gleichgewicht kommen
auch schwere Kerne wie Blei oder auch Gold vor, allerdings mit äußerst kleinen Häu-

figkeiten, die viel geringer sind, als in der solaren Häufigkeitsverteilung vorgefunden (Abbildung 7.4). Nun haben wir in der Diskussion des stellaren Corekollaps gesehen, dass mit wachsender Dichte immer schwerere Kerne entstanden sind, bis sich schließlich ein „Riesenkern", gefüllt mit Kernmaterie, bildete. Diese Produktion hilft auch nicht, um die Häufigkeiten der schweren Elemente im Universum zu erklären, weil die Materie im Neutronenstern begraben wird.

Schon im Jahre 1957, dem „Annus mirabilis" für das Verständnis der Nukleosynthese im Universum, gelangten Margret Burbidge, Geoff Burbidge, Fred Hoyle und Willy Fowler (BBFH) und unabhängig davon Al Cameron (Abbildung 7.3) zu dem Schluss, dass die Synthese der schweren Elemente jenseits von Eisen auf einem anderen Prinzip beruhen muss als die Fusion geladener Kerne. Sie schlugen vor, dass die Fusion mit Neutronen (Neutroneneinfang) die Lösung sein könnte. Offensichtlich werden Neutroneneinfangreaktionen nicht durch eine Coulomb-Barriere behindert, sodass hierfür keine extrem hohen Temperaturen notwendig sind. Ferner erhöht sich durch den Einfang eines Neutrons die Massenzahl des Kerns (um eine Einheit). Man hat somit einen Mechanismus, der es erlaubt, zu schwereren Kernen zu gelangen. Allerdings ändert sich beim Neutroneneinfang die Ladung des Kerns nicht, man wechselt innerhalb einer

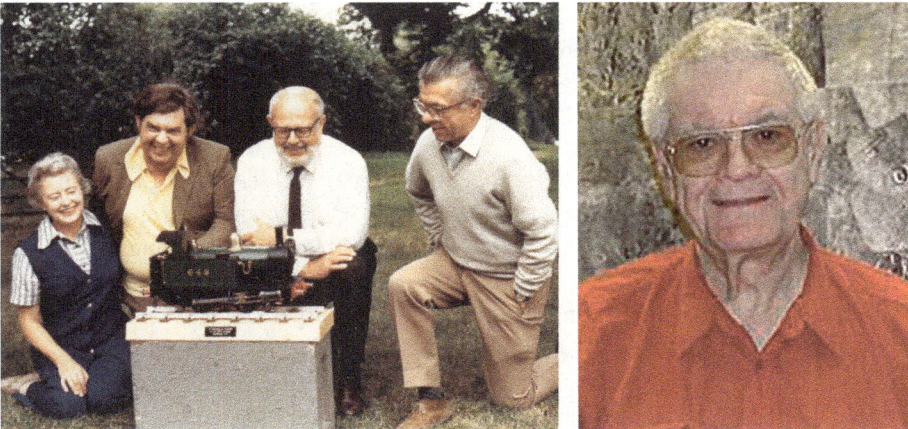

**Abb. 7.3:** (links) Das Ehepaar Margaret und Geoff Burbidge, Willy Fowler und Fred Hoyle, die mit ihrem Übersichtsartikel in den Reviews of Modern Physics im Jahr 1957 die Bibel zur Entstehung der Elemente im Universum geschaffen haben. Die berühmte Arbeit ist in Fachkreisen nach den Anfangsbuchstaben der Autoren als „BBFH" oder „B2FH" bekannt. (rechts) Alistair Cameron war ein Pionier der Nukleosyntheseprozesse im Universum und er gilt auch als Vater der numerischen nuklearen Astrophysik. Cameron entwickelte seine berühmte Arbeit von 1957 unabhängig von Burbidge, Burbidge, Fowler und Hoyle. Die Arbeit wurde 1957 als Bericht des kanadischen Forschungszentrums in Chalk River und nicht wie üblich in einem regulären Journal publiziert. BBFH und Cameron schufen mit ihren Arbeiten die meisten Grundlagen, auf denen noch heute die astrophysikalischen Nukleosyntheseprozesse verstanden werden. Darunter befindet sich auch die Erkenntnis, dass die schweren Elemente durch zwei unterschiedliche Prozesse (slow und rapid neutron capture process) geschaffen werden.

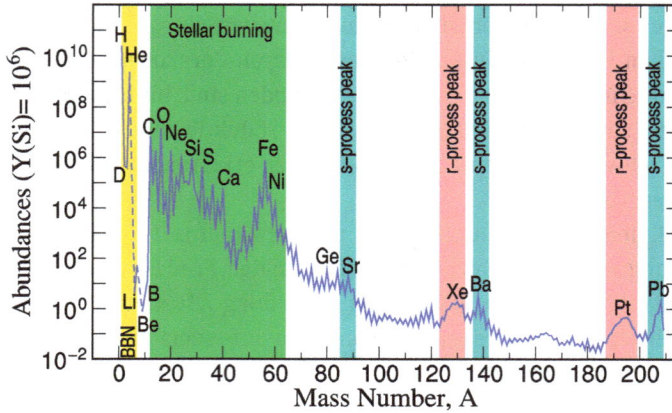

**Abb. 7.4:** Kosmische Häufigkeitsverteilung der Elemente. Die Elemente schwerer als Eisen werden durch zwei Neutroneneinfangprozesse hergestellt: den S-Prozess, der in einer astrophysikalischen Umgebung mit relativ niedrigen Neutronendichten operiert, und den R-Prozess, der das Vorhandensein von extremen Neutronendichten voraussetzt. Die auf die beiden Prozesse zurückgeführten Maxima in den Häufigkeiten sind blau (S-Prozess) und rot (R-Prozess) eingefärbt. Die leichtesten Elemente (gelb) wurden im Urknall synthesiert. Die Elemente, die hauptsächlich während des hydrostatischen Brennens von Sternen produziert werden, sind grün eingefärbt.

Isotopenkette einfach zum nächstschwereren Kern. Somit kann der Neutroneneinfang allein nicht erklären, wie zum Beispiel aus Eisen Blei werden kann. Deshalb verlangt die Synthese der schweren Elemente noch einen Reaktionstyp, der die Ladung eines Kerns ändert. Wie wir mehrfach betont haben, ist dies von den vier grundlegenden Wechselwirkungen der Natur nur durch die schwache Wechselwirkung möglich. Deshalb schlugen BBFH und auch Cameron vor, dass die Sequenz von Neutroneneinfängen durch Beta-Zerfälle, in denen im Kern ein Neutron in ein Proton umgewandelt wird, unterbrochen wird. Diese Grundidee, dass die schweren Elemente durch eine Sequenz von abwechselnden Neutroneneinfängen und Beta-Zerfällen geschieht, ist nun allgemein akzeptiert.

Vorweggreifend stellen wir fest, dass sich die Raten der Beta-Zerfälle durch die astrophysikalische Umgebung nicht wesentlich verändern. Dies ist vollständig anders für die Raten der Neutroneneinfänge, die offensichtlich von der vorhandenen Anzahl an freien Neutronen abhängen. Gibt es nur wenige Neutronen (dies heißt, die Neutronendichte ist klein), ist auch die Neutroneneinfangrate klein. Die Rate wächst mit der Neutronendichte. Gibt es extrem viele Neutronen, kann die Rate auch sehr schnell werden. Man sieht, dass der Wettbewerb zwischen Beta-Zerfall und Neutroneneinfang sehr stark von der Neutronendichte abhängt. Man diskutiert die möglichen Fälle anhand der Halbwertszeiten, die umgekehrt proportional zu den Raten sind. Sind die Beta-Halbwertszeiten im Allgemeinen kürzer als die des Neutroneneinfangs, so verläuft die Reaktionskette entlang des Tals der Stabilität, denn immer wenn ein Neutroneneinfang zu einem instabilen Isotop führt, wird dieses einen Beta-Zerfall durchlaufen.

Man nennt den Nukleosyntheseprozess, in dem die Neutroneneinfänge so langsam sind, dass Beta-Zerfälle entlang des Reaktionspfads immer die schnellere Option sind, den „slow"-Prozess, wobei sich das „slow" auf die Neutroneneinfangrate bezieht. Im Allgemeinen wird dieser Nukleosyntheseprozess kurz S-Prozess genannt. Der typische Verlauf des S-Prozesses in der Nuklidkarte ist in der Abbildung 7.5 gezeigt. Die gegenteilige Situation zum S-Prozess wird erreicht, wenn die Neutronendichte extrem hoch ist und somit die Halbwertszeit gegenüber dem Einfang von Neutronen viel kürzer als die konkurrierenden Beta-Zerfälle. Dann sind innerhalb einer Isotopenkette mehrere Neutroneneinfänge möglich und es werden sehr neutronenreiche Kerne produziert. Im Prinzip könnte sich dieser Prozess fortsetzen, bis das neutronenreichste existierende Isotop an der sogenannten Neutronenabbruchkante erreicht wird. Allerdings wird diese Kante in den astrophysikalischen Objekten nicht erreicht, da dort endliche Temperaturen herrschen, sodass auch der Neutroneneinfang schließlich durch seine

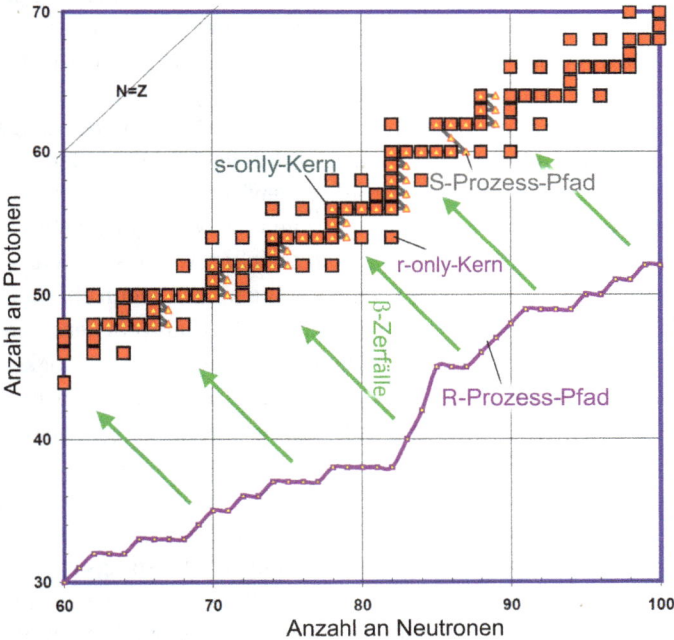

**Abb. 7.5:** Die Pfade von S- und R-Prozess in der Nuklidkarte. Die stabilen Kerne sind als rote Kästchen dargestellt. Der S-Prozess (gelbe Markierung) durchläuft dieses Tal der Stabilität. Der R-Prozess-Pfad betrifft dagegen Kerne mit extremem Neutronenüberschuss. Diese Kerne sind instabil gegenüber Beta-Zerfällen, sodass sie sich am Ende des R-Prozesses nach Verbrauch des Vorrats an freien Neutronen durch eine Sequenz von solchen Zerfällen umwandeln. Die Reihe von Zerfällen stoppt, wenn sie auf einen stabilen Kern trifft. Für manche Massenzahlen ist es möglich, dass zwei (oder drei) Kerne mit unterschiedlicher Neutronenzahl stabil sind. Der Kern mit der größten Neutronenzahl wird dann nur vom R-Prozess produziert (r-only), während der S-Prozess den Kern mit der um zwei Einheiten kleineren Neutronenzahl synthetisiert (s-only). Die Kerne mit der kleinsten Neutronenzahl werden durch den P-Prozess hergestellt.

inverse Reaktion behindert wird und sich ein Gleichgewicht zwischen den Einfang- und Dissoziationsreaktionen einstellt. In der Realität werden, wie wir unten sehen werden, Kerne, zwar nicht an der Abbruchkante, aber mit extrem großen Neutronenüberschuss erreicht. Durch das Gleichgewicht von Neutroneneinfang und Neutronendissoziation sammelt sich die Materie im Rahmen einer Isotopenkette in einem Isotop. Dieses ist allerdings mit seinem enormen Neutronenüberschuss instabil gegen einen Beta-Zerfall und wandelt sich, bei gleicher Massenzahl, in ein Isotop mit einer um eine Einheit erhöhten Ladungszahl um. Hier wiederholt sich der Ablauf: Durch Neutroneneinfänge und ihre inversen Reaktionen wird die Materie innerhalb der Isotopenkette wieder in einem Kern ins Gleichgewicht gebracht, der dann einen Beta-Zerfall durchführt. Man nennt diesen Prozess den „rapid process" (kurz R-Prozess), da er dadurch charakterisiert ist, dass die Neutroneneinfänge viel schneller („rapid") sind als die konkurrierenden Beta-Zerfälle. In der Nuklidkarte läuft der R-Prozess durch sehr neutronenreiche Kerne fern dem Tal der Stabilität (siehe Abbildung 7.5).

Die Kerne auf dem R-Prozess-Pfad sind wegen ihres starken Neutronenüberschusses alle instabil gegenüber Beta-Zerfällen. Typische Halbwertszeiten sind von der Größenordnung Millisekunden, mit einigen bedeutenden Ausnahmen, auf die wir zurückkommen werden. Diese Kerne existieren im Rahmen der astrophysikalischen Umgebung nur, weil der extreme Vorrat an freien Neutronen für schnelle Neutroneneinfänge sorgt und somit ein Gleichgewicht unterstützt, in dem diese kurzlebigen Kerne laufend zerfallen, aber auch neu produziert werden. Dieses Gleichgewicht kann nur aufrechterhalten werden, solange das Reservoir an freien Neutronen zur Verfügung steht. Ist dies nicht mehr der Fall, so werden die Kerne letztendlich zerfallen, wobei sich Neutronen in Protonen umwandeln. Diese Zerfallskette kommt zu einem Ende, wenn ein stabiler Kern im Tal der Stabilität erreicht wird (siehe Abbildung 7.5). Dies kann ein Kern sein, der auch durch den S-Prozess produziert wird, sodass man seine beobachtete Häufigkeit keinem der beiden Prozesse eindeutig zuordnen kann. Für die Trennung der beiden Prozesse ist es ungemein wichtig und vorteilhaft, dass es in der Natur einige Massenzahlen $A$ gibt, für die zwei oder sogar drei Kerne stabil sind. Eigentlich sollte es zu jeder Massenzahl nur einen stabilen Kern geben, weil die anderen Kerne dieser Massenzahl sich durch Beta-Zerfälle in diesen Kern verwandeln können, wobei wir berücksichtigt haben, dass die Massenzahl bei einem Beta-Zerfall erhalten bleibt. Allerdings tritt bei schweren Kernen die interessante Situation auf, dass für bestimmte Kerne ein einfacher Beta-Zerfall energetisch nicht möglich ist. Dies tritt, wie in der Abbildung 7.5 ersichtlich ist, zum Beispiel bei der Massenzahl $A = 136$ auf. Hier sind die Kerne $^{136}$Xe (Protonenzahl 54, Neutronenzahl 82) und $^{136}$Ba (Protonenzahl 56, Neutronenzahl 80) stabil, da die Masse (Energie) des Zwischenkerns $^{136}$Cs (Protonenzahl 55) keinen Beta-Zerfall der beiden Nachbarkerne erlaubt. Im strengen Sinn ist allerdings nur der Kern $^{136}$Ba stabil, da $^{136}$Xe durch einen doppelten Beta-Zerfall, in dem sich zwei Protonen „simultan" in zwei Neutronen umwandeln (und zwei Elektronen und zwei Neutrinos erzeugen), in $^{136}$Ba zerfällt. Auch dieser Prozess läuft über die schwache Wechselwirkung ab. Es ist eine extrem seltene Reaktion, sodass deren Nachweis eine große Herausforderung an die Experimentierkunst darstellte. Inzwischen ist der doppelte Beta-Zerfall für einige Kerne experimentell nachgewiesen. Die entsprechenden Halbwertszeiten sind um viele Größenordnungen länger als das Alter des Universums. Für $^{136}$Xe beträgt sie 2,5 Trilliarden Jahre (2,5 · 10$^{21}$ y). Es ist daher kein Fehler, wenn man im alltäglichen Gebrauch die Kerne, die nur gegen doppelten Beta-Zerfall instabil sind, als stabil annimmt. Für das Verständnis des S- und R-Prozesses spielen diese Kerne eine zentrale Rolle. Nehmen wir an, ein R-Prozess sei in einer astrophysikalischen Umgebung abgelaufen und habe seinen Vorrat an Neutronen aufgebraucht. Dann zerfallen die instabilen Kerne, die während des R-Prozesses existierten. Dies erfolgt in einer Sequenz von Beta-Zerfällen, bis diese Reihe auf einen stabilen Kern stößt. Für die Massenzahl $A = 136$ ist das $^{136}$Xe mit der Neutronenzahl $N = 82$, da die Reihe von sehr neutronenreichen Kernen ausgeht und in der abnehmenden Folge an Neutronen bei dem ersten stabilen Kern stoppt. Wenn bei einer Massenzahl mehrere Kerne stabil sind, ist dies der Kern mit der größten Neutronenzahl, an der der R-Prozess endet. Zum Unterschied verläuft der S-Prozess durch die Mitte des Stabilitätstals. In unserem Beispiel schließt dies $^{136}$Ba ein. Der S-Prozess-Pfad gelangt nicht zu $^{136}$Xe, weil dieser Kern durch instabile Kerne gegen den S-Prozess abgeschirmt ist. Zum anderen gelangt die Zerfallskette des R-Prozesses nicht bis $^{136}$Ba, was durch den stabilen Kern $^{136}$Xe geschützt ist. Die Konsequenz ist, dass es einige ausgewählte Kerne gibt, die nur durch den S-Prozess oder nur durch den R-Prozess hergestellt werden. Man nennt diese Kerne „s-only" oder „r-only". Diese Kerne dienen als Marksteine für die jeweiligen Prozesse und erlauben die Beiträge des S- und des R-Prozesses aus der beobachten Häufigkeitsverteilung der schweren Elemente zu extrahieren.

Hier haben wir schon vorausgesetzt, dass beide Prozesse in der Natur vorkommen. Es war aber schon den Autoren der beiden Pionierarbeiten von 1957 klar, dass beide Prozesse – der S- und der R-Prozess – realisiert sein müssten, um die doppelte Maximastruktur in den beobachteten Häufigkeitsverteilungen der Abbildung 7.4 bei den Massenzahlen um $A \sim 130–140$ und $A \sim 190–210$ zu erklären, wobei das Maximum bei der leicht größeren Massenzahl zum S-Prozess gehört und das bei der kleineren Massenzahl auf den R-Prozess zurückgeht. Bemerkenswert ist auch, dass die Autoren die Ursachen für die Maxima, so wie sie heute allgemein akzeptiert sind, identifizierten und diese mit Besonderheiten verursacht durch die magischen Neutronenzahlen bei $N = 82$ und 126 erklärten. Wir kommen darauf zurück.

Der vorgeschlagene Mechanismus, durch den der S-Prozess und R-Prozess die schweren Elemente erzeugen, beruht somit auf dem Einfang von Neutronen zur Erhöhung der Massenzahl und der gelegentlichen Beta-Zerfälle zur Vergrößerung der Ladungszahl. Dies scheint plausibel, doch haben wir ein entscheidendes Problem bislang ignoriert: Woher stammen die freien Neutronen, die für diesen Prozess erforderlich sind? Wir erinnern uns, dass freie Neutronen instabil sind und den Urknall nur deshalb überlebt haben, weil sie auf einer Zeitskala, die kürzer als ihre Halbwertszeit ist, in der primordialen Nukleosynthese mit der gleichen Menge an Protonen zu $^{4}$He fusioniert und so gegen den Beta-Zerfall geschützt wurden. Damit der S- oder der R-Prozess operieren kann, muss ein Weg gefunden werden, das notwendige Reservoir an Neutronen vor Ort freizusetzen oder zu produzieren. Im Prinzip gibt es hierzu mehrere Möglichkeiten. Eine Option sind Kernreaktionen. Man denke an einen Kern wie $^{13}$C, der über ein nur relativ leicht gebundenes Neutron verfügt, und der dieses in einer $^{13}$C$(\alpha, n)^{16}$O-Reaktion gegen den stark gebundenen Kern $^4$He eintauscht, sodass der robust gebundene neue Kern $^{16}$O entsteht und das Neutron freigesetzt wird. Natürlich funktioniert dies als Quelle von freien Neutronen nur, wenn die Kerne $^{13}$C und $^4$He in ausreichendem Maß unter den richtigen Bedingungen zusammentreffen. Wie wir sehen werden, existieren diese glücklichen Umstände während des Heliumbrennens in asymptotischen Riesensternen und erlauben so die Operation des S-Prozesses. Die für den R-Prozess notwendige extrem hohe Neutronendichte kann allerdings nicht durch Kernreaktionen erzeugt werden. Aber es gibt noch andere Optionen, freie Neutronen zu erhalten. Wir haben gesehen, dass während des Kollaps des Inneren eines massiven Sterns auf dem Weg zu einer Supernova die nukleare Zusammensetzung durch Elektroneneinfang immer neutronenreicher wird. Die meisten dieser Neutronen verschwinden allerdings in dem Neutronenstern, der bei der Supernova als Überbleibsel entsteht. Dort sind sie durch die enormen gravitativen Kräfte geschützt. Allerdings wird von der Oberfläche des heißen, neugeborenen Proto-Neutronensterns für eine kurze Zeit Materie abgeweht. Lange Zeit war dies das favorisierte Szenario für den R-Prozess. Moderne Supernova-Simulationen haben dies allerdings nun sehr fraglich werden lassen, wie wir weiter unten sehen werden. Nun gibt es schließlich die Option, dass man Teile der Neutronen aus einem Neutronenstern „befreit". Es ist offensichtlich, dass es sich hierbei um ein extrem explosives Ereignis handeln muss, damit die gravitativen Anziehungskräfte wenigstens für ein Teil der Materie überwunden werden können. Ein solches Ereignis ist die Verschmelzung zweier Neutronensterne, wie es im August 2017 durch Gravitationswellen und elektromagnetische Signale nachgewiesen wurde.

## 7.2 S-Prozess – die langsame Produktion schwerer Elemente in Riesensternen

Technetium, mit der Ladungszahl 43, ist zwar ein ziemlich seltenes, aber dennoch interessantes und nützliches Element. Als Dmitri Mendelejev im Dezember 1869 die Periodentafel der chemischen Elemente vorschlug, war Technetium noch unbekannt. Allerdings fiel Mendelejev eine Lücke in seiner Systematik zwischen den Elementen Molybdän (Ladungszahl 42) und Ruthenium (Ladungszahl 44) auf, und er sagte deshalb, überzeugt durch die von ihm entdeckte Systematik, die Existenz eines bislang unentdeckten Elements voraus, das er Eka-Mangan nannte, weil es nach der Systematik ähnliche chemische Eigenschaften wie Mangan haben sollte. Nachdem sich Mendelejevs Periodentafel wissenschaftlich durchgesetzt hatte, begann ein Wettlauf, das neue Element Eka-Mangan zu entdecken. Mehrfach wurde ein Erfolg verkündet, der sich aber immer als Irrtum herausstellte. Die Diskussion, ob das Ehepaar Ida und Walter Noddack 1925 das Element in Röntgenspektren in Versuchen an der Physikalisch-Technischen

Reichsanstalt nachgewiesen hatte, dauerte fast 80 Jahre, bis auch hier feststand, dass die damals benutzte Apparatur dafür nicht empfindlich genug war. In der Zwischenzeit war der eindeutige Nachweis von Technetium allerdings gelungen. Hierzu benutzten Emilio Segrè und Carlo Perrier Techniken, die gerade erst in einem damals neuen Forschungsgebiet entwickelt worden waren: Mithilfe des Beschusses durch leichte Kerne, Alphateilchen oder Deuteronen, war es möglich, neue instabile, das heißt radioaktive Kerne im Labor zu erzeugen. Zuerst war dies 1934 Frédéric Joliot und Irène Joliot-Curie gelungen, als sie eine Aluminiumfolie mit Alphateilchen bestrahlten. Zusammen mit ihrem Mann erhielt Irène Joliot-Curie dafür den Chemie-Nobelpreis; zusammen mit ihrer Mutter Marie ist sie das einzige Mutter-Tochter-Paar, das einen Nobelpreis gewinnen konnte.[2] Segrè und Perrier beschossen Molybdän mit Deuteronen, wobei das Deuteron aufgespalten wurde und sein Proton an den Molybdän-Kern abgab, sodass sich dieser in Technetium umwandelte. Seinen Namen erhielt das neue Element in Anerkennung seiner Herstellung durch eine Kernreaktion von dem griechischen Wort für „künstlich" (technios). Ein paar Jahre später, nach seiner erzwungenen Auswanderung aus Italien, war Segrè an der Entdeckung des Elements Astat beteiligt. Er erhielt 1959, zusammen mit Owen Chamberlain, den Chemie-Nobelpreis, allerdings für eine noch weitaus wichtigere Entdeckung als die neuen Elemente Technetium und Astat, nämlich dem Nachweis von Antiprotonen und somit der eindeutigen Existenz der Antimaterie. Zwei Jahre später, 1961, wurde schließlich auch irdisches Vorkommen von Technetium nachgewiesen, nachdem es gelang, 1 Nanogramm Technetium aus 5,3 kg Pechblende zu extrahieren. Das irdische Technetium besteht zu 100 Prozent aus dem Isotop $^{99}$Tc, das nach einer Reihe von Zerfällen ursprünglich durch die Spaltung von $^{238}$U entsteht. Das Isotop $^{99}$Tc hat eine Halbwertszeit von 211 Tausend Jahren. Es ist damit nicht das längstlebige Tc-Isotop, denn $^{97}$Tc und $^{98}$Tc haben Halbwertszeiten von 2,6 bzw. 4,2 Millionen Jahren. Beide Isotope haben allerdings keine irdische Quelle und werden deshalb nicht auf der Erde gefunden.

Technetium ist zwar in seinem natürlichen Vorkommen extrem selten, wird aber in den letzten Jahren mit Nachdruck produziert. Dies liegt in seiner herausragenden Rolle in der Radioonkologie. Hierbei wird ausgenutzt, dass $^{99}$Tc über einen metastabilen Zustand (ein sogenanntes Isomer) verfügt, das durch Aussendung eines Photons mit der Energie von 143 keV in den Grundzustand zerfällt. Außergewöhnlich ist dabei die lange Halbwertszeit des Isomers von 6 Stunden. Um als Radiomarker eingesetzt werden zu können, wird noch eine weitere Eigenschaft von Technetium ausgenutzt: Es bildet mit organischen Partnern sogenannte Chelate, durch die es möglich wird, das Technetium gezielt in einem Organ anzureichern, ohne andere in Mitleidenschaft zu ziehen. Die

---

2 Die Curies erhielten als Familie fünf Nobelpreise. Irènes Tochter Helene Langevin ist auch eine prominente Kernphysikerin. Auf dem größten, alle drei Jahre stattfindenden Kernphysikkongress der Welt hielt sie 1998 einen bemerkenswerten Vortrag, in dem sie sich auch an die Zeit auf dem Schoss ihrer Großmutter Marie erinnerte.

wohl wichtigste und meistverbreitete Anwendung von Technetium in der Radioonkologie ist in der Brustkrebserkennung. Hier wird das Technetium-Isomer in der Nähe des Tumors injiziert, und verbreitet sich als $TcO_4$ zusammen mit abgetrennten Tumorzellen in den Lymphbahnen, bis es sich schließlich in Lymphknoten festsetzt. Diese kann der Radiologe durch Detektion der Photonen aus dem Zerfall des Isomers lokalisieren. Die durch den Zerfall entstehenden langlebigen Technetium-Atome werden innerhalb weniger Tage biologisch abgebaut, sodass keine langzeitige Strahlungsquelle im Körper übrig bleibt.

Die Verfügbarkeit des Technetium-Isomers in der Radiologie-Praxis ist sowohl eine logistische Herausforderung als auch eine strategische. Die Halbwertszeit von 6 Stunden macht lange Transportwege unrealistisch. Es empfiehlt sich, das Isomer in der Praxis vor Ort zu produzieren. Dabei nutzt man aus, dass der Nachbarkern $^{99}$Mo fast ausschließlich in das Isomer zerfällt und mit 66 Stunden eine deutlich längere Halbwertszeit hat. Moly-99, wie der Kern in den USA kurz genannt wird, wird dabei dominant durch Kernspaltung aus $^{235}$U gewonnen. Der gesamte Prozess der Technetium-Isomer-Produktion, von der Herstellung durch Spaltung im Reaktor bis zur Auslieferung und dem Einsatz im Krankenhaus und in der radiologischen Praxis, muss sehr gut aufeinander angepasst sein. In Deutschland wird die Versorgungssicherheit mit $^{99}$Mo/$^{99m}$Tc für die wöchentlich etwa 60000 Untersuchungen mit dem Technetium-Isomer durch eine spezielle Bestrahlungsanlage am Garchinger Forschungsreaktor FRMII gesichert (siehe Abbildung 7.6).

**Abb. 7.6:** Das Bild zeigt den Forschungsreaktor der Technischen Universität München (FRMI, links) und die Forschungs-Neutronenquelle Heinz Maier-Leibnitz (FRMII, rechts) auf dem Campus der Universität. Hier entsteht zur Zeit eine dedizierte Bestrahlungsanlage, an der durch Spaltung von $^{235}$U $^{99}$Mo erzeugt wird, aus dem dann durch Zerfall das für die Radioonkologie äußerst wichtige Technetium-Isomer $^{99m}$Tc entsteht. Mit dieser neuen Anlage wird der Bedarf für diesen radioaktiven Marker langfristig in Deutschland gesichert. Die Münchner Anlage ist Teil eines weltweiten Netzes zur Sicherstellung der Technetium-Isomer-Produktion.

Technetium hatte seine, auch im wörtlichen Sinne, Sternstunde im Oktober 1952, als Paul Merrill das Element in den Atmosphären von 12 Roten Riesensternen nachweisen konnte. Um diese Entwicklungsphase zu erreichen, mussten diese Sterne schon sehr alt sein, jedenfalls deutlich älter als die Halbwertszeiten der längstlebigen Technetium-Isotope. Jedwedes Technetium, das schon bei der Geburt des Sterns vorhanden gewesen wäre, hätte diese lange Entwicklungszeit nicht überlebt und wäre zerfallen. Somit bleibt nur die Möglichkeit, dass die Sterne selbst die Produzenten von Technetium sind. Somit war der Beweis erbracht, dass Sterne die Brutstätten von Elementen sind. Was 1952 eine bahnbrechende Entdeckung war, ist heute in der Wissenschaft allgemein akzeptiert. Ferner gilt es als gesichert, dass Technetium durch den langsamen Neutroneneinfangprozess, den S-Prozess, hergestellt wird. Dies bedeutet, dass Merrills Pionierarbeit auch verrät, dass der S-Prozess in Roten Riesensternen abläuft. Wir werden gleich sehen, dass es durch eine geschickte Anwendung des S-Prozesses möglich ist, Eigenschaften im Inneren dieser Roten Riesen zu bestimmen.

Akzeptieren wir Technetium als Nuklid, das durch den S-Prozess entsteht, dann hat Paul Merrills Beobachtung nicht nur gezeigt, dass Sterne die Brutstätten von Elemente sind, sondern dass Rote Riesensterne auch der Ort sind, in dem die Hälfte der Elemente schwerer als Eisen produziert werden. Und er hat noch ein Drittes nachgewiesen: Da Technetium an der Oberfläche des Sterns beobachtet wurde, wo die astrophysikalischen Bedingungen nicht ausreichen, um es zu produzieren, muss es aus dem Sterninneren dorthin transportiert worden sein. Dies weist auf starke Konvektion und Mischungen in der äußeren Hülle der Roten Riesen hin, wie wir es schon in dem Kapitel zu den stellaren Brennphasen diskutiert haben. Es gibt noch konkretere Hinweise für starke Mischungseffekte in der äußeren Hülle. So stimmen die relativen Verhältnisse von bestimmten Isotopen in den Spektren dieser Riesensterne nicht mit den solaren Häufigkeitsverhältnissen überein, die wir in etwa als Materiekomposition bei der Geburt des Sterns annehmen können. Die Änderungen betreffen hauptsächlich die Häufigkeiten von Kohlenstoff, Stickstoff und Sauerstoff, die durch das Wasserstoffbrennen im CNO-Zyklus modifiziert werden. Man kann also annehmen, dass die Durchmischung bei Roten Riesensternen tief in das Innere reicht und wenigstens auch die Wasserstoffbrennschale einschließt. Man schätzt, dass die äußeren 80 % der Masse von Roten Riesensternen von der konvektiven Mischung erfasst werden und dabei ziemlich homogen durchmischt werden. Diese Durchmischung ist entscheidend dafür, dass der S-Prozess in diesen Sternen ablaufen kann. Sie ist aber gleichzeitig auch die Krux in der Modellbildung, da sie multidimensionale Simulationen des Sterns verlangt. Trotz bedeutender Fortschritte steht man hier erst am Anfang. Wir kommen darauf zurück, folgen aber zunächst dem historischen Weg, auf dem der S-Prozess zuerst durch empirische Studien untersucht und in vielen wichtigen Aspekten verstanden wurde.

Wie schon erwähnt, folgt der S-Prozess einer Sequenz von Neutroneneinfängen und Beta-Zerfällen. Geht man davon aus, dass die Neutronendichte während des Prozesses relativ gering ist, so verlaufen die Einfangreaktionen langsam gegenüber den konkurrierenden Beta-Zerfällen ab. Die Konsequenz ist, dass der Prozesspfad entlang des Tales der Stabilität auf der Nuklidkarte verläuft. Um in Gang gesetzt werden zu können, braucht der S-Prozess eine „Saat". Als typischen Saatkern kann man sich $^{56}$Fe oder andere Kerne aus der Eisen-Nickel-Massenregion vorstellen, die während des Lebens eines Vorgängersterns produziert worden sind und durch eine Supernova der Geburtsmischung des Sterns, in dem der S-Prozess abläuft, mitgegeben worden sind. Man nennt den S-Prozess deshalb einen „sekundären" Nukleosyntheseprozess, weil er die Nukleosynthese in einem vorherigen Stern benötigt. In der ersten Sterngeneration gab es keinen S-Prozess.

Natürlich können die Neutronen auch von anderen Kernen im Inneren der Roten Riesensterne eingefangen werden, was im Rahmen der Sternentwicklung selbstverständlich berücksichtigt wird. Diese Einfänge sind aber so rar, dass sie für die Nukleosynthese sowie die Sterndynamik keinen Einfluss haben. Sie haben für den S-Prozess einen negativen Effekt, da sie die Anzahl der Neutronen verringern. Man spricht deshalb von „Neutronengift". Um das Prinzip zu verstehen, nach dem der S-Prozess schwere Elemente produziert, genügt es also, von einem Saatkern wie $^{56}$Fe auszugehen. Wir betonen noch einmal, dass die Halbwertszeiten der beteiligten Kerne durch die astrophysikalischen Bedingungen während des S-Prozesses im Allgemeinen nicht geändert werden, mit einigen interessanten Ausnahmen, bei denen durch die thermische Population von angeregten Zuständen durch die vorherrschende endliche Temperatur die Beta-Halbwertszeit geändert wird. Wir kommen auf die interessanten Konsequenzen zurück. Starten wir nun den S-Prozess mit $^{56}$Fe, so wird dieser Kern ein Neutron einfangen, da er gegenüber Beta-Zerfällen stabil ist, und sich in $^{57}$Fe umwandeln (Abbildung 7.7). Auch $^{57}$Fe ist stabil und wandelt sich durch Neutroneneinfang in den ebenfalls stabilen Kern $^{58}$Fe um. Nach einem weiteren Neutroneneinfang erreicht der Prozess $^{59}$Fe. Dieser Kern ist instabil mit einer Halbwertszeit von 44,5 Tagen. Dies ist kürzer als die typischen Halbwertszeiten für Neutroneneinfänge, die im Bereich von Hunderten von Jahren während des S-Prozesses liegen. Als Konsequenz zerfällt $^{59}$Fe zu $^{59}$Co, wobei sich im Kern ein Neutron in ein Proton umwandelt. Die Prozesssequenz erreicht somit ein neues schwereres Element. $^{59}$Co ist stabil, fängt somit ein Neutron ein, sodass der S-Prozess-Pfad den instabilen Kern $^{60}$Co mit einer Halbwertszeit von 5,3 Jahren erreicht. Dieser Kern führt einen Beta-Zerfall zu $^{60}$Ni aus, womit wieder ein neues Element erreicht wird. Man kann sich nun leicht vorstellen, wie sich der S-Prozess seinen weiteren Pfad innerhalb der Nuklidkarte bahnt, bis er schließlich bei den Isotopen $^{208}$Pb und $^{209}$Bi der schweren Elemente Blei und Wismut ankommt. Hier kommt der Prozess zu seinem Ende, da die noch schwereren Elemente bis zum Uran mit dem Alpha-Zerfall und der Spaltung über andere Zerfallsmöglichkeiten verfügen, die schnell genug ablaufen, um den Materiefluss zu stoppen. Die Transaktiniden können deshalb nicht durch den S-Prozess entstanden sein.

Die am S-Prozess beteiligten Kerne sind entweder stabil oder haben relativ lange Lebensdauern. Dies ist ein großer Vorteil, weil es somit erlaubt, die zur Modellierung des Prozesses bedeutenden kernphysikalischen Eigenschaften der Kerne – Neutronen-

| | | | ⁶²Cu 9.74 m | ⁶³Cu 69.17 | ⁶⁴Cu 12.7 h | |
|---|---|---|---|---|---|---|
| | | ⁶⁰Ni 26.223 | ⁶¹Ni 1.140 | ⁶²Ni 3.634 | ⁶³Ni 100 a | ⁶⁴Ni 0.926 |
| | ⁵⁸Co 70.86 d | ⁵⁹Co 100 | ⁶⁰Co 5.272 a | ⁶¹Co 1.65 h | | |
| ⁵⁶Fe 91.72 | ⁵⁷Fe 2.2 | ⁵⁸Fe 0.28 | ⁵⁹Fe 44.503 d | ⁶⁰Fe 1.5 10⁶ a | ⁶¹Fe 6 m | |

**S-Prozess** ⎯▶

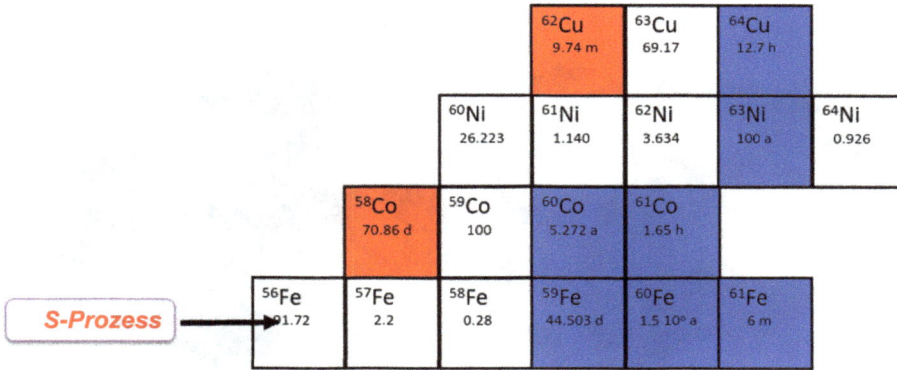

**Abb. 7.7:** Start des S-Prozesses mit dem Saatkern $^{56}$Fe. Danach bewegt sich der Prozess mithilfe von sukzessiven Neutroneneinfängen durch die stabilen Eisen-Isotope $^{57,58}$Fe, bis er nach einem weiteren Neutroneneinfang das instabile Isotop $^{59}$Fe produziert, dessen Halbwertszeit mit 44 Tagen kürzer ist als die typischen Reaktionszeiten für Neutroneneinfänge, sodass $^{59}$Fe zum stabilen $^{59}$Co zerfällt. Durch fortgesetzte Neutroneneinfänge und Beta-Zerfälle produziert der S-Prozess schwere Elemente bis zum Blei und Wismut. Weiße Kästchen zeigen stabile Kerne an. Die blau gefärbten Kerne zerfallen durch Beta-Zerfall, bei dem sich ein Neutron in ein Proton umwandelt.

einfangswirkungsquerschnitt und Halbwertszeit – im Labor zu bestimmen. Dies ist in den letzten Jahrzehnten an unterschiedlichen Forschungsstellen geschehen. Während die Messung der Halbwertszeiten mit gängigen kernphysikalischen Techniken möglich ist, verlangt die Bestimmung der Neutroneneinfangswirkungsquerschnitte das Vorliegen eines Strahls von Neutronen, den man auf das gewünschte Target schießen kann. Da freie Neutronen in der Natur nicht vorkommen, muss ein solcher Strahl künstlich im Labor erzeugt werden. Eine Möglichkeit bieten die in Kernreaktoren ablaufenden Kettenreaktionen, die viele Neutronen freisetzen. Die Alternative hierzu bieten Spallationsreaktionen, wobei ein hochenergetischer Strahl von geladenenen Teilchen auf ein Target gelenkt wird und aus diesem Neutronen befreit. An der ORELA Facilty am Oak Ridge National Laboratory (siehe Abbildung 7.8) wird ein Strahl mit bis zu 100 Billionen Neutronen pro Sekunde dadurch generiert, dass man einen hochintensiven Elektronenstrahl auf ein Tantaltarget schießt. Die so freigesetzen Neutronen übernehmen, dank des Impulserhaltungssatzes, die Flugrichtung der Elektronen und können nach einem Flugweg von etwa 180 m auf ein Target gelenkt werden, bestehend aus dem Kern, dessen Neutroneneinfangswirkungsquerschnitt gemessen werden soll. Die aus dem Tantaltarget herausgeschlagenen Neutronen haben nicht eine bestimmte Energie, sondern folgen einem Spektrum mit Energien zwischen 2 keV und 60 MeV. Für jedliche Anwendungen ist es essentiell, dass das Neutronenspektrum mit hoher Genauigkeit bekannt ist. Seit seiner Inbetriebnahme 1969 wurden an ORELA viele Einfangswirkungsquerschnitte von S-Prozess-Kernen bestimmt. Die gleiche Technik zur Erzeugung von Neutronen zur Messung von Neutroneneinfangswirkungsquerschnitten wird auch an der GELINA Facility in Belgien benutzt.

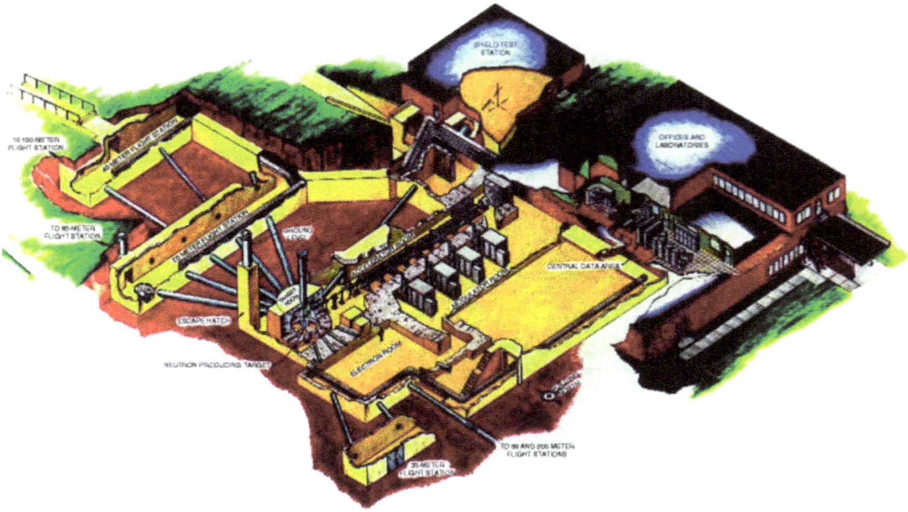

**Abb. 7.8:** Schematische Darstellung von ORELA, einem Elektronenbeschleunigerkomplex am Oak Ridge National Laboratory, an dem viele der für den S-Prozess wichtigen Neutroneneinfangswirkungsquerschnitte gemessen worden sind. Neutronen werden an ORELA dadurch erzeugt, dass hochenergetische Elektronen auf ein Target geschossen werden und aus diesem durch elektromagnetische Wechselwirkung Neutronen freisetzen. Geschieht dies bei hohen Energien bzw. hohen Impulsen, so bewegen sich aufgrund der Erhaltung des Impulses die Neutronen in die gleiche Richtung wie die Elektronen. Es entsteht ein Strahl von Neutronen, der durch weitere technische Tricks fokussiert werden kann und somit für Experimente zur Verfügung steht.

Das gleiche Prinzip wie bei ORELA liegt auch der Neutron Time-of-Flight (n_TOF) Facility am CERN in Genf und der LANSCE Facility in Los Alamos/USA zugrunde, nur das hier ein hochintensiver hochenergetischer Protonenstrahl zur Erzeugung der Neutronen genutzt wird. Der CERN-Protonenstrahl ist so stark, dass er ungefähr 300 Neutronen pro Proton generiert, das das Erzeugungstarget trifft. Die Neutronen legen dann einen Flugweg von etwa 200 m zurück, bis sie das Target für das gewünschte Experiment treffen. Das Spektrum an Neutronen an n_TOF reicht von meV bis in den GeV-Bereich. Die n_TOF-Anlage ist seit 2001 in Betrieb und wurde ursprünglich zur detaillierten Messung von Wirkungsquerschnitten von neutroneninduzierter Spaltung an Transaktiniden gebaut. Die genaue Kenntnis dieser Prozesse ist essentiell für Kernreaktoren der nächsten Generation. Die Messung von Neutroneneinfangswirkungsquerschnitten an S-Prozess-Kernen hat sich zu einem zweiten erfolgreichen Standbein der Anlage entwickelt. Die Abbildung 7.9 zeigt ein Beispiel für die Präzision, mit der an n_TOF Wirkungsquerschnitte vermessen werden können. Bemerkenswert ist die energetische Auflösung der vielen schmalen Resonanzen, die typischerweise den Neutroneneinfangswirkungsquerschnitt bei stellaren Energien dominieren.

Schließlich kann man auch spezifische Kernreaktionen benutzen, um Neutronenstrahlen mit Energien im keV-Bereich, wie sie den stellaren Werten entsprechen, zu

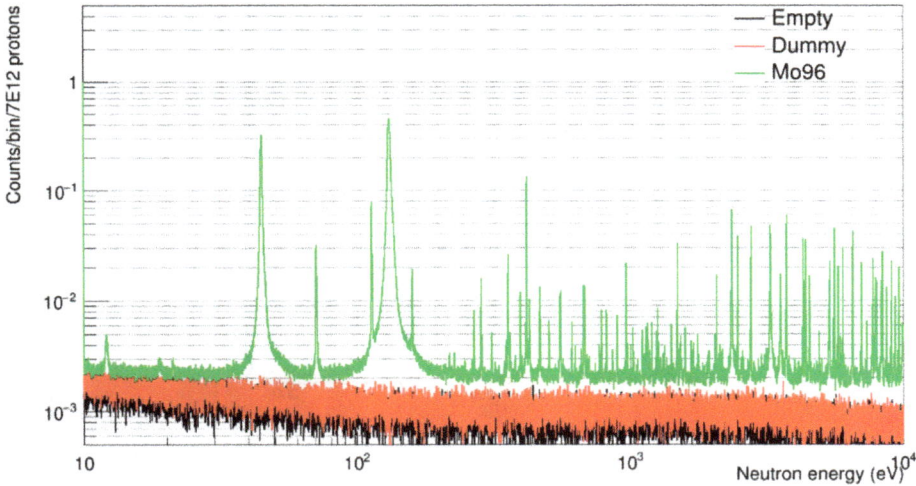

**Abb. 7.9:** Neutroneneinfangswirkungsquerschnitte am Molybdän-Isotop $^{96}$Mo, gemessen an der n_TOF Facility am CERN. Typischerweise werden Neutroneneinfangswirkungsquerschnitte bei den für den S-Prozess relevanten Energien von wenigen keV durch enge Resonanzen dominiert. Im Vergleich sind Daten gezeigt, die ohne Target (schwarz) und mit einem „Dummy"-Target aus Plastik (rot) gemessen wurden.

erzeugen. Hierbei war vor allem eine Gruppe um Franz Käppeler am Forschungszentrum Karlsruhe, dem heutigen Karlsruhe Institute of Technology, erfolgreich. Hier kam die $^{7}$Li(p, n)$^{7}$Be-Reaktion zur Erzeugung der Neutronen mithilfe eines Protonenstrahls zum Einsatz. Wie auch in den anderen Verfahren haben die erzeugten Neutronen unterschiedliche Energien. Die bemerkenswerte Beobachtung, die die Karlsruher Gruppe machte, war, dass ein Protonenstrahl mit einer Energie von 1912 keV ein Neutronenspektrum erzeugt, dass in guter Näherung demjenigen eines stellaren Spektrums bei einer für den S-Prozess typischen Temperatur von $T$ = 25 keV (oder 215 Millionen Kelvin) entspricht. Die Benutzung dieses so erzeugten Neutronenstrahls zur Messung des Einfangswirkungsquerschnitts ergab somit direkt den Wert, den man in Sternen brauchte, ohne dass eine Mittelung über die Geschwindigkeitsverteilung der Neutronen notwendig war. Diese hat nämlich aufgrund des Auftretens schmaler Resonanzen ihre Tücken, die allerdings mit der Energieauflösung, die an modernen Einrichtungen wie n_TOF erreicht wird, beherrschbar geworden sind.

Ein beachtliches Verständnis darüber, wie der S-Prozess operiert, konnte schon in Modellen gewonnen werden, in denen man das schwierige Problem, woher die eigentliche Grundlage für den Prozess, nämlich das Reservoir an freien Neutronen, stammt, zunächst zur Seite schob und die Neutronendichte als freien Parameter betrachtete. Als wichtigste Erkenntnis dieser Studien ergab sich, dass das Produkt von S-Prozess-Häufigkeit $N_s(A)$ und Neutroneneinfangswirkungsquerschnitt $\sigma(A)$ zwischen den magischen Neutronenzahlen 50, 82 und 126 konstant ist (siehe Abbildung 7.10). Hieraus lassen sich einige interessante Schlüsse ziehen. Der wichtigste erlaubt uns, zu verste-

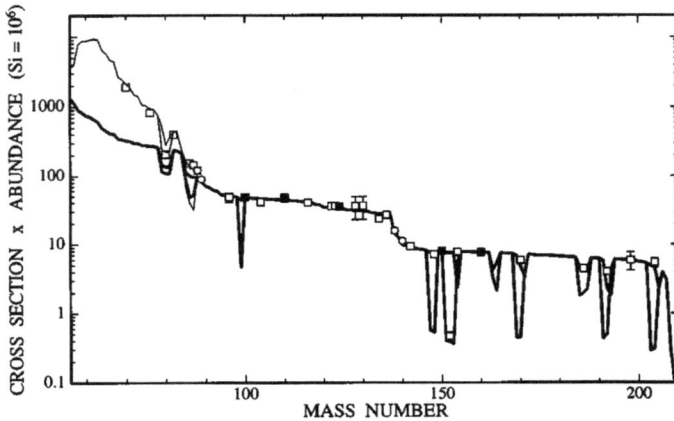

**Abb. 7.10:** Das Produkt von Wirkungsquerschnitt für Neutroneneinfänge und S-Prozess-Häufigkeit als Funktion der Massenzahl. Dieses Produkt ist in etwa konstant zwischen den Kernen mit magischen Neutronenzahlen, die bei $A = 88$ ($^{88}$Sr), $A = 138$ ($^{138}$Ba) und $A = 208$ ($^{208}$Pb) erreicht werden. Die dicke Linie zeigt den Hauptzweig des S-Prozesses, während die dünne Linie dem „schwachen S-Prozess" entspricht. Die „Taschen" im Hauptzweig verdeutlichen die wichtigsten Verzweigungen des S-Prozesses.

hen, warum es in den S-Prozess-Häufigkeiten zu Maxima kommt. Abbildung 7.11 zeigt eine Zusammenstellung der Neutroneneinfangswirkungsquerschnitte. Es fällt auf, dass die Wirkungsquerschnitte recht groß sind, allerdings ausgeprägte Minima an den drei magischen Neutronenzahlen haben. Der Grund ist recht einfach zu verstehen: Kerne mit magischer Neutronenzahl sind weitgehend inert, sodass ein einzelnes hinzugefügtes Neutron nur recht fragil und somit der Einfangwirkungsquerschnitt klein ist. Dies ist dem Verhalten des einzelnen Elektrons in den Alkalielementen wie Lithium und Natrium, außerhalb der Edelgaskonfiguration von Helium und Neon, vergleichbar. Die Konstanz des Produkts $N_s(A) \times \sigma(A)$ besagt dann, dass die S-Prozess-Häufigkeiten an den magischen Neutronenzahlen besonders groß sein sollten. Dies ist genau, was man beobachtet.

Ein konstantes Produkt von Häufigkeit und Wirkungsquerschnitt stellt sich dann ein, wenn der Prozess ein Gleichgewicht erreicht. Dies stellt man sich so vor, dass die S-Prozess-Kerne lange genug einem Fluss von Neutronen ausgesetzt sind, sodass sich ein Gleichgewicht in der Häufigkeitsverteilung einstellt. Dieser Gleichgewichtszustand kann allerdings nicht mit einem einzigen Prozess unter einer einzigen Neutronenbestrahlung erreicht werden. Dies liegt hauptsächlich daran, dass die Wirkungsquerschnitte an den magischen Kernen so klein sind, dass sich kein Gleichgewicht vor und nach der magischen Zahl einstellt. Hieraus zog man den Schluss, dass man mehrere unterschiedliche Bestrahlungen mit Neutronen braucht, um die beobachtete S-Prozess-Häufigkeitsverteilung zu erklären. Ferner konnte man zeigen, dass der S-Prozess aus zwei unterschiedlichen Komponenten besteht, dem Hauptzweig, der die S-Prozess-Kerne mit Massenzahlen größer als $A = 90$ produziert, und einer „schwachen Kom-

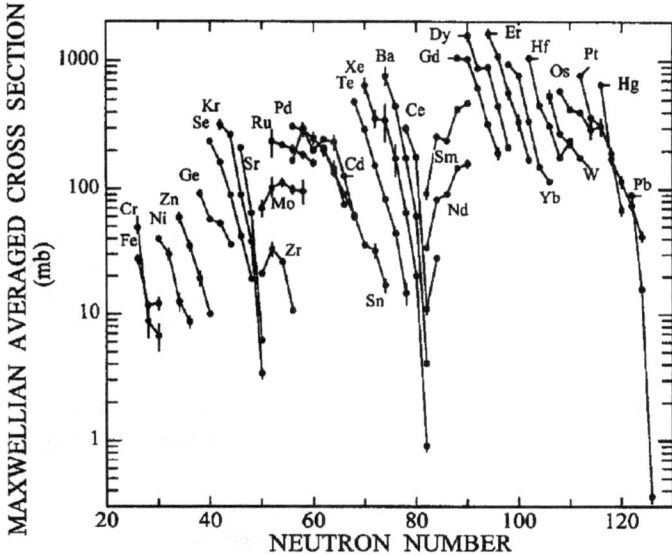

**Abb. 7.11:** Neutroneneinfangswirkungsquerschnitte für unterschiedliche Isotopenketten. Um den stellaren Bedingungen zu genügen, sind die Wirkungsquerschnitte mit einer Boltzmann-Geschwindigkeitsverteilung der Neutronen gemittelt worden, wobei eine Temperatur von 300 Millionen K angenommen wurde. Die Wirkungsquerschnitte haben ein prägnantes Minimum für Kerne mit magischen Neutronenzahlen. Ein Kern mit einer magischen Neutronenzahl hat somit eine geringere Wahrscheinlichkeit, ein zusätzliches Neutron einzufangen. Die magischen Kerne stauen somit den Materiefluss des S-Prozesses. Als Konsequenz hat die S-Prozess-Häufigkeitsverteilung für Kerne mit magischen Neutronenzahlen wie $^{138}$Ba und $^{208}$Pb ein Maximum. Dies kann man auch der Regel entnehmen, dass für den S-Prozess das Produkt aus Wirkungsquerschnitt und Häufigkeit konstant ist. Damit übersetzt sich ein Minimum im Wirkungsquerschnitt in ein Maximum in der Häufigkeitsverteilung.

ponente", die hauptsächlich zu den leichteren S-Prozess-Kernen mit $A < 90$ beiträgt. Ferner ergaben die Studien, dass es genügt, wenn etwa 0,04 % der beobachteten Eisenkerne der Neutronenbestrahlung als Saat ausgesetzt worden sind, um die solare S-Prozess-Häufigkeit zu erklären.

In der bisherigen Diskussion haben wir angenommen, dass für instabile Kerne entlang des S-Prozess-Pfads die Halbwertszeit für Beta-Zerfälle immer kürzer ist als die für den Neutroneneinfang. Dies ist im Allgemeinen erfüllt. Allerdings erreicht der S-Prozess auch Kerne, bei denen die Halbwertszeiten für Beta-Zerfall und Neutroneneinfang vergleichbar groß sind. An einem solchen Kern hat der S-Prozess die Möglichkeit, über beide Reaktionen seinen Weg fortzusetzen. Es kommt zu einer Verzweigung des Flusses, weshalb man solche Kerne S-Prozess-Verzweigungspunkte nennt. Abbildung 7.12 zeigt eine solche Situation. Wenn der S-Prozess den Kern $^{134}$Cs erreicht, tritt eine solche Verzweigung auf. Zuerst müssen wir berücksichtigen, dass sich für einige Kerne die Halbwertszeit bei den während des S-Prozesses herrschenden Temperaturen ändert. Dies ist für $^{134}$Cs der Fall, wo sich die Halbwertszeit von 2,6 Jahren im Labor auf etwa 46

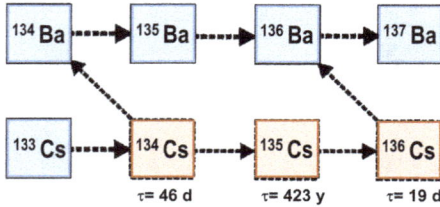

**Abb. 7.12:** Verzweigung des S-Prozesses im Cs-Ba-Bereich. Für das Isotop $^{134}$Cs ist eine Fortsetzung sowohl durch Neutroneneinfang zu $^{135}$Cs als auch durch Beta-Zerfall nach $^{134}$Ba möglich. Beide Wege vereinigen sich wieder beim Isotop $^{136}$Ba. Aus den beobachteten Häufigkeiten von $^{134}$Ba zu $^{136}$Ba lässt sich das Verzweigungsverhältnis bei $^{134}$Cs bestimmen, was wiederum Rückschlüsse auf die stellare Temperatur zulässt.

Tage bei Temperaturen von 300 Millionen K verkürzt, was dadurch hervorgerufen wird, dass im Stern die Temperatur hoch genug ist, dass im $^{134}$Cs angeregte Zustände mit deutlich kürzeren Halbwertszeiten gegenüber Beta-Zerfall als dem Grundzustand thermisch bevölkert werden. Trotz der kurzen Beta-Halbwertszeit kommt es zu einer Verzweigung, da für $^{134}$Cs der Neutroneneinfangswirkungsquerschnitt sehr groß ist. Folgen wir den beiden Pfaden nach der Verzweigung, so führt der Beta-Zerfall zu $^{134}$Ba mit zwei anschließenden Neutroneneinfängen zum $^{136}$Ba. Der Neutroneneinfang an $^{134}$Cs führt demgegenüber zu $^{135}$Cs, gefolgt von einem weiteren Einfang zu $^{136}$Cs. Dessen Halbwertszeit für Beta-Zerfall ist deutlich kürzer als für Neutroneneinfänge, sodass im nächsten Schritt ein Beta-Zerfall zu $^{136}$Ba folgt. Fassen wir beide Pfade zusammen, so stellen wir fest, dass $^{136}$Ba über beide Zweige produziert wird, während $^{134}$Ba nur nach einem Beta-Zerfall von $^{134}$Cs durch den S-Prozess entsteht. Die S-Prozess-Häufigkeiten beider Kerne, $^{134}$Ba und $^{136}$Ba, sind recht genau bekannt, da sie beide nur durch den S-Prozess gebildet werden. Bezeichnen wir das Verhältnis der $^{134}$Ba/$^{136}$Ba-Häufigkeiten mit $f$. Es wird, unserer Diskussion folgend, durch den Wettbewerb der Raten für Beta-Zerfall ($\lambda_\beta$) und Neutroneneinfang ($\lambda_n$) an $^{134}$Cs bestimmt (wobei die Raten dem Inversen der Halbwertszeiten entsprechen). Berücksichtigen wir, dass beide Pfade zu $^{136}$Ba führen, wobei $^{134}$Ba nur durch die Verzweigung über den Beta-Zerfall hergestellt wird, so lässt sich das Häufigkeitsverhältnis durch die Raten wie $f = \lambda_\beta/(\lambda_n + \lambda_\beta)$ ausdrücken. Der entscheidende Punkt ist, dass die stellare Beta-Zerfallsrate (oder -Halbwertszeit) von der stellaren Temperatur und die Neutroneneinfangsrate (oder -halbwertszeit) von der Neutronendichte abhängen, für die sich somit aus den beobachteten S-Prozess-Häufigkeiten Einschränkungen ergeben.

Ein anderer interessanter Fall tritt dann auf, wenn der S-Prozess den Kern $^{176}$Lu durchläuft (siehe Abbildung 7.13). Im Labor hat der Kern eine Beta-Halbwertszeit von etwa 37 Milliarden Jahren, was länger ist als das Alter des Universums. Für die in Sternen relevante stellare Halbwertszeit spielt allerdings ein angeregter Zustand bei 122,8 keV eine wichtige Rolle, dessen Halbwertszeit nur 3,7 Stunden beträgt. Dieser Zustand wird durch die endliche Temperatur in der stellaren Umgebung bevölkert, wobei die Besetzungswahrscheinlichkeiten des Grund- und des angeregten Zustands gemäß einer ex-

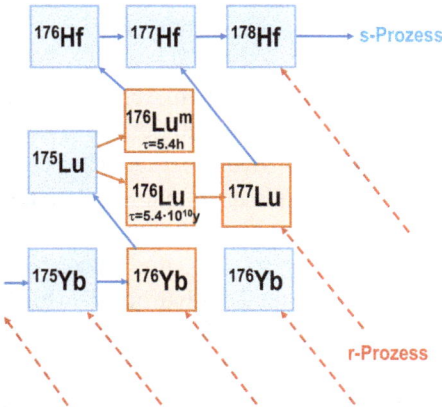

**Abb. 7.13:** Verzweigung des S-Prozesses am Isotop $^{176}$Lu. Dieses Isotop hat im Grundzustand eine Halbwertzeit von 37 Milliarden Jahren (entsprechend einer Lebensdauer $\tau$ von 54 Milliarden Jahren). Es besitzt allerdings auch bei einer Anregung von 122,8 keV einen isomeren Zustand, der mit einer Halbwertszeit von nur 3,7 Stunden zerfällt. Bei den stellaren Temperaturen wird auch das Isomer bevölkert, wobei die Population stark von der Temperatur abhängt. Die Fortsetzung des S-Prozesses hängt nun davon ab, ob sich $^{176}$Lu im Grundzustand oder im isomeren Zustand befindet; im Letzteren zerfällt es zu $^{176}$Hf, im (fast) stabilen Grundzustand fängt es ein Neutron ein und wird zu $^{177}$Lu. Aus der relativen Häufigkeit von $^{176}$Hf zu den anderen Hafnium-Isotopen lässt sich auf die stellare Temperatur schließen.

ponentiellen Boltzmann-Gewichtung von der Temperatur abhängen. Je höher die Temperatur, desto stärker ist das Isomer bevölkert und desto kürzer ist die stellare $^{176}$Lu-Halbwertszeit. Für den S-Prozess-Fluss ist es aber wichtig, mit welcher Wahrscheinlichkeit sich der Kern im Grundzustand bzw. im isomeren Zustand befindet. Ist er im Grundzustand, so ist seine Halbwertszeit so lang, dass er definitiv einen Neutroneneinfang zu $^{177}$Lu ausführen wird, was sich anschließend durch Beta-Zerfall in $^{177}$Hf umwandelt. Dieser S-Prozess-Ast umgeht somit den Kern $^{176}$Hf, der allerdings produziert wird, wenn der Zerfall aus dem isomeren Zustand von $^{176}$Lu erfolgt, da dessen Halbwertszeit zu kurz ist, damit dieser einen Neutroneneinfang vollziehen kann. Aus dem S-Prozess-Häufigkeitsverhältnis von $^{176}$Hf zu den anderen Hafnium-Isotopen lässt sich somit das Verzweigungsverhältnis für den stellaren Beta-Zerfall von $^{176}$Lu und somit die Temperatur, bei der der Zerfall geschah, bestimmen.

Es gibt einige S-Prozess-Verzweigungspunkte, aus denen sich die Neutronendichte oder die Temperatur, an denen der Prozess geschah, festlegen lässt. Man findet hierbei konsistent Temperaturen von der Größenordnung 300 Millionen K (dies haben wir in der Diskussion der Verzweigung bei $^{134}$Cs vorweggenommen) und Neutronendichten von ungefähr $10^8$ Neutronen pro Kubikzentimeter. Man könnte verleitet sein, dies für eine große Zahl zu halten. Allerdings ist diese Dichte um einen Faktor 100 Milliarden kleiner als diejenige der Luft bei Meereshöhe. Es muss betont werden, dass diese Werte für die Temperatur und Neutronendichte denjenigen entsprechen, die man in den klassischen S-Prozess-Modellen benutzte, um die solaren S-Prozess-Häufigkeiten zu reproduzieren.

Die klassischen S-Prozess-Studien beschäftigten sich damit, die solaren Häufigkeiten zu verstehen und zu beschreiben. Diese stellen allerdings eine Mittelung über viele individuelle S-Prozesse, wie sie in der Geschichte der Galaxie in unterschiedlichen Sternen und Zeiten abgelaufen sind, dar und es gibt gute Gründe anzunehmen, dass der S-Prozess durchaus von Stern zu Stern verschieden sein kann. Ein wichtiger individueller Parameter ist die Metallizität des Sterns und man kann zeigen, dass die Effizienz der S-Prozess-Produktion mit abnehmender Metallizität zunimmt. Dies hat hauptsächlich zwei Ursachen. Zum einen nimmt die Menge an Saatkernen bei abnehmender Metallizität ab, während die im Stern produzierte Neutronendichte weitgehend unabhängig von der Metallizität ist. Dies bedeutet, dass pro Saatkern mehr Neutronen zur Verfügung stehen, was die Effizienz des S-Prozesses, gemessen an wie viel S-Prozess-Kerne pro Saatkern hergestellt werden, erhöht. Natürlich muss eine bestimmte Menge an Saatkernen vorhanden sein, damit der S-Prozess operieren kann, sodass dies in den ersten, weil metallfreien Sternen nicht möglich war. Zum anderen sinkt mit abnehmender Metallizität auch die Menge an Neutronengiften, sodass die Menge der für den S-Prozess zur Verfügung stehenden Neutronen größer bleibt als bei solarer Metallizität. Ein anderes interessantes Ergebnis der klassischen Studien besagt, dass nur 0,04 % der $^{56}$Fe-Häufigkeit als Saat ausreicht, um die S-Prozess-Häufigkeiten zu erklären. Dies bedeutet, dass Eisen als Saat zwar dringend gebraucht wird, aber dass so wenig von $^{56}$Fe im S-Prozess in schwerere Elemente umgewandelt worden ist, dass dies bei der Eisen-Häufigkeit nicht auffällt.

Das klassische Bild des S-Prozesses kann die beobachteten Häufigkeiten der „s-only"-Nuklide sehr gut reproduzieren, wenigstens zwischen den Kernen mit magischen Neutronenzahlen, wobei eine bemerkenswerte Genauigkeit erreicht wird, die nur um wenige Prozent zwischen Beobachtung und Modell abweicht. Dies liegt natürlich auch daran, dass die Neutroneneinfangswirkungsquerschnitte im Labor sehr gut vermessen worden sind, was wiederum dadurch ermöglicht worden ist, dass am S-Prozess nur Kerne im Tal der Stabilität beteiligt sind, mit denen man gut experimentieren kann. Von allen astrophysikalischen Syntheseprozessen sind die kernphysikalischen Daten für den S-Prozess am besten bekannt. Allerdings haben wir die Herausforderungen des S-Prozesses bislang ausgeblendet; sie liegen auf der astrophysikalischen Seite. Der klassische S-Prozess nimmt an, dass die S-Prozess-Saat ausreichend lang einer Bestrahlung von Neutronen ausgesetzt wird. Aber woher kommen die Neutronen? Und wird eine ausreichende Anzahl an Neutronen über eine ausreichend lange Zeit produziert? Zwar ist seit den Beobachtungen von Paul Merrill der astrophysikalische Ort des S-Prozesses bekannt: Rote Riesensterne. Die ultimative Herausforderung, die in den letzten Jahrzehnten angegangen wurde, bleibt jedoch, den S-Prozess als Teil der Entwicklung eines Roten Riesensterns zu modellieren.

Relativ schnell haben sich zwei Kernreaktionen als die möglichen Neutronenquellen herauskristallisiert. Sie basieren darauf, dass ein leicht gebundenes Neutron in einem Kern durch ein stabil gebundenes Alphateilchen ersetzt wird. Die Kerne, an denen diese $(\alpha, n)$-Reaktionen ablaufen, sind $^{22}Ne$ und $^{13}C$, die sich durch die Reaktionen in $^{25}Mg$ bzw. $^{16}O$ umwandeln, wobei jeweils ein Neutron freigesetzt wird. Offensichtlich kann dies nur in einer astrophysikalischen Umgebung passieren, in der $^{22}Ne$ bzw. $^{13}C$ mit Alphateilchen gemeinsam in ausreichenden Mengen existieren. Eine weitere wichtige Überlegung besagt, dass die Temperatur in der Umgebung, in der $^{22}Ne$ reagieren soll, höher sein muss, als dies für $^{13}C$ notwendig ist, da Neon eine höhere Ladungszahl $(Z = 10)$ als Kohlenstoff $(Z = 6)$ hat. Wir wollen nun beide Neutronenquellen getrennt etwas genauer betrachten.

Rote Riesensterne befinden sich in einer fortgeschrittenen Entwicklungsphase, in der sie Energie durch Helium- und Wasserstoffschalenbrennen freisetzen, wie in Kapitel 4 diskutiert. Abbildung 7.14 zeigt einen schematischen Schnitt durch den Stern in dieser Periode. Im Inneren hat sich ein Core, bestehend aus Kohlenstoff und Sauer-

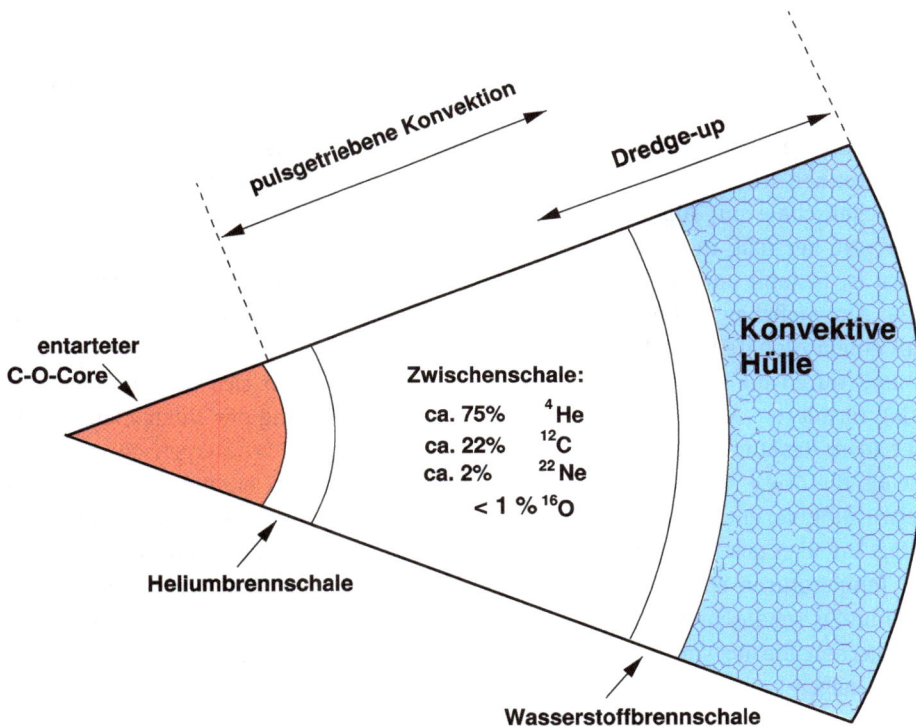

**Abb. 7.14:** Profil eines Roten Riesensterns. Der entartete Core, bestehend aus Kohlenstoff und Sauerstoff, wird von einer Heliumbrennschale umgeben. Weiter außerhalb befindet sich die Wasserstoffbrennschale. Dazwischen liegt die Helium-Zwischenschale, in der der S-Prozess abläuft. Diese Zwischenschale besteht hauptsächlich aus Helium und Kohlenstoff, mit einer geringen Beimischung von $^{22}Ne$ und anderen leichten Elementen. Außerhalb der Wasserstoffbrennschale schließt sich die Hülle des Sterns an. Diese ist sehr konvektiv. Auch die Zwischenschale wird besonders während der Heliumblitze durchgemischt. Im sogenannten dritten Dredge-up kommt es zu einer Durchmischung, die die Hülle, die Wasserstoffbrennschale und auch den oberen Teil der Helium-Zwischenschale umfasst.

stoff, gebildet. Dieser wächst durch fortgesetztes Brennen in der Heliumschale, die diesen C-O-Core umgibt. Weiter außen im Stern befindet sich eine Schale, in der Wasserstoff verbrannt werden kann und neues Helium produziert wird. Zwischen den beiden Brennschalen befindet sich Materie, die man Helium-Zwischenschale nennt. Dies ist der Bereich, in dem der S-Prozess abläuft. Wir weisen noch einmal darauf hin, dass das Heliumbrennen in Form von thermischen Pulsen geschieht. Um die in diesen Pulsen erzeugte Energiemenge zu verarbeiten, dehnt sich der Stern aus, wobei die Wasserstoffschale in kühlere Regionen wandert, wo das Brennen abgeschaltet wird. Ist der Heliumpuls erloschen, kontrahiert der Stern wieder, sodass die Temperatur in der Wasserstoffschale wieder ansteigt und neues Brennen beginnen kann – bis zum nächsten thermischen Puls. Für die folgende Diskussion ist es wichtig, dass die thermischen Pulse eine starke Konvektion erzeugen, die die Materie in der Helium-Zwischenschale durchmischt. Die Helium-Zwischenschale ist der Ort, an dem der Hauptzweig des S-Prozesses operiert. Auch ein kleinerer Beitrag zum schwachen S-Prozess-Zweig wird hier produziert, wobei der größere Anteil aus massereicheren Sternen stammt. Betrachten wir nun die Operation der S-Prozess-Komponenten in ihren astrophysikalischen Umgebungen etwas mehr im Detail.

Bevor der Stern zum Roten Riesen geworden ist, wurde im vorherigen Wasserstoffbrennen im CNO-Zyklus hauptsächlich $^{14}$N produziert. Dieses $^{14}$N kann in der Zwischenschale mit Alphateilchen reagieren und eine Reaktionskette, die schließlich $^{22}$Ne herstellt, in Gang setzen: Zunächst fusionieren $^4$He und $^{14}$N zu $^{18}$F. Dieser Kern ist instabil und zerfällt durch Beta-Zerfall zu $^{18}$O, das schließlich auch mit einem Alphateilchen fusioniert, sodass sich schließlich $^{22}$Ne bildet. Wenn dieser Kern mit einem Alphateilchen fusioniert, so ergeben sich zwei Produktmöglichkeiten. Vermittelt durch die elektromagnetische Wechselwirkung kann sich der Summenkern $^{26}$Mg formieren. Aber es ist alternativ auch eine Umordnung der Nukleonen mittels der $(\alpha, n)$-Reaktion möglich, da die Fragmentierung n $+ ^{25}$Mg energetisch günstiger ist als die $^4$He $+ ^{22}$Ne-Partitionierung. Da die $(\alpha, n)$-Reaktion über die starke Wechselwirkung vermittelt wird, ist sie viel wahrscheinlicher als die Fusionsreaktion zu $^{26}$Mg. Um die Coulomb-Barriere zwischen den Kernen zu überkommen, sind recht hohe Temperaturen notwendig, sodass die $^{22}$Ne$(\alpha, n)^{25}$Mg-Reaktion nur am Boden der Helium-Zwischenschale ablaufen kann. Die produzierten Neutronen können dann mit Saatkernen, die aus vorherigen Sterngenerationen stammen und der stellaren Komposition beigemischt sind, die S-Prozess-Nukleosynthese starten. In Simulationen zeigte es sich aber, dass die so gewonnenen Neutronen nicht ausreichen, um das für den Hauptzweig des S-Prozesses gefundene Gleichgewicht (konstantes Produkt $N_A \times \sigma(A)$) zu erzeugen. Die $^{22}$Ne$(\alpha, n)^{25}$Mg-Reaktion kann somit in der Helium-Zwischenschale nicht die Neutronenquelle für den Hauptzweig sein. Dies ist anders für den schwachen Zweig des S-Prozesses, der die Nuklide bis zur Massenzahl $A \sim 90$ erzeugt. Für diese Kerne gilt, wie aus Abbildung 7.10 ersichtlich, kein $N_s(A)\sigma(A)$-Gleichgewicht. Und in der Tat lässt sich der schwache S-Prozess-Zweig sehr gut mit der $^{22}$Ne$(\alpha, n)^{25}$Mg-Neutronenquelle erklären. Allerdings ist die Helium-Zwischenschale in recht leichten Roten Riesensternen nur ein Nebenproduktionsort. Hauptsächlich läuft die Synthese der leichteren S-Prozess-Elemente während des konvektiven Heliumbrennens im Core massereicher Sterne mit mehr als 8 Solarmassen ab. Diese Sterne enden als Supernova. Es ist wichtig, wo sich hier vor der Explosion der S-Prozess in diesen Sternen ereignet hat. War dies zu tief im Inneren, so zerstört das durch die Stoßwelle initiierte explosive Brennen die während der hydrostatischen Lebensphase des Sterns erzeugten S-Prozess-Kerne wieder. Man schätzt, dass dies das Schicksal in den innersten 3,5 Solarmassen eines Sterns mit der Geburtsmasse von 25 Solarmassen ist. Allerdings enthalten die Ejekta der Supernova auch etwa 2,5 Solarmassen an Materie, in denen die während des hydrostatischen Brennens produzierte Häufigkeiten an S-Prozess-Kernen erhalten bleiben.

Im Gegensatz zum Hauptzweig des S-Prozesses verläuft der schwache Ast nicht im Gleichgewicht. Dies hat eine bedeutende Konsequenz. Während im Gleichgewicht eine verbesserte Messung eines Neutroneneinfangswirkungsquerschnitts nur einen lokalen Effekt hat, indem sie die Häufigkeit des einen betroffenen Nuklids modifiziert, ist dies im schwachen S-Prozess-Zweig anders. Hier hat eine verbesserte Messung Konsequenzen auf den gesamten Massenfluss zu den folgenden schwereren S-Prozess-Kernen im schwachen Zweig, also bis etwa zur Masse $A \sim 90$. Offensichtlich ist es deshalb besonders wichtig, die Wirkungsquerschnitte am Anfang des Prozesses im Massenbereich um Eisen zu kennen. Um diesen Unsicherheitsfaktor zu reduzieren, hat es in den letzten Jahren ausgiebige experimentelle Kampagnen gegeben.

Schon seit Langem besteht darüber Einigkeit, dass die $^{13}$C$(\alpha, n)^{16}$O-Reaktion die Neutronenquelle für den Hauptzweig des S-Prozesses ist, und dass dieser in Roten Riesen bevorzugt mit Massen kleiner als etwa $4\,M_{\odot}$ abläuft. Da die Neutronenquelle sowohl die Anwesenheit von Kohlenstoff wie auch Alphateilchen verlangt, kommt als wahrscheinlicher Ort die Helium-Zwischenschale infrage (siehe Abbildung 7.14), in der sich auch S-Prozess-Saatkerne vorfinden, falls es sich nicht um metallfreie Sterne der ersten Generation handelt. Das Problem besteht nun darin, genügend $^{13}$C vorzufinden, um die notwendige Bestrahlung mit Neutronen für die Saatkerne zu garantieren. Hierbei reicht die Menge an $^{13}$C, die nach Operation des Wasserstoffbrennens im CNO-Zyklus erzeugt wird, nicht aus, weil die Effizienz dieses Zyklus darin besteht, die Nuklide des CNO-Zyklus schließlich in $^{14}$N zu verwandeln. $^{13}$C muss also vor Ort auf einem anderen Weg produziert werden. Hierbei spielt die Tatsache, dass weite Regionen der Roten Riesen in der Brennphase des alternierenden Wasserstoff- und Heliumschalenbrennens extrem konvektiv sind, eine entscheidende Rolle.

Die unterschiedlichen Konvektionsströmungen, die für den S-Prozess wichtig sind, sind in der Abbildung 7.15 dargestellt, die einen kurzen Zeitausschnitt in der Entwicklung der Helium-Zwischenschale zur Zeit der thermischen Pulse wiedergibt. Die Abbildung zeigt die Lage der Helium- und Wasserstoffbrennschalen. Beide sind durch die Helium-Zwischenschale getrennt, die allerdings ziemlich dünn ist (wie auch die Brennschalen) und nur wenige Hundertstel Sonnenmassen beträgt. Im Inneren befindet sich der Core, der aus der Asche des Heliumbrennens – $^{12}$C, $^{16}$O – besteht, die noch nicht gezündet ist. Oberhalb der Wasserstoffbrennschale schließt sich die Hülle des Sterns an,

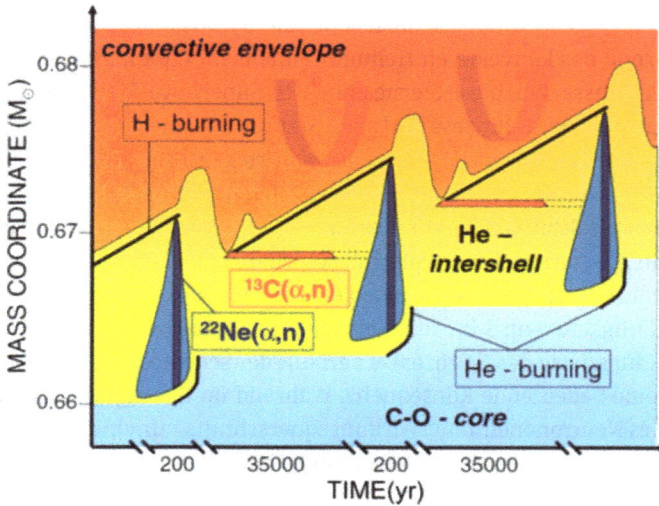

**Abb. 7.15:** Entwicklung der Helium-Zwischenschale beim dritten Dredge-up. Die Positionen der Helium- und Wasserstoffbrennschalen sind als dicke Linien eingezeichnet; beide wandern mit der Zeit durch fortgesetztes Brennen zu größeren Massenkoordinaten. Das Heliumbrennen wird durch einen Blitz (thermal puls) gezündet, was eine starke Durchmischung der Zwischenschale hervorruft und auch $^{12}$C vom Boden der Schale bis zur Wasserstoffbrennschale herauffördert. Als eine Konsequenz des Heliumpulses reicht auch die konvektive Hülle des Sterns über die Wasserstoffbrennschale bis in die Zwischenschale hinein, wodurch sich die $^{13}$C-Tasche als Ausbuchtung bildet. Hier stoßen die Komponenten, die für den S-Prozess wichtig sind, zusammen: Protonen und $^{12}$C, die $^{13}$C bilden, $^{13}$C und $^{4}$He, die durch eine ($\alpha$, n)-Reaktion die freien Neutronen produzieren und schließlich die Saatkerne um Eisen, an denen mit dem Einfang der freien Neutronen der S-Prozess in Gang gesetzt wird. Am Boden der Zwischenschale kann es zur Produktion freier Neutronen durch die $^{22}$Ne($\alpha$, n)$^{25}$Mg kommen. Die Zeitachse ist unterbrochen, um anzudeuten, dass die Pulse auf recht kurzen Zeitskalen ablaufen.

die hauptsächlich aus unverbrauchtem Wasserstoff besteht und vollständig konvektiv ist. Wie im Kapitel 4 dargelegt, kommt es in der Hülle auch zu starkem Massenverlust durch Sternwinde. In Abständen von etwa 10000 Jahren kommt es zu einem explosiven Zünden des Heliums in der Schale, was zu einem kurzzeitigen thermischen Puls führt, gefolgt von einer Periode „ruhigen" Heliumbrennens. In dieser Periode wächst die Heliumschale, was in der Abbildung an der deutlichen Zunahme der Massenkoordinate zu sehen ist. Der thermische Puls ist allerdings auch mit einer kurzen Periode von starker Konvektion verbunden, die die ganze Helium-Zwischenschale erfasst und das Material, das beim Heliumbrennen produziert wurde, mit dem bereits vorhandenen Material gut durchmischt. Hierdurch kommt auch frisch synthesiertes $^{12}$C als Produkt des Heliumbrennens in den Bereich der Wasserstoffschale. Deren Verhalten spielt nun für den S-Prozess eine entscheidende Rolle. Ausgelöst durch die durch den thermischen Puls erzeugte Energiemenge dehnt sich der Stern aus, wobei sich die Wasserstoffbrennschale auch zu größeren Massenkoordinaten verschiebt. Wenn sich der Stern nach dieser turbulenten Phase wieder beruhigt und komprimiert, zeigen die Simulationen einen interessanten Effekt mit großer Tragweite: Die Konvektion reicht nun aus der Hülle über die Wasserstoffbrennschale bis in die oberen Bereiche der Helium-Zwischenschale. Dies nennt man „third dredge-up" („drittes Ausbaggern", wobei die Nummerierung nur bedeutet, dass es sich um die dritte unterschiedliche Konvektionsart im Leben des Roten Riesen handelt.) Das Ausbaggern bringt somit Materie auch aus der oberen Helium-Zwischenschicht bis an die Oberfläche des Sterns, und löst somit die Frage, wie Paul Merrill frisch synthetisiertes Technetium als S-Prozess-Element in den Sternspektren sehen konnte. Außerdem gibt es auch die Antwort darauf, wie die Neutronenquelle funktioniert. Der kleine Bereich in der Zwischenschale, der im Ausbaggern einbegriffen ist, erhält durch die Mischung mit der Hülle und der Wasserstoffbrennschale unverbrannten Wasserstoff, der in dem Bereich auf die ursprüngliche Materie trifft. Hierzu gehört auch $^{12}C$, das während des thermischen Pulses in der Heliumbrennschale produziert und durch Mischung in den oberen Bereich der Zwischenschale gebracht wurde. Die Temperatur in dem Bereich, wo nun Protonen und $^{12}C$ aufeinandertreffen, beträgt etwa 100 Millionen Kelvin. Dies ist hoch genug, um Protonen und $^{12}C$ schnell in den Kern $^{13}N$ zu fusionieren, der sich dann anschließend durch Beta-Zerfall in $^{13}C$ umwandelt. Die Temperatur ist auch ausreichend, damit $^{13}C$-Kerne mit Alphateilchen fusionieren und über die $^{13}C(\alpha, n)^{16}O$-Reaktion die erwünschten freien Neutronen produzieren können.

Man nennt den Bereich in der Helium-Zwischenschale, in dem sich während des Third Dredge-up Protonen und $^{12}C$ treffen und $^{13}C$ bilden, die „$^{13}C$-Tasche". Abbildung 7.16 zeigt die Nukleosynthese in der $^{13}C$-Tasche in vier Schnappschüssen. Der Stern zeigt zunächst eine klare Trennung in einen Bereich (Hülle), in dem Wasserstoff die Komposition dominiert, und einen, in dem Wasserstoff aufgebraucht ist und dessen Zusammensetzung durch $^4He$ und $^{12}C$ dominiert ist. Nach dem Third Dredge-up gibt es allerdings eine kleine, aber ausreichende Menge an Protonen in dem inneren Bereich, die mit $^{12}C$ fusionieren (erster Schappschuss). Die Effizienz der Fusion hängt von der Häufigkeit der Protonen ab; die $^{12}C$-Häufigkeit ist nach dem thermischen Puls etwa konstant in der Zwischenschale. Die Protonenhäufigkeit nimmt stark ab, je weiter man nach innen in die Zwischenschale vordringt. Allerdings nimmt die Temperatur nach innen zu, und dies beschleunigt die Fusion. Als Ergebnis der gegenläufigen Konsequenzen von zunehmender Temperatur und abnehmender Protonenhäufigkeit bildet sich zunächst ein Maximum der $^{13}C$-Häufigkeit aus (zweiter Schappschuss). Ist $^{13}C$ gebildet, kann es ebenfalls, wie im CNO-Zyklus, mit Protonen fusionieren und $^{14}N$ bilden, was zu einer Zunahme der $^{14}N$-Häufigkeit führt (dritter Schappschuss). Der abschließende Schnappschuss zeigt die entgültige Zusammensetzung der Materie in der $^{13}C$-Tasche. Auf Kosten von $^{12}C$ haben sich ausreichende Mengen an $^{13}C$ und $^{14}N$ in einer Umgebung gebildet, die auch über eine große Häufigkeit an $^4He$ verfügt.

In der Abbildung 7.15 ist der Bereich der $^{13}C$-Tasche durch einen Balken eingezeichnet, der bei etwa konstanter Massenkoordinate zwischen zwei thermischen Pulsen liegt. In diesem Bereich werden nun Neutronen produziert, die einen S-Prozess ablaufen lassen. Die Produktion verläuft so bis zum Auftreten des nächsten thermischen Pulses, was etwa 10000 Jahre dauert. Danach wiederholt sich die Sequenz von Ereignissen, wie wir

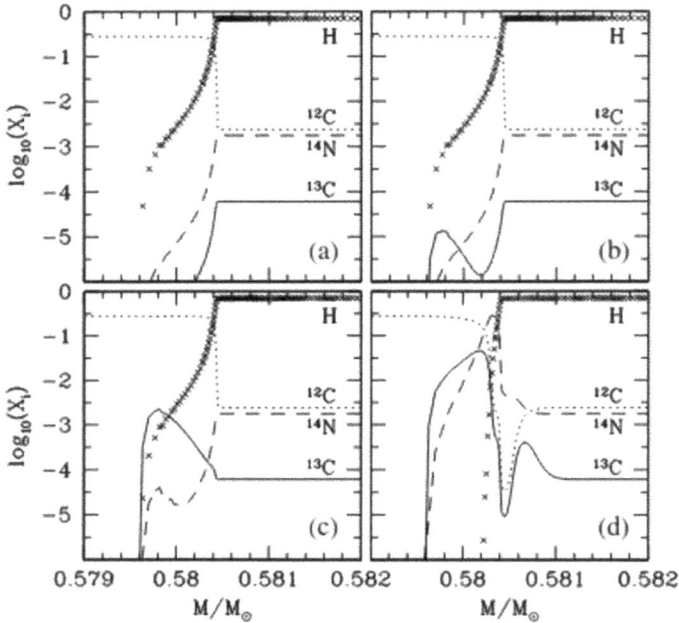

**Abb. 7.16:** Entstehung der $^{13}$C-Tasche in einer Simulation der Helium-Zwischenschale. Die Abbildung zeigt die Entwicklung anhand der Häufigkeiten der wichtigsten Kerne als Funktion der Massenkoordinate, fokussiert auf den Bereich um den Boden der Wasserstoffbrennschale, die etwa bei der Koordinate $M = 0{,}5804\,M_\odot$ beginnt. Die Häufigkeiten addieren sich zu 1, wobei die $^4$He-Häufigkeit nicht eingezeichnet ist, aber der fehlenden Masse entspricht. Im ersten Schnappschuss (oben links) besteht die Zwischenschale hauptsächlich aus $^4$He und $^{12}$C, wobei sowohl Protonen als auch $^{14}$N, als Produkt des CNO-Zyklus im Wasserstoffschalenbrennen, geringfügig in die Zwischenschale gemischt werden. Dort treffen die Protonen auf $^{12}$C, sodass durch Fusion $^{13}$C gebildet wird. Der Wettbewerb aus zunehmender Temperatur und abnehmender Protonenhäufigkeit nach innen führt zur Bildung des Maximums in der $^{13}$C-Häufigkeit (oben rechts). Dieses wächst mit der Zeit und kann auch durch weiteren Protoneneinfang zur Produktion von $^{14}$N führen (unten links). Schließlich ist die $^{12}$C-Häufigkeit am Boden der Wasserstoffbrennschale dominant in $^{13}$C (und $^{14}$N) umgewandelt (unten rechts). Die Reaktion des frisch produzierten $^{13}$C mit den $^4$He-Kernen erzeugt dann die für den S-Prozess benötigten freien Neutronen.

sie gerade skizziert haben, allerdings wandern die Prozessorte alle zu leicht größeren Massenkoordinaten.

Während des thermischen Pulses wird es am Boden der Helium-Zwischenschale so heiß, dass auch die $^{22}$Ne$(\alpha,\mathrm{n})^{25}$Mg-Reaktion als zweite Neutronenquelle gezündet werden kann. Dies geschieht, wenn die Temperaturen 250 Millionen Kelvin überschreiten. Diese Reaktion ist bei diesen Bedingungen eine sehr ergiebige Quelle, die mit etwa 10 Milliarden Neutronen pro Kubikzentimeter die Produktionsrate der $^{13}$C$(\alpha,\mathrm{n})^{16}$O-Reaktion um das Hundertfache übertrifft. Allerdings unterstützt der thermische Puls die Bedingungen nur für eine Dauer von wenigen Jahren, sodass die tausendfach längere Bestrahlungszeit der S-Prozess-Saatkerne durch Neutronen aus der $^{13}$C + $\alpha$-Reaktion die höhere Produktiosrate der $^{22}$Ne$(\alpha, n)^{25}$Mg mehr als kompensiert. In Simulationen werden beide Neutronenquellen berücksichtigt, was vor allem für einige Verzweigungen im S-Prozess von Bedeutung ist. Die Dauer der Bestrahlung sowie die Produktionsraten von freien Neutronen reichen aus, um die S-Prozess-Häufigkeiten zwischen den magischen Neutronenzahlen in ein Gleichgewicht zu bringen, wie dies schon aus den empirischen S-Prozess-Studien geschlossen worden war. Da sich die Bedingungen in der Helium-Zwischenschale von Puls zu Puls ändern, unterliegen die S-Prozess-Saatkerne einer größeren Zahl von Bestrahlungen mit unterschiedlichen Bedingungen, was ebenfalls in den klassischen Studien geschlossen worden ist.

Der S-Prozess in Roten Riesensternen hängt von einigen stellaren Eigenschaften ab. Wie schon betont, ist dies vor allem die Metallizität, wobei das Neutron-zu-Saatkern-Verhältnis und somit die relative Effizienz des Prozesses zunimmt, je kleiner die Metallizität ist. Das Ergebnis des S-Prozesses hängt aber auch von der Masse des Sterns ab, die sein Temperaturprofil beeinflusst. Dies ist vor allem für die relativen Beiträge der beiden Neutronenquellen wichtig. Schließlich haben auch Massenverlust durch Sternwinde sowie die Beschreibung der Konvektion, einschließlich der Ausgeprägtheit der $^{13}$C-Tasche, einen Einfluss auf die produzierten S-Prozess-Häufigkeiten. Diese letzten Größen werden in den Simulationen parametrisiert erfasst. Diese Abhängigkeit des S-Prozesses von den Eigenschaften der individuellen Sterne ist verschieden vom klassischen S-Prozess-Bild, in dem der Prozess unabhängig von den Eigenschaften der astrophysikalischen Umgebung simuliert und schließlich an die beobachteten solaren Häufigkeiten angepasst wird, die eine Mittelung über die Geschichte der Galaxie darstellt. Durch die Simulationen des S-Prozesses in bestimmten Sternen ist es also möglich geworden, die Ergebnisse mit individuellen Beobachtungen zu konfrontieren und somit Details des Verständnisses zu überprüfen.

Die Vergleiche basieren auf spektroskopischen Beobachtungen, wobei die Elemente meistens anhand charakteristischer Absorptionslinien nachgewiesen werden können. Aus der Intensität der Linien kann man auf die Häufigkeit der Elemente schließen. In Ausnahmefällen ist es auch möglich, zwischen unterschiedlichen Isotopen anhand der Linien zu unterscheiden. Um Aussagen über den S-Prozess gewinnen zu können, sind spektroskopische Untersuchungen von Roten Riesen notwendig. Dies geschieht in unterschiedlicher Form. Eine Möglichkeit ist die direkte Spektroskopie der Photosphäre von Roten Riesensternen. Hierbei tritt aber ein Problem auf, da die Oberfläche dieser Sterne mit 3000 Kelvin recht kühl ist. Diese niedrige Temperatur erlaubt die Existenz von Molekülen, die eine Vielzahl von Rotations- und Schwingungszuständen annehmen können und somit als ein störender Hintergrund in der Detektion der gewünschten Linien von S-Prozess-Elementen auftreten. Dieses Problem ist stark reduziert, wenn man den Riesenstern indirekt in einem Doppelsternsystem beobachtet. Bei geeignetem Abstand kommt es, zum Beispiel durch Sternwinde, zum Massentransfer von der Oberfläche des Roten Riesen auf seinen Begleitstern, der zumeist ein Hauptreihenstern im Wasserstoffbrennen ist. Die Photosphäre des Begleitsterns ist deutlich heißer, sodass dort zumeist nur Atome in ionisiertem Zustand existieren, darunter auch S-Prozess-Material, das vom

Roten Riesenstern auf den Begleiter geweht worden ist. In diesem Fall ist die Spektroskopie nicht so stark von unerwünschten Hintergrundlinien beeinträchtigt. Eine dritte Möglichkeit der Beobachtung ist es, Rote Riesen während ihres Übergangs zu planetarischen Nebeln zu spektroskopieren. In dieser Phase nimmt die Oberflächentemperatur graduell zu, was die molekularen Linien reduziert.

Von besonderem Interesse ist die Spektroskopie von Elementen, die man dem S-Prozess zuordnen kann. Es ist ein Vorteil, dass sich sowohl Strontium als auch Barium recht leicht spektroskopisch nachweisen lassen, da $^{88}$Sr und $^{138}$Ba die größten Häufigkeiten unter den S-Prozess-Elementen mit den magischen Neutronenzahlen $N = 50$ und $N = 82$ haben, die das erste und zweite Häufigkeitsmaximum bilden. Die Beobachtung von $^{208}$Pb, als Hauptvertreter des dritten Maximums, ist deutlich schwieriger, aber ist mittlerweile auch für einige Sterne gelungen.

Bei den spektroskopischen Untersuchungen des Roten Riesensterns versucht man nun die Häufigkeiten möglichst vieler S-Prozess-Elemente so genau es geht zu bestimmen. Begleitend werden auch die Häufigkeiten von anderen Elementen, zum Beispiel von Eisen, spektroskopiert. Die Häufigkeiten werden dann relativ zu der von Eisen gesetzt und diese relativen Häufigkeiten mit denen der universellen Häufigkeitsverteilung der Elemente verglichen. Ist in dem Stern ein S-Prozess abgelaufen, dessen Signatur durch die konvektiven Mischprozesse an die Oberfläche gebracht worden ist, so sollten die beobachteten relativen Häufigkeiten für die S-Prozess-Elemente gegenüber den universellen Werten erhöht sein. Man spricht davon, dass der Stern in S-Prozess-Elementen angereichert ist. Als Gegenprobe werden häufig auch die relativen Häufigkeiten der CNO-Elemente bestimmt. Diese zeigen nach einer S-Prozess-Episode nicht mehr die vom CNO-Brennen bekannten relativen Häufigkeiten, mit einem starken Übergewicht an $^{14}$N, sondern sind in $^{12}$C angereichert, das durch die unterschiedlichen Durchmischungen aus der Heliumbrennschale, wo es produziert wurde, in die $^{13}$C-Tasche transportiert wurde und von dort an die Oberfläche gebracht wurde. Wegen der ungewöhnlich großen Häufigkeit an $^{12}$C im Vergleich zu Stickstoff und Sauerstoff, nennt man diese Sterne Kohlenstoffsterne (C stars).

Die beobachtete Anreicherung an S-Prozess-Elementen vergleicht man dann mit den Vorhersagen der Modelle, wobei die wichtigsten Grundannahmen der stellaren S-Prozess-Simulationen bestätigt werden. Auch die Abhängigkeit von der Metallizität wurde durch einen Vergleich von Sternen in der Milchstraße mit denen der Magellan'schen Wolken, in denen die Metallizität einen Faktor 2–3 kleiner ist, nachgewiesen.

Eine Helium-Zwischenschale existiert auch in etwas massereicheren Roten Riesen mit 4–8 Solarmassen. Wegen der größeren Masse werden in diesen Sternen in der Zwischenschale sogar leicht höhere Temperaturen erreicht, sodass beide als Neutronenquellen identifizierte Reaktionen effizienter ablaufen als in den masseärmeren Roten Riesen. Trotzdem sind Letztere der Hauptort der S-Prozess-Produktion, was hauptsächlich an zwei Gründen liegt. Zum einen besitzt in den massereicheren Sternen die Zwischenschale deutlich weniger Masse, zum anderen zeigen Simulationen, dass in diesen Sternen der Third-Dredge-up-Prozess deutlich weniger effektiv ist, was beides die S-Prozess-Produktion reduziert.

Trotz der offensichtlichen Fortschritte im Verständnis des S-Prozesses bleiben noch offene Fragen. So sind die Wirkungsquerschnitte der beiden neutronenproduzierten Reaktionen bei den Energien, die in der Helium-Zwischenschale vorliegen, noch nicht mit der gewünschten Präzision bekannt. Dies liegt daran, dass es bislang in den Experimenten nicht möglich war, bis zu den astrophysikalisch wichtigsten Energien zu messen, und dass in dem Energiebereich, über den extrapoliert werden muss, einige Resonanzen liegen, deren Eigenschaften aus anderen Experimenten bestimmt werden müssen. Der wahrscheinlich größte Unsicherheitsfaktor liegt aber in den astrophysikalischen Simulationen, die zumeist auf eindimensionalen Modellen beruhen und die Konvektion in parametrisierter Form berücksichtigen. Wie schon im Zusammenhang mit den Supernova-Simulationen betont, sind konvektive Prozesse inhärent dreidimensionale Phänomene. Obwohl die ersten Schritte zur mehrdimensionalen Beschreibung von Roten Riesensternen unternommen worden sind, liegen konsistente dreidimensionale Studien noch nicht vor.

## 7.3 R-Prozess – der schnelle Weg zu den schwersten Elementen

Uran, mit der Protonenzahl $Z = 92$, gilt als das schwerste in der Natur vorkommende Element. Eigentlich sind alle Uran-Isotope instabil, aber die Halbwertszeit des längstlebigen Isotops $^{238}$U beträgt 4,47 Milliarden Jahre und ist somit vergleichbar mit dem Alter des Universums, was uns noch beschäftigen wird. Auch alle Isotope des Elements Thorium ($Z = 90$) sind instabil. Allerdings ist die Halbwertszeit des Isotops $^{232}$Th mit 14 Milliarden Jahren länger als das Alter des Universums. $^{238}$U und $^{232}$Th zerfallen durch die spontane Emission eines Alphateilchens (siehe Abbildung 7.17). Man nennt sie deshalb $\alpha$-Emitter.

Damit ein Alpha-Zerfall passieren kann, muss die Summe der Massen des Alphateilchens und des Tochterkerns kleiner sein als die Masse des zerfallenden Kerns. Gehindert wird der Zerfall allerdings durch die Coulomb-Barriere, die das Alphateilchen auf seinem Weg aus dem Mutterkern und weg von dem Tochterkern durchtunneln muss. Dabei ist zu bedenken, dass die Höhe der Barriere ($\sim 20$ MeV) viel größer als die zur Verfügung stehende Relativenergie ist, die sich aus der Massendifferenz ergibt (Abbildung 7.17). Der Alpha-Zerfall ist somit ein genuin quantenmechanisches Phänomen. Die Strecke, die bei dem Zerfall durchtunnelt werden muss, bestimmt hauptsächlich die Halbwertszeit, und diese kann – wie bei den beiden Uran- und Thorium-Isotopen oder auch $^{235}$U (mit der Halbwertszeit von 700 Millionen Jahren) – sehr lang sein.

Selbst auf astrophysikalischen Skalen sind Halbwertszeiten in der Größenordnung von Milliarden Jahren so lang, dass die Isotope praktisch als stabil angesehen werden können. Allerdings gilt dies nicht für die anderen Isotope, die schwerer als Blei ($Z = 82$) oder Wismut ($Z = 83$) sind. Wie in der Tabelle 7.1 zusammengefasst ist, sind alle Isotope der Elemente jenseits von $Z = 83$ instabil, fast immer dominant gegenüber dem Alpha-

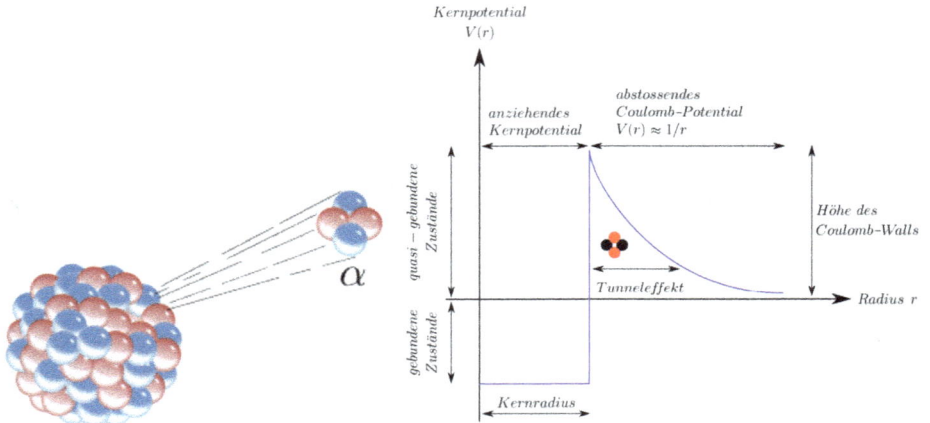

**Abb. 7.17:** (links) Schematische Darstellung eines Alpha-Zerfalls. (rechts) Ein $\alpha$-Zerfall wird durch den quantenmechanischen Tunneleffekt ermöglicht, der einen Zerfall von Kernzuständen, die sich durch das attraktive Kernpotential bei kleinen Abständen ausbilden, auch bei Energien, die niedriger als die Höhe der Coulomb-Barriere zwischen dem Tochterkern und dem Alphateilchen sind, zulässt. Möglich ist dies allerdings nur für Zustände, deren Energie oberhalb der asymptotischen Energie der (unendlich) getrennten Tochterkerne des Zerfalls ist. Liegt die Grundzustandsenergie eines Kerns höher als dieser asymptotische Wert, so zerfällt schon der Grundzustand des Kerns. Man nennt solche Kerne $\alpha$-Emitter.

**Tab. 7.1:** Halbwertszeiten $t_{1/2}$ der langlebigsten Isotope der schweren Elemente. Die schwersten Elemente mit stabilen Isotopen sind Blei (Pb) und Wismut (Bi). Die noch schwereren Elemente sind instabil gegenüber Alpha-Zerfall. Für die Elemente mit $Z = 84$ bis $Z = 89$ zerfallen alle Isotopen mit Halbwertszeiten, die deutlich kürzer sind als die im S-Prozess erreichten Halbwertszeiten für Neutroneneinfang. Der S-Prozess endet deshalb mit der Produktion von $^{208}$Pb und $^{209}$Bi. Durch wachsende Neutronendichte reduziert sich die Halbwertszeit gegen Neutroneneinfang, sodass das Hindernis durch den Alpha-Zerfall letztendlich überwunden werden kann. Diese hohen Neutronendichten sind in der Umgebung, in der der R-Prozess abläuft, realisiert.

| Kern | $t_{1/2}$ | Kern | $t_{1/2}$ | Kern | $t_{1/2}$ |
|---|---|---|---|---|---|
| $^{207}$Pb | stabil | $^{208}$Pb | stabil | $^{209}$Pb | 3,26 h |
| $^{208}$Bi | 368000 y | $^{209}$Bi | stabil | $^{210}$Bi | 5,0 d |
| $^{208}$Po | 2.90 y | $^{209}$Po | 102 y | $^{210}$Po | 138,4 d |
| $^{209}$At | 5,4 h | $^{210}$At | 8,1 h | $^{211}$At | 7,2 h |
| $^{210}$Rn | 2,4 h | $^{211}$Rn | 14,6 h | $^{222}$Rn | 3,8 d |
| $^{212}$Fr | 20,0 m | $^{222}$Fr | 14,2 m | $^{223}$Fr | 22,0 m |
| $^{223}$Ra | 11,4 d | $^{224}$Ra | 3,7 d | $^{225}$Ra | 14,9 d |
| $^{225}$Ac | 10,0 d | $^{226}$Ac | 29,4 h | $^{227}$Ac | 21,8 y |
| $^{229}$Th | 7,3 ky | $^{230}$Th | 75,4 ky | $^{232}$Th | 14,1 Gy |
| $^{230}$Pd | 17,4 d | $^{231}$Pd | 32,8 ky | $^{233}$Pd | 27,0 d |
| $^{235}$U | 703,8 My | $^{236}$U | 23,4 My | $^{238}$U | 4,5 Gy |
| $^{236}$Np | 154 ky | $^{237}$Np | 2,1 My | $^{239}$Np | 2,4 d |
| $^{239}$Pu | 24,1 ky | $^{240}$Pu | 6,6 ky | $^{242}$Pu | 373 ky |

Zerfall. Für unsere Diskussion ist es nun wichtig, dass die Halbwertszeiten zumeist kürzer sind als die typischen mittleren Zeiten für den Neutroneneinfang im S-Prozess, die mit etwa 1000 oder weniger Jahre abgeschätzt werden. In der Tat besitzen die Elemente zwischen Astat ($Z = 85$) und Radon ($Z = 88$) jeweils kein einziges Isotop mit einer Halbwertszeit von mehr als wenigen Tagen. Dies macht es für den S-Prozess unmöglich, dieses Hindernis der kurzlebigen Elemente zu überwinden, da Neutroneneinfang die einzige Möglichkeit im S-Prozess ist, die Massenzahl (um eine Einheit) zu erhöhen. Die Schlussfolgerung, die wir daraus ziehen müssen, ist, dass der S-Prozess nicht der Ursprung der auf der Erde vorkommenden langlebigen Thorium- und Uran-Isotope gewesen sein kann. Da es sie aber trotzdem gibt, muss es einen anderen Weg zu ihrer Synthese geben. Dies war den Pionieren Cameron und Burbidge, Burbidge, Fowler und Hoyle schon 1957 klar und sie entwickelten die Grundlagen für diesen Prozess.

Die Einführung eines zweiten Prozesses hatte noch einen weiteren Grund. Wie bei der Diskussion zu Abbildung 7.4 festgestellt, zeigt die Häufigkeitsverteilung der Elemente schwerer als Eisen eine ausgeprägte Doppel-Gipfel-Struktur in den Massenbereichen $A \sim 130$–$140$ und $A \sim 195$–$210$, und eine weniger deutliche bei $A \sim 80$–$90$. Der S-Prozess erklärt im Rahmen dieser Doppelstruktur die Entstehung des Gipfels bei dem jeweiligen höheren Massenwert ($A = 88, 138, 208$). Die Häufigkeitsmaxima bei $A = 80, 130, 195$ bleiben unerklärt. Es stellt sich sogar heraus, dass der S-Prozess einen Teil der beobachteten Häufigkeiten aller Elemente schwerer als Eisen nicht reproduziert. Dies sieht man, wenn man die berechneten S-Prozess-Häufigkeiten von den beobachteten abzieht. Das Ergebnis ist in der Abbildung 7.18 dargestellt. Es wird als R-Prozess-Häufigkeit bezeichnet. Ziel ist es im Folgenden, zu erörtern, wie und wo dieser Prozess stattfindet

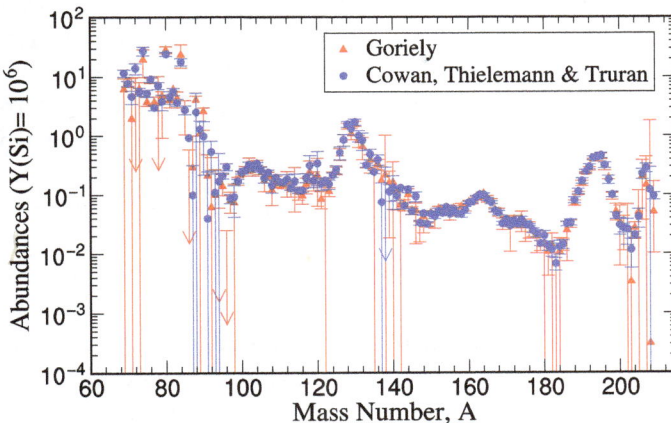

**Abb. 7.18:** Häufigkeitsverteilung der durch den R-Prozess hergestellten Kerne als Funktion der Massenzahl. Die Häufigkeiten werden durch Subtraktion von berechneten S-Prozess-Häufigkeiten von den beobachteten Werten der schweren Kerne bestimmt. Die Abbildung vergleicht die Resultate zweier Arbeitsgruppen, die allerdings bis auf Details sehr gut miteinander übereinstimmen. Hierbei spielen die „r-only"-Kerne eine besondere Rolle, da sie nicht von möglichen Unsicherheiten der S-Prozess-Häufigkeiten beeinflusst sind.

und weshalb er die beobachtete Elementverteilung hervorbringt. Es sei betont, dass es durchaus sinnvoll und berechtigt ist, die Häufigkeitsverteilung des R-Prozesses indirekt mithilfe des S-Prozesses zu definieren, da der Beitrag des S-Prozesses zu der Gesamthäufigkeit der schweren Elemente mit großer Genauigkeit bekannt ist. Zusätzlich hilft es, dass bestimmte Isotope nur durch den R-Prozess erstellt werden. Die indirekte Definition hat allerdings die Konsequenz, dass sich Ungenauigkeiten in der Kenntnis der S-Prozess-Häufigkeiten in diejenige des R-Prozesses übertragen.

Um das Operieren des R-Prozesses zu verstehen, betrachten wir zunächst das Problem, wie man die Massengebiete von Thorium und Uran erreichen kann, um deren langlebige Isotope zu erzeugen, die sicherlich kosmischen Ursprungs sind. Will man dies durch Neutroneneinfänge erreichen, müssen diese schneller ablaufen als die Halbwertszeiten der Kerne in dem Meer der Instabilität, wie man manchmal die Elemente zwischen Wismut und Thorium bezeichnet. Dies gelingt nicht an den astrophysikalischen Orten, an denen der S-Prozess abläuft, es wäre aber in einer astrophysikalischen Umgebung mit erheblich höherer Dichte an freien Neutronen möglich. Nehmen wir einmal an, dass die Neutronendichte 100 Trillionen ($10^{20}$) pro Kubikzentimeter beträgt und damit eine Billion Mal größer ist als in der $^{13}$C-Tasche des S-Prozesses, so würde sich die Halbwertszeit für den Einfang von Neutronen um den gleichen Faktor verkleinern; zum Beispiel von 1000 Jahren auf 30 Millisekunden. Dies ist deutlich kleiner als die Halbwertszeiten der Isotope in der Tabelle 7.1, sodass in einer solchen Umgebung Neutroneneinfänge passieren würden, bevor die Kerne zerfielen. Allerdings sind diese Einfanghalbwertszeiten auch deutlich kürzer als die für Beta-Zerfälle. Um zu verstehen, was in einer solch neutronenreichen Umgebung geschehen wird, betrachten wir wieder den Saatkern $^{56}$Fe. In der Abbildung 7.7 haben wir gesehen, dass die Sequenz von Neutroneneinfängen bis zum instabilen Isotop $^{59}$Fe läuft, dessen Halbwertszeit von 44 Tagen zu kurz ist, um ein Neutron einzufangen. Beim S-Prozess zerfällt der Kern zu $^{59}$Co. Sinkt die Halbwertszeit für Neutroneneinfänge allerdings auf einige Millisekunden, sind 44 Tage lang genug, um die Sequenz von Einfängen fortzusetzen. Dies gilt auch für die nächsten Eisenisotope, einschließlich $^{70}$Fe, dem letzten Isotop, für das die Beta-Halbwertszeit mit 65 Millisekunden experimentell bekannt ist. Wir sehen, dass ein Prozess, der aus dem Wettbewerb von Neutroneneinfängen und Beta-Zerfällen besteht, in einer astrophysikalischen Umgebung mit extremer Neutronendichte nicht durch eine Kette von Kernen im Tal der Stabilität verläuft, sondern durch Kerne mit extremen Neutronenüberschüssen. Abbildung 7.19 zeigt den erwarteten Verlauf eines R-Prozess-Pfads in der Nuklidkarte. Es war die große Einsicht der Pioniere von 1957, zu schließen, dass ein Prozess mit extremer Neutronendichte die magischen Neutronenzahlen $N = 50, 82, 126$ in Kernen erreicht, die eine jeweils deutlich kleinere Protonenzahl besitzen, als dies im Tal der Stabilität realisiert ist. Falls diese Neutronenzahlen, wie wir gleich sehen werden, wiederum der Grund für das Auftreten von Maxima in der Häufigkeitsverteilung sind, dann müssen diese Maxima bei kleineren Massenzahlen auftreten als beim S-Prozess. Somit wäre die charakteristische

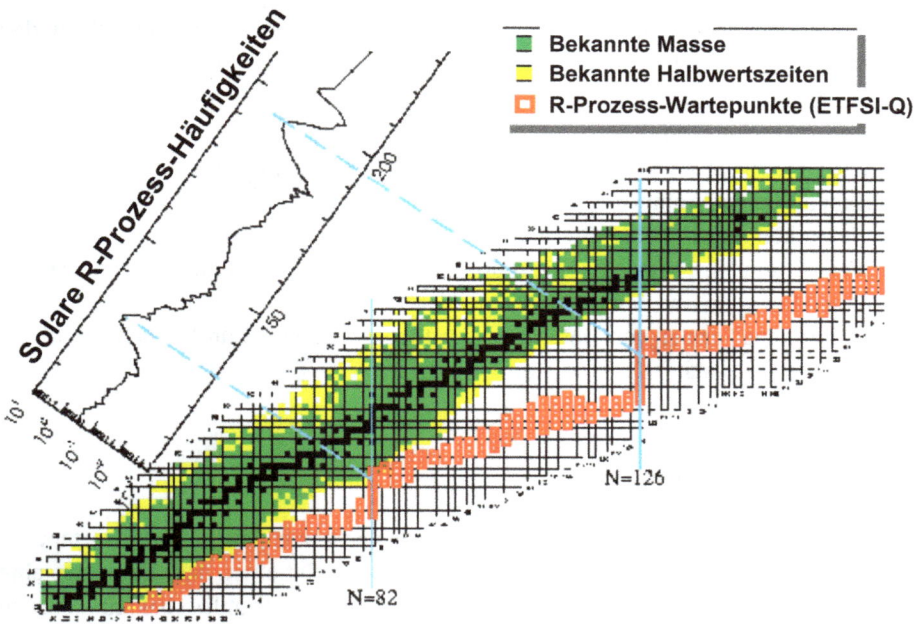

**Abb. 7.19:** Pfad des R-Prozesses in der Nuklidkarte (rot). Die schwarzen Kästchen zeigen Kerne an, die stabil sind; für die grünen Kerne ist die Masse im Labor gemessen, für die gelben kennt man zusätzlich noch die Halbwertszeit. Der R-Prozess durchläuft Kerne mit so extremem Neutronenüberschuss, dass sie meistens noch nicht im Labor hergestellt werden konnten. Mit der Temperatur und Neutronendichte der astrophysikalischen Umgebung ändert sich der R-Prozess-Pfad, was durch die „Breite" des Pfads dargestellt ist. Nach Verbrauch des Vorrats an freien Neutronen zerfallen die Kerne zur Stabilität und erzeugen so die beobachtete Häufigkeitsverteilung, die links oben im Bild eingezeichnet ist. Die Maxima der Verteilung werden durch die R-Prozess-Wartepunkte an den magischen Neutronenzahlen erzeugt. Der R-Prozess-Pfad hängt stark von den Kernmassen ab, die hier meistens einem theoretischen Modell (ETFSI-Q) entnommen wurden.

Doppel-Gipfel-Struktur der Häufigkeitsverteilung der Elemente schwerer als Eisen erklärt.

Natürlich gibt es noch ein paar ungeklärte Fragen, die den R-Prozess zu einer der größten Herausforderungen der Astrophysik machen. Offensichtlich hängt der Pfad des R-Prozesses von den Eigenschaften der astrophysikalischen Umgebung ab und er wird sich ändern, wenn sich diese ändern. Wie neutronenreich können die Kerne auf dem Pfad werden? Erreicht man sogar die Neutronenabbruchkante? Was geschieht, wenn nicht mehr genug Neutronen zur Verfügung stehen? Was passiert, wenn die am R-Prozess beteiligten Kerne die Massengegend erreichen, in der Kerne durch Neutronen zur Spaltung angeregt werden, wie man dies von Uran her kennt? Und dann ist da natürlich noch die alles entscheidende Frage: Wo im Universum werden die für den R-Prozess notwendigen Bedingungen realisiert? Diese Frage war so herausfordernd und wichtig, dass sie im Jahr 2003 von dem National Research Council der USA zu den 11 größten ungelösten Fragen der Physik gezählt wurde:[3]

1. Was ist Dunkle Materie?
2. Was ist Dunkle Energie?
3. Wie werden die schweren Elemente von Eisen bis Uran produziert?
4. Haben Neutrinos eine Masse?
5. Woher kommen die ultra-energetischen kosmischen Teilchen?
6. Wird eine neue Theorie für Licht und Materie benötigt, um zu erklären, was bei hohen Energien und Temperaturen passiert?
7. Gibt es neue Formen von Materie bei ultrahohen Energien und Temperaturen?
8. Sind Protonen instabil?
9. Was ist Gravitation?
10. Gibt es weitere Dimensionen?
11. Wie begann das Universum?

Zwei Fragen dieser bemerkenswerten Liste sind in den letzten Jahren beantwortet worden. Man weiß aus der Beobachtung von Neutrino-Oszillationen, dass Neutrinos eine Masse haben, allerdings ist diese für keine der drei Neutrino-Familien bekannt. Für die folgende Diskussion ist es natürlich wichtig, dass die Multi-Messenger-Beobachtung des Ereignisses GW170817 im August 2017 gezeigt hat, dass die Verschmelzung von Neutronensternen ein Ort im Universum ist, an dem der R-Prozess abläuft. Ob er der Einzige ist, wissen wir nicht.

Da man den astrophysikalischen Ort des R-Prozesses nicht kannte, bestanden Simulationen für viele Jahre aus Studien, in denen die astrophysikalischen Eigenschaften als freie Parameter angenommen wurden. Da der Prozess zweifelsfrei in einer Umgebung mit einer so hohen Dichte an freien Neutronen ablaufen muss, die man während der Lebensdauer eines Sterns nicht annähernd vorfand, ging man davon aus, dass es sich um ein explosives astrophysikalisches Ereignis handeln muss. In diesem würde die Materie dann nicht nur die geforderte hohe Neutronendichte haben, sondern auch ziemlich heiß sein. Die parametrisierten Studien ergaben, dass man während des R-Prozesses Temperaturen um die 1 Milliarde Kelvin erwarten konnte. Diese hohe Temperatur hat eine sehr wichtige Konsequenz.

Wie wir schon mehrmals gesehen haben, kann bei einer endlichen Temperatur eine Fusionsreaktion auch in die andere Richtung verlaufen. Dies gilt auch für $(n, \gamma)$-Reaktionen. Natürlich ist die inverse $(\gamma, n)$-Reaktion bei einer bestimmten Temperatur, die das Planck-Spektrum der Photonen bestimmt, am effizientesten, je geringer das Neutron, das herausgeschlagen wird, gebunden ist. Die Neutronenbindungsenergie nimmt ab, je neutronenreicher ein Kern ist, bis sie an der Neutronenabbruchkante verschwin-

---

3 Die Liste und ihre Begründung findet man unter https://www.discovermagazine.com/the-sciences/the-11-greatest-unanswered-questions-of-physics

det. Wegen dieses Trends läuft der R-Prozess-Pfad nicht entlang der Abbruchkante, sondern durch Isotope, die ein paar weniger Neutronen besitzen als diejenigen an der Kante. In den Nukliden in der Nähe der Kante sind die Neutronen zu schwach gebunden, um der Photodissoziation durch das Wärmebad zu widerstehen.

Der Wettbewerb zwischen der (n, $\gamma$)- und der inversen ($\gamma$, n)-Reaktion hängt von der Neutronendichte und der Temperatur ab. Die Parameterstudien ergaben nun das bemerkenswerte Resultat, dass bei Temperaturen um eine Milliarde Kelvin beide Reaktionen im Gleichgewicht sind. Das Gleichgewicht $(n, \gamma) \leftrightarrow (\gamma, n)$ stellt sich für vorgegebene Werte der Neutronendichte und der Temperatur bei einer bestimmten Neutronenbindungsenergie ein. Ein typischer Wert für die aus diesem Gleichgewicht gewonnene Neutronenbindungsenergie ist 3 MeV, was deutlich kleiner ist als der Wert von 8 MeV im Tal der Stabilität (siehe Abbildung 7.20). Ist die Neutronenbindungsenergie in einem Kern größer, wird kein Neutron durch das Wärmebad photodissoziert und der Kern kann in dieser Umgebung existieren; ist die Neutronenbindungsenergie kleiner, so kann der Kern nicht überleben. Dieses Gleichgewicht ist so sensitiv, dass im Allgemeinen für jedes Element auf dem R-Prozess-Pfad nur ein Isotop dominiert, dessen physikalische Neutronenbindungsenergie dem aus dem Gleichgewicht $(n, \gamma) \leftrightarrow (\gamma, n)$ errechneten Wert am Nächsten kommt. Und da dieser aus dem Gleichgewicht gewonnene Wert universell für die astrophysikalische Umgebung ist, haben alle Kerne auf dem R-Prozess-Pfad (fast) die gleiche Neutronenbindungsenergie. Dies setzt natürlich voraus, dass sich die Eigenschaften der astrophysikalischen Umgebung nicht verändern, was in den Parameterstudien angenommen wurde.

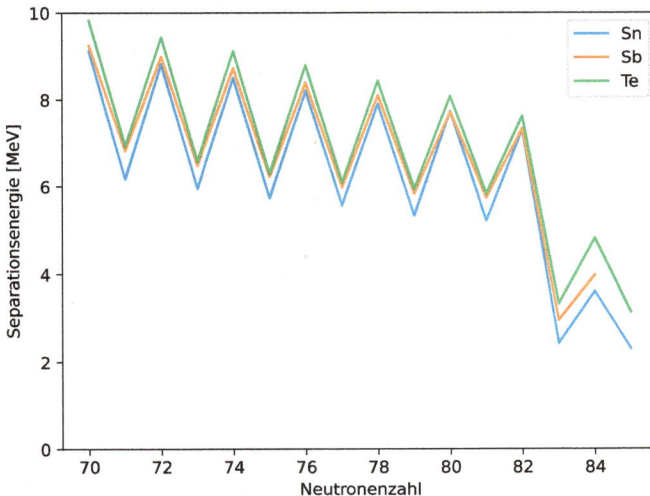

**Abb. 7.20:** Neutronenseparationsenergien in den Isotopenketten der Elemente Zinn, Antimon und Tellur. Die Separationsenergien zeigen ein typisches Zickzack-Verhalten, was durch den Gewinn an Paarungsenergie in Kernen mit gerader Neutronenzahl hervorgerufen wird. Nach der magischen Neutronenzahl $N = 82$ sinkt die Separatiosenergie deutlich.

Den Ablauf des R-Prozesses kann man wie folgt zusammenfassen. Hat er ein bestimmtes Element mit der Protonenzahl $Z$ erreicht, sind die Neutroneneinfänge im Wettbewerb mit den konkurrierenden Beta-Zerfällen so schnell, dass sich die Häufigkeitsverteilung innerhalb des Elements auf ein bestimmtes Isotop konzentriert, dessen Neutronenbindungsenergie dem aus dem Gleichgewicht $(n, \gamma) \leftrightarrow (\gamma, n)$ errechneten Wert am Nächsten kommt. Dieser Kern ist sehr neutronenreich. Vor allem ist er nicht stabil gegenüber dem Beta-Zerfall, sodass die in dem Isotop angehäufte Materie irgendwann zerfallen wird. Typische Halbwertszeiten für Kerne auf dem R-Prozess-Pfad sind Millisekunden. Nach dem Zerfall bildet sich ein Isotop des Elements mit der Ladungszahl $Z + 1$. Hier sorgen die schnellen Neutroneneinfänge wieder dafür, dass auch in diesem Element die gesamte Häufigkeit in dem Isotop gesammelt wird, dessen Neutronenbindungsenergie dem Gleichgewichtswert entspricht. Nun wiederholt sich der Prozess, denn auch dieses Isotop ist instabil und zerfällt nach Millisekunden in ein Isotop mit der Ladungszahl $Z + 2$. Diese Sequenz stoppt nicht bei Blei oder Wismut, da die Neutroneneinfänge auch für die schwersten Elemente schneller sind als die konkurrierenden Zerfälle. Allerdings muss man bei den schwersten Elementen vorsichtig sein, da der Zerfall des Isotops, in dem sich das Material im Gleichgewicht angesammelt hat, nicht unbedingt durch Beta-Zerfall, sondern auch durch Spaltung und $\alpha$-Zerfall erfolgen kann. Schließlich sei erwähnt, dass immer wieder frisches Material in die ursprüngliche Kette des Elements mit der Ladungszahl $Z$ nachgefüttert wird. Die Operation des R-Prozesses kann sich so lange aufrechterhalten, wie die extreme Neutronendichte vorliegt.

In den parametrischen Studien kam es auf dem R-Prozess-Pfad allerdings zu Besonderheiten, die wir nun diskutieren wollen, und die schließlich dazu führen, dass die R-Prozess-Häufigkeitsverteilung ausgeprägte Maxima hat. Betrachten wir die Kerne auf dem Pfad mit einer magischen Neutronenzahl $N_{\text{mag}} = 50, 82, 126$. Diese Zahlen heißen deshalb magisch, weil sie zu besonders stark gebundenen Kernkonfigurationen gehören. Kerne mit magischen Zahlen haben ihr atomphysikalisches Äquivalent in den Edelgasen. Hat ein Kern eine magische Neutronenzahl, so ist das nächste Neutron besonders schwach gebunden. Es passiert also im Ablauf des R-Prozesses folgendes Szenario, wenn er bei einer bestimmten Ladungszahl erstmals eine magische Neutronenzahl – sagen wir $N_{\text{mag}} = 82$ – erreicht. Abbildung 7.21 zeigt den in einer Parameterstudie gefundenen R-Prozess-Verlauf, der in dieser Rechnung erstmals die magische Neutronenzahl 82 für das Element Rhenium ($Z = 45$) trifft. Die Neutronenbindungsenergie des magischen Kerns $^{127}$Rh ist größer als der Gleichgewichtswert, das 83. Neutron in $^{128}$Rh ist allerdings viel geringer gebunden. Deshalb kommt der R-Prozess-Fluss zu schwereren Elementen bei dem Kern $^{127}$Rh zu einem Halt. Der Kern vollzieht einen Beta-Zerfall zu $^{127}$Pd mit 81 Neutronen, das nun sehr schnell wieder ein Neutron einfängt und mit $^{128}$Pd die besonders stabile magische Neutronenzahl erreicht. Auch für diese Isotopenkette ist das 83. Neutron noch schwächer gebunden als der Gleichgewichtswert. Es erfolgt also wiederum ein Beta-Zerfall. Der R-Prozess-Fluss kann also erst dann zu schwereren Kernen fortgesetzt werden, wenn das 83. Neutron in einem Kern stärker gebunden ist als der Gleichgewichtswert. Dies wird eventuell passieren (in der Abbildung 7.21 ist dies

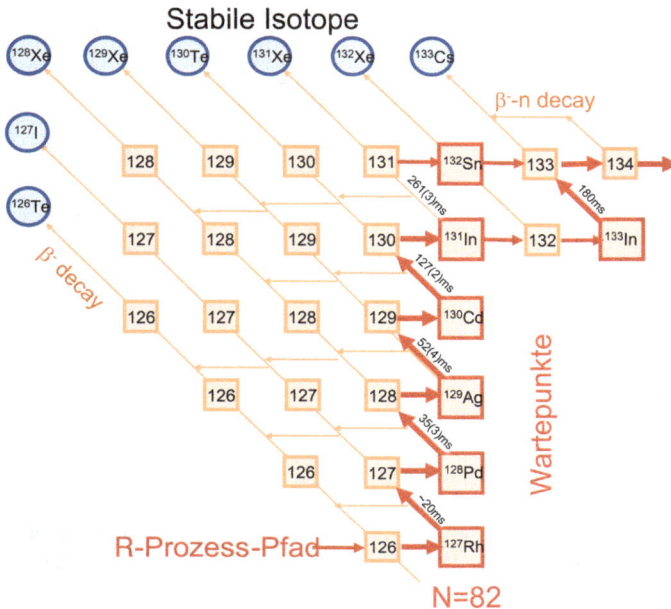

**Abb. 7.21:** R-Prozess-Fluss bei der magischen Neutronenzahl $N = 82$. Wegen der schwachen Bindung des 83. Neutrons hindert die Photodissoziation die Fortsetzung des R-Prozess-Pfades zu höheren Massen, wenn der R-Prozess die magische Neutronenzahl (in dieser Simulation bei Rhenium) erreicht. Durch mehrere Beta-Zerfälle mit folgendem Neutroneneinfang bewegt sich der Pfad näher an die Stabilität, bis er bei Indium eine Situation antrifft, wo das 83. Neutron genügend stark gebunden ist, um den R-Prozess zu höheren Massen fortzusetzen. Die an den Pfeilen angegebenen Halbwertszeiten sind durch neuere Experimente gemessen worden.

bei dem Element Indium), da die sukzessiven Beta-Zerfälle den Pfad näher an das Tal der Stabilität bringen, also zu Kernen mit größeren Neutronenbindungsenergien (Abbildung 7.20). Wir stellen fest, dass der R-Prozess-Pfad an den magischen Neutronenzahlen zu einem Aufenthalt gezwungen wird, an dem er einige Beta-Zerfälle durchführen muss. Die Beta-Zerfälle von Kernen mit magischen Neutronenzahlen haben allerdings eine besondere Eigenschaft im Vergleich zu ihren benachbarten Kernen: Ihre Halbwertszeiten sind länger. Als Beispiel zeigt die Abbildung 7.22 die Halbwertszeiten von potentiellen R-Prozess-Kernen mit der magischen Neutronenzahl $N = 82$. Diese Eigenschaft liegt daran, dass die Beta-Halbwertszeit sehr sensitiv ist auf die Energiedifferenz zwischen dem Anfangs- und dem Endzustand des Zerfalls. Da magische Kerne eine besonders starke Bindung haben, wird diese Differenz kleiner als bei den Nachbarkernen und somit die Halbwertszeit länger. Für die Kerne $^{78}$Ni (mit $N_{mag} = 50$) oder $^{128}$Pd und $^{129}$Ag (mit jeweils $N_{mag} = 82$) sind die Beta-Halbwertszeiten mit 110 ms, 35 ms, 45 ms experimentell bekannt. Sie sind deutlich länger als die Beta-Halbwertszeiten der R-Prozess-Kerne zwischen den magischen Neutronenzahlen, die von der Größenordnung Millisekunde sind. Man nennt deshalb die Kerne auf dem R-Prozess-Pfad mit magischen Neutronenzahlen

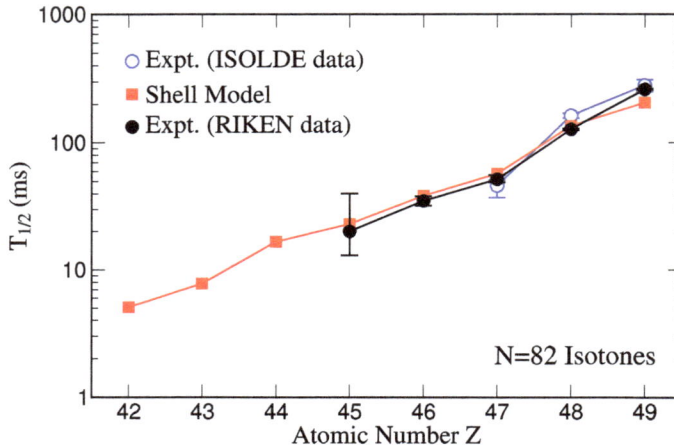

**Abb. 7.22:** Experimentelle Beta-Halbwertszeiten bei $N = 82$. Die Pionierexperimente wurden an der ISOLDE-Anlage des CERN durchgeführt (offene Kreise). Moderne Beschleunigeranlagen für radioaktive Strahlen, wie RIKEN in Japan, erlauben nun die Fortsetzung der Messungen zu noch neutronenreicheren Wartepunkten (gefüllte Kreise) . Die experimentellen Daten stimmen gut mit den Resultaten moderner Schalenmodellrechnungen (rote Quadrate) überein.

„Wartepunkte", weil es deutlich länger dauert, diese zu überwinden. Sie bilden also Hindernisse für den Materiefluss im R-Prozess, sodass sich an diesen Wartepunkten relativ viel Material ansammelt. Dieses Material bildet am Ende des R-Prozesses die Maxima in den Häufigkeitsverteilungen.

Neutronen – sehr viele davon – sind das Material, das den R-Prozess antreibt. Aber irgendwann geht auch der größte Vorrat zu Ende. Was passiert dann? Wenn die Neutronendichte kleiner wird, werden auch die Halbwertszeiten für Neutroneneinfang länger. Das Gleichgewicht $(n, \gamma) \leftrightarrow (\gamma, n)$ verschiebt sich in Richtung der Stabilität und kann schließlich nicht mehr aufrechterhalten werden. Da die Neutroneneinfänge langsamer werden, können sie mit manchen Beta-Zerfällen nicht mehr konkurrieren. Es beginnt der Zerfall des R-Prozess-Materials zur Stabilität, der durch eine Kette von Beta-Zerfällen erfolgt, die schließlich erst endet, wenn sie auf einen stabilen Kern trifft. In einigen Fällen ist dies ein „r-only"-Kern, der nicht durch den S-Prozess entsteht. Die Häufigkeiten solcher „r-only"-Kerne sind für den Vergleich mit der beobachteten Häufigkeit besonders wertvoll, da sie nicht durch mögliche Ungenauigkeiten im S-Prozess-Beitrag beeinflusst sind. Beim Zerfall zur Stabilität führen die R-Prozess-Kerne mehrere Beta-Zerfälle durch, sodass Materie, die während des R-Prozesses als Thulium ($Z = 69$) existierte, am Ende zu Gold ($Z = 79$) geworden ist. Da die R-Prozesskerne sehr kleine Neutronenseparationsenergien haben, können die Beta-Zerfälle auch zu angeregten Zuständen oberhalb dieser Schwellenenergien führen, sodass der Tochterkern ein Neutron emittieren kann (und meistens wird). Diese beta-verzögerten Neutronenemissionen müssen beim Zerfall zur Stabilität berücksichtigt werden. Es sei schliesslich betont, dass Neutroneneinfang zwar der Treiber des R-Prozesses ist, man aber die Raten (oder Halbwertszeiten) für die Reaktionen nicht zu kennen braucht, solange das Gleichgewicht $(n, \gamma) \leftrightarrow (\gamma, n)$ aufrechterhalten wird. Fällt der Prozess am Ende aus diesem Gleichgewicht, muss man die Neutroneneinfangraten explizit kennen.

Die Parameterstudien, die über viele Jahrzehnte die Simulationen des R-Prozesses beherrschten, haben viele wichtige Erkenntnisse gebracht. So haben sie auch gezeigt, dass die Reproduktion der beobachteten R-Prozess-Häufigkeiten unter der Annahme eines einzigen Wertes für Temperatur und Neutronendichte nicht zu erreichen ist; man benötigte mindestens drei Werte für diese Eigenschaften der astrophysikalischen Umgebung, wobei die magischen Neutronenzahlen wie beim S-Prozess die Sollbruchstellen sind.

Die extrem hohen Dichten an freien Neutronen, die der R-Prozess verlangt, sind von Anfang an mit explosiven astrophysikalischen Umgebungen in Verbindung gebracht worden. In einem solchen Szenario verläuft der R-Prozess in einer sich dynamisch ändernden Umgebung mit zeitlich veränderlichen Werten für die Temperatur und Neutronendichte. Das heißt, die Forderung nach verschiedenen Werten für diese Größen, wie in den Parameterstudien notwendig, wird in natürlicher Weise erfüllt. Wie wir gleich sehen werden, variiert auch das Verhältnis von Proton zu Nukleonen $Y_e$, was zum einen durch die Beta-Zerfälle im Rahmen der Nukleosynthese geschieht, zum anderen aber auch durch Neutrinos hervorgerufen wird, wenn die R-Prozess-Umgebung eine große Häufigkeit von Neutrinos aufweist. In solchen dynamischen Umgebungen müssen die Änderungen der astrophysikalischen Eigenschaften in den Simulationen berücksichtigt werden. Dies erreicht man dadurch, dass man zunächst den astrophysikalischen Prozess simuliert, daraus die zeitliche Entwicklung der wichtigen Größen wie Temperatur, Dichte und auch $Y_e$ gewinnt und dann die R-Prozess-Nukleosynthese bei Vorgabe dieser Zeitabhängigkeiten simuliert. Dieses Vorgehen nimmt an, dass es zu keinen Rückkopplungen durch den R-Prozess auf die astrophysikalische Umgebung gibt. Dies wird sich zum Beispiel für Neutronensternverschmelzungen als nicht korrekt erweisen, da die Beta-Zerfälle während des R-Prozesses genügend Energie erzeugen, um die Umgebung aufzuheizen. Diese Rückkopplung muss dann in den R-Prozess-Simulationen berücksichtigt werden. Wie wir sehen werden, hat sie einen wichtigen Einfluss auf die Arbeitsweise des R-Prozesses.

Für einige Zeit waren Core-Kollaps-Supernovae die favorisierten astrophysikalischen Szenarien für den R-Prozess, der im sogenannten Neutrino-getriebenen Wind oberhalb des neugeborenen Neutronensterns verortet wurde (siehe Kapitel 5).[4] Allerdings zeigte sich, dass die Simulationen, je besser und zuverlässiger sie wurden, immer mehr von den für einen erfolgreichen R-Prozess notwendigen Werten abwich. Vor allem zeigen moderne Simulationen, dass die Wechselwirkung von Neutrinos mit den freien Nukleonen im Wind nicht den deutlichen Überschuss an Neutronen über Pro-

---

4 Dieses Bild war so populär, dass es den Autor Philipp Löhle animierte, einem gesellschaftskritischen Bühnenstück über den Kapitalismus den Titel „Supernova (wie Gold entsteht)" zu geben.

tonen erzeugt, der für den R-Prozess erwartet wurde. Wie wir im Kapitel 5 gesehen haben, hat die im Wind abgestoßene Materie für die meiste Zeit sogar einen leichten Protonenüberschuss. Man geht deshalb heute davon aus, dass Supernovae nicht der Ort sind, an dem die schweren R-Prozess-Kerne, zum Beispiel um Gold im dritten R-Prozess-Maximum, produziert werden. Es ist allerdings noch möglich, dass leichtere R-Prozess-Kerne bis hin zum zweiten Maximum bei $A = 130$ in einer Supernova synthesiert werden. Falls dies der Fall ist, muss dieser Beitrag zur Gesamthäufigkeit der R-Prozess-Elemente hinzugefügt werden.

Seit der Beobachtung des wissenschaftlich epochalen Ereignisses GW170817 geht man davon aus, dass Neutronensternverschmelzungen ein Ort der Synthese der schweren Elemente im Universum durch den R-Prozess sind. Diese Einsicht wurde, wie oben bereits erwähnt, durch die gemeinsame Beobachtung dieses Ereignisses zunächst durch Gravitationswellen, die GW170817 als Neutronensternverschmelzung entschlüsselten, und danach durch elektromagnetische Signale, die auf die Produktion schwerer Elemente zurückgeführt werden, gewonnen. Neutronensternverschmelzungen sind eigentlich recht selten; man erwartet etwa alle 10000 Jahre eine Verschmelzung in unserer Galaxie. Da es aber sehr viele Galaxien gibt und die Reichweite der Detektoren über die Milchstraße hinausreicht, war die Beobachtung von GW170817 in der Galaxie NGC 4993 im Sternbild Hydra im Abstand von 130 Millionen Lichtjahren möglich.

Neutronenverschmelzungen passieren, wenn sich zwei Neutronensterne in einem Doppelsternsystem mit nicht zu großem Abstand befinden. Dies setzt natürlich voraus, dass beide Sterne schon einen kompletten Lebenszyklus eines massereichen Sterns durchlaufen haben und in der abschließenden Supernova produziert worden sind. Eine wichtige Konsequenz hieraus ist es, dass Neutronensternverschmelzungen erst mit einer gewissen Verzögerung im Universum passieren können, weil notwendigerweise die hydrostatische Lebenszeit eines massereichen Sterns von einigen 10 Millionen Jahren vergangen sein muss. Wie schon für andere Doppelsternsysteme diskutiert, bewegen sich auch zwei Neutronensterne in einem solchen System umeinander. Durch Abstrahlung von Energie, durch Rotation oder Gravitationswellen, nimmt der gemeinsame Orbit (fast) eine Kreisform an. Zwischen den Neutronensternen treten Gezeitenkräfte auf, die so stark sind, dass sie selbst so extrem kompakte Objekte wie Neutronensterne verformen können. Auch dies kostet Energie, die dem rotierenden System entzogen wird. Die Energieverluste führen insgesamt dazu, dass die Orbitradien stetig schrumpfen, wobei die Perioden für einen Umlauf kürzer werden. Die kleineren Radien führen zu beschleunigtem Energieverlust, bis sich schließlich die Neutronensterne berühren, dies heißt Austausch von Materie zwischen den beiden Sternen durch den gemeinsamen Lagrange-Punkt einsetzt. Letztendlich verschmelzen beide zu einem extrem heißen Objekt. Ein kleiner Teil der ursprünglichen Masse der Neutronensterne wird abgestoßen, während der größere Anteil letztendlich zumeist in einem Schwarzen Loch verschwindet.

Neutronensternverschmelzungen hatten schon einige Zeit vor dem August 2017 das Interesse der Astrophysiker erregt und waren auch schon in Computersimulationen untersucht worden. Dabei ist man auch auf die Beobachtung gestoßen, dass die bei der Verschmelzung auftretenden Ejekta die richtigen Bedingungen für die Produktion der schweren Elemente liefern. In der Tat war das elektromagnetische Signal, das von GW170817 beobachtet wurde, sieben Jahre vorher von Astro- und Kernphysikern ziemlich präzise vorhergesagt worden. Durch die Beobachtung von GW170817 hat das Feld nicht überraschend einen außerordentlichen Aufschwung gemacht, den wir im Folgenden besprechen wollen.

Abbildung 7.23 zeigt Schnappschüsse aus einer numerischen Simulation einer Neutronensternverschmelzung, dargestellt durch Dichtekonturen. In den linken Bildern sind die beiden Sterne noch deutlich als Individuen getrennt, wobei in den Zentren beider Sterne, mit Massen von 1,2 bzw. 1,4 Solarmassen, die Dichten deutlich den Gleichgewichtswert (ungefähr $2 \cdot 10^{14}$ g/cm$^3$) von Kernmaterie überschreiten. Dieser Schnappschuss zeigt die Situation nur 3,8 Millisekunden bevor die beiden Zentren ver-

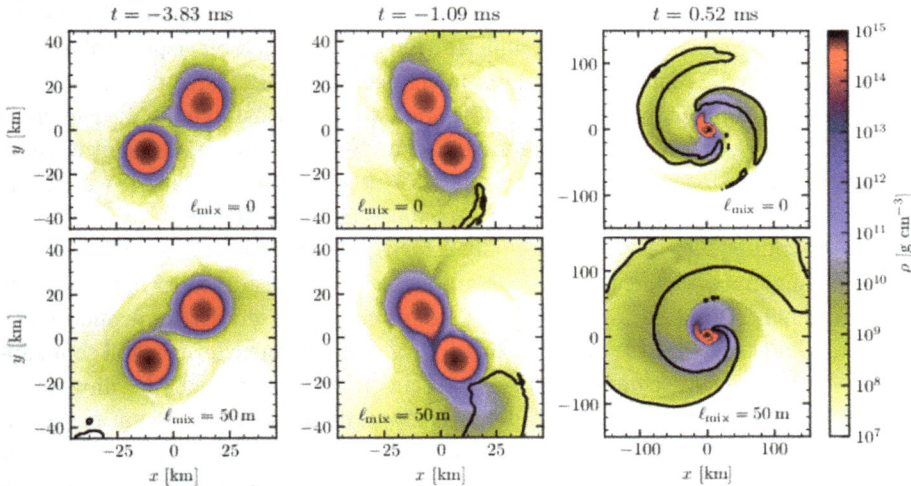

**Abb. 7.23:** Drei Schnappschüsse aus einer numerischen Simulation einer Neutronensternverschmelzung. Dargestellt sind Dichtekonturen mit einer Skala am rechten Rand. Die linken und mittleren Bilder zeigen jeweils quadratische Ausschnitte in der Rotationsebene mit einer Kantenlänge von etwas mehr als 80 km. In den rechten Bildern ist diese Länge auf 300 km vergrößert. Die obere Bildleiste nimmt idealisierend an, dass Kernmaterie unter diesen Bedingungen keine Viskosität aufweist; in der unteren Leiste ist der Viskosität ein zu erwartender Wert zugeordnet. Die linken Bilder zeigen das System 3,83 Millisekunden vor der Verschmelzung der Sterne. Man kann die beiden individuellen Sterne noch deutlich erkennen. Eine Millisekunde vor der Verschmelzung (mittleres Bild) haben die beiden Cores der Neutronensterne schon Kontakt miteinander; zwischen beiden hat Massenaustausch begonnen. Eine Akkretionsscheibe bildet sich aus. Nach der Verschmelzung (rechte Bilder) hat sich im Zentrum ein heißer Feuerball gebildet, in dem die beiden Cores vereint sind. Die Akkretionsscheibe hat sich deutlich erweitert, wobei der Effekt bei endlicher Viskosität (untere Leiste) merklich größer ist. Ein Teil der Materie in der Akkretionsscheibe ist nicht mehr gravitativ gebunden und wird abgestoßen. Dieser Teil ist in den rechten Bildern durch eine schwarze Konturlinie kenntlich gemacht.

schmelzen ($t = 0$ in der Abbildung). Nur wenig später, wie die mittlere Abbildung andeutet, kommt es zu Massenfluss zwischen den Sternen, einschließlich von deren Cores. Die beiden Neutronensterne verschmelzen zu einem heißen „Feuerball", wie die rechten Bilder zeigen, die die Situation kurz nach der Verschmelzung darstellen, wobei in diesem Bild die Skala gewechselt worden ist und ein größerer räumlicher Bereich gezeigt wird. Man sieht deutlich an den Schnappschüssen, dass sich eine Akkretionsscheibe bildet und dass diese sich ausdehnt. Ein Teil der Materie in der Scheibe, in den Abbildungen durch die schwarzen Linien gekennzeichnet, ist nicht mehr durch die Anziehung gebunden und wird im Laufe der Zeit abgestoßen. Die Schnappschüsse im oberen und unteren Band unterscheiden sich durch die Behandlung der Viskosität in der Kernmaterie, die wie eine Flüssigkeit verstanden werden kann. Ist die Zähigkeit groß wie im unteren Bild, verhält sich Kernmaterie wie eine dickflüssige Flüssigkeit, in der benachbarte Teilchen stärker miteinander wechselwirken. Als Konsequenz ist die Akkretionsscheibe, bei gleichen Zeiten, deutlich ausgedehnter als in dem Fall, wo die Viskosität der Kernmaterie vernachlässigt wurde. Aus dem Vergleich der beiden Bildleisten ist ersichtlich, wie wichtig die Eigenschaften von Kernmaterie für die Beschreibung von Neutronensternverschmelzungen sind. Ein anderer Aspekt sollte noch erwähnt werden: Es geht am Ende alles sehr schnell. Die Zeitskala für die letzten 1000 Umdrehungen ist ungefähr eine Minute. Die Simulationen erfassen dann die letzten 20 oder so Perioden, ausgeführt in einigen Millisekunden. Wie wir unten sehen werden, bestimmt diese Periodendauer die Frequenz des Gravitationssignals. Vorher wollen wir aber noch kurz besprechen, was von der Verschmelzung übrig bleibt.

Die Abbildung 7.24 skizziert das finale Schicksal einer Neutronensternverschmelzung. Es hängt hauptsächlich von der Gesamtmasse ab, die bei der Verschmelzung zur Verfügung steht. Diese ist durch die Summe der beiden Massen der Neutronensterne gegeben. Überschreitet diese den Grenzwert, für den Neutronensterne stabil sein können, so wird bei der Verschmelzung direkt ein Schwarzes Loch erzeugt. Allerdings muss man hier berücksichtigen, dass sich der Grenzwert deutlich erhöht, wenn der Stern schnell rotiert und sehr heiß ist. Man schätzt, dass ein solcher Feuerball den Grenzwert für abgekühlte Neutronensterne, den man aus der Beobachtung zurzeit mit etwa 2,1 Solarmassen bestimmt hat, um 30–70 % überschreiten kann. Durch laufende Energieverluste kühlt der Feuerball, wodurch die Masse, die temporär als „metastabiler Neutronenstern" stabilisiert werden kann, sinkt und verzögert ein Übergang zu einem Schwarzen Loch erfolgt. Während dieser metastabilen Phase kommt es zur Ausstoßung von Masse, weshalb man vermutet, dass GW170817 diesen Weg der verzögerten Bildung eines Schwarzen Loches eingeschlagen hat. Die Abstoßung von Materie ist ein unentbehrliches Requisit dafür, dass Neutronensternverschmelzungen ein Ort für R-Prozess-Nukleosynthese werden. Falls die Massen der beiden ursprünglichen Neutronensterne klein waren, ist es auch möglich, dass der Feuerball nach einer Phase, in der sie Rotation sich verlangsamt („spin down"), zu einem neuen Neutronenstern wird.

GW170817 wurde durch die Beobachtung von charakteristischen Gravitationswellen durch die Advanced-LIGO- und Virgo-Detektoren als Neutronensternverschmelzung

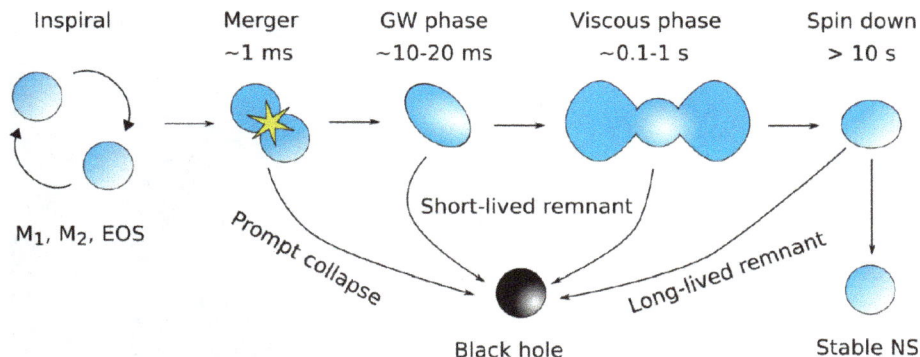

**Abb. 7.24:** Das Schicksal von Neutronensternverschmelzungen. Es hängt entscheidend von den Massen der beiden Neutronensterne, $M_1$ und $M_2$, ab. Nach der Phase, in der die beiden Sterne sich in immer kleiner werdenden Abständen umkreisen, verschmelzen sie zu einem sehr heißen, schnell rotierenden Feuerball. Ein solcher Feuerball kann vorübergehend existieren mit einer Masse, die die Grenzmasse für kalte Neutronensterne merklich überschreitet. Der genaue Wert hängt von den noch nicht genau genug bekannten Eigenschaften der Kernmaterie unter solchen Bedingungen (EOS) ab. Wird dieser Wert überschritten, kommt es zur prompten Bildung eines Schwarzen Lochs. Sonst verzögert sich diese, bis der Feuerball genügend abgekühlt ist. Während dieser Verzögerung wird Masse abgestoßen, die zur R-Prozess-Nukleosynthese führt. Sind die Massen der ursprünglichen beiden Neutronensterne allerdings klein genug, kann sich nach einer Phase, in der der Feuerball seine Rotation verlangsamt, ein neuer Neutronenstern bilden.

nachgewiesen. Die Existenz von Gravitationswellen hatte Einstein schon 1916 beim Aufstellen seiner Allgemeinen Relativitätstheorie vorhergesagt. Ihr direkter Nachweis gelang dann hundert Jahre später. Gravitationswellen entstehen, wenn die Raum-Zeit durch ein astrophysikalisches Ereignis so stark und schnell geändert wird, dass von dem verzerrten Raum Wellen abgestrahlt werden. Der auf der Erde spürbare Effekt von Ereignissen in astrophysikalischen Entfernungen ist extrem klein, sodass nur Ereignisse von kataklysmischer Dimension als Auslöser infrage kommen. Dies sind zum Beispiel Verschmelzungen von zwei Schwarzen Löchern, für die Gravitationswellen tatsächlich zum ersten Mal 2015 direkt nachgewiesen wurden. Auch die Verschmelzung von zwei Neutronensternen erzeugt Gravitationswellen, die mit modernen Detektoren wie dem Advanced-LIGO-Detektor nachgewiesen werden können, vorausgesetzt, die Verschmelzung ereignet sich nicht zu weit von uns entfernt. Dies ist mithilfe von LIGO im August 2017 gelungen. Das Beobachtungsprinzip von LIGO beruht auf der Laserinterferometrie, realisiert an zwei Orten (Hanford, Washington und Livingston, Louisiana), die 3000 km auseinander liegen (Abbildung 7.25). Jedes der beiden LIGO-Interferometer besteht aus zwei 4 km langen Armen, die im rechten Winkel zueinander stehen. Ein Laserstrahl läuft entlang der beiden Arme und wird an deren Ende von einem Spiegel reflektiert. Trifft eine Gravitationswelle auf den Detektor, so bringt das damit verbundene Dehnen und Quetschen des Raumes die Interferometerarme dazu, sich abwechselnd zu strecken oder zu schrumpfen, wobei der eine Arm länger wird, während der andere

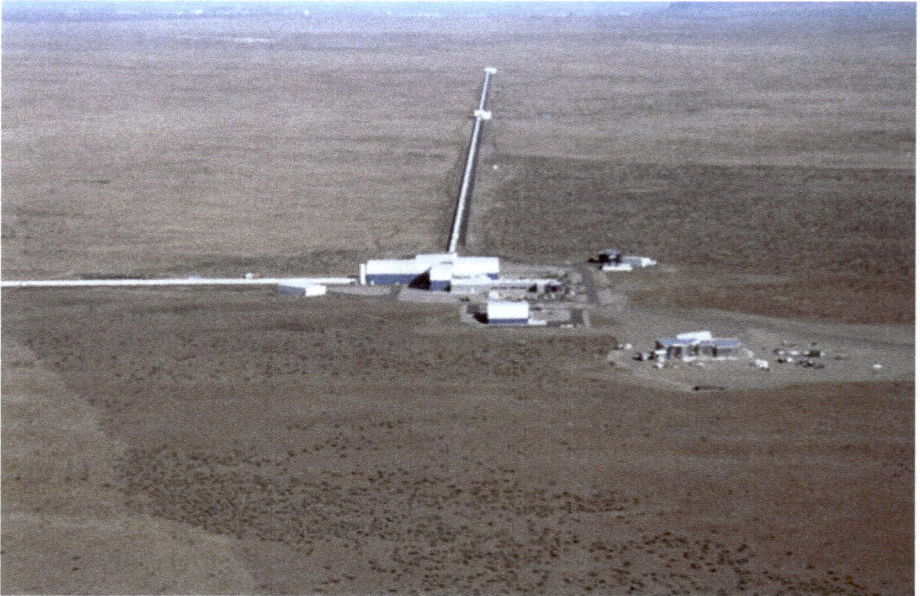

**Abb. 7.25:** Standort des LIGO-Gravitationswellendetektors in Hanford im Bundesstaat Washington; der zweite Standort ist 3000 km entfernt in Livingston, Louisiana. In den beiden langgestreckten zueinander rechtwinkligen Gebäuden befinden sich die 4 km langen Laufstrecken der Laserstrahlen, die zusammen das Interferometer bilden.

sich verkürzt, und umgekehrt. Die entgegengesetzte Änderung der Länge der Arme bedeutet aber auch, dass der Laserstrahl, der entlang der Arme läuft, in beiden nun geringfügig verschiedene Zeiten braucht, um diese zu durchqueren. Die beiden Strahlen kommen also durch die Wirkung der Gravitationswellen außer Phase, sodass es zu einem Interferenzmuster kommt, wenn man die Strahlen überlagert. Dieses Muster ist charakteristisch für das astrophysikalische Ereignis, das die Gravitationswellen erzeugt hat. Der zu beobachtende Effekt ist jedoch sehr klein, denn man erwartet, dass die durch die nachzuweisenden Gravitationswellen erzeugte Dehnung der Arme in etwa dem 10000. Teil des Protonenradius entspricht. Auf die Länge der Arme bezogen hat somit der Advanced-LIGO-Detektor eine Sensitivität von einem Teil in $10^{22}$ (10 Trilliarden). LIGO ist somit sicherlich eines der technisch ausgeklügeltsten Geräte, die je entwickelt worden sind. Natürlich ist es äußerst schwierig, ein gesuchtes Ereignis von unerwünschtem Hintergrund zu trennen. Dies ist unter anderen ein Grund, warum LIGO aus zwei weit entfernten Teilen besteht, denn ein astrophysikalisches Ereignis sollte in beiden Interferometern zu zeitlich leicht verschobenen, aber sonst identischen Signalen führen.[5]

---

5 Gravitationswellen breiten sich mit Lichtgeschwindigkeit aus und brauchen deshalb 10 Millisekunden um den Abstand zwischen den beiden Interferometern zurückzulegen. Dieser Abstand ist aber ver-

Es ist also eine notwendige Bedingung, dass beide Interferometer das gleiche Signal im erwarteten Zeitabstand nachweisen. Bei GW170817 wurde das Signal auch, allerdings mit einer deutlich schlechteren Sensitivität vom Advanced-Virgo-Detektor aufgefangen. Dieser Detektor mit Armlängen von 3 km steht in Santo Stefano a Macerata in der Toskana. Die Beobachtung von GW170817 durch die Advanced-LIGO- und Virgo-Detektoren war ein extremer Glücksfall, da Virgo erst am 1. August 2017 seine Arbeit aufnahm, während die zweite Beobachtungsphase von LIGO Ende August 2017 zu Ende ging, um die Nachweisempfindlichkeit des Detektors noch weiter zu erhöhen. Der gemeinsame Nachweismonat, August 2017, wurde also optimal genutzt.

Die Neutronensterne erzeugen schon während der Annäherung Gravitationswellen, die während der Schlussphase beobachtet werden können. Da dann die Bahnen kreisförmig sind, entspricht die Frequenz der Gravitationswellen bei Neutronensternpaaren mit etwa gleicher Masse etwa dem Doppelten der Umlaufperiode. Mit wachsender Annäherung verschiebt sich das Signal zu höheren Frequenzen, da die Umlaufzeit kürzer wird. Gleichzeitig wird die Raum-Zeit stärker verzerrt, sodass die Amplitude des Signals ansteigt. Da dieses Verhalten an das Zwitschern von Vögeln erinnert, nennt man das Signal „chirp" (Englisch für Zwitschern). Es sei angemerkt, dass das Signal allgemein mit der Masse der beteiligten Neutronensterne wächst. Je näher sich die beiden Neutronensterne kommen, desto stärker ist deren Verformung, die von den Gezeitenkräften hervorgerufen wird. Dieser Effekt beschleunigt den Prozess und sorgt dafür, dass die eigentliche Verschmelzung bei deutlich höheren Frequenzen passiert als ohne den Gezeiteneffekt. Durch die Abhängigkeit von den Gezeitenkräften ist das Signal auch indirekt sensitiv auf die Eigenschaften von Kernmaterie bei hohen Dichten, die die innere Struktur der Neutronensterne bestimmt. Dies ist in der Abbildung 7.26 illustriert, die das in numerischen Simulationen gewonnene Gravitationssignal einer Neutronensternverschmelzung für zwei unterschiedliche Zustandsgleichungen der Kernmaterie zeigt. Die Unterschiede spiegeln sich in dieser Simulation hauptsächlich in Differenzen im Gravitationssignal nach der Verschmelzung wieder. Dies entspricht allerdings Signalen im Kilohertz-Bereich, wobei das stärkste Signal nach der Verschmelzung bei einer Frequenz von etwa 2,5 kHz erwartet wird. Dies liegt allerdings jenseits der Bandbreite, für die der LIGO-Detektor das GW170817-Ereignis nachweisen konnte, die auf den Bereich zwischen 30 und 600 Hz beschränkt war. Abbildung 7.27 zeigt diese wissenschaftlich bahnbrechende Beobachtung, in der der Chirp-Effekt deutlich sichtbar ist. Wegen der geringeren Nachweissensitivität war das Signal im Virgo-Detektor vorhanden, aber weniger deutlich ausgeprägt. Mit zukünftigen Gravitationswellendetektoren, wie dem in Europa diskutierten Einstein-Teleskop, wäre auch der Nachweis des Verschmelzungssignals möglich gewesen (siehe rechte Seite der Abbildung 7.26). Als Standorte für das Einstein-Teleskop werden Sardinien, das Dreiländereck um Aachen und

---

schwindend klein gegenüber den astrophysikalischen Dimensionen, sodass sich die Wellen über diese kurze Distanz nicht ändern.

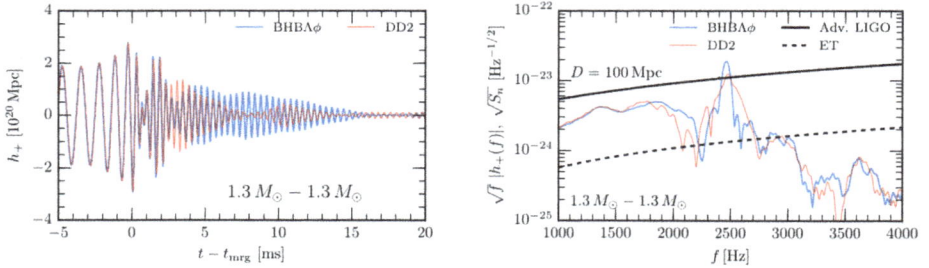

**Abb. 7.26:** Vorhersagen von Gravitationswelleneigenschaften in einer Simulation einer Neutronensternverschmelzung, in der beide Sterne die gleiche Masse von 1,3 Solarmassen haben. Die Rechnungen wurden mithilfe zweier unterschiedlicher Zustandsgleichungen durchgeführt. Die blauen Kurven zeigen die Ergebnisse, wenn nur „normale" nukleare Materie (Protonen und Neutronen) berücksichtigt wird, während die roten Kurven auf einer Zustandsgleichung basieren, die neben Protonen und Neutronen noch weitere Teilchen zulässt, die in ihrer Struktur auch ein Strange-Quark besitzen (Hyperonen). Diese Teilchen sind deutlich schwerer als Nukleonen, können aber bei hohen Dichten auftreten, wenn die Nukleonen bei auftretender Entartung effektiv schwerer werden, ähnlich den Elektronen. Das linke Bild zeigt die durch die Gravitationswellen ausgelöste Dehnung und Quetschung („strain"). Die Zeit $t = 0$ definiert die Verschmelzung. Bei positiven Zeiten, also nach der Verschmelzung, kommt es zu klaren Differenzen zwischen den Rechnungen mit unterschiedlicher Zustandsgleichung. Dies liegt zum Beispiel an Oszillationen, die der Feuerball ausführt, und die von den Eigenschaften der Kernmaterie abhängen. Die Oszillationen erzeugen auch das stärkste Gravitationswellensignal, das bei etwa 2,4 kHz liegt (rechtes Bild). Die Nach-Verschmelzungsphase wurde bei GW170817 nicht beobachtet. Die schwarze Linie skizziert die Sensitivität des jetzigen verbesserten LIGO-Detektors auf eine Neutronensternverschmelzung im Abstand von 100 Mpc. Die gestrichelte Linie deutet an, wie viel das zukünftige Einstein-Teleskop von diesem Signal nachweisen kann.

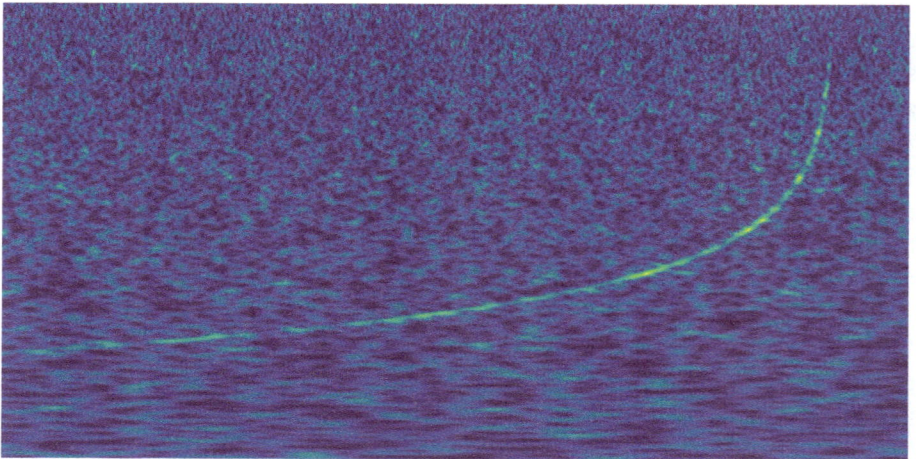

**Abb. 7.27:** Frequenzsignal der Neutronensternverschmelzung GW170817, beobachtet mit dem Advanced-LIGO-Detektor. Man sieht die Annäherungsphase der beiden Neutronensterne, während der die Amplitude des Signals (genannt „Chirp") kontinuierlich zunimmt. Der LIGO-Detektor konnte die eigentliche Verschmelzung nicht registrieren, da sie bei Frequenzen passierte, die jenseits der Bandbreite liegt, auf die der Detektor sensitiv ist. Beide LIGO-Interferometer wiesen das Signal nach.

die Lausitz diskutiert. Mit der deutlich gesteigerten Nachweisempfindlichkeit wird das Einstein-Teleskop die Beobachtung von Neutronensternverschmelzungen auch in ein kosmisches Labor zur Untersuchung der Eigenschaften von Kernmaterie verwandeln.

Für die Neutronensternverschmelzung GW170817 wurden die Signale hauptsächlich im Frequenzbereich zwischen 30 und 600 Hz detektiert. Dies entspricht in etwa den letzten 1300 Orbits des sich annähernden Doppelsternsystems. Das Signal wurde zuerst vom Virgo-Detektor in der Toskana entdeckt, dann 22 bzw. 25 Millisekunden später von den beiden LIGO-Interferometern in Louisiana und dann in Washington. Aus diesen Zeitverzögerungen konnte man den Ursprungsort der Wellen lokalisieren. Er befindet sich in 130 Millionen Lichtjahren Entfernung im Sternbild Hydra. Das Signal zeigt das erwartete „Chirp"-Muster (Abbildung 7.26), woraus sich mit guter Genauigkeit die Summe der Massen der beiden Neutronensterne als 2,75 ± 0,03 Solarmassen ergibt. Die Einzelmassen lassen sich aus dem Signal nur deutlich ungenauer bestimmen. Das Verhältnis der beiden Massen lässt sich für den Bereich zwischen 1,0 und 1,34 abschätzen. Die große wissenschaftliche Bedeutung des Ereignisses liegt allerdings darin, dass man auch andere Signale von dem gleichen Ereignis aufnehmen konnte. Dies gelang deshalb, weil die Gravitationswellendetektoren in ein Netz von unterschiedlichen Beobachtungsstationen auf der Erde und im Weltall eingebunden sind. Dieses wurde sofort nach Entdeckung des Gravitationswellensignals alarmiert und machte danach auch reiche wissenschaftliche Beute. Bevor wir auf diese Beobachtungen zurückkommen, wollen wir kurz erörtern, was die Simulationen über die Entwicklung nach der eigentlichen Verschmelzung von Neutronensternen aussagen. Diese Nach-Verschmelzungsphase von GW170817 konnte nicht durch die Gravitationswellen beobachtet werden.

Simulationen von Neutronensternverschmelzungen zeigen zwei Phasen von Materieausstoß, die man gewöhnlich voneinander trennt: eine frühe Phase, die man „dynamisch" nennt und in der Materie in der Äquatorialebene mit hoher Geschwindigkeit ausgestoßen wird, und eine zweite, längere Phase, genannt „säkular", die sich über den ganzen Raum einschließlich der Polregionen ausdehnt. Abbildung 7.28 skizziert die unterschiedlichen Ejektionsmechanismen. Dynamische Ejekta werden schon während der Verschmelzung durch Gezeitenkräfte abgestoßen. Ein zweiter Mechanismus tritt hinzu, wenn die beiden Neutronensterne in Berührung kommen und verschmelzen. Die Materie im Zentrum wird dabei stark verdichtet, bis etwa zum Doppelten des Sättigungswerts von Kernmaterie, und erhitzt. Dabei ist es wichtig, dass die Schallgeschwindigkeit in Kernmaterie unter diesen Bedingungen groß genug ist, sodass der innere Bereich in Kontakt bleibt und sich dort keine Stoßwellen ausbilden können. Diese entstehen allerdings an der Oberfläche der verschmelzenden Sterne und können ebenfalls zur Abstoßung von Materie führen. Es ist auch der Bereich um die Oberfläche, der bei der Verschmelzung am heißesten wird und Temperaturen von bis zu einer Billion Kelvin erreichen kann.

Die durch die Gezeitenkräfte und Stoßwellen abgestoßene Materie bildet eine Akkretionsscheibe um die zu einem Core verschmolzenen Neutronensterne. Durch deren Expansion verdünnt und kühlt sich die Materie. Bei den hohen Temperaturen in der

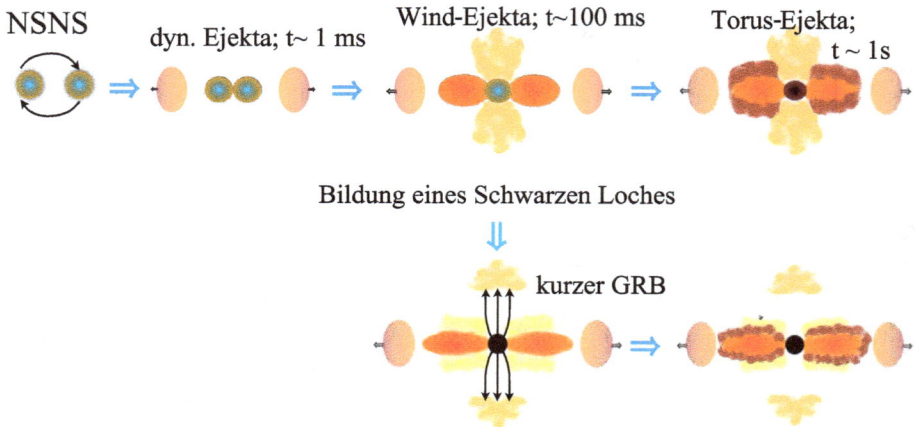

**Abb. 7.28:** Schematische Darstellung einer Neutronensternverschmelzung und ihrer Ejekta. Nach der Verschmelzung (Phase I) kommt es zunächst zur Ausstoßung der „dynamischen Ejekta" in der Äquatorialebene (Phase II). Es entwickelt sich eine Akkretionsscheibe, aus der etwas später „säkulare Materie" als Wind (Phase III) abgestoßen wird, bevor sich ein Materietorus von der Scheibe ablösen kann (Phase IV). Die säkulare Materie kann in alle Richtungen ejektiert werden. Das zentrale Objekt kann zunächst als „metastabiler" Neutronenstern existieren, bevor es zu einem Schwarzen Loch wird. Dabei kann es zu Ejektion von Materie als kurzer Gammablitz (GRB) kommen.

Nähe der Oberfläche kommt es auch zu starker Paarproduktion von Neutrinos, ähnlich der Diskussion bei einem neugeborenen Neutronenstern in einer Supernova. Allerdings ist die Materie noch zu dicht für die Neutrinos, um zu entkommen. Wieder analog zu einer Supernova, gibt es den Wettbewerb zwischen Neutrino-Absorption an Nukleonen und der Paarproduktion, der durch einen komplizierten Transportprozess beschrieben werden muss, bis die Neutrinos Dichten von einigen $10^{11}$ g/cm$^3$ erreichen, von wo aus sie dann ungestört entkommen können. Die Paarproduktion, die Neutrinos und Antineutrinos in gleicher Menge und mit gleichem Spektrum herstellt, hat eine höhere Temperaturabhängigkeit als die Absorption; sie entkoppelt deshalb schon bei etwa 100-mal höheren Dichten ($10^{13}$ g/cm$^3$). Danach ist die Materie der Akkretionsscheibe, die bei den hohen Temperaturen aus freien Protonen und Neutronen besteht, mit denen Neutrinos und Antineutrinos durch Absorption wechselwirken, „undemokratisch", denn es gibt deutlich mehr Neutronen, die nur mit Elektron-Neutrinos wechselwirken, als Protonen, die dies nur mit Antineutrinos machen. Als Konsequenz dieses Ungleichgewichts werden mehr Neutronen zu Protonen als umgekehrt. Das heißt, der Nettoeffekt der Wechselwirkung der Neutrinos, bevor sie freiströmend entweichen können, ist, dass sich das Proton-zu-Neutron-Verhältnis der Materie zuungunsten der Neutronen verschiebt. Dies ist nicht gut für einen R-Prozess, der ja eine Umgebung mit extremem Neutronenüberschuss verlangt. Der Effekt, den Neutrinos haben, hängt natürlich sehr stark davon ab, wie lange sie mit der Materie wechselwirken können, was wiederum davon abhängt, wie schnell sich die Materie verdünnt. Es wird aber deutlich, dass die

Berücksichtigung von Neutrino-Transport in den Simulationen zur Untersuchung des R-Prozesses wichtig ist.

Nach der Verschmelzung zu einem gemeinsamen Core, versucht dieser – wieder analog zum Proto-Neutronenstern in einer Supernova – zu kühlen. Dabei strahlt er einen Wind ab, durch den Materie auch in die Bereiche außerhalb der Akkretionsscheibe in der Äquatorialebene abgestoßen wird. Diese Materie hat kleinere Geschwindigkeiten, ihr Fluss dauert aber länger. Die Gesamtzahl der abgestrahlten Neutrinos ist allerdings deutlich kleiner als bei einer Supernova, da sich bei einer Neutronensternverschmelzung als Überbleibsel ein Schwarzes Loch und nicht ein Neutronenstern bildet, der durch Neutrino-Abstrahlung kühlt.

Das zu einem Core verschmolzene Innere kann für eine gewisse Zeit wegen der hohen Temperatur und der schnellen Rotation überleben, selbst wenn es die Maximalmasse für kalte, nicht-rotierende Neutronensterne überschreitet. Es kommt dann zu einer verzögerten Bildung eines Schwarzen Lochs. Die Dauer der Verzögerung hat einen starken Einfluss auf die Menge an Materie, die aus der Akkretionsscheibe abgestoßen wird. Ist sie kurz, wird ein großer Teil der Materie in der Scheibe vom Schwarzen Loch geschluckt. Dieser Anteil wird durch die Expansion der Scheibe kleiner, je größer die Verzögerung ist. Der Übergang zum Schwarzen Loch kann mit einem kurzen Strahlungsblitz (Short Gamma Ray Burst) verbunden sein, wie er bei GW170817 beobachtet wurde. Kollabieren die beiden Neutronensterne direkt zu einem Schwarzen Loch, so erwartet man, dass sie keine elektromagnetische Strahlung absondern, weil sich alle Materie schon innerhalb des Horizonts des Schwarzen Lochs befindet, bevor Photonen entrinnen können. Da von GW170817 ein elektromagnetisches Signal (die Kilonova) aufgefangen wurde, kann das im August 2017 detektierte Ereignis nicht zu einer prompten Bildung eines Schwarzen Lochs geführt haben, sodass sich für eine gewisse Zeit ein metastabiler Neutronenstern ausgebildet haben sollte.

Den Effekt der Neutrino-Wechselwirkung auf die Zusammensetzung der abgestoßenen Materie kann man der Abbildung 7.29 entnehmen. Diese zeigt die zeitliche Entwicklung einer Verschmelzung in sechs Schnappschüssen anhand von zweidimensionalen Projektionen der Dichteverteilung in der Äquatorialebene. Die Verteilungen wurden in dreidimensionalen Simulationen gewonnen, die die Neutrino-Wechselwirkung mit der Materie explizit berücksichtigten. Wie oben angedeutet, ist der Nettoeffekt der Absorption von Neutrinos an Nukleonen eine Erhöhung des Protonenanteils. Ist die ursprüngliche Materie der Neutronensterne extrem neutronenreich mit einem $Y_e$-Wert von 0,05, dies heißt, es kommt nur ein Proton auf 19 Neutronen, so vergrößert sich die Wechselwirkung mit den Neutrinos $Y_e$ auf etwa 0,3. Allerdings ist dies ein Mittelwert. Die ausgestoßene Materie verfügt über eine große Verteilung an $Y_e$-Werten zwischen extrem neutronenreichem Material ($Y_e < 0,1$) und Materie, die mehr Protonen als Neutronen aufweist ($Y_e > 0,5$). Man kann im Allgemeinen feststellen, dass die dynamischen Ejekta einen kleineren $Y_e$-Wert besitzen, während $Y_e$ für die säkularen Ejekta größer ist. Die beiden Komponenten unterscheiden sich auch durch ihre Geschwindigkeiten: Die dynamischen Ejekta sind deutlich schneller als die säkularen. Das Ergebnis

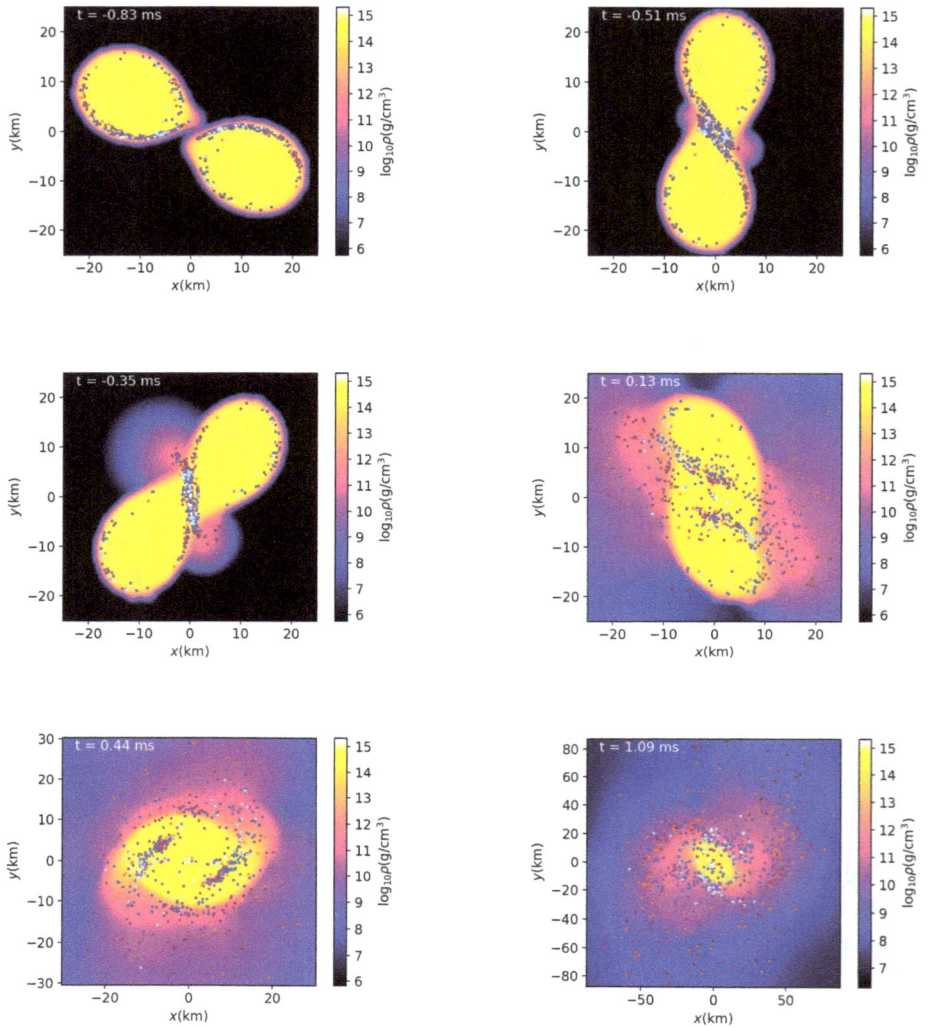

**Abb. 7.29:** Zweidimensionale Schnitte durch die Äquatorialebene einer dreidimensionalen Simulation einer Neutronensternverschmelzung. Gezeigt sind Dichteplots, nach der rechts am Bild gegebenen Farbskala. Die sechs Bilder zeigen die Verschmelzung zu verschiedenen Zeitpunkten. Für das letzte Bild wurde die räumliche Skala erweitert. Die Punkte in den Bildern verdeutlichen Massenelemente, die bei der Simulation ejektiert werden. Die Farben der Punkte charakterisieren das Proton-zu-Nukleon-Verhältnis $Y_e$ der Massenelemente: $Y_e$ = 0–0,1 (dunkelrot), 0,1–0,2 (rot), 0,2–0,3 (purpur), 0,3–0,4 (blau), 0,4–0,5 (hellblau) > 0,5 (weiß). Für die Abbildung wurden alle Massenelemente in die Äquatorialebene projiziert. Dies ist missverständlich, da die Massen mit großem $Y_e$-Wert meistens senkrecht zu der Ebene ausgestoßen werden.

der R-Prozess-Nukleosynthese hängt stark von diesen Parametern ab, da ein großer Neutronenüberschuss (kleiner $Y_e$-Wert) viele freie Neutronen zur Verfügung stellt, um auch die schwersten Kerne mit großer Häufigkeit zu produzieren. Es kommt somit entscheidend darauf an, wie groß die Massenanteile der ausgestoßenen Materie mit den unterschiedlichen $Y_e$-Werten sind, da am Ende über alle Massenanteile summiert werden muss. Aus der Sicht einer erfolgreichen R-Prozess-Nukleosynthese ist es ein großer Vorteil, wenn die Massenanteile mit großem Neutronenüberschuss dominieren. Diese stammen zumeist aus den dynamischen Ejekta.

Die in der Abbildung 7.29 gezeigten Ergebnisse beruhen auf Rechnungen mithilfe der sogenannten Smooth Particle Hydrodynamics (geglättete Teilchen-Hydrodynamik), die uns schon bei den Studien zu der Strukturbildung im frühen Universum begegnet ist. Die Grundlage dieser Methode sind Materie-„Kleckse" (oder Blobs), die durchaus bei Neutronenverschmelzungen einigen Erdmassen entsprechen. Eine Kunst ist es, die Blobs so zusammenzufügen, dass sie zu Beginn der Simulationen das gewünschte System mit seinen bekannten Eigenschaften – in unserem Fall zwei Neutronensterne auf ihrem Orbit einige Umläufe vor der Verschmelzung – wiedergeben. Diese Anfangskonfiguration wird dann zeitlich unter Wirkung der Kräfte zwischen den Materieklecksen entwickelt. Hierbei ändern sich die physikalischen Eigenschaften, die den Klecksen zugeordnet werden, wie Dichte, Temperatur, aber auch ihre Form und Zusammensetzung. Der letzte Aspekt spielt in der Simulation, auf der die Abbildung 7.29 beruht, eine besondere Rolle, da sie die Wechselwirkung der Materie mit Neutrinos explizit berücksichtigt. Bei der zeitlichen Entwicklung durchläuft jeder Materieklecks eine Trajektorie, die durch die Werte der physikalischen Größen wie Dichte, Temperatur und $Y_e$ zu jedem Zeitpunkt charakterisiert ist. Es ist dann so zu verstehen, dass die durch den „Klecks" beschriebene Materie zu dem bestimmten Zeitpunkt diese Eigenschaften hat. In den Simulationen der Verschmelzungen findet man, dass einige Materieblobs die gravitative Anziehung der verschmelzenden Neutronensterne überwinden können und somit ausgestoßen werden. Diese Materiekleckse entsprechen den Ejekta der Verschmelzung. Sie repräsentieren die Materie, in der die R-Prozess-Nukleosynthese ablaufen kann. Die abgestoßene Masse entspricht etwa einem Tausendstel bis zu einem Hundertstel einer Solarmasse. Sie hängt von der Gesamtmasse der Neutronensterne sowie deren relativem Masseverhältnis, aber auch von der nuklearen Zustandsgleichung ab.

Um den R-Prozess in einer Neutronensternverschmelzung konsistent mit den Simulationen zu untersuchen, führt man für jede Trajektorie, die einem abgestoßenen Materieklecks entspricht, eine Nukleosyntheserechnung durch. Das Ergebnis ist eine Häufigkeitsverteilung, die der Materie des Kleckses zugeordnet wird. Nachdem man dies für alle ejektierten Blobs gemacht hat, werden die individuellen Häufigkeitsverteilungen, gewichtet mit der dem Klecks zugeordneten Masse, aufaddiert.

Die Abbildung 7.30 zeigt Schnappschüsse einer solchen Simulation, die die Häufigkeitsverteilungen für die individuellen Trajektorien der dynamischen Ejekta an drei markanten Punkten der Nukleosynthese zeigt. Obwohl jede Trajektorie einen individuellen R-Prozess durchläuft, bei dem vor allem das durch den $Y_e$-Wert definierte

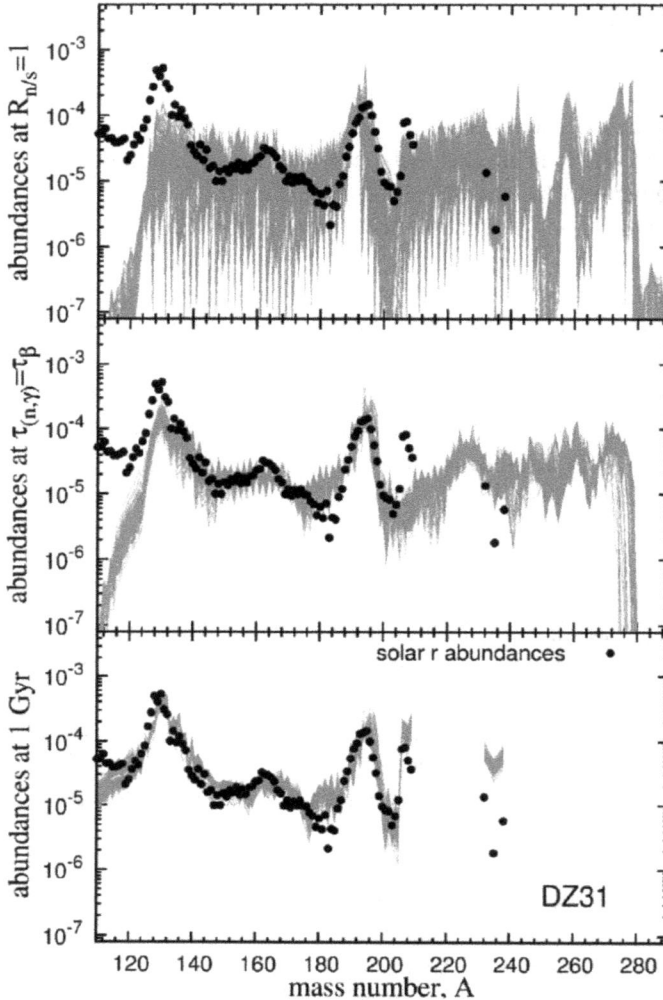

**Abb. 7.30:** Die zeitliche Entwicklung der R-Prozess-Nukleosynthese in den dynamischen Ejekta einer Neutronensternverschmelzung wird in drei Schnappschüssen gezeigt. Das obere Bild zeigt die temporäre Häufigkeitsverteilung (grau) nach etwa einer Sekunde, wenn das Neutron-zu-Saat-Verhältnis auf 1 gesunken ist. Ein großer Teil der Materie befindet sich in Kernen, die schwerer als diejenigen im dritten Maximum ($A \sim 195$) sind. Das mittlere Bild zeigt die Entwicklung nach etwa einem Tag, wenn die Zeitskalen für Beta-Zerfälle und Neutroneneinfang gleich groß geworden sind. Es sind nun viele der schwersten Kerne, oft durch Spaltung, zerfallen, wobei durch die Spaltprodukte das zweite R-Prozess-Maximum aufgefüllt wird. Das untere Bild zeigt die Häufigkeitsverteilung nach einer Milliarde Jahren. Die schweren Kerne sind nun alle zerfallen, bis auf die langlebigsten Thorium- und Uran-Isotope, deren Halbwertszeiten länger als eine Milliarde Jahre sind. Neben dem zweiten Maximum produziert der Zerfall auch die Häufigkeiten der stabilen Isotope in der Blei-Wismut-Gegend um $A \sim 208$, die die Endprodukte der Alpha- und Beta-Zerfallsketten sind. Die solare Häufigkeitsverteilung ist durch schwarze Punkte dargestellt. Die Simulation kombinierte eine dynamische Rechnung der Verschmelzung mit einem detaillierten Nukleosynthesenetzwerk.

Proton-zu-Neutron-Verhältnis der Materie eine wichtige Rolle spielt, teilen alle individuellen R-Prozesse in einer Neutronensternverschmelzung die gleichen Grundzüge. Die Materie befindet sich anfangs in einem extrem heißen Zustand von etwa 100 Millionen Kelvin. Unter diesen Bedingungen können Kerne nicht existieren und die Materie besteht aus freien Neutronen und Protonen. Diese werden mit Geschwindigkeiten von einem Zehntel Lichtgeschwindigkeit oder mehr abgestoßen und erreichen bald kühlere Regionen, in denen sich Nukleonen zu Kernen zusammenfügen können. Dabei entstehen zunächst Alphateilchen, darauf aufbauend durch fortgesetzte Reaktionen mit leichten Teilchen werden Kerne bis in die Eisen-Nickel-Zink-Gegend produziert. Man nennt dies den Alpha-Prozess. Es sei erwähnt, dass es wegen der Anwesenheit von Neutronen möglich ist, das Massenloch bei $A = 5$ und 8 ohne Formation des Hoyle-Zustands in der Triple-Alpha-Reaktion durch die unter den vorliegenden Bedingungen schnelleren $^4$He + $^4$He + n- und vielleicht sogar durch $^4$He + n + n-Reaktionen zu überwinden. Während der Alpha-Prozess schwerere Kerne mit höheren Ladungen (um $Z = 30$) produziert, dehnt sich die Materie weiter aus. Sie verdünnt sich dabei und wird kühler, sodass schließlich die vorherrschende Temperatur nicht ausreicht, dass geladene Teilchen, hauptsächlich Alphateilchen, die Coulomb-Barrieren der schon produzierten Kerne durchtunneln können. Die Sequenz von Fusionsreaktionen hat dann ihren Teil getan und hinterlässt eine Häufigkeitsverteilung von „Saatkernen" in der Eisen-Nickel-Zink-Massengegend. Entscheidend ist nun, dass neben diesen Saatkernen auch noch eine große Zahl an freien Neutronen übrig geblieben ist. Diese Zahl kann durchaus deutlich mehr als 100 Neutronen pro Saatkern betragen. Diese freien Neutronen zusammen mit den Saatkernen ist das Material, aus dem der R-Prozess nun durch die Sequenz von Neutroneneinfängen und Beta-Zerfällen die andere Hälfte der Isotope für die Elemente schwerer als Eisen und alle Transaktiniden produziert. Dass hierfür ein erheblicher Neutronenüberschuss benötigt wird, kann man sich durch die folgende Überlegung verdeutlichen. Um aus einem Saatkern wie $^{70}$Zr mit der Masse $A = 70$ und der Ladung $Z = 30$ $^{238}$U ($Z = 92$) werden zu lassen, muss man dem Saatkern 168 Neutronen hinzufügen, da nur der Einfang von Neutronen die Massenzahl erhöht. Von den Neutronen werden sich dann 62 in Protonen umwandeln. Im Allgemeinen gilt: je kleiner $Y_e$, desto mehr freie Neutronen stehen pro Saatkern zur Verfügung. Simulationen zeigen auch, dass die relativen Häufigkeiten der Elemente im dritten R-Prozess-Peak, zum Beispiel Gold und Platin, zu denen im zweiten Maximum, wie Silber, zunimmt, je kleiner $Y_e$ ist.

Betrachten wir die drei Schnappschüsse der Abbildung 7.30, die die Entwicklung des R-Prozesses an drei markanten Punkten zeigt. Das obere Bild stellt die Häufigkeitsverteilung zu dem Zeitpunkt dar, an dem das Neutron-zu-Saatkern-Verhältnis auf eins gesunken ist, das heißt, die meisten Neutronen schon in Kernen eingefangen worden sind. Um diesen Punkt der Entwicklung zu erreichen, benötigt der R-Prozess etwa eine Sekunde. Mehrere Beobachtungen sind erwähnenswert. Vergleicht man die beiden R-Prozess-Maxima bei $A \sim 130$ und 195, so fällt auf, dass die temporäre Verteilung schon den finalen Häufigkeiten im dritten Maximum gut entspricht. Hier spielen die neutronenreichen Kerne mit der magischen Neutronenzahl $N = 126$ in der Tat die Rolle von

Wartepunkten, wie wir es oben als Begründung für das Entstehen von Häufigkeitsmaxima beschrieben habe. Eine Voraussetzung in unserer Diskussion war die Existenz eines Gleichgewichts zwischen den Neutroneneinfangreaktionen und ihren inversen Reaktionen, der Photodissoziation von Neutronen. Dieses Gleichgewicht setzt voraus, dass die Temperatur recht hoch ist, etwa 800 Millionen Kelvin oder etwas mehr. Das Gleichgewicht $(n, \gamma) \leftrightarrow (\gamma, n)$ liegt in der Tat während des R-Prozesses in den dynamischen Ejekta vor. Allerdings braucht die schnell wegfliegende Materie laufend Energienachschub, um die nötige Temperatur halten zu können. Diese Energie wird vom R-Prozess selbst produziert und stammt aus den vielen Beta-Zerfällen, bei denen nur ein Teil der freigesetzten Energie durch Neutrinos verloren geht, während der Energieanteil, der beim Zerfall auf die Elektronen (und Photonen, falls der Zerfall zu angeregten Zuständen im Tochterkern führt) übertragen wird, zum Heizen der Materie zur Verfügung steht. Das Verhalten bei den R-Prozess-Kernen mit der magischen Neutronenzahl $N = 82$ ist in der in Abbildung 7.30 gezeigten Simulation auffallend anders als bei denjenigen mit $N = 126$. Auch hier kommt es zwar im ersten Schnappschuss zu einer Andeutung eines Maximums, dessen Struktur allerdings nicht demjenigen in der solaren Häufigkeitsverteilung (schwarze Punkte in der Abbildung) entspricht. Dies liegt daran, dass der R-Prozess wegen des extremen Neutronenüberschusses (sehr kleinem $Y_e$-Wert) die magische Neutronenzahl $N = 82$ bei Kernen mit sehr großem Neutronenüberschuss passiert, für die die Halbwertszeiten auch recht kurz sind, von der Größenordnung weniger Millisekunden. Dies ist nicht viel länger als die typischen Halbwertszeiten der Kerne zwischen den magischen Neutronenzahlen. In der Abbildung 7.30 fällt auch auf, dass der R-Prozess viele Kerne, die schwerer als Uran sind, produziert. In der Tat erreicht die Produktion die Neutronenzahl von $N = 184$, die in Modellen als die nächste magische Neutronenzahl identifiziert wird. Sie ist allerdings noch nicht in Kernen, die künstlich im Labor hergestellt werden konnten, erreicht worden.

Wenn der R-Prozess die Kerne mit der potentiellen magischen Neutronenzahl $N = 184$ erreicht, gilt immer noch das Gleichgewicht $(n, \gamma) \leftrightarrow (\gamma, n)$, sodass es auch hier zu einem Stau von Materie kommt, da die Kerne mit $N = 185$ Neutronen eine reduzierte Neutronenseparationsenergie haben und somit gegen das heiße Photonenbad nicht bestehen können. Dies entspricht der Situation an den anderen R-Prozess-Wartepunkten. Bei $N = 184$ tritt allerdings noch ein anderer Effekt auf, der das Geschehen verändert. Wie oben betont, unterliegen Kerne schwerer als Blei auch der Spaltung. Die Fortsetzung des R-Prozess-Pfads hängt somit davon ab, ob der Beta-Zerfall schneller verläuft als die Spaltung. Gewinnt der Beta-Zerfall bis Kerne erreicht sind, die im $(n, \gamma) \leftrightarrow (\gamma, n)$-Gleichgewicht weiteren Neutroneneinfang ermöglichen, so setzt sich der Materiefluss zu schwereren Kernen fort. Ist allerdings die Spaltung schneller, so wird der Materiefluss zurückgeschaufelt zu zwei mittelschweren Kernen (den Spaltprodukten) und der Fluss zu schwereren Kernen endet. Da die Halbwertszeiten für Beta-Zerfälle länger werden, je mehr man sich dem Tal der Stabilität nähert, so verschiebt sich der Wettbewerb zwischen den beiden Zerfallsmoden zugunsten der Spaltung. Die R-Prozess-Simulation, die der Abbildung 7.30 zugrunde liegt, zeigt an, dass der Materiefluss die $N = 184$ Barriere nur geringfügig durchbrechen kann. Der Bruchpunkt zwischen Beta-Zerfall und Spaltung passiert bei Americium ($Z = 95$).

Alle Kerne schwerer als Blei und Wismut sind instabil und zerfallen durch unterschiedliche Moden (Beta-Zerfall, Alpha-Zerfall, Spaltung). In der ersten Sekunde hat der R-Prozess viele dieser instabilen Kerne produziert. Sie werden, gemäß ihrer individuellen Halbwertszeiten, zerfallen, wenn der für ihre Existenz notwendige Vorrat an freien Neutronen versiegt. Zwar produzieren Spaltprozesse auch freie Neutronen, aber dies reicht nicht aus, um den Zerfall der Kerne zur Stabilität aufzuhalten. Dieser setzt etwa ein, wenn das Neutron-zu-Saatkern-Verhältnis unter den Wert 1, der dem oberen Bild in der Abbildung 7.30 zugrunde liegt, sinkt. Das mittlere Bild zeigt einen Schnappschuss während der Zerfallsperiode. Es ist aufgenommen, wenn die mittleren Zeiten für Neutroneneinfang und Beta-Zerfall etwa gleich sind. Dies ist ungefähr nach einem Tag erreicht. Es fällt vor allem auf, dass durch die Zerfälle und das Abkühlen der Materie die starken Schwankungen in der Häufigkeitsverteilung abgebaut werden. Allerdings befindet sich auch zu diesem Zeitpunkt noch sehr viel Materie in instabilen Kernen schwerer als Blei. Dieses Material zerfällt auf Zeitskalen, die länger sind als ein Tag, was man durch Vergleich des mittleren mit dem unteren Schnappschuss ersieht. Der untere zeigt die R-Prozess-Häufigkeitsverteilung nach einer Milliarde Jahre. Beim Zerfall spielen zwei Mechanismen eine entscheidende Rolle. Die Spaltung erzeugt zwei mittelschwere Kerne, wobei bevorzugt ein Spaltfragment um den speziellen Kern $^{132}$Sn, der sowohl eine magische Protonenzahl ($Z = 50$) als auch eine magische Neutronenzahl ($N = 82$) besitzt, erzeugt wird. Als Konsequenz dieser Bevorzugung füllt die Spaltung von schweren Kernen, etwa im Massenbereich $A = 240$–$280$, das zweite Häufigkeitsmaximum um $A = 130$ auf. Beta-Zerfälle wandeln Neutronen in Protonen, bei gleichbleibender Massenzahl $A$, um, während Alpha-Zerfälle die Massenzahl von $A$ auf $A - 4$ reduzieren. Zusammen sorgen sie dafür, dass schwere Kerne zumeist in Blei umgewandelt werden. Man sieht dies deutlich im unteren Schnappschuss, der nach dem Zerfall der schweren Kerne ein klares Anwachsen der drei stabilen Isotope im Massenbereich um $^{208}$Pb zeigt. Letztendlich sei auf die drei Isotope $^{232}$Th, $^{235}$U und $^{238}$U hingewiesen, deren Halbwertszeiten so lang sind, dass sie nach einer Milliarde Jahren noch nicht hinreichend zerfallen sind, um den solaren Werten zu entsprechen.

Wie oben diskutiert, bestimmt die Wechselwirkung der ejizierten Materie mit Neutrinos und Anti-Neutrinos das Proton-zu-Nukleon-Verhältnis, was ein entscheidender Faktor für die Nukleosynthese ist, die diese Materie erfährt. Der $Y_e$-Wert kann dabei stark variieren, abhängig davon, ob es sich um dynamische oder säkulare Ejekta handelt und ob die Materie in der Akkretionsscheibe oder in einem Winkel zu ihr ausgestoßen wurde. Die linke Seite der Abbildung 7.31 zeigt, wie groß die Massenanteile sind, die mit einem bestimmten $Y_e$-Wert ejiziert werden. Diese Verteilungen decken die gesamte Bandbreite von Materie mit extremem Neutronenüberschuss ($Y_e < 0{,}1$) bis zu symmetrischer Materie ($Y_e = 0{,}5$) ab. Die Verteilung hängt auch leicht von der benutzten Zustandsgleichung ab. Haben die beiden Neutronensterne die gleiche Masse, so ist die Verteilung leicht zu größeren Werten hin verschoben als für Verschmelzungen mit einer

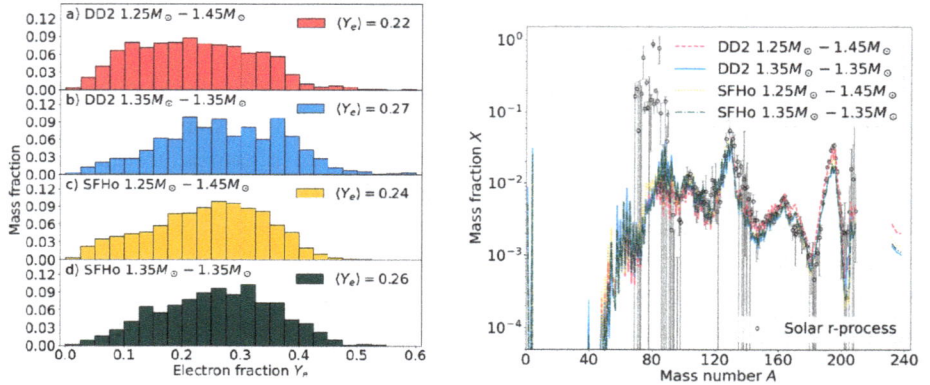

**Abb. 7.31:** (links) Neutrino-Wechselwirkungen mit der Materie erzeugen in der ejektierten Materie eine breite Verteilung von $Y_e$-Werten. Die linke Abbildung zeigt die Massenanteile als Funktion von $Y_e$, wie sie sich in einer modernen Simulation einer Neutronensternverschmelzung ergibt. Die Rechnungen sind für unterschiedliche Zustandsgleichungen der Kernmaterie (DD2, SFHo) und verschiedene Massenkombinationen der Neutronensterne durchgeführt worden. Das rechte Bild vergleicht die mit diesen $Y_e$-Verteilungen erzielten R-Prozess-Häufigkeiten mit den beobachteten Werten.

**Massenasymmetrie.** Grob kann man sagen, dass Materie mit $Y_e < 0{,}2$ einen R-Prozess bis einschließlich des dritten Maximums ermöglicht. Einen „schwachen R-Prozess" erwartet man, wenn $Y_e \sim 0{,}25$ ist. Dieser produziert dann R-Prozess-Kerne im zweiten Maximum und Lanthanide, aber keine bedeutende Menge von Kernen im dritten Maximum. Materie mit $Y_e \sim 0{,}4$ synthetisiert nur Elemente bis zum ersten Maximum um $A = 80$. Natürlich hängt das Ergebnis der Nukleosynthese noch von anderen Eigenschaften der ejektierten Materie ab, wie ihrer Geschwindigkeit oder der zeitlichen Entwicklung der Dichte und Temperatur.

Der rechte Teil der Abbildung 7.31 zeigt die finale Häufigkeitsverteilung für R-Prozess-Simulationen in Neutronensternverschmelzungen, wobei über die Ergebnisse der Nukleosynthese von allen ejektierten Massentrajektorien summiert wurde. Die solare Häufigkeitsverteilung wird in ihrer Grundstruktur sehr zufriedenstellend reproduziert. Die Unterschiede, die durch die benutzten Zustandsgleichungen oder die unterschiedlichen Massen der Neutronensterne erzeugt werden, sind recht klein.

Viele der bei der Neutronensternverschmelzung ejektierten Kerne sind instabil und zerfallen nach dem Ausstoßen mit ihrer charakteristischen Halbwertszeit. Diese Alpha- und Beta-Zerfälle erzeugen Energie, die das ejektierte Material aufheizt. Im Allgemeinen ist die bei einem Zerfall freigesetzte Energie weit größer als die Temperatur der Umgebung, aber durch unterschiedliche Wechselwirkungen werden die beim Zerfall erzeugten Photonen und Teilchen sehr schnell mit der Umgebung thermalisiert. Wenn die Umgebung genügend „dünn" geworden ist, können Photonen entweichen. Es entsteht ein elektromagnetisches Signal, das von GW170817 beobachtet worden ist, die sogenannte Kilonova.

Die Abbildung 7.32 zeigt die totale durch Kernzerfälle erzeugte Energie (links) und die davon erwartete Lichtkurve (rechts). Die Zeitabhängigkeit der Lichtkurve unterscheidet sich drastisch von der einer Supernova. Diese wird anfangs aus dem Zerfall eines einzigen Nuklids, $^{56}$Ni, betrieben und folgt deshalb einem exponentiellen Verlauf, der durch die Halbwertszeit von $^{56}$Ni (ungefähr 6 Tage) gegeben ist. Bei einer Kilonova tragen viele Kerne mit ihren Zerfällen von unterschiedlichen Halbwertszeiten von weniger als Sekunden bis zu Jahren zur Lichtkurve bei. Diese Überlagerung von Zerfällen spiegelt sich durch ein Potenzgesetz, und nicht durch ein Exponentialgesetz, wider. Das von Wissenschaftlern sieben Jahre vor der Beobachtung vorhergesagte Verhalten (blaue Kurve in der Abbildung 7.32) wurde durch die Beobachtung von GW170817 spektakulär bestätigt, wie die roten Punkte im rechten Teil der Abbildung zeigen.

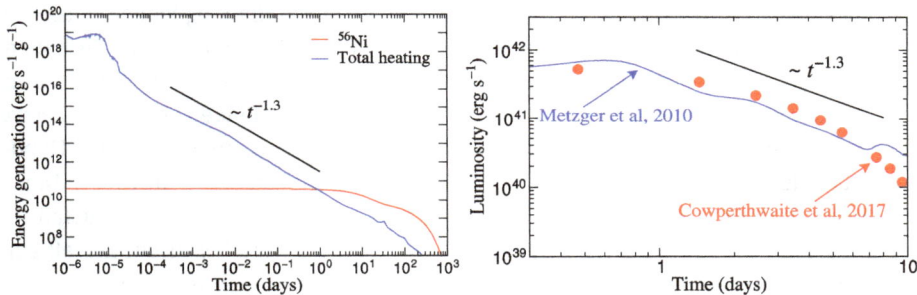

**Abb. 7.32:** (links) Zeitliche Entwicklung der Energiefreisetzung durch Kernzerfälle in einer Kilonova (blaue Kurve) im Vergleich zu derjenigen des Zerfalls von $^{56}$Ni, der bei einer Supernova in der Frühphase dominiert (rot). Das rechte Bild vergleicht die vorhergesagte Leuchtstärke des elektromagnetischen Signals (Kilonova) einer Neutronensternverschmelzung (blau) mit den beobachteten Daten des Ereignisses GW170817 (rote Punkte). Die Energieerzeugung und die Leuchtstärke einer Kilonova folgt angenähert einem Potenzgesetz ($\sim t^{-1/3}$).

Die Beobachtung von GW170817 zeigte auch eine Verschiebung der Frequenzen, unter der die Kilonova strahlte. Zunächst strahlte sie im optischen und ultravioletten Bereich (genannt blaue Kilonova) und verschob sich dann nach ein paar Tagen ins Infrarote (rote Kilonova). Auch diese Entwicklung war zuvor prognostiziert worden. Der Unterschied wird auf die Anwesenheit von Elementen mit hoher Ladungszahl (zusammenfassend als Lanthanide bezeichnet) zurückgeführt, die die Opazität für Photonen um mehrere Größenordnung erhöht. Unter Bedingungen mit hoher Opazität ist es für Photonen schwieriger, abgestrahlt zu werden. Da es hauptsächlich der $Y_e$-Wert ist, der über die Produktion von schweren Elementen in der Nukleosynthese entscheidet, kann die Beobachtung der blauen und roten Komponenten so interpretiert werden, dass die bei der Verschmelzung ejektierte Materie eine große Breite an Komposition mit unterschiedlichen $Y_e$-Werten hatte, wie dies von den Simulationen angezeigt wird.

Bei einer Neutronensternverschmelzung schießt der R-Prozess bei der Produktion der schweren Elemente weit über den Bereich der Elemente bis Uran hinaus, die stabil oder wenigstens extrem langlebig sind. Ist es möglich, dass der Zerfall dieser ultraschweren Kerne auch einige produziert, die zu den superschweren Elementen (mit $Z > 94$) gehören und die bislang nur künstlich im Labor erzeugt wurden?.[6] Von besonderem Interesse sind hierbei die Elemente in der sogenannten „Insel der Stabilität". Diese Insel wird theoretisch vorhergesagt und mit magischen Protonen- und Neutronenzahlen in Verbindung gebracht. Über die Neutronenzahl gibt es allgemeine Übereinstimmung, $N = 184$. Die potentielle magische Protonenzahl ist weniger gut bekannt. Sie wird zwischen $Z = 114$ und 126 vermutet. Die künstlich hergestellten superschweren Kerne zeigen die Tendenz, dass die Halbwertszeiten anwachsen, je näher man in einer Isotopenkette, also bei konstanter Ladungszahl $Z$, der magischen Neutronenzahl $N = 184$ kommt. Dies kann als experimentelle Evidenz gewertet werden, dass es eine Insel langlebiger Kerne geben könnte. Wo sie genau liegt und wie lang dort die Halbwertszeiten werden können, ist noch eine offene Frage. Motiviert durch die Möglichkeit, dass der R-Prozess solche langlebigen superschweren Elemente im Universum gemacht haben könnte, hat es dedizierte Suchen in Gesteinsproben auf der Erde, in Meteoriten und Sternspektren gegeben, allerdings bislang ohne überzeugende Evidenz für die Existenz solcher superschweren Kerne. Auch theoretische Überlegungen unterstützen die Hypothese, dass der R-Prozess keine langlebigen superschweren Elemente synthesiert. Diese Vermutung basiert auf dem Argument, dass alle während des R-Prozesses entstandenen superschweren Kerne mit extremem Neutronenüberschuss bei ihrem Zerfall zur Stabilität Gebiete der Nuklidkarte durchqueren müssen, in denen nach den heutigen Modellvorstellungen Kernspaltung der schnellste Zerfallsmechanismus ist. Die Spaltung überführt dann diese Kerne in zwei mittelschwere Fragmente, was die Produktion von langlebigen superschweren Elementen verhindert.

Zwei schwere Kerne, die der R-Prozess produziert, sind $^{232}$Th und $^{238}$U. Beide haben Halbwertszeiten (14,1 bzw. 4,5 Milliarden Jahre), die mit dem Alter des Universums konkurrieren. Sie können also als Uhren für Prozesse im frühen Universum benutzt werden. Die Idee dabei ist folgende: Beide Kerne werden durch den R-Prozess produziert. Da es sich bei dem Paar um Kerne handelt, die in der Nuklidkarte benachbart sind, sollten die Unsicherheiten in den Simulationen sich größtenteils herausmitteln, wenn man das Produktionsverhältnis der beiden Kerne betrachtet. Nimmt man ferner an, dass ein R-Prozess in der Frühphase des Universums abgelaufen ist und zur Komposition von Materie beigetragen hat, aus der sich dann ein Stern gebildet hat, so sollten beide Kerne in der Atmosphäre des Sterns noch heute vorliegen. Allerdings hat sich das Verhältnis der beiden Häufigkeiten gemäß den beiden Halbwertszeiten zugunsten des längerlebigen $^{232}$Th verschoben. Aus der Veränderung des Verhältnisses lässt sich somit darauf zurückschließen, vor wie vielen Jahren die beiden Kerne ursprünglich produ-

---

6 Nach superschweren Elementen wurde auch im Fall-out von Atomwaffentests gesucht, in dem auch schnelle Neutroneneinfänge ablaufen, die man vielleicht als einen „kleinen" R-Prozess interpretieren kann. Es wurden hierbei Elemente bis zum Einsteinium gefunden.

ziert wurden. Um diese kosmische Uhr, genannt „Cosmochronometer", anzuwenden, ist es somit nur noch notwendig, beide langlebigen Kerne in der Atmosphäre von alten Sternen nachzuweisen und ihre jetzige relative Häufigkeit zu bestimmen. Dies ist für drei Sterne tatsächlich realisiert worden. Diese gehören zu 13 alten Sternen, für die es mithilfe des Hubble-Space-Teleskops gelungen ist, die individuellen Häufigkeiten von vielen R-Prozess-Elementen in deren Atmosphäre zu bestimmen (siehe Abbildung 7.33). Diese Sterne haben eine relative Häufigkeit von Eisen zu Wasserstoff, die mindestens um einen Faktor 1000 kleiner ist als das solare Verhältnis. Man nennt solche Sterne „sehr metallarm". Die geringe Häufigkeit von Eisen lässt darauf schließen, dass nur

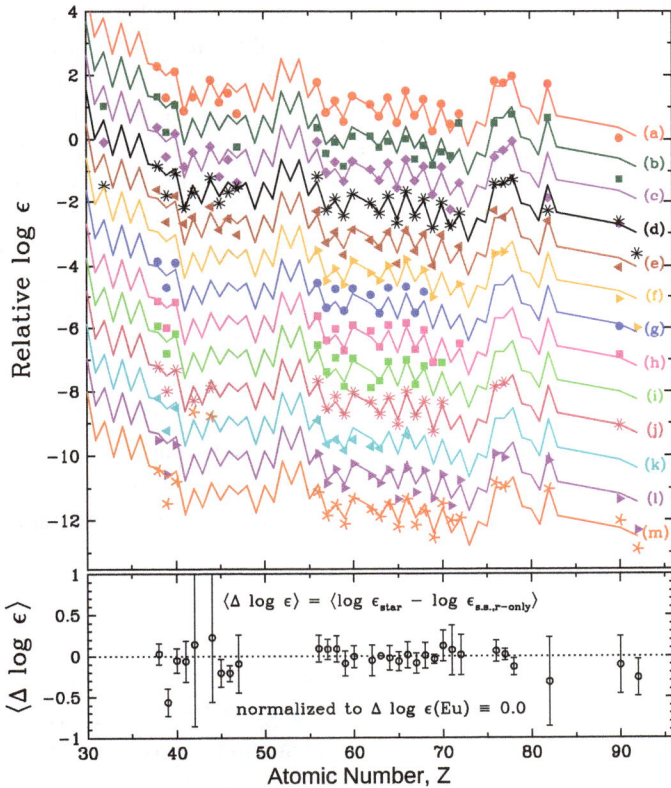

**Abb. 7.33:** Beobachtete relative R-Prozess-Häufigkeiten in sehr alten, metallarmen Sternen, dargestellt durch unterschiedliche Symbole. Die durchgezogenen Linien repräsentieren die solaren Häufigkeiten. Die unterschiedlichen Sterne sind durch verschiedene Farben dargestellt; die Kurven sind zur besseren Übersicht gegeneinander verschoben. Das bemerkenswerte Resultat ist, dass die relativen Häufigkeiten in den alten Sternen mit den solaren, über viele Sterngenerationen gemittelten Beiträgen sehr gut übereinstimmen. Der untere Teil der Abbildung zeigt die relative Abweichung vom solaren Wert, gemittelt über die beobachteten Sterne und in logarithmischer Darstellung. Für die mit den Buchstaben (d), (f) und (m) gekennzeichneten Sternen konnten auch die Häufigkeiten von Thorium und Uran bestimmt werden, sodass diese Sterne als Cosmochronometer dienen.

sehr wenige Supernovae zur Komposition der Geburtsmaterie der Sterne beigetragen haben. Dies ist ein Indiz dafür, dass die Sterne sehr alt sind und aus der Frühphase unserer Galaxie stammen. Man schätzt, dass Sterne mit einem tausendfach kleineren Eisen-zu-Wasserstoff-Verhältnis als der solare Wert in den ersten 10 Millionen Jahren nach Entstehen unserer Galaxie entstanden sind. Das Bemerkenswerteste der Spektren dieser sehr metallarmen, alten Sterne ist, dass die beobachteten relativen Häufigkeiten der schweren R-Prozess-Elemente ziemlich genau den solaren Häufigkeiten folgen. Natürlich sind die absoluten Häufigkeiten, wie auch für Eisen, deutlich kleiner als in der solaren Verteilung, die ja eine Summe vieler Ereignisse über die Geschichte der Galaxie darstellt. Dass die individuellen frühen Ereignisse kaum Variationen in den relativen Häufigkeiten der schweren R-Prozess-Elemente zeigen und dass diese auch noch mit der Summe der Ereignisse in der Entwicklung unserer Galaxie übereinstimmen, legt den Schluss nahe, dass die astrophysikalische Quelle, die die schweren R-Prozess-Elemente produziert, dies immer mit fast der gleichen relativen Häufigkeitsverteilung macht. Der R-Prozess der schweren Elemente wäre somit ein robuster Prozess, der in seiner relativen Produktion nur wenig Variationen zulässt. Neutronensternverschmelzungen scheinen recht robuste Häufigkeitsverteilungen der schweren R-Prozess-Elemente zu liefern.

Die Robustheit bedeutet auch, dass das in R-Prozess-Simulationen gefundene Verhältnis von $^{232}$Th zu $^{238}$U wenig von den in Simulationen angenommenen Parametern abhängen sollte. Dies hilft, um das Verhältnis als kosmische Uhr zu benutzen. Benutzt man das in R-Prozess-Simulationen berechnete Produktionsverhältnis von $^{232}$Th und $^{238}$U als Startwert des Cosmochronometers und vergleicht dies mit dem in den alten Sternen beobachteten Verhältnis, so findet man, dass etwa 12–14 Milliarden Jahre vergangen sein müssen, seit die Uhr gestartet wurde. Dies stimmt mit dem Zeitpunkt der Galaxienbildung im frühen Universum überein. Leider ist die Beobachtung der Uranlinien in Sternatmosphären sehr schwierig, da sie von Eisenlinien, die viel stärker sind, überlagert werden.

## 7.4 Die kernphysikalische Zukunft

Die Beobachtung von GW170817 und seine Identifizierung als Neutronensternverschmelzung und als Produktionsstätte von schweren Elementen im Universum haben dem Feld in seinen unterschiedlichen Aspekten einen ungeheuerlichen Auftrieb verliehen, der die gesamte Kette von der Simulation der Verschmelzung bis hin zu multidimensionalen Studien der Kilonova umfasst. Das Interesse wird wahrscheinlich in den kommenden Jahren noch wachsen, da mit dem verbesserten LIGO-Detektor, und später wahrscheinlich dem Einstein-Teleskop, sowie dem James-Webb-Teleskop außergewöhnliche Geräte zur Verfügung stehen, die sowohl die Beobachtung der Gravitationswellen sowie des elektromagnetischen Signals von einer Neutronensternverschmelzung auf eine neue Stufe heben. Die zukünftigen Beobachtungen der Gravitationswellen werden dann auch die Phase nach der Verschmelzung erfassen, von der man sich entscheidende

Informationen über die nukleare Zustandsgleichung, wie zum Beispiel über mögliche Phasenübergänge, erhofft. Das Webb-Teleskop kann Kilonovae in den infraroten Wellenlängen beobachten, die das Signal nach kurzer Zeit dominieren sollten. Das Ziel ist es hier, nach direkten Fingerabdrücken von schweren Elementen zu suchen, die in der Nukleosynthese der Verschmelzung abgelaufen sind.

Trotz all dieser aufregenden Aussichten für die Zukunft darf man nicht vergessen, dass die theoretischen Simulationen und ihre Vorhersagen nicht besser sein können als die kernphysikalischen Daten, die dabei benutzt werden, und diese basieren größtenteils auf theoretischen Modellen. Aber auch hier wird es in der Zukunft entscheidende Fortschritte geben.

Die kernphysikalischen Größen, die man bei der Simulation des R-Prozesses braucht, sind die Massen, Halbwertszeiten, Raten für Neutroneneinfang- und Spaltungsreaktionen sowie schließlich auch die Fragmentverteilungen, die bei den Spaltungen entstehen. Wie wir oben erwähnt haben, verläuft der R-Prozess in Neutronensternverschmelzungen bei so hohen Temperaturen ab, dass sich die Neutroneneinfänge mit ihren inversen Reaktionen, der Photodissoziation, im Gleichgewicht befinden. Dies hat zwei Konsequenzen: Zum einen spielen Neutroneneinfänge im R-Prozess erst dann eine Rolle, wenn das Gleichgewicht aus Mangel an freien Neutronen nicht mehr aufrechterhalten werden kann. Zum anderen werden die Isotope entlang des R-Prozess-Pfads im Gleichgewicht durch deren Neutronenseparationsenergie $S_n$ bestimmt, sodass bei gleicher Dichte und Temperatur der astrophysikalischen Umgebung das am häufigsten auftretende Nuklid in jeder Isotopenkette etwa den gleichen Wert von $S_n$ hat. Die Neutronenseparationsenergie für eine Reaktion, bei der sich der Kern $A + 1$ aus der Fusion des Kerns $A$ mit einem Neutron entsteht, ergibt sich aus der Massendifferenz $S_n = M_{A+1} - M_A - M_n$, wobei $M_{A+1}$, $M_A$, $M_n$ die Massen des finalen Kerns $A + 1$, des einfangenden Kerns $A$ und des Neutrons sind. Damit ergibt sich, dass man aus den Massen der Kerne die Neutronenseparationsenergie und im Gleichgewicht somit die häufigsten Isotope erschließen kann. Aber auch die Neutroneneinfangraten hängen sensitiv von den Separationsenergien ab, sodass man diese Größen auch dann kennen muss, wenn der R-Prozess nicht im $(n, \gamma) \leftrightarrow (\gamma, n)$-Gleichgewicht verläuft. Die Halbwertszeiten der Kerne auf dem Pfad entscheiden, wie schnell Materie von den Saatkernen zu den schweren Kernen transportiert wird. Es gilt: je länger die Halbwertszeit eines Kerns auf dem Pfad, desto mehr Material sammelt sich dort an. In dem Grenzfall, dass auch die Beta-Zerfälle ins Gleichgewicht gebracht werden, entsprechen die relativen Häufigkeiten dem Verhältnis der Halbwertszeiten. Bei sehr schweren Kernen erreicht der R-Prozess-Pfad schließlich Bereiche in der Nuklidkarte, in denen Spaltung wichtig wird und sogar der dominante Zerfallsmechanismus ist. Material, das in diese Bereiche vordringt, wird durch Spaltung in zwei mittelschwere Kerne transformiert, sodass es durch Spaltung einen Materierückfluss zu leichteren Kernen gibt. Wir haben oben erwähnt, dass Spaltung bei der Auffüllung des zweiten R-Prozess-Maximums von Bedeutung ist, wenn der R-Prozess in einer Neutronensternverschmelzung bei sehr kleinen $Y_e$-Werten abläuft.

Das Problem, dem man beim R-Prozess begegnet, ist, dass die Kerne auf dem Pfad so neutronenreich – und auch kurzlebig – sind, dass sie in der Natur nicht vorkommen und künstlich hergestellt werden müssen. Obwohl man dabei in den letzten Jahren bemerkenswerte Fortschritte erzielt hat, ist dies für die meisten Kerne bisher noch nicht gelungen. Kurzlebige neutronenreiche Kerne werden durch Kernreaktionen an Reaktoren oder Beschleunigeranlagen hergestellt. Es gibt hierbei drei unterschiedliche Methoden, die auf der Kernspaltung oder auf Spallations- und Fusionsreaktionen beruhen. Allen ist gemeinsam, dass sie als Endprodukt gleichzeitig viele verschiedene Nuklide liefern, aus denen der gewünschte neutronenreiche Kern, dessen Eigenschaften bestimmt werden soll, erst herausgefiltert werden muss. Dies gelingt mithilfe eines Separators, der aus einer Kombination von elektromagnetischen Geräten (Magnete) besteht. Ist der gewünschte Kern herausgefiltert, so wird er mithilfe einer Strahlführung zu den Experimentierplätzen geleitet, wo seine Masse oder Halbwertszeit (oder andere interessante Eigenschaften) bestimmt wird.

Neutronenreiche Kerne werden zum Beispiel als Spaltprodukte bei der neutroneninduzierten Spaltung von $^{235}$U erzeugt. Dieses Prinzip wurde zunächst am Ames-Laboratory-Research-Reaktor und dann später am Hochflussreaktor am Institute Laue Langevin (ILL) in Grenoble ausgenutzt, wobei die Spaltprodukte durch geeignete Separatoren – TRISTAN in Ames und LOHENGRIN am ILL – sortiert wurden.

In der Isotope-Separator-On-Line-Technik (ISOL-Technik) wird ein hochenergetischer Protonenstrahl auf ein Target geschossen, wobei durch Spallation kurzlebige Kerne erzeugt werden können. Die bekannteste ISOL-Anlage steht am CERN in Genf, genannt ISOLDE, und wird von einem 1-GeV-Protonenstrahl betrieben (Abbildung 7.34). Mithilfe unterschiedlicher Techniken und Targets ist es an ISOLDE in den letzten Jahrzehnten gelungen, instabile Kerne von etwa 70 verschiedenen Elementen zu erzeugen.

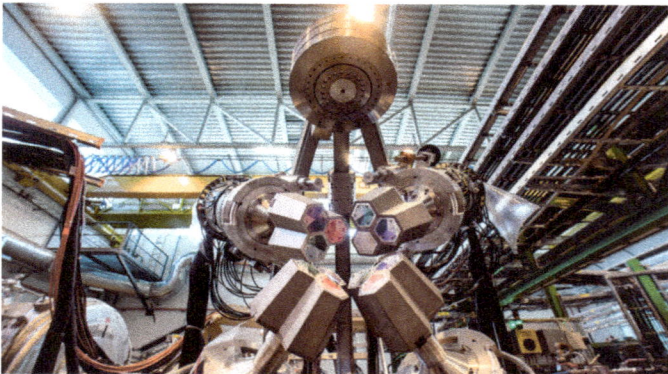

**Abb. 7.34:** Am CERN werden an der ISOLDE-Anlage seit einigen Jahrzehnten Strahlen kurzlebiger Isotope nach dem ISOL-Verfahren erzeugt und für kernphysikalische Experimente und Messungen bereitgestellt. An ISOLDE gelang es erstmals, Halbwertszeiten von R-Prozess-Kernen mit magischer Neutronenzahl ($N$ = 82) zu bestimmen.

Eine besondere Kunst ist es, die Spallationsfragmente aus dem Target zu lösen, was bei ISOLDE durch einen Dreiklang von Ionisation, Beschleunigung und dann Trennung nach Massen der Fragmente mithilfe starker Magneten erreicht wird. Allerdings kostet es etwas Zeit, die gewünschten instabilen Kerne aus dem Target zu lösen. Deshalb ist die ISOL-Technik für sehr kurzlebige Kerne nicht geeignet. Ein Höhepunkt der Experimente an ISOLDE war die Messung des ersten R-Prozess-Wartepunkts mit der magischen Neutronenzahl $N$ = 82, als die Halbwertszeit von $^{130}$Cd bestimmt wurde (siehe Abbildung 7.22).

Die Einschränkungen bei sehr kurzlebigen neutronenreichen Kernen, die bei ISOL-Anlagen ein Problem darstellen, werden bei der dritten Methode überwunden. Hier werden hochenergetische Strahlen schwerer Ionen auf ein Target geschossen, das zumeist aus leichteren Kernen besteht, wobei Projektil und Target in unterschiedlichste Fragmente zerlegt werden. Da das Projektil mit extrem hohen Geschwindigkeiten auf das Target trifft, bewegen sich, durch die Erhaltung des Impulses, die Fragmente in einem recht kleinen Winkelsegment in Vorwärtsrichtung (ursprüngliche Strahlrichtung). Sie treffen dann fast vollständig auf ein ausgeklügeltes System von Dipol- und Quadrupolmagneten, das die Fragmente wie durch ein Sieb nach ihrer Masse und Ladung sortiert. Durch die Wahl einer geeigneten Einstellung der Magneten ist es so möglich, nur einen bestimmten Kern, identifiziert durch Ladung $Z$ und Masse $A$, durchzulassen und für Experimente zur Verfügung zu stellen. Seit über 30 Jahren wird dieses Prinzip mithilfe des FRagmentSeparators FRS am GSI Helmholtzzentrum für Schwerionenforschung in Darmstadt erfolgreich angewandt, wobei zum Beispiel mit der Entdeckung und dem Studium der doppelmagischen Kerne $^{78}$Ni oder $^{100}$Sn oder des Protonenzerfalls von Kernen wissenschaftliches Neuland beschritten wurde. Am FRS wurden mittlerweile mehr als 400 Kernisotope erstmals hergestellt. Beim Studium der Kerne kann man in Darmstadt noch auf eine weitere Besonderheit zurückgreifen, da man die frisch hergestellten kurzlebigen Isotope in einen Speicherring von etwas mehr als 100 m Umfang einleiten kann, in dem diese mit hoher Geschwindigkeit herumkreisen. Während jedes Umlaufs kann derselbe Kern an bestimmten Messstationen beobachtet werden, was die Effizienz und Messgenauigkeit drastisch erhöht. Es ist so gelungen, die Masse und Halbwertszeit eines Isotops zu bestimmen, von dem ein einziges Exemplar im Ring kreiste. Speicherringe sind somit extrem nützliche Multiplikatoren der Messmöglichkeiten, wenn man bedenkt, dass die Produktionsrate von R-Prozess-Kernen in der Fragmentierung sehr unwahrscheinlich ist.

Die modernste Generation von Anlagen zur Produktion von kurzlebigen neutronenreichen Kernen basiert auf der Fragmentierungstechnik. Mithilfe der Anlage auf dem RIKEN-Forschungscampus bei Tokio ist es gelungen, mehr als 100 mittelschwere Kerne auf und in der Nähe des R-Prozess-Pfads zu erzeugen und deren Halbwertszeiten zu messen, darunter mehrere $N$ = 82-Wartepunkte (Abbildung 7.22). Im Frühjahr 2022 erzeugte das neue Flaggschiff der amerikanischen Kernphysik, die Facility for Rare Isotope Beams (FRIB, Abbildung 7.35) auf dem Campus der Michigan State University seinen ersten Strahl, dessen Intensität nun über die nächsten Jahre gesteigert wird. Von FRIB

**Abb. 7.35:** Die im Frühjahr 2022 in Betrieb gegangene Facility for Rare Isotope Beams (FRIB) auf dem Gelände der Michigan State University erzeugt kurzlebige Kerne durch Fragmentierung. Von FRIB wird erwartet, dass es viele mittelschwere R-Prozess-Kerne erstmals herstellen und für Experimente zur Verfügung stellen wird.

werden viele Messungen an R-Prozess-Kernen erwartet, wobei auch hier der Schwerpunkt bei den mittelschweren Kernen liegen wird.

Wie oben betont, spielen die $N = 126$-Wartepunkte eine besondere Rolle, wenn der R-Prozess in einer Neutronensternverschmelzung stattfindet. Bislang sind diese schweren Kerne, die das dritte R-Prozess-Maximum um Gold und Platin erzeugen, experimentell noch Niemandsland. Dies wird sich in absehbarer Zeit ändern, wenn die Facility for Antiproton and Ion Research (FAIR, Abbildungen 7.36 und 7.37) für Experimente zur Verfügung steht. Auch an FAIR werden kurzlebige Isotope nach dem Fragmentierungsprinzip erzeugt und danach mit dem dann leistungsfähigsten Separator, einer 135 m langen Kombination von unterschiedlichen Magneten genannt Super-FRS, getrennt. Der Vorteil, den FAIR gegenüber den anderen Anlagen haben wird, ist die hohe Energie (1200 MeV), mit denen der Schwerionenstrahl auf das Target trifft. Dies übertrifft die Strahlenergien an RIKEN und FRIB um mehr als das Vierfache und sorgt dafür, dass auch schwere neutronenreiche Kerne, einschließlich der $N = 126$-Wartepunkte, in der Wolke der erzeugten Fragmente mit genügender Häufigkeit und sauber getrennt auftreten, um mithilfe des Super-FRS herausgefiltert zu werden und für Experimente zur Verfügung gestellt zu werden (siehe Abbildung 7.38). Hierzu steht eine Anzahl von modernsten Instrumenten und Detektoren zur Verfügung, die es erlauben, die Massen, Halbwertszeiten und spektroskopischen Eigenschaften der kurzlebigen Kerne zu be-

**Abb. 7.36:** Am Gelände des GSI Helmholtzzentrums in Darmstadt entsteht zurzeit eine neue Beschleuniger-anlage Facility for Antiproton and Ion Research FAIR, mit der in unterschiedlichsten Forschungsgebieten Neuland betreten wird. Das Bild zeigt die sich dynamisch entwickelnde Großbaustelle im Frühjahr 2024. Das Herzstück der Anlage ist ein neuer Synchrotonbeschleuniger SIS100, mit dem hochintensive und hoch-energetische Strahlen aller Elemente bis fast auf Lichtgeschwindigkeit beschleunigt werden können. Der SIS100 befindet sich viele Meter unter der Erde. Die Baumaßnahmen für den notwendigen Doppelring-tunnel sind abgeschlossen. Ein Ring wird den Beschleuniger beherbergen, der andere die für den Betrieb notwendige Elektronik. Auf dem Bild befindet sich der SIS100 im rechten oberen Viertel. Das sich daran anschließende Areal umfasst die Experimentierhallen, den Super-FRS sowie die Speicherringe. Im linken oberen Teil befinden sich die Anlagen des GSI Helmholtzzentrums.

stimmen. Zu den Experimentiereinrichtungen bei FAIR gehört auch ein neuer Speicher-ring, an dem es möglich sein wird, Kernreaktionen mit den radioaktiven Strahlen aus-zuführen. Pionierexperimente am existierenden GSI-Speicherring waren sehr vielver-sprechend, um zum Beispiel Protoneneinfangreaktionen an instabilen Kernen durchzu-führen, wie sie für das Wasserstoffbrennen in Novae oder Röntgenausbrüchen wichtig sind. Auch Ideen, wie man mithilfe von Speicherringen Neutroneneinfangreaktionen studieren kann, werden zurzeit diskutiert. Falls sich dies realisieren lässt, wären auch erstmals solche Messungen für instabile Kerne, wie sie im S-Prozess, aber vor allem im R-Prozess auftreten, möglich.

Die zukünftige Beschleunigeranlage in Darmstadt wird nicht nur mit den für den R-Prozess wichtigen schweren, neutronenreichen Kernen wissenschaftliches Neuland erschließen, sie wird auch auf anderen Wissenschaftsgebieten weltweit einzigarti-ge Forschungsmöglichkeiten eröffnen. Wir haben schon oben kurz erwähnt, dass es mithilfe von hochenergetischen Schwerionenstößen möglich sein wird, Kernmaterie

**Abb. 7.37:** Die zukünftige Forschungsanlage FAIR in Darmstadt. Links sieht man in der Mitte die bestehenden Anlagen des GSI Helmholtzzentrums, die als Strahlinjektoren in den SIS100 von FAIR dienen werden. Das SIS100-Synchroton erkennt man als kreisförmiges Gebilde im rechten oberen Teil. Die SIS100-Doppelringanlage wird nach Fertigstellung wieder begrünt. Die anderen Bauten beherbergen unterschiedliche Experimentiereinrichtungen und Speicherringe, ein Alleinstellungsmerkmal von GSI und FAIR. Unter der Rasenfläche mit Achtform befindet sich der Hochenergie-Speicherring HESR, mit dem sowohl mit Antiprotonen als auch mit hochgeladenen Ionen wie Uran mit nur 2 oder 3 Elektronen (anstelle von 92 Elektronen) experimentiert werden kann. Beides eröffnet aufregendes Forschungsneuland. Auch für den R-Prozess wird FAIR eine neue Ära eröffnen. Zum einen können dort R-Prozess-Kerne mit der magischen Neutronenzahl $N = 126$ erzeugt und studiert werden. Zum anderen kann man mit ultrarelativistischen Schwerionenstößen so heiße und dichte Materie erzeugen, wie sie in Neutronensternverschmelzungen vorkommt.

bei den hohen Dichten und Temperaturen zu erzeugen, wie sie in Neutronensternverschmelzungen und in Typ-II-Supernovae vorkommt. Kernmaterie nennt man den Stoff, der im Inneren von schweren Kernen wie zum Beispiel Blei vorherrscht. Von Weizsäcker folgend, kann man sich Kernmaterie als eine homogene Flüssigkeit bestehend aus Nukleonen vorstellen, die sich im Inneren eines Kerns im Grundzustand im Wettbewerb von Coulomb-Abstoßung und Anziehung durch die starke Wechselwirkung bei einer Sättigungsdichte von ungefähr $2 \times 10^{14}\,\mathrm{g/cm^3}$ einstellt. Der Kern befindet sich hierbei im Grundzustand, also ohne innere Anregungen der Nukleonen, was einer verschwindenden Temperatur entspricht. In der Supernova oder in Neutronensternverschmelzungen ist man aber an den Eigenschaften von Kernmaterie bei hohen Temperaturen und bei Dichten, die den Sättigungswert um einen Faktor 2–3 überschreiten, interessiert. Im Inneren von Neutronensternen werden vermutlich noch größere Dichten erreicht, wobei aber die Temperatur klein ist und gegenüber kernphysikalischen Skalen vernachlässigt werden kann. Kernmaterie lässt sich unter solch extremen Bedingungen – allerdings für extrem kurze Zeiten, die noch die zeitliche

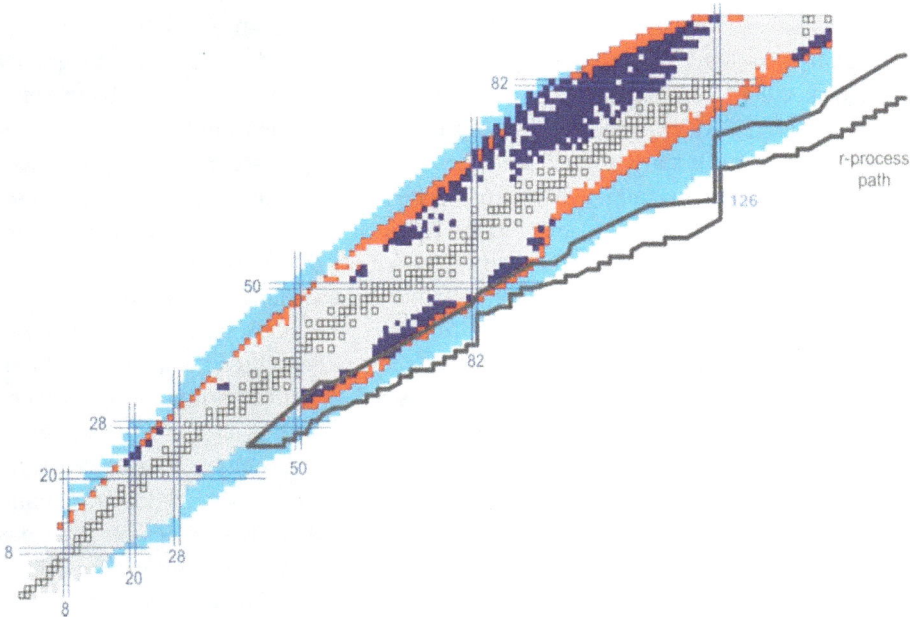

**Abb. 7.38:** Die Nuklidkarte zeigt die Kerne, deren Massen bereits an der GSI bestimmt wurden (dunkelblau) und die Kerne (in hellblau), die an der zukünftigen FAIR-Anlage produziert und studiert werden können. An FAIR wird es auch möglich sein, R-Prozess-Wartepunkte an der magischen Neutronenzahl $N = 126$ zu untersuchen. Der R-Prozess-Pfad ist durch eine schwarze Umrahmung kenntlich gemacht.

Auflösung der zurzeit besten Laser um einige Größenordnungen unterschreiten – dadurch erzeugen, dass man zwei schwere Kerne, zum Beispiel Blei oder Uran, mit hoher Wucht (Energie) aufeinanderschießt. Dieses Verfahren, beginnend in Berkeley, wird schon seit etwa einem halben Jahrhundert angewandt, um Kernmaterie zu studieren. Um das Stoßsystem sehr stark energetisch anzuregen, ist es am günstigsten, wenn sich beide Stoßpartner vor dem Aufprall mit sehr hoher Energie bewegen. Dieses sogenannte Collider-Prinzip wird am Relativistic Heavy-Ion Collider in Brookhaven im Bundesstaat New York, aber auch am Large Hadron Collider (LHC) am CERN angewandt, der zur Zeit ultimativen Beschleunigermaschine in der Welt. Hier prallen die Stoßpartner mit einer Energie aufeinander, die 10000-mal größer ist als die Energie, die notwendig ist, um ein Proton-Antiproton-Paar zu erzeugen (dies sind etwas weniger als 2 GeV). Als Konsequenz wird die Kollisionsenergie zu einem großen Teil in die Erzeugung von solchen Proton-Antiproton-Paaren geleitet. Die Anzahl so erzeugter Paare ist viel größer als die Anzahl der Nukleonen im ursprünglichen Stoßsystem, sodass sich nach dem Stoß eine Suppe aus Materie und Antimaterie bildet, in der die Zahl der Nukleonen und Antinukleonen in etwa gleich ist. Dies entspricht der heißen Materie, wie sie im frühen Universum existierte. Deshalb hat man mit dem LHC am CERN, vor allem in dem dedizierten ALICE-Experiment, die einmalige Gelegenheit, das Universum in seiner frühesten Phase zu studieren, als es noch in Form des sogenannten Quark-Gluon-Plasmas vorlag (siehe Kapitel 2). Durch die Experimente am CERN und am RHIC konnte gezeigt werden, dass der Übergang in das Quark-Gluon-Plasma bei Temperaturen um etwa eine Billion Kelvin (150 MeV) passiert und dass selbst bei diesen extrem hohen Temperaturen die Quarks noch stark korreliert sind. Der Übergang aus der „normalen" Phase, wo Kernmaterie aus zusammengesetzten Teilchen wie Nukleonen (hadronische Phase) besteht, in das Quark-Gluon-Plasma verläuft graduell (genannt „crossover"), ohne dass eine dedizierte Separationslinie im Dichte-Temperatur-Diagramm besteht, an der der Phasenübergang geschieht. Nach theoretischen Vorhersagen gilt dies allerdings nur bei den relativ niedrigen Dichten, wie sie im ALICE-Experiment untersucht wurden. Bei höheren Dichten sollte der Übergang von der hadronischen Phase in das Quark-Gluon-Plasma durch einen echten Phasenübergang geschehen, wie man ihn von Wasser her kennt, wo es eine Dichte-Temperatur-Trennlinie gibt, sodass bei einer bestimmten Dichte eine Temperatur existiert, sodass Wasser bei Werten höher als diese Temperatur flüssig ist und bei kleineren Temperaturen in der festen Form als Eis vorkommt. Der Nachweis eines solchen Phasenübergangs für Kernmaterie ist eines der Ziele des Experiments Compressed Baryonic Matter (CBM) an der Facility for Antiproton and Ion Research. Im CBM-Experiment haben die Stoßpartner tausend Mal weniger Energie als am LHC. Es werden viel weniger Nukleon-Antinukleon-Paare gebildet. Der baryonische Anteil des heißen Feuerballs besteht somit hauptsächlich aus Materie. Die Stoßenergie reicht auch aus, um diese baryonische Materie über den Sättigungswert von Kernmaterie hinaus zu komprimieren. Der Feuerball besteht nicht nur aus Nukleonen, sondern die Stoßenergie kann auch in Elektron-Positron-Paare oder in Myon-Antimyon-Paare umgewandelt werden. Solche Leptonenpaare sind interessant, denn sie interagieren mit den vielen anderen Teilchen des Feuerballs nicht über die starke Wechselwirkung, sondern nur über die elektromagnetische Wechselwirkung. Dies ist ein großer Vorteil, denn sie haben eine viel größere Chance, dem innersten, und somit heißesten und dichtesten Teil des Feuerballs ohne Störung zu entkommen und so dessen Eigenschaften zu verraten. Die Detektion solcher Leptonen zählt zu den zentralen Schwerpunkten des CBM-Experiments (Abbildung 7.39). Ferner wird man versuchen, möglichst viele seltene Ereignisse, das heißt Teilchen, die äußerst selten im Feuerball vorkommen sollen, aber dadurch dessen Details verraten sollten, zu detektieren. Dies bedeutet aber auch, dass der Erfolg des CBM-Experiments von einer hohen Beobachtungsrate abhängt. In der Tat ist das Experiment so ausgelegt, 10 Millionen Ereignisse pro Sekunde zu detektieren und deren Daten aufzuzeichnen. Dies ist auch eine Herausforderung an die Computertechnologie, die das Experiment begleitet. Um dies zu ermöglichen, steht in der Nähe der Halle, in der das CBM-Experiment ablaufen wird, eine dedizierte Großrechneranlage, die wegen seiner besonderen Energieeffizienz Green Cube genannt wird. Um die hohen Ereignisraten zu erreichen, werden die hochenergetischen Stöße beim CBM-Experiment anders als am CERN oder in Brookhaven durchgeführt. Man schießt bei FAIR einen hochenergetischen Schwerionenstrahl auf ein fixiertes Target. Dies ist zwar deutlich ungünstiger, um hohe Anregungsenergien zu erzeugen – was man auch gar

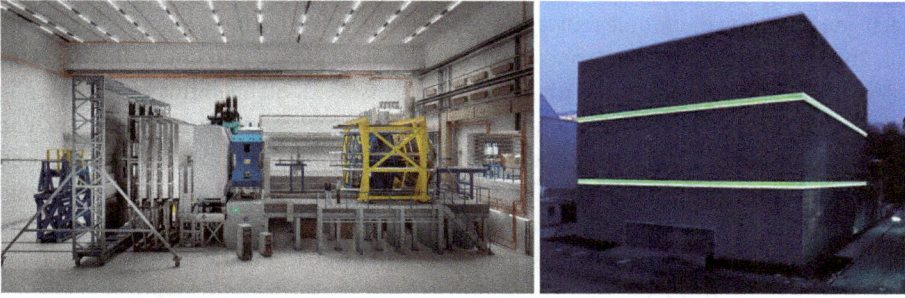

**Abb. 7.39:** (links) So wird der CBM-Detektor, mit dessen Hilfe bei FAIR das Phasendiagramm von Kernmaterie bei hohen Dichten erforscht wird, nach seinem Aufbau aussehen. Der Detektor wird haushoch sein. Eine kleine Version des Detektors (MiniCBM) ist schon erfolgreich an der GSI installiert und erlaubt den Wissenschaftlern, für die zukünftigen FAIR-Experimente zu testen und üben. (rechts) Das dedizierte Großrechenzentrum Green Cube, das bereits an der GSI errichtet ist, wird die ungeheure Datenmenge, die beim CBM- und den anderen FAIR-Experimenten erzeugt werden wird, aufnehmen und verarbeiten. Der Green Cube war bei seiner Inbetriebnahme das energieeffizienteste Großrechenzentrum der Welt.

nicht in dem extremen Maß braucht wie zur Erzeugung der Ursuppe des Urknalls –, aber man erreicht eine um ein Vielfaches größere Trefferrate bei den Stößen als in einer Collider-Anordnung. Dies liegt einfach daran, dass ein Teilchenstrahl von Blei- oder Uran-Ionen eine um viele Größenordnungen kleinere Dichte besitzt als ein Blei- oder Uranfestkörper, aus dem die Targets beim CBM-Experiment bestehen. In kleiner Version existiert das CBM-Experiment an der GSI in Darmstadt schon, sodass das Prinzip und die neuartige Technologie, die dem Experiment zugrunde liegen, schon getestet sind und die Experimentatoren trainiert sind, wenn sie in wenigen Jahren starten, das Phasendiagramm der Kernmaterie in den Bereichen höherer Dichten zu entschlüsseln. Wird ein Phasenübergang von der hadronischen in die Quark-Gluon-Phase nachgewiesen, so muss auch, analog zum Wasser, ein kritischer Punkt existieren. Diesen zu finden, ist seit einiger Zeit der Heilige Gral der Forschung in der Schwerionenphysik. Wenn er existiert, hat das CBM-Experiment eine reale Chance, ihn nachzuweisen.

Speicherringe spielen eine entscheidende Rolle für das Atomphysikprogramm, das die internationale SPARC-Kollaboration an FAIR plant. Hierbei ist es zu betonen, dass FAIR in seiner geplanten Endversion über vier Speicherringe verfügen wird, die einen Energiebereich von vielen Größenordnungen überstreichen, von gestoppten Teilchen in Fallen bis zu Teilchen, die sich mit Geschwindigkeiten bewegen, die nur wenig kleiner als die Lichtgeschwindigkeit sind. Diese Vielfalt erlaubt ein weltweit einzigartiges Programm. Das Interesse der Experimentatoren liegt aber nicht auf der klassischen Atomphysik, also auf Systemen bestehend aus einem Kern und einer Anzahl von Elektronen, die gerade die positive Ladung des Kerns kompensieren, sondern auf den Eigenschaften von Ionen, in denen die Anzahl der Elektronen reduziert wird und somit nicht die gesamte Kernladung neutralisiert ist. Wie wir oben gesehen haben, spielen solche Ionen eine wichtige Rolle in vielen astrophysikalischen Objekten, in denen die Temperatur hoch genug ist, um die Atome teilweise zu ionisieren. Wichtige Beispiele sind die Ejekta von Supernovae und von Neutronensternverschmelzungen, in den Ionen die Durchlässigkeit von Photonen, und somit die Lichtkurve, entscheidend beeinflussen. Neben diesen astrophysikalischen Motivationen wird das FAIR-Forschungsprogramm stark von der Fähigkeit angetrieben, hochgeladene Ionen in kontrollierter Weise herzustellen und mit ihnen in den Speicherringen zu experimentieren. Beispiele hochgeladener Ionen sind $U^{91+}$ oder $U^{90+}$, also ein Urankern mit einem einzigen oder mit zwei Elektronen; man spricht von wasserstoff- und heliumähnlichem Uran. Der Unterschied zu den „normalen" Atomen von Wasserstoff und Helium ist allerdings, dass die Elektronen sich im Mittel nicht deutlich entfernt vom Kern, sondern im Uran in der Nähe von dessen Rand aufhalten. Dort sind die elektrischen Kräfte natürlich um ein Vielfaches höher, was sich in der Dynamik der Elektronen widerspiegelt. Das elektrische Feld, das ein Elektron in solchen hochgeladenen Uran-Ionen spürt, ist sogar größer als auf der Oberfläche eines Neutronensterns. Ein Ziel des FAIR-Experimentierprogramms wird es auch sein, die Voraussagen der fundamentalen Theorie der elektromagnetischen Wechselwirkung, der Quantenelektrodynamik (QED), im Bereich hoher Ladungen zu testen. Die QED ist mittlerweile bei kleinen Ladungen, zum Beispiel den Eigenschaften des Wasserstoffatoms, mit extremer Genauigkeit verifiziert worden, bei hohen Ladungen waren Untersuchungen mit auch nur annähernd ähnlicher Genauigkeit nicht möglich. Es sollte aber auch nicht verschwiegen werden, dass ein solcher Test auch voraussetzt, dass man die zu messenden Eigenschaften mit hoher Präzision im Rahmen der QED berechnen muss. Auch dies ist eine mehr als herausfordernde Aufgabe!

Das Forschungsprogramm an FAIR wird sich aber nicht nur auf die Eigenschaften von hochgeladenen Ionen mit all seinen faszinierenden Aspekten beschränken. Hochgeladene Ionen in Speicherringen lassen sich auch für fundamentale Tests der Symmetrien und Eigenschaften der Natur und der Quantenwelt verwenden. Ein solches Experiment überprüft eine fundamentale Aussage der Speziellen Relativitätstheorie. Danach werden Resonanzenergien in einem bewegten System gegenüber dem Ruhesystem verschoben, wobei die Verschiebung von dem Verhältnis der Teilchengeschwindigkeit zur Lichtgeschwindigkeit abhängt. Wie beim Dopplereffekt erhöht sich die Frequenz oder Energie, wenn die Resonanz sich auf den Beobachter zubewegt, während sie sich vermindert, wenn sie sich vom Beobachter fortbewegt. Die Spezielle Relativitätsheorie sagt nun voraus, dass das Produkt der Frequenzen in den beiden sich entgegengesetzt bewegenden Systemen dem Produkt der beiden im Ruhesystem entspricht. Dies kann in Speicherringen überprüft werden, indem man ein Ion, dessen atomare Resonanzübergänge im Ruhesystem extrem gut bekannt sind, mit fast Lichtgeschwindigkeit kreisen lässt und die Resonanzübergänge nun mit Lasern, die einmal in die Richtung des fliegenden Ions und einmal entgegengesetzt ausgerichtet sind, mit hoher Genauigkeit misst. Ein solches Experiment ist mit Li-Ionen schon am ESR-Speicherring der GSI durchgeführt worden und hat Einsteins Aussage mit einer Genauigkeit von 1 in 100 Millionen bestätigt. An FAIR kann die Genauigkeit noch um einen Faktor 10 gesteigert werden.

Ein zweites Experiment möchte ein von Heisenberg schon vor fast 100 Jahren vorgeschlagenes Gedankenexperiment realisieren. Motiviert durch die von ihm postulierte Unschärferelation, nach der Ort und Impuls eines Teilchens nicht gleichzeitig exakt bestimmt werden können, beschäftigte sich Heisenberg mit den Konsequenzen für einen Streuprozess zum Beispiel mit Photonen und kam zu dem Schluss, dass man dabei den Ort des Teilchens prinzipiell nicht bestimmen kann, da er durch den Stoß mit dem Photon verändert würde, man aber die Impulsüberträge messen könnte. In dem Zusammenhang entwickelte Heisenberg die Idee der Coulomb-Explosion: Würde man in einem Atom plötzlich die Coulomb-Wechselwirkung abschalten, so würden alle Teilchen geradlinig in die „makroskopische Welt der Nachweissysteme" fliegen und sich wegen der Erhaltung des Impulses die Impulse des mikroskopischen Quantensystems exakt, das heißt im Rahmen der Messgenauigkeit des Nachweisapparats, bestimmen lassen. Wichtig ist, dass sich bei der Coulomb-Explosion die Korrelationen und Verschränkungen der Quantenwelt entschlüsseln lassen, was auch das Ziel von Streuexperimenten ist. Die Coulomb-Explosion kann man somit als ein indirektes Streuexperiment betrachten, wenn man nur die Coulomb-Wechselwirkung abrupt in einem Atom abschalten könnte. Dies geht allerdings in sehr guter Näherung in einem Speicherring, wenn man ein schweres Ion nah an einem Atom mit hoher Geschwindigkeit vorbeifliegen lässt, sodass dieses das Atom durch die extremen Felder, die sich kurzzeitig ausbilden, vollständig ionisiert. Dieser Prozess geschieht fast „instantan" und überträgt viel Energie, die zur Ionisierung gebraucht wird, aber ganz wenig Impuls, der die gewünschte Rekonstruktion der mikroskopischen Impulse des Atoms verfälschen würde. Über solche Coulomb-Experimente an den FAIR-Speicherringen wird intensiv nachgedacht.

FAIR wird, wie jetzt schon die GSI, neben einer Beschleunigeranlage für hochenergetische Ionen, auch einen Laser für Photonenstrahlen hoher Intensität besitzen. Diese Kombination ist weltweit einzigartig und erlaubt besondere Forschungsmöglichkeiten in der Plasmaphysik. Ein solches elektromagnetisches Plasma, in dem die Elektronen von den Kernen gelöst sind, erzeugt man zum Beispiel dadurch, dass man mit einem Laserstrahl mit genügend hoher Energie auf ein Target schießt. Ein solches Plasma ist der Materiezustand im Inneren von Sternen und der großen Gasplaneten. Trifft der Laser auf das Target, werden die Elektronen nicht nur vom Kern getrennt, sie bewegen sich auch, wegen der Erhaltung des Impulses, in die vom Laser vorgegebene Richtung. Dabei können sie in kurzer Zeit recht hohe Energien erreichen, sodass der Laserstrahl wie eine Beschleunigeranlage wirkt. In der Tat sind solche Laserbeschleuniger ein hochaktuelles Forschungsgebiet, da sie viel kompaktere und preiswertere Realisierungen versprechen als gewöhnliche Beschleunigeranlagen. Allerdings erzeugen Laserbeschleuniger keine Strahlen mit wohl fokussierter Energie; ein Hindernis, das noch überwunden werden muss. Natürlich werden auch die Kerne durch den Laserstrahl beschleunigt. Wegen ihrer größeren Masse werden jedoch deutlich geringere Energien erreicht als für Elektronen. An der GSI wurden durch Laserbeschleunigung Protonen bis zu 70 MeV beschleunigt, was mit dem Laserverfahren ein Weltrekord war.

Die Kombination von aufeinander mit einer Genauigkeit im Nanosekundenbereich zeitlich angepassten Laser- und Ionenstrahlen mit jeweils hoher Energie und Intensität erlaubt es, mit dem einen Strahl das Plasma zu erzeugen und den anderen als Diagnostik zum Studium seiner Eigenschaften zu benutzen. Für die Thematik dieses Buches ist es von Bedeutung, dass an FAIR die Plasmen, charakterisiert durch Temperatur und Dichte, erzeugt werden, die im Inneren der Gasplaneten wie Jupiter vorliegen. Leider ist die Anlage nicht ausreichend, um die hohen Temperaturen von 15 Millionen Kelvin zu erreichen, die im Inneren der Sonne herrschen.

In den Materialwissenschaften wird an FAIR, wie auch schon an der GSI, sowohl dedizierte Forschung betrieben als auch besondere Materialstrukturen für Untersuchungen auch an anderen Instituten produziert und zur Verfügung gestellt. Letzteres wird durch einen „Mikrostrahl" ermöglicht, mit dessen Hilfe Strukturen mit Dimensionen im Nanometerbereich wie Nanoröhrchen hergestellt werden können. Diese werden in vielen Institutionen weltweit für Experimente und Neuentwicklungen eingesetzt. Zu unserem Thema tragen die FAIR-Experimente in den Materialwissenschaften dadurch bei, dass es möglich sein wird, Materialien unter sehr hohe Drucke zu setzen und diese dann mit Ionenstrahlen zu untersuchen. Von besonderem Interesse ist es dabei, Strukturveränderungen in den Materialien hervorzurufen und dann zu beobachten, ob diese stabil bleiben oder in ihre ursprüngliche Form zurückkehren. Solche Untersuchungen sind vor allem für das Verständnis des Erdinneren von großem Interesse.

Ein zweites Forschungsgebiet an FAIR mit großem Anwendungspotential und von wichtiger gesellschaftlicher Relevanz sind die biophysikalischen Studien mit Ionenstrahlen. Wie man seit Langem – nicht zuletzt durch das Schicksal von Marie Curie – weiß, können Bestrahlungen mit hochenergetischen Strahlen zu starken gesundheitlichen Schäden führen. Der Umkehrschluss ist allerdings auch richtig. Werden die Bestrahlungen kontrolliert durchgeführt, können sie zum Beispiel zur Bekämpfung von Krebs eingesetzt werden. Hierbei ist es entscheidend, dass die Strahlung die Krebszellen zielgenau trifft und in diesen die DNA zerstört, sodass die Krebszellen sich nicht mehr vermehren. Um die kranken Zellen zu erreichen, muss die Bestrahlung meistens durch gesundes Gewebe dringen, das natürlich gegen Strahlenschäden geschützt werden muss. Hierbei sind Strahlarten von einem entscheidenden Vorteil, die möglichst die gesamte Energie in der kranken Zelle deponieren, um diese zu zerstören, und möglichst wenig auf dem Weg zur kranken Zelle und dahinter. Dies wird am besten mithilfe von leichten Ionen wie Kohlenstoff erreicht. Eine solche Kohlenstoff-Ionen-Therapie ist in den letzten 25 Jahren an der GSI entwickelt worden und wird heute zur Behandlung von Patienten an dedizierten Zentren an den Universitätskliniken in Heidelberg und Marburg eingesetzt. Hierbei ist es möglich, den Krebs dreidimensional mit hoher Präzision abzutasten. Der Strahl kann dabei in zwei Dimensionen mit einem elektromagnetischen Raster den Tumor abscannen, während dies in der Tiefe, der dritten Dimension, durch Variation der Strahlenergie, von der die Eindringtiefe abhängt, erreicht wird.

Besonders vorteilhaft ist das Verfahren für Karzinome im Gehirn, wo operative Eingriffe mit hohen Risiken verbunden sind. Ein weiterer Vorteil der Strahlenbehandlung mit Kohlenstoffionen liegt darin, dass der Patient sich nach der Behandlung keiner Chemotherapie unterziehen muss. Die Behandlung findet in der Tat ambulant mit etwa 10–20 Bestrahlungen statt. Zwei interessante Aspekte haben in den letzten Jahren Aufmerksamkeit erregt; beide werden an FAIR erforscht werden. Zum einen zeigt sich, dass Metastasen, die gar nicht bestrahlt wurden, nach einer Behandlung auch abklingen können. Dies könnte darauf hindeuten, dass die toten Krebszellen, die nach der Bestrahlung ja im Körper bleiben, in diesem eine Immunantwort hervorrufen, die dann auch gegen den nichtbestrahlten Krebs eingesetzt werden kann. Die zweite Beobachtung deutet darauf hin, dass eine sehr kurze Behandlung mit einer hohen Strahlendosis noch schonender für das gesunde Gewebe ist, als dies mit der über mehrere Sitzungen aufgeteilten Behandlung erreicht wird. Dieses Verfahren nennt man „Flash"-Behandlung. Sie setzt zur Erzeugung der hohen Strahlungsdosen bei gleichzeitiger Präzision des Strahls einen hochenergetischen Beschleuniger voraus, wie er bei FAIR vorliegen wird.

Strahlen können also durchaus von Nutzen sein, wenn sie kontrolliert verabreicht werden, das heißt mit hoher räumlicher Präzision und bei genauer Kenntnis der Strahlenergie. Diese Kenntnis hat man bei der kosmischen Strahlung leider nicht. Es ist deshalb seit Langem bekannt, dass die kosmische Strahlung zu Schäden in der Elektronik von Flugzeugen, aber auch zu erhöhtem Krebsrisiko für das Flugpersonal führen kann, das dieser Strahlung in 10000 m Höhe stärker ausgesetzt ist als auf der Erdoberfläche. Ein besonderes Krebsrisiko besteht aber für Astronauten, vor allem auf Langzeitmissionen wie zum Mars. Das genaue Risiko ist bislang noch relativ unklar, was vor allem daran liegt, dass man die Wirkungsquerschnitte der hochenergetischen kosmischen Teilchen mit den Materialien der Zelle nicht gut kennt. Dies wird sich an FAIR ändern, wo diese Wechselwirkungen in Zusammenarbeit mit der Europäischen Raumfahrtbehörde ESA vermessen werden.

# 8 Die Milchstraße – Hexenkessel der Elemente

Sterne sind die Brutstätten aller Elemente, wenn man von den leichtesten absieht – Wasserstoff, Helium, Lithium –, die schon durch die primordiale Nukleosynthese in den ersten Minuten nach dem Urknall entstanden sind und den Sternen als Brennmaterial und Energiequelle zur Verfügung stehen. Beryllium und Bor sind sekundäre stellare Produkte, da sie durch Aufbruch von schweren Elementen durch energiereiche kosmische Strahlung erzeugt werden. Sterne werden in kalten Molekülwolken, meistens in der Scheibe von Galaxien geboren, wobei Dunkle Materie als Hauptbestandteil der Galaxien zwar eine wichtige Rolle mit ihrer gravitativen Anziehung bei der Entstehung und Struktur der Galaxie spielt, aber bei der Sternentstehung und -entwicklung nur ein passiver „Beobachter" ist. Das Ergebnis der stellaren Nukleosynthese ist nicht für alle Sterne gleich, sondern es hängt von den Eigenschaften der Sterne ab, zum Beispiel von der Metallizität in ihrer anfänglichen Materiezusammensetzung. Besonders wichtig ist aber die Geburtsmasse des Sterns, denn diese bestimmt zum einen die Lebensdauer des hydrostatischen stellaren Brennens und zum anderen, ob der Stern die im Inneren erbrüteten Elemente durch eine Core-Kollaps-Supernova überhaupt zur Verfügung stellt oder ob diese in Weißen Zwergen auf Dauer eingeschlossen sind. Allerdings gibt es auch hierbei eine Komplikation, denn Weiße Zwerge können in Doppelsternsystemen als Typ-Ia-Supernova zur Explosion gebracht werden und dann ihren elementaren Inhalt, teilweise durch die Explosion prozessiert, doch in das Interstellare Medium einer Galaxie abgeben. Es ist somit offensichtlich, dass die chemische Entwicklung einer Galaxie, das heißt die zeitliche Anreicherung der chemischen Elemente in einer Galaxie, eine recht komplizierte Fragestellung ist. Als zusätzliche Erschwerung kommt hinzu, dass die Galaxie mit ihrer Umgebung Materie austauschen kann. Dies ist deshalb von Bedeutung, weil das Intergalaktische Medium, also die Materie in den Zwischenräumen von Galaxien, eine geringere Metallizität besitzt als das Interstellare Medium, die Materie zwischen den Sternen in einer Galaxie.

Die Abbildung 8.1 fasst die Ingredienzien zusammen, die man für die Beschreibung der chemischen Entwicklung einer Galaxie berücksichtigen muss: den Kreislauf von Geburt bis zum Tod eines Sterns, seine mögliche Explosion als Supernova, die damit verbundene Anreicherung des Interstellaren Mediums mit frischem Material mit erhöhtem Metallizitätsgehalt, aus dem dann die nächste Sterngeneration entsteht. Trotz all der Komplikationen, die in diesem Kreislauf immanent sind, gelingt es, über die chemische Entwicklung von Galaxien interessante Aussagen zu machen. Dies ist der Fokus dieses Kapitels.

Die Abbildung 8.2 zeigt eine besondere Darstellung der Periodentafel, in der jedem Element der Mendelejev'schen Tafel sein astrophysikalischer Ursprung zugeordnet wird. Neben dem Urknall, in dessen primordialer Nukleosynthese Wasserstoff und Helium entstanden, und der kosmischen Strahlung, die hauptsächlich für die leichten Elemente Lithium, Beryllium und Bor verantwortlich ist, werden vier astrophysikalische Hauptquellen identifiziert:

https://doi.org/10.1515/9783111469737-008

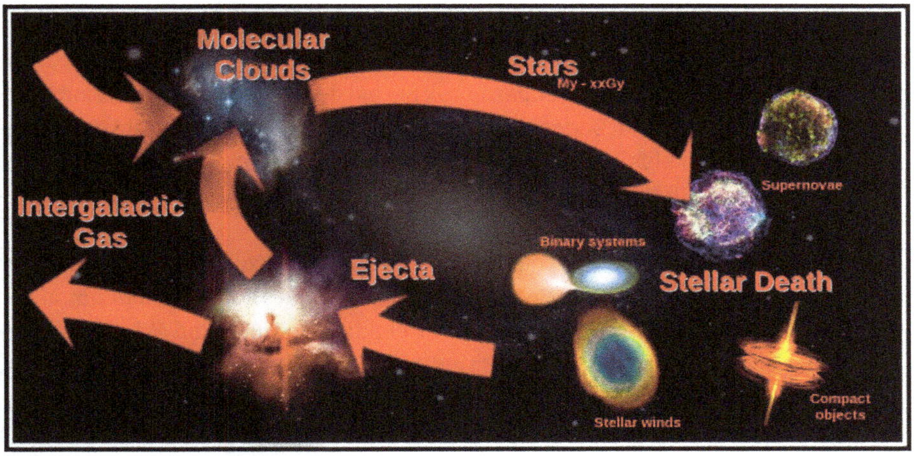

**Abb. 8.1:** Im kosmischen Kreislauf bilden sich in einer Galaxie aus Molekülwolken Sterne, die dann ein hydrostatisches Leben durchlaufen und abhängig von ihrer Geburtsmasse als Weiße Zwerge oder Supernovae enden. Die Sterne produzieren neue Elemente, die teilweise in das Interstellare Medium ausgestoßen werden, wo sie bei der Bildung neuer Sterne zur Verfügung stehen. Die Galaxie steht auch im Materieaustausch mit ihrer Außenwelt und kann Materie aus dem intergalaktischen Gas aufnehmen sowie in dies abgeben.

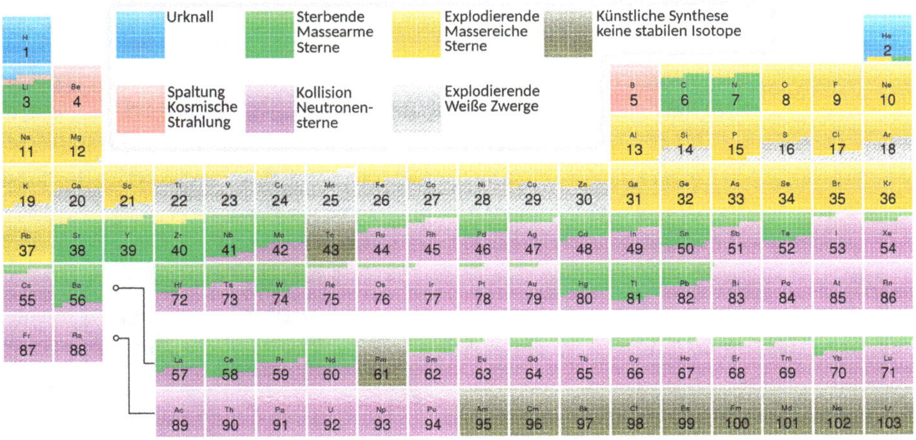

**Abb. 8.2:** Das Periodensystem der chemischen Elemente, unterschieden nach ihren verschiedenen kosmischen und astrophysikalischen Ursprüngen. Die unterschiedlichen Quellen im Kosmos werden durch den oben gegebenen Farbcode definiert.

1.  Typ-II- oder Core-Kollaps-Supernovae: Sie geschehen am Ende des Lebens massereicher Sterne und sorgen dafür, dass die äußeren Hüllen des Sterns mit den dort erbrüteten Elementen ins Interstellare Medium abgestoßen werden. Typ-II-Supernovae sind fast ausschließlich für die Entstehung der Elemente von Sauerstoff

bis Magnesium verantwortlich und tragen auch bedeutend zu den Häufigkeiten der Elemente von Silizium bis Zink bei.

2. Typ-Ia- oder thermonukleare Supernovae: Sie entstehen durch die Explosion eines Weißen Zwergs in einem Doppelsternsystem. In der Explosionsphase entstehen Elemente von Silizium bis Zink, ähnlich wie bei der Explosion einer Typ-II-Supernova. Beide Supernova-Typen tragen somit zu den Häufigkeiten der mittelschweren Elemente im Eisen-Nickel-Massenbereich bei.

3. S-Prozess: Der langsame Neutroneneinfangprozess produziert etwa die Hälfte der Elemente schwerer als Eisen. Er verläuft in der Nähe des Tals der Stabilität in der Nuklidkarte und endet deshalb mit der Produktion von Blei und Wismut. Als astrophysikalischer Ort des S-Prozesses sind asymptotische Riesensterne identifiziert, in denen die Hauptkomponente des Prozesses Elemente schwerer als etwa Masse $A \sim 90$ synthesiert. Dazu gibt es eine schwache Komponente, die die leichteren S-Prozess-Elemente produziert und während des Heliumbrennens in massereichen Sternen operiert. Starke konvektive Durchmischung bringt die S-Prozess-Nuklide in die äußeren Sternhüllen, wo sie durch die starken Sternwinde mit abgestoßen werden.

4. R-Prozess: Der rapide Neutroneneinfangprozess stellt die andere Hälfte der schweren Elemente her; er ist der alleinige Produzent der Elemente schwerer als Blei und Wismut, wozu vor allem auch die langlebigen Thorium- und Uranisotope gehören. Der R-Prozess setzt eine astrophysikalische Umgebung mit extrem hoher Dichte an freien Neutronen voraus. Durch die Beobachtung des elektromagnetischen Signals der Neutronensternverschmelzung GW170817 weiß man, dass die R-Prozess-Nukleosynthese bei einer solchen Verschmelzung abläuft. Ob es noch andere astrophysikalische Orte gibt, an denen ein R-Prozess möglich ist, bleibt zurzeit unbeantwortet. Typ-II-Supernovae galten lange Zeit als ein möglicher Ort. Dies ist allerdings aufgrund der jüngsten Simulationen unwahrscheinlich geworden.

Es gibt noch weitere Nukleosyntheseprozesse. Diese können bedeutende, manchmal auch dominante Beiträge für bestimmte Kernisotope produzieren, sind aber für die elementaren Häufigkeiten, wie sie in der Abbildung 8.2 erfasst sind, meistens unwichtig. Zu nennen ist hier vor allem der P-Prozess, der mit Supernovae assoziiert ist und durch den die neutronenarmen Isotope der schweren Elemente entstehen. Allerdings tragen diese neutronenarmen Isotope im Mittel nur zu etwa 1 % der Elementhäufigkeiten bei. Die Winde von asymptotischen Riesen ejektieren auch einen Teil des hergestellten CNO-Materials in das Interstellare Medium, der größte Teil des Kohlen- und Sauerstoffs endet aber in Weißen Zwergen.

Das Hauptaugenmerk in den Untersuchungen der galaktischen chemischen Evolution ist die zeitliche Entwicklung der Häufigkeiten der unterschiedlichen Elemente in einer Galaxie. Leider sind die Informationen, die man aus astronomischen Beobachtungen hierüber gewinnen kann, eingeschränkt, da es quasi unmöglich ist, diese Entwicklung innerhalb einer Galaxie zu erfassen. Dies liegt an den beteiligten Dimensionen. Um eine typische Galaxie zu durchqueren, braucht das Licht in der Größenordnung 50000–100000 Jahre. Dies ist gegenüber den Zeitskalen, auf denen sich die Galaxie und ihre Objekte entwickeln, ein Wimpernschlag. Die Konsequenz ist, dass man eine individuelle Galaxie immer in einer Momentaufnahme sieht und die zeitliche Entwicklung dieser Galaxie nicht beobachten kann. Dazu muss man erneut den Ansatz wählen, entfernte Galaxien mit einer bestimmten Rotverschiebung zu untersuchen, die den Zeitpunkt festlegt, zu dem das beobachtete Licht ausgesandt wurde. Auch diese Galaxien sieht man nur als Momentaufnahme, aber zu einem anderen Zeitpunkt ihrer Entwicklung. Hier hat man stillschweigend vorausgesetzt, dass sich Galaxien nach einem bestimmten Grundmuster verhalten.

Obwohl man immer nur Momentaufnahmen einer Galaxie beobachtet, befinden sich die Objekte innerhalb der Galaxie in unterschiedlichen Phasen des kosmischen Kreislaufs, wie er in der Abbildung 8.1 dargestellt ist. Dies bedeutet dann auch, dass ein Anteil der chemischen Elemente im interstellaren Gas und ein anderer sich gerade in einem Stern befindet. Der letzte, stellare Anteil entzieht sich aber (noch) der Beobachtung, wenn man davon absieht, dass man die Zusammensetzung der stellaren Atmosphäre spektroskopisch untersuchen kann und so Rückschlüsse auf die Komposition des Sterns bei seiner Geburt, aber auch in gewissen Phasen, in denen der Stern eine sehr starke konvektive Mischung durchläuft, auf die im Inneren abgelaufene Nukleosynthese möglich sind.

Die mit Abstand besten Daten über die Oberflächenkomposition eines Sterns liegen für unseren Heimatstern, die Sonne, vor. Sie sind in der Abbildung 8.3 zusammengestellt. Nun nimmt man an, dass Sterne zwar Individuen sind und ihre exakte elementare Zusammensetzung bei der Geburt von ihrer bestimmten Entwicklung abhängt, dass aber das allgemeine Muster der Häufigkeitsverteilung universell ist. Dies heißt, Wasserstoff und Helium dominieren die chemische Komposition der Sonne, die Häufigkeiten von Lithium, Beryllium und Bor sind sehr klein und die Metallizität ist gering, im Prozentbereich. Sauerstoff, Kohlenstoff und Stickstoff haben eine relativ hohe Häufigkeit. Diese fällt dann, mit einem auffallenden Zickzackmuster, in dem Elemente mit gerader Ladungszahl häufiger sind als ihre Nachbarn mit ungeradem $Z$, bis etwa zu Kalzium ab, um dann in einen Häufigkeitsberg um Eisen überzugehen. Dieser Eisen-Berg ist, wie wir gesehen haben, mit der Nukleosynthese bei Supernova-Ausbrüchen assoziiert. Bei noch schwereren Elementen fällt die Häufigkeitskurve langsam ab, zeigt aber bestimmte Maxima, die wir durch die beiden Neutroneneinfangprozesse (S- und R-Prozesse) erklärt haben.

Obwohl wir die Ursprünge der Häufigkeitsverteilung in den vorhergegangenen Kapiteln identifiziert haben, stellt sich nun die Herausforderung, ob man diese auch durch Simulation der zeitlichen Entwicklung einer Galaxie mit den besprochenen Ingredienzien reproduzieren kann. Dieser Aufgabe stellt man sich schon seit etwa einem halben Jahrhundert, mit bemerkenswerten Erfolgen.

Wenn Sterne die Produzenten der Elemente seit dem Urknall waren und sind, so muss jede Simulation der galaktischen chemischen Entwicklung die Frage modellieren,

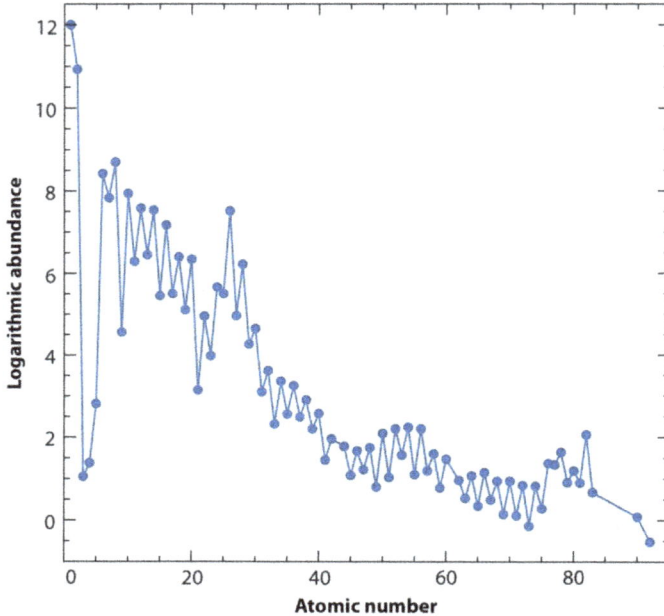

**Abb. 8.3:** Die solare Häufigkeitsverteilung der Elemente, bestimmt von einem Team unter der Leitung des Max-Planck-Instituts für Astrophysik.

wie viele Sterne zu jedem Zeitpunkt aus dem intergalaktischen Gas entstehen, wie deren Massenverteilung ist und wie effektiv diese Sterne ein Element produzieren und wieder an das Interstellare Medium abgeben. Im Allgemeinen nimmt man an, dass die Geburtsrate nur von der Zeit abhängt, an der dies im Laufe der Geschichte der Galaxie geschieht, während die Massenverteilung unabhängig vom Zeitpunkt immer gleich ist. Zu beiden Anteilen – der Geburtsrate und der stellaren Massenverteilung – gibt es an Beobachtungen angepasste Parametrisierungen. Wir kommen darauf gleich zurück. Schließlich muss noch festgelegt werden, inwieweit es zu einem Austausch der betrachteten Galaxie mit ihrer Umgebung kommen kann. Als besonders wichtig für die chemische Entwicklung hat sich der auch durch Beobachtungen nachgewiesene Zustrom von kaltem Gas aus der Umgebung in eine Galaxie erwiesen, denn dieser hat zum einen eine geringere Metallizität und ist zum anderen ein Antreiber der Sternentwicklung. Zusätzlich kann es auch einen Ausfluss von Gas in die Umgebung geben.

## 8.1 Galaxie im Kasten – Entwicklung der Metallizität

Ein einfacher, und historisch erster Versuch, die zeitliche Entwicklung einer Galaxie zu beschreiben, behandelte die betrachtete Galaxie als einen abgeschlossenen Kasten (closed box). Dieses Modell ist in vielen Aspekten zu simpel und ist in den letzten Jahren durch viel realistischere Ansätze ersetzt worden. Es zeigt allerdings einige grundlegende Entwicklungen auf, sodass wir das Modell hier kurz besprechen wollen. Wir stellen danach die modernen und realistischeren Modelle vor.

Die Komponenten im Closed-Box-Modell sind das interstellare Gas und die Sterne, die daraus mit einer bestimmten Rate geboren werden. Diese Rate wird durch einen Parameter $\tau$ charakterisiert, der bestimmt, wie schnell die vorhandene Gasmasse in Sterne umgewandelt wird. Häufig wird angenommen, dass $\tau$ zeitlich konstant oder proportional zum übrig gebliebenen Gasmassenanteil ist. Die Sterne werden immer mit der gleichen Massenverteilung geboren. Ferner wird die ursprüngliche Zusammensetzung des Gases als durch die primordiale Komposition des Urknalls angenommen. Mit diesen Annahmen ist die zeitliche Entwicklung der Materieanteile, die sich im Interstellaren Medium als Gas oder aber in Sternen befindet, festgelegt. Im Fall eines konstanten $\tau$-Parameters nimmt die Gasmasse, und auch die Geburtsrate, exponentiell mit der Zeit ab, im zweiten Fall wird diese Abnahme invers proportional zur Zeit angesetzt und somit langsamer als im ersten Fall, da die Sternbildung mit der Zeit ineffizienter wird.

Allerdings muss noch festgelegt werden, wie die Sterne das Interstellare Medium anreichern. Hierbei werden die Elemente nicht individuell behandelt, sondern es wird nur der integrative Effekt auf die Metallizität des Gases betrachtet. Dieser wird dadurch berücksichtigt, dass man annimmt, dass ein Stern einen Bruchteil seiner Masse in Metalle umwandelt und diese Metallmenge an das Interstellare Medium abgibt. Diese Menge ist klein gegenüber den Massen, die als Gas vorliegen oder in Sternen gebunden sind. Man vernachlässigt sie deshalb in der Massenbilanz, die in ihrer Summe durch Gas und Sterne gegeben ist. Allerdings wird die kleine Menge an Metallen instantan dem Gas beigemischt und erhöht dessen Metallizität $Z$. Es ist das Ziel, die zeitliche Änderung von $Z$ im Gas der Galaxie zu bestimmen und gegebenenfalls mit Beobachtungsdaten zu vergleichen. Neben der Annahme, dass die in den Sternen erzeugten Elemente (Metalle) ohne Zeitverzögerung mit dem Interstellaren Medium vermischt werden, sodass das Gas immer überall in der Galaxie die gleiche Zusammensetzung hat, muss noch festgelegt werden, wie die Sterne das neu erbrütete Material an das Interstellare Medium abgeben. Die einfachste Annahme ist die sogenannte instantane Wiederverwertungsnäherung (instantaneous recycling approximation), die besagt, dass alle Sterne, die massiver als eine Sonnenmasse sind, ihren Ertrag instantan produzieren und ejektieren, während die leichteren Sterne eine unendliche Lebensdauer haben und somit keine Elemente produzieren. In dieser Näherung kommt es also nur darauf an, was eine ganze Population von Sternen (alle Sterne mit Massen größer als eine Solarmasse) an schweren Elementen (Metalle) herstellt und nicht auf die individuellen Beiträge von Sternen einer bestimmten Masse. Die Ausbeute einer ganzen Sternenpopulation wird durch den Parameter $p$ charakterisiert, der besagt, dass $p$ Solarmassen an Metallen für jede Solarmasse der Sternenpopulation produziert werden. Obwohl sie nicht zur Elementproduktion beitragen, haben die leichten Sterne einen indirekten wichtigen Effekt auf die Umwandlung von Gas in stellare Materie. Es gibt in der Massenverteilung der Sterne viele leichte Sterne mit weniger als einer Solarmasse, in denen in dem einfachen

Modell Gas für alle Zeiten gebunden und für die Nukleosynthese verloren ist. Die Rolle der schweren Sterne besteht also darin, den Metallgehalt des interstellaren Gases anzureichern.

Obwohl das einfache Modell einige sehr starke Vereinfachungen zugrunde legt, ist es nicht vollständig unrealistisch. Dies liegt daran, dass einige der besonders häufigen schweren Elemente wie Sauerstoff und Magnesium zum überwiegenden Teil in massereichen Sternen produziert werden und durch Supernovae vom Typ II dem Interstellaren Medium beigemischt werden. Diese massenreichen Sterne haben nur eine Lebensdauer von einigen 10 Millionen Jahren, was kurz gegenüber anderen Zeitskalen der galaktischen Entwicklung ist. Und da Sauerstoff und Magnesium einen guten Bruchteil der schweren Elemente ausmachen (siehe Abbildung 8.3), darf man die zeitliche Entwicklung ihres Masseanteils als Näherung für die der gesamten Metallizität ansehen. Akzeptiert man dies, so kann man die Aussage des Modells mit astronomischen Beobachtungen vergleichen. Dies gelingt, wenn man berücksichtigt, dass in dem Closed-Box-Modell die Metallizität mit der Zeit monoton anwächst, sodass die Zahl an Sternen mit einer bestimmten Metallizität $Z'$ durch die Anzahl gegeben ist, die geformt wurde, als die Metallizität des Gases gerade $Z'$ betrug. Ferner ist die kumulative Anzahl von Sternen mit einer Metallizität bis zu dem Wert $Z'$ proportional zu der Gasmasse, die bis zu diesem Zeitpunkt in stellare Masse umgewandelt wurde. Aus diesem Zusammenhang lässt sich herleiten, wie viele Sterne in einer Galaxie eine bestimmte Metallizität haben sollten. In der Abbildung 8.4 wird die im Closed-Box-Modell erhaltene Verteilung mit derjenigen verglichen, die in der Nachbarschaft der Sonne bestimmt wurde, wobei der Anteil von Magnesium, relativ zu Wasserstoff, als Näherung für die Metallizität benutzt wurde. Man sieht, dass das Closed-Box-Modell die Beobachtung nicht gut reproduziert. Es sagt deutlich zu viele Sterne mit einem kleinen Magnesium-zu-Wasserstoff-Verhältnis voraus, das heißt, es werden in dem Modell zu viele Sterne geboren, wenn der Wert von $Z$ noch klein ist.

Um das Ergebnis für das Closed-Box-Modell zu erhalten, hat man versucht, die Entwicklung der Milchstraße zu simulieren. Man ist also der Entwicklung der Galaxie für etwa 9 Milliarden Jahre gefolgt und hat gefordert, dass die Metallizität zu diesem Zeitpunkt den solaren Wert ($Z_\odot = 0{,}014$) erreicht hat. Damit diese Bedingungen erfüllt werden, betrachtet man die Ausbeuteeffizienz einer Sternpopulation, genannt $p$, als freien Parameter. Für die Kurve in der Abbildung 8.4 wurde der Wert $p = 0{,}006$ benutzt. Dieser ist deutlich kleiner, als der Wert, den man erhält, wenn man die Ausbeuten von Sternmodellen verwendet und diese über eine stellare Massenverteilung, wie von Salpeter hergeleitet, mittelt; in diesem Fall findet man bei Annahme einer solaren Metallizität für die Sterne $p = 0{,}035$. In den Sternmodellen ist $p$, entgegen der Annahme in dem Closed-Box-Modell, auch nicht konstant, sondern nimmt mit der Metallizität der Geburtskomposition ab. Würde man in dem einfachen Modell den Wert $p = 0{,}035$ benutzen, würde man bei der Formierung des Sonnensystems nach 9 Milliarden Jahren einen Wert für die Metallizität erhalten, der den solaren Wert um ein Mehrfaches überschreitet. Der $\tau$-Parameter ergibt sich zu etwa 4 Milliarden Jahre, wenn man ihn als konstant

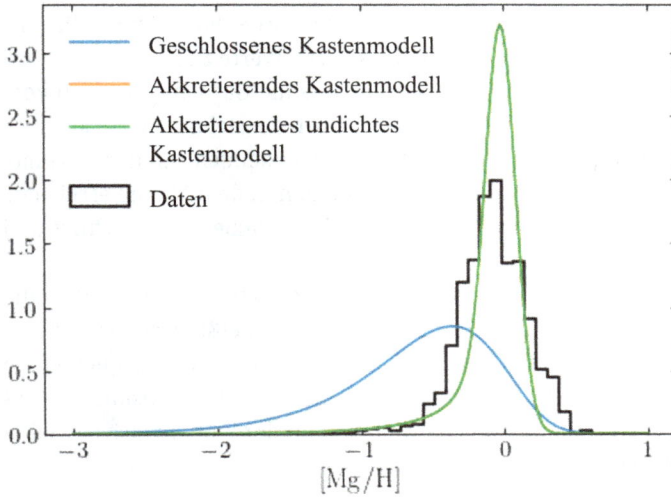

**Abb. 8.4:** Verteilung der Metallizität in den Sternen der solaren Nachbarschaft, wobei in den Beobachtungsdaten (schwarzes Histogramm) der Magnesiumanteil als Näherung für den Metallgehalt genommen wurde. Die Accretion-Box-Modelle mit und ohne Massenverlust (grün bzw. orange) ergeben bei geeigneter Parameterwahl das gleiche Ergebnis (und liegen in der Abbildung aufeinander). Sie können die Beobachtung gut reproduzieren. Dies gelingt im Closed-Box-Modell (blau) nicht, das zu viele Sterne mit geringer Metallizität vorhersagt.

ansieht. Hieraus ersieht man, dass die Umwandlung von Gas in Sterne ein recht langsamer Prozess ist.

Der Grund, warum das einfache Modell die Beobachtung nicht beschreibt und relativ zu viele Sterne mit kleinem Wert von $Z$ vorhersagt, liegt hauptsächlich an der Annahme, dass die Gesamtmasse der Galaxie während der Entwicklung konstant bleibt. In dem Modell werden, bei Annahme einer konstanten Populationsausbeute, die frisch produzierten Metalle sofort über die ganze Gasmenge verteilt. Somit steigt die Metallizität des Gases, aus dem sich Sterne bilden, zunächst langsam, dann aber beschleunigt, da die Gasmenge, die zur Mischung und Bildung neuer Sterne zur Verfügung steht, im Laufe der Zeit kleiner wird, da ja Gas in Sterne umgewandelt wird. Die relative Anzahl der Sterne mit größerem $Z$-Wert würde erhöht werden, wenn zu späteren Zeiten, bei größerem $Z$, mehr Gas zur Verfügung stünde. Dies kann dadurch erreicht werden, dass man die Galaxie nicht als abgeschlossenes System betrachtet, sondern Materiezufluss (Akkretion), deren Metallizität üblich als $Z = 0$ angesetzt wird, oder sogar Aus- und Zufluss erlaubt. Man nennt solche Modelle der Galaxienentwicklung „Accretion-Box-Modelle" – Modelle, die mit einem akkretierenden Kasten operieren. In diesen Modellen hat man nun neben dem Parameter für die Ausbeute einer Sternenpopulation noch einen oder zwei Parameter, die den als üblicherweise zeitlich konstant angesehenen Zu- und Ausfluss von Materie beschreiben. Wie die Abbildung 8.4 zeigt, kann man die beobachtete Häufigkeitsverteilung der Sterne im Rahmen der Accretion-Box-Modelle befriedigend reproduzieren. Ist Materieaustausch möglich, ändert sich auch der Wert für die Effizienz der Populationsausbeute, der benötigt wird, um die solaren Werte zu simulieren. Wird nur Zufluss betrachtet und ist dieser gerade so groß, dass die Gasmenge zeitlich konstant bleibt (somit wächst die Gesamtmasse, da hierzu noch die stellare Masse kommt), so findet man mit $p = 0{,}014$ einen Wert, der schon näher an demjenigen der Sternmodelle ($p = 0{,}035$) liegt. Den Wert der Sternmodelle kann man in dem Modell erreichen, wenn man zusätzlich noch den Ausfluss von Gas aus der Galaxie berücksichtigt und diesen geeignet wählt.

Ein interessantes Ergebnis, das man im Accretion-Box-Modell erhält, ist, dass die Komposition des Gases in ein Gleichgewicht laufen kann, das heißt, dass sich die Metallizität mit der Zeit einem Grenzwert annähert. Dies geschieht zum Beispiel, wenn man annimmt, dass die Gasmenge des Interstellaren Mediums zeitlich konstant ist. Dies bedeutet zum einen, dass die Gesamtmasse der Galaxie mit der Zeit anwächst, weil ja fortlaufend auch Gas in Sterne umgewandelt wird, und zum anderen, dass diese Masse, die zu Sternen wird, zu jedem Zeitpunkt durch einfallendes Gas kompensiert wird. In einem solchen Modell strebt die Metallizität der Galaxie gegen den die stellare Populationsausbeute charakterisierenden Parameter; man erhält also als Grenzwert $Z = p$. Dieses Ergebnis lässt sich wie folgt veranschaulichen. Nimmt man an, dass die Metallizität der Galaxie schon den Wert $Z = p$ hat und dass eine bestimmte Gasmasse $M_{\text{Gas}}$ in eine Population von Sternen umgewandelt wird, so gibt diese Population den Bruchteil $pM_{\text{Gas}}$ in Form von Metallen an das Gas zurück. Damit die Gasmasse erhalten bleibt, wie angenommen, wird die durch die Umwandlung in Sterne verlorene Menge gerade durch einfallendes Gas aufgefüllt, von dem man annimmt, dass es unprozessiert ist und somit die Metallizität $Z = 0$ hat. In Summe wird also dem Interstellaren Medium genau die Gasmenge $M_{\text{Gas}}$ wieder zugefügt und deren Anteil an Metallen ist durch $p$ gegeben und entspricht dem Wert der Metallizität des übrigen Interstellaren Mediums, was somit ein Gleichgewicht bezüglich der Metallizität erreicht hat. Wir kommen hierauf unten zurück.

## 8.2 Sauerstoff und Eisen – Wettstreit der Supernovae

Die Modelle, die wir bislang betrachtet haben, berücksichtigten nur die globale Produktion aller Elemente schwerer als Helium, beschrieben durch den Populationsausbeuteparameter $p$. Nun kann und sollte dieser Parameter für unterschiedliche Elemente verschieden sein, was nicht zuletzt auch die elementare Häufigkeitsverteilung in der solaren Atmosphäre (Abbildung 8.3) bestätigt. Dies lässt sich in die betrachteten Modelle einbauen, wenn wir $p$ in seine individuellen Beiträge auflösen, zum Beispiel einen $p$-Wert für Sauerstoff, genannt $p_{\text{O}}$, und einen für Eisen $p_{\text{Fe}}$, und so weiter. Allerdings würden die behandelten Kastenmodelle die gleiche zeitliche Entwicklung für die Häufigkeiten (oder Massen) von Sauerstoff und Eisen vorhersagen, ebenso für alle anderen Elemente. Damit wäre das Häufigkeitsverhältnis von [O/Fe] während der gesamten Evolution der

Milchstraße das Gleiche, das man in der Sonne beobachtet. Dies ist klar im Widerspruch zu den Daten, wie in der Abbildung 6.20 gezeigt. Wir hatten schon im Kapitel 5 darauf hingewiesen, dass Sauerstoff fast ausschließlich von Typ-II-Supernovae produziert wird, während Eisen von beiden Supernova-Typen (Ia und II) hergestellt wird. Würden für die Beiträge, die durch thermonukleare Supernovae zum elementaren Inventar beigetragen werden, die gleichen Näherungen gelten, die wir als einigermaßen plausibel für Typ-II-Supernovae bezeichnet haben, so hätten die Modelle auch für die Entwicklung von Eisen eine gewisse Berechtigung; man müsste nur die beiden Supernova-Beiträge aufaddieren. Allerdings gilt eine der in den Kastenmodellen gemachten Annahmen für die Beiträge der thermonuklearen Supernovae nicht. Bei massereichen Sternen ist die stellare Lebensdauer recht kurz (einige 10 Millionen Jahre), was die Grundlage der instantanen Wiederverwertungsannahme ist. Diese Basis gibt es für die Beiträge der thermonuklearen Supernova nicht, da es dort zu deutlichen Verzögerungen zwischen der Geburt der ursprünglichen Sterne und der finalen Explosion kommen kann.

Es ist also für die Modellierung der Beiträge der Typ-Ia-Supernovae entscheidend, zu wissen, wie viel Zeit zwischen der Geburt eines Sterns und der Explosion des Weißen Zwerges als Ursache einer thermonuklearen Supernova vergeht. Diese Größe ist leider keine Konstante, sondern variiert. Dies kann man sich leicht vor Augen führen. Betrachten wir das doppelt-entartete Szenario als die wahrscheinlichste Ursache einer Typ-Ia-Supernova (siehe Kapitel 6), so müssen sich zunächst zwei Sterne, die beide eine Masse weniger als 8 Solarmassen besitzen, um nicht durch den Kollaps ihres Cores zu enden, durch unterschiedliche Brennphasen zu Weißen Zwergen entwickeln und ein Doppelsternsystem bilden, um in diesem schließlich zu verschmelzen. All diese Stufen können unterschiedlich lang dauern. Dies wird durch Beobachtungen bestätigt, die man in den jüngeren Übersichtsmusterungen von Galaxien gemacht hat (siehe Kapitel 3). Abbildung 8.5 korreliert die Anzahl der beobachteten Typ-Ia-Supernovae mit der Zeit, die seit der Geburt der ursprünglichen Sterne vergangen ist. Man nennt dies die Verzögerungszeit, die wir mit $\Delta T$ bezeichnen wollen. Es fällt auf, dass die Anzahl mit der Verzögerungszeit abnimmt. Wird die Anzahl auf die gleiche Masse bezogen, um die triviale Proportionalität zur Galaxienmasse zu eliminieren, so nimmt die Anzahl an Typ-Ia-Supernovae proportional zur Verzögerungszeit ab: Nach 2 Milliarden Jahren explodieren nur noch etwa halb so viele Supernovae wie nach einer Verzögerung von 1 Milliarde Jahren. Es gibt somit auch einige Typ-Ia-Supernovae, deren Verzögerungszeit länger ist, als es das Alter des Universums war, als sich das Sonnensystem bildete (ungefähr 9 Milliarden Jahre). Das aus der Abbildung hergeleitete Potenzgesetz ($N \sim 1/\Delta T$) gilt allerdings nur für Verzögerungszeiten, die größer als etwa eine Milliarde Jahre sind. Man geht nämlich davon aus, dass es die Entwicklung des Doppelsternsystems bis zur Explosion widerspiegelt. Bei geringeren Verzögerungszeiten sollten die beiden anderen Effekte, die wir oben erwähnt haben, dominieren. Zunächst gibt es gar keine Typ-Ia-Supernovae mit Verzögerungszeiten von weniger als etwa 40 Millionen Jahren, da dies die Minimalzeit für die Entwicklung eines Sterns mit weniger als 8 Solarmassen im hydrostatischen Brennen ist. Für die Zeitabhängigkeit, mit der die Weißen Zwerge geboren

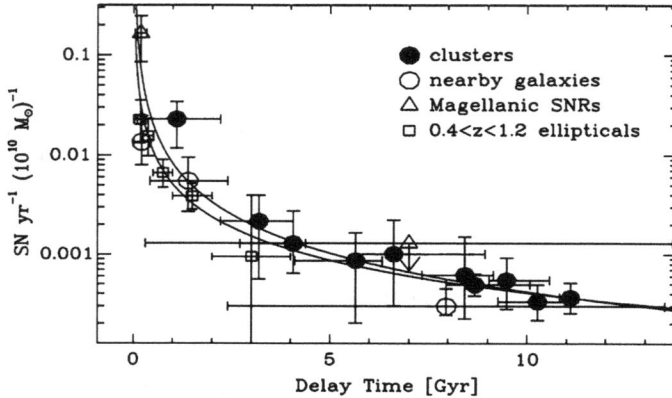

**Abb. 8.5:** Typ-Ia-Supernovae explodieren nach einer bestimmten Verzögerungszeit, die der Entwicklung des Doppelsternsystems entspricht. Die Verteilung der Verzögerungszeiten lässt sich durch Beobachtung bestimmen, indem man die Anzahl der Supernovae nach einer bekannten Zeit von sehr aktiver Sternentstehung in Galaxien oder Galaxienhaufen bestimmt. Die Verteilung der Verzögerungszeiten lässt sich für Zeiten größer als etwa einer Milliarde Jahre durch ein Potenzgesetz (durchgezogene Kurve) beschreiben.

werden, erwartet man ebenfalls ein Potenzgesetz, das aber nur wie $N \sim 1/\sqrt{\Delta T}$ abfällt. Diese Abhängigkeit sollte bis etwa 1 Milliarde Jahre gelten.

Es ist nun möglich, die Kastenmodelle so zu erweitern, dass man in ihnen die Anreicherung von Sauerstoff und Eisen durch beide Supernova-Varianten verfolgen kann. Dazu geht man wieder davon aus, dass Sauerstoff ausschließlich durch Typ-II-Supernovae produziert wird und somit mit der Anwendung der instantanen Wiederverwertungsnäherung beschrieben werden kann. Allerdings ist der Ausbeuteparameter für eine stellare Population kleiner als der für alle Metalle zusammengenommen. Modellrechnungen legen einen Wert von $P_O$ = 0,016 nahe. Zu der Anreicherung von Eisen tragen beide Supernova-Typen bei, wobei man beide Beiträge unabhängig voneinander berechnet und dann aufaddiert. Für den Beitrag, der von den Typ-II-Supernovae kommt, kann auch die instantane Wiederverwertungsapproximation verwendet werden. Der Ausbeuteparameter für Eisen, wie ihn Modellrechnungen für Typ-II-Explosionen vorhersagen, ist ziemlich klein, $P_{Fe}^{II}$ = 0,001, wobei der Index ‚II‘ anzeigt, dass dieser Beitrag von Typ-II-Supernovae kommt. Dazu kommt der Eisenanteil, der von Typ-Ia-Supernovae produziert wird. Wie wir gesehen haben, kommt dieser Beitrag aber mit einer Verzögerungszeit $\Delta T$ nach der Geburt des Sterns, deren Verteilung wir gerade diskutiert haben. Man kann diesen Verzögerungseffekt angenähert so beschreiben, dass die Anzahl der Typ-Ia-Supernovae mit Verzögerungszeiten größer als eine Milliarde Jahre durch die in der Abbildung 8.5 gezeigten Daten, die man oft die Verzögerungszeit-Verteilung (delay time distribution) nennt, pro 10 Milliarden Sonnenmassen gegeben ist und mit der Zeit proportional zu $1/\Delta T$ abnimmt. Für Verzögerungszeiten kleiner als eine Milliarde Jahre ist die Abnahme mit der Zeit langsamer, nur noch proportional zu $1/\sqrt{\Delta T}$, und für Zeiten kleiner als 40 Millionen Jahre gibt es keine Typ-Ia-Supernovae, da das hydrostatische Brennen des ursprünglichen Sterns mindestens so lange dauert. Somit ist die Anzahl an Typ-Ia-Supernovae festgelegt, die nach der Verzögerungszeit $\Delta T$ explodieren und ihren Eisenanteil an das Interstellare Medium abgeben. Die ejektierte Menge an Eisen variiert recht wenig von Supernova zu Supernova beim Typ Ia. Deshalb ist es erlaubt, einen mittleren Wert anzunehmen, der bei etwa 0,8 Solarmassen liegt. Somit erhalten wir die Menge an Eisen, die in Abhängigkeit von der Verzögerungszeit und pro 10 Milliarden Sonnenmassen, durch Typ-Ia-Supernova erzeugt werden, indem wir die Verzögerungszeit-Verteilung mit diesem Massenwert multiplizieren. In Analogie zu der Populationsausbeute, wie sie für die Beiträge von Typ-II-Supernovae definiert wurde, kann dies auch für die Eisenbeiträge von Typ Ia erfolgen, indem man die ejektierte Eisenmenge über die Verzögerungszeit-Verteilung aufsummiert. Man erhält so den Parameter $p_{Fe}^{Ia}$.

Die Ausbeute an Eisen, die dem Gas in der Galaxie durch Typ-Ia-Supernovae zu einer bestimmten Zeit $t$ beigemischt wird, stammt von vielen verschiedenen ursprünglichen Sternen, die zu einer früheren Zeit $t'$ mit der zu diesem Zeitpunkt vorherrschenden Geburtsrate geboren wurde. Mittelt man die Geburtsraten der Sterne über die Verzögerungszeit-Verteilung, so ergibt sich die Eisenausbeute zur Zeit $t$ dadurch, dass man diesen Mittelwert mit $p_{Fe}^{Ia}$ multipliziert. Neben diesem Zugewinn an Masse von Eisen in dem interstellaren Gas, geht auch etwas durch Bildung neuer Sterne zu dem Zeitpunkt $t$ verloren. Diese Menge entspricht der totalen Gasmenge, die in Sterne umgewandelt wird, multipliziert mit dem Metallizitätswert von Eisen $Z_{Fe}^{Ia}$, wobei durch die getrennte Behandlung der beiden Supernova-Typen hier nur der Anteil, der von Typ-Ia-Supernovae produziert wird, berücksichtigt werden darf.

Damit ist es möglich geworden, die zeitliche Entwicklung der Sauerstoff-zu-Eisen-Häufigkeiten in einer Galaxie zu simulieren. Akzeptiert man die Ausbeuteparameter $p_O$ und $p_{Fe}^{Ia}$ und $p_{Fe}^{II}$ wie oben diskutiert und fordert, dass die Gasmenge in der Galaxie nach etwa 10 Milliarden Jahren ein Zehntel der stellaren Masse ist, wie dies ungefähr für die Milchstraße heute gilt, so findet man die im linken Teil der Abbildung 8.6 gezeigte Entwicklung der relativen Häufigkeiten von Sauerstoff zu Eisen in den verschiedenen Kastenmodellen. Das Häufigkeitsverhältnis von Eisen zu Wasserstoff wird wieder als Zeitangabe benutzt. Das Universum war ungefähr eine Milliarde Jahre alt, als das Verhältnis ein Zehntel des solaren [Fe/H]-Werts beträgt (entsprechend ist nach der Definition [Fe/H] = −1,0). Bis zu dieser Zeit ist die Sauerstoff-zu-Eisen-Häufigkeit in den Daten etwa konstant; man spricht von einem Plateau. Ein solches Verhalten erwartet man, wenn die Sterne, die bis zu diesem Zeitpunkt beitragen, Sauerstoff und Eisen etwa in der gleichen relativen Menge produzieren. Die Modelle zeigen, im Einklang mit den Daten, auch ein Plateau für die frühen Zeiten. Dies liegt daran, dass zu diesen Zeiten Typ-Ia-Supernovae, wegen der Zeitverzögerung, mit der sie zur galaktischen Elementsynthese beitragen, im Vergleich zu den Typ-II-Supernovae noch wenig aktiv waren. Da Typ II, in den Kastenmodellen und angenähert auch in Realität, Sauerstoff und Eisen in einem konstanten Verhältnis produzieren, bleibt dies in der Frühzeit der Galaxie konstant, wobei die Häufigkeit von Sauerstoff im Vergleich zu Eisen etwa dreimal so groß

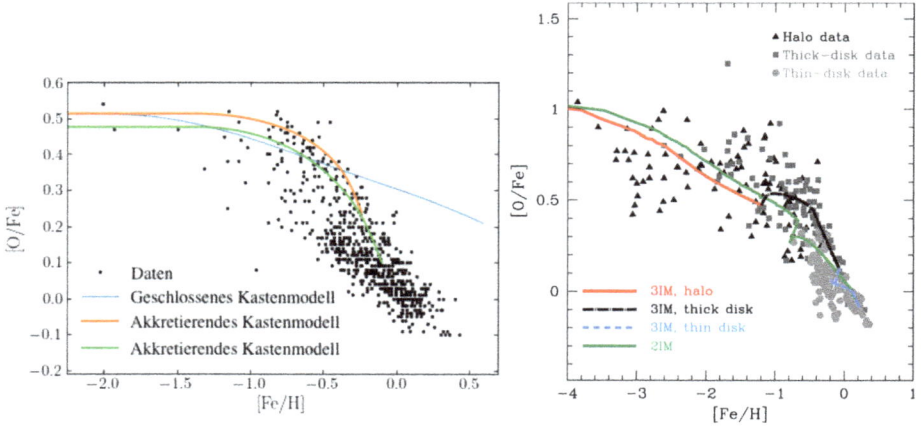

**Abb. 8.6:** Zeitliche Entwicklung der Sauerstoff-zu-Eisen-Häufigkeit ([O/Fe]) in Sternen in der Milchstraße (Punkte), wobei das Verhältnis von Eisen zu Wasserstoff als Näherung für die Zeit benutzt wurde. Man sieht, dass der [O/Fe]-Wert mit der Zeit abnimmt. Dieses Verhalten setzt dann ein, wenn auch Typ-Ia-Supernovae zur Eisen-, aber nicht zur Sauerstoffproduktion beitragen. (links) Die Beobachtungsdaten lassen sich in den Kastenmodellen mit und ohne Materieaustausch (orange und grün) bei geeigneter Parameterwahl beschreiben, während dies im Closed-Box-Modell (blau) nicht gelingt. (rechts) Die Sauerstoff-zu-Eisen-Häufigkeit hängt stark von den Annahmen über den Massenzufluss in die Milchstraße ab. Die Simulation im rechten Bild beruht auf modernen Studien der galaktischen Entwicklung und nimmt unterschiedliche Zuflüsse für die verschiedenen Bereiche der Milchstraße an (nächstes Unterkapitel).

ist wie der solare Wert. Dies ändert sich nach etwa einer Milliarde Jahre. Nun beginnen auch Typ-Ia-Supernovae, merklich zum Eisenanteil im galaktischen Gas beizutragen. Als Konsequenz wächst der Eisenanteil im Gas schneller als der Sauerstoffanteil; das Sauerstoff-zu-Eisen-Verhältnis nimmt ab und erreicht nach etwa 10 Milliarden Jahren den solaren Wert. Moderne Simulationen der Entwicklung der Milchstraße, wie wir sie im nächsten Unterkapitel kennenlernen, nehmen an, dass der Massenzufluss in die unterschiedlichen Bereiche der Milchstraße verschieden war. Das Sauerstoff-zu-Eisen-Verhältnis, das in einer solchen Studie erzielt wird, ist im rechten Teil der Abbildung 8.6 gezeigt.

Die zeitliche Entwicklung der Sauerstoff-zu-Eisen-Häufigkeit wird in einem Closed-Box-Modell nicht reproduziert. Wie wir schon bei der zeitlichen Abhängigkeit der Metallizität gesehen haben, überschätzt dieses Modell den Beitrag aus dem frühen Universum, was zu einer zu langsamen Abnahme des Verhältnisses führt, sodass der [O/Fe]-Wert den solaren Wert nach 10 Milliarden Jahren deutlich überschätzt. Die beiden Kastenmodelle, die einen Austausch von Gas mit der Umgebung erlauben, können den Trend in den Daten ziemlich gut wiedergeben. Zusammenfassend kann gesagt werden, dass die auf die Typ-Ia-Supernovae zurückgehenden Beiträge zur Metallizität in der frühen Galaxie kleiner waren als die der Typ-II-Supernovae, mit der Zeit aber stärker anwuchsen und heute über diese dominieren.

Eine Galaxie ohne Materieaustausch mit der Umgebung ist durch die Beobachtungsdaten widerlegt. In einem solchen geschlossenen System würde die Metallizität kontinuierlich anwachsen. Dies ist mit Austausch nicht unbedingt der Fall. Hier kann es, wie wir diskutiert haben, zu einer Sättigung der Metallizität oder zu einer Abnahme kommen, wenn die Galaxie zu viel Materie an die Umgebung verlieren würde. In den letzten Jahren ist es durch die verschiedenen „großflächigen" Himmelsdurchmusterungen, die Millionen an Galaxien umfassten, gelungen, diese Frage durch Daten zu beleuchten. Für einige dieser Galaxien ist es möglich gewesen, deren „globale" Metallizität, Gesamtmasse und Rotverschiebung zu erfassen. Dabei wurde die Metallizität durch die Häufigkeit von Sauerstoff relativ zu der von Wasserstoff approximiert. Hierbei wird ausgenutzt, dass Wasserstoff und Sauerstoff Emissionslinien ausbilden, die sich markant aus den Spektren im optischen Bereich herausheben und sich so recht leicht identifizieren und messen lassen. Die Rotverschiebung dient als Altersangabe: Je größer die Rotverschiebung, desto länger hat das Licht bis zum Beobachter gebraucht und desto jünger war die Galaxie, als es ausgesandt wurde.

Die Abbildung 8.7 zeigt die Sauerstoff-Häufigkeit (Metallizität) von Galaxien als Funktion ihrer Gesamtmasse. Galaxien mit etwa der gleichen Rotverschiebung sind dabei durch gleiche Symbole gekennzeichnet und mit Kurven verbunden. Die Abbildung zeigt drei bemerkenswerte Ergebnisse. Erstens wird deutlich, dass die Metallizität mit dem Alter der Galaxie zunimmt, denn bei gleicher Gesamtmasse der Galaxie nimmt die Sauerstoff-Häufigkeit ab, je größer die Rotverschiebung der Galaxie ist. Zweitens nimmt, bei gleichem Alter (Rotverschiebung) der Galaxie, die Metallizität mit wachsender Masse zu. Massereiche Galaxien sind anscheinend effektivere Elementbrüter. Diese

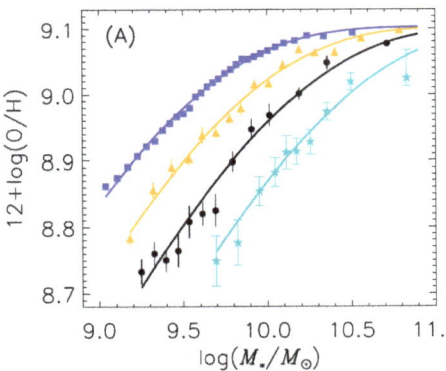

**Abb. 8.7:** Die Metallizität in entfernten Galaxien, approximiert durch das $[O/H]$-Verhältnis, ist gegen die Gesamtmasse der Galaxien (in Solarmassen) aufgetragen. Die Kurven fassen jeweils Galaxien mit etwa gleicher Rotverschiebung zusammen ($z = 0{,}08$ (blau), $z = 0{,}29$ (gelb), $z = 0{,}78$ (schwarz) und $z = 1{,}55$ (hellblau)) und entstammen unterschiedlichen Himmelsdurchmusterungen. Von oben nach unten nimmt die Rotverschiebung der Kurven zu und somit auch das Alter der jeweiligen Galaxien. Man ersieht also, dass die Sauerstoff-Häufigkeit (Metallizität) mit der Zeit zunimmt. Ferner flachen die Kurven mit wachsender Masse jeweils ab und scheinen einem Sättigungswert zuzustreben.

Zunahme flacht mit wachsender Masse allerdings ab und scheint einem Sättigungswert zuzustreben. Dies ist im Einklang mit der obigen Überlegung, dass ein Zustrom an neuem Gas mit geringerer Metallizität zu einem Gleichgewicht zwischen Neuproduktion von Metallen und deren Einbau in Sterne führen kann. Drittens deuten die Daten an, dass die Galaxiemasse, bei der die Sättigung erreicht wird, um so kleiner ist, je größer die Metallizität ist. Vielleicht ist die Tatsache, dass man solche Messungen überhaupt durchführen kann, das vierte und bemerkenswerteste Ergebnis.

## 8.3 Chemie in der Nachbarschaft – Entwicklung der Elemente in der Milchstraße

Wie wir gesehen haben, ist es möglich, mit relativ simplen Annahmen in einem einfachen Modell zwei der Haupttrends in der Entwicklung einer Galaxie zu verstehen und zu beschreiben. Zum einen ist dies die stetige Zunahme an schweren Elementen (Metallizität) im interstellaren Gas, die auf das hydrostatische Brennen in Sternen zurückgeführt werden kann. Die Sterne haben also aus einer übersichtlichen – und langweiligen – Tafel der chemischen Elemente, wie sie nach dem Urknall vorlag, diejenige geschaffen, die wohl in jedem Chemieklassenraum auf unserem Planeten hängt. Das zweite Faktum, das das einfache Modell beschreiben kann, ist die zeitliche Entwicklung von zwei herausgehobenen Elementen, Sauerstoff und Eisen. Die beobachtete Evolution des Häufigkeitsverhältnisses lässt ihre Produktion nicht nur den beiden Supernova-Typen (Kollaps eines massiven Sterns oder Explosion eines Weißen Zwerges in einem akkretierenden Doppelsternsystem) zuordnen, sondern bestätigt auch die erwartete zeitliche Verzögerung, mit der Typ-Ia-Supernovae zum Eisenhaushalt (und nicht zum Sauerstoffhaushalt) einer Galaxie beitragen. Schließlich sollte betont werden, dass das einfache Modell auch starke Evidenz dafür gibt, dass eine Galaxie während ihrer chemischen Entwicklung im Austausch von Materie mit ihrer Umgebung steht und nicht als abgeschlossenes System behandelt werden sollte.

Trotz der Erfolge sind die Aussagen, die man aus dem einfachen Modell gewinnen kann, stark limitiert. So wissen wir, dass die Menge, die ein Stern von einem bestimmten Element produziert, für die unterschiedlichen Elemente verschieden ist und sowohl von der Masse des Sterns als auch von der Metallizität des Gases bei seiner Geburt abhängt. Ferner gibt es Elemente wie Kohlenstoff und Stickstoff, für deren Produktion leichtere Sterne wichtig sind, wenn diese in ihrer asymptotischen Riesenphase sehr konvektiv werden und durch stellare Winde einen Großteil ihrer Masse abstoßen. Dies geschieht allerdings nicht in einem so kurzen Zeitfenster nach der Geburt des Sternes, dass die instantane Wiederverwertungsannahme berechtigt wäre. Genauso wenig gilt hierfür die Zeitverzögerung, die wir für Typ-Ia-Supernovae diskutiert haben.

Wir wollen im Folgenden moderne Simulationen der galaktischen chemischen Entwicklung vorstellen, die sich zumeist mit unserer Nachbarschaft, der Milchstraße, beschäftigen. Hierbei empfiehlt es sich, die Entwicklung der mittelschweren Elemente und der schweren Elemente, die durch Neutroneneinfänge im S- und R-Prozess produziert werden, getrennt zu behandeln.

### 8.3.1 Das Erbe der Supernovae – die leichten und mittelschweren Elemente

Will man also detailliertere Untersuchungen der chemischen Entwicklung einer Galaxie machen, so muss man über die vereinfachenden Annahmen des einfachen Kastenmodells hinausgehen. Dies bedeutet allerdings, dass man die Entwicklung nicht mehr durch analytisch lösbare Gleichungen beschreiben kann, sondern zu numerischen Lösungen übergehen muss. Die Rechnerleistungen sind in den letzten Jahren so stark gewachsen, dass dies möglich geworden ist, und in der Tat hat man dabei bemerkenswerte Erfolge erzielt. Die Studien beschäftigen sich zumeist mit den Elementen bis hin zu mittleren Ladungszahlen (etwa Zink mit $Z = 30$), da diese leichteren Elemente mit den beiden unterschiedlichen Supernova-Typen verbunden sind. Die schweren Elemente, die durch Neutroneneinfänge im S- und R-Prozess entstehen, werden meistens in gesonderten Untersuchungen behandelt. Es ist keine Überraschung, dass sich diese Untersuchungen mit der Entwicklung unserer Heimatgalaxie, der Milchstraße, beschäftigen, da von dieser mit Abstand die detailliertesten Daten vorliegen. Auch diese Informationen sind in den letzten beiden Jahrzehnten durch großflächige astronomische Durchmusterungen, verbunden mit größerer Auflösung, stark angestiegen.

Die Milchstraße ist eine gewöhnliche Spiralgalaxie. Aus den Fernen des Weltalls betrachtet, sollte sie so aussehen, wie in der Abbildung 8.8 gezeigt. Im linken Teil der Abbildung sehen wir das Bild der Spiralgalaxie NGC3521, die das Hubble-Teleskop aus einer Richtung senkrecht zur Rotationsebene aufgenommen hat. Die Galaxie NGC4183 im rechten Bild sieht Hubble „edge-on", also von der Seite. Leider haben wir, weder mit unseren Augen von der Erde noch mit den Hubble- oder Webb-Teleskopen aus dem Weltall,

**Abb. 8.8:** Spiralgalaxien aus verschiedener Aufsicht: NGC3521 (links) kann man von oben sehen, während NGC4183 eine Seitensicht ermöglicht.

eine solche spektakuläre und freie Sicht auf die Milchstraße, da wir uns am Rande eines der Spiralarme befinden und somit die Milchstraße von innen sehen. Es hat deshalb sehr lange gedauert und den enormen Intellekt und die geometrischen Vorstellungen von Leuten wie Immanuel Kant bedurft, bis man die geometrische Struktur der Milchstraße erschlossen hat. Bei der Galaxie NGC3521 erkennt man deutlich die Spiralarme und deren typische Form, wie sie durch den Nachzieheffekt von rotierenden Körpern entsteht. Man erkennt auch viele einzelne Sterne in diesen Armen und bestätigt so, dass diese Bereiche Geburtsorte von Sternen sind. Der Hauptanteil der leuchtenden Materie befindet sich, wie die Galaxie NGC4183 bestätigt, in einer Scheibe, wie nach den allgemeinen Überlegungen aus Kapitel 3 erwartet. Im Zentrum der Galaxie sieht man eine extrem hell leuchtende Ausbuchtung (englisch „bulge"), die aus der Scheibe herausragen kann.

Es ist kein Zufall, dass man die Struktur der Milchstraße, wie bei jeder Spiralgalaxie, in unterschiedliche Bereiche wie in der Abbildung 8.9 unterscheidet. Im Zentrum befindet sich die deutliche Ausbuchtung, die wahrscheinlich mehr die Form eines Balkens, denn einer Kugel hat. Die zentrale Ausbuchtung hat eine Masse von etwa $2 \cdot 10^{10}$ Sonnenmassen, was ungefähr einem Zehntel der sichtbaren Masse der Milchstraße entspricht. Sie besteht heute aus wenig Gas und Staub, sodass sie keine starke Quelle jüngerer Sterngeburten ist. Die vielen Sterne, die sich in der Ausbuchtung befinden, sind deshalb zumeist alt. Die Scheibe enthält den bei Weitem dominanten Anteil an sichtbarer

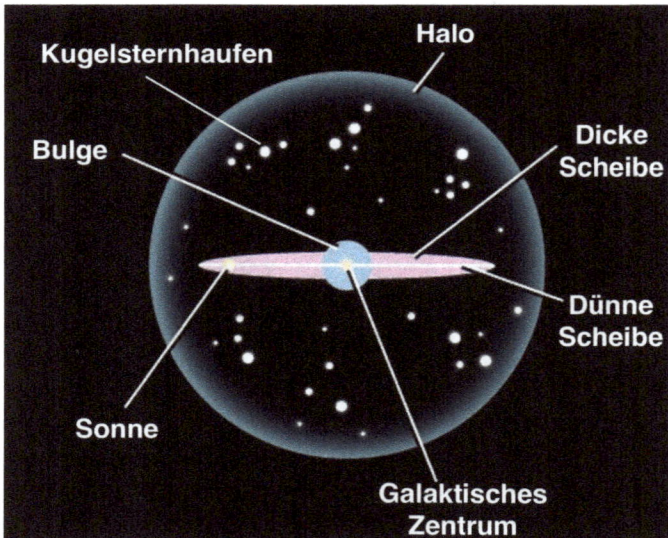

**Abb. 8.9:** Schnitt durch die Milchstraße. Im Zentrum befindet sich ein Schwarzes Loch. Um das galaktische Zentrum hat sich eine starke Auswölbung (Bulge) geformt. Sie ist eingebettet in eine Akkretionsscheibe, die aus einer „dünnen" und einer „dicken" Scheibe besteht. Die Sonne liegt am Rand der dünnen Scheibe. Im kugelförmigen galaktischen Halo befinden sich einige Sternhaufen alter metallarmer Sterne.

Materie. Hier unterscheidet man zwischen der „dünnen Scheibe", die sich bis zu 1000 Lichtjahre beidseitig von der galaktischen Ebene erstreckt, und der „dicken Scheibe", die bis zu 3500 Lichtjahre auf beiden Seiten der Ebene reicht. Die Unterscheidung bietet sich nicht nur wegen der Ausdehnung an, man hat auch weitere wichtige Differenzen zwischen den beiden Scheiben gefunden. Zum einen bewegen sich die Sterne in der dünnen Scheibe fast nur in der Ebene mit einer bedeutenden Rotationsgeschwindigkeit, während die Bewegungen der Sterne in der dicken Scheibe auch über eine merkliche vertikale Komponente senkrecht zur Ebene verfügen; ihre Orbits sind somit gegenüber der galaktischen Ebene geneigt. Da die Sterne die Geschwindigkeitsrichtungen des Gases, aus dem sie entstanden sind, übernehmen, ist dies eine erste Evidenz, dass die beiden Scheiben unterschiedliche Ursprünge haben. Dies wird noch durch die Altersstruktur der Sterne unterstrichen. In der dicken Scheibe findet man Sterne, die sehr alt sind, während dies in der dünnen Scheibe anscheinend nicht der Fall ist. Die dünne Scheibe ist dagegen Ort noch aktiver Sterngeburten. Die Sonne ist Teil der dünnen Scheibe und liegt etwa 28000 Lichtjahre vom galaktischen Zentrum entfernt. Man geht heute davon aus, dass die dünne Scheibe durch die Entwicklung der ursprünglichen rotierenden Gaswolke entstanden ist, wie im Kapitel 3 beschrieben. Demgegenüber liegt der Ursprung der dicken Scheibe in der Kollision der jungen Milchstraße mit einer anderen Galaxie, die vor etwa 10 Milliarden Jahre passiert ist und Material von außen in unsere Heimatgalaxie gebracht hat. Schließlich wird die Milchstraße von einem kugelförmigen Halo überspannt. Dieser ist sehr arm an Sternen und enthält nur ungefähr ein Prozent der sichtbaren Materie. Diese befindet sich hauptsächlich in Kugelsternhaufen, die über den Halo versprengt sind und von denen etwa 200 bekannt sind. Die Kugelsternhaufen, und damit die zu ihnen gehörenden Sterne, zählen vermutlich zu den ältesten Objekten in der Milchstraße. Dies liegt daran, dass das im Halo vorhandene Gas sehr schnell in der Frühzeit der Galaxie in Sternen verbraucht wurde, sodass dadurch kein Gas für die Geburt neuer Sterne zur Verfügung stand und die meisten im Halo geborenen Sterne schon lange erloschen sind.

An der Gesamtmasse der Milchstraße, die auf 1,5 Billionen Sonnenmassen geschätzt wird, hat der Halo allerdings den Löwenanteil, denn er besteht hauptsächlich aus Dunkler Materie, die mit ihrer gravitativen Anziehung die Struktur und Entwicklung der Milchstraße beeinflusst hat, aber nicht direkt an der Bildung der chemischen Elemente beteiligt ist.

Die obige Diskussion hat gezeigt, dass Sterne in den verschiedenen Bereichen der Milchstraße über unterschiedliche Altersstrukturen verfügen. Einen Beweis dafür erhält man, wenn man die zeitliche Entwicklung des Sauerstoff-zu-Eisen-Verhältnisses für die Milchstraße betrachtet. Man erhält ein Diagramm wie in der Abbildung 8.6 gezeigt, mit dem bemerkenswerten Detail, dass alle Sterne, die das Plateau bilden, aus der dicken Scheibe und dem Halo stammen. Aus dem Eisen-zu-Wasserstoff-Verhältnis für Plateausterne, das kleiner als ein Zehntel des solaren Wertes ist, kann man schließen, dass diese Sterne entstanden sind, als die Milchstraße noch jünger als eine Milliarde Jahre war, was im Umkehrschluss bedeutet, dass die Sterne älter als 10 Milliarden Jahre sind. Die beobachteten Sterne aus der dünnen Scheibe fallen alle in den Zeitraum nach dem „Knick", in dem die Sauerstoff-zu-Eisen-Häufigkeit abnimmt.

Wenn man von der galaktischen Häufigkeitsverteilung der Elemente bezogen auf die Milchstraße spricht, ist eigentlich ein Bereich gemeint, der „solarer Zylinder" genannt wird, und in dem die beobachteten Sterne liegen. Dieser Zylinder, zentriert um die Sonne, hat einen Radius von ungefähr 3000 Lichtjahre und eine „unendliche" Ausdehnung senkrecht zur galaktischen Ebene, dies heißt, die Höhe des Zylinders reicht so weit, wie man mit Teleskopen sehen kann. Die Sterne, die innerhalb des Zylinders beobachtet werden können, gehören zu den dünnen und dicken Scheiben sowie zum Halo, aber nicht zur Ausbuchtung (Bulge), die somit in diesen Übersichten nicht erfasst wird.

Die chemische Entwicklung in einer Galaxie, oder auch im solaren Zylinder der Milchstraße, wird hauptsächlich durch Sterne und ihre Entwicklung bestimmt. Deshalb ist es für Simulationen der galaktischen chemischen Evolution mindestens notwendig, die Geburtsrate von Sternen und deren Masseverteilung sowie die stellaren Produktionsraten der einzelnen Elemente zu beschreiben. Zusätzlich muss der Materieaustausch des betrachteten Gebiets mit seiner Umgebung festgelegt werden. Die Geburtsmassenverteilung der Sterne erfolgt, wie von Salpeter erstmals hergeleitet, einem Potenzgesetz der Masse, allerdings mit Abweichungen bei Sternen, die masseärmer als die Sonne sind. Die stellare Geburtsrate wird als proportional zur Dichte der Gasmasse, aus der die Sterne entstehen, angenommen. Leider ist die Potenz dieser Abhängigkeit, die oft als quadratisch angenommen wird, weniger gut bekannt als für die stellare Massenverteilung, obwohl es auch bei dieser noch zu kleineren Unsicherheiten kommt. Der größte Fortschritt, der in den letzten Jahren auf dem Weg hin zu detaillierten Simulationen der galaktischen chemischen Entwicklung erzielt wurde, liegt darin, dass es nun Kataloge von stellaren Produktionsraten für die individuellen Elemente gibt, die abhängig von der Geburtsmasse und der Metallizität der Sterne berechnet worden sind. Die Produktionsraten zeigen die Effizienz an, mit der ein Stern ein Element synthetisiert, und sind durch das Verhältnis der Masse, die von diesem Element an das Interstellare Medium am Ende des stellaren Lebens abgegeben wird, zu der, die der Stern bei seiner Geburt besaß, definiert. Diese Kataloge stimmen in den Tendenzen der Produktionsraten gut überein, allerdings kommt es auch hier zu Unterschieden, die hauptsächlich auf die Behandlung von konvektiven Effekten in der Spätphase der stellaren Entwicklung und damit verbunden auf den Masseverlust durch stellare Winde zurückgeführt werden können. Bei der Bestimmung der Produktionsraten ist neben dem Masseverlust durch die Winde, wobei angenommen werden kann, dass es sich hier hauptsächlich um unprozessiertes Material mit der gleichen Zusammensetzung wie bei der Geburt des Sterns handelt, auch zu berücksichtigen, wie viel Masse letztendlich im Überbleibsel des Sterns, dem Weißen Zwerg, Neutronenstern oder Schwarzem Loch, verbleibt. Die Lebensdauern der Sterne, und somit die Verzögerungen, mit denen sie die erbrüteten Elemente dem Interstellaren Medium beimischen, ergeben sich aus den Sternmodellen. Wie wir oben gesehen haben, spielt die Zeitverzögerung eine entscheidende Rolle für die Beiträge von Typ-Ia-Supernovae. Als Verzögerungszeiten kann man die aus den Beobachtungen gewonnenen und in der Abbildung 8.5 gezeigten Verteilung verwenden. In guter Näherung kann angenommen werden, dass bei jeder Typ-Ia-Supernova etwa die Masse eines Weißen Zwergs von 1,4 Solarmassen dem Interstellaren Medium beigemischt wird und dass die Elementhäufigkeit auch jedes Mal die Gleiche ist. Hierfür wird oft die Verteilung, die wir im Kapitel 6 kennengelernt haben, benutzt. Schließlich muss noch der Materieaustausch mit der Umgebung simuliert werden. Im Prinzip ist dies mithilfe von hydrodynamischen Modellen möglich, allerdings wird dieser Austausch in Studien der galaktischen chemischen Evolution zumeist als freier Parameter behandelt.

Die detaillierten und systematischen Studien und Katalogisierungen des solaren Zylinders sind nicht nur eine Herausforderung für Simulationen der galaktischen chemischen Evolution, sie erlauben auch die Möglichkeit, gewisse Aspekte und Abhängigkeiten dieser Entwicklung getrennt zu studieren. Beschränkt man sich auf die „solare Nachbarschaft", also auf die Sterne der dünnen Schicht innerhalb dieses Zylinders, so sind diese Sterne jünger als 9 Milliarden Jahre. In der Tat ist das Durchschnittsalter der Sterne in diesem Bereich mit 5–6 Milliarden Jahren nicht viel größer als das der Sonne. Da die galaktische Scheibe etwa 12 Milliarden Jahre alt ist, darf man deshalb erwarten, dass das Gas, aus dem diese Sterne entstanden sind, schon merklich mit Metallen bei ihrer Geburt angereichert war, sodass eine Änderung der Metallizität über die Lebensdauer dieser Sterne keinen zu großen Einfluss auf die Entwicklung gehabt hat. In der Tat zeigt sich, dass die Häufigkeitsverteilung der Elemente, wie man sie in der solaren Nachbarschaft vorfindet, derjenigen von heute sehr ähnlich ist, woraus man schließen kann, dass sich die Metallizität in den letzten 4,5 Milliarden Jahren lokal nur sehr geringfügig geändert hat.

Ferner erlaubt die Datenvielfalt, die über die solare Nachbarschaft vorliegt, die den Simulationen der galaktischen chemischen Evolution zugrunde liegenden Annahmen über die Geburtsrate und Masseverteilungen der Sterne zu validieren und, wie für den Masseaustausch mit der Umgebung, festzulegen. Abbildung 8.10 zeigt die Entwicklung von einigen Schlüsselparametern einer solchen Studie als Funktion der Eisen-zu-Wasserstoff-Häufigkeit, die wir wieder als Ersatzparameter für die Zeit benutzen. Es reicht, dass die Abbildung den Bereich dieses Verhältnisses bis zum Zehntel des solaren Werts darstellt, da es aus noch früheren Zeiten keine Sterne in der Nachbarschaft der Sonne gibt. Der obere Teil der Abbildung zeigt, wie sich die Masse des Gases und der Sterne entwickelt hat und dass sie den heutigen Wert erfüllen, was eine Anforderung an die Simulation ist. Wie erwartet, wächst die Masse, die sich in Sternen befindet, mit der Zeit stark an, aber auch die Gesamtmasse aus Sternen und Gas. Dies liegt an dem Einfall von frischem Gas in die Scheibe. Dessen zeitliche Entwicklung ist im zweiten Teil der Abbildung dargestellt. Der Einfall nimmt mit der Zeit langsam ab, wobei gewöhnlich eine exponentielle Zeitabhängigkeit mit einem langen charakteristischen Parameter von 7–8 Milliarden Jahren angenommen wird, über den die Einfallrate auf 1/e (etwa 1/2,7) abgefallen ist. Die stellare Geburtsrate folgt der Entwicklung der Gasmasse und reproduziert ebenfalls den heutigen Wert. Der dritte Teil der Abbildung zeigt,

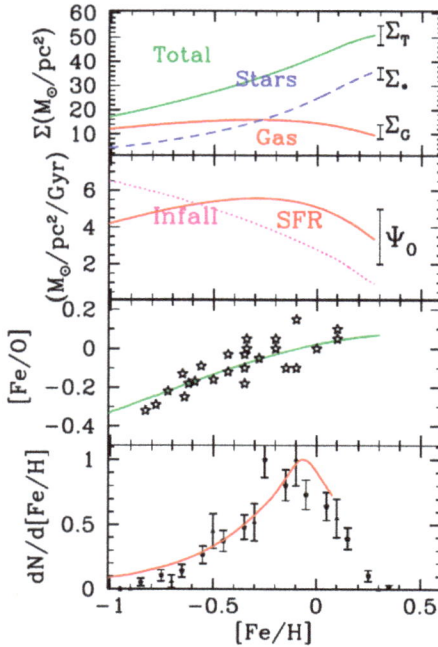

**Abb. 8.10:** Zeitliche Entwicklung der solaren Nachbarschaft wie durch ein modernes Modell der galaktischen chemischen Entwicklung beschrieben. Das obere Bild zeigt die Verteilung der Materie zwischen Sternen und interstellarem Gas, wobei das Modell Zuwachs der Gesamtmaterie durch Zustrom in die Galaxie annimmt (zweites Bild); hier wird zusätzlich die Rate an Sterngeburten (SFR) gezeigt. Die Balken in den beiden Bildern zeigen die heutigen Daten. Das dritte Bild vergleicht die zeitliche Entwicklung des Eisen-zu-Sauerstoff-Verhältnisses mit Daten. Schließlich vergleicht die untere Abbildung die Anzahl von Sternen mit bestimmter Metallizität mit der Beobachtung.

dass die Simulation die zeitliche Entwicklung der Eisen-zu-Sauerstoff-Häufigkeit reproduziert. Schließlich wird im unteren Teil gezeigt, wie viele Sterne mit einem bestimmten Eisen-zu-Wasserstoff-Verhältnis man in der Sonnennachbarschaft findet. Auch diese Verteilung wird gut wiedergegeben, was, wie wir oben gesehen haben, ohne die Annahme von Materieaustausch mit der Umgebung nicht möglich war.

Die große Herausforderung an Modelle der galaktischen chemischen Evolution ist, ob sie auch die gut bekannten solaren Häufigkeiten der Elemente beschreiben können. Die Abbildung 8.11 zeigt, dass dies in der Tat der Fall ist. Die Abbildung stellt die berechneten Elementhäufigkeiten vor 4,5 Milliarden Jahren, also zur Zeit der Bildung des Sonnensystems, dividiert durch die beobachteten solaren Werte jedes Elements dar. Eine perfekte Reproduktion der Beobachtungsdaten ist also erreicht, wenn das Verhältnis den Wert „eins" hat. Wie die beiden Balken anzeigen, werden die solaren Häufigkeiten für fast alle Elemente im Rahmen einer Unsicherheit von einem Faktor 2 erreicht. Dies ist ein bemerkenswerter Erfolg, vor allem, wenn man berücksichtigt, dass die absoluten Häufigkeiten, zum Beispiel von Sauerstoff und Scandium, um etwa 6 Größenordnungen

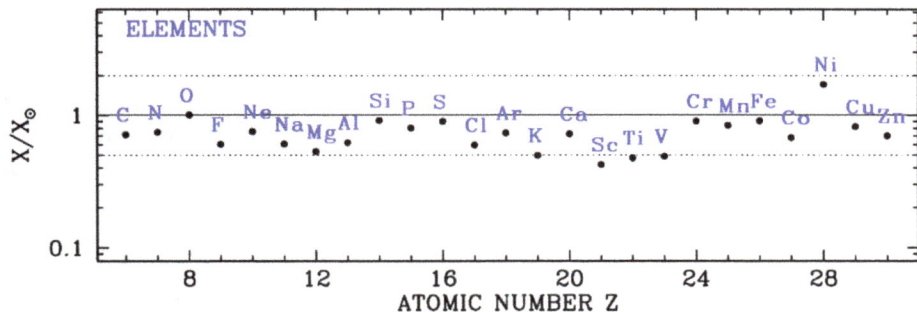

**Abb. 8.11:** Reproduktion der chemischen Elemente im Rahmen von Studien der galaktischen chemischen Evolution der Milchstraße. Dargestellt ist die berechnete Häufigkeit im Vergleich zu den solaren Werten für die leichten und mittelschweren Elemente, die durch das hydrostatische Brennen und in Supernovae produziert werden. Die erzielte Übereinstimmung ist im Allgemeinen besser als ein Faktor 2 (gestrichelte Linien).

verschieden sind. Selbst wenn man die Elementhäufigkeiten auf die einzelnen Isotope herunterbricht, werden diese durch die modernen Simulationen der galaktischen chemischen Evolution äußerst befriedigend wiedergegeben (siehe Abbildung 8.12).

Die Sterne aus dem Halo-Bereich der Milchstraße sind ein weiterer, in vielen Aspekten zu denen der solaren Nachbarschaft komplementärer Test an die Modelle der galaktischen chemischen Evolution. Diese Sterne, vor allem die aus den Kugelsternhaufen, sind alte Sterne. Dies macht, im Vergleich zu den Studien der galaktischen Scheibe, zwei wichtige Unterschiede. Für alte Sterne aus der Frühzeit der Galaxie spielen Typ-Ia-Supernovae wegen der bekannten Zeitverzögerung noch keine wichtige Rolle bei der Nukleosynthese der Elemente. Zum anderen aber ist die Elementsynthese in den alten

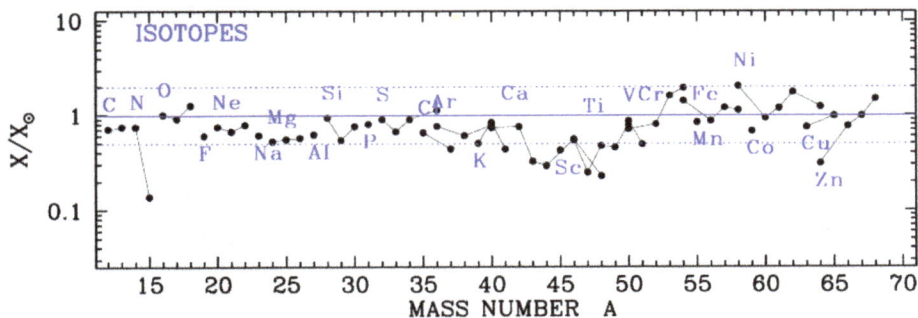

**Abb. 8.12:** Reproduktion der Isotopenhäufigkeiten der chemischen Elemente im Rahmen von Studien der galaktischen chemischen Evolution der Milchstraße. Dargestellt ist die berechnete Häufigkeit im Vergleich zu den solaren Werten für Isotope der leichten und mittelschweren Elemente. Die erzielte Übereinstimmung ist im Allgemeinen besser als ein Faktor 2 (gestrichelte Linien). Einige Isotope werden allerdings unterproduziert.

Sternen abhängig vom Wert der Metallizität in der Zusammensetzung des Gasgemischs bei der Geburt der Sterne. Die Kataloge von Element-Produktionsraten decken auch den Bereich an Metallizitäten ab, der deutlich kleiner als der solare Wert von $Z = 0{,}014$ ist und der für die frühe Entwicklung der Milchstraße relevant ist. Die stellaren Modelle der Sterne mit kleinem $Z$-Wert sind allerdings deutlich unsicherer als diejenigen, die für Gasmischungen durchgeführt werden, die der solaren etwa entsprechen und die durch Beobachtungsdaten stark eingeschränkt werden. Wichtige Unsicherheiten für die Modellierung von Sternen aus der Frühzeit liegen zum Beispiel an der unzureichenden Kenntnis des Massenverlusts dieser Sterne, der, wie besprochen, kleiner als für Sterne mit solarer Metallizität sein sollte, und auch der Geburtsmassenverteilung dieser Sterne und ihres finalen Schicksals als Weißer Zwerg, Neutronenstern und Schwarzem Loch (siehe Kapitel 4). Autoren haben hier verschiedene Annahmen gemacht und deshalb existieren auch mehrere Kataloge an Produktionsraten. Simulationen der galaktischen chemischen Evolution werden deshalb häufig für mehrere Sätze an Produktionsraten der Elemente durchgeführt, um durch den Vergleich zwischen beobachteten und berechneten Häufigkeiten auch Rückschlüsse auf die Entwicklung metallarmer Sterne zu erhalten. Von besonderem Interesse ist hierbei die erste Sternengeneration (Population-III-Sterne). Trotz intensiver Suche sind solche Sterne aus den Anfängen der Milchstraße noch nicht identifiziert. Dies sollte sich mit dem Webb-Teleskop nun ändern. Schließlich muss festgestellt werden, dass noch zu wenig Kenntnis über den Gasanteil im Halo bekannt ist, um dadurch die Sterngeburtsrate oder den Materieaustausch einzuschränken.

Von den alten Halo-Sternen liegen Häufigkeitsverteilungen für die unterschiedlichen Elemente als Funktion des Alters vor, wobei dieses wieder durch das Eisen-zu-Wasserstoff-Verhältnis beschrieben wird. Leider gibt es für die alten Sterne der Milchstraße keine ähnlichen Messungen zu den Isotopenverteilungen, hierzu sind die Sterne zu weit entfernt, um die kleinen, durch Isotopeneffekte hervorgerufenen Unterschiede in den stellaren Spektren aufzulösen. Die Abbildung 8.13 zeigt die Entwicklung der Elementhäufigkeiten für 19 Elemente zwischen Kohlenstoff und Zink. Die Daten, die für [Fe/H]-Werte kleiner als –1, also für Sterne, deren Eisen-zu-Wasserstoff-Verhältnis weniger als ein Zehntel des solaren Werts entspricht, aufgetragen sind, stammen von Halo-Sternen, die während der Frühphase der ersten Milliarden Jahre der Entwicklung der Milchstraße entstanden sind. Die Daten werden mit Simulationen der galaktischen chemischen Evolution verglichen, die zwei unterschiedliche Kataloge an Produktionsraten der Elemente für Sterne zwischen 12 und 40 Solarmassen verwendeten.

In der Abbildung 8.13 fällt auf, dass die Häufigkeiten der Elemente, deren Hauptisotop als ein Vielfaches von Alphateilchen verstanden werden kann, zum Beispiel $^{16}$O, $^{24}$Mg, $^{32}$Si, $^{40}$Ca $^{44}$Ti, und die deshalb $\alpha$-Elemente genannt werden, das gleiche Verhalten zeigen: Die Häufigkeit ist ungefähr konstant für [Fe/H] < –1, wobei der solare Wert um einen Faktor 2–3 überschritten wird, um für jüngere Sterne dann abzunehmen. Dieser Trend wird von beiden Simulationen reproduziert und ist im Wesentlichen dadurch begründet, dass diese Hauptisotope der Elemente in Typ-II-Supernovae mit recht gerin-

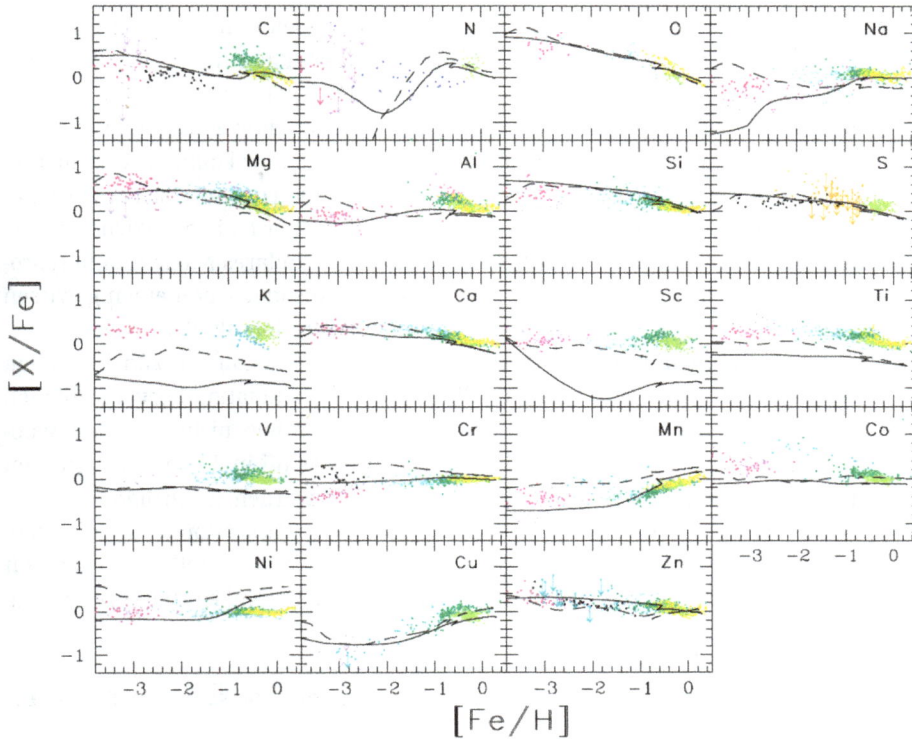

**Abb. 8.13:** Vergleich der zeitlichen Entwicklung der berechneten galaktischen Häufigkeiten leichter und mittelschwerer Elemente mit den Beobachtungen. Die durchgezogenen und gestrichelten Linien sind mit zwei unterschiedlichen Modellen für die stellaren Produktionsraten erstellt worden. Der Farbcode der Daten weist auf unterschiedliche Beobachtungskampagnen von Sternen in der Milchstraße hin. Das Eisen-zu-Wasserstoff-Verhältnis wurde als Parameter für das Alter der Sterne genommen. Die Häufigkeiten der einzelnen Elemente sind relativ zu Eisen gezeigt.

gen relativen Variationen produziert werden. In alten Sternen tragen nur die massereichen Sterne mit ihren relativ kurzen Lebensdauern zur Produktion dieser Elemente bei, was zur Konstanz der Häufigkeiten führt. Bei jüngeren Sternen kommt dann ein Beitrag durch Typ-Ia-Supernovae dazu. Die zeitliche Entwicklung der anderen Elemente ist deutlich vielfältiger, was nicht zuletzt die kompliziertere Struktur der Kerne reflektiert. Die relativen Häufigkeiten der Nicht-$\alpha$-Elemente in alten Sternen ist zumeist kleiner als der solare Wert. Allerdings gelingt nicht immer die Reproduktion durch die Simulationen, wobei es auch zu markanten Unterschieden in den Vorhersagen durch die beiden Produktionsratenkataloge kommt, zum Beispiel für Scandium oder Kalium, die auch schon in der solaren Nachbarschaft (siehe Abbildung 8.11) durch die Evolutionsmodelle unterschätzt wurden. Diese Elemente werden in Supernova-Explosionen hergestellt, wobei die in der Abbildung gezeigten Simulationen nur Sterne mit Massen bis zu 40 Solarmassen berücksichtigen. Die frühen Sterne mit kleiner Metallizität könnten allerdings viel massereicher mit bis zu 1000 Solarmassen gewesen sein und andere relative Produktionsraten gehabt haben. Das Forschungsgebiet der ersten Sterne ist nicht zuletzt nach dem Launch des James-Webb-Teleskops in den Fokus geraten.

Moderne Modelle von masseärmeren Sternen berücksichtigen deren Rotation explizit. Durch die Rotation kann es zu verstärkter Durchmischung kommen, was die Produktion bestimmter Elemente sowie ihre chemische Evolution beeinflusst. Für Stickstoff führte es zu einem Paradigmenwechsel im Verständnis seiner frühen Nukleosynthese. Man ist lange davon ausgegangen, dass Stickstoff ein sekundäres Nukleosyntheseprodukt ist, das durch den CNO-Zyklus produziert wird und somit schon einen gewissen Vorrat der drei Elemente von einer früheren Sterngeneration als Voraussetzung benötigt. Deshalb nahmen die relativen Häufigkeiten von Stickstoff mit zunehmendem Alter der Sterne in frühen Simulationen, die die durch die Rotation hervorgerufenen Durchmischungseffekte vernachlässigten, ab. Dies ist allerdings nicht so in den Beobachtungsdaten, die auch solare Häufigkeitswerte an Stickstoff in den ältesten Sternen mit den kleinsten [Fe/H]-Werten zeigen. Dies kann erklärt werden, wenn man eine Rotation der Sterne zulässt, sodass es durch Mischung zu einem Wasserstoffbrennen an dem vom Stern durch das Heliumbrennen selbst hergestellten Kohlenstoff und Sauerstoff kommt. Stickstoff ist also in rotierenden Sternen ein primäres Nukleosyntheseprodukt.

### 8.3.2 Riesensterne und Neutronensternverschmelzungen – die schweren Elemente

Die Studien zur galaktischen chemischen Entwicklung, die wir bislang vorgestellt haben, hatten ihr Augenmerk auf die mittelschweren Elemente etwa bis Zink (Z = 30) gelegt, und dabei die schwereren Elemente bis Blei und Uran ausgeklammert. Dies hat mehrere Gründe. Es liegt hauptsächlich daran, dass diese Elemente, wie wir oben gesehen haben, nicht durch Fusionsreaktionen, sondern durch Neutroneneinfangreaktionen erzeugt werden, wenn man von dem kleinen Beitrag durch den P-Prozess absieht. Bei den Neutroneneinfangprozessen haben wir zwei unterschiedliche Prozesse identifiziert, die zwar auf den gleichen Reaktionsschritten aufbauen (Neutroneneinfang, um in der Masse um eine Einheit fortzuschreiten, und Beta-Zerfall, um die Ladungszahl zu erhöhen), die sich aber in den astrophysikalischen Bedingungen, die sie benötigen, sehr unterscheiden. Der S-Prozess operiert in den Endphasen des hydrostatischen Brennens von mittelschweren asymptotischen Riesensternen in der Zwischenregion, die sich zwischen den Wasserstoff- und Heliumbrennschalen einstellt. Er ist also Teil des stellaren Lebens und wird somit im Prinzip auch durch die Sternmodelle erfasst, aus denen die Erträge der Elemente, wie sie in den Simulationen der chemischen Entwicklung benutzt werden, gewonnen werden. Allerdings stellt die Beschreibung der $^{13}$C-Tasche, die als Quelle der Neutronen für die Hauptkomponenten des S-Prozesses angesehen wird, hohe Anforderungen an die numerischen Simulationen, um die nötigen Mischungsprozesse realistisch zu erfassen. Das Gleiche gilt für die Mischungsprozesse, die nötig sind, die frisch produzierten S-Prozess-Elemente in die äußeren Sternregionen zu bringen und dann durch Sternwinde ins Interstellare Medium zu ejektieren. Diese Anforderungen gehen über die eindimensionalen Modelle, die zur Berechnung der Produktionsraten, die bei den Untersuchungen der chemischen Entwicklung der mittelschweren Elemente verwandt werden, hinaus. Deshalb wird die Entwicklung der S-Prozess-Elemente in der Galaxie gesondert behandelt, wobei, wie wir gleich sehen werden, dedizierte Sternmodelle zum Einsatz kommen. Für den anderen Neutroneneinfangprozess – den R-Prozess – war die Situation noch etwas komplizierter, denn bis vor wenigen Jahren war kein astrophysikalischer Ort nachgewiesen, an dem dieser Prozess operieren kann. Seit August 2017 weiß man zwar, dass die Ejekta von Neutronensternverschmelzungen die Operation eines R-Prozesses erlauben, aber es stellen sich nun andere wichtige Fragen, die für die Simulation der R-Prozessbeiträge in der Galaxie beantwortet werden müssen. Gab es schon genügend Neutronensternverschmelzungen in der frühesten Phase der Milchstraße, um die R-Prozess-Häufigkeiten in den ältesten Sternen zu erklären? Oder gibt es noch weitere Orte, an denen der R-Prozess operieren kann?

Die Simulationen der galaktischen chemischen Entwicklung von S-Prozess-Elementen folgen im Wesentlichen der Behandlung der Beiträge von massereichen Sternen durch Typ-II-Supernovae, allerdings mit zwei wichtigen Abweichungen. Neben der stellaren Geburtsrate aus dem galaktischen Gas und der Masseverteilung der Sterne, die bei der Geburt entstehen, werden die S-Prozess-Elemente nicht in massereichen Sternen, sondern in Sternen mit etwa 1–7 Solarmassen produziert. Deshalb benötigt man, als erste Abweichung, die Erträge, mit denen diese Sterne die schweren Elemente erbrüten. Die zweite Abweichung rührt daher, dass diese masseärmeren Sterne recht lange Lebensdauern haben und der S-Prozess erst spät während des hydrostatischen Brennens passiert, sodass deren Beiträge, ähnlich wie die der Typ-Ia-Supernovae bei den leichteren Elementen, mit einer gewissen Zeitverzögerung an das Gas abgegeben werden. Diese Verzögerung hängt von der Masse des Sterns ab und ist umso größer, je geringer die Sternmasse ist. Dieses Phänomen ist uns schon bei der Dauer der einzelnen hydrostatischen Brennphasen von Sternen begegnet.

Die größte Herausforderung für die Simulationen ist es wohl, die stellaren Produktionserträge der individuellen schweren Elemente zu bestimmen. Dies muss sowohl als Funktion der Sternenmasse (wegen der Massenabhängigkeit der Verzögerung) als auch der Metallizität des Gasgemischs, aus dem der Stern geboren wird, durchgeführt werden. Diese Rechnungen werden mit speziellen Sternmodellen durchgeführt, die zwar auch eindimensional sind, aber die für den S-Prozess notwendigen thermischen Pulse (sogenanntes drittes Ausbaggern) und auch die Mischungsprozesse angenähert beschreiben. Ferner erzeugen diese Modelle auch eine $^{13}$C-Tasche. Allerdings sind deren Eigenschaften nicht gut genug in den Modellen bestimmt, um die S-Prozess-Häufigkeiten zu reproduzieren. Deshalb wird die in der Tasche enthaltende Gesamtmasse als freier Parameter behandelt. Diese wird an die Häufigkeiten derjenigen Isotope angepasst, die nur vom S-Prozess gemacht werden (sogenannte „s-only"-Kerne), um so die zusätzlichen Unsicherheiten über die R-Prozess-Beiträge zu vermeiden. Wählt man die Gesamtmasse der $^{13}$C-Tasche als etwa drei Millionstel Solarmassen, so erhält man eine recht gute

Beschreibung der S-Prozess-Häufigkeiten. Das Gasgemisch in der Tasche wird von den Modellen vorhergesagt. Es hängt von der Masse des Sterns, aber vor allem von der Metallizität ab. Für den S-Prozess ist hierbei in erster Linie der Anteil an $^{13}C$ entscheidend, da dieser die Menge der erzeugten Neutronen, die den S-Prozess ermöglichen, bestimmt. Von Bedeutung sind aber auch die Anteile an Kernen im Gemisch, die wir als Neutronengifte identifiziert haben, die also mit Neutronen reagieren und diese verbrauchen, sodass diese Neutronen nicht mehr für den S-Prozess zur Verfügung stehen. Es sei erwähnt, dass die Beschreibung der Neutronenquelle für die schwache S-Prozess-Komponente in den Modellen keine große Herausforderung darstellt: $^{22}Ne$ wird durch $\alpha$-Reaktionen, ausgehend von $^{14}N$, erzeugt und reagiert dann mit einem weiteren Alphateilchen, um durch eine $(\alpha, n)$-Reaktion freie Neutronen zu erzeugen. Wegen der erhöhten Coulomb-Barriere im Vergleich zur $^{13}C + \alpha$-Reaktion werden hierfür allerdings höheren Temperaturen benötigt, die am Boden der Helium-Zwischenschale erreicht werden, allerdings nur in Sternen von mittlerer Masse (5–7 Solarmassen). In diesen Sternen hat die Zwischenschale nur eine recht geringe Masse, sodass die $^{13}C$-Tasche auch klein ist und diese Sterne wenig zur S-Prozess-Hauptkomponente beitragen.

Wie hängt der S-Prozess von der Metallizität ab? Den entscheidenden Hinweis hierzu findet man, wenn man sich die Abhängigkeiten der Neutronenquelle ($^{13}C$) und des Saatkerns ($^{56}Fe$) getrennt anschaut. Der $^{13}C$-Kern wird vom Stern, in dem ein S-Prozess abläuft, selbst durch subsequente Reaktionen im Wasserstoff- und im Heliumbrennen aus dem ursprünglichen Vorrat an Protonen und $^4He$ produziert. Die Menge an $^{13}C$ ist somit unabhängig von der Metallizität des Gasgemisches zur Geburt des Sterns. Die Anzahl der für den S-Prozess zur Verfügung stehenden freien Neutronen sollte in etwa proportional zur Anzahl der $^{13}C$-Kerne sein und somit auch unabhängig von der Metallizität. Dies ist offensichtlich anders für die Menge der Saatkerne, die proportional mit der Metallizität anwächst. Dies bedeutet, dass die pro Saatkern $^{56}Fe$ vorhandenen freien Neutronen, das sogenannte Neutron-zu-Saat-Verhältnis, mit wachsender Metallizität oder Alter der Galaxie abnehmen, da dann grob gesprochen sich mehr Saatkerne die gleiche Menge an Neutronen teilen müssen. Geht man davon aus, dass alle freien Neutronen in S-Prozess-Kerne umgewandelt werden, so folgt daraus, dass die relative Produktion, genannt Produktionsfaktor,[1] an S-Prozess-Kernen in der Frühphase der Galaxie am effizientesten war und danach mit wachsender Metallizität abnahm.

Die Metallizität hat allerdings auch einen Einfluss auf die relativen S-Prozess-Häufigkeiten. Um dies zu verstehen, erinnern wir uns daran, dass die drei Maxima in der S-Prozess-Häufigkeitsverteilung dadurch zustande kommen, dass die Kerne mit den magischen Neutronenzahlen besonders kleine Neutroneneinfangwirkungsquerschnitte haben und somit im Materiefluss von $^{56}Fe$ zu den schweren S-Prozess-Kernen als Hindernisse wirken. Diese Hindernisse lassen sich umso leichter überwinden, desto

---

[1] Der Produktionsfaktor ist definiert als produzierte Menge eines Kerns im Stern im Verhältnis zu der Menge, die der Stern bei seiner Geburt von diesem Kern besaß.

mehr freie Neutronen dem S-Prozess an den Haltepunkten zur Verfügung stehen. Wie wir oben argumentiert haben, nimmt die Anzahl der Neutronen pro Saatkern mit der Metallizität ab. Es sollte also in der frühen Phase der Galaxie, bei kleiner Metallizität und großem Neutron-zu-Saat-Verhältnis, für den S-Prozess-Fluss relativ leicht gewesen sein, die Haltepunkte an den magischen Neutronenzahlen $N = 50$ und $82$ zu überwinden und viel Material bis zu den schwersten S-Prozess-Kernen $^{208}$Pb und $^{209}$Bi zu transportieren. Mit fortschreitender Zeit wird es schwieriger, zunächst die $N = 82$-Barriere und auch schließlich den $N = 50$-Haltepunkt zu überwinden, was insbesondere eine Abnahme der Produktion von $^{208}$Pb und $^{209}$Bi nach sich zieht. Als Resultat erwartet man, dass sich die relativen Höhen der Maxima mit dem Alter der Galaxie von den schweren ($N = 126$) zu den leichteren ($N = 82$ und dann $N = 50$) S-Prozess-Kernen verschieben. Dieses Verhalten findet man tatsächlich, wenn man die Produktionsfaktoren von S-Prozess-Kernen in modernen Sternmodellen als Funktion der Metallizität berechnet. Abbildung 8.14 vergleicht die errechneten Produktionsfaktoren für repräsentative Kerne im ersten ($^{89}$Y), zweiten ($^{138}$Ba) und dritten ($^{208}$Pb) S-Prozess-Maximum. Die Rechnungen zeigen, dass bei kleiner Metallizität (Eisen-zu-Wasserstoff-Verhältnis kleiner als ein Hundertstel des solaren Wertes oder [Fe/H] $< -2$) die Haltepunkte noch gut überwunden werden können und viel Material bis zum Blei transportiert wird, dessen Produktionsfaktor deutlich am größten ist. Wächst die Metallizität über [Fe/H] $= -2$, so wird es für den Fluss schwierig, den $N = 82$-Haltepunkt $^{138}$Ba zu überkommen. Als Konsequenz nimmt der $^{208}$Pb-Produktionsfaktor drastisch ab, während der von $^{138}$Ba anwächst. Bei noch etwas größerer Metallizität wiederholt sich dieses Verhalten, nun allerdings wird schon $^{89}$Y zum Hindernis und somit sinkt, wenn das Eisen-zu-Wasserstoff-Verhältnis etwas grö-

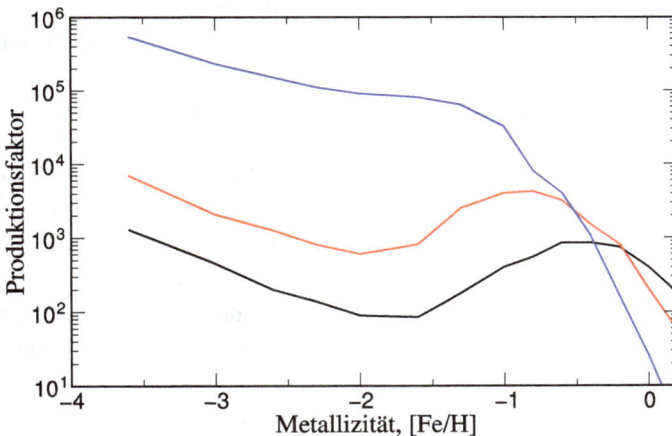

**Abb. 8.14:** Produktionsfaktoren für ausgewählte S-Prozess-Kerne in einem asymptotischen Riesenstern von 3 Solarmassen als Funktion der Metallizität, die durch die Eisen-zu-Wasserstoff-Häufigkeit approximiert wurde. Die selektierten Kerne $^{89}$Y (schwarze Kurve), $^{138}$Ba (rot) und $^{208}$Pb (blau) sind repräsentative S-Prozess-Kerne aus den drei Häufigkeitsmaxima, assoziiert mit den magischen Neutronenzahlen $N = 50$, 82 und 126.

ßer als ein Zehntel des solaren Wertes geworden ist, auch der $^{138}$Ba-Produktionsfaktor. Bei der heutigen Metallizität, [Fe/H] = 0, fungieren alle drei magische Neutronenzahlen als S-Prozess-Hindernisse. Es sei angemerkt, dass die Abhängigkeit der Produktionsfaktoren von der Metallizität ein komplizierteres Verhalten zeigt, als wir es hier diskutiert haben, da zum Beispiel auch die gegenläufigen Effekte der Neutronengifte einen nicht zu vernachlässigen Effekt haben. Dieser ist in den in der Abbildung 8.14 gezeigten Rechnungen enthalten.

Analog zur Abbildung 8.14 sind die Produktionsfaktoren für viele Sterne im Massebereich zwischen 1,5 und 7 Solarmassen berechnet worden. Diese dienen, zusammen mit der Geburtsrate der Sterne sowie deren Masseverteilung, als die notwendigen Eingabedaten, um die Geschichte des S-Prozesses in der Milchstraße zu simulieren. Das Ergebnis wird häufig anhand des Elements Barium dargestellt, was als ein typisches und ausgewiesenes Beispiel für die S-Prozess-Nukleosynthese gilt. Dies hat mehrere Gründe. Zwar kommt das Element Barium in sechs verschiedenen stabilen Isotopen zwischen $^{132}$Ba und $^{138}$Ba vor, aber das mit mehr als 70 \$ häufigste dieser Isotope, $^{138}$Ba, hat 82 Neutronen und liegt auf dem zweiten S-Prozess-Maximum; es wird also durch den S-Prozess überdurchschnittlich häufig produziert. Deswegen wird dieses Isotop dominant durch den S-Prozess hergestellt, obwohl es auch einen R-Prozess-Anteil hat, der allerdings nicht mehr vom zweiten R-Prozess-Maximum bei $A = 130$ stammt. Zu dem Beitrag von $^{138}$Ba kommt noch derjenige von $^{134}$Ba und $^{136}$Ba, die zusammen etwas mehr als 10 % des Elements ausmachen und die beide nur durch den S-Prozess hergestellt werden, da sie durch $^{134}$Xe und $^{136}$Xe vom R-Prozess abgeschirmt sind. Die Abbildung 8.15 vergleicht die berechnete Bariumhäufigkeit (relativ zu der von Eisen) als Funktion der Metallizität mit Beobachtungsdaten von Sternen in der Milchstraße. Die Simulation reproduziert die Daten recht gut und führt sie auf die gemeinsame Produktion durch den S- und den R-Prozess zurück. Der S-Prozess-Anteil setzt allerdings mit einer deutlichen Verzögerung ein und dominiert etwa nach einer Milliarde Jahren, abgeschätzt durch den [Fe/H]-Wert, der dann größer als ein Zehntel des solaren Werts ist. Die Verzögerung hat zwei Ursachen: zum einen die Lebensdauer der Sterne und zum anderen die Tatsache, dass der S-Prozess ein sekundärer Prozess ist, der die Produktion von $^{56}$Fe durch vorherige Sterngenerationen benötigt. Das Barium-zu-Eisen-Verhältnis ist ziemlich konstant über den Zeitbereich, in dem Barium hauptsächlich durch den S-Prozess hergestellt wird. Dies ist erwartet, da die Häufigkeit von S-Prozess-Kernen proportional zur Anzahl der Menge an Saatkernen sein sollte. In der frühen Phase der Galaxie wird Barium nur durch den R-Prozess synthesiert. Deshalb sinkt die Barium-zu-Eisen-Häufigkeit mit abnehmendem [Fe/H]-Wert. Die Simulation unterscheidet auch in die S-Prozessbeiträge aus der dünnen und dicken Scheibe der Milchstraße und des Halos, wobei die Beiträge aus der dünnen Scheibe etwas später einsetzen, entsprechend dem jüngeren Alter der Sterne in diesem Teil der Milchstraße.

Während Barium als typisches S-Prozess-Element betrachtet werden kann, fällt Europium eine solche Rolle für den R-Prozess zu. Die Abbildung 8.16 zeigt das Europium-zu-Eisen-Verhältnis als Funktion der Metallizität. Im Gegensatz zu Barium ist dieses

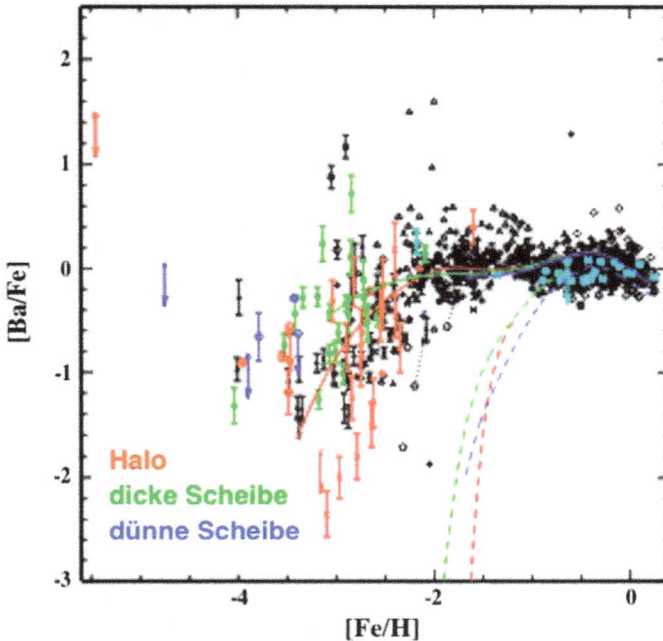

**Abb. 8.15:** Zeitliche Entwicklung der Barium-zu-Eisen-Häufigkeiten im Halo (rot) und in der dicken (grün) und dünnen (blau) Scheibe der Milchstraße. Die gestrichelten Kurven geben den Beitrag des S-Prozesses zu den Häufigkeiten an. Die durchgezogenen Linien stellen die Gesamtproduktion durch den S- und den R-Prozess dar. Der R-Prozess dominiert in alten Sternen. Der Beitrag des S-Prozesses trägt mit Verzögerung bei.

Verhältnis in den beobachteten Sternen nicht konstant über die Periode, für die man Beiträge vom S-Prozess erwarten kann ([Fe/H] > –1,5). Europium wird also nicht proportional zu Eisen produziert, wie man es für den S-Prozess erwartet. In der Tat zeigen die Simulationen, dass nur wenige Prozent des Europiums in der Milchstraße vom S-Prozess stammen; der überwiegende Teil dieses Elements wird durch den R-Prozess synthesiert.

In den Abbildungen 8.15 und 8.16 haben wir die zeitliche Entwicklung von zwei Elementen in unserer Galaxie durch den S-Prozess verfolgt. Letztendlich möchte man die Entstehung der S-Prozess-Häufigkeitsverteilung, wie man sie im Sonnensystem beobachtet, durch die Studien der galaktischen chemischen Entwicklung verstehen und reproduzieren. In solchen Simulationen verfolgt man, analog zu den diskutierten zwei Elementen, die zeitliche Entwicklung aller S-Prozess-Kerne bis zum Geburtsalter des Sonnensystems vor etwa 4,7 Milliarden Jahren. Die entsprechende Entwicklung der Elemente erhält man, indem die Beiträge der stabilen Isotope der Elemente aufaddiert werden. Der Vorteil von detaillierten Studien auf Isotopenbasis liegt darin, dass etwa 30 dieser Isotope nur durch den S-Prozess hergestellt werden und somit nicht durch ungewisse R-Prozess-Beiträge kontaminiert sind. Abbildung 8.17 vergleicht die berechnete

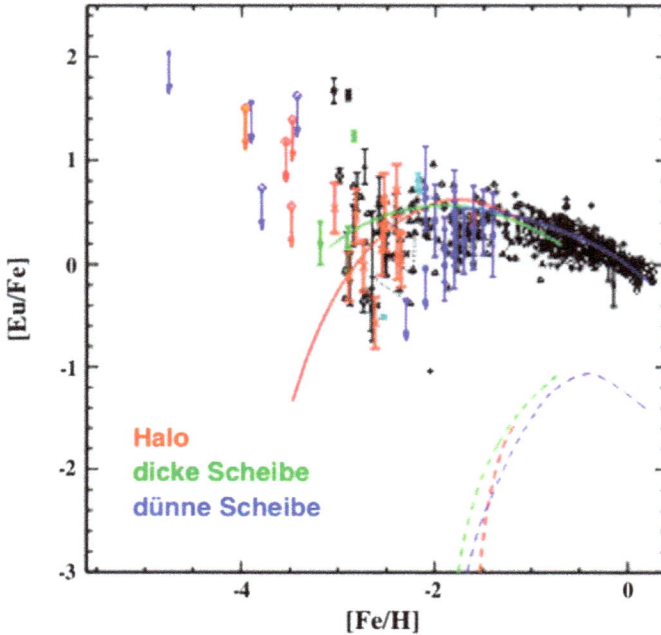

**Abb. 8.16:** Zeitliche Entwicklung der Europium-zu-Eisen-Häufigkeiten im Halo (rot) und in der dicken (grün) und dünnen (blau) Scheibe der Milchstraße. Die gestrichelten Kurven geben den Beitrag des S-Prozesses zu den Häufigkeiten an. Die durchgezogenen Linien stellen die Gesamtproduktion durch den S- und den R-Prozess dar. Europium ist ein Element, das dominant durch den R-Prozess produziert wird.

S-Prozess-Häufigkeit des Sonnensystems mit der Beobachtung. Die „s-only"-Kerne sind durch dicke Punkte besonders hervorgehoben. Die Simulation reproduziert die relative S-Prozess-Verteilung beeindruckend gut, wobei fast alle Isotopenhäufigkeiten innerhalb einer Abweichung von 20 % wiedergegeben werden. Man sollte allerdings berücksichtigen, dass die absoluten Häufigkeiten durch die Wahl der Gesamtmasse der $^{13}$C-Tasche angepasst wurde. Häufig benutzt man in den Simulationen ein gewichtetes Mittel für diese Masse, um die in den Beobachtungen von Sternen auftretenden Streuungen in den Häufigkeiten zu erfassen. Die Isotope, die nicht ausschließlich vom S-Prozess produziert werden, sind in der Abbildung durch Kreuze dargestellt. Ihre Häufigkeit sollte deshalb unter 100 % liegen. Zumeist stammt der fehlende Beitrag vom R-Prozess. In Ausnahmefällen können dies auch der P-Prozess oder die Neutrino-Prozesse sein.

Es fällt in der Abbildung 8.17 auf, dass die Reproduktion der Häufigkeiten allerdings deutlich weniger gut für die leichten „s-only"-Kerne ausfällt. Dies wird als Hinweis auf einen möglichen nicht identifizierten Nukleosyntheseprozess diskutiert, den man LEPP-Prozess (light element primary process) getauft hat. Ein Kandidat hierfür könnte der „schwache" R-Prozess sein, den man mit Typ-II-Supernovae assoziiert (siehe auch Kapitel 5).

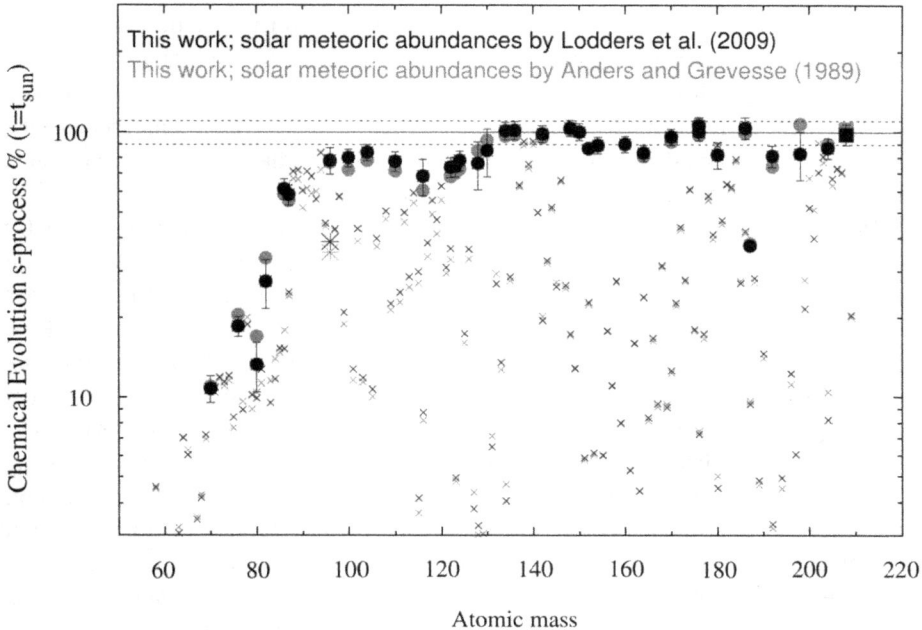

**Abb. 8.17:** Reproduktion der Häufigkeiten der S-Prozess-Kerne im Rahmen eines Modells der galaktischen chemischen Evolution. Die berechneten Häufigkeiten werden in Prozent der Beobachtungsdaten angegeben, wobei hier zwei unterschiedliche Tabellierungen benutzt werden. Die schwarzen Symbole entsprechen den neueren Daten, während die grauen sich auf einen älteren Satz beziehen. Die Punkte repräsentieren die Kerne, die nur durch den S-Prozess produziert werden. Diese werden für den Hauptzweig des S-Prozesses durch das Modell gut beschrieben. Die Kreuze stellen die berechneten S-Prozess-Beiträge zu Kernen dar, die auch eine R-Prozess-Komponente haben.

Die Simulationen bestätigen auch den Ursprung der Elemente Barium und Europium, wonach 85 % des Bariums zur Geburt des Sonnensystems durch den S-Prozess entstanden sind, aber nur 6 % des Europiums. Weitere Elemente mit dominantem S-Prozess-Ursprung sind Zinn, Lanthan, Cer, Neodym, Hafnium, Wolfram, Quecksilber und Thallium. Auch Blei wird hauptsächlich durch den S-Prozess gebildet, wobei die Studien zeigen, dass die Hälfte davon in der Frühzeit der Milchstraße in metallarmen Sternen produziert wurde.

Die beiden Abbildungen 8.15 und 8.16 zeigen nicht nur die S-Prozess-Anteile zur Produktion von Barium und Europium, sondern auch eine Simulation des R-Prozess-Anteils. Dieser übernimmt im Fall von Barium die Dominanz in der Entwicklung des Elements in der frühen Phase der Galaxie; Europium wird immer hauptsächlich vom R-Prozess hergestellt. Für beide Elemente reproduziert die Summe von S- und R-Prozess die beobachtete Entwicklung gut. Dies ist ein Beispiel dafür, dass eine schöne Reproduktion von Daten nicht notwendigerweise die Realität widerspiegelt. Der R-Prozess-Beitrag ist nämlich unter der Annahme simuliert worden, dass der Neutrino-getriebene Wind in Typ-II-Supernovae die Quelle des R-Prozesses sei. Dies war tatsächlich der vorherrschende Glaube zu der Zeit, als die ersten Simulationen zur Entstehung der schweren Elemente durchgeführt wurden. Ihre pionierhafte Bedeutung haben die Rechnungen trotzdem nicht verloren, auch wenn wir nach weiteren Jahren wissenschaftlichen Fortschritts heute ziemlich sicher sind, dass in Supernovae nicht die Bedingungen vorliegen, die zur Produktion der schwersten R-Prozess-Elemente benötigt werden.

Die heutige Situation im Verständnis der galaktischen chemischen Entwicklung der schweren Elemente ist nicht so eindeutig, wie sie vor zwanzig Jahren erschien. Um das Problem zu verstehen, rekapitulieren wir kurz, was man heute zur Operation des R-Prozesses weiß. Zum einen hat man seit August 2017 ausreichend Hinweise, dass Neutronensternverschmelzungen schwere Elemente im Rahmen des R-Prozesses produzieren. Allerdings ist diese Evidenz nur indirekt durch die Beobachtung des elektromagnetischen Signals und dessen Eigenschaften. Bislang gelang es nicht, ein schweres Element direkt durch die Beobachtung einer charakteristischen Linie nachzuweisen. Dies gelang nur für Strontium, ein Element vom ersten R-Prozess-Maximum. Zum anderen sind inzwischen einige sehr metallarme und somit alte Sterne gefunden worden, in denen die Häufigkeiten von vielen R-Prozess-Elementen bestimmt werden konnten. Das Verblüffende ist, dass die relativen Häufigkeiten der R-Prozess-Elemente vom zweiten bis dritten Maximum sehr gut mit denjenigen des Sonnensystems übereinstimmen. Letztere stellt dabei allerdings eine Mittelung von vielen Ereignissen über fast 10 Milliarden Jahre dar, während die alten Sterne nur die Ergebnisse wohl weniger R-Prozesse wiedergeben. Eine einfache Lösung ist es natürlich, wenn jedes R-Prozess-Ereignis immer die gleichen relativen Häufigkeiten produzieren würde. Dies deuten Rechnungen für den R-Prozess in Neutronensternverschmelzungen an, die ein recht robustes Muster an R-Prozess-Häufigkeiten vorhersagen. Somit wäre dieses Szenario plausibel, insbesondere da die Verschmelzungen auch eine ausreichende Menge an R-Prozess-Material produzieren, um die Daten zu erklären. Ein Problem ergibt sich allerdings dadurch, dass Neutronensternverschmelzungen, ähnlich wie Typ-Ia-Supernovae oder asymptotische Riesensterne, eine Vorlaufzeit brauchen, bis es zur Verschmelzung kommt und sie dann die produzierten R-Prozess-Elemente ins Interstellare Medium schleudern, sodass sie dem Gas der beobachteten metallarmen Sterne bei deren Geburt beigemischt sein konnten. Betrachtet man hingegen die Beobachtungsdaten, dann erhält man das in der Abbildung 8.18 wiedergegebene Resultat, wobei wir Europium als typisches R-Prozess-Element gewählt haben. Ferner macht die Abbildung kenntlich, ob die Daten von Sternen aus dem Halo der Milchstraße, also überwiegend alten Sternen, oder aus der Scheibe der Galaxie, in der sich größtenteils junge Sterne befinden, gewonnen wurden. Zwei Dinge fallen auf: In den alten Sternen, mit [Fe/H] < –1,5, zeigt das Europium-zu-Eisen-Verhältnis eine große Streuung und es ist immer größer als etwa das Doppelte des solaren Werts ([Eu/Fe] > 0,3). In den jüngeren Sternen mit [Fe/H] > –1,5 sinkt die Europium-zu-Eisen-Häufigkeit und streut heute um den solaren Wert. Diese Abnahme ist damit zu erklären, dass Typ-Ia-Supernovae kein Europium produzieren, sodass das Europium-zu-Eisen-Verhältnis sinkt, sobald diese zur Eisenproduktion beitragen. Die große Streuung

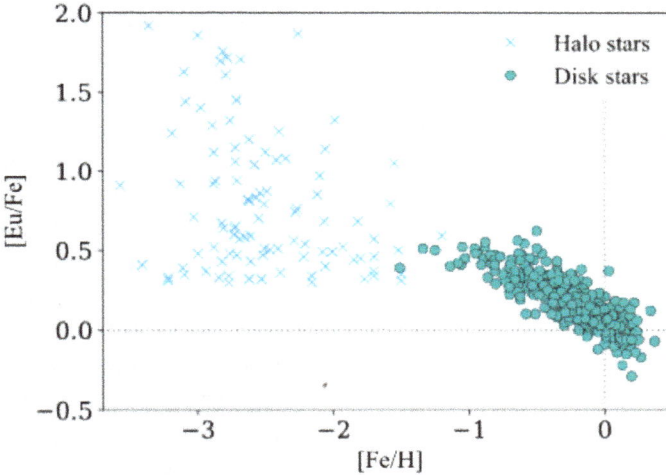

**Abb. 8.18:** Die Häufigkeit des R-Prozess-Elements Europium, relativ zu Eisen, als Funktion der Zeit für Sterne im Halo (blau) und in der Scheibe (türkis) der Milchstraße. Der Halo enthält hauptsächlich alte Sterne, die eine große Streuung in der Eu-Häufigkeit zeigen. Der Wert der Europium-zu-Eisen-Häufigkeit in den alten Sternen liegt über dem solaren Wert. Die Scheibe hat einen größeren Beitrag an jüngeren Sternen. Hier werden Typ-Ia-Supernovae wichtig, die zwar Eisen, aber kein Europium produzieren. Deshalb sinkt das Europium-zu-Eisen-Verhältnis mit der Zeit.

in den Daten der alten Sterne zeigt an, dass der R-Prozess zwar ein robustes Muster in diesen Sternen hinterlässt, dass aber die absolute Häufigkeit der R-Prozess-Kerne in den Ereignissen um mehr als eine Größenordnung schwankt. Ein solches Verhalten ließe sich mit Neutronensternverschmelzungen in Einklang bringen, wenn man berücksichtigt, dass nach den Simulationen die ausgestoßene Menge an R-Prozess-Material von der Gesamtmasse der beiden Neutronensterne und deren Asymmetrie zwischen den Partnern abhängt. Was die Abbildung 8.18 aber nicht zeigt, ist eine Abnahme des Europium-zu-Eisen-Verhältnisses mit zunehmendem Alter in den metallärmsten Sternen. Dies würde man erwarten, wenn Neutronensternverschmelzungen erst mit einer Verzögerung, relativ zur Synthese von Eisen in massereichen Sternen, zur Produktion von Europium beitragen.

Die Zeitverzögerung hängt damit zusammen, dass es eine gewisse Zeit braucht, bis zwei massereiche Sterne ihr hydrostatisches Brennen durchlaufen und zum Schluss durch eine Supernova-Explosion die beiden Neutronensterne produzieren, die sich dann als Doppelsternsystem umkreisen und schließlich verschmelzen und dabei Europium und die anderen R-Prozess-Elemente ins Interstellare Medium ejizieren. Das hydrostatische Brennen als erster Schritt braucht wenige 10 Millionen Jahre und geschieht im Zeitrahmen der chemischen Entwicklung einer Galaxie „instantan". Dies erwartet man von der Entwicklung des Doppelsternsystems bis zur Verschmelzung nicht. Man darf davon ausgehen, dass nicht alle Neutronensternverschmelzungen die gleiche Zeitverzögerung haben, sondern dass diese, ähnlich wie bei den Typ-Ia-

Supernovae, durch eine Verteilung gegeben ist. Leider gibt es keine aussagekräftigen Daten, aus denen sich die Verteilung festlegen lässt. Man muss deshalb auf Simulationen zurückgreifen. Diese sagen voraus, dass die Zeitverzögerungsverteilungen denen der Supernovae in der Form ähnlich sind. Für Verzögerungszeiten, die größer als etwa 100 Millionen Jahre sind, fällt die Verteilung proportional zur Zeit ab, sodass die Anzahl der Verschmelzungen mit einer Verzögerungszeit von 1 Milliarde Jahren etwa ein Zehntel derjenigen mit 100 Millionen Jahren ist. Die Verteilung bricht bei einem Mindestalter, das zwischen 10 und 30 Millionen Jahren liegen sollte, ab, da es keine Verzögerungszeiten geben kann, die kürzer als die hydrostatische Brennzeit sind. Leider gibt es zwischen den Vorhersagen von unterschiedlichen Modellen große Unterschiede, die vor allem das Verhalten bei kleineren Verzögerungszeiten betreffen. Neben der relativen Verteilung der Verzögerungszeiten ist auch die absolute Anzahl von Verschmelzungen von Relevanz. Diese wird durch diverse Beobachtungen wie die Anzahl von Pulsaren in Galaxien oder nun auch durch die Zahl der beobachteten kurzen Gammaausbrüche sowie der durch Gravitationswellen beobachten Anzahl von Verschmelzungen eingeschränkt. Man kann etwa davon ausgehen, dass es in der Milchstraße zu einer Neutronensternverschmelzung pro 30000 Jahre kommt, wobei die Zahl noch eine deutliche Unsicherheit aufweist. Schließlich muss man annehmen, dass die Zahl der Verschmelzungen sowie die Verteilung ihrer Zeitverzögerungen von der Metallizität abhängen.

Die Unsicherheiten in den Zeitverzögerungsverteilungen und in der Anzahl der Verschmelzungen spiegeln sich in den Simulationen der chemischen Entwicklung der R-Prozess-Elemente in der Galaxie deutlich wider, wie die Abbildung 8.19 zeigt. Allerdings sagen alle Modelle voraus, dass die Europium-zu-Eisen-Häufigkeit mit dem Alter der Sterne abnehmen sollte, was anscheinend im Widerspruch zu den Beobachtungsdaten steht. Dies kann zweierlei andeuten. Zum einen, dass die Kenntnis der Verzögerungszeiten ungenau ist und Neutronensternverschmelzungen deutlich kleinere Entwicklungszeiten haben, als von den Modellen vorhergesagt. Zum anderen ist es denkbar, dass Neutronensternverschmelzungen nicht der einzige Ort im Universum sind, an dem der R-Prozess operiert, und diese zusätzlichen Quellen füllen die beobachteten Häufigkeitslücken im frühen Universum. Zwei mögliche Kandidaten für solch frühe R-Prozess-Operationen werden hauptsächlich diskutiert. Zum einen die Verschmelzungen von einem Neutronenstern mit einem Schwarzen Loch und zum anderen Supernovae, die nicht durch Neutrinoheizen und Konvektion zur Explosion gebracht werden, sondern durch extreme Magnetfelder und zusätzliche Rotation die Materie als Jets entlang der Magnetfeldachse ejektieren (Magneto-rotational-Supernovae). Simulationen zeigen, dass beide Typen – Neutronenstern-Schwarzes-Loch-Verschmelzung und Magneto-rotational-Supernovae – Orte des R-Prozesses sein könnten. Ein Nachweis durch Beobachtung steht allerdings noch aus. Zwar wird angenommen, dass beide Kandidaten bereits im frühen Universum aktiv gewesen sein könnten, doch bleiben entscheidende Fragen weiterhin unbeantwortet: Produzieren sie das solare R-Prozess-Muster, wie es in den ältesten Sternen beobachtet wird, oder variiert das Muster? Ejektieren sie genug R-Prozess-Material, um die Beobachtungsdaten zu erklären? In der

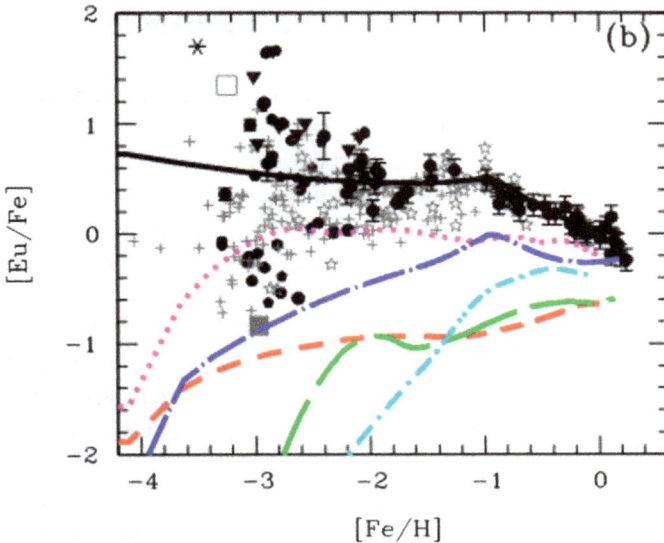

**Abb. 8.19:** Europium-zu-Eisen-Häufigkeit als Funktion der Zeit, approximiert durch das Eisen-zu-Wasserstoff-Verhältnis. Die farbigen Kurven basieren auf Simulationen mit unterschiedlichen Annahmen für die Anzahl an Neutronensternverschmelzungen und deren Zeitverzögerung. Alle Simulationen sagen voraus, dass die Europium-zu-Eisen-Häufigkeiten mit dem Alter der Sterne abnehmen sollten, was die Daten nicht andeuten. Die durchgezogene schwarze Kurve nimmt an, dass neben Neutronensternverschmelzungen auch rotierende Supernovae mit starkem Magnetfeld zum R-Prozess beitragen, was sich hauptsächlich in der Frühzeit der Galaxie bemerkbar gemacht haben sollte.

Simulation, die der Abbildung 8.19 zugrunde liegt, wurde angenommen, dass Magneto-rotational-Supernovae im frühen Universum aktiv waren. Dadurch ist es möglich, die Europium-zu-Eisen-Häufigkeiten auch in der frühen Phase der Milchstraße zu erklären. Es muss allerdings betont werden, dass diese Übereinstimmung kein Beweis ist, da die durch solche Supernovae produzierten R-Prozess-Häufigkeiten mit großen Unsicherheiten verbunden sind. Die Frage bleibt also noch unbeantwortet, steht aber im Fokus intensiver Forschung.

# 9 Die nächsten 14 Milliarden Jahre und danach

*Prognosen sind schwer, vor allem wenn sie die Zukunft betreffen.* Dieses Bonmot von Mark Twain ist nicht nur witzig, sondern es trifft auch den Nagel auf den Kopf. Der Psychologe Philip Tetlock hat dies in einer Studie nachgewiesen, in der er ausgewiesene Experten auf verschiedenen Gebieten um Prognosen zu bestimmten Fragen gebeten hat und dann 20 Jahre später überprüft hat, ob diese eingetreten sind. Die Erfolgsquote der Experten war ernüchternd und meist nicht besser als die von informierten Laien oder von statistischen Modellen. Nun mag dies, so argumentieren Psychologen, nicht überraschend sein, denn als Experte erreicht man oft nur dann eine große mediale Aufmerksamkeit, wenn man gegen den Strom schwimmt und nicht unbedingt das Offensichtlichste oder Wahrscheinlichste vorhersagt. Es lässt sich allerdings zusammenfassen, dass Prognosen in unserem alltäglichen Leben problematisch sind und anscheinend auf Wahrscheinlichkeiten beruhen.

Allerdings gibt es Prognosen, von deren Eintreten wir recht fest überzeugt sind. So lässt sich im Internet beispielsweise nachlesen, dass die Sonne am 1. Januar des Jahres 3000 in Darmstadt um 8:20 Uhr aufgehen wird. Natürlich findet man viele Aussage im Internet, doch dies ist eine, die mit hoher Wahrscheinlichkeit zutreffen wird – auch wenn keiner von uns sie jemals überprüfen können wird. Betrachtet man die Aussage etwas genauer, dann besagt sie, dass die Sonne wie gestern und morgen auch in 1000 Jahren zuverlässig aufgehen wird. Dies setzt auch voraus, dass das Erde-Sonnen-System ohne Störungen weiter existieren wird, sich die Sonne zum Beispiel in dem Zeitraum eines Jahrtausends nur unmerklich verändert. Schließlich ist eine solch recht präzise Feststellung nur möglich, weil sich das System durch eine recht simple mathematische Formulierung erfassen lässt, die – und auch dies wird wohl mit gutem Grund vorausgesetzt – auch in der Zukunft gilt. Wir machen also davon Gebrauch, dass sich in der Physik die Bewegungsrichtungen umkehren lassen, Formeln also ihre Berechtigung behalten, egal ob die Zeit vorwärts oder rückwärts läuft. An der obigen Vorhersage des Sonnenaufgangs ist die unsicherste Aussage wohl Darmstadt als die örtliche Festlegung, die wir besser mit den Längen- und Breitengraden definieren sollten.

1000 Jahre sind für die Entwicklung der meisten astrophysikalischen Objekte ein Wimpernschlag, da sich diese auf bedeutend längeren Zeitskalen verändern. Dies gilt allerdings nur für generelle Aussagen. Man hat die Entwicklung von Sternen auf dem Niveau verstanden, dass man sie durch Modelle beschreiben kann, auf deren Basis sich vorhersagen lässt, dass die Sonne, wie wir es im Kapitel 4 diskutiert haben, in ein paar Milliarden Jahren Heliumbrennen im Zentrum zünden und sich zu einem Roten Riesen aufblähen wird. Details der Vorhersage sind natürlich unsicher. Dies betrifft zum Beispiel Aussagen über die Masse, die die Sonne dann haben wird, oder den Radius, zu dem sie sich aufbläht, wobei wir hier zwei Beispiele genannt haben, die direkt das Schicksal der Erde betreffen werden: Kann die Erde überleben – dann allerdings auf einem anderen Orbit – oder wird sie, wie Merkur und Venus, von denen man dies mit ziemlicher Sicherheit vorhersagen kann, von der Sonne geschluckt? Natürlich ist es auch möglich,

https://doi.org/10.1515/9783111469737-009

dass das Sonnensystem in den nächsten Milliarden Jahren zum Beispiel durch einen anderen Stern so stark gestört wird, dass seine Planeten losgelöst werden und in den Weltraum wegfliegen. Über so ein verheerendes Ereignis kann man keine genauen Vorhersagen machen, da es unmöglich ist, die Bahnen aller 100 Milliarden Sterne in der Milchstraße mit der nötigen Präzision zu simulieren. Und dann kommt auch noch erschwerend hinzu, wie wir gleich diskutieren werden, dass die Milchstraße in ein paar Milliarden Jahren mit der Andromeda-Galaxie verschmelzen wird.

Durch diese Vorüberlegungen haben wir nun alle Ingredienzen und Vorbehalte beisammen, wenn wir es nun wagen wollen, einen Blick in die astronomische Glaskugel zu werfen. Wir machen dies auf der gleichen Grundlage, auf der wir schon den Blick in die Vergangenheit gewagt haben: Auch in der Zukunft sind die physikalischen Gesetzmäßigkeiten die Gleichen, die wir heute kennen und mit deren Hilfe man ziemlich erfolgreich die ersten 14 Milliarden Jahre in der Geschichte des Universums rekonstruieren konnte. Ferner nehmen wir an, dass keine neuen Spieler wie weitere bislang unbekannte Naturkräfte oder Teilchen in die Entwicklung des Universums eingreifen werden. Diese Annahme ist ziemlich verwegen, wenn man sich die Explosion der Erkenntnisse allein in den letzten 150 Jahren anschaut. Allerdings ist sie notwendig, um eine naturwissenschaftlich fundierte Vorhersage zu machen. Auf dieser Basis ist es möglich, die Zukunft von Teilen des Universums wie Sternen und Galaxien mit einiger Zuversicht vorherzusagen. Wir werden sehen, dass uns dies in eine Zeit bringt, die mehrere Tausend Mal länger ist als das bisherige Alter des Universums. Man kann noch weiter in die Zukunft blicken, wenn man bereit ist, einige Annahmen zu treffen, die von heutigen Theoretikern als möglich oder sogar plausibel angesehen werden, die allerdings auf Spekulation und nicht auf experimentell überprüften Fakten beruhen. Wir sind allerdings insofern auf der sicheren Seite, dass diese Ereignisse erst dann die Entwicklung des Universums beeinflussen, wenn wir für mögliche Falschaussagen nicht mehr verantwortlich gemacht werden können. Trotzdem ist es spannend, über eine solche Zukunft in Äonen nachzudenken. Natürlich wird die Geschichte, die wir im Folgenden ausrollen wollen, stark davon abhängen, wie sich die Expansion des Universums fortsetzen wird. Ist das Universum in der Tat heute von der Dunklen Energie dominiert, so sollte diese in Zukunft die Expansion verstärkt weitertreiben und das Universum nicht nach endlicher Zeit in sich zusammenfallen, sodass es genügend Zeit gibt, damit sich die im Folgenden diskutierten Ereignisse im Universum abspielen können.

## 9.1 Twinkle little star – das stellare Zeitalter

*Die güldenen Sternlein prangen am blauen Himmelszelt,* so fasst Paul Gerhardt in seinem Abendlied eine Erkenntnis zusammen, mit der wir alle seit unserer Kindheit vertraut sind. Der Nachthimmel ist beherrscht vom Funkeln der Sterne, wenigstens in einer klaren Nacht ohne zu viel störendes künstliches Licht. Wir befinden uns im stellaren Zeitalter. Dies war jedoch nicht immer so und – wie wir in diesem Unterkapitel diskutieren werden – wird es auch nicht in alle Zukunft bleiben. Die ersten Jahrmillionen waren eine dunkle Zeit, bis sich aus den Dichtefluktuationen Galaxien bildeten, in denen sich dann Gaswolken zusammenballten und schließlich zum ersten Mal im Inneren nukleares Feuer entzündeten und so Sterne entstanden. Natürlich verging auch noch eine gewisse Zeit, bis Photonen aus dem Sterninneren an die Oberfläche diffundiert waren und der Stern zu leuchten begann. Seitdem sind Sterne die beherrschende Lichtquelle im Universum. Aber Sterne haben nur ein endliches Reservoir an Energie zur Verfügung und damit auch eine endliche Lebenserwartung. Allerdings werden Sterne auch neu geboren. Um die Frage zu untersuchen, ob und wann das stellare Zeitalter zu Ende gehen wird, müssen wir mehrere Aspekte diskutieren. Offensichtlich hängt die Antwort zum einen davon ab, wie lange Sterne leben können. Zum anderen ist für die Antwort aber auch entscheidend, wie lange Galaxien frisches Gasmaterial besitzen, um neue Sterne nachzuproduzieren. Dazu müssen wir auch die Zukunft von Galaxien betrachten, denn es ist ja denkbar, dass diese durch Verschmelzungen stetig neues Material beschaffen. Diese Punkte wollen wir im Folgenden beleuchten.

Wie im Kapitel 4 dargestellt, spielt die Geburtsmasse die bedeutendste Rolle für die Entwicklung eines Sterns. Insbesondere beeinflusst sie seine Lebenserwartung: Je größer die Geburtsmasse, desto schneller muss der Stern seinen nuklearen Brennstoff verheizen, um der gravitativen Anziehung entgegenzuwirken, und desto kleiner ist die stellare Lebensdauer. Die Sonne hat eine Lebenserwartung von etwa 11 Milliarden Jahren, was kleiner als das heutige Alter des Universums ist. Sterne mit nur geringfügig kleinerer Masse als die Sonne (etwa $< 0{,}85\,M_\odot$) leben länger als 13,7 Milliarden Jahre. Als Konsequenz kann keiner dieser Sterne zum heutigen Zeitpunkt seinen Lebenszyklus abgeschlossen haben. Deshalb haben diese Sterne auch nicht zur heutigen Häufigkeit der Elemente im Universum beigetragen. Dies war der Hauptgrund, warum wir ihnen bislang keine große Aufmerksamkeit geschenkt haben. Aber das müssen wir nun ändern, da sie viel länger leben werden als die Sonne oder massereiche Sterne. In ferner Zukunft, wenn diese Sterne erloschen sind, leuchten nur noch die massearmen Sterne im Universum.

Um ein Gefühl für solche massearmen Sterne zu bekommen, haben wir in der Tabelle 9.1 die Eigenschaften einiger dieser Sterne zusammengetragen. Es fällt dabei auf, dass sie einen kleineren Radius und eine sehr geringe Leuchtkraft im Vergleich zur Sonne haben. Allgemein können wir feststellen, dass mit abnehmender Masse der Radius und, noch stärker, die Leuchtkraft schrumpfen. Proxima Centauri (Abbildung 9.1) im südlichen Sternbild des Zentaur ist der wohl bekannteste dieser Sterne, denn er ist mit einem Abstand von 4,3 Lichtjahren der nächste Nachbarstern der Sonne – und somit uns. Seine Masse beträgt etwa ein Achtel der Sonnenmasse, ähnlich skaliert der Radius. Allerdings ist seine Leuchtkraft um einen Faktor 7000 kleiner als die der Sonne. Darin liegt das Problem, dass Proxima Centauri nicht mit bloßem Auge zu sehen ist, ein Schicksal, das er mit allen massearmen Sternen teilt. Auch die Oberflächentemperatur der Sterne verschiebt sich zu kleineren Werten mit abnehmender Masse, sodass Sterne

**Tab. 9.1:** Eigenschaften einiger Roter Zwerge. Die Massen, Radien und die zentrale Dichte sind jeweils relativ zu den solaren Werten angegeben. Die Leuchtkraft ist in Tausendstel der Sonnenleuchtkraft gelistet.

| Stern | Masse (in $M_\odot$) | Radius (in $R_\odot$) | Leuchtkraft (in $10^{-3} L_\odot$) | zentrale Dichte (in $\rho_\odot$) |
|---|---|---|---|---|
| Lalande 21185 | 0,39 | 0,39 | 2,5 | 7 |
| Gliese 581 | 0,32 | 0,32 | 13 | 6 |
| Luytens Stern | 0,29 | 0,29 | 2,7 | 12 |
| Ross 154 | 0,18 | 0,21 | 0,51 | 19 |
| Proxima Centauri | 0,12 | 0,15 | 1,57 | 35 |
| Wolf 359 | 0,09 | 0,16 | 1,01 | 22 |
| J0523-1403 | 0,07 | 0,10 | 0,138 | 70 |
| J0555-57AB | 0,08 | 0,08 | | |

**Abb. 9.1:** Bild des Hubble-Space-Teleskops von Proxima Centaurus im Sternbild Zentaur des Südhimmels. Proxima Centauri hat nur etwa ein Achtel der Sonnenmasse und somit eine sehr geringe Leuchtstärke. Obwohl er nur 4,3 Lichtjahre von uns entfernt und somit der nächste Nachbarstern ist, kann Proxima Centauri nicht mit bloßem Auge gesehen werden. Der Stern ist ein Roter Zwerg. Seine Lebenserwartung wird mit mehr als 4 Billionen Jahren abgeschätzt und übertrifft somit das heutige Alter des Universums um etwa das 300-Fache. Proxima Centauri ist Teil eines Triplesternsystems. Die beiden anderen Sterne – Alpha Centauri A und Alpha Centauri B – sind sonnenähnliche Sterne und liegen außerhalb des Bildes.

mit Massen kleiner als ungefähr $0,5\,M_\odot$ eine Temperatur haben, die Licht im rötlichen Bereich ausstrahlt. Deshalb nennt man Sterne mit Massen kleiner als etwa $0,5\,M_\odot$ Rote Zwerge. Obwohl sie zur Leuchtkraft im Universum nur gering und zur heutigen Elementenhäufigkeit gar nicht beigetragen haben, sind Rote Zwerge die häufigsten Sterne im Universum (siehe Abbildung 9.2). Wir weisen schon darauf hin, dass in dieser Zusammenstellung die Roten Zwerge bei der Masse $0,25\,M_\odot$ noch einmal unterteilt worden sind. Auf den Grund kommen wir gleich zu sprechen.

Rote Zwerge befinden sich also noch in ihrer Phase des Wasserstoffbrennens. Ihre Position im Hertzsprung-Russell-Diagramm ist somit in der Hauptreihe, unterhalb

## Stellare Massenverteilung

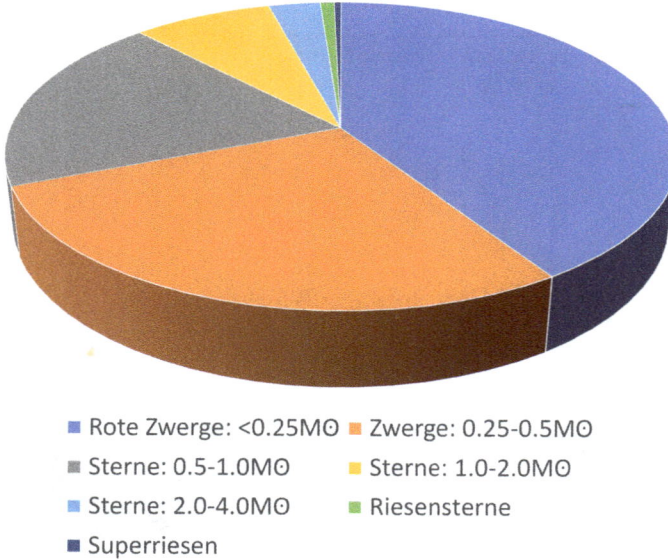

- Rote Zwerge: <0.25M☉
- Zwerge: 0.25-0.5M☉
- Sterne: 0.5-1.0M☉
- Sterne: 1.0-2.0M☉
- Sterne: 2.0-4.0M☉
- Riesensterne
- Superriesen

**Abb. 9.2:** Häufigkeitsverteilung der heutigen Sterne. Der überwiegende Anteil der Sterne sind Rote Zwerge, also massearme Sterne mit einer Masse $< 0,5\,M_\odot$. Ungefähr 30 % der Sterne haben Massen, die im Rahmen eines Faktors 2 derjenigen der Sonne entsprechen. Riesen- und Überriesensterne sind ziemlich selten und machen etwa nur 1 % der Sternpopulation aus.

der Sonne, da ihre Leuchtkraft deutlich kleiner ist (Abbildung 9.3). Für Sterne auf der Hauptreihe gilt eine recht einfache Näherungsbeziehung zwischen der Dauer des Wasserstoffbrennens, und somit der Verweilzeit auf der Hauptreihe, und ihrer Geburtsmasse. Man kann diese in Relation zur Sonne durch $t = t_\odot (M/M_\odot)^{-2,5}$ ausdrücken. Dies bedeutet, dass ein Stern, der eine zehnfach größere Masse als die Sonne hat, eine ungefähr 300-mal kleinere Zeit mit dem Wasserstoffbrennen verbringt. Umgekehrt lebt ein Stern, der um einen Faktor 10 masseärmer als die Sonne ist, 300-mal länger während des Wasserstoffbrennens. Setzt man die Dauer des Wasserstoffbrennens für die Sonne mit 10 Milliarden ($10^{10}$) Jahren an, so sind dies für einen Roten Zwerg mit $0,1\,M_\odot$ schon 3 Billionen Jahre. Und dies ist noch eine deutliche Unterschätzung! Dafür müssen wir uns ins Gedächtnis rufen, dass die Sonne – und massereichere Sterne im Allgemeinen – nach dem Wasserstoffbrennen noch weitere Brennphasen durchlaufen, die allerdings schneller ablaufen als das Wasserstoffbrennen und die Lebenszeit grob um 10 % verlängern. Entscheidender ist allerdings, dass diese Sterne nur einen Bruchteil ihres Wasserstoffvorrats verbrennen, den man mit etwa 10 % abschätzen kann. Dies ist bei Roten Zwergen anders, die ihren nuklearen Brennstoff viel effizienter aufbrauchen können. Um den Grund zu sehen, stellen wir aus der Tabelle 9.1 fest, dass mit abnehmender Masse der Sterne die zentrale Dichte im Vergleich zur Sonne anwächst. Rote Zwerge

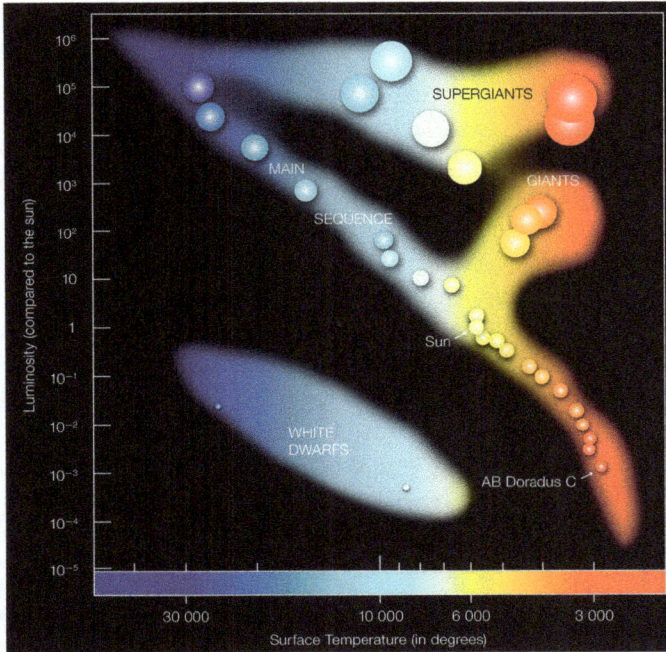

**Abb. 9.3:** Leuchtkraft und Oberflächentemperatur von Sternen im Hertzsprung-Russell-Diagramm. Die Farbwahl deutet an, in welchem Licht die Sterne erscheinen. Die Sonne befindet sich in etwa in der Mitte der Hauptreihe. Massereichere Sterne, die sich im Wasserstoffbrennen befinden, liegen in der Hauptreihe bei höheren Leuchtkräften als die Sonne; ihr Licht wird ins Bläuliche verschoben. Die Roten Zwerge findet man auf der Hauptreihe bei Leuchtstärken, die geringer als die der Sonne sind. Ihr Licht erscheint im rötlichen Bereich. Weiße Zwerge liegen links von der Hauptreihe; Riesensterne finden sich in der rechten oberen Ecke.

haben im Inneren höhere Dichten als die Sonne. Dies erschwert den Energietransport durch Strahlung, der im Sonneninneren der Hauptmechanismus ist. In der Tat ist der Strahlungstransport für Rote Zwerge so ineffizient, dass ein Energieaustausch durch Konvektion vorteilhafter ist. Dieser erfasst allerdings fast den kompletten Stern, sodass nicht nur frisch produziertes Helium dadurch an die Oberfläche gebracht wird, sondern auch neuer Vorrat an unverbranntem Wasserstoff ins Zentrum (siehe Abbildung 4.4). Als Konsequenz bildet sich kein stellarer Kern von unverbrannter Heliumasche. Für das Lebensalter der Roten Zwerge ist es aber wichtiger, dass fast 98 % des Wasserstoffs als Brennmaterial verbraucht wird. Dadurch verlängert sich die Lebensspanne des Wasserstoffbrennens fast um einen Faktor 10! Somit können wir erwarten, dass Proxima Centauri noch in fast 25 Billionen Jahren leuchten wird. Für den masseärmsten in der Tabelle 9.1 aufgeführten Stern, J0523-1403 im Sternbild Hase mit 0,07 $M_\odot$ in einem Abstand von 41,5 Lichtjahren, wächst die Lebenserwartung auf fast 100 Billionen Jahre. Der Stern wurde durch die internationale Two-Micron-All-Sky-Survey-Durchmusterung

(2MASS-Durchmusterung) des Himmels im nahen Infrarotbereich gefunden; nach seiner Quelle heißt er offiziell 2MASS J0523-1404, wobei die Zahlen seine Koordinaten am Himmel angeben. Bei einer anderen Durchmusterung, Eclipsing Binary Low Mass oder kurz EBLM, gelang es, den bislang kleinsten Roten Zwerg zu entdecken, EBLM J0555-57AB. Er ist Teil eines Triplesternsystems. Sein Radius ist ungefähr so groß wie der von Saturn, seine Masse ist allerdings 85-mal größer als die von Jupiter. Ob J0555-57AB allerdings das mögliche Alter von vielen Billionen Jahren erreicht, ist ungewiss. Dies hängt von der Entwicklung der beiden sonnenähnlichen Partnersterne J0555-57A und J0555-57B mit Massen 1,13 $M_\odot$ und 1,01 $M_\odot$ ab, die den Roten Zwerg verschlucken können, wenn sie sich zu einem Riesenstern nach dem Wasserstoffbrennen aufblähen werden.

Beide Objekte, 2MASS J0523-1404 und EBLM J0555-57AB, liegen sehr nahe an der Massengrenze, an der es einer Gaswolke durch Kontraktion im Inneren gelingt, genügend hohe Temperaturen zu erreichen, um Wasserstoff zu zünden. Wie wir im Kapitel 4 gesehen haben, braucht ein stellarer Core eine Mindestmasse, um ein bestimmtes Brennen starten zu können. Wie in der Tabelle 4.5 dargestellt wurde, beträgt diese Zündungsmasse für das Heliumbrennen etwa 0,26 $M_\odot$. Für das Wasserstoffbrennen ist sie ungefähr 0,08 $M_\odot$. Dies hat wichtige Konsequenzen. Kann ein Stern das Wasserstoffbrennen initiieren, hat aber nicht genügend Masse, um auch Heliumbrennen zu starten, wenn der Wasserstoffvorrat aufgebraucht ist, so haben wir schließlich einen Stern vor uns, der zum großen Teil aus Helium besteht und dann langsam kühlt, weil er keine nukleare Energiequelle mehr hat. Der Stern wird somit zu einem aus Helium bestehenden Weißen Zwerg. Dies ist das Schicksal der Sterne im Massebereich zwischen 0,08–0,26 $M_\odot$. Gaswolken mit Massen unterhalb von 0,08 $M_\odot$ erreichen bei ihrer Kompression nicht die Temperaturen, um Wasserstofffusion als Energiequelle anzapfen zu können. Sie werden nie zu einem Stern, wenn wir mit diesem Terminus Gaswolken bezeichnen wollen, die ihr Gleichgewicht mithilfe von Kernfusion im Inneren erreichen. Allerdings ist dies intuitiv überraschend, denn eigentlich sollte sich die Temperatur im Sterninneren durch fortgesetzte Kompression stetig erhöhen lassen, sodass eventuell die Zündungstemperatur irgendwann überschritten werden sollte. Hier müssen wir allerdings berücksichtigen, dass die Kompression zu stetig anwachsenden Dichten führt und dass so die Materie schließlich zunehmend entartet wird, wie wir dies schon von den Heliumblitzen her kennen. Der Beitrag des Entartungsdrucks stabilisiert die Gaswolke und der Anstieg der Temperatur wird gestoppt. Man nennt die Objekte im Massenbereich $\approx$ 0,01–0,08 $M_\odot$ Braune Zwerge. Sie sind also mindestens zehnmal massereicher als Gasplaneten wie der Jupiter. Wegen der Bedeutung der Entartung für die Struktur der Braunen Zwerge nimmt deren Radius leicht mit zunehmender Masse ab. Einen ähnlichen Zusammenhang haben wir schon bei Weißen Zwergen kennengelernt, die ja auch durch den Entartungsdruck stabilisiert werden. Braune Zwerge können recht unterschiedliche Oberflächentemperaturen haben (siehe Abbildung 9.4). Sie ist allerdings niedriger als bei Roten Zwergen und deutlich kleiner als zum Beispiel die der Sonne.

Rote Zwerge sind nicht nur der häufigste Sterntyp im Universum, sie haben für Astronomen in jüngerer Zeit noch aus einem anderen Grund an Bedeutung gewonnen.

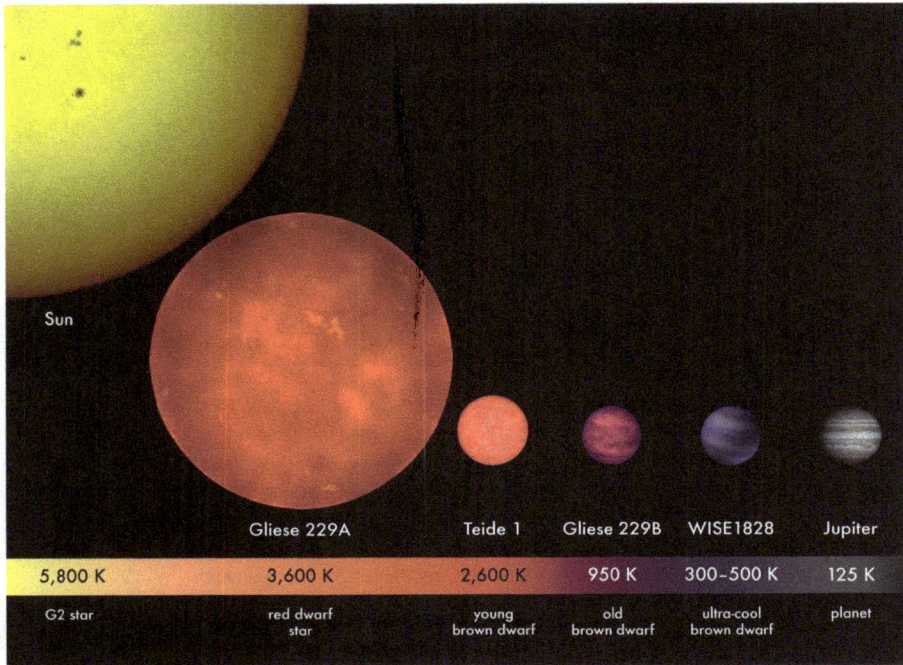

**Abb. 9.4:** Vergleich der Oberflächentemperatur der Sonne mit einem Roten Zwerg (Gliese 229A), einem jungen Braunen Zwerg (Teide 1), einem alten (Gliese 229B) und stark abgekühlten (WISE 182B) Braunen Zwerg und dem Gasplaneten Jupiter.

Dass ihre Leuchtkraft extrem klein ist, ist nicht unbedingt ein Vorteil, um die Sterne zu entdecken, es ist aber ein großes Plus, wenn man Planeten finden möchte, die diesen Stern umkreisen. Dies liegt einfach daran, dass Planeten bei ihrem Transit einen größeren Teil der Leuchtkraft eines Roten Zwerges verdecken und somit leichter zu identifizieren sind als bei einem massereicheren Stern, der viel leuchtkräftiger ist. Der erste Exoplanet wurde erst vor 30 Jahren gefunden, nun ist deren Zahl schon auf etwa 5000 angewachsen. Davon kreisen einige um Rote Zwerge. Aufgrund der heutigen Beobachtungen schätzt man, dass es in unserer Nähe, im Abstand von 30 Lichtjahren, ungefähr 100 Super-Erden gibt; gesteinsartige Planeten, die etwas schwerer als unsere Erde sind. Hochgerechnet auf die ganze Galaxie erwartet man einige 100 Millionen Exoplaneten, verglichen zur Anzahl von Roten Zwergen, die man auf 160 Milliarden schätzt. Ein naher Roter Zwerg mit zwei, vielleicht sogar drei Exoplaneten ist LHS 1140 im Sternbild Walfisch (siehe Abbildung 9.5).

Etwa ein Drittel der Exoplaneten umkreist den Roten Zwerg in der sogenannten habitablen Zone, also in einem Abstand vom Mutterstern, bei dem es denkbar wäre, dass sich auf dem Planeten Wasser und eine Atmosphäre gebildet haben, beides Voraussetzungen für die Entstehung von Leben, wie wir es kennen. Im Vergleich zum Sonne-Erde-

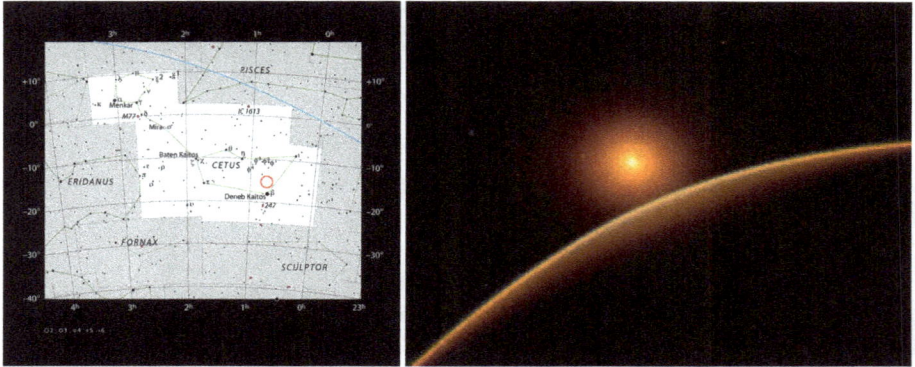

**Abb. 9.5:** (links) Position des Roten Zwerges LHS 1140 im Sternbild Walfisch, etwa 49 Lichtjahre von uns entfernt. (rechts) Künstlerische Darstellung von LHS 1140 zusammen mit seinem Planeten LHS 1140b. Bei LHS 1140b handelt es sich um einen Gesteinsplaneten, der etwa die 6,4-fache Masse der Erde hat und den Roten Zwerg in etwas weniger als 25 Tagen umkreist. Mittlerweile ist noch ein zweiter Gesteinsplanet nachgewiesen (LHS 1140c). Er ist nur etwas schwerer als die Erde und umkreist den Roten Zwerg auf einem inneren Orbit im Vergleich zu LHS 1140b mit einer Periode von etwas weniger als 4 Tagen. Es wird darüber spekuliert, dass es noch einen dritten Exoplaneten gibt, der den Roten Zwerg umkreist.

System liegt die habitable Zone viel näher am Roten Zwerg, was durch dessen kleine Leuchtkraft verursacht ist. Man schätzt, dass sich bei einem Roten Zwerg die habitable Zone im Bereich vom 0,05- bis 0,2-Fachen des Erde-Sonne-Abstands (die als eine Astronomische Einheit definiert ist) befindet. Ein Planet in dieser Zone befindet sich fast auf Tuchfühlung mit seinem Stern. Als Konsequenz muss man erwarten, dass die starken Gezeitenkräfte, die der Stern auf diesen auswirkt, dazu führen, dass die Rotation des Planeten eingefroren wird. Er wendet dem Stern somit immer die gleiche Seite zu, ähnlich wie es unser Mond auf seinem Orbit um die Erde macht. Dies führt dazu, dass es wohl zwischen der sternzugewandten und sternabgewandten Seite zu erheblichen Temperaturunterschieden kommen sollte, was für die Entwicklung von Leben im Allgemeinen als nicht günstig angesehen wird. Dieser Unterschied könnte sich noch vergrößern, wenn der Planet sich auf einer ovalen Bahn um den Stern befindet, da er dann auf seinem Orbit dem Planeten näher und wieder fern ist, und dies bei einer Umlaufzeit von wenigen Tagen. Allerdings hat man inzwischen viele Exoplaneten gefunden, die ihren Stern auf einer Kreisbahn umlaufen, sodass dieser Effekt der schnell wechselnden Gezeitenkräfte minimiert wird. Schließlich gibt es noch einen weiteren Punkt, der sich negativ für die Entwicklung von Leben auf den Exoplaneten von Roten Zwergen auswirken kann. Da Rote Zwerge stark konvektiv sind, neigen sie auch zu häufigen starken Strahlungsausbrüchen, die mögliches Leben auf dem Planeten durch Röntgen- oder Ultraviolettstrahlung bedrohen. Nun haben Beobachtungen, die mithilfe des Transiting Exoplanet Survey Satellite (TESS) der ESA gemacht worden sind, gezeigt, dass die größten Strahlungsausbrüche in der Nähe der Polregion des Roten Zwerges geschehen, und nicht in der Äquatorgegend wie bei unserer Sonne. Dies lässt vermuten, dass Planeten, die auf einer Kreisbahn um den Äquator ziehen, wenigstens von den größten Ausbrüchen einigermaßen verschont bleiben. Ob die Situation auf Exoplaneten um Rote Zwerge allerdings für so lange Zeit konstant und günstig ist, dass sich dort Leben entwickeln kann, ist noch offen. Auf der Erde hat dies bis zu höheren Lebensformen etwa 4 Milliarden Jahre gedauert, was selbst auf astronomischen Zeitskalen eine lange Zeit ist. Trotzdem gibt es wohl viele Planeten neben der Erde, wo der Versuch zur Entwicklung von Leben gestartet worden sein kann.

Für die Langzeitzukunft des Universums ist es wichtig, dass Sterne nach Verbrauch ihres nuklearen Brennstoffs drei mögliche Endstadien erwarten: Sie existieren als Weißer Zwerg oder Neutronenstern weiter als entartete und kompakte Objekte, oder sie verschwinden von der Bildfläche und werden zu einem Schwarzen Loch. Welches Schicksal den Stern erwartet, hängt von seiner Geburtsmasse ab. Sterne mit Massen weniger als etwa 8 Solarmassen werden zu Weißen Zwergen, wobei ihre innere Zusammensetzung variieren kann, vom Heliumstern bei den masseärmsten Roten Zwergen, über Sterne, die hauptsächlich aus Kohlenstoff und Sauerstoff bestehen, wie man es für unsere Sonne erwartet, bis zu Weißen Zwergen, die zusätzlich noch Neon und Magnesium beigemischt haben und von den massereicheren Vorgängersternen abstammen. Sterne im Massenbereich von etwa 8 bis zu 30 Solarmassen durchlaufen auch die fortgeschrittenen Brennphasen und werden schließlich zu einer Supernova, die einen Neutronenstern als Rest hinterlässt. Noch massenreichere Sterne produzieren bei ihrem finalen Kollaps ein Schwarzes Loch. Selbst wenn man die Grenzlinien zwischen den verschiedenen Endprodukten als fließend ansieht, ist es klar, dass der übergroße Anteil an Sternen zu einem Weißen Zwerg wird. Dies liegt natürlich daran, dass die massearmen Sterne, wie in Abbildung 9.2 gezeigt, die heutige Verteilungsfunktion der Sterne stark dominieren. Nur ein geringer Bruchteil wird zu Neutronensternen und ein noch etwas kleinerer Anteil zu Schwarzen Löchern. Die Abbildung 9.6 zeigt die Verteilungsfunktion an Sternen, wenn sie nach dem nuklearen Brennen ihre Endstadien erreicht haben. Dann sind die massenreichsten Sterne Neutronensterne, deren Grenzmasse allerdings noch nicht genau bekannt ist, aber einen Wert von 2 Sonnenmassen nicht stark überschreiten sollte. Haben die Sterne in der Zukunft diese kompakte Form erreicht, dann kühlen sie über einige Zeit aus. Ob sie allerdings dann für immer weiterleben, hängt von physikalischen Eigenschaften ab, die wir noch nicht genau kennen, über die Theoretiker allerdings einige Vorstellungen entwickelt haben. Bevor wir darauf zurückkommen, stellen wir fest, dass die langlebigsten leuchtenden Sterne eine Lebenserwartung von etwa 100 Billionen Jahren haben. Ob dies dann das Ende des stellaren Zeitalters ist, hängt natürlich davon ab, ob und wie lange noch neue Sterne geboren werden können.

Unsere Diskussion der chemischen Entwicklung der Milchstraße in Kapitel 8 zeigte zwei Tendenzen. Zum einen wächst mit fortlaufender Zeit die Metallizität in der chemischen Komposition, verursacht durch die Aktivität der Sterne, bis sie vermutlich einen Grenzwert erreicht hat. Zum anderen steigt der Anteil an Materie an, die sich in Sternen befindet. Wäre die Umwandlung von Gas in Sterne eine Einbahnstraße und gäbe

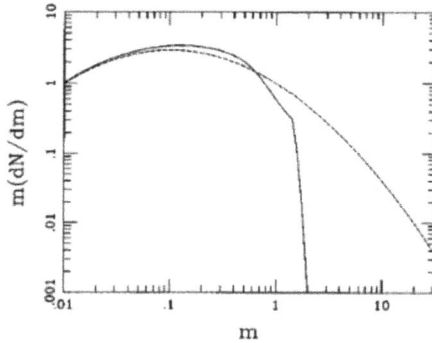

**Abb. 9.6:** Massenverteilung der leuchtenden Sterne (gestrichelt) und der Sternreste nach dem hydrostatischen Brennen (durchgezogene Linie). Der Knick in der durchgezogenen Linie bei etwa 1,4 Solarmassen zeigt den Übergang von Weißen Zwergen zu Neutronensternen an.

es keinen Materieaustausch der Galaxie mit ihrer Umgebung, so würde der Gasvorrat zur Bildung neuer Sterne nur für einige Milliarden Jahre reichen. Der Zeitraum, in dem eine Galaxie neue Sterne bilden kann, wäre also viel kürzer als die Lebensdauer der Roten Zwerge. Nun ist es aber nicht ganz so einfach. Durch die Sterne selbst kommt es zu einer Rückkopplungsschleife. Sterne verlieren, vor allem in der konvektiven Phase der Riesensterne, einen Teil ihrer Materie durch Sternwinde. Massereiche Sterne enden als Supernovae und werfen den größten Teil ihrer Masse in den Weltraum zurück. Auch Weiße Zwerge können in Doppelsternsysteme als Supernova vom Typ Ia zerstört werden. Außerdem ist die Galaxie nicht allein im Weltraum, sondern sie steht im intergalaktischen Materieaustausch mit ihrer Umgebung, wobei meistens der Zufluss an frischem Material, mit geringerer Metallizität, dominiert. Schließlich muss man noch berücksichtigen, dass die Geburtsrate der Sterne von der Menge des vorhandenen Gases abhängt. Sie wird kleiner, wenn der Vorrat abnimmt. Simuliert man diese komplexe Situation, so findet man, dass die Geburt von neuen Sternen noch recht lange vor sich gehen kann. Aber auch diese kommt eventuell zu einem Ende, das auf etwa in 100 Billionen Jahren geschätzt wird. Dies ist zufällig die gleiche Zeitspanne wie die der Lebensdauer der masseärmsten Roten Zwerge. Nach etwas mehr als 100 Billionen Jahren sollte es mit leuchtenden Sternen im Universum somit vorbei sein. Oder doch nicht? Denn es gibt noch eine weitere denkbare Möglichkeit, wie Sterne zerstört und zu neuem Gas für Sterngeburten recycelt werden können.

Bislang haben wir Galaxien als individuelle Objekte betrachtet und eine mögliche Wechselwirkung zwischen ihnen ausgeblendet. Dies ist aber nicht immer gerechtfertigt. Schon seit einem Jahrhundert wird darüber spekuliert, dass die Milchstraße eines Tages mit ihrer Nachbargalaxie M31, der Andromeda-Galaxie, kollidieren könnte. Andromeda ist das größte Objekt der Lokalen Gruppe, zu der die Milchstraße als zweitgrößte Galaxie gehört (Abbildung 9.7). Andromeda ist auch eine Spiralgalaxie und besteht aus etwa einer Billion Sterne mit einem Schwarzen Loch von Millionen Sonnenmassen im

**Abb. 9.7:** Die M31- oder Andromeda-Galaxie ist eine Spiralgalaxie in einer Entfernung von etwa 2,5 Millionen Lichtjahren. Sie ist etwas massereicher als die Milchstraße, mit der sie zusammen die Lokale Gruppe dominiert. Andromeda bewegt sich mit 110 km/s auf das Zentrum der Milchstraße zu. Man erwartet, dass die beiden Galaxien in etwa 4 Milliarden Jahren verschmelzen.

Zentrum. Der Durchmesser von Andromeda ist ungefähr 200000 Lichtjahre. Andromeda bewegt sich mit einer Radialgeschwindigkeit von etwas mehr als 100 km/s auf das Zentrum der Milchstraße zu. Auf die Sonne kommt Andromeda sogar noch deutlich schneller, mit etwa 300 km/s, zu, da sich die Sonne auf ihrer Bahn um das Zentrum der Milchstraße gerade auf Andromeda zubewegt. Bis vor Kurzem war allerdings unklar, ob M31 mit uns kollidieren oder an uns vorbeiziehen würde. Der Grund dafür lag in der ungenauen Bestimmung der Seitwärtsgeschwindigkeit, da diese auf großen Entfernungen nur schwer zu messen ist. Neuere Messungen mit dem Hubble-Space-Teleskop brachten Klarheit und korrigierten die Seitwärtsgeschwindigkeit deutlich nach unten. Dadurch wurde klar, dass Andromeda und die Milchstraße in etwa 4 Milliarden Jahren miteinander kollidieren werden – also etwa zu der Zeit, wenn sich die Sonne zu einem Roten Riesen aufbläht. Selbst wenn die Geschwindigkeit, mit der sich M31 auf die Milchstraße zubewegt, beachtlich ist, dauert es dennoch eine Weile, bis die 2,5 Millionen Lichtjahre, die die Zentren der Milchstraße und der Andromeda-Galaxie trennen, zurückgelegt sind, selbst wenn sich die Kollisionsgeschwindigkeit mit der Zeit durch die wachsende gegenseitige gravitative Anziehung sogar noch stetig vergrößert. Es wird geschätzt, dass die Geschwindigkeit sich auf 1000 km/s erhöht hat, wenn sich die Randbezirke der Galaxien berühren. Die beiden Galaxienzentren sind dann noch 50000 Lichtjahre voneinander entfernt. Es würde dann also immer noch 15 Millionen Jahre dauern, bis die

Zentren aufeinanderträfen, falls dies mit dieser Geschwindigkeit auf einer geradlinigen Bahn passierte. Dies tut es aber wahrscheinlich nicht.

Wie verläuft eine solche Kollision zweier Galaxien und wie martialisch ist sie? In einem Hollywood-Streifen würde man sich ausmalen, dass die Sterne der beiden Galaxien frontal aufeinandertreffen und sich vernichten, wobei frisches Gasmaterial für zukünftige Sterngenerationen erzeugt werden könnte. Wäre dies das wahrscheinliche Szenario von Galaxienkollisionen, könnten diese so das Zeitalter der Sterne verlängern oder sogar neu entfachen, falls Galaxien mit erloschenen Sternen wie Weiße Zwerge oder Neutronensterne aufeinanderstießen. Ein solches Bild ist allerdings sehr unrealistisch. Es wird nur in den seltensten Fällen zu stellaren Frontalzusammenstößen kommen. Dies liegt einfach daran, dass der Raum in der Galaxie fast leer ist, selbst wenn der Blick auf die nächtliche Milchstraße etwas anderes suggerieren mag. Die Distanz von der Sonne zum nächsten Nachbarstern sind 4,3 Lichtjahre. Das bedeutet, dass Objekte mit einem Radius von ungefähr 696000 Kilometern (unsere Sonne) den gewaltigen Abstand von 400 Billionen Kilometern zwischen sich haben. Übersetzt man diese Größenordnungen in unsere tägliche Welt und nimmt man an, Sterne hätten die Dimensionen von Sandkörnern, für die wir einen Radius von einem Millimeter annehmen, dann wären diese um mehr als 500 Kilometer getrennt. Wenn zwei solch löchrige Gebilde aufeinandertreffen, ist es äußerst unwahrscheinlich, dass sich zwei Sandkörner treffen. Wir können somit auch nicht erwarten, dass die Kollision zweier Galaxien die in Sternen gebundene Materie wieder freisetzt. Da das Ereignis eigentlich nichts mit einem Zusammenstoß zu tun hat, sprechen Astronomen auch nicht von einer Kollision, sondern von einer Verschmelzung.

Um zu verstehen, was bei der Verschmelzung passiert, muss man sich klarmachen, dass die Bahn eines individuellen Sterns in einer Galaxie, wegen der großen Abstände zu anderen Sternen, nicht durch die Anziehung seines nächsten Nachbarn bestimmt wird, sondern durch den kollektiven Effekt der Gravitation sehr vieler Sterne. Dies führt dazu, dass das gravitative Potential für den individuellen Stern eine nur geringfügig variierende Größe ist. Dies erlaubt es somit auch unserer Sonne, ihren Weg „in alter Weise" ruhig und ohne abrupte Sprünge fortzusetzen. Dieses kollektive Potential ändert sich, wenn zwei Galaxien verschmelzen. Aber dies geschieht graduell und sanft, sodass die Sterne genügend Zeit haben, sich auf die neuen Begebenheiten einzustellen. Wenn zwei Galaxien verschmelzen, ist somit der Haupteffekt, dass sich durch die gemeinsamen gravitativen Anziehungskräfte eine neue Struktur einstellt. Dies heißt, Sterne werden ihre Bahnen ändern, aber nur in den allerseltensten Fällen zusammenstoßen. Es wird erwartet, dass selbst die meisten Planeten an ihrem Mutterstern gebunden bleiben und mit ihm zusammen eine neue Bahn ziehen. Als Ergebnis der Verschmelzung von Andromeda und Milchstraße wird sich eine neue Ordnung einstellen. Simulationen deuten darauf hin, dass die fusionierte Galaxie am Ende nicht mehr die Form einer Spiralgalaxie hat, sondern der ungeordneteren Form einer elliptischen Galaxie entspricht. Wahrscheinlich wird auch das Schwarze Loch im Zentrum bei der Kollision etwas anwachsen, aber dennoch maßvoll bleiben und nicht die Galaxie verschlingen. Besitzen die beiden Galaxien noch ausreichend große Gaswolken, dann können diese verschmelzen, was zu einer erhöhten Aktivität an Sterngeburten führen kann. Wahrscheinlich wird aber auch ein Teil des Gases, das sich vor der Kollision in den Galaxien befindet, herausgeschleudert. Für unsere Diskussion ist es wichtig, dass Galaxienverschmelzungen im Netto keine Erzeuger von neuem Gas sind, also die stellaren Geburten nicht verlängern werden. Die erhöhte stellare Geburtsaktivität der fusionierenden Gaswolken führt im Gegenteil zu einem schnelleren Verbrauch des Gasinhalts.

Die Abbildung 9.8 zeigt eine Simulation der Kollision der Milchstraße mit der Andromeda-Galaxie. Die Illustration versucht, vorzuempfinden, wie ein Beobachter auf der Erde dieses galaktische Zusammentreffen sehen könnte. Der erste Schnappschuss zeigt den vertrauten Blick auf die heutige Milchstraße. In den nächsten beiden Schnappschüssen nähert sich die Andromeda-Galaxie von links hinten. Ihre Ebene ist gegenüber der Milchstraße geneigt. Wenn sich die beiden Ränder der Galaxien berühren, was man als Startpunkt der Verschmelzung verstehen kann, sind die beiden Zentren, wie oben gesagt, noch 50000 Lichtjahre voneinander entfernt. Nach der Simulation treffen die Zentren nicht direkt aufeinander, sondern laufen zunächst aneinander vorbei. Die Gravitation sorgt aber dafür, dass die beiden Galaxien nicht einfach nur einander durchdringen, für etwas Unordnung sorgen, und dann getrennten Weges weiterfliegen. Vielmehr sorgt die Anziehung dafür, dass die Zentren, nachdem sie aneinander vorbeigezogen sind, wieder umkehren. Diese Zwischenstadien sind in den Schnappschüssen 4–6 gezeigt. Schließlich verschmelzen die beiden Galaxien zu einer elliptischen Galaxie, sodass der Blick von der Erde zum Schluss nicht mehr das markante Band einer Spiralgalaxie zeigt, sondern die alles umhüllende Lichtstruktur einer elliptischen Galaxie. Natürlich ist es unwahrscheinlich, dass die Erde bei der Kollision an ihrem Ort bleibt. Die Simulation zeigt, dass die Mehrzahl der Sterne (etwa 85 %) nach der Verschmelzung weiter vom neuen gemeinsamen Zentrum entfernt sind als ihre Position von der heutigen Galaxienmitte. Es ist also wahrscheinlich, dass auch unsere Sonne somit etwas weiter nach außen wandert.

Zusammenfassend darf man feststellen, dass wir uns zurzeit in einem von leuchtenden Sternen dominierten Zeitalter des Universums befinden. Es ist aber zu erwarten, dass dieses Zeitalter von endlicher Dauer ist. In etwa 100 Billionen Jahren werden die Sterne erloschen sein. Das Universum wird dann seiner charakteristischen und faszinierenden Leuchtquellen beraubt sein. Die meisten Sterne werden allerdings weiterexistieren, wobei aus leuchtenden Sternen entartete Sterne geworden sein werden – bis auf die wenigen sehr massereichen Sterne, deren Schicksal es ist, ein Schwarzes Loch zu werden. Dazu treten noch die Braunen Zwerge, die es nie zu einem leuchtenden Stern geschafft haben. Auch von ihnen gibt es sehr viele; ihre Anzahl in der Milchstraße kann nur ungefähr geschätzt werden, könnte aber auch in die Milliarden gehen und damit die gleiche Größenordnung erreichen wie die Weißen Zwerge. Das Universum tritt in ein neues Zeitalter ein, in dem es von entarteten Objekten wie Weißen Zwergen und Neutronensternen angefüllt ist, dazwischen werden sich ein paar Schwarze Löcher von stellarer Größenordnung und noch weniger Schwarze Löcher von deutlich

Illustration Sequence of the Milky Way
and Andromeda Galaxy Colliding

NASA, ESA, Z. Levay and R. van der Marel (STScI), T. Hallas, and A. Mellinger ▪ STScI-PRC12-20b

**Abb. 9.8:** Simulation der zukünftigen Verschmelzung der Andromeda-Galaxie mit der Milchstraße. Die Darstellung entspricht einem Beobachter, der sich an der Position der heutigen Erde befindet. Die Simulation zeigt 8 Schnappschüsse der Kollision, deren Reihenfolge jeweils von links nach rechts und dann von oben nach unten zu folgen ist. Der erste Schnappschuss (oben links) zeigt die heutige Erscheinung der Milchstraße. In den Schnappschüssen 2 und 3 nähert sich die Andromeda Galaxie von hinten. Auch Andromeda ist eine Spiralgalaxie, deren Ebene allerdings gegenüber der Milchstraße geneigt ist. Die beiden Galaxien durchdringen sich (Schnappschüsse 4–7), was zu einer neuen Ordnung führt. Die Spiralstruktur beider Galaxien geht verloren. Die fusionierte Galaxie hat eine elliptische Form (Schnappschuss 8, unten rechts).

größeren Dimensionen als Zentren der Galaxien befinden. Da die Galaxien in den Galaxienhaufen gravitativ aneinander gebunden sind, werden sie irgendwann miteinander kollidieren und sich zu einem großen, den Galaxienhaufen umfassenden Objekt zusammenfinden. Dabei wird es allerdings nicht zum Ausbruch neuer Sterngeburten kommen, sodass auch diese Kollisionen das Zeitalter der entarteten Sterne nicht unterbrechen oder beenden können. Nach dem heutigen Stand der Physik sollte dieses Zeitalter Bestand haben, falls das Universum sich weiter ausdehnt. Allerdings gibt es theoretische Spekulationen, wie dieses Zeitalter doch beendet werden könnte, da es für alle vier Bestandteile – Braune Zwerge, Weiße Zwerge, Neutronensterne, Schwarze Löcher – Ideen gibt, die ihnen eine sehr lange, aber endliche Dauer vorhersagen. Diese Spekulationen wollen wir im nächsten Unterkapitel aufgreifen.

## 9.2 Ferne Zukunft: Das Zeitalter der entarteten Sterne

Wenn in etwa 100 Billionen Jahren die Leuchtkraft der letzten Sterne erloschen ist, dann besteht das Universum hauptsächlich aus Galaxien, gefüllt mit entarteten Sternen. Da Braune Zwerge nie nukleares Brennen erfahren haben, besitzen sie weiterhin die gleiche Komposition wie bei ihrer Geburt und bestehen dominant aus der Kernmischung der primordialen Nukleosynthese. Wahrscheinlich ist die Anzahl der Braunen Zwerge groß genug, dass sie in diesem Zeitalter die Hauptträger des Wasserstoffs sind. Weiße Zwerge sind dann etwa gleichhäufig wie Braune Zwerge. Sie sind aber massereicher, sodass sich der Hauptanteil der baryonischen Materie nun in Weißen Zwergen befindet. Die Anzahl der Neutronensterne ist im Vergleich zu den Weißen Zwergen im Promillebereich, hängt aber von der noch nicht genau bekannten Maximalmasse von Neutronensternen sowie der unsicheren Grenzlinie bei massereichen Sternen ab, die das Schicksal der Sterne zwischen Neutronenstern und Schwarzem Loch definiert. Die Anzahl der Schwarzen Löcher ist noch einmal eine Größenordnung kleiner als die der Neutronensterne. Diese relativ kleinen Zahlen für Neutronensterne und Schwarze Löcher reflektiert die Tatsache, dass in der Masseverteilung von Sternen massereiche Sterne viel weniger häufig sind als masseärmere.

Bevor wir über das weitere Schicksal des Universums und der entarteten Objekte in ihm spekulieren, müssen wir uns kurz die Bedeutung von Wahrscheinlichkeiten vor Augen führen. Nur wenn die Wahrscheinlichkeit exakt null ist, wird ein Ereignis nicht eintreten. Man kann mit einem gewöhnlichen sechsseitigen Würfel keine Sieben oder Neun werfen, weil diese Zahlen auf dem Würfel nicht vorkommen. Ist der Würfel nicht „gezinkt", dann sollte die Wahrscheinlichkeit, eine Zahl von Eins bis Sechs zu werfen, jedes Mal die Wahrscheinlichkeit 1/6 haben. Wir wissen aus Erfahrung, dass das Würfeln mehrerer Sechsen hintereinander immer unwahrscheinlicher wird, je häufiger dies geschehen soll. Will man dies n-mal hintereinander erreichen, so beträgt die Wahrscheinlichkeit für ein solches Ereignis $(1/6)^n$. Diese Wahrscheinlichkeit wird schnell sehr klein, schon bei 5 Würfen ($n = 5$) beträgt sie 1/7776. Bei 10 Würfen ($n = 10$) ist es schon sehr unwahrscheinlich, immer nur eine Sechs zu werfen (kleiner als 1 in 60 Millionen), ist aber immerhin noch etwas wahrscheinlicher als ein Sechser mit Zusatzzahl im Lotto bei der nächsten Ziehung mit einem Tippeinsatz. Die wichtige Erkenntnis allerdings ist, das Ereignis wird sehr unwahrscheinlich, ist aber immer noch möglich. Schließlich wird der Lottohauptgewinn regelmäßig gewonnen. Dies bedeutet aber auch, dass ein Ereignis, dessen Wahrscheinlichkeit nicht exakt null ist, eintreten wird, wenn man es nur oft genug versucht. Auf das Universum angewandt können wir die Aussage treffen, dass Ereignisse, die möglich sind, passieren werden – man muss nur lange genug warten. Und das Universum hat wahrscheinlich sehr viel Zeit. Dies heißt, dass Ereignisse, die so unwahrscheinlich sind, dass sie im bisherigen Universum mit seinen fast 14 Milliarden Jahren oder im leuchtenden Universum mit der zu erwartenden Lebensdauer von 100 Billionen Jahren nicht eingetreten sind, trotzdem passieren können, wenn das Universum ihnen lang genug Zeit gibt. Und solche Ereignisse könnten die ferne Zukunft des Universums bestimmen. Darüber wollen wir nun spekulieren.

Die erste Veränderung des Universums, die von unwahrscheinlichen Ereignissen in sehr langen Zeiträumen realisiert werden kann, betrifft die Struktur und vielleicht sogar Existenz von Galaxien. Nimmt man an, dass es bei den 100 Milliarden Sternen der Milchstraße in den 10 Milliarden ($10^{10}$) Jahren ihrer bisherigen Existenz zu einer einzigen Kollision gekommen ist (eine plausible Größenordnung), so werden nach 100 Trillionen ($10^{20}$) Jahren bereits ein großer Teil der Sterne eine Kollision erlitten haben. In Kugelhaufen, wie es sie sowohl in der Milchstraße als auch in der Andromeda-Galaxie gibt, ist die Wahrscheinlichkeit für Kollisionen wegen der mehr als 10000-fach höheren Dichte an Sternen so groß, dass man in etwa mit einem Ereignis pro 10000 Jahre rechnet. Es ist auch um ein Vielfaches wahrscheinlicher, dass Sterne nicht frontal zusammenstoßen, sondern aneinander vorbeifliegen, wobei es bei diesen Fastzusammenstößen zu einer gegenseitigen Beeinflussung („Wechselwirkung") kommt. Ist diese Wechselwirkung zwischen Sterne unterschiedlicher Masse, so wird dabei kinetische Energie vom schwereren auf den leichteren Partner übertragen. Die Geschwindigkeit des leichteren Sterns wird somit erhöht, die des schwereren verkleinert. Der Effekt bei einem Vorbeiflug wird meistens recht klein sein, sodass die Sterne mehrere solcher Wechselwirkungen brauchen, um merkliche Änderungen in der Geschwindigkeit zu erfahren. Den Prozess nennt man Relaxation. Seine Zeitskala für eine typische Galaxie wie die Milchstraße oder Andromeda wird mit 100 Billiarden ($10^{17}$) Jahren abgeschätzt. Die Relaxationszeit ist deutlich größer als die Dauer des Zeitalters der leuchtenden Sterne, sodass dann die Galaxie von entarteten Sternen bevölkert sein wird. Die masseärmsten Sterne sind Braune Zwerge, dazu kommen Weiße Zwerge und, als massenreichste Objekte, Neutronensterne. Wichtig ist es nun, dass die leichtesten Sterne durch den Prozess der Relaxation auch eventuell Geschwindigkeiten erhalten, die größer als die Fluchtgeschwindigkeit ist; dies ist die minimale Geschwindigkeit, die benötigt wird, um der kollektiven gravitativen Anziehung der Galaxie zu entkommen. Solche Sterne werden somit in den galaktischen Raum geworfen und ziehen danach losgelöst ihre Bahn, um schließlich, wie wir gleich sehen werden, möglicherweise zu evaporieren. Der intergalaktische Ausstoß entzieht der Galaxie Energie. Als Konsequenz zieht sich die Galaxie zusammen und wird dichter, was wiederum die Wahrscheinlichkeit für Fastzusammenstöße erhöht und die Relaxation sowie die Evaporation von leichten Sternen erhöht. Insgesamt wird somit ein sich selbst verstärkender Prozess angestoßen, bei dem immer mehr leichte Sterne aus der Galaxie herausgeschleudert werden, und massereichere Sterne übrig bleiben. Diese kommen bei der Verdichtung der Galaxie dem Zentrum immer näher und können schließlich den Ereignishorizont des Schwarzen Lochs im Zentrum überschreiten und somit von diesem geschluckt werden. Galaxien, wie wir sie heute am Sternenhimmel bewundern, würden aufhören, zu existieren, und einfach verschwinden. Dieses Schicksal wird auch nicht verhindert, wenn man berücksichtigt, dass Sterne sich durch das kollektive Gravitationspotential der Galaxie bewegen und dabei Gravitationswellen ausstrahlen. Dies kostet Energie, sodass der stellare Orbit, auf dem sich der Stern um das galaktische Zentrum bewegt, kleiner wird. Dieser Effekt arbeitet also dem Herauswurf von Sternen aus der Galaxie entgegen. Es ist allerdings abgeschätzt worden, dass der Energieverlust durch Gravitationswellen um ein Vielfaches langsamer ist als die Evaporation, die deshalb von vielen Astronomen als ein wahrscheinliches Schicksal einer Galaxie angesehen wird. Es wird allerdings erst in 10–100 Trillionen Jahren passieren. In noch längeren Zeiträumen könnte dieses Schicksal sogar den entarteten Sternen, die nun durch das Universum irren, sowie letztendlich sogar den Schwarzen Löchern bevorstehen.

Während der Trillionen von Jahren, in denen eine Galaxie existiert, bevor sie evaporiert, kann es auch zu Kollisionen von entarteten Sternen kommen. Die interessantesten solcher Ereignisse sind Kollisionen von Braunen Zwergen. Zum einen sind diese recht häufig, etwa 50 % aller Sternreste in der Galaxie. Zum anderen tragen sie noch ihre unverbrauchte Geburtskomposition an Materie mit sich, besitzen also viel Wasserstoff, der bislang nicht genutzt werden konnte, da der Braune Zwerg die notwendige Zündtemperatur nicht erreicht hat. Dies kann sich bei der Kollision ändern, da der bei einer solchen Verschmelzung entstehende neue Stern eine Gesamtmasse, die größer als die erforderlichen 0,08 Solarmassen ist, haben kann. In einem solchen Fall führt die Kollision zur Geburt eines neuen leuchtenden Sterns, einem Roten Zwerg, der bis zu 10 Billionen Jahre leben kann, bis er seinen Wasserstoffvorrat aufgebraucht hat und zu einem Weißen Zwerg wird. Die Wahrscheinlichkeit, dass es bei einem Treffen zwischen zwei Braunen Zwergen zur Geburt eines Roten Zwerges kommt, ist allerdings deutlich kleiner, man schätzt etwa um einen Faktor 100, als dass die beiden Braunen Zwerge in einem gewissen Abstand aneinander vorbeifliegen, sich dabei gegenseitig beeinflussen und so zum Evaporationsprozess beitragen. Berücksichtigt man ferner, dass die Lebenserwartung eines Roten Zwerges um den Faktor 10 Millionen kürzer ist als die Dauer des Evaporationsprozesses, so muss man davon ausgehen, dass nicht zu viele Rote Zwerge gleichzeitig im Zeitalter der entarteten Sterne in einer Galaxie existieren. Man erwartet, dass eine Galaxie wie die Milchstraße gleichzeitig nicht mehr als 100 leuchtende Rote Zwerge in dem Zeitraum der entarteten Sterne bis zur Evaporation der Galaxie haben wird. Diese Zahl erhöht sich nur unwesentlich, wenn man berücksichtigt, dass auch Kollisionen mit

Weißen Zwergen zur Geburt neuer Sterne führen können. Diese würden allerdings Heliumbrennen oder noch fortgeschrittenere Brennstufen zünden, die alle viel schneller als Wasserstoffbrennen ablaufen, sodass die Gleichzeitigkeit dieser neuen Sterne sehr reduziert ist. Man darf sich also vorstellen, dass nach dem Ende des Zeitalters der leuchtenden Sterne eine Galaxie wie die Milchstraße von ungefähr 100 Glühbirnen erhellt wird, womit wir unterstreichen wollen, dass die existierenden Roten Zwerge eine so viel geringere Leuchtkraft besitzen als die Sterne, die heute eine Galaxie erstrahlen lassen.

Bislang haben wir bei der möglichen Diskussion über die Zukunft einer Galaxie nur die sichtbare, das heißt baryonische Materie betrachtet, die den Löwenanteil der Masse der heutigen leuchtenden Sterne und auch der entarteten Sterne ausmacht. Allerdings wissen wir aus der Diskussion des frühen Universums, dass der größere Teil der Materie in Form von Dunkler Materie vorliegt. Ferner muss diese Dunkle Materie „kalt" sein, um die Strukturbildung im Universum zu erklären. Unter Kalter Dunkler Materie versteht man meistens Teilchen, die relativ schwer sind, sodass sie sich zur Zeit der Strukturbildung, ähnlich den Atomen, schon relativ langsam („nicht-relativistisch") bewegten. Das Problem ist natürlich, dass man die Teilchen, die die Kalte Dunkle Materie ausmachen, noch nicht kennt. Die entscheidende Eigenschaft der Dunklen Materie ist, dass die hypothetischen Teilchen nicht über die beiden stärksten Kräfte, die man kennt, die Kernkraft und die elektromagnetische Wechselwirkung, wechselwirken können. Sie unterliegen allerdings der gravitativen Wechselwirkung und können so mit sich selbst und dem Rest des Universums interagieren. Es ist möglich, dass sie über die schwache Kraft wechselwirken können, da deren Wechselwirkungsstärke so klein ist, dass darüber die Dunkle Materie bis heute keinen nennenswerten Einfluss auf das Universum nehmen konnte. Keines der bisher bekannten Teilchen erfüllt die an die Kalte Dunkle Materie gestellten Anforderungen. Deshalb geht man davon aus, dass ein Nachweis der hypothetischen Teilchen der Dunklen Materie eine Erweiterung des heutigen Standardmodells verlangen wird. Solche Erweiterungen werden schon seit einiger Zeit diskutiert. Dass neue Phänomene eine Erweiterung des bis daher etablierten und erfolgreichen Modells nötig machen, ist schon häufiger vorgekommen. Das berühmteste Beispiel ist vielleicht das Neutrino, das Wolfgang Pauli 1930 postulierte, um das beim Beta-Zerfall beobachtete kontinuierliche Energiespektrum der dabei produzierten Elektronen zu erklären. Ein weiteres Beispiel ist das $Z^0$-Wechselwirkungsboson, das bei der Vereinheitlichung von elektromagnetischer und schwacher Wechselwirkung zur elektroschwachen Wechselwirkung auftritt und zum Beispiel die inelastische Streuung von Neutrinos an Kernen ermöglicht. Beide auf theoretischer Basis postulierte Teilchen, Neutrino und $Z^0$-Boson (wie auch die beiden verwandten W-Bosonen) sind mittlerweile unstrittig experimentell nachgewiesen und haben das Verständnis der Natur verbessert. Das es also mögliche, bislang unentdeckte Teilchen außerhalb des heute akzeptierten Modells der Teilchenphysik gibt, ist nichts Unerhörtes. Die Suche nach dem unbekannten Teilchen der Dunklen Materie läuft fieberhaft in vielen Forschungszentren, aber auch nach möglichen Fingerzeigen in unterschiedlichen kosmischen Objekten wird geforscht.

Der zurzeit favorisierte Kandidat für die Dunkle Materie sind sogenannte Weakly Interacting Massive Particles (kurz WIMPs). Man kann sie sich als massive Verwandte der Neutrinos vorstellen, die ja auch nicht an der starken und elektromagnetischen Wechselwirkung teilnehmen, da sie elektrisch neutrale Leptonen sind. Im Unterschied zu Neutrinos müssen WIMPs aber ziemlich massiv sein. Um die Kalte Dunkle Materie zu erklären, wird ihre Masse in der Größenordnung von $100\,\text{GeV}$ vermutet. Sie wären also 100-mal schwerer als Protonen. Analog zu den Neutrinos kann man sie nur über Prozesse der schwachen Wechselwirkung nachweisen. Da deren Kopplungskonstante so klein ist, sollten die Wirkungsquerschnitte von WIMPs mit baryonischer Materie äußerst klein sein, was sowohl ihren Nachweis sehr schwierig macht, als auch dafür gesorgt hat, dass WIMPs bis heute und noch weiter in die Zukunft existieren. Denn WIMPs können sich gegenseitig vernichten.

WIMPs treten in einer Erweiterung des Standardmodells der Teilchenphysik auf, in dem erlaubt wird, dass sich Fermionen, aus denen die normale Materie gemacht ist, und Bosonen, die die Wechselwirkung zwischen den Materieteilchen vermitteln, ineinander umwandeln können. Dieses Modell, das man Supersymmetrie oder kurz SUSY nennt, sagt auch WIMPs voraus, die als Besonderheit ihre eigenen Antiteilchen sind. Teilchen mit dieser besonderen Eigenschaft nennt man Majorana-Teilchen. Auch das Neutrino könnte ein Majorana-Teilchen sein. Ob dies der Fall ist, würde sich durch die Beobachtung des sogenannten neutrinolosen doppelten Beta-Zerfalls zeigen, bei dem sich ein Kern wie $^{76}$Ge bei Aussendung von zwei Elektronen in den Kern $^{76}$Se verwandelt. Das Besondere dabei ist, dass hierbei im Gegensatz zum normalen Beta-Zerfall keine Neutrinos ausgesandt werden. Dies ist nur möglich, wenn das im ersten Schritt des doppelten Beta-Zerfalls produzierte Neutrino im zweiten Schritt absorbiert wird, was nur dann erlaubt ist, wenn ein Neutrino mit seinem eigenen Antiteilchen identisch ist. Entsprechende Experimente sind extreme Herausforderungen an die Experimentierkunst und laufen zurzeit in mehreren Untergrundlaboratorien, unter anderem im Gran-Sasso-Tunnel. Bislang ist der Prozess noch nicht beobachtet worden. Die erwarteten Lebensdauern für den neutrinolosen doppelten Beta-Zerfall sind extrem lang und können mit den Zeitspannen konkurrieren, die wir für die Zukunft des Universums betrachten. Experimentell ist nachgewiesen, dass die Lebensdauer länger als $10^{25}$ Jahre ist. Wenn WIMPs ihre eigenen Antiteilchen sind, können sie sich gegenseitig vernichten, wenn sie aufeinanderstoßen. Dies würde über die schwache Wechselwirkung vermittelt, was sofort bedeutet, dass der entsprechende Wirkungsquerschnitt klein ist. Nach der Vernichtung können aus der freigesetzten Energie neue Teilchen entstehen (siehe Abbildung 9.9), wobei bei der Produktion diverse Erhaltungssätze erfüllt werden müssen, aber alle Wechselwirkungen an der Erzeugung der neuen Teilchen teilnehmen können. Deshalb ist es möglich, dass sowohl Baryonen wie auch Leptonen (jeweils Paare von Teilchen und Antiteilchen) und Photonen als Endprodukte entstehen können. Da die WIMPs schwer sind, wird bei der Annihilation sehr viel Energie freigesetzt, sodass auch mehrere Leptonen- oder Baryonenpaare hergestellt werden können. Die restliche Energie wird in Form von Strahlung sowie kinetischer Energie der Teilchen umgewandelt.

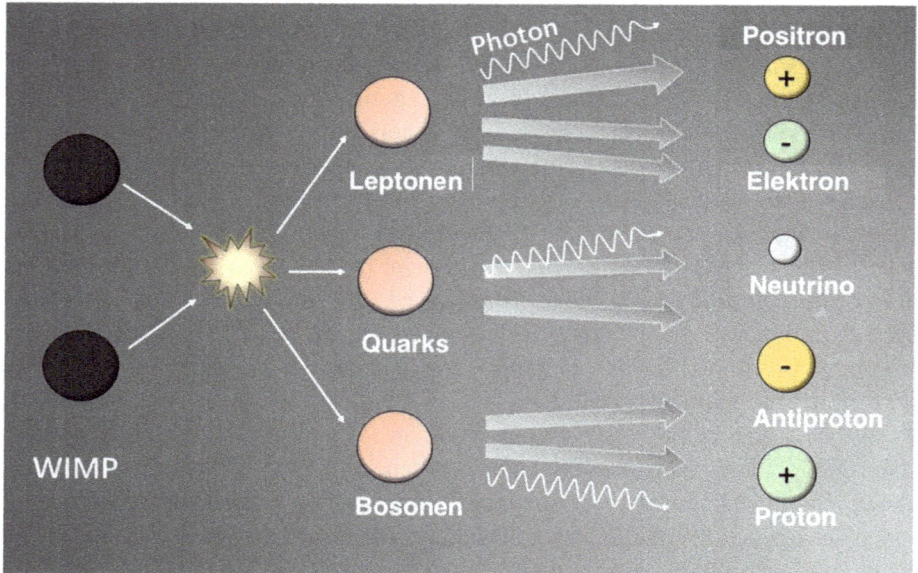

**Abb. 9.9:** WIMPs können sich über die schwache Wechselwirkung vernichten und dabei bekannte Teilchen des Standardmodells wie Quarks, Leptonen oder $W^{+,-}$-, $Z^0$-Bosonen und Photonen erzeugen, die sich dann in stabile Teilchen wie Elektronen, Neutrinos und Protonen umwandeln, wobei auch die jeweiligen Antiteilchen produziert werden.

Um abzuschätzen, ob die Annihilation der WIMPs, wenn sie in der Tat die Teilchen der Dunklen Materie sind, die Langzeitentwicklung von Galaxien beeinflusst, muss man die Dichte von WIMPs in der Galaxie kennen. Hierbei ist zu berücksichtigen, dass die Dunkle Materie vor allem den Halo dominiert, während sie in unserer Nachbarschaft in der Milchstraße recht rar ist. Es wird geschätzt, dass die Teilchenzahldichte von WIMPs im Halo ungefähr eine Million WIMPs pro Kubikmeter ist, während sie in der Sonnennähe nur etwa 4000 beträgt. Nimmt man die Teilchenzahldichte im Halo sowie typische Werte für die mittlere Geschwindigkeit ($\approx 200$ km/s) und Masse (100 GeV) der WIMPs an, so findet man, dass sich die WIMP-Population erst auf einer Zeitskala von mehr als $10^{22}$ Jahren durch gegenseitige Vernichtung merklich ändern würde. Dies ist um mehr als einen Faktor 100 länger als die Zeit, die man für die Evaporation einer Galaxie ansetzt. Daraus kann man schließen, dass Annihilation von WIMPs wahrscheinlich keinen Einfluss auf die Entwicklung von Galaxien hat.

Hochenergetische Photonen und Neutrinos, die als Endteilchen bei der Vernichtung von kosmischen WIMPs entstehen, werden als Detektorsignale für dedizierte Experimente benutzt, die im Universum nach WIMPs als Kandidaten für Dunkle Materie suchen. Diese beiden Signale haben gegenüber Teilchen wie Elektronen/Positronen oder Protonen/Antiprotonen, die ebenfalls bei der Vernichtung entstehen, den Vorteil, dass sie nicht vom galaktischen Magnetfeld beeinflusst werden und so eine mögliche räumliche Identifikation der kosmischen Quelle erlauben. Photonenexperimente werden sowohl mit Satelliten (Large Area Telescope auf dem Fermi-Satelliten) als auch durch großflächige Detektoren auf der Erde wie den Cherenkov-Teleskopen H.E.S.S in Namibia oder MAGIC auf La Palma durchgeführt. In der Zukunft wird das CTA in Chile die Cherenkov-Strahlung, die durch die Wechselwirkung hoch energetischer Photonen in der Atmosphäre entsteht, mit Kameras abbilden. Da hoch energetische Photonen auch durch andere kosmische Quellen erzeugt werden, ist die Identifizierung von WIMPs als Ursprung der Photonen eine große Herausforderung. Wegen ihrer sehr kleinen Wechselwirkung mit Materie, verlangt der Nachweis von Neutrinos sehr große Detektorvolumina, die diejenigen der solaren Neutrinodetektoren um ein Vielfaches übertreffen, da die kosmischen Neutrinoquellen viel weiter entfernt sind und somit der entsprechende Neutrinofluss auf der Erde deutlich kleiner ist. Große Volumina können mit Wasser als Detektionsmaterial sowohl im Eis als auch im Meer erreicht werden; beide Formen sind für Neutrinoexperimente realisiert. IceCube ist ein Würfel mit einem Kilometer Kantenlänge, bestehend aus lichtempfindlichen Photoverstärkern, im antarktischen Eis und weist Neutrinos durch Cherenkov-Licht nach, das das Neutrino auf seinem Weg durch das Eis erzeugt. Die ANTARES- und Baikal-GVD -Detektoren funktionieren nach dem gleichen Prinzip, benutzen allerdings Wasser in flüssiger Form und befinden sich im Mittelmeer beziehungsweise im Baikalsee. Obwohl es schon Indizien gegeben hat, die als mögliche WIMP-Signale interpretiert werden können, ist ein überzeugender und eindeutiger Hinweis bislang noch nicht gelungen.

Wenden wir uns nun dem möglichen Schicksal des Universums im Zeitalter der entarteten Sterne zu. Ähnlich den Neutrinos können WIMPs auch inelastisch an Materieteilchen streuen, wobei hierbei ein Energieaustausch zwischen den Partnern stattfindet. Da WIMPs deutlich schwerer sind als Nukleonen und Elektronen, aus denen die baryonische Materie gemacht ist, ist dieser Austausch eine Einbahnstraße: WIMPs geben dabei kinetische Energie an den Partner ab und werden langsamer. Die Rate für diesen Abbremsvorgang der WIMPs ist um so größer, je dichter die Anzahl der Materieteilchen ist, da das WIMP dann häufiger streuen kann. Im Zeitalter der entarteten Sterne sind Weiße Zwerge das effizienteste Objekt zum Abbremsen von WIMPs: Sie sind häufig, sie haben hohe Dichten und einen ziemlich großen Radius. Gerät ein WIMP in einen Weißen Zwerg, so hat es eine hohe Wahrscheinlichkeit, durch inelastische Stöße mit den Kernen Energie zu verlieren, wobei das Teilchen der Dunklen Materie nicht nur einmal mit Kernen im Weißen Zwerg interagiert, sondern dies häufiger macht. Hier wird es wichtig, dass der Weiße Zwerg dicht und ziemlich ausgedehnt ist. Bei jedem Stoß wird das WIMP weiter abgebremst, bis seine Geschwindigkeit schließlich geringer als die Fluchtgeschwindigkeit aus dem Weißen Zwerg ist. Das WIMP ist in diesem Fall im Weißen Zwerg eingefangen. In der Tat zeigen Simulationen für typische WIMP-Parameter, dass dies ein wahrscheinliches Szenario ist. Im Laufe der Zeit passiert dies immer wieder und die Konzentration an WIMPs im Weißen Zwerg wächst an. Damit steigt auch die Masse des Weißen Zwerges an und es wird somit denkbar, dass der Stern einige interessante Massengrenzen übersteigt, sodass er neue Brennstufen zündet oder im Extremfall die

Chandrasekhar-Masse überschreitet und zur Supernova wird. Dies geschieht aus zwei Gründen allerdings nicht, oder nur in extremst seltenen Fällen. Zwar würde ein Weißer Zwerg in geschätzten 10 Quadrillionen ($10^{25}$) Jahren so viele WIMPs einfangen, wie es seiner eigenen Masse entspricht. Diese Zeitskala ist aber deutlich länger als die der Evaporationsrate der Galaxie, sodass dieser Prozess dominieren würde. Es gibt allerdings noch einen zweiten Mechanismus, der dem ungezügelten Massenzuwachs zuwiderläuft. Mit wachsender Teilchenzahldichte an WIMPS im Inneren eines Weißen Zwerges erhöht sich auch die Chance, dass ein WIMP auf ein anderes WIMP stößt und es zur gegenseitigen Vernichtung kommt. Es liegen dann also zwei konkurrierende Prozesse vor, die das Schicksal der WIMPs bestimmen: Einfang in den Weißen Zwerg aus dem galaktischen Raum und gegenseitige Vernichtung von WIMPs im Inneren des Sterns. Rechnungen zeigen, dass sich hierbei ein Gleichgewicht zwischen den beiden Prozessen einstellen kann. Bei jeder Vernichtung werden für unsere typische WIMP-Masse 200 GeV an Energie in Masse stabiler Teilchen und deren kinetische Energie sowie in Strahlung umgewandelt. Die neuen Teilchen passen sich sehr schnell durch Stöße dem Temperaturgleichgewicht des Sterns an, sodass de facto der größte Teil der Energie aus der WIMP-Vernichtung in Strahlung umgewandelt wird und schließlich an das Universum abgegeben wird. Die WIMP-Vernichtung wird also zu einer späten Strahlungsquelle für ziemlich ausgekühlte Weiße Zwerge. Befinden sich Einfang von WIMPs und deren Vernichtung im Gleichgewicht, wie Simulationen andeuten, so bleibt die Temperatur konstant, solange dies Gleichgewicht vorherrscht. Die Energiequelle ist allerdings nicht ganz so ergiebig wie die für frisch geborene Weiße Zwerge, deren Oberflächentemperaturen mehrere 10000 Kelvin betragen können. Nimmt man wieder die typischen Werte für WIMPs an, so würde die Dunkle Materie im Halo einer Galaxie, wenn sie denn als WIMPs vorliegt, und wenn sie die in Weißen Zwergen vorliegende Materie um das Zehnfache übersteigt, in ungefähr einer Quadrillion ($10^{24}$) Jahren durch den Mehrstufenprozess von Einfang und Vernichtung im Inneren von Weißen Zwergen in Strahlung umgewandelt werden. Nimmt man also an, dass ungefähr 100 Milliarden Weiße Zwerge eine Billion Sonnenmassen an Dunkler Materie umwandeln, so bleibt für einen einzelnen Weißen Zwerg nur eine Leuchtkraft von etwas mehr als einem Billionstel der heutigen Leuchtkraft der Sonne. Oder die gesamte Leuchtstärke einer Galaxie entspricht die der heutigen Sonne. Diese konstante Leuchtkraft hält allerdings für eine sehr lange Zeit an. Mithilfe des Stefan-Boltzmann-Gesetzes kann man aus der Leuchtkraft des Weißen Zwerges (und seines Radius) die Oberflächentemperatur bestimmen und findet einen Wert von etwas mehr als 60 Kelvin, was im Bereich von flüssigem Stickstoff liegt. Ein Schwarzkörper mit dieser Temperatur strahlt hauptsächlich im Infraroten, sodass wir diese Strahlung nicht einmal sehen könnten.

Weiße Zwerge fungieren somit in der Zukunft als Hilfsmittel, um die Dunkle Materie über eine lange Zeit hinweg in Strahlung zu transformieren. Dabei wird die Substanz, aus denen die Weiße Zwerge bestehen, nicht angegriffen, sie dienen bei der Umwandlung nur als Katalysatoren. Dies ist nicht mehr der Fall, wenn sich selbst die Bausteine der Weißen Zwerge in noch ferneren Zeiten als instabil erweisen sollten.

## 9.3 Die ganz ferne Zukunft: Nichts bleibt, wie es ist?

Andrei Sacharow (siehe Abbildung 9.10) hat 1967 drei Bedingungen formuliert, die erfüllt sein mussten, damit es im frühen Universum zu einer Asymmetrie zwischen Materie und Antimaterie kommen konnte. Darunter ist die Verletzung der Baryonenzahlerhaltung, wobei jedem Teilchen eine Baryonenzahl zugeordnet ist, die sich als Drittel der Differenz der Anzahl von Quarks und Antiquarks als Bausteine des Teilchens definiert. Proton und Neutronen bestehen aus 3 Quarks und keinem Antiquark; sie haben somit die Baryonenzahl $B = 1$. Für Antiprotonen und Antineutronen gilt $B = -1$. Mesonen bestehen aus einem Quark und einem Antiquark, woraus $B = 0$ folgt. Leptonen besitzen keine Quarks und nehmen deshalb nicht an der starken Wechselwirkung teil; auch für sie gilt $B = 0$. Die Baryonenzahlerhaltung besagt nun, dass bei physikalischen Prozessen die Baryonenzahl vor und nach der Reaktion die Gleiche ist. Bislang sind keine Abweichungen von diesem Erhaltungssatz experimentell beobachtet worden.

**Abb. 9.10:** Andrei Sacharow war ein eminenter russischer Physiker, der als Vater der russischen Wasserstoffbombe gilt und bedeutende Beiträge zur Kosmologie geleistet hat. Er war aber in seinen späten Jahren auch ein Dissident, der hierfür vom Breschnew-Regime mit langem Hausarrest und Verbannung bestraft und 1975 vom Norwegischen Parlament mit dem Friedensnobelpreis ausgezeichnet wurde. Er durfte den Preis nicht persönlich in Empfang nehmen. Sacharow wurde von Gorbatschow schließlich rehabilitiert und unter Jelzin sogar zwei Jahre nach seinem Tod mit einer Briefmarke geehrt. Man beachte das Friedenssymbol im rechten unteren Teil der Briefmarke.

Protonen sind die leichtesten Baryonen. Alle bekannten leichteren Teilchen haben die Baryonenzahl $B = 0$. Die Baryonenzahlerhaltung garantiert nun, dass Protonen stabil sind, da ihr Zerfall wegen der Energieerhaltung nur zu leichteren Teilchen möglich ist. Alle möglichen Zerfallsprodukte hätten immer die Baryonenzahl $B = 0$ und unterschieden sich von der des Protons ($B = 1$). Die Zerfälle sind deshalb nicht möglich („verboten"), vorausgesetzt die Baryonenzahlerhaltung ist ein strenges Naturgesetz. Nach Sacharows Argumentation musste sie schon im frühen Universum verletzt worden sein. Sie ist auch nicht mehr gültig in den sogenannten Großen Vereinheitlichten Theorien, besser bekannt als Grand Unified Theories oder kurz GUTs. Diese gehen davon aus, dass die starke, elektromagnetische und schwache Wechselwirkung bei sehr hohen Energien zu einer Wechselwirkung vereinheitlicht sind, und nur bei den uns zugänglichen Energien unterschiedlich sind. Die Energieskala für die Vereinheitlichung wird bei $10^{16}$ GeV vermutet. Der Bruch der vereinten Wechselwirkung in die drei uns bekannten Kräfte könnte durch ein hypothetisches Teilchen (häufig X-Teilchen genannt) hervorgerufen worden sein, dessen Masse dieser enormen Energieskala entspricht. Es gibt einige GUTs. Ihnen gemeinsam ist, dass weder die Baryonen- noch die Leptonenzahl erhalten bleibt. Ferner sagen sie voraus, dass Protonen nicht stabil sind, sondern zerfallen. Die GUTs unterscheiden sich allerdings in den Lebensdauern, die sie für das Proton voraussagen. Die Beobachtung des Protonenzerfalls scheint auch der einzige experimentelle Zugang zu sein, um die GUTs zu testen und zwischen ihnen zu unterscheiden. Der in der Vergangenheit eingeschlagene Weg, um neue theoretische Ansätze zu überprüfen, indem man die damit verbundenen bislang unbekannten Teilchen in Beschleunigeranlagen herstellte, war noch für das Higgs-Boson oder die Wechselwirkungsbosonen der schwachen Wechselwirkung ($W^{+,-}$-, $Z^0$-Bosonen) erfolgreich, da deren Massen mit etwas mehr oder weniger als 100 GeV zwar neue Beschleunigeranlagen benötigten, aber diese noch am CERN realisierbar waren. Eine Beschleunigeranlage, an der ein Teilchen, dessen Masse 100 Billionen Mal größer ist als die des Higgs-Bosons, hergestellt werden soll, ist unmöglich.

Nach den GUTs können Protonen in unterschiedliche Endprodukte zerfallen. Ein favorisierter Kanal ist hierbei der Zerfall in ein neutrales Pion und ein Positron (siehe Abbildung 9.11). Schon einige Experimente haben versucht, den Protonenzerfall nachzuweisen. Dies war auch die ursprüngliche Intention für den Bau des Kamioka-Experiments, mit dem dann zwar kein Protonenzerfall, aber die Neutrinos der Supernova 1987a detektiert wurden, was schließlich auch einen Nobelpreis einbrachte. Bislang konnte kein Protonenzerfall nachgewiesen werden. Aus den Experimenten ließ sich allerdings eine untere Grenze für die Lebensdauer des Protons herleiten, die mehr als $10^{34}$ Jahre beträgt, was selbst im Vergleich zum Alter des Universums sehr, sehr lang ist. Diese Mindestlebensdauer ist im Konflikt mit einigen der Theorien, sodass schon ein paar mögliche GUTs ausgeschlossen werden konnten. Leider lässt sich so leicht keine obere Schranke für die Lebensdauer festlegen. Viele Kosmologen argumentieren, dass der Bruch der Vereinheitlichung erst nach der Inflationsphase des Universums geschehen konnte. Daraus folgt, dass die Lebensdauer „kürzer" als $10^{47}$ Jahre sein soll-

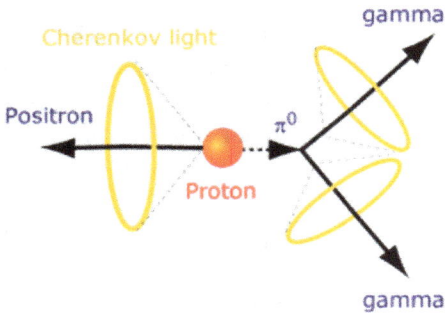

**Abb. 9.11:** In Grand Unified Theories ist das Proton nicht stabil, sondern kann mit unterschiedlichen Wahrscheinlichkeiten in verschiedene Endprodukte zerfallen. All diesen Zerfällen ist gemeinsam, dass sie die Baryonenzahlerhaltung verletzen würden. Ein möglicher Zerfall führt zu einem Positron und einem $\pi^0$-Meson, das danach in sehr kurzer Zeit in zwei Photonen zerfällt. Die Energie des Protons wird bei dem Zerfall in Strahlungsenergie und in die Masse und kinetische Energie des Positrons verwandelt. Letzteres bewegt sich relativistisch und kann neben den beiden Photonen durch das Aussenden von Cherenkov-Licht nachgewiesen werden. Bislang waren Experimente, die nach diesem oder anderen Signalen des Protonenzerfalls suchten, erfolglos. Aus diesen Experimenten folgt, dass die Lebensdauer des Protons mindestens $10^{34}$ Jahre ist.

te. Es bleibt somit noch ein großer Spielraum für den Wert der Protonenlebensdauer. Es sei erwähnt, dass in den GUTs auch die Neutronen eine endliche, mit den Protonen vergleichbare Lebensdauer haben, wenn sie sich in Kernen befinden. Freie Neutronen zerfallen in wenigen Minuten.

Nehmen wir im Folgenden an, dass Protonen, und somit auch in Kernen gebundene Neutronen, zerfallen, dann wird dieses bislang experimentell nicht nachgewiesene Phänomen interessante Konsequenzen für die Zukunft des Universums haben. Es sollte sogar eine ganze Ära des Universums dominieren. Obwohl man nur sehr unsichere Abschätzungen über die mögliche Protonenlebensdauer hat, weiß man von den bislang durchgeführten Experimenten, dass sie länger als $10^{34}$ Jahre sein muss. Protonenzerfall kann das Universum erst beeinflussen, nachdem die WIMPs als Dunkle Materie vernichtet und Galaxien evaporiert sind. Die Konstituenten des Universums in einer Ära des Protonenzerfalls sind hauptsächlich Weiße Zwerge, in denen sich die meiste baryonische Masse befindet, dazu kommen noch Braune Zwerge und Neutronensterne. Sie alle werden vom Protonen- und Neutronenzerfall betroffen sein. Unbeschadet bleiben nur die Schwarzen Löcher.

Betrachten wir die Konsequenzen des Protonenzerfalls für einen Weißen Zwerg. In der in Abbildung 9.11 dargestellten Zerfallsmöglichkeit produziert der Zerfall zwei Photonen und ein Positron, das sich sofort mit einem Elektron im Inneren des Sterns vernichtet und noch einmal zwei Photonen produziert. Man kann somit annehmen, dass im Mittel jedes der Photonen etwa ein Viertel der Protonenmasse (etwa 235 MeV) als Energie bei dem Zerfall erhält. Die Photonen werden nun mit anderen Teilchen im Weißen Zwerg wechselwirken, sodass die Energie schließlich in einem komplizierten Diffusionsprozess zur Oberfläche transportiert und dort abgestrahlt wird. Dieser Prozess braucht vielleicht 100000 Jahre, ist somit gegenüber der Halbwertszeit eines Protonenzerfalls instantan. Man erwartet, dass der Protonenzerfall somit zu einer neuen Leuchtquelle für Weiße Zwerge wird. Die Energiequelle ist allerdings nicht sehr ergiebig, verursacht durch die extrem lange Lebensdauer der Protonen. Man schätzt, dass ein Weißer Zwerg in der Ära des Protonenzerfalls in der Größenordnung von $10^{-24}$ solaren Leuchtstärken strahlt, was ungefähr 400 Watt sind und ausreicht, um ein paar Glühlampen zum Leuchten zu bringen. Wie beim Beta-Zerfall stehen jeweils nach einer Halbwertszeit nur noch die Hälfte der Protonen zur Verfügung, um aus ihrem Zerfall die Leuchtstärke des Weißen Zwerges anzutreiben. Diese nimmt somit auf der für den Protonenzerfall charakteristischen Zeitskala exponentiell ab. Aus dem Stefan-Boltzmann-Gesetz kann man abschätzen, dass die Oberflächentemperatur eines Weißen Zwerges mit einem erdähnlichen Radius im Zeitalter des Protonenzerfalls einige 10 Millikelvin beträgt. Ohne die Energie aus dem Protonenzerfall wäre er zu dieser Zeit zu deutlich geringeren Temperaturen abgekühlt. Er sticht auch gegenüber der Temperatur der kosmischen Hintergrundstrahlung heraus, die in $10^{\sim 35-40}$ Jahren auch viel, viel kleiner sein sollte. Hierauf müssen wir noch zurückkommen.

Als Nettoresultat des Protonenzerfalls kann man feststellen, dass die Kerne als Komponenten des Weißen Zwerges subsequent leichter werden und die dabei aus der Masse der zerfallenden Nukleonen gewonnene Energie abgestrahlt wird. Der Protonenzerfall verringert somit langsam die Masse des Weißen Zwerges. Nun haben Weiße Zwerge als entartete Objekte die besondere Eigenschaft, dass sich ihr Radius vergrößert, je kleiner die Masse wird. Das hat die Konsequenz, dass die Oberflächentemperatur durch die stetige Vergrößerung des Radius, bei gleicher Leuchtkraft, sinkt, ähnlich dem Verhalten, das wir schon bei normalen Sternen beobachtet haben, wenn sie zu Roten Riesen werden. Da der Weiße Zwerg seine Energie mit abnehmender Masse von einer stetig wachsenden Oberfläche abstrahlt, nimmt deren Temperatur bei Weißen Zwergen etwas langsamer mit der Leuchtkraft ab, als man es vom Stefan-Boltzmann-Gesetz kennt. Man findet in guter Näherung den Zusammenhang $L \sim T^{12/5}$ zwischen Leuchtkraft und Oberflächentemperatur.

Der stetige Protonenzerfall ändert auch die Zusammensetzung der Materie des Weißen Zwerges. Ursprünglich besteht er hauptsächlich aus Helium, Kohlenstoff oder Sauerstoff. Der Protonen- oder Neutronenzerfall wird somit in einem Kern passieren. Nehmen wir als Beispiel $^{12}$C oder $^{16}$O, die Hauptbestandteile des Weißen Zwerges, in den sich unsere Sonne verwandeln wird, so entstehen nach einem Protonenzerfall in diesen Kernen die beiden stabilen Kerne $^{11}$B und $^{15}$N. Dieselben Kerne sind auch die Endprodukte beim Zerfall eines Neutrons, wobei die beiden $\beta$-instabilen Kerne $^{11}$C und $^{15}$O als kurzlebige Zwischenprodukte auftreten. Die beim Zerfall freiwerdende Energie wird abgestrahlt. Somit werden die Kerne, aus denen der Stern besteht, immer leichter. Dieser generelle Trend wird tatsächlich in Simulationen gefunden. Allerdings gibt es zwei Effekte, die für die Details der zeitlichen Änderung der chemischen Zusammensetzung von Bedeutung sind. Es ist zunächst relevant, dass die beim Zerfall entstehenden Photonen energetisch genug sind, um Nukleonen aus den Kernen zu schlagen. Die hierbei freigesetzten Nukleonen fusionieren wieder mit anderen Kernen, was zu einer Umverteilung der Komposition führt. Der zweite Mechanismus sind die sogenannten dichteinduzierten (pycnonuklearen) Fusionsreaktionen. Bei sehr niedrigen Temperaturen ordnen sich die Kerne in einem Gitter an. Selbst im Grenzfall verschwindender Temperatur ($T = 0$) sitzen die Kerne nicht fest an ihrem Gitterpunkt, sondern führen, verursacht durch die Unschärferelation, Schwingungen um ihren Gitterplatz aus. Diese Schwingungen können es ermöglichen, dass die Kerne ihre gegenseitige Coulomb-Abstoßung überwinden und fusionieren. Dies ist umso leichter möglich, je näher ihr mittlerer Abstand ist, der sich bei wachsender Dichte verringert. Der dominante Faktor bei der pycnonuklearen Fusion ist aber wieder die Ladung der beiden Fusionspartner, die den Tunnelprozess bei wachsenden Ladungen extrem unterdrückt. Natürlich ist die Materie im Inneren des Weißen Zwerges elektrisch neutral, sodass es um die Kerne immer eine Elektronenladungsverteilung gibt, die die positive Ladung der Kerne kompensiert. Obwohl der Abschirmungseffekt durch die Elektronen enorm ist, können pycnonukleare Fusionsreaktionen nur für leichte Kerne bis zum Helium mit der Zeitskala des Protonenzerfalls konkurrieren. Spallation durch Photonen und pycnonukleare Fusion spielen eine Rolle, wenn man sich die chemische Entwicklung von Weißen Zwergen im Zeitalter des Protonenzerfalls anschaut. Sie ändern aber den generellen Trend nicht. Ein Weißer Zwerg, wie er sich etwa aus der Sonne entwickelt, besteht anfangs aus $^{12}$C und $^{16}$O. Hat sich die Masse des Sterns nach einer Halbwertszeit des Protonenzerfalls halbiert, ist $^{4}$He der Hauptbestandteil der Komposition. Zu noch späteren Zeiten zerfallen auch die Nukleonen des Alphateilchens und die Komposition des Weißen Zwerges besteht fast ausschließlich aus Wasserstoff. Das gleiche finale Ergebnis findet man auch bei Weißen Zwergen, die schon anfänglich aus Helium bestanden.

Wenn ein Objekt wie ein Weißer Zwerg im Zeitalter des Protonenzerfalls seine Masse verringert, aber gleichzeitig seinen Radius, und somit sein Volumen, vergrößert, dann muss die Dichte des Objekts abnehmen. Dieser Trend führt zu einem gravierenden Einschnitt in der Langzeitentwicklung des Weißen Zwerges, denn irgendwann wird die Dichte nicht mehr groß genug sein, um die Elektronen als Konsequenz von Unschärferelation und Pauli-Prinzip zu zwingen, entartete Materie zu werden. Ist diese kritische Dichte unterschritten, so verhalten sich Elektronen wie ein normales Gas und insbesondere nehmen Volumen und Radius ab, wenn sich die Masse des Objekts verringert. Der Weiße Zwerg strahlt dann die durch den Protonenzerfall gewonnene Energie von einer mit der Masse schrumpfenden Oberfläche ab, wodurch sich die Beziehung zwischen Leuchtkraft und Oberflächentemperatur stark ändert. Nimmt man die Dichte als genähert konstant bei der zeitlichen Entwicklung an, so ist die Leuchtkraft proportional zur zwölften Potenz der Oberflächentemperatur ($L \sim T^{12}$). Dies bedeutet, dass sich die Oberflächentemperatur des Weißen Zwerges in seiner Spätphase kaum noch ändert. Wenn der Übergang von entarteter zu nicht-entarteter Materie geschieht, so sind schon die meisten Protonen des Weißen Zwerges zerfallen. Man schätzt, dass der Weiße Zwerg dann etwa auf ein Tausendstel einer Solarmasse geschrumpft ist; auch seine Leuchtkraft reduziert sich entsprechend. Der Weiße Zwerg besteht dann vollständig aus Wasserstoff, der allerdings in kristalliner Struktur vorliegt, da der Weiße Zwerg extrem kalt ist. Seine Oberflächentemperatur beträgt nun nur ein paar Millikelvin. Es sei erwähnt, dass eine Reduktion der Masse um einen Faktor 1000 10 Halbwertszeiten des Protonenzerfalls entspricht.

Auch die Protonen in der Wasserstoffeiskugel, die aus dem Weißen Zwerg geworden ist, zerfallen, sodass die Masse und der Radius des Sterns weiter schrumpfen, bis der Stern aufhört, ein Stern zu sein, denn seine Materie wird irgendwann optisch transparent für die Strahlung, die sich in seinem Inneren befindet. Die Wasserstoffeiskugel kann dann den Protonenzerfall als Energiequelle nicht mehr zur Stabilisierung nutzen, da zwar die Photonen aus dem Protonenzerfall noch einen Diffusionsprozess ausführen, die thermalisierten Photonen aber ohne Wechselwirkung abgestrahlt werden. Dieser letzte Übergang im Leben eines Sterns geschieht nach etwa 20 Protonenzerfällen.

Selbst wenn wir die Eiskugel nicht mehr als Stern bezeichnen wollen, setzt sich der Protonenzerfall fort, bis sich das letzte Proton in Photonen, Neutrinos und Positronen verwandelt hat.

Im Kapitel 4 haben wir den Weg im Hertzsprung-Russell-Diagramm gezeichnet, den die Sonne in ihrer Entwicklung bislang gegangen ist und den sie in der Zukunft einnehmen wird, um ein Weißer Zwerg mit dann ungefähr 0,6 Solarmassen zu werden. Nun sind wir in der Lage, über die noch viel entferntere Zukunft der Sonne zu spekulieren. Die Abbildung 9.12 zeigt auch die Fortsetzung des Pfades der Sonne im Hertzsprung-Russel-Diagramm, nachdem sie in etwa 5 Milliarden Jahren zu einem Weißen Zwerg wird. Zunächst folgt eine lange Zeit des Abkühlens, wo die Sonne die in ihr gespeicherte Energie abstrahlt und sie so abkühlt. Der Radius des Weißen Zwerges bleibt in dieser Phase fast konstant, sodass sich die Oberflächentemperatur langsam verringert. Der Pfad der Sonne im Hertzsprung-Russell-Diagramm ist dabei durch eine Gerade gekennzeichnet. Diese wird auch kaum beeinflusst, wenn die WIMPs als Kandidaten der Dunklen Materie annihilieren. Es folgt eine weitere lange Periode der Abkühlung, bis schließlich der Protonenzerfall einsetzt und die letzte Phase in der Entwicklung der Sonne als Stern einleitet. Protonenzerfall ist eine neue Energiequelle, die die Beziehung zwischen Leuchtkraft und Oberflächentemperatur beeinflusst, wobei sich der Zusammenhang zwischen diesen beiden Größen beim Übergang von entarteter zu nicht-entarteter Materie deutlich ändert. Schließlich erreicht die Sonne den Punkt, wo ihre Materie optisch transparent für die Strahlung im Inneren wird. Die Sonne hört dann auf, ein Stern zu sein.

Auch Neutronensterne können den Protonenzerfall nicht überleben. Ihr Schicksal ähnelt dem von Weißen Zwergen, allerdings mit zwei markanten Unterschieden. Erstens wird ein Neutronenstern durch die Entartung der Neutronen stabilisiert, die eine fast 2000-mal größere Masse als die Elektronen haben. Als Konsequenz haben Neutronensterne bei etwa gleich großer Gesamtmasse einen viel kleineren Radius als Weiße Zwerge. Die Energie, die durch den Protonenzerfall in einem Neutronenstern

## The Complete Evolution of The Sun

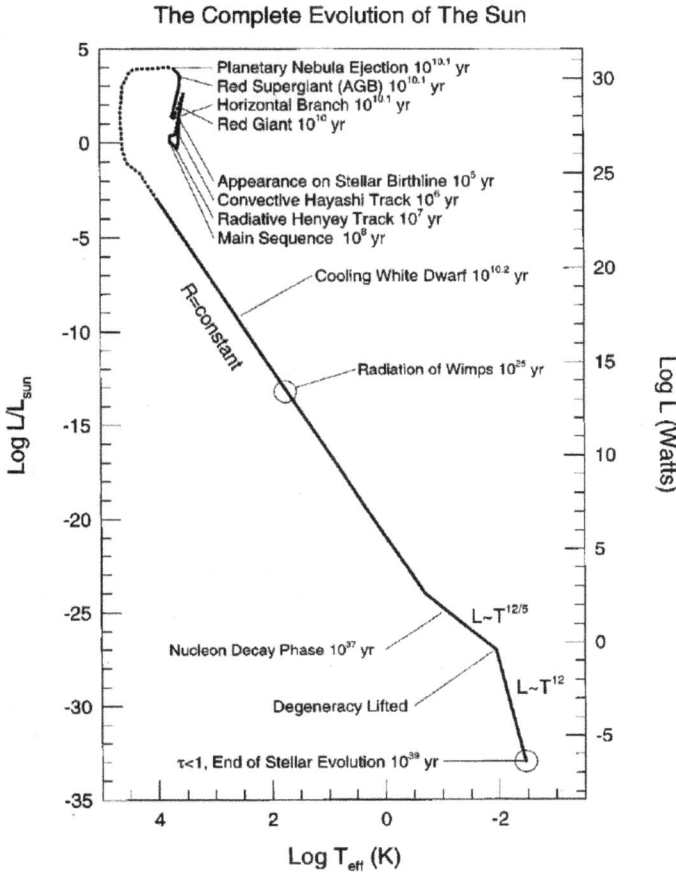

**Abb. 9.12:** Die Langzeitentwicklung der Sonne im Hertzsprung-Russell-Diagramm. Wie im Kapitel 4 gezeigt, wird die Sonne am Ende ihrer Ära als leuchtender Stern ein Weisser Zwerg und kühlt danach ab. Dadurch nehmen die Oberflächentemperatur und die Leuchtkraft bei etwa konstantem Radius des Sterns ab. Der Zerfall der WIMPs hat auf dieses Verhalten keinen Einfluss. Dies ändert sich, wenn die Protonen im Weißen Zwerg zerfallen. Dadurch reduziert sich die Masse des Weißen Zwergs, dessen Radius dadurch ansteigt und der schließlich die Entartung überwindet. Zwar sinkt auch in dieser Phase weiterhin die Oberflächentemperatur, die Leuchtkraft nimmt nun aber mit einer höheren Potenz der Temperatur ab. Schließlich wird der Weiße Zwerg so massearm und optisch transparent, dass er aufhört, ein Stern zu sein.

entsteht, wird also von einer viel kleineren Oberfläche abgestrahlt, deren Temperatur im Zeitalter des Protonenzerfalls dementsprechend höher ist als die der Weißen Zwerge. Sie sollte etwa 3 Kelvin betragen, also von der gleichen Größenordnung sein wie die heutige Temperatur der kosmischen Hintergrundstrahlung. Zweitens nimmt die Masse des Neutronensterns mit fortschreitendem Protonenzerfall ab und sein Radius zu, da die Materie entartet ist. Dadurch reduziert sich die Dichte. Das veränderte Dichteprofil führt zu Modifikationen der Struktur des Neutronensterns, dessen Kruste zum Beispiel sich ausdehnt und ihre Zusammensetzung ändert. Schließlich führt die Verringerung der Dichte dazu, dass die Neutronen nicht mehr entartet sind. Dies geschieht nach etwa 3–4 Halbwertszeiten des Protonenzerfalls, sodass die Masse des Sterns dann fast auf ein Zehntel einer Sonnenmasse geschrumpft ist, während der Radius auf nahezu 200 km angewachsen ist. Der ursprüngliche Neutronenstern ähnelt nun einem Weißen Zwerg und folgt dessen Schicksal bei fortgesetztem Protonenzerfall.

Wir können zusammenfassen: Falls Protonen zerfallen, ist das Schicksal der baryonischen Objekte im Universum besiegelt. Ihr Zerbröseln beginnt mit Einsetzen des Protonenzerfalls, abhängig von dessen Halbwertszeit, von der man allerdings noch nicht sagen kann, in welcher Zehnerdekade dies sein wird. Nach 20–25 Halbwertszeiten sind die Objekte, die im Zeitalter der entarteten Sterne das Universum bevölkern, in Strahlung, Neutrinos, Positronen und Elektronen zerlegt. Dies gilt auch für Braune Zwerge und Planeten, deren Massen ja auch hauptsächlich aus Protonen und Neutronen bestehen. Es mag überraschen, dass wir explizit Positronen als Bestandteile aufzählen. Zum einen sind sie die Teilchen, die die Ladung beim Protonenzerfall erhalten. Zum anderen haben sie eine Chance, in dem späten Universum lange zu überleben, da dieses kalt und extrem dünn besiedelt ist, sodass Positronen nicht sofort auf Elektronen stoßen und sich vernichten. Eventuell mag dies aber geschehen.

Wir haben in diesem Endzeitszenario einen Mitspieler bislang nicht berücksichtigt: die Schwarzen Löcher. Betrachten wir ihre Haupteigenschaft, dass Informationen aus ihrem Inneren niemals nach außen über den Schwarzschild-Radius dringen können, so sollten doch Schwarze Löcher ewig leben, unzerstörbar sein. Diese Vorstellung wurde 1975 von einem jungen Kosmologen und Astrophysiker ins Wanken gebracht, als Stephen Hawking Ideen aus zwei fundamentalen, aber nebeneinander existierenden Theorien kombinierte. Konkret wandte er Vorstellungen aus der Quantentheorie auf Schwarze Löcher, der spektakulärsten Vorhersage der Allgemeinen Relativitätstheorie, an. Das Ergebnis seiner Überlegungen war wissenschaftlich revolutionär: Schwarze Löcher können durch das Aussenden von Strahlung Energie verlieren und somit, auf sehr, sehr langen Zeitskalen verdampfen.

Hawking argumentierte, dass es auch im Gravitationsfeld eines Schwarzes Lochs zu Quantenfluktuationen kommen muss. Diese sollten besonders in der Nähe des Schwarzschild-Radius groß sein. Durch solche Fluktuationen entstehen Teilchen-Antiteilchen-Paare, zum Beispiel zwei Photonen oder ein Elektron-Positron-Paar. Allerdings haben die Fluktuationen meistens nicht genug Energie, sodass die Teilchen „virtuell" bleiben. Virtuelle Teilchen können zwar nicht experimentell nachgewiesen werden, sie können allerdings physikalische Eigenschaften eines physikalischen Systems beeinflussen. Das berühmteste Beispiel ist der Lamb-Shift des Wasserstoffatoms. In seltenen Fällen reicht die Energie aber aus, um reale Teilchen zu erzeugen, die nun den ungeheuren Gezeitenkräften des Schwarzen Loches ausgesetzt sind. Dabei ist es möglich, wiederum in seltenen Fällen, dass eines der Teilchen dem Sog des Schwarzen Loches entkommt, während das andere über den Schwarzschild-Radius gezogen wird. Dies ist schematisch in der Abbildung 9.13 dargestellt. Als Nettoprodukt der Paarerzeugung und Abstrahlung eines der Partner wird dem Schwarzen Loch Energie entzogen. Aus der Einstein'schen Äquivalenz ist dies identisch damit, dass die Schwarzen Löcher masseärmer werden. Der Mechanismus, durch den Schwarze Löcher Masse verlieren, nennt man zu Ehren des Entdeckers „Hawking-Strahlung". Obwohl zu ihrer Ableitung zwei bislang nicht miteinander verknüpfte Theorien kombiniert werden, wird die Hawking-Strahlung als potenzielles physikalisches Phänomen durchaus akzeptiert. Es gibt allerdings auch noch offene Fragen, die wohl erst beleuchtet werden können, wenn die Gravitationstheorie mit den anderen drei Wechselwirkungen zu einer gemeinsamen Theorie vereinheitlicht worden ist. Ein experimenteller Nachweis der Hawking-Strahlung Schwarzer Löcher ist wohl schlicht unmöglich, wenn man sich die Zeitskalen des Prozesses anschaut.

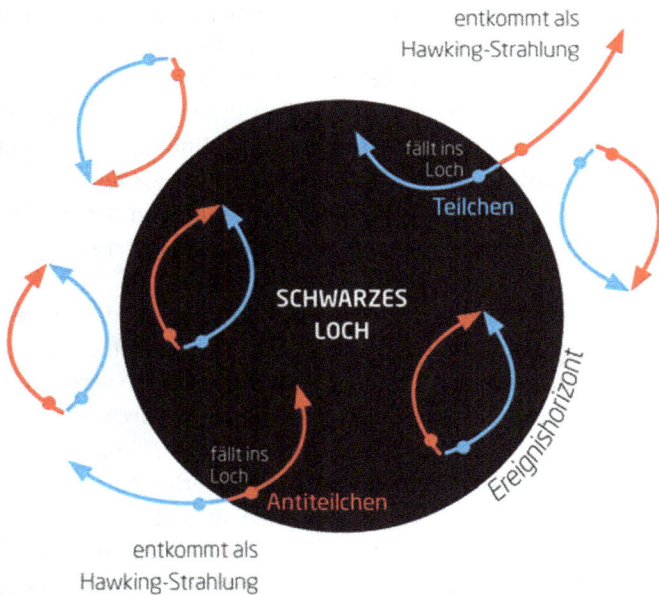

**Abb. 9.13:** Im Gravitationsfeld eines Schwarzen Lochs kommt es zu Quantenfluktuationen, in denen Teilchen-Antiteilchen-Paare (rote und blaue Pfeile) gebildet werden. Meistens reicht die Energie nicht aus, um „reale" Teilchen zu bilden. Es kommt zur Paarerzeugung von virtuellen Teilchen (geschlossene Pfeile), die zwar nicht als reale Teilchen existieren, aber physikalische Eigenschaften eines Objekts beeinflussen. In außergewöhnlichen Fällen reicht die Energie zur Produktion realer Teilchen, wie einem Elektron-Positron-Paar. Durch die extremen Gezeitenkräfte des Schwarzen Lochs, vor allem in der Nähe des Schwarzschild-Radius, kann manchmal eines der Teilchen entweichen (Pfeil weg vom Schwarzen Loch), während das andere über den Schwarzschild-Radius fällt (anderer Pfeil des Paares). Die entweichenden Teilchen werden Hawking-Strahlung genannt.

Ein interessanter Aspekt der Hawking-Strahlung ist, dass man so dem Schwarzen Loch eine Temperatur zuordnen kann. In der Tat ergibt sich, dass aufgrund der Hawking-Strahlung ein Schwarzes Loch wie ein Schwarzkörper ein thermisches Spektrum mit der Temperatur $T$ abstrahlt. Dies war schon aus vorherigen Überlegungen erhofft worden, da die Oberfläche des Schwarzen Loches als seine Entropie, also als das Maß der Information, identifiziert worden war. Diese Definition löste den Widerspruch, dass Information bei Überschreiten des Schwarzschild-Radius eigentlich verloren geht, was nach den Gesetzen der Thermodynamik nicht sein sollte, da die Entropie eines ungestörten Systems nur anwachsen kann.

Die dem Schwarzen Loch aufgrund der Hawking-Strahlung zugeordnete Temperatur wird allein durch die Masse des Schwarzen Lochs bestimmt, wobei die Temperatur um so kleiner wird, je massereicher das Schwarze Loch ist ($T \sim 1/M_{SL}$), wobei $M_{SL}$ die Masse des Schwarzen Lochs ist. Es ergeben sich allerdings sehr kleine Werte. Betrachten wir ein Schwarzes Loch, das bei dem Kollaps eines massereichen Sterns entsteht, und nehmen seine Masse als das Dreifache der Sonnenmasse an, so entspricht die Hawking-Strahlung einer Schwarzkörperstrahlung mit einer Temperatur von etwa 30 Nanokelvin. Das Schwarze Loch im Zentrum der Milchstraße ist etwa eine Million Mal schwerer; seine Temperatur ist deshalb um den gleichen Faktor kleiner. Dies bedeutet, dass die Temperatur von Schwarzen Löchern im heutigen Universum viel, viel kleiner ist als die Hintergrundstrahlung, deren Wert ja 2,71 K beträgt. Als Konsequenz können diese Schwarzen Löcher ihre Energie gar nicht als Strahlung in das heutige Universum abgeben, da Energieaustausch immer vom wärmeren zum kälteren System verläuft.

Was heute nicht geht, kann aber in der Zukunft funktionieren, da sich das Universum mit fortgesetzter Expansion abkühlt, die Temperatur der Hintergrundstrahlung also kleiner wird. Dazu muss man abschätzen, wie schnell ein Schwarzes Loch verdampft, wobei wir annehmen, dass das Schwarze Loch isoliert ist und nicht durch Absorption weiterer Materie wächst. Eine solche Situation mag in der fernen Zukunft für die Schwarzen Löcher eintreten. Um eine Abschätzung für die Zeit zu erhalten, in der ein Schwarzes Loch die Hälfte seiner Masse verliert, erwartet man, dass diese Halbwertszeit stark von der Masse des Schwarzen Lochs abhängt, da dann mehr Masse abgestrahlt werden muss und gleichzeitig die Strahlung eine niedrigere Temperatur hat. Es ergibt sich, dass die Lebensdauer $\tau$ Schwarzer Löcher umgekehrt proportional zur dritten Potenz ihrer Masse ist, $\tau \sim 1/M^3$. Betrachtet man ein Schwarzes Loch von 3 Sonnenmassen, dann ist seine Lebensdauer $10^{66}$ Jahre, unvorstellbar lang. Das Schwarze Loch im Zentrum der Galaxie verdampft mit einer Lebensdauer von $10^{83}$ Jahren, falls es so lange ungestört bleibt. In dieser unvorstellbar weit entfernten Zukunft ist das Universum, falls es weiter expandiert, so kalt geworden, dass Schwarze Löcher keine Probleme haben, ihre Hawking-Strahlung an das Universum abzugeben.

Die Abbildung 9.14 fasst die zukünftigen Perioden des Universums zusammen, wie wir sie aufgrund von heutigen experimentell bewiesenen und theoretisch hypothesierten Modellen erwarten können.

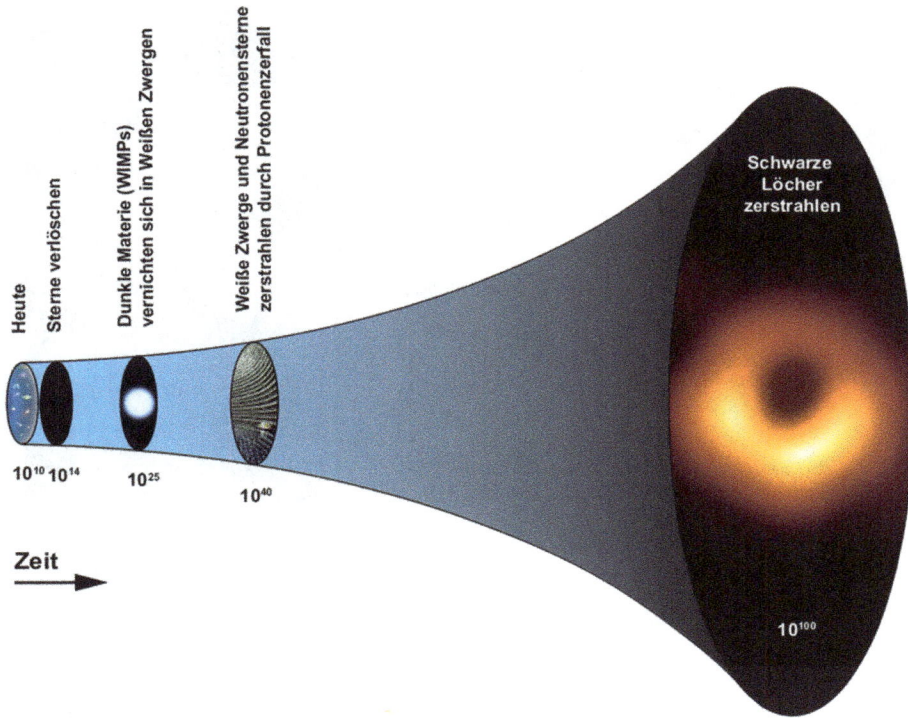

**Abb. 9.14:** Die Zukunft des Universums wird von Ereignissen, die wir aufgrund experimentell verifizierter Modelle sowie theoretischer Konjunktionen erwarten, dominiert. Das Bild zeigt auf einer extremen Zeitskala, auf der die Zehnerpotenzen in Dekaden unterteilt sind, wann leuchtende Sterne, entartete Sterne, zerfallende WIMPs, als Kandidaten der Dunklen Materie, und Protonen und schließlich verdampfende Schwarze Löcher das Universum dominieren. Dabei expandiert das Universum, wobei seine mögliche beschleunigte Expansion hier in der Darstellung stark unterschätzt ist.

Damit haben wir gerade auch eine entscheidende Frage aufgeworfen, die wir bislang außer Acht gelassen haben: Wie wird sich das Universum weiter entwickeln? Im Kapitel 2 haben wir gesehen, dass das Universum in sich zusammenstürzen wird, falls die Energiedichte im Universum größer als die kritische Dichte ist. In diesem Fall hätte das Universum auch nur eine Lebensdauer, die kürzer wäre als die Szenarien, die man zum Beispiel vom Zerfall der Protonen oder dem Verdampfen der Schwarzen Löcher erwartet. Allerdings sieht es nach dem jetzigen Kenntnisstand nicht so aus, dass das Universum geschlossen ist.

Wenn man annimmt, dass das Universum für immer expandiert, ist es für einen Beobachter in der fernen Zukunft wichtig, ob es, wie man heute glaubt, beschleunigt anwächst (Abbildung 9.15). In einem flachen Universum ohne Dunkle Energie gewinnt die Gravitation über die Expansion, sodass dann immer größere Teile des Universums in unseren Beobachtungshorizont geraten. Dieses Verhalten hat den größten Teil der

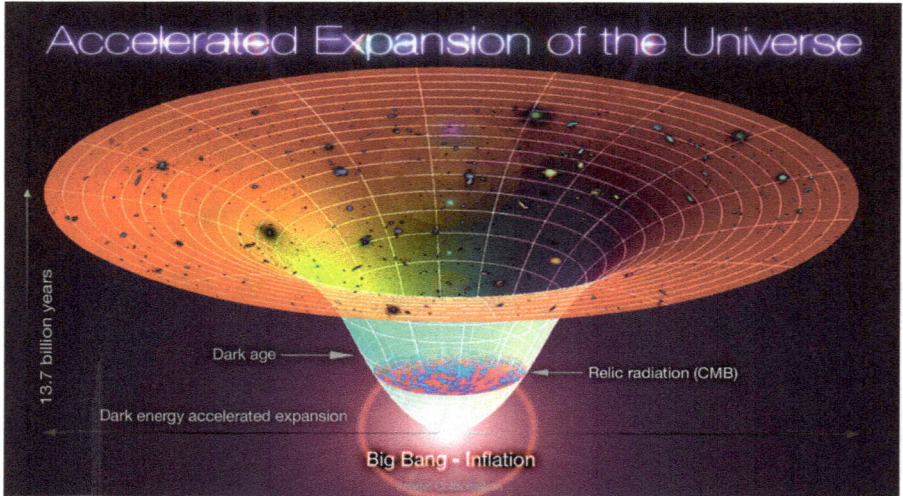

**Abb. 9.15:** Die bisherige Entwicklung des Skalenparameters unseres Universums. Seit etwa 5 Milliarden Jahren beschleunigt sich die Expansion des Universums. Dies wird mit der Existenz von Dunkler Energie (oder einer kosmischen Konstanten) erklärt. Projiziert man diese Entwicklung weiter in die Zukunft, so wächst der Skalenparameter immer schneller und schließlich stärker als die Strecke, die Licht in gleicher Zeit zurücklegt, an.

Vergangenheit des Universums bestimmt, wie wir im Kapitel 2 gesehen haben. Nun aber dominiert nach den Erkenntnissen, die aus der Beobachtung ferner Typ-Ia-Supernovae und der Hintergrundstrahlung gewonnen wurden und durch die Strukturbildung im Universum unterstützt wird, die Dunkle Energie die Expansion des Universums. Dies führte dazu, dass sich das Universum heute beschleunigt ausdehnt. Nach dem ΛCDM-Standardmodell der Kosmologie wird die Dominanz der Dunklen Energie in der Energiedichte des Universums in der Zukunft immer mehr zunehmen, sodass schließlich die anderen Beiträge dagegen vernachlässigbar werden. Danach wächst der Skalenparameter des Universums exponentiell an. Und irgendwann kommt es zu der Situation, dass der Skalenparameter schneller anwächst als die Strecke, die Licht in der gleichen Zeit zurücklegen kann. Die Abbildung 9.16 stellt die Konsequenzen schematisch dar. Objekte, die zurzeit in unserem Lichtkegel sind und deshalb mit uns Informationen austauschen können, werden dann durch die starke Expansion des Universums aus diesem verschwinden. Sie stehen dann nicht mehr in kausalem Kontakt mit uns und werden es danach auch nie wieder sein, denn die Expansionsgeschwindigkeit des Universums nimmt ja immer weiter zu. Deshalb gilt in der Zukunft: Einmal aus dem Kontakt, immer aus dem Kontakt. Und dies geschieht nach und nach mit den meisten Objekten im Universum.

Betrachten wir das zukünftige Universum von unserer Milchstraße aus. Wie diskutiert wird diese in einigen Milliarden Jahren mit der Andromeda-Galaxie verschmelzen. Beide Galaxien sind Teil der sogenannten Lokalen Gruppe, einem Galaxienhaufen, in dem neben diesen beiden noch viele weitere Galaxien gravitativ aneinander gebunden

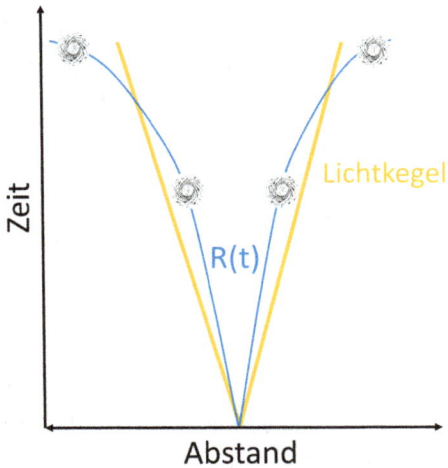

**Abb. 9.16:** Wegen der Endlichkeit der Lichtgeschwindigkeit können einen Beobachter nur Ereignisse erreichen, die innerhalb des Lichtkegels (gelbe Linien) liegen. Dies ist für die beiden eingezeichneten Galaxienhaufen bei bestimmten Zeiten noch möglich. Wenn das Universum allerdings beschleunigt expandiert, wächst der Skalenparameter in der Zukunft exponentiell an und schließlich schneller, als die Strecke, die Licht in der gleichen Zeit zurücklegen kann. Die zukünftige Trajektorie der Galaxienhaufen (blau) schneidet irgendwann den Lichtkegel und ab dann wird keine Information von ihnen den Beobachter erreichen können. Sie verschwinden aus dem beobachtbaren Universum.

sind. Hier dominiert die Gravitation über die Expansion, wobei wir uns daran erinnern, dass das Hubble-Gesetz für große Distanzen gültig ist. Die Gravitation wird dafür sorgen, dass alle Galaxien innerhalb der Lokalen Gruppe in den nächsten Billionen Jahren zu einer einzigen großen Galaxie verschmelzen. Analoges wird auch in den anderen Galaxienhaufen passieren. Galaxienhaufen werden somit zur „natürlichen Einheit" im Universum werden. Nehmen wir nun an, dass die Dunkle Energie die Expansionsgeschwindigkeit auch in der Zukunft beschleunigt, dann werden alle anderen Galaxienhaufen in 150 Milliarden Jahren nicht mehr mit der großen Galaxie, die aus der Verschmelzung der Lokalen Gruppe entstanden ist, in kausalem Kontakt sein. Ereignisse, die in unserer kleinen Welt der Lokalen Gruppe passieren, können dann keinen anderen Galaxienhaufen in irgendeiner Form beeinflussen. Und umgekehrt gilt dies auch. Ereignisse, die in mehr als 150 Milliarden Jahren in der Zeit, die in irgendeinem anderen Galaxienhaufen, bis auf unseren, passieren, können von keinem Beobachter in der Lokalen Gruppe registriert werden. Die Galaxie der Lokalen Gruppe ist dann isoliert im Universum.

Die fortgesetzte Expansion des Universums wird auch dazu führen, dass die Temperatur der Hintergrundstrahlung immer kleiner wird. Dieses Phänomen haben wir schon an mehreren Stellen auf unserem Parforce-Ritt durch die ferne Zukunft anklingen lassen, nicht zuletzt war es bedeutend für das mögliche Verdampfen von Schwarzen Löchern. Durch das Verdampfen fließt der Strahlung wieder Energie zu, wodurch die Abnahme verlangsamt, aber nicht aufgehalten wird. Sinkt die Temperatur der Strahlung, so ist dies gleichbedeutend damit, dass ihre Wellenlänge immer größer wird. Und da die Temperatur unaufhörlich kleiner wird und dem absoluten Nullpunkt zustrebt, wird die Wellenlänge ungestoppt größer und wird in der Zukunft auch die Dimension der Lokalen Gruppe übersteigen. Dann wird es einem Beobachter in der Lokalen Gruppe nicht mehr möglich sein, die Hintergrundstrahlung zu detektieren. Man wird also irgendwann in der Zukunft weder Ereignisse aus anderen Galaxienhaufen beobachten können noch Indizien für die Vergangenheit des Universums aus seinem heißen Anfangszustand haben.

## 9.4 Nachgedanken und Haftungsausschluss

Unser mutiger Blick in die ferne Zukunft sagt ein Universum voraus, das kalt, öde, leer und ereignisarm ist. Und es wird niemand da sein, der dieses langweilige Szenario beobachtet, oder sich daran erfreut, wie wir es heute tun.

Unsere Vorhersagen beruhen auf dem jetzigen Kenntnisstand der Wissenschaft. Die gleichen Annahmen waren ziemlich erfolgreich, um die Vergangenheit des Universums bis heute zu verfolgen. Dabei haben wir den unschätzbaren Vorteil, dass es hier Daten gibt, an denen wir unsere Vorstellung der Vergangenheit testen und verifizieren, und gegebenenfalls modifizieren, konnten. Solche Prüfmöglichkeiten haben wir für die Zukunft nicht. Allerdings haben wir die Erfahrung, und die besagt, dass sich unsere Kenntnis der Welt im Großen wie im Kleinen in den letzten Jahrhunderten mit rasantem und zunehmendem Tempo erweitert, aber auch verändert hat. Es ist also nicht nur mutig, sondern ziemlich vermessen, anzunehmen, dass wir heute den Kenntnisstand der Wissenschaft besitzen, der es uns erlaubt, in die ferne Zukunft zu projizieren, wo neue bahnbrechende Erkenntnisse an jeder Ecke warten können.

Um unsere Vermessenheit, die Zukunft des Universums über Äonen vorherzusagen, zu unterstreichen, stellen wir uns vor, es wäre der Silvestertag des Jahres 1900 und einige Wissenschaftler haben sich zu einer Veranstaltung getroffen, bei der plötzlich die Frage aufgeworfen wird, wie die Welt wohl in 100 Jahren aussehen werde. Keiner der Wissenschaftler hätte im entferntesten das Weltbild projiziert, das der Erkenntnisstand des Jahres 2000 geworden ist. Die Welt des Elektromagnetismus war durch die Maxwell-Gleichungen krönend vereint und abgeschlossen worden, und Wissenschaftler und Erfinder wie Hertz, Siemens oder Edison hatten damit begonnen, sie in Technologien für den alltäglichen Gebrauch umzusetzen. Auch die Mechanik war durch die Hamilton'sche Theorie beschrieben und wartete auf weitere Anwendungen. Ein paar Tage vor Silvester 1900 hatte allerdings Max Planck etwas Sand ins Getriebe geworfen, als er für die Herleitung des Strahlungsgesetzes eines Schwarzen Körpers die unerhörte Annahme machte, dass Energie in kleinen Paketen proportioniert ist. Niemand ahnte, dass sich aus dieser Annahme eine grundlegend neue Sicht auf die Welt im Allerkleinsten entwickeln würde und dass die darauf fußende Quantechnologie im Jahre 2000 fast 50 % des Bruttosozialprodukts der westlichen Welt ausmachen würde, wie Bill Clintons Wissenschaftsberater, der bekannte Kosmologe Michael Turner, einmal feststellte. Werner Heisenberg war Silvester 1900 noch gar nicht geboren. Paul Dirac auch nicht, und wohl jeder wäre Silvester 1900 für unseriös oder verrückt erklärt worden, der behauptet hätte, es gäbe neben der bekannten Materie auch noch eine Spiegelwelt der Antimaterie. Carl Anderson, der diese 1932 in der Höhenstrahlung nachwies, war übrigens auch noch nicht geboren.

Blicken wir in das andere Extrem. Albert Einstein war ein junger Mann, sein Betreten der wissenschaftlichen Weltbühne im sogenannten Annus mirabilis von 1905 lag noch in der Zukunft, selbst ihm war wohl zu Silvester 1900 noch nie der Gedanke gekommen, dass Gravitation mit der Verformung der Raum-Zeit in Verbindung gebracht werden kann. Die Milchstraße faszinierte Kant und den Rest der Menschheit, aber das es weitere Galaxien außerhalb der unsrigen gibt, konnte Hubble erst 1923 nachweisen, als es ihm gelang, einzelne veränderliche Sterne, Cepheiden, im Andromeda-Nebel zu beobachten und daraus deren Abstand zu bestimmen. Diese Sterne lagen deutlich außerhalb der Milchstraße und Andromeda war als eigenständige Galaxie identifiziert. Hubble führte seine Messungen am Teleskop auf dem Mount Wilson durch, wo es ihm ein paar Jahre später gelang, zu beweisen, dass sich Galaxien umso schneller voneinander entfernen, je weiter auseinander sie sind. Diese Beobachtung ist nun der Schlüsselstein in unserer Vorstellung des expandierenden Universums, aber im Jahr 1900 hätte davon wohl niemand geträumt, geschweige davon, dass das Universum von einer Strahlung ausgefüllt ist, aus deren Struktur man Schlüsse auf die Anfangszeit des Universums ziehen kann.

Die astronomischen Erfolge, wie natürlich auch die der anderen Wissenschaftsfelder, basierten auf dem rasanten Fortschritt der Instrumentierung, was nicht zuletzt durch die Revolution der Quantentechnologie ermöglicht wurde. Jules Verne hatte zwar schon von der Reise zum Mond fantasiert, aber die Wissenschaft war noch, bis auf beginnende Ballonexperimente, fest an den Erdboden gebunden. Das sich durch Satelliten und Weltraumfahrt innerhalb weniger Jahrzehnte der Kosmos in allen Wellenlängen erschließen würde, war im Jahr 1900 denkbar, aber nicht realisierbar. Die Kenntnisse, die sich daraus über das Universum und die darin befindlichen Objekte ergaben, waren wohl jenseits der Vorstellungskraft. Niemand hätte sich Silvester 1900, auch nicht nach Genuss einer starken Feuerzangenbowle, vorstellen können, dass sich im Zentrum der Milchstraße ein Schwarzes Loch befindet – man hätte wohl Schwarze Löcher als Unfug abgetan –, oder dass es Sterne gibt, die massereicher als unsere Sonne sind, aber vom Durchmesser her ins Stadtgebiet von Berlin passen und die sich dann noch mehrere Hundert Mal in der Sekunde um sich selbst drehen.

Unsere Aufzählung der im Jahr 1900 undenkbaren, aber im Jahr 2000 akzeptierten Erkenntnisse über die physikalische Welt im Kleinen und Großen ist bei Weitem nicht komplett. Sie lässt sich natürlich auch auf andere Wissenschaftszweige erweitern, denke man nur an die Chemie, Biologie und Genetik. Der entscheidende Punkt unserer Argumentation ist, dass sich nicht nur Anwendungen und Details im letzten Jahrhundert unerwartet verändert haben, sondern dass sich die grundlegenden Theorien, und somit die Weltsicht, revolutionär veränderten. Es ist also mehr als vermessen, zu glauben, dass es solche wissenschaftliche Revolutionen nicht in der Zukunft – möglicherweise sogar in einer recht nahen Zukunft – wieder geben wird. Jedenfalls lehrt uns das die Erfahrung. Diese neuen Einsichten und bislang unbekannten Zusammenhänge können auch die Vorhersagen für die Zukunft des Universums radikal ändern.

Man sollte dieses Kapitel also mit der nötigen Skepsis betrachten. Eines ist allerdings sicher, falls sich zum Beispiel der Zerfall der Protonen nicht ereignet oder er andere Effekte auf das Universum hat, als wir hier skizziert haben: Es wird uns niemand mehr wegen dieser falschen Vorhersage regresspflichtig machen können.

# 10 Danksagung

Vor mehr als 40 Jahren bemerkte Willy Fowler nach einem Seminarvortrag, den ich im Kellogg Radiation Laboratory von Caltech als frisch angekommener Postdoc über meine Doktorarbeit gegeben hatte, das dies etwas sei „what we need in nuclear astrophysics". Dies hat mein professionelles Leben verändert. In den folgenden Jahren hatte ich dann Gelegenheit, mit vielen Kollegen zusammenzuarbeiten und aus diesen Kollaborationen zu lernen und zu profitieren. Mein Dank hierfür gilt vor allem: Marialuisa Aliotta, Almudena Arcones, Hans-Jörg Assenbaum, Charles Barnes, Andreas Bauswein, Etienne Caurier, Joergen Christensen-Dalsgaard, David Dean, Jacek Dobaczewski, Alan Dzhioev, Tobias Fischer, Dieter Frekers, Carla Fröhlich, Hans Fynbo, Wick Haxton, Alexander Heger, Wolfgang Hillebrandt, Raphael Hix, Lutz Huther, Hans-Thomas Janka, Andrius Juodagalvis, Franz Käppeler, Edwin Kolbe, Karl-Ludwig Kratz, Siegfried Krewald, Yuri Litvinov, Elena Litvinova, Hans-Peter Löns, Hans-Michael Müller, Frederic Nowacki, Ilka Petermann, Alfredo Poves, Yong Qian, Karsten Riisager, Claus Rolfs, Thomas Rauscher, Jorge Sampaio, Achim Richter, Andre Sieverding, Petr Vogel, Peter von Neumann-Cosel, Jochen Wambach, Stan Woosley, Remco Zegers, Nikolaj Zinner.

Seit unserer Studienzeit, also seit – im Mittel – mehr als einem halben Jahrhundert sind Michael Wiescher und Friedrich-Karl Thielemann (Abbildung 10.1) meine engen Kollegen und Freunde. Es war mir eine Ehre, im Laufe der Zeit bei verschiedenen Projekten mit ihnen zusammenzuarbeiten, und es war eine große Freude, die außergewöhnlichen und mit vielen internationalen Preisen ausgezeichneten Karrieren der beiden miterleben zu dürfen. Für unsere Freundschaft und Zusammenarbeit möchte ich mich bei Michael und Friedel sehr bedanken.

**Abb. 10.1:** Mehr als 100 Jahre Kollegialität, Zusammenarbeit und Freundschaft. Michael Wiescher (Mitte) und Friedrich-Karl Thielemann (rechts) nach einer Veranstaltung anlässlich von Michaels 75. Geburtstag an der GSI.

https://doi.org/10.1515/9783111469737-010

Ich hatte in meinem beruflichen Leben das Glück, an entscheidenden Phasen jeweils jemanden an meiner Seite zu haben, der mich und meine Arbeiten stark beeinflusste. Während meiner Diplomarbeit und Promotion in Münster war dies Harald Friedrich, der mich an das wissenschaftliche Arbeiten heranführte, mir die Grundzüge des numerischen Rechnens beibrachte, meine ersten Manuskripte in ordentliches Englisch übersetze und mir zeigte, wie viel Spaß Forschung bringen kann. Es machte meinen Start am Caltech auch einfacher, dass sich Harald dort zeitgleich als Heisenberg-Stipendiat befand. Er hatte damals schon sein Forschungsgebiet hin zur theoretischen Atomphysik gewechselt und hatte gerade seine berühmten Arbeiten zum Wasserstoff in starken Magnetfeldern verfasst.

Mein DFG-Stipendium ermöglichte es mir, mich der Arbeitsgruppe von Steve Koonin (Abbildung 10.2) anzuschließen. Steve Koonin, ein paar Monate jünger als ich, aber damals schon Full Professor am Caltech, wurde die für mein berufliches Leben überragende Person. Nach Ablauf des Stipendiums holte mich Steve auf unterschiedlichen Positionen in seine Gruppe zurück und ich hatte das Privileg, viele Jahre an seiner Seite zu arbeiten und von seinen zahlreichen brillanten Ideen zu profitieren. Neben seiner außergewöhnlichen Forschungskarriere war Steve auch außerordentlich erfolgreich im Management von Wissenschaft, zunächst als Provost von Caltech, dann als Chief Scientist bei British Petroleum und schließlich als Staatssekretär im Department of Energy unter Präsident Obama.

**Abb. 10.2:** (links) Steve Koonin mit Helga Langanke aus Anlass einer GSI-Veranstaltung zu meinem 60. Geburtstag, bei der Steve als US-Staatssekretär eine Rede über die amerikanischen Energiepläne hielt; (rechts) Gabriel Martinez-Pinedo in Bonn kurz vor der Verleihung des Leibniz-Preises im Jahr 2022.

Als mir im Jahr 1996 eine Position an der Universität Aarhus angeboten wurde, lenkte mein spanischer Kollege Alfredo Poves meine Aufmerksamkeit auf einen seiner talentierten Schüler. Ich habe glücklicherweise auf Alfredo Poves gehört und seine Empfehlung, Gabriel Martinez-Pinedo (Abbildung 10.2), wurde mein engster Mitarbeiter, nicht nur in Aarhus, sondern auch danach, und schließlich folgte Gabriel meinem Angebot nach Darmstadt, wohin ich 2005 gewechselt war. Wir haben zweifellos beide von der engen Zusammenarbeit profitiert, wobei Gabriel, als ich mehr ins Wissenschaftsmanagement gedrängt wurde, nicht nur die Leitung des Forschungsteams übernahm, sondern es in eine international hoch angesehene und erfolgreiche Gruppe fortentwickelte. Der an Gabriel verliehene Leibniz-Preis ist ein Indiz für das Renommee seiner Forschung.

Ich weiß nicht, was aus meinem beruflichen Werdegang geworden wäre, wenn ich nicht Harald Friedrich, Steve Koonin und Gabriel Martinez-Pinedo zur richtigen Zeit als Mentoren oder Mitarbeiter an meiner Seite gehabt hätte. Ihnen gebührt mein tiefer Dank. Ich weiß allerdings, dass dies alles nicht passiert wäre, wenn meine Eltern, Helga und Siegfried Langanke, nicht den Wunsch gehegt hätten, ihrem einzigen Kind eine höhere Schulbildung – und möglichst ein Studium – zu ermöglichen. Dies war 1961, als ich zum Gymnasium wechselte, für ein Arbeiterkind in einer kleinen Ruhrgebietsstadt alles andere als selbstverständlich. Ich gehöre wohl den letzten Jahrgängen an, die noch eine Aufnahmeprüfung für das Gymnasium ablegen mussten und die, wenigstens für mein erstes Semester, noch Hörergeld an der Universität bezahlen mussten. Meine Eltern haben es, unter großem persönlichen Verzicht, geschafft. Für diese Leistung bin ich ihnen unendlich dankbar.

Meine größte Motivation waren und sind allerdings meine beiden Kinder Alexander und Ann-Kathrin. Ihnen und meinen Eltern ist dieses Buch gewidmet.

# Bildnachweis

- Kapitel 1

  Abb. 1.1: Deutsche Post, Bundesfinanzministerium

  Abb. 1.2: Bayrischer Rundfunk/Tobias Kubald

  Abb. 1.3: Wikimedia Commons/Antonsusi

  Abb. 1.4: R. A. Alpher, H. Bethe und G. Gamow, Phys. Rev. 73 (1948) 803, with permission of APS

  Abb. 1.5: vom Autor in Zusammenarbeit mit Michael Wiescher erstellt

  Abb. 1.6: NASA, ESA, CXC, JPL, Caltech und STSci

- Kapitel 2

  Abb. 2.1: private Aufnahme des Autors

  Abb. 2.2: (links) Wikipedia, (rechts) E. Hubble, A relation between distance and radial velocity among extra-galactic nebulae. Proc Natl Acad Sci USA 15 (1929), 168–173; image courtesy of Edwin Hubble Papers, Huntington Library, San Marino, California

  Abb. 2.3: Robert P. Kirshner, PNAS 101 No. 1 (2004), 11; Copyright (2003) National Academy of Sciences, U. S. A.

  Abb. 2.4: AIP Emilio Segre Visual Archives, Physics Today Collection

  Abb. 2.5: Wikimedia Commons/Quantum Doughnut

  Abb. 2.6: NASA Goddard Space Flight Center; NASA WMAP Science Team

  Abb. 2.7: Wikimedia Commons (ETH-Bibliothek); Wikimedia Commons

  Abb. 2.8: ESA/Planck Collaboration

  Abb. 2.9: ESA/Planck Collaboration

  Abb. 2.10: basierend auf Daten von M. Kowalski et al., Astrophysical Journal 686 (2008), 749

  Abb. 2.11: NASA/WMAP Science Team

  Abb. 2.12: NASA/WMAP Science Team

  Abb. 2.13: Wikimedia Commons/Cepheiden

  Abb. 2.14: adaptiert von und mit Erlaubnis von C. A. Bertulani

  Abb. 2.15: NASA/WMAP Science Team

  Abb. 2.16: adaptiert von Ardeshir Irani, Journal of High Energy Physics, Gravitation and Cosmology 9 (2023), 407, Scientific Research Publishing

  Abb. 2.17: AIP Emilio Segre Visual Archives, Physics Today Collection

  Abb. 2.18: adaptiert von Robert V. Wagoner, William A. Fowler and F. Hoyle, Astrophysical Journal 148 (1967), 3 (Abbildung 2)

  Abb. 2.19: Donald E. Clayton picture collection

  Abb. 2.20: adaptiert von und mit Erlaubnis von C. A. Bertulani

  Abb. 2.21: basierend auf Scott Burles, Kenneth M. Nollett and Michael S. Turner, arXiv:astro-ph/9903300

  Abb. 2.22: Wikimedia Commons/Paleo2

  Abb. 2.23: Wikimedia Commons/Arpad Horvath

  Abb. 2.24: CERN Document Server Alice Collaboration

  Abb. 2.25: Wikipedia Commons/Cush

  Abb. 2.26: Particle Data Group, Lawrence Berkeley Laboratory

  Abb. 2.27: vom Autor in Zusammenarbeit mit Michael Wiescher erstellt

  Abb. 2.28: vom Autor in Zusammenarbeit mit Michael Wiescher erstellt

  Abb. 2.29: Wikimedia Commons/Btsy Divine; Wikimedia Commons/Hypermultiplet

  Abb. 2.30: Wikimedia Commons

- Kapitel 3

  Abb. 3.1: ESO/P. Horalek

  Abb. 3.2: ESO/ATLASGAL consortium/NASA/GLIMPSE consortium/VVV Survey/ESA/Planck/D. Minniti/ S. Guisard, Acknowledgement: Ignacio Toledo, Martin Kornmesser, Mahdi Zamani

Abb. 3.3: Dana Berry/SkyWorks Digital Inc. and the SDSS

Abb. 3.4: 2dF Galactical redshift Survey/Enoch Lau

Abb. 3.5: Wikimedia Commons/Roderic Fabian; ESO

Abb. 3.6: SDSS-Kollaboration

Abb. 3.7: vom Autor in Zusammenarbeit mit Michael Wiescher erstellt

Abb. 3.8: vom Autor in Zusammenarbeit mit Michael Wiescher erstellt, nach Lacey and Cole, Monthly Notices of the Royal Astronominal Society 262 (1993), 627

Abb. 3.9: mit Erlaubnis von Volker Springel, V. Springel et al., Millenium-Kollaboration

Abb. 3.10: Deutsche Post/Bundesfinanzministerium

Abb. 3.11: ESO/G. Beccari

Abb. 3.12: Bill Saxton/NRAO/AUI/NSF

Abb. 3.13: Wikimedia Commons/Starhopper

Abb. 3.14: Wikimedia Commons/JohannesBuchner

Abb. 3.15: NASA Goddard Space Agency/Chris Smith (USRA)

Abb. 3.16: Wikimedia Commons/Richard Powell

– Kapitel 4

Abb. 4.1: vom Autor in Zusammenarbeit mit Michael Wiescher erstellt

Abb. 4.2: Wikimedia Commons/Napy1kenobi

Abb. 4.3: vom Autor in Zusammenarbeit mit Michael Wiescher erstellt

Abb. 4.4: Wikimedia Commons

Abb. 4.5: Wikimedia Commons/Johannes Schneider

Abb. 4.6: vom Autor in Zusammenarbeit mit Michael Wiescher erstellt

Abb. 4.7: (oben) Wikimedia Commons/Rino V; (unten) LUNA Collaboration.

Abb. 4.8: (links) Los Alamos National Laboratory Unless otherwise indicated, this information has been authored by an employee or employees of the Los Alamos National Security, LLC (LANS), operator of the Los Alamos National Laboratory under Contract No. DE-AC52-06NA25396 with the U. S. Department of Energy. The U. S. Government has rights to use, reproduce, and distribute this information. The public may copy and use this information without charge, provided that this Notice and any statement of authorship are reproduced on all copies. Neither the Government nor LANS makes any warranty, express or implied, or assumes any liability or responsibility for the use of this information. (rechts) German Federal Archive, Wikimedia Commons

Abb. 4.9: Wikimedia Commons/Sarang

Abb. 4.10: Wikimedia Commons/Borb und Uwe W.

Abb. 4.11: Daniel Bemmerer, mit Erlaubnis

Abb. 4.12: Wikimedia Commons/Borb

Abb. 4.13: vom Autor in Zusammenarbeit mit Thomas Neff erstellt

Abb. 4.14: vom Autor in Zusammenarbeit mit Thomas Neff erstellt

Abb. 4.15: vom Autor

Abb. 4.16: Wikimedia Commons/Michael Oestreicher

Abb. 4.17: John Bahcall/http://www.sns.ias.edu/~jnb/SNviewgraphs/SNspectrum/energyspectra.html

Abb. 4.18: Wikimedia Commons/U. S. Department of Energy; Kamioka Observatory, ICRR (Institute for Cosmic Ray Research), The University of Tokyo; Martin Cober/LNGS-INFN

Abb. 4.19: (oben) Yusuku Koshio, AIP Conf. Proc. 15 July 2015, 1666, with permission of AIP Publishing; (unten) Kamioka Observatory, ICRR (Institute for Cosmic Ray Research), The University of Tokyo

Abb. 4.20: John Bahcall/http://www.sns.ias.edu/~jnb/SNviewgraphs/SNspectrum

Abb. 4.21: Photo courtesy of SNO

Abb. 4.22: Q. R. Ahmad et al. (SNO Collaboration), Physical Review Letters 89 (2002), 011301, with permission from APS

Abb. 4.23: ESA; NASA Solar Dynamics Observatory

Abb. 4.24: Wikimedia Commons/Warrickball; Courtesy of SOHO/[instrument] consortium. SOHO is a project of international cooperation between ESA and NASA.
Abb. 4.25: Wikipedia Common/Tosaka;
Abb. 4.26: mit Erlaubnis von Aldo Serenelli, A. Serenelli, European Physical Journal A52 (2016) 78. With kind permission of The European Physical Journal (EPJ).
Abb. 4.27: J. N. Bahcall and R. K. Ulrich, Reviews of Modern Physics 60 (1988) 297, with permissions of APS
Abb. 4.28: vom Autor in Zusammenarbeit mit Thomas Neff erstellt
Abb. 4.29: John Lattanzio, mit Erlaubnis
Abb. 4.30: Mario Lehwald, andromedagalaxie.de
Abb. 4.31: vom Autor in Zusammenarbeit mit Michael Wiescher erstellt
Abb. 4.32: vom Autor erstellt
Abb. 4.33: John Lattanzio, mit Erlaubnis
Abb. 4.34: Alexander Heger, mit Erlaubnis
Abb. 4.35: Alexander Heger, mit Erlaubnis
Abb. 4.36: ESO/National Astronomical Observatory Japan
−   Kapitel 5
Abb. 5.1: Photograph by Dorothy Davis Locanthi, courtesy AIP Emilio Segrè Visual Archives, Locanthi Collection; Wikipedia Commons
Abb. 5.2: Wikipedia Commons/R. N. Bailey
Abb. 5.3: Alexander Heger, mit Erlaubnis
Abb. 5.4: ESO; NASA/J. P. Harrington and K. J. Borkowski
Abb. 5.5: Wikimedia Commons/Celestia/Chris Laurel; ESA/NASA
Abb. 5.6: vom Autor in Zusammenarbeit mit Michael Wiescher erstellt
Abb. 5.7: NASA/ESA/CSA/STScI/T. Temim (Princeton University)
Abb. 5.8: Frank Timmes, Astrophysical Journal 807 (2015), 184, reproduced with permission of AAS
Abb. 5.9: Carolyn Doherty, John Lattanzio, adaptiert von C. L. Doherty et al., Publications of the Astronominal Society of Australia 34 (2017), id.e056
Abb. 5.10: vom Autor in Zusammenarbeit mit Gabriel Martinez-Pinedo erstellt, basierend auf Daten von G. Martinez-Pinedo et al., Physical Review C89 (2013), 065804
Abb. 5.11: AAO (Anglo-Australian Observatory)/David Malin
Abb. 5.12: (oben) ; mit Erlaubnis von Frank Timmes, Ivo. R. Seitenzahl, F.X. Timmes und Georgios Magkotsios, Astr. J. 792 (2014) 10, reproduced with permission of AAS (unten) A. Neronov, Journal of Physics Conference Series 1263(1), 012001
Abb. 5.13: Wikimedia Commons/R. J. Hall
Abb. 5.14: Hans-Thomas Janka, mit Erlaubnis
Abb. 5.15: W. Raphael Hix, mit Erlaubnis
Abb. 5.16: vom Autor in Zusammenarbeit mit Gabriel Martinez-Pinedo erstellt
Abb. 5.17: Hans-Thomas Janka, basierend auf Daten von K. Langanke et al., Phys. Rev. Lett. 90 (2003), 241102
Abb. 5.18: Hans-Thomas Janka, mit Erlaubnis
Abb. 5.19: M. E. Caplan, C. J. Horowitz, Astromaterial Science and Nuclear Pasta, in Astrobites by Lisa Drummond (open access)
Abb. 5.20: Hans-Thomas Janka, mit Erlaubnis
Abb. 5.21: W. Raphael Hix, basierend auf Daten aus W. R. Hix et al., Phys. Rev. Lett. 91 (2003), 201102
Abb. 5.22: W. Raphael Hix, basierend auf Daten aus W. R. Hix et al., Phys. Rev. Lett. 91 (2003), 201102
Abb. 5.23: Hans-Thomas Janka, mit Erlaubnis
Abb. 5.24: Hans-Thomas Janka, mit Erlaubnis
Abb. 5.25: Hans-Thomas Janka, mit Erlaubnis

Abb. 5.26: NASA/CXC/NGST; NASA/CXC/RIKEN/T. SATO ET AL.; NUSTAR: NASA/NUSTAR

Abb. 5.27: PhysicsOpenLab

Abb. 5.28: Kamioka Observatory, ICRR (Institute for Cosmic Ray Research), The University of Tokyo; H. Sekiya, Journal of Physics Conference Series 888 (1), 012041

Abb. 5.29: vom Autor erstellt

Abb. 5.30: vom Autor in Zusammenarbeit mit Gabriel Martinez-Pinedo erstellt, basierend auf Daten von C. Fröhlich et al., Physical Review Letters 96 (2006), 142502

Abb. 5.31: permission by Alexander Heger, Thomas Rauscher, T. Rauscher et al., Astrophysical Journal 576 (2002), 323, reproduced with permission of AAS

Abb. 5.32: permission by Alexander Heger, Thomas Rauscher, T. Rauscher et al., Astrophysical Journal 576 (2002), 323, reproduced with permission of AAS

Abb. 5.33: permission by Alexander Heger, Thomas Rauscher, T. Rauscher et al., Astrophysical Journal 576 (2002), 323, reproduced with permission of AAS

Abb. 5.34: NASA/JPL-Caltech/UCLA-WISE

Abb. 5.35: vom Autor in Zusammenarbeit mit Thomas Neff erstellt

Abb. 5.36: vom Autor in Zusammenarbeit mit Michael Wiescher nach Daten von M. Modolo, L. N. F. Guimaraes und R. R. Rosa, J. Comp. Int. Sci. 6 (2015), 81 erstellt

Abb. 5.37: Wikimedia Commons

Abb. 5.38: ESO

Abb. 5.39: NASA; NASA Goddard Space Flight Center

Abb. 5.40: NASA/ESA

Abb. 5.41: Wikimedia Commons/Perhelion

Abb. 5.42: Miguel Angel Aloy und Ewald Müller, MPA Garching, https://wwwmpa.mpa-garching.mpg. de/HIGHLIGHT/2000/highlight0003_d.html; NASA/Goddard Space Flight Center/ICRAR.

Abb. 5.43: NASA/CXC/M. Weiss

Abb. 5.44: permission by Avishay Gal-Yam, Weizmann Institute, detection reported in A. Gal-Yam et al., Nature 462 (2009), 624

Abb. 5.45: Alexander Heger, mit Erlaubnis

Abb. 5.46: Wikimedia Commons/Flickr/Roger W Haworth; ESO/memim.com

Abb. 5.47: Wikimedia Commons/Casey Reed/Penn State University

Abb. 5.48: Erlaubnis von Jim Lattimer, M Prakash, I Bombaci, M Prakash, PJ Ellis, JM Lattimer, R Knorren, Physics Reports 280(1) (1997), 1–77, with permission from Elsevier

Abb. 5.49: Wikimedia Commons/Robert Schulze

Abb. 5.50: Erlaubnis von Klaus Blaum, Klaus Blaum, R. N. Wolf et al., Physical Review Letters 110 (2013) 041101, with permission of APS

Abb. 5.51: T. Gaitanos, M. Kaskulov und U. Mosel, Nuclear Physics A828 (2009), 306, with permission from Elsevier

Abb. 5.52: vom Autor in Zusammenarbeit mit Michael Wiescher erstellt

Abb. 5.53: NASA/Goddard Space Flight Center Conceptual Image Lab

Abb. 5.54: Wikipedia/https://web.archive.org/web/20071026151415/http://ww.anzenbergergallery. com/en/article/134htmp; Wikipedia public domain

Abb. 5.55: ESA-C. Carreau

Abb. 5.56: Wikimedia Commons/Horst Frank

Abb. 5.57: vom Autor in Zusammenarbeit mit Carola Pomplun erstellt

Abb. 5.58: Wikimedia Commons/NASA; Wikimedia Commons/Keenan Pepper

Abb. 5.59: ESO/M. Kommesser

Abb. 5.60: ESO/EHT Collaboration

- Kapitel 6
Abb. 6.1: Wikimedia Commons/Dr. Fabien Baron, Dept. of Astronomy, University of Michigan, Ann Arbor, MI 48109-1090
Abb. 6.2: NASA/KASC
Abb. 6.3: NASA/WMAP Science Team
Abb. 6.4: NASA
Abb. 6.5: Wikimedia Commons/Marc van der Sluys
Abb. 6.6: Wikimedia Commons/X-ray: NASA/CXC/RIKEN/D. Takei et al.; Optical: NASA/STScI; Radio: NRAO/VLA
Abb. 6.7: Wikimedia Commons/PopePompus; Wikimedia Commons/AAVSO/Vladimir Kurg
Abb. 6.8: ROSAT/Max-Planck-Institut für Extraterrestrische Physik
Abb. 6.9: Bild erzeugt von Dr. Rainer Kuschnig, Universität Graz
Abb. 6.10: Frank Timmes, mit Erlaubnis
Abb. 6.11: NASA Astrobiology/Shige Abe
Abb. 6.12: mit Erlaubnis von Jordi Jose, J. Jose et al., Astrophysical Journal 612 (2004), 414, with permission of AAS
Abb. 6.13: S. Perlmutter, Reviews of Modern Physics 84 (2012), 1127 (Nobel lecture), with permission by APS
Abb. 6.14: NASA/ESA/R. Sankrit and W. Blair (Johns Hopkins University)
Abb. 6.15: Wikimedia Commons/NASA, ESA and A. Feild (STScI)
Abb. 6.16: Wikimedia Commons/NASA-STScI
Abb. 6.17: Erlaubnis von Friedrich Roepke, erstellt von Alexander Holas nach Daten aus F. Lach et al., Astronomy&Astrophysics 658 (2022), A179
Abb. 6.18: NASA/Dana Berry
Abb. 6.19: Erlaubnis von Rüdiger Pakmor, Fritz Röpke, R. Pakmor et al., Astr. J. Lett. 747 (2012), L10, with permission of AAS
Abb. 6.20: Poul Erik Nissen, mit Erlaubnis
Abb. 6.21: Smithonian National Air and Space Museum
Abb. 6.22: NASA/CXC7M.Weiss
Abb. 6.23: heasarc.gsfc.nasa.gov/Langmaier et al., MPE-Preprint-77 (1986)
Abb. 6.24: Hendrik Schatz, mit Erlaubnis
Abb. 6.25: Hendrik Schatz, mit Erlaubnis
Abb. 6.26: Erlaubnis von Anatolij Spitkovsky, Schnappschüsse nach Rechnungen aus A. Spitkovsky, Y. Levin, G. Ushomirsjky, Astr. J. 566 (2002), 1018
- Kapitel 7
Abb. 7.1: ARD Tagesschau vom 16. Oktober 2017
Abb. 7.2: Wikimedia Commons/Marco Del Torchio 95
Abb. 7.3: AIP Emilio Segre Visual Archives, Clayton Collection; AIP Emilio Segre Visual Archives, Clayton Collection
Abb. 7.4: J. J. Cowan et al., Reviews of Modern Physics 93 (2021), 015002 015002, with permission of APS
Abb. 7.5: vom Autor in Zusammenarbeit mit Michael Wiescher erstellt
Abb. 7.6: W. Schürmann/TU Muenchen
Abb. 7.7: vom Autor in Zusammenarbeit mit Michael Wiescher erstellt
Abb. 7.8: Work supported by the U. S. Department of Energy under Contract No. DE-AC05-000R22725 with UT-Battelle
Abb. 7.9: R. Mucciola et al. (CERN n_TOF Collaboration), EPJ Web of Conferences 284 (2023), 01031
Abb. 7.10: F. Käppeler, Progress in Particle and Nuclear Physics 43 (1999) 419, with permission of Elsevier

Abb. 7.11: F. Käppeler et al., Reviews of Modern Physics 83 (2011), 157, with permission of APS

Abb. 7.12: vom Autor in Zusammenarbeit mit Michael Wiescher erstellt

Abb. 7.13: vom Autor in Zusammenarbeit mit Michael Wiescher erstellt

Abb. 7.14: vom Autor in Zusammenarbeit mit Andreas Bauswein erstellt, basierend auf Daten von Amanda Karakas und John Lattanzio

Abb. 7.15: Anton Wallner et al., Physical Review C93 (2016), 045803, with permission of APS

Abb. 7.16: F. Käppeler et al., Reviews of Modern Physics 83 (2011), 157, with permission of APS

Abb. 7.17: Wikimedia Commons/Inductiveload; Wikimedia Commons/Johannes Schneider

Abb. 7.18: J. J. Cowan et al., Reviews of Modern Physics 93 (2021), 015002, with permission of APS

Abb. 7.19: vom Autor in Zusammenarbeit mit Michael Wiescher adaptiert, mit Erlaubnis von Hendrik Schatz

Abb. 7.20: vom Autor erstellt

Abb. 7.21: vom Autor in Zusammenarbeit mit Michael Wiescher adaptiert, mit Erlaubnis von Hendrik Schatz

Abb. 7.22: J. J. Cowan et al., Review of Modern Physics 93 (2021), 015002, with permission of APS

Abb. 7.23: mit Erlaubnis von David Radice

Abb. 7.24: D. Radice, S. Bernuzzi und A. Perego, Annual Reviews (2020)

Abb. 7.25: LIGO Lab/Caltech/MIT

Abb. 7.26: D. Radice, S. Bernuzzi und A. Perego, Annual Reviews (2020)

Abb. 7.27: European Commission

Abb. 7.28: vom Autor in Zusammenarbeit mit Gabriel Martinez-Pinedo erstellt

Abb. 7.29: mit Erlaubnis von Andreas Bauswein, aus I. Kullmann et al., Monthly Notices of the Royal Astronomical Society 510 (2022), 2808

Abb. 7.30: vom Autor in Zusammenarbeit mit Gabriel Martinez-Pinedo erstellt von Daten aus J. Mendoza-Temes et al., Phys. Rev. C92 (2015), 055805

Abb. 7.31: mit Erlaubnis von Andreas Bauswein, aus I. Kullmann et al., Monthly Notices of the Royal Astronomical Society 510 (2022), 2808

Abb. 7.32: Andreas Bauswein; Gabriel Martinez-Pinedo

Abb. 7.33: J. J. Cowan et al., Reviews of Modern Ohysics 93 (2021), 015002, with permission of APS

Abb. 7.34: CERN/Isolde

Abb. 7.35: Facility for Rare Isotope Beams

Abb. 7.36: D. Fehrenz, GSI/FAIR

Abb. 7.37: GSI/FAIR, Zeitrausch

Abb. 7.38: mit Erlaubnis von Yuri Litvinov, adaptiert von H. Geissel et al., AIP Conference Proceedings 831 (2006), 108

Abb. 7.39: mit Erlaubnis von Tetyana Galatyuk, CBM Collaboration, GSI/FAIR, Zeitrausch (https://sf.gsi.de/d/fbf3312348c348f88a09); Gabi Otto (GSI)

– Kapitel 8

Abb. 8.1: mit Erlaubnis von Richard Longland, figure created by R. Longland using images by ESA/Hubble

Abb. 8.2: adaptiert von Jennifer Johnson, http://www.astronomy.ohio-state.edu/~jaj/nucleo

Abb. 8.3: M. Asplund/MPA

Abb. 8.4: erstellt vom Autor mit Daten von einem Code von Jo Bevy

Abb. 8.5: D. Maoz, K. Sharon und A. Gal-Yam, Astr. J. 722 (2010), 1879, reproduced with permission of AAS

Abb. 8.6: (links) erstellt vom Autor in Zusammenarbeit mit Thomas Neff mit Daten von einem Code von Jo Bevy, (rechts) Erlaubnis von Francesca Matteucci

Abb. 8.7: mit Erlaubnis von Jabran Zahid, H. J. Zahid et al., Astr. J. 791 (2014), 130, reproduced with permission of AAS

Abb. 8.8: ESA/Hubble&NASA and S. Smartt (Queen's University Belfast), Acknowledgement Robert Gendler; ESA/Hubble&NASA, Acknowledgement Luca Limotola

Abb. 8.9: vom Autor in Zusammenarbeit mit Thomas Neff erstellt

Abb. 8.10: mit Erlaubnis von Nikos Prantzos

Abb. 8.11: mit Erlaubnis von Nikos Prantzos

Abb. 8.12: mit Erlaubnis von Nikos Prantzos

Abb. 8.13: mit Erlaubnis von Francesca Matteucci, D. Romano, A. I. Karakas, M. Tosi and F. Matteucci, Astr. Astrophys. 522 (2010), 32, reproduced with permission of AAS.

Abb. 8.14: erstellt vom Autor nach Daten von A. Serminato et al., Publication of the Astronomical Society of Australia 26 (2009), 153

Abb. 8.15: mit Erlaubnis von Claudia Travaglio, adaptiert aus A. Serminato et al., Publication of the Astronomical Society of Australia 26 (2009), 153

Abb. 8.16: mit Erlaubnis von Claudia Travaglio, adaptiert von A. Serminato et al., Publication of the Astronomical Society of Australia 26 (2009), 153

Abb. 8.17: mit Erlaubnis von Claudia Travaglio, S. Bisterzo et al., Astrophysical Journal 787 (2009), 10, reproduced with permission of AAS

Abb. 8.18: mit Erlaubnis von Almudena Arcones, B. Cote et al., Astr. J. 875 (2019), 19, reproduced with permission of AAS

Abb. 8.19: mit Erlaubnis von Chiaki Kobayashi, C. Kobayashi et al., Astrophysical Journal Letters 943 (2023), L12, reproduced with permission of AAS.

– Kapitel 9

Abb. 9.1: ESA/Hubble & NASA

Abb. 9.2: vom Autor in Zusammenarbeit mit Michael Wiescher erstellt

Abb. 9.3: ESO

Abb. 9.4: Wikimedia Commons/ MPIA/V. Joergens

Abb. 9.5: ESO/IAU and Sky & Telescope; ESO/spaceengine.org

Abb. 9.6: F. C. Adams und G. Laughlin, Reviews of Modern Physics 69 (1997), 337, with permission of APS

Abb. 9.7: 2002 R. Gendler, Photo by R. Gendler

Abb. 9.8: Wikimedia Commons/NASA; ESA; Z. Levay and R. van der Marel; T. Hallas and A. Mellinger

Abb. 9.9: vom Autor in Zusammenarbeit mit Thomas Neff erstellt

Abb. 9.10: Wikimedia Commons/ Mariluna

Abb. 9.11: Tommy Ohlsson, Nuclear Physics B993 (2023), 116268 (open access)

Abb. 9.12: F. C. Adams und G. Laughlin, Reviews of Modern Physics 69 (1997) 337, with permission of APS

Abb. 9.13: vom Autor in Zusammenarbeit mit Michael Wiescher erstellt

Abb. 9.14: vom Autor in Zusammenarbeit mit Carola Pomplun erstellt, basierend auf einer Idee von Günther Hasinger

Abb. 9.15: Wikimedia Commons/Coldcreation

Abb. 9.16: vom Autor in Zusammenarbeit mit Michael Wiescher erstellt

– Kapitel 10

Abb. 10.1: vom Autor

Abb. 10.2: (links) G. Otto, GSI; (rechts) vom Autor

# Literaturempfehlungen

Für den Leser, der die angesprochenen Themen vertiefen möchte, ist in diesem Kapitel eine kurze Literaturliste zusammengestellt. Sie beginnt zunächst mit einigen Lehrbüchern zum Thema *Nukleare Astrophysik* sowie mit einigen Sachbüchern, die die Synthese der Elemente im Universum allgemein ansprechen. Ergänzt wird diese durch einige Übersichtsarbeiten.

Danach sind für jedes Kapitel separat Übersichtsarbeiten und einige wissenschaftliche Originalarbeiten zusammengefasst. Diese sind, vor allem zum Kapitel über den Urknall, erweitert durch einige populärwissenschaftliche Bücher sowie spezialisierte Lehrbücher. Für den interessierten Leser sind auch einige historisch wichtige Arbeiten gelistet.

Die *Entstehung der Elemente im Universum* hat in den letzten Jahren stark im Fokus unterschiedlicher wissenschaftlicher Fachrichtungen gestanden. Deshalb kann die hier angegebene Literaturliste bei weitem nicht erschöpfend sein. Bei den Kolleginnen und Kollegen, deren wichtige Arbeiten in meiner Liste fehlen, möchte ich mich im Voraus entschuldigen.

- Lehrbücher zur Nuklearen Astrophysik

  D. D. Clayton, *Principles of Stellar Evolution and Nucleosynthesis* (McGraw-Hill, 1968).

  C. E. Rolfs and W. S. Rodney, *Cauldrons in the Cosmos* (Chicago Press, 1988).

  David Arnett, *Supernovae and Nucleosynthesis* (Princeton University Press, 1996).

  Richard N. Boyd, *An Introduction to Nuclear Astrophysics* (University of Chicago Press, 2007).

  Christian Iliadis, *Nuclear Physics of Stars* (John Wiley & Sons, 2015).

  Thomas Rauscher, *Essentials of Nucleosynthesis and Theoretical Nuclear Astrophysics* (IOP Publishing, 2020).

  F.-K. Thielemann, J. J. Cowan und J. W. Truran, *Stars, Stellar Explosions, and the Origin of the Elements* (Princeton University Press, 2025).

  R. Kippenhahn und A. Weigert, *Stellar Structure and Evolution* (Springer, 1990).

  M. Zeilik und S. A. Gregory, *Introductory Astronomy & Astrophysics* (Harcourt Brace & Company, 1998).

  Peter Schneider, *Extragalactic Astronomy and Cosmology* (Springer, 2006).

  Bradley W. Carroll und Dale A. Ostlie, *An Introduction to Modern Astrophysics* (Addison-Wesley, 1996).

- Allgemeine Übersichtsartikel und Bücher

  Heinz Oberhummer, *Kerne und Sterne* (Barth, 1993).

  Dieter Frekers und Peter Biermann, *Weltall, Neutrinos, Sterne und Leben* (Springer, 2023).

  E. M. Burbidge, G. R. Burbidge, W. A. Fowler und F. Hoyle, *Synthesis of the elements in stars*, Reviews of Modern Physics 29 (1957) 547.

  A. G. W. Cameron, *Stellar evolution, nuclear astrophysics, and nucleogenesis*, Report No. CRL-41 (Chalk River).

  W. A. Fowler, *Experimental and theoretical nuclear astrophysics: the quest for the origin of the elements*, Reviews of Modern Physics 56 (1984) 149 (Nobelvortrag).

  George Wallerstein, Icko Iben, Peter Parker, Ann Merchant Boesgaard, Gerald M. Hale, A. E. Champagne, Charles A. Barnes, Franz Käppeler, V. V. Smith, Robert D. Hoffman, Frank X. Timmes, Chris Sneden, R. N. Boyd, Bradley S. Meyer und David Lambert, *Synthesis of the elements in stars: Forty years of progress*, Reviews of Modern Physics 69 (1997) 996.

  *Special Issue on Nuclear Astrophysics*, Hrsg. K. Langanke, F.-K. Thielemann und M. Wiescher, Nuclear Physics A777 (2006).

  M. Wiescher, F. Käppeler und K. Langanke, *The Physics of Nuclear Reactions in Stellar Environments*, Annual Review of Astronomy and Astrophysics 50 (2012) 165.

  Almudena Arcones und Friedrich-Karl Thielemann, *Origin of the Elements*, Astronomy and Astrophysics Review 31 (2023) 1.

https://doi.org/10.1515/9783111469737-012

M. Arnould und S. Goriely, *Astronuclear Physics: A tale of the atomic nuclei in the skies*, Progress in Particle and Nuclear Physics 112 (2020) 103766.

Jennifer A. Johnson, Brian D. Fields und Todd A. Thompson, *The origin of the elements: a century of progress*, Phil. Trans. Royal Socety A378 (2020) 20190301.

– Kapitel 2

Josef M. Gassner und Jörn Müller, *Kosmologie – Die grösste Geschichte aller Zeiten* (S. Fischer, 2022).

Steven Weinberg, *Die ersten drei Minuten* (Piper, 1977).

Alan Guth, *Die Geburt des Kosmos aus dem Nichts* (Knaur 2002).

Steven Weinberg, *Gravitation and Cosmology: Principles and Applications of the General Theory of Relativity* (Wiley, 2013).

Andrew Liddle, *An Introduction to modern Cosmology* (Wiley, 2013).

Edwin Hubble, *A Relation between Distance and Radial Velocity among Extra-galactic Nebulae*, Proceedings of the National Academy of Science 15 (1929) 168.

Robert W. Wilson, *The Cosmic Microwave Background Radiation*, Reviews of Modern Physics 51 (1979) 433 (Nobelvortrag).

P. J. E. Peebles, *How physical cosmology grew*, Reviews of Modern Physics 92 (2020) 030501 (Nobelvortrag).

Johannes Schwinn und Matthias Bartelmann, *Das Leuchten des Urknalls*, Physik Unserer Zeit 5 (2020) 220.

G. Gamow, *The Evolution of the Universe*, Nature 162 (1948) 680.

Robert V. Wagoner, William A. Fowler und F. Hoyle, *On the Synthesis of Elements at very high Temperatures*, Astrophysical Journal 148 (1967) 3.

Alain Coc und Elisabeth Vangioni, *Primordial Nucleosynthesis*, International Journal of Modern Physics E26 (2017) special issue 8.

Peter Braun-Munzinger und Johanna Stachel, *Das Phasendiagramm der QCD entschlüsseln*, Physik Journal 9 (2019) 32.

Franziska Konitzer und Kim Hermann, *Kosmische Inflation*, Welt der Physik, Folge 311 (2020).

Douglas Scott, *The Standard Model of Cosmology: A Skeptic's Guide*, (Proceedings of the 200th Course of the International School of Physics "Enrico Fermi" (Societa Italiana di Fisica, 2018).

– Kapitel 3

Helmut Hetznecker, *Kosmologische Strukturbildung* (Spektrum Akademischer Verlag, 2008).

*Spektrum Kompakt: Galaxien*, Spektrum der Wissenschaft 29 (2022).

Warrick J. Crouch, Matthew M. Colless und Roberto de Propris, *Clustering studies with the 2dF Galaxy Redshift Survey*, Carnegie Observatories Astrophysics Series Vol. 3 (Cambridge University Press, 2003).

William H. Press und Paul Schechter, *Formation of Galaxies and Clusters of Galaxies by self-similar gravitational condensation*, Astronomical Journal 187 (1973) 425.

Volker Springel, Carlos S. Frenk und Simon D. M. White, *The large-scale structure of the Universe*, Nature 440 (2006) 1137.

M. Vogelsberger, S. Genel, V. Springel, P. Torrey, D. Sijacki, D. D. Xu, G. Snyder, D. Nelson, L. Hernquist, *Introducing the Illustris Project: simulating the coevolution of dark and visible matter in the Universe*, Monthly Notices of the Royal Astronomical Society 444 (2014) 1518.

– Kapitel 4

A. S. Eddington, *The Internal Constitution of the Stars*, The Scientific Monthly 4 (1920) 297.

Carl Friedrich von Weizsäcker, *Über Elementumwandlungen im Innern der Sterne. I*, Physikalische Zeitschrift 38 (1937) 176.

H. A. Bethe und C. L. Critchfield, *The Formation of Deuterons by Proton Combination*, Physical Review 54 (1937) 248.

Carl Friedrich von Weizsäcker, *Über Elementumwandlungen im Innern der Sterne. II*, Physikalische Zeitschrift 39 (1938) 633.

H. A. Bethe, *Energy Production in Stars*, Physical Review 55 (1939) 434.

Michael Wiescher, *The History and Impact of the CNO Cycles in Nuclear Astrophysics*, Physics in Perspective 20 (2018) 124.

E. Adelberger, A. B. Balantekin, D. Bemmerer, C. A. Bertulani, J.-W. Chen, H. Costantini, M. Couder, R. Cyburt, B. Davids, S. J. Freedman, M. Gai, A. Garcia, D. Gazit, L. Gialanella, U. Greife, M. Hass, K. Heeger, W. C. Haxton, G. Imbriani, T. Itahashi, A. Junghans, K. Kubodera, K. Langanke, D. Leitner, M. Leitner, L. E. Marcucci, T. Motobayashi, A. Mukhamedzhanov, Kenneth M. Nollett, F. M. Nunes, T.-S. Park, P. D. Parker, P. Prati, M. J. Ramsey-Musolf, R. G. Hamish Robertson, R. Schiavilla, E. C. Simpson, K. A. Snover, C. Spitaleri, F. Strieder, K. Suemmerer, H.-P. Trautvetter, R. E. Tribble, S. Typel, E. Uberseder, P. Vetter, M. Wiescher, L. Winslow, *Solar fusion cross sections II: the pp chain and CNO cycles*, Reviews of Modern Physics 83 (2011) 195.

I.-Juliana Sackmann, Arnold I. Boothroyd und Kathleen E. Kraemer, *Our Sun: III. Present and Future*, Astrophysical Journal 418 (1993) 457.

Raymond Davis, Jr., *A half-century with solar neutrinos*, Reviews of Modern Physics 75 (2003) 985 (Nobelvortrag).

John N. Bahcall, *Neutrino Astrophysics* (Cambridge University Press, 1989).

*Solar Neutrinos. The first 30 years*, Hrsg. John N. Bahcall, Raymond Davis, Jr., Peter Parker, Alexei Smirnov und Roger Ulrich, Frontiers in Physics (Westview Press, 1994).

J. Christensen-Dalsgaard, Douglas Gough und Juri Toomre, *Seismology of the Sun*, Science 229 (1985) 923.

Joergen Christensen-Dalsgaard, *Helioseismology*, Reviews of Modern Physics 74 (2002) 1073.

Aldo Serenelli, *Alive and well: A short review about standard solar models*, European Physical Journal A78 (2016) Issue 4.

Sarbani Basu, *Global seismology of the Sun*, Living Review of Solar Physics 13 (2016) 1.

S. E. Woosley, A. Heger und T. A. Weaver, *The evolution and explosion of massive stars*, Reviews of Modern Physics 74 (2002) 1015.

T. Rauscher, A. Heger, R. D. Hofman und S. E. Woosley, *Nucleosynthesis in massive stars with improved nuclear and stellar physics*, Astrophysical Journal 576 (2002) 323.

– Kapitel 5

S. Chandrasekhar, *On Stars, their evolution and their Stability*, Reviews of Modern Physics 56 (1984) 137 (Nobelvortrag).

Hans A. Bethe, *Supernova mechanisms*, Reviews of Modern Physics 62 (1990) 801.

Masatoshi Koshiba, *Birth of Neutrino Astrophysics*, Reviews of Modern Physics 75 (2003) 1011 (Nobelvortrag).

M. Koshiba, *Observational Neutrino Astrophysics*, Physics Reports 220 (1992) 229.

H.-Th. Janka, K. Langanke, M. Marek, G. Martinez-Pinedo und B. Müller, *Theory of Core-Collapse Supernovae*, Physics Reports 442 (2007) 38 (Bethe Centennial Volume).

A. Wongwathanarat, H. T. Janka und E. Müller, *Three-dimensional neutrino-driven supernovae: Neutron star kicks, spins, and asymmetric ejection of nucleosynthesis products*, Astronomy & Astrophysics 552 (2013) A126.

B. Müller, *The Status of Multi-Dimensional Core-Collapse Supernova Models*, Publications of the Astronomical Society of Australia (2021), doi: 10.1017/pas.2021.

M. Arnould und S. Goriely, *The p-process of stellar nucleosynthesis: astrophysics and nuclear physics status*, Physics Reports 384 (2003) 1.

S. E. Woosley, Pulsational Pair-Instability Supernovae, Astronomical Journal 836 (2017) 244.

N. Rahman, H. T. Janka, G. Stockinger und S. E. Woosley, *Pulsational pair-instability supernovae: gravitational collapse, black-hole formation and beyond*, Monthly Notices Royal Astronomical Society 512 (2021) 4503.

Dimitry G. Yakovlev, Pawel Haensel, Gordon Baym und Christopher J. Pethick, *Lev Landau and the conception of neutron stars*, Physics Uspekhi 56 (2013) 289.

Stuart L. Shapiro and Saul A. Teukolsky, *Black Holes, White Dwarfs and Neutron Stars* (Wiley Publication, 1983)

Fridolin Weber, *Pulsars as Astrophysical Laboratories for Nuclear and Particle Physics* (CRC Press, 1999)

Pawel Haensel, *Neutron Stars 1: Equation of State and Structure* (Springer, 2004).

J. M. Lattimer und M. Prakash, *Neutron star observations: Prognosis for equation of state constraints*, Physics Reports 442 (2007) 109 (Bethe Centennial Volume).

J. M. Lattimer und M. Prakash, *The Physics of Neutron Stars*, Science 304 (2004) 536.

James M. Lattimer, *Introduction to neutron stars* AIP Conference Proceedings 1645 (2015) 61.

A. L. MacFadyen und S. E. Woosley, *Collapsars: Gamma-ray bursts and explosions in "failed supernovae"*, Astrophysical Journal 524 (1999) 262.

A. L. MacFadyen, S. E. Woosley und A. Heger, *Supernovae, Jets and Collapsars*, Astronomical Journal 550 (2001) 410.

S. E. Woosley und J. S. Bloom, *The Supernova Gamma-Ray Burst Connections*, Annual Reviews of Astronomy and Astrophysics 44 (2006) 507.

– Kapitel 6

S. Starrfield, C. Iliadis und W. R. Hix, *The thermonuclear runaway and the classical nova outburst*, Publications of the Astronomical Society of the Pacific 128 (2016) 963.

Jordi Jose, Steven N. Shore und Jordi Casanova, *123-321 Models of Classical Novae*, Astronomy & Astrophysics 634 (2019) 2020-03-02.

Jordi Jose und Margarita Hernanz, *The origin of presolar nova grains*, Meteorites& Planetary Science 42 (2007) 1135.

Wolfgang Hillebrandt und Jens C. Niemeyer, *Type Ia Supernova Explosion Models*, Annual Reviews of Astronomy and Astrophysics 38 (2000) 191.

W. Hillebrandt, M. Kromer, F. K. Röpke und A. J. Ruiter, *Towards an Understanding of Type Ia supernovae from a synthesis of theory and observation*, Frontiers of Physics 8 (2013) 116.

Friedrich K. Röpke und Stuart A. Sim, *Models for Type Ia supernovae and related astrophysical transients* Space Science Reviews 214 (2018) 4.

Riccardo Giacconi, *The dawn of x-ray astronomy*, Reviews of Modern Physics 75 (2003) 995 (Nobelvortrag).

H. Schatz, A. Aprahamian, J. Goerres, M. Wiescher, T. Rauscher, J. F. Rembges, F.-K. Thielemann, B. Pfeiffer, P. Moeller, K.-L. Kratz, H. Herndl, B. A. Brown und H. Rebel, *rp-Process Nucleosynthesis at Extreme Temperature and Density Conditions*, Physics Reports 294 (1998) 167.

Nevin N. Weinberg, Lars Bildsten und Edward F. Brown, *Hydrodynamical Thermonuclear Runaways in Superbursts*, Astrophysical Journal 650 (2006) L119.

– Kapitel 7

D. D. Clayton und M. E. Rassbach, *Termination of the s-Process*, Astrophysical Journal 148 (1967) 69.

Franz Käppeler, R. Gallino, S. Bisterzo und Wako Aoki, *The s-process: Nuclear physics, stellar models, and observations*, Reviews of Modern Physics 83 (2011) 157.

M. Busso, R. Gallino und G. J. Wasserburg, *Nucleosynthesis in Asymptotic Giant Branch Stars: Relevance of Galactic Enrichment and Solar System Formation*, Annual Reviews of Astronomy and Astrophysics 37 (1999) 239.

J. J. Cowan, F.-K. Thielemann und J. W. Truran, *The r-process and nucleochronology*, Physics Reports 208 (1991) 267.

M. Arnould, S. Goriely und K. Takahashi, *The r-process of stellar nucleosynthesis: Astrophysics and nuclear physics achievements and mysteries*, Physics Reports 450 (2007) 97.

A. Bauswein, S. Goriely und H.-T. Janka, *Systematics of Dynamical Mass Ejection, Nucleosynthesis, and radioactively powered electromagnetic Signals from Neutron-Star Mergers*, Astrophysical Journal 773 (2013) article 78.

O. Just, A. Bauswein, R. A. Pulpillo, S. Goriely und H.-Th. Janka, *Comprehensive nucleosynthesis analysis for ejecta of compact binary mergers*, Monthly Notices of the Royal Astronomical Society 448 (2015) 541.

J. J. Cowan, C. Sneden, J. Lawler, A. Aprahamian, M. Wiescher, K. Langanke, G. Martinez-Pinedo und F.-K. Thielemann, *Origin of the heaviest elements: The rapid neutron-capture process*, Reviews of Modern Physics 93 (2021) 015002.

Rainer Weiss, *LIGO and the discovery of gravitational waves I*, Reviews of Modern Physics 90 (2018) 040501 (Nobelvortrag).

Kip S. Thorne, LIGO and the discovery of gravitational waves III, Reviews of Modern Physics 90 (2018) 040502 (Nobelvortrag).

David Radice, Sebastiano Bernuzzi und Albin Perego, *The Dynamics of Binary Neutron Star Mergers and GW170817*, Annual Review of Nuclear and Particle Science 70 (2020) 95.

I. Kullmann, S. Goriely, O. Just, R. Ardevol-Pulpillo, A. Bauswein und H.-Th. Janka, *Extensive study of nuclear uncertainties and their impact on the r-process nucleosynthesis in neutron star mergers*, Monthly Notices Royal Astronomical Society 510 (2022) 2804.

–   Kapitel 8

Nikos Prantzos, *An Introduction to Galactical Chemical Evolution*, in *Stellar Nucleosynthesis: 50 years after B2FH*, Hrsg. C. Charbonnel und J.-P. Zahn, EAS Publications Series Vol. 7 (2008).

Francesca Matteucci, *Introduction to Galactic Chemical Evolution*, Journal Physics Conference Series 703 (2016) 012004.

S. Bisterzo, C. Travaglio, R. Gallino, M. Wiescher und F. Käppeler, *Galactical Chemical Evolution and solar s-process abundances: dependence on the $^{13}$C-pocket structure*, Astrophysical Journal 787 (2014) 9.

Claudia Travaglio, Daniele Galli, Roberto Gallino, Maurizio Bussi, Federico Ferrini und Oscar Straniero, *Galactic chemical evolution of heavy elements: from Barium to Europium*, Astrophysical Journal 521 (1999) 691.

–   Kapitel 9

Fred G. Adams und Gregory Laughlin, *A dying universe: the long-term fate and evolution of astrophysical objects*, Reviews of Modern Physics 69 (1997) 337.

G. Hasinger, *Das Schicksal des Universums* (C. H. Beck, 2007).

# Stichwortverzeichnis

https://doi.org/10.1515/9783111469737-013